延安植物志

（上卷）

延安市林业局 编

曹旭平　张文辉 主编

中国林業出版社
China Forestry Publishing House

图书在版编目(CIP)数据

延安植物志.上卷/延安市林业局编;曹旭平,张文辉主编.-- 北京:中国林业出版社,2022.12
ISBN 978-7-5219-1909-7

Ⅰ.①延… Ⅱ.①延… ②曹… ③张… Ⅲ.①植物志—延安 Ⅳ.① Q948.524.13

中国版本图书馆 CIP 数据核字 (2022) 第 186590 号

责任编辑:张华
责任校对:李春艳
封面设计:北京八度出版服务机构
出版发行 中国林业出版社
(北京市西城区德内大街刘海胡同 7 号)
邮　编 100009
电　话 (010)83143566
印　刷 北京博海升彩色印刷有限公司
版　次 2022 年 12 月第 1 版
印　次 2022 年 12 月第 1 次
开　本 889mm × 1194mm　1/16
印　张 49
字　数 1650 千字
定　价 498.00 元

《延安植物志：上卷》编写人员

主　　编：曹旭平　张文辉
副 主 编：周建云　文妙霞　岳　明
编　　者：（按姓氏笔画排序）

于世川　马宝有　王天才　王赵钟　方佳佳　卢　元
叶权平　冯艳君　刘　冰　刘培亮　寻路路　李　琰
李冬梅　李忠虎　吴振海　张维伟　易　华　赵　亮
赵　鹏　郭　鑫　郭晓思　常朝阳　黎　斌　薛文艳

审　稿
主　　审：张文辉　曹旭平
副　　审：（按姓氏笔画排序）

文妙霞　王赵钟　李冬梅　周建云　郭　鑫

编　　务：王赵钟　冯艳君

标本采集与鉴定
组　　长：曹旭平
副 组 长：范中兴　刘宝柱　罗科资
技术负责：周建云　张文辉
标本采集：（按姓氏笔画排序）

马双勇　马丛利　马建权　王　娟　王天才　王文利　王延莉
王志健　王苏良　王明杰　王建伟　王赵钟　牛淑贤　尹林杰
冯大海　司保明　同　琦　朱文辉　朱建罡　乔新伟　任聪玲
刘　峰　刘小军　刘银良　刘富平　安向明　孙永利　折光州
芦贵荣　芦鸿彬　杜建平　李　萍　李占清　李征兵　李雪莉
肖　刚　何　健　何雨珂　张　森　张　睿　张宏智　张剑锋
张新林　陈　雷　林鑫刚　尚宝芬　罗延军　郑怀平　郑爱玲
陕晓亮　赵　静　郝　鹏　郝志诚　秦好来　贾玉玲　高晓东
郭小峰　唐文章　姬彩霞　屠顺利　雷重起　蔡海涛　薛汶轩

标本鉴定：（按姓氏笔画排序）

于世川　马宝有　王天才　王赵钟　方佳佳　卢　元　叶权平
冯艳君　朱家瑞　刘　冰　刘培亮　寻路路　李　琰　李万万
李冬梅　李忠虎　吴振海　张文辉　张维伟　陈元镇　易　华
岳　明　周建云　赵　亮　赵　鹏　施云芳　贺傲兵　徐炜坚
高念娇　郭　鑫　郭晋泽　郭晓思　常朝阳　谢　芳　黎　斌
薛文艳

摄　　影：蒋　鸿

插田泡的花（刘培亮 摄）

序

FOREWORD

我的家乡在陕北延安，地处黄河中游，黄土高原核心区域，是中国革命圣地，孕育了光照千秋的延安精神。昔日的延安，凛冽的北风挟裹着风沙，一片贫瘠荒凉的景象。1999年以后，延安人民在连续多年三北防护林建设工程基础上，遵从中央的精神，全面实施天然林保护、封山禁牧、退耕还林工程，展开了全面的生态环境治理工作。经过20多年的不懈努力，延安的山川大地实现了由黄变绿的历史性转变，为生态环境治理提供了延安样本。

欣闻延安市林业局组织编写了《延安植物志》，为植物资源保护利用、林业可持续发展、生态环境治理，完成了一个很好的本底资源调查。本志成书在即，应延安同志诚邀，欣然作序。寥寥拙笔，遐以对家乡的关念。

党的十八大将生态文明建设纳入"五位一体"总体布局，将生态文明摆在了突出地位，充分表明以习近平同志为核心的党中央是站在历史高度来审视生态文明建设的伟大战略，显现了党中央加快生态文明建设的坚定信念和坚强决心。查清延安的森林资源情况，保护好、发展好来之不易的生态建设成果是重中之重。

在历时8年的时间里，工作人员对延安全区及周边区县植物种类及其资源进行了全面的调查，采集和标本制作，详细记录各种植物的地理分布、生物生态学特性，组织专业人员进行了全面认真的鉴定，共采集制作标本2万余份，拍摄照片6万余张，根据标本鉴定结果，编制延安市植物名录，共135科611属1505种，为《延安植物志》编写工作的顺利开展，奠定了坚实的基础。

几年来，编写团队以认真负责的专业精神，根据《延安植物志编写方案》，对稿件反复修正，部分同志几易其稿，最终高质量完成了编撰工作。毫无疑问，本志的出版，对当地植物资源保护利用、环境保护、林业持续发展、森林经营、森林培育及生物多样性保护，具有重大的现实意义。地方政府、林业生产单位与科研院所合作编写植物志，开创了陕西地方植物志乃至陕西省植物志编撰的先河，具有重要的示范意义。编写过程中取得的标本、完成的书稿及积累的经验，对全省其他地区植物志编撰具有一定的借鉴意义。

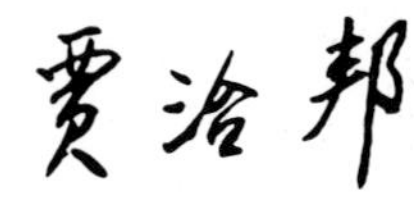

2022年10月

前言

PREFACE

在各级领导和延安市同仁的支持下，《延安植物志》终于完成编写，即将交付出版，我们深感欣慰，同时对一直支持关心此书出版的朋友表示深深的感谢和敬意。

延安地处黄河中游，属黄土高原核心区。面积虽然不是很大，但生物多样性很丰富。北部是与荒漠交错的草原，中部是丘陵沟壑区疏林草原，南部有大片森林。境内的黄龙山和桥山林区，以油松和栎类为主形成的大面积暖温带落叶阔叶林和针阔混交林，以及与之镶嵌的灌木、草地、湿地等，森林类型多样，植物种类丰富，不同植被类型发挥着就地保持水土、北阻风沙南移、南保关中农业生态系统安全的重要作用，是黄土高原森林生态系统保护相当好的地段，被誉为陕西的“两叶肺”。在此自然背景下，编写《延安植物志》是我们林业工作者的共同夙愿。它不仅是当地植物资源保护利用和林业持续发展的必备信息库，也是植被恢复与重建的基础。着眼未来，随着环境向好，森林生态环境质量精准提升需求的增加，本志作为基础性的工具书将发挥越来越重要的作用。

2014年以来，在陕西省林业局、延安市人民政府的支持下，由延安市林业局牵头，联合多个科研院所，组织相关专业人员，连续4年对延安市所辖13个县（区）和4个市属林业管理局辖区，进行了系统植物资源调查，采集植物标本22846份，拍摄照片6万余张，共鉴定出延安维管植物共135科611属1505种（含种下等级），其中石松类和蕨类植物11科16属26种，裸子植物6科11属22种，被子植物118科584属1457种。

本书编写完全按照《延安植物志编写方案》（简称《方案》）进行，全书分上、下两卷。该《方案》由陕西省林业局组织论证，并吸收多方意见，最终形成定稿。编写专家自愿参与，各人认领自己擅长的类群，按照《方案》要求，保质按时完成编写任务。编写人员与编写领导小组签订编写协议，确保稿件完成的时间和质量。编写分两期，一期任务完成后，再领取二期任务。作者完成的初稿均经历2次专业审稿，充分吸收主审及其他专家的建议。一般文字和图片都经历3~4次以上的全面修改，确保了本书的准确性和科学性。

本书蕨类植物参照了秦仁昌中国蕨类系统；裸子植物参照了郑万钧裸子植物系统；被子植物参照恩格勒系统。在科、属和种系处理方面，参考了《中国植物志》《秦岭植物志》等相关专著，及其在形态分类、地理分布和生物学方面的论述及风格。为了体现林学特色，本书强化了对生态学特性、林学特性以及经济价值描述。对重要的农林植物，尽量吸收最新的研究成果和应用状况。本书所采用图片主要由专业人员拍摄。未署名的图片，多数从“中国植物图像库PPBC”等网络获得。在此对上述图书版权所有者、作者和网络表示由衷的感谢。

本书在编写过程中得到陕西省林业局、延安市人民政府的高度重视与支持，延安市桥山国有林管理局、延安市黄龙山国有林管理局、延安市桥北国有林管理局、延安市劳山国有林管理局、西北农林科技大学、陕西省西安植物园、西北大学及延安市所辖各县（区）相关领导和工作人员在书稿撰写和标本采集过程中给予了大力支持，使各项工作得以顺利进行。在此表示衷心感谢！

近年来，延安生态环境恢复迅速，植物生境在不断改善，植物引种也发展很快，标本采集鉴定中难免有遗漏或错误；再加上时间和编写人员知识所限，本书编写也可能存在不妥之处，恳望各界同仁及广大读者批评指正，以便再版时进一步修改完善。

编者

2022年6月

目录

CONTENTS

被子植物 Angiosperms

石松类和蕨类植物

Lycophytes and Monilophytes

1 卷柏科

Selaginellaceae

本科编者：西北农林科技大学　郭晓思

土生或石生，多年生中小型草本。茎匍匐或直立，断续少有根托或仅基部生有根托，二歧分枝或合轴分枝，有原生中柱或多环管状中柱。叶二型，螺旋状互生，通常四行排列，有侧叶与中叶之分，无柄，叶片椭圆形、披针形、心形或钻形，全缘或有锯齿或有缘毛，靠近轴面叶腋有叶舌，中脉较显，无侧脉；叶草质，通常光滑。孢子囊穗四棱柱形或扁圆形，或无明显的孢子囊穗，顶生，单一或双生，有柄或无柄；孢子叶一型或二型，孢子囊二型，横肾形，单生叶腋，其壁由3～5层细胞组成，无明显的环带，横裂；孢子二型，球状四面体形，表面有疣状突起。

本科有1属700余种，广布欧洲、非洲、亚洲、北美洲、南美洲、大洋洲的热带和亚热带地区。中国产1属70余种，全国各地均有分布。延安有1属3种，见于延长、延川、宜川、甘泉等地。

本科植物分布广泛，适应环境多样，部分种类具有复水性，干旱时呈皱缩休眠状态，以便度过干旱期，遇水时则重新舒展，完成生活史。

本科植物可作绿化观赏之用，部分种类可作药用。

卷柏属 *Selaginella* Spring

属的特征、分布区域、所包含的种类、经济价值和特性均与科相同。

分种检索表

1. 植株匍匐，干后叶卷缩；叶缘具睫毛 ………………………………………… 1. 中华卷柏 *S. sinensis*

1. 植株莲座状，干旱时拳卷；叶缘无睫毛 ……………………………………………………………… 2

2. 中叶和侧叶的叶缘具细齿 ……………………………………………………… 2. 卷柏 *S. tamariscina*

2. 中叶和侧叶的叶缘不具细齿，中叶的叶缘向下反卷，侧叶上侧边缘膜质，撕裂状 ……………… ……………………………………………………………………………… 3. 垫状卷柏 *S. pulvinata*

1. 中华卷柏

Selaginella sinensis (Desv.) Spring in Bull. Acad. Brux. 10: 137. 1843; 中国植物志, 6(3): 159. 2004.

土生或石生植物，植株细弱，匍匐，长达20～30cm。根托在主茎上断续着生，自主茎分枝处下方生出，长2～6cm。主茎通体羽状分枝，圆柱形，禾秆色；侧枝多达20对，1～2次或2～3次分叉，背腹压扁。叶交互排列，二型，4列，草质，表面光滑，膜质，长圆形或窄倒卵形，边缘具睫毛，基部楔形，钝尖。中叶多少对称，小枝上的叶卵状椭圆形，长约1.3mm，宽0.6mm，排列紧密，背部不呈龙骨状，先端急尖，基部楔形，边缘厚膜质，具长睫毛。侧叶多少对称，主茎上的明显大于侧枝上，侧叶在枝的先端覆瓦状排列，长1.5mm，宽1mm，先端尖或钝，上侧边缘具睫毛，下侧边缘略呈耳形，基部具长睫毛。孢子囊穗单生于小枝顶端，呈四棱柱形，长0.5～1cm；孢子叶卵状三角形，边缘膜质，有细锯齿，背部有龙骨突起；孢子囊圆肾形，大孢子囊通常少数，位于孢子囊穗下部，小孢子囊多数，位于中上部，大孢子白色，小孢子橘红色。

本种在延安主要分布于延长、延川、宜川、黄龙、黄陵、富县、甘泉等地，多生于海拔600～1500m的阳坡岩石缝中。我国东北各地，华北各地，西北的陕西、宁夏，华东的安徽、江苏、山东，华中的河南、湖北各地均有分布。

耐旱种类，常见于干旱山坡等生境。可作绿化之用。

2. 卷柏

Selaginella tamariscina (P. Beauv.) Spring in Bull. Acad. Brux. 10(2): 136. 1843; 中国植物志, 6(3): 100. 2004.

土生或石生，植株高达15cm。主茎直立，顶端丛生小枝，辐射斜展，干时内卷如拳。叶二型，4

卷柏 ***Selaginella tamariscina***
植株（卢元 摄）

列，交互覆瓦状排列，侧叶长卵圆形，斜展，长1～2.5mm，宽1～1.6mm，尖头有长芒，外缘有狭膜质及细齿，内缘有宽膜质而全缘，中叶卵状矩圆形，长约1.5mm，宽约1mm，先端有长芒，边缘有细齿；叶草质，光滑。孢子囊穗生小枝顶端，四棱柱形，长1～1.5cm；孢子叶卵状三角形，有龙骨突起，锐尖头，边缘具膜质及细齿；大孢子叶在孢子叶穗上下两面不规则排列；孢子囊圆肾形，大孢子浅黄色，小孢子橘黄色。

本种在延安主要分布于宜川、延川，多生在海拔500～1000m的干旱岩石上。我国东北的吉林、辽宁，华北各地，西北的陕西、青海，华东的安徽、江苏、江西、山东、台湾，华中各地，华南各地以及西南的四川、重庆、贵州、云南等地均有分布。欧洲的俄罗斯西伯利亚，亚洲的日本、朝鲜半岛、印度和菲律宾也有分布。

耐旱植物，具有复水性，遇到干旱环境时可脱水皱缩进入休眠状态，遇水后可恢复生长。全草入药，是常用的药用植物。也可作绿化之用。

3. 垫状卷柏

Selaginella pulvinata (Hook. et Grev.) Maxim. in Mem. Acad. Imp. Sci. Petersb. 9: 335. 1859; 中国植物志, 6(3): 104. 2004.

土生或石生，植株呈垫状，无匍匐根状茎，高达10cm。主茎自近基部羽状分枝，禾秆色或棕色；侧枝4～7对，二至三回羽状分枝，背腹压扁。叶全部交互排列，二型，叶厚草质，表面光滑，相互重叠，绿色；分枝上的腋叶对称，卵圆形至三角形，长约2.5mm，宽约1mm，边缘具睫毛；小枝上的叶覆瓦状排列，背部不呈龙骨状，先端具芒，基部平截，边缘撕裂状，外卷；侧叶不对称，略斜升，先端具芒，边缘全缘，基部上侧扩大，加宽，上侧边缘呈撕裂状，下侧边缘内卷。孢子叶穗紧密，四棱柱形，单生小枝顶端，长达2cm；孢子叶一型，边缘撕裂状，具睫毛；大孢子叶分布在孢子叶穗下部或中部或上部的下侧；大孢子黄白色或深褐色，小孢子浅黄色。

本种在延安主要分布在宜川、延川，多生于海拔500～1000m的干旱岩石上。我国东北的辽宁，华北的北京、河北、山西，西北的陕西、甘肃，华中的河南，华东的福建、江西、台湾，华中各地，华南的广西，西南各地也有分布。欧洲的俄罗斯，亚洲的日本、朝鲜半岛、蒙古、越南、泰国、印度北部等地也有分布。

耐旱植物，具有复水性，遇到干旱环境时可脱水皱缩进入休眠状态，遇水后可恢复生长。可作观赏之用。

垫状卷柏 ***Selaginella pulvinata***
植株（郭晓思 摄）

2 木贼科

Equisetaceae

本科编者：西北农林科技大学　郭晓思

中小型蕨类，土生，少有水生，多年生草本。茎由地下匍匐的根状茎生出，细长，有节，通常中空，管状中柱，单一或在节上有规则轮生的分枝，节间有纵棱脊，棱脊上通常有硅质的疣状突起。叶退化成细小的鳞片状，在节上轮生，相互连合成筒状并具齿的鞘，包围茎或节间基部；能育叶盾形，通常六角形，密接排列成穗，生于绿色的不育茎或枝的顶端，或生于无色或褐色的能育茎顶端。孢子囊5～10个，长形，悬在能育叶下面边缘排成一圈；孢子圆球形，具薄而透明的周壁，周壁具皱褶或不具皱褶，表面具颗粒状纹饰，外壁表面光滑；孢子外面环绕着4条弹丝，弹丝长，顶端棒状，“十”字形着生，丝状，平时绕于孢子外面，有吸湿作用，遇水即弹开；成熟的孢子较大，含叶绿体，散落后迅速萌发。

本科仅有1属约25种，广布于欧洲、亚洲、非洲、北美洲的寒带、温带、亚热带和热带地区。我国有1属10种3亚种，全国各地都有分布。延安有1属3种，分布于黄陵、子长、甘泉等地。

本科植物适应广泛，部分喜欢潮湿的生境，有的种类可以在较为干旱的区域生存。

木贼属 *Equisetum* L.

属的特征、分布区域、所包含的种类、经济价值和特性均与科相同。

分种检索表

1. 地上茎一年生；孢子囊穗顶端钝；鞘齿近革质，宿存，黑褐色或棕褐色……2
1. 地上茎多年生；孢子囊穗顶端有小尖头；鞘齿膜质，早落，黑褐色或灰色……1. 节节草 *E. ramosissimum*
2. 不育植株的茎连同侧枝宽长在10cm以下；不育植株的轮生分枝指向上；分枝直径约为主枝直径的一半；能育植株不能分枝……2. 问荆 *E. arvense*
2. 不育植株的茎连同侧枝宽达20cm；不育植株的轮生分枝指向两侧或略向上；分枝直径远不及主枝直径的一半；能育植株最终能分枝……3. 草问荆 *E. pratense*

1. 节节草

Equisetum ramosissimum Desf., Fl. Atlant. 2: 398. 1799; 中国植物志, 6(3): 234. 2004.

中小型多年生植物。根状茎横走，黑色，节和根密生棕黄色长毛或光滑无毛。地上茎常绿色，一型，高30～55cm，直径1～3mm，节间长2～6cm，茎中心孔大，多分枝，罕有不分枝，外表有纵棱脊；棱脊6～12条，狭而粗糙，有硅质的疣状突起1行，或有小横纹，沟内有气孔2列，每列具2～3行气孔；节间基部的叶鞘筒状，长约1cm；叶鞘齿短三角形，6～16枚，黑色，近膜质，有易落的膜质尖尾。孢子囊穗生分枝的顶端，紧密，短棒状或椭圆形，长0.5～2.5cm，有小尖头，无柄；孢子叶六角形，盾状着生，排列紧密，边缘着生孢子囊；孢子一型。

本种在延安主要分布在黄陵、子长、富县、甘泉等地，为最常见的种类之一，多生于海拔400～1000m的潮湿路边、沙地、低山砾石地或溪边。广布全国各地。欧洲的俄罗斯，亚洲的日本、朝鲜半岛、蒙古、印度，非洲，北美洲也有分布。

喜湿喜光物种，多见于光照充足、土壤潮湿的环境。

节节草 *Equisetum ramosissimum*
植株（姜在民 摄）

2. 问荆

Equisetum arvense L., Sp. Pl. 2: 1061. 1753; 中国植物志, 6(3): 232. 2004.

中小型植物。地上茎一年生，二型；根状茎横走，暗黑色；生孢子囊穗的茎早春由根状茎发出，淡黄褐色，无叶绿素，不分枝，高5～30cm，粗2～4mm，有10～14条不明显的棱脊。叶鞘筒漏斗状，长5～20mm，鞘齿棕褐色，厚膜质，每2～3齿连接成阔三角形。孢子囊穗长椭圆形，长3～4cm，粗4～6mm，钝头，有柄，成熟后茎枯萎；孢子叶六角形，盾状着生，螺旋状排列，下面生有6～8个孢子囊。营养茎在孢子茎枯萎后生出，绿色，高15～50cm，多分枝，轮生，有6～12条棱脊，沟内有带状气孔2～4行，中心孔小。叶退化，下部连合成漏斗状的鞘；

问荆 *Equisetum arvense*
1. 营养枝（郭晓思 摄）；2. 生殖枝（郭晓思 摄）

鞘齿卵状披针形或由3～5齿连成阔三角形，黑色，边缘灰白色，膜质，宿存。

本种在延安主要分布于黄陵、黄龙、延川、富县、甘泉等地，生于海拔500～1000m山坡阴湿处。广布我国东北、华北、华东、华中、西北、西南各地。欧洲，亚洲的日本、朝鲜半岛、印度北部，北美洲也有分布。

生殖枝和营养枝异形，且生长期不同，易于区分，多见于土壤潮湿的开阔地带。

3. 草问荆

Equisetum pratense Ehrhart, Hannover. Mag. 22: 138. 1784; 中国植物志, 6(3): 231. 2004.

中型植物。根状茎直立或横走，黑褐色，节和根密生棕黄色长毛或光滑。地上茎一年生，二型。能育茎春季由根状茎长出，高15～25cm，中部粗2～2.5mm，节间长2～3cm，禾秆色，无叶绿素，能形成短分枝，棱脊10～14条，脊上光滑，鞘筒灰绿色，长5～10mm；鞘齿10～20个，淡棕色，长4～6mm，披针形，膜质，背面有纵沟；茎顶端生孢子囊穗1个，圆柱状，长1～2.5cm，顶端钝，成熟时柄伸长，柄长1.5～4cm；孢子成熟后先端枯萎。不育茎高30～50cm，中部粗2～3mm，节间长2～3cm，绿色，分枝多，轮生，有棱脊8～14条，脊的背部弧形，脊上有硅质小疣状突起；沟内气孔2列，每列有气孔1行；鞘筒狭长，除上部有一圈为淡棕色外，其余部分为灰绿色；鞘齿14～22枚，披针形，膜质，淡棕色但中间一线为黑棕色，宿存；分枝柔软纤细，扁平状，3～4条狭而高的脊，实心，鞘齿4～5个，三角形，先端锐尖。

本种在延安主要分布于黄陵、宜川，生于海拔800～1000m的山坡阴湿处。在我国主要分布于东北的黑龙江、吉林、内蒙古（东部），华北的河北、山西，西北的陕西、甘肃、新疆，华东的山东及华中各地。欧洲，亚洲的日本，北美洲也有。

常见于土壤潮湿的开阔地带。

草问荆 ***Equisetum pratense***
植株（郭晓思 摄）

3 阴地蕨科

Botrychiaceae

本科编者：西北农林科技大学　郭晓思

土生。根状茎短、直立，有一簇肉质粗根。叶二型，有不育叶与能育叶之分，均出自总柄，总柄基部包有褐色、全缘鞘状托叶；不育叶多为卵状三角形或五角形，少为一回羽状披针状圆形，一回至多回羽状分裂；叶脉分离；叶草质，光滑无毛，仅沿叶轴和各回羽轴有绵毛；能育叶出自总柄，或出自不育叶基部，有长柄，高出或远高出不育叶。孢子囊穗为疏散的圆锥花序状或为紧密的总状花序状；孢子囊球形，无柄，沿小穗轴排列成两行，不陷入囊托内，横裂；孢子球圆状四面型或四面型。

本科仅有阴地蕨属1属40余种，主要分布于欧洲、亚洲、北美洲温带地区。我国约17种，分布全国各地。延安有1属1种，分布于黄龙。

本科植物有一定的观赏性，少数种类有药用价值。常见于阴湿环境，郁闭度较高的森林中更易见到。

阴地蕨属 *Botrychium* Sw.

属的形态特征、分布区域、经济价值和特性与科相同。

劲直阴地蕨

Botrychium strictum Underw. in Bull. Torr. Bot. Club XX (1902) 52; 中国植物志, 6: 14. 2004.

植株高40～70cm。根状茎短而直立，生肉质粗根。叶单生，二型，总柄长20～45cm，粗约1.5cm，上部有白色长毛，基部被2～3片鞘状苞片，褐棕色；不育叶三角形，长宽几相等或宽超过于长，长15～25cm，宽15～30cm，三回羽状深裂；羽片约10对，对生，阔披针形，基部1对最大，倒卵形，长16～20cm，宽10～15cm，二回羽状深裂；一回小羽片卵状长圆形，中部的较大，长3～4cm，宽约1cm，互生或近对生，羽状或羽状深裂；末回小羽片或裂片长圆形，浅裂或为粗锯齿；叶脉羽状；叶草质，叶轴和各回羽轴疏生短毛；能育叶高于不育叶，柄长5～10cm，直立。孢子囊穗长15～25cm，复穗状线形，笔直，小穗长1～2cm；孢子囊圆球形，黄绿色。

本种在延安主要分布于黄龙，生于海拔900～1000m的林下或山谷潮湿处。我国主要分布于东北的吉林，西北的陕西、甘肃，华中的河南、湖北，西南的四川。亚洲的日本、朝鲜也有分布。

有药用价值，在郁闭度大的林下更易生长。

劲直阴地蕨 *Botrychium strictum*
植株（郭晓思 摄）

4 碗蕨科

Dennstaedtiaceae

本科编者：西北农林科技大学　郭晓思

中型土生植物。根状茎横走，外被灰色刚毛。叶近生或远生，同型，叶柄基部不以关节着生；叶片一至四回羽状细裂，叶轴上面有一纵沟，有毛，小羽片或末回小羽片（裂片）偏斜，基部不对称，下侧楔形，上侧截形，多少耳状突起；叶脉羽状，小脉不达叶边；叶草质或纸质，多少被有与根状茎上同样或稍短的毛，尤以沿叶轴及各回羽轴较多。孢子囊群小，圆形，叶缘生或近叶边顶生于其小脉上；囊群盖位于小脉顶端并开向叶边，或为碗形，由内外两瓣组成或半杯形、小口袋形，其基部和两侧着生于叶肉，或为圆肾形，仅以阔基部着生；孢子囊梨形，有长柄；孢子四面型，平滑或有小疣状突起。

本科约有9属200种，广布非洲、亚洲、北美洲、南美洲、大洋洲的热带和亚热带地区。我国有3属约70种，主要分布在秦岭以南各地。延安有1属1种，分布于黄龙、甘泉、黄陵等地。

本科植物分布广泛，部分具有观赏价值，是草本植被的组成成分。

碗蕨属 *Dennstaedtia* Bernh.

土生，中型植物。根状茎横走，内有管状中柱，外被灰色刚毛，不具鳞片。叶近生或近簇生，叶柄幼时被毛，基部不以关节着生；叶片三角形至长圆形，多回羽状细裂，小羽片偏斜，斜菱形，基部为不对称楔形；叶脉羽状，小脉不达叶边，先端有水囊体；叶草质或纸质，遍体多少有毛，尤以叶轴及各回羽轴较密。孢子囊群叶缘着生，顶生于小脉上；囊群盖碗形，由内外两层（即内瓣和多少由叶边变来的外瓣）联合而成，通常向下弯曲，形似烟斗；孢子囊有长柄；孢子四面型。

全属约有80种，主要分布于亚洲东北部、北美洲的热带及亚热带地区。我国有9种，秦岭以南各地均有分布。延安有1种，分布于黄龙、甘泉、黄陵等地。

碗蕨属植物有一定的观赏价值，部分种类喜阴湿环境，是林下草本层常见的组成成分。

溪洞碗蕨

Dennstaedtia wilfordii (Moore) Christ, Geogr. d. Farne 195. 1910; 中国植物志, 2: 201. 1959.

植株高20～50cm。根状茎长而横走，密被节状长毛，棕色。叶疏生，柄长10～25cm，基部栗黑色，被与根状茎同样的毛；叶片长圆披针形，长20～30cm，宽5～10cm，二至三回羽状深裂，先端渐尖；羽片10～15对，互生，卵状披针形，下部的较大，长3～7cm，宽1～3cm，基部不对称，二回羽状深裂；小羽片约5对，长圆卵形，上部先出，基部1对最大，长约2cm，宽不及1cm，羽状深裂；裂片倒卵形，长宽几相等，边缘粗齿状；叶脉羽状分枝，每锯齿有1小脉，先端有水囊体；叶草质，光滑无毛。孢子囊群叶缘着生，顶生于小脉上；囊群盖半盅形，绿色，向下弯曲，形似烟斗。

本种在延安主要分布于黄龙、甘泉、黄陵，生于海拔1000m左右的林缘、荒山、路旁、水沟旁石缝间或乱石堆中。在我国广布东北各地，华北的北京、河北、山西，西北的陕西、甘肃，华东的江苏、江西、安徽、浙江、山东、福建，华中，西南的四川各地。欧洲的俄罗斯远东地区，亚洲的朝鲜、日本也有分布。

有一定观赏价值，其适应性强，能够生活在多种生境下，是林下草本层最常见的蕨类植物之一。

溪洞碗蕨 *Dennstaedtia wilfordii*
1.植株（王赵钟 摄）；2.叶背面（王赵钟 摄）

5 蕨科

Pteridiaceae

本科编者：西北农林科技大学　郭晓思

土生，多年生大中型蕨类植物。根状茎长而横走，有穿孔的管状中柱，密被锈黄色或栗色长柔毛，不具鳞片。叶远生，具长柄；叶片大，卵形、卵状长圆形或卵状三角形，常三回羽状；叶纸质至革质，上面光滑无毛，下面多少被柔毛；叶脉羽状分离或罕为网状。孢子囊群线形，沿叶缘着生于连结小脉顶端的一条边脉上，被变质叶边反折成线形；囊群盖双层，外层为膜质假盖，有时下面有一层未发育好的真盖（如蕨属），质地较薄，不明显，或发育或近退化，连续或间断。孢子四面型，罕为两面肾圆形，表面光滑或有细微的乳头状突起，透明。

本科有2属约29种，广布欧洲、非洲、亚洲、北美洲、南美洲、大洋洲的热带和亚热带地区。我国有2属7种，产全国各地。延安有1属1变种，见于黄陵、黄龙。

本科部分种类具观赏价值，另有部分种类是常见野菜，亦有药用价值。

蕨属 *Pteridium* Scopoli

大型蕨类。根状茎长而横走，被锈黄色或栗色有节长柔毛。叶远生，有长柄；叶通常卵形或卵状三角形，三回羽状；羽片近对生，有柄，基部一对羽片较大。叶脉分离，在末回裂片上为羽状，侧脉多为二叉，下面隆起，伸向叶缘内的一条边脉上；叶为革质或近纸质，上面光滑无毛，下面多少被毛，尤以末回裂片的主脉下面常有灰棕色绒毛。孢子囊群沿叶边分布，线形，着生于叶边内的一条连结脉上；囊群盖2层，外层假盖，由反折变质的膜质叶边形成，内层为真盖，生于囊托之下，质地较薄，或发育或近退化；孢子囊有长柄，环带由13个加厚细胞组成；孢子四面型，表面有细微的乳头状突起。

本属约有15种，广布欧洲、非洲、亚洲、北美洲、南美洲、大洋洲的热带和亚热带地区，以泛热带为中心。我国现有6种，产全国各地。延安1变种，分布于黄陵、黄龙。

本属有部分种类为常见野菜，亦有药用价值。

欧洲蕨

Pteridium aquilinum (L.) Kuhn in v. d. Decken's Reisen Ost.-Afr. Bot. 3 (3):11. 1879; 中国植物志, 3(1): 2. 1990.

蕨（变种）

Pteridium aquilinum (L.) Kuhn var. ***latiusculum*** (Desv.) Underw. ex Huller, Cat. Nouth Amer. Pl. ed. 3: 17. 1909; 中国植物志, 3(1): 2. 1990.

植株高达1m或更高。根状茎长并横走，黑色或暗褐色，密被锈黄色节状毛，以后脱落。叶

疏生，柄长30～50cm，禾秆色，基部密被锈黄色节状毛，向上光滑，叶片卵形至卵状三角形，长34～50cm，宽30～40cm，三回羽状；羽片约6对，卵状三角形，长20～30cm，宽15～25cm，二回羽状；小羽片约10对，末回小羽片互生，小羽轴下侧的较上侧的稍大，长圆形至短披外形，圆钝头，基部截形，全缘或有时羽裂；叶脉羽状，侧脉2～3叉，下面隆起；叶近革质，暗绿色，两面近光滑或沿各回羽轴及叶脉下面疏生灰色柔毛。孢子囊群线形，沿叶边边脉着生，连续或间断；囊群盖2层，线形，外盖厚膜质，近全缘，内盖薄膜质，边缘不整齐；孢子表面有乳头状纹饰。

本种在延安主要分布于黄陵、黄龙，生于海拔600～1200m的山坡或林缘处。在我国分布于东北各地，华北各地，西北的陕西、甘肃、宁夏，华东的浙江、江苏、山东，华中各地，华南各地，西南的重庆、四川、贵州等地，但主要产于长江流域及以北地区。欧洲、非洲、亚洲、北美洲、南美洲、大洋洲的热带、亚热带及温带地区也有分布。

喜阳植物，在山地荒坡或林缘阳光充足之处，能成片生长形成群落。根含淀粉，可以酿酒或作工业原料用；嫩叶作蔬菜用，称蕨菜；全株可入药。

蕨 ***Pteridium aquilinum*** var. ***latiusculum***
植株（郭晓思 摄）

6 中国蕨科

Sinopteridaceae

本科编者：西北农林科技大学　郭晓思

中生或旱生，中小型蕨类植物。根状茎短而直立或斜升，罕为横卧，外被鳞片。叶簇生、近生、少为远生，柄通常栗色，少为禾秆色，光滑或常被柔毛、短刚毛或被鳞片；叶片二回羽状，或三至四回羽状细裂，卵状三角形至五角形，或长圆形，少为披针形；叶草质、坚纸质或革质，下面无粉或被白色粉末或被黄色粉末；叶脉分离或偶有网状，网眼内不藏小脉。孢子囊群圆球形，沿叶边着生于小脉顶端，少有着生于叶边脉上呈线形（如金粉藏属）。有盖或无，盖为反折的变质叶边形成（称假盖），通常膜质，线形，连续，少有断裂；孢子球状四面型，暗棕色，表面具颗粒状、拟网状或刺状纹饰。

本科约有14属300种，主要分布非洲、亚洲、北美洲、南美洲、大洋洲的热带及亚热带地区。我国有9属约60种，分布全国各地。延安有2属4种，分布于黄陵。

分属检索表

1.叶背面被白色或黄色蜡质粉末……………………………………………………1.粉背蕨属 *Aleuritopteris*

1.叶背面不被白色或黄色蜡质粉末…………………………………………………2.薄鳞蕨属 *Leptolepidium*

1.粉背蕨属 *Aleuritopteris* Fée

中、小型蕨类，旱生。根状茎短而直立或斜升，被棕色披针形至卵状披针形鳞片，以基部着生。叶簇生，有柄，连同叶轴为黑色，栗色或红棕色，光滑或被鳞片，有光泽；叶片五角形，三角状卵形或三角状长圆形，二至三回羽裂；羽片对生或近对生，有柄，通常基部1对较大，斜卵状三角形，一至二回羽裂；叶通常为纸质，下面被乳白色、雪白色、淡黄色或橙黄色蜡质粉末，少有无粉；叶脉羽状，通常不甚明显。孢子囊群圆形，顶生脉端，由不多的孢子囊组成，近叶边排列，成熟后向两侧扩展汇合成线形；囊群盖棕色、灰棕褐色，膜质，由变质叶边反折而成，通常连续，内缘往往啮蚀状或撕裂成睫毛状；孢子为球圆三角形，具三裂缝，周壁光滑或具皱褶，或具颗粒状纹饰，暗褐色。

全属约有30种，分布于非洲、亚洲、北美洲、南美洲热带地区。我国有27种，分布全国各地，主要产于西南、西北各地。延安现有3种，分布于黄陵。

本属植物具有一定的观赏价值，大部分种类较为耐旱，且生长于石灰岩或石灰质土壤，具有环境指示作用。

分种检索表

1.叶下面无粉末……………………………………………………………………1.陕西粉背蕨*A. shensiensis*
1.叶下面被粉末……………………………………………………………………………………………………2
2.叶片分裂度较稀，裂片全缘，下面被白色粉末；根茎鳞片黑棕色……………2.雪白粉背蕨*A. niphobola*
2.叶片分裂度较密，裂片全缘有整齐的圆齿，下面被乳白色或淡黄色粉末；根茎鳞片黑色有棕色边缘
……………………………………………………………………………………………………3.银粉背蕨*A. argentea*

1. 陕西粉背蕨

Aleuritopteris shensiensis Ching in Fl. Tsinling. 2: 66. 207. 1974; 中国植物志, 3(1): 156. 1990.

植株高约15cm。根状茎短而直立，顶部密被黑色披针形鳞片。叶簇生，柄长8～13cm，栗黑色，基部疏生鳞片；叶片五角形，长宽几相等，约6cm，基部三回羽状，中部二回羽状，顶部一回羽状；羽片4～6对，对生，基部1对最大，近三角形，二回羽状；一回小羽片4～5对，基部下侧1片特长，斜向下，羽状深裂；裂片线状镰刀形，长约1cm，宽约3mm；从第2对小羽片向上各对渐小，除第2对羽裂外，通常不裂，单一，由下而上长1.5～3mm，宽约3mm，线状镰刀形，近全缘；叶纸质，叶脉不显，无粉末，羽轴两侧具狭翅。孢子囊群成熟后为沿裂片边缘分布，连续；囊群盖深棕色，膜质，全缘，宽几达中脉或羽轴，彼此几靠合。

本种在延安主要分布于黄陵，生于海拔800m左右的石缝和墙缝中。在我国主要分布在东北各地，华北各地，西北各地，华东的江西，西南的四川等地。

有一定的观赏价值。耐旱性好，常生于石灰质区域。也可入药，活血通经、止咳、止血。

陕西粉背蕨*Aleuritopteris shensiensis*
1.植株（郭晓思 摄）；2.叶片背面（郭晓思 摄）

2. 雪白粉背蕨

Aleuritopteris niphobola (C. Chr.) Ching in Hongkong Naturalist 10: 197. 1941; 秦岭植物志, 2: 64. 1974.

植株高5～15cm。根状茎短而斜升，被褐黑色披针形鳞片。叶簇生，柄长3～14cm，红棕色或栗

褐色，具光泽，基部疏生鳞片；叶片近五角形，长与宽几相等，1.5～3cm，三回羽裂；羽片4～5对，对生，基部1对最大，三角形，长1.5～2cm，宽1～1.5cm，先端钝尖，基部圆楔形，不等侧的二回羽状分裂；裂片4对，长圆披针形，基部下侧1片特大，长约1cm，宽约4mm，全缘，通常羽裂；裂片2～4对，舌形，全缘；叶脉羽状分离；叶纸质，下面被雪白色厚粉末，叶轴两侧具狭翅。孢子囊群着生脉端，较密；囊群盖由不变质的叶边反折而成，全缘，膜质，连续。

本种在延安主要分布于黄陵，生于海拔1200m左右的石缝中。在我国主要分布于华北的山西，西北的陕西、宁夏、甘肃南部、青海东部，西南的四川西北部、云南。

具有观赏价值，且为石灰岩山地常见蕨类植物之一，具有环境指示作用。

雪白粉背蕨 ***Aleuritopteris niphobola***
植株（郭晓思 摄）

3. 银粉背蕨

Aleuritopteris argentea (Gmél.) Fée, Gen. Fil. 154. 1852; 中国植物志, 3(1): 154. 1990.

植株高10～25cm。根状茎短而直立，被棕色披针形鳞片。叶簇生，柄长5～20cm，红棕色，基部被鳞片；叶片五角形，长宽几相等，5～10cm，三回羽状分裂；羽片3～5对，对生，无柄，基部1对最大，长2～4cm，宽1.5～3cm，近二回羽裂，三角形；小裂片3～5对，互生，线状披针形至短线形，羽轴下侧的较上侧的大，其基部下侧1片特大，羽裂，其余向上各片渐小，不裂或偶有浅裂；裂片长圆形，钝头，边缘有圆锯齿；自第2对羽片向上各对渐小，阔线形，基部彼此以狭翅相连；叶脉羽状；叶纸质，下面具乳白色或淡黄色粉末。孢子囊群成熟后为线形，沿叶边连续分布；囊群盖棕色，膜质，线形。

本种在延安主要分布于黄陵、富县、甘泉，生于海拔700～1600m的干旱的石灰岩缝中。广布全国各地。欧洲的俄罗斯，亚洲的日本、朝鲜、蒙古、印度、尼泊尔也有分布。

具有一定的观赏性，且具有药用价值。常生长在石灰岩区域，具有环境指示作用。

银粉背蕨 ***Aleuritopteris argentea***
1.植株（郭晓思 摄）；2.叶片背面（郭晓思 摄）

2. 薄鳞蕨属 *Leptolepidium* Hsing.

中生夏绿植物。根状茎短而直立，顶部密被鳞片，鳞片长圆形或卵状披针形，先端钻形或渐尖，边缘有锯齿或有短的腺体。叶柄圆柱形，棕色或乌木色，有光泽，上部光滑，下部疏具红棕色、质薄、半透明、卵状披针形、渐尖头的鳞片；叶片长圆形披针形或卵圆形，长为宽的2～3（4）倍，基部三回羽状，中部二回羽状，有侧生羽片5～12对或更多，对生或近生，无柄或近于无柄或具短柄，彼此以无翅叶轴分开；羽片长圆形或卵状披针形，渐尖或钝尖头，基部下侧一片小羽片最大；叶脉分离，羽状，纤细，通常不明显；叶干后草质或薄草质；下面疏被白色粉末或少有无白粉；叶轴与叶柄同色，具疏鳞毛或光滑。孢子囊群圆形，沿叶缘疏生，囊群盖干膜质，淡绿色，边缘全缘，或少有断裂。孢子三角状球形，周壁具拟网状纹饰。

全属约6种，主要分布于亚洲温带地区，北到欧洲俄罗斯西伯利亚东部，东至亚洲的日本、朝鲜，南到喜马拉雅山地区。我国有5种，主要分布于西南山地。延安有1种，分布于黄陵。

本属种类较少，均有一定的观赏价值，是林下草本层的组成成分，部分种类在石缝中亦能生长。

华北薄鳞蕨

Leptolepidium kuknii (Milde) Hsing et S. K. Wu in Acta Bot. Yunnan. 1(1): 117. 1979; 中国植物志, 3(1): 172. 1990.

植株高20～30cm。根状茎短，直立，被棕色阔披针形鳞片。叶簇生，柄长5～10cm，栗红色，基部密被鳞片，向上稀少；叶片长圆披针形，长15～20cm，宽约5cm，三回羽裂；羽片约10对，三角状长圆形至长圆形，中部的较大，长2～5cm，宽1～2cm，二回羽裂；小羽片5～6对，长圆形，与羽轴合生，基部2对较大，羽状深裂；裂片椭圆状披针形，钝头，全缘或波状缘；叶草质，叶脉羽状分离，不明显，背面被乳白色粉末。孢子囊群圆形，顶生脉端；囊群盖幼时褐绿色，老时深棕色或褐色，内缘啮蚀状，断裂于裂片基部。

本种在延安主要分布于黄陵；生于海拔900～1200m的山谷石缝中或林下岩石上。分布我国东北各地，华北各地，西南的四川、云南。欧洲俄罗斯远东地区、亚洲的朝鲜半岛也有分布。

具有一定的观赏性，是林草本层的组成成分。

7 铁线蕨科

Adiantaceae

本科编者：西北农林科技大学　郭晓思

中小型植物，土生。根状茎被棕色或褐黑色，质厚，常为全缘的披针形鳞片。叶一型；螺旋状簇生、二列散生或聚生；叶柄栗黑色，有光泽，通常细圆，坚硬如铁丝；叶片通常一至三回以上的羽状复叶或为一至三回二叉掌状分枝，常草质或纸质，通常光滑无毛；末回小羽片形状不一，边缘有锯齿，有小柄；叶脉分离，伸达叶边，两面可见。孢子囊圆球形，沿伸入于假囊群盖内的叶脉梢部着生，有时扩充至叶脉间的叶肉上；囊群盖由特化的叶边反折而成，形状不一，变化很大，有圆形、肾形、半月形、长圆形等，分离，接近或连续；孢子四面型，淡黄色，透明，光滑。

本科有2属200多种，分布于欧洲、非洲、亚洲、北美洲、南美洲、大洋洲各地。我国1属30多种，分布于全国各地，主要产于西南地区。延安有1属2种，分布于黄陵。

本科植物常具有较大的观赏性，部分种类见于林下，是林下草本层的组成成分。

铁线蕨属 *Adiantum* L.

属的特征同科。

本属现有200多种，除南极洲外，各洲均有分布。我国约30种，分布于全国各地。延安现有2种，分布于黄陵。

本属植物的经济价值和特性等与科相同。

分种检索表

1. 叶背面灰绿色，小羽片上缘常深裂达1/2处，先端波状圆形或有圆钝齿。叶柄栗黑色…………………………1. 掌叶铁蕨 *A. pedatum*

1. 叶背面灰白色，小羽片上缘常浅裂或呈缺刻状，先端具三角形尖锯齿。叶柄乌木色…………………………2. 灰背铁线蕨 *A. myriosorum*

1. 掌叶铁线蕨

Adiantum pedatum L., Sp. PI. 2: 1905. 1753; 中国植物志, 3(1): 192. 1990.

植株高30～60cm。根状茎短而直立，被阔披针形鳞片，棕色。叶簇生，柄长20～40cm，栗黑色，具光泽，先端二分叉；叶片掌状或阔扇形，长20～30cm，宽20～35cm，叶轴由叶柄先端向两侧二叉分枝；每侧有羽片4～6片，生于叶轴上侧，相距约1.5cm，中间羽片较大，长达20cm，宽3～4cm，一回羽状，其余向两侧羽片渐小；小羽片20～25对，互生，斜长方形或斜长三角形，有短柄，中间的较大，长达2cm，宽约1cm，上缘浅裂至深裂，圆头或钝圆头，两侧边平截形，全缘；裂片钝圆形，上缘有钝齿；叶脉由小羽片基部向上缘二叉分枝，直达叶边；叶草质，上面草绿色，下面灰绿色，两边无毛；叶轴、各回羽轴均为栗红色。孢子囊群每小羽片4～6枚，横生裂片先端缺刻内；囊群盖肾形或长圆形，近膜质，全缘。

本种在延安主要分布于黄陵，多生于海拔1000～1500m的林下。东北、华北、西北至西南各地均有分布。欧洲，亚洲的日本、朝鲜、印度北部，北美洲也有。

具观赏性，全草入药。本区林下较为常见的蕨类植物之一。

掌叶铁线蕨 *Adiantum pedatum*
植株（郭晓思 摄）

2. 灰背铁线蕨

Adiantum myriosorum Bak. Kew Bull. 1898: 230. 1898; 中国植物志, 3(1): 194. 1990.

本种形体、大小颇似掌叶铁线蕨，不同点仅在于叶柄乌木色，叶片下面灰白色，小羽片多为三角形顶端，并有3～5个锐齿，囊群盖较短，半圆形至圆肾形；分布较狭，垂直分布也较低。

本种在延安主要分布于黄陵，生于海拔1200m的林下。在我国分布于西北的陕西（中南部）、甘肃（南部），华东的浙江、台湾，华中各地，西南的四川、贵州、云南。亚洲的缅甸北部也有分布。

具观赏性，全草入药。在林下较为少见，但依据上述描述易于与掌叶铁线蕨区分。

灰背铁线蕨 *Adiantum myriosorum*
植株（郭晓思 摄）

8 蹄盖蕨科

Athyriaceae

本科编者：西北农林科技大学 郭晓思

中小型土生植物。根状茎细长，内有网状中柱，外被或多或少的鳞片；鳞片形状多样，全缘或边缘有锯齿，棕色或黑色，细胞狭长，孔细密，不透明。叶有柄，疏生鳞片，或与叶轴被有节状长毛，内有维管束两条，向上部汇合成“V”形；叶一至三回羽状，常草质或纸质，两面光滑或各回羽轴和主脉多少被有节状毛；小羽片或末回裂片边缘通常有锯齿，少有全缘，基部对称，上先出，各回羽轴和主脉上面有一纵沟，两侧有隆起的狭边；叶脉羽状，或近羽状分离。孢子囊群圆形、长圆形、线形、新月形、马蹄形或多少弯曲，或顶端常常弯过末回小脉而成钩形，背生或侧生于叶脉；有盖或无；孢子两侧对称，外壁表面光滑或有多种纹饰。

本科约有20属500种，广布于欧洲、非洲、亚洲、北美洲、南美洲、大洋洲，尤以热带和亚热带种类最多。我国各属均产，约400种，分布全国各地，但西南地区属、种最丰富。延安有2属2种，分布于黄陵。

本科植物有较好的观赏价值，少数种类可做野菜。本科植物种类繁多，适应性广，是最为常见的一大类蕨类植物，是森林林下草本层重要的组成成分。

分属检索表

1. 囊群盖新月形，全缘；根状茎短而直立或斜升；叶簇生，叶柄基部膨大有腹背之分，向下尖削……………………………………………………………………1. 蛾眉蕨属 *Lunathyrium*

1. 囊群盖阔线形，边缘啮蚀状；根状茎长而细，横走；叶疏生，叶柄基部无腹背之分，向下不尖削……………………………………………………………………2. 蹄盖蕨属 *Athyrium*

1. 蛾眉蕨属 *Lunathyrium* Koidz.

中型土生林下植物。根状茎短而直立或斜升，先端具膜质、全缘的披针形或狭披针形鳞片。叶簇生，柄禾秆色，基部加厚呈纺锤状，腹凹背凸，沿两侧边缘各有1列齿牙状凸起的小气囊体，并密被鳞片和节状柔毛；叶片长圆披针形或倒长圆形，二回羽裂；羽片狭披针形，渐尖头，基部平截，羽状深裂达羽轴两侧的阔翅，下部羽片多少缩短；裂片长圆形至长方形，先端钝或圆；叶脉隆起，单一，先端有水囊体；叶草质或纸质，通常有节状短毛，叶轴及羽轴上面有阔而浅的沟，在交接处彼此不互通。孢子囊群线形或椭圆形，有时马蹄形或钩形，沿侧脉上侧着生，主脉两旁各有1行；囊群盖通常为新月形，质厚，棕色或黄棕色，全缘，宿存；孢子两面型，周壁表面具连续或断裂的皱褶，或具各式突起。

全属约有20种，分布欧洲俄罗斯远东地区、亚洲东部、北美洲东部。我国20种均产，全国除热带地区外均有分布。延安现有1种，分布于黄陵。

本属植物具有一定的观赏价值。是森林下草本层的组成成分。

陕西蛾眉蕨

Lunathyrium giraldii (Christ) Ching in Acta Phytotax. Sin. 9: 71. 1964; 中国植物志, 3(2): 319. 1999.

植株高30～65cm。根状茎粗短，直立或斜升，被棕色鳞片，卵状披针形，老时易脱落。叶簇生，柄长达20cm，禾秆色，基部被鳞片；叶片长圆披针形，长25～50cm，宽10～17cm；二回羽状深裂；羽片约15对，下部的近对生，向上的互生，披针形，下部3～5对渐缩短，基部1对常不缩短成耳形，中部的长7～10cm，宽达1.6cm，渐尖头，基部截形，羽状深裂；裂片约15对，长圆形，彼此以狭缺刻分开，基部1对较大，长约5mm，宽约3mm，钝头，近全缘；叶脉羽状，侧脉4～5对，单一；叶草质，仅沿叶轴和羽轴疏生节状软毛。孢子囊群短线形至长新月形，沿侧脉上侧着生，每裂片2～5对；囊群盖同形，浅棕色，边缘啮蚀状或稍睫毛状，宿存。

本种在延安主要分布在黄陵，生于海拔1300m的山谷林下。在我国主要分布在华北的山西，西北的陕西、甘肃、宁夏，华中的河南、湖北，西南的四川各地。

林下草本层的重要组成成分，有一定的观赏价值。

陕西蛾眉蕨 *Lunathyrium giraldii*

1.植株（郭晓思 摄）；2.叶片背面（郭晓思 摄）

2.蹄盖蕨属 *Athyrium* Roth

中型土生草本植物。根状茎横卧，向上斜升或直立，罕细长而横走。叶簇生，罕近生或远生，有长柄，叶柄基部加厚成腹凹背凸形，两侧边缘各有瘤状气囊体一列，被鳞片；鳞片红棕色或褐色，全缘、卵状披针形或线形，以阔的基部着生；叶片长圆形、卵形或阔披针形，二至三回羽状或深羽裂，各回羽片基部合生或分离，各回羽轴（或主脉）上面以深纵沟彼此相通，沟两侧往往生有刺状突起；叶脉羽状或分叉，细脉伸达锯齿顶端；叶干后常为草质，无毛或仅沿叶轴和羽轴上有单细胞短腺毛。孢子囊群马蹄形、新月形或长形而上部弯曲成钩形；囊群盖圆肾形、马蹄形、弯钩形或短线形，边缘多少有睫毛，宿存；孢子两面型，圆肾形或长圆形，透明。

全属共有160多种，主产欧洲、亚洲、北美洲、南美洲温带和亚热带高山林下。我国有117种，分布全国各地。延安现有1种，分布于黄陵。

本属植物有一定的观赏性，其种类繁多，适应性广泛，许多种类是森林草本层的重要组成成分。

中华蹄盖蕨

Athyrium sinense Rupr. Distr. Vasc. Ross. 41. 1845; 中国植物志, 3(2): 165. 1999.

植株高30～65cm。根状茎短而斜升，被褐棕色、全缘的卵状披针形鳞片。叶簇生，柄长20～26cm，禾秆色，基部黑色，被鳞片；叶片长圆披针形，长22～35cm，宽9～15cm，下部稍狭，二回羽状；羽片约20对，互生，相距2～4cm，狭披针形，基部2对稍缩短，中部的较大，长约10cm，宽约2cm，羽状；小羽片15～25对，对生，彼此以等间隔分开，狭长圆形，长约1cm，宽约3mm，边缘浅裂成锯齿状的小裂片，基部彼此以狭翅接连。叶脉羽状，侧脉约7对，在小裂片上2～3叉，伸达锯齿顶端。叶干后草质，光滑无毛，叶轴和羽轴疏生腺毛。孢子囊群成熟时长圆形，侧生于小脉上侧，每小裂片有6～7对；在主脉两侧各排成1行；囊群盖棕色，膜质，边缘啮蚀，宿存。

本种在延安主要分布于黄陵、富县、甘泉，生于海拔1000～1100m的山谷林下。在我国主要分布在华北的北京、河北、山西、内蒙古（中部），西北的陕西、甘肃，华东的山东，华中的河南等地。

林下草本层重要的组成成分，具有一定观赏价值。

中华蹄盖蕨 *Athyrium sinense*
1.植株（郭晓思 摄）；2.叶片背面（郭晓思 摄）

9 铁角蕨科

Aspleniaceae

本科编者：西北农林科技大学　郭晓思

中小型石生或附生植物。根状茎横走，斜升或直立，外被鳞片。叶草质、肉质或近革质，光滑或疏生有粗筛孔的小鳞片；叶柄绿色或栗色；叶片变异很大，单一至三回羽状细裂，末回小羽片或裂片往往为斜方形或不等四边形，基部不对称，全缘或有锯齿或为撕裂；叶脉分离，一至多回二叉分枝，不达叶边，有时在近叶边多少结合，多回羽裂的末回裂片仅有一条小脉。孢子囊群线形，通常沿小脉上侧着生；囊群盖膜质或纸质，全缘，以一边着生于小脉上，另一边开向主脉；孢子囊为水龙骨型，环带垂直，间断，通常由20个加厚细胞组成。孢子两侧对称，长圆形或肾形，单裂缝，周壁具皱褶，皱褶连接成大网状或不形成网状，表面具小刺状纹饰或光滑，外壁表面光滑。

本科约有10属700多种，广布欧洲、非洲、亚洲、北美洲、南美洲、大洋洲各地，多生于干旱环境和石灰岩石缝中。我国有8属约130种，分布全国各地。延安现有2属2种，分布于黄陵。

本科植物常比较耐旱，部分种类生于石灰岩地区具有环境指示作用。

分属检索表

1.叶为单叶，叶边全缘；侧脉多少连接或连成网状 ·· 1.过山蕨属 *Camptosorus*

1.叶为一至三回羽状，叶边有缺刻或锯齿；侧脉分离，不连接成网状 ·················· 2.铁角蕨属 *Asplenium*

1.过山蕨属 *Camptosorus* Link

小型植物，石生。根状茎短而直立；顶部有栗黑色膜质的披针形鳞片。叶簇生，有柄；叶片披针形，全缘，先端渐尖而常延伸成鞭状，着地生根，可无性繁殖，基部狭楔形或略为戟形；叶脉网状，网眼在主脉两侧为1～2（3）行不规则排列，不达叶边；叶草质或纸质，干后草绿色，光滑。孢子囊群线形或长圆形，沿主脉两侧排成1～3行，近主脉的1行较规则，且与主脉平行，其外的1～2行斜上；囊群盖同形，灰绿色或灰棕色，膜质，近主脉的1行向主脉开口，其余有的向主脉或叶边开口；孢子囊有长柄，环带由19个加厚细胞组成；孢子矩圆形，暗色，周壁薄而透明，具皱褶连接成大网状，表面具刺状纹饰，外壁表面光滑。

全属有2种，一种产北美洲，一种产日本、朝鲜以及俄罗斯远东地区。我国的东北各地，华北的河北、山西、内蒙古（中部），西北的陕西，华东的江苏、江西、山东，华中的河南有分布。延安1种，分布于黄陵。

本属常见于潮湿的石壁上。

过山蕨

Camptosorus sibiricus Rupr. Distr. Crypt. Vasc. Ross. 45. 1845; 中国植物志, 4(2): 141. 1999.

小型植物，高约20cm。根状茎短而直立；顶部被粗筛孔的披针形鳞片，栗黑色，膜质，全缘。叶簇生，近二型，不育叶较小，柄长1～3cm，叶片长2～4cm，宽5～15mm，椭圆形，钝头；能育叶较大，柄长2～6cm，叶片长10～15cm，宽5～15mm，长披针形，先端渐尖，并延伸成鞭状，长达6cm，常着地进行无性繁殖，基部狭楔形，全缘；叶脉网状，沿主脉两侧各有1～2（3）行网眼，近主脉的一行狭长而平行于主脉，无内藏小脉，网外小脉分离，不达叶边；叶草质，暗绿色。孢子囊群线形，成熟后为长圆形，沿主脉两侧各有1～3行，近主脉的一行与主脉平行，较规则，其余各行斜向上，不规则；囊群盖同形，膜质，灰绿色，近主脉的一行向主脉开口，其余有的向主脉开口，有的向叶边开口；孢子圆肾形，表面具刺状纹饰。

本种在延安主要分布于黄陵、富县、甘泉，生于海拔1000～1300m的林下潮湿石壁上。在我国分布于东北各地，华北的河北、山西、内蒙古（中部），西北的陕西，华东的江苏、江西、山东，华中的河南各地。日本、朝鲜以及俄罗斯远东地区也有分布。

森林中草本层的组成成分。

过山蕨 *Camptosorus sibiricus*
1. 植株（郭晓思 摄）；2. 叶片背面（郭晓思 摄）

2. 铁角蕨属 *Asplenium* L.

多为石生或附生植物，形体大小不一。根状茎密被鳞片；鳞片黑褐色或深棕色，全缘，披针形，通常透明。叶柄多为淡绿色或栗褐色，上面有一纵沟，光滑或疏生小鳞片，小鳞片往往沿羽轴、主脉或叶下面疏生；叶片单一或通常一至三回羽状，羽片或小羽片往往沿各回羽轴下延，末回小羽片或裂片基部不对称，叶缘有锯齿或撕裂；叶脉分离，在末回小羽片上为一至多回二叉分枝，小脉通直，不达叶边；叶草质至革质，有时近肉质，无毛，叶轴顶端或顶部羽片着生处有时生有芽孢，可无性繁殖。孢子囊群通常线形，常沿侧脉上侧着生；囊群盖同形，厚膜质或纸质，棕色或灰白色，全缘；孢子囊具柄。孢子两侧对称，长圆形，周壁具皱褶，表面具小刺状纹饰或光滑，外壁表面光滑。

全属约有660种，广布欧洲、非洲、亚洲、北美洲、南美洲、大洋洲各地。我国约有110种，分布全国各地。延安现有1种，分布于黄陵。

本属种类繁多，生境多样，是草本植被重要的组成类群。

华中铁角蕨

Asplenium sarelii Hook. in Blakiston, Five Months on the Yang-tsze Append. 363. 364. 1862; 中国植物志, 4(2): 97. 1999.

植株高10～20cm。根状茎直立；顶部密被黑褐色筛孔细、边缘有齿牙的披针形鳞片。叶簇生，柄长4～8cm，粗约1mm，基部被褐色线状鳞片，向上近光滑；叶片长圆披针形，长8～12cm，宽约4cm，三回羽状；羽片约10对，互生，相距约2cm，卵状长圆形，基部1对略大，长2～3cm，宽1～1.5cm，二回羽状，其上各对羽片逐渐小；小羽片5～6对，互生，上先出而较大，常与叶轴近平行，其余的较小，长圆形，基部不对称，羽状；末回小羽片2～3对，倒卵形，浅裂或深裂，顶部有粗齿。叶脉分枝，羽状，每裂片有小脉1条，不达叶边；叶草质，两面光滑。孢子囊群长圆形，每末回小羽片有1～2枚；囊群盖膜质，全缘。

本种在延安主要分布于黄陵，生于海拔900～1500m的溪边或潮湿的岩石上。在我国广布东北的吉林、辽宁，华北的河北，西北的陕西，华东的安徽、浙江、江西、江苏、福建，华中的湖南、湖北和西南四川、云南、贵州各地。亚洲东部的日本、朝鲜，欧洲的俄罗斯西伯利亚及远东地区也有分布。

全草入药。喜（吸）湿，分布广泛，是草本植被中的常见种类。

华中铁角蕨*Asplenium sarelii*
1.植株（郭晓思 摄）；2.叶片背面（郭晓思 摄）

10 鳞毛蕨科

Dryopteridaceae

本科编者：西北农林科技大学　郭晓思

中型或小型土生植物。根状茎短而粗，直立或斜升，连同叶柄（至少下部）密被鳞片，有网状中柱；鳞片狭披针形至卵形，基部着生，棕色或黑色，质厚或薄，边缘多少具锯齿或睫毛。叶簇生或近生，有柄，基部不具关节，内有多条维管束，外通常密被鳞片；叶片长圆形或卵形至披针形，一至多回羽状或羽裂，极少单叶，下面疏被鳞片；叶脉羽状，分离或少有联成网状（如贯众属 *Gyrtomium*），主脉上面有阔沟，常被有纤维状鳞毛或鳞片；叶纸质至革质，干后淡绿色，叶轴和各回羽轴或多或少被有披针形或钻形鳞片。孢子囊群圆形，背生或顶生于小脉上；囊群盖棕色或褐色，圆肾形，以缺刻处着生或盾状着生；孢子两面型，长圆形、肾形至肾状椭圆形，表面有疣状突起或具翅。

本科约14属1200多种，广布欧洲、非洲、亚洲、北美洲、南美洲、大洋洲各地，主要分布于北半球温带及亚热带地区。我国有13属约470种，分布全国各地，尤以长江以南最为丰富。延安现有2属3种，分布黄陵、黄龙等地。

本科植物多为温带及亚热带林下主要蕨类，具有较高的观赏价值，部分种类具有药用价值。

分属检索表

1. 囊群盖圆盾形，盾状着生，或无盖，末回小羽片基部不对称，上侧呈耳状突起 ………………………………………… 1. 耳蕨属 *Polystichum*

1. 囊群盖圆肾形，以缺刻处着生，偶为无盖，末回小羽片基部对称，上侧不呈耳状突起 ………………………………………… 2. 鳞毛蕨属 *Dryopteris*

1. 耳蕨属 *Polystichum* Roth

通常为土生植物。根状茎短，直立或斜升，被鳞片；鳞片多型，卵形、披针形、线形或纤毛状，边缘有齿或芒状，棕色，褐色或黑色，通常质薄，基部通常呈撕裂状。叶簇生，被鳞片；叶片披针形或长圆形，一回羽状至三回羽裂；末回小羽片通常为镰形，少为长圆形，钝头，边缘常有芒状锯齿，基部不对称，上侧截形并常有耳状凸起，下侧偏斜或有时下延成羽轴翅；叶脉羽状；叶纸质，革质或草质，通常被纤维状小鳞片，叶轴和羽轴多少被鳞片；叶轴上部有时有芽孢，有时芽孢在顶端而叶轴先端能延生成鞭状，着地生根萌发成新株。孢子囊群圆形，通常顶生于小脉上，有时为背生；囊群盖盾形，罕有无盖；孢子囊环带由18个或更多的增厚细胞组成；孢子两面型，长圆形或圆形，通常有刺或疣状突起。

全属300多种，分布于欧洲、非洲、亚洲、北美洲、南美洲、大洋洲各地，主要分布于北半球温带及亚热带山地，较集中地分布在我国西南和南部以及喜马拉雅山区。我国有170余种，分布全国各地。延安现有1种，分布于黄陵、黄龙。

本属是温带及亚热带林下常见类群，多数具有观赏价值，部分种类有药用价值。

鞭叶耳蕨

Polystichum craspedosorum (Maxim.) Diels in Engl. u. Prantl, Nat. Pflanzenfam. 1(4): 189. f. 99. 1899; 中国植物志, 5(2): 2. 2001.

植株高15～35cm。根状茎短而直立，密被棕色尾尖的披针形鳞片。叶簇生，柄长3～10cm，禾秆色，疏生狭披针形或钻形鳞片。叶片线状披针形，长10～30cm，宽2～3.5cm，向基部略变狭，一回羽状；羽片30对，互生，相距1cm，镰刀状，几无柄，中部的稍大，长1～2cm，宽5～10mm，基部上侧有三角形突起，先端钝头或有小尖，边缘有粗锯齿，其余向下各羽片稍缩短，基部几对往往向下反折；叶脉羽状，有的伸达锯齿顶端；叶坚纸质，上面疏生短毛，下面被密的鳞毛和钻形鳞片，叶轴先端常延伸呈鞭状，生1芽孢，着地生根，可进行营养体繁殖。孢子囊群圆形，生于小脉顶端，近羽片的上边缘排列；囊群盖大，全缘，圆盾形，彼此密接。

本种在延安主要分布于黄陵、黄龙，生于海拔1000～1400m的林下石上或较阴湿之处。我国东北各地，华北的河北、山西，西北的陕西、宁夏、甘肃，华东的浙江、山东，华中各地，西南的四川、贵州等均有分布。亚洲东部的日本、朝鲜以及欧洲的俄罗斯远东地区也有分布。

温带森林林下蕨类植物的主要成分，比较耐阴湿，叶形美观，具有较高的观赏价值。

鞭叶耳蕨 *Polystichum craspedosorum*
1.植株（郭晓思 摄）；2.叶背面和孢子囊群（郭晓思 摄）

2.鳞毛蕨属 *Dryopteris* Adanson

土生中型植物。根状茎短粗，斜升或直立。叶簇生，叶柄腹面凹背面凸，密被鳞片；鳞片棕色，棕褐色或栗黑色，卵形，卵状披针形至狭披针形，边缘有齿牙；叶片卵状披针形，长圆状披针形至披针形，有时五角形，一至三回羽状或四回羽裂，顶部羽裂，很少为一回羽状，小羽片下先出，基部对称或近对称，上侧不为耳状突起；叶脉羽状，通常伸达叶边。叶纸质或革质，叶轴和羽轴或小羽轴（或中脉）下面常被鳞片和鳞毛，叶面多光滑。孢子囊群圆形，生于小脉上；囊群盖圆肾形，以深缺刻着生，膜质或纸质；孢子囊近球圆形，有长柄，环带由14～20个增厚细胞组成；孢子两面型，肾形或圆肾形，表面有疣状突起或有阔翅状周壁。

全属有230多种，分布于欧洲、非洲、亚洲、北美洲、南美洲、大洋洲各地，以亚洲东部种类最多，特别是中国及喜马拉雅地区为分布中心。我国有127余种，分布全国各地。延安现有2种，分布于黄陵、黄龙等地。

本属植物多为温带森林中草本层的重要成分，具有较高的观赏价值。

分种检索表

1. 小羽片基部不对称，为偏斜楔形；叶草质；叶片背面全部生有孢子囊群……………………………………………………………………………………………… 1. 华北鳞毛蕨 *D. goeringiana*

1. 小羽片基部对称或近对称；叶坚草质；仅叶片背面上半部生有孢子囊群……………………………………………………………………………………………… 2. 半岛鳞毛蕨 *D. peninsulae*

1. 华北鳞毛蕨

Dryopteris goeringiana Koidz. in Bot. Mag. Tokyo 43: 386. 1929; 中国植物志, 5(1): 173. 2000.

植株高达30～70cm。根状茎斜升，被褐棕色狭披针形鳞片。叶近簇生，柄长20～35cm，禾秆色，被棕色披针形鳞片，向上达叶轴偶有少数小鳞片或光滑；叶片卵状椭圆形，长30～40cm，宽20～30cm，三回深羽裂；羽片12～15对，互生，相距3～4cm，阔披针形，中部以下的长15～18cm，宽4～6cm，基部渐狭缩，二回深羽裂；小羽片披针形，互生，长2～4cm，宽8～12mm，渐尖头，基部为不对称楔形，下侧各对小羽片渐缩短；裂片长圆形，顶端有2～3锐齿，两侧近全缘；叶脉羽状分枝，侧脉伸达叶边，不甚明显；叶草质，两面光滑，仅沿羽轴下面疏生鳞片或鳞毛。孢子囊群几乎满布叶背面，每裂片有1枚（基部裂片2～3枚）；囊群盖圆肾形，褐棕色，边缘薄而常向上反卷，宿存。

本种在延安主要分布在黄陵、黄龙，生于海拔900～1100m的山谷林下。在我国主要分布在东北各地，华北的北京、河北、山西，西北的陕西、甘肃、青海，华中的河南等。欧洲的俄罗斯，亚洲东部的日本、朝鲜也有分布。

本种常见于温带森林的林下草本层中，根状茎供药用。

华北鳞毛蕨 *Dryopteris goeringiana*

1. 植株（郭晓思 摄）；2. 叶背面和孢子囊群（郭晓思 摄）

2. 半岛鳞毛蕨

Dryopteris peninsulae Kitag. in Rep. First Sci Exped. Manch. 4(2): 54. 1935; 中国植物志, 5(1): 157. 2000.

植株高20～40cm。根状茎粗短，斜升或直立，先端连同叶柄基部密被鳞片；鳞片褐棕色，卵状披针形。叶簇生，柄长8～14cm，禾秆色，疏被黑褐色、边缘有锯齿、披针形鳞片；叶片长圆形，长15～40cm，宽12～20cm，先端渐尖，有时略狭缩，基部圆形，二回羽状分裂；羽片约15对，基部一对对生，向上的互生，略斜展，有短柄，长圆披针形，略向上弯弓，渐尖头；小羽片12对，基部一对对生，向上的互生，斜展，近无柄，长圆披针形，略呈镰刀状，长1～2.5cm，宽约1cm，钝头，基部近对称，边缘有钝锯齿或全缘；叶脉羽状，侧脉单一或分叉，下面较明显；叶纸质，上面光滑，下面仅沿羽轴疏生小鳞片。孢子囊群圆形，较大，通常仅叶片上半部生有孢子囊群，沿裂片中脉排列成2行；囊群盖圆肾形至马蹄形，近全缘；孢子近椭圆形，外壁具瘤状突起。

本种在延安主要分布在黄陵、黄龙，多生于海拔1000m阔叶林下。在我国主要分布在东北的辽宁，西北的陕西、甘肃，华东的山东、江西，华中的河南、湖北，西南的四川、贵州、云南等地。

温带森林林下草本层的重要组成成分，具有较高的观赏价值。

半岛鳞毛蕨 *Dryopteris peninsulae*
1.植株（郭晓思 摄）；2.叶背面和孢子囊群（郭晓思 摄）

11 水龙骨科

Polypodiaceae

本科编者：西北农林科技大学　郭晓思

中型或小型蕨类植物，多为附生，少为土生。根状茎长而横走，有网状中柱，被盾状着生的鳞片，全缘或有锯齿。叶一型或二型，叶柄常以关节与根状茎相连；叶为单叶至一回羽状，草质或革质，或纸质，无毛或被星状毛；叶脉为各式网状，网眼内通常有分枝的内藏小脉，小脉顶端常有一水囊体。孢子囊群通常圆形或近圆形，或长圆形、线形、有时满布叶背面；囊群盖缺；孢子囊柄长，环带由12～18个增厚细胞组成；孢子两侧对称椭圆形或长圆形，具单裂缝，周壁或外壁有各种纹饰或平滑。

本科约有40属500余种，广布欧洲、非洲、亚洲、北美洲、南美洲、大洋洲各地，但主要产于热带和亚热带地区；我国有25属约270种，分布全国各地，但主产长江以南地区；延安现有2属4种，分布于黄陵。

本科种类繁多，生境多样，不同类群习性差异较大，山坡、林下、水边等生境均能见到。

分属检索表

1. 叶片下面仅疏被鳞片，孢子囊群仅被明显的隔丝覆盖……………………………………1. 瓦韦属 *Lepisorus*

1. 叶片下面密被星状毛，孢子囊群也被星状毛覆盖………………………………………2. 石韦属 *Pyrrosia*

1. 瓦韦属 *Lepisorus* Ching

附生蕨类。根状茎横走，被鳞片；鳞片卵圆形至线状钻形，黑褐色至棕色，全缘或有小齿。单叶，一型，远生或近生，披针形至线状披针形，基部下延于较短的叶柄或达基部，全缘或波状，通常略向下反卷。主脉明显，细脉联成网状，网眼内有内藏小脉，小脉常为分叉，先端呈棒状。叶多为革质或纸质，两面均无毛，或下面多少被棕色鳞片。孢子囊群大，圆形或椭圆形，通常彼此分离，在主脉与叶缘之间排成1行；隔丝圆盾形，全缘或有细齿，有长柄，深褐色，覆盖孢子囊群，老则脱落；孢子囊近梨形，有长柄，环带由14个增厚细胞组成；少数孢子囊近圆形，无明显增厚的细胞组成的环带；孢子两面型，近肾形，平滑。

全属约80种，分布于亚洲东部，少数分布在非洲。我国约有49种，广布全国各地。延安现有1种，分布于黄陵。

本属植物以中国种类最多，有很多附生植物，是亚热带、热带森林树干常见的附生植物。

有边瓦韦

Lepisorus marginatus Ching in Fl. Tsinling 2: 184. 233. pl. 44. 1974; 中国植物志, 6(2): 65. 2000.

植株高15～25cm。根状茎横走，粗约2.5mm，褐色，顶部密被棕色、卵形、粗筛孔状鳞片。叶近生至远生，柄长2～5cm，粗约2mm，禾秆色；叶软革质，干后浅绿色，披针形，长15～20cm，宽2～3cm，渐尖头，在基部叶柄两侧下延成狭翅，有软骨质狭边，干后常反折，下面疏生贴伏、卵形、褐色小鳞片。主脉两面隆起。孢子囊群小，圆形，直径约2mm，位于主脉与叶边中间或稍近主脉，彼此远离，幼时被圆形棕色的隔丝覆盖。

本种在延安主要分布于黄陵，附生在海拔1000～1200m的林下石上或阴沟岩石上。在我国主要分布于华北的河北、山西，西北的陕西、甘肃，华中的河南、湖北，西南的重庆、四川（北部）。

主要分布在森林下潮湿的石壁上，延安较为常见。

有边瓦韦 *Lepisorus marginatus*
植株（郭晓思 摄）

2. 石韦属 *Pyrrosia* Mirbel

附生或石生中小型蕨类。根状茎横走，密被鳞片；鳞片盾状着生，全缘或具纤毛。单叶，叶一型或少有近二型，远生或近生，有叶柄或较短，与根状茎以关节相连；叶片线形、披针形至长卵形，全缘；主脉明显，侧脉斜上，明显或隐没，网状细脉一般不明显，网眼内有内藏小脉，小脉顶端有水囊，在叶片上面通常形成洼点。叶革质，被星状毛，下面较密，棕色或灰白色，少有老时两面近无毛。孢子囊群圆形，满布在叶下面，顶生于内藏小脉上，成熟时汇合，在主脉两侧排成1行至多行，无囊群盖，有星芒状隔丝，幼时被星状毛覆盖，呈淡灰棕色；孢子囊有长柄，环带由14～18个增厚细胞组成。孢子椭圆形，周壁上有较密的小瘤状纹饰，外壁上有时有不明显的小穴。

全属100多种，分布亚洲热带和亚热带地区，少数达非洲及大洋洲。我国约有38种，主要分布于长江流域、华南和西南温暖地区。延安现有3种，分布于黄陵。

本属植物常生于石上。

分种检索表

1. 叶片线状披针形至披针形 ………………………… 1. 华北石韦 *P. davidii*
1. 叶片长圆披针形至卵圆形 ………………………… 2
2. 叶片长圆披针形，基部不狭缩，往往不对称截形；叶片下面被两层星状毛 …… 2. 毡毛石韦 *P. drakeana*
2. 叶片长卵形，基部狭缩，对称；叶片下面被一层星状毛 ………… 3. 有柄石韦 *P. petiolosa*

1. 华北石韦

Pyrrosia davidii (Bak.) Ching in Acta Phytotax. Sinica 10(4): 301. 1965; 中国植物志, 6(2): 132. 2000.

植株高（5）10～20cm。根状茎长而横走，粗2～5mm，密被鳞片；鳞片棕褐色至黑褐色，披针形，边缘有细齿。叶近生，一型，柄长短差异很大，通常长3～6cm，粗约2mm，基部被鳞片，向上被星状毛，禾秆色；叶片线状披针形，长6～15cm，宽约1cm，向两端渐变狭，渐尖头，基部楔形，两边狭翅沿叶柄下延，全缘，叶稍内卷，但不卷成筒状；叶脉不明显；叶干后近革质，上面淡灰绿色，近光滑，有洼点，下面密被短而细的黄棕色星状毛。孢子囊群圆形，布满叶片下面，无囊群盖，幼时被星状毛覆盖，棕色，成熟时孢子囊开裂，砖红色。

本种在延安主要分布于黄陵；生于海拔1000～1200m的阴湿石缝中。我国主要分布于东北辽宁、内蒙古（东部），华北的北京、河北、山西，西北的陕西，华东的山东，华中的河南、湖北、湖南，西南的重庆、四川和云南。

生境集中于石上，是石壁上常见的种类。

华北石韦 *Pyrrosia davidii*
1.植株（郭晓思 摄）；2.叶片（郭晓思 摄）

2. 毡毛石韦

Pyrrosia drakeana (Franch.) Ching in Bull. Chin. Bot. Soc. 1: 65. 1935; 中国植物志, 6(2): 150. 2000.

植株高20～35cm。根状茎长而横走，粗6～8mm，密被鳞片；鳞片棕色，披针形，边缘有睫毛。叶近生，一型，叶柄长1～20cm，粗约3mm，基部被鳞片，向上密被锈褐色星状毛，禾秆色或深禾秆色；叶片长圆披针形至长圆形，长7～15cm，宽4～6cm，急尖头或短尾尖，基部阔圆形或多少截形，往往不对称，全缘；主脉明显，侧脉略可见；叶软革质，上面有洼点，幼时疏生星状毛，下面密被棕色的星状毛。孢子囊群近圆形，整齐地成多行排列于侧脉之间，满布叶下面，幼时隐没于星状毛中，淡棕色，成熟时孢子囊开裂，呈砖红色，不汇合。

本种在延安主要分布于黄陵，常生于海拔1200m左右的岩石上或附生树干上。在我国主要分布于西北的陕西、甘肃，华中的河南、湖北和西南各地。

生境集中于石上或树干上，是常见的附生种类。

毡毛石韦 *Pyrrosia drakeana*
1.植株（郭晓思 摄）；2.叶片背面（郭晓思 摄）

3. 有柄石韦

Pyrrosia petiolosa (Christ) Ching in Bull. Chin. Bot. Soc. 1: 59. 1935; 中国植物志, 6(2): 125. 2000.

植株高达17cm。根状茎长而横走，粗2～3mm，被鳞片；鳞片褐棕色，披针形，边缘有睫毛。叶近二型；不育叶矮小，高约8cm，具短柄，叶片卵形至长圆形，长3～4cm，宽10～15mm，钝头，基部楔形下延，全缘，下面密被灰棕色星状毛；能育叶较大，高13～17cm，柄长为叶长的2～3倍，密被星状毛，叶片长卵形至长圆披针形，长4～7cm，宽1～2cm，通常内卷，有时成圆筒形，下面密被灰棕色星状毛。孢子囊深棕色，满布叶下面。

本种在延安主要分布于黄陵，是一种常见的蕨类植物；生于海拔600～1300m的干旱岩石上。在我国分布于东北各地，华北各地，西北的陕西、甘肃，华东的安徽、山东、浙江、江苏、江西，华中，西南各地等。朝鲜、俄罗斯远东地区也有分布。

较耐旱，是延安最常见的石生蕨类植物之一。

有柄石韦 *Pyrrosia petiolosa*
1.植株（郭晓思 摄）；2.叶片背面（郭晓思 摄）

裸子植物

Gymnosperms

12 银杏科

Ginkgoaceae

本科编者：西北农林科技大学　周建云

落叶乔木。树干直立，具分枝，枝有长、短枝之分。叶扁平，扇形，具长柄，长枝上螺旋状着生，短枝上簇生，叶脉平行，先端二叉分歧。雌雄异株，稀为同株。雄花4～6，具梗，柔荑花序状，雄蕊多数，螺旋状着生，每雄蕊具2花药，花丝短，雄精细胞具纤毛。雌球花具长梗，梗端常分两叉，叉顶各生1珠座，每珠座生1直立胚珠。种子核果状，具肉质外种皮、骨质中种皮和膜质内种皮。胚乳肉质，丰富，子叶2枚，发芽时不出土。

1属1种，为我国特产。延安有栽培。

银杏属 *Ginkgo* L.

形态特征同科。

银杏（白果、公孙树、鸭掌树）

Gikgo biloba L. Mant. Pl. 2: 313. 1771; 中国植物志, 7: 018. 1978.

落叶乔木，高30～40m。干直立，胸径可达3m。树皮幼时浅纵裂，老时褐色，深纵裂，雌株的大枝开展，雄株的大枝向上伸，一年生小枝淡黄褐色，两年以上者为灰色。芽黄褐色，通常卵形。叶具长柄，丛生于短枝或散生于长枝上；叶扇形，长达7～10cm，宽5～10cm，具多数分歧平行脉，基部楔形，初则浅绿色，夏季深绿色，秋季变黄色；幼树及萌芽枝上的叶较大，常呈二裂状。雌雄球花均生于短枝先端。雄球花柔荑状，4～6个簇生，下垂；雄蕊具短柄，有2花药，药室长圆形，黄绿色。雌球花6～7个簇生，有长柄，顶端常两分叉，稀3～5分叉或不分叉，各附1珠座，胚珠附生其上，通常只1个发育。种子核果状，倒卵形或椭圆形，长约3cm，熟时外皮肉质，黄色，被白粉，味辛辣，腐后有臭气，中皮白色，骨质，平滑，具2～3条纵棱。内皮红褐色，纸质，胚乳丰富，具2枚子叶。花期3～4月，种子9～10月成熟。

延安各县（区）均有栽培。在甘泉县高哨乡寺沟村白鹿寺东侧，有一棵植于唐代的古银杏树，树龄距今已有1300多年历史，是陕西省重点保护的古树名木，树高23m，树围6.25m，5人不能合抱。我国栽培很广。浙江天目山尚有野生林木。国外欧洲、美洲各地均有栽培。

优美的园林绿化树种，木材可供建筑、器具、细工及雕刻等用；种子含淀粉（67.9%)，可食，种仁入药，有润肺、止咳、强壮等效。

银杏 *Gikgo biloba*
植株、叶、果（周建云提供）

13 松科

Pinaceae

本科编者：西北农林科技大学　周建云

常绿或落叶乔木。枝仅有长枝，或兼有长枝与生长缓慢的短枝。叶条形或针形，基部不下延生长；条形叶扁平，稀呈四棱形，在长枝上螺旋状散生，在短枝上呈簇生状；针形叶2～5针（稀1针或多至8针）成一束，着生于极度退化的短枝顶端，基部包有叶鞘。花单性，雌雄同株；雄球花腋生或单生枝顶，或多数集生于短枝顶端，具多数螺旋状着生的雄蕊，每雄蕊具2花药，花粉有气囊或无气囊，或具退化气囊；雌球花由多数螺旋状着生的珠鳞与苞鳞所组成，花后珠鳞增大发育成种鳞。球果直立或下垂，当年或次年稀第三年成熟，熟时张开，稀不张开；种鳞背腹面扁平，木质或革质，宿存或熟后脱落；苞鳞与种鳞离生（仅基部合生），较长而露出或不露出，或短小而位于种鳞的基部；种鳞的腹面基部有2粒种子，种子通常上端具一膜质翅，稀无翅或几无翅；胚具2～16枚子叶，发芽时出土或不出土。

本科230余种，分属于3亚科10属，多产于北半球。我国有10属113种29 变种（其中引种栽培24种2变种），分布于全国，绝大多数都是森林树种及用材树种，亦为森林更新、造林的重要树种。有些种类可供采脂、提炼松节油等多种化工原料，有些种类的种子可食或供药用，有些种类可作园林绿化树种。

延安分布有4属10种。

分属检索表

1. 叶针形，2～5针一束，常绿；种鳞有鳞盾和鳞脐……………………………4. 松属 *Pinus*
1. 叶条形、钻形或针形，均不成束……………………………………………………2
2. 仅具长枝，叶在长枝上螺旋状着生；球果当年成熟……………………………1. 云杉属 *Picea*
2. 枝有长短枝之分；叶在长枝上螺旋状着生，在短枝上簇生；球果当年或翌年成熟………3
3. 叶针形，坚硬，常绿；球果翌年成熟……………………………………………3. 雪松属 *Cedrus*
3. 叶条形扁平，柔软，落叶；球果当年成熟………………………………………2. 落叶松属 *Larix*

1. 云杉属 *Picea* Dietr.

常绿乔木；枝轮生，小枝有显著隆起叶枕。叶四棱状或扁棱状条形，或条形扁平，四面均有气孔线，或仅上面有气孔线。雄球花单生叶腋；雌球花单生枝顶。球果卵形或圆筒形，下垂或近斜垂；种鳞革质，宿存，苞鳞极小或退化，不露出，种子有翅。

约40种。我国20种5变种，分布中心在华中地区西部。延安有2种。

分种检索表

1. 一年生枝多少有毛，间或无毛，颜色较深，多少被白粉或无白粉；冬芽圆锥形或圆锥状卵圆形，稀球形；小枝基部宿存的芽鳞多少向外反曲 ………… 云杉 *P. asperata*
1. 一年生枝无毛，颜色较浅，无白粉；冬芽卵圆形或圆锥状卵形；小枝基部宿存的芽鳞不反卷或仅顶端的芽鳞微反卷 ………… 青杄 *P. wilsonii*

1. 云杉［茂县云杉（《中国树木分类学》），茂县杉（《中国裸子植物志》），异鳞云杉、大云杉、大果云杉（《经济植物手册》），白松（甘肃）］

Picea asperata Mast. in Journ. L. Soc. Bot. 37: 419. 1906; 中国植物志, 7: 129. 1978.

乔木，高达45m，胸径达1m；树皮淡灰褐色或淡褐灰色，裂成不规则鳞片或稍厚的块片脱落；小枝有疏生或密生的短柔毛，或无毛，一年生时淡褐黄色、褐黄色、淡黄褐色或淡红褐色，叶枕有白粉，或白粉不明显，二三年生时灰褐色，褐色或淡褐灰色；冬芽圆锥形，有树脂，基部膨大，上部芽鳞的先端微反曲或不反曲，小枝基部宿存芽鳞的先端多少向外反卷。主枝之叶辐射伸展，侧枝上面之叶向上伸展，下面及两侧之叶向上方弯伸，四棱状条形，长1～2cm，宽1～1.5mm，微弯曲，先端微尖或急尖，横切面四棱形，四面有气孔线，上面每边4～8条，下面每边4～6条。球果圆柱状矩圆形或圆柱形，上端渐窄，成熟前绿色，熟时淡褐色或栗褐色，长5～16cm，径2.5～3.5cm；中部种鳞倒卵形，长约2cm，宽约1.5cm，上部圆或截圆形则排列紧密，或上部钝三角形则排列较松，先端全缘，或球果基部或中下部种鳞的先端两裂或微凹；苞鳞三角状匙形，长约5mm；种子倒卵圆形，长约4mm，连翅长约1.5cm，种翅淡褐色，倒卵状矩圆形；子叶6～7枚，条状锥形，长1.4～2cm，初生叶四棱状条形，长0.5～1.2cm，先端尖，四面有气孔线，全缘或隆起的中脉上部有齿毛。花期4～5月，球果9～10月成熟。

为我国特有树种，产于西北的陕西西南部（凤县）、甘肃东部（两当）及白龙江流域、洮河流域，西南的四川岷江流域上游及大小金川流域，海拔2400～3600m地带，常与紫果云杉、岷江冷杉、紫果冷杉混生，或成纯林。云杉系浅根性树种，稍耐阴，能耐干燥及寒冷的环境条件，在气候凉润、土层深厚、排水良好的微酸性棕色森林土地带生长迅速，发育良好。在全光下，天然更新的森林生长旺盛。延安有栽培。

木材黄白色，较轻软，纹理直，结构细，比重0.55～0.66，有弹性。可作建筑、飞机、枕木、电杆、舟车、器具、家具及木纤维工业原料等用材。树干可割取松脂。根、木材、枝桠及叶均可提取芳香油。树皮可提栲胶。材质优良，生长快，适应性强，宜选为分布区内的造林树种。

云杉 *Picea asperata*
枝叶（周建云提供）

2. 青杄 [刺儿松（河北），细叶松（《中国裸子植物志》），白杄云杉（《中国东北木本植物图志》）]

Picea wilsonii Mast. in Gard. Chron. ser. 3. 33: 133. f. 55-56. 1903; 中国植物志, 7: 138. 1978.

乔木，高达50m，胸径达1.3m；树皮灰色或暗灰色，裂成不规则块状鳞片脱落；枝条近平展，树冠塔形；一年生枝淡黄绿色或淡黄灰色，无毛，稀有疏生短毛，二三年生枝淡灰色、灰色或淡褐灰色；冬芽卵圆形，无树脂，芽鳞排列紧密，淡黄褐色或褐色，先端钝，背部无纵脊，光滑无毛，小枝基部宿存芽鳞的先端紧贴小枝。叶排列较密，在小枝上部向前伸展，小枝下面之叶向两侧伸展，四棱状条形，直或微弯，较短，通常长0.8～1.3（1.8）cm，宽1.2～1.7mm，先端尖，横切面四棱形或扁菱形，四面各有气孔线4～6条，微具白粉。球果卵状圆柱形或圆柱状长卵圆形，成熟前绿色，熟时黄褐色或淡褐色，长5～8cm，径2.5～4cm；中部种鳞倒卵形，长1.4～1.7cm，宽1～1.4cm，先端圆或有急尖头，或呈钝三角形，或具突起截形之尖头，基部宽楔形，鳞背露出部分无明显的槽纹，较平滑；苞鳞匙状矩圆形，先端钝圆，长约4mm；种子倒卵圆形，长3～4mm，连翅长1.2～1.5cm，种翅倒宽披针形，淡褐色，先端圆；子叶6～9枚，条状钻形，长1.5～2cm，棱上有极细的齿毛；初生叶四棱状条形，长0.4～1.3cm，先端有渐尖的长尖头，中部以上有整齐的细齿毛。花期4月，球果10月成熟。

为我国特有树种，产于华北的内蒙古（多伦、大青山）、河北（小五台山、雾灵山，海拔1400～2100m）、山西（五台山、管涔山、关帝山、霍山，海拔1700～2300m），西北的陕西（南部）、甘肃（中部及南部洮河与白龙江流域，海拔2200～2600m）、青海（东部，海拔2700m），华中的湖北（西部，海拔1600～2200m），西南的四川（东北部及北部岷江流域上游，海拔2400～2800m）地带，常成单纯林或与其他针叶树、阔叶树种混生成林。适应性较强，为国产云杉属中分布较广的树种之一；在气候温凉、土壤湿润、深厚、排水良好的微酸性地带生长良好。延安各地均有栽培。

木材淡黄白色，较轻软，纹理直，结构稍粗，比重0.45。可供建筑、电杆、土木工程、器具、家具及木纤维工业原料等用材。可作分布区内的造林树种。

青杄 *Picea wilsonii*
1.枝叶（周建云提供）；2.球果（周建云提供）

2.落叶松属 *Larix* Mill.

落叶乔木；长短枝明显；冬芽小，球形，芽鳞排列紧密，先端钝。叶条形扁平，细软，在长枝上螺旋状着生，短枝上簇生。雌、雄球花分别单生于短枝顶端。球果当年成熟，直立，具短柄；种鳞革质，宿存；苞鳞短小，不露出或微露；种子具膜质长翅。

约18种。我国10种1变种，另引入2种，分布于东北、华北、西北、西南等地；西北产3种，引种栽培3种。延安引种栽培1种。

华北落叶松 [落叶松（通用名），雾灵落叶松（《东北木本植物图志》）]

Larix principis-rupprechtii Mayr. Fremdl. Wald-und Parkb. 309. f. 94～95. 1906; 中国植物志, 7: 185. 1978.

乔木，高达30m，胸径1m；树皮暗灰褐色，不规则纵裂，呈小块片脱落；枝平展，具不规则细齿；苞鳞暗紫色，近带状矩圆形，长0.8～1.2cm，基部宽，中上部微窄，先端圆截形，中肋延长成尾状尖头，仅球果基部苞鳞的先端露出；种子斜倒卵状椭圆形，灰白色，具不规则的褐色斑纹，长3～4mm，径约2mm，种翅上部三角状，中部宽约4mm，种子连翅长1～1.2cm；子叶5～7枚，针形，长约1cm，下面无气孔线。花期4～5月，球果10月成熟。

我国特产，为华北地区高山针叶林带中的主要森林树种。产于河北围场、承德、雾灵山海拔1400～1800m，东灵山、西灵山、百花山、小五台山、太行山（易县、涞源）海拔1900～2500m及山西五台山、芦芽山、管涔山、关帝山、恒山等高山上部海拔1800～2800m地带。常与白杄、青杄、棘皮桦、白桦、红桦、山杨及山柳等针阔叶树种混生，或成小面积单纯林。延安南部各地有栽培。

木材淡黄色或淡褐色，材质坚韧，结构致密，纹理直，含树脂，耐久用。可供建筑、桥梁、电杆、舟车、器具、家具、木纤维工业原料等用。树干可割取树脂，树皮可提取栲胶。华北落叶松生长快，材质优良，用途大，对不良气候的抵抗力较强，并有保土、防风的效能，可作分布区内以及黄河流域高山地区及辽河上游高山地区的森林更新和荒山造林树种。

华北落叶松 *Larix principis-rupprechtii*
1.针叶（周建云提供）；2.球果（周建云提供）

3.雪松属 *Cedrus* Trew.

常绿乔木，树干端直；大枝平展或斜展，有长枝和短枝；冬芽小，卵圆形。叶针形，坚硬，先端尖，横切面三棱形或四棱形，在长枝上螺旋状散生，在短枝上簇生。球花单性，雌雄异株或同株，雌、雄球花分别单生于短枝顶端，直立。球果翌年成熟；种鳞多，木质，排列紧密，熟时与种子同时自宿存的中轴脱落；苞鳞小，不露出；种子有树脂囊，上部具宽大膜质种翅。

4种。我国1种，另引入2种。延安栽培1种。

雪松

Cedrus deodara (Roxb.) G. Don. in Loud. Hort. Brit. 388. 1830; 中国植物志, 7: 200. 1978.

乔木，高达50m，胸径达3m；树皮深灰色，裂成不规则的鳞状块片；枝平展、微斜展或微下垂，基部宿存芽鳞向外反曲，小枝常下垂，一年生长枝淡灰黄色，密生短绒毛，微有白粉，二三年生枝呈灰色、淡褐灰色或深灰色。叶在长枝上辐射伸展，短枝之叶呈簇生状（每年生出新叶15～20枚），针形，坚硬，淡绿色或深绿色，长2.5～5cm，宽1～1.5mm，上部较宽，先端锐尖，下部渐窄，常呈三棱形，稀背脊明显，叶之腹面两侧各有2～3条气孔线，背面4～6条，幼时气孔线有白粉。雄球花长卵圆形或椭圆状卵圆形，长2～3cm，径约1cm；雌球花卵圆形，长约8mm，径约5mm。球果成熟前淡绿色，微有白粉，熟时红褐色，卵圆形或宽椭圆形，长7～12cm，径5～9cm，顶端圆钝，有短梗；中部种鳞扇状倒三角形，长2.5～4cm，宽4～6cm，上部宽圆，边缘内曲，中部楔状，下部耳形，基部爪状，鳞背密生短绒毛；苞鳞短小；种子近三角状，种翅宽大，较种子为长，连同种子长2.2～3.7cm。

雪松 *Cedrus deodara*
1.植株（周建云提供）；2、3.雄球花（周建云提供）；4.球果（周建云提供）

分布于阿富汗至印度，海拔1300～3300m地带。华北的北京，西北的陕西（西安），华东的上海、浙江、江西（庐山）、山东，华中的湖北（武汉）、湖南（长沙），西南的云南（昆明）等地已广泛栽培作庭园树。在气候温和凉润、土层深厚、排水良好的酸性土壤上生长旺盛。延安各地有栽培。

边材白色，心材褐色，纹理通直，材质坚实、致密而均匀，比重0.56，有树脂，具香气，少翘裂，耐久用。可作建筑、桥梁、造船、家具及器具等用。雪松终年常绿，树形美观，亦为普遍栽培的庭园树。

我国各地栽培的雪松，雄球花常于第一年秋末抽出，翌年早春较雌球花约早一周开放，经人工授粉后，种子能正常发育，球果翌年10月成熟。用种子繁殖或插条繁殖。

4. 松属 *Pinus* L.

常绿乔木，稀灌木；冬芽显著，芽鳞多数，覆瓦状排列。叶二型：鳞叶（原生叶）单生，螺旋状排列，幼苗期条形扁平，后逐渐退化成膜质苞片状；针叶（次生叶）束生，2、3或5针一束，针叶基部为芽鳞组成的叶鞘所包，宿存或早落；叶内具维管束1或2，树脂道2～10，中生、边生或内生。球花单性同株，雄球花多数，聚生于新枝下部叶腋，呈穗状花序状；雌球花1～4，生于新枝近顶端。球果翌年成熟；种鳞木质，宿存，上部露出部分肥厚为鳞盾，其背部或顶端有隆起的鳞脐；球果成熟时种鳞通常张开，种子上部具长翅，稀具短翅或无翅。

80多种。我国22种10变种，分布遍及全国。延安产5种。

分种检索表

1. 叶鞘早落，叶3～5针一束，横断面具1维管束……2
1. 叶鞘宿存，叶2针一束，横断面具2维管束……3
2. 种鳞的鳞脐顶生；针叶5针一束；种子无翅……华山松 *P. armandii*
2. 种鳞的鳞脐背生；针叶3针一束，稀2针一束，种子具短翅……白皮松 *P. bungeana*
3. 种鳞的鳞盾显著隆起，纵横脊均较明显并向后反曲，鳞脐呈瘤状突起；针叶长4～9cm，硬直扭曲……樟子松 *P. sylvestris* var. *mongolica*
3. 种鳞的鳞盾肥厚隆起或微隆起，横脊较钝，鳞脐具刺或无刺；针叶长10cm以上……4
4. 树皮裂成不规则较厚的鳞状块片，裂缝及上部树皮红褐色……油松 *P. tabulaeformis*
4. 树皮光滑，纵裂浅，甚至不裂……柴松 *P. tabulaeformis* f. *shekanesis*

1. 华山松［五须松（四川），青松（云南），五叶松（《中国裸子植物志》）］

Pinus armandii Franch. in Nouv. Arch. Mus. Hist. Nat. Paris ser. 2. 7: 95. t. 12. (Pl. David. 1: 285). 1884; 中国植物志, 7: 217. 1978.

乔木，高达35m，胸径1m；幼树树皮灰绿色或淡灰色，平滑，老则呈灰色，裂成方形或长方形厚块片固着于树干上，或脱落；枝条平展，形成圆锥形或柱状塔形树冠；一年生枝绿色或灰绿色（干后褐色），无毛，微被白粉；冬芽近圆柱形，褐色，微具树脂，芽鳞排列疏松。针叶5针一束，稀6～7针一束，长8～15cm，径1～1.5mm，边缘具细锯齿，仅腹面两侧各具4～8条白色气孔线；横切面三角形，单层皮下层细胞，树脂道通常3个，中生或背面2个边生、腹面1个中生，稀具4～7个树

华山松 *Pinus armandii*
1.树冠（周建云提供）；2.雄球花（周建云提供）；3.球果（周建云提供）；4.树干（周建云提供）

脂道，则中生与边生兼有；叶鞘早落。雄球花黄色，卵状圆柱形，长约1.4cm，基部围有近10枚卵状匙形的鳞片，多数集生于新枝下部呈穗状，排列较疏松。球果圆锥状长卵圆形，长10～20cm，径5～8cm，幼时绿色，成熟时黄色或褐黄色，种鳞张开，种子脱落，果梗长2～3cm；中部种鳞近斜方状倒卵形，长3～4cm，宽2.5～3cm，鳞盾近斜方形或宽三角状斜方形，不具纵脊，先端钝圆或微尖，不反曲或微反曲，鳞脐不明显；种子黄褐色、暗褐色或黑色，倒卵圆形，长1～1.5cm，径6～10mm，无翅或两侧及顶端具棱脊，稀具极短的木质翅；子叶10～15枚，针形，横切面三角形，长4～6.4cm，径约1mm，先端渐尖，全缘或上部棱脊微具细齿；初生叶条形，长3.5～4.5cm，宽约1mm，上下两面均有气孔线，边缘有细锯齿。花期4～5月，球果第二年9～10月成熟。

产于华北的山西（南部中条山，北至沁源，海拔1200～1800m），西北的陕西（南部秦岭，东起华山，西至辛家山，海拔1500～2000m）、甘肃（南部，洮河及白龙江流域），华中的河南（西南部及嵩山）、湖北（西部），西南的四川、贵州（中部及西北部）、云南及西藏（雅鲁藏布江下游，海拔1000～3300m）地带。在气候温凉而湿润、酸性黄壤土、黄褐壤土或钙质土上，组成单纯林或与针叶树阔叶树种混生。稍耐干燥瘠薄的土地，能生于石灰岩石缝间。江西庐山、浙江杭州等地有栽培。模式标本采自陕西秦岭。黄龙、宜川、黄陵、富县、甘泉等地有分布。

边材淡黄色，心材淡红褐色，结构微粗，纹理直，材质轻软，比重0.42，树脂较多，耐久用。可供建筑、枕木、家具及木纤维工业原料等用材。树干可割取树脂；树皮可提取栲胶；针叶可提炼芳香油；种子食用，亦可榨油供食用或工业用油。华山松为材质优良、生长较快的树种，可为产区海拔1100～3300m地带造林树种。

2. 白皮松

Pinus bungeana Zucc. ex Endl. Syn. Conif. 166. 1847; 中国植物志, 7: 234. 1978.

乔木，高达30m，胸径可达3m；有明显的主干，或从树干近基部分成数干；枝较细长，斜展，形成宽塔形至伞形树冠；幼树树皮光滑，灰绿色，长大后树皮成不规则的薄块片脱落，露出淡黄绿色的新皮，老则树皮呈淡褐灰色或灰白色，裂成不规则的鳞状块片脱落，脱落后近光滑，露出粉白色的内皮，白褐相间呈斑鳞状；一年生枝灰绿色，无毛；冬芽红褐色，卵圆形，无树脂。针叶3针一束，粗硬，长5～10cm，径1.5～2mm，叶背及腹面两侧均有气孔线，先端尖，边缘有细锯齿；横切面扇状三角形或宽纺锤形，单层皮下层细胞，在背面偶尔出现1～2个断续分布的第二层细胞，树脂道6～7，边生，稀背面角处有1～2个中生；叶鞘脱落。雄球花卵圆形或椭圆形，长约1cm，多数聚生于新枝基部成穗状，长5～10cm。球果通常单生，初直立，后下垂，成熟前淡绿色，熟时淡黄褐色，卵圆形或圆锥状卵圆形，长5～7cm，径4～6cm，有短梗或几无梗；种鳞矩圆状宽楔形，先

白皮松 ***Pinus bungeana***
1.枝干（周建云提供）；2.枝叶（周建云提供）

端厚，鳞盾近菱形，有横脊，鳞脐生于鳞盾的中央，明显，三角状，顶端有刺，刺之尖头向下反曲，稀尖头不明显；种子灰褐色，近倒卵圆形，长约1cm，径5～6mm，种翅短，赤褐色，有关节易脱落，长约5mm；子叶9～11枚，针形，长3.1～3.7cm，宽约1mm，初生叶窄条形，长1.8～4cm，宽不及1mm，上下面均有气孔线，边缘有细锯齿。花期4～5月，球果翌年10～11月成熟。

为我国特有树种，产于华北的山西（吕梁山、中条山、太行山），西北的陕西（秦岭）、甘肃（南部及天水麦积山），华中的河南（西部）、湖北（西部），西南的四川（北部江油观雾山）等地，生于海拔500～1800m地带。北方各地公园、苏州、杭州、衡阳等地均有栽培。为喜光树种，耐瘠薄土壤及较干冷的气候；在气候温凉、土层深厚、肥润的钙质土和黄土上生长良好。延安黄龙白马滩、宜川蟒头山等地有天然分布，其他各地均有栽培。

心材黄褐色，边材黄白色或黄褐色，质脆弱，纹理直，有光泽，花纹美丽，比重0.46。可供房屋建筑、家具、文具等用材；种子可食；树姿优美，树皮白色或褐白相间、极为美观，为优良的庭园树种。

3. 欧洲赤松

Pinus sylvestris L., Sp. P1. 1000. 1753; 中国植物志, 7: 244 1978.

3a. 樟子松（变种）

Pinus sylvestris L. var. ***mongolica*** Litv. in Sched. Herb. Fl. Ross. 5: 160. 1905; 中国植物志, 7: 245. 1978.

乔木，高达25m，胸径达80cm；大树树皮厚，树干下部灰褐色或黑褐色，深裂成不规则的鳞状块片脱落，上部树皮及枝皮黄色至褐黄色，内侧金黄色，裂成薄片脱落；枝斜展或平展，幼树树冠尖塔形，老则呈圆顶或平顶，树冠稀疏；一年生枝淡黄褐色，无毛，二三年生长呈灰褐色；冬芽褐色或淡黄褐色，长卵圆形，有树脂。针叶2针一束，硬直，常扭曲，长4～9cm，很少达12cm，径1.5～2mm，先端尖，边缘有细锯齿，两面均有气孔线；横切面半圆形，微扁，皮下层细胞单层，维管束鞘呈横茧状，二维管束距离较远，树脂道6～11个，边生；叶鞘基部宿存，黑褐色。雄球花圆柱状卵圆形，长5～10mm，聚生新枝下部，长3～6cm；雌球花有短梗，淡紫褐色，当年生小球果长约1cm，下垂。球果卵圆形或长卵圆形，长3～6cm，径2～3cm，成熟前绿色，熟时淡褐灰色，熟后开始脱落；中部种鳞的鳞盾多呈斜方形，纵脊横脊显著，肥厚隆起，多反曲，鳞脐呈瘤状突起，有易

脱落的短刺；种子黑褐色，长卵圆形或倒卵圆形，微扁，长4.5～5.5mm，连翅长1.1～1.5cm；子叶6～7枚，长1.3～2.4cm；初生叶条形，长1.8～2.4cm，上面有凹槽，边缘有较密的细锯齿，叶面上亦有疏生齿毛。花期5～6月，球果第二年9～10月成熟。

产于黑龙江大兴安岭海拔400～900m山地及海拉尔以西、以南一带沙丘地区。为喜光性强、深根性树种，能适应土壤水分较少的山脊及向阳山坡，以及较干旱的沙地及石砾砂土地区。多成纯林或与落叶松混生。内蒙古也有分布。延安有栽培。

心材淡红褐色，边材淡黄褐色，材质较细，纹理直，有树脂。可供建筑、枕木、电杆、船舶、器具、家具及木纤维工业原料等用材。树干可割树脂，提取松香及松节油，树皮可提栲胶。可作庭园观赏及绿化树种。林木生长较快，材质好，适应性强，可作沙丘地区的造林树种。

樟子松 *Pinus sylvestris* var. *mongolica*
1.球果（周建云提供）；2.针叶（周建云提供）

4. 油松

Pinus tabulaeformis Carr. Traite Conif. ed. 2. 510. 1867; 中国植物志, 7: 251. 1978.

乔木，高达25m，胸径可达1m以上；树皮灰褐色或褐灰色，裂成不规则较厚的鳞状块片，裂缝及上部树皮红褐色；枝平展或向下斜展，老树树冠平顶，小枝较粗，褐黄色，无毛，幼时微被白粉；冬芽矩圆形，顶端尖，微具树脂，芽鳞红褐色，边缘有丝状缺裂。针叶2针一束，深绿色，粗硬，长10～15cm，径约1.5mm，边缘有细锯齿，两面具气孔线；横切面半圆形，二型层皮下层，在第一层

油松 *Pinus tabulaeformis*
1.植株（周建云提供）；2.树干（周建云提供）；3.球果（周建云提供）

细胞下常有少数细胞形成第二层皮下层，树脂道5～8个或更多，边生，多数生于背面，腹面有1～2个，稀角部有1～2个中生树脂道，叶鞘初呈淡褐色，后呈淡黑褐色。雄球花圆柱形，长1.2～1.8cm，在新枝下部聚生成穗状。球果卵形或圆卵形，长4～9cm，有短梗，向下弯垂，成熟前绿色，熟时淡黄色或淡褐黄色，常宿存树上数年；中部种鳞近矩圆状倒卵形，长1.6～2cm，宽约1.4cm，鳞盾肥厚、隆起或微隆起，扁菱形或菱状多角形，横脊显著，鳞脐凸起有尖刺；种子卵圆形或长卵圆形，淡褐色有斑纹，长6～8mm，径4～5mm，连翅长1.5～1.8cm；子叶8～12枚，长3.5～5.5cm；初生叶窄条形，长约4.5cm，先端尖，边缘有细锯齿。花期4～5月，球果翌年10月成熟。

为我国特有树种，产于东北的辽宁、吉林（南部），华北的山西、河北、内蒙古（中部），西北的陕西、甘肃、宁夏、青海，华东的山东，华中的河南，西南的四川等地，生于海拔100～2600m地带，多组成单纯林。其垂直分布由东到西、由北到南逐渐增高。辽宁、山东、河北、山西、陕西等地有人工林。为喜光、深根性树种，喜干冷气候，在土层深厚、排水良好的酸性、中性或钙质黄土上均能生长良好。延安各地均有分布。

心材淡黄红褐色，边材淡黄白色，纹理直，结构较细密，材质较硬，比重0.4～0.54，富树脂，耐久用。可供建筑、电杆、矿柱、造船、器具、家具及木纤维工业等用材。树干可割取树脂，提取松节油；树皮可提取栲胶。松节、松针（即针叶）、花粉均供药用。

4a. 柴松（变型）

Pinus tabulaeformis f. ***shekanesis*** Yao. et Hsu.

为油松的一种变型，树皮、叶色较淡，其主要特点是树体高大通直，枝杈少，枝细，分枝角度大，侧枝较为平展；材质优良，树脂含量低，树皮光滑，纵裂浅，甚至不裂；球果较小，天然更新能力强，耐贫瘠，适应能力强，单位面积蓄积量大。据目前所知，柴松在我国绝无仅有，其他国家也未见报道。主要天然分布于陕西延安乔北林业局和尚塬林场的大麦秸沟的很小范围内，总面积348.4hm^2。现存柴松平均树龄达125年，平均胸径24.4m，平均高18m。

与油松的主要区别点是枝条平展，树皮较光滑、灰白色，且鳞片细薄纵向排列，球果较小。

柴松 *Pinus tabulaeformis* f. *shekanesis*

1.植株（周建云提供）；2.枝叶（周建云提供）；3.树干（周建云提供）

14 杉科

Taxodiaceae

本科编者：西北大学 李忠虎

乔木。针叶螺旋状生长排列，同一树上的叶同型或二型；孢子叶球单性同株，小孢子叶及珠鳞螺旋状排列（仅水杉的叶和小孢子叶、珠鳞对生），小孢子囊多于2个（常3～4个），小孢子无气囊，珠鳞与苞鳞多为半合生（仅顶端分离），珠鳞的腹面基部有2～9枚直立或倒生胚珠。球果当年成熟，开裂，种鳞（或苞鳞）扁平或盾形，木质或革质，能育种鳞有2～9粒种子，种子周围或两侧有窄翅，胚有子叶2～9枚。

杉科共10属16种，分布于欧洲、非洲、亚洲、北美洲、南美洲、大洋洲。我国产5属7种，引入栽培4属7种，在我国分布于西北的陕西，华东的安徽、浙江、台湾、福建、江西，华中的湖北、湖南、河南等地。在延安主要分布于黄陵。

杉科植物明显喜温暖潮湿的生态环境，适合生存于亚热带和暖温带潮湿温暖的气候条件下。正是这种独特的生活习性，使之在北半球普遍温暖时广泛分布（但极少出现于干旱地区），而在气温下降后则逐渐退缩至中、低纬度地区。

杉科为喜光树种，木材结构略粗，质轻软，纹理直，不耐水湿，耐腐防蛀，可作建筑、电杆和家具等材料。中国的建材有1/4是杉树。

水杉属 *Metasequoia* Miki

落叶乔木。小枝对生或近对生，冬芽卵形或椭圆形，芽鳞交互对生。条形叶交互对生，基部扭转排成2列，线形，表面中脉凹下，背面中脉隆起，冬季与侧生小枝同落。花单性，雌雄同株，雄球花单生于枝顶或叶腋，雄蕊约20，交互对生；雌球花有短柄，单生叶腋或枝顶，珠鳞多数，每珠鳞腹面基部有胚珠5～9枚；苞鳞与珠鳞结合，不明显。球果当年成熟，近球形，球果的种鳞盾形，木质，交互对生，能育种鳞有5～9粒，种子扁平，周围有窄翅。

本属为孑遗属，在中生代白垩纪及新生代约有10种，曾广布于欧洲、亚洲及我国东北地区。第四纪冰期之后，几全部绝灭，现仅有1孑遗种。现仅分布于四川与湖北、湖南交界地区。延安栽培有1属1种。

水杉属的植物经常与槭树科、桦木科的植物形成混交林。

本属植物可供房屋建筑、板料、电杆、家具及木纤维工业原料等用。生长快，可作长江中下游、黄河下游，南岭以北、四川中部以东广大地区的造林树种及四旁绿化树种。

水杉

Metasequoia glyptostroboides Hu et Cheng, 静生汇报, 1(2): 154. 1948；中国植物志, 7: 311. 1978.

落叶乔木，高达35m；大枝不规则轮生，小枝对生或近对生，侧生小枝排成羽状，冬季凋落。

叶、芽鳞、雄球花、雄蕊、珠鳞与种鳞均交互对生。叶线形，质软，在侧枝上排成羽状，上面中脉凹下，下面沿中脉两侧有4～8条气孔线。雄球花在枝条顶部的花序轴上交互对生及顶生，排成总状或圆锥状花序，药隔显著；雌球花单生侧生小枝顶端，珠鳞9～14对，各具5～9胚珠。球果下垂，当年成熟，近球形，张开后微具四棱，稀长圆状球形，种鳞木质，盾形，顶部扁菱形，中央有凹槽，下部楔形。种子扁平，周围有窄翅，先端有凹缺；子叶2，发芽时出土。花期4～5月，球果10～11月成熟。

延安各地均有栽培。我国各地普遍引种，栽植于东北的辽宁，西北的陕西，华东的江苏、浙江，华南的广东，西南的云南、四川，已成为受欢迎的绿化树种之一。此外，世界范围内广泛栽植于北美洲、亚洲（日本）、欧洲。

水杉为喜光树种，根系发达，生长的快慢常受土壤水分的支配，在长期积水、排水不良的地方生长缓慢，树干基部通常膨大和有纵棱。不耐贫瘠和干旱，净化空气，生长缓慢，移栽容易成活。多生于山谷或山麓附近地势平缓、土层深厚、湿润或稍有积水的地方。该物种常与杉木、茅栗、锥栗、枫香、漆树、灯台树、响叶杨、利川润楠等树种混生。

木材结构略粗，质轻软，纹理直，可作建筑、电杆和家具等材料。树姿优美，又为著名的庭园绿化栽植树种。

水杉 *Metasequoia glyptostroboides*

1.叶枝（蒋鸿 摄）；2.雌球果（蒋鸿 摄）；3.树皮（蒋鸿 摄）；4.全株（蒋鸿 摄）

15 柏科

Cupressaceae

本科编者：延安市桥山国有林管理局　曹旭平

常绿乔木或灌木。针叶交叉对生或3叶轮生，或4叶成节，鳞形或刺形，鳞叶紧覆小枝，刺叶多少开展。雌雄同株或异株，球花单生；雄球花具2～16枚交叉对生的雄蕊，花药2～6枚，花粉无气囊；雌球花具3～18枚交叉对生或3枚轮生的珠鳞，全部或部分珠鳞的腹面基部或近基部有1至多数直生胚珠，少数胚珠生于珠鳞之间，苞鳞与珠鳞完全合生，仅顶端或背部有苞鳞分离的尖头。球果较小，种鳞薄或厚，扁平或盾形，木质或近革质，熟时张开，或种鳞肉质合生不张开。

柏科共22属约150种，广泛分布于欧洲、非洲、亚洲、北美洲、南美洲及大洋洲。我国产8属29种7变种，分布遍及全国，多为优良的用材树种及园林绿化树种。另引入栽培1属15种。延安有3属5种3变种，在各县（区）均有分布。

柏科植物为中性偏阳树种，幼年耐阴，以后逐渐喜光。耐旱性、耐瘠薄性均较强。该科植物一般生长在路边、山坡、山坡疏林、杂木林、针阔混交林、石灰岩山坡等地。

柏科植物为造林、固沙及水土保持的优良树种。有些种类的木材有香气，结构细致、均匀、纹理直，质地较重而坚韧；加工容易，刨面光滑，耐腐性较强；心边材区别明显，心材色深。为建筑、家具、门窗、舟车、柱材、椿木、桥梁、细木工及美术工艺等用材。其中，扁柏、圆柏、侧柏、柏木、崖柏等属的木材，均为世界上高级商用材。柏科植物含有桧黄素、榧黄素、西阿多黄素、苏铁黄素和柏黄素；此外，黄醇和二氢栎精在柏科叶中广泛分布。不少种类的树形优美，叶色翠绿或浓绿，常被栽培作园林绿化或庭园观赏树木。

分属检索表

1.球果的种鳞木质或革质，成熟后开裂；小枝平展，排成平面……1.侧柏属 *Platycladus*
1.球果的种鳞肉质，成熟后不开裂；小枝不排成平面……2
2.叶基部下延，无关节；球花生于小枝顶端……2.圆柏属 *Sabina*
2.叶基部不下延，有关节；球花生于叶腋……3.刺柏属 *Juniperus*

1.侧柏属 *Platycladus* Spach

常绿乔木，稀为灌木；树皮纵裂成狭条状脱落；大枝斜展，小枝直展，扁平状垂直，排成一平面，两面相似。针叶交互对生，排成四列，鳞片状，基部下延，背部有腺点。球花单性，雌雄同株，雄球花长椭圆形，生于小枝顶端，雄蕊一般6对，交互对生，花药2～4室；雌球花卵圆形，珠鳞4对，交互对生，中间2对腹面基部各有胚珠2枚，苞鳞与珠鳞合生。球果长卵形，当年成熟，熟前肉质，熟后木质，种鳞4对，盾形，扁平，背部顶端有1弯钩状尖头，中部2对种鳞各有1、2枚种子。

种子长卵形，无翅，子叶2枚，发芽时出土。

本属分布于亚洲的中国和朝鲜。该属仅侧柏1种，分布遍及中国各地。延安主要分布于富县、黄陵、黄龙和宜川。

侧柏属植物栽培、野生均有。喜生于湿润肥沃、排水良好的钙质土壤；耐寒、耐旱、抗盐碱，在平地或悬崖峭壁上都能生长；在干燥、贫瘠的山地上，生长缓慢，植株细弱。

现各地多栽培供观赏，在全国可选作造林树种。材质优良，供建筑、家具、文具及其他器具用，种子可榨油，针叶和果实入药，能收敛止血、利尿健胃、滋补强壮、安神润肠。

侧柏

Platycladus orientalis (L.) Franco Hist. Nat. Veg. Phan. 11: 335. 1842; 中国植物志, 7: 322. 1978.

乔木，高达10余米，幼树树冠卵状尖塔形，老则广圆形；树皮淡灰褐色。生鳞叶的小枝直展，扁平，排成一平面，两面同形；鳞叶二型，交互对生，背面有腺点。雌雄同株，球花单生枝顶；雄球花具6对雄蕊，花药2～4；雌球花具4对珠鳞，仅中部2对珠鳞各具1～2枚胚珠。球果当年成熟，卵状椭圆形，成熟时褐色；种鳞木质，扁平，厚，背部顶端下方有一弯曲的钩状尖头，最下部1对很小，不发育，中部2对发育，各具1～2粒种子。种子椭圆形或卵圆形，灰褐或紫褐色，无翅，或顶端有短膜，种脐大而明显；子叶2，发芽时出土。花期3～4月，球果10月成熟。

本种在延安主要分布于富县、黄陵、黄龙、宜川等地，海拔450～1500m。其中，分布在黄陵县桥山的黄帝陵古柏群，有5000多年历史，在号称“天下第一陵”的黄帝陵周边，古柏面积达到1300多亩，有古柏80000余株，其中千年以上的古柏34000余株，是中国现存覆盖面积最大、最古老、保存最完整的古柏群。在我国分布于东北的吉林、辽宁，华北的山西、河北，西北的陕西、甘肃，华东的山东、江西、江苏、福建、安徽、浙江，华中的河南、湖北、湖南，西南的四川、贵州、云南等地。在世界上主要分布于中国和朝鲜。

侧柏能适应于冷气候，抗旱性强、喜光，较耐寒，抗风力较差，对土壤要求不严，抗盐碱能力较强，含盐量0.2%左右亦能生长。

木材细致，纹理斜，富树脂，耐腐力强，可作建筑、家具等材料；枝、叶、种仁均可入药，具有清凉收敛及利尿等功效。常栽培作庭园树种。

侧柏 *Platycladus orientalis*

1.枝叶（李忠虎 摄）；2.雌球果（李忠虎 摄）；3.全株（李忠虎 摄）

2. 圆柏属 *Sabina* Mill.

常绿乔木或灌木，树皮裂成狭条片状脱落，稀裂成鳞片状。叶刺形或鳞片状，刺叶3～4枚轮生，基部下延，无关节，表面有气孔带；鳞片状叶交互对生或三枚轮生，背面通常有腺体。花单性，通常雌雄异株，稀为雌雄同株，球花单生于枝顶端，雄球花卵圆形或长圆形，黄色，雄蕊4～8对，交互对生或三枚轮生；雌球花含有4～8对交互对生的珠鳞，每珠鳞腹面基部有胚珠1～6枚或无胚珠，苞鳞与珠鳞合生。球果近球形，通常当年、翌年或第三年成熟。种鳞肉质，合生，不开裂，有种子1～6枚。种子不规则卵形，有棱，无翅，常含有树脂；子叶4～6枚，发芽时出土。

本属约50种，分布于欧洲、亚洲及北美洲。我国产15种5变种，多数分布于华北的北京、天津，西北的甘肃、青海、宁夏，西南的西藏、云南高山地区。另引入栽培2种。延安1种3变种，主要分布于黄陵、黄龙、宜川、洛川、吴起。

圆柏属植物大多为乔木，喜光，较耐寒；耐干旱，喜湿润，耐贫瘠，与一些阔叶林构成针叶阔叶林。

圆柏属植物心材淡褐红色，边材淡黄褐色，有香气，坚韧致密，耐腐力强，可作房屋建筑、家具、文具及工艺品等用材。枝叶及种子可提取挥发油和润滑油。树型美观，可作绿化树种，或装饰庭园。

分种检索表

1. 鳞叶初为深金黄色……………………1b. 金叶桧 *S. chinensis* var. *aurea*
1. 鳞叶初为深绿色……………………2
2. 枝直立，有扭转上升之势，鳞叶排列紧密……………………1c. 龙柏 *S. chinensis* var. *kaizuca*
2. 枝直立，鳞叶排列疏松……………………3
3. 直立乔木，球果圆球形……………………1a. 圆柏 *S. chinensis*
3. 匍匐灌木，球果倒三角状球形……………………2. 叉子圆柏 *S. vulgaris*

1. 圆柏

Sabina chinensis (L.) Ant. Cupress. Mant. Pl. 1: 127. 1767; 中国植物志, 7: 362. 1978.

1a. 圆柏（原变种）

Sabina chinensis (L.) Ant. var. ***chinensis***

常绿乔木，高达10m。树皮深灰色，纵裂成狭条片脱落，幼树大枝斜展，树冠尖塔形，老树大枝平展，树冠广圆形；小枝直或略呈弧形弯曲，生鳞叶的小枝近圆柱或近四棱形。叶有刺形与鳞片状两种，幼树全为刺叶，老树全为鳞片状叶，壮龄树二者叶型兼有；刺形叶三枚轮生，斜展，排列疏松，披针形，基部下延，表面略凹，中脉两侧各有1条白色气孔带，背面略隆起，背面近中部有椭圆形微凹的腺体；鳞形叶在一年生枝上常交互对生，在二三年生枝上三叶轮生，菱状卵形、斜方形或近披针形。球花单性，通常雌雄异株，稀为雌雄同株，雄球花椭圆形，雄蕊5～7对，花药3～4室；雌球花阔卵圆形，珠鳞4～6对，仅中部的腹面基部有胚珠1～2枚；苞鳞与珠鳞合生。球果近圆球形，直径6～8mm，熟时暗褐色，被白粉，有种子1～4枚。种子扁卵圆形，有棱脊。花期5～6月，球果翌年成熟。

圆柏在延安分布于黄陵、黄龙、宜川、洛川等地，海拔范围在600～1500m。在我国主要分布于华北的河北、山西，西北的陕西、甘肃，华东的山东、江苏、浙江、福建、安徽、江西，华中的河南、湖北、湖南，西南的四川、贵州。本种在世界上主要分布于亚洲的中国、日本及朝鲜半岛。

喜光树种，喜温凉、温暖气候，土壤喜湿润，耐贫瘠。在华北及长江下游海拔500m以下，中上游海拔1000m以下排水良好的地方可以用来造林。该物种对土壤要求不严，能生于酸性、中性及石灰质土壤上，对土壤的干旱及潮湿均有一定的抗性，但以在中性、深厚而排水良好处生长最佳；深根性，侧根也很发达。

本种在庭园中用途极广，作绿篱、行道树，还可以作桩景、盆景材料。树根、树干及枝叶可提取柏木脑的原料及柏木油；枝叶入药，能祛风散寒、活血消肿、利尿；种子可提取润滑油。木材坚韧细致，有香气，耐腐力强，可作建筑、器具等材料。

圆柏 *Sabina chinensis* var. *chinensis*
1.全株（李忠虎 摄）；2.花枝（李忠虎 摄）；3.果枝(曹旭平 摄)

1b. 金叶桧

Sabina chinensis L. var. ***aurea*** Young in Gard. Chron. 8: 1193. 1872; 中国植物志, 7: 365. 1978.

直立灌木，鳞叶初为深金黄色，后渐变为绿色。有鳞形叶的小枝圆或近方形。叶在幼树上全为刺形，随着树龄的增长刺形叶逐渐被鳞形叶代替；刺形叶3叶轮生或交互对生，长6～12mm，斜展或近开展，下延部分明显处露，上面有两条白色气孔带；鳞形叶交互对生，排裂紧密，先端钝或微尖，背部面近中部有椭圆形腺体。雌雄异株。球果近圆形，直径6～8mm，有白粉，熟时褐色，内有1～4（多为2～3）粒种子。直立灌木，鳞叶初为深金黄色，后渐变为绿色。

在延安分布于黄陵、黄龙等地，海拔在600～1500m。在我国主要分布于华北的河北、山西，华东的山东、江苏、浙江、福建、安徽、江西等地。在世界主要分布于亚洲。

喜光树种，幼苗期稍耐阴。喜温暖湿润气候，也耐严寒。耐干燥和瘠薄，对土壤适应性强，但喜土层深厚、肥沃和排水良好的土壤，不耐水涝。对有害气体抗性弱。

根系发达，寿命长，叶色金黄，灿烂夺目，是我国南北园林中不可多得的彩色柏科树种之一。可作为庭院主景树，绿篱和有色柏树墙篱，也可作为街道、公路两侧的行道树，是高速公路中隔离带绿化树种的最新替代树种，还是小区阴暗建筑物背侧的理想主栽树种。

1c. 龙柏

Sabina chinensis L. var. ***kaizuca*** Hort. 陈嵘，中国树木分类学66. 1937；中国植物志，7: 364. 1978.

常绿乔木；有鳞叶的小枝圆形或近方形。叶在幼树上全为刺形，随着树龄的增长刺形叶逐渐被鳞叶代替；刺形叶3叶轮生或交互对生，长6～12mm，斜展或近开展，下延部分明显处露，上面有两条白色气孔带；鳞形叶交互对生，排列紧密，先端钝或微尖，背部面近中部有椭圆形腺体。雌雄异株。球果近圆形，直径6～8mm，有白粉，熟时褐色，内有1～4（多为2～3）粒种子。

在延安分布于黄陵、黄龙、宜川、洛川等地，海拔范围在600～1500m。在我国主要分布于华北的河北、山西，华东的山东、江苏、浙江、福建、安徽、江西等地。在世界上主要分布于亚洲北温带。

性喜阳，稍耐阴。喜温暖、湿润环境，抗寒，抗干旱，忌积水，排水不良时易产生落叶或生长不良。适生于干燥、肥沃、深厚的土壤，对土壤酸碱度适应性强，较耐盐碱。对氧化硫和氯抗性较强，但对烟尘的抗性较差。

树形优美，枝叶碧绿青翠，公园篱笆绿化首选苗木，多被种植于庭园作美化用途。应用于公园、庭园、绿墙和高速公路中央隔离带。龙柏移栽成活率高，恢复速度快，是园林绿化中使用最多的灌木，其本身清脆油亮，生长健康旺盛，观赏价值高。

龙柏 *Sabina chinensis* var. *kaizuca*
1.果枝（曹旭平 摄）；2.果枝（曹旭平 摄）；3.叶（曹旭平 摄）

2. 叉子圆柏

Sabina vulgaris Ant. Sp. Pl. 2: 1039. 1753; 中国植物志，7: 359. 1978.

匍匐灌木，高约1m，稀成直立灌木或小乔木。树皮灰褐色，裂成薄片状脱落；枝条较多，向上斜展，一年生枝的分枝均呈圆柱形。叶二型，刺形和鳞片状，交互对生或三枚轮生，排列紧密，向上斜展，刺形叶长3～7mm，先端尖，表面凹下，背面拱圆，中部有长椭圆形或线形的腺体；鳞片状叶菱状卵形或斜方形，长1～2.5mm，先端略钝或急尖，背面中部有椭圆形或卵形的腺体；幼树上叶常为刺形，壮龄树上叶刺形和鳞片状均有。球花单性，雌雄异株，稀为雌雄同株，雄球花椭圆形或长圆形，雄蕊有花药2室；雌球花近卵圆形，珠鳞腹面基部有胚珠1～2或无胚珠，苞鳞与珠鳞合生。球果多为倒三角状球形，幼时蓝绿色，熟时褐色、蓝紫色或黑色，略被白粉，有(1)2～4(5)枚种子。种子卵圆形，略扁，有纵脊和树脂槽。花期5～6月，球果翌年10月成熟。

叉子圆柏 ***Sabina vulgaris***
1.叶枝（曹旭平 摄）；2.全株（曹旭平 摄）

本种在延安主要分布于吴起，海拔在600～1500m。在我国主要分布于西北的陕西、新疆、宁夏、内蒙古（西部）、青海、甘肃等地。在世界上主要分布于东亚、中亚及欧洲南部地区。

叉子圆柏能忍受风蚀沙埋，长期适应干旱的沙漠环境，是干旱、半干旱地区防风固沙和水土保持的优良树种。喜光，喜凉爽干燥的气候，耐寒、耐旱、耐瘠薄，对土壤要求不严，不耐涝。

常植于坡地观赏及护坡，或作为常绿地被和基础种植，增加层次；匍匐有姿，是良好的地被树种。

2.刺柏属 *Juniperus* L.

常绿乔木或灌木，树皮裂成条片状脱落；小枝近圆形或四棱形，冬芽明显。叶刺形，3枚轮生，常为披针形或线形，基部有关节，不下延，表面平或凹，有气孔带，背面隆起，常有纵脊。花单性，雌雄同株或异株，球花生于叶腋，雄球花卵圆形或长圆形，雄蕊5对，交互对生，花药2室；雌球花近圆球形，珠鳞9～15，3枚轮生，中部珠鳞腹面基部两侧边缘各有1胚珠，苞鳞与珠鳞合生。球果近球形，浆果状，种鳞合生，肉质，苞鳞先端分离，翌年或第三年成熟，不开裂或仅顶部开裂，通常有种子3枚。种子卵圆形，有树脂槽。

本属10余种，分布于欧洲、亚洲及北美洲。我国产3种，分布于西北的陕西、甘肃、青海，华东的江苏、安徽、山东、台湾，华中的河南、湖北，西南的四川、贵州、云南、西藏等地。延安的黄陵、吴起等地均引入栽培3种。

刺柏属物种抗旱、耐寒、生长旺盛、抗风能力强。

木材结构细致，纹理直，有香气，耐水湿，可供船舶、桥柱、建筑、家具等用，树形美观，各地均有栽培作庭园树种。冠形优美，不失为温带半干旱地区庭院、街道、公园等地绿化的优良新树种。果实入药，有利尿、发汗、祛风的效用。

分种检索表

1.叶上（腹）面中脉绿色，两侧各有一条白色……1.刺柏*J. formosana*

1.叶上（腹）面有一条白粉带，无绿色中脉……2

2.叶质厚，坚硬，上面凹下成深槽，白粉带较绿色边带为窄……2.杜松*J. rigida*

2.叶质较薄，微凹，不成深槽，白粉带常较绿色边带为宽……3.欧洲刺柏*J. communits*

1. 刺柏

Juniperus formosana Hayata In Gard. Chron. ser. 3. 43: 198. 1908; 中国植物志, 7: 377. 1978.

乔木，高达12m，树皮褐色；枝斜展或近直展，树冠窄塔形或窄圆锥形。小枝下垂。叶线形或线状披针形，先端渐尖、具锐尖头，上面微凹，中脉隆起，绿色，两侧各有一条白色、稀为紫或淡绿色气孔带，气孔带较绿色边带稍宽，在叶端汇合，下面绿色，有光泽，具纵钝脊。球果近球形或宽卵圆形，熟时淡红或淡红褐色，被白粉或白粉脱落。种子半月形，具3～4棱脊，近基部有3～4树脂槽。

本种在延安黄陵有栽培，海拔在600～1500m。为我国特有树种，分布很广，产于华东的江苏、台湾、安徽南部、浙江、福建西部、江西，华中的湖北西部、湖南，西北的陕西南部、甘肃东部、青海东北部，西南的四川、贵州、云南等地。世界主要分布于亚洲北温带，在欧洲、亚洲及北美洲等地有栽培。

刺柏喜光，耐寒，耐旱，主侧根均甚发达，在干旱沙地、在肥沃疏松土壤生长最好。向阳山坡以及岩石缝隙处均可生长，作为岩石园点缀树种最佳。

由于刺柏树形优美，耐寒耐旱，抗逆性强，叶片苍翠，冬夏常青，果红褐或蓝黑色，具有良好的净化空气、改善城市小气候和降低噪声等多种性能，是城乡绿化和新农村建设中首选的树种之一。

刺柏 *Juniperus formosana*
1.雄球花（李忠虎 摄）；2.枝叶（曹旭平 摄）；3.全株（曹旭平 摄）

2. 杜松

Juniperus rigida Sieb. et Zucc. In. Abh. Math. Phys. Akad. Wiss. Munch. 4 (3) : 233. 1846; 中国植物志, 7: 379. 1978.

常绿乔木，树干高达12m。树冠圆柱形，老时圆头形。大枝直立，小枝下垂。刺形叶条状、质坚硬、端尖，上面凹下成深槽，槽内有一条窄白粉带，背面有明显的纵脊。球果熟时呈淡褐黄色或蓝黑色，被白粉。种子近卵形，顶端尖，有四条不显著的棱。花期5月；球果翌年10月成熟。

本种在延安的吴起、黄陵等地有栽培，海拔1200～1600m。在我国产于东北的黑龙江、吉林、辽宁、内蒙古（东部），华北的河北（北部）、山西，西北的陕西、甘肃、宁夏等地。在世界上主要分布于亚洲的中国、日本、朝鲜半岛及大洋洲。

杜松 *Juniperus rigida*
1.叶枝（曹旭平 摄）；2.果枝（曹旭平 摄）；3.全株（曹旭平 摄）

该树种喜光，耐阴。喜冷凉气候，耐寒。对土壤的适应性强，喜石灰岩形成的栗钙土或黄土形成的灰钙土，可以在海边干燥的岩缝间或沙砾地生长。深根性树种，主根长，侧根发达。抗海潮风能力强。是梨锈病的中间寄主。树形美观，各地均有栽培作庭园树种。

杜松木材结构细致，可作雕刻、家具用材。枝叶有止痛、除湿气、利尿、祛风湿以及对尿道的抗病菌作用都有着非常好的疗效。杜松对于霍乱、伤感等也有良好的治愈效果。杜松还能助消化，可以治愈膀胱炎。燃烧杜松的枝条能够清洁空气。

3. 欧洲刺柏

Juniperus communits L., Sp. Pl. ed. 2. 2: 1470. 1763; 中国植物志, 7: 381. 1978.

常绿乔木或灌木状，树皮褐色，裂成条片状脱落，枝条向上斜展，树冠圆锥状或尖塔形，小枝稠密，红褐色。叶3枚轮生，椭圆状披针形，长8～16mm，宽1～1.2mm，先端渐尖，有角质尖头，基部不下延，表面略凹，中央有1条白色气孔带，比绿色边缘较阔，有时气孔带基部常分为2条，叶质较薄，绿色，略有光泽。花单性，雌雄同株或异株，雄球花长卵形，雄蕊5对，交互对生，花药2室；雌球花圆卵形，珠鳞3枚轮生，珠鳞基部边缘有胚珠，苞鳞与珠鳞合生。球果圆球形、阔卵圆形或近球形，直径5～7mm，熟时黑色，略被白粉，有3枚种子。种子卵圆形，顶端尖，有3棱脊。花期5～6月，球果第二年或第三年成熟。

本种在延安黄陵有栽培，海拔1300～1650m。我国河北、青岛、南京、上海引种栽培作观赏树。原产欧洲、亚洲的中亚细亚地区。

欧洲刺柏为喜光树种，耐阴；耐寒。同时为深根性树种，主根长，侧根发达。

木材质地坚硬，纹理致密，耐腐力强，可作工艺品和雕刻品等材料。同时，可栽培作庭园树。果实入药，有利尿、发汗、祛风的效用。

16 红豆杉科

Taxaceae

本科编者：西北大学　李忠虎

常绿乔木或灌木。管胞具大形螺纹增厚，木射线单列，无树脂道。针叶条形或披针形，螺旋状排列或交互对生，叶腹面中脉凹陷，叶背沿凸起的中脉两侧各有1条气孔带。孢子叶球单性异株，稀同株；小孢子叶球单生叶腋或苞腋，或组成穗状花序集生于枝顶，小孢子叶多枚，各有3～9个小孢子囊，小孢子球形，无气囊，外壁具颗粒状纹饰，单核状态时即传播扩散；大孢子叶球通常单生，或少数2～3对组成球序，生于叶腋或苞腋，基部具多数覆瓦状或交互对生的苞片，胚珠1枚，基部具辐射对称的盘状或漏斗状珠托。雄配子体完全没有营养细胞；雌配子体具1～3或8个颈卵器。成熟种子核果状或坚果状，包于肉质而鲜艳的假种皮中。胚乳丰富；子叶2枚。

本科有5属，约23种，主要分布于欧洲、非洲、亚洲、北美洲、南美洲、大洋洲。我国有4属12种1变种及1栽培种，主要分布于西北的陕西、甘肃，华东的山东、江苏、浙江、福建、安徽、江西，华中的河南、湖北、湖南，西南的四川、贵州、云南等地。延安分布1属1种，在子长、黄陵有引入栽培。

红豆杉科植物类群除少数种类向北分布到温带、向南至热带，绝大多数物种分布于亚热带山地常绿阔叶林或常绿、落叶阔叶林内，多生长于霜线以上，气候温凉潮湿、雨量充沛，相对湿度在85%以上，光照较弱、多散射光的溪旁或水分经常充足的谷地，或其他阴湿的小环境。

本科植物生长缓慢，材质坚实，硬度大，韧性强，结构细致，纹理均匀，耐腐性强，为制高级家具、细木工、雕刻及文化体育用具等优质良材。还具有极高的药用价值，通过提炼可以加工防癌治癌的药物。

红豆杉属 *Taxus* L.

该属植物为常绿乔木或灌木，小枝基部有宿存的芽鳞，稀脱落。针叶螺旋状着生，下面有两条气孔带。雌雄异株、异花授粉；球花小，单生于叶腋内，早春开放；雄球花为具柄、基部有鳞片的头状花序，有雄蕊6～14，盾状，每一雄蕊有花药4～9个；雌球花有一顶生的胚珠，基部托以盘状珠托。种子坚果状，球形，着生于红色肉质杯状假种皮中，当年成熟；子叶2枚，发芽时出土。

本属约11种，分布于欧洲、亚洲、北美洲。我国有4种1变种，分布于西北的甘肃、陕西，东北的吉林、辽宁、黑龙江，华东的浙江、江西、福建、台湾，华南的广东，华中的湖南、湖北、河南，西南的四川、贵州、云南、西藏等地。在延安子长、黄陵引入栽培1种。

红豆杉属植物为典型的阴性树种，常处于林冠下乔木第二、三层，散生，基本无纯林存在，也极少团块分布。只在排水良好的酸性灰棕壤土、黄壤土、黄棕壤土上良好生长，苗喜阴、忌晒。其种子种皮厚，处于深休眠状态，自然状态下经两冬一夏才能萌发，天然更新能力弱。

红豆杉属植物的枝叶、根及树皮能提取紫杉醇，可治糖尿病或提制抗癌药物；属于强耐阴或喜阴的阴性树种，常随森林环境的破坏而消失。叶常绿，深绿色，假种皮肉质红色，颇为美观，是优良的观赏灌木，可作庭园置景树。并经常用于圣诞花环。该属木材的边材窄，与心材区别明显，无树脂道及树脂细胞，纹理均匀，结构细致，硬度大，防腐力强，韧性强。

红豆杉

Taxus chinensis (Pilger) Rehd. in Journ. Arb. 1: 51. 1919; 中国植物志, 7: 422. 1978.

常绿乔木或灌木；小枝不规则互生，基部有多数或少数宿存的芽鳞，稀全部脱落；冬芽芽鳞覆瓦状排列，背部纵脊明显或不明显。叶条形，螺旋状着生，基部扭转排成二列，直或镰状，下延生长，上面中脉隆起，下面有两条淡灰色、灰绿色或淡黄色的气孔带，叶内无树脂道。雌雄异株，球花单生叶腋；雄球花圆球形，有梗，基部具覆瓦状排列的苞片，雄蕊6～14枚，盾状，花药4～9，辐射排列；雌球花几无梗，基部有多数覆瓦状排列的苞片，上端2～3对苞片交叉对生，胚珠直立，单生于总花轴上部侧生短轴之顶端的苞腋，基部托以圆盘状的珠托，受精后珠托发育成肉质、杯状、红色的假种皮。种子坚果状，当年成熟，生于杯状肉质的假种皮中，稀生于近膜质盘状的种托之上，种脐明显，成熟时肉质假种皮红色，有短梗或几无梗；子叶2枚，发芽时出土。

红豆杉为我国特有树种，第三纪孑遗植物，延安子长、黄陵有引入栽培。在我国分布于西北的甘肃南部、陕西南部，华中的湖北西部、湖南东北部，西南的四川、云南东北部及东南部、贵州西部及东南部。在世界的分布主要在亚洲。

适应性较强，在我国的南北方均可种植，喜欢凉爽的气候，可以耐寒，也可以耐阴；喜欢湿润，但是怕涝；土壤要求疏松、肥沃并要排水性良好，以沙质土壤为佳。

本种被公认为抗癌植物，从红豆杉提炼出来的紫杉醇对癌症疗效突出，被称为“治疗癌症的最后一道防线”。紫杉醇对肿瘤具有独特的抵抗机制，同时有显著的抑制肿瘤的作用。该物种材质结构细致，防腐力强，为水上工程优良木材；种子含油60%以上，供制皂、润滑油及药用；叶常绿、深绿色、假种皮肉质红色，颇为美观，可作庭园树。

红豆杉 *Taxus chinensis*

1.枝叶（王天才 摄）；2.全株（王天才 摄）

17 麻黄科

Ephedraceae

本科编者：西北大学　李忠虎

灌木，亚灌木或草本状，多分枝。小枝对生或轮生，具有明显的节和节间。叶退化成鳞片状，对生或轮生，下部合生成鞘状。球花单性异株，稀同株，并分别形成雌、雄球花序；雄球花花序单生或数个簇生，或3～5个组成复穗状，具有2～8对交互对生或轮生的膜质苞片，除基部1～2对外，每苞片腋部生一雄球花；每一雄球花基部具有2片膜质盖被和由花丝愈合而成的细长的柄，柄端着生2～8个小孢子囊；雌球花具有2～8对交互对生或轮生的苞片，仅顶端的1～3片苞片内生有1～3枚胚珠，每个胚珠均由1层较厚的囊状的盖被包围着。种子成熟时，盖被发育为革质或稀为肉质的假种皮，雌球花的苞片，通常变为肉质，呈红色或橘红色，包于其外，呈浆果状。

本科仅1属约40种，分布于欧洲东南部、非洲北部、亚洲、美洲等地。我国有12种4变种，分布于西北的陕西、甘肃，东北的黑龙江、吉林、辽宁，西南的四川、贵州、云南、西藏，华中的湖南、湖北、河南等地。延安分布有2种，集中在洛川、宜川、吴起。

麻黄科植物耐旱性很强，多生于干旱荒漠、多沙石的山脊、干山坡、平原、干燥荒地、河床、干草原、河滩附近及固定沙丘，常成片丛生。

该科多数种类含生物碱，其中以麻黄碱为主要有效成分，次为伪麻黄碱，为重要的药用植物，具有解表、散寒、平喘、止咳等功效；麻黄科诸种类或多或少为旱生性或半旱生性植物，生于沙丘、半沙漠、草原、荒漠及多沙、多岩石、多石砾的稀树干旱地区。麻黄有固沙保土的作用，也可作燃料；麻黄雌球花的苞片熟时肉质多汁，可食，俗称“麻黄果”。

麻黄属 *Ephedra* Tourn

形态特征、分布地区及经济价值等与科相同。

分种检索表

1.雌球花2～3成簇，叶3裂及2裂混见，下部约2/3合生成鞘状 ………………………… 1.中麻黄 *E. intermedia*

1.雌球花单生，叶2裂，鞘占全长1/3～2/3，裂片锐三角形，先端急尖 ……………………2.草麻黄 *E. sinica*

1. 中麻黄

Ephedra intermedia Schrenk ex Mey. In Mem. Acad. Sci. St. Petersb. ser. 6 (Sci. Nat.), 5: 278. 1846; 中国植物志, 7: 474. 1978.

灌木，高达1m以上；茎直立，粗壮；小枝对生或轮生，圆筒形，灰绿色，有节，节间通常长3～6cm，直径2～3mm。叶退化成膜质鞘状，上部约1/3分裂，裂片通常3（稀2），钝三角形或三角形。雄球花常数个（稀2～3）密集于节上呈团状，苞片5～7对交互对生或5～7轮（每轮3）；雄花有雄蕊5～8；雌球花2～3生于节上，由3～5轮生或交互对生的苞片组成，仅先端1轮或1对苞片生有2～3雌花；珠被管长达3mm，常螺旋状弯曲，稀较短而不明显弯曲。雌球花熟时苞片肉质，红色；种子通常3（稀2），包藏于肉质苞片内，不外露。

本种为我国分布最广的麻黄之一，在延安主要分布在洛川、宜川，海拔600～1500m。在我国产于东北的辽宁，华北的河北、山东、山西，西北的陕西、甘肃、青海及新疆等地。本种在世界分布于欧洲和亚洲的伊朗、阿富汗等地。

中麻黄具有很强的耐旱性，多生于干旱荒漠、沙滩地区及干旱的山坡或草地上，常成丛分布。

有毒植物，其毒性为全草有小毒；含生物碱，是重要的药用植物，可提取麻黄素，入药有发汗、平喘、利尿的功效；生于荒漠及土壤瘠薄处，有固沙保土的作用；习见于干旱地区的山脊、山顶或石壁等处。

2. 草麻黄（麻黄、华麻黄）

Ephedra sinica Stapf In Kew Bull. 1927: 133. 1927; 中国植物志, 7: 477. 1978.

草本状灌木，木质茎呈细长圆柱形，少分枝，直径1～2mm，表面淡绿至黄绿色，有细纵棱线，触之微有粗糙感。节明显，节间长2～6cm，节上有膜质鳞叶，鳞叶2，稀3，锐三角形，长3～4mm，先端反曲，基部常连合成筒状。质较脆，易折断，折断时有粉尘飞出，断面略呈纤维性，周边绿黄色，髓部红棕色，近圆形。气微香，味微苦涩。雄球花多数形成复穗状花序，常具总梗，通常4对苞片，雄蕊7～8枚，花丝合生，稀分离；雌球花单生，一般在幼嫩枝条上顶生，在老枝上腋生；雌花2枚，胚珠的珠被管长1mm或以上，经常直立或先端微弯曲，管口隙裂窄长，边缘常不整齐；雌球花成熟时肉质红色，矩圆状卵圆形或近于圆球形，种子通常2粒，包于苞片内，黑红色或灰褐色，三角状卵圆形或宽卵圆形。花期5～6月，种子8～9月成熟。

本种在延安吴起有分布，海拔500～1500m。在我国分布于东北的辽宁、吉林、内蒙古（东部），华北的河北、山西，华中的河南，西北的陕西等地。在世界上分布于欧洲、非洲北部、亚洲、

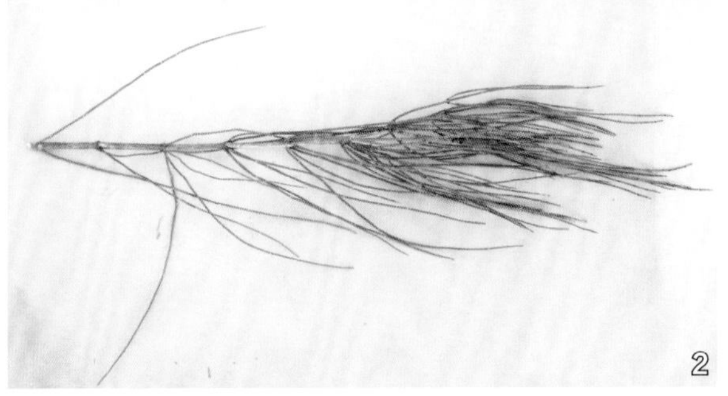

草麻黄 *Ephedra sinica*
1.全株（周建云 摄）；2.茎（周建云 摄）

美洲等地。

草麻黄为重要的药用植物，生物碱含量丰富，仅次于木贼麻黄。木质茎少，易加工提炼；由于常生于平原、山坡、河床、草原等处，故易于采收，因此在药用上所用的数量往往较木贼麻黄使用得多，为中国提制麻黄碱的主要植物。

适应性强，多见于山坡、平原、干燥荒地、河床及草原等处，常组成大面积的单纯群落。喜凉爽较干燥气候，耐严寒，对土壤要求不严格，沙质壤土、沙土、壤土均可生长，低洼地和排水不良的黏土不宜栽培。用种子及分株繁殖。

被子植物

Angiosperms

18 金粟兰科

Chloranthaceae

本科编者：延安市黄龙山国有林管理局　王天才

草本、灌木或小乔木。单叶对生，具羽状叶脉，边缘有锯齿；叶柄基部常合生；托叶小。花两性或单性，呈顶生或腋生的穗状花序、头状花序或圆锥花序，无花被或在雌花中有浅杯状3齿裂的花被（萼管）；两性花具雄蕊1～3枚，着生于子房的一侧，花丝不明显，花药2室或1室，纵裂；子房下位，1室，含1颗下垂的直生胚珠，无花柱或有短花柱。核果卵形或球形。种子含丰富的胚乳和微小的胚。

本科有3属约36种，分布于亚洲、非洲、北美洲、南美洲、大洋洲的热带和亚热带。我国有2属13种；几乎各地均有分布。延安有1属1种。

金粟兰属 *Chloranthus* Sw.

多年生草本或灌木；叶对生；花小、两性，排成顶生或腋生的穗状花序或圆锥花序；雄蕊1～3枚，着生于子房外侧，与子房合生；药隔连合，先端3裂或不分裂；花药1～2室；子房1室，有直生胚珠1颗，柱头截平或分裂；核果球形、倒卵形或梨形。

本属共有18种。分布于亚洲、非洲、北美洲、南美洲、大洋洲的热带和亚热带。我国有12种，主产四川、云南、湖北、湖南、江西、安徽、江苏、广东、广西、福建等地。延安有1种，仅产黄龙。

银线草

Chloranthus japonicus Sieb. in Nov. Act. Nat. Cur. 14 (2): 681. 1829. 中国植物志, 20 (1): 85. 1982.

多年生草本，高20～40cm；根状茎多节，横走，分枝，生多数细长须根，有特异气味；茎直立，单生或数个丛生，不分枝，下部节上对生2片鳞状叶。叶4片生于茎顶，呈假轮生，纸质，宽椭圆形或倒卵形，长7～12cm，宽4～7cm，顶端急尖，基部宽楔形，边缘有齿牙状锐锯齿，上面深绿色，背面淡绿色，两面无毛，网脉明显；叶柄长8～15mm；鳞状叶膜质，三角形或宽卵形，长4～5mm。穗状花序单一，顶生，连总花梗长3～5cm；苞片三角形或近半圆形；花白色，无花梗；雄蕊3，药丝基部合生，着生于子房上部外侧；药隔延伸成线形，长约4mm，水平伸展；子房卵形，柱头截平。核果近球形或倒卵形，绿色。花期4～5月，果期6～7月。

本种产于延安黄龙白马滩，生于海拔1000～1600m山谷杂木林下阴湿处或草丛中。我国主要分布于东北的吉林、辽宁，华北的河北、山西，西北的陕西、甘肃，华东的山东等地。

全株供药用，能祛湿散寒、活血止痛、散瘀解毒。根状茎还可提取芳香油。全草也可制农药，防治蚜虫、孑孓有效。

银线草 ***Chloranthus japonicus***
1.叶（王天才 摄）；2.群落（王天才 摄）

19 杨柳科

Salicaceae

本科编者：西北农林科技大学　常朝阳
商洛市林业局　郭鑫

落叶乔木或灌木。树皮光滑或开裂，粗糙，味苦，顶芽有或无。单叶互生，稀对生，不分裂或浅裂，全缘或具锯齿；托叶鳞片状或叶状，早落或宿存。柔荑花序直立或下垂，先叶开放，或与叶同时开放，稀叶后开放；花单性，雌雄异株，生于苞片与花序轴间，苞片膜质，脱落或宿存；基部有杯状花盘或腺体，稀无；无花被；雄蕊2至多数，花药2室，纵裂，花丝分离或基部合生；雌花子房无柄或有柄，雌蕊由2～4 (5)心皮合成，子房1室，侧膜胎座，含多数倒生胚珠，柱头2～4裂。蒴果2～4 (5)瓣裂。种子多数，无胚乳，或有少量胚乳，基部有多数白色丝状长毛。

本科有3属620余种，主要分布于北半球寒温带、温带至亚热带。我国3属均产，340余种，其中钻天柳属（*Chosenia* Nakai）分布于我国东北部，其他两属在全国各地均有；陕西有2属60种12变种6变型。延安产2属13种3变种2变型，各县（区）均有分布。

喜光，适应性强，具有较强的萌芽能力，易繁殖，常用无性繁殖或萌芽更新，也可种子繁殖。根系发达，速生。

本科植物树种是世界性重要的林业生产树种资源，在维护环境、森林更新、防风治沙、湿地保护、城镇绿化和农村经济发展中扮演着重要的角色。在中国防风林、工业用材林、薪炭林和庭园城市绿化建设中发挥着积极的作用。

分属检索表

1. 苞片先端尖裂；花盘多斜杯状；柔荑花序下垂；有顶芽，芽具数鳞片 ··························1. 杨属 *Populus*
1. 苞片先端不裂；花盘呈狭腺状；柔荑花序直立；无顶芽，芽具1鳞片 ······························· 2. 柳属 *Salix*

1. 杨属 *Populus* L.

本属编者：西北农林科技大学　常朝阳

乔木，树干挺直，树皮平滑或纵裂。枝圆柱状或稍具角棱。顶芽膨大，芽鳞多数，常具黏质；有长短枝之分，萌芽髓心近五角状。叶互生，卵圆形，卵圆状披针形或三角状卵形，全缘或具齿；叶柄较长，侧扁或圆棱形，有时顶端有腺点。柔荑花序下垂，常先叶开放，雄花序开放较雌花序稍早；苞片先端尖裂或条裂，膜质，早落，花盘斜杯状；雄蕊4至多枚，着生于花盘内，花药暗红色，花丝较短，离生；雌蕊杯状，着生花盘基部，子房球形或卵状长椭圆形，有直沟；花柱短，柱头2～4裂。蒴果2～4瓣裂。种子小，多数，卵形或倒卵形，具绵毛。

本属100余种，广泛分布于欧洲、北美洲、北非、亚洲。中国70余种，各地均有分布；陕西有18种7变种4变型。延安产6种3变种1变型，各县（区）均有分布。

喜光、耐寒，有些种喜温暖、湿润深厚肥沃的土壤。生长快、萌芽力强，寿命稍短。播种、插条、嫁接繁殖。

木材轻软、生长迅速、纤维长，是理想的工业原料林树种资源，供建筑、火柴杆、造纸等用。叶可作牛羊的饲料；芽脂、花序、树皮可供药用。为营造防护林、水土保持林或四旁绿化的树种；在华北、西北和东北地区成为林业生产、城镇环境改良和美化、道路绿化、防风固沙和森林更新的主导树种。

分种检索表

1. 叶分裂，或具波状齿；苞片被长毛；蒴果狭卵形，2瓣裂……2
1. 叶不分裂，具规则的圆齿状腺锯齿或腺齿；苞片无毛；蒴果球形或卵形，2～3瓣裂……7
2. 芽、小枝和叶背被白毛或灰色毡毛……3
2. 芽、小枝和叶背无毛或不为毡毛……5
3. 长枝与萌枝叶常为3～5掌状分裂，背面及叶柄密被白绒毛……4
3. 长枝与萌枝叶不为3～5掌状分裂，背面及叶柄无毛或被灰色毡毛……2. 毛白杨 *P. tomentosa*
4. 树冠宽阔形……1a. 银白杨 *P. alba*
4. 树冠窄圆柱形或尖塔形……1b. 新疆杨 *P. alba* var. *pyramidalis*
5. 叶缘具密波状浅齿；芽微有黏质，无毛……6
5. 叶缘具波状粗齿；芽无黏质，被毛……4. 河北杨 *P.* × *hopeiensis*
6. 叶三角状卵圆形或近圆形，基部圆形、截形或浅心形……3a. 山杨 *P. davidiana*
6. 叶卵圆形，宽菱状圆形，基部宽楔形……3b. 楔叶山杨 *P. davidiana* f. *laticuneata*
7. 叶菱状卵形、菱状椭圆形或菱状倒卵形，最宽处在中部以上，叶缘不透明；叶柄圆柱形……5. 小叶杨 *P. simonii*
7. 叶三角形或三角状卵形，若为菱状卵形时，则最宽处在中部以下，叶缘半透明；叶柄侧扁……8
8. 短枝叶三角形或三角状卵形，叶缘具毛；叶柄先端常具腺点，稀无腺点……6. 加拿大杨 *P. canadensis*
8. 短枝叶卵形、菱形、菱状卵形，稀三角形，叶缘无毛；叶柄先端无腺点……9
9. 长、短枝叶宽大于长，短枝叶基部宽楔形至近圆形；树皮暗灰色，粗糙……7a. 钻天杨 *P. nigra* var. *italica*
9. 长枝叶长、宽近等，短枝叶基部楔形；树皮灰白色，光滑……7b. 箭杆杨 *P. nigra* var. *thevestina*

1. 银白杨

Populus alba L., Sp. Pl. 2: 1034. 1753; 中国植物志, 20(2): 7. 1984.

1a. 银白杨（原变种）

Populus alba var. ***alba***

乔木，高15～30m。树干不直，树冠宽阔。树皮白色至灰白色，平滑，下部常粗糙。小枝初被白色绒毛，萌条密被绒毛，灰绿或淡褐色。芽卵圆形，先端渐尖，密被白绒毛，后脱落；萌枝和长枝叶卵圆形，长4～10cm，宽3～8cm，掌状3～5浅裂，中裂片远大于侧裂片，边缘呈不规则凹缺，初时两面被白绒毛，后仅背面被毛；短枝叶较小，长4～8cm，宽2～5cm，卵圆形或长圆状卵形，先端钝尖，基部宽楔形、圆形，边缘有不规则的钝齿牙，仅背面被白色绒毛；叶柄与叶片等长或稍短，被白绒毛。雄花序长3～6cm；花序轴有毛，苞片膜质，宽椭圆形，边缘有不规则齿牙和长毛；花盘有短梗，宽椭圆形，歪斜；雄蕊8～10，花丝细长，花药紫红色；雌花序长5～10cm，雌蕊具短柄，花柱短，柱头2，有淡黄色长裂片。蒴果细圆锥形，长约5mm，2瓣裂，无毛。花期4～5月，果期5月。

延安各地均有栽培；我国东北的辽宁，华北的山西、河北，西北的陕西、甘肃、青海、宁夏、新疆，华东的山东，华中的河南等地均有栽培，新疆有野生。也分布于欧洲、北非、亚洲西部及北部。

抗旱、抗风、耐寒，喜光、喜温凉气候，生长快、寿命长，为西北地区平原沙荒地、村边路旁等绿化造林树种。木材纹理直，结构细，可供建筑、家具、造纸等用。

1b. 新疆杨（变种）

Populus alba var. ***pyramidalis*** Bge.

本变种树冠窄圆柱形或尖塔形。树皮灰白或青灰色，光滑少裂。萌条和长枝叶掌状深裂，基部平截，裂片几对称；短枝叶圆形，有粗缺齿，侧齿几对称，基部平截，背面绿色几无毛。

延安宝塔、安塞、富县、黄陵等地栽培；我国北方各地多有栽培。分布于中亚、西亚、巴尔干半岛、欧洲等地。

适应性较银白杨更广，为优良绿化和造林树种。

新疆杨 *Populus alba* var. *pyramidalis*
1.植株（王天才 摄）；2.叶（王天才 摄）

2. 毛白杨

Populus tomentosa Carr., Rev. Hort. 39: 340. 1867; 中国植物志, 20(2): 17. 1984.

乔木，高达30m，树冠宽卵形。树皮幼时暗灰色，壮时灰绿色，渐变为灰白色，老时基部黑灰

毛白杨 *Populus tomentosa*
1.群落（卢元 摄）；2.果序（卢元 摄）；3.种子（卢元 摄）

色，深纵裂，粗糙；树干较直，散生或2～4连生菱形皮孔。侧枝开展，雄株斜上，老树枝下垂；嫩枝初被灰毡毛，后无毛。长枝叶阔卵形或三角状卵形，长10～15cm，宽8～13cm，先端短渐尖，基部心形或截形，边缘缺刻状或深波状齿，表面暗绿色，光滑，背面密生毡毛，后渐脱落；叶柄上部侧扁，长3～7cm，顶端有腺点；短枝叶较小，长7～11cm，宽6.5～10.5cm，卵形或三角状卵形，先端渐尖，表面暗绿色有金属光泽，背面光滑，边缘具深波状牙齿；叶柄侧扁，先端无腺点。雄花序长10～20cm，雄花苞片具尖头，密生长毛，雄蕊6～12，花药红色；雌花序长4～7cm，苞片褐色，尖裂，沿边缘有长毛；子房长椭圆形，柱头2裂，扁平，粉红色。果序长达14cm；蒴果圆锥形或长卵形，2瓣裂。花期3月，果期4～5月。

延安各地均有栽培。为我国的特有种，分布于我国东北的辽宁，华北的山西、河北，西北的陕西、甘肃、青海、宁夏、新疆，华东的安徽、江苏、浙江、江西、山东，华中的河南、湖北等地，特别以黄河中下游为中心分布区，生于海拔1500m以下的温和平原地区。

喜光，喜深厚肥沃、透水性好的壤土和沙壤土，不耐积水和严寒。寿命长、生长快，是杨树中大径材树种。较耐盐碱及干旱。

北方常作为行道树和农田防护林树种。材质较好，供建筑、家具、造纸等用，是人造纤维的原料。也是华北平原各城镇环境美化和绿化的重要树种。

3. 山杨

Populus davidiana Dode, Bull. Soc. Hist. Nat. Autun 18: 189. 1905; 中国植物志, 20(2): 11. 1984.

3a. 山杨（原变型）

Populus davidiana* f. *davidiana

乔木，高25m，树冠圆形。树皮灰绿色或灰白色，光滑，老树基部黑色，粗糙；小枝圆筒形，无毛，赤褐色，萌枝被柔毛。芽卵形或卵圆形，无毛，微有黏质。叶三角状卵圆形或近圆形，长宽均为3～6cm，先端钝尖、急尖或短渐尖，基部圆形、截形或浅心形，边缘有密波状浅齿；萌枝叶大，三角状卵圆形，背面被柔毛；叶柄2～6cm，侧扁。花序轴被毛；雄花序长5～9cm，雄蕊5～12，花药紫红色；雌花序长4～7cm，子房圆锥形，柱头2深裂，带红色。果序长达12cm；蒴果卵状圆锥形，有短柄，2瓣裂。花期3～4月，果期4～5月。

延安宝塔、志丹、洛川、黄龙、黄陵、富县、甘泉等地浅山丘陵区常见；垂直分布在海拔1200～1400m处，多生于山坡、山脊和沟谷地带，常形成小面积纯林或与其他树种形成混交林。分布于东北、华北、西北、华中、西南高山地区。朝鲜、俄罗斯东部也产。

本种为强阳性树种，耐寒冷、耐干旱及瘠薄土壤，适于山腹以下排水良好的肥沃土壤。根萌、分蘖能力和天然更新能力较强。

山杨 ***Populus davidiana*** **f.** ***davidiana***
小枝及叶（王天才 摄）

木材供建筑、家具、造纸用。树皮可作为药用或提取栲胶；萌发的新枝条可编筐；幼枝及叶为饲料。为森林更新的先锋树种和绿化荒山、水土保持树种。

3b. 楔叶山杨（变型）

Populus davidiana f. ***laticuneata*** Nakai, Fl. Sylv. Kor. 18: 191. 1930; 中国植物志, 20(2): 11. 1984.

叶倒三角状圆形，卵状圆形，长3～6.5cm，宽2.5～5.5cm，先端短尖，基部楔形。

产黄龙，生于海拔1400～1600m间的山坡杂木林中；分布于我国东北的辽宁，华北的河北、山西，西北的甘肃、青海。朝鲜也产。

生物学、生态学特征及用途同原变型。

4. 河北杨

Populus × ***hopeiensis*** Hu et Chow in Hu, Bull. Fan Mem. Inst. Biol. 5: 305. 1934; 中国植物志, 20(2): 14. 1984.

乔木，高达30m，树冠广圆形。树皮黄绿色至灰白色，光滑；小枝圆柱形，灰褐色，无毛，幼时黄褐色，有柔毛；芽长卵形或卵圆形，被柔毛，无黏质。叶卵形或近圆形，长3～8cm，宽2～7cm，先端急尖或钝尖，基部截形、圆形或广楔形，边缘有波状粗齿，表面暗绿色，背面淡绿色，初时背面被绒毛，后脱落；叶柄侧扁，初时被毛。雄花序长约5cm，花序轴被密毛，苞片褐色，掌状分裂，裂片边缘具白色长毛；雌花序长3～5cm，花序轴被长毛，苞片赤褐色，边缘有长白毛；子房卵形，光滑，柱头2裂。蒴果长卵形，2瓣裂，有短梗。花期4月，果期5～6月。

产延安宝塔、安塞、志丹、洛川、吴起、黄龙、黄陵、富县、洛川等地，生于海拔750～1500m的黄土峁梁或沟谷溪边；在我国分布于华北、西北各地。

耐寒、耐旱，喜湿润，但不耐涝，适生于高寒多风地区。速生，深根性，侧根发达，萌芽力强，耐风沙。

本种为山杨和毛白杨的天然杂交种。为优美的庭荫树或行道树，亦为华北、西北黄土高原水土保持和造林优良树种。可供建筑、农具、板箱等用。

河北杨 *Populus* × *hopeiensis*
1.植株（示中部）（王天才 摄）；2.树干外表皮（王天才 摄）；3.叶（王天才 摄）

5. 小叶杨

Populus simonii Carr., Rev. Hort. 360. 1867; 中国植物志, 20(2): 23. 1984.

乔木，高达20m，树冠近圆形。树皮幼时灰绿色，老时暗灰色，沟裂；萌发枝及小枝有棱脊，红褐色，后变黄褐色，老树小枝圆形，细长而密，无毛；芽细长，褐色，有黏质。叶菱状卵形，菱状椭圆形或菱状倒卵形，长3～12cm，宽2～8cm，中部以上较宽，基部楔形，边缘具细锯齿，表面淡

小叶杨 *Populus simonii*
1.植株（示中部）（王天才 摄）；2.小枝（王天才 摄）；3.叶（王天才 摄）

绿色，背面灰绿或微白，无毛；叶柄圆柱形，长0.5～4cm。雄花序长2～7cm，花序轴无毛，雄蕊8～9（25）；雌花序长2.5～6cm；苞片淡绿色，裂片褐色，无毛，柱头2裂。果序长达15cm；蒴果卵状圆锥形，有短柄，2瓣裂，无毛。花期3～5月，果期4～6月。

延安分布于宝塔、宜川、洛川、黄龙、黄陵、富县、吴起、志丹、甘泉等地，多生于海拔800～1300m的河岸及溪旁，村庄路旁常见栽培；广布于东北、华北、西北、华中及西南地区。

抗旱、耐瘠薄、适应性广、生长优良、寿命长、抗逆性强。

木材为优良的建筑用材和造纸原料。树皮可提制栲胶，嫩叶可食。为防风固沙、护堤固土、绿化观赏树种，也为东北和西北防护林和用材林主要树种。

6. 加拿大杨

Populus* × *canadensis Moench., Verz. Ausl. Bäume Weissent. 81. 1785; 中国植物志, 20(2): 71. 1984.

乔木，高达30m，树冠卵形。干直，树皮粗厚，深沟裂，下部暗灰色，上部褐灰色；枝有棱角，无毛，稀微被短柔毛；芽大，先端反曲，富黏质。叶三角形或三角状卵形，长7～10cm，先端渐尖，基部截形或宽楔形，有时具1～2腺体，叶缘半透明，有圆锯齿和短缘毛，表面暗绿色，背面淡绿色；叶柄侧扁而长，苗期带红色。雄花序长7～15cm，花序轴光滑，雄蕊15～25（40）；苞片淡绿褐色，花盘淡黄绿色，全缘，花丝细长，白色，超出花盘；雌花序有花45～50朵，柱头4裂。果序长达27cm；蒴果卵圆形，长约8mm，2～3瓣裂。花期4月，果期5～6月。

延安吴起有栽培。我国各地广为栽培。世界各国多有栽培。

喜光，较耐寒，瘠薄土壤上生长不良。

木材可制家具以及造纸等；树皮含鞣质，可提制栲胶，也可作为黄色染料；亦为良好绿化树种。

7. 黑杨

Populus nigra L., Sp. PL. 1034. 1753; Kom. Fl. URSS, 5: 228. t. 10: 7. 1936; 中国植物志, 20(2): 63. 1984.

7a. 钻天杨（变种）

Populus nigra L. var. ***italica*** (Moench.) Koehne, Deut. Dendrol. 81. 1893; 中国植物志, 20(2): 63. 1984.——*Populus italica* Moench, Verzeich. Ausl. Baiime Weiss. 79. 1785.

乔木，高达30m，树冠圆柱形。树皮暗灰褐色或黑褐色，老时沟裂；侧枝开展，小枝圆，无毛，黄褐色或淡黄褐色，嫩枝有时疏生短柔毛；芽长卵形，先端长渐尖，淡红色，富黏质。长枝叶扁三角形，长约7.5cm，短枝叶菱状三角形或菱状卵圆形，长5～10cm，宽4～9cm，先端渐尖，基部阔楔形或近圆形；叶柄上部微扁，顶端无腺点。雄花序长4～8cm，花序轴光滑，雄蕊15～30；雌花序长10～15cm。蒴果2瓣裂，先端尖，果梗细长。花期4月，果期5月。

延安（黄陵）有栽培。我国长江、黄河流域各地广为栽培。欧洲、北美洲、地中海、西亚、中亚均有栽培。

原变种黑杨（*Populus nigra* L.）产我国新疆的额尔齐斯河和乌伦古河流域以及中亚、西亚、巴尔干和欧洲等地，延安不产。

钻天杨喜光，抗寒，抗旱，耐干旱气候，稍耐盐碱及水湿，但在低洼常积水处生长不良。

木材供建筑、造纸等用。但抗病虫害能力较差。

7b. 箭杆杨（变种）

Populus nigra L. var. ***thevestina*** (Dode) Bean, Trees Shrubs Brit. Isl. 2: 217. 1914; 中国植物志, 20(2): 63. 1984.——*Populus thevestina* Dode, Bull. Soc. Hist. Nat. Autun. 18: 210. 1905.

本变种极似钻天杨，但树冠更为狭窄；树皮灰白色，较光滑。叶较小，基部楔形；萌枝叶长宽近相等。延安有栽培。西北、华北各地广为栽培。欧洲、高加索、小亚细亚、北非、巴尔干半岛等地均有栽培。生态学、生物学特征及用途同钻天杨。

2. 柳属 *Salix* L.

本属编者：商洛市林业局　郭鑫

乔木或灌木，匍匐状、垫状或直立。枝圆柱形，髓心近圆形；无顶芽，侧芽紧贴枝上，芽鳞单一。叶互生，稀对生，狭而长，披针形，有锯齿，稀全缘；叶柄短；具托叶，多有锯齿，早落，稀宿存。柔荑花序直立或斜展，先叶或与叶同时开放，稀后叶开放；苞片全缘，宿存，稀早落；雄蕊2至多数，花丝离生或合生，花药黄色；具腺体1～2；雌蕊由2心皮组成，子房无柄或有柄，花柱长短不一，或无，单1或分裂，柱头1～2，分裂或不裂。蒴果2瓣裂；种子小，暗褐色。

本属有520余种，主产北半球温带地区。我国有275种，遍及全国各地；陕西含栽培的有42种5变种2变型。延安产7种1变型，各县（区）均有分布。

喜光，生态幅宽，多喜湿润，能生于水边和浅水中。有些种类耐干旱，喜温凉气候；有些种类耐严寒，对土壤的适应性强。生长快，萌芽力强，扦插极易成活，也可播种繁殖。

本属木材轻柔，主供小板材、小木器、矿柱材、民用建筑材、农具材和薪炭材用，有些种类的木炭为制造火药的原料；灌木种类的枝条多细长而柔，可编制筐、篮、包、家具、柳条箱、安全帽；树皮含单宁，供工业用或药用；嫩枝、叶为野生动物饲料；个别种的叶子可作家畜饲料或饲柞蚕；为保持水土、固堤、防沙和四旁绿化及美化环境的优良树种；有的是早春蜜源植物。

分种检索表

1. 叶长不超过宽的4倍，椭圆形至椭圆状披针形、椭圆状菱形、倒卵状椭圆形……………………………………3. 中国黄花柳 *S. sinica*
1. 叶长在宽的4倍以上，线形、披针形、长圆状披针形，稀披针状长圆形……………………2
2. 乔木或小乔木；叶先端长渐尖至渐尖；雄蕊2枚离生，花具背腹腺……………………3
2. 灌木，稀小乔木；叶先端钝，急尖至短渐尖；雄蕊2枚，部分至全部合生，花仅具1腹腺……………………5
3. 枝直立或斜展，不下垂；叶披针形，长5～10cm……………………4
3. 枝下垂；叶狭披针形或线状披针形，长9～16cm……………………2. 垂柳 *S. babylonica*
4. 枝不卷曲……………………1a. 旱柳 *S. matsudana*
4. 枝卷曲……………………1b. 龙爪柳 *S. matsudana* f. *tortuosa*
5. 叶宽常超过1cm；托叶披针形，卵状披针形或卵形……………………6
5. 叶宽不超过1cm；托叶线形或线状披针形……………………7
6. 叶互生，宽倒披针形，中部以上宽……………………4. 黄龙柳 *S. liouana*
6. 叶对生或斜对生，披针形，中部以下宽……………………5. 红皮柳 *S. sinopurpurea*

7. 小枝灰黑色或黑红色，有绒毛或柔毛；叶长不超过5cm……………………………………6. 乌柳 *S. cheilophila*

7. 小枝黄灰色至暗灰色，无毛；叶长8～15cm ……………………………………………7. 筐柳 *S. linearistipularis*

1. 旱柳

Salix matsudana Koidz., Bot. Mag. (Tokyo) 29: 312. 1915; 中国植物志, 20(2): 132. 1984.

1a. 旱柳（原变型）

Salix matsudana f. ***matsudana***

乔木，高达18m，树冠广圆形。树皮暗灰黑色，有裂沟；枝细长，直立或斜展，无毛。叶披针形，长5～10cm，宽1～1.5cm，先端长渐尖，基部窄圆形或楔形，上面绿色，无毛，有光泽，下面苍白色或带白色，有细腺锯齿，幼叶有丝状柔毛；叶柄短，被长柔毛；托叶披针形或无，边缘有细腺锯齿。花序与叶同时开放；雄花序圆柱形，长1.5～2.5（3）cm，花序轴有长毛；雄蕊2，花丝基部有长毛，花药卵形，黄色；苞片卵形，黄绿色，先端钝，基部被毛；腺体2，雌花序较雄花序短，长达2cm，花序轴有长毛；子房长椭圆形，近无柄，无毛，几无花柱，柱头卵形，近圆裂；苞片同雄花，腺体2，背生和腹生。果序长达2（2.5）cm。花期4月，果期4～5月。

延安各地常见栽培树种，多见于海拔1000～1300m的河谷及沟地路旁；广布于我国东北、华北、西北及华东的江苏、浙江。日本、朝鲜、俄罗斯远东地区也产。

生态幅较宽，既能在低湿立地生长，也能在西北、华北干旱地下水位较高的立地生长。根系发达，萌蘖力强，耐修剪。

木材供建筑、器具、造纸等用。为西北固堤护岸、固沙保土的优良树种，同时也为薪柴、小工具用材。

旱柳 *Salix matsudana* f. *matsudana*
1. 植株（王天才 摄）；2. 叶（王天才 摄）

1b. 龙爪柳（变型）

Salix matsudana f. ***tortuosa*** (Vilm.) Rehd., J. Arnold Arbor. 6(4): 206. 1925; 中国植物志, 20(2): 132. 1984.——*Salix matsudana* var. *tortuosa* J. Vilm., J. Soc. Natl. Hort. France ser. 4,25: 350. 1924.

与原变型主要区别：枝卷曲。

延安各县（区）有栽培，作庭院绿化树种。我国各地多栽培。亚洲（日本）、欧洲、北美洲均引种。

龙爪柳 ***Salix matsudana*** **f.** ***tortuosa***
1.植株（王天才 摄）；2.小枝及叶（王天才 摄）

2. 垂柳

Salix babylonica L., Sp. Pl. 2: 1017. 1753; 中国植物志, 20(2): 138. 1984.

乔木，高达12～18m，树冠开展而疏散。树皮灰黑色，不规则开裂；枝细长下垂，无毛；芽线形，先端急尖。叶狭披针形或线状披针形，长9～16cm，宽0.5～1.5cm，先端长渐尖，基部楔形，两面无毛或微有毛，上面绿色，下面淡绿色，边缘有锯齿；叶柄被短柔毛；托叶仅生在萌发枝上，斜披针形或卵圆形，边缘有齿牙。花序先叶或与叶同时开放，雄花序长1.5～3cm，有短梗，轴有毛；雄蕊2，基部被长毛，花药红黄色；苞片披针形，外面有毛，腺体2；雌花序长达2～3（5）cm，有梗，轴有毛；子房椭圆形，无毛或下部稍有毛，无柄，花柱短，柱头2～4深裂，苞片披针形，外面有毛；腺体1。蒴果长3～4mm，带绿黄褐色。花期3～4月，果期4～5月。

延安各地公园栽培作绿化树种；广布于全国各地。亚洲、欧洲、美洲均有引种。

生态幅较宽，适生于低湿立地，如沟边、湖边。根系发达，速生，萌芽力强，耐修。

为优美的绿化树种，木材可供制家具；枝条可编筐；树皮含鞣质，可提制栲胶。叶可作羊饲料。

垂柳 ***Salix babylonica***
小枝及叶（王天才 摄）

3. 中国黄花柳

Salix sinica (Hao ex C. F. Fang et A. K. Skvortsov) G. Zhu, Novon 8: 465. 1998; 中国植物志, 20(2): 304. 1984. ——*Salix caprea* L. var. *sinica* K. S. Hao ex C. F. Fang et A. K. Skvortsov, Novon 8: 467. 1998.

灌木或小乔木。小枝红褐色。叶形多变化，一般为椭圆形、椭圆状披针形、椭圆状菱形、倒卵状椭圆形、稀披针形或卵形、宽卵形，长3.5～6cm，宽1.5～2.5cm，先端短渐尖或急尖，基部楔形或圆楔形，幼叶有毛，后脱落，上面暗绿色，下面发白色，全缘，叶柄有毛；托叶半卵形至近肾形。花先叶开放；雄花序无梗，宽椭圆形至近球形，长2～2.5cm，粗1.8～2cm，开花自上往下；雄蕊2，离生，花丝细长，基部被柔毛，花药长圆形，黄色；仅1腺，近方形，腹生；雌花序短圆柱形，长2.5～3.5cm，无梗，基部有2具绒毛的鳞片，子房狭圆锥形，长约3.5mm，具柄，有毛，花柱短，柱头2裂；仅1腹腺。蒴果线状圆锥形，长达6mm，果柄与苞片几等长。花期4月下旬，果期5月下旬。

延安见于洛川、富县、黄龙、黄陵、志丹，生于海拔600～1600m的山地林缘。分布于华北、西北各地。

耐阴，喜水湿环境。

中国黄花柳 *Salix sinica*
1.植株（王天才 摄）；2.小枝及叶（王天才 摄）

4. 黄龙柳

Salix liouana C. Wang et C. Y. Yang, Bull. Bot. Lab. N. E. Forest. Inst., Harbin 9: 97. 1980; 中国植物志, 20(2): 359. 1984.

灌木，树皮淡黄色。小枝黄褐或红褐色，沿芽附近常有短绒毛；1～2年枝密被灰绒毛；芽扁，卵圆形，密被绒毛。叶倒披针形或披针形，常上部较宽，长6～10cm，宽1.5～2.5cm，短枝叶较小，先端短渐尖，基部楔形或阔楔形，边缘微外卷，有腺锯齿，上面淡绿色，下面苍白色，幼叶有短绒毛，成叶仅叶脉有毛，叶脉淡褐色，两面突出；叶柄长5～10mm，密被绒毛；托叶披针形，先端渐尖，基部渐狭，具腺齿，长于叶柄。花几与叶同时开放；雄花序未见；雌花序卵圆形至短圆柱形，长1～2.5cm，粗6～7mm，无梗，基部具椭圆形下面有长毛的鳞片；苞片倒卵圆形或几圆形，先端圆，暗褐或栗色，两面有灰白色长柔毛，腺体1，腹生，细小；子房圆锥形，密被灰绒毛，无柄，花柱短至缺，柱头全缘或2裂。花期4月，果期5月。

延安产洛川、志丹、黄龙（黄龙山），生于海拔400～1400m的山坡或河岸。分布于西北的陕西南部、华东的山东、华中的河南。

黄龙柳 *Salix liouana*
1.植株（王天才 摄）；2.小枝（王天才 摄）

5. 红皮柳

Salix sinopurpurea C. Wang et C. Y. Yang, Bull. Bot. Lab. N. E. Forest. Inst., Harbin 9: 98. 1980; 中国植物志, 20(2): 362. 1984.

灌木，高3～4m。树皮暗褐色；小枝淡绿或淡黄色，细长无毛；当年枝初有短绒毛，后无毛；芽长卵形或长圆形，棕褐色，初有毛，后无毛。叶对生或斜对生，披针形，长5～10cm，宽1～1.2cm；萌条较大，先端短渐尖，基部楔形，边缘有腺锯齿，表面淡绿色，背面苍白色；叶柄上面有绒毛；托叶卵状披针形或斜卵形，边缘有凹缺腺齿，下面苍白色。花先叶开放，花序圆柱形，长2～3cm，对生或互生，无花序梗，基部具2～3枚下面密被长毛的椭圆形鳞片；苞片卵形，先端钝或微尖，黑色，被毛；腺体1，腹生；雄蕊2，花丝合生，纤细，无毛，花药4室，圆形，黄色或淡红色；子房卵形，密被灰绒毛，柄短，柱头头状。蒴果具柔毛，无梗。花期4月，果期5月。

延安产于宝塔（南泥湾）、志丹、甘泉、洛川、黄龙等地，生于海拔840～1700m的山坡或沟谷溪旁。分布于西北的甘肃，华北各地及华中的河南、湖北等地。俄罗斯、蒙古、朝鲜、日本也有分布。

生长快，耐寒。

枝条可作编织用具；可固堤岸，也可药用。

红皮柳 *Salix sinopurpurea*
1.植株（王天才 摄）；2.小枝（王天才 摄）；3.叶（王天才 摄）

6. 乌柳

Salix cheilophila Schneid., Sarg., Pl. Wils. 3: 69. 1916; 中国植物志, 20(2): 353. 1984.

灌木或小乔木，高达5.4m。枝灰黑色或黑红色，初被毛，后无毛。叶线形或线状倒披针形，长2.5～3.5（5）cm，宽3～5（7）mm，先端渐尖或具短硬尖，基部渐尖，稀钝，上面绿色，疏被柔毛，下面灰白色，密被绢状柔毛，边缘外卷，上部具腺锯齿，下部全缘；叶柄具柔毛。花序与叶同时开放，近无梗，基部具2～3小叶；雄花序长1.5～2.3cm，密花；雄蕊2，合生，花丝光滑，花药黄色，4室；苞片倒卵状长圆形，基部具柔毛；腺体1，腹生，狭长圆形；雌花序长1.3～2cm，密花，花序轴具柔毛；子房卵形或卵状长圆形，密被短毛，无柄，花柱短或无，柱头小；苞片近圆形；腺体同雄花。蒴果长3mm。花期4～5月，果期5月。

延安产于宝塔（南泥湾）、志丹、甘泉、洛川、宜川、黄龙、黄陵、富县等地，生于海拔750～1700m的山坡或河岸。分布于华北、西南各地及河南、宁夏、甘肃、青海。

耐干旱、瘠薄，对土壤要求不严，适宜在沟谷滩地、河流两岸及较湿润的沙地中栽培。

本种是防风固沙、护岸保土的重要造林树种。枝条是上好的编织材料，具有较好的开发前景；树干可作小农具；嫩叶可作饲料。也是荒山、荒坡、荒地造林的理想先锋树种。

乌柳 ***Salix cheilophila***
果期植株（W. Y. Hsia 3566号标本）

7. 筐柳

Salix linearistipularis Hao, Repert. Spec. Nov. Regni Veg. Beih. 93: 102. 1936; 中国植物志, 20(2): 374. 1984.

筐柳 ***Salix linearistipularis***
植株（黄河队8276号标本）

灌木或小乔木，高可达8m。树皮黄灰色至暗灰色；小枝细长；芽卵圆形，淡褐色或黄褐色，无毛。叶披针形或线状披针形，长8～15cm，宽5～10mm，两端渐狭，无毛，幼叶有绒毛，上面绿色，下面苍白色，边缘有腺锯齿，外卷；叶柄无毛；托叶线形或线状披针形，边缘有腺齿，萌枝上的托叶较大。花先叶或与叶近同时开放，无花序梗，基部具2枚长圆形的全缘鳞片；雄花序长圆柱形，长3～3.5cm；雄蕊2，花丝合生，下部具柔毛，花药黄色；苞片倒卵形，有长毛；腺体1，腹生；雌花序长圆柱形，长3.5～4cm；子房卵状圆锥形，有短柔毛，无柄，花柱短，柱头2裂；苞片卵圆形，有长毛。花期5月上旬，果期5月中旬至下旬。

见于延安吴起，生于海拔840～1200m的山坡或水旁；陕西北部地区也产；分布于我国华北各地及华中的河南，西北的甘肃。

喜温好湿，河道、滩地、低湿地及沟坡广为栽植。耐寒、耐盐碱、耐旱抗涝，在黏重土壤及湿润型风积沙丘地上也能生长。根系发达，萌蘖力强。

筐柳的枝条细柔，是很好的编织材料。适应性强，也可选作固沙和护堤固岸树种。

20 胡桃科

Juglandaceae

本科编者：西北农林科技大学　张文辉

落叶或半常绿乔木或小乔木，具树脂，有芳香，枝条有皮孔。裸芽或鳞芽，常2～3枚叠生。叶互生，无托叶，奇数或偶数羽状复叶；小叶边缘具锯齿或全缘。花单性，雌雄同株；雄花序常柔荑花序，单独或数条成束；雄花生基部具1～3枚苞片，1～4枚花被片；雄蕊3～40枚，花丝极短或不存在；雌花序穗状顶生，或有多数雌花呈下垂的柔荑花序；或者雌雄花序共同形成一下垂的圆锥花序，或直立的伞房式花序；雌花生于1～3苞片形成一壶状总苞内；雌蕊2心皮合生，花被片2～4枚，子房下位，柱头2～4裂。果实由总苞及子房共同发育成的假核果或坚果状；外果皮肉质，成熟时不开裂，内果皮骨质，室内具1～2骨质的不完全隔膜，呈2或4室；种子具1层膜质的种皮，无胚乳，子叶肥大，2裂。

本科8属约60种，大多数分布在北半球的欧洲、亚洲和北美洲温带到热带地区。中国产7属27种（变种），主要分布在长江以南地区，少数分布到华北、西北部分地区。

延安仅分布有胡桃属，3种，主要分布在南部黄龙山、桥山林区。核桃在黄龙桥山有大面积栽培，是当地重要干果树种。

胡桃属 *Juglans* L.

落叶乔木，枝条粗壮，髓部呈薄片状分隔，芽具芽鳞。叶互生，奇数羽状复叶，有香味。雌雄同株；雄性柔荑花序下垂；雄花具苞片1～3枚，雄蕊通常4～40枚，几乎无花丝，花药隔较发达；雌花序穗状，直立，生于当年生枝顶；雌花无梗，苞片愈合成一壶状总苞并贴生于子房；花被片4枚，高出于总苞；子房下位，柱头2。果为假核果，外果皮完全成熟时开裂；内果皮骨质，不开裂。

本属约20种。主要分布于欧洲、亚洲、北美洲温带、亚热带至热带地区。中国产5种（变种），在西北、华北以南地区有分布。

延安有3种，主要分布于黄龙桥山次生林区。野核桃和核桃楸为次生林伴生树种。核桃为当地重要经济树种或园林树种，在延安以南栽培。

分种检索表

1. 小叶5～9枚，小叶全缘，除脉腋簇生毛外下面无毛；花药无毛，雌花序具有1～4个雌花；果实1～3个……………………………………………………………………1. 胡桃 *J. regia*

1. 小叶9～25枚，小叶具有明显锯齿，叶下面有毛，或长成后无毛；花药有毛，雌花序具有5～10个雌花；果实4～10个……………………………………………………………………2

2. 小叶长成后常变成无毛；果序短而俯垂，通常具4～5个果实…………………2. 胡桃楸 *J. mandshurica*

2. 小叶长成后下面密被短柔毛及星状毛；果序长而下垂，通常具6～10个果实………3. 野胡桃*J. cathayensis*

1. 胡桃［核桃（延安）］

Juglans regia L., Sp. Pl. 997. 1753; 中国植物志, 21: 31. 1979.

乔木，高可达18m，树冠广阔。枝条髓心膜质隔片；树皮幼时灰绿色，老时则灰白色而纵向浅裂；小枝无毛，具光泽。奇数羽状复叶长25～30cm，小叶通常5～9枚，长6～15cm，宽3～6cm，全缘，无毛，有香味。雄性柔荑花序下垂，长5～10cm；花药黄色，无毛。雌性穗状花序通常具1～3雌花。果序短，具1～3果实；果实近于球状，直径3～6cm；外果皮肉质绿色，成熟后开裂，内果皮骨质（果核）具皱曲，有2条纵棱；内果皮壁内具不规则的空隙。花期5月，果期10月。

本种在宝塔、安塞及其以南地区有栽培，海拔500～1100m。在桥山、黄龙林区是重要的干果经济树种。黄龙有大面积栽培果园，品质优良，经济效益较好，但容易受到晚霜危害。我国华北各地，西北陕西、甘肃等，西南、华中、华南和华东地区作为经济林栽培，海拔400～1800m。分布于中亚、西亚、南亚和欧洲。

喜光，耐旱，常栽培于山坡及丘陵地带，喜肥沃湿润的沙质壤土，水肥条件较好，生境生长优良。山区道路边，河谷两旁，土层深厚的地方生长较好。胡桃种仁含油量高，为著名干果，亦可榨油食用；木材坚实，是车船、家具很好的硬木材料。也可作为园林绿化植物栽培。

胡桃 *Juglans regia*
1. 小枝与幼果（张文辉 摄）；2. 复叶与果（张文辉 摄）

2. 胡桃楸

Juglans mandshurica Maxim. in Bull. Phys. -Math. Acad. Petersb. 15: 127. 1856; 中国植物志, 21: 32. 1979.

乔木，高达20m。枝条扩展，树冠扁疏散；树皮灰色，浅纵裂；幼枝被有短绒毛。奇数羽状复叶，初时叶柄及叶轴被有短柔毛或星芒状毛，长成后近无毛，长40～80cm，小叶15～23枚，长6～17cm，宽2～7cm，椭圆形至长椭圆形，边缘具细锯齿。雄性柔荑花序长9～20cm，花序轴被短柔毛；雌花序穗状，具4～10雌花。果序长10～15cm，下垂，序轴被短柔毛，通常具4～5个果实；果实球状、卵状或椭圆状，长3.5～7.5cm，径3～5cm；果核表面具8条纵棱，顶端具尖头，内具不规则空隙。花期5月，果期8～9月。

本种在延安分布于黄龙、桥山天然次生林区，海拔800～1100m。在黄龙林区，桥山林区沿河道两侧，阴坡下部是森林主要组成树种。我国东北的黑龙江、吉林、辽宁，华北的河北、山西，西北的陕西、甘肃有分布。东亚地区朝鲜北部也有分布。

喜光，耐旱，也耐水湿，常星散分布于阴坡下部，或者沟谷、河流旁边生境，可以见到以其为主的混交林，但面积不大。种仁可榨油，供食用；木材不翘不裂，可作车船、建筑用材；树皮、叶及外果皮含鞣质，可提取栲胶；树皮纤维可作造纸原料；枝、叶、皮可作农药。

胡桃楸 *Juglans mandshurica*

1.小枝与果序（张文辉 摄）；2.复叶与果（张文辉 摄）

3. 野胡桃

Juglans cathayensis Dode in Bull. Soc. Dendr. France 11: 47. 1909; 中国植物志, 21: 33. 1979.

乔木，高达10～20m，胸径达1～1.5m。幼枝灰绿色，被腺毛，髓心薄片状分隔；顶芽裸露，锥形，长约1.5cm，黄褐色，密生毛。奇数羽状复叶，通常40～50cm长，叶柄及叶轴被毛；具9～17枚小叶,近对生，无柄，硬纸质，卵状矩圆形或长卵形，长8～15cm，宽3～7.5cm，边缘有细锯齿，两面均有星状毛，上面稀疏，下面浓密，中脉和侧脉亦有腺毛，侧脉11～17对。雄性柔荑花序，长可达18～25cm；雌性花序穗状直立，花序轴密生棕褐色毛。果序常具6～10个果实，卵形或卵圆状，长3～4.5cm，外果皮密被腺毛，顶端尖；内果皮坚硬，有6～8条纵向棱脊，果仁小。花期4～5月；果期8～10月。

本种延安常见于黄龙、桥山天然次生林区，海拔800～1100m，常星散分布阴坡，沟谷生境。在黄龙白马滩，黄陵腰坪、上畛子有采集到的标本。我国华北的山西、河北，西北的甘肃、陕西，华中以及西南各地有栽培。常生于比较阴湿的杂木林，或林缘路边，海拔800～2100m。

喜光，耐旱，耐水湿，喜肥沃湿润生境，常星散分布于阴坡下部，或者沟谷、河流旁边生境，很少组成以其为主纯林或混交林。种子油可食用，亦可制肥皂，作润滑油。木材坚实，经久不裂，可作各种家具。树皮和外果皮含鞣质，可作栲胶原料。内果皮厚，可制活性炭。树皮的韧皮纤维可作纤维工业原料。

野胡桃 *Juglans cathayensis*
1.枝叶（张文辉 摄）; 2.小叶与果（张文辉 摄）; 3.去绿色外皮后的果实

21 桦木科

Betulaceae

本科编者：西北农林科技大学 张文辉

落叶乔木或灌木。小枝具有横向或圆形皮孔。单叶，互生，叶缘具重锯齿或单齿，少数具浅裂或全缘；叶脉羽状，侧脉直达叶缘或在近叶缘处向上弓曲相互网结成闭锁状。花单性，雌雄同株；雄花序顶生或侧生，春季或秋季开放；雄花具苞片，有花被（桦木族）或无（榛族）；雄蕊2～20枚，插生在苞片内，花丝短，花药2室，药室分离或合生；雌花序为球果状、穗状、总状或头状，直立或下垂，具多数苞片（果时称果苞），每苞片内有雌花2～3朵，每朵雌花下部具1枚大苞片和1～2枚小苞片，无花被（桦木族）或具花被并与子房贴生（榛族）；子房2室或不完全2室，每室具1个倒生胚珠或2个倒生胚珠；花柱2枚，分离，宿存。果序球果状、穗状、总状或头状；果苞由雌花下部的大苞片和小苞片在发育过程中逐渐以不同程度的连合而成，木质、革质、厚纸质或膜质，宿存或脱落。果为小坚果或具翅小坚果。

本科共6属100种，主要分布于欧洲、亚洲、北美洲温带地区，中美洲、南美洲有赤杨属*Alnus*的分布。许多树种为北温带森林的重要组成树种，也是造林树种。我国6属均有分布，共约70种，南北各地均产，以东北、西北及西南高山地区种类较多，其中虎榛子属*Ostryopsis* Decne.为我国特产。

本科植物在延安有4属6种，延安安塞、宝塔、宜川以南有分布；主要分布在黄龙山、桥山林区，海拔800～1100m，生于落叶阔叶混交林，或者林缘、向阳山坡。

在本科分类中，榛族和桦木族的花和花序的类型基本一致，但前者雄花无花被，雌花有花被，果实无翅，后者则反之，雄花有花被，雌花无花被，果实具翅，根据这些异同，一些学者认为应将其分为两个独立的科，但又有一些学者认为是桦木科下的两个族，我们亦赞同后者的观点。桦木科曾被认为是被子植物中较原始的类群，近年来，许多研究证实，这是一个特化的类群。

本科植物木材供建筑、家具、农具用材。种子可食或可榨油。部分种树形优美，是重要的园林观赏植物。

分属检索表

1.坚果扁平，具翅，包藏于木质或革质苞片中；柔荑状果序；雄花花被4，雌花无花被……………………1.桦木属*Betula*

1.坚果圆形或者圆球形，无翅，包藏于叶状、囊状草质总苞内，穗状或簇生果序；雄花无花被，雌花有花被……………………2

2.坚果直径大于1cm；总苞叶状、囊状、刺状；叶为卵形或者卵圆形……………………2.榛属*Corylus*

2.坚果直径不足0.5cm；总苞叶状、囊状；叶为长椭圆状披针形……………………3

3.总苞扁平叶状，基部有小裂片，向内包卷，不完全包住小坚果；果序长穗状；叶脉9对以上……………………3.鹅耳枥属*Carpinus*

3.总苞囊状，全部包被小坚果；果序为簇生状，叶脉5～8对……………………4.虎榛子属*Ostryopsis*

1. 桦木属 *Betula* L.

落叶乔木或灌木。树皮白色、黄白色、灰色、红褐色、褐色或黑褐色，光滑、横裂、纵裂、薄层状剥裂；冬芽无柄，具数枚覆瓦状排列之芽鳞。单叶互生，卵状椭圆形，边缘具重锯齿，叶脉羽状；具叶柄。花单性，雌雄同株；雄花序2～4枚，簇生于上一年枝条的顶端或侧生，常下垂；雄花有花被，膜质，基部连合；雄蕊通常2枚，顶端叉分，具2个完全分离的药室；雌花序单1或2～5枚生于短枝的顶端，圆柱状或近球形，直立或下垂；苞鳞覆瓦状排列，每苞鳞内有3朵雌花；雌花无花被，子房2室，每室有1个倒生胚珠，花柱2枚，分离。果苞革质，鳞片状，成熟后脱落，具3裂片，内有3枚小坚果。小坚果扁平，具膜质翅，顶端具2枚宿存的柱头。种子单生，具膜质种皮。

本属约100种，主要分布于欧洲、亚洲、北美洲，少数种类分布至北极区内。我国产29种及6变种，全国均有分布。

延安产1种，分布于富县、延川、黄陵、宜川、黄龙等地。

多数种类材质优良，是重要用材树种。白桦资源丰富，树皮白色，树形美观，是中国北方主要的园林木本观赏植物。

白桦

Betula platyphylla Suk. in Trav. Mus. Bot. Acad. Imp. Sci. St. Petersb. 8: 220. 1911; 中国植物志, 21: 112. 1979.

乔木，高达20m，直径50cm。树皮灰白色，成层剥裂；枝条暗灰色或暗褐色，无毛，具或疏或密的树脂腺体或无；小枝暗灰色或褐色，幼时疏被毛和疏生树脂腺体。叶厚纸质，三角状卵形至三角形，少有菱状卵形，长3～9cm，宽2～7.5cm，顶端渐尖至尾状渐尖，基部截形，宽楔形，或近圆形，边缘具重锯齿，有时具缺刻状或单齿；侧脉5～7对；叶柄长1～2.5cm，无毛。果序单生，通常下垂，长2～5cm，直径0.6～1.4cm；果苞长5～7mm，基部楔形或宽楔形，中裂片三角状卵形，斜展；小坚果矩圆形，长1.5～3mm，宽1～1.5mm，膜质翅与果等宽或较果稍宽。

本种分布于延安南部黄陵、富县、宜川、黄龙、延川等地，在桥山、黄龙山林区，可以在海拔400～1600m的地区形成大面积混交林，如松桦（油松—白桦）林、栎桦（栎类—白桦）林，也可形

白桦 *Betula platyphylla*
1. 植株（张文辉 摄）；2. 叶、果枝、树皮（张文辉 摄）

成小面积白桦纯林。延安属于白桦分布的边缘区，在延安存在干型不良，高度、直径降低，生长缓慢等问题。我国东北各地、华北各地、华中各地以及西北的陕西、宁夏、甘肃、青海，西南的四川、云南和西藏东南部有分布。海拔400～4100m，由东北向西南，逐渐升高。东北的大兴安岭、小兴安岭及长白山均有大片纯林，在华北平原和黄土高原、西南山地亦为阔叶落叶林及针叶阔叶混交林中的常见树种。俄罗斯、蒙古、朝鲜北部、日本有分布。

适应性强，分布广，尤喜湿润土壤，为次生林的先锋树种。木材可供一般建筑、家具用材；树皮可提桦油；白桦皮在民间可用以编制日用器具。易于栽培，可为庭园绿化树种。

本种是亚洲东部的一个广布树种，由于形态上的复杂变异，致使长期以来在命名上有许多分歧意见。我们同意《中国植物志》把分布于我国东北、华北、西北、西南及分布在俄罗斯、蒙古、朝鲜、日本等地的该类群植物均定为本种。

2. 榛属 *Corylus* L.

落叶灌木或小乔木。树皮暗灰色，具细裂纹；芽卵圆形，具多数覆瓦状排列的芽鳞。单叶互生，边缘具重锯齿，先端截形突尖，浅裂；叶脉羽状，伸向叶缘；托叶膜质，早落。花单性同株；雄花序每2～3枚生于上一年的侧枝的顶端，秋季形成，翌年春季先叶开放，下垂；每个雄花内具1枚包片和2枚小苞片及1朵雄花；雄花无花被，具雄蕊4～8枚；花丝2裂，花药2室分离，顶端被长毛；雌花序头状；雌花2枚，有花被，生于具1枚苞片和2枚小苞片的苞鳞内；子房下位，花柱2，柱头钻状，开花时仅具红色花柱露出。果苞叶状、钟状、管状或针刺状；坚果球形，直径0.5～1.2cm，大部分或全部为果苞所包，果皮革质褐色；种子1枚，子叶肉质。

本属约20种，分布于欧洲、亚洲及北美洲温带地区，多数种类为森林伴生树种。我国有7种3变种，分布于东北、华北、西北及西南各地，是天然次生林主要伴生树种。

延安产2种，分布在富县、黄陵、黄龙天然林区，生于落叶阔叶林和杂木林中。

本属植物的种子含油丰富，东北、华北地区用作油料植物；坚果为北方常见的干果，供食用。乔木树种木质坚硬，供建筑及家具制作之用。

分种检索表

1.叶长阔卵形，先端截形，有裂片，基部心形或圆形，不偏斜；侧脉7～8对；总苞叶状钟形，仅包坚果基部，或不到一半 ············ 2.榛 *C. heterophylla*

1.叶长椭圆状披针形，先端渐尖，无裂片，基部偏斜；侧脉9～11对；总苞葫芦形，全包坚果 ············ 1.披针叶榛 *C. fargesii*

1. 披针叶榛

Corylus fargesii Schneid., III. Handb. Laubholzk. 2: 896. 1912; 中国植物志, 21: 53. 1979.

小乔木，高5～10m；树皮暗灰色，呈鳞片状剥裂；小枝密被短柔毛。叶厚纸质，矩圆披针形、披针形或长卵形，长6～9cm，宽3～5cm，顶端渐尖，基部斜心形，边缘具不规则的重锯齿，两面均疏被长柔毛，下面沿脉毛较密，侧脉9～10对；叶柄长1～1.5cm，密被短柔毛。果数枚簇生，果苞管状，在果的上部急骤缢缩，无纵肋或有不明显的纵肋，密被黄色绒毛，有时疏生刺状腺体，上部浅裂，裂片三角形或披针形，反折。坚果球形，直径1～1.5cm。花期3～4月，果期9～10月。

本种在延安主要分布于黄龙、桥山天然次生林区阔叶林内、林缘或山梁峁顶上。我国华北的山西、河北，华中的河南、湖北，西北的陕西、甘肃，西南的四川、贵州有分布，主要分布于海拔800～3000m的山谷、林缘。

2. 榛

Corylus heterophylla Fisch. ex Trautv., Pl. Imag. Descr. Fl. Ross. 10. 1844; 中国植物志, 21: 50. 1979.

灌木或小乔木，高1～7m；树皮黑灰色，有细裂纹；枝条暗灰色，小枝黄褐色，密被短柔。叶矩圆形或宽倒卵形，长4～13cm，宽2.5～10cm，顶端截形，有小缺列，先端突尖，基部心形，边缘具不规则的重锯齿，中部以上有小缺裂，下面于幼时疏被短柔毛；侧脉3～5对；叶柄长1～2cm。雄花序单生，长约4cm。果单生或2～6枚簇生成头状果序；果苞钟状，外面具细条棱，密被刺状腺体，较果长，上部浅裂；坚果近球形，长0.8～1.5cm，无毛或仅顶端疏被长柔毛。花期3～4月，果期9～10月。

本种在延安黄陵、黄龙、宜川、富县、甘泉等地均有分布，在黄龙、桥山天然次生林区，是次生林地伴生种，生于海拔400～1000m的阔叶林内、林缘或山梁峁顶上。在我国主要分布于华东各地，华中各地，西南的四川、重庆、云南、贵州等地。

野生的榛，坚果可食，并可榨油，但果直径小，产量低，很少被利用。有栽培优良品种，也有栽培欧榛，为著名干果。朝鲜、日本、俄罗斯东西伯利亚和远东地区、蒙古东部也有分布。

榛 *Corylus heterophylla*

1.小枝（张文辉 摄）；2.叶、果（张文辉 摄）

3. 鹅耳枥属 *Carpinus* L.

乔木或小乔木，稀灌木；树皮平滑；芽顶端锐尖，芽鳞覆瓦状排列。单叶互生，有叶柄；边缘具重锯齿或单齿，叶脉羽状；托叶早落，稀宿存。花单性同株；雄花序生于上一年的枝条上；苞鳞覆瓦状排列，每苞鳞内具1朵雄花；雄花无花被，具3～12枚雄蕊，花丝顶端分叉，花药二室，药室分离；雌花序生于上部的枝顶或短枝上，单生，直立或下垂；苞鳞覆瓦状排列，每苞鳞内具2朵雌花；雌花基部具1枚苞片和2枚小苞片，三者近愈合（果时扩大成叶状果苞），具花被；子房下位，不完全二室，每室具2枚倒生胚珠，仅一枚发育，花柱2。果苞叶状，三裂或二裂；小坚果宽卵圆形、长卵圆形或矩圆形，着生于果苞基部，顶端宿存花被，果皮坚硬。种子1，肉质。花期春季，果期秋季。

本属约40种，分布于欧洲、亚洲、北美温带及北亚热带地区。我国有25种15变种，分布于东北、华北、西北、华东、华中、华南、西南地区。延安产3种，主要分布在延安以南桥山、黄龙山林区，常生于较湿润的中低海拔山坡、河谷地以及石质山坡的栎林、松栎林和桦木林中，是落叶阔叶林、针阔混交林伴生树种，很少有纯林。常生于较湿润的中低海拔山坡、河谷地以及石质山坡的栎林、松栎林和桦木林中，是落叶阔叶林、针阔混交林伴生树种，很少有纯林。

本属的乔木树种木材坚硬，纹理致密，易脆裂，可制作农具、家具及作一般板材；种子含油，可制皂及作滑润油。

分种检索表

1. 坚果苞片较薄，纸质，覆瓦状排列紧密，内缘基部裂片将小坚果全部覆盖，外缘亦包卷；小坚果肋纹不明显；雄花苞片具柄……………………1. 千金榆 *C. cordata*

1. 坚果苞片较厚，草质，排列疏松，内缘基部具裂片或无，小坚果外漏，外缘平展不包卷；小坚果具有明显肋纹；雄花苞片几无柄……………………2

2. 坚果苞片卵形，内缘基部无明显裂片，上部无锯齿或微锯齿……………………3. 陕西鹅耳枥 *C. shensiensis*

2. 坚果苞片宽卵形或距圆形，内缘基部的小裂片，上部有锯齿……………………3

3. 叶宽卵形或卵状菱形，较大，长2.5～5cm，宽1.5～3cm；基部圆形，或宽楔形……………………2a. 鹅耳枥 *C. turczaninowii*

3. 叶长卵形或长卵形，较小，长2.5～4cm，宽1.3～2cm；基部心形……………………2b. 小叶鹅耳枥 *C. turczaninowii* var. *stipulata*

1. 千金榆

Carpinus cordata Bl. Mus. Bot. Lugd. -Bat. 1: 309. 1850; 中国植物志, 21: 63. 1979.

小乔木，高达15m；树皮灰色，裂纹细，或光滑；小枝棕色或橘黄色，具沟槽。叶厚纸质，卵形、矩圆状卵形，长8～15cm，宽4～5cm，顶端渐尖，基部心形、圆形，边缘具不规则的刺毛状重锯齿；上面疏被长柔毛或无毛，下面沿脉疏被短柔毛，侧脉15～20对；叶柄长1.5～2cm。果序长5～12cm，直径约4cm；序梗长约3cm，花序轴密被短柔毛及稀疏的长柔毛；果苞宽卵状矩圆形，长1.5～2.5cm，宽1～1.3cm，无毛，全部遮盖着小坚果，中裂片外侧内折，边缘的上部具疏齿，内侧的

千金榆 *Carpinus cordata*
1.树干（张文辉 摄）；2.雌花序；3.果枝（张文辉 摄）；4.坚果

边缘具明显的锯齿，顶端锐尖。小坚果矩圆形，褐色，高0.4cm，顶端密生长柔毛。

本种在延安主要分布在桥山、黄龙山林区，生于海拔500～2500m的较湿润、肥沃的阴山坡或山谷，常作为伴生种，散生于栎林、松栎林和桦木林中。我国主要分布于东北各地，华北各地，华中的河南，西北的陕西、甘肃。朝鲜、日本也有。

木材淡黄色，质坚而重，可作农具家具；种子含油，可作为润滑油、肥皂；树皮含鞣质，可以提取栲胶。

2. 鹅耳枥

Carpinus turczaninowii Hance in Journ. Linn. Soc, Bot. 1-0: 203. 1869; 中国植物志, 21: 194. 1979.

2a. 鹅耳枥（原变种）

Carpinus turczaninowii Hance var. ***turczaninowii***

小乔木，高5～10m；树皮暗灰褐色，浅纵裂；枝细瘦，灰棕色，无毛；小枝被短柔毛。叶卵形、卵状椭圆形，或卵状披针形，长2.5～5cm，宽1.5～3.5cm，顶端锐尖或渐尖，基部近圆形，或宽楔形，边缘具重锯齿；上面无毛，下面沿脉被疏长毛，脉腋具髯毛，侧脉8～12对；叶柄长4～10mm，疏被短柔毛。果序长3～5cm；序梗长1～1.5cm，序梗、序轴均被短柔毛；果苞半宽卵形、半卵形 、卵形，长0.6～2cm，宽0.4～1cm，疏被短柔毛，内侧的基部具一个内折的卵形小裂片，外侧的基部无裂片。小坚果宽卵形，褐色，长约0.3cm，无

鹅耳枥 *Carpinus turczaninowii* var. *turczaninowii*
1.植株（张文辉 摄）；2.小枝、叶及果序（张文辉 摄）

毛，有时顶端疏生长柔毛。

本种延安分布于富县、宜川、黄陵、黄龙天然次生林中，生长于海拔500～1700m的林缘、杂木林及山谷，为伴生树种。我国产于东北的辽宁（南部），华北的山西、河北，西北的陕西、甘肃，华中各地，华东各地以及西南的四川、贵州等地。朝鲜、日本也有分布。

常见于山坡、山谷林中，山顶及贫瘠山坡亦能生长。

木材淡黄色，坚韧，可制农具、家具、日用小器具等。种子含油，可供食用或工业用。树皮和叶含有鞣质，可以提取栲胶。

2b. 小叶鹅耳枥（变种）

Carpinus turczaninowii Hance var. ***stipulata*** (H. Winkl.)H. Winkl. inEngler, Bot. Jahrb. 50 (Suppl.): 505. 1914; 中国植物志, 21: 194. 1979.

本变种以叶较小、顶端渐尖、边缘具单锯齿与原变种有区别。目前，保存标本均产于陕西、甘肃。

在延安桥山、黄龙林区有星散分布，野外观察，常生于海拔1000～1500m的山坡林中。

本变种在生物学、生态学以及林学特性、经济用途上与原变种未见有明显区别。

3. 陕西鹅耳枥

Carpinus shensiensis Hu, 静生汇报, n: ser. 1: 145. 1948; 中国植物志, 21: 077. 1979.

小乔木，高达16m，树皮浅裂纹或光滑；小枝紫褐色，无毛。叶厚纸质，矩圆形或倒卵状矩圆形，长6～9cm，宽3～4.5cm，顶端锐尖或渐尖，基部心形，边缘具细密重锯齿，上面无毛，下面沿脉疏被短柔毛，脉腋间疏生髯毛，侧脉14～16对；叶柄长0.7～1.7cm，密被短柔毛。果序长7～9cm，直径约4cm；序梗、序轴均密被短柔毛；果苞叶状，半卵形，长约2.5cm，宽1～1.2cm，两面沿脉被长柔毛；外侧基部无裂片，内侧的基部边缘微内折，顶端渐尖。小坚果宽卵圆形，长约0.4cm，顶端密生长柔毛。

延安分布于黄陵、黄龙、宜川，常散生于林缘或落叶阔叶林中，是栎林、松林、松桦林的伴生种，海拔800～1200m。陕西秦岭北坡长安、眉县有分布，生于海拔1000～1500m的山坡落叶阔叶林或杂木林中。

陕西鹅耳枥 *Carpinus shensiensi*

1.幼果；2.果枝；3.树干（寻路路 摄）；4.雌花序（寻路路 摄）

4. 虎榛子属 *Ostryopsis* Decne.

矮灌木，高0.5～2.5m；多分枝；具多数芽鳞。单叶互生，具短柄；叶脉羽状，侧脉伸达叶缘；叶缘具不规则的重锯齿或浅裂。花单性同株；雄花序为柔荑花序状，自上一年之枝条生出，无梗，顶生或侧生；苞鳞覆瓦状排列，每苞鳞内具1朵雄花；雄花无花被，雄蕊4～8枚，插生于苞鳞基部；花丝顶端分叉，花药2室分离，顶端具毛；雌花序排成总状，直立或斜展；苞鳞对生，膜质，每苞鳞内具2朵雌花；雌花的基部具1枚苞片与2枚小苞片（果时发育成包被小坚果的果苞）；有花被，花被膜质，与子房贴生；子房2室，每室具1枚倒生胚珠，花柱2枚。果苞厚纸质，囊状，顶端3裂，小坚果宽卵圆形，稍扁，完全为果苞所包，外果皮木质。

本属为我国特有，共2种，分布于东北的辽宁，华北各地，西北的陕西、宁夏、甘肃及西南部分地区。

延安产1种，主要分布于甘泉、安塞及其以南的地区。

本属植物种子含油，可供食用或制皂用。常在荒坡聚生成丛，枝叶密集，根系盘结，有水土保持之效。

虎榛子

Ostryopsis davidiana Decne, in Bull. Soc. Bot. France 20; l55. 1873; 中国植物志, 21: 55. 1979.

灌木，高0.5～2.5m，树皮浅灰色；枝条灰褐色，密生皮孔；嫩枝褐色，具条棱，被短柔毛，疏生皮孔；芽卵状，长约2mm，具数枚覆瓦状排列的芽鳞。叶卵形或椭圆状卵形，长2～6.5cm，宽1.5～5cm，顶端渐尖或锐尖，基部心形、斜心形或几圆形，边缘具重锯齿，中部以上具浅裂；上面绿色，下面淡绿色，疏被短柔毛，侧脉7～9对，叶柄长0.3～1.2cm。坚果4枚至多枚，排成总状，下垂，着生于当年生小枝顶端；果苞厚纸质，长1～1.5cm，下半部紧包坚果，上半部延伸呈管状，成熟后一侧开裂。小坚果宽卵圆形或球形，长5～6mm，直径4～6mm，褐色，具细肋。

虎榛子 *Ostryopsis davidiana*
1.小枝与幼果（张文辉 摄）；2.坚果

延安甘泉、安塞及其以南有分布，在黄龙、桥山林区较常见，常分布于油松林、栎林、桦木林以及混交林林下，有时可在林下灌木层发展为单优种。我国东北的辽宁（西部）、内蒙古（东部），华北的河北、山西，西北的陕西、甘肃、宁夏及西南的四川北部有分布。

本种分布于海拔800～2400m的山坡，为黄土高原的油松林、栎林及阔叶林下优势灌木，也见于杂木林和向阳山坡，有时在梁峁、林缘可形成小面积纯灌木林。

树皮及叶含鞣质，可提取栲胶；种子含油，供食用和制肥皂；枝条可编筐。

22 壳斗科

Fagaceae

本科编者：西北农林科技大学　张文辉

常绿或落叶乔木，稀灌木。单叶互生，叶缘有锯齿，或羽状不规则裂片至指形裂片，稀全缘；托叶早落。花单性同株，稀异株，花被片5裂，基部合生；雄花序柔荑花下垂，或直立穗状，稀头状花序；雄花有雄蕊4～12枚，花丝纤细；雌花1～5朵聚生于总苞中，单生或多朵组成直立穗状花序，或生于雄花序基部；子房3～6室，每室有倒生胚珠2枚，仅1枚发育。由总苞发育的壳斗包着坚果底部至全包坚果，开裂或不开裂；内有1～3个坚果，坚果圆形、压扁形或有棱角，坚果果皮革质，果内富含淀粉。

本科有7属900余种；除非洲中南部地区不产外，欧洲、亚洲、美洲均有分布，以北美洲、欧洲、亚洲分布最为集中，亚洲种类最多。我国有7属约320种，以亚热带种类最丰富，是我国暖温带落叶阔叶林、亚热带常绿阔叶林、针阔混交林建群树种，形成我国亚热带到温带地区落叶阔叶林或针阔混交林带，也是分布区优良阔叶造林树种。

延安分布的壳斗科植物有2属8种，主要分布在延安宝塔和子长及其以南各地。在黄龙和桥山林区有壳斗科栎属植物组成纯林或者混交林，其中纯栎林和松栎混交林、栎桦混交林是当地地带性植被。

木材红褐色，坚重，大多种类属于珍贵用材树种，为矿柱、车船、家具及建筑用材。坚果富含淀粉，可作食料、饲料、酿酒原料，其中栗属的坚果为著名干果板栗。植物各器官含单宁，提取后可以作为栲胶；部分种类如中国栓皮栎和欧洲栓皮栎，周皮层发达，可作为软木，是轻工生产重要原料。

分属检索表

1. 壳斗鳞片密被长短不等刺，成熟后开裂；壳斗内坚果1～3；雄花絮穗状直立斜展，雌花序生于雄花序基部或者短穗状 ……………………………………………… 栗属 *Castanea*
1. 壳斗鳞片鱼鳞状覆瓦状排列，成熟后不开裂；壳斗内坚果1个；雄花序为柔荑花序，雌花序或短穗状 ……………………………………………… 栎属 *Quercus*

1. 栗属 *Castanea* Mill.

落叶乔木，稀灌木，树皮条状纵裂；枝无顶芽，冬芽被3～4片芽鳞。叶互生，叶缘具尖锐芒状锯齿，羽状侧脉直达齿尖；托叶早落。花单性同株，花被5裂；雄花花序穗状直立斜展，腋生枝条上部叶腋；每朵雄花具有雄蕊10～12枚，花丝细长，花药2室；雌花1～3朵聚生于总苞内，花柱6～9枚，子房6～9室；通常雄花位于花序轴的上部，雌花位于下部；或者雌雄花独立成花序。由总苞发育的壳斗外壁密被长短不等锐刺，刺随着壳斗的增大而增长；壳斗4瓣裂，有栗褐色坚果1～3个；坚果顶部常被伏毛，底部有淡黄白色略粗糙的果脐；果皮红棕色至暗褐色，被伏贴的丝光质毛；坚果富含淀粉与糖分。种子萌发时子叶不出土。

本属12～17种，分布于欧洲、北美洲、北非以及亚洲的中国、日本、朝鲜、伊朗。中国有4种1变种，主要分布于东北的吉林，华北的河北，西北的甘肃、陕西及其以南地区广泛分布，南部到达到海南、广东、广西、云南、贵州、台湾等地。延安产2种，均分布于黄龙白马滩，其他地区也有栽培。

分种检索表

1. 叶背具星状或贴伏绒毛，无鳞腺；叶长椭圆形，叶缘具芒状锯齿……………………1. 板栗 *C. mollissima*
1. 叶背无毛，或仅沿嫩叶背面叶脉有稀疏单毛，具有黄色或灰色腺鳞；叶长椭圆形，叶缘具芒状锯齿……………………2. 茅栗 *C. seguinii*

1. 板栗

Castanea mollissima Bl. in Mus. Lugd. Bat. 1: 286. 1850; 中国植物志, 22: 9. 1998.

乔木，高达20m，胸径可达80cm以上；冬芽长达0.5cm。叶长椭圆形，先端渐尖，长11～17cm，宽7cm，叶背被灰色星状毛，或短柔毛；叶柄长1～2cm。花单性同株，花被5～6裂；雄花多数构成雄花序，长10～20cm；雌花1～3 簇生于总苞内，花柱3～6；一至多个簇生的雌花生于雄花序基部，或者独立成短穗状花序。成熟壳斗连刺直径4.5～6.5cm，锐刺有长有短，密被壳斗外壁；每壳斗内具

板栗 *Castanea mollissima*
1. 幼树（曹旭平 摄）；2. 枝（曹旭平 摄）

有2～3坚果；坚果挤压扁圆，高1.5～3cm，宽1.8～3.5cm，果皮褐色。花期4～6月，果期8～10月。

本种仅见于延安黄龙白马滩，星散分布。黄龙白马滩的板栗，虽然产量不高但品质优良，以糖分含量高、口味甘甜而著名。我国除青海、宁夏、新疆、海南、黑龙江等少数地区外，全国南北各地均有分布。海拔100～2800m，从东部到西南山区，逐渐升高，绝大多数地区有栽培。栽培品种达300多个，分为华北与华中两个大品种群。华北品种群有名品种为良乡小栗、华北魁栗和柞水板栗；华中品种据报道有20个左右优良品种，但不如北方品种著名。

板栗喜光耐旱，对气候和土壤适应性强。土壤肥沃、排水良好的生境生长较好，在黏重土、钙质土、盐碱土生长不良。深根性，根系发达，实生苗5～7年开始开花结实，80～100年进入衰老期。

本种栽培历史悠久，是我国重要的干果树种，被称为"木本粮食树种"。坚果富含蛋白质、脂肪、糖及淀粉，多种维生素、胡萝卜素，以及钙、铁、锌等矿物，可鲜食、炒食或者加工成多种方便食品，也可酿酒；具有补肾、健脾、提高免疫力的功效。木材浅灰褐色，坚硬，耐水湿，耐腐，供家具、建筑、造船用材。树皮、壳斗、枝叶含鞣质，可提取栲胶。花蜜和花粉丰富，是重要的蜜源植物。

2. 茅栗

Castanea seguinii Dode in Bull. Soc. Dendr. France 8: 152. 1908; 中国植物志, 22: 10. 1998.

小乔木或灌木状，通常高5～10m，稀达15m，胸径可达80cm。冬芽长0.2～0.3cm，小枝暗褐色，托叶细长，夏季脱落。叶长椭圆形，长6～14cm，宽4～5cm，顶部渐尖，基部楔形或耳垂状，叶背有黄或灰白色腺鳞，无毛或幼嫩时沿叶脉两侧有稀疏单毛；叶柄长0.5～2.0cm。雄花具有雄蕊10～15，花丝细长，花被5裂，多数构成直立穗状花序；雌花1～3朵生于总苞内，生于雄花序轴下部，通常1～3朵发育结实；成熟后的总苞（壳斗）外壁密生锐刺，成熟总苞连刺径3～5cm，宽略大于高，刺长0.5～1cm；坚果长1.5～2.0cm，宽1.5～2.5cm，坚果果皮褐色，无毛或顶部有疏伏毛，内含白色淀粉。花期5～7月，果期9～11月。

延安见于黄龙白马滩，星散分布。在我国分布于华北的山西、河北、天津，西北的甘肃、陕西及其以南，南部到达华南、西南的四川、贵州、云南等地。在各地数量不多，常散生于温暖向阳低山丘陵山地灌木丛或林缘，也与阔叶常绿或落叶树混生，由东北部到西南山区海拔逐渐升高，海拔400～2000m。

生物学特性与板栗相似，喜光、耐旱、耐瘠薄，生长于向阳山坡。

本种果实较板栗小；实生苗可以作为板栗嫁接砧木；枝、叶、树皮含单宁，可作为栲胶原料；木材用途与板栗相似。

2. 栎属 *Quercus* L.

常绿、落叶乔木，稀灌木；冬芽具数枚芽鳞，覆瓦状排列。单叶互生，叶缘有锯齿，或波浪状裂片，或芒状锯齿，稀全缘。花单性，雌雄同株；雄花序为柔软下垂的柔荑花序，花被4～7裂，雄蕊与花被裂片同数或较少，花丝细长，花药2室；雌花单生于总苞内，排成短穗状；子房3室，花柱与子房室同数，每室有2胚珠。成熟壳斗（总苞）包坚果基部，稀全包坚果；壳斗小苞片鳞形，或披针条形、钻形，覆瓦状排列，紧贴或开展、反曲；每壳斗内有1个坚果；坚果当年或翌年成熟，果皮褐色，顶端有突起柱座，底部有圆形果脐，不育胚珠位于种子的基部，萌发时子叶不出土。

约300种，广布于亚洲、欧洲、北美洲和北非，是温带暖温带至亚热带森林主要树种。我国有

60种，南北均有分布，是我国北方温带落叶阔叶林、针阔混交林，亚热带常绿阔叶混交林主要树种。延安产6种。主要分布在延安宝塔、子长及其以南地区，在延安南部黄龙、桥山林区常形成以其为主的纯林、混交林。辽东栎林、麻栎林、松栎林（油松与麻栎或辽东栎混交林），构成了当地地带性植被，在当地林业、生态防护中发挥着重要作用。

大部分喜光，耐旱，适应性强，是各地天然林、人工林主要树种。

大多数种类树干通直，材质坚硬，气干密度0.7～0.96g/cm^3，属于珍贵用材树种，供车船、农具、室内装饰用材。种子富含淀粉、多种氨基酸和维生素，可以加工后作为凉粉、豆腐等食品，也可供工业制酒精或酿酒、酿醋，或作家畜饲料，或作能源植物。壳斗、树皮、枝叶富含鞣质，可提取栲胶。枝梢材、木材加工剩余物可培养香菇、木耳等食用菌和天麻、猪苓等药材。栓皮栎的树皮为软木的原料。有些种类的树叶可饲柞蚕。

分种检索表

1. 叶长椭圆形或椭圆形，叶缘具有长芒状锯齿，壳斗鳞片钻形反曲……2
1. 叶倒卵形边缘波浪状钝齿，非芒状锯齿；壳斗鳞片鳞形紧贴，或者长条披针形反曲……3
2. 叶背无毛，或者仅沿叶脉具有锈色毛；树皮周皮层不发达，细纹条形开裂……4. 麻栎 *Q. acutissima*
2. 叶背密被白色星状绒毛；树皮周皮层发达，粗纹块状、条形开裂……5. 栓皮栎 *Q. variabilis*
3. 枝条片密被星状绒毛或绒毛；壳斗鳞片条状披针形，上部长1cm，排列疏松，反曲……1. 槲树 *Q. dentata*
3. 枝条无毛；壳斗鳞片鱼鳞形，长不及0.2cm，排列紧密，不反曲……4
4. 叶柄长不及0.7cm；叶脉5～7对……3. 辽东栎 *Q. wutaishanic*
4. 叶柄长1～2cm；叶脉10～15对……5
5. 叶缘波浪状钝齿，不内曲……2a. 槲栎 *Q. aliena*
5. 叶缘尖锐锯齿，内曲……2b. 锐齿槲栎 *Q. aliena* var. *acuteserrata*

1. 槲树

Quercus dentata Thunb. Fl. Jap. 177. 1784; 中国植物志, 22: 222. 1998.

落叶乔木，高达20m，树皮暗灰褐色，条片状纵裂；芽宽卵形，密被黄褐色绒毛；小枝粗壮，有沟槽，密被灰色星状绒毛。叶片倒卵形或长倒卵形，长10～30cm，宽6～20cm，顶端短钝尖，基部耳形，叶缘波状钝锯齿；叶背面密被灰褐色星状绒毛，叶正面深绿色，幼时被毛，后渐脱落；侧脉4～10对；叶柄长0.2～0.5cm，密被棕色绒毛。雄花序生于新枝叶腋，柔软下垂，长4～10cm；雌花3～10朵组成穗状花序，生于新枝上部叶腋，长1～3cm，直立或斜展。壳斗杯形，包着坚果1/3～1/2，连小苞片直径2～4cm，高0.2～2cm；壳斗小苞片革质，基部较短，0.1～0.3cm，直立，上部长披针形，长约1cm，反曲，腹面红棕色；坚果卵形至宽卵形，直径1.2～1.5cm，高1.5～2.3cm，无毛。花期4～5月；果期9～10月。

延安主要分布在桥山、黄龙林区，常生长于向阳山坡、峁顶，高度在5～10m，直径可达50cm，很少形成纯林。延安已属于本种分布边缘区，高度降低，主干弯曲，生长缓慢，但仍属于地带性植被建群种。我国分布于东北、华北各地，西北的陕西、甘肃以南有分布，南部可达华南、西南的四川、重庆、云南、贵州等地，海拔50～2700m，从东北向西南海拔逐渐升高。陕西秦岭巴山和黄土高原南部有分布有小面积纯林或者星散分布。朝鲜和日本也有分布。

槲树 *Quercus dentata*
1.花枝（张文辉 摄）；2.叶（张文辉 摄）

常生于林缘、向阳山坡、丘陵、梁峁地区阔叶林、松林中，也可形成小面积纯林。是当地优良造林树种和防火带树种。

木材为环孔材，气干密度0.80g/m^3，材质坚硬，耐磨损，易翘裂，可作为珍贵用材树种，用于家具、建筑、地板、矿柱，也是传统的薪炭用材；间伐枝梢材和加工剩余物可作为生产食用菌原料，或猪苓、天麻等药材原料。叶含蛋白质，可饲柞蚕。种子含淀粉，可酿酒或作家畜饲料。树皮、壳斗可提取栲胶。

2. 槲栎

Quercus aliena Bl. in Mus. Bot. Lugd. -Bat. 1: 298. 1850; 中国植物志, 22: 222. 1998.

2a. 槲栎（原变种）

Quercus aliena Bl. var. ***aliena***

落叶乔木，高达20m，胸径可达100cm；树皮暗灰色，条片状纵裂；小枝灰褐色，近无毛，具圆形皮孔；芽卵形，长0.2～3cm。叶片倒卵形至长椭圆状倒卵形，长10～25cm，宽5～15cm，顶端圆钝形或短渐尖，基部楔形至近圆形，叶缘具波状钝锯齿，叶背被灰色星状绒毛，侧脉10～15对，叶面中脉侧脉不凹陷；叶柄长1～2cm，无毛。雄花序柔软下垂，长4～8cm；雌花序生于新枝叶腋，单生或2～3朵呈短穗状，直立。壳斗杯形，包着坚果约1/2，直径1.2～2cm，高1～1.5cm；小苞片卵形，或卵状披针形，长0.1～0.2cm，排列紧密，被灰白色短柔毛。坚果椭圆形至卵形，直径1.3～1.8cm，高1.7～2.5cm，果脐微突起。花期4～5月，果期9～10月。

延安南部有分布，在桥山林区、黄龙山林区较常见，高度可达10m。通常分布在林缘、丘陵、山梁、峁顶，混生于林缘杂木林，或者混生于辽东栎、麻栎林中，是当地优良造林树种和防火带树种。延安已属于本种分布边缘区，主干高度降低，弯曲，生长缓慢，但仍属于延安的常见树种。我国东北的辽宁南部，华北各地，西北的陕西、甘肃及其以南地区有分布，南部到达华南、

槲栎 *Quercus aliena* var. *aliena*
1、2.枝、叶；3.果；4.花序

西南的四川、重庆、贵州、云南等地。

本种主要分布于海拔100～2000m，从东北部向西南山区，海拔逐渐升高。主要分布在向阳山坡、丘陵、梁峁地区，常与其他阳性阔叶树种组成混交林，或小面积纯林，是当地优良造林树种和防火带树种。喜光、耐旱、耐瘠薄，可生长与土层很薄石质山地。

木材坚硬，耐腐，纹理致密，可作为珍贵用材，供建筑、家具、地板用材；传统上被作为薪炭林树种，间伐枝梢材和加工剩余物可作为生产食用菌原料，或猪苓、天麻等药材的原料。种子富含淀粉，可作为饲料或食品，是橡子利用主要树种；壳斗、树皮、树叶富含单宁，可提取栲胶。

2b. 锐齿槲栎（变种）

Quercus aliena Bl. var. ***acuteserrata*** Maxim. ex Wenz. in Jahrb. Bot. Gart. Berlin 4: 219. 1886; 中国植物志, 22: 230. 1998.

本变种与原变种（槲栎）不同处在于，叶缘具粗大锯齿，齿端尖锐，内弯，叶背密被灰色细绒毛，叶片形状变异较大。花期3～4月，果期10～11月。

在延安南部有本变种分布，桥山林区店头林场、双龙林场以及黄龙山的白马滩林区有分布，高

锐齿槲栎 *Quercus aliena* var. *acuteserrata*
1.果枝；2.叶（张文辉 摄）

度6～8m。本变种与原种生物学特性相似，但更耐阴，喜湿润一些，常分布在辽东栎、麻栎林中。延安已属于该变种分布边缘区，主干不高，生长缓慢。我国东北辽宁南部，华北各地，西北陕西、甘肃以南有分布，南部达到华南、西南地区的四川、重庆、云南、贵州等地，海拔100～2700m，从东北向西南，海拔逐步升高。

通常在丘陵山地、山梁、峁顶形成混交林或小片纯林。在秦岭林区南坡海拔1500～2400m有大面积纯林或混交林高度达到23m，直径70cm。

木材为环孔材，边材灰白色，心材黄色，气干密度0.73g/m^3，材质坚硬，耐磨损，可作为珍贵用材树种，用于家具、建筑、地板、矿柱，也是传统的薪炭用材；间伐枝梢材和加工剩余物可作为生产食用菌原料，或猪苓、天麻等药材的原料。枝叶树皮含有单宁，可以提取栲胶。种子含淀粉，可以作为家畜饲料。

3. 辽东栎

Quercus wutaishanica Mayr, Fremdl. Wald-u. Parkbaume fur. Europa 504. 1906; 中国植物志, 22: 238. 1998.

落叶乔木，高达15m，胸径70cm；树皮灰褐色，纵裂；幼枝绿色或灰褐色，无毛，具圆形皮孔。叶片倒卵形至长倒卵形，长5～17cm，宽2～10cm，顶端圆钝或短渐尖，基部窄圆形或耳形，叶缘具圆齿，叶面绿色，背面淡绿色，幼时沿脉有单伏毛，老时无毛，侧脉5～7对；叶无柄，或者柄长0.3cm以内。雄花序生于新枝基部，柔软下垂，长5～7cm；雌花序短穗状，生于新枝上部叶腋，长0.5～2cm。壳斗浅杯形，包着坚果约1/3，直径1.2～1.5cm，高约0.8cm；小苞片三角形，长0.2cm，细密紧贴。坚果卵形至卵状椭圆形，直径1～1.3cm，高1.5～1.8cm，顶端有短绒毛；果脐微突起，直径约0.5cm。花期4～5月；果期9月。

延安在宝塔、子长以南有分布，常在丘陵、梁峁形成小面积纯林或混交林。在黄龙山林区、桥山林区有大片纯林或者松栎混交林、栎桦混交林，高度可达15m，胸径40cm。延安属于本种分布边缘区，高度降低到3～5m，主干弯曲，生长缓慢，但仍属于地带性植被建群种。我国华北各地，以及

辽东栎 *Quercus wutaishanica*
1.果枝（张文辉 摄）；2.幼果枝叶（张文辉 摄）

西北的宁夏、陕西，甘肃、青海，西南的四川（北部）有分布，常生于丘陵，低、中山区。从东向西，海拔逐渐升高。在青海、秦岭北坡和四川北部可达海拔2200～2500m。

常生于阳坡、半阳坡，形成小片纯林或混交林，以秦岭北坡发育较好，为当地优良造林树种和防火带树种。

木材结构较粗，边材黄褐色，心材深褐色，气干密度0.83g/m^3，为珍贵用材树种，可作家具、建筑、地板、矿柱用材，传统的薪炭用材树种；间伐枝梢材和加工剩余物可以生产食用菌。叶含蛋白质，东北地区可饲养柞蚕；种子含淀粉，可以作为饲料或制酒精。

4. 麻栎

Quercus acutissima Carr. in Journ. L. Soc. Bot. 6: 33. 1862; 中国植物志, 22: 219. 1998.

落叶乔木，高达20m，胸径达100cm，树皮深灰色，细纹纵裂；幼枝被灰黄色柔毛，后渐脱落，具淡黄色皮孔；冬芽圆锥形，被柔毛。叶片为长椭圆状披针形，长8～19cm，宽2～6cm，顶端长渐尖，基部圆形或宽楔形；叶缘有芒状锯齿；叶片两面同色，叶背幼时被锈色柔毛，老时无毛，或仅沿叶脉有毛；侧脉13～18对；叶柄长1～3cm。雄花序柔软下垂，常数个集生于当年生枝下部叶腋；雌花数朵组成穗状直立花序。壳斗杯形，包坚果基部约1/2，连小苞片直径1.5～3cm，高约1.5cm；小苞片钻形或扁条形，向外反曲。坚果卵形或椭圆形，直径1.5～2cm，高1.7～2.2cm，顶端圆形，柱头宿存。花期3～4月，果期翌年9～10月。

延安主要分布于南部山区，桥山林区有大面积纯林和松栎混交林，是当地地带性植被建群种，也是当地优良造林树种和防火带树种。我国东北的辽宁，华北各地及西北的陕西、甘肃及其以南有分布，南部到达华南各地区和西南的云南、贵州、四川、重庆等地。海拔60～2200m，由东北到西南，海拔逐渐上升。

水分条件较好地区，常生于海拔1000m以下向阳山坡、峁顶。黄土高原地区，由于气候干旱，常分布于阴坡，组成纯林或混交林。在西南地区海拔达到2200m。朝鲜、日本、越南、印度也有分布。

木材为环孔材，边材淡红褐色，心材红褐色，气干密度0.8g/cm^3，材质坚硬，纹理直，耐腐朽，供坑木、桥梁、地板等家具建筑等用材，为珍贵用材树种；麻栎是当地传统的薪炭林树种，枝梢材加工剩余物为食用菌和药材培育原料。叶含蛋白质，可饲柞蚕。种子含淀粉，可作饲料和工业用淀粉。壳斗、树皮可提取栲胶。

麻栎 *Quercus acutissima*

1.麻栎林（张文辉 摄）；2.枝叶（张文辉 摄）

5. 栓皮栎

Quercus variabilis Bl. in Mus. Bot. Lugd. -Bat. 1: 297. 1850; 中国植物志, 22: 222. 1998.

落叶乔木，高达25m，胸径达100cm，树皮黑褐色，深纵裂或块状裂片，木栓层发达；小枝灰褐色，无毛；芽圆锥形，芽鳞褐色。叶片卵状披针形或长椭圆形，长8～15cm，宽2～6cm，顶端渐尖，基部圆形或宽楔形，叶缘具芒状锯齿，叶背密被灰白色星状绒毛，侧脉13～18对，叶柄长1～3cm。雄花序柔软下垂，长达5～10cm，花被4～6裂，雄蕊10枚或较多；雌花数个组成穗状花序，生于新枝基部叶腋。壳斗杯形，包着坚果2/3，连小苞片直径2.5～4cm，高约1.5cm；小苞片钻形，反曲。坚果近球形或宽卵形，高、直径1～1.5cm，顶端圆。花期3～4月；果期翌年9～10月。

延安主要分布于黄龙白马滩林区，有小面积纯林或混交林。本种在延安属于分布区边缘区，出现干型不良、生长缓慢等问题，但仍属于延安地带性植被建群种。我国东北的辽宁，华北的河北、山西，西北的陕西、甘肃及其以南地区有分布，南部可达华南各地，以及西南的云南、贵州、四川、重庆等地。华北地区通常生于海拔800m以下的阳坡，西南地区可达海拔2000～3000m。陕西秦巴山地区海拔1500m以下有大面积纯林和混交林。

木材为环孔材，边材淡黄色，心材淡红色，气干密度0.87g/cm^3。树叶含蛋白质，可以饲养柞蚕。坚果含淀粉，可以用于家畜饲料或淀粉原料。壳斗、树皮富含单宁，可提取栲胶。树木周皮层（木栓层）发达，可以多次采剥，且不影响树木生长。周皮层可作为软木，是重要轻工原料。软木质轻，耐高温、耐腐，吸收辐射，绝热、绝缘、隔音，可以制作车船、机械、航空器材的各类垫片和防护层，也是高档播音室、实验室装饰材料，还可加工成软木雕、软木字画、软木皮革、软木纸等。

栓皮栎 *Quercus variabilis*

1.植株（张文辉 摄）；2.叶、果（张文辉 摄）；3.栓皮（张文辉 摄）

23 榆科

Ulmaceae

本科编者：西北农林科技大学　张文辉

落叶或常绿乔木或灌木。芽具鳞片，稀裸露，顶芽通常早死，其下的腋芽代替顶芽。单叶互生，常二列，有锯齿或全缘，基部偏斜或对称，羽状脉或基部3出脉，有柄。两性，稀单性或杂性，雌雄异株或同株，排成疏或密的聚伞花序，因花序轴短缩而似簇生状，或单生于叶腋，或生于当年生枝下部；单被花，常4～8覆瓦状排列；雄蕊着生于花被的基底，常与花被裂片对生，花丝明显，花药2室；雌蕊由2心皮连合而成，花柱极短，柱头2，子房上位，通常1室，稀2室。果为翅果、核果、小坚果，顶端常有宿存的柱头。

本科16属约230种，广布于世界热带至温带地区。我国产8属56种（变种），东北、华北、西北及其以南有分布。另引入栽培3种。

本科植物在延安有3属13种，其中朴属6种，刺榆属1种；榆属6种。在延安各县（区）都有分布，以南部黄龙桥山天然次生林区种类多，生长旺盛。榆树、朴树均为延安城乡绿化和造林树种。

本科植物喜光、耐旱、适应性强，是当地天然林和园林绿化中常见物种。本科多数种类的木材材质坚硬，可供建筑、家具、器具、造船、车辆、桥梁、农具等用材。枝皮及树皮纤维可代麻；通常用以黏合香料制“香”。榆树果实可食；种子油可供医药和轻化工业用。

分属检索表

1. 单叶基部三出脉，边缘全缘或近基部全缘，仅近顶部有锯齿；果为核果球形，果梗较长 …………………………………………………………………………………………… 3. 朴属 *Celtis*

1. 单叶羽状脉，边缘有锯齿；果为翅果，坚果周围有翅，或上半部具鸡头状窄翅的小坚果 ………………2

2. 小枝不具硬刺，叶基偏斜，边缘重锯齿；翅果周围有翅；花两性，常多数排成簇状聚伞花序，或总状聚伞花序……………………………………………………………………… 1. 榆属 *Ulmus*

2. 小枝具坚硬的棘刺；叶的基部不偏斜，边缘具单锯齿；小坚果偏斜，在上半部具鸡头状的窄翅；花杂性，单生或2～4朵簇生于当年生枝的叶腋……………………………………… 2. 刺榆 *Hemiptelea*

1. 榆属 *Ulmus* L.

乔木，稀灌木；树皮不规则纵裂，粗糙。小枝无刺，有时具木栓翅；顶芽早死，其下的腋芽代替顶芽，芽鳞覆瓦状，无毛或有毛。叶互生，常排成二列，边缘具锯齿，羽状脉直达锯齿，基部偏斜，有柄。花两性，在去年生叶腋排成簇状聚伞花序、总状聚伞花序或呈簇生状；花被钟形，稀较长成管状，或杯状，4～9浅裂，裂片等大或不等大；雄蕊与花被裂片同数而对生，花丝细直，扁平，多少外伸，花药矩圆形，2室，纵裂；子房扁平，花柱极短，稀较长而2裂，柱头2，条形；花梗较花被短，被毛，基部有1枚膜质小苞片；花后数周果即成熟。果为扁平的翅果，圆形、倒卵形、矩圆形或椭圆形，稀梭形，两面及边缘无毛或有毛；果核部分位于翅果的中部至上部，果翅膜质，顶端具宿存的柱头及缺口；种子扁或微凸，种皮薄，胚直立，子叶扁平或微凸。

本属30余种，产北半球的欧洲、亚洲、北美洲。中国有25种6变种，全国各地区均有分布，以长江流域以北较多。另引入栽培3种。

延安各地均有分布，共有5种。黄龙桥山林区天然次生林区种类多，是向阳山坡、峁顶、塄坎上最常见树种。

榆属为黄土高原森林草原过渡地带的代表性树种，多为喜光树种，根系发达，耐旱力强，不耐水湿，对土壤要求不严，喜土壤湿润、深厚、肥沃的立地条件，部分种类耐轻度盐碱。木材坚重，韧性强，耐磨损，硬度适中，纹理美观，有光泽，结构略粗，具花纹，为优质木材。果实可食，翅果含油率为20%～40%，以癸酸为主要成分（占40%～70%），含有辛酸、月桂酸、棕榈酸、油酸及亚油酸，是医药和轻、化工业的重要原料。

分种检索表

1. 花秋季开放；树皮光滑，斑块片状剥落；花被钟形，浅裂近中部；叶质地厚，边缘具单锯齿；翅果椭圆形，果核部分较两侧之翅宽……………………………………………5. 榔榆 *U. parvifolia*
1. 花春季开放；树皮粗糙，条块状纵裂；花被上部杯状，下部急缩成管状，花被片裂至基部或中下部；叶质地薄，边缘重锯齿，稀单锯齿；果核部分不比果翅宽 ……………………………………2
2. 枝条无栓质翅；翅果近圆形……………………………………………………………………3
2. 果枝具有栓质翅；翅果椭圆形…………………………………………………………………4
3. 翅果直径2～2.5cm，果翅稍厚与果核不同色，果核较果翅宽；果梗较长2～4mm；冬芽鳞片的边缘密生锈黑色长柔毛；翅果不为圆形……………………………………………3. 旱榆 *U. glaucescens*
3. 翅果直径1.5cm，果翅较薄与果核同色，果核不比果翅宽；果梗较短1～2mm；冬芽鳞边缘密被白色长柔毛；翅果为圆形……………………………………………………………2. 榆树 *U. pumila*
4. 叶基部近对称；翅果较大，宽倒卵状圆形；宿存花被浅裂，裂片5；果梗长2～4mm；叶面粗糙，表面密生硬毛；边缘具大而浅而钝锯齿 ……………………………………1. 大果榆 *U. macrocarpa*
4. 叶基部歪斜；翅果较小，倒卵形；宿存花被深裂，裂片4；果梗长约2mm；叶面幼时有散生硬毛；边缘具细而尖锐锯齿……………………………………4. 春榆 *U. davidiana* var. *japonica*

1. 大果榆（翅枝黄榆）

Ulmus macrocarpa Hance in Journ. Bot. 6: 332. 1868; 中国植物志, 22: 345. 1998.

落叶乔木或灌木，高达20m，胸径可达40cm；树皮灰黑色，纵裂，粗糙；小枝有时两侧具对生扁平的木栓翅，淡褐黄色，无毛或1年生枝有疏毛，具散生皮孔；冬芽卵圆形或近球形，芽鳞背边缘有毛。叶倒卵形、倒卵状圆形或倒卵形，厚革质，大小变异大，长5～9cm，宽3.5～5cm，先端常短尾状，基部渐窄至圆，偏斜或近对称，多少心脏形或一边楔形；两面粗糙，叶面密生硬毛或有凸起的毛迹，叶背常有疏毛，脉上较密，脉腋有簇生毛；侧脉6～16对，边缘具大而浅钝的重锯齿；叶柄长2～10mm，有毛。花自花芽或混合芽抽出，在去年生枝上排成簇状聚伞花序或散生于新枝的基部。翅果宽倒卵状圆形、近圆形或宽椭圆形，长1.5～4.7cm，宽1～3.9cm，基部多少偏斜，微狭或圆，顶端凹，缺口内缘被毛，两面及边缘有毛，果核部分位于翅果中部，宿存花被钟形，外被短毛或几无毛，上部5浅裂，裂片边缘有毛，果梗长2～4mm，被短毛。花果期4～5月。

在延安宝塔、富县、宜川、黄陵、黄龙天然林区有分布，常见于林缘、向阳山坡、塄坎，天然次生林残留片段中。我国东北的黑龙江、吉林、辽宁，华北的河北、山西、内蒙古（中部），西北的、陕西、甘肃、青海，华东的山东、江苏、安徽，华中的河南等地有分布；海拔700～1800m。朝鲜、俄罗斯也有分布。

喜光树种，耐干旱，能适应碱性、中性及微酸性土壤。常分布于干旱向阳山坡、谷地、台地、丘陵、固定沙丘及岩缝中。本种木材重硬，纹理直，结构粗，有光泽，韧性强，弯挠性能良好，耐磨损，可供车辆、农具、家具、器具用材。翅果含油量高，是医药和轻化工业的重要原料。

大果榆 *Ulmus macrocarpa*
1.植株（张文辉 摄）；2.小枝及叶（张文辉 摄）

2. 榆树

Ulmus pumila L., Sp. Pl. 326. 1753, excl. syn. Plukenet, Franch. in Nouv. Arch. Mus. Paris ser. 2, 7: 78 (Pl. David. 1: 268). 1884; 中国植物志, 22: 35. 1998.

落叶乔木或灌木状，高达25m，胸径达1m，幼树树皮灰色平滑，大树之皮暗灰色，深纵裂，粗糙；小枝无毛或有毛，淡褐灰色或灰色，有散生皮孔，无膨大的木栓层及木栓翅；冬芽卵圆形，芽鳞背面无毛，内层芽鳞的边缘具白色长柔毛。叶椭圆状卵形、椭圆状披针形，长2～8cm，宽1.2～3.5cm，先端渐尖，基部偏斜，一侧楔形至圆，另一侧圆或半心脏形；叶面平滑无毛，叶背幼时有短柔毛，后变无毛或仅脉腋簇生毛；边缘具重锯齿或单锯齿，侧脉9～16对，叶柄长0.4～1cm。花先叶开放，生于叶腋，呈簇生状。翅果近圆形，稀倒卵状圆形，直径1.2～2cm，顶端缺口柱头被毛，果核位于翅果的中部，上端有缺口，成熟初淡绿色，后白黄色；宿存花被无毛，4浅裂，边缘有毛，果梗比花被为短，长1～2mm，被短柔毛。花果期3～6月。

延安各地均有分布，是延安宝塔、吴起、安塞、甘泉、黄陵地区常见树种，为传统庭院绿化和房前屋后栽植树种。是黄龙桥山林区向阳山坡次生林的主要组成树种，在林缘、路边较常见，我国东北、华北、西北及西南各地区有分布。朝鲜、俄罗斯、蒙古有分布。本种为森林草原过渡区代表性树种，海拔1000～2500m。

阳性树种，生长快，根系发达，适应性强，能耐干冷及中度盐碱土壤，不耐水湿。在土壤深厚、肥沃、排水良好生境生长良好。木材纹理直，结构略粗，坚硬，韧性强，耐磨，是车辆、桥梁、农具的优质用材，也可用于家具、建筑。树皮内含淀粉及黏性物，磨成粉称榆皮面，可食用，掺和在玉米、高粱面粉中，可增加黏筋性；枝皮纤维坚韧，可代麻制绳索及造纸原料；幼嫩翅果与面粉混拌可蒸食；成熟果含油25%，可供医药和轻化工业用；叶可作饲料。树皮、叶及翅果均可药用，能安神、利尿。本种可作为西北荒漠、华北及淮北平原、丘陵轻度盐碱地的造林或“四旁”绿化树种。

此外，在延安也可以见到栽培的中华金叶榆（美人榆）*U.pumila* ‘Jinye’。为榆的栽培变种。在初春叶片金黄色，色泽艳丽，质感好；叶卵圆形，比普通榆树叶片稍短。是很好的观赏植物，在黄陵、黄龙有栽培。

榆树 *Ulmus pumila*
1.植株（张文辉 摄）；2.小枝、叶及翅果（张文辉 摄）

中华金叶榆（美人榆）*Ulmus pumila* 'Jinye'
1.植株（张文辉 摄）；2.小枝、叶（张文辉 摄）

3. 旱榆［粉榆（延安）］

Ulmus glaucescens Franch. in Nouv. Arch. Mus. Paris. ser. 2. 7(Pl. David. 1: 266.): 77. t. 6. 1884; 中国植物志, 22: 361. 1998.

落叶乔木或灌木，高达18m，树皮纵裂；幼枝被毛，2年生枝淡灰黄色，小枝无木栓翅及膨大的木栓层；冬芽卵圆形，内部芽鳞有毛，边缘密生锈褐色长柔毛。叶椭圆形、卵形或椭圆状披针形，长2.5～5cm，宽1～2.5cm，先端渐尖至尾状渐尖，基部偏斜，两面光滑无毛，稀叶背有极短之毛，边缘具钝而整齐的单锯齿或近单锯齿，侧脉每边6～12条；叶柄长5～8mm，上面被短柔毛。花自混合芽抽出，散生于新枝基部，3～5数在去年生枝上呈簇生状。翅果椭圆形、宽椭圆形或近圆形，长2～2.5cm，宽1.5～2cm；除顶端缺口柱头面有毛外，余处无毛，果翅较厚；果核部分较两侧之翅宽，位于翅果中上部，上端接近或微接近缺口，宿存花被钟形，无毛，上端4浅裂，裂片边缘有毛，果梗长2～4mm，密被短毛。花果期3～5月。

旱榆 *Ulmus glaucescens*
1.植株；2.枝叶；3.果枝

本种主要分布于延安的黄龙、桥山林区次生林、林缘，干旱贫瘠的向阳山坡以及塄坎等生境。在富县、黄陵等地常见。我国东北的辽宁，华北的河北、山西、内蒙古（中部），西北的陕西、甘肃、宁夏，华东的山东，华中的河南等地区有分布，海拔500～2400m。

喜光，耐干旱、寒冷，耐瘠薄，木材坚重，韧性好，可用家具、农具、建筑等用材。可作西北地区荒山造林及防护林树种，也可以作为庭院绿化树种，可以作为当地造林树种或庭院绿化树种。

本种在未见翅果的情况下，易与叶小单齿型的大果榆 *U. macrocarpa* Hance 相混淆，其区别在大果榆的叶呈倒卵状圆形，中上部宽，先端短尾状，两面有毛，叶面粗糙，小枝有时具对生而扁平的木栓翅。

4. 黑榆

Ulmus davidiana Planch. in Comp. Rend. Acad. Sci. Paris 74(1): 1498. 1872.; 中国植物志, 22: 365. 1998.

4a. 春榆（变种）

Ulmus davidiana Planch var. ***japonica*** (Rehd.) Nakai Fl. Sylv. Kor. 19: 26. t. 9. 1932; 中国植物志, 22: 366. 1998.

落叶乔木或灌木状，高达15m，胸径达30cm；树皮深灰色或黑色，纵裂成不规则条块状；幼枝被柔毛，小枝具向四周膨大且不规则的木栓翅；冬芽卵圆形，芽鳞有毛。叶倒卵形或椭圆形，长4～9cm，宽1.5～4cm，先端尾状渐尖或渐尖，基部歪斜，一边楔形，一边近圆形或耳状；叶面幼时有散生硬毛，叶背幼时有密毛，脉腋常有簇生毛；边缘具重锯齿，侧脉每边12～22条；叶柄长0.5～12.2cm，全被毛或仅上面有毛。花为簇状聚伞花序。翅果倒卵形或近倒卵形，长1.0～1.9cm，宽0.7～1.4cm，果翅通常无毛，位于翅果中上部或上部，上端接近缺口，宿存花被无毛，裂片4，果梗被毛，长约2mm。花果期4～5月。

延安在宜川、黄陵有天然分布，也有栽培的个体。在当地，可以选作造林树种，也可以作为园林绿化树种。我国分布于东北的黑龙江、吉林、辽宁，华北的河北、山西、内蒙古（中部），西北的陕西、甘肃及青海，华东的山东、安徽、浙江，华中河南、湖北等地区。俄罗斯、朝鲜、日本也有分布。

喜光耐旱，常生于次生林缘、河岸、溪旁、沟谷、山麓及排水良好的冲积地和山坡。边材暗黄色，心材暗紫灰褐色，木材纹理直，结构粗，纹理优美，比重和硬度适中，韧性、弯挠性较好，可作家具、器具、室内装修、车辆、造船、地板等用材；枝皮可代麻制绳，枝条可编筐。本变种应性强，从体态（乔木至灌木）、幼枝被毛与否、小枝有无膨大的木栓层、叶形、叶面平滑或粗糙、侧脉的多少、叶柄的长短、翅果的大小等均变异，并有多个变种或变形，但很难找到彼此稳定的区别特征，《中国植物志》已经将其归并，我们赞同。

春榆 *Ulmus davidiana* var. ***japonica***
1.枝叶（吴振海 摄）；2.果枝（吴振海 摄）；3.果实

5. 榔榆

Ulmus parvifolia Jacq. Pl. Rar. Hort. Schoenbr. 3: 6. t. 262. 1798; 中国植物志, 22: 376. 1998.

落叶乔木，高达25m，胸径可达1m；树皮灰色或灰黑，裂成不规则鳞状薄片剥落，露出红褐色内皮，近平滑，微凹凸不平；当年生枝密被短柔毛，深褐色；冬芽卵圆形，红褐色，无毛。叶质地厚，披针状卵形或窄椭圆形，长1.7～8cm，宽0.8～3cm，先端尖或钝，基部偏斜，楔形或一边圆；叶面深绿色，有光泽，中脉凹陷，有疏柔毛；边缘从基部至先端有钝而整齐的单锯齿，稀重锯齿，侧脉10～15对，叶柄长2～6mm，仅上面有毛。花3～6朵在叶腋簇生或排成聚伞花序，花被杯状，或管状，花被片4, 深裂；花梗极短，被疏毛。翅果椭圆形，或卵状椭圆形，长1～1.3cm，宽0.6～0.8cm，顶端缺口柱头面被毛，余无毛；果翅稍厚，基部的柄长约 2mm，两侧的翅较果核部窄，果核位于翅果的中上部；果梗较管状花被短，长1～3mm。花期8～9月，果期9～10月。

延安分布于南部次生林区林缘路边，或者向阳山坡次生林地。在黄陵、延川等地采集有标本。我国分布于西北的陕西，华北的河北，华中河南、湖南、湖北，华东的山东、江苏、江西、安徽、浙江、福建、台湾，华南广东、广西，西南的贵州、四川等地区。日本、朝鲜也有分布。喜光，耐干旱，在酸性、中性及碱性土上均能生长，但以气候温暖，土壤肥沃、排水良好的中性土壤为最适宜的生境。生于平原、丘陵、山坡及谷地。

边材淡褐色或黄色，心材灰褐色或黄褐色，材质坚韧，纹理直，耐水湿，可供家具、车船、农具用材。树皮纤维纯细，杂质少，可作蜡纸及人造棉原料，或织麻袋、编绳索，亦供药用。可作当地造林树种，园林绿化树种。

榔榆 *Ulmus parvifolia*

1.植株（张文辉 摄）；2.小枝及叶（张文辉 摄）；3.树干（张文辉 摄）

2.刺榆属 *Hemiptelea* Planch.

落叶乔木；小枝坚硬，顶端呈棘刺。叶互生，具羽状脉，有钝锯齿；托叶早落。花杂性，具梗；与叶同时开放；单生或2～4朵簇生于当年生枝的叶腋；花被4～5裂，呈杯状；雄蕊与花被片同数；雌蕊具短花柱，柱头2，条形，子房侧向压扁，1室，具1倒生胚珠。小坚果偏斜，两侧扁，在上半部具鸡头状的翅，基部具宿存的花被；胚直立，子叶宽。

本属仅1种，分布于我国东北和西北南部，以及华北、华中、华东、华南部分地区。朝鲜也有分布。延安仅分布于黄龙山南部的白马滩等次生林区。

刺榆

Hemiptelea davidii (Hance) Planch. in Compt. Rend. Acad. Sci. Paris 74: 132. 1872; 中国植物志, 22: 378. 1998.

小乔木或呈灌木状，高可达10m，树皮深灰色或褐灰色，不规则的条片状深裂；小枝灰褐色或紫褐色，被灰白色短柔毛，顶端呈粗而硬的棘刺，长2～10cm；冬芽常3个聚生于叶腋，卵圆形。叶椭圆形或椭圆状矩圆形，长4～7cm，宽1.5～3cm，先端急尖或钝圆，基部浅心形或圆形，边缘有整齐的粗锯齿，叶面绿色，幼时被毛，后脱落残留有稍隆起的圆点，叶背淡绿，光滑无毛，或在脉上有稀疏的柔毛，侧脉8～12对，排列整齐，斜直出至齿尖；叶柄短，长3～5mm，被短柔毛；托叶矩

刺榆 *Hemiptelea davidii*
1.植株（张文辉 摄）；2.小枝、叶及棘刺（张文辉 摄）

圆形、长矩圆形或披针形，长3～4mm，淡绿色，边缘具睫毛。小坚果黄绿色，斜卵圆形，两侧扁窄翅，长5～7mm，形似鸡头，果梗纤细，长2～4mm。花期4～5月，果期9～10月。

延安在黄龙疙台、白马滩等地天然次生林中有星散分布，海拔1000～1350m；在延安以南地区有栽培。我国分布于东北的吉林、辽宁，华北的河北、山西、内蒙古（中部），西北陕西、甘肃，华东的山东、江苏、安徽、浙江、江西，华中以及华南广西等地区。常生于海拔2000m左右。朝鲜有分布，在欧洲及北美洲有栽培。

喜光耐旱，耐瘠薄，萌发力强，适应性强。见于向阳山坡、石质山地次生林或灌木林地、路旁、河滩地。木材淡褐色，坚硬而细致，可供制农具及器具和建筑用材的优良树种。树皮纤维可作绳索、麻袋的原料；嫩叶可作饮料；种子可榨油。树枝有棘刺，比较速生，常呈灌木状，可作绿篱及庭院绿化树种，也可作干旱生境造林树种。

3. 朴属 *Celtis* L.

乔木，芽具鳞片或否。单叶互生，有柄，常绿或落叶，有锯齿或全缘；具3出脉；托叶膜质或厚纸质。花小，两性或单性，集成小聚伞花序或圆锥花序，或因总梗短缩而化成簇状，或因退化而花序仅具一两性花或雌花；花序生于当年生小枝上，雄花序多生于小枝下部无叶处或下部的叶腋；花被片4～5，仅基部稍合生；雄蕊与花被片同数，着生于具柔毛的花托上；雌蕊具短花柱，柱头2，线形，先端全缘或2裂，子房1室，具1倒生胚珠。核果，内果皮骨质，表面有网孔状凹陷或近平滑；种子充满核内，胚乳少量或无，胚弯，子叶宽。

本属约60种，广布于全世界热带和温带地区。我国有11种2变种，产辽东半岛以南广大地区。延安产5种，主要分布在南部地区黄龙桥山天然林分布区，是天然次生林地，向阳山坡、峁顶次生林和干旱灌丛伴生树种。

本属多数种类的木材可供建筑和制作家具等用，树皮纤维可代麻制绳、织袋或为造纸原料。大多数种类的种子油可制肥皂或作滑润油。也可以作为园林绿化树种或造林树种。

分种检索表

1. 冬芽的内层芽鳞密被较长的柔毛……2
1. 冬芽的内层芽鳞无毛或仅被微毛……3
2. 果较小，直径约5mm，幼时被疏或密的柔毛，成熟后脱净；果梗短而分叉，长1～1.5cm；当年生小枝幼时被绒毛，叶下面疏毛……1. 紫弹树 *C. iondii*
2. 果较大，长10～17mm，幼时无毛；果梗长而不分叉，长 1.5～3.5cm；当年生小枝和叶下面密生短柔毛……2. 珊瑚朴 *C. julianae*
3. 叶先端近平截而具粗锯齿，中间的齿常呈尾状长尖……3. 大叶朴 *C. koraiensis*
3. 叶先端非截形，渐尖或尾状渐尖……4
4. 果梗短于邻近的叶柄的一半；叶基部不偏斜或稍偏斜，先端尖至渐尖；果成熟时黄色至橙黄色；果梗2～3，其中一枚具有2个果实……4. 朴树 *C. sinensis*
4. 果梗长于其邻近的叶柄 2～4倍；叶基部明显偏斜，先端渐尖至短尾状渐尖；果蓝黑色，果梗常单生叶腋……5. 黑弹树 *C. bungeana*

1. 紫弹树

Celtis biondii Pamp. in Nuov. Giorn. Bot. Ital. n. ser. 17: 252. 1910; 中国植物志, 22: 404. 1998.

落叶小乔木或乔木，高达18m，树皮暗灰色；当年枝黄褐色，被短柔毛，渐脱落，有散生皮孔；冬芽黑褐色，被柔毛，内部鳞片密被长毛。叶宽卵形或卵形，长2.5～7.0cm，宽2～3.5cm，基部近圆形，稍偏斜，先端渐尖,或尾状渐尖，在中部以上疏具浅齿，薄革质，上面脉下陷；两面被微糙毛，或仅叶背脉上有毛，或下面被糙毛和密柔毛；叶柄长3～6mm，幼时有毛。托叶条状披针形，被毛，迟落，叶完全长成后脱落。核果单生叶腋，总梗极短，常具2核果，总梗连同果长1～2cm，被糙毛；果幼时被柔毛，逐渐脱净；果黄色至橘红色，近球形，直径约0.5cm，核两侧稍压扁，侧面观近圆形，直径约4cm，具4肋，表面具明显的网孔状。花期4～5月，果期9～10月。

延安主要分布在宝塔以南的富县、黄陵、黄龙天然次生林区，在城乡绿化中也常见。我国西北的甘肃、陕西，华中的河南、湖北，华东的福建、浙江、台湾，华南的广东、广西，西南的云南、贵州、四川有分布，海拔50～2000m。日本、朝鲜也有分布。

喜光耐旱，耐瘠薄，是山地灌丛、次生林地常见树种。常见于次生林中，向阳山坡和梁峁山顶、林缘路边也常见。材质坚硬，是家具建筑优良用材。树形优美，枝叶浓密舒展，是当地重要园林绿化和造林树种。

2. 珊瑚朴

Celtis julianae Schneid. in Sarg. Pl. Wilson. 3: 265. 1916; 中国植物志, 22: 407. 1998.

落叶乔木，高可达30m，树皮淡灰色；当年生小枝、叶柄、果柄深褐色，密生褐黄色绒毛，2年生小枝色更深，毛脱落，皮孔不明显；冬芽褐棕色，鳞片有红棕柔毛。叶宽卵形至尖卵状椭圆形，厚纸质，长6～12cm，宽3.5～8cm，基部近圆形，二侧稍不对称，先端短渐尖至尾尖，叶面粗糙，叶背密生短柔毛，边缘在上部以上具浅钝齿；叶柄长0.7～1.5cm，较粗壮；萌发枝上的叶面具短糙

珊瑚朴 *Celtis julianae*
1.小枝（寻路路 摄）；2.叶片正面（寻路路 摄）；3.叶片背面（寻路路 摄）；4.早期果枝（吴振海 摄）；5.成熟果枝（寻路路 摄）

毛，叶背被短柔毛。核果单生叶腋，果梗粗壮，长1～3cm，果椭圆形至近球形，长1.0～1.2cm，金黄色至橙黄色；核乳白色，倒卵形至倒宽卵形，长0.7～0.9cm，上部有2条较明显的肋，基部尖至略钝，表面略有网孔状凹陷。花期3～4月，果期9～10月。

延安南部黄龙桥山天然次生林区有分布，桥山林区、黄龙山林区天然次生林中星散分布，林缘路边、向阳山坡比较常见。我国西北的陕西，华中的河南、湖北、湖南，华东的福建、江西、浙江、安徽，西南的四川、贵州，华南的广东等地区有分布。多生于山坡或山谷林中或林缘，海拔300～1300m。

喜光耐旱，耐瘠薄，常分布在向阳山坡、峁顶、路边、林缘和残败次生林中。树干通直，木材坚硬，是家具建筑优良用材。树冠舒展，枝叶茂密，深绿，是很好庭院绿化、行道树以及房前屋后绿化树种，也可以作为半干旱山区人工林造林树种。

3. 大叶朴

Celtis koraiensis Nakai in Bot. Mag. Tokyo 23: 191. 1909, 中国植物志, 22: 409. 1998.

落叶乔木，高达15m；树皮暗灰色、灰色，微浅裂；当年生小枝褐色至深褐色；皮孔小而微凸、椭圆形；冬芽深褐色，内侧鳞片具棕色柔毛。叶椭圆形、倒卵状椭圆形、广卵形，长7～12cm，宽3.5～10cm，基部宽楔形至近圆形，略不对称，先端具尾状长尖，长尖常由平截状先端伸出，边缘具粗锯齿，两面无毛，或仅叶背疏生短柔毛或在中脉和侧脉上有毛；叶柄长0.5～1.5cm，无毛或仅具短毛；萌发枝叶较大，且具有较多硬的毛。核果单生叶腋，果梗长1.5～2.5cm，果球形、球状椭圆形，直径0.8～1.2cm，成熟时为橙黄色、深褐色；核具有4条纵肋，表面具明显网孔状凹陷，灰褐色。花期4～5月，果期9～10月。

延安桥山天然次生林区有分布，星散分布于林缘路边、向阳山坡。近年来在城乡绿化和行道树有栽植。我国东北的辽宁，西北的陕西、甘肃，华北的河北、山西，华东的山东、安徽，华中的河南等地区有分布，海拔100～1500m，朝鲜也有分布。

喜光耐旱，耐瘠薄，常分布在向阳山坡、峁顶、路边、林缘和残败次生林中。树干通直，木材坚硬，是家具建筑优良用材。树冠舒展，枝叶茂密，深绿，是很好庭院绿化、行道树以及房前屋后绿化树种，也可以作为半干旱山区人工林造林树种。

大叶朴 *Celtis koraiensis*
1.幼果（吴振海 摄）；2.成熟果（吴振海 摄）

4. 朴树

Celtis sinensis Pers. Syn. 1: 292. 1805; 中国植物志, 22: 410. 1998.

乔木，高达30m，树皮灰白色；当年生小枝幼时密被黄褐色短柔毛，老后毛常脱落，去年生小枝褐色至深褐色；冬芽棕色，鳞片无毛。叶厚纸质至近革质，卵状椭圆形，长5～13cm，宽3～5.5cm，基部不偏斜，或稍偏斜，先端渐尖，边缘变异较大，近全缘至具钝齿，幼时叶背、幼枝、叶柄密生黄褐色短柔毛，老时或脱净或残存，变异较大。果梗常2～3枚生于叶腋，其中一枚果梗（实为总梗）常有2果，其他的具1果，无毛或被短柔毛，长0.7～1.7cm；核果成熟时黄色至橙黄色，近球形，直径约0.8cm；核近球形，直径约0.5cm，具4条肋，表面有网孔状凹陷。花期3～4月，果期9～10月。

延安黄龙山、桥山天然次生林区有分布，主要散生于次生林中、林缘或者山坡路边。我国西北的陕西，华中河南、湖南、湖北，华东的山东、江西、江苏、安徽、浙江、福建，华南的广东、广西，西南的四川、贵州等地区有分布，海拔100～1500m。

喜光，耐旱，耐瘠薄，在湿润肥沃生境生长较好；多生于路旁、山坡、林缘。主干通直，材质坚硬，可作为家具、建筑用材，也可用于庭院绿化及道路两边栽培，也可以作为阔叶树造林树种。

《中国植物志》将本种作为独立种处理；将*C. labilis* Schneid.l.c.267.1916，作为本种异名，我们赞同。

朴树 ***Celtis sinensis***
小枝、叶及果（卢元 摄）

5. 黑弹树（小叶朴）

Celtis bungeana Bl. Mus. Bot. Lugd. -Bat. 2: 71. 1852; 中国植物志, 22: 411. 1998.

落叶乔木，树高达10m，灰色或淡灰色树皮；当年生小枝淡棕色，老时色较深，无毛，有散生椭圆形皮孔；冬芽棕色或暗棕色，芽鳞无毛。单叶互生，厚纸质，狭卵形至卵形，或卵状椭圆形，长3～7cm，宽2～4cm，基部宽楔形或近圆形，稍偏斜，先端尖或渐尖，中部以上具有疏或不规则浅齿，无毛；叶柄淡黄色，长0.5～1.5cm，腹面有沟槽，幼时槽中有短毛，老时无毛；萌发枝上的叶形较大，有糙毛，先端呈尾尖。核果单生叶腋,或者一果梗上具2果，果柄细软，长1.0～2.5cm，无毛，成熟核果蓝黑色，近球形，直径0.6～0.8cm；内果皮骨质，肋不明显，表面极大部分近平滑或略具网孔状凹陷，直径0.4～0.5cm。花期4～5月，果期10～11月。

本种在延安黄陵、富县、宜川、洛川、延长有分布，常见于向阳山坡、峁顶次生林中。我国东北的辽宁，华北的河北、山西、内蒙古（中部），西北的陕西、甘肃、宁夏、青海，华中的河南、湖南、湖北，华东的山东、安徽、江苏、浙江、江西，西南的四川、云南、西藏等地有分布，海拔150～2300m。在朝鲜也有分布。

喜光，耐旱，耐瘠薄。多生于路旁、山坡、灌丛或林边。主要星散分布于天然次生林、林缘、路边等向阳干旱山坡。水肥条件好，生长优良。

木材坚硬，优良的车船和家具用材，可以作为阔叶树造林树种，也用于园林绿化。

黑弹树 *Celtis bungeana*
1.果（张文辉 摄）；2.小枝、叶及果（张文辉 摄）

24 桑科

Moraceae

本科编者：陕西省西安植物园　岳明

乔木或灌木、藤本，稀草本，通常有乳汁。叶互生，稀对生，单叶或复叶，全缘、具锯齿或分裂；托叶2，早落。花小，整齐，单性，雌雄同株或异株，通常聚集成柔荑状、头状、圆锥状、穗状或隐头状，稀聚伞状；雄花：花被片4，离生或基部稍合生，雄蕊4，与花被片对生，花药2室，纵裂；雌花花被片4，雌蕊由2心皮组成，花柱有或缺，柱头2裂或不裂，子房上位，通常1室，胚珠1。果为瘦果或核果状，有时外被增厚的肉质花被，聚合成聚花果（椹果），或隐藏于壶形花序托内而成隐花果。种子有胚乳，胚常弯曲。

本科约53属1400种，多分布于亚洲、非洲、美洲及大洋洲的热带及亚热带地区，少数分布在亚洲、欧洲、非洲、美洲的温带地区。我国约产12属153种和亚种及59个变种及变型，主要分布于华南、西南及华东、华中等地区，少数见于东北、华北、西北等地区。

延安有4属6种及1变种，各县（区）均产。

分属检索表

1. 落叶乔木或灌木，有乳汁……………………………………………………………………2
1. 草本，不含乳汁…………………………………………………………………………………3
2. 雌雄花序均为假穗状或柔荑状；椹果（聚花果）长圆柱形，成熟后红色、黄色或黑紫色…………………………………………………………………………………1. 桑属 *Morus*
2. 雄花序柔荑状，雌花序球形；聚花果球形，成熟后呈橙红色……………………2. 构属 *Broussonetia*
3. 一年生或多年生攀缘草本；叶对生；雌穗果大，头状、球形或圆柱形………………3. 葎草属 *Humulus*
3. 一年生直立草本；叶互生，或仅茎下部叶对生；雌穗果小，球形或穗状………………4. 大麻属 *Cannabis*

1. 桑属 *Morus* L.

落叶乔木或灌木，无刺；树皮常鳞片状。单叶，互生，分裂或不分裂，缘具锯齿；具叶柄；托叶侧生，早落。花单性，与叶同放，雌雄异株，稀同株，雌花、雄花均聚集成腋生的柔荑花序；雄花花被片4，雄蕊4，与花被片对生，花丝在芽时内折，退化雌蕊陀螺形；雌花花被片4，果时增厚为肉质，心皮2，子房1室，花柱2裂。聚花果（俗称桑葚）为多数包藏于肉质花被片内的核果组成，常圆柱形。种子近球形，胚乳丰富，胚内弯。

本属有12种，分布于亚洲、欧洲、北美洲的温带和亚热带。我国产9种，全国各地均有分布。延安分布3种，主要分布于宜川、黄龙、黄陵、富县、洛川等地。

本属植物具有较高的经济价值。桑叶为家蚕主要饲料；木材纹理细致，色泽美观，可作木工用材；果实可以生食或酿酒，茎及树皮可提取桑色素；茎枝及树皮、叶、果实等可入药。

分种检索表

1. 叶缘锯齿顶端钝或锐尖 ··· 2
1. 叶缘锯齿顶端刺芒状 ·· 3. 蒙桑 *M. mongolica*
2. 叶缘锯齿较粗，顶端钝，上面无毛，有光泽，下面脉腋有簇毛；无花柱，柱头2裂 ·························· 1. 桑 *M. alba*
2. 叶缘锯齿较细密，顶端锐尖，上面粗糙，散生白色硬毛，下面散生伏贴毛；花柱与2裂的柱头等长 ·························· 2. 鸡桑 *M. australis*

1. 桑

Morus alba L., Sp. Pl. ed 1: 986. 1753; 中国植物志, 23(1): 7. 1998.

落叶灌木或小乔木，高3～15m。树皮灰褐色，浅纵裂。叶卵形或宽卵形，不分裂或有时分裂，长5～20cm，宽5～13cm，顶端尖或短渐尖，基部平截、微心形或有时偏斜，缘具粗钝的齿牙状锯

桑 *Morus alba*

1、3. 叶片（黎斌 摄）；2、4. 雌花序（示柱头）（黎斌 摄）

齿，上面无毛，有光泽，下面脉腋具白色簇毛；叶柄长2～5cm，被短毛。花单性，雌雄异株；雄花序柔荑状，腋生，下垂，密被白色柔毛，雄花花被片4，椭圆形，淡绿色，被毛雄蕊4，中央有不育雌蕊；雌花序较短，雌花无梗，花被片倒卵形，包围子房，无花柱，柱头2裂，宿存。聚花果（桑葚）卵状椭圆形，成熟后红色至暗紫色，有时白色。花期4～5月，果期6～7月。

本种在延安宜川、黄龙、黄陵、富县、洛川等地有栽培或野生，生于海拔1000m左右的山坡疏林、沟岸、住宅附近。原产我国华中、华东等地区，现从东北至西南、西北均有栽培。东亚、中亚、南亚及欧洲也有栽培。

具有较大的经济价值。树皮纤维柔细，可作纺织原料、造纸原料；根皮、叶、果实及枝条入药。叶为养蚕的主要饲料，并可作土农药。木材坚硬，可制家具、乐器、雕刻等。果实（桑葚）可生食，亦可酿酒或制作饮料、果冻等食品。

2. 鸡桑

Morus australis Poir. Encycl. Meth. 4: 380. 1796; 中国植物志, 23(1): 20. 1998.

落叶灌木或小乔木，高可达15m。树皮灰褐色，浅纵裂；幼枝有白色短柔毛。叶卵圆形或宽卵形，不分裂或有时3～5裂，长6～17cm，宽3～14cm，顶端渐尖，基部微心形，缘具细锐且不整齐的锯齿，上面粗糙，散生白色硬毛，无光泽，下面散生伏贴毛，脉上毛较密；叶柄长2～5cm，被短毛。花单性，雌雄异株；雄花序与雌花序均为柔荑花序，腋生；雄花序长1.5～3cm被柔毛，雄花花被片4，花药黄色；雌花序较短，卵形或球形，花柱较长，柱头2裂，花柱与柱头等长。聚花果长1～1.5cm，短椭圆形，成熟时白色、红色或黑紫色。花期4～5月，果期7～8月。

本种在延安主要分布于黄陵、富县、甘泉、宜川等地，生于海拔1000～1500m的山地林下或灌丛中。在我国分布于华北的河北、山东，西北的陕西，华中的河南，华东的湖北，华南的福建、台湾、广东、广西，西南的四川、重庆、贵州、云南等地。日本、朝鲜半岛、中南半岛、印度尼西亚、印度也产。

经济用途同桑，但叶不宜养蚕。

鸡桑 *Morus australis*
1.花枝（黎斌 摄）；2.叶片（黎斌 摄）；3.雌花序（示花柱与柱头）（黎斌 摄）

3. 蒙桑

Morus mongolica Schneid. in Sarg. Pl. Wils. 3: 296. 1916; 中国植物志, 23(1): 17. 1998.

落叶灌木或小乔木，高3～8m。树皮灰褐色，纵裂；小枝暗红色。叶卵形至长椭圆状卵形，长4～14cm，宽3～5cm，不裂或有时分裂，先端尾尖，基部心形，缘具三角形单锯齿，稀重锯齿，齿尖具长刺芒，两面无毛；叶柄长2～4cm。花单性，雌雄异株，聚集成腋生的柔荑状花序；雄花序长3cm，花序梗长1～2cm，无毛，雄花花被片4，暗黄色，外面及边缘被长柔毛；雌花序短圆柱状，长1～1.6cm，花序梗长1～1.4cm，花柱短，柱头2裂，宿存。聚花果长约1.5cm，熟时红至紫黑色。花期4～5月，果期6～7月。

本种在延安主要分布于宜川、黄龙、黄陵等地，生于海拔800～1500m的山地灌丛或疏林中。在我国分布于东北、华北、西北、西南等地区，以及华东的江苏，华中的湖北、湖南等地。日本、朝鲜半岛、蒙古也产。

经济用途同桑。

蒙桑 *Morus mongolica*
1. 叶（示不裂或有时分裂）（黎斌 摄）；2. 具雌花序的枝条（黎斌 摄）

2. 构属 *Broussonetia* L'Herit

落叶乔木或灌木，或为攀缘藤状灌木；全株具乳汁。冬芽小，具2～3鳞片。叶互生，不裂或3～5裂，具锯齿，基生叶脉3，侧脉羽状；托叶卵状披针形，早落。花单性，雌雄异株或同株；雄花聚集为下垂的圆柱状或头状的柔荑花序，花被片4，雄蕊4且与花被片对生；雌花常聚集成球形头状花序，苞片宿存，花被管状，顶端常3～4裂，子房内藏，具柄，花柱侧生，线形，胚珠自室顶垂悬。聚花果球形，花被宿存，小核果橙红色，具1种子。

本属4种，主要分布于亚洲东部及太平洋岛屿。我国4种均产，主要分布于西南、华南、华中、东南及西北南部、华北南部等地区。延安有1种，分布于延川、黄龙、黄陵、富县、宜川等地。

构树

Broussonetia papyrifera (L.) L'Herit. ex Vent. Tableau Regn. Veget. 3: 458. 1799; 中国植物志, 23(1): 24. 1998.

落叶乔木，高10～16m。树皮淡灰色；小枝密生柔毛。叶宽卵形至长圆状卵形，长7～20cm，宽5～15cm，不分裂或2～5裂，先端渐尖，基部心形或圆形，有时偏斜，边缘具不整齐的锯齿，表面疏生糙毛，背面密被柔毛；叶柄长2～5cm，密被柔毛；托叶卵状披针形，早落。花雌雄异株；雄花序柔荑状，腋生，圆柱形，长3～6cm，下垂，花序梗长1～4.5cm，苞片披针形，被毛，花被片4，三角状卵形，上部被毛，雄蕊4，花药近球形，退化雌蕊小；雌花序球形头状，直径1.2～1.8cm，腋生，花序梗长1～1.5cm，密被白色柔毛，苞片棍棒状，顶端被毛，花被管状，顶端与花柱紧贴，子房卵圆形，柱头线形，被毛，具黏性。聚花果球形，直径2～4cm，成熟时橙红色或鲜红色，肉质；瘦果具柄，表面有小瘤。花期4～5月，果期8～9月。

在延安主要分布于延川、黄龙、黄陵、洛川、富县、宜川等地，生于海拔800～1500m的阔叶林中、田边或村庄附近。在我国也分布于华东，中南，西南，华南及华北的河北，西北的陕西、甘肃等地。日本、朝鲜半岛、越南、印度也有分布。

本种生性强健，耐干旱，耐瘠薄，具有较高的经济价值。树皮为造纸原料。果实可生食。果实及根、皮可供药用。叶可作猪饲料，亦可作为防治蚜虫、瓢虫的土农药。应在黄土高原地区作为水土保持树种推广栽培。

构树 *Broussonetia papyrifera*
1.具雄花序的花枝（黎斌 摄）；2.具雌花序与果实的果枝（黎斌 摄）

3.葎草属 *Humulus* L.

一年生或多年生蔓性草本。茎缠绕，粗糙，具棱及倒钩刺。单叶对生，掌状3～7裂或不裂，具柄。花单性，雌雄异株；雄花多数，聚集为圆锥花序，花被片5，雄蕊5；雌花少数，聚集成穗状花序，1～4着生于叶腋，圆柱形，1～2雌花包藏于苞片内，花被片1，膜质，全缘，紧包子房，柱头2，线形，外露。果穗球形或圆柱形。瘦果稍扁平，藏于苞片内。

本属有4种，产于亚洲、欧洲、北美洲的温带地区。我国产3种，主要分布于东南、西南等地区。延安分布有1种1变种，各县（区）均产。

分种检索表

1. 一年生或多年生草本；叶掌状，通常3～5裂，有时7裂；雌花序短穗状或头状；苞片外面密被刺状硬毛，果时不胀大 ………………………………………… 1. 葎草 *H. scandens*

1. 多年生草本；叶卵形，通常5裂或3裂，中裂片有时再3裂；雌花序近球形；苞片外面无刺状毛，果时胀大 ………………………………………… 2. 华忽布花 *H. lupulus* var. *cordifolius*

1. 葎草

Humulus scandens (Lour.) Merr. in Trans. Amer. Philip. Soc. n. ser. 24. -2: 138. 1935; 中国植物志, 23(1): 220. 1998.

一年生或多年生缠绕草本，长3～5m。茎、枝、叶柄均具倒钩刺毛。叶纸质，掌状，3～5裂，有时7裂，长3～10cm，宽2.5～11cm，基部心形，裂片卵形、狭卵形至长圆形，顶端钝或渐尖，边缘具粗锯齿，表面粗糙，散生刚毛，背面有柔毛和黄色腺体，沿脉及边缘有硬毛；叶柄长2～11cm。花单性，雌雄异株；雄花小，黄绿色，聚集成长15～25cm的圆锥花序；雌花序短穗状或头状，长1～3cm，腋生；苞片宽卵形至卵状披针形，外被刺状硬毛；雌花包藏于苞片中，花被片膜质；柱头2，红褐色，外露。瘦果扁球形，成熟时露出苞片外，红褐色，被黄褐色的腺点。花期7～8月，果期9～10月。

本种在延安各县（区）均有分布，多生于海拔600～1500m的荒地、废墟、林缘、沟边等。在我国除新疆、青海外，南北各地均有分布。越南、日本、朝鲜半岛及欧洲、北美洲也有分布。

茎皮纤维可作造纸原料。全草入药，可清热解毒。种子可榨油，供工业用。全草还作农药，对蚜虫防治有一定的作用。

葎草 *Humulus scandens*
1.植株（黎斌 摄）；2.雄花（黎斌 摄）

2. 啤酒花

Humulus lupulus L., Sp. Pl. 1028. 1753; 中国植物志, 23(1): 221. 1998.

2a. 华忽布花（变种）

Humulus lupulus L. var. ***cordifolius*** (Miq.) Maxim. apud. Franch. et Savet. Enum. Pl. Jap. 2: 489. 1879.

多年生蔓性草本；茎、枝和叶柄密被柔毛和倒钩刺。茎缠绕，中空，多具棱。叶卵形至宽卵形，长5～13cm，宽3～9cm，5裂或3裂，中裂片有时再3裂，先端渐尖，基部心形，缘具粗锯齿，

华忽布花 ***Humulus lupulus*** **var.** ***cordifolius***
果穗（黎斌 摄）

表面密生小刺毛，背面疏生短毛及黄色腺点；叶柄长1～4cm。花单性，雌雄异株；雄花序圆锥状，长10～20cm，腋生，花被片黄绿色；雌花序穗状、圆柱状或近球形，长2～5cm；每苞片内有2雌花，外面被短柔毛并散生黄色腺点，内面基部散生黄色腺点；子房短小，包藏于苞片基部。果穗短小，近球状；宿存苞片干膜质，果期胀大，无毛，具油点。瘦果扁平，内藏。花期8～9月，果期9～10月。

本种在延安分布于黄龙、黄陵、富县、甘泉、宜川等地，生于海拔900～1600m的山坡、山谷林缘及灌丛中的水分充足处。在我国分布于华北的河北、山西，西北的陕西、甘肃、宁夏及西南的四川等地。日本也产。

啤酒花原变种在我国的东北、华北及西北的宁夏、甘肃、新疆等地多有栽培，延安不产。

经济价值同啤酒花，其果序含香蛇麻腺，具特殊香味及苦味，供制啤酒用。雌花药用，有镇静、健胃、利尿等功效。茎皮纤维可造纸。

4. 大麻属 *Cannabis* L.

一年生草本。茎直立，茎皮纤维强韧。叶互生，或茎下部叶为对生，掌状全裂，裂片常为狭披针形，边缘具锯齿；托叶侧生，分离；具长柄。花单性异株，稀同株；雄花聚集成疏散的圆锥花序；花被片5，覆瓦状排列；雄蕊5，花丝极短，在芽时直立，退化子房小；雌花丛生于叶腋组成短小的头状或穗状花序，每花有1叶状苞片；花被片1，退化，膜质，贴于子房，子房无柄，花柱2，柱头丝状，早落。瘦果单生于苞片内，卵形，两侧扁平，宿存花被紧贴，外包以苞片；种子扁平，胚乳肉质，胚弯曲。

本属仅1种，原产中亚，全国各地广泛栽培。

延安各地也有栽培。

大麻

Cannabis sativa L., Sp. Pl. 2: 1027. 1753; 中国植物志, 23(1): 223. 1998.

一年生直立草本；全株有特殊的气味。茎高1～2.5m，具棱，密被白色柔毛。叶掌状全裂，裂片3～9，披针形或线状披针形，长6～18cm，宽0.6～2.5cm，先端长渐尖，基部渐狭，缘具粗锯齿，表面深绿色，微被糙毛，背面淡绿色，密被伏贴毛后；叶柄长4～13cm，密被白色柔毛；托叶线形。花单性，雌雄异株；雄花于枝端聚集成圆锥花序，花被5，黄绿色，膜质，外面被柔毛，雄蕊5，花药长圆形，纵裂；雌花绿色，聚集成腋生的球形或穗状花序，花被1，生于苞片内，子房近球形，花柱柱头2，线形，密被锈红色毛。瘦果为黄褐色的宿存苞片所包裹，扁球形，果皮坚脆，表面具细网纹。花期7～8月，果期9～10月。

本种在延安各县（区）均有栽培，适应性较强，且常逸为野生。我国各地也有栽培。原产中亚，现各国均有野生或栽培。

极重要的经济植物。茎皮纤维长而坚韧，可用以织麻布或纺线，制绳索。种子榨油，含油量约30%，可食用，也可供制作油漆、涂料等；油渣可作饲料。根、叶、花、种子、种仁及种子油等均可入药。

大麻 *Cannabis sativa*

1.植株（黎斌 摄）；2.雄花序（黎斌 摄）

25 荨麻科

Urticaceae

本科编者：陕西省西安植物园　岳明

草本或灌木，稀乔木或攀缘藤本，通常具螯毛。茎常富含纤维，有时肉质。单叶，互生或对生，有托叶，常早落。花小，单性，雌雄同株或异株，稀两性，花被单层，稀2层；通常多花聚集成聚伞花序、穗状花序、圆锥花序或簇生成头状，有时花序轴上端发育成球状、杯状或盘状且多少肉质的花序托，稀退化成单花；雄花被2～5裂，雄蕊与裂片同数而对生，花药2室，纵裂，常有退化子房；雌花被2～5裂，果时常增大，退化雄蕊鳞片状或缺，子房上位，1室，花柱单生，胚珠1。瘦果，有时为肉质核果状，常包被于宿存的花被内。种子具直生的胚；胚乳常为油质或缺；子叶肉质，卵形、椭圆形或圆形。

本科共包含约47属1300种，分布于亚洲、欧洲、非洲、美洲、大洋洲的热带与温带地区。我国有25属352种26亚种63变种3变型，产于全国各地，以长江流域以南分布最多，多数种类喜好生于阴湿环境。

延安分布有5属7种，主要分布于甘泉、黄陵、富县、黄龙等地。

分属检索表

1. 植株具螯毛；雄花花被片4，稀5……………………………………………………………2
1. 植株无螯毛；雄花花被片3～5……………………………………………………………3
2. 叶对生；雌花的柱头画笔状……………………………………………1. 荨麻属 *Urtica*
2. 叶互生；雌花的柱头线形……………………………………………2. 艾麻属 *Laportea*
3. 叶对生，边缘具齿；雌花的柱头线形或画笔状…………………………………………4
3. 叶互生，全缘；雌花的柱头画笔状或头状……………………………5. 墙草属 *Parietaria*
4. 植株通常无毛；雌花的柱头画笔状………………………………………3. 冷水花属 *Pilea*
4. 植株通常有毛或刺毛；雌花的柱头线形……………………………4. 苎麻属 *Boehmeria*

1. 荨麻属 *Urtica* L.

一年生或多年生草本，具螯毛。茎常具4棱。单叶对生，边缘有齿或掌状分裂，基出脉3～5（7），具柄；托叶离生或在叶柄基部间合生。花单性，雌雄同株或异株；花序单性或雌雄同序，聚集成聚伞状或穗状，稀头状；雄花花被片4，内凹，雄蕊4，退化雌蕊常杯状或碗状，透明；雌花花被片4，不等大，内面2片开花后增大，子房直立，柱头画笔状。瘦果小，直立，扁平，光滑或有疣状凸起，为宿存花被包裹。

本属约有35种，主要分布于亚洲、欧洲、北美洲的温带和亚热带。我国产16种6亚种1变种，主要产于西南地区，少数产于东北、西北等地区。延安仅1种，产于甘泉、富县、黄陵等地。

麻叶荨麻

Urtica cannabina L., Sp. Pl. 984. 1753; 中国植物志, 23(2): 11. 1995.

多年生草本。横走的根状茎木质化。茎直立，高50～150cm，具棱，被倒向的伏贴短毛，并散生螫毛。叶对生，长5～12cm，宽3.5～12cm，掌状3全裂，稀3深裂，裂片再羽状深裂，上面常疏生短毛或近无毛，具点状钟乳体，下面被短柔毛并散生螫毛；叶柄长2～5cm，被伏贴短毛并散生螫毛；托叶每节4枚，离生，条形，长0.5～1.5cm。花单性，雌雄同株；雄花序圆锥状，生于下部叶腋，长5～8cm，生于最上部叶腋的雄花序中常混生雌花；雌花序生于上部叶腋，常穗状，有时在下部具少数分枝，长2～7cm；花序轴粗硬；雄花具短梗，花被片4，裂片卵形，外被微柔毛，退化雌蕊近碗状，淡黄色或白色，透明；雌花花被片4，不同形，内面2片花后增大，外面2片线状披针形，宿存。瘦果狭卵形，顶端锐尖，稍扁，长2～3mm，成熟时变灰褐色。

本种在延安分布于甘泉、黄陵、富县、宜川等地，生于海拔1000～1500m的山坡草地或山谷路旁。在我国分布于东北，华北的山西、河北、内蒙古（中部），西北的新疆、甘肃、陕西，西南的四川等地。

茎皮纤维可作纺织原料及绳索。全草入药，主治风湿、糖尿病，解虫咬等。

麻叶荨麻 *Urtica cannabina*
1.植株（黎斌 摄）；2.叶（示叶片分裂情况及螫毛）（黎斌 摄）

2. 艾麻属 *Laportea* Gaud.

多年生草本，稀灌木，具螫毛。单叶互生，具柄，全缘或有锯齿，具3基出脉或羽状脉，钟乳体点状或短杆状；托叶于叶柄内合生，膜质，早落。花单性，雌雄同株，稀雌雄异株；花序圆锥状；雄花花被片4或5；雄蕊4或5，与花被片对生；退化雌蕊明显；雌花花被片4，同形或异形，外侧2裂片常较小，或有时缺；退化雄蕊缺；子房初直立，后偏斜，柱头丝形，通常外露，胚珠直立。瘦果宽卵形，扁平，宿存柱头向下弯折。

本属约28种，分布于亚洲、非洲、美洲及大洋洲的热带和亚热带地区，少数种分布于亚洲、欧洲、美洲、非洲的温带地区。我国有7种3亚种，主要分布于长江流域以南的各地，2种分布至华北、东北等地。延安分布有2种，主要分布于黄龙、黄陵、富县等地。

分种检索表

1. 雄花序圆锥状，雌花序为疏松的穗状花序；叶顶端分裂，中裂片披针形或线形，尾状渐尖 ………………………………………………………………………………………… 1. 艾麻 *L. cuspidate*

1. 雌、雄花序均为圆锥花序；叶顶端不裂，短渐尖或渐尖 ……………………………… 2. 珠芽艾麻 *L. bulbifera*

1. 艾麻

Laportea cuspidate (Wedd.) Friisin, Kew Bull. 36 (1): 156. 1981; 中国植物志, 23(2): 37. 1995.

多年生草本。根数条丛生，肥厚，纺锤状。茎下部多少木质化，直立，高40～100cm，上部呈“Z”字形，具棱，疏生螯毛和短柔毛，有时具腋生的木质珠芽。叶纸质，卵形、椭圆形或近圆形，顶端常分裂而下凹，中裂片披针形或线形，顶端尾状渐尖，基部微心形、圆形或有时宽楔形，缘具粗齿牙状锐锯齿，两面疏生螯毛和短柔毛，钟乳体细点状，基出脉3；叶柄长3～14cm，被短柔毛并混生螯毛；托叶卵状三角形，先端2裂，早落。花单性，雌雄同株；雄花序圆锥状，生雌花序之下部叶腋，直立，长5～10cm，被短毛，雄花具短梗或几无梗，花被片5，狭椭圆形，雄蕊5，退化雌蕊倒圆锥形；雌花序长穗状，生于茎梢叶腋，在果时长15～25cm，雌花聚集成簇，花被片4，不等大，内侧2片花后增大，斜卵形，外侧2片披针形，子房长卵形，柱头丝形，细长，有毛。瘦果斜卵形，扁平，光滑，宿存花柱由基部向下弯曲。花期6～7月，果期8～9月。

本种延安分布于黄龙、宜川、黄陵等地，生于海拔1000～1500m的山坡林下或沟谷阴湿处。在我国分布于华北的河北、山西，西北的陕西、甘肃，华东的安徽、江西，华中，华南的广西，西南的四川、贵州、云南、西藏等地。日本和缅甸也有分布。

韧皮纤维可制绳索和代麻用。根药用，有祛风湿、解毒消肿的功效。

艾麻 *Laportea cuspidate*
1. 植株（岳明 摄）；2. 雄花序（岳明 摄）

2. 珠芽艾麻

Laportea bulbifera (Sieb. et Zucc.) Wedd. Monogr. Urtic. 139. 1856; 中国植物志, 23(2): 32. 1995.

多年生草本。根纺锤状，红褐色。茎高40～80cm，上部常呈"Z"字形，具棱，有短柔毛和稀疏的螫毛；珠芽1～3个，球形，腋生，木质化。叶纸质，卵形至披针形，长6～14cm，宽3.5～8cm，顶端锐尖或渐尖，基部宽楔形或圆形，缘具钝圆锯齿，两面被短柔毛和稀疏的螫毛，钟乳体细点状；叶柄长2～6cm，被螫毛；托叶长圆状披针形，先端2浅裂，早落。花雌雄同株；雄花序圆锥状，生于茎上部的叶腋，呈水平状开展，花被片4～5，雄蕊与花被片同数而对生，退化雌蕊倒杯状；雌花序圆锥状，着生于茎顶的叶腋，长10～15cm，密被螫毛及短柔毛，雌花具短梗，花被片4，内侧2片花后增大，淡绿色，宿存，子房具雌蕊柄，柱头丝形，长2～4mm。瘦果卵形，偏斜，扁平，光滑，黄褐色且带紫褐色细斑点。花期7～8月，果期8～9月。

本种在延安分布于黄龙、宜川、富县、甘泉、黄陵等地，生于海拔900～1500m的山坡林下或沟谷阴湿处。在我国分布于华北的河北、山西，西北的陕西、甘肃，华东的山东、安徽、浙江、江西、福建，华中的湖南、湖北，华南的广西、广东、海南，西南的四川等地。日本、朝鲜半岛、俄罗斯（远东地区）、印度、斯里兰卡、印度尼西亚等也有分布。

韧皮纤维可供纺织用或造纸。根入药，祛风除湿，活血；全草治疳积。

珠芽艾麻 *Laportea bulbifera*
1.结果的植株（黎斌 摄）；2.雌花（黎斌 摄）；3.雄花（黎斌 摄）

3. 冷水花属 *Pilea* Lindl.

一年生或多年生草本，稀小灌木；植株通常含丰富汁液，无螫毛。单叶，交互对生，通常具柄，全缘或具锯齿，基出脉3，稀羽状脉，钟乳体条形、纺锤形或短杆状，稀点状；托叶合生，早落。花单性，稀杂性，雌雄同株或异株，单生或成对腋生，聚伞状、穗状、串珠状、头状或圆锥状花序；苞片小；雄花4或5，稀2，雄蕊与花被片同数而对生，退化雌蕊球形或椭圆形；雌花花被片2～5，同形或异形，退化雄蕊鳞片状或缺，子房直立，柱头画笔状。瘦果卵形或近圆形，稀长圆形，稍扁平，平滑或有瘤状凸起。种子无胚乳；子叶宽。

本属共有约400种，主要分布于美洲热带、亚洲东南部、非洲热带及巴布亚新几内亚等。我国约有90种，主要分布于长江以南各地，少数可分布到东北及陕西、甘肃等。延安仅分布1种，主要分布于黄龙、黄陵等县。

透茎冷水花

Pilea pumila (L.) A. Gray, Man. Bot. North. Un. St. ed. 1. 437. 1848; 中国植物志, 23(2): 134. 1995.

一年生多汁草本。茎肉质，直立，高20～50cm，鲜时透明，无毛。叶对生，薄纸质，长圆状椭圆形、菱状卵形或宽卵形，长2～8cm，宽1.5～6cm，先端渐尖、锐尖或微钝，基部宽楔形或钝圆，缘有粗钝锯齿，两面疏生透明硬毛，钟乳体条形，基出脉3；叶柄长1～4cm，无毛；托叶卵状长圆形，早落。花单性，雌花、雄花混生于同一花序中，聚集成腋生的蝎尾状聚伞花序，无花序梗，雌花枝在果时增长；雄花无梗，常生于花序的下部，长0.6～1mm，花被片2，雄蕊2，退化雌蕊不明显；雌花具短梗，花被片3，近等大，线状披针形，退化雄蕊3，短于花被片。瘦果卵形，扁，长1.2～1.8mm，成熟后草黄色，有褐色斑点。花期7～8月，果期8～9月。

本种在延安主要分布于黄龙、黄陵、富县等地，生长于海拔800～1500m的山坡林下或山谷路旁的阴湿处。除新疆、青海、台湾、海南外，分布几遍及全国各地。俄罗斯（西伯利亚）、蒙古、朝鲜半岛、日本、北美洲温带地区也有。

根、茎药用，有利尿、解热、安胎的功效。

透茎冷水花 *Pilea pumila*
1.植株（黎斌 摄）；2.花序（黎斌 摄）；3.果序（黎斌 摄）

4. 苎麻属 *Boehmeria* Jacq.

多年生草本或半灌木，稀灌木或小乔木；全株有毛。叶互生或对生，具柄，边缘有牙齿，不分裂，稀2～3裂，基出脉3，钟乳体点状；托叶通常离生，早落。花单性，雌雄异株或同株，腋生成簇，常排列成穗状花序或圆锥花序；苞片膜质，小；雄花花被片3～5，下部常合生，雄蕊3～5，与花被片对生，退化雌蕊椭圆球形或倒卵球形；雌花花被管状，顶端缢缩，有2～4齿，子房1室，卵形，包于花被中，柱头丝形，密被柔毛，宿存。瘦果通常卵形，包于宿存花被之中，果皮薄。种子具胚乳，子叶卵形。

本属约120种，主要分布于亚洲、非洲、美洲、大洋洲的热带或亚热带地区，少数分布到亚洲、欧洲、美洲的温带地区。我国约有25种，从东北、西南至华南广布，多数分布于西南、华南。延安有2种，主要分布于黄龙、黄陵等地。

分种检索表

1. 叶缘锯齿整齐，顶端渐尖 ························ 1. 细野麻 *B. gracilis*
1. 叶缘锯齿不整齐，顶端3裂，中裂片尾状渐尖 ························ 2. 赤麻 *B. silvestrii*

1. 细野麻

Boehmeria gracilis C. H. Wright. in Journ. L. Soc. Bot. 26: 485. 1899; 中国植物志, 23(2): 346. 1995.

多年生草本，高60～100cm。茎直立，疏被短伏毛或近无毛。叶对生，纸质，宽卵形或卵形，长3～12cm，宽2.5～9cm，顶端尾状渐尖或渐尖，基部圆形或宽楔形，缘具粗锯齿，两面疏被短伏毛；叶柄长1～9cm，疏被短伏毛。花单性，雌雄异株或同株；穗状花序腋生，长10～20cm；雄花序位于下部叶腋，雌花序位于上部叶腋；苞片狭三角形至钻形；雄花无梗，花被片4，外面有短毛，雄蕊4，退化雌蕊椭圆形；雌花簇生，花被管状，顶端有2小齿，外面密被短伏毛，花柱线形，宿存。瘦果倒卵形，微小，稍扁平，上部被短柔毛。花期6～7月，果期8～9月。

本种在延安主要分布于黄龙、黄陵等地，生于海拔1000～1300m的山谷灌丛或沟岸的阴湿处。在我国分布于东北的辽宁、吉林，华北的河北、山西，西北的陕西，华东的山东、江西、福建、安徽、浙江，华中各地，西南的四川、贵州等地。朝鲜半岛、日本也有分布。

茎皮纤维坚韧，可作造纸、绳索、人造棉及纺织原料。全草可药用，可清热解毒、祛风止痒、利湿。

细野麻 *Boehmeria gracilis*
1. 植株（黎斌 摄）；2. 叶（黎斌 摄）

2. 赤麻

Boehmeria silvestrii (Pamp.) W. T. Wang in Acta Phytotax. Sin. 20 (2): 204. 1982; 中国植物志, 23(2): 348. 1995.

多年生草本，高40～90cm。茎直立，常丛生，不分枝，具4棱，通常红褐色，基部无毛，上部疏被短伏毛。叶对生，草质，卵形、宽卵形或有时近圆形，长4～20cm，宽3～15cm，顶端通常3浅裂，中裂片长尾状渐尖，基部宽楔形或截形，缘具粗锯齿，两面疏被短伏毛或有时近无毛，基出脉3；叶柄长1～8cm，疏被短伏毛或近无毛。花单性，雌雄异株或同株；穗状花序腋生，长达20cm或更长，纤细；雄花序位于下部叶腋，雌花序位于上部叶腋；苞片三角形或狭披针形；雄花无梗或有短梗，花被片4～5，黄白色，外面疏被短柔毛，雄蕊4～5，退化雌蕊椭圆形；雌花花被管状，淡红色，顶端有2小齿，外面密被短柔毛，花柱线形，宿存。瘦果倒卵形，微小，上部被柔毛。花期7～8月，果期9～10月。

本种在延安主要分布于黄龙、富县、黄陵等地，生于海拔900～1500m的山坡林下、山谷林缘或路旁的阴湿处。在我国分布于东北，华北的河北，西北的陕西、甘肃，华东的安徽、江西，华中的河南、湖北，西南的四川、重庆等地。日本、朝鲜半岛也有分布。

茎皮纤维坚韧，可供织麻布、拧绳索用。全草入药，有解毒、生肌的功效。

赤麻 *Boehmeria silvestrii*
1.植株（岳明 摄）；2.叶及花序（岳明 摄）

5. 墙草属 *Parietaria* L.

一年生或多年生草本，无螫毛。单叶互生，具柄，全缘，具基出3脉或离基3出脉，钟乳体点状；托叶缺。花杂性，聚伞花序腋生；苞片萼状，条形，合生或离生；两性花花被片4深裂，镊合状排列，雄蕊4；雄花花被片4，雄蕊4；雌花花被片4，合生成筒状，顶端4浅裂，子房直立，椭圆形，花柱短或无，柱头画笔状或头状，退化雄蕊不存在。瘦果卵形，稍扁平，有光泽，包藏于宿存的花被内。种子具胚乳，子叶长圆状卵形。

本属共约20种，分布于亚洲、欧洲、非洲、美洲的温带和亚热带地区。我国仅有1种，主要分布于东北各地，华北各地，西北的新疆、青海、甘肃、陕西，华中各地，西南各地等。延安分布有1种，主要分布于富县、黄陵等地。

墙草

Parietaria micrantha Ledeb. Ic. Pl. Ross. Alt. 1: 7, t. 22. 1829; 中国植物志, 23(2): 400. 1995.

一年生铺散草本，长10～40cm。茎肉质而柔弱，平卧或直立，多分枝，被短柔毛。叶薄纸质，卵形、宽卵形或菱状卵形，长0.5～3cm，宽0.4～2cm，先端钝尖，基部圆形或宽楔形，有时微心形，全缘，上面疏生短糙伏毛，下面疏生柔毛，钟乳体点状，基出脉3；叶柄纤细，长0.5～1cm，被短柔毛。花杂性，白色或淡绿色；聚伞花序有3～5花，腋生；苞片条形，宿存，单生或轮生，外面被腺毛；两性花位于花序的下部，具梗，花被4深裂，外面有毛，裂片长圆状卵形，雄蕊4，花丝纤细，花药近球形，淡黄色，柱头画笔状；雌花位于花序的上端，花被钟状，宿存，顶端4浅裂，裂片三角形。果实坚果状，卵形，黑色，长于宿存花被，平滑，有光泽。花期7～8月，8～9月。

本种在延安主要分布于富县、甘泉、宜川、黄陵等地，生于海拔1000～1500m的山地阴湿处或墙缝间。在我国分布于东北各地，华北各地，西北的新疆、青海、甘肃、陕西，华中各地，西南各地等。日本、朝鲜、蒙古、俄罗斯（西伯利亚）、印度（北部、不丹）、尼泊尔、中亚至西亚、非洲北部、大洋洲和南美洲广泛分布。

全草及根药用，有拔脓消肿之效。

墙草 *Parietaria micrantha*
1.植株（寻路路 摄）；2.叶片（寻路路 摄）；3.花（寻路路 摄）

26 檀香科

Santalaceae

本科编者：陕西省西安植物园　岳明

草本或灌木，稀小乔木，有时为寄生或半寄生。单叶，互生或对生，全缘，有时退化成鳞片状，具短柄，无托叶。花小，辐射对称，常绿色，单性，稀两性，雌雄异株，稀雌雄同株，聚集成聚伞花序、伞形花序、圆锥花序、总状花序、穗状花序或簇生，有时单生于叶腋；花被1轮，常稍肉质；雄花的花被裂片3～4，稀5～6（8），雄蕊与花被裂片同数且对生，花丝丝状，花药2室，花盘上位或周位或有时缺；雌花或两性花的子房下位或半下位，稀上位，包于花盘中，1室或5～12室，内有胚珠1～3，稀4～5，柱头不裂或3～6裂。核果或小坚果，外果皮肉质，内果皮脆骨质或硬骨质。种子1，无种皮；胚小，圆柱状，直立；胚乳丰富，肉质，通常白色。

本科约36属500种，分布于全世界的热带地区和温带地区。

我国产7属33种，全国各地均有。

延安分布有1属1种，主要产于黄陵、富县、宜川、延川、志丹等地。

百蕊草属 *Thesium* L.

多年生草本，稀一年生草本或灌木，常半寄生于其他植物的根上。叶互生，多线形，具1～3脉，有时呈鳞片状。花两性，小，绿色或黄色，有短梗或无，单生于叶腋或聚集成总状花序、圆锥花序、二歧聚伞花序；苞片常叶状；小苞片1～2，稀4，位于花下，有时不存在；花被黄绿色，筒状、漏斗状或管状，上部常5裂，稀4裂；花盘不明显；雄蕊5或4，生于花被裂片的基部，花丝内藏，花药纵裂；子房下位，花柱长或短，柱头头状或不明显3裂；胚珠2～3，自胎座顶端悬垂，常呈蜿蜒状或卷褶状。核果或小坚果，顶端有宿存花被，外果皮膜质，内果皮骨质或稍硬，常有棱。种子的胚圆柱状，位于肉质胚乳中央。

本属约300种，广布于全世界的温带地区，少数种类产于热带地区。我国产16种，全国各地均有。延安仅分布有1种，主要产于黄陵、志丹、延川等地。

百蕊草

Thesium chinense Turcz. in Bull. Soc. Nat. Mosc. 10 (7): 157. 1837; 中国植物志, 24: 80. 1988.

多年生半寄生草本，高15～40cm，全株无毛。茎细长，簇生，基部以上疏分枝，斜升，有纵沟。叶线形，长1～4cm，宽1～3mm，顶端急尖或渐尖，基部渐狭，全缘，具单脉；无叶柄。花单生于茎中上部的叶腋，呈总状花序；花梗极短；叶状苞片1，线形，小苞片2，线形，较短，边缘粗糙，均为绿色；花被淡绿色，花被管呈管状，花被裂片5，顶端锐尖，内弯；雄蕊5，不外伸；子房无

柄，花柱很短。坚果椭圆状或近球形，淡绿色，表面有明显、隆起的网脉，顶端的宿存花被短，长1～2mm。花期4～5月，果期6～7月。

本种在延安主要分布于黄陵、富县、宜川、志丹、延川等地，生于海拔800～1600m的砂质山坡、草甸或荒野。除新疆、宁夏、贵州等地外，全国各地均有。日本、朝鲜半岛也产。

全草入药，含黄酮苷、甘露醇等成分，有清热解暑、利尿、利胆、补虚等功效。

百蕊草 *Thesium chinense*
叶与花（黎斌 摄）

27 桑寄生科

Loranthaceae

本科编者：陕西省西安植物园　岳明

半寄生灌木或亚灌木，常寄生于木本植物的茎或枝上。叶对生，稀互生或轮生，无托叶。花两性或单性，雌雄同株或异株，排列成总状、穗状、聚伞状或伞形花序，有时单生于叶腋或枝顶，具苞片或小苞片；花托卵球形、坛状或辐状；副萼短，全缘或具齿缺，或缺；花被片3～6（8），花瓣状或萼片状，镊合状排列，离生或不同程度合生成冠管；雄蕊与花被片等数，对生，花丝短或缺，花药2～4室或1室至多室；心皮3～6，子房下位，贴生于花托，1室，稀3～4室；花柱1，线状、柱状或近无，柱头钝或头状。浆果，稀核果，外果皮革质或肉质，中果皮具黏胶质。种子1，稀2～3；胚乳通常丰富；胚圆柱状，1或有时2～3，子叶2，稀3～4。

本科约65属1300余种，主要分布于亚洲、欧洲、非洲、美洲、大洋洲的热带和亚热带地区。我国产11属64种10变种，全国各地均有分布。延安分布有2属2种，主要见于安塞、甘泉、黄陵、洛川、富县、黄龙等地。

分属检索表

1.穗状花序；花两性；副萼杯状或环状 ··········· 1.桑寄生属 *Loranthus*

1.聚伞花序；花单性；无副萼 ··········· 2.槲寄生属 *Viscum*

1.桑寄生属 *Loranthus* Jacq.

寄生灌木，全株无毛。叶对生或近对生，全缘，侧脉羽状。穗状花序，腋生或顶生；花两性，或单性且雌雄异株，5～6数，辐射对称，具1枚苞片；花托通常卵球形；副萼环状；花冠长不及1cm，花瓣离生；雄蕊着生于花瓣上，花药近球形或近双球形，4室，稀2室；子房1室，基生胎座，花柱柱状，柱头头状或钝。浆果卵球形或近球形，顶端具宿存副萼，外果皮平滑，中果皮具黏胶质；种子1颗，胚乳丰富。

本属约10种，分布于欧洲和亚洲的温带和亚热带地区。我国产6种，全国各地均有。延安1种，主要分布在安塞、甘泉、黄陵、洛川、富县、黄龙等地。

北桑寄生

Loranthus tanakae Franch. et Sav. Enum. Pl. Jap. 482. 1876; 中国植物志, 24: 102. 1988.

落叶灌木，高约1m，全株无毛。茎常呈二歧分枝，被白色蜡被，具稀疏皮孔。叶对生，纸质，倒卵状长圆形或椭圆形，长2～5cm，宽1～2cm，顶端圆钝或微凹，基部楔形，侧脉3～4对；叶柄长3～4mm。花两性，近对生，淡绿色；穗状花序，顶生，长2～5cm，具10～20花；苞片勺状；花托椭圆状，长约1.5mm；副萼环状；花瓣6或5，开展；雄蕊着生于花瓣中部，花丝短，花药4室；花柱短，柱状，柱头稍增粗。浆果球形，橙黄色，直径6～8mm，果皮平滑。花期5～6月，果期9～10月。

本种在延安主要分布于安塞、甘泉、黄陵、洛川、黄龙、富县等地，生于海拔950～1600m的山地阔叶林中，常寄生于栎属、榆属、李属、桦属等树木的枝干上。在我国分布于西南的四川，西北的甘肃、陕西，华北的山西、内蒙古（中部）、河北，华东的山东等地。日本、朝鲜半岛也有分布。

民间以枝、叶作桑寄生入药，有强筋骨、祛风湿、降血压等功效。

北桑寄生 *Loranthus tanakae*

1.植株及其生境（黎斌 摄）；2.果（黎斌 摄）；3.叶与花序（黎斌 摄）

2. 槲寄生属 *Viscum* L.

寄生灌木或亚灌木。茎、枝圆柱状或扁平，具明显的节；枝对生或二歧分枝。叶对生，有时退化呈鳞片状。花单性，小，雌雄同株或异株；花序聚伞状，顶生或腋生，通常具3～7花；总花梗短或无，常具2枚苞片组成的舟形总苞；花梗无；苞片1～2或无；副萼无；花被萼片状；雄花托辐状；萼片4；雄蕊贴生于萼片上，花丝无，花药多室，药室大小不等，孔裂；雌花托卵球形至椭圆状；萼片4，稀3，通常于花后凋落；子房1室，基生胎座，花柱短或无，柱头乳凸状或垫状。浆果近球形、卵球形或椭圆状，常具宿存花柱，外果皮平滑或具小瘤体，中果皮具黏胶质。种子1，胚乳肉质，胚1～3。

本属约70种，主要分布于亚洲、非洲、大洋洲的热带和亚热带地区，少数种类分布于亚洲、欧洲、非洲、大洋洲的温带地区。我国产11种1变种，除新疆外，全国各地均有分布。延安产1种，见于黄陵、宜川、富县、甘泉等地。

槲寄生

Viscum coloratum (Kom.) Nakai Rep. Veg. Degelet Isl. 17. 1919; 中国植物志, 24: 148. 1988.

寄生灌木，高30～80cm。茎、枝均圆柱状，干后棕黄色，二歧或三歧分枝，稀多歧分枝，节稍膨大。叶对生，稀轮生，厚革质或革质，狭长圆形至椭圆状披针形，长3～7cm，宽0.7～1.5cm，顶端圆，基部渐狭；基出脉3～5；叶柄极短或近无。花单性，雌雄异株；花序顶生或腋生于茎叉状分枝处；雄花序聚伞状，具3或5花，总花梗长5mm或近无，总苞舟形，中央的花具2枚苞片或无；雄花花蕾时卵球形，萼片4，雄蕊4，花药椭圆形；3～5雌花聚集成聚伞状穗状花序，总花梗长2～3mm或几无，顶生的花具2枚苞片或无，交叉对生的花各具1枚苞片；雌花花蕾时长卵球形，花托卵球形，萼片4，三角形，柱头乳凸状。浆果球形，具宿存花柱，成熟时淡黄色、黄色或橙红色，果皮平滑。花期4～5月，果期9～11月。

本种在延安主要分布于黄陵、宜川、富县、甘泉等地，生于海拔800～1500m的阔叶林中，常寄生于榆、杨、柳、桦、栎、梨、李、苹果、枫杨、椴属等树木的枝干上。除新疆、西藏、云南、广东等地外，我国大部分地区均产。朝鲜半岛、日本、俄罗斯（远东地区）也有分布。

全株入药，有补肝肾、祛风湿、强筋骨、降压、安胎、催乳等功效。

槲寄生 *Viscum coloratum*
1.植株（卢元 摄）；2.叶与果实（卢元 摄）

28 马兜铃科

Aristolochiaceae

本科编者：陕西省西安植物园　岳明

藤本、灌木或多年生草本，稀乔木。根、茎和叶常有油细胞。单叶，互生，有柄，全缘或3～5裂，基部常心形，无托叶。花两性，具梗，单生、簇生或排成总状、聚伞状或伞房花序，顶生、腋生或生于老茎上，花色通常艳丽，常有腐臭味；花被辐射对称或两侧对称，花瓣状，1轮，稀2轮，花被管钟状、瓶状、管状、球状或其他形状，檐部圆盘状、壶状或圆柱状，常3裂，或向一侧延伸成1～2舌片；雄蕊6至多数，1或2轮；子房下位，稀半下位或上位，4～6室或为不完全的子房室，稀心皮离生或仅基部合生；胚珠每室多颗，倒生，常1～2行叠置。蒴果蓇葖果状、长角果状或为浆果状。种子多数，常藏于内果皮中，通常长圆状倒卵形、倒圆锥形、椭圆形、钝三棱形，扁平或背面凸而腹面凹入，种皮脆骨质或稍坚硬，平滑、具皱纹或疣状突起，种脊海绵状增厚或翅状；胚小，胚乳丰富。

本科约8属600种，主要分布于亚洲、非洲、美洲、大洋洲的热带和亚热带地区。我国产4属71种6变种4变型，除华北和西北的干旱地区外，全国各地均有分布。

延安仅分布有1属1种，主要分布于南部各县（区）。

马兜铃属 *Aristolochia* L.

落叶藤本，稀灌木或小乔木。单叶，互生，全缘或3～5裂，基部常心形，无托叶，具柄。花序总状，稀单生于叶腋或老茎上；花不整齐，花被1轮，通常为长管状，基部常膨大，中部管状，劲直或各种弯曲，檐部展开或成各种形状，边缘常3裂，稀2～6裂，颜色艳丽而常有腐臭味；雄蕊6，稀4、10或更多，围绕合蕊柱排成1轮，花丝缺，花药外向且纵裂；子房下位，6室，稀4或5室；合蕊柱肉质，顶端3～6裂，稀多裂。蒴果室间开裂或沿侧膜处开裂。种子多数，扁平，或背面凸起而腹面凹入，种脊有时增厚或呈翅状，胚乳肉质，丰富。

本属约350种，分布于亚洲、非洲、美洲、大洋洲的热带和温带地区。我国产39种2变种3变型，广布于全国各地。延安有1种，主要分布于宝塔、富县、黄陵、宜川、黄龙、安塞等地。

北马兜铃

Aristolochia contorta Bunge in Mem. Acad. Sci Petersb. Sav. Etrung 2: 132. 1833; 中国植物志, 24: 233. 1988.

草质藤本，长达2m以上，无毛。叶纸质，卵状心形或三角状心形，顶端短尖或钝，基部心形，两侧裂片圆形，全缘，两面均无毛；叶柄柔弱。总状花序，或有时单生于叶腋，花序梗近无；花被长2～3cm，基部膨大呈球形，向上收狭呈长管状，管长约1.4cm，绿色，外面无毛，内面具腺体状毛，管口扩大呈漏斗状；檐部一侧极短，另一侧渐扩大成舌片；舌片卵状披针形，顶端长渐尖具延伸成1～3cm线形而弯扭的尾尖，黄绿色，常具紫色纵脉和网纹；花药长圆形，贴生于合蕊柱近基部；子房圆柱形，具6棱。蒴果宽倒卵形或椭圆状倒卵形，有6棱，平滑，成熟时黄绿色，由基部向上6瓣开裂；果梗下垂，随果开裂；种子三角状心形，灰褐色，长宽均3～5mm，扁平，具浅褐色膜质翅。花期5～7月，果期8～10月。

本种在延安主要分布于宜川、黄龙、安塞、宝塔、富县、黄陵等地，生于海拔500～1500m的山地灌丛、溪旁或路边。在我国也分布于东北、华北及西北的陕西、甘肃、华中的河南、湖北等地。日本、朝鲜半岛、俄罗斯（西伯利亚）也有分布。

全株均可药用，但因含马兜铃酸而具有致癌性和肾毒性，不宜长期服用。

北马兜铃 ***Aristolochia contorta***

1.植株与叶片（黎斌 摄）；2.花（侧面观）（黎斌 摄）

29 蓼科

Polygonaceae

本科编者：陕西省西安植物园　黎斌
延安市黄龙山国有林管理局　马宝有

草本，稀灌木或小乔木。茎常具膨大的节，稀膝曲，具沟槽或条棱，有时中空。叶为单叶，互生，稀对生或轮生，边缘通常全缘，有时分裂，具柄或近无柄；托叶常连合成鞘状（即托叶鞘），膜质，顶端偏斜、截形或2裂，宿存或脱落。花较小，两性，稀单性，雌雄异株或雌雄同株，辐射对称；花序穗状、总状、头状或圆锥状，顶生或腋生；花梗常具关节；花被3～5深裂，覆瓦状排列或花被片6排成2轮，宿存，内花被片有时增大，背部具翅、刺或小瘤；雄蕊6～9，花丝离生或基部贴生，花药背着，纵裂；花盘环状、腺状或缺；子房上位，1室，心皮通常3，合生，花柱2～3，分离或下部合生，柱头头状、盾状或画笔状，胚珠1，常直生。瘦果卵形或椭圆形，具3棱或双凸镜状，有时具翅或刺，包于宿存花被内或外露；胚直立或弯曲，常偏于一侧，胚乳丰富，粉末状。

本科约50属1150种，分布几遍世界各地，但主产于欧洲、亚洲、北美洲的温带地区，少数分布于亚洲、非洲、拉丁美洲及热带地区。我国有13属235种及37变种，产于全国各地。延安（含栽培）有6属23种4变种，各县（区）均有分布。

本科有多种经济植物，如大黄、何首乌等是我国传统的中药材，草血竭、赤胫散、金荞麦等是民间常用的中草药，荞麦、苦荞麦是粮食作物，部分种类是蜜源植物或观赏植物。

分属检索表

1. 花被6，稀4，常排列为2轮……………………………………………………2
1. 花被4或5……………………………………………………………………3
2. 花被片果期增大或仅1片增大；柱头画笔状；果实无翅……………………1. 酸模属 *Rumex*
2. 花被片果期均不增大；柱头马蹄形或头状；果实有翅……………………2. 大黄属 *Rheum*
3. 茎缠绕或直立；花被片外面3片果期增大，背部具翅或龙骨状突起……………4
3. 茎直立；花被果期不增大，稀增大呈肉质…………………………………………5
4. 茎缠绕；花两性；柱头头状…………………………………………3. 何首乌属 *Fallopia*
4. 茎直立；花单性，雌雄异株；柱头流苏状……………………………4. 虎杖属 *Reynoutria*
5. 瘦果具3棱或双凸镜状，短于宿存花被，稀较长…………………………5. 蓼属 *Polygonum*
5. 瘦果具3棱，明显长于宿存花被，稀近等长………………………………6. 荞麦属 *Fagopyrum*

1. 酸模属 *Rumex* L.

本属编者：陕西省西安植物园　黎斌

草本，稀半灌木。根通常粗壮，有时具根状茎。茎直立，分枝或上部分枝，通常具沟槽。叶基生和茎生，茎生叶互生，全缘或边缘波状，稀羽状分裂；托叶鞘膜质，易破裂脱落。花两性，稀杂性或单性且雌雄异株；花序圆锥状，多花簇生成轮；花梗具关节；花被片6，稀4，常排成2轮，宿存，外轮3片，花后不增大，内轮3片或稀1片，花后增大，全缘、边缘具齿或呈针刺状，背部具小瘤或无；雄蕊6，排列成3对，与外轮花被片对生，花药基着；子房卵形，有3棱，1室，胚珠1，花柱3，柱头画笔状，向外弯曲。瘦果卵形或椭圆形，具3锐棱，包藏于增大的内花被片内；胚弯曲。

本属约150种，分布于全世界，主产亚洲、欧洲、北美洲的温带地区。我国有26种及2变种，全国各地均产。延安有5种，主要产于黄龙、黄陵、宜川、洛川、富县等地。

此属植物含有丰富的维生素A、维生素C及草酸等成分，可供食用或作为饲料。

分种检索表

1. 内花被片果时全缘或微波状 ……………………………………………… 2
1. 内花被片果时边缘具齿或具针刺状齿牙 ………………………………… 4
2. 内花被片中脉明显，无小瘤 ……………………………… 1. 毛脉酸模 *R. gmelinii*
2. 内花被片中脉全部具小瘤，或基部具小瘤或部分内花被片不具小瘤 ………………… 3
3. 基生叶披针形或狭披针形，宽2～5cm，基部楔形，边缘皱波状；内花被片果时宽卵形，基部近截形，通常全部具小瘤 ……………………………… 2. 皱叶酸模 *R. crispus*
3. 基生叶长圆形或长圆状披针形，宽5～10cm，基部圆形或近心形，边缘微波状；内花被片果时宽心形，基部深心形，仅中脉基部具小瘤或部分内花被片不具小瘤 ……… 3. 巴天酸模 *R. patientia*
4. 一年生或多年生草本；宿存花被边缘具2～5对针刺状齿牙 ……… 4. 齿果酸模 *R. dentatus*
4. 多年生草本；宿存花被边缘具钩状刺 ……………………… 5. 尼泊尔酸模 *R. nepalensis*

1. 毛脉酸模

Rumex gmelinii Turcz. ex Ledeb. Fl. Ross. 3 (2): 508. 1851; 中国植物志, 25(1): 155. 1998.

草本，多年生。茎直立，粗壮，高40～100cm，黄绿色或淡红色，光滑，中空，有纵条纹。基生叶钝三角状卵形，长8～25cm，宽5～20cm，先端圆钝，基部深心形，上面光滑，下面沿叶脉密生乳头状突起，全缘或呈微波状，叶柄长可达30cm；茎生叶较小，长圆状卵形，先端圆钝，基部心形，叶柄短于叶片；托叶鞘膜质，管状，长约3cm，常破裂。花两性，簇状轮生于花序梗上，较紧密；花序圆锥状，长40cm或更长，下部通常具叶；花梗细弱，基部具关节；外花被片长圆形，约2mm长；内花被片果时增大，椭圆状卵形，长5～8mm，宽4～7mm，先端钝，基部圆形，具网脉，边缘微波状，中脉全部无小瘤；雄蕊6；花柱3。瘦果卵形，有3棱，长2.5～5mm，黄褐色，有光泽，包藏于宿存花被中。花期5～6月，果期7～8月。

本种在延安仅产于黄龙（石堡），生于海拔1100～1300m的山坡路旁潮湿处。在我国也分布于东北各地、华北各地及西北的陕西、甘肃、青海、新疆等地。日本、朝鲜半岛、俄罗斯（西伯利亚、远东）、蒙古也有分布。

2. 皱叶酸模

Rumex crispus L., Sp. Pl. 335. 1753; 中国植物志, 25(1): 156. 1998.

草本，多年生。根粗壮肥厚，断面黄褐色。茎直立，高50～130cm，不分枝或上部分枝，具浅沟槽，通常中空。基生叶披针形或狭披针形，长10～25cm，宽2～5cm，先端急尖，基部楔形，边缘皱波状，两面无毛；茎生叶较小，狭披针形；叶柄长3～10cm；托叶鞘膜质，管状，长1～3cm，易破裂。花两性，淡绿色；花序狭圆锥状，花序分枝近直立或上升，花簇紧密；花梗细，中下部具关节，关节果熟时稍膨大；花被片6，外花被片椭圆形，长约1mm，内花被片果熟时增大，宿存，宽卵形，长4～5mm，网脉明显，先端稍钝，基部近截形，近全缘，全部具小瘤，稀1片具小瘤，小瘤卵形，长1.5～2mm；雄蕊6；花柱3，反折，柱头画笔状。瘦果卵形，具3锐棱，长约2mm，暗褐色，顶端急尖，有光泽。花期5～6月，果期6～7月。

皱叶酸模 ***Rumex crispus***
果实（黎斌 摄）

本种在延安见于黄陵、黄龙、富县等地，生于海拔1000～1150m的沟谷潮湿处。在我国也分布于东北各地，华北各地，西北各地，华东的山东，华中的河南、湖北，西南的四川、贵州、云南等地。亚洲的日本、朝鲜半岛、蒙古、哈萨克斯坦、高加索及欧洲，北美洲也有分布。

根、叶入药，有解毒、清热、通便、杀虫、散瘀的功效，亦可提制栲胶。嫩茎叶可作野菜食用，亦可作饲料。种子含油率为18.37%，可供工业用。

3. 巴天酸模

Rumex patientia L., Sp. Pl. 333. 1753; 中国植物志, 25(1): 155. 1998.

草本，多年生。根肥厚，粗可达3cm。茎直立，高90～150cm，粗壮，中空，上部分枝，具深沟槽。基生叶长圆形或长圆状披针形，长15～30cm，宽5～10cm，顶端急尖，基部圆形或近心形，边缘波状，两面无毛；叶柄粗壮，长5～15cm；茎上部的叶披针形，较小，具短叶柄或近无柄；托叶鞘筒状，膜质，长2～4cm，易破裂。花两性，多数簇状轮生，紧密；花序圆锥状，顶生和腋生，大型，长可达40cm；花梗细弱，中下部具关节；外花被片长圆形，长约1.5mm，内花被片果熟时增大，宽心形，宿存，长6～7mm，先端圆钝，基部深心形，近全缘或微波状，有网脉，全部或一部分具小瘤，

巴天酸模 *Rumex patientia*
1.群落（寻路路 摄）；2.叶片（寻路路 摄）；3.花序（寻路路 摄）；4.果（寻路路 摄）

小瘤长卵形，通常不能全部发育。瘦果卵形，长2.5～3mm，具3锐棱，先端渐尖，褐色，有光泽。花期5～7月，果期6～8月。

本种在延安主要分布于黄陵、黄龙、富县等地，生于海拔800～1100m的沟边湿地。在我国也分布于东北各地，华北各地，西北各地，华东的山东，华中各地，西南的四川、西藏等地。亚洲的蒙古、哈萨克斯坦、高加索及欧洲也有分布。

根、叶入药，生品有活血散瘀、止血、清血解毒、润肠通便的功效。根可提制栲胶。嫩茎叶可作野菜食用，亦可作饲料。种子榨油，可制肥皂。

4. 齿果酸模

Rumex dentatus L. Mant. Pl. 2: 226. 1771; 中国植物志, 25(1): 161. 1998.

草本，一年生。茎直立，较细，高20～100cm，分枝或有时不分枝，具浅沟槽，无毛。茎下部的叶薄纸质，长圆形或长椭圆形，长4～12cm，宽1.5～3cm，先端圆钝或急尖，基部圆形或近心形，全缘或微波状，两面无毛，茎生叶较小；叶柄长0.5～5cm。花两性，黄绿色；花簇轮生，排列稀疏或间断；花序总状，顶生和腋生，具叶，由数个再聚集成圆锥状花序；花梗中下部具关节；外花被片椭圆形，长约2mm，内花被片果熟时增大，三角状卵形，长3.5～4mm，宽2～2.5mm，先端急尖，基部近圆形，网纹明显，全部具小瘤，小瘤长1.5～2mm，边缘每侧具2～5个针刺状齿，齿长1.5～2mm。瘦果卵形，长约2mm，具3锐棱，两端尖，黄褐色，平滑且有光泽。花期5～6月，果期6～7月。

本种在延安主要分布于宜川、黄陵、黄龙、富县等地，生于海拔1000～1450m的沟边湿地或山坡路旁。在我国分布于华北各地，西北各地，华东各地，华中各地及西南的四川、贵州、云南等地。亚洲的尼泊尔、印度、阿富汗、哈萨克斯坦及欧洲东南部也有分布。

根、叶入药，有祛毒、清热、杀虫、治癣的功效，亦可作农药，其浸液可防治棉蚜虫、红蜘蛛、菜青虫等虫害。

齿果酸模 *Rumex dentatus*
果实（黎斌 摄）

5. 尼泊尔酸模

Rumex nepalensis Spreng. Syst. Veg. 2: 159. 1825; 中国植物志, 25(1): 160. 1998.

多年生草本。根粗壮，肥厚。茎直立，高50～100cm，上部有分枝，中空，具沟槽，光滑。基生叶纸质，卵状长圆形，长10～15cm，宽4～8cm，先端急尖，基部心形，全缘，两面无毛或下面沿叶脉具小突起；茎生叶卵状披针形；叶柄长3～10cm；托叶鞘膜质，易破裂。花两性，红色；花簇轮生于叶腋，聚集成顶生的圆锥花序；花梗长2～4mm，中下部有关节；花被片6，排成2轮，外轮花被片椭圆形，长约1.5mm，内花被片果熟时增大，宿存，宽卵形，长5～6mm，先端急尖，基部截形，

尼泊尔酸模 *Rumex nepalensis*
1.植株（吴振海 摄）；2.果实（吴振海 摄）

每侧边缘具7～8个刺状齿，齿长2～3mm，顶端呈钩状，一部或全部具小瘤；雄蕊6；花柱3，向下弯曲，柱头画笔状。瘦果卵形，具3锐棱，先端急尖，长约3mm，褐色，有光泽。花期5～6月，果期7～8月。

本种在延安分布于黄陵、富县等地，生于海拔1000～1300m的山坡路旁、山谷草地。在我国也分布于西北的陕西、甘肃、青海，华中的湖南、湖北，华东的江西，华南的广西及西南等地。伊朗、阿富汗、巴基斯坦、印度、尼泊尔、缅甸、越南等地也有分布。

全草入药，有解毒清热的功效。根、叶可提制栲胶。

2. 大黄属 *Rheum* L.

本属编者：陕西省西安植物园　黎斌

多年生草本，通常较高大，稀较矮小。根粗壮，横切面多呈黄色。根状茎顶端常残存有膜质托叶鞘。茎直立，中空，具细纵棱，光滑或被糙毛，节明显膨大，稀无茎。基生叶常呈莲座状，茎生叶互生；托叶鞘发达，大型；叶片多宽大，全缘、皱波或分裂；主脉掌状或掌羽状。花小，簇生于枝上，绿白色或紫红色，常排列成圆锥花序，或稀为穗状及圆头状；花梗细弱，丝状，有关节；花被片6，排成2轮；雄蕊9，罕7～8，花药背着，内向，花盘薄；雌蕊3，心皮，1室，内含1基着的直生胚珠；花柱3，较短，柱头多膨大，头状、近盾状或马蹄铁形。瘦果三棱形，有翅。种子具丰富胚乳，胚直，偏于一侧。

本属约60种，分布在亚洲温带及亚热带的高寒山区。我国39种2变种，主要分布于西北、西南及华北地区，东北较少。延安仅有1种，产于甘泉。

本属植物性喜高寒怕涝，较多生长于海拔2000～4000m的山坡石砾地带。

本属中部分种类（掌叶大黄、鸡爪大黄、药用大黄等）为中药大黄的原植物，是我国特产的重要药材之一，具泻肠胃积热、下瘀血、外敷消痈肿等功效。

河套大黄

Rheum hotaoense C. Y. Cheng et Kao, 植物分类学报, 13(3): 79. 1975; 中国植物志, 25(1): 175. 1998.

多年生草本，高80～150cm。根和根状茎粗大，棕黄色。茎直立，节间长，下部直径为1～2cm，通常不分枝或上部有分枝，光滑。基生叶大，纸质，卵状心形或宽卵形，长25～40cm，宽23～28cm，先端钝或急尖，基部心形，边缘为弱皱波状，基出脉多为5条，两面无毛；叶柄半圆柱状，长13～25cm，光滑或粗糙；茎生叶较小，卵形或卵状三角形；叶柄亦较短；托叶鞘抱茎，长5～8cm，外侧稍粗糙。圆锥花序大型，具2次以上的分枝，开展，轴及枝均光滑，有细纵条纹，仅在近节处有乳突状毛；花梗细长，长4～5mm，中部以下有关节；花被片6，近等大或外轮3片略小，椭圆形，长2～2.5mm，背面中部浅绿色，边缘白色；雄蕊9，近等长于花被片；子房宽椭圆形，花柱3，短而平伸，柱头头状。瘦果圆形或近圆形，具翅，直径6～8mm，成熟后红棕色，先端微凹，基部圆或略心形，翅宽2～2.5mm。种子宽卵形。花期6～7月，果期7～8月。

本种在延安仅产于甘泉，生于海拔1060m左右的山谷台地。在我国分布于华北的山西，西北的陕西、甘肃等地。

喜温暖或凉爽气候，耐寒，耐干旱，喜生于土层深厚肥沃、富含腐殖质、排水良好的沙质壤土中。

根及根茎可入药，具有消食化滞、通腑泄热的功效。

3. 何首乌属 *Fallopia* Adans.

本属编者：陕西省西安植物园　黎斌

草本，稀半灌木。茎缠绕。叶互生，卵形或心形，具柄；托叶鞘筒状，先端截形或偏斜。花两性，较小；花序顶生或腋生，总状或圆锥状；花被5深裂，外面3片有翅或龙骨状突起，果熟时增大，稀无翅且无龙骨状突起；雄蕊通常8，花丝丝状，花药卵形；子房卵形，有3棱，花柱3，较短，柱头头状。瘦果卵形，有3棱，包于宿存花被内。

本属约20种，主要分布于亚洲、欧洲、北美洲的温带地区。我国有7种2变种，产于由东北到西北、西南的各地。延安有4种，主要产于安塞、宝塔、黄龙、黄陵等地。

本属部分种类为我国的传统中药材，可作药用。

分种检索表

1. 一年生草本；根细长；花序总状；柱头头状……………………2
1. 多年生草本或半灌木；根粗壮或呈块状；花序圆锥状；柱头盾状……………………3
2. 花被片外面3片背部具龙骨状突起或狭翅，果时稍增大，翅全缘……………………1. 卷茎蓼 *F. convolvulus*
2. 花被片外面3片背部具翅，果时增大，翅边缘具齿……………………2. 齿翅蓼 *F. dentatoalata*
3. 茎木质，实心；叶通常簇生或互生；花序从叶簇中抽出……………………3. 木藤蓼 *F. aubertii*
3. 茎草质，空心；叶互生，非簇生；花序顶生或腋生……………………4. 何首乌 *F. multiflora*

1. 卷茎蓼

Fallopia convolvulus (L.) Á. Löve in Taxon 19(2): 300. 1970; 中国植物志, 25(1): 97. 1998.

缠绕草本，一年生。主根较细长，质硬，有须根。茎长1～1.5m，具纵棱，自基部分枝，有小突起。叶纸质，卵形或心形，长2～6cm，宽1.5～4cm，先端渐尖，基部心形或戟形，全缘，两面光

卷茎蓼 *Fallopia convolvulus*
1. 植株（吴振海 摄）；2. 果枝（吴振海 摄）；3. 果实（吴振海 摄）

滑，下面沿叶脉有小突起；叶柄长1.5～5cm，沿棱有小突起；托叶鞘膜质，长3～4mm，先端偏斜，易破碎。花2～5簇生于基部或下部叶腋的托叶鞘中，形成间断的总状花序；苞片膜质，长卵形，先端尖，每苞有2～4花；花梗细弱，长于苞片，中上部具关节；花被5深裂，绿白色，边缘白色，花被片长椭圆形，外面3片背部具龙骨状突起或狭翅，有小突起，果时稍增大；雄蕊8，短于花被；花柱3，柱头3，头状。瘦果椭圆形，有3棱，长3～5mm，黑色，密被小颗粒，无光泽，包于宿存花被内。花期5～8月，果期6～9月。

本种在延安产于黄龙、黄陵、富县等地，生于海拔1500m左右的山坡田边。在我国也分布于东北各地，华北各地，西北各地，华东的江苏、安徽、台湾，华中的湖北，西南等地。亚洲的日本、朝鲜、蒙古、巴基斯坦、阿富汗、伊朗、高加索、印度，欧洲，非洲北部，北美洲等也有分布。

2. 齿翅蓼

Fallopia dentatoalata (F. Schmidt) Holub in Folia Geobot. Phyt. 6: 176. 1971; 中国植物志, 25(1): 97. 1998.

一年生缠绕草本。茎长1～2m，上部分枝，光滑，有纵棱。叶卵形或心形，长3～6cm，宽2.5～4cm，纸质，先端渐尖，基部心形，全缘，两面无毛，沿叶脉具小突起或无；叶柄长0.5～3cm，有纵棱；托叶鞘短，偏斜，膜质，长3～4mm，无缘毛。花序总状，顶生或腋生，长4～12cm；花序排列稀疏且间断，下部具小叶；苞片漏斗状，膜质，褐色，长2～3mm，偏斜，先端急尖，无缘毛，每苞内有2～5花；花梗细弱，果熟时伸长，长可达6mm，中下部有关节；花被5深裂，常为红色，有时白色或绿白色；花被片外面3片果熟时呈倒卵形，长8～9mm，直径5～6mm，背部具翅，先端微凹，基部楔形，下延至柄，果熟时翅增大，边缘通常具齿；雄蕊8，短于花被；花柱3，柱头头状。瘦果椭圆形，具3棱，长约4mm，黑色，密被小颗粒，微有光泽，包于宿存花被内。花期7～8月，果期8～9月。

本种在延安主要分布于安塞、宝塔、黄龙等地，生于海拔900～1600m的山谷灌木林下或山坡草地中。在我国也分布于东北各地，华北各地，西北的陕西、甘肃、青海，华东的江苏、安徽，华中的河南、湖北，西南的四川、贵州、云南等地。俄罗斯（远东）、朝鲜半岛、日本也有分布。

齿翅蓼 *Fallopia dentatoalata*
1.植株（吴振海 摄）；2.果实（吴振海 摄）

3. 木藤蓼

Fallopia aubertii (L. Henry) Holub in Folia Geobot. Phyt. 6: 176. 1971; 中国植物志, 25(1): 102. 1998.

多年生草本或半灌木。茎缠绕，长1～4m，灰褐色，近木质，实心，无毛，具细纵条纹。叶簇

木藤蓼 *Fallopia aubertii*
1.花枝（黎斌 摄）；2.果枝（王天才 摄）

生，稀互生；叶片近革质，长卵形或卵形，长2.5～5cm，宽1.5～3cm，顶端急尖，基部近心形，两面光滑；叶柄长1.5～2.5cm；托叶鞘膜质，褐色，偏斜，易破裂。花序圆锥状，少分枝，稀疏，多从叶簇中抽出；花序梗具白色小突起；苞片膜质，顶端急尖，每苞内具3～6花；花梗细，长3～4mm，下垂，下部具关节；花被5深裂，绿白色或白色，花被片外面3片较大，背部有翅，果熟时增大，基部下延；花被在果熟时呈倒卵形，长6～7mm，宽4～5mm；雄蕊8，短于花被，花丝中下部较宽，基部具柔毛；花柱3，柱头盾状。瘦果卵形，有3棱，长3.5～4mm，黑褐色，密被小颗粒，微有光泽，包于宿存花被内。花期7～8月，果期8～9月。

本种在延安分布于黄龙、黄陵、富县等地，生于海拔900～1100m的山坡灌木林下。在我国也分布于华北的山西，西北的陕西、甘肃、宁夏、青海、内蒙古西部（贺兰山），华中的河南、湖北，西南等地。

4. 何首乌

Fallopia multiflora (Thunb.) Harald. inSymb. Bot. Upsl. 22(2): 77. 1978; 中国植物志, 25(1): 102. 1998.

多年生草本。块根肥厚，长椭圆形，黑褐色，横切面黄褐色。茎缠绕，基部木质化，长2～4m，多分枝，中空，具纵棱，无毛。叶纸质，卵形或卵状三角形，长3～7cm，宽2～5cm，顶端渐尖，基部心形、近心形或戟形，两面无毛，全缘或微波状；叶柄长1.5～3cm；托叶鞘膜质，管状，长3～5mm，偏斜，黄褐色，无毛。顶生或腋生的圆锥花序长10～20cm，分枝开展，具细纵棱，沿棱密被小突起；苞片膜质，三角状卵形，具小突起，先端尖，每苞内有2～4花；花梗细弱，长2～3mm，下部具关节，果熟时延长；花被5深裂，白色或淡绿色，花被片椭圆形，大小不相等，外面3片较大背部具翅，果熟时增大，花被在果熟时外形近圆形，直径6～7mm；雄蕊8，花丝下部较宽；花柱3，极短，柱头头状。瘦果卵形，有3棱，长2.5～3mm，黑褐色，具光泽，包于宿存

何首乌 *Fallopia multiflora*
花枝（黎斌 摄）

花被内。花期6～8月，果期9～10月。

本种在延安仅分布于黄陵，生于海拔1000～1300m的山坡灌丛下。在我国也分布于西北的陕西、甘肃，华东各地，华中各地，华南各地，西南的四川、云南、贵州等地。日本也有分布。

块根入药，为滋养强壮剂，有安神、养血、活络等功效；茎藤入药，称“夜交藤”，可养血安神、祛风湿，治失眠多汗。全草捣烂浸液，可防治蚜虫、红蜘蛛等害虫。

4. 虎杖属 *Reynoutria* Houtt.

本属编者：延安市黄龙山国有林管理局　马宝有

直立草本，多年生。根状茎横走；茎中空。叶卵形或卵状椭圆形，互生，全缘，具柄；托叶鞘膜质，偏斜，早落。花单性，雌雄异株；花序圆锥状，腋生；雄花花被5深裂，雄蕊6～8；雌花花被片外面3片果熟时增大，背部具翅，花柱3，柱头流苏状。瘦果卵形，具3棱。

本属约3种，分布于亚洲东部。我国仅有1种，在我国分布于西北的陕西、甘肃，华东，华中，华南，西南等地。延安有1种，产于黄陵、黄龙等地。

虎杖

Reynoutria japonica Houtt. Nat. Hist. 2(8): 640. 1777; 中国植物志, 25(1): 105. 1998.

草本，多年生。根状茎横走，粗壮，黄褐色。茎直立，高1～2m，中空，具明显的纵棱，光滑，散生红色或紫红色的斑点。叶厚纸质，宽卵形或卵状椭圆形，长5～12cm，宽4～9cm，先端急尖，基部圆形、截形或宽楔形，全缘，两面无毛；叶柄长0.5～2cm，光滑；托叶鞘膜质，褐色，长3～5mm，偏斜，有纵脉，光滑，先端截形，无缘毛，常破裂，早落。花单性，雌雄异株；花序圆锥状，长3～8cm，腋生；苞片漏斗状，长1.5～2mm，先端渐尖，无缘毛，每苞内有2～4花；花梗长2～4mm，中下部有关节；花被5深裂，绿白色；雄花花被片有绿色中脉，无翅，雄蕊8，长于花被；雌花花被片外面3片背部有翅，果熟时增大，翅扩展下延，花柱3，柱头流苏状。瘦果卵形，有3棱，长4～5mm，黑褐色，有光泽，包于宿存花被内。花期7～8月，果期9～10月。

虎杖 *Reynoutria japonica*
果实（黎斌 摄）

本种在延安产于黄陵、黄龙等地，生于海拔1000m以下的山坡灌丛下潮湿处。在我国也分布于华东各地，华中各地，华南各地，西南的四川、云南、贵州，西北的陕西、甘肃等地。日本、朝鲜半岛也有分布。

根系发达，喜温暖、湿润性气候，耐旱力、耐寒力较强，返青后茎条迅速生长，对土壤要求不十分严格。

根状茎供药用，有活血、散瘀、通经、镇咳等功效。

5. 蓼属 *Polygonum* L.

本属编者：陕西省西安植物园　黎斌

草本，稀半灌木或小灌木。茎直立、平卧或上升，光滑、被毛或具倒生钩刺，节部常膨大。叶互生，形状多样，常全缘，稀有裂片；托叶鞘筒状，膜质或草质，先端截形或偏斜，全缘或分裂，有缘毛或无。花两性，稀单性，常簇生，稀单生；花序穗状、总状、头状或圆锥状，顶生或腋生，稀为花簇；苞片及小苞片膜质；花梗有关节；花被常呈花瓣状，5深裂，稀4裂，宿存；花盘腺状、环状，有时缺；雄蕊8，稀4～7；子房卵形；花柱2～3，离生或中下部合生；柱头头状或盾状。瘦果卵形，有3棱或双凸镜状，包藏于宿存花被内或突出花被之外；胚位于一侧，子叶扁平，直立。

本属约230种，广布于全世界，主要分布于亚洲、欧洲、北美洲的温带地区。我国有113种26变种，南北各地均有。延安有10种4变种，各县（区）均有分布。

分种检索表

1. 叶基部具关节；托叶鞘通常数裂；花丝基部扩大……2
1. 叶基部不具关节；托叶鞘不分裂；花丝基部不扩大……3
2. 瘦果等长于或略长于宿存花被……1. 萹蓄 *P. aviculare*
2. 瘦果突出于宿存花被外……2. 尖果蓼 *P. rigidum*
3. 托叶鞘管状，顶端截形……4
3. 托叶鞘斜形……13
4. 花序头状……3. 尼泊尔蓼 *P. nepalense*
4. 花序穗状……5
5. 水陆两生的多年生草本；根状茎分枝，横卧……4. 两栖蓼 *P. amphibium*
5. 陆生的一年生草本；茎直立或俯横卧……6
6. 穗状花序较紧密、粗壮，花簇通常不间断……7
6. 穗状花序较疏松，花簇常间断，较细弱……10
7. 植株高大，通常高1～2m；叶宽5～12cm；托叶鞘顶端具草质的环状翅或具干膜质的裂片……5. 红蓼 *P. orientale*
7. 植株较低，高1m左右；叶宽不超过4cm；托叶鞘不具环状翅……8
8. 叶中上部有新月形黑褐色斑块；花序梗被腺体；雄蕊6……9
8. 叶无黑褐色斑块；花序梗疏被短腺毛；雄蕊7～8……8. 春蓼 *P. persicaria*
9. 叶下面沿中脉被短硬伏毛……6a. 酸模叶蓼 *P. lapathifolium* var. *lapathifolium*
9. 叶下面密被绵毛……6b. 绵毛酸模叶蓼 *P. lapathifolium* var. *salicifolium*
10. 叶两面均被黄色或黑色腺点，具辛辣味；雄蕊6，稀为8；花柱2～3……7. 水蓼 *P. hydropiper*
10. 叶具乳凸状凸起及伏贴硬毛，无辛辣味；雄蕊8；花柱3……11
11. 叶卵状披针形或卵形，顶端尾状渐尖；花序在植株上部形成圆锥状……9. 丛枝蓼 *P. posumbu*
11. 叶披针形、宽披针形或狭披针形，顶端渐尖或急尖；花序不呈圆锥状……12

12. 叶片基部楔形 ………………………………………………… 10a. 长鬃蓼 *P. longisetum* var. *longisetum*
12. 叶片基部圆形或近圆形 …………………………………………10b. 圆基长鬃蓼 *P. longisetum* var. *rotundatum*
13. 叶狭长圆形、披针形至线形，有时基部具1对戟形齿；花序圆锥状 …………11. 西伯利亚蓼 *P. sibiricum*
13. 叶卵形，基部深心形；花序穗状 ……………………………………………………… 12. 支柱蓼 *P. suffultum*

1. 萹蓄

Polygonum aviculare L., Sp. Pl. 362. 1753; 中国植物志, 25(1): 7. 1998.

一年生草本。茎高10～40cm，平卧、上升或直立，基部多分枝，有纵棱，无毛。叶纸质，椭圆形至披针形，长1～4cm，宽0.3～1.2cm，先端钝圆或急尖，基部楔形，全缘，两面无毛；叶柄短或近无柄，基部扩大有关节；托叶鞘膜质，下部褐色，上部白色，先端撕裂，脉明显。花单生或数朵簇生于叶腋，半外露，遍布于植株；苞片薄膜质；花梗细，顶部有关节；花被5深裂，花被片椭圆形，长约2mm，绿色，边缘白色或淡红色；雄蕊8，内藏，花丝基部扩展；花柱3，柱头头状。瘦果卵形，有3棱，长约3mm，黑褐色，密被由小点组成的细条纹，无光泽，与宿存花被近等长或稍超过。花期5～7月，果期6～9月。

本种在延安各地均有分布，生于海拔700～1500m的草地、田边、路旁及水沟、滩地潮湿处。广布于全国各地。亚洲、欧洲、北美洲的温带地区也有分布。

喜冷凉、湿润的气候，抗热、耐旱，对土壤适应性强。

全草供药用，有通经利尿、清热解毒的功效。还可作饲料及制农药。嫩叶及茎经水浸泡后可作野菜。

萹蓄 *Polygonum aviculare*
花枝（王天才 摄）

2. 尖果蓼

Polygonum rigidum Skv. in Bar. et Skv. Diagn. Pl. Nov. Mandsh. 5. t. 1. 1943; 中国植物志, 25(1): 15. 1998.

一年生草本。茎直立或上升，高30～50cm，多分枝，有纵棱。叶椭圆形或长椭圆形，长1～3cm，宽0.3～0.7cm，先端圆钝或稍尖，基部楔形，全缘，两面无毛；叶柄短，基部有关节；托叶鞘下部褐色，上部白色，有5～9脉，先端撕裂。花2～7朵簇生于叶腋，在侧枝上部排列较紧密；花梗长1.5～2mm，顶部有关节；花被5深裂，分裂至2/3处，花被片长圆形，长约2mm，背部有突出的脉，边缘白色或淡红色；雄蕊8，花丝基部扩展；花柱3，短。瘦果卵形，有3棱，深褐色，长约3mm，顶端具长尖，突出于宿存花被，密被小点，微有光泽。花期6～8月，果期7～8月。

本种在延安分布于黄陵，生于海拔900～1200m的田边、路旁及山谷湿地。在我国也分布于东北各地，华北各地，西北的陕西、甘肃等地。

3. 尼泊尔蓼

Polygonum nepalense Meisn. Monogr. Polyg. 84. 1826; 中国植物志, 25(1): 61. 1998.

一年生草本。茎高20～60cm，外倾或斜上，多分枝，无毛或节处疏生腺毛。茎下部叶卵形或三角状卵形，长3～5cm，宽2～4cm，先端急尖，基部宽楔形，沿叶柄下延成翅，两面无毛或疏被毛，疏生腺点；茎上部叶较小；叶柄长1～3cm，或近无柄，抱茎；托叶鞘筒状，长5～10mm，膜质，淡褐色，先端斜截形，无缘毛，基部具毛。花序头状，直径0.5～1.5cm，顶生或腋生，基部常具1叶状总苞片；花序梗细长，上部有腺毛；苞片卵状椭圆形，常光滑，边缘膜质，每苞内有1花；花梗短于苞片；花被常4裂，淡紫红色或白色，花被片长圆形，长2～3mm，先端圆钝；雄蕊5～6，近等长于花被，花药暗紫色；花柱2，下部合生，柱头头状。瘦果宽卵形，双凸镜状，长2～2.5mm，黑色，密生洼点，无光泽，包于宿存花被内。花果期6～8月。

本种在延安分布于宝塔、甘泉、延川、宜川、黄龙、洛川、黄陵、富县等地，生于海拔1000～1600m的山坡草地或山谷路旁的潮湿处。除新疆外，全国各地均有分布。朝鲜半岛、日本、俄罗斯（远东）、印度、尼泊尔、巴基斯坦、阿富汗、菲律宾、印度尼西亚及非洲各地也有分布。

尼泊尔蓼 *Polygonum nepalense*
1. 开花植株（黎斌 摄）；2. 花和茎上部叶（王天才 摄）

4. 两栖蓼

Polygonum amphibium L., Sp. Pl. 361. 1753; 中国植物志, 25(1): 17. 1998.

水陆两栖草本，多年生。根状茎横走。水生植株：茎漂浮，光滑，节处生根；叶浮于水面，长圆形或椭圆形，长5～12cm，宽1.5～4.5cm，先端钝或微尖，基部近心形或圆形，全缘，两面光滑；叶柄长0.5～3cm，生于托叶鞘近中部；托叶鞘筒状，薄膜质，长1～1.5cm，先端截形，无缘毛。陆生植株：茎直立或斜展，高40～60cm，不分枝或自基部分枝，茎节缩短；叶长圆形至线状披针形，长6～14cm，宽0.5～2cm，先端急尖，基部近圆形，全缘，两面被毛；叶柄长3～5mm，生于托叶鞘中部；托叶鞘筒状，膜质，长1.5～2cm，疏被长硬毛，顶端截形，具短缘毛。总状花序呈穗状，长2～4cm，圆柱形，紧密；苞片宽漏斗状；花被5深裂，淡红色或白色，花被片长椭圆形，长3～4mm；雄蕊5，短于花被；花柱2，长于花被，柱头头状。瘦果近圆形，双凸镜状，直径2.5～3mm，黑色，有光泽，包于宿存花被内。花期7～8月，果期8～9月。

本种在延安主要分布于宜川、富县等地，生于海拔900～1250m的山谷浅水中、沟边及田边湿地。在我国也分布于东北、华北、西北、华东、华中和西南各地。亚洲、欧洲、北美洲广为分布。

全草入药，有清热利湿的功效。

两栖蓼 *Polygonum amphibium*
1. 群落（寻路路 摄）；2. 开花植株（寻路路 摄）

5. 红蓼

Polygonum orientale L., Sp. Pl. 362. 1753; 中国植物志, 25(1): 24. 1998.

一年生草本。茎直立粗壮，中空，高1～2m，上部多分枝，密被长柔毛。叶宽卵形、宽椭圆形或卵状披针形，长10～20cm，宽5～12cm，先端渐尖，基部圆形或近心形，全缘，密被缘毛，两面密被短柔毛，背面混生白色腺点；叶柄长2～10cm，具长柔毛，基部扩展；托叶鞘筒状，膜质，长1～2cm，有长柔毛及长缘毛，通常沿先端具草质、绿色的环形翅。总状花序呈穗状，长3～7cm，圆柱形，花簇紧密，微下垂，通常数个再组成圆锥状；苞片宽漏斗状，长3～5mm，绿色，草质，被短柔毛，具长缘毛，每苞内有4～7花；花梗长于苞片；花被5深裂，淡红色或白色；花被片椭圆形，

红蓼 *Polygonum orientale*
1. 开花植株（王天才 摄）；2. 托叶鞘顶端具环形翅（黎斌 摄）

长3～4mm；雄蕊长于花被；花盘明显；花柱2，中下部合生，长于花被，柱头头状。瘦果近圆形，双凹镜状，直径约3mm，黑褐色，有光泽，包于宿存花被内。花期6～9月，果期8～10月。

本种在延安主要分布于黄龙、宜川、延长、宝塔、黄陵、子长等地，生于海拔800～1400m的山谷浅水中、沟边湿地。除西藏外，全国各地均有分布。亚洲的朝鲜半岛、日本、菲律宾、印度，欧洲和大洋洲也有分布。

喜温暖湿润环境，喜光，喜肥沃、湿润、疏松的土壤，也耐瘠薄，喜水又耐干旱，往往成片生长。

果实入药，名“水红花子”，有活血、止痛、消积、利尿功效。叶还可作农药，防治棉蚜虫。

6. 酸模叶蓼

Polygonum lapathifolium L., Sp. Pl. 360. 1753; 中国植物志, 25(1): 23. 1998.

6a. 酸模叶蓼（原变种）

Polygonum lapathifolium L. var. ***lapathifolium***

一年生草本，高40～90cm。茎直立，中空，节处膨大，上部分枝。叶披针形，长5～15cm，宽1～3cm，先端渐尖或急尖，基部楔形，表面绿色，常具黑褐色新月形斑点，全缘，两面沿中脉有短硬伏毛，具粗缘毛；叶柄短，具短硬伏毛；托叶鞘筒状，长1.5～3cm，膜质，淡褐色，光滑，先端截形，无缘毛，稀具短缘毛。总状花序呈穗状，近直立，花簇紧密，通常由数个花穗再组成圆锥状；花序梗具腺体；苞片漏斗状，边缘有稀疏短缘毛；花被淡红色或白色，常4深裂，花被片椭圆形，外面2片各具3条显著凸起的脉，脉先端为2钩状分枝；雄蕊通常6；花柱2，外弯。瘦果宽卵形，双凹镜状，长2～3mm，黑褐色，有光泽，包于宿存花被内。花期6～8月，果期7～9月。

本种在延安各地均有分布，生于海拔800～1500m的水田边、溪旁、水沟或湿洼草地。我国各地均有分布。朝鲜半岛、日本、蒙古、菲律宾、印度、巴基斯坦及欧洲也有分布。

一年内可多次开花结实，是旱田和水沟边。

全草入药，可清热解毒；果实入药，则可利尿。亦可作饲料。

酸模叶蓼 *Polygonum lapathifolium* var. ***lapathifolium***
结果植株（黎斌 摄）

6b. 绵毛酸模叶蓼（变种）

Polygonum lapathifolium L. var. ***salicifolium*** Sibth. Fl. Oxon. 129. 1794; 中国植物志, 25(1): 24. 1998.

本变种与原变种的区别是叶下面密被白色绵毛。

产地、生境同原变种。

用途、功效同原变种。

7. 水蓼

Polygonum hydropiper L., Sp. Pl. 361. 1753; 中国植物志, 25(1): 27. 1998.

一年生草本，高40～70cm。茎直立，多分枝，光滑，节处膨大。叶披针形，长4～8cm，宽0.5～2.5cm，先端渐尖，基部楔形，全缘且具缘毛，两面无毛，有褐色腺点，有时沿中脉被短硬伏毛，叶腋有时具闭锁受精花；叶柄长4～8mm，或近无柄；托叶鞘筒状，褐色，膜质，长1～1.5cm，疏被短硬伏毛，先端截形，具短缘毛，通常托叶鞘内藏有花簇。总状花序呈穗状，长3～8cm，通常下垂，花簇排列稀疏，下部间断；苞片漏斗状，长2～3mm，绿色，边缘膜质且疏生短缘毛，每苞内具3～5花；花梗长于苞片；花被5深裂，稀4裂，绿色，上部白色或淡红色，有腺点，花被片椭圆形，长3～3.5mm；雄蕊6，稀8，短于花被；花柱2～3，柱头头状。瘦果卵形，长2～3mm，双凸镜状或具3棱，密被小点，黑褐色，无光泽，包于宿存花被内。花果期6～9月。

本种在延安主要分布于黄陵、富县、黄龙等地，生于海拔800～1200m的山沟水旁、滩地或浅水中。在我国广布于全国各地。亚洲的朝鲜半岛、日本、印度尼西亚、印度，欧洲及北美洲也有分布。

全草入药，有消肿解毒、利尿、止痢的功效。叶有辛辣味，可用作调味剂；煮后可提取黄色染料。

水蓼 *Polygonum hydropiper*
花和茎上部叶（黎斌 摄）

8. 春蓼

Polygonum persicaria L., Sp. Pl. 361. 1753; 中国植物志, 25(1): 22. 1998.

一年生草本。茎直立或上升，疏生柔毛或近无毛，高30～80cm。叶披针形或椭圆形，长4～15cm，宽1～2.5cm，先端渐尖或急尖，基部楔形，全缘，表面有时具黑褐色斑点，两面疏具短硬伏毛，背面中脉上毛较密，边缘具粗缘毛；叶柄短，长不超过1cm，被硬伏毛；托叶鞘筒状，膜质，长1～2cm，疏具柔毛，先端截形，缘毛长1～3mm。总状花序呈穗状，较紧密，长2～6cm，通常数个再聚集成圆锥状；花序梗具腺毛或光滑；苞片漏斗状，紫红色，有缘毛，每苞内含5～7花；花梗长2.5～3mm；花被5深裂，红色，花被片长圆形，长约3mm；雄蕊7～8；花柱2，稀3，中下部合生。瘦果双凸镜状，近圆形或卵形，稀具3棱，长约2mm，黑褐色，平滑，有光泽，包于宿存花被内。花期7～10月，果于花后渐次成熟。

本种在延安主要分布于宝塔、黄陵、宜川等地，生于海拔900～1550m的沟边潮湿处。在我国也分布于东北各地，华北各地，西北各地，华中各地，华南的广西，西南的四川、贵州等地。亚洲、欧洲、非洲、北美洲广泛分布。

9. 丛枝蓼

Polygonum posumbu Buch. -Ham. ex D. Don, Prodr. Fl. Nep. 71. Feb. 1825; 中国植物志, 25(1): 29. 1998.

一年生草本。茎纤细，高20～50cm，光滑，下部多分枝，具纵棱。叶纸质，卵状披针形或卵形，长2～9cm，宽1～3cm，先端尾状渐尖，基部宽楔形，全缘，两面疏具硬伏毛或近无毛，具缘毛；叶柄长5～7mm，有硬伏毛；托叶鞘筒状，薄膜质，长4～6mm，有硬伏毛，先端截形，缘毛长7～8mm。总状花序长5～10cm，呈穗状，纤细、稀疏，下部间断；苞片漏斗状，光滑，淡绿色，具缘毛，每苞片内含3～4花；花梗短；花被淡红色，5深裂，花被片椭圆形，长约2mm；雄蕊8，短于花被；花柱3，下部合生，柱头头状。瘦果卵形，具3棱，长约2mm，黑褐色，有光泽，包于宿存花被内。花期7～9月，果期9～10月。

本种在延安主要分布于富县、黄龙、黄陵等地，生于海拔1200～1800m的山坡林下或山谷潮湿处。在我国也分布于东北各地，华东各地，华中各地，华南各地，西南各地及西北的陕西、甘肃等。朝鲜半岛、日本、印度尼西亚、印度也有分布。

10. 长鬃蓼

Polygonum longisetum Bruijn in Miq. Pl. Jungh. 307. 1854; 中国植物志, 25(1): 30. 1998.

10a. 长鬃蓼（原变种）

Polygonum longisetum Bruijn var. ***longisetum***

一年生草本。茎高30～80cm，直立、上升或基部近平卧，自基部分枝，光滑，节处稍膨大。叶披针形，长3～8cm，宽0.5～1.5cm，先端急尖，基部楔形，全缘，表面近无毛，背面沿叶脉具短伏毛，具缘毛；叶柄短或几无；托叶鞘筒状，长7～8mm，疏具柔毛，先端截形，缘毛长6～7mm。总

状花序呈穗状，直立，长2～4cm，下部间断；苞片漏斗状，光滑，具长缘毛，每苞内有5～6花；花梗长2～2.5mm，近等长于苞片；花被红色，5深裂，花被片椭圆形，长1.5～2mm；雄蕊6～8；花柱3，中下部合生，柱头头状。瘦果黑色，宽卵形，具3棱，有光泽，长约2mm，包于宿存花被内。花果期6～9月。

本种在延安主要分布于志丹、黄龙、黄陵等地，生于海拔1100～1700m的山谷水旁或河边草地中。在我国也分布于东北各地，华北各地，华东各地，华中各地，华南各地及西北的陕西、甘肃，西南的四川、贵州、云南等地。日本、朝鲜半岛、菲律宾、马来西亚、印度尼西亚、缅甸、印度也有分布。

全草可作猪饲料。

长鬃蓼 *Polygonum longisetum* var. *longisetum*
花和茎上部叶（王天才 摄）

10b. 圆基长鬃蓼（变种）

Polygonum longisetum Bruijn var. ***rotundatum*** A. J. Li in Bull. Bot. Res. 15(4): 418. 1995; 中国植物志, 25(1): 31. 1998.

本变种与原变种的区别是叶片基部圆形或近圆形。

产地、生境同原变种。

用途同原变种。

11. 西伯利亚蓼

Polygonum sibiricum Laxm. in Nov. Com. Acad. Sci. Petrop. 18: 531. 1774; 中国植物志, 25(1): 89. 1998.

多年生草本。根状茎细长。茎外倾或近直立，高10～40cm，自基部分枝，光滑。叶片狭长圆形、

西伯利亚蓼 *Polygonum sibiricum*
1. 花序和花（黎斌 摄）；2. 茎和叶（黎斌 摄）

披针形至线形，长5～13cm，宽0.5～1.5cm，顶端急尖或钝，基部楔形，全缘或有时基部具1对戟形齿，两面无毛，背面具腺点；叶柄长8～15mm；托叶鞘筒状，膜质，上部偏斜，无毛，易破裂。花序圆锥状，顶生，下部常间断；苞片漏斗状，光滑，每苞内常有4～6花；花梗短，中上部具关节；花被淡绿色或近白色，5深裂，花被片长圆形，长约3mm；雄蕊7～8，稍短于花被，花丝基部较宽；花柱3，柱头头状。瘦果卵形，具3棱，黑色，有光泽，包于宿存的花被内，先端有时稍露出。花果期6～9月。

本种在延安主要分布于子长、延川、宝塔、安塞、志丹、吴起等地，生于海拔750～1400m的河滩、山谷湿地或盐碱低洼地，为盐碱土指示植物。在我国也分布于东北各地，华北各地，西北各地，西南各地及华东的江苏、安徽，华中的湖北等地。蒙古、俄罗斯（西伯利亚、远东）、哈萨克斯坦、喜马拉雅山脉也有分布。

全草为骆驼、绵羊、山羊等喜吃的饲料。

12. 支柱蓼

Polygonum suffultum Maxim. in Bull. Acad. Sci. St. Petersb. 22: 233. 1876; 中国植物志, 25(1): 42. 1998.

多年生草本。根状茎粗壮，肥厚，通常呈念珠状，黑褐色，具枯叶柄残余。茎直立，单生或丛生，高15～40cm，上部分枝或不分枝，具棱，近无毛。基生叶卵形或长卵形，长5～12cm，宽3～6cm，先端渐尖或急尖，基部心形，全缘，疏具短缘毛，两面无毛或疏被短柔毛，叶柄长4～15cm；茎生叶卵形，较小，有短柄；最上部的叶无柄，抱茎；托叶鞘筒状，膜质，褐色，长2～4cm，先端偏斜，无缘毛。总状花序呈穗状，紧密，长1～2cm；苞片膜质，长卵形，先端渐尖，长约3mm，每苞内有2～4花；花梗纤细，长2～2.5mm，短于苞片；花被白色或淡红色，5深裂，花被片倒卵形或椭圆形，长3～3.5mm；雄蕊8，长于花被；花柱3，基部合生，外露，柱头头状。瘦果宽椭圆形，长约4mm，黄褐色，有光泽，具3锐棱，先端露于宿存花被外。花果期6～10月。

本种在延安主要分布于黄陵、黄龙等地，生于海拔1000～1400m的山坡林下及沟边。在我国也分布于华北的河北、山西，西北的陕西、甘肃、青海、宁夏，华东的浙江、安徽、江西，华中各地，西南的四川、贵州、云南等地。日本、朝鲜半岛也有分布。

根状茎入药，有活血止痛、散瘀消肿的功效。

支柱蓼 *Polygonum suffultum*
1.植株（吴振海 摄）；2.果枝（吴振海 摄）；3.根茎（吴振海 摄）

6. 荞麦属 *Fagopyrum* Mill.

本属编者：延安市黄龙山国有林管理局　马宝有

草本，稀半灌木。茎直立，光滑或具短柔毛。叶互生，三角形、心形、宽卵形、箭形及线形，具柄；托叶鞘膜质，偏斜，先端急尖或截形。花两性；花序总状或伞房状，顶生或腋生；花被5深裂，白色或粉红色，果熟时不增大；雄蕊8，排成2轮，外轮5，内轮3；子房三棱形，花柱3，柱头头状，花盘腺体状。瘦果具3棱，向上渐尖，通常暴露于宿存花被外。种子含丰富的胚乳；子叶呈"S"形弯曲。

本属约有15种，广布于亚洲及欧洲。我国有10种1变种（其中，有2种为栽培种），全国各地均有。延安（含栽培）有2种，各县（区）均有。

本属中的荞麦、苦荞麦为粮食作物。

分种检索表

1.瘦果圆锥状三棱形，具3条纵沟，表面粗糙，上部棱角锐利，下部圆钝，有时具波状齿；花梗中部具关节……………………………………………………1.苦荞麦 *F. tataricum*

1.瘦果卵状三棱形，无纵沟，表面平滑，棱角锐利；花梗无关节……………………2.荞麦 *F. esculentum*

1. 苦荞麦

Fagopyrum tataricum (L.) Gaertn. Fruct. Sem. 2: 182. 1791; 中国植物志, 25(1): 112. 1998.

一年生草本。茎直立，高30～70cm，绿色或微呈紫色，具细纵棱，于一侧具乳头状突起。叶

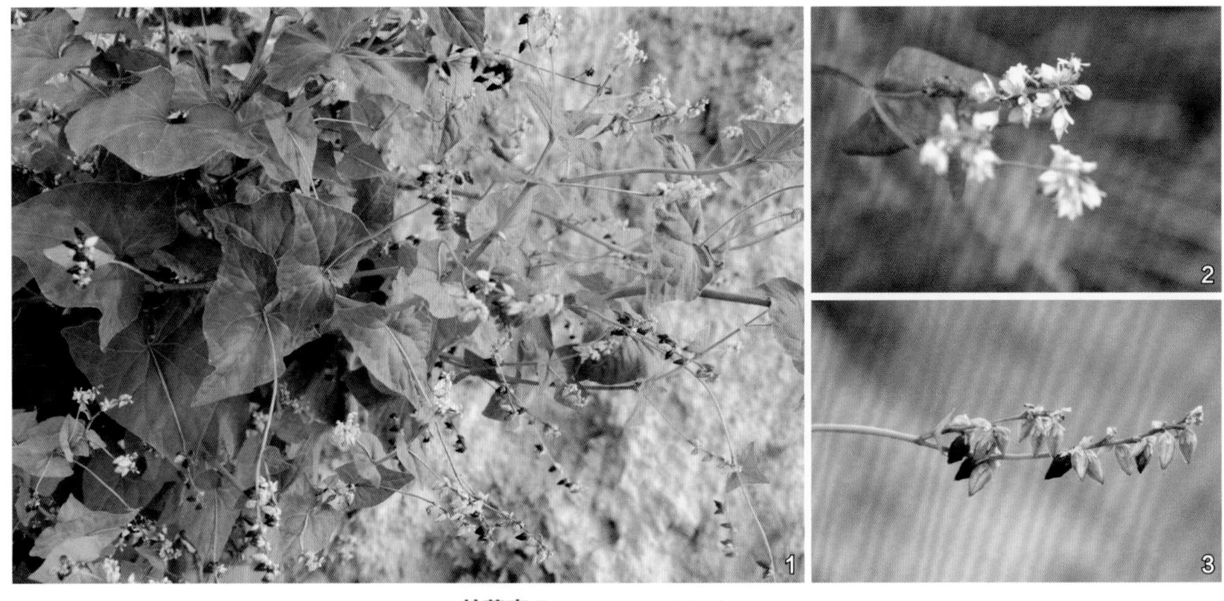

苦荞麦 *Fagopyrum tataricum*
1.植株（吴振海 摄）；2.花枝（吴振海 摄）；3.果枝（吴振海 摄）

宽三角形，长2～7cm，宽2～6cm，顶端渐尖，基部心形，全缘或微波状，两面沿叶脉具乳头状突起；茎下部的叶柄粗壮，长达6cm，向上渐短至无柄而微抱茎；托叶鞘偏斜，膜质，黄褐色，长5～10mm，顶端尖。花序总状，花簇排列稀疏，与花序梗共长5～16cm；苞片长卵形，膜质，长2～3mm，每苞内有2～4花；花梗细，长于苞片，中部具关节；花被白色或粉红色，5深裂，花被片椭圆形，长约2mm；雄蕊8，近等长于花被；花柱3，极短，柱头头状。瘦果长卵形，长5～6mm，黑褐色，具3棱及3条纵沟，上部棱角锐利，下部圆钝且有时具波状齿，无光泽，表面粗糙，长于宿存花被。花期6～7月，果期8～9月。

本种在延安各地均有栽培，在海拔1500m以下生长良好，有时逸为野生。我国东北、华北、西北、西南山区也有栽培或逸生。亚洲、欧洲及北美洲也有栽培。

喜凉爽湿润，不耐高温、干旱、大风，畏霜冻。

种子富含灰黄色的淀粉，味苦，可供食用或作饲料。嫩苗开水烫后，再用冷水浸泡，炒食或作菜汤。根供药用，有理气止痛、健脾利湿的功效。

2. 荞麦

Fagopyrum esculentum Moench, Moth. Pl. 290. 1794; 中国植物志, 25(1): 116. 1998.

一年生草本。茎直立，高30～110cm，绿色或有时红色，上部分枝，有纵棱，光滑或在一侧沿纵棱有乳头状突起。叶纸质，三角形或卵状三角形，有时五角形，长2.5～7cm，宽2～5cm，先端渐尖，基部心形，全缘或有时波状，两面沿叶脉具乳头状突起；茎下部叶有长柄，向上渐短至无柄而微抱茎；托叶鞘短筒状，膜质，长约5mm，先端偏斜，无缘毛，易破裂脱落。花序总状或伞房状，花簇排列紧密，连花序梗长2～5cm；苞片卵形，长约2.5mm，绿色，边缘膜质，每苞内有3～5花；花梗长于苞片，无关节；花被5深裂，白色或淡红色，花被片椭圆形，长3～4mm；雄蕊8，近等于花被，花药淡红色；花柱3，柱头头状。瘦果卵形，具3锐棱，先端渐尖，长5～7mm，暗褐色，表面平滑，长于宿存花被。花期6～7月，果期8～9（10）月。

本种在延安各地均有栽培，在海拔1500m以下生长良好。我国各地均有栽培，有时逸为野生。原产中亚，亚洲、欧洲及北美洲也有栽培。

喜凉爽湿润的气候，不耐高温、干旱、大风，畏霜冻，喜日照，需水量较多。

花繁多且花期集中，可作蜜源植物。种子含丰富的淀粉，供食用或入药。花、叶为制取芦丁的主要原料之一，可治高血压等症。

荞麦 *Fagopyrum esculentum*
花枝（黎斌 摄）

30 藜科

Chenopodiaceae

本科编者：陕西省西安植物园　黎斌

一年生草本、半灌木、灌木，稀多年生草本或小乔木。茎、枝有时具关节。单叶，互生或对生，扁平、圆柱状、半圆柱状或有时退化成鳞片状，有柄或缺；无托叶。花小，单被，两性，稀杂性或单性，如为单性时，常雌雄同株，罕雌雄异株；有苞片或缺，或苞片与叶同形；小苞片2，舟形或鳞状，或缺；花被膜质、草质或肉质，通常5深裂或全裂，稀1～3裂或缺，果时常增大，变硬，或在背面生出附属物，稀不增大；雄蕊与花被片同数且对生，或较少，花丝线形或钻形，花药2室，顶端钝或药隔延伸形成附属物；花盘有或无；子房上位，卵形至球形，由2～5心皮合成，离生，罕基部与花被合生，1室；花柱通常极短；柱头2，稀3～5，线形或钻形，罕近于头状；胚珠1，弯生。果实为胞果，稀盖果；果皮膜质、革质或肉质。种子直立、横生或斜生，扁平圆形、双凸镜形、肾形或斜卵形；种皮壳质、革质、膜质或肉质；胚乳为外胚乳，粉质或肉质，或缺，胚环形、半环形或螺旋形。

本科100余属1400余种，主要分布于非洲南部、亚洲中部、南美洲、北美洲及大洋洲的干草原、荒漠、盐碱地，以及地中海、黑海、红海沿岸等地区。我国有39属约186种，主要分布在西北及东北各地，尤以新疆最为丰富。延安（含栽培）有10属及23种1亚种1变种1变型，各地均有分布。

本科植物多生活在荒漠及盐碱土地区，形态上常呈现旱生的适应现象，如多为草本或半灌木，有发育迅速的深根系，叶缩小甚至消失，茎或枝常变为绿色，通常被毛（呈粉粒状），或器官变成肉质，组织液含大量盐分而具很高的渗透压等。

本科有部分植物可作蔬菜、制药原料或制糖，如菠菜、甜菜、扫帚菜、猪毛菜等。也有不少种类是荒漠草原的主要牧草，具有防风固沙的作用。

分属检索表

1. 灌木或半灌木，全株初被星状绒毛……………………………………3. 驼绒藜属 *Ceratoides*
1. 草本，极稀灌木，被毛或无毛……………………………………………………………2
2. 叶扁平，较大，卵圆形、菱状三角形或披针形，不为线形或线状披针形；栽培植物……………………3
2. 叶多种形状，常为线形或线状披针形；野生植物，稀为栽培植物…………………………………4
3. 根圆锥状或纺锤状，肉质，常肥厚多汁；叶大而厚，宽通常超过8cm；花两性…………1. 甜菜属 *Beta*
3. 根圆锥状；叶较大，宽不超过8cm；花单性，雌雄异株……………………………5. 菠菜属 *Spinacia*
4. 花单性，雌雄同株或异株…………………………………………………………………5
4. 花两性，有时兼具雌性……………………………………………………………………6
5. 全株被星状毛或有时近无毛；雌花排列成紧密的二歧聚伞花序；果实先端附属物冠状、三角状或乳突状…………………………………………………………………2. 轴藜属 *Axyris*
5. 全株被常有糠秕状被覆物或粉粒，后脱落；团伞花序腋生，或于茎枝端上聚集成穗状或圆锥状；雌花苞片果时表面通常有附属物 ……………………………………………………………………………4. 滨藜属 *Atriplex*

6. 叶较窄，圆柱形、半圆柱形或线形，宽不超过1cm ………………………………………………………………7

6. 叶扁平，较大，卵形、三角形、戟形或线形，宽通常在1cm以上………………………7. 藜属 *Chenopodium*

7. 花两性，有时兼具雌性；花被片果时背面中部翅明显或角状 ………………………………………………8

7. 花两性；花被片果时背面中部有膜质翅或无 …………………………………………………………………9

8. 植株有毛；叶非肉质；种子横生 ……………………………………………………………8. 地肤属 *Kochia*

8. 植株无毛；叶肉质；种子横生或直立 ……………………………………………………9. 碱蓬属 *Suaeda*

9. 花被片1～3，不等大，果时全缘或先端有齿牙状缺刻 ………………………………6. 虫实属 *Corispermum*

9. 花被片5，果时背面中部翅鸡冠状 ………………………………………………………10. 猪毛菜属 *Salsola*

1. 甜菜属 *Beta* L.

一年生、二年生或多年生草本，全株无毛。根肥大或不肥大。茎直立或稍平卧，具纵条纹。叶互生或基部丛生，较厚，近全缘。花小，两性，无小苞片，单生或簇生于叶腋，于茎枝端排列成穗状花序；花被5裂，基部与子房合生，果时变硬，裂片直立或内弯；雄蕊5；柱头2～3，稀更多，胚珠直立。胞果，下部与花被基部合生，上部肥厚多汁或硬化。种子横生，圆形或肾形；种皮壳质，有光泽，与果皮分离；胚环形或近环形，胚乳丰富。

本属约10种，分布于欧洲、亚洲及非洲北部。我国产1种及4变种，均为栽培植物。延安有1种，各地均有栽培。

本属植物喜温暖，耐寒性较强，喜生于深而富含有机质的松软土壤中，常被种植以供制糖、食用或饲用。

甜菜

Beta vulgaris L., Sp. Pl. ed. 1, 222. 1753; 中国植物志, 25(2): 10. 1979.

二年生草本。根圆锥状至纺锤状，肥厚多汁。茎直立，粗壮，高50～100cm，上部有分枝，具纵条纹。基生叶丛生，三角状长椭圆形或卵圆形，长20～30cm，宽10～15cm，先端钝圆或微尖，基部宽楔形、截形或微心形，全缘或微波状，上面皱缩不平，有光泽，下面有粗壮突出的叶脉；叶柄长，粗壮，下面凸；茎生叶互生，较小，卵形或披针状长圆形，长1.5～4cm，先端渐尖或钝，基部渐狭，全缘。花簇生，排列成穗状花序，再聚集成圆锥状；花被裂片狭长圆形，果时变硬，向内横曲；雄蕊着生于多汁的花盘上，花柱3。胞果下部与硬化的花被合生，上部肉质。种子双凸镜形，直径2～3mm，红褐色，有光泽；胚环形，胚乳粉状。花期5～6月，果期7月。

本种在延安各地均有栽培。

我国各地广为栽培，变异很大，常见的有4个栽培类型。本种原产于欧洲西部和南部沿海，现世界各地广泛种植。

其肉质根为制糖原料。茎、叶可作蔬菜或饲料。

2. 轴藜属 *Axyris* L.

一年生草本，全株被星状毛。茎直立或平卧。叶互生，披针形至卵圆形，全缘，具短柄。花单性，雌雄同株；雄花无柄，簇生于叶腋，在茎、枝上部集聚成穗状花序，无苞片和小苞片；花被裂片3～5；雄蕊2～5，花药纵裂；雌花构成紧密的二歧聚伞花序，腋生，具苞片，无小苞片；花被裂片3～4，膜质，果时增大，包被果实；子房卵状，扁平，花柱短，柱头2。胞果，直生，平滑或具皱纹，顶端通常具附属物；附属物冠状、三角状或乳头状。种子直生，扁平；胚马蹄形，胚乳丰富，胚根向下。

本属约6种，主要分布于亚洲北部和中部、欧洲和北美洲。我国有3种，主要分布于东北、华北、西北等地区。延安仅有1种，分布于宝塔、富县、黄龙等地。

轴藜

Axyris amaranthoides L., Sp. Pl. 2: 979. 1753; 中国植物志, 25(2): 22. 1979.

一年生草本，全株被星状毛。茎直立，粗壮，高20～80cm，微具纵纹，上部有分枝，初被毛，后脱落近无毛。叶狭长圆形、披针形至狭披针形，长1～7cm，宽0.5～1.3cm，顶端渐尖或钝，具短尖头，基部渐狭，全缘，上面绿色，被较稀疏的白色短星状柔毛，下面黄绿色，密被淡褐色星状绒毛；叶柄长3～5mm或极短；基生叶和茎下部叶在花果期枯落。花单性；雄花序穗状；花被裂片3，淡黄色，狭长圆形，背面密被淡褐色星状绒毛，向内卷曲；雄蕊3，外露，花药黄色，花丝白色；雌花序二歧聚伞状；雌花苞片明显，椭圆形；花被裂片3，白色，膜质，背部密被毛，后脱落，侧生的两枚花被片大，宽卵形或近圆形，近苞片处的花被片较小，长圆形。胞果长椭圆状倒卵形，侧扁，长2～3mm，灰黑色，有时具浅色斑纹，光滑，顶端具1附属物或缺；附属物冠状，中央微凹。花果期7～9月。

本种在延安主要分布于宝塔、富县、黄龙等地，生于海拔1000～1400m的山坡草地、荒地、河边、田间或路旁，尤其喜生于沙质地。在我国也分布于东北各地，西北各地及华北的河北、山西、内蒙古（中部）等。亚洲的日本、朝鲜半岛、蒙古、中亚，欧洲也有分布。

3. 驼绒藜属 *Ceratoides* (Tourn.) Gagnebin

灌木或半灌木，直立或呈垫状；全株初密被星状绒毛，后部分脱落。叶互生，单生或簇生，具短柄；叶片扁平，狭长圆形、长圆状披针形至卵圆形，先端钝圆，基部楔形、圆形或心形，全缘。花单性，雌雄同株，通常雄花簇生于枝端紧密排列成念珠状或头状花序，雌花簇生于叶腋；雄花：无苞片和小苞片，花被片4，卵形或椭圆形，膜质，基部连合，背部有星状绒毛，雄蕊4，对生于花被，外露；雌花：无柄，具苞片和2小苞片，无花被，小苞片合生成雌花管，侧扁，椭圆形或倒卵形，上部分裂成2个角状的喙，果时管外有4束长毛或短毛，子房椭圆形，无柄，密被长的星状毛，花柱短，柱头2，密被毛状突起，外露。胞果直立，内藏，扁平，椭圆形或狭倒卵形，上部有毛；果皮膜质，不贴生于种皮。种子直立，与果同形，通常黄褐色；种皮膜质；胚马蹄形，胚根向下。

本属约7种，除2种产于北美洲西部外，其余均分布于欧亚大陆，其中以亚洲中部最多。我国产4种和1变种，主要分布于东北、华北、西北等地区。延安仅有1种，见于宝塔。

华北驼绒藜

Ceratoides arborescens (Losinsk.) Tsienet C. G. Ma in 内蒙古植物志, 2: 80. 1978; 中国植物志, 25(2): 27. 1979.

灌木，高1～2m。根粗壮，坚硬。茎直立，上部多分枝，具细纵条纹，初密被黄褐色星状绒毛，后脱落近无毛。叶厚纸质，狭长圆形至披针形，长2～5cm，宽0.3～1cm，先端圆、钝尖或渐尖，基部宽楔形或圆形，两面均被黄褐色星状绒毛，下面更厚密；叶柄极短或近无。花单性，雌雄同株；雄花簇生，再集聚成圆柱状或呈念珠状，长2～8cm的花序；花被片膜质；雄蕊花丝短，花药卵圆形；雌花通常着生于雄花序下部的叶腋；无花被，2小苞片合生成雌花管；雌花管倒卵形，长约3mm，先端分离，角状，为管长的1/5～1/4；柱头2，外露；果时雌花管外中上部具4束黄褐色的长毛。胞果狭倒卵形，被黄褐色毛。花果期7～9月。

本种在延安仅分布于宝塔（宝塔山），生于海拔1080m左右的山坡阳处。在我国也分布于东北，华北的河北、内蒙古（中部）、山西，西北的陕西、甘肃，西南的四川等地。

抗旱、耐寒、耐瘠薄，适应性极强，各类土壤均能正常生长，尤其在土壤表层有浅覆沙的地块上生长更旺盛。

枝叶含丰富的粗蛋白质和钙，可作我国干旱地区的饲料植物。

4. 滨藜属 *Atriplex* L.

一年生草本，稀半灌木或灌木，通常有糠秕状被覆物或粉粒。叶互生，稀对生，有柄或近无柄；叶片扁平，稍肥厚，线形、披针形、椭圆形、卵形、三角形、菱形或戟形，边缘有齿，稀全缘。团伞花序腋生，或于茎枝端上聚集成穗状或圆锥状；花单性，雌雄同株或异株；雄花：无苞片，花被5裂，稀3～4裂，雄蕊3～5，花丝离生或下部合生，退化子房有或缺；雌花：具2苞片，无花被，苞片离生或边缘不同程度合生，果时稍增大，表面常具附属物，有时与雄花相似的雌花（具花被而无苞片）同时存在，无花盘，子房卵形或扁球形，花柱极短，柱头2，钻状或线状。胞果被苞片包藏，果皮膜质，与种子贴伏或贴生。种子直立或倒立，仅在具花被的雌花中横生，扁平，圆形或双凸镜形，种皮膜质、革质或壳质；胚环形，具块状胚乳。

本属约180种，分布于欧洲、亚洲、非洲、北美洲、南美洲及大洋洲的温带及亚热带。

我国产17种及2变种，主要分布于西北、华北、东北等地区，尤以新疆荒漠地区最为丰富，南方沿海各地仅产3种。延安有3种，主要分布于吴起、安塞、延川、黄陵等地。

分种检索表

1. 叶较狭，披针形至狭长圆形，长为宽的3倍以上；团伞花序在茎枝端集聚成穗状或圆锥状花序；雌花苞片下部连合……………………………………………………………1. 滨藜 *A. patens*
1. 叶较宽，长不超过宽的2倍；团伞花序不成穗状或圆锥状花序；雌花苞片边缘全部连合……………2
2. 雌花苞片连合呈筒状，果时膨胀，倒卵形或近球形……………………………2. 西伯利亚滨藜 *A. sibirica*
2. 雌花苞片边缘中部以下连合，果时仅中央微膨胀，倒三角形、半圆形或微扁形……………………………………………………………………………3. 中亚滨藜 *A. centralasiatica*

1. 滨藜

Atxiplex patens (Litv.) Iljin in Bull. Jard. Sot. Princip. d. I URSS 24 (4): 415. 1927; 中国植物志, 25(2): 36. 1979.

一年生草本。茎直立或外倾，高20～60cm，无粉或稍有粉，有绿色纵条纹，通常上部分枝。叶互生，或在茎基部近对生；叶片披针形至条形，长2～9cm，宽0.4～1cm，先端渐尖或微钝，基部渐狭，全缘或有时微波状，两面均为绿色，无粉。花单性，雌雄同株；团伞花序集聚成间断的穗状花序，腋生，多数于茎端再聚集成圆锥状；花序轴密被粉；雄花花被4～5裂，雄蕊与花被裂片同数；雌花无花被，具2苞片，苞片果时扩大，菱形至卵状三角形，长约3mm，宽约2.5mm，先端急尖或短渐尖，下半部边缘合生，上半部边缘常具细锯齿，表面有粉，有时上部具疣状凸起。种子二型，扁平，圆形或双凸镜形，直径1～2mm，黑色或红褐色，有光泽。花果期8～10月。

本种在延安主要分布于黄陵、延川等地，生于海拔500～1300m的含轻度盐碱的河滩、渠边或沙地。在我国也分布于东北各地，华北的河北、内蒙古（中部），西北各地。东欧至中亚、俄罗斯（西伯利亚及远东）也有分布。

耐寒、耐旱，不耐阴，喜生于轻度盐碱化的湿地、沙地上。

2. 西伯利亚滨藜

Atriplex sibirica L., Sp. Pl. ed. 2. 1493. 1763; 中国植物志, 25(2): 39. 1979.

一年生草本，高20～50cm。茎通常自基部分枝，铺散状、直立或斜伸，钝四棱形，具绿色纵条纹，有粉。叶互生；叶片卵状三角形至菱状卵形，长3～5cm，宽1.5～3cm，先端微钝，基部宽楔形，缘有疏锯齿，近基部的1对齿较大而呈裂片状，或仅有1对浅裂片而其余部分全缘，上面灰绿

西伯利亚滨藜 *Atriplex sibirica*
1. 植株（吴振海 摄）；2. 花枝（吴振海 摄）

色，无粉或稍有粉，下面灰白色，密被粉；叶柄长3～17mm。花单性，雌雄同株；团伞花序腋生；雄花花被5深裂，裂片宽卵形至卵形，雄蕊5，花丝扁平，基部连合，花药宽卵形；雌花无花被，2苞片连合成筒状，仅顶端分离，果时膨胀，木质化，倒卵形或近球形，表面具多数不整齐的棘状凸起，先端薄，齿牙状，基部楔形。胞果扁平，卵形或近圆形；果皮膜质，白色，与种子贴生。种子直立，圆形，直径2～2.5mm，两面凸起，红褐色或黄褐色。花期7～8月，果期8～9月。

本种在延安主要分布于黄陵、吴起等地，生于海拔900～1450m的盐碱地、河滩及沙地。在我国也分布于东北，西北及华北的河北、内蒙古（中部）等地。蒙古、俄罗斯（西伯利亚）、哈萨克斯坦也有分布。

可作骆驼、牛、羊的秋冬季饲料，一般在青鲜时不采食，亦可作猪饲料。果实入药，有清肝明目、祛风活血、消肿等功效。

3. 中亚滨藜

Atriplex centralasiatica Iljin in Act. Inst. Bot. Acad. Sci. URSS. ser. 1, 2: 124. 1936; 中国植物志, 25(2): 40. 1979.

一年生草本，高15～30cm。茎四棱形，黄绿色，有粉或后脱落。叶互生；叶片卵状三角形至菱状卵形，长1.5～6cm，宽1～4cm，先端微钝，基部平截至楔形，全缘或具不明显的波状齿，上面灰绿色，无粉或稍有粉，下面灰白色，有密粉；叶柄长3～17mm。花单性，雌雄同株；团伞花序腋生于茎枝端，呈间断的穗状；雄花花被5深裂，裂片宽卵形，雄蕊5，花丝扁平，基部连合，花药卵形至长圆形；雌花无花被，苞片2，倒三角形、半圆形或微扇形，长6～8mm，宽7～10mm，边缘中部以下连合，先端具锯齿，果时基部扩大，边缘草质，中央微膨胀并木质化。胞果通常微扁平或有时近球形，表面具多数疣状或肉棘状附属物，边缘草质，先端具不等大的三角形齿牙；果皮膜质，与种子贴生。种子直立，褐色，近圆形。花期7～8月，果期8～9月。

本种在延安主要分布于安塞、吴起等地，生于海拔1150～1500m的轻度盐碱化的河滩、谷底荒地，有时也侵入田间。在我国也分布于西北各地和东北的吉林、辽宁，华北的内蒙古（中部）、河北、山西（北部）及西南的西藏等地。中亚、蒙古和俄罗斯（西伯利亚）也有分布。

耐瘠薄、抗盐碱，在盐碱地中能健壮生长。

带苞的果实称“软蒺藜”，可入药，有明目、强壮、缓和等功效。鲜草、干草均可作猪饲料。

5. 菠菜属 *Spinacia* L.

一年生或二年生草本；全株无毛。茎直立。叶互生，菱状三角形、卵状三角形或披针形，全缘或具波状齿，有叶柄。花单性，雌雄异株，稀两性，集成团伞花序；雄花通常于茎端排列成顶生且间断的穗状圆锥花序；花被4～5深裂，裂片长圆形，顶端钝，不具附属物；雄蕊与花被裂片同数，花药外伸；雌花簇生于叶腋，无花被；子房着生于2枚合生的小苞片内，近球形；柱头4～5，丝状，胚珠近无柄。胞果包藏于硬化的小苞片内，上端两侧有角或近无角；果皮膜质，与种皮贴生。种子扁圆形；胚环形；胚乳丰富，粉质。

本属共3种，分布于欧洲南部、亚洲西部及非洲北部。

我国仅有1栽培种，各地广为栽培，以作蔬菜食用。延安仅栽培1种，各地均有。

菠菜

Spinacia oleracea L., Sp. Pl. 1027. 1753; 中国植物志, 25(2): 46. 1979.

二年生草本，高40～100cm，无毛或粉。根圆锥状，通常红色。茎直立，中空，脆弱多汁，上部分枝或不分枝。叶在苗期根出，丛生，具长柄；茎生叶互生，菱状三角形、卵状三角形或披针形，长1～10cm，宽0.5～5cm，顶端钝圆或尖，基部平截或有时渐狭，全缘或有少数牙齿状裂片，两面鲜绿色，柔嫩多汁，稍有光泽。花单性，雌雄异株，稀两性；雄花集成球形团伞花序，再于茎端排列成有间断的穗状圆锥花序；花被片通常4，花丝丝形，扁平，花药先端无附属物；雌花簇生于叶腋；小苞片两侧稍扁，顶端具2小齿，背面通常各具1棘状附属物；子房球形，柱头4或5，外伸。胞果卵形或近圆形，直径约2.5mm，两侧扁；种子红褐色。花果期5～6月。

本种在延安各地均有栽培，为秋冬季及早春的主要蔬菜之一。我国南北各地普遍栽培，原产伊朗，全世界均有栽培。

耐寒，不耐热，喜光，喜湿润，喜生于肥沃的弱碱性土壤中。

植株富含维生素及磷、铁，可作蔬菜。全草亦可入药，用作缓泻药。

菠菜 *Spinacia oleracea*
植株（黎斌 摄）

6. 虫实属 *Corispermum* L.

一年生草本，全株被星状毛、软毛，或无毛。叶互生，线形，稀倒披针形，全缘，具1～3脉，无柄。花两性，无柄，单生于茎、枝上部叶腋（苞腋），再排列成顶生或侧生、紧密或稀疏的穗状花序；苞片叶状、狭披针形至近圆形，有1～3脉，具膜质边缘，全缘，无小苞片；花被片1或3枚，不等大，膜质，透明，长圆形或卵形，有齿、缺刻或分裂，近轴的1枚较大，远轴的2枚较小或缺；雄蕊5，仅1枚或3枚能育，外露，花丝扁平，花药纵裂；子房上位，卵状或椭圆状，无毛或被毛，花柱短，柱头2。胞果，背腹压扁，长圆形至圆形，一面凸，一面凹陷，或平截，坚硬，通常边缘具狭翅。种子直立；胚马蹄形或环形，胚乳粉质，较多。

本属60余种，分布于亚洲、欧洲及北美洲的温带地区。我国有26种7变种，主要分布于东北各地，华北各地，西北各地，西南的西藏，华中的河南、湖北，华东的安徽等地。延安有3种，分布于宝塔、延川、吴起、黄陵等地。

此属各种均为沙生植物，可防风固沙。

分种检索表

1. 穗状花序排列疏松，较细长，呈细圆柱状；苞片较窄，通常为狭披针形或卵状披针形，膜质边缘较窄，1脉，稀为3脉……2
1. 穗状花序排列较紧密，粗壮，呈棍棒状或圆柱状；苞片较宽，通常为卵状披针形，膜质边缘较宽，多为3脉，稀为1脉……3. 华虫实 *C. stauntonii*
2. 果实无毛……1. 绳虫实 *C. declinatum*
2. 果实密被星状毛……2. 毛果绳虫实 *C. tylocarpum*

1. 绳虫实

Corispermum declinatum Steph. ex Stev. in Mem. Soc. Nat. Mosc. 5: 334. 1817; 中国植物志, 25(2): 55. 1979.

一年生草本，高15～50cm。茎圆柱形，绿色或紫红色，无毛，多分枝。叶宽线形或线状披针形，长2～4cm，宽2～3mm，先端渐尖或急尖，具短尖头，基部渐狭，全缘，无毛，具1脉；无叶柄。穗状花序顶生和侧生，细长，圆柱形，排列稀疏，长5～15cm，宽约0.5cm；苞片狭披针形至狭卵形，先端渐尖或长渐尖，具短尖头，有白色膜质边缘，花期背面被毛，后脱落，具1脉；花序下部苞片窄于果实；花被片1，稀3，近轴的1片宽椭圆形，全缘或先端啮蚀状；雄蕊1～3，花丝为花被片的2倍长。胞果倒卵状长圆形，长3～4mm，宽约2mm，顶端急尖，稀近圆形，基部圆楔形，无毛，背面突出，腹面稍凹入，有瘤状凸起，喙直立，果翅窄或近无，为果核的1/8，全缘或具不规则的细齿。花果期6～9月。

本种在延安主要分布于宝塔、延川、吴起、黄陵等地，生于海拔500～1400m的沙质荒地、田边、路旁和河滩中。在我国也分布于东北的辽宁，华北的内蒙古（中部）、河北、山西，华中的河南，西北的陕西、甘肃、新疆等地。俄罗斯、蒙古也有分布。

2. 毛果绳虫实

Corispermum tylocarpum Hance in Jour. Bot. 4: 47. 1868; 中国植物志, 25(2): 56. 1979.

一年生草本，高25～60cm。茎较粗壮，圆柱形，无毛，由基部向上多分枝。叶披针形、宽线形至线形，长2～6cm，宽2～4mm，先端锐尖，具短尖头，基部渐狭，全缘，无毛，具1脉；无叶柄。穗状花序着生于茎枝端的叶腋，细长，排列稀疏，长2～4cm，果时延伸长达13cm；苞片较狭，披针形至卵状披针形，先端长渐尖，具短尖头，有白色膜质边缘，花期背面被星状毛，果时无毛，具1脉，稀具3脉；花被片1～3，膜质，透明；雄蕊3～5，外露；子房近圆形，柱头2，锥形，外弯。胞果倒卵形或椭圆形，长3～4mm，背面突出，腹面稍凹入，绿色，密被星状毛和瘤状凸起，具狭翅或近无翅，为果核的1/10。花果期6～9月。

本种在延安主要分布于延川、吴起等地，生于海拔500～1400m的沙质山坡、田边路旁和河滩中。在我国也分布于华北的内蒙古（中部）、河北，华中的河南，华东的江苏，西北的陕西、甘肃、青海、新疆等地。俄罗斯、蒙古也有分布。

3. 华虫实

Corispermum stauntonii Moq. in Chenop. Monogr. Enum. 104. 1840; 中国植物志, 25(2): 66. 1979.

一年生草本，高15～50cm，茎直立，圆柱形，绿色或紫红色，被稀疏的星状毛或近无毛，具纵纹，常由基部分枝。叶宽线形或线形，长2～5cm，宽约3mm，先端渐尖，具短尖头，基部渐狭，全缘，具1脉，被疏毛；无叶柄。穗状花序顶生和侧生，圆柱形或棍棒状，排列紧密，通常长2～5cm或有时达15cm，粗5～10mm；苞片常为卵状披针形，先端渐尖，具短尖头，基部宽楔形，具明显的白色膜质边缘，被星状毛或近无毛，常具3脉，稀具1脉；花被片1～3，近轴的1片宽椭圆形或卵圆形，顶端圆形，边缘具不规则细齿，远轴的2片较小，近三角形或有时不发育；雄蕊3～5，外露。胞果宽椭圆形，扁平，长约4mm，顶端圆形，基部微心形，背部凸起，腹面微凹，无毛，有褐色瘤状凸起；果喙直立，粗短；果翅较宽，为果核的1/3～1/2，边缘具不规则的细齿。花果期7～9月。

本种在延安分布于宝塔，生于海拔1000m左右的沙质土地中。本种为我国特有种，也分布于东北的辽宁、黑龙江，华北的河北、内蒙古（中部），西北的陕西等地。

7. 藜属 *Chenopodium* L.

一年生或多年生草本，稀半灌木；全株被粉粒（囊状毛）或圆柱状毛，稀被腺毛或无毛。叶互生，有柄或缺；叶片卵形、三角形、戟形或线形，全缘或有不规则的锯齿、齿牙或浅裂片。花小，两性或兼有雌性，具小苞片或无，簇生于叶腋，再聚集成团伞花序（花簇），并再排列成腋生或顶生的穗状、圆锥状或复二歧式聚伞状的花序，稀单生；花被绿色，5裂，稀3～4裂；裂片腹面凹，背面中央稍肥厚或具纵隆脊，果时宿存，不变、增大或变为多汁，无附属物；雄蕊5，稀较少，与花被裂片对生，花丝基部有时合生；子房球形或卵形，顶基稍扁；柱头2，稀3～5，丝状或毛发状，花柱不显著；胚珠几无柄。胞果卵形、双凸镜形或扁球形；果皮薄膜质或稍肉质，与种子贴生。种子横生，稀斜生或直立，表面平滑或具洼点，有光泽；胚环形、半环形或马蹄形；胚乳丰富，粉质。

本属约250种，分布遍及世界各处。我国产19种和2亚种，全国各地均有分布。延安有8种及1亚种，各地均产。

分种检索表

1. 花序为复二歧式聚伞花序……2
1. 花序为多花簇生，再聚集成穗状花序或大型穗状圆锥花序……3
2. 植株不具腺体，无气味；叶披针形至线形，全缘；花序分枝末端呈针刺状或芒状……1. 刺藜 *Ch. aristatum*
2. 植株具腺体或腺毛，有强烈的气味；叶长圆形、狭长圆形至线形，羽状中裂、浅裂或上部边缘具粗齿牙；花序分枝末端无针刺或芒……2. 菊叶香藜 *Ch. foetidum*
3. 茎斜上或平卧；花被片3～4，稀5；种子横生、斜升或直立……3. 灰绿藜 *Ch. glaucum*
3. 茎通常直立，稀斜上或平卧；花被片5，稀更少；种子横生……4

4. 植株通常无粉粒；茎中下部的叶通常三角状卵形或菱状卵形……4. 东亚市藜 *Ch. urbicum* subsp. *sinicum*
4. 植株通常被粉粒；叶多种形状……………………………………………………………………………5
5. 叶掌状5浅裂，外廓为宽卵状五角形或卵状三角形；种子表面有明显的圆形深凹……5. 杂配藜 *Ch. hybridum*
5. 叶非掌状5浅裂；种子不呈圆形深凹……………………………………………………………………6
6. 植株高2～3m；下部叶长达20cm；花序下垂……………………………………6. 杖藜 *Ch. giganteum*
6. 植株高0.2～1.5m；下部叶长不超过10cm；花序直立……………………………………………7
7. 叶通常3浅裂；宿存花被片果时闭合；种子表面有明显的六角形细洼点……………7. 小藜 *Ch. serotinum*
7. 叶不裂；宿存花被片果时开展或闭合；种子表面有浅沟纹……………………………………………8
8. 叶卵状长圆形至长圆形，顶端钝圆或近圆形……………………………………8. 圆头藜 *Ch. strictum*
8. 叶三角状卵形至菱状卵形，顶端急尖或渐尖……………………………………………9. 藜 *Ch. album*

1. 刺藜

Chenopodium aristatum L., Sp. Pl. 221. 1753; 中国植物志, 25(2): 79. 1979.

一年生草本；植株通常呈圆锥形，无粉，秋后常变紫红色。茎直立，高10～40cm，圆柱形，具纵条纹，有多数分枝。叶披针形至线形，长1～7cm，宽约1cm，先端钝圆，有短尖头，基部变狭，全缘，中脉明显；叶柄长0.5～1cm，或上部叶近无柄。花两性，几无柄；花序为复二歧式聚伞状，生于茎枝端及叶腋，最末端的分枝呈针刺状或芒状；花被片5，狭椭圆形，背面稍加厚，边缘膜质，果时开展；雄蕊5，微外露。胞果顶基扁，圆形或球形；果皮透明，与种子贴生。种子横生，微小。花期8～9月，果期10月。

本种在延安主要分布于吴起、安塞、宝塔、黄龙等地，生于海拔1400m以下的荒地、山坡、田间或路旁，为农田杂草之一。在我国也分布于东北、华北、西北各地及西南的四川、华中的河南等地。广布于亚洲及欧洲。

喜光，不耐阴，极耐旱，耐寒，不喜湿。

全草可入药，有祛风止痒功效。煎汤外洗，治荨麻疹及皮肤瘙痒。

刺藜 *Chenopodium aristatum*
花序（黎斌 摄）

2. 菊叶香藜

Chenopodium foetidum Schrad. Magaz. Ges. Naturf. Freunde Berl. 79. 1808; 中国植物志, 25(2): 80. 1979.

一年生草本，高20～90cm；全株有强烈的气味，被短柔毛。茎直立，具纵条纹，通常有分枝。叶长圆形、狭长圆形至线形，长1.5～7cm，宽0.5～4.5cm，先端钝或渐尖，有时具短尖头，基部渐狭，边缘羽状中裂、浅裂或上部边缘具粗齿牙，上面散生短毛或近无毛，下面被短柔毛并兼有黄色无柄的颗粒状腺体，稀近无毛；叶柄长0.5～3cm。花两性；复二歧聚伞花序腋生，多数于茎枝端呈圆锥状；花被片5，卵形至狭卵形，具狭膜质白色边缘，背面常有具刺状突起的纵隆脊并有短柔毛和颗粒状腺体，果时开展；雄蕊5，花丝扁平，花药近球形。胞果扁球形，果皮膜质。种子横生，红褐色或黑色，有光泽，具棱，具细网纹；胚半环形，围绕胚乳。花期7～9月，果期9～10月。

本种在延安主要分布于延长、黄陵、富县、吴起、宝塔、安塞、子长、黄龙等地，生于海拔800～1600m的林缘草地、沟边、河堤、农宅附近。在我国也分布于东北的辽宁，华北的内蒙古（中部）、山西，西北的陕西、甘肃、青海，西南的四川、云南、西藏等地。亚洲、欧洲及非洲也有分布。

菊叶香藜 *Chenopodium foetidum*
花序（王天才 摄）

3. 灰绿藜

Chenopodium glaucum L., Sp. Pl. 220. 1753; 中国植物志, 25(2): 84. 1979.

一年生草本，高20～40cm。茎平卧或外倾，无毛，具纵条纹及绿色或紫红色色条，通常由基部分枝。叶肥厚，长圆状卵形至披针形，长2～4cm，宽0.6～2cm，先端急尖或钝，基部渐狭，边缘具缺刻状牙齿，上面无粉，暗绿色，下面密被粉粒，灰绿色或有时带紫红色，中脉明显；叶柄长0.5～1cm。花两性兼有雌性，簇生于叶腋成团伞花序，多数于茎枝端排列成通常短于叶、间断的穗状花序或呈圆锥状；花被片3～4，稀5，通常无粉，狭长圆形或倒卵状披针形，先端通常钝圆，边缘白色，膜质，中央淡绿色；雄蕊2～3，内藏，花药球形；柱头2。胞果顶端露出于宿存花被外；果皮膜质，淡黄色。种子扁球形，横生、斜生及直立，暗褐色或红褐色，表面有细点纹。花期6～9月，果期7～10月。

本种在延安各地均有分布，生于海拔1600m以下的农田、菜园、村房、水边等有轻度盐碱化的土壤上。我国分布于东北、华北、西北、华中各地。亚洲、欧洲、非洲、北美洲、南美洲及大洋洲的温带地区均有分布。

本种喜光，稍耐阴，耐旱，耐寒，耐瘠薄，喜轻盐碱地。

本种嫩茎叶可作野菜，不可多食；亦可作饲料。茎叶可提取皂素。

灰绿藜 *Chenopodium glaucum*
1. 植株（黎斌 摄）；2. 花序（王天才 摄）

4. 市藜

Chenopodium urbicum L., Sp. Pl. 281. 1753; 中国植物志, 25(2): 79. 1993.

4a. 东亚市藜（亚种）

Chenopodium urbicum L. subsp. ***sinicum*** Kung et G. L. Chu in 植物分类学报, 16: 121. 1978; 中国植物志, 25(2): 96. 1979.

一年生草本，高20～100cm。茎直立，较粗壮，有纵条纹及色条，分枝或不分枝。茎中下部的叶通常三角形或菱状卵形，向上变为长圆形、狭长圆形、线形，长2.5～8cm，稀长达15cm，宽度0.5～5cm，先端急尖或渐尖，基部楔形，边缘具不整齐锯齿，近基部的1对锯齿较大呈裂片状，两面初均散生粉粒，后脱落；叶柄长1～4cm。花簇生，多数花簇于茎枝端再密集成顶生的穗状圆锥花序；花两性兼有雄蕊不发育的雌花；花被片通常5，稀为3，狭倒卵形，边缘膜质，基部狭细呈柄状。胞果顶基压扁，双凸镜形；果皮黑褐色。种子横生，红褐色至黑色，有光泽，表面点纹清晰。花果期7～9月。

本种在延安仅分布于子长，生于海拔1100m左右的荒地或路旁。在我国也分布于东北各地，华北的河北、山西、内蒙古（中部），华东的山东、江苏（北部），西北的陕西（北部）、宁夏、新疆等地。原亚种本区不产。

5. 杂配藜

Chenopodium hybridum L., Sp. Pl. 219. 1753; 中国植物志, 25(2): 94. 1979.

一年生草本，高40～150cm。茎直立，粗壮，中空，有淡黄色或紫色的纵条纹，上部疏生分枝，无粉或枝上稍有粉。叶宽卵形至卵状三角形，长1.5～15cm，宽1～13cm，掌状浅裂或有时不裂，先端急尖或渐尖，基部圆形、截形或微心形，无粉或稍有粉；裂片6～7个，不等大，通常三角形；叶柄长0.5～4cm。花两性兼有雌性，簇生，多数于茎枝端排列成松散的圆锥状花序；花被片5，狭卵形，先端钝，背面具纵脊并稍有粉，边缘膜质；雄蕊5，与花被近等长。胞果双凸镜状；果皮膜质，有白色斑点，与种子贴生。种子横生，黑色，无光泽，表面凹凸不平或呈圆形深凹；胚环形。花果期7～9月。

本种在延安主要分布于宝塔、吴起、延川、黄陵、富县、宜川等地，生于海拔550～1600m的山坡林缘、草地、路旁、田边等处。在我国也分布于东北各地，西北各地，华北各地，华东的浙江，西南的四川、云南、西藏等地。蒙古、朝鲜半岛、日本、印度（东部）、夏威夷群岛、中亚，欧洲，北美洲也有分布。

全草可入药，有通经活血的功效。嫩茎叶可炒食或凉拌，亦可作饲料。

杂配藜 *Chenopodium hybridum*
叶及花序（王天才 摄）

6. 杖藜

Chenopodium giganteum D. Don. Prodr. Fl. Nepal. 75. 1825; 中国植物志, 25(2): 94. 1979.

一年生大型草本，高可达3m。茎直立，粗壮，基部直径达5cm，具纵条纹，有绿色或紫红色色条，上部多分枝。叶菱形至卵形，长2～20cm，宽1～16cm，先端钝圆，基部宽楔形或楔形，边缘波状或具不整齐的波状齿，上面绿色（干后黄绿色），下面浅绿色，初被粉，后脱落；茎上部叶渐小，卵形至卵状披针形，有齿或全缘，幼嫩时密被紫红色粉粒；叶柄长1～6cm。花两性；多数花簇于茎枝端聚集成顶生大型圆锥状花序，被粉，果时通常下垂；花被片5，卵形，边缘膜质，白色，中央绿色或暗紫红色；雄蕊5。胞果双凸镜形，果皮膜质。种子横生，黑色或黑红色，表面具浅网纹。花期8月，果期9～10月。

本种在延安分布于安塞等地，常栽培，并逸为半野生状态。在我国分布于西北的甘肃、陕西，东北的辽宁，华中的河南、湖南、湖北，西南的贵州、四川、云南，华南的广西等地。世界各地普遍栽培，原产地不详。

嫩苗可作蔬菜。种子可代粮食用。茎秆用作手杖，常称“藜杖”。

7. 小藜

Chenopodium serotinum L. Cent. Pl. 2: 12. 1756; 中国植物志, 25(2): 96. 1979.

一年生草本，高20～50cm。茎直立，具纵条纹及绿色色条，散生粉粒或无。叶片卵状长圆形，长1.5～5cm，宽0.5～3.5cm，通常3浅裂，或有时茎上部叶不裂，先端钝或急尖，具短尖头，基部楔形，边缘波状或疏具不明显的齿，稀全缘，两面均被粉粒，下面更密，离基三出脉明显；叶柄长0.5～2.5cm。花两性，簇生，多数于茎枝上部聚集成较开展的顶生圆锥状花序；花被片5，宽卵形，被粉粒，边缘膜质；雄蕊5，外露；柱头2，丝形。胞果包藏于宿存花被内，果皮与种子贴生。种子双凸镜状，黑色，有光泽，表面具六角形细凹；胚环形。花期4～5月，果期7～9月。

小藜 *Chenopodium serotinum*
1.植株（示顶端）（卢元 摄）；2.果（卢元 摄）

本种在延安分布于延长、延川等地，为海拔1500m以下的常见的田间杂草，有时也生于荒地、道旁、垃圾堆等处。除西藏外，我国各地均有分布。亚洲、欧洲、非洲的温带地区也有分布。

8. 圆头藜

Chenopodium strictum Roth in Nov. Pl. Sp. Praes. Ind. Or. 180. 1821; 中国植物志, 25(2): 96. 1979.

一年生草本，高20～50cm。茎直立或外倾，通常细长，具纵条纹及绿色色条。叶卵状长圆形至长圆形，长1.5～4cm，宽0.8～2cm，先端圆钝或近圆形，无短尖头，基部楔形或宽楔形，边缘疏具波状齿或有时近全缘，两面均被粉粒，下面更密；叶柄长1～2cm。花两性，簇生于茎枝端，多数聚集成间断的穗状圆锥状花序；花被片5，卵形，果时开展，先端尖，边缘膜质，淡黄色，背面中央绿色，微隆起，被粉粒；柱头2，外弯。胞果顶基扁圆形，果皮与种子贴生。种子扁卵形，黑色或黑红色，有光泽，表面略有浅沟纹，边缘具锐棱。花果期7～9月。

本种在延安分布于志丹等地，生于海拔1200m左右的山坡草地中。在我国也分布于华北的河北、山西，西北的陕西、甘肃、新疆等地。亚洲、欧洲、美洲也有分布。

圆头藜 *Chenopodium strictum*
叶与花序（王天才 摄）

9. 藜

Chenopodium album L., Sp. Pl. 219. 1753; 中国植物志, 25(2): 98. 1979.

一年生草本，高30～150cm。茎直立，粗壮，具纵条纹及绿色或紫红色色条，无毛，幼时被白色粉粒，多分枝。叶菱状卵形至披针形，长3～8cm，宽1.5～5cm，先端急尖或渐尖，基部楔形至宽楔形，边缘具不整齐的波状齿或全缘，上面近无粉，有时嫩叶的上面有紫红色粉粒，下面密被灰白色粉粒；叶柄纤细，与叶片近等长或较短。花两性，黄绿色，花簇于茎枝上部排列成穗状或圆锥状花序；花被片5，宽卵形至椭圆形，背面具纵隆脊，有粉，边缘膜质；雄蕊5，外露；柱头2。胞果扁圆形，包藏于宿存花被内，果皮与种子贴生。种子横生，双凸镜状，黑色，有光泽，表面具浅沟纹；胚环形。花期6～9月，果期7～10月。

本种在延安各地分布普遍，生于海拔1500m以下的荒地、田间、路边及宅旁，为常见的农田杂草之一。我国各地均有分布，并遍及亚洲、欧洲、非洲、北美洲、南美洲及大洋洲的温带及热带地区。

幼苗可作蔬菜食用，因含有少量的卟啉类化合物，不宜多吃或长期食用。茎叶可作饲料，饲喂家畜。叶片含弱碱，揉碎后可以洗涤衣物及漂白棉布。全草入药，能止泻痢、止痒；配合野菊花煎汤外洗，治皮肤湿毒及周身发痒。果实（称灰藋子），有些地区代“地肤子”药用。

藜 ***Chenopodium album***
植株（黎斌 摄）

8. 地肤属 *Kochia* Roth

一年生草本，稀半灌木；全株有长柔毛或绵毛，稀无毛。茎直立或斜升，通常多分枝。叶互生，圆柱状、半圆柱状、披针形或线形，全缘，无柄或几无柄。花两性，有时兼有雌性，无柄，通常1～3个团集于叶腋；小苞片缺；花被近球形，草质，通常具毛，5深裂；花被裂片内曲，果时背面各具1横翅状附属物；翅状附属物膜质，有脉纹；雄蕊5，外露，花丝扁平，花药宽长圆形，花盘缺；子房宽卵形，花柱纤细，柱头2～3，有乳头状凸起。胞果扁球形；果皮膜质，与种子离生。种子横生，顶基压扁，圆形或卵形；种皮膜质，平滑；胚环形；胚乳较少。

本属约35种，分布于亚洲温带、中欧、非洲及美洲西北部。我国产7种3变种及1变型，全国各地均有分布。延安（含栽培）有1种及1变种1变型，各地均有。

分种检索表

1. 花簇下部疏被锈色柔毛或近无毛……………………………………………………2
1. 花簇下部密被束生锈色柔毛……………………………1a. 碱地肤 *K. scoparia* var. *sieversiana*
2. 植株不呈卵圆形或倒卵形；叶披针形、线状披针形至线形……………………1. 地肤 *K. scoparia*
2. 植株呈卵圆形或倒卵形，分枝繁多且紧密向上；叶线形……………1b. 扫帚菜 *K. scoparia* f. *trichophylla*

1. 地肤

Kochia scoparia (L.) Schrad. in Neues Journ. 3: 85. 1809; 中国植物志, 25(2): 102. 1979.

一年生草本，高50～100cm。根略呈纺锤形。茎直立，多分枝，圆柱状，淡绿色或带紫红色，具纵条纹，被短柔毛或近无毛。叶披针形或线状披针形，长2～5cm，宽0.3～0.7cm，先端渐尖，基部渐狭，全缘，有锈色缘毛，两面均被伏贴毛；叶柄短或近无柄。花两性或雌性，通常1～3个簇生于茎枝端的叶腋，再集聚成圆锥形穗状花序，花簇下有时被锈色长柔毛或近无毛；花被近球形，淡绿色，花被裂片5，近三角形，无毛或先端微被毛；基部翅状附属物三角形、倒卵形或近扇形，膜质，脉不明显，边缘波状或有缺刻；雄蕊5，外露，花药淡黄色；柱头2。胞果扁球形；果皮膜质，与种子离生。种子卵形，黑褐色，长约2mm，稍有光泽；胚环形，胚乳块状。花期6～9月，果期8～10月。

地肤*Kochia scoparia*
1.枝与叶（王天才 摄）; 2.花（黎斌 摄）

本种在延安各地分布普遍，生于海拔1600m以下的田边、路旁、荒山坡，有时也见栽培。全国各地均产。亚洲、欧洲、非洲北部也有分布。

喜温、喜光、耐干旱，不耐寒，对土壤要求不严格。

幼苗可作蔬菜。果实称“地肤子”，为常用中药，有清湿热、利尿的功效。

1a. 碱地肤（变种）

Kochia scoparia (L.) Schrad. var. ***sieversiana*** (Pall.) Ulbr. ex Aschers. et Graebn. Synops. 5: 163. 1913; 中国植物志, 25(2): 102. 1979.

本变种与原变种的区别在于花下有较密的束生锈色柔毛。

本种在延安各地均有分布，生境同原变种。我国也分布于东北、华北、西北等地。

其生态特性及用途同原变种。

1b. 扫帚菜（变型）

Kochia scoparia (L.) Schrad. f. ***trichophylla*** (Hort. ex Trib.) Schinz et Thell. Verz. Saem. Bot. Garten Zuerich. 10. 1909.

本变型与原变种的区别在于分枝繁多且紧密向上，植株外形呈卵圆形或倒卵形，秋季变为红色；叶线形。

本种在延安各地普遍栽培。全国各地均见栽培。

叶脱落、干燥后还可做扫帚用。全株春夏季为绿色，秋季枝叶变为红色，十分美丽，是庭院绿化的好品种。

扫帚菜*Kochia scoparia* f. *trichophylla*
花（黎斌 摄）

9. 碱蓬属 *Suaeda* Forsk. ex Scop.

一年生草本、半灌木或灌木，无毛，较少被短毛或有时有蜡粉。茎直立、斜升或平卧。叶互生，通常狭长，肉质，圆柱形或半圆柱形，稀棍棒状或略扁平，全缘，通常无柄。花小，两性，有时兼有雌性，通常3至多数聚集成团伞花序；团伞花序生于叶腋或腋生的短枝上，有时短枝的基部与叶的基部合并，外观似花序着生在叶柄上；小苞片鳞片状，膜质，白色；花被近球形、半球形、陀螺状或坛状，5裂，稍肉质或草质，裂片内面凹或呈兜状，果时背面膨胀、增厚，延伸成翅状或角状凸起，稀不增厚；雄蕊5，花丝线形，花药长圆形、椭圆形或近球形，无附属物；子房卵形或球形，柱头2～3，稀4～5，通常外弯，具乳头凸起。胞果包藏于花被中；果皮膜质。种子横生或直立，双凸镜形、肾形、卵形，或为扁平的圆形；种皮薄壳质或膜质；胚盘旋状；胚乳很少或缺。

本属共100余种，广布于世界各地，生于海滨、荒漠、湖边及盐碱地区。

我国共20种及1变种，主要分布于西北、华北及东北等地。延安有2种，见于延长、延川等地。

分种检索表

1. 茎直立；团伞花序着生于总花梗与叶柄结合成的短枝上 ……………………………………………… 1. 碱蓬 *S. glauca*

1. 茎平卧或斜升；团伞花序着生于叶腋或腋生的短枝上，短枝或总花梗不与叶柄结合 …… 2. 平卧碱蓬 *S. prostrata*

1. 碱蓬

Suaeda glauca (Bunge) Bunge in Bull. Acad. Sci. St. Petersb. 25: 362. 1879; 中国植物志, 25(2): 118. 1979.

一年生草本，高30～70cm。根粗壮，褐色。茎直立，粗壮，圆柱状，淡绿色，有纵条纹，中上部多分枝；枝细长，斜展。叶半圆柱状或线形，长1～5cm，宽约1.5mm，灰绿色，先端钝或微尖，基部稍收缩，无毛，近无柄。花两性兼有雌性，单生或2～5朵簇生于总花梗与叶柄结合成的短枝上；两性花花被杯状，黄绿色；雌花花被近球形，较肥厚，灰绿色；花被裂片卵状三角形，先端钝，果时增厚，呈五角星状，干后黑色；雄蕊5，花药宽卵形至长圆形；子房圆锥形，柱头2，稍外弯。胞果包藏在花被内，果皮膜质。种子横生或斜生，双凸镜形，黑色，直径约2mm，稍有光泽，表面具清晰的颗粒状点纹。花果期7～9月。

本种在延安主要分布于延长，生于海拔800～1000m的荒地、渠岸、田边等含盐碱的土壤上。在我国也分布于东北的黑龙江，华北的内蒙古（中部）、河北、山西，西北各地，华东的山东、江苏、浙江，华中的河南等。朝鲜半岛、日本、蒙古、俄罗斯（西伯利亚及远东地区）也有分布。

喜光，不耐阴，抗逆性强，耐盐碱，耐湿，耐瘠薄。

可作为饲料植物，骆驼喜食。种子含油量为25%，可榨油供工业用。全株富含碳酸钾，可作化工原料。

碱蓬 *Suaeda glauca*

1. 植株（吴振海 摄）；2. 花枝（吴振海 摄）；3. 果枝（吴振海 摄）

2. 平卧碱蓬

Suaeda prostrata Pall. Ill. Pl. 55. t. 47. 1803; 中国植物志, 25(2): 132. 1979.

一年生草本，高20～50cm；全株无毛，铺散状。茎通常平卧或斜升，基部有分枝并稍木质化，具微条棱。叶线形或半圆柱状，灰绿色，长0.5～5cm，宽约1.5mm，先端钝圆或微尖基部收缩，微扁平，无柄。团伞花序具2～5花，着生于叶腋或腋生的短枝上；花被绿色，稍肉质，5深裂，果时花被裂片增厚呈兜状，基部向外延伸成不规则的翅状或舌状凸起；雄蕊5，外露，花药宽长圆形或近圆形；柱头2。胞果顶基扁；果皮膜质，淡黄褐色。种子双凸镜形或扁卵形，黑色，有光泽，表面具清晰的蜂窝状点纹。花果期7～9月。

本种在延安主要分布于延川，生于海拔1500m以下的盐碱地中。在我国也分布于华北的内蒙古（中部）、河北、山西，西北的陕西、宁夏、甘肃、新疆，华东的江苏等地。俄罗斯（西伯利亚）、中亚、东欧也有分布。

10. 猪毛菜属 *Salsola* L.

一年生草本，半灌木或灌木；全株无毛或有柔毛、硬毛或乳头状凸起。叶互生，稀对生，圆柱形或半圆柱形，稀线形，顶端钝圆或有短尖头，基部通常扩展；无叶柄。花两性，辐射对称，单生或簇生于苞腋，多数聚集成穗状或穗状圆锥花序；苞片卵形或宽披针形；小苞片2；花被片5，卵状披针形或长圆形，膜质，后变硬，无毛或被柔毛，果时自背面中部横生膜质的翅状附属物，有时翅不明显或为鸡冠状、瘤状的凸起；花被片上部内折，包覆果实，通常顶部呈圆锥体；雄蕊通常5；花丝扁平，钻形或狭条形；花药长圆形，顶端有形状多样或极小的附属物；子房宽卵形或球形，顶基压扁；花柱长或极短；柱头2，钻形或丝形，直立或外弯，内面具小凸起。胞果，球形；果皮膜质或肉质多汁。种子横生、斜上或直立；胚螺旋状，无胚乳。

本属约有130种，分布于亚洲、非洲及欧洲，少数分布于大洋洲及美洲。我国有36种1变种，主要分布于东北、华北、西北及沿海的各地区及沙漠地区。

延安有2种，分布于延长、子长、延川、安塞、富县、黄陵等地。

分种检索表

1. 花被片果时背面中部不生翅，为鸡冠状凸起；苞片及小苞片紧贴花序轴………………1. 猪毛菜 *S. collina*
1. 花被片果时背面中部有明显的膜质翅；苞片及小苞片果时近平展……………………2. 刺沙蓬 *S. ruthenica*

1. 猪毛菜

Salsola collina Pall. Ill. Pall. 34. pl. 26. 1803; 中国植物志, 25(2): 176. 1979.

一年生草本，高15～100cm。茎直立或斜升，从基部分枝；枝互生，有绿色、白色或紫红色的条纹，初有时散生刺毛，后无毛。叶片半圆柱形或线形，肉质，伸展或微弯曲，长2～5cm，宽约1mm，顶端有刺芒，基部稍扩展，散生刺毛或近无毛。穗状花序，长2～30cm，常聚集于茎枝端；苞片卵形，坚硬，顶端具长刺状尖头，边缘白色，中脉隆起，白色或果时紫红色；小苞片狭披针形，顶端有刺状尖，苞片及小苞片与花序轴紧贴；花被片5，膜质，透明，披针形，直立，顶端尖，果时变硬且背面中上部有鸡冠状凸起，凸起上部近革质，顶端膜质，紧贴果实或有时在中央聚集成小圆锥体；雄蕊5，微外露，花药顶端无附属物；柱头2，丝状。胞果倒卵形。花果期7～9月。

本种在延安主要分布于延长、子长、延川、富县、黄陵等地，生于海拔900～1600m的村边、路旁、荒地等干旱处。在我国分布于东北各地，华北各地，西北各地，西南各地及华中的河南，华东的江苏等。朝鲜半岛、蒙古、俄罗斯、巴基斯坦也有分布。

全草入药，有降低血压作用。嫩茎、叶可作野菜。植株可作骆驼、绵羊或山羊的饲料。

猪毛菜 *Salsola collina*
1.植株（吴振海 摄）；2.果枝（吴振海 摄）

2. 刺沙蓬

Salsola ruthenica Iljin in Coph. Pact. CCOP. 2: 137. f. 127. 1934; 中国植物志, 25(2): 185. 1979.

一年生草本，高30～100cm。茎直立或斜升，自基部分枝，有绿色、白色或紫红色的条纹，微具棱，通常具刺状毛，稀近无毛。叶片半圆柱形、圆柱形或线形，长1.5～4cm，宽约1mm，顶端有黄色且坚硬的刺尖，基部扩大，具白色膜质的边缘，被短毛或近无毛。穗状花序，多数聚集成圆锥状；苞片长卵形，顶端有刺状尖，基部边缘膜质、白色，比小苞片长；小苞片卵形，顶端有刺状尖；花被片5，长卵形，膜质，无毛，背面中脉明显，果时变硬，由背面中部生翅，直径7～10mm（包括翅）；翅膜质，白色或淡紫红色，明显具白色或褐色的脉纹，其中3翅较大，肾形或倒卵形，2翅较狭，匙形；花被片在翅以上部分近革质，顶端为薄膜质，向中央包覆果实呈圆锥形；雄蕊5，花药顶端无附属物；柱头2，丝状，明显长于花柱。胞果倒卵形。种子直径约2mm。花果期7～9月。

本种在延安主要分布于安塞、富县等地，生于海拔900～1300m的沙质山坡、河谷、荒地。在我国还分布于东北各地，华北各地，西北各地及西南的西藏，华东的山东、江苏等。蒙古、俄罗斯也有分布。

刺沙蓬 *Salsola ruthenica*
植株（黎斌 摄）

31 苋科

Amaranthaceae

本科编者：陕西省西安植物园 黎斌

一年或多年生草本。茎直立或平卧。单叶，互生或对生，全缘，少数有微齿，具柄，无托叶。花两性，稀单性或杂性，有时退化成不育花；花小，常簇生于叶腋处，形成穗状花序、头状花序、总状花序或圆锥花序；苞片1及小苞片2，干膜质；花被片3～5，多为干膜质，覆瓦状排列，离生或基部愈合，常和果实同脱落，稀宿存；雄蕊常和花被片同数且对生，偶较少，花丝离生，或基部合生成杯状或管状，花药2室或1室；退化雄蕊存在或缺；子房上位，1室，胎座基生，胚珠1或多数，花柱1～3，宿存，柱头头状或2～3裂。果实为胞果或小坚果，稀为浆果，果皮薄膜质，不裂、不整齐开裂或顶端盖裂。种子1个或多数，凸镜状或近肾形，光滑或有小疣点；胚环状，胚乳粉质。

本科约70属900种，分布遍及欧洲、非洲、亚洲、北美洲、南美洲、大洋洲等。我国有15属44种，分布几遍全国各地。

延安（含栽培）2属6种，各地均有。

分属检索表

1. 花丝离生；子房仅具1颗胚珠……………………………………………………………… 1. 苋属 *Amaranthus*

1. 花丝下部连合呈筒状；子房具2颗至多数胚珠 ……………………………………………2. 青葙属 *Celosia*

1. 苋属 *Amaranthus* L.

一年生草本，稀二年生草本。茎直立或斜上，无毛或有毛。叶互生，全缘，具柄。花小，单性，雌雄同株或异株，或杂性；花簇生叶腋或顶生，再集合成直立或下垂的穗状花序或圆锥状花序；每花有1苞片及2小苞片，干膜质，苞片常为针形；花被片5，稀1～4，绿色或着色，薄膜质，宿存；雄蕊5，稀1～4，花丝丝状或钻状，基部分离，花药2室；退化雄蕊缺；子房有1直生胚珠，花柱极短或无，柱头2～3，钻状或条形，宿存。胞果球形或卵形，侧扁，膜质，盖裂或不整齐开裂，常为花被片包裹，或不裂，则和花被片同落。种子扁球形，凸镜状，侧扁，黑色或褐色，有光泽，平滑，边缘锐或钝，胚环状，子叶线形。

本属约40种，广布于欧洲、非洲、亚洲、北美洲、南美洲、大洋洲等。我国有14种，分布几遍全国各地。延安（含栽培）有5种，各地均有。

部分物种可作蔬菜食用，药用或栽培供观赏。

分种检索表

1.花被片5；雄蕊5；果实环状横裂……………………………………………………………1.反枝苋*A. retroflexus*

1.花被片3；雄蕊3；果实横裂或不裂……………………………………………………………………………………2

2.果实环状横裂………3

2.果实不裂……………………………………………………………………………………………………5.凹头苋*A. lividus*

3.花穗顶生及腋生，较粗；叶较大，宽2～7cm；常为栽培种……………………………………………2.苋*A. tricolor*

3.花穗通常簇生叶腋，较细；叶片较小，通常宽不及3cm；野生种……………………………………………………4

4.叶片倒卵形或匙形，长0.5～2cm，宽0.3～0.5cm；苞片明显长于花被片……………………3.白苋*A. albus*

4.叶片菱状卵形、倒卵形或长圆形，长2～5cm，宽1～2.5cm；苞片和花被片等长或稍短……………………
……………………………………………………………………………………………………4.腋花苋*A. roxburghianus*

1. 反枝苋

Amaranthus retroflexus L., Sp. Pl. 991. 1753; 中国植物志, 25(2): 208. 1979.

一年生草本，高20～80cm。茎粗壮，直立，淡绿色，偶具淡紫色条纹，稍具钝棱，密具短柔毛。叶片菱状卵形或椭圆状卵形，长5～12cm，宽2～5cm，先端锐尖或尖凹，具小突尖，基部楔形，全缘或略呈波状，两面及边缘具柔毛，下面毛较密；叶柄长1.5～5.5cm，具柔毛。圆锥花序顶生及腋生，直立或斜上，粗2～4cm，由多数穗状花序形成，顶生花穗长于侧生花穗；苞片及小苞片钻形，长4～6mm，白色，背面具1龙骨状突起，伸出顶端呈白色尖芒；花被片长圆形或长圆状倒卵形，长2～2.5mm，白色，薄膜质，有1淡绿色细中脉，顶端急尖或尖凹，具凸尖；雄蕊5，稍长于花被片；柱头2～3。胞果扁球形，长约1.5mm，环状横裂，薄膜质，淡绿色，包裹于宿存花被片内。种子扁球形，直径约1mm，棕色或黑色，有光泽。花期7～8月，果期8～9月。

本种在延安主要分布于黄陵、富县、黄龙等地，生于海拔1600m以下的农田内、荒地边、宅旁的草地上。在我国也分布于东北各地，华北各地及华中的河南，西北的陕西、甘肃、宁夏、新疆等地。

原产美洲热带地区，适应性极强，到处都能生长，喜光不耐阴，耐旱耐瘠薄，现广泛传播并归化于世界各地。

嫩茎叶可食用，也可作饲料。种子可作“青葙子”入药。全草可药用。

反枝苋*Amaranthus retroflexus*
花序（黎斌 摄）

2. 苋

Amaranthus tricolor L., Sp. Pl. 989. 1753; 中国植物志, 25(2): 212. 1979.

一年生草本，高70～120cm。茎粗壮，具条棱，绿色或紫红色，通常有分枝，幼时有毛或光滑。叶片卵形、菱状卵形或披针形，长4～10cm，宽2～7cm，绿色，或常呈红色、紫红色或黄色，或部分绿色间杂着其他颜色的色斑，先端圆钝或尖凹，有凸尖，基部楔形，全缘或微波状；叶柄长2～6cm，绿色或紫红色。花簇腋生，直至茎下部叶，或同时具顶生花簇，成下垂的穗状花序；花簇球形，直径5～15mm，雄花和雌花混生；苞片及小苞片卵状披针形，长约3mm，透明，顶端有1长芒尖，背面具1隆起中脉；花被片长圆形，长3～4mm，绿色或黄绿色，顶端具1长芒尖，背面有1绿色或紫红色隆起中脉；雄蕊3；柱头3，线形，有毛。胞果卵状长圆形，长约2mm，环状横裂，包被于宿存花被片中。种子近圆形或倒卵形，直径约1mm，黑色或黑棕色，具光泽。花期6～8月，果期8～9月。

本种在延安各地均有分布，常为栽培或逸生于海拔1600m以下的荒地或农田边，通常有红叶和绿叶两个类型。全国各地均有栽培，有时逸为半野生。

原产印度，喜温暖气候，耐热力强，不耐寒冷，抗旱能力一般，也见于亚洲南部、中亚及日本等地。

茎叶作为蔬菜食用。叶常杂有各种颜色，可供观赏。根、果实及全草入药，有明目、利大小便、祛寒热的功效。

苋 *Amaranthus tricolor*
1.花序和茎上部叶（黎斌 摄）；
2.植株（王天才 摄）

3. 白苋

Amaranthus albus L. Syst. ed. 10: 1268. 1759; 中国植物志, 25(2): 213. 1979.

一年生草本。茎上升或直立，高30～50cm，从基部分枝，分枝铺散，淡绿色，稀红色，有不显著的棱角，光滑或具糙毛。叶片倒卵形或匙形，长0.5～2cm，宽0.3～0.5cm，顶端钝圆或微凹，具短尖头，基部渐狭，边缘微波状，光滑；叶柄长0.3～0.5cm，光滑。花簇腋生，再排列成短顶生的穗状花序，具1或数花；苞片及小苞片钻形，长约2mm，稍坚硬，顶端长锥状锐尖，向外反曲，背面具龙骨；花被片长1mm，短于苞片，稍呈薄膜状，雄花的花被片长圆形，顶端长渐尖，雌花的花被片长圆形或钻形，顶端短渐尖；雄蕊外露；柱头3。胞果倒卵形，扁平，长约1.5mm，黑褐色，皱缩，环状横裂。种子近球形，直径约1mm，黑色至棕黑色，边缘锐。花期7～8月，果期9月。

本种在延安仅分布于延川，生于海拔750m左右的河边荒地中。东北的黑龙江、华北的河北、西北的陕西、新疆等地有分布。原产北美洲，现已分布于欧洲、中亚及日本。

白苋 *Amaranthus albus*
结果植株（刘培亮 摄）

4. 腋花苋

Amaranthus roxburghianus H. W. Kung, Fl. Illust. N. China 4: 19. 1935; 中国植物志, 25(2): 214. 1979.

一年生草本，高30～65cm，全株无毛。茎稍细弱，直立，多有分枝，淡绿色。叶片菱状卵形、倒卵形或长圆形，长2～5cm，宽1～2.5cm，先端微凹或钝，具凸尖，基部楔形，边缘呈微波状；叶柄长1～2.5cm，纤细。花簇生于叶腋，花数少且疏生；苞片及小苞片钻形，长2mm，背面具1隆起中脉，先端具芒尖；花被片披针形，长2.5mm，先端渐尖，有芒尖；雄蕊3，短于花被片；柱头3，有毛，反曲。胞果卵形，长3mm，皱缩，环状横裂，略等长于宿存花被。种子近球形，直径约1mm，黑棕色，有光泽，边缘加厚。花期7～8月，果期8～9月。

本种在延安主要分布于宝塔、子长、延川、黄陵、富县等地，生于海拔1600m以下的撂荒地、旷地或田地旁。在我国也分布于华北的河北、山西，西北的陕西、甘肃、宁夏、新疆，华中的河南等地。印度、斯里兰卡也产。

腋花苋 ***Amaranthus roxburghianus***
开花植株（黎斌 摄）

5. 凹头苋

Amaranthus lividus L., Sp. Pl. 990. 1753; 中国植物志, 25(2): 217. 1979.

一年生草本，高10～30cm，全株无毛。茎淡绿色或紫红色，下部伏卧而中上部斜升，基部多分枝。叶片卵形或菱状卵形，长1.5～4.5cm，宽1～3cm，先端凹缺，具芒尖或不明显，基部宽楔形，边缘全缘或稍呈波状；叶柄长1～3.5cm。花簇腋生，直至茎下部叶，或顶生成直立穗状花序或圆锥花序；苞片、小苞片均为长圆形，长不及1mm；花被片长圆形或披针形，长约1mm，淡绿色，顶端急尖，边缘内曲，背部具1隆起中脉；雄蕊稍短于花被片；柱头3或2，果熟时脱落。胞果扁平，卵形，长3mm，不裂，微皱缩而近平滑，长于宿存花被片。种子环形，直径约1.2mm，黑色或黑褐色，边缘有环状边。花期7～8月，果期8～9月。

本种在延安主要分布于宝塔、延川、黄龙、黄陵等地，生于海拔1600m以下的荒地、田边、路旁及宅院附近。除内蒙古、宁夏、青海、西藏

凹头苋 ***Amaranthus lividus***
开花植株（黎斌 摄）

等地外，分布几遍全国。欧洲、非洲北部、南美洲及亚洲的日本也产。

抗逆性强，抗湿耐碱，对土壤要求不严、适应性广。

嫩茎叶可作蔬菜食用，亦可作猪饲料。全草入药，用作缓和止痛、收敛、利尿、解热剂；种子有明目、利大小便、祛寒热的功效；鲜根有清热解毒的作用。

2. 青葙属 *Celosia* L.

一年生草本，全株无毛或有疏毛。茎直立或有角棱。叶互生，卵形至条形，全缘或有少数裂片，具柄。花两性，聚集成顶生或腋生的密穗状花序，再简单或排列成圆锥花序，总花梗有时扁化；每花有1苞片和2小苞片，有颜色，干膜质，宿存；花被片5，有颜色，干膜质，有光泽，光滑，直立、开展，宿存；雄蕊5，花丝钻状或丝状，上部离生，基部连合成杯状，花药2室；退化雄蕊无；子房1室，含2至多数胚珠，花柱1，宿存，柱头头状，微2～3裂，反折。胞果卵形或球形，具薄壁，盖裂。种子凸镜状肾形，黑色，光亮。

本属有45～60种，分布于非洲、美洲及亚洲的亚热带和温带地区。我国产3种，几遍南北各地。延安仅栽培1种，各地均有。

本属部分物种可供药用或观赏。

鸡冠花

Celosia cristata L., Sp. Pl. 205. 1753; 中国植物志, 25(2): 201. 1979.

一年生草本，高40～100cm，全株无毛。茎直立，有分枝，绿色或带红色，常具凸起的条棱。叶片卵形、卵状披针形或披针形，长5～8cm，宽2～6cm，绿色常带红色，顶端渐尖或尾尖，基部渐狭成柄；叶柄长2～15mm，或无叶柄。花多数，两性或杂性，极密生，呈扁平肉质鸡冠状、卷冠状或羽毛状的穗状花序，长6～20cm，有时一个大花序下面有数个较小的分枝，圆锥状长圆形，表面羽毛状；苞片及小苞片披针形，长3～4mm，常红色，光亮，顶端渐尖；花被片长圆状披针形，长6～10mm，花被片红色、紫色、黄色、橙色或红色黄色相间，顶端渐尖，具1中脉，在背面凸起；花丝长5～6mm，分离部分长2.5～3mm；子房有短柄，花柱紫色，长3～5mm。胞果卵形，长3～3.5mm，包裹在宿存花被片内；种子凸透镜状肾形，黑色，直径约1.5mm。花期7～9月，果熟期9～10月。

本种在延安各地均有，海拔1600m以下广泛栽培或半逸生。我国南北各地均有栽培。原产印度，现广布于亚洲、欧洲、非洲、北美洲、南美洲等温暖地区。

喜温暖干燥气候，怕干旱，喜光，不耐涝，对土壤要求不严。

为优良的草本观赏花卉，观赏期较长，多用作花坛、花境、盆栽，亦可植于庭院；园艺品种、变型很多，在花期上有早花品种、晚花品种，在株型上，有矮生型、中生型、高生型，在花色上有红色系列、黄色系列及双色系列等。花序、种子及幼苗供药用，为收敛剂，有止血、凉血、止泻等功效。

鸡冠花 *Celosia cristata*
开花植株（王天才 摄）

32 商陆科

Phytolaccaceae

本科编者：延安市黄龙山国有林管理局　王天才

草本，少数为灌木或乔木。单叶，互生，全缘；无托叶或只有小托叶。花两性，稀单性，呈顶生或腋生的总状花序、圆锥花序或穗状花序；花萼4～5，离生或基部合生，在花蕾中呈覆瓦状排列，宿存；无花瓣；雄蕊4～5枚或更多，花丝分离或基部愈合，宿存，花药背部着生，2室；子房上位或下位，球形，心皮1至多数，离生或合生，每室含1颗半倒生或弯生的胚珠；花柱短或无，直立或下弯，柱头线形或锥形，常外卷。果实为浆果或核果，稀蒴果。种子小，肾形或球形，直立，胚弯曲，位于胚乳外围，胚乳丰富，粉状或多浆。

本科约有17属125种，主要分布于非洲南部和南美洲热带，亚洲少。我国有1属4种，全国分布为华北的北京、天津、河北、山西，西北的陕西、甘肃，宁夏，华东各地，华中各地，华南各地，西南各地等。延安有1属1种，各县（区）均有分布。

本科植物喜温暖、阴湿环境，宜疏松、肥沃沙质土壤，播种或分株繁殖。

本科植物多数被广泛引种栽培，其内含糖、蛋白等提取物是医药制备和生物制剂的重要原料，亦可全株或部分器官直接入药，具有极高的经济价值。

商陆属 *Phytolacca* L.

草本或灌木，稀为乔木。茎直立或攀缘，有沟槽或棱角，常具肥大肉质根。叶互生，卵圆、椭圆或披针形，具柄或无柄，全缘，无托叶。花两性，稀单性或雌雄异株，形小，呈总状花序、圆锥花序或穗状花序，顶生或与叶对生；花被片5，长圆形或卵圆形，萼片4～5，花瓣状或叶状，开展或反折；雄蕊5～25枚，着生于花被基部，花丝线形或钻形，离生或基部稍合生；子房上位，近球形，心皮5～16个，离生或合生，每心皮有1粒弯生或近直生胚珠；花柱近顶生，钻形或圆柱形，直立或下弯。浆果，扁球形。种子肾形，扁平，黑色具光泽。

本属有35种，主要分布于南美洲。我国有4种，分布同科。延安产1种，各县（区）均有分布。

本属植物喜光照充足、温暖湿润气候和土壤肥沃环境，种子或分根繁殖。

本属植物（我国分布4种）引种栽培，株型大，茎叶翠绿或紫红，花果色泽多变，具有观赏性；全株入药，经济价值极高。

商陆

Phytolacca acinosa Roxb. Hort. Beng. 35. 1814; 中国植物志, 26: 015. 1996.

多年生草本，高达1m，全体无毛，为圆锥形的肉质根，较肥厚，外皮淡黄色，断面粉红色。茎直立，粗大，圆柱形，分枝，绿色或微带紫红色。叶互生，卵状椭圆形或长椭圆形，长10～20cm，

宽4.5～15cm，薄纸质，顶端急尖或钝尖，基部楔形，渐狭，背面中脉凸起；叶柄粗壮，长1.5～3cm，上面有槽。花两性；总状花序直立，顶生或侧生，长10～20cm；花萼片5，白色，后期变成淡红色；雄蕊8～10，与萼片近等长，花丝白色，锥形，基部呈片状，宿存，花药粉红色，椭圆形；心皮8（5）～10个，离生。浆果扁球形，紫黑色，种子肾形，具3棱，黑色。花期5～8月，果期6～10月。

本种在延安各地均有分布，多生于海拔1300m以下山沟、路旁、林缘或房前屋后。我国集中分布于华北各地，西北的陕西、甘肃，华东各地，华中各地及西南各地。世界分布同属。

商陆喜温暖、湿润气候和土壤肥沃环境，不耐涝，茎叶多汁，块根肥大，可种子和分根繁殖。

肉质根入药，色白形大为佳，红色有剧毒，仅供外用；全草可作兽药和农药；果实含鞣质，可提制栲胶，种子亦可入药。

商陆 *Phytolacca acinosa*

1.植株（王赵钟 摄）；2.叶（王赵钟 摄）；3.花（王赵钟 摄）；4.果（王赵钟 摄）

33 马齿苋科

Portulacaceae

本科编者：延安市黄龙山国有林管理局　王天才

一年生或多年生草本，肉质，稀亚灌木。单叶互生或对生，全缘；托叶干膜质或刚毛状，稀不存在。花两性，单生或成圆锥花序、头状花序或聚伞花序；萼片2，稀5或更多，分离或基部连合；花瓣4～5，稀更多，离生或基部稍连合，覆瓦状排列，颜色鲜艳，较早脱落或宿存；雄蕊4～8枚与花瓣同数，稀多数，对生，花丝线形，花药2室；雌蕊3～5心皮合生，子房上位，少半下位，1室，胎座基生或特立中央胎座，含弯生胚珠1至多枚，胚珠半倒生；花柱线形，柱头2～5裂，柱头面内向。蒴果近膜质，盖裂或2～3裂瓣，稀不开裂。种子多数，稀为2颗，胚环绕胚乳，胚乳粉质，丰富。

本科有19属500余种，广布于欧洲、亚洲、北美洲、南美洲、非洲及大洋洲，主产南美洲。我国有3属7种，全国各地均有分布。延安有1属2种。全市各县（区）均有分布。

本科植物喜温暖湿润环境，能适应各种土壤，耐旱不耐寒，播种、分株或扦插繁殖。

多数种可药食兼用，许多种已被驯化栽培为多肉类观赏植物，并被赋予各种花语寄寓。

马齿苋属 *Portulaca* L.

一年生或多年生肉质草本，茎铺散，平卧或斜升。单叶互生或近对生或在茎上部轮生，扁平或圆柱形，上部者形成总苞。萼片2，下部呈筒状，离生或与子房合生；花瓣常4～5；雄蕊4至多数；子房半下位，花柱3～9裂。蒴果，1室，盖裂；有多数种子。

此属约有200种，世界分布同科。我国有6种，遍布全国各地。延安有2种，分布于全市各县（区）。

本属植物喜温暖湿润环境，耐旱，耐瘠薄土壤，播种、分株或扦插繁殖。

本属大多数种皆可入药，有清热利湿、解毒消肿和散瘀止痛功效，许多种可作为观赏植物。

分种检索表

1\. 叶倒卵状楔形或匙状楔形；花较小，直径约5mm，黄色；茎节上无毛；野生植物……………………………………1. 马齿苋 *P. oleracea*

1\. 叶细圆柱形；花较大，直径30～40mm，有各种颜色；茎节上被丛毛；栽培植物……………………………………2. 大花马齿苋 *P. grandiflora*

1. 马齿苋

Portulaca oleracea L., Sp. Pl. 445. 1753; 中国植物志, 26: 37. 1996.

一年生肉质草本，全株光滑无毛。茎平卧或斜升，多分枝，淡绿色或红紫色。叶互生，有时近对生，叶片肥厚肉质，倒卵状楔形或匙状楔形，长6～20mm，宽4～10mm，先端圆钝，平截或微凹，基部宽楔形，全缘。花小，黄色，3～5朵簇生于枝顶，直径4～5mm，萼片2，对生，盔形；花瓣5，黄色，倒卵状矩圆形或倒心形，顶端微凹，较萼片长；雄蕊8～12；雌蕊1，1室，花柱较雄蕊稍长，顶端4～6裂。蒴果圆锥形，长约5mm，自中部横裂成帽盖状；种子多数，细小，黑色，有光泽，肾状卵圆形。花期7～8月，果期8～10月。

本种在延安各地均有分布。在我国分布于全国各地。世界分布同科。

马齿苋几乎随处可见，喜肥沃土壤，耐旱亦耐涝，再生力很强，几乎可以在任何土壤中生长，广泛分布于海拔1500m以下农田、路旁、菜园，为常见田间杂草。

嫩茎叶可做蔬菜。全草入药，能清热利湿；可作土农药，也可作饲料。

1

2

马齿苋 ***Portulaca oleracea***
植株（王天才 摄）

2. 大花马齿苋

Portulaca grandiflora Hook. in Curtis's Bot. Mag. 56: pl. 2885, 1829; 中国植物志, 26: 38. 1996.

一年生肉质草本。茎平卧或斜升，长10～20cm，多分枝，稍带紫红色，节上被丛毛。叶不规则互生，细圆柱形，长1～2.5cm，直径1～3mm，肉质；叶柄短或近无柄。花顶生，单花或数朵簇生，直径2.5～4cm，基部有轮生叶状的苞片；萼片2，宽卵形；花瓣5或重瓣，倒卵形，顶端微凹，有白色、黄色、紫色、红色、粉红色等。蒴果近椭圆形，盖裂；种子多数，灰褐色或灰黑色，表面被小瘤状凸起。花果期7～10月。

本种在延安各地海拔1500m以下的公园和庭院均有栽培。在我国全国各地均适宜栽培。原产巴西。

大花马齿苋喜温暖、阳光充足的环境，阴暗潮湿之处生长不良，极耐瘠薄，一般土壤都能适应；花色多彩艳丽，茎柔多汁，阳光充足时花开放，早、晚、阴天闭合，优良观赏植物。

全草可入药，有清热解毒功效。扦插或播种繁殖，极易成活。

大花马齿苋 ***Portulaca grandiflora***
植株（王天才 摄）

34 石竹科

Caryophyllaceae

本科编者：陕西省西安植物园　黎斌

草本，稀亚灌木。茎在节处常膨大。叶单一，对生，稀互生或轮生，全缘，基部多少连合；托叶膜质，或无。花两性，稀单性，辐射对称，排成聚伞花序或聚伞圆锥花序，稀单生，稀呈总状花序、头状花序、假轮伞花序或伞形花序，有时具闭锁授精花；萼片5，稀4，宿存，分离或合生成筒状；花瓣5，稀4或缺，瓣片全缘或分裂，通常爪和瓣片之间具2副花冠片；雄蕊10，排成2轮，稀5或2；雌蕊1，子房上位，含1至多数胚珠；花柱2～5，有时基部合生，稀合生成单花柱。果实为蒴果，长椭圆形、圆柱形、卵形或圆球形，果皮壳质、膜质或纸质，顶端齿裂或瓣裂，稀浆果状、不规则开裂或瘦果。种子弯生，肾形、卵形、圆盾形或圆形，微扁，有种脐和种脊；种皮纸质，表面具有颗粒状、短线纹或瘤状凸起，稀表面近平滑或种皮为海绵质；胚环形或半圆形；胚乳粉质。

本科近80属2000种，世界广布，但主要在亚洲、欧洲和北美洲的温带和暖温带，少数在非洲、大洋洲和南美洲。我国有30属约388种58变种8变型，几遍布全国各地。延安有11属19种1变种，各地均产。

本科植物的经济用途主要供药用和观赏，如石竹、肥皂草、银柴胡等。

分属检索表

1.托叶膜质；花柱3……1.拟漆姑属 *Spergularia*

1.托叶不存在；花柱2～5……2

2.萼片离生；花瓣近无爪，稀无花瓣……3

2.萼片合生；花瓣通常具爪……6

3.花柱5，稀3……4

3.花柱3，稀5……5

4.花瓣2深裂，几达基部；蒴果卵形，5瓣裂至中部，裂瓣先端2齿状……2.鹅肠菜属 *Myosoton*

4.花瓣2裂，达1/3处，稀全缘或微凹；蒴果圆筒形，齿裂10或6……3.卷耳属 *Cerastium*

5花瓣2深裂，稀微凹或多裂……4.繁缕属 *Stellaria*

5.花瓣全缘或微凹，有时2浅裂或具齿……5.无心菜属 *Arenaria*

6.花柱3或5；花萼具纵脉……7

6.花柱2；花萼不具纵脉……9

7.花萼裂片5，叶状，长于萼筒；萼冠间无雌雄蕊柄；副花冠缺……6.麦仙翁属 *Agrostemma*

7.花萼裂齿5，不呈叶状，明显短于萼筒；萼冠间有雌雄蕊柄；副花冠存在，常为鳞片状……8

8.蒴果球形，浆果状，成熟后薄壳质且不规则开裂……7.狗筋蔓属 *Cucubalus*

8.蒴果卵形、长圆形或椭圆形，整齐齿裂……8.蝇子草属 *Silene*

9.花萼卵形或长圆形，花后基部膨大，先端缢缩，具5棱，果时成翅；种子球形……9.麦蓝菜属 *Vaccaria*

9.花萼筒状或钟形，花后基部不膨大，先端不缢缩，无棱、翅；种子圆盾形或肾形……10

10. 花大而少；花萼筒状，近革质，基部贴生1～4对苞片；花瓣具长爪，顶端齿裂或缝状细裂；有长子房柄；种子圆盾形 ………………………………………………………………………… 10. 石竹属 *Dianthus*

10. 花小而多；花萼钟形，具5条宽脉，脉间膜质，基部不贴生苞片；花瓣基部楔形，顶端圆、平截或微凹；无子房柄；种子肾形 ……………………………………………………… 11. 石头花属 *Gypsophila*

1. 拟漆姑属 *Spergularia* (Pers.) J. et C. Presl

一、二年生或多年生草本。茎常铺散。叶交互对生，线形，腋生侧枝的叶几簇生；托叶三角形，干膜质。花两性，具细梗，腋生或顶生，呈总状聚伞花序；萼片5，草质，边缘膜质；花瓣5，白色或粉红色，全缘，稀无花瓣；雄蕊2～5或10；子房1室，具多数胚珠，花柱3，稀2或5。蒴果卵形，3瓣裂，稀5裂。种子细小，卵形或扁圆形，具翅或无。

本属约25种，主要分布于欧洲、亚洲、北美洲、南美洲的温带地区。我国有4种，分布于东北、华北、西北各地，常见于盐碱地。

延安产1种，分布于安塞、富县等地。

拟漆姑

Spergularia salina J. et C. Presl, Fl. Cechica 95. 1819; 中国植物志, 26: 59. 1996.

一年生或二年生草本，高10～30cm。茎铺散，多分枝，密被柔毛。叶线形，长0.5～3cm，宽约1.5mm，顶端钝，具凸尖，稍肉质；托叶成对合生，三角形，长1.5～2mm，膜质。花单生于叶腋或顶生，排成总状聚伞花序，果时下垂；花梗稍短于萼，果时稍伸长，密被腺柔毛；萼片5，卵形，长3～4mm，外面被腺柔毛，具白色膜质边缘；花瓣白色，长圆形至狭倒卵形，短于萼片；雄蕊2～5；子房卵形，花柱3。蒴果卵形，长于萼片，3瓣裂。种子细小，褐色，歪卵形，略扁，常无翅，仅少数种子具宽膜质翅。花期4～6月，果期5～7月。

本种在延安主要分布于安塞、富县等地，生于海拔1000～1500m的山坡、沟谷、水旁湿地或盐碱地中。在我国分布于东北各地，华北的河北、内蒙古（中部），西北的陕西、甘肃、新疆，华东各地，华中的河南等地。亚洲、欧洲、北美洲也有分布。

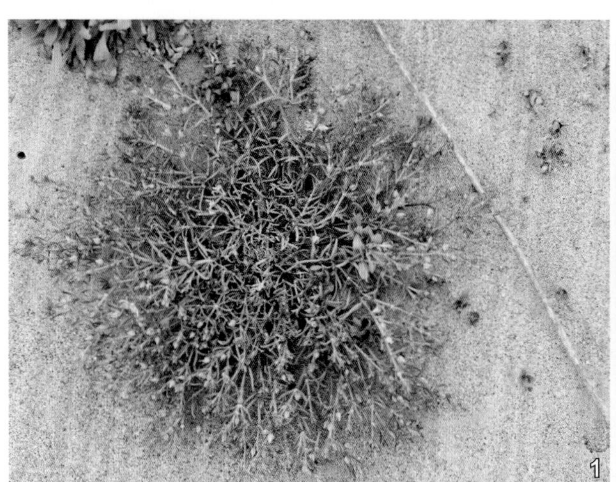

拟漆姑 *Spergularia salina*
1. 植株（寻路路 摄）；2. 花枝（寻路路 摄）

2. 鹅肠菜属 *Myosoton* Moench

多年生草本。茎下部匍匐，光滑，上部直立，有腺毛。叶对生，卵形。花两性，白色，呈顶生的二歧聚伞花序；萼片5；花瓣5，短于萼片，2深裂至基部；雄蕊10；子房1室，花柱5。蒴果卵形，稍长于萼片，5瓣裂至中部，裂瓣顶端再2齿裂。种子褐色，圆肾形，种脊具疣状突起。

本属仅1种，分布于欧洲、亚洲、非洲的温带及亚热带地区。我国东北、华北、西北、华东、华中、西南等地区也有分布。延安有1种，分布于宜川、黄陵等地。

鹅肠菜

Myosoton aquaticum (L.) Moench, Meth. Pl. 225. 1794; 中国植物志, 26: 74. 1996.

多年生草本，高20～50cm。茎基部匍匐，渐上升，多分枝，上部被腺毛。叶卵形或长圆形卵形，长2.5～5.5cm，宽1～3cm，顶端急尖，基部圆形或近心形，全缘，有时具缘毛；叶柄长5～15mm，疏生柔毛，茎上部叶常无柄。花两性；二歧聚伞花序顶生；苞片叶状，边缘具腺毛；花梗细弱，长1～2cm，密被腺毛，花后继续下弯增长；萼片狭卵形，长4～5mm，花后增大，边缘狭膜质，外面被腺柔毛；花瓣白色，2深裂至基部，裂片线形，长约3mm，宽约1mm；雄蕊10，比花瓣稍短；子房长圆形，花柱短，线形。蒴果卵形，比宿存萼筒稍长。种子褐色，近肾形，稍扁，有小疣。花期5～6月，果期6～8月。

本种在延安主要分布于宜川、黄陵等地，生于海拔900～1500m的山坡林缘和水沟旁。我国南北各地均有分布。欧洲、亚洲的温带及亚热带及北非也有分布。

耐寒，不耐旱，耐阴湿。种子多、繁殖快，为常见的一种田间杂草。

全草供药用，有祛风解毒、消肿的功效。幼苗可作野菜和饲料。

鹅肠菜 ***Myosoton aquaticum***
开花植株（王赵钟 摄）

3. 卷耳属 *Cerastium* L.

草本，常有柔毛或腺毛。茎多簇生。叶对生，卵形或长椭圆形至披针形。顶生二歧聚伞花序；萼片5，稀4，分离；花瓣5，稀4，白色，先端2裂，稀全缘或微凹；雄蕊10，稀5，花丝光滑或被毛；子房1室，含多数胚珠，花柱通常5，稀3，对生于萼片。蒴果圆柱形，薄壳质，淡黄色，长于宿萼，顶端裂齿数为花柱数的2倍。种子多数，近肾形，稍扁，常具疣状突起；胚环形。

本属约100种，主要分布于亚洲、欧洲、北美洲的温带地区及亚热带山区。我国有17种1亚种3变种，分布于东北、华北、西北、西南等地区。延安仅有1亚种，见于黄龙。

喜泉卷耳

Cerastium fontanum Baumg., Enum. Stirp. Transs. 1: 425. 1816; 中国植物志, 26: 86. 1996.

簇生卷耳（亚种）

Cerastium fontanum Baumg. subsp. ***triviale*** (Link) Jalas in Arch. Soc. Zool. -Bot. Fenn. Vanamo 18: 63. 1963; 中国植物志, 26: 86. 1996.

多年生草本，有时为一、二年生草本，高15～30cm。茎簇生，有时单一，近直立，具短柔毛和腺毛。基生叶的叶片近匙形或倒卵状披针形，基部渐狭成柄状，两面具短柔毛及腺毛；茎生叶近无柄，卵形、狭卵状长圆形或披针形，长1～4cm，宽3～12mm，顶端尖，两面均被短柔毛，具缘毛。聚伞花序顶生；花梗细，长0.5～2.5mm，密具长腺毛，开花后弯垂；萼片5，长圆状披针形，长约6mm，外面密具长腺毛，边缘膜质；花瓣5，白色，倒卵状长圆形，等长或微短于萼片，顶端2浅裂，基部渐狭，光滑；雄蕊短于花瓣，花丝扁线形，光滑；花柱5，短线形。蒴果圆柱形，长8～10mm，长为宿存萼的2倍，顶端10齿裂。种子褐色，具瘤状凸起。花期4～6月，果期5～7月。

本种在延安仅分布于黄龙，生于海拔1400m左右的山地林缘杂草间。在我国也分布于华北的山西、河北，西北的陕西、甘肃、青海、宁夏、新疆，华东的江苏、浙江、安徽、福建，华中各地，西南的四川、重庆、云南等地。蒙古、朝鲜半岛、日本、越南、印度、伊朗也有分布。

喜阳，稍耐半阴，适生于湿润、肥沃的土壤中。本种全草入药，可清热解毒。

4. 繁缕属 *Stellaria* L.

草本。叶扁平，形状多样，但几无针形。花小，多数，排列成顶生聚伞花序，稀单花腋生；萼片5，稀4；花瓣5，稀4，白色，稀绿色，2深裂，稀微凹或多裂，有时无花瓣；雄蕊10，有时为8或2～5；子房1室，胚珠多数，稀仅少数、1枚或2枚成熟，花柱3，稀4或2。蒴果圆球形或卵形，裂齿数为花柱数的2倍。种子多数，稀1或2，近肾形，微扁，具瘤或平滑；胚环形。

本属约120种，广布于亚洲、欧洲、非洲、美洲的温带至寒带。我国产64种14变种和2变型，广布于全国各地。

延安有5种，主要分布于黄龙、黄陵、安塞、富县、宜川等地。

分种检索表

1. 叶卵形、卵状长圆形、卵状披针形或椭圆形……2
1. 叶线状披针形……1. 沼生繁缕 *St. palustris*
2. 植株被柔毛、腺毛或无毛，不被星状毛；茎中下部的叶具长柄……3

2. 植株被星状毛；叶无柄或具短柄……………………………………………………………………5. 箐姑草 *St. vestita*

3. 茎被稀疏腺毛；聚伞花序具少数花；花瓣稍长于萼片……………………………………2. 腺毛繁缕 *St. nemorum*

3. 茎被1～2列柔毛，不被腺毛；聚伞花序具多数花；花瓣近等长于或短于萼片……………………………………4

4. 茎稍粗壮，高30～80cm；花瓣近等长于萼片；雄蕊通常8～10；种子直径超过1mm，表面具圆锥状凸起……………………………………………………………………………………3. 鸡肠繁缕 *St. neglecta*

4. 茎细弱，高不超过30cm；花瓣短于萼片；雄蕊通常3～5；种子直径约1mm，表面具半球形凸起……………………………………………………………………………………………………4. 繁缕 *St. media*

1. 沼生繁缕

Stellaria palustris Ehrh. ex Retz. Fl. Scand. Prodr. ed. 2, 106. 1795; 中国植物志, 26: 133. 1996.

多年生草本，高20～35cm；全株无毛，灰绿色，沿茎棱、叶缘和中脉背面粗糙，均具小乳凸。根状茎较细，有分枝；茎丛生，直立，具四棱。叶线状披针形至线形，长3～9cm，宽3～5mm，顶端渐尖，基部稍狭，两面无毛，具短缘毛，中脉明显，无柄。二歧聚伞花序，顶生或腋生；花序梗长5～9cm，花梗长1～3cm；苞片披针形，长2～5mm，具白色膜质边缘；萼片5，卵状披针形，长4～7mm，顶端锐尖，边缘膜质；花瓣白色，2深裂几达基部，与萼片等长或稍长，裂片近线形，顶端钝尖；雄蕊10，短于萼片；子房卵形，花柱3，长约3mm。蒴果卵状长圆形，稍短于宿存萼。种子细小，肾形，稍扁，褐色，表面具皱纹状凸起。花期6～7月，果期7～8月。

本种在延安主要分布于黄龙、黄陵等地，生于海拔800～1400m的山沟水旁或山坡林下潮湿处。在我国也分布于东北各地，华北的山西、河北、内蒙古（中部），西北的陕西、甘肃，华东的山东，西南的四川、云南等地。亚洲的哈萨克斯坦、日本、伊朗、蒙古及欧洲各地也有分布。

2. 腺毛繁缕

Stellaria nemorum L., Sp. Pl. 241. 1753; 中国植物志, 26: 100. 1996.

一年生草本，高40～50cm；全株疏被腺毛。茎铺散，俯仰，具棱，节间通常长4～7cm。叶卵状长圆形，长2～4cm，宽2～3cm，顶端渐尖，基部心形，全缘，两面被疏柔毛；茎中部的叶柄长2～4cm，上部叶较小，具短柄、无柄至半抱茎。聚伞花序疏散，顶生；花梗细，长1～2cm，被白色柔毛；萼片5，披针形，长5～8mm，顶端急尖，外面被疏短柔毛；花瓣白色，2深裂几达基部，稍长于萼片；雄蕊10，稍短于花瓣；子房长圆形，花柱3，线形。蒴果卵形，长于宿存萼。种子近圆形，直径约1mm，褐色，具疣状凸起。花期5～6月，果期6～7月。

本种在延安主要分布于黄龙，生于海拔1000～1500m的山坡草地。在我国也分布于华北的山西，西北的陕西、甘肃、宁夏，华中的河南等地。日本、俄罗斯（西伯利亚）也有分布。

腺毛繁缕 *Stellaria nemorum*
花枝（王赵钟 摄）

3. 鸡肠繁缕

Stellaria neglecta Weihe ex Bluff et Fingerh., Comp. Fl. Germ. 1: 560. 1825 ; 中国植物志, 26: 103. 1996.

一年生或二年生草本，高30～80cm。茎丛生，淡绿色，被1列柔毛。叶卵形或狭卵形，长1.5～3cm，宽5～13mm，顶端急尖，基部楔形，稍抱茎，边缘基部和两叶基间茎上被长柔毛；叶柄极短或无柄。二歧聚伞花序顶生；花梗细，长1～1.5cm，密被1列柔毛，花后下垂；萼片5，卵状椭圆形至披针形，长3～5mm，顶端急尖，内折，外面密被多细胞腺柔毛，边缘膜质；花瓣5，白色，与萼片近等长，2深裂；雄蕊8～10，稀6，比花瓣稍长；花柱3。蒴果长于宿存萼，卵形，6齿裂，裂齿反卷。种子多数，近扁圆形，直径约1.5mm，褐色，表面疏具圆锥状凸起。花期5～6月，果期6～8月。

本种在延安主要分布于黄龙，生于海拔1300m左右的山坡林下。在我国也分布于东北的黑龙江，华北的内蒙古（东部），西北的陕西、青海、新疆，华东的江苏、浙江、台湾，西南的四川、贵州、云南、西藏等地。俄罗斯、哈萨克斯坦、日本、土耳其及中南欧、北非、北美洲也有分布。

鸡肠繁缕 *Stellaria neglecta*
1.群落（卢元 摄）；2.花（卢元 摄）

4. 繁缕

Stellaria media (L.) Cyr., Ess. Pl. Char. Comm. 36. 1784 ; 中国植物志, 26: 104. 1996.

一年生或二年生草本，高10～30cm。茎柔软，多分枝，被1列毛，稀被2列毛。叶卵形，长1.5～2.5cm，宽1～1.5cm，顶端渐尖或急尖，基部近圆形，全缘；基生叶具长柄，上部叶常无柄或具短柄。聚伞花序顶生，疏散，或单花生于茎下部的叶腋；花梗细弱，长1～2cm，花后伸长，下垂；萼片5，卵状披针形，长约4mm，顶端稍钝，外面被柔毛，边缘膜质；花瓣白色，长椭圆形，比萼片短，2深裂几达基部；雄蕊3～5，短于花瓣；花柱3，线形。蒴果卵形，稍长于宿存萼，顶端6裂。种子圆形，稍扁，红褐色，直径约1mm，表面具半球形瘤状凸起，脊较显著。花期6～7月，果期7～8月。

本种在延安主要分布于安塞、富县、黄龙等地，生于海拔800～1600m的山坡、路旁、田边、荒地，为常见的田间杂草之一。除新疆、黑龙江外，广布全国南北各地，亦为世界广布种。

繁缕 *Stellaria media*
花枝（王赵钟 摄）

喜温和湿润的环境，喜光且稍耐半阴，不耐旱、不耐热，适应性强，种子多、繁殖快。

茎、叶及种子供药用，有抗菌消炎作用。嫩苗可食。全草药用。

5. 箐姑草

Stellaria vestita Kurz. in Journ. Bot. 11: 194. 1873; 中国植物志, 26: 107. 1996.

多年生草本，高60～90cm。茎匍匐，丛生，灰绿色，下部分枝，上部密被星状毛。叶卵状披针形，长2～3.5cm，宽0.8～1.2cm，顶端急尖，基部圆形，稀急狭成短柄状，全缘，两面均被星状毛；叶柄极短或无柄。聚伞花序疏散，具长花序梗，密被星状毛；苞片草质，披针形；花梗长短不等，长1～3cm；萼片5，披针形，长约5mm，顶端急尖，边缘膜质，外面被星状柔毛；花瓣5，短于萼片，2深裂近基部，裂片线形；雄蕊10；花柱3，有时4。蒴果卵形，近等长于宿存萼，6齿裂。种子多数，肾形，长约1.5mm，具疣状凸起。花期4～6月，果期6～8月。

本种在延安主要分布于宜川，生于海拔1200m左右的山坡、山谷、路旁或水边。在我国也分布于华北的河北，西北的陕西、甘肃，华东的福建、江西、山东、台湾，华中各地，华南的广西，西南等地。印度、尼泊尔、不丹、缅甸、越南、菲律宾、印度尼西亚、巴布亚新几内亚也产。

全草供药用，可舒筋活血。

5. 无心菜属 *Arenaria* L.

一年生或多年生草本。茎直立，常丛生，有时铺散或呈垫状。单叶对生，卵形、椭圆形至线形，全缘。花单生，或多数常排成聚伞花序；花5数，稀4数；萼片全缘，稀顶端微凹；花瓣顶端全缘、微凹或齿裂至繸裂；雄蕊10，稀8或5；子房1室，含多数胚珠，花柱3，稀2。蒴果卵形，通常比宿存萼短，裂瓣为花柱的同数或2倍。种子稍扁，肾形或近圆卵形，具疣状凸起，平滑或具狭翅。

本属300余种，分布于亚洲、欧洲及北美洲的温带或寒带。我国有104种12变种4变型，主产于西北、西南等地区。延安仅有1种，主要见于黄陵、洛川等地。

无心菜

Arenaria serpyllifolia L., Sp. Pl. 423. 1753; 中国植物志, 26: 169. 1996.

无心菜 *Arenaria serpyllifolia*
花枝（黎斌 摄）

草本，一年生或二年生，高10～30cm。主根细长，侧根较多而纤细。茎丛生，直立或铺散，密被短柔毛。单叶，对生，无柄，卵形，长4～12mm，宽3～7mm，顶端急尖，基部狭，具缘毛，两面近无毛或疏生柔毛。聚伞花序；苞片卵形，长3～7mm，常密被柔毛；花梗长约1cm，密具柔毛或腺毛；萼片5，披针形，长3～4mm，顶端尖，边缘膜质，外面具柔毛，有显著的3脉；花瓣5，白色，倒卵形，长为萼片的1/3～1/2，顶端钝圆；雄蕊10，短于萼片；子房卵圆形，无毛，花柱3，线形。蒴果卵圆形，等长于宿存萼，顶端6裂。种子小，肾形，表面粗糙，淡褐色。花期6～8月，果期8～9月。

本种在延安主要分布于黄陵、洛川等地，生于海拔900～1200m的山坡草地、荒地、田野。全国南北各地均产。广泛分布于亚洲、欧洲、北非和北美洲的温带地区。

全草入药，可清热解毒。

6. 麦仙翁属 *Agrostemma* L.

一年生草本。茎直立。叶对生，无柄或近无柄，托叶缺。花两性，单生于茎端；花萼卵形或椭圆状卵形，具10条凸起的纵脉，萼裂片5，线形，叶状，常长于萼筒，稀近等长；雌雄蕊柄缺；花瓣5，深紫红色，稀近白色，常短于花萼，爪显著，瓣片微凹缺；副花冠缺；雄蕊10，排成2轮，外轮雄蕊基部与瓣爪合生；子房1室，花柱5，与萼裂片互生。蒴果卵形，5齿裂。种子多数，肾形；胚环形。

本属约3种，原产地中海沿岸。现扩散至欧洲、亚洲（西部和北部）、北非和北美洲。我国有1种，分布东北、西北等地区。延安有1种，分布于宝塔（万花山）。

麦仙翁

Agrostemma githago L., Sp. Pl. 435. 1753; 中国植物志, 26: 267. 1996.

一年生草本；全株密被白色长硬毛。茎单生，直立，高60～90cm，不分枝或上部分枝。叶线形或线状披针形，长4～13cm，宽3～10mm，基部微合生，抱茎，顶端渐尖，中脉明显。花两性，单生枝顶，直径约3cm；花梗长；花萼筒长椭圆状卵形，长12～15mm，开花后稍膨大，萼裂片线形，

麦仙翁 *Agrostemma githago*
1. 花枝（黎斌 摄）；2. 花（黎斌 摄）

叶状，长20～30mm；花瓣紫红色，短于花萼，爪狭楔形，白色，光滑，瓣片倒卵形，微凹缺；雄蕊微外露，花丝无毛；花柱外露，具长毛。蒴果卵形，长12～18mm，稍长于宿存萼筒，裂齿5，外卷。种子长约2mm，不规则卵形或圆肾形，黑色，具棘凸。花期7～8月，果期8～9月。

本种在延安仅分布于宝塔区（万花山），生于海拔900～1100m的麦田中或路旁草地，为田间杂草。在我国分布于东北的黑龙江、吉林、内蒙古（东部），西北的陕西、新疆等地。欧洲、亚洲、非洲北部和北美洲也有分布。

喜光，耐寒，耐干旱，耐贫瘠。

全草药用，治百日咳等症。茎、叶和种子有毒。

7.狗筋蔓属 *Cucubalus* L.

多年生草本。根簇生，稍肉质。茎铺散，多分枝。叶卵形或卵状披针形；托叶缺。花两性，单生，具1对叶状苞片，单生叶腋或排成顶生的疏圆锥花序；花萼宽钟形，果期膨大至半球形，具10条纵脉，萼齿5；雌雄蕊柄极短；花瓣5，白色，爪狭长，瓣片2裂；雄蕊10，2轮排列，外轮5，基部与爪稍合生成短筒状；子房1室，胚珠多数，花柱3，细长。蒴果球形，呈浆果状，后期干燥，薄壳质，不整齐开裂。种子多数，肾形，黑色，具光泽；胚环形。

本属仅1种，广布于欧洲、亚洲。我国分布于东北的辽宁，华北的河北、山西，西北的陕西、宁夏、甘肃、新疆，华东的江苏、安徽、浙江、福建、台湾，华中的河南、湖北，华南的广西，西南等地。延安有1种，分布于宝塔、黄龙、黄陵等地。

狗筋蔓

Cucubalus baccifer L., Sp. Pl. 414. 1753; 中国植物志, 26: 404. 1996.

多年生草本。根簇生，长纺锤形，白色，横断面黄色，稍肉质。茎铺散，常攀附他物，长

狗筋蔓 *Cucubalus baccifer*
1.花（黎斌 摄）；2.果实（黎斌 摄）

50～150cm，被垢状白毛，多分枝。叶卵形、卵圆形，长2～7cm，宽1～3cm，顶端急尖基部渐狭，具缘毛，两面沿脉被毛；叶柄长0.3～0.5mm。花两性；单生叶腋或顶生；花梗细，长4～12mm，被短柔毛；花萼宽钟形，草质，后期膨大呈半圆球形，基部合生，顶端5裂，裂片长约8mm，具缘毛，果期反折；花瓣5，白色，长约15mm，线状匙形，顶端2裂，基部渐狭成长爪，喉部具2鳞片；雄蕊10，不外露，花丝无毛；花柱3，不外露。蒴果圆球形，呈浆果状，直径6～8mm，成熟时薄壳质，黑色，具光泽，不规则开裂。种子肾形，长约1.5mm，黑色，有光泽。花期6～8月，果期7～9月。

本种在延安主要分布于宝塔、黄龙、黄陵、富县等地，生于海拔1100～1500m的山坡林下。在我国也分布于东北的辽宁，华北的河北、山西，西北的陕西、宁夏、甘肃、新疆，华东的江苏、安徽、浙江、福建、台湾，华中的河南、湖北，华南的广西，西南等地。欧洲、朝鲜半岛、日本、俄罗斯、哈萨克斯坦也有分布。

根及全草入药，用于治疗骨折、跌打损伤和风湿关节痛等。

8. 蝇子草属 *Silene* L.

草本，稀半灌木状。茎直立、上升、俯仰或近平卧。叶对生，线形至卵形，近无柄，托叶缺。花两性，稀单性，排成聚伞花序或圆锥花序，稀单生或呈头状花序；花萼筒状、钟形、棒状或卵形，开花后多少膨大，有10、20或30条纵脉，萼脉平行，稀网结状，萼齿5；萼冠间有雌雄蕊柄；花瓣5，白色、淡黄绿色、红色或紫色，瓣爪无毛或具缘毛，上部扩展呈耳状，稀无耳，瓣片外露，稀内藏，平展，2裂，稀全缘或多裂，有时微凹缺；花冠喉部有鳞片状副花冠，稀无；雄蕊10，2轮，外轮5枚较长，与花瓣互生，内轮5枚基部多少与瓣爪合生，花丝光滑或具缘毛；子房基部1、3或5室，胚珠多数；花柱3，稀5（偶4或6）。蒴果顶端6或10齿裂，裂齿数常为花柱数的2倍。种子肾形或圆肾形；种皮表面具短线条纹或小瘤，稀具棘凸，有时平滑；胚环形。

本属约400种，主要分布亚洲、欧洲、北美洲的温带地区，其次为非洲和南美洲。我国有112种2亚种17变种，广布于长江流域和北部各地，以西北和西南地区较多。延安有5种1变种，主要分布于宝塔、延川、宜川、黄陵、富县、安塞、志丹、黄龙等地。

分种检索表

1. 一年生草本；花萼圆锥状，具30条平行脉……………………………………………… 1. 麦瓶草 *S. conoidea*
1. 多年生草本或一、二年生草本；花萼不为圆锥状，通常具10条平行脉或多少网结状……………………2
2. 茎上部和花序梗常有黏液；花萼细管状；花瓣瓣片2深裂，裂片再分裂呈条状 ……… 2. 鹤草 *S. fortunei*
2. 茎上部和花序梗不具黏液；花萼钟形、筒形或卵形；花瓣瓣片2裂，裂片线形或卵形……………………3
3. 多年生草本，叶二型，有基生叶和茎生叶之分；花萼钟形 ……………………………………………4
3. 一年生或二年生草本，叶单型，无基生叶和茎生叶之分；花萼短筒状或卵形 ……………………………5
4. 茎下部被逆向毛；茎生叶线状倒披针形或披针状线形，下面沿中脉被短柔毛；花萼长6～7mm………… ……………………………………………………………………… 3. 石缝蝇子草 *S. foliosa*
4. 茎常密被短柔毛；叶线形，两面均被短柔毛；花萼长约5mm…………………………………………… ……………………………………………… 3a. 小花石缝蝇子草 *S. foliosa* var. *mongolica*
5. 植株多分枝，稀不分枝；叶线状披针形，宽4～8mm，边缘平滑；聚伞花序圆锥状；花瓣通常外露，淡红色，稀白色 …………………………………………………………………… 4. 女娄菜 *S. aprica*

5. 植株通常单生，稀分枝；叶卵状披针形，宽8～25mm，缘毛显著；花序假轮伞总状式；花瓣通常内藏，白色……………………………………………………………………………………5. 坚硬女娄菜 *S. firma*

1. 麦瓶草

Silene conoidea L., Sp. Pl. 418. 1753; 中国植物志, 26: 401. 1996.

一年生草本，高25～60cm；全株被短腺毛。茎常单生，直立。基生叶匙形；茎生叶长圆形或披针形，长5～8cm，宽5～10mm，顶端渐尖，基部渐狭，两面被短柔毛，具缘毛。聚伞花序顶生，具少数花；花直径约2cm；花萼圆锥形，长2～3cm，直径3～4.5mm，绿色，果期基部膨大呈宽卵状，直径1～1.5cm，具30条纵脉，沿脉被短腺毛，萼齿狭披针形，长为花萼1/3或更长，具缘毛；花瓣淡红色，长于花萼，爪狭披针形，长2～2.5cm，光滑，耳三角形，瓣片倒卵形，长约8mm，全缘或微凹缺，有时微啮蚀状；副花冠片狭披针形，长2～2.5mm，白色，顶端有浅齿；雄蕊微外露或不外露，花丝疏生短毛；花柱微外露。蒴果卵形，长约1.5cm，顶端6齿裂。种子肾形，暗褐色，具疣状突起。花期5月，果期6～7月。

本种在延安分布于黄龙、洛川、富县等地，常生于海拔1600m以下的麦田中。除华南外，我国南北各地均有分布。广布于亚洲、欧洲和非洲。

全草药用，有止血、调经活血的功效。

麦瓶草 *Silene conoidea*
花（黎斌 摄）

2. 鹤草

Silene fortunei Vis. in Linnaea 24: 181. 1851; 中国植物志, 26: 283. 1996.

多年生草本，高50～100cm。根粗壮，木质化。茎丛生，直立，多分枝，被柔毛，上部常分泌黏液。基生叶匙状倒披针形，茎中上部叶披针形，长3～8cm，宽2～12mm，顶端急尖，基部渐狭成柄，具缘毛。聚伞花序顶生；花序梗常有黏液，花梗细，长1～2cm；苞片线形，叶状；花萼细管状，长 2～2.5cm，无毛，果期上部微膨大呈筒状棒形，常具10条紫红色的纵脉，萼齿三角状卵形，顶端圆钝，边缘膜质，具短缘毛；雌雄蕊柄无毛，果期长10～15mm；花瓣淡红色或近白色，爪微露出花萼，倒披针形，长10～15mm，无毛，瓣片平展，轮廓楔状倒卵形，长约15mm，2深裂，每裂片再呈撕裂状条裂；副花冠片小，舌状；雄蕊微外露，花丝无毛；花柱微外露。蒴果长圆形，长12～15mm，比宿存萼短或近等长。种子圆肾形，深褐色，具疣状突起。花期7～8月，果期9～10月。

本种在延安主要分布于黄龙、黄陵、富县等地，生于海拔850～1400m的山坡灌丛、林下、草地、沟边。在我国分布于华北的山西、河北，西北的陕西、甘肃、宁夏，华东的江苏、浙江、安徽、福建、江西、山东、台湾，华中的河南、湖北，西南的四川、重庆等地。

喜光，抗旱、耐寒也耐热。

全草入药，有清热利湿、解毒消肿的功效。

鹤草 *Silene fortunei*
1. 开花植株（黎斌 摄）；2. 花（黎斌 摄）

3. 石缝蝇子草

Silene foliosa Maxim. in Mem. Acad. Sci. St. Petersb. Sav. Etrang. 9: 53 (Prim. Fl. Amur.) 1859; 中国植物志, 26: 296. 1996.

多年生草本，高25～50cm。根粗壮，木质化。茎直立，丛生，纤细，下部有倒向毛。基生叶在花期枯萎；茎生叶近无柄，披针状线形或线状倒披针形，长3～5cm，宽2～5mm，先端渐尖，基部渐狭，下面沿中脉具短柔毛，具短缘毛。花序总状圆锥式；花梗长4～6mm，有黏质；苞片披针状线形，边缘膜质且具缘毛；花萼狭钟形，长6～7mm，光滑，具10脉，果期上部膨大，萼齿5，宽三角状卵形，先端钝，边缘膜质且具缘毛；雌雄蕊柄长约2mm，被微柔毛；花瓣5，白色，比花萼长约1倍，爪倒披针形，光滑，瓣片2深裂，裂片线形，顶端钝，瓣片与爪之间具2小瘤；副花冠片乳头状；雄蕊明显外露，花丝光滑；花柱3，明显外露。蒴果长圆状卵形，长5～7mm，顶端6齿裂。种子肾形，灰褐色，具条形低凸起。花期7～8月，果期9月。

本种在延安主要分布于志丹、富县等地，生于海拔1200～1400m的山坡草地或山谷林下。在我国也分布于东北的黑龙江，华北的河北、山西，西北的陕西、宁夏、甘肃等地。日本、朝鲜半岛、俄罗斯（远东地区）也有分布。

3a. 小花石缝蝇子草（变种）

Silene foliosa Maxim. var. ***mongolica*** Maxim., Enum. Pl. Mongol. 1: 91. 1889; 中国植物志, 26: 298. 1996.

本变种与原变种的区别在于茎纤细，常密被短柔毛；叶线形，两面均被短柔毛；花萼小，长约5mm。花期7～8月，果期8～9月。

本种在延安主要分布于安塞，生于海拔1300～1400m的山坡草地。该变种特产于我国，也分布于华北的山西、内蒙古（中部），西北的陕西、甘肃、宁夏等地。

4. 女娄菜

Silene aprica Turcz. ex Fisch. et Mey. in Ind. 1, Sem. Hort. Petrop. 38. 1835; 中国植物志, 26: 341. 1996.

一年生或二年生草本，高30～70cm；全株密被灰色短柔毛。茎基部多分枝，直立或稍铺散。叶长4～7cm，宽4～8mm，顶端急尖基部渐狭合生成短鞘。聚伞花序顶生或腋生，圆锥状；苞片披针形，渐尖，具缘毛；花梗长0.5～4cm；花萼卵形，长8～10mm，密被短柔毛，果期长达12mm，具10纵脉，萼齿5，三角状披针形，边缘膜质，具缘毛；花瓣5，淡红色，稀白色，倒披针形，长7～9mm，微露出花萼或与花萼近等长，爪具缘毛，瓣片倒卵形，2裂；副花冠片舌状；雄蕊不外露，花丝基部具缘毛；花柱3，不外露，基部具短毛。蒴果椭圆形，与宿存萼近等长。种子细小，黑褐色，具小瘤。花期6～7月，果期7～8月。

本种在延安主要分布于志丹、黄陵、富县、黄龙等地，生于海拔1000～1600m的山坡、灌丛、麦田、草地、林下、河岸。我国南北各地均有分布。朝鲜半岛、日本、蒙古、俄罗斯（西伯利亚和远东地区）也有分布。

全草入药，治乳汁少、体虚浮肿等。

女娄菜 *Silene aprica*
花及花序（黎斌 摄）

5. 坚硬女娄菜

Silene firma Sieb. et Zucc. in Abh. Math. -Phys. Acad. Wiss. Muench. 4(2): 166. 1843; 中国植物志, 26: 340. 2000.

一年生或二年生草本，高50～100cm；全株无毛，有时仅基部被短毛。茎单生或疏丛生，粗壮，直立，有时下部暗紫色。叶卵状倒披针形，长3～10cm，宽8～25mm，具缘毛。聚伞花序顶生，呈总状，腋生成簇；花梗长1～4cm，直立；苞片狭披针形；花萼卵状钟形长约1cm，无毛，果期微膨大，外面具10条紫色或绿色的脉纹，萼齿5，狭三角形，具缘毛；雌雄蕊柄极短或近无；花瓣白色，不露出花萼，爪倒披针形，无耳，瓣片轮廓倒卵形，2裂；副花冠片小，具不明显齿；雄蕊内藏，花丝无毛；花柱3，线形，不外露。蒴果长卵形，比宿存萼稍短。种子肾形，褐色，具尖疣状突起。花期6～7月，果期7～8月。

本种在延安主要分布于宝塔、延川、宜川、黄陵、富县、黄龙等地，生于海拔950～1600m的山坡、灌丛、草地、林下。在我国也分布于的东北各地，华北各地，华中各地，华东各地及西北的陕西、甘肃、青海等地。朝鲜半岛、日本和俄罗斯（远东地区）也有分布。

坚硬女娄菜 *Silene firma*
1. 开花植株（黎斌 摄）；2. 果实（黎斌 摄）

9. 麦蓝菜属 *Vaccaria* Medic.

一年生草本，全株无毛，呈灰绿色。茎直立，上部叉状分枝。叶对生，卵状披针形，基部合生，中脉明显；无叶柄，无托叶。花两性，排列成伞房花序或圆锥花序；花萼卵形或长圆形，具5条翅状棱，花后下部膨大，萼齿5；花瓣5，淡红色，微凹缺或全缘，具长爪，喉部无鳞片；雄蕊10，通常不外露；子房1室，具多数胚珠，花柱2。蒴果卵形，包藏于鼓胀的宿存萼筒内，顶端4齿裂。种子多数，近球形。

本属约4种，产欧洲、亚洲（西部和北部）的温带地区。我国有1种，除华南外，全国各地均产。延安有1种，见于甘泉、宜川、黄龙等地。

麦蓝菜

Vaccaria hispanica (Mill.) Rauschert, Sp. Pl. 409. 1753; 中国植物志, 26: 405. 1996.

一年生草本，高30～70cm；全株无毛，微被白粉，呈灰绿色。茎直立，上部分枝。叶无柄，卵状披针形至椭圆形，长5～6cm，宽1.5～2.5cm，顶端渐尖，基部圆形或近心形，微抱茎，具3基出脉。花两性；伞房花序顶生，花多数；花梗长1～4cm；苞片披针形，着生花梗中上部；萼筒卵形，长10～15mm，直径5～10mm，花后基部膨大，具5棱，棱绿色，棱间淡绿色，萼齿小，三角形，顶端急尖，边缘膜质；花瓣5，淡红色，长14～17mm，宽2～3mm，基部具爪，爪狭楔形，淡绿色，瓣片狭倒卵形，斜展或平展，微凹缺，顶端边缘具不整齐的小齿；雄蕊10，内藏；花柱2，线形，微外露。蒴果卵形，长8～10mm，包藏于宿存萼筒内，外面具5翅状棱。种子近球形，直径约2mm，红褐色至黑色，具粒状凸起。花期5～7月，果期6～8月。

本种在延安主要分布于甘泉、宜川、黄龙、黄陵、富县等地，生于海拔1500m以下的草坡、撂荒地或麦田中，为麦田常见杂草之一。除华南外，全国各地均产。也广布于欧洲、亚洲。

喜光，耐寒，畏热，喜凉爽、湿润气候，忌低洼积水，对土壤要求不严。

种子入药，有消肿、止痛、行血、通经、催乳的功效。

麦蓝菜 *Vaccaria hispanica*
1. 开花植株（黎斌 摄）；2. 花（王赵钟 摄）

10. 石竹属 *Dianthus* L.

草本，多年生，稀一年生。根有时木质化。茎常丛生，圆柱形，有时具棱，有关节，节处膨大。叶线形或披针形，基部微合生。花红色、粉红色、紫色或白色，单生或排成聚伞花序，有时簇生成头状，外有总苞片；花萼圆筒状，5齿裂，基部贴生1～4对苞片；花瓣5，具长爪，瓣片边缘具齿或縫状细裂，稀全缘；雄蕊10；花柱2，子房1室，具多数胚珠，有较长的子房柄。蒴果圆筒形或长圆形，顶端4齿裂或瓣裂。种子多数，圆形或盾状；胚直生，胚乳常偏于一侧。

本属约600种，大部分产于欧洲和亚洲，少数产于美洲和非洲。我国有16种及10变种，多分布于东北、华北、西北的草原和山区草地，多生于干燥向阳处。延安仅有1种，分布于宝塔、甘泉、宜川、黄龙、黄陵、洛川、富县等地。

本属有不少栽培种类是很好的观赏花卉，也有少数种类可入药。

石竹

Dianthus chinensis L., Sp. Pl. 411. 1753; 中国植物志, 26: 414. 1996.

多年生草本，高30～50cm；全株无毛，带粉绿色。茎疏丛生，直立，上部分枝。叶线状披针形，长3～5cm，宽2～4mm，先端渐尖，基部稍狭，全缘或具细齿，中脉较明显。花单生枝端，或数花排列成聚伞花序；花梗长1～3cm；苞片4，卵形，先端长渐尖，长约为花萼1/2以上，边缘膜质且具缘毛；花萼圆筒形，长1.5～2.5cm，直径4～5mm，具纵条纹，萼齿披针形，长约5mm，先端尖，具缘毛；花瓣长1.6～1.8cm，瓣片倒卵状三角形，紫红色、粉红色、鲜红色或白色，先端边缘具不规则的齿裂，喉部有斑纹，疏生髯毛；雄蕊露出喉部外，花药蓝色；子房长圆形，花柱线形。蒴果圆筒形，包于宿存萼筒内，顶端4裂。种子黑色，扁圆形。花期5～6月，果期7～9月。

本种在延安主要分布于宝塔、甘泉、宜川、黄龙、黄陵、洛川、富县等地，生于海拔900～1500m的山坡、草地、灌丛。原产我国北方，现分布几遍全国各地。俄罗斯（西伯利亚）、朝鲜半岛也有分布。

喜阳光充足、干燥、通风及凉爽湿润的气候，耐寒、耐干旱，不耐酷暑高温，忌水涝，喜生于

石竹 *Dianthus chinensis*
1. 开花植株（王赵钟 摄）；2. 花（黎斌 摄）

肥沃、疏松、排水良好及含石灰质的壤土或沙质壤土中。现已广泛栽培，培育出许多品种，是很好的观赏花卉。

根和全草入药，有清热利尿、破血通经、散瘀消肿等功效。

11. 石头花属 *Gypsophila* L.

草本。茎常丛生，直立或铺散，有时具白粉，无毛或被腺毛，基部有时木质化。叶对生，披针形、长圆形、卵形、匙形或线形。花两性，较小，多数排列成二歧聚伞花序，有时伞房状或圆锥状，或密集成近头状；苞片干膜质，稀叶状；花萼钟形或漏斗状，稀筒状，具5条纵脉，脉间白色，稀无白色间隔，光滑或被微毛，顶端5齿裂；花瓣5，白色或粉红色，有时具紫色脉纹，长圆形或倒卵形，比花萼长，先端圆、平截或微凹，基部常楔形；雄蕊10，花丝基部稍宽；花柱2，子房球形或卵球形，1室，无柄，胚珠多数。蒴果球形、卵球形或长圆形，4瓣裂。种子扁圆肾形，有疣状凸起；种脐侧生；胚环形，围绕胚乳。

本属约150种，主要分布亚洲、欧洲的温带地区，极少数分布于北美洲、北非及大洋洲。我国有18种1变种，其中栽培1种，主要分布东北、华北和西北。延安有1种，见于安塞、吴起等地。

细叶石头花

Gypsophila licentiana Hand.-Mazz. in Oesterr. Bot. Zeitschr. 82: 245. 1933; 中国植物志, 26: 440. 1996.

多年生草本，高30～50cm。茎纤细，光滑，上部分枝。叶对生，线形，长1～3cm，宽约1mm，顶端具短尖头，边缘粗糙，基部连合成短鞘。花两性，小；聚伞花序顶生，花较密集；花梗长2～3mm，稀长达10mm；苞片三角形，长约1.5mm，先端渐尖，具白色膜质边缘，有短缘毛；花萼狭钟形，长2～3mm，具5条绿色或带深紫色的脉，脉间白色，膜质，萼齿5，卵形，渐尖；花瓣白色，三角状楔形，长为萼的1.5～2倍，宽约1mm，顶端微凹；雄蕊短于花瓣，花丝线形，不等长，花药小，球形；子房卵球形，花柱等长于花瓣。蒴果略长于宿存萼；种子圆肾形，细小，具疣状凸起。花期7～8月，果期8～10月。

本种在延安主要分布于安塞、吴起等地，生于海拔900～1400m的山坡草地、黄土沟底、沙滩。在我国分布于华北的河北、山西、内蒙古（中部）和西北等地。

细叶石头花 *Gypsophila licentiana*
1.群落（马宝有 摄）；2.花（马宝有 摄）

35 毛茛科

Ranunculaceae

本科编者：西北农林科技大学　吴振海、赵亮、李琰
中国科学院植物研究所　刘冰

一年生、多年生草本，木质藤本或灌木。叶基生或茎生，互生或对生；单叶或复叶，掌状分裂或羽状分裂；叶脉掌状，偶尔羽状。花两性，稀单性，整齐或不整齐，雌雄同株或异株，辐射对称，稀为两侧对称，单生或为聚伞花序或总状花序；萼片4～5或更多，或较少，呈花瓣状，在蕾期作镊合状或覆瓦状排列；花瓣4～5或更多，有些有距或具蜜腺（蜜叶）；雄蕊螺旋状排列，多数，离生，花药2室，纵裂；心皮1至多数，螺旋状排列，离生或合生；胚珠倒生，1至多数，花柱和柱头单一。果实为蓇葖果、瘦果、浆果或蒴果；长花柱宿存。种子的胚乳丰富、多肉，胚较小。

本科约有61属2530种，广布于世界各洲，主要分布于欧洲、亚洲及北美洲的温带地区。我国有39属936种，全国各地均有分布。

延安分布的毛茛科植物有15属38种9变种2变型，主要分布于延安南部的黄龙山和子午岭林区。

本科植物适应性强，有些种类喜生于干旱环境，有些种类喜生于湿润环境，大多数种类喜生于中生环境；生态环境多种多样，林内、林缘、灌木丛、草甸及沼泽地均能正常生长。

本科多种植物属于药用、土农药和观赏植物。常见的药用植物主要有乌头、牡丹、芍药、驴蹄草、毛茛、升麻、类叶升麻、白头翁等种类；乌头、驴蹄草和毛茛还属于有毒植物，可作土农药，防治一些农作物的病虫害；此外，牡丹、芍药、乌头也是著名的花卉，可供观赏；华北耧斗菜以及铁线莲属若干种类可作为观赏植物引种栽培。

分属检索表

1. 子房有数颗或多数胚珠；果为蓇葖果……2
1. 子房仅有1胚珠；果实为瘦果……10
2. 花较大，直径通常在10cm以上；雄蕊离心发育；有花盘；果皮革质……1. 芍药属 *Paeonia*
2. 花较小，直径通常在6cm以下；雄蕊向心发育；无花盘；果皮膜质、纸质或肉质……3
3. 花两侧对称；总状花序，花梗具一对小苞片……4
3. 花辐射对称；单歧聚伞花序，如为总状花序时，小苞片不存在……6
4. 上萼片无距；花瓣有爪……5. 乌头属 *Aconitum*
4. 上萼片有距；花瓣无爪……5
5. 退化雄蕊2，有爪；花瓣2，分生；心皮3～7……6. 翠雀属 *Delphinium*
5. 无退化雄蕊；花瓣2，合生；心皮1……7. 飞燕草属 *Consolida*
6. 花多数组成圆锥花序或总状花序……7
6. 花单生于茎端或少数组成单歧聚伞花序……8
7. 基生叶正常，不呈鳞片状；花序细长，花梗短或近无；无花瓣，外轮雄蕊退化；心皮1～8；蓇葖果椭圆形至倒卵状椭圆形……3. 升麻属 *Cimicifuga*

7. 基生叶鳞片状；花序短；花梗较长；有花瓣，无退化雄蕊；心皮1；浆果近球形……………………………4. 类叶升麻属 *Actaea*
8. 叶为单叶……………………………2. 驴蹄草属 *Caltha*
8. 叶为一至三回三出复叶……………………………9
9. 花序为单歧或二歧聚伞花序；有退化雄蕊；心皮5……………………………9. 耧斗菜属 *Aquilegia*
9. 花序为单歧聚伞花序；无退化雄蕊；心皮6～10……………………………8. 蓝堇草属 *Leptopyrum*
10. 花序有总苞……………………………11
10. 花序无总苞……………………………12
11. 宿存花柱羽毛状……………………………12. 白头翁属 *Pulsatilla*
11. 宿存花柱呈喙状……………………………11. 银莲花属 *Anemone*
12. 无花瓣……………………………13
12. 有花瓣……………………………14
13. 萼片镊合状；花柱伸长，羽毛状；茎生叶对生……………………………13. 铁线莲属 *Clematis*
13. 萼片覆瓦状；花柱不伸长，非羽毛状；茎生叶互生……………………………10. 唐松草属 *Thalictrum*
14. 一年生或多年生草本；茎直立，很少匍匐；瘦果无纵肋……………………………14. 毛茛属 *Ranunculus*
14. 多年生草本；茎匍匐；瘦果具纵肋……………………………15. 碱毛茛属 *Halerpestes*

1. 芍药属 *Paeonia* L.

本属编者：西北农林科技大学　吴振海

灌木、亚灌木或多年生草本。根圆柱形或具纺锤形块根。叶二回三出复叶，互生，纸质，稀革质，小叶全缘或深裂。花单一或数朵，大型，两性，顶生或腋生；苞片2～6，叶状；萼片3～5，稀3、4或6，绿色，覆瓦状排列；花瓣5～13（栽培种常为重瓣），紫红色、红色、黄色或白色；雄蕊多数，短于花瓣，花丝狭线形，花药黄色，纵裂；花盘革质或肉质，全包、半包或仅包裹心皮的基部；心皮2～3个，或更多，离生；花柱短，柱头扁平，向外反卷；胚珠多数，沿心皮腹缝线排成2行。蓇葖果有种子数颗，沿心皮的腹缝线开裂。种子大，假种皮厚，有光泽。

本属约有30种，分布于欧、亚大陆温带地区及非洲西北部、北美西部。我国产15种，多分布于西南和西北各地，东北、华北以及长江两岸各地亦有少数种类分布。延安产5种，主要分布于劳山、子午岭和黄龙山。

本属植物大多数种类属于阴生和中生植物，生长于林内和林缘，干旱环境下较少生长。

本属的牡丹和芍药是著名的观赏植物，其根、根皮也是我国的主要药材之一，具有镇痉、止痛、凉血散瘀的功效。

分种检索表

1. 灌木或亚灌木；花盘发达，革质或肉质，包裹心皮达1/3以上……………………………2
1. 多年生草本；花盘不发达，肉质，仅包裹心皮基部……………………………4
2. 羽状复叶，小叶多于9枚……………………………3. 紫斑牡丹 *P. rockii*
2. 二回三出复叶，小叶通常为9枚……………………………3
3. 小叶长卵形或卵形，背面无毛，顶生小叶3深裂，侧生小叶2～3裂，有时全缘，裂片顶端急尖……………………………1. 牡丹 *P. suffruticosa*

3. 小叶卵圆形，背面有毛，3深裂，裂片再裂，裂片顶端圆钝到急尖……………… 2. 矮牡丹 *P. jishanensis*

4. 小叶9枚，全缘 …………………………………………………………………………………… 4. 草芍药 *P. obovata*

4. 小叶多于9枚，边缘具骨质细齿 ………………………………………………………………… 5. 芍药 *P. lactiflora*

1. 牡丹

Paeonia suffruticosa Andrews in Bot. Rep. 6: t. 373. 1804; 中国植物志, 27: 41. 1979.

落叶小灌木，高达1.5m；分枝粗短。叶具长柄，为二回三出复叶；小叶片长4.5～8cm，宽2.5～7cm，倒卵形至宽椭圆形，两面无毛，三深裂，侧生小叶近无柄，顶生小叶具柄，柄长1～2cm。花单生于枝顶，直径10～17cm；萼片绿色，5枚；花瓣5～11枚，白色、粉红色、红色或玫瑰色，倒卵形，长5～8cm，宽4～6cm，顶端呈不规则的波状，基部宽楔形；雄蕊多数，长1～1.7cm；花盘革质，杯状，紫红色；心皮5个，密被淡褐色毛。蓇葖果长圆形，密被黄褐色硬毛。花期4～5月，果期8月。

本种在延安各公园、庭院多有栽培，供观赏；全国各地广为栽培，并早已引种国外。

牡丹喜光，耐寒，抗旱，生长非常缓慢，对土壤要求不严，但以排水良好的沙壤土最为适宜。牡丹根皮味甜，易受虫害。种子忌干燥，宜湿藏或采后即播。

根皮入药，称“丹皮”，具有清热凉血、活血散瘀的功效。牡丹花大艳丽，各地均作为庭院观赏植物栽培，是中国的国花，花中之王。

牡丹 *Paeonia suffruticosa*

1. 植株（曹旭平 摄）；2. 花（吴振海 摄）；3. 果实（曹旭平 摄）

2. 矮牡丹

Paeonia jishanensis T. Hong & W. Z. Zhao in T. Hong & al., Bull. Bot. Res., Harbin 12: 225. 1992; Flora of China, 6: 128. 2001.

落叶小灌木，高达1.8m。叶为二回三出复叶；小叶片卵圆形或近圆形，长4～6cm，宽3.5～4.5cm，叶背面与叶轴均生短柔毛，三深裂至中部，裂片再3浅裂。花大，单生于茎顶，直径10～16cm；萼片4～5，绿色，宽卵形；花瓣倒卵形，5～11，白色，基部或边缘偶尔淡粉红色，长4～7cm，宽4～6cm，顶端形状不规则，基部宽楔形；雄蕊多数，长约2.1cm；花盘革质，红紫色；心皮5个，密被毛；柱头红色。蓇葖果长圆形，密被黄褐色粗硬毛。花期4～5月，果期8月。

本种在延安宝塔万花山有野生，公园、庭院多有栽培，生于海拔1000～1450m的林下或灌丛。在我国分布于华北的山西，西北的陕西和华中的河南等地。

矮牡丹属于中性植物，喜生半阴半阳的环境，易形成稀疏群落。

花美丽，可作观赏植物；根粗厚，可作水土保持植物。

本种在《中国植物志》(27:41. 1979)上的学名为*Paeonia suffruticosa* Andr. var. *spontanea* Rehd.

矮牡丹 *Paeonia jishanensis*
1.群落（蒋鸿 摄）; 2.叶和果实（蒋鸿 摄）; 3.植株（吴振海 摄）

3. 紫斑牡丹

Paeonia rockii (S. G. Haw & Lauener) T. Hong & J. J. Li in T. Hong & al., Bull. Bot. Res., Harbin 12: 227. 1992; Flora of China, 6: 129. 2001.

落叶小灌木，高40～180cm。茎直立，圆柱形。叶为二至三回羽状复叶，具长柄，卵圆形；小叶披针形或卵状披针形，全缘，或者小叶卵形或卵圆形，浅裂；小叶长2～11cm，宽1.5～4.5cm，表面无毛，背面沿脉有毛。花单生，直径13～19cm；苞片3枚，叶状；萼片3～4，黄绿色，几近圆形，长3～4cm，宽2～3cm；花瓣白色，宽倒卵形，约10枚，腹面基部具紫色大斑块，长5.5～9.5cm，宽4.5～8cm；雄蕊长1.8～2.5cm，黄色，花药长6～8mm，长圆形；花盘包被子房，果期开裂成瓣；心皮5～6个，子房密被黄色短硬毛。蓇葖果长2～3.5cm，直径约1.5cm。花期4～5月，果期8月。

本种主要分布于延安宝塔万花山、富县、黄陵和黄龙，生于海拔1037～1138m的山地疏林下。在我国分布于西北的陕西、甘肃，华中的河南、湖北等地。

紫斑牡丹性喜阴凉，常在林下生长良好；人工栽培于空旷环境，生长较为健壮。

花美丽，可作观赏植物；根粗厚，可作水土保持植物。

本种在《中国植物志》(27:45, 1979)上的学名为*Paeonia suffruticosa* Andr. var. *papaveracea* (Andr.) Kerner。

紫斑牡丹 *Paeonia rockii*
1.植株（吴振海 摄）；2.花（吴振海 摄）；3.果实（吴振海 摄）

4. 草芍药

Paeonia obovata Maxim. in Mem. Acad. Sci. St-Petersb. 9: 29. 1859; 中国植物志, 27: 48. 1979.

多年生草本，高25～65cm。根粗壮。茎圆柱形。叶为二回三出复叶；顶生小叶倒卵形，侧生小叶椭圆形，长3～13cm，宽2～9cm，先端短锐尖，基部楔形；叶柄长4～10cm，顶生小叶柄长约2.5cm，侧生小叶柄长约4mm。花红色，单生茎顶，直径6～9cm；萼片淡绿色，宽卵形，3～5枚，长1.2～1.5cm；花瓣倒卵形，5～7枚，长3.5～5.5cm，宽2～2.5cm；雄蕊多数，长约1.2cm，花丝淡红色，花药长圆形；花盘包裹心皮基部；心皮2～4枚。蓇葖果红色，卵圆形，成熟时果瓣反卷。花期5～6月，果期7～9月。

本种在延安主要分布于富县、黄龙和黄陵，生于海拔1299～1620m间的山地林下或灌丛。在我国分布于东北各地，华北各地，西北的陕西、宁夏、甘肃、青海，华东的浙江、安徽、江西，华中，西南的四川、贵州等地。日本、朝鲜及俄罗斯远东地区也有分布。

草芍药属于喜阴植物，林下生长良好。根粗厚，喜生于腐殖质含量丰富的土壤中。

优良的观赏植物和水土保持植物。

草芍药 *Paeonia obovata*
植株（吴振海 摄）

5. 芍药

Paeonia lactiflora Pall. Reise, 3: 286. 1776; 中国植物志, 27: 51. 1979.

多年生草本，高30～70cm。根粗壮，圆柱形。茎圆柱形，光滑。茎生叶为二回三出羽状复叶或三出复叶；小叶披针形、椭圆形或狭卵形，基部楔形或偏斜，边缘具白色骨质细齿。花数朵，顶生和腋生，有时仅顶生1朵开放，直径7.5～12.5cm；苞片4～5，大小不等，披针形；萼片3～4，宽卵形或近圆形，长1～1.5cm，宽1～1.7cm；花瓣倒卵形，9～13枚，长3.5～6cm，白色，偶尔基部有深紫色斑块；花丝长0.7～1.2cm，黄色；花盘包裹心皮基部；心皮2～5枚。蓇葖长约3cm，直径约1.5cm，顶端具喙。花期5～6月，果期8月。

本种在延安各地均有栽培。在我国分布于东北各地，华北的河北、内蒙古（中部）、山西，西北的陕西、宁夏、甘肃等地。国外主要分布于俄罗斯远东地区、蒙古、日本和朝鲜等。

芍药喜光，空旷地带生长良好。

根入药，称“白芍”，具有养血调经、平肝止痛、敛阴止汗的功效。花美丽，为优良的观赏植物。

芍药 *Paeonia lactiflora*
1. 花枝（曹旭平 摄）；2. 果实（曹旭平 摄）

2. 驴蹄草属 *Caltha* L.

本属编者：中国科学院植物研究所 刘冰

多年生草本。根须状。茎不分枝或具少数分枝。叶为单叶，圆形或肾形，基生或茎生。花单朵或2朵或较多朵组成聚伞花序，黄色或淡红色，两性，辐射对称；萼片5～9，花瓣状；花瓣无；雄蕊多数，花药椭圆形，花丝狭线形；心皮数个至多数，呈簇生状；胚珠多数，呈二列生于子房腹缝线上。蓇葖果开裂。种子多数，椭圆状球形，种皮光滑或具少数纵皱纹。

本属约有15种，分布于欧洲、亚洲、北美洲、南美洲的温带或寒温带地区。我国有4种，分布于东北，华北的内蒙古（中部）、河北、山西，西北的陕西、甘肃、青海、新疆，华东的山东、浙江，西南的四川、云南、西藏。延安产1种，分布于南部子午岭林区。

驴蹄草属植物喜生于中生和湿生环境，干旱环境生长不良。

本属植物有些种类如驴蹄草，其花美丽，可作观赏植物。

驴蹄草

Caltha palustris L., Sp. Pl. 2: 789. 1753; 中国植物志, 27: 61. 1979.

多年生草本，植株无毛。具多数肉质须根。茎高达50cm。基生叶有长柄，叶片长3～6cm，宽

驴蹄草 *Caltha palustris*
1.植株（吴振海 摄）；2.花（吴振海 摄）

5～9cm，肾形，基部心形，边缘波状，具牙齿；茎生叶肾形或三角状卵形，具较短的柄。单歧聚伞花序，常具花2朵；花梗长3～9cm；苞片三角状卵形；花金黄色，直径2～3cm；萼片5，倒卵形，长1～2cm，宽6～12mm，顶端圆形；雄蕊多数，长4～8mm，花丝细长，花药长圆形；心皮通常6；花柱短。蓇葖果狭倒卵形，长8～10mm，具横脉。种子长圆形，黑色，有光泽。花期5～8月，果期7～9月。

本种在延安主要分布于黄陵，生于海拔1248m的山地林下。分布于华北各地，西北的陕西、宁夏、甘肃、新疆，华东的浙江，华中的河南，西南等地。广布于欧洲、亚洲、北美洲的温带和寒温带地区。

驴蹄草喜欢湿润环境，河流两岸潮湿处生长良好。种子多，易发芽，容易形成聚集分布。

全草有毒，可制土农药；全草药用，具有祛风散寒的功效。

3.升麻属 *Cimicifuga* L.

本属编者：西北农林科技大学　李琰

多年生高大草本。具粗壮的根状茎，被多数须根。茎直立，单一或分枝。叶大型，基生和茎生，羽状复叶或三出复叶。花白色或紫红色，单性或两性，排列成总状、穗状或圆锥花序。萼片花瓣状，4～5，早落；无花瓣；雄蕊多数，最外面一轮雄蕊退化，椭圆形或近圆形，具2不育花药；心皮1～8个，有胚珠多颗。蓇葖果椭圆形至倒卵状椭圆形，顶端具喙。种子椭圆形至狭椭圆形，黄褐色，通常四周具膜质鳞翅。

本属约18种，分布于欧洲、亚洲和北美洲的温带地区。我国有8种，分布于东北各地，华北的内蒙古（中部）、河北、山西，西北的陕西、甘肃、青海，华东的浙江、安徽、台湾，华中的河南、湖北、湖南，华南的广东，西南的四川、贵州、云南、西藏。延安产1种，分布于南部黄龙山和子午岭。

升麻属植物属于中生和阴生植物，喜生于林内和林缘。

有些种类如升麻，其花序雪白色，可作观赏植物。

升麻

Cimicifuga foetida L. Syst. Not. ed. 12, 2: 659. 1767; 中国植物志, 27: 101. 1979.

根状茎粗壮。茎高40～200cm。叶为二至三回三出羽状复叶；茎下部叶片三角形，宽达30cm，

升麻 *Cimicifuga foetida*
1.植株（吴振海 摄）；2.花序片段（吴振海 摄）；3.根茎（吴振海 摄）；4.果实（吴振海 摄）

顶生小叶菱形，常浅裂，长4.5～10cm，侧生小叶斜卵形，较顶生小叶稍小，叶柄长达15cm；茎上部叶较小，一至二回三出羽状复叶。花序圆锥状，长20～45cm，具分枝3～20个，序轴和花梗密被短毛；苞片钻状，短于花梗；花两性，萼片5，花瓣状，白色或绿白色，椭圆形或倒卵形，长3～4mm；退化雄蕊宽椭圆形，长约3mm，顶端近膜质，全缘或稍凹入；雄蕊长4～7mm，花药黄色或黄白色；心皮2～5，密被短柔毛。蓇葖长圆形，长8～14mm，宽2.5～5mm，基部渐狭成长2～3mm的柄。种子椭圆形，长2.5～3mm，边缘有淡褐色的翅。花期7～9月，果期8～10月。

本种在延安主要分布于富县、黄龙和黄陵，生于海拔1000～1500m的山地林下或灌丛。在我国分布于华北的山西，西北的陕西、甘肃、青海，华中的河南，西南的四川、云南、西藏。

升麻属于适应性强，各种生境均能生长。果实多，种子不易发芽，多零散分布。

根茎入药，具有发表透疹、清热解毒、升益阳气的功效。

4. 类叶升麻属 *Actaea* L.

本属编者：中国科学院植物研究所　刘冰

多年生草本。根状茎生多数须根。茎单一。基生叶鳞片状，茎生叶大形，为二至三回三出复叶，互生，具长柄；小叶卵状披针形或卵形。花序总状；花辐射对称；萼片花瓣状，3～5枚，白色，早落性；花瓣匙状，小，1～6枚，黄色，有长爪；雄蕊多数，花药卵圆形，花丝细丝状；心皮1个，无毛，胚珠少数至多颗。果实黑色、红色或白色，浆果。种子具三棱，卵形，干后表面稍粗糙。

本属约有8种，分布于欧洲、亚洲和北美洲温带地区。我国有2种，分布于东北、华北、西北、西南等地。延安产1种，分布于南部黄龙山。

本属植物喜阴，多见于林下，很少见于林缘。

类叶升麻果实幼嫩时绿色，成熟时红色，熟透时黑色，可作观赏植物。

类叶升麻

Actaea asiatica Hara in Journ. Jap. Bot. 15: 313. 1939; 中国植物志, 27: 103. 1979.

根状茎横走，生多数细长根。茎不分枝，高30～80cm，中部以上被白短柔毛。叶2～3枚，茎下部的叶为三回三出羽状复叶；叶片三角形，宽达27cm；顶生小叶片卵形至菱形，长3～8.5cm，宽2～8cm，3深裂至全裂，侧生小叶卵形至斜卵形；茎上部的叶和茎下部的叶形相似但较小。花序长

类叶升麻 ***Actaea asiatica***
1.植株（吴振海 摄）；2.花序（吴振海 摄）；3.果实（吴振海 摄）；4.根（吴振海 摄）

2～4cm，序轴和总花梗密被短柔毛；苞片长约2mm；花梗长5～8mm；萼片白色，倒卵形，长约2.5mm；花瓣匙形，长2～2.5mm，下部渐狭成爪；花药长0.7mm，花丝长3～5mm；心皮与萼片近等长。果序长3～17cm，果梗粗约1mm；果实紫黑色，近球形，直径约6mm，含种子约6颗。种子卵形，长约3mm，深褐色。花期5～6月，果期7～9月。

本种在延安主要分布于黄龙和黄陵，生于海拔1000～1500m的山地林下阴湿处。在我国分布于东北各地，华北各地，西北的陕西、甘肃、青海，华中的湖北，西南的四川、云南、西藏等地。日本、朝鲜及俄罗斯远东地区也有分布。

类叶升麻属于阴性植物，湿润环境生长良好。单株生长，不易形成群落。

根茎入药，有祛风解毒、清热镇咳的功效。

5. 乌头属 *Aconitum* L.

本属编者：西北农林科技大学　吴振海

多年生，稀为一年生草本。根为直根或块根。茎缠绕或直立。叶基生或互生，单叶。总状花序；花为两侧对称；萼片花瓣状，5枚，上方1片圆筒形，盔形或船形，两侧2片近等大，近圆形，下方2片稍不等大，长圆形；花瓣有长爪，2枚，瓣片具唇和距，距顶部生分泌组织；退化雄蕊不存在；雄蕊多数，花药椭圆状球形，花丝有1纵脉，下部有翅；心皮通常3～5个，稀6～13个，花柱短；胚珠多数，沿腹缝线2列着生。蓇葖果网脉明显，宿存花柱短。种子四面体形，沿棱生翅或同时在表面生横膜翅。

本属约400种，分布于欧洲、亚洲、北美洲的温带地区。我国有211种，除海南外，全国各地均有分布。延安产5种及种下单位（包含2种3变种），分布于中南部的劳山、子午岭和黄龙山。

乌头属植物为中生和阴生植物，多见于林下、林缘和灌木丛。

本属植物许多种类含乌头碱，块根有剧毒。许多种块根有药用价值，但有毒，必须炮制后才能使用，可麻醉、强心、镇痉、镇痛、祛风湿和解热。还可作土农药，防治病虫害，消灭蚊蝇幼虫等。花大而多，美丽，可供观赏。

分种和变种检索表

1. 直根；上萼片圆筒形或高盔形，稀船形……2
1. 块根，数个并列；上萼片盔形、高盔形、船形或镰刀形，极稀圆筒形……3
2. 根圆锥状；叶3深裂，各裂片复2～3浅裂至中裂，表面被伏贴短毛，背面沿脉疏被长毛；小苞片对生；心皮被伏贴毛或疏短柔毛……1. 毛果吉林乌头 *A. kirinense* var. *australe*
2. 根圆柱形；叶3深裂近全裂，各裂片复2～3中裂至深裂，小裂片羽状，两面均被伏贴短毛或有时背面混杂开展毛；小苞片对生或互生；心皮有毛或近无毛……2. 西伯利亚乌头 *A. barbatum* var. *hispidum*
3. 多年生缠绕草本……3. 松潘乌头 *A. sungpanense*
3. 多年生直立草本……4. 乌头 *A. carmichaeli*

1. 吉林乌头

Aconitum kirinense Nakai in Rep. lst. Sci. Exp. Manch. 4(2): 147. 1935; 中国植物志, 27: 174. 1979.

1a. 吉林乌头（原变种）

Aconitum kirinense Nakai var. ***kirinense***

原变种本区不产。

1b. 毛果吉林乌头（变种）

Aconitum kirinense Nakai var. ***australe*** W. T. Wang in Act. Phytotax. Sin. (Addit. 1): 63. 1965; 中国植物志, 27: 176. 1979.

多年生草本。根圆锥状。茎高达100cm。叶五角形或肾状五角形，长4～16cm，宽8～22cm，基部心形，3深裂，中央裂片菱形，侧裂片斜扇形，各裂片复2～3裂，边缘下部全缘，上部有粗齿，表面被伏贴短毛，背面密被短柔毛；叶柄长5～27cm。总状花序生于茎端或上部叶腋；花序轴和花梗密被黄色反曲短柔毛；下部苞片叶状，分裂或不分裂，上部苞片及小苞片线形。花淡黄色，外面被短柔毛；上萼片圆筒形，高1.5cm左右，侧萼片倒卵状圆形，下萼片狭椭圆形；花瓣无毛，距向下拳卷，与唇部近等长；雄蕊花丝全缘，无毛；心皮3，子房被伏贴毛或疏短柔毛。花期8月。

本种在延安主要分布于宜川，生于海拔780～1200m的山坡草地、林下阴湿处。在我国分布于华北的山西，西北的陕西（秦岭），华中的河南、湖北等地。

毛果吉林乌头属于喜阴植物，阴坡及林下生长良好。种子多，不易发芽，自然界不易形成群落，主要以单株散生于各种环境中。

花淡黄色，花序较长，可作观赏植物。

2. 细叶黄乌头

Aconitum barbatum Pers. Syn. Pl. 2: 83, n. 7, pl. 1. 1806; 中国植物志, 27: 176. 1979.

2a. 细叶黄乌头（原变种）

Aconitum barbatum Pers. var. ***barbatum***

原变种本区不产。

2b. 西伯利亚乌头（变种）

Aconitum barbatum Pers. var. ***hispidum*** (DC.) Ser. in de Candolle, Prodr. 1: 58. 1824; Flora of China, 6: 168. 2001.

多年生草本。根圆柱形。茎高达100cm，被反曲紧贴的短毛，并密生开展的黄色长柔毛。叶轮廓肾状五角形，三角形或近圆形，长7～11cm，宽14～19cm，基部心形，3全裂，中央裂片菱形，侧裂片斜扇形，各裂片复2～3裂，小裂片呈羽状，两面密被紧贴的细柔毛；叶柄长3～22cm，被开展长毛。总状花序顶生或腋生，长10～17cm，花序轴和花梗密被反曲短柔毛；下部苞片叶状，上部苞片及小苞片线状披针形至线形；花黄色；萼片密生淡黄色毛，上方萼片高约2cm，圆筒形，侧萼片长约1cm，倒卵状圆形，下方萼片狭长圆形；花瓣比萼片短；雄蕊无毛，花丝全缘；心皮3枚，子房被短毛。蓇葖果长约1cm。花、果期8月。

在延安主要分布于黄陵和黄龙，生于海拔1268～1705m的山坡草地或林缘。在我国分布于东北的黑龙江、吉林，华北，西北的陕西、宁夏、甘肃、新疆，华中的河南等地。俄罗斯西伯利亚也有分布。

西伯利亚乌头属于中生植物，空旷地带陡崖下生长较好；种子多，不易发芽，大多零星分布。

根入药，具有镇痛的功效。

本变种在《中国植物志》(27:176. 1979）上的学名为*Aconitum barbatum* Pers. var. *hispidum* DC.

西伯利亚乌头 *Aconitum barbatum* var. *hispidum*

1.植株（吴振海 摄）；2.花序（吴振海 摄）；3.花蕾枝（曹旭平 摄）

2c. 牛扁（变种）

Aconitum barbatum Pers. var. ***puberulum*** Ledeb. Fl. Ross. 1: 67. 1842; 中国植物志, 27: 178. 1979.

本变种与西伯利亚乌头的区别是前者茎和叶柄仅被反曲而紧贴的短柔毛，不被开展长毛。

在延安主要分布于黄陵和黄龙，生于海拔1268～1705m的山坡草地或林缘。在我国分布于东北的辽宁，华北的河北、山西、内蒙古（中部），西北的陕西、宁夏、甘肃、新疆等地。俄罗斯西伯利亚也有分布。

牛扁在半阴半阳环境中生长较好。种子多，不易发芽，多零散分布。

根入药，具有镇痛的功效。

3. 松潘乌头

Aconitum sungpanense Hand. -Mazz. in Act. Hort. Gothob. 13: 130. 1939; 中国植物志, 27: 253. 1979.

多年生缠绕草本。块根倒卵形，常2个并生。茎长达2.5m，具多数分枝。叶轮廓卵状五角形，3全裂，中裂片卵状菱形，先端渐尖，下部明显3裂，侧裂片斜扇形，偏2深裂，边缘具不整齐牙齿或缺刻状牙齿；叶柄长1～7cm。总状花序生上部叶腋，含5～9花；下部苞片3裂，上部苞片线形，花梗长1.5～4cm。萼片淡蓝紫色，有时黄绿色；上方萼片高盔状，高1.5～2cm，侧萼片倒卵状圆形，长1.2～1.5cm，下方萼片狭椭圆形，长1～1.5cm；花瓣无毛或近无毛，唇部先端微凹，距短小；雄蕊花丝全缘；心皮5，罕3～4，无毛或子房疏被紧贴的细柔毛。蓇葖果长1.5～2cm。种子三棱形，沿棱具狭翅。花期6～8月，果期9～10月。

本种在延安分布于黄龙和黄陵，生于海拔980～1449m的山坡林缘、林下及山谷灌丛中。在我国分布于西北的陕西、甘肃，西南的四川等地。

松潘乌头属于中生植物，对光照适应性较强。种子多，不易发芽，多零散分布。

块根有大毒，入药仅能外用；具有止痛、解痉、麻醉、败毒、祛风湿、活血散瘀的功效。

松潘乌头 *Aconitum sungpanense*
1.花枝（吴振海 摄）；2.果实（曹旭平 摄）

4. 乌头

Aconitum carmichaeli Debeaux in Act. Soc. L. Bord. 33: 87. 1879; 中国植物志, 27: 264. 1979.

多年生草本。块根通常数个连生，倒圆锥形。茎高50～160cm，上部生少数分枝。叶轮廓五角形，长6～17cm，宽5～20cm，3全裂，中央裂片再3中裂，侧裂片2深裂；叶柄长1～2.5cm。总状花

乌头 *Aconitum carmichaeli*
1.植株（吴振海 摄）；2.花枝（吴振海 摄）

序生枝顶端，花轴和花梗密被反曲紧贴的细柔毛，下部苞片3裂，上部苞片不裂；花梗长1.5～3cm；小苞片线形，被细柔毛。萼片蓝紫色，上方萼片高盔形，高1.5～2.5cm，侧萼片长1.5～2.5cm，下方萼片长圆形；花瓣无毛，距短小，内曲或拳卷；雄蕊常无毛，花丝大多具2齿；心皮3～5个，被紧贴细柔毛。蓇葖果长1.5～1.8cm。种子三棱形，长约3mm，仅两面生横翅。花期8～9月，果期9～10月。

本种在延安主要分布于宝塔、黄陵、黄龙，较普遍，生于海拔1290～1600m的山坡草地或灌丛中。在我国分布于东北的辽宁，华北，西北的陕西，华东，华中，华南，西南等地。越南也有分布。

乌头属于阳性植物，阳坡比阴坡生长好，栽培于空旷地带，生长健壮。

块根可入药，具有祛风除湿、温经止痛的功效，有剧毒。花大美丽，可供观赏。

6.翠雀属 *Delphinium* L.

本属编者：西北农林科技大学　吴振海

多年生或一、二年生草本。叶为单叶，互生，有时基生，掌状或羽状分裂。花序多为总状，有时伞房状；花两性，两侧对称；萼片5，花瓣状，蓝紫色、浅红色或白色，离生或基部稍合生，背部的一片基部延伸成长距；花瓣2（或称上花瓣），狭长圆形，基部有距；退化雄蕊2（或称下花瓣），黑褐色或与萼片同色，匙形至倒卵形；雄蕊多数，花丝披针状线形，有1脉，花药椭圆球形；心皮3～5个，花柱短，子房上位，含多数胚珠。蓇葖果有脉网，含种子1～7颗。种子沿棱生狭翅或密生横翅。

本属约有350种，主要分布于欧洲、亚洲、北美洲的北温带。我国有173种，除广东、海南、台湾外，其他各地均有分布，以西部地区较多。延安产3种及种下单位，各县（区）均有分布。

翠雀属植物适应性广泛，各种生境均能生长，全光照环境生长更好。

翠雀属植物含有翠雀碱，可供药用，治跌打损伤、风湿、牙痛、肠炎等症；也可作土农药，杀虱和蚊、蝇幼虫；花美丽，可供观赏。

分变种检索表

1. 蓇葖果被短柔毛……2
1. 蓇葖果光滑……1c. 光果翠雀 *D. grandiflorum* var. *leiocarpum*
2. 花序轴与花梗不被开展的黄色短腺毛……1a. 翠雀 *D. grandiflorum* var. *grandiflorum*
2. 花序轴与花梗被开展的黄色短腺毛……1b. 腺毛翠雀 *D. grandiflorum* var. *glandulosum*

1. 翠雀

Delphinium grandiflorum L., Sp. Pl. 2: 531. 1753; 中国植物志, 27: 445. 1979.

1a. 翠雀（原变种）

Delphinium grandiflorum var. ***grandiflorum***

多年生草本。根圆锥形。茎直立，高35～65cm。叶片轮廓五角形，长2.2～6cm，宽4～8.5cm，3全裂，中央裂片菱形，各裂片复1～3深裂，小裂片线状披针形至线形，两面均被短柔毛。基生叶和茎下部叶具长柄，向上柄渐短；叶柄较柔弱，长1～25cm。总状花序具3～15花，生于茎端叶腋，花序轴和花梗均被白色反曲柔毛。萼片蓝紫色，椭圆形，长1.2～1.8cm,被反曲短柔毛，距钻形，长1.7～2.5cm；花瓣蓝色；退化雄蕊蓝色，长约1cm，瓣片近圆形，先端全缘或微凹；雄蕊无毛；心皮3个，子房密被伏贴短柔毛。蓇葖果长1.4～1.9cm，被短柔毛。种子细小，倒卵状四面体形，长约2mm，沿棱有翅。花期6～8月，果期9～10月。

翠雀 ***Delphinium grandiflorum*** var. ***grandiflorum***
1. 植株（吴振海 摄）；2. 花序（吴振海 摄）

本原变种在延安主要分布于吴起、宝塔、黄龙、黄陵，生于海拔1077m的山坡草地或疏林下。在我国分布于东北各地，华北各地，西北的陕西、青海，华中的河南，西南的四川、云南等地。蒙古及俄罗斯西伯利亚也有分布。

翠雀属于中性植物，各种生境均能生长，阳坡生长更好。种子多，易发芽，能形成稀疏群落。

全草入药，具有泻火止痛、杀虫的功效。有大毒。花美丽，供观赏。

1b. 腺毛翠雀（变种）

Delphinium grandiflorum var. ***glandulosum*** W. T. Wang in Act. Bot. Sin. 10: 273. 1962; 中国植物志, 27: 446. 1979.

与原变种的区别是花序轴与花梗除被反曲的白色短毛外，还被开展的黄色短腺毛。

本变种在延安主要分布于黄龙、黄陵，生于海拔1077m的山坡草地或疏林下。在我国分布于华北的河北、山西，西北的陕西、甘肃、青海，华东的安徽、江苏，华中的河南等地。

生态学特性与用途同翠雀。

1c. 光果翠雀（变种）

Delphinium grandiflorum var. ***leiocarpum*** W. T. Wang in Act. Bot. Sin. 10: 274. 1962; 中国植物志, 27: 446. 1979.

与原变种的区别是花序轴与花梗除被反曲的白色短毛外，还被开展的黄色短腺毛；子房与果实均无毛。

本变种在延安主要分布于子长、安塞、吴起、宝塔、洛川、黄龙，生于海拔680～1500m的山坡草地。在我国分布于华北的内蒙古（中部）、山西，西北的陕西、宁夏、甘肃，华中的河南等地。

生态学特性与用途同翠雀。

7. 飞燕草属 *Consolida* (DC.) S. F. Gray

本属编者：中国科学院植物研究所　刘冰

一年生草本。叶掌状细裂，互生。花序总状或复总状。花两性，两侧对称。萼片花瓣状，5枚，紫色、蓝色或白色，上萼片有距。花瓣合生，2枚，上部3～5裂或全缘，距伸入萼距之中；雄蕊多数，花药圆球形，花丝披针状线形。心皮1，子房胚珠多数。蓇葖果有脉网。种子四面体形，其横翅为鳞状。

本属43余种，分布于欧洲南部、亚洲西部和非洲北部。我国2种，1种引自国外，1种野生（分布于新疆西部）。延安引种1种，并逸生。

本属植物适应性较强，各种环境均能生长，湿润环境生长更好。

本属植物花美丽，栽培可供观赏。

飞燕草

Consolida ajacis (L.) Schur in Verh. Sieb. Nat. Ver. 4: 47. 1853; 中国植物志, 27: 463. 1979.

直立草本，高达60cm。下部叶有长柄，开花时枯萎，中部以上叶具短柄；叶片掌状细裂，长达3cm，小裂片狭线形，宽0.4～1mm。花序生茎或分枝顶端；下部苞片叶状，上部苞片小，线形；花梗长达3cm；萼片宽卵形，长约1.2cm，紫色、粉红色或白色，距长约1.6cm，钻形；花瓣瓣片3裂，

飞燕草 *Consolida ajacis*
1.花果枝（曹旭平 摄）；2.植株（曹旭平 摄）

中裂片长约5mm，先端二浅裂，侧裂片卵形，与中裂片成直角展出；花药长约1mm。蓇葖密被短柔毛，长达1.8cm，网脉不太明显。种子长约2mm。

本种在延安各地均有栽培，并在各县（区）逸生。我国各地均有栽培并逸生。原产欧洲南部和亚洲西南部。

适应性强，各种生境均能栽培生长。种子多数，易发芽，自播能力强，易形成群落。

花美丽，可作观赏植物。

8.蓝堇草属 *Leptopyrum* Reichb.

本属编者：西北农林科技大学　赵亮

一年生草本。直根，具少数侧根。茎直立或斜上升。叶为一至二回三出复叶，小叶再一至二回细裂；基生叶具长柄，茎生叶具短柄。花序为单歧聚伞花序；苞片叶状；花小，两性，辐射对称；花梗纤细；萼片淡黄色，花瓣状；花瓣较萼片短小；雄蕊多数；心皮多数。蓇葖果扁平，长椭圆形，先端具喙。种子多数。

本属仅1种，分布于欧洲和亚洲北部。我国东北、华北、西北各地均有分布。延安分布于南北各县（区）。

蓝堇草属植物适应性强，阳性和中性环境均能生长，阳性环境生长更好。

花美丽，可作观赏植物。

蓝堇草

Leptopyrum fumarioides (L.) Reichb. Consp. 192. 1828; 中国植物志, 27: 472. 1979.

植株高达39cm。茎多数，较细。基生叶多数，外廓卵状三角形，长0.8～2.7cm，宽1～3cm，三

蓝堇草 *Leptopyrum fumarioides*
1.植株（周繇 摄）；2.花（周繇 摄）；3.果（周繇 摄）

全裂，每小叶再分裂成狭长圆形或线状裂片，茎生叶较小；基生叶柄长2.5～13cm，茎生叶柄较短。花直径3～5mm；花梗纤细；萼片椭圆形，淡黄色，长3～4.5mm；花瓣长约1mm，近二唇形，上唇先端圆，下唇较短；雄蕊10～15，花药黄色；心皮6～20；花柱微外弯。蓇葖果稍扁平，长圆形，长5～8mm，具明显的网状脉纹。种子多数，微小，卵状球形或近球形。花期5～6月，果期6～7月。

本种在延安主要分布于志丹、宝塔和富县，生于海拔1000m左右的荒坡、河滩。分布于东北、华北、西北各地。朝鲜、蒙古、俄罗斯、哈萨克斯坦也有分布。

蓝堇草适应性强，各种生境生长良好。种子多，易发芽，易形成稀疏群落。

花金黄色，美丽，可作观赏植物。

9. 耧斗菜属 *Aquilegia* L.

本属编者：中国科学院植物研究所　刘冰

多年生草本。茎直立。基生叶为二至三回三出复叶；中央小叶3深裂，侧生小叶2深裂。花序为单歧或二歧聚伞花序；花较大，辐射对称；萼片5，花瓣状，紫色、白色、黄色或黄绿色；花瓣5，瓣片宽倒卵形、长方形或近方形，下部通常延伸成距，距端直或末端弯曲呈钩状，稀呈囊状或无距；雄蕊多数；退化雄蕊少数，线形至披针形；心皮5～10，分离，有胚珠多颗，花柱长约为子房之半。蓇葖果多少直立，有明显网脉，具多数种子，顶端具细长的喙。种子狭倒卵形，黑色。

约70种，分布于欧洲、亚洲、北美洲的温带地区。我国有13种，分布于东北、华北、西北及西南各地。延安产1种，分布于南部的黄龙山和子午岭。

耧斗菜属植物适应性强，各种生境均能生长，常见于林下、林缘、灌木丛以及空旷的草地上。

花美丽，可供观赏。

华北耧斗菜

Aquilegia yabeana Kitag. in Rep. Ist. Sci. Exp. Manch. 4(4): 81, pl. 1. 1936; 中国植物志, 27: 499. 1979.

多年生草本。根粗壮。茎直立，高40～60cm。基生叶簇生，多为一至二回三出复叶，外廓宽

华北耧斗菜*Aquilegia yabeana*
1.植株（吴振海 摄）；2.花（吴振海 摄）；3.果（吴振海 摄）

卵状三角形或近半圆形，宽度大于长度，叶片倒卵状楔形，3中裂或浅裂，中央裂片先端具5～7个粗圆齿，有时叶片长圆状披针形，全缘；基生叶具长柄。花序具1～3花；具叶状苞片，下部苞片3裂，其余的线形；花梗长3～20cm；花大，直径2～3.5cm；萼片紫色，狭卵形，长16～26mm，宽7～10mm；花瓣紫色，长1.2～1.5cm，距末端内弯呈钩状；雄蕊较短，花药黄色，退化雄蕊膜质，狭披针状线形；心皮5个，密被柔毛和腺毛，花柱长达1cm。蓇葖果长12～20mm，脉纹明显，宿存花柱长1cm。种子黑色，长约2mm。花期5～6月，果期7～8月。

本种在延安主要分布于富县、黄龙和黄陵，生于海拔850～1390m的山地林下、草坡或河岸。分布于东北的辽宁、内蒙古（东部），华北的河北、山西，西北的陕西、宁夏、甘肃，华中的河南、湖北等地。

华北耧斗菜适应性较强，各种生境生长良好。种子多，易发芽，易形成稀疏群落。是优良的观赏植物。

本书记载的叶片长圆状披针形，全缘，为本次调查研究工作的新发现。以前资料，未见记载。凭证标本：杜建平等4044,2016年8月14日，黄龙县白马滩。

10.唐松草属 *Thalictrum* L.

本属编者：西北农林科技大学　吴振海、李琰

多年生草本，有须根。茎直立，通常分枝。叶基生并茎生，一至五回三出复叶，小叶通常浅裂；叶柄基部通常扩大呈鞘状。花序为单歧聚伞花序、圆锥花序或总状花序；花两性或单性；萼片4或5，花瓣状，覆瓦状排列，白色、淡绿色、黄色、粉红色或淡紫色，早落；花瓣无；雄蕊多数，稀少数；药隔顶端钝或突起呈小尖头；花丝狭线形、丝形或上部变粗；心皮2～20；花柱短或长，柱头三角形或箭头形。瘦果椭圆状球形或狭卵形，微侧扁，有时扁平，有纵肋，常具宿存的花柱。

本属约150种，广布于世界各地，主产于欧洲、亚洲、非洲、北美洲、南美洲的温带地区。我国有76种，各地均有分布，多分布于西南地区。延安产7种及种下单位（包含5种2变种），各县（区）均有分布。

唐松草属植物适应性极强，干旱和湿润环境均能正常生长，常见于林下、林缘、灌木丛以及草坡上。

本属植物多种可入药，具有清热解毒、健胃消食、清肝明目等功效。

分种检索表

1. 小叶狭线形或近丝形……………………………………………………………… 3. 丝叶唐松草 *T. foeniculaceum*
1. 小叶倒卵形、卵形、椭圆形、近圆形或微肾形 ………………………………………………………………2
2. 花丝上部倒披针形或棒形，下部渐变细呈丝形 ………………………………………………………………3
2. 花丝狭线形或丝形，有时顶部稍微变宽或变粗 ………………………………………………………………4
3. 心皮无柄，花丝上部比花药宽……………………………………………………2. 瓣蕊唐松草 *T. petaloideum*
3. 心皮有极短柄，花丝上部与花药等宽 ………………………………………1. 贝加尔唐松草 *T. baicalense*
4. 所有小叶均不分裂，全缘 ……………………………………………………………………4. 细唐松草 *T. tenue*
4. 所有小叶或大部分小叶均分裂，多有齿………………………………………………………………………5
5. 圆锥花序多少呈伞房状，上部宽，下部窄；瘦果长5～6mm……………………7. 展枝唐松草 *T. squarrosum*
5. 圆锥花序塔型，上部窄，下部宽；瘦果长在4mm以下 ……………………………………………………6
6. 叶狭倒卵形、狭椭圆形或线状披针形；茎生叶向上直展；花序狭塔型，分枝近向上直展 ………………… ………………………………………………………………………6. 短梗箭头唐松草 *T. simplex* var. *brevipes*
6. 小叶楔状倒卵形、宽倒卵形、近圆形或狭菱形；茎生叶和花序分枝斜上展；花序塔型 …………………… ……………………………………………………………………… 5. 东亚唐松草 *T. minus* var. *hypoleucum*

1. 贝加尔唐松草

Thalictrum baicalense Turcz. in Bull. Soc. Nat. Mosc. 11: 85. 1838; 中国植物志, 27: 542. 1979.

多年生草本。植株无毛。主根坚硬粗壮。茎高45～150cm。叶为二至三回三出复叶；小叶草质，倒卵状楔形、近圆形或略扇形，长1.8～6cm，宽1.5～7cm，基部圆形或楔形，中下部全缘，先端3

贝加尔唐松草 *Thalictrum baicalense*
1. 植株（吴振海 摄）；2. 果（吴振海 摄）

浅裂，具5～9钝圆齿，有突出的脉纹；总叶柄长1～4.5cm；托叶膜质，边缘缝状。花序为圆锥状伞房花序，长2.5～4.5cm；花梗纤细，长4～9mm；花小，白色；萼片4，长圆形，长2～4mm；雄蕊15～20，长3～4mm，花丝白色，上部扩大，下部渐成丝状，花药长圆形，长约1mm；心皮3～7；花柱短；柱头椭圆形。瘦果卵球形或宽椭圆球形，黑褐色，长3～4mm，具4～8棱，宿存花柱短。花期5～6月，果期7～8月。

本种在延安主要分布于富县、黄龙和黄陵，生于海拔1030～1600m的山地林下、灌丛或草坡。在我国分布于东北的黑龙江、吉林，华北的河北，西北的陕西、甘肃、青海，华中的河南，西南的西藏等地。朝鲜半岛、蒙古、俄罗斯西伯利亚也有分布。

贝加尔唐松草属于中生植物，各种生境生长良好，但以阴湿环境生长更好。瘦果多，其种子不易发芽，很少形成群落。

根茎入药，具有清热燥湿和解毒的功效。

2. 瓣蕊唐松草

Thalictrum petaloideum L., Sp. Pl. ed. 2. 771. 1762; 中国植物志, 27: 544. 1979.

多年生草本。植株无毛。根簇生。茎高20～80cm。叶二至四回羽状三出复叶，小叶形状变异很大，狭长圆形、长圆形、近圆形、倒卵形或菱形，不裂或3裂，长2～6mm，宽2～7mm；叶柄粗短，基部扩大呈鞘状。伞房状花序，有少数花或多数花；萼片4，白色，椭圆形，长3～5mm，早落；雄蕊多数，长5～12mm，花药狭长圆形，长0.7～1.5mm，花丝由基部向上逐渐扩大呈花瓣状；心皮无柄，4～13个，聚集呈头状；花柱短，微向外卷曲；柱头具乳头状突起。瘦果卵状长圆形，纵肋8，形成明显的纵沟，长达5mm，宿存花柱长约1mm，直或微内弯。花期5～7月，果期7～9月。

本种在延安主要分布于富县、黄龙和黄陵，生于海拔1000～1300m的山坡草地。分布于东北各地，西北的陕西、宁夏、甘肃、青海，华东的浙江、山东、安徽，华中的河南，西南的四川等地。朝鲜半岛、蒙古、俄罗斯西伯利亚也有分布。

瓣蕊唐松草属于中生植物，各种生境生长良好，但以阴湿环境生长更好。瘦果多，其种子难发芽，不易形成群落。

根入药，具有健胃消食、清肝明目、清热解毒的功效。

瓣蕊唐松草 *Thalictrum petaloideum*
1.植株（吴振海 摄）；2.叶（吴振海 摄）；3.花（吴振海 摄）

3. 丝叶唐松草

Thalictrum foeniculaceum Bge. in Mem. Sav. Etrang. Avad. Sci. St. -Petersb. 2: 76. 1833; 中国植物志, 27: 564. 1979.

多年生草本。植株无毛。根较粗。茎直立，基部被枯叶残余所包围。叶为二至四回三出复叶；小叶革质，狭线形或丝状，长6～30mm，宽0.5～1.5mm；叶柄纤细，基部有短鞘。伞房花序有花2～5朵，腋生；花序梗细，长1～5cm；花大，直径10～20mm，粉红色；萼片4，椭圆形至狭长圆形，长6～10mm，宽5～6mm；雄蕊长为花萼的1/4，花药较花丝长，花丝丝状；心皮6～11，无柄，柱头箭形。瘦果狭卵状长圆形，长3.5～4.5mm，具8～10条肋纹，宿存花柱直立。花期6～7月，果期7～8月。

本种在延安主要分布于延川、宜川、黄龙等地，生于海拔566～719m的干燥山坡、草丛及田埂。在我国分布于东北的辽宁，华北的河北、山西，西北的陕西、宁夏和甘肃等地。

丝叶唐松草属于阳性植物，干燥草原地带生长良好。果实多，其种子难发芽，不易形成群落。

丝叶唐松草极耐干旱，为优良的水土保持植物。

丝叶唐松草 *Thalictrum foeniculaceum*
1.花枝（刘冰 摄）；2.花（刘冰 摄）；3.果（刘冰 摄）；4.叶（刘冰 摄）

4. 细唐松草

Thalictrum tenue Franch. in Nouv. Arch. Mus. Paris ser. 2. 5: 168. 1883; 中国植物志, 27: 575. 1979.

多年生草本。植株有白粉。须根丛生，粗壮。茎高达70cm。叶为三至四回羽状复叶；小叶厚，草质或微肉质，椭圆形、长圆形或近圆形，不分裂，很少三浅裂，长4～12mm，宽2～8mm，顶端钝圆，基部圆形；总叶柄长2～4cm，向上渐次缩短或近无柄，基部有短鞘。聚伞花序稀疏，生于枝端；花梗纤细，丝状；花小，萼片4，淡黄绿色，椭圆形或倒卵形，较雄蕊短，脱落；雄蕊多数，花丝

细唐松草 *Thalictrum tenue*
1.植株下部（刘冰 摄）；2.花枝（刘冰 摄）；3.花（刘冰 摄）；4.花和果（刘冰 摄）

较花药短，花药狭长圆形，先端短尖长达1mm；心皮4～6，扁平，较雄蕊短，有短柄。瘦果歪倒卵形，扁平，有短柄，直立，边缘具窄翅，纵肋4～8，凸起；宿存花柱直立，柱头三角状箭头形。花期7～8月，果期8～9月。

本种在延安主要分布于延川和黄龙，生于海拔770～1200m的山坡、路旁或河滩。在我国分布于华北的内蒙古（中部）、河北、山西，西北的陕西、宁夏和甘肃等地。

细唐松草属于阳性植物，阳坡生长良好。果实多，其种子难发芽，不易形成群落。

细唐松草耐干旱，可作为水土保持植物推广使用。

5. 亚欧唐松草

Thalictrum minus L., Sp. Pl. 546. 1753; 中国植物志, 27: 583. 1979.

5a. 东亚唐松草（变种）

Thalictrum minus L. var. ***hypoleucum*** (Sieb. et Zucc.) Miq. in Ann. Mus. Bot. Lugd. -Bat. 3: 3. 1867; 中国植物志, 27: 584. 1979.

多年生草本。植株全部无毛。茎高达1.5m。叶为三至四回三出羽状复叶；小叶纸质或薄革质，楔状倒卵形、宽倒卵形、近圆形或狭菱形，长宽均为1.5～4cm，基部楔形至圆形，三浅裂或有疏牙齿；叶柄基部有狭鞘。圆锥花序长达30cm；花小型，萼片4，淡黄绿色，脱落，狭椭圆形；雄蕊多数，花药狭长圆形，先端具短尖头，花丝丝形；心皮3～5，较雄蕊短，无柄，柱头正三角状箭头形。瘦果狭椭圆状球形，有8条纵肋。花期6～7月，果期8～9月。

本变种在延安主要分布于安塞、宝塔、甘泉、富县、黄陵和黄龙，生于海拔992～1600m的山坡草

东亚唐松草 ***Thalictrum minus*** var. ***hypoleucum***
1.植株（刘冰 摄）；2.叶（刘冰 摄）；3.果（刘冰 摄）；4.花（刘冰 摄）

地、林缘、灌丛或河岸。在我国分布于东北各地，华北各地，西北的陕西、宁夏、青海、甘肃，华东的山东、江苏、安徽，华中各地，华南的广东，西南的贵州、重庆和四川等地。朝鲜、日本也有分布。

正种本区不产。

东亚唐松草属于喜光植物，各种阳性环境生长健壮。果实多，其种子较易发芽，易形成稀疏群落。

根入药，有小毒，具有清热解毒的功效。

6. 箭头唐松草

Thalictrum simplex L. Mant. 1: 78. 1767; 中国植物志 , 27: 584. 1979.

6a. 短梗箭头唐松草（变种）

Thalictrum simplex L. var. ***brevipes*** H. Hara in Journ. Fac. Sci. Univ. Tokyo sect. 3, 4: 56. 1952; 中国植物志, 27: 585. 1979.

多年生草本。植株全体无毛。主根坚硬，有须根。茎高0.5～1.3m，有细纵棱。叶为二回三出羽状复叶；小叶厚纸质或近革质，通常为狭倒卵形、狭椭圆形或线状披针形，长1～4.5cm，宽0.1～1.7cm，先端3浅裂或不裂，基部圆形或楔形，中下部全缘，反卷；叶柄粗短，基部扩大。圆锥状花序，顶生；花小，黄绿色；萼片4，狭长圆形，具3条脉纹；雄蕊较萼片长，花药狭长圆形，具短尖头，花丝细丝状，上部稍膨大；心皮多数，较雄蕊短；花柱呈箭头状。瘦果近卵形，有8条肋纹，柱头箭头状宿存。花期7～8月，果期8～9月。

本种在延安主要分布于黄陵，生于海拔1000～1450m的山坡林下、山谷灌丛旁。分布于东北的辽宁，华北各地，西北的陕西、甘肃、青海，华中的湖北，西南的四川等地。朝鲜、日本也有分布。

短梗箭头唐松草 *Thalictrum simplex* var. *brevipes*
1.叶（吴振海 摄）；2.花序（吴振海 摄）

正种本区不产。

阴性植物，林内生长良好。果实多，其种子不易发芽，很少形成群落。

全草入药，具有清热解毒的功效。

7. 展枝唐松草

Thalictrum squarrosum Steph. ex Willd. Sp. Pl. 2: 1299. 1799; 中国植物志, 27: 586. 1979.

多年生草本。植株全部无毛，微呈铺散状。根坚硬，须根密丛状。茎高30～100cm，自中部二歧

展枝唐松草 *Thalictrum squarrosum*
1.植株（吴振海 摄）；2.植株下部（吴振海 摄）；3.花（刘冰 摄）；4.果序（吴振海 摄）

状分枝。叶为二至三回羽状复叶；小叶坚纸质或薄革质，倒卵形、宽倒卵形、长圆形或圆卵形，长0.6～3.5cm，宽0.3～1.6cm，先端通常三浅裂，基部圆形、楔形或偏斜，中部以下全缘；总叶柄基部扩大半抱茎。花序圆锥状，近二歧状分枝；花小型，淡黄绿色；萼片4，狭长圆形，早落；雄蕊较萼片长，花药狭长圆形，先端具短尖头，花丝丝形，与花药等长或较长；心皮1～5，无柄，柱头箭头状。瘦果狭倒卵球形或近纺锤形，长5～7mm，有10～12条粗纵肋；宿存花柱直立或外弯。花期7～8月，果期9～10月。

本种在延安主要分布于子长、安塞、志丹、吴起、宝塔、宜川、富县等地，生于海拔766～1553m的山坡草地。分布于东北各地，华北各地，西北的陕西、宁夏、甘肃、青海等地。蒙古、俄罗斯西伯利亚和远东地区也有分布。

阳性植物，空旷地带生长良好，湿润环境很少见到。果实多，其种子难发芽，很少形成群落。

全草入药，具清热解毒、健胃、发汗的功效；叶含鞣质，可提制栲胶。

11. 银莲花属 *Anemone* L.

本属编者：西北农林科技大学　赵亮

多年生草本。根状茎圆柱形。叶基生，掌状分裂或三出复叶，叶脉掌状。花莛直立或斜上；花序聚伞状或伞形或只生1花；苞片2或数个，轮生或对生，与基生叶相似。花整齐，无花瓣；萼片白色、黄色或蓝紫色，花瓣状，4～6片，稀达20片；雄蕊多数，花丝丝状或线状；心皮多数或数个，子房球形或侧扁，含倒垂胚珠1颗，花柱存在或缺乏，花柱腹面生柱头组织。聚合果球形；瘦果球形，少有两侧扁。

本属约150种，世界各大洲均有分布，主产欧洲、亚洲的温带地区。我国有53种，多数分布于西南的四川、云南、贵州和西藏的高山地区。延安产1种1变种，主要分布于南部的黄龙山、子午岭和北部志丹。

银莲花属植物喜光，多生于林缘、灌丛和草地上。

根茎或全草入药，具有化痰、散瘀、截疟、杀虫、消食、消炎等功效。

分种检索表

1. 花大型，直径超过3cm；瘦果密被绵毛 ······ 1. 大火草 *A. tomentosa*
1. 花小型，直径不超过1.8cm；瘦果疏被柔毛 ······ 2. 小花草玉梅 *A. rivularis* var. *flore-minore*

1. 大火草

Anemone tomentosa (Maxim.) C. Pei in Contr. Biol. Lab. Sci. Soc. China, Bot. Ser., 9: 2. 1933; 中国植物志, 28: 29. 1980.

多年生草本。植株高达150cm。根状茎粗达1.5cm。基生叶多为三出复叶，稀为3深裂的单叶，茎生叶全为三出复叶；小叶三角状卵形或卵形，3裂，表面被糙伏毛，背面密被灰白色厚绒毛，长9～16cm，宽7～12cm；基生叶柄长2～48cm，被密毛。花茎粗壮，被短绒毛；苞叶3片，形似基生叶，茎上部苞叶较小，3深裂；聚伞花序2～3歧分枝，花梗长3.5～6.5cm。花较大，萼片5，宽椭圆

大火草 ***Anemone tomentosa***
1.植株（吴振海 摄）；2.花（吴振海 摄）；3.叶背面（吴振海 摄）；4.叶正面（吴振海 摄）

形、近圆形或倒卵形，白色或淡紫色，长1.5～2.2cm，宽1～2cm，外面密被短柔毛，内面无毛；雄蕊较短，长约5mm；心皮400～500枚，长约1mm；子房密被绒毛；柱头斜，无毛。聚合果球形，直径约1cm。瘦果细长，长约3mm，有细柄，密被绵毛。花期7～9月，果期9～10月。

本种在延安主要分布于安塞、宝塔、富县、甘泉、黄陵和黄龙，生于海拔1085～1600m的山坡草地、灌丛、林缘、田边。在我国分布于华北各地，西北的陕西、宁夏、甘肃、青海，华中的河南、湖北，西南的重庆、四川等地。

大火草属于喜光植物，阳性环境生长良好。果实多，种子易发芽，易形成群落。

根状茎入药，具有化痰、散瘀、截疟、杀虫的功效；茎纤维坚韧，可搓绳；种子含油率15%，可榨油。

2. 小花草玉梅

Anemone rivularis Buch. -Ham. ex DC. var. ***flore-minore*** Maxim. Fl. Tang. 6. 1889; 中国植物志, 28: 24. 1980.

植株高10～120cm。根状茎伸直或斜展；茎直立。叶片轮廓肾状五角形，长2～6cm，宽3.5～11cm，3全裂，中央裂片宽菱形或卵状菱形或狭倒卵状披针形，上部不明显3浅裂，两侧裂片稍宽，斜倒卵形，不等2深裂；叶柄长5～24cm。花单一，腋生，有时为聚伞花序，花梗长5～27cm；苞叶3片，近等大，长2.5～6cm，3深裂几达基部，裂片披针形，通常不分裂，两面被长绢毛。花直径1～1.8cm；萼片5～6，白色，狭椭圆形或倒卵状狭椭圆形，长6～10mm，宽2.5～4mm，先端钝或圆；雄蕊长为萼片之半；心皮多数，子房狭长圆形，花柱拳卷。聚合果近球形，直径约1.8cm；瘦果长7～8mm，直径约2mm，背腹稍扁。花期5～8月。

本种在延安主要分布于志丹、黄龙、黄陵等地，生于海拔1200m的河滩草地。分布于东北的辽宁，华北各地，西北的陕西、宁夏、甘肃、青海，华中的河南，西南的重庆、四川等地。

喜光植物，同时喜欢湿润环境。种子多，易发芽，可形成稀疏群落。

全草入药，具有消食截疟、消炎散肿的功效。

小花草玉梅 ***Anemone rivularis*** **var.** ***flore-minore***
1.植株（吴振海 摄）；2.花（吴振海 摄）

12. 白头翁属 *Pulsatilla* Mill.

本属编者：西北农林科技大学　吴振海

多年生草本，常被长柔毛。具根状茎。叶基生，具长柄，掌状或羽状分裂。花莛具总苞；苞片3，分生，掌状细裂，基部结合成筒。花单生花莛顶；萼片5～6，花瓣状，蓝色、紫色或黄色，花瓣缺；雄蕊多数，花药椭圆形，花丝狭线形，最外层的常退化成腺体；心皮多数，子房具1颗胚珠，花柱长，丝形。聚合果球形；瘦果小，近纺锤形，宿存花柱强烈增长，羽毛状。

本属有33种，分布于欧洲、亚洲及北美洲。我国有11种；分布于东北各地，华北各地，西北各地，华东的江苏、安徽、山东，华中的河南，西南的四川、云南等地。延安产2种及种下单位，分布于志丹、宝塔、延长、甘泉、洛川、黄陵和黄龙。

白头翁属植物喜光，多生于阳坡、草地或林缘。

本属植物先花后叶，早春开放，为美丽的观赏植物；有些种类根茎入药，具有清热解毒、凉血止痢的功效。

分变种检索表

1.叶三全裂……………………………………………………1a.白头翁 *P. chinensis* var. *chinensis*
1.叶三出羽状分裂……………………………………………1b.金县白头翁 *P. chinensis* var. *kissii*

1. 白头翁

Pulsatilla chinensis (Bunge) Regel, Tent. Fl. Ussur. 5, t. 2. f. B. 1861; 中国植物志, 28: 65. 1980.

1a. 白头翁（原变种）

Pulsatilla chinensis var. ***chinensis***

植株高15～35cm。根状茎粗达1.5cm。基生叶4～5；叶片宽卵形，长4.5～14cm，宽

白头翁 *Pulsatilla chinensis* var. *chinensis*，原变种
1.群落（吴振海 摄）；2.果期植株（吴振海 摄）；3.花期植株（吴振海 摄）；4.花（吴振海 摄）

6.5～16cm，三全裂，中全裂片3深裂，裂片倒卵形，先端3裂或作不规则牙齿状，背面被长绒毛，侧全裂片不等三深裂，背面有长柔毛。花莛单一，有柔毛；总苞叶状，2～3枚轮生于花莛上部，2～3深裂，裂片倒披针形或狭披针形状线形。花单一，大形，先叶开放，直径2.5～3cm；萼片通常6，花瓣状，紫色，长圆状卵形或长圆形，长2.8～4.4cm，宽0.9～2cm；雄蕊长为萼片的一半；花药黄色，长圆形；花丝丝状；花柱丝状，密被白色柔毛。聚合果球形，直径9～12cm；瘦果纺锤形，扁平，长3.5～4mm，被长柔毛；花柱宿存，长3.5～6.5cm，具白色羽状毛。花期3～4月，果期4～5月。

本种在延安主要分布于志丹、宝塔、延长、甘泉、洛川、富县、黄陵、黄龙，生于海拔852～1390m的向阳山坡、草地和林缘。分布于东北各地，华北各地，西北的陕西、甘肃，华东的江苏、安徽，华中的河南、湖北，西南的四川等地。朝鲜及俄罗斯远东地区也有分布。

白头翁属于喜光植物，阳性环境生长良好。果实多，其种子易发芽，形成稀疏群落。

根状茎入药，清热解毒，凉血止痢；还可作土农药，能防治地老虎、蚜虫、蝇蛆、孑孓以及小麦锈病、马铃薯晚疫病等病虫害。

1b. 金县白头翁（变种）

Pulsatilla chinensis var. ***kissii*** (Mandl) S. H. Li et Y. H. Huang, 东北草本植物志, 3: 162. 1975; 中国植物志, 28: 65. 1980.

与原变种的区别：叶三出羽状分裂，末回裂片较狭。

此变种延安分布于志丹，生于海拔1496m的草坡上。在我国分布于东北的辽宁。

生态特性与用途同白头翁。

陕西新分布。凭证标本（ZD-4025；杜建平，王苏良，朱文辉，高小东；2016年8月3日；海拔1496m）。

13. 铁线莲属 *Clematis* L.

本属编者：西北农林科技大学　吴振海
中国科学院植物研究所　刘冰

木质或草质藤本，稀为直立的灌木或草本。叶对生或与花簇生，单叶、三出复叶或羽状复叶，全缘、具锯齿或分裂，叶柄存在，有时基部扩大而连合。花两性，稀单性；花序为聚伞花序、圆锥状聚伞花序或簇生，稀为单生；萼片4或6～8，白色、淡黄色、淡红色或淡蓝色，直立、钟状、管状或开展，在花蕾时为镊合状排列；花瓣无；雄蕊多数，有时具退化雄蕊；心皮多数，每一心皮具1下垂胚珠。果实为瘦果，卵形或菱形，有时钻状，宿存花柱伸长呈羽毛状或不伸长呈喙状。

约300种，世界各大洲均有分布，主要分布于亚洲、非洲、大洋洲、北美洲、南美洲的热带及亚热带地区。我国有150种，全国各地都有分布，西南地区分布最多。延安产14种及种下单位，各县（区）均有分布。

铁线莲属植物适应性极强，阳性、阴性和中性环境均能适应；山坡、林内、林缘、灌丛以及草坡上均能正常生长。

本属植物用途广泛，可作观赏植物、药用植物以及土农药植物。

分种检索表

1. 直立草本、半灌木或灌木 ……………………………………………………………… 2
1. 落叶藤本或草质藤本 …………………………………………………………………… 4
2. 直立草本；叶羽状深裂至全裂；花白色 ………………………… 7. 棉团铁线莲 *C. hexapetala*
2. 半灌木或灌木；叶三出复叶或羽状浅裂、中裂、深裂至全裂；花蓝紫色或黄色 ……………… 3
3. 半灌木；叶三出复叶；花蓝紫色 ……………………………… 1. 大叶铁线莲 *C. heracleifolia*
3. 灌木；叶边缘疏生锯齿状牙齿、羽状浅裂、中裂、深裂至全裂；花黄色 …… 6. 灌木铁线莲 *C. fruticosa*
4. 花黄色或淡黄色 ………………………………………………………………………… 5
4. 花白色或蓝紫色 ………………………………………………………………………… 7
5. 多年生草质藤本；叶为二至三回羽状复叶或羽状细裂；花淡黄色 ………… 2. 芹叶铁线莲 *C. aethusifolia*
5. 木质藤本；叶为二回羽状三出复叶；花黄色 ……………………………………………… 6
6. 小叶裂片常为线状披针形、线状长椭圆形 ……………………………… 4. 黄花铁线莲 *C. intricata*
6. 小叶裂片常为椭圆形或长圆形 …………………………………………… 5. 粉绿铁线莲 *C. glauca*
7. 花蓝色或淡紫色，直径3～8cm，单生，退化雄蕊花瓣状 ………………… 3. 长瓣铁线莲 *C. macropetala*
7. 花白色，直径1.5～4cm，聚伞花序多数集聚成圆锥花序，无退化雄蕊 …………………………… 8
8. 植物干后常变成黑褐色或黑色 …………………………………………………………… 9
8. 植物干后绿色 …………………………………………………………………………… 10
9. 一至二回羽状复叶；花单一，或为含3花的聚伞花序 …………………… 8. 秦岭铁线莲 *C. obscura*
9. 一回羽状复叶；聚伞花序多数集聚成圆锥状 …………………………… 9. 圆锥铁线莲 *C. terniflora*
10. 一回羽状复叶；小叶通常5，不分裂 ……………………………………………………… 11
10. 二回三出复叶或一至二回羽状复叶，小叶5～15，三浅裂 ……………… 10. 短尾铁线莲 *C. brevicaudata*
11. 花序与羽状复叶等长或较短；花直径2～4cm；瘦果卵形，两面微膨胀，被短硬毛 ……………………………………………………………………………… 12. 粗齿铁线莲 *C. grandidentata*
11. 花序通常较羽状复叶短；花直径约1cm；瘦果卵圆形，不膨胀，无毛 …… 11. 钝萼铁线莲 *C. peterae*

1. 大叶铁线莲

Clematis heracleifolia DC. Syst. 1: 138. 1818; 中国植物志, 28: 93. 1980.

多年生草本或直立半灌木。主根木质化。茎密被白色绢毛，表皮呈纤维状剥落。三出复叶，叶柄长2～15cm；小叶近革质，卵形、椭圆形或楔状长圆形，长6～10cm，宽3～9cm，先端短尖，基部圆形或楔形，边缘有不整齐的粗锯齿，顶生小叶有长柄，侧生小叶近无柄。聚伞花序顶生或腋生，总花梗密被黄褐色或灰色的硬毛；花蓝紫色，直径2～3cm；萼片4，狭长圆形，长1.5～2cm，外面密被灰白色绒毛，内面无毛；雄蕊长约1cm，花丝扁平，花药内向开裂，药隔有长柔毛；雌蕊密被白色绢状毛。瘦果红棕色，卵形，长约4mm，花柱宿存，羽毛状。花期7～8月，果期9～10月。

本种在延安仅分布于黄龙白马滩老虎沟，生于海拔960m的山坡林下。在我国分布于东北的辽宁、吉林，华北各地，西北的陕西，华东的江苏、浙江、安徽、山东，华中各地，西南的贵州等地。

中生植物，各种生境都能生长，阴湿环境生长更好；对土壤要求不严，石缝中也能正常生长。果实多，种子难发芽，不形成群落。

花蓝紫色，美丽，可作观赏植物。

大叶铁线莲 *Clematis heracleifolia*

1.花枝（吴振海 摄）；2.花序（吴振海 摄）；3.果枝（吴振海 摄）；4.果实（吴振海 摄）

2. 芹叶铁线莲

Clematis aethusifolia Turcz. in Bull. Soc. Nat. Mosc. 5: 181. 1832; 中国植物志, 28: 115. 1980.

多年生草质藤本。根棕黑色。茎有纵沟纹，表面纵向剥裂。叶为二至三回羽状复叶或羽状细裂，长7～10cm，末回裂片宽2～3mm；叶柄长1～3.5cm。聚伞花序腋生，1～3花；花钟状下垂，直径1～2cm；萼片4，淡黄色，长椭圆形，长1.5～2cm，宽5～8mm；雄蕊长为萼片之半，花丝线形或披针形；子房扁平，卵形，被短柔毛，花柱被绢状毛。瘦果椭圆形，成熟后棕红色，长3～4mm，花柱宿存，长2～2.5cm，密被白色柔毛。花期7～8月，果期9～10月。

本种在延安主要分布于志丹、子长、延长、宜川，生于海拔680～1300m的山坡灌丛或山沟。在我国分布于华北的内蒙古（中部）、河北、山西，西北的陕西、宁夏、甘肃、青海等地。蒙古、俄罗斯西伯利亚也有分布。

植物喜光，阳坡生长良好。果实多，种子难发芽，不形成群落。

全草入药，有祛风利湿、解毒止痛的功效。

芹叶铁线莲 *Clematis aethusifolia*
1.植株（吴振海 摄）；2.花侧面（吴振海 摄）；3.花正面（吴振海 摄）

3. 长瓣铁线莲

Clematis macropetala Ledeb. Ic. Pl. Ross. 1: 5. 1829; 中国植物志, 28: 138. 1980.

木质藤本。老枝光滑无毛，幼枝微被柔毛。叶卵状披针形或菱状椭圆形，二回三出复叶，小叶9枚，长2～4.5cm，宽1～2.5cm；叶柄长达5.5cm。花单生，花梗长8～12.5cm；花萼直径3～8cm，钟状；萼片4枚，蓝色或淡紫色，狭卵形或卵状披针形，长3～4cm，宽1～1.5cm；退化雄蕊花瓣状，披针形或线状披针形，与萼片等长；雄蕊花丝长1.2cm，宽2mm，花药长椭圆形，黄色。瘦果倒卵形，长5mm，粗2～3mm，宿存花柱长4～4.5cm，被灰白色长柔毛。花期7月，果期8月。

本种在延安仅分布于黄陵，生于海拔1353m的山地灌丛或林下。在我国分布于东北的辽宁，华北各地，西北的陕西、宁夏、甘肃、青海等地。蒙古、俄罗斯西伯利亚和远东地区也有分布。

中生植物，各种生境均能生长。果实多，种子难发芽，不易形成群落，单株也少见。

花萼片蓝色或淡紫色，退化雄蕊花瓣状，蓝色，非常美丽，可作观赏植物。

长瓣铁线莲 ***Clematis macropetala***

1.花枝（刘冰 摄）；2.叶（刘冰 摄）；3.花正面（刘冰 摄）；4.花侧面（刘冰 摄）

4. 黄花铁线莲

Clematis intricata Bunge in Mem. Acad. St. -Petersb. Sav. Etrang. 2: 75. 1833; 中国植物志, 28: 142. 1980.

草质藤本。枝纤细。叶为一至二回羽状复叶，小叶9～15片，有柄，2～3全裂、深裂或浅裂，中间裂片线状狭披针形、披针形或狭卵形，长1～4.5cm，宽0.2～1.5cm，先端渐尖，基部楔形，全缘

黄花铁线莲 *Clematis intricata*
1.植株（吴振海 摄）；2.花枝（吴振海 摄）；3.果实（吴振海 摄）

或微3浅裂；叶柄上面具纵沟，密被伸展短毛。聚伞花序腋生，含花3朵，有时单花，总花梗具1对叶状苞片；苞片全缘，2～3浅裂至全裂；花黄色，直径约4cm；萼片4～5，长圆形或狭卵形，长1.2～2.2cm；雄蕊花丝较花药长，被伸展毛，花药和药隔无毛；子房有毛，花柱有长毛。瘦果橙黄色，卵圆形，扁平，长2～3.5mm，被短柔毛；花柱宿存，长3.5～5cm，被长柔毛。花期7～8月，果期9～10月。

本种在延安分布于吴起、志丹、安塞、宝塔、宜川、洛川、富县、甘泉、黄陵和黄龙，生于海拔1148～1375m的山坡草地或灌丛中。在我国分布于东北的辽宁，华北各地，西北的陕西、甘肃、青海等地。蒙古南部也有分布。

喜光，空旷地带生长很好。果实多，种子较易发芽，能形成群落。

全草入药，散风祛湿、解毒止痛。

5. 粉绿铁线莲

Clematis glauca Willd. Herb. Baumz. 65. Pl. 4. f. 1. 1769; 中国植物志, 28: 143. 1980.

草质藤本。茎有棱，纤细。叶为一至二回羽状复叶；小叶2～3全裂、深裂、浅裂至不裂，中间裂片较大，椭圆形或长圆形，长1.5～5cm，宽1～2cm，基部圆形或圆楔形，全缘或有少数牙齿，两侧裂片短小。聚伞花序，含3花；苞片全缘或2～3裂，叶状；萼片黄色，4枚，长椭圆状卵形，长1.3～2cm，宽5～8mm，外面边缘有短绒毛。瘦果长约2mm，卵形至倒卵形，花柱宿存，长4cm。花期6～7月，果期8～10月。

本种在延安分布于吴起、甘泉、宜川、富县、黄陵和黄龙等地，生于海拔1370m左右的山坡。在我国分布于华北的山西、内蒙古（中部），西北各地。哈萨克斯坦、蒙古及俄罗斯西伯利亚也有分布。

中生植物，各种生境均能生长。果实多，种子难发芽，不形成群落。

全草入药，祛风湿、止痒。

粉绿铁线莲 *Clematis glauca*
1.花（刘冰 摄）；2.果实（刘冰 摄）；3.花枝（刘冰 摄）；4.枝叶（刘冰 摄）

6. 灌木铁线莲

Clematis fruticosa Turcz. in Bull. Soc. Nat. Mosc. 5: 180. 1832; 中国植物志, 28: 148. 1980.

6a. 灌木铁线莲（原变型）

Clematis fruticosa f. ***fruticosa***

小灌木。枝紫褐色，具棱。单叶对生或数叶簇生；叶片薄革质，狭三角形或披针形，长1.5～6cm，宽0.5～3cm，边缘疏生牙齿，下半部常羽状深裂以至全裂，裂片有小牙齿。花单生或3花，呈聚伞花序，腋生或顶生；萼片黄色，4枚，长椭圆状卵形，长1～2.5cm，宽3.5～10mm，外面边缘密生绒毛；雄蕊花丝披针形，比花药长。瘦果卵形至卵圆形，扁平，长约5mm，密生长柔毛，花柱宿存，长达3cm，有黄色长柔毛。花期7～8月，果期10月。

此变型在延安各地常见，生于海拔993～1538m的山坡灌丛或路旁。在我国分布于华北的内蒙古（中部）、河北、山西，西北的陕西、宁夏、甘肃等地。蒙古也有分布。

喜光植物，阳坡生长健壮，但在阴坡也能正常生长。单株较多，也能形成稀疏群落，很少见到浓密群落。

花黄色，美丽，可作观赏植物；同时也耐旱，可作水土保持植物。

灌木铁线莲 *Clematis fruticosa* f. *fruticosa*
1.花枝（吴振海 摄）；2.花（吴振海 摄）；3.果实（吴振海 摄）；4.植株（吴振海 摄）

6b. 裂叶灌木铁线莲（变型）

Clematis fruticosa f. ***atriplexifolia*** Kozlov. in Publ. Mus. Hoangho Paiho Tien Tsin 22: 11, pl. 2. 1933;植物分类学报, 43(3): 198. 2005.

与原变型不同在于本变型叶片3裂。

此变型在延安各地常见，生于海拔850～1350m的山坡或沟谷。在我国分布于华北的内蒙古（中部）、河北、山西，西北的陕西、宁夏、甘肃等地。

生态特性和用途与灌木铁线莲相同。

Flora of China（6: 363.2001）记载此植物为变种，其学名为*Clematis fruticosa* Turcz.var. *lobata* Maxim.。

6c. 全裂灌木铁线莲（变型）

Clematis fruticosa f. ***pinnatisecta*** (W. T. Wang & L. Q. Li)W. T. Wang & L. Q. Li, 植物分类学报, 43(3): 201. 2005.

与原变型不同在于本变型叶片羽状全裂。

此变型在延安主要分布于志丹、安塞和黄龙。生于干山坡上，海拔1050～1500m。分布于华北的山西等地。

生态特性和用途与灌木铁线莲相同。

Flora of China（6: 363.2001）记载此植物为变种，其学名为*Clematis nannophylla* Maxim.var. *pinnatisecta* W. T. Wang & L. Q. Li。

7. 棉团铁线莲

Clematis hexapetala Pall. Reise. Prov. Russ. Reich. 3: 735. pl. Q. f 2. 1776; 中国植物志, 28: 156. 1980.

直立草本。茎高达1m，基部木质化。叶片绿色，干后常变黑色，近革质，单叶至复叶，一至二回羽状全裂，裂片披针形至线状披针形，全缘，长1.5～10cm，宽0.1～2cm，先端短尖，基部渐狭。圆锥状聚伞花序顶生或有时花单生。花直径2.5～5cm；萼片4～8，白色，长椭圆形或狭倒卵形，长1～2.5cm；雄蕊无毛，花丝较花药长，药室侧向开裂；子房密被白色长柔毛。瘦果倒卵形，微扁平，花柱宿存,长1.5～3cm，具白色羽毛。花期6～8月，果期7～10月。

本种在延安分布于延川、宝塔、富县、宜川、黄陵和黄龙，生于海拔1215～1422m的山坡或山沟。在我国分布于东北各地，华北各地，西北的陕西、宁夏、甘肃，华中的河南、湖北等地。朝鲜、日本、蒙古、俄罗斯西伯利亚也有分布。

喜光植物，阳坡生长良好，阴坡也能正常生长。果实多，其种子难发芽，不易形成群落。

根入药，能祛风湿、解热、利尿、通络止痛；可制农药，对马铃薯疫病和红蜘蛛有良好的防治效果。

棉团铁线莲 *Clematis hexapetala*
1.植株（吴振海 摄）; 2.花序（吴振海 摄）; 3.果实（吴振海 摄）

8. 秦岭铁线莲

Clematis obscura Maxim. in Hort. Petrop. 11: 6. 1890; 中国植物志, 28: 164. 1980.

落叶藤本。茎具纵条纹。一至二回三出羽状复叶，干后黑褐色；小叶纸质，卵形、卵状披针形或线状披针形，5～11片，长1～6cm，宽0.5～3cm，顶端锐尖，基部楔形、圆形至浅心形，全缘，具三出脉。花单生叶腋或三数花组成聚伞花序；总花梗长达9cm；苞片卵状披针形；花梗长5～8cm；花直径2.5～5cm；萼片4～8，白色，长圆形或长圆状倒卵形，长1.2～2.5cm，顶端尖或钝；雄蕊长约6mm，花丝较花药短，药室侧向开裂；雌蕊具金黄色长毛。瘦果扁平，卵圆形，长约5mm，宽约

秦岭铁线莲 *Clematis obscura*
1.花枝（曹旭平 摄）；2.果枝（吴振海 摄）；3.果实（吴振海 摄）；4.花（吴振海 摄）

3mm，边缘突出，被黄色柔毛；花柱宿存，金黄色，羽毛状。花期5～6月，果期8～10月。

本种在延安主要分布于宜川、富县、黄龙、黄陵，生于海拔1135～1390m的山地灌丛。在我国分布于华北的山西，西北的陕西、甘肃，华中的河南、湖北，西南的四川等地。

喜光植物，阳坡生长良好，林下灌丛也能正常生长。叶片干后变黑色。果实多，其种子难发芽，不易形成群落。

花雪白色，美丽，可作观赏植物。

9. 圆锥铁线莲

Clematis terniflora DC. Syst. 1: 137. 1817; 中国植物志, 28: 166. 1980.

木质藤本。茎有纵棱。叶为一回羽状复叶，通常5小叶，有时3或7，茎基部为单叶或三出复叶；小叶卵形或卵状披针形，全缘，长3～8cm，宽1～5cm，顶端钝，基部圆形、浅心形或楔形。圆锥状聚伞花序长5～15cm，多花；花直径2～2.5cm；萼片长圆形或狭倒卵形，4枚，白色，开展，长0.8～1.5cm，宽0.4cm，边缘具绒毛；雄蕊无毛，子房被毛。瘦果倒卵形至宽椭圆形，橙黄色，扁，有贴伏柔毛；花柱宿存，长2.5～4cm。花期6～7月，果期8～9月。

本种在延安主要分布于富县、延川和黄龙，生于海拔566～920m的林下或灌丛。在我国分布于西北的陕西，华东的江苏、浙江、安徽、江西，华中各地等。朝鲜、日本也有分布。

中生植物，各种生境均能生长，阴坡生长更好。叶子干后变黑。果实多，种子不易发芽，不易形成群落。

根入药，具有凉血、降火、解毒的功效。

10. 短尾铁线莲

Clematis brevicaudata DC. Syst. 1: 138. 1818; 中国植物志, 28: 188. 1980.

木质藤本。枝有棱。一至二回羽状复叶或二回三出复叶，小叶5～15，有时茎上部为三出叶；小叶长卵形、卵形、宽卵状披针形或披针形，长1.5～6cm，宽0.7～3.5cm，先端尾状渐尖，基部圆形、截形至浅心形，边缘上部具粗锯齿。圆锥状聚伞花序或伞房状聚伞花序腋生；花梗长1～1.5cm，基部或中下部具1对3全裂或线形的小苞片；花直径1.5～2cm；萼片4，白色，狭倒卵形，长约8mm，外面除边缘有白绒毛外密被长硬毛，内面密被短柔毛；雄蕊无毛，花丝丝状，花药线形；子房被白色长毛。瘦果卵形，长约3mm，密被伸展长毛，先端具宿存的羽毛状长花柱。花期7～9月，果期9～10月。

在延安分布于吴起、志丹、安塞、宝塔、延川、宜川、甘泉、黄陵和黄龙；生于海拔992～1370m的山地灌丛或荒坡。在我国分布于东北各地，华北各地，西北的陕西、宁夏、甘肃、青海，华东的江苏、浙江，华中各地，西南的四川、云南、西藏等地。朝鲜、蒙古及俄罗斯远东地区也有分布。

喜光植物，阳坡生长良好，阴坡也能正常生长。果实多，种子不易发芽，不易形成群落。

藤茎入药，具有清热利尿、通乳、消食、通便的功效。

短尾铁线莲 *Clematis brevicaudata*

1.花枝（刘冰 摄）; 2.花序（刘冰 摄）; 3.叶（刘冰 摄）; 4.果实（刘冰 摄）

11. 钝萼铁线莲

Clematis peterae Hand-Mazz. in Act. Hort. Gothob. 13: 213. 1939; 中国植物志, 28: 194. 1980.

木质藤本。茎粗壮，纵裂。一回羽状复叶，小叶5，偶尔基部一对为3小叶；小叶卵形、长卵形或卵状披针形，长2～9cm，宽1～4.5cm，顶端锐尖，基部圆形或浅心形，边缘疏生一至数个锯齿或全缘。圆锥状聚伞花序多花，花序梗基部常有1对叶状苞片；花直径1.5～2cm；萼片4，白色，开展，椭圆形至倒卵形，长0.7～1.1cm，顶端钝，两面生短柔毛，外面边缘密生短绒毛；雄蕊无毛；子房无毛。瘦果黑色，卵形，长约4mm；花柱宿存，长达3cm，被淡黄色毛。花期6～8月，果期8～10月。

本种在延安主要分布于宜川、甘泉、富县、黄陵和黄龙，生于海拔1192～1564m的山坡、山谷、河滩灌丛。在我国分布于华北的河北、山西，西北的陕西、甘肃，华中的河南、湖北，西南的贵州、四川、云南等地。

喜光植物，阳坡生长良好，阴坡也能正常生长。果实多，种子不易发芽，不易形成群落。

全株入药，具有清热、利尿、止痛的功效。

钝萼铁线莲 *Clematis peterae*

1.花序（刘冰 摄）；2.花正面（刘冰 摄）；3.叶（刘冰 摄）；4.花背面（刘冰 摄）

12. 粗齿铁线莲

Clematis grandidentata (Rehd. et Wils.) W. T. Wang Acta Phytotax. Sin. 31: 218. 1993.

木质藤本。茎粗壮；小枝密生白色短柔毛，老时外皮剥落。一回羽状复叶，小叶5，有时茎端为三出叶；小叶宽卵形、卵形或椭圆状卵形，长3～6cm，宽1.8～4cm，顶端渐尖，基部圆形、宽楔形或微心形，边缘有数个粗大牙齿，表面疏生短柔毛，背面密生淡黄色短柔毛，脉上有密长毛。聚伞花序腋生，具花3～7朵，或呈顶生圆锥状聚伞花序多花；花直径2～3.5cm；萼片4，白色，开展，长圆形，长1～1.8cm，宽约0.5cm，顶端钝，两面有短柔毛；雄蕊无毛，花丝较花药长；心皮密被长毛。瘦果黑色，扁卵圆形，长约4mm，有柔毛；花柱宿存，长2～3cm，具淡褐色长羽毛。花期5～6月，果期7～8月。

本种在延安主要分布于宜川、富县、黄龙和黄陵，生于海拔1100～1597m的山地林下或灌丛。在我国分布于华北各地，西北的陕西、宁夏、甘肃、青海，华东的浙江、安徽，华中各地，西南各地等。

中生植物，各种生境均能生长，阴坡生长更好。果实多，种子较易发芽，易形成稀疏群落。

根入药，行气活血、祛风湿、止痛；茎藤入药，杀虫解毒。

本种在《中国植物志》（28:195. 1980）上的学名为*Clematis argentilucida*（Lévl. et Vant.）W. T. Wang。

粗齿铁线莲 *Clematis grandidentata*
1. 花枝（吴振海 摄）；2. 叶（吴振海 摄）

14. 毛茛属 *Ranunculus* L.

本属编者：西北农林科技大学　吴振海、赵亮

一年生或多年生草本，陆生或水生。根簇生，须状。茎直立、斜上或具匍匐茎。单叶或三出复叶，多基生并茎生，全缘、有齿或3裂；叶柄基部扩展成鞘状。花两性，整齐，单生或为聚伞花序；萼片5，绿色，早落；花瓣5，有时6～10，黄色，基部有蜜腺；雄蕊多数，花药卵形或长圆形，花丝线形；心皮多数，有胚珠1颗，螺旋状生于花托上。瘦果歪倒卵形至卵圆形，先端有短喙，多数密集于花托上成球状、长圆柱状、椭圆形的聚合果。

本属约有550种，主要分布于欧洲、亚洲、北美洲的温带地区。我国有125种，全国广布，多数分布于西北各地和西南各地的高山地区。延安产3种，各县（区）均有分布。

毛茛属植物为中生和湿生植物，干旱环境很少分布。

本属许多植物的茎叶中含有毛茛苷，分解后为原白头翁素，有强烈刺激性，可治疗多种疾病，也能杀虫。

分种检索表

1. 瘦果卵球形，膨胀，背腹线有纵肋；蜜槽呈棱状袋穴 ······ 1. 石龙芮 *R. sceleratus*
1. 瘦果扁平，边缘有棱；蜜槽上有分离的小鳞片 ······ 2
2. 基生叶3深裂不达基部，花托无毛 ······ 2. 毛茛 *R. japonicus*
2. 基生叶为3出复叶，花托生柔毛 ······ 3. 茴茴蒜 *R. chinensis*

1. 石龙芮

Ranunculus sceleratus L., Sp. Pl. 2: 551. 1753; 中国植物志, 28: 310. 1980.

一年生草本。须根簇生。茎高15～60cm。基生叶和茎下部叶具长柄；叶柄基部呈鞘状；叶片轮廓肾形或半圆形，长宽近相等，2～3cm，3深裂，每裂片再3～5浅裂，小裂片全缘，先端钝，茎上部生的叶有短柄，3深裂或不裂，裂片线形或披针形。花黄色，小型，直径4～8mm；萼片椭圆形；花瓣5，长圆形，与萼片等长或较长，有短爪，蜜槽呈棱状袋穴；雄蕊多数，花药卵形；花托圆柱形，长4～10mm。聚合果长圆形，长8～12mm；瘦果歪倒卵形，膨胀，长1.5mm，顶端具短喙，多数聚集于花托上。花期4～6月，果期7～8月。

本种在延安各地均有分布，生于海拔1500m以下的水沟边或湿润场所。全国各地均常见。欧洲、亚洲、北美洲也广为分布。

喜湿润，不耐旱；湿润环境生长良好，干旱环境生长较差。果实多，其种子较易发芽，可形成稀疏群落。

全草入药，清热解毒、消炎。

石龙芮 *Ranunculus sceleratus*

1. 植株（吴振海 摄）；2. 花果枝（吴振海 摄）

2. 毛茛

Ranunculus japonicus Thunb. in Trans. L. Soc. Lond. 2: 337. 1794; 中国植物志, 28: 312. 1980.

多年生草本。须根多数簇生。茎高30～70cm。基生叶多数，轮廓三角状或五角状卵圆形，长2～6cm，宽4～9cm，3深裂，基部心形，中裂片倒卵状楔形，3浅裂，侧裂片不等地2浅裂；茎生叶3全裂、深裂或不裂，两面被平贴毛。聚伞花序含花数朵，黄色，直径1.5～2.8cm；萼片长圆状

毛茛 *Ranunculus japonicus*
1.植株（吴振海 摄）；2.花（吴振海 摄）；3.花果枝（曹旭平 摄）

卵形，长约5mm，外面密被贴生柔毛；花瓣有光泽，倒卵状圆形，长约10mm，基部具1鳞片状的蜜腺；雄蕊多数，花药长椭圆形；花托无毛。瘦果扁平，倒卵圆形，多数聚集成球状果穗。花期5～9月，果于花后渐次成熟。

本种在延安各地均产，生于海拔1500m以下的溪旁、潮湿草地或林缘。除新疆和西藏外，广布全国各地。俄罗斯远东地区和日本也有分布。

中生植物，各种生境均能生长，阴湿环境生长更好。果实多，种子易发芽，易形成群落。

全草入药，清热解毒、消炎；花美丽，可作观赏植物。

3. 茴茴蒜

Ranunculus chinensis Bge. Enum. Pl. Chin. Bor. 3. 1831; 中国植物志, 28: 327. 1980.

一年生草本。须根多数簇生。茎高20～70cm，被粗硬毛。三出复叶，轮廓卵状三角形或宽卵形，长3～8cm，各小叶2～3深裂或全裂，裂片倒披针形，长2～4cm，宽5～10mm，先端尖，两面疏被糙毛。花黄色，直径6～14mm，顶生或腋生；花梗长1～2.5cm；萼片椭圆形，先端尖，开花时向下反曲，外面被柔毛；花瓣狭倒卵形，与萼片近等长，基部有短爪；花托密被白色柔毛。瘦果卵圆形，长约3mm，先端具短喙，边缘有3条突起的棱，多数聚集呈椭圆形或圆柱形的果穗。花期4～8月，果期5～9月。

本种在延安各地均有分布，生于海拔1500m以下的河滩、溪旁、草地或林下。我国各地广布。巴基斯坦、印度、不丹、哈萨克斯坦、蒙古、泰国、日本、朝鲜及俄罗斯也有分布。

中生植物，各种生境均能生长，阴湿环境生长更好。果实多，种子较易发芽，易形成稀疏群落。

全草入药，清热解毒、消炎。

茴茴蒜 *Ranunculus chinensis*
1.植株（吴振海 摄）；2.果实（吴振海 摄）

15. 碱毛茛属 *Halerpestes* Green

本属编者：西北农林科技大学　李琰

多年生草本。须根簇生。匍匐茎伸长，横走，节处生根和簇生数叶。叶多数基生，单叶全缘，有齿或3裂，质地较厚；叶柄基部鞘状。花莛单一或上部分枝，无叶或有苞片；花单朵顶生；萼片5枚，绿色，脱落；花瓣5～12枚，黄色，基部有爪，蜜槽呈点状凹穴；雄蕊多数，花药卵圆形，花丝细长；花托圆柱形。聚合果球形至长圆形；瘦果斜倒卵形，多数，两侧扁或稍鼓起，纵肋3～5条，果皮薄，喙短，直或外弯。

本属有10种，分布于亚洲温带及美洲。我国5种，分布于东北各地，华北各地，西北各地，西南的四川和西藏。延安2种，主要分布于延川、延长和甘泉。

本属植物为湿生植物，生于河流两岸的盐碱沼泽地或潮湿草地。

花金黄色，美丽，可作观赏植物。

分种检索表

1.花莛高3～16cm；叶片长0.5～2cm；花瓣5；雄蕊6～20 ………… 1.碱毛茛 *H. sarmentosa*

1.花莛高6～24cm；叶片长1.2～4.8cm；花瓣6～12；雄蕊50～78 ………… 2.长叶碱毛茛 *H. ruthenica*

1. 碱毛茛

Halerpestes sarmentosa (Admas)Komarov. & Alissova, Key Pl. Far. East URSS 1: 550. 1931.

多年生草本。须根丛生。匍匐茎细长。叶多数，近圆形、肾形或宽卵形，薄纸质，长0.5～2cm，宽稍大于长，基部平截或微心形，先端钝圆，边缘有3～7个圆齿或3～5裂。花莛1～5条，高达16cm，具线状苞片；花单一或具2花，小型，直径6～8mm；萼片5，卵形，淡绿色，长3～4mm，反折；花瓣黄色，5枚，狭椭圆形，长3～4mm，基部有长约1mm的爪，爪上端有点状蜜槽；花药黄色，倒卵状长圆形，花丝丝状；心皮多数，花托圆柱形，长约5mm。聚合果椭圆形，长6～8mm，直径3～5mm；瘦果极多，小，斜倒卵形，纵肋3～5条。花期5～6月，果期7～8月。

本种在延安主要分布于延川、延长、甘泉、富县、宜川、黄龙和黄陵，生于海拔700～1200m的山沟湿地或河滩。在我国分布于东北各地，华北各地，西北各地及西南的四川、西藏等地。巴基斯坦、印度、哈萨克斯坦、蒙古、朝鲜和俄罗斯也有分布。

湿生植物，湿润环境生长良好。果实多，种子不易发芽，不易形成群落。

本种在《中国植物志》(28:335. 1980)上的学名为*Halerpestes cymbalaria*(Pursh.)Green.。

碱毛茛*Halerpestes sarmentosa*

1.花期植株（吴振海 摄）；2.花（吴振海 摄）；3.果期植株（王天才 摄）

2. 长叶碱毛茛

Halerpestes ruthenica (Jacq.) Ovcz. In Fl. URSS. 7: 331. 1937; 中国植物志, 28: 336. 1980.

多年生草本。须根丛生。匍匐茎长达40cm。叶簇生，厚纸质，长圆形或宽卵状长圆形，长1.2～4.8cm，宽0.6～2.6cm，顶端有3～5个圆齿，基部微心形或平截。花莛高达24cm，单一或上部有分枝，1～3花；花直径1.2～1.8cm；萼片绿色，5个，卵形；花瓣黄色，6～12枚，倒卵状长圆形，先端圆，基部渐狭成爪，蜜槽点状；花药卵形或倒卵形，花丝丝状；花托圆柱形，被柔毛。聚合果卵球形，长8～12mm，宽5～6mm，瘦果极多，紧密排列，斜倒卵形，长2～3mm，边缘有狭棱，纵肋3～5条，喙短而直。花期6～8月，果期8～9月。

本种在延安主要分布于延长，生于海拔1100m的盐碱沼泽地或潮湿草地。在我国分布于东北各地，华北各地，西北的陕西、宁夏、甘肃、新疆等地。哈萨克斯坦、蒙古、俄罗斯也有分布。

湿生植物，阴湿环境生长极好，中生环境也能正常生长。果实多，种子易发芽；具有匍匐茎，很容易形成浓密群落。

花金黄色，美丽，可作观赏植物。

长叶碱毛茛 ***Halerpestes ruthenica***

1.群落（吴振海 摄）；2.植株（吴振海 摄）；3.叶（吴振海 摄）；4.花（吴振海 摄）

36 小檗科

Berberidaceae

本科编者：西北大学　赵鹏

灌木或多年生草本，稀小乔木，常绿或落叶，常具根状茎或块茎。茎具刺或无。叶互生，单叶或一至三回羽状复叶；托叶存在或缺；叶脉羽状或掌状。花序顶生或腋生，花单生、簇生或组成总状花序、穗状花序、伞形花序、聚伞花序或圆锥花序；花具花梗或无；花两性，辐射对称，小苞片存在或缺如，花被通常3基数，偶2基数；萼片6～9，常瓣状，离生，2～3轮；花瓣6，扁平，盔状或呈距状，或变为蜜腺状，基部有蜜腺或无；雄蕊与花瓣同数对生，花药2室，瓣裂或纵裂；子房上位，1室，稀1枚，基生或侧膜胎座，花柱存在或缺。浆果、蒴果、蓇葖果或瘦果。种子1至多数，有时具假种皮；富含胚乳；胚大或小。

全科共17属约有650种，除小檗属分布最南边界至非洲和南美洲外，其余属主产北半球温带及亚热带高山地区，主要分布于美洲东西部、亚洲东部，呈间断分布或地区特有。中国有11属约320种。全国各地均有分布，但以四川、云南、西藏种类最多。延安共3属16种，主要分布在宝塔、黄陵、黄龙、宜川、甘泉、志丹、富县。

本科大多数属植物具有药用价值。小檗属和十大功劳属植物的根和茎含有多种生物碱，在民间广泛代替中药黄连和黄柏使用，而且也可在中成药、西药中代替黄连素使用，具有抗菌、降压、升高白细胞、激活淋巴结、利胆、扩张冠状动脉、降低血流阻力、抗癌活性等作用。本科中的许多植物具有观赏价值，一些植物早已作为观赏植物在国内外广为栽培。

分属检索表

1. 灌木或小乔木……………………………………………………2
1. 多年生草本……………………………………………1. 淫羊藿属 *Epimedium*
2. 枝有1针刺；单叶………………………………………2. 小檗属 *Berberis*
2. 枝光滑无毛；叶互生，三回羽状复叶…………………3. 南天竹属 *Nandina*

1. 淫羊藿属 *Epimedium* L.

多年生草本，落叶或常绿。根状茎粗短或横走，质地硬、须根多数，褐色；茎单生或数茎丛生，光滑，基部有褐色鳞片。叶成熟后呈革质；单叶或一至三回羽状复叶，基生、茎生，基生叶具长柄；小叶卵形、卵状披针形或近圆形，基部心形，两侧基部不对称，叶缘具刺毛状细齿。两性花；花茎具1～4叶，对生或少有互生；总状花序或圆锥花序顶生，无毛，花数由少至多不一；萼片8，两轮，内轮花瓣状，有颜色；花瓣4，有距或囊，少数兜状或扁平；雄蕊4，对生于花瓣，药室瓣裂，外卷，球形花粉，孔沟3；子房上位，1室，胚珠6～15，侧膜胎座，花柱宿存，柱头膨大。蒴果背裂。种子具肉质假种皮。

本属约50种，产于北非（阿尔及利亚）、意大利北部至黑海、西喜马拉雅、朝鲜和日本。中国约有40种，广布各地。延安有2种，主要分布于宝塔、黄陵。生于海拔1100m左右的沟谷。

本属植物较为喜阴，不耐旱，对土壤的要求不严。

淫羊藿属多种植物具有重要的药用价值，具有补肾阳、强筋骨、祛风湿的功效。药用淫羊藿植物中含有众多的黄酮类化合物，具有调节机体免疫功能，改善心肾血液循环，促进核酸代谢及抗癌、抗衰老等作用。

分种检索表

1. 根状茎多须根；小叶3枚 ………………………………………………… 1. 三枝九叶草*E. sagittatum*
1. 根状茎须根少；小叶9枚 ………………………………………………… 2. 淫羊藿*E. brevicornu*

1. 三枝九叶草

Epimedium sagittatum (Sieb. & Zucc.) Maxim. in Bull. Acad. Imp. Sci. St. Petersb. 23: 310. 1877; 中国植物志, 29: 272. 2001.

多年生草本，植株高30～50cm。根状茎粗短，节结状，质地坚硬，须根多数。一回三出复叶基生和茎生，小叶3枚；小叶革质，卵形至卵状披针形，叶片大小不一，先端急尖或渐尖，基部心形，顶生小叶与侧生小叶基部不同，侧生小叶外裂片比内裂片大，三角形，急尖，内裂片圆形，上面无毛，背面疏被粗短伏毛或无毛，叶缘具刺齿；花茎具2枚对生叶。圆锥花序常生有200朵花，无毛或稀有；花梗长1cm，无毛；花小，直径约8mm，白色；萼片2轮，外萼片4枚，先端钝圆，有紫色斑点，其中1对狭卵形，另1对长圆状卵形，内萼片卵状三角形，先端急尖，长约4mm，宽约2mm，白色；花瓣囊状，淡棕黄色，先端钝圆，长1.5～2mm；雄蕊长3～5mm，花药长2～3mm；雌蕊长约3mm，花柱长于子房。蒴果，宿存花柱长约6mm。花期4～5月，果期5～7月。

三枝九叶草*Epimedium sagittatum*
开花植株（卢元 摄）

本种在延安分布于富县、黄陵、黄龙、宜川等地，生于海拔500～1500m的山坡灌丛中或杂木林中。我国分布在西北的陕西、甘肃，华东的安徽、江西、福建、浙江，华中的湖北、湖南，华南的广东、广西，西南的四川。

喜阴植物，以微酸性的树叶腐殖土、黑壤土、黑沙壤土为宜，喜通风良好、空气湿润的环境条件。全草供药用，也可作兽药。

2. 淫羊藿

Epimedium brevicornu Maxim. in Acta Hort. Petrop. 11: 42. 1889; 中国植物志, 29: 296. 2001.

多年生草本，植株高20～60cm。根状茎粗短，木质化，暗棕褐色。二回三出复叶基生和茎生，小叶9；丛生基生叶1～3，具长柄，茎生叶2对生；小叶纸质或厚纸质，卵形或阔卵形，先端急尖或短渐尖，基部深心形，顶生小叶基部裂片圆形，等大，侧生小叶基部裂片稍斜，上面有光泽，网脉

淫羊藿 *Epimedium brevicornu*
1.植株（周建云 摄）；2.叶（刘培亮 摄）；3.花（刘培亮 摄）

显著，背面苍白色，柔毛少数，基出7脉，叶缘具刺齿；茎生叶2枚，对生。圆锥花序长具20～50朵花，序轴及花梗具腺毛；花白色或淡黄色；萼片2轮，外萼片卵状三角形，暗绿色，长1～3mm，内萼片披针形，白色或淡黄色；花瓣远较内萼片短，距呈圆锥状，长仅2～3mm，瓣片很小；雄蕊长3～4mm，伸出，花药长约2mm，瓣裂。蒴果，宿存花柱喙状。花期5～6月，果期6～8月。

本种在延安主要分布于黄陵、黄龙、富县等地。在我国主要分布于陕西、山西、湖北等地。生于海拔650～1500m林下、沟边灌丛中或山坡阴湿处。

淫羊藿属林地草本植物，常生于海拔650～1500m的松林、灌木丛、沟谷等荫蔽度较大的地方，多生长于腐殖质较为丰富的壤土、岩层土。喜阴植物，不耐旱、不耐涝，对水分应激能力较弱。

全草供药用，具有促进蛋白质合成、抗衰老、提高免疫功能、抑制肿瘤等功效。

2. 小檗属 *Berberis* L.

落叶或常绿灌木。枝通常具刺，单生或3～5分叉；老枝常呈暗灰色或紫黑色，幼枝有时为红色。单叶互生，着生于侧生的短枝上，具叶柄，叶片与叶柄连接处常有关节。花序为单生、簇生、总状、圆锥或伞形花序；花3数，小苞片通常3，早落；萼片通常6，2轮排列，稀3或9，1轮或3轮排列，黄色；花瓣6，黄色，内侧近基部具2枚腺体；雄蕊6，与花瓣对生，花药瓣裂，花粉近球形，具螺旋状萌发孔或为合沟，外壁纹饰网状；子房含胚珠1～12，稀达15，基生，花柱短或缺，柱头头状。浆果，通常红色或蓝黑色。种子1～10，黄褐色至红棕色或黑色，无假种皮。

本属约500种，主产北温带，但本属是小檗科中唯一分布于热带非洲山区和南美洲的属。也是唯一分布于干燥地区的属。中国有250多种，常见于西北的陕西，华东的福建、江西，西南的四川等地。延安有13种，主要分布于宝塔、黄陵、宜川、甘泉、志丹、富县、黄龙等地。

本属植物喜生于肥沃、疏松、富含腐殖质的土壤上，抗寒性较强，对生境环境要求不高。播种或扦插繁殖。

本属大多数植物的根皮和茎皮含有小檗碱，可代黄连药用，有清热燥湿、泻火解毒、健胃等功效。有的种类的种子可榨油，供工业用。有些种类的果可食。也常作观赏植物栽培。

分种检索表

1. 花单生或2至多朵簇生……………………………………………………………………2

1. 花序伞形、总状或圆锥状 ……………………………………………………………………………………3
2. 花2～10朵簇生；花粉红色或红棕色 ……………………………………………1. 巴东小檗 *B. veitchii*
2. 花2～5朵簇生，偶有单生；花黄色 ……………………………………………2. 鲜黄小檗 *B. diaphana*
3. 花序伞形……………………………………………………………………………3. 日本小檗 *B. thunbergii*
3. 花序总状或圆锥状……………………………………………………………………………………………4
4. 萼片3轮………………………………………………………………………………………………………5
4. 萼片2轮………………………………………………………………………………………………………6
5. 叶上面有褶皱，两面均被毛 ………………………………………………4. 短柄小檗 *B. brachypoda*
5. 叶上面无褶皱，仅背面被毛 …………………………………………………5. 柳叶小檗 *B. salicaria*
6. 叶全缘 …………………………………………………………………………6. 首阳小檗 *B. dielsiana*
6. 叶缘具刺齿……………………………………………………………………………………………………7
7. 胚珠5～6枚 ………………………………………………………………………7. 陕西小檗 *B. shensiana*
7. 胚珠1～2或2枚 ……………………………………………………………………………………………8
8. 浆果顶端具有宿存花柱……………………………………………………………8. 川鄂小檗 *B. henryana*
8. 浆果顶端不具有宿存花柱 ……………………………………………………………………………………9
9. 浆果黑色……………………………………………………………………………9. 延安小檗 *B. purdomii*
9. 浆果红色……………………………………………………………………………………………………10
10. 茎刺单一；花瓣先端全缘 ……………………………………………………10. 直穗小檗 *B. dasystachya*
10. 茎刺三分叉或单生；花瓣先端缺裂 ………………………………………………………………………11
11. 花红色……………………………………………………………………………11. 短梗小檗 *B. stenostachya*
11. 花黄色………………………………………………………………………………………………………12
12. 花梗长1～3mm，花瓣先端浅短裂；叶纸质，长圆形至卵形，背面淡绿色；叶缘具40～60细刺齿；茎刺单或三分叉 ………………………………………………………………………12. 黄芦木 *B. amurensis*
12. 花梗长4～8mm，花瓣先端缺裂；叶厚纸质，近圆形或阔椭圆形，背面灰色，微被白粉；叶缘具15～30刺齿；茎刺三分叉 ……………………………………………………………13. 甘肃小檗 *B. kansuensis*

1. 巴东小檗

Berberis veitchii Schneid. in Sargent, Pl. Wils. 1; 363. 1913; 中国植物志, 29: 116. 2001.

常绿灌木，高1～1.5m。茎圆柱形，老枝淡灰黄色，无疣点，幼枝带红色，无毛；茎刺三分叉，长1.5～3cm，腹面具槽，淡黄色。叶薄革质，披针形，先端渐尖，基部楔形，上面暗绿色，无白粉；叶缘略呈波状，稍向背反卷，每边具10～30刺齿；近无柄。花2～10朵簇生，花梗1.5～3.5cm，光滑无毛；花粉红色或红棕色；小苞片卵形，长宽约2mm；萼片3轮，外萼片长圆状卵形，微带红褐色，中萼片和内萼片倒卵形，常呈凹状；花瓣倒卵形，先端圆形，锐裂，基部缢缩呈爪，具2枚紧靠的腺体；雄蕊长约4mm，药隔略延伸，先端圆钝；胚珠2～4枚。浆果卵形至椭圆形，顶端无宿存花柱，被蓝粉。花期5～6月，果期8～10月。

本种在延安主要分布于富县、吴起，生于海拔500～1500m山地灌丛中、林中、林缘和河边。我国主要分布于华中的湖北，西南的贵州、四川北部。

喜生于肥沃、疏松、富含腐殖质的土壤上，抗寒性较强，对生境环境要求不高。

可药用，根皮可清热解毒，用于痢疾、泄泻；果实可用于小儿惊风。

2. 鲜黄小檗

Berberis diaphana Maxin. in Bull. Acad. Sci. St. -Petersb. 23: 309. 1877; 中国植物志, 29: 97. 2001.

落叶灌木，高1～3m。幼枝绿色，老枝灰色，具条棱和疣点；茎刺三分叉，粗壮，长1～2cm，淡黄色。叶坚纸质，长圆形或倒卵状长圆形，长1.5～4cm，宽5～16mm，先端微钝，基部楔形，边缘具2～12刺齿，偶有全缘，上面暗绿色，背面淡绿色，少有白粉；具短柄。花2～5朵簇生，黄色；萼片2轮，外萼片近卵形，长约8mm，宽约5.5mm，内萼片椭圆形，长约9mm，宽约6mm；花瓣卵状椭圆形，长6～7mm，宽5～5.5mm，先端急尖，锐裂，基部缢缩呈爪，具2枚分离腺体；雄蕊长约4.5mm，药隔先端平截；胚珠6～10枚。浆果红色，卵状长圆形，长1～1.2cm，直径6～7mm，先端略斜弯，有时略有白粉，宿存花柱明显。花期5～6月，果期7～9月。

本种在延安主要分布于富县、黄陵、甘泉、宜川、黄龙等地。生于海拔600～1200m灌丛、草甸、林缘、坡地或云杉林中。主要产于我国西北的陕西、甘肃、青海。

喜光，不耐庇荫，较喜阳坡，对土壤、气候适应性强，耐轻度盐碱，耐低温，耐干旱；萌芽力很强，采伐后可自行萌芽更新；种子传播。

本种呈团状分布，春秋叶片颜色变化独特，观赏性强，且生长迅速，是庭院绿化和观赏树种之一。根皮含小檗碱，入药有抗菌、健胃、解毒和消炎的作用。

鲜黄小檗*Berberis diaphana*
1.叶、枝条（刘培亮 摄）；2.果（刘培亮 摄）

3. 日本小檗

Berberis thunbergii DC. Reg. Veg. Syst. 2: 9. 1821; 中国植物志, 29: 155. 2001.

落叶灌木，高约1m，多分枝。枝条开展，具细条棱，幼枝淡红带绿色，无毛，老枝暗红色；茎刺单一。叶薄纸质，倒卵形、匙形或菱状卵形，先端骤尖或钝圆，基部狭而呈楔形，全缘，上面绿色，背面灰绿色，无毛；花2～5朵组成具总梗的伞形花序，或近簇生的伞形花序或无总梗而呈簇生状；花梗长5～10mm，无毛；小苞片卵状披针形，长约2mm，带红色；花黄色；外萼片卵状椭圆形，长4～4.5mm，宽2.5～3mm，先端近钝形，带红色，内萼片阔椭圆形，长5～5.5mm，宽3.3～3.5mm，先端钝圆；花瓣长圆状倒卵形，先端微凹，基部略呈爪状，具2枚近靠的腺体；雄蕊长3～3.5mm，药隔不延伸，顶端平截；子房含胚珠1～2枚，无珠柄。浆果椭圆形，亮鲜红色，无宿存花柱。种子1～2枚，棕褐色。花期4～6月，果期7～10月。

日本小檗 ***Berberis thunbergii***
1.花（刘培亮 摄）；2.果（刘培亮 摄）

本种在延安主要栽培于富县、黄陵、志丹。我国各地均有栽培。原产日本。

喜光照充足、温暖湿润的气候；稍耐阴，耐寒，可耐轻度盐碱，喜土壤肥厚，排水良好的沙质壤土。萌芽力强，耐修剪。以播种或压条繁殖。

根和茎含小檗碱，可作为提取黄连素的原料；枝、叶煎水服，可治结膜炎；根皮可作健胃剂；茎皮去外皮后，可作黄色染料。花、果、叶俱佳的观赏花木，适于园林中孤植、丛植或栽作绿篱。

4. 短柄小檗

Berberis brachypoda Maxim. in Bull. Acad. Sci. St. -Petersb. 23: 308. 1877; 中国植物志, 29: 155. 2001.

落叶灌木，高1～3m。老枝黄灰色，少柔毛，幼枝具条棱，淡褐色，少柔毛，具稀疏黑疣点；茎刺三分叉，与枝同色，长1～3cm，腹面具槽。叶厚纸质，椭圆形、倒卵形或长圆状椭圆形，先端急尖或钝，基部楔形，上面暗绿色，有褶皱，具少毛，背面黄绿色，脉上密被长柔毛，叶缘平展，每边具20～40刺齿；叶柄被柔毛。穗状总状花序，长5～12cm，花朵密生，具花序梗，无毛；花淡黄色；小苞片披针形，常红色，2轮或4枚；萼片3轮，边缘具短毛，外萼片卵形，先端急尖，常带红色，中萼片长圆状倒卵形；内萼片倒卵状椭圆形，长约4.5mm，宽约3mm，先端钝；花瓣椭圆形，长约5mm，宽约3mm，先端缺裂或全缘，裂片先端急尖，基部缢缩呈爪，具2枚分离腺体；雄蕊长约2mm，药隔不延伸，先端平截；胚珠1～2枚。浆果长圆形，鲜红色，顶端具明显宿存花柱，不被白粉。花期5～6月，果期7～9月。

本种在延安分布于宝塔、黄陵等地。生于海拔700～1200m的山坡灌丛下、林下、林缘、路边或山谷湿地。在我国分布于华北的山西，西北的陕西、甘肃、青海，华中的湖北、河南，西南四川等地。

根含小檗碱，供药用，除湿热，可代黄连，具有清热、退火、抗菌之功效。

短柄小檗 ***Berberis brachypoda***
花枝（黎斌 摄）

5. 柳叶小檗

Berberis salicaria Fedde, Bot. Jahrb. Syst. 36(Beibl. 82): 42. 1905; 中国植物志, 29: 157. 2001.

落叶灌木，高1～2.5m。老枝黄灰色，具条棱，疏被柔毛，幼枝淡黄色，无毛，无疣点；茎刺三分叉，与枝同色。叶纸质，披针形，先端急尖或近渐尖，基部渐狭，上面暗绿色，无毛，中脉扁平，侧脉和网脉明显，背面亮淡绿色，被短柔毛，叶缘平展，每边具刺齿；叶柄长1～3cm。穗状总状花序，序轴时红色，具总梗；苞片披针形，长3～4mm，花梗无毛，长约2mm，较粗壮；花黄色；小苞片卵形，先端急尖；萼片3轮，外萼片长圆状卵形，长约2.5mm，宽1.5mm，中萼片长圆状椭圆形，长约3mm，宽约2mm，内萼片倒卵形，长约5mm，宽约4mm；花瓣长圆状倒卵形，长5～6mm，宽2.5～3mm，先端缺裂，基部呈爪，具2枚分离腺体；雄蕊长4～4.5mm，药隔先端不延伸，平截；胚珠2枚。浆果红色，倒卵状椭圆形，红色，微被白粉，顶端无宿存花柱。种子1～2枚，长圆形，褐色。花期4～6月，果期8～9月。

本种在延安主要分布于富县、黄陵，生于海拔1200m左右山坡疏林中、林下或林缘。在我国主产于西北的陕西、甘肃，华中的湖北等地。

花色艳丽，果实红色，可供观赏，可在园林中作为绿化低矮灌木。

6. 首阳小檗

Berberis dielsiana Fedde in Engl. S Bot. Jahrb. 36(Beibl. 82): 41. 1905; 中国植物志, 29: 198. 2001.

落叶灌木，高1～3m。老枝灰褐色，具棱槽，疏生疣点，幼枝紫红色；茎刺单一，圆柱形，长3～15mm，幼枝刺长达2.5cm，叶薄纸质，椭圆形或椭圆状披针形，先端渐尖或急尖，基部渐狭，正面暗绿色，中脉扁平，侧脉不显，背面初灰，具白粉，后转绿，中脉微隆起，侧脉微显，两面无网脉，无毛，叶缘平展，幼枝叶全缘；叶柄长约1cm。总状花序，偶有簇生花1至数朵，无毛；花梗长3～5mm，无毛；花黄色；小苞片披针形，红色，长2～2.5mm，宽约0.7mm；萼片2轮，外萼片长圆状卵形，长2～2.5mm，宽0.8～1mm，先端急尖，内萼片倒卵形，长4～4.5mm，宽约3mm；花瓣椭圆形，长5～5.5mm，宽约3mm，先端缺裂，基部具2枚分离腺体；雄蕊长约3mm，药隔不延伸，先端平截；胚珠2枚。浆果长圆形，红色，长8～9mm，直径4～5mm，顶端不具宿存花柱，无白粉。花期4～5月，果期8～9月。

本种主要分布于延安志丹、黄龙、富县、黄陵等地，生长在海拔600～1300m山坡、山谷灌丛中、山沟溪旁或林中。我国分布于西北的陕西、甘肃，华中的湖北等地。

根皮和茎皮含小檗碱，可作为制取黄连素原料，有清热、退火、抗菌的功效。作为园林绿化树种也极为理想。

首阳小檗 ***Berberis dielsiana***
花枝（黎斌 摄）

7. 陕西小檗

Berberis shensiana Ahrendt in Gard. Chron. ser. 3, 112: 155. 1942; 中国植物志, 29: 190. 2001.

落叶灌木，高约1.5m。老枝暗灰色，具条棱，无毛，幼枝禾秆色或淡紫红色，散布黑色疣点；茎刺三分叉，淡黄色，腹面具浅槽。叶纸质，椭圆形或倒卵形，宽0.5～1.7cm，先端急尖或圆钝，基部楔形，上面绿色，中脉微凹陷，侧脉和网脉不显或显著，背面淡绿色，中脉明显隆起，侧脉和网脉显著，无白粉，无毛，叶缘平展，每边具10～20细刺齿；叶柄长达1cm。总状花序，长1.5～3.5cm，含总梗长约5mm，基部或具1～2花簇生；花梗长5～8mm，细弱，无毛；苞片卵形，长1～3mm；花黄色；小苞片披针形，长约3mm，宽约1mm；萼片2轮，外萼片椭圆形，长4.5～5mm，宽2.5～3mm，内萼片长圆状椭圆形，长约6mm，宽约4mm；花瓣倒卵状椭圆形，长5～5.5mm，宽3～3.5mm，先端全缘，基部缢缩呈爪，具2枚分离腺体；雄蕊长约3mm，药隔先端稍延伸，突尖；胚珠5～6枚。浆果长圆形，红色，顶端近无宿存花柱，无白粉。花期5～6月，果期7～9月。

本种在延安各地都有分布，主要生于海拔650～1400m山坡、路边、林地、灌丛中。我国产于西北陕西、甘肃等地。在英国有种植。

喜生于肥沃、疏松、富含腐殖质的土壤上，抗寒性较强，对生境环境要求不高。

8. 川鄂小檗

Berberis henryana Schneid. in Bull. Herb. Boissier (2), 5: 664. 1905; 中国植物志, 29: 187. 2001.

落叶灌木，高2～3m。老枝灰黄色或暗褐色，幼枝红色，近圆柱形，条棱不显；茎刺单生少三分叉，与枝同色，长1～3cm。叶坚纸质，椭圆形或倒卵状椭圆形，长1.5～3cm，偶长达6cm，宽8～18mm，偶宽达3cm，先端圆钝，基部楔形，上面暗绿色，中脉微凹陷，侧脉和网脉微显，背面灰绿色，常微被白粉，中脉隆起，侧脉和网脉显著，两面无毛，叶缘平展，每边细刺齿不显；叶柄长4～15mm。总状花序长有10～20朵花，总梗无毛；花黄色；小苞片披针形，先端渐尖，萼片2轮，外萼片长圆状倒卵形，长2.5～3.5mm，宽1.5～2mm，内萼片倒卵形；花瓣长圆状倒卵形，先端锐裂，基部具2枚分离腺体；雄蕊长3.5～4.5mm，药隔不延伸，先端平截；胚珠2枚。浆果椭圆形，长约9mm，直径约6mm，红色，短花柱宿存顶端，无白粉。花期5～6月，果期7～9月。

本种在延安主要分布于宜川、甘泉、黄陵等地，生于海拔700～1400m的山坡灌丛中、林

川鄂小檗*Berberis henryana*

1.枝、叶、花蕾（刘培亮 摄）；2.花（刘培亮 摄）；3.果（刘培亮 摄）

缘、林下或草地。在我国分布于西北的甘肃、陕西，华中的湖北、河南、湖南，西南的四川、贵州等地。

喜凉爽湿润环境，耐寒也耐旱，不耐水涝，萌蘖力强，耐修剪，对各种土壤都能适应，在肥沃深厚、排水良好的土壤中生长更佳。

根皮含小檗碱，可供药用，有清热、解毒、消炎、抗菌功效。主治痢疾。

9. 延安小檗

Berberis purdomii Schneid. in Sargent. Pl. Wils 1: 372. 1913; 中国植物志, 29: 159. 2001.

落叶灌木，高约1m。小枝光滑，茎红褐色或紫褐色，具棱槽；茎刺单一或三分叉，淡黄色。叶纸质，狭倒卵形至倒披针形，长1～4cm，宽4～8mm，先端急尖，基部渐狭，侧脉和网脉显著；叶缘平展，具刺齿或全缘；叶柄长2～3mm或近无柄。穗状总状花序生有15～25朵花，长3～5cm，含总梗长1～2cm，无毛；苞片披针形，长约2mm；花黄色；小苞片带红色，钻状披针形，先端长渐尖；萼片2轮，外萼片倒卵状圆形或卵状椭圆形，长约2.2mm，宽约1.5mm，内萼片长圆形；花瓣倒卵状长圆形，长3～3.2mm，宽1.6～2mm，先端缺裂，具2枚分离腺体；雄蕊长约2.2mm，药隔先端不延伸，平截；胚珠2枚。浆果卵圆形，黑色，顶端无宿存花柱，微被白粉；种子1枚。花期6月，果期7～8月。

本种在延安主要分布于宝塔、宜川、黄龙、黄陵等地，生于海拔700～1300m的山坡、丘陵、黄土堆或山坡灌丛中。我国主要分布于华北的山西，西北的陕西、甘肃、青海。

喜生于肥沃、疏松、富含腐殖质的土壤上，抗寒性较强，对生长环境要求不高。

根、茎可药用，具清热燥湿、泻火解毒之功效。

延安小檗*Berberis purdomii*
1.茎（刘培亮 摄）；2.花（刘培亮 摄）

10. 直穗小檗

Berberis dasystachya Maxim. in Bull. Acad. Sci. St. -Petersb. 23: 308. 1877; 中国植物志, 29: 189. 2001.

落叶灌木，高2～3m。老枝圆柱形，黄褐色，具少量小疣点，幼枝紫红色；茎刺单一。叶纸质，叶片长圆状椭圆形、宽椭圆形或近圆形，长3～6cm，宽2.5～4cm，先端钝圆，基部骤缩，楔形、圆形或心形，上面暗黄绿色，背面黄绿色，中脉隆起明显，无白粉，两面网脉显著，无毛，叶缘平展，两边具细小刺齿；叶柄长1～4cm。总状花序直立，生15～30朵花，长4～7cm，含总梗长1～2cm，无毛；花梗长4～7mm；花黄色；小苞片披针形，长约2mm，宽约0.5mm，萼片2轮，外萼片披针形，长约3.5mm，宽约2mm，内萼片倒卵形，长约5mm，宽约3mm，基部稍呈爪；花瓣倒卵形，长约4mm，宽

直穗小檗 ***Berberis dasystachya***
1.花枝（姜在民 摄）；2.果、叶（卢元 摄）

约2.5mm，先端全缘，基部缢缩呈爪，具2枚分离长圆状椭圆形腺体；雄蕊长约2.5mm，药隔先端不延伸，平截；胚珠1～2枚。浆果椭圆形，红色，无宿存花柱，无白粉。花期4～6月，果期6～9月。

本种在延安主要分布于黄陵、黄龙、宜川等地，生于海拔600～1100m的向阳山地灌丛中、山谷溪旁、林缘、林下、草丛中。在我国产于华北的河北、山西，西北的甘肃、宁夏、青海、陕西，华中的湖北、河南，西南的四川。

根皮及茎皮含小檗碱，可供药用，具有清热解毒、泻火燥湿之功效。

11. 短梗小檗

Berberis stenostachya Ahrendt in Journ. L. Soc. Bot. 57: 197. 1961; 中国植物志, 29: 158. 2001.

落叶灌木，高2m。老枝有棱槽，淡黄色，无毛，幼枝淡红色，具条棱，被短柔毛，后无毛；茎刺三分叉，长1～3cm，腹面具槽。叶纸质，倒卵形或倒卵状长圆形，先端钝或急尖，上面暗绿色，稀被短柔毛，中脉扁平，侧脉微隆起，背面淡绿色，密被短柔毛杂生绒毛，中脉与侧脉明显隆起，叶缘深波状，具刺锯齿；叶柄长4～10mm。穗状总状花序斜展，生花20～35朵，长4～6cm，花序轴、苞片被短柔毛，长2～3mm；花黄色；小苞片卵形，红色，先端急尖；萼片2轮，外萼片卵形，长约2mm，宽约1mm，内萼片倒卵状椭圆形；花瓣椭圆形，长约3mm，宽约1.3mm，先端缺裂，基部楔形，具2枚分离的椭圆状腺体；雄蕊长约2mm，药隔先端不延伸，平截；胚珠2枚。浆果椭圆形，红色，顶端无宿存花柱，无白粉。种子棕褐色。花期5～6月，果期8～10月。

本种在延安分布于志丹，生于海拔700～1000m的山坡灌丛中。在我国主产于西北的甘肃。

喜湿润的气候，对土壤要求不严。

12. 黄芦木

Berberis amurensis Rupr. in Bull. Acad. Sci. St. Petersb. 15: 260. 1857; 中国植物志, 29: 189. 2001.

落叶灌木，高2～3.5m。老枝淡黄色或灰色，稍具棱槽；茎刺三分叉，稀单一。叶纸质，倒卵状

黄芦木 *Berberis amurensis*
1.茎、叶（周建云 摄）；2.早期果（周建云 摄）；3.小枝及花序（卢元 摄）；4.晚期果（卢元 摄）

椭圆形、椭圆形或卵形，长5～10cm，宽2.5～5cm，顶端急尖或圆形，基部楔形，上面暗绿色，中脉、侧脉凹陷，网脉不显，背面淡绿色，无光泽，叶缘平展，两边具细刺齿；叶柄长5～15mm。总状花序生有10～25朵花，长4～10cm，无毛，总梗长1～3cm；花梗长5～10mm；花黄色；萼片2轮，外萼片与内萼片倒卵形；花瓣椭圆形，长4.5～5mm，宽2.5～3mm，先端浅缺裂，基部稍有爪，具2枚分离腺体；雄蕊长约2.5mm，药隔先端不延伸，平截；胚珠2枚。浆果长圆形，红色，不具宿存花柱，无白粉或仅基部稀有。花期4～5月，果期8～9月。

本种在延安主要分布于黄陵、黄龙、宜川等地，生于海拔700～1200m山地灌丛中、沟谷、林缘、疏林中、溪旁或岩石旁。在我国主要分布于东北的吉林、内蒙古（东部），西北的陕西、甘肃，华中的河南，华东的山东。日本、朝鲜、俄罗斯也有分布。

喜湿润环境，喜肥，栽植时可施入适量的农家肥作为基肥。种子繁殖或扦插繁殖。

根皮和茎皮含小檗碱，供药用，可作黄连代用品，清热解毒、清肝泻火；种子可榨油，也可作园林绿化观赏树种。

13. 甘肃小檗

Berberis kansuensis Schneid. in osterr. Bot. Zeitschr. 67: 288. 1918; 中国植物志, 29: 188. 2001.

落叶灌木，高3m。老枝淡褐色，幼枝带红色，具条棱；茎刺与枝同色，弱，腹面具槽。叶厚纸质，叶片近圆形或阔椭圆形，先端圆形，基部渐狭成柄，上面暗绿色，中脉稍凹，背面灰色，稀被白粉，中脉明显，两面侧脉和网脉明显，叶缘平展，每边具刺齿；叶柄长1～2cm，老枝叶常近无柄。总状花序10～30朵花，长2.5～7cm，包含总梗长0.5～3cm；苞片长1～1.5mm；花梗长4～8mm，常轮列；花黄色；小苞片带红色，长1.4mm，先端渐尖；萼片2轮，外萼片卵形，长2.5mm，宽约1.5mm，先端急尖，内萼片长圆状椭圆形，长约4.5mm，宽约2.5mm；花瓣长圆状椭圆形，长4.5mm，宽约2mm，先端缺裂，裂片急尖，基部呈短爪，具2枚分离倒卵形腺体；雄蕊长约3mm，药隔稍长，先端圆形或平截；胚珠2枚，具柄。浆果长圆状倒卵形，红色，无宿存花柱，无白粉。花期5～6月，果期7～8月。

本种在延安主要分布于甘泉，生于海拔700～1500m山坡灌丛中或杂木林中。在我国主要分布于西北的甘肃、青海、陕西、宁夏，西南的四川。

根含小檗碱，入药代黄连使用，具有清热、退火、抗菌之功效。

3. 南天竹属 *Nandina* Thunb.

常绿灌木，无根状茎。叶互生，二至三回羽状复叶，叶轴有关节；叶全缘，叶脉羽状；无托叶。顶生或腋生大型圆锥花序；花两性，3数，有小苞片；萼片多，螺旋排列，由外向内渐变大；花瓣6，比萼片大，基部无蜜腺；雄蕊6，1轮，对生于花瓣，花药纵裂，花粉长球形，孔沟3，外壁有显著网状雕纹；子房倾斜呈椭圆形，近边缘胎座，花柱短，柱头全缘。浆果球形，红色或橙红色，顶端具宿存花柱。种子1～3枚，灰色或淡棕褐色，无假种皮。

本属仅有1种，分布于中国和日本，北美东南部和我国常有栽培。延安有栽培。

生态学、生物学、林学特征及用途同南天竹。

南天竹

Nandina domestica Thunb. Fl. Jap.: 9. 1784; 中国植物志, 29: 52. 2001.

常绿小灌木。茎丛生少分枝，光滑，幼枝红色，老后转灰。叶互生，集生于茎上部，三回羽状复叶；二至三回羽片对生；小叶薄革质，两面无毛，椭圆形或椭圆状披针形，顶端渐尖，基部楔形，全缘，上部叶深绿色，冬季转红，背面叶脉隆起；近无柄。圆锥花序直立，花小，白色，有芳香；萼片多轮，外轮萼片卵状三角形，向内各轮变大，最内轮萼片卵状长圆形；花瓣长圆形，先端圆钝；雄蕊6，花丝短，花药纵裂，药隔延伸；子房1室，胚珠1～3。浆果球形，熟时鲜红色。种子扁圆形。花期3～6月，果期5～11月。

本种在延安各地均有栽培。我国产于西北的陕西，华东的福建、山东、江苏、安徽，华中的湖南、河南，华南的广西，西南的四川、云南、贵州等地。日本也有分布；北美东南部有栽培。生于海拔1200m以下山地林下沟旁、路边或灌丛中。

喜阴植物，多生长于沟谷、温暖湿润的地方；既能耐湿也能耐旱，对土壤要求不严，以肥沃且排水良好的沙质壤土为宜。

各地庭园常有栽培，为优良观赏植物；根、叶具有强筋活络、消炎解毒的功效，果为镇咳药。

南天竹 *Nandina domestica*

1.叶、未成熟果（周建云 摄）；2.叶、成熟果（赵鹏 摄）

37 防己科

Menispermaceae

本科编者：延安市黄龙山国有林管理局　王赵钟

木质藤本，罕直立灌木或小乔木。茎枝横切面可见明显的车辐状纹理。单叶互生，全缘或掌状分裂，具掌状脉；具叶柄，无托叶。花雌雄异株，形小，整齐，单生、簇生或呈总状花序、圆锥花序或伞形花序；花萼与花冠均存在，常6数，2轮排列，每轮3片，少4或2，极少退化为1；雄花具雄蕊2～8枚，多6～8，通常与花瓣同数而对生；花丝、花药离生或多少合生；花药1～2室或假4，纵裂，在雌花中退化雄蕊有或无；雌花具离生心皮3～6；子房上位，1室，常一侧膨大，内有胚珠2枚，其中1枚退化不发育；花柱短或无，柱头顶生，分裂或条裂，头状或盘状。核果。种子弯曲，有或无胚乳。

本科有70余属400余种，分布于亚洲、非洲、南美洲、北美洲、大洋洲热带或亚热带地区。我国有19属78种，主要分布于华东的江苏、江西、安徽、福建、浙江，华中的湖南，华南的广西、广东，西南的四川、云南、贵州等地。延安产1属1种，各县（区）均有分布。

本科植物多生长于山坡、丘陵地带的草丛、田边路旁、石砾滩地及灌木丛中，喜温暖湿润环境，不耐涝，多数种善攀缘、缠绕。

本科植物均含生物碱，药用价值显著，有些种的枝条为传统川产藤器的主要原料。

蝙蝠葛属 *Menispermum* L.

落叶藤本。叶盾形，柄长，边缘具浅裂。花小，雌雄异株，呈腋生总状花序或圆锥花序；雄花萼片2～8，成2轮；花瓣6～8，较萼片为短；雄蕊9～24，离生，花药4室；雌花具6～12枚退化雄蕊，心皮2～4。核果扁球形，内果皮坚硬，弯曲如马蹄形，背脊及两侧具环状横肋。花期5～6月，果熟期8～9月。

本属有2种，分布于东亚温带和北美洲。我国有1种，分布于东北各地，华北的河北、山西，西北的陕西、甘肃，华东的安徽、江苏、江西、山东等地。延安有1种,各县（区）均有分布。

本属植物喜温暖湿润环境，种子和分根繁殖。

根、茎、叶可入药；韧皮可代麻；种子可榨油。

蝙蝠葛

Menispermum dauricum DC. Syst. Veg. 1: 540. 1818; 中国植物志, 30(1): 39. 1996.

草质、落叶藤本。小枝光滑，有细纵纹。叶卵形、心形，长和宽均7～10cm，先端急尖或渐尖，边缘有3～9角或3～9裂，基部浅心形或截形，表面绿色，背面灰白色，两面均无毛；叶柄长6～12cm。花雌雄异株，呈腋生圆锥花序；雄花黄绿色；萼片6或8，倒卵形，膜质，外轮3片，长

3mm，宽约1mm，内轮3片，宽约2mm；花瓣6～10，较萼片为小，卵圆形，带肉质；雄蕊12～18枚，花药球形，花丝肉质，柱状；雌花具6～12退化雄蕊，雌蕊群具0.5～1mm极短柄。核果紫黑色，果核短径约8mm，长径约10mm，黑色，基部凹缺深约3mm。花期6月，果期8～9月。

本种在延安各地均有分布，全国和世界分布与属相同。

蝙蝠葛对土壤要求不严格，喜温暖、凉爽及排水良好环境，多生于海拔1200m以下的田边路旁或石砾滩地及灌木丛中。为小型攀缘植物，具有一定观赏性。用种子和根茎均可繁殖。

根、茎有解热镇痛功效。根、茎、叶水煮喷洒可作防虫剂。韧皮纤维可代麻，也可供造纸原料。种子榨油可供工业用。

蝙蝠葛 *Menispermum dauricum*
1.植株（蒋鸿 摄）；2.叶（曹旭平 摄）

38 木兰科

Magnoliaceae

本科编者：延安市黄龙山国有林管理局　马宝有

落叶或常绿乔木、灌木。单叶互生，全缘或浅裂，具托叶，脱落后留一环痕。花两性，罕单性，单生、腋生或顶生；萼片3，稀4，常为花瓣状；花瓣6或更多，稀缺乏；萼片和花瓣相似，分化不显著；雄蕊、雌蕊均为多数，分离，螺旋状排列，稀为4枚；子房上位，心皮多数，螺旋状排列，稀为轮列，离生，极少合生。子房1室，具1至数颗倒生胚珠。果为蓇葖果、蒴果或浆果。种子胚乳丰富。

本科有18属330余种，分布于亚洲、美洲的温带及亚热带。我国有14属165余种，主要分布于华东的江苏、浙江、福建、山东，华中的河南，西南的重庆、四川、云南等地，自东南、西南向东北和西北方向分布减少。延安2属3种，主要分布于黄陵、黄龙、洛川、宜川等地。

本科植物是研究被子植物起源、发育、进化不可缺少的珍贵材料，在其自然分布区域适应性较强，种质资源丰富，喜温暖湿润环境，多为高大乔木，在维护森林生态系统平衡中发挥着重要作用；多数种树皮、叶、花有芳香气味，可提取芳香油、香精，又因树体浑圆饱满，花大美丽，而作为园林绿化主要观赏植物之一；许多种材质轻，易加工，不变形，可作建筑、家具、装饰用材。

分属检索表

1.乔木或灌木；有托叶；果为蓇葖果 ………………………………… 1.木兰属 *Magnolia*

1.藤本；不具托叶；果为浆果 ………………………………… 2.五味子属 *Schisandra*

1.木兰属 *Magnolia* L.

乔木或灌木，通常落叶，少数常绿。小枝具环状托叶痕，芽二型，营养芽腋生或顶生，混合芽顶生。叶互生或密集成假轮生，全缘，稀先端2浅裂，有柄；托叶与叶柄连合，且包裹叶芽。花两性，白色、玫瑰色或紫色，极少黄色，单生枝顶，落叶种先叶或与叶同时开放；萼片3，常花瓣状，花瓣6～12；雄蕊多数，早落，螺旋状着生于长轴形花托的下部，花丝扁平，药室内向或侧向，纵裂；雌蕊群和雄蕊群接合，无炳，心皮分离，多数或少数，螺旋状排列于伸长的花托上部，子房2室，每室含胚珠2颗。聚合果，有种子2颗，成熟时红色，由种脐的线状体增长悬挂于果外。

本属约有90种，分布于亚洲东南部温带和热带，北美洲东南部，美洲中部。我国有31种，集中分布于华东的江苏、浙江、福建、山东，华中的河南，西南的重庆、四川、云南等地。延安栽培2种，南部的黄陵、黄龙、洛川、宜川等地有栽培。

本属植物喜光照充足、温暖湿润环境，与木兰科其他属相比，抗寒能力较强。

树皮、花具芳香，花色泽美丽，炮制后可入药，经济价值较高；树体姿态饱满，叶色翠绿，观赏性极佳，常作园林绿化使用。

分种检索表

1. 花白色；萼片钟形，与花瓣近等大 ·· 1. 玉兰 *M. denudata*
1. 花玫瑰红色；萼片披针形，长约为花瓣的1/3 ·· 2. 紫玉兰 *M. liliflora*

1. 玉兰

Magnolia denudata Desr. in Lam. Encyel. Meth. Bot. 3: 675. 1791; 中国植物志, 30(1): 131. 1996.

落叶乔木，高可达20m。小枝灰褐色，冬芽被淡黄色长绢毛。叶纸质，倒卵形至倒卵状椭圆形，长10～15cm，宽6～10cm，先端宽圆、平截或微凹，具短急尖，基部楔形，表面深绿色，嫩时疏被

玉兰 *Magnolia denudata*
1. 植株（曹旭平 摄）；2. 叶（曹旭平 摄）；3. 叶和果序（曹旭平 摄）

短柔毛，后期中脉及侧脉柔毛留存，背面浅绿色，有细小短柔毛；侧脉两边各8～10条，网脉明显，脉上或脉腋毛较密；叶柄被柔毛，长1～2.5cm，具狭纵沟；托叶痕明显。花先叶开放，直立，大型，白色，芳香，钟状，直径12～15cm；萼片与花瓣同形，共9片，长圆状倒卵形，长8～10cm。聚合果圆筒形，长8～12cm，褐色。种子心形，侧扁，9～10mm,外种皮红色,内种皮黑色。花期3月，果期6～7月。

本种在延安的黄陵、黄龙、洛川、宜川等地有绿化栽培，分布于海拔1400m以下。原产我国，主要分布于华北的河北，华东的江西、浙江、江苏、安徽、山东，华中的河南，西南的贵州等地。

玉兰喜光，较耐寒，耐旱，忌低湿，喜肥沃湿润的微酸性土壤。树体浑圆饱满，花洁白美丽，芳香，对有害气体的抗性较强。可用种子繁殖或以紫玉兰为砧木嫁接繁殖。

木材优良，纹理直，可用细木加工。花蕾入药，为药用“辛夷”之一种，功用与紫玉兰相同。花可制浸膏。种子榨油，供工业用。为珍贵庭园观赏树种。

2. 紫玉兰

Magnolia liliiflora Desr. in Lam. Encycl. Meth. Bot. 3: 675. 1791; 中国植物志, 30(1): 140. 1996.

落叶灌木，常丛生，高2～5m。小枝褐紫色或绿紫色。芽卵形，被淡黄色绢毛。叶椭圆形或椭圆状倒卵形，长10～18cm，宽6～10cm，先端急尖或渐尖，基部楔形，上面深绿色，初具短柔毛，后变无毛，下面淡绿色，侧脉每边8～10条，沿脉具细柔毛；叶柄长2～2.5cm，托叶痕为叶柄长之半。花蕾卵圆形，被淡黄色绢毛，花叶同时开放，大形，钟状，直立被毛的花梗上，有香气，直径10～15cm；外轮萼片3，披针形，长2～3.5cm，紫绿色，早落；内两轮花瓣6～9，倒卵形或倒卵状长圆形，外面紫色或紫红色，内面带白色，长8～10cm；雄蕊8～10mm，花丝紫红色，肥厚，花药较花丝为短，侧向开裂；雌蕊群长1.5cm，淡紫色，无毛。聚合果圆柱形，紫褐色，长7～10cm。花期3月，果期5月。

本种在延安南部的富县、黄陵、黄龙、洛川等地海拔1200m以下有栽培。原产我国，主要分布

紫玉兰 *Magnolia liliiflora*
1.植株（曹旭平 摄）；2.叶（曹旭平 摄）；3.花（曹旭平 摄）

于华东的福建、江苏、江西、浙江，华中的湖北，西南的四川、云南等地。

紫玉兰喜光较耐寒，不耐旱，在肥沃、湿润而排水良好沙质土壤生长较好，不耐盐碱。自然结实率低，分蘖性较强，花色艳丽，芳香。压条、分株法繁殖。

花蕾及树皮可入药，有通鼻窍、镇痛、散风寒止痛清脑的功效。树皮含的辛夷箭毒碱有麻痹运动神经末梢的作用。为珍贵庭园观赏树种。

2.五味子属 *Schisandra* Michx.

落叶或常绿木质藤本；小枝具叶柄的基部两侧下延成条纹或狭翅状；冬芽具6～8数覆瓦状排列的鳞片。叶纸质，全缘或具稀疏锯齿，边缘膜质下延叶柄成狭翅，无托叶。花单性，雌雄异株少同株，单生于苞腋或叶腋；花被片5～12（20），2～3轮，花冠状；雄蕊5～15枚或更多，花丝细长或短或无，呈各式的聚合，有些离生于雄蕊柱上，有的结合成一扁平的五角状体，有的结合成一肉质的球状体；雌蕊12～120枚，离生，花托上螺旋状紧密排列；心皮多数，离生，各具2～3颗胚珠，成熟心皮为小浆果，密集排列在伸长肉质果托上，成疏散或紧密下垂穗状聚合果序；每浆果具种子2（3）粒或1粒；胚小，胚乳油质丰富。

本属约有25种，分布于亚洲东部和东南部，仅1种产北美洲东南部。我国有18种，主要分布于华东的山东、江西，华中的湖北、湖南，西南的四川、重庆、云南、贵州等地。延安产1种，分布于黄龙、宜川、黄陵、富县、甘泉、洛川等地。

本属植物喜光较耐寒，在肥沃、湿润排水良好质地疏松沙质或腐质微酸性土壤生长良好。生长较快。所有种生态和经济效益均显著。

本属多数种类药用，茎皮纤维柔韧，可作绳索。茎、叶、果实可提取芳香油。

华中五味子

Schisandra sphenanthera Rehd. et Wils. in Sarg. PI. Wils. 1: 414. 1913; 中国植物志, 30(1): 258. 1996.

落叶藤本；小枝细弱，红褐色，具明显的皮孔。叶广倒卵形或广卵形，质薄，无毛，长5～10cm，宽3～7cm，先端短急尖或渐尖，基部楔形，边缘具稀疏细锯齿，干膜质边缘至叶柄下延成狭翅，表面深绿色，背面淡绿色，有白色点；表面中脉稍凹陷，网脉致密；叶柄红色，长2～3cm。花单性，单生于近基部叶腋，花梗纤细，下垂，花橙黄色，直径约1.5cm；雄花被片6～9，宽椭圆形或长圆形，先端钝，雄蕊群倒卵圆形，雄蕊10～15枚，花丝短，花药顶端凹入或截形；雌花被片6～9，雌蕊群卵球形，雌蕊多数，螺旋状排列在花托上，子房近镰刀状椭圆形，受粉后逐渐伸长成穗状。聚合果穗状，长圆柱形，长6～8cm，下垂，集生多数球形浆果，深红色。种皮褐色，种子肾形，长约4mm，宽3～4.5mm，高2.5～3mm，种脐斜“V”字形。花期5～6月，果期8～9月。

本种在黄陵、富县、黄龙、宜川等地，海拔900～1600m的山坡、沟岸、林中或路旁灌丛有自然分布。我国主要分布于华北的山西、河北，西北的陕西、甘肃，华东的山东、江苏、安徽、浙江、福建，华中各地，西南的四川、重庆、贵州、云南等地。世界分布以亚洲为主。

华中五味子喜肥沃湿润、质地疏松微酸性土壤，不耐积水，自然分布常攀附或缠绕在其他林木上生长，可种子及压条繁殖。

果实药食兼用，茎皮富纤维，茎、叶和种子可提取芳香油，具有显著的经济效益。

华中五味子 ***Schisandra sphenanthera***

1. 小枝和叶（曹旭平 摄）；2. 叶（曹旭平 摄）；3. 果序（曹旭平 摄）

39 樟科

Lauraceae

本科编者：延安市黄龙山国有林管理局　王天才

常绿或落叶乔木或灌木，具香气。单叶互生，稀对生或轮生，全缘或具裂片，无托叶。花黄色或淡绿色，整齐，两性或单性，排列成伞形花序、总状花序或圆锥花序；花被片6（9），2轮排列，常相等；雄蕊3～4轮排列，每轮3枚，常部分不发育，花药2或4室，瓣裂，多内向；雌蕊由3心皮合成，子房单室，上位，稀半下位或下位，胚珠单生，悬垂，倒生，花柱常明显，柱头头状或盘状，微3裂，有时不明显。果为浆果，少核果，果梗顶端常肥大。种子1颗，种皮薄，胚肉质，直立，不具胚乳，2片子叶发达。

本科约有50属1200余种，主要分布于东南亚和巴西。我国有22属300余种，主要分布于华南的广东、广西，西南的云南、四川、重庆、贵州等地。延安2属2种，主要分布在黄龙山、桥山林区。

本科多为常绿阔叶树，多喜阴湿，宜温暖，土壤宜湿润肥沃，常为组成森林的主要树种之一。

本科多数乔木树种经济价值较高，材质优良、坚实、耐久耐腐，且多富有香气，为建筑和家具良材；枝叶多含芳香油，果实富油脂。播种繁殖。

分属检索表

1. 花药2室；花序伞形或簇生状……………………………………………………………… 1. 山胡椒属 *Lindera*

1. 花药4室；花序伞形或短总状花序……………………………………………………… 2. 木姜子属 *Litsea*

1. 山胡椒属 *Lindera* Thunb.

落叶或常绿乔木或灌木，体具香气；芽具覆瓦状鳞片。叶互生，全缘或3裂，具羽状脉或基部三出脉。花雌雄异株或杂性，呈腋生簇状或伞形花序；总苞片4，对生；花被片6或有时更多，黄色，常脱落；雄花能育雄蕊9（12）枚，常3轮，内轮3枚各具有柄腺体2，花药2室，内向；退化雄蕊细小；雌花子房球形，退化雄蕊9（12或15）枚，呈条形。果实为核果状浆果，球形或卵状球形，初时绿色，熟为红色，后变黑色，内含种子1枚。

本属约有70种，主要分布于东南亚和菲律宾，少数分布于北美洲。我国有50多种，主要分布于华东的江西、浙江、福建，华中的湖南，华南的广东、海南，西南的贵州、云南等地。延安产1种，主要分布于海拔1000～1500m的黄龙山、桥山林区。

本属植物对环境适应性强，适宜温热带多种气候类型。种子繁殖。

多数种植株具香气，可提取芳香油；种子富含脂肪，可制肥皂和润滑油；有的乔木树种木材可做建筑用材或制作家具。

三桠乌药

Lindera obtusiloba Bl in Mus. Bot. Lugd. Bat. 1: 325. 1850; 中国植物志, 31: 413. 1982.

落叶小乔木或灌木，高3～10m。枝红褐色，幼时被短柔毛，后变光滑；芽卵状球形或球形，先端渐尖。叶厚纸质，互生，卵圆形至近圆形，长5～11cm，宽与长近相等或稍短，先端急尖，顶部常3裂或全缘，卵状三角形，基部圆形或心形，有时宽楔形，上面深绿色，下面灰绿色，有时稍带红褐色，主脉3（5），基出，网脉明显；叶柄长1～2.5（3）cm，微带红褐色。伞形花序腋生；花单性，黄色，雌雄异株，花蕾期，雄花和雌花花被片各6，长椭圆形；雄花外被长柔毛，雌花外田背脊部被长柔毛，内田均无毛。子房椭圆形。花梗有毛。果广椭圆形，长径约8mm，短径5～6mm，紫黑色；果梗粗，长约1.8cm，有毛。花期4月，果期8月。

本种在延安分布于黄龙、黄陵、宜川、富县等地，生于海拔1000～1500m山坡或山谷阔叶林中。在我国分布于东北的辽宁，华北的山西，西北的陕西、甘肃（南部），华东的江西、安徽、浙江、山东、福建，华中各地，西南的四川、重庆、西藏等地。世界分布以亚洲、北美洲温热带为主。

三桠乌药环境适应能力强，分布纬度、海拔范围广，因环境变化而使营养器官变异较大，种子繁殖。

种仁含油量63%，供制肥皂、润滑油、头发油等；果皮及叶均含芳香油，可用于化妆品、皂用香精等；树皮供药用。

三桠乌药 *Lindera obtusiloba*
1.植株（曹旭平 摄）；2.小枝和叶（曹旭平 摄）

2.木姜子属 *Litsea* Lam.

常绿或落叶乔木或灌木。叶互生，稀近对生，羽状脉。花单性异株，簇生叶腋或侧生，呈伞形状聚伞花序，单生或簇生叶腋；苞片4～6，花时宿存；花被片4～6，相等或不等；雄花能育雄蕊9～12枚，每轮3，外面两轮基部无腺体，内轮花丝基部两侧具2腺体，花药4室，内向瓣裂；雌蕊退化或无；子房上位。果实为球形或卵形，果梗顶端膨大。

本属约有200种，主要分布于亚洲、北美洲、南美洲、大洋洲。我国约有53种，主要分布于我国西北的甘肃、陕西，华中各地，华南的广西，西南的四川、贵州、云南等地。延安产1种，在黄龙山、桥山林区，多生于海拔1000～1600m山坡或山沟灌丛中。

本属植物对环境适应能力强，是樟科中种类较多、分布较广的属之一；以种子繁殖为主。

木姜子属一些种的木材纹理直，心边材区别不明显，可供建筑及家具等用材；一些种的枝、叶和果实可提取芳香油。

木姜子

Litsea pungens Hemsl. in Journ. Linn. Soc. Bot. 26: 384. 1891; 中国植物志, 31: 282. 1982.

落叶小乔木或灌木，高达6m。树皮灰白色。幼枝黄绿色，花枝细长。顶芽圆锥形，鳞片无毛。叶互生，薄纸质，多簇生于枝顶，倒卵状披针形或椭圆状披针形，长5～10cm，宽2～5cm，先端渐尖，基部楔形，幼叶下面具绢状柔毛，后渐变平滑，羽状脉，侧脉约5对，叶脉在两面明显；叶柄短且纤细，初时被柔毛。腋生伞形花序，具短总梗，总花梗长5～8mm，无毛；每一花序有花8～12朵，花黄色，直径约6mm，花被裂片6，近离生，倒卵形，长2.5mm，外面有疏柔毛，有3～4条脉纹；雄花具不育雄蕊，花丝仅基部有毛，退化雌蕊细小。浆果球形，成熟时蓝黑色，直径7～10mm；果梗长1～2cm，先端稍膨大。花期5月，果期8～9月。

本种在延安主要分布于黄龙、黄陵、富县、宜川等地，多生于海拔1000～1600m山坡或山谷阔叶林中。我国主要分布于西北的陕西、甘肃，华中的湖北、湖南，西南的四川、贵州、云南等地。世界分布以亚洲为主。

木姜子喜光照充足、温暖湿润环境，适生于土层深厚、排水良好的酸性土壤。种子繁殖。

果含芳香油，为食用香精及化妆品原料。种子富含脂肪油，可供制肥皂和工业用。

木姜子 *Litsea pungens*
1.植株（曹旭平 摄）；2.小枝和叶（曹旭平 摄）

40 罂粟科

Papaveraceae

本科编者：陕西省西安植物园　寻路路

一、二年生或多年生草本，常有乳汁或有色液汁。基生叶通常莲座状，茎生叶互生，全缘或分裂，无托叶。花单生或排列成总状花序、聚伞花序、圆锥花序等；花两性，辐射对称或两侧对称；萼片2，稀3～4，通常分离，早落；花瓣通常4枚，稀4枚以上或无，有的花瓣外面呈囊状或后延成距；雄蕊多数，分离或4枚分离，或6枚合成2束；花药直立，2室，纵裂；子房上位，2至多数合生心皮组成1室；花柱单生，胚珠多数，生于侧膜胎座上。蒴果，稀蓇葖果或坚果；瓣裂或顶孔开裂，稀分离开裂、不裂或横裂。种子细小，球形、卵圆形或近肾形，胚乳油质；种皮平滑、蜂窝状或具网纹；种阜有或无。

本科700多种，主要分布在北温带的地中海地区、亚洲及北美洲的西南部。我国有19属443种，南北各地均产，以西南各地分布较为集中。延安产6属13种，各县（区）均有分布。

本科植物种类众多，尤其是紫堇属，可以在很多类型的生境中生长，对光照、水分、温度等的要求也不尽相同。

本科植物在医药、园林等方面有重要的用途，还有一些种类的种子含油量比较丰富。像白屈菜、角茴香等可以入药，而虞美人等为园林上常见的观赏花卉。

分属检索表

1.植物含有乳汁；花冠辐射对称，同形，无距；雄蕊多数，离生…………2

1.植物不含乳汁；花冠两侧对称或辐射对称，距有或无；雄蕊4或6…………5

2.花具花瓣…………3

2.花无花瓣，花极多排列成大型圆锥花序；茎中空，叶宽卵形至近圆形，掌状裂…………1.博落回属 *Macleaya*

3.花单生或聚伞状总状花序；种子无鸡冠状种阜…………4

3.花多数，排列成伞形花序；种子有鸡冠状种阜…………4.白屈菜属 *Chelidonium*

4.花多数排列成聚伞状总状花序，心皮2，柱头2裂；蒴果2瓣裂…………3.秃疮花属 *Dicranostigma*

4.花单生，稀为聚伞状总状花序，心皮4～8，柱头盘状星形；蒴果孔裂…………2.罂粟属 *Papaver*

5.花冠辐射对称，无距；雄蕊4，离生…………5.角茴香属 *Hypecoum*

5.花冠两侧对称，有距；雄蕊6，合成2体…………6.紫堇属 *Corydalis*

1. 博落回属 *Macleaya* R. Br.

多年生高大草本，具黄色或红黄色乳状浆汁，有剧毒。茎直立，圆柱形，中空，被白粉。单叶互生，具长柄，叶片宽卵形或近圆形，先端急尖、钝、渐尖或圆形，基部心形，掌状分裂，裂片波状至具细齿，表面绿色，无毛，背面被白粉，具绒毛或无毛，基出脉通常5。花多数，在茎和分枝先端排列成大型圆锥花序；萼片2，早落；无花瓣；雄蕊多数，花丝丝状，花药条形；子房1室，2心皮；花柱极短，柱头2裂。蒴果狭倒卵形、倒披针形或近圆形，具短柄，2瓣裂。种子1枚基着或4～6枚着生于缝线两侧，卵珠形。

本属有2种，分布在亚洲。我国2种均产，分布在华北的山西，西北的陕西，华东的江苏、浙江、安徽、江西、台湾，华中的河南、湖北、湖南，华南的广东及西南的贵州、四川等地。延安产1种，分布在宜川等地方。

本属植物属于草本植物里较为高大的一类，喜光，适应能力较强。

可供药用；叶片美观，具有较好的观赏价值。

小果博落回

Macleaya microcarpa(Maxim.) Fedde, Bot. Jahrb. Syst. 36(Beibl. 82): 45. 1905; 中国植物志, 32: 79. 1999.

多年生高大草本，高1～2m。茎直立，中空，基部木质化，通常淡黄绿色，被白粉，具黄色或红黄色乳汁，上部多分枝。叶片宽卵形或近圆形，长5～20cm，宽4～18cm，先端急尖、钝或圆形，基部心形，通常7或9深裂或浅裂，裂片具不规则波状齿，表面绿色，无毛，背面被白粉，有卷曲绒毛，基出脉常5条；叶柄长4～11cm。大型圆锥花序生于茎和分枝顶端，长15～30cm，具多数花；萼片狭长圆形，长4～5mm，早落；花瓣缺；雄蕊8～12，花丝丝状，极短，花药条形；子房倒卵形，长1～3mm，花柱极短，柱头2裂。蒴果近圆形。具种子1枚，黑色，无种阜，种皮有孔状雕纹。花期6～8月，果期8～9月。

延安产宜川等地，生长在海拔900～1000m的河沟边、路旁等。我国分布在华北的山西，西北的陕西、甘肃，华东的江苏、江西，华中的河南、湖北及西南的四川等多地。

本种适应能力强，结种量大，喜光照条件好的地方。全草入药，有剧毒，不能内服，可作土农药。

小果博落回 *Macleaya microcarpa*

1.植株（寻路路 摄）；2.叶正面（寻路路 摄）；3.叶背面（寻路路 摄）；4.花序（寻路路 摄）；5.乳汁（寻路路 摄）；6.幼果（寻路路 摄）

2. 罂粟属 *Papaver* L.

一、二年生或多年生直立草本，含白色乳汁。基生叶形状多样，叶片分裂或具锯齿，极稀全缘，通常具白粉，两面被刚毛；茎生叶有则与基生叶同形，但无柄。花单生于一长梗上。萼片2，极稀3，早落，多被刚毛；花瓣4，极稀5或6，大多红色，稀白色、黄色、橙黄色或淡紫色；雄蕊多数，花丝多丝状，花药近球形或长圆形；子房上位，1室，心皮4～8，连合，胚珠多数，柱头辐射状，连合成盘状体盖在子房上面。蒴果狭圆柱形、倒卵形或球形，在辐射状柱头下孔裂。种子细小，多数，肾形，表面具纵向条纹或蜂窝状。胚乳白色，肉质，富含油分。

本属约100种，主要分布在欧洲和亚洲。我国有7种，分布在东北、西北各地，或常见栽培。延安有1栽培种，在黄陵、志丹及黄龙等地有人工栽植。

本属植物种类较多，生长的生境海拔也不尽相同。

本属植物花大而艳丽，庭园栽培供观赏；有些种类可入药。

虞美人

Papaver rhoeas L., Sp. Pl. 1: 507. 1753; 中国植物志, 32: 53. 1999.

一年生直立草本，高25～90cm，被伸展的刚毛，稀无毛。叶披针形或狭卵形，长3～15cm，宽1～6cm，羽状分裂，下部全裂，裂片披针形和二回羽状浅裂，上部深裂或浅裂，裂片披针形，最上部羽状浅裂，顶生裂片通常较大；下部叶具柄，上部叶无柄。花单生于茎和分枝顶端；花梗被淡黄色刚毛，长10～15cm。萼片2，宽椭圆形，长1～1.8cm，被刚毛；花瓣4，紫红色，长2.5～4.5cm，全缘；雄蕊多数，花丝丝状，深紫红色，花药长约1mm，黄色；子房倒卵形，长7～10mm，柱头5～18，连合成盘状体。蒴果宽倒卵形，长1～2.2cm，无毛。种子肾状长圆形，长约1mm。花果期3～8月。

本种在延安的黄陵、志丹、黄龙等地海拔800～1300m地区城市绿地、道路两旁有栽培。原产欧洲，我国各地均有栽培。

虞美人适应能力较强，在光照条件好的地方生长良好，种子有一定的自播能力。

虞美人花大且艳丽，园林上常栽培作观赏；花和全株入药，含多种生物碱；种子含油40%以上。

虞美人 *Papaver rhoeas*

1.植株（寻路路 摄）；2.花蕾（寻路路 摄）；3.花（寻路路 摄）；4.花蕾及果实（寻路路 摄）

3. 秃疮花属 *Dicranostigma* Hook.

一、二年生或短期多年生草本，被毛或无毛，具黄色液汁。茎具多数分枝。基生叶莲座状，羽状浅裂或深裂，裂片波状或具齿；茎生叶羽状分裂或为不规则粗齿，无柄。花单生或排成聚伞花序；花梗通常无毛，无苞片；萼片2，无毛或被短柔毛，早落；花瓣4，黄色或橙黄色，倒卵形或近圆形；雄蕊多数，花丝丝状，花药长圆形；子房1室，2心皮，花柱极短，柱头头状。蒴果线形或圆柱形，被短柔毛或无毛，2瓣裂。种子多数，细小，具网纹，无种阜。

本属有3种，分布在亚洲。我国有3种，分布在华北的山西、河北，西北的陕西、甘肃、青海，华中的河南及西南的四川、云南、西藏等地。延安产1种，分布在宜川、延川及黄陵等地方。

本属的3种植物里有两种的分布比较局限，限于西藏、云南及四川的高寒地区，另外一种分布较为广泛，适应能力强，喜光照、干旱的条件。

可供药用；花较大，有比较好的观赏性，可引种供观赏。

秃疮花

Dicranostigma leptopodum(Maxim.) Fedde, Bot. Jahrb. Syst. 36(Beibl. 82): 45. 1905; 中国植物志, 32: 63. 1999.

二年生或短期多年生草本，高25～80cm，全株含淡黄色液汁。茎多数，具粉。基生叶丛生，莲座状，上面常有斑块，狭倒披针形，长10～15cm，宽2～4cm，羽状深裂或全裂，裂片边缘具大型牙齿或缺刻，表面绿色，背面疏被短柔毛；茎生叶少数，生于茎上部，长1～7cm，无柄。花在茎和分枝顶端排列成聚伞花序；花梗长2～2.5cm，被稀疏毛；萼片卵形，被短柔毛；花瓣倒卵形，长

秃疮花 *Dicranostigma leptopodum*

1.莲座状叶（寻路路 摄）；2.花序（寻路路 摄）；3.花（寻路路 摄）；4.花、果实（寻路路 摄）

1～1.6cm，黄色；雄蕊多数，花丝丝状，花药长圆形，黄色；子房狭圆柱形，长约6mm，密被疣状短毛，花柱短，柱头2裂。蒴果线形，长4～7.5cm，粗约2mm，无毛，自顶端到近基部2瓣裂。种子卵珠形，红棕色，具网纹。花期3～5月，果期6～7月。

本种在延安分布于宜川、延川、黄陵及黄龙等地，生长在海拔500～1200m的草坡、田间地头、墙头等。我国产华北的山西、河北，西北的青海、甘肃、陕西，华中的河南及西南的云南、四川、西藏等。

喜光，耐旱，适应能力强，在陡坡上亦可生长。

根及全草可供药用。

4. 白屈菜属 *Chelidonium* L.

多年生草本，含黄色乳汁。茎直立，聚伞状分枝。基生叶羽状全裂，具长柄；茎生叶互生，叶片同基生叶，具短柄。伞形花序；花梗具小苞片；萼片2，早落；花瓣4，黄色，全缘或具浅锯齿；雄蕊多数，花丝细长；子房圆柱形，1室，2心皮，柱头2裂。蒴果狭圆柱形，成熟时开裂成2果瓣。种子细小，多数，表面网纹状，具鸡冠状种阜。

本属1种，分布于欧洲和亚洲。我国产1种，全国广泛分布。延安产1种，分布在甘泉、志丹、黄龙及黄陵等地。

本属植物通常生长在林下、溪水边等较为阴湿的地方，忌强光，喜湿润的环境。

可供药用；花较多，可引种供观赏。

白屈菜

Chelidonium majus L., Sp. Pl. 1: 505. 1753; 中国植物志, 32: 74. 1999.

多年生草本，高30～80cm。茎多分枝。基生叶片倒卵状长圆形或宽倒卵形，长8～20cm，羽状全裂，具不规则的深裂或浅裂，背面具白粉，疏被短柔毛；茎生叶片长2～8cm。伞形花序具多花；花梗纤细，初时被长柔毛，后变无毛；苞片小，卵形；萼片卵圆形，舟状，长5～8mm，早落；花瓣倒卵形，黄色，长约1cm，全缘；雄蕊花丝丝状，黄色，花药长圆形；子房线形，无毛，花柱长约1mm，柱头2裂。蒴果狭圆柱形，长2～5cm，粗2～3mm。种子卵形，暗褐色，具光泽及蜂窝状小格。花果期4～9月。

白屈菜 *Chelidonium majus*

1.植株（寻路路 摄）；2.乳汁（寻路路 摄）；3.花序正面（寻路路 摄）；4.花序侧面（寻路路 摄）；5.果实（寻路路 摄）；6.种子（寻路路 摄）

本种在延安分布于甘泉，志丹，黄龙及黄陵等地，生长在海拔900～1300m的山坡、山谷林缘草地或路旁、溪边。我国分布在东北的黑龙江、吉林、辽宁，华北的山西、河北，西北的陕西、甘肃、青海，华东的江苏、浙江、安徽、山东，华中各地及西南的贵州、四川、云南等地。亚洲的朝鲜、日本及欧洲俄罗斯也有分布。

喜阴湿，花多而美丽，园林栽培可供观赏。有毒，全草入药，亦可作农药。种子含油40%以上。

5. 角茴香属 *Hypercoum* L.

一年生矮小草本，具微透明的液汁。茎直立，具分枝。基生叶近莲座状，羽状分裂。花直径0.5～2cm，排列成二歧聚伞花序；花萼2，披针形或卵形，早落；花瓣4，黄色，2轮排列；雄蕊4，花丝大多具翅；子房1室，2心皮。蒴果长圆柱形，大多具节。种子卵形，表面具小疣状突起，稀近四棱形并具“十”字形的突起。

本属共18种，分布于地中海地区至中亚及我国。我国有3种，分布在东北的黑龙江、辽宁、内蒙古（东部），华北的山西、河北，西北的陕西、甘肃、青海、宁夏、新疆，华东的山东，华中的湖北及西南的四川、云南、西藏等地。延安产1种，分布在志丹。

本属一些植物可入药。

角茴香

Hypecoum erectum L., Sp. Pl. 1: 124. 1753; 中国植物志, 32: 81. 1999.

一年生草本，高15～30cm。基生叶多数，长3～8cm，多回羽状裂，裂片线形；叶柄基部扩大成

角茴香 *Hypecoum erectum*

1.植株（寻路路 摄）；2.群体（寻路路 摄）；3.果实（寻路路 摄）

鞘状；茎生叶较小。二歧聚伞花序多花；苞片钻形，长2～5mm；萼片卵形，全缘，长约2mm；花瓣4，淡黄色，长1～1.2cm，无毛，外面2枚倒卵形或近楔形，先端宽，3浅裂，中间裂片三角形，内侧2枚倒三角形，长约1cm，3裂至中部以上，中间裂片狭窄，长约3mm，匙形，顶端近圆形，两边裂片较宽，长约5mm，稍微有缺刻；雄蕊4，花丝宽线形，花药狭长圆形；子房狭圆柱形，柱头2深裂，裂片细，向两侧伸展。蒴果长圆柱形，长4～6cm，粗1～1.5mm，成熟时分裂成2果瓣。种子多数，近四棱形，两面均具“十”字形的突起。花果期5～8月。

本种在延安分布于志丹，多生长在山坡草地或河边沙地。我国的东北、华北和西北各地均有分布。蒙古和俄罗斯西伯利亚也有分布。

喜光，耐旱。全草可入药。

6. 紫堇属 *Corydalis* DC.

一年生、二年生或多年生草本，无乳汁。块根或须根或具块茎。茎分枝或不分枝，直立或斜生。叶片一至多回羽状分裂或掌状分裂或三出。花排列成总状花序，稀为伞房状或穗状至圆锥状；苞片分裂或全缘，长短不等。萼片小，膜质，2枚；花两侧对称，花瓣4，紫色、蓝色、黄色、玫瑰色或稀白色；上面1瓣前端扩展成的花瓣片，后面延伸成距；下面1瓣平展，内侧两片先端微连合，包围雄蕊和雌蕊；雄蕊6，合生成2束，中间花药2室，两侧花药1室，花丝基部延伸成线形蜜腺体伸入距内；子房1室，2心皮，胚珠少至多数，排成1列或2列。果多蒴果，通常线形、圆柱形或卵形。种子肾形或近圆形，黑色或棕褐色，一般平滑且有光泽；种阜类型多样，一般紧贴种子。

本属约465种，主要分布在北温带地区。我国有357种，全国各地均有分布，主要集中在西南地区。延安产8种，分布在志丹、甘泉、黄龙及黄陵等地，其中陕西新记录1种。

本属植物种类众多，生长环境不尽相同。

本属的延胡索类是著名的中药，地丁草 *Corydalis bungeana* Turcz. 是药材苦地丁的基源植物。由于该属植物的花姿态美观优雅，在园林上也有栽培供观赏。

分种检索表

1. 花粉红色、紫红色或淡紫色 ………………………………………… 2
1. 花黄色、淡黄色 ………………………………………… 6
2. 下面具肥大块茎或根茎；二回三出复叶 ………………………………………… 3
2. 下面不具肥大的块茎或根茎；一回、二回或三回羽状全裂 ………………………………………… 4
3. 多年生，块茎圆球形或近长圆形；叶一型或二型，叶缘全缘、圆齿或圆齿状深裂；下部苞片篦齿或粗齿，上部苞片全缘或具1～2齿；果实开展或稍下垂 ………………… 8. 北京延胡索 *C. gamosepala*
3. 一年生或二年生，二年生具长椭圆形根茎；叶片二回三出，二回羽片三深裂，裂片具缺刻状齿；苞片具缺刻状齿；果实在与果柄连接处强烈向下反折 ………………… 5. 刻叶紫堇 *C. incisa*
4. 苞片较大，具裂片；蒴果椭圆形、线形，长1.4～2cm，具1～2列种子 ………………… 6
4. 苞片小，全缘或下部偶有齿，与花梗近等长；蒴果长线形，长3～3.5cm，具1列种子 ……………………………… 2. 紫堇 *C. edulis*
5. 苞片通常叶状，上面稍小；上花瓣宽截形或顶端稍微凹陷；蒴果椭圆形，宽约4mm，具2列种子 ………………………………………… 6. 地丁草 *C. bungeana*

5. 苞片较小，或最下面叶状；上花瓣先端急尖；蒴果线形，宽约2mm，具1列种子 ··· 7. 甘肃紫堇 *C. chingii*

6. 叶二至三回羽状全裂，小叶片具2～3裂片，裂片全缘；蒴果圆柱形，长1.5～2cm，种子光滑 ·· 4. 黄花地丁 *C. raddeana*

6. 叶二回羽状全裂，小叶片具锯齿；蒴果线形，直立或弯，长2～3cm，种子具小突起 ························ 6

7. 花较小，距背部上翘；蒴果稍微缢缩，非念珠状 ··· 1. 小花宽瓣黄堇 *C. giraldii*

7. 花较大，距背部平直；蒴果显著缢缩，念珠状 ·· 3. 阜平黄堇 *C. wilfordii*

1. 小花宽瓣黄堇

Corydalis giraldii Fedde in Fedde Repert. 20: 50. 1924; 中国植物志, 32: 433. 1999.

一年生草本，高10～50cm。茎分枝。叶二回羽状全裂，长10～20cm，具长柄，有时上部叶近一回羽状全裂，羽片较大。总状花序顶生和腋生，具10～30朵花；苞片狭披针形，长2～3mm，具短尖；花梗长2～3mm；花黄色；萼片近心形，早落；外花瓣顶端圆钝或微凹，具短尖，有鸡冠状突起；上花瓣长7～10mm；距约为花的1/3，背部上翘；下花瓣稍向前伸出；内花瓣具鸡冠状突起；子房线形，与花柱近等长；柱头2叉状深裂。蒴果线形，弧形弯曲，稍缢缩，长2～3cm，果梗下弯。种子近肾形，平滑或稍具小凹点；种阜小。

本种在延安分布于黄龙，生长在海拔1000m左右的阴湿处。我国分布在华北的河北、山西，西北的甘肃、陕西，华东的山东，华中的河南等地区。

本种和小花黄堇 *C. racemosa* 极为相似，但本种花序的花朵数量较多，且相对较大，距较长。

小花宽瓣黄堇 *Corydalis giraldii*

1. 叶（寻路路 摄）；2. 花序（寻路路 摄）；3. 植株（寻路路 摄）；4. 果（寻路路 摄）

2. 紫堇

Corydalis edulis Maxim. in Bull. Acad. Sci. St. Petersb. 24: 30. 1878; 中国植物志, 32: 393. 1999.

二年生草本，高20～50cm，具主根。茎分枝。基生叶和茎生叶同形，叶片近三角形，一至二回羽状全裂，二回羽片倒卵圆形，羽状裂，裂片狭卵圆形，顶端钝或具短尖。总状花序具3～10花；苞片狭卵圆形至披针形，渐尖，全缘或下部的有时疏具齿；花梗长约5mm，与苞片近等长；萼片小，

紫堇 *Corydalis edulis*
1.植株（寻路路 摄）；2.基生叶及花果序（寻路路 摄）；3.花序（寻路路 摄）；4.果实（寻路路 摄）；
5.花，示苞片、萼片及花瓣（寻路路 摄）

具齿；花粉红色或紫红色；上花瓣长1.5～2cm，距圆筒形，基部稍下弯，约占花瓣全长的1/3；下花瓣近基部渐狭；内花瓣外面具狭翅，先端稍连合；柱头横向纺锤形，2裂。蒴果线形，长2.5～4cm，具1列种子。种子直径1.2～1.5mm，密生环状小凹点；种阜小，紧贴种子。花期3～5月。

本种在延安分布于甘泉等，生长在海拔400～1200m左右的山坡、沟边或荒地等。我国分布在东北的辽宁，华北的北京、河北、山西，西北的陕西、甘肃，华东的安徽、江苏、江西、浙江、福建，华中的河南、湖北及西南的四川、云南、贵州等地。日本也有分布。

早春开花植物，喜光，耐旱，适应能力强。全草供药用。

3. 阜平黄堇

Corydalis wilfordii Regel, Bull. Soc. Imp. Naturalistes Moscou 34(2): 148. 1861. ——*Corydalis chanetii* Lévl. in Fedde Repert. 10: 348. 1912; 中国植物志, 32: 439. 1999.

一、二年生草本，高30～40cm。茎斜生，少数到多数。基生叶多数，三角形，长与宽近相等，长7～12cm，宽5～12cm，叶柄长5～10cm；羽片2～4对，下面一对具小叶柄，上面的近无柄；小羽片无柄，卵圆形，边缘具深锯齿或小裂片。总状花序长5～11cm，具10～25朵花，黄色到淡黄色；苞片卵形到披针形，先端长渐尖，长4～8mm；花梗长4～8mm；萼片圆形到三角形，长1.5～2.5mm，边缘具流苏状齿；外花瓣稍微呈波状，通常急尖，有或无短鸡冠状突起；上花瓣长1.6～2cm；距长6～9mm，基部具稍微下弯的囊，蜜腺长为距的1/2～2/3；内花瓣长1～1.3cm，具宽圆形鸡冠状附属物；柱头顶端2叉分开，每一部分具3乳突。果实线形，念珠状，长1.8～3.2cm。种子1列，圆形，背面圆形，密被小刺，稀近光滑，种阜膜质。花果期4～7月。

阜平黄堇 *Corydalis wilfordii*
1.植株（寻路路 摄）；2.花序（寻路路 摄）；3.果序（寻路路 摄）

本种在延安分布于黄陵，生长在海拔1000m左右的林下。我国分布在华北的河北，西北的陕西，华东的江苏、浙江、安徽、江西、山东、台湾，华中的河南、湖北、湖南及华南的广东等。国外朝鲜、日本也有分布。

本种是陕西新分布，作者早前在秦岭的柞水、宁陕及蓝田等见有分布。喜阴凉潮湿的地方。

4. 黄花地丁

Corydalis raddeana Regel Pl. Radd. 1: 143, 145. 1861; 中国植物志, 32: 334. 1999.

一年生或二年生草本，高60～90cm，具明显主根。茎直立，常下部分枝。基生叶少数，具长柄，二至三回羽状分裂，小裂片倒卵形、菱状倒卵形或卵形，先端圆或钝，具尖头；茎下部叶片具长柄，上部具短柄，其他与基生叶相同。总状花序，顶生或腋生，长5～9cm，果期时延长，具10～20花；苞片狭卵形至披针形，全缘，下部的有时具3浅裂；花梗长2～3mm，约为苞片的1/2；萼片长约1mm，近肾形，边缘具缺刻状齿；花瓣黄色，上花瓣长1.8～2cm，距圆筒形，末端略下弯，与花瓣近等长或稍长；下花瓣长1～1.2cm；子房狭椭圆形，具1列胚珠；柱头扁长方形。蒴果圆柱形，长1.5～2cm，粗约2mm，种子1列。种子近圆形，直径1.5～2mm，黑色，具光泽。花果期7～10月。

本种在延安分布在黄陵、黄龙等地，生长在海拔1200～1500m的林下或水沟边。我国分布在东北各地，华北的河北、山西，西北的陕西、甘肃，华东的山东、浙江、台湾及华中的河南等地。俄罗斯远东地区、朝鲜、日本有分布。

本种和倒卵果黄堇*Corydalis fargesii* Franch.较为类似，但本种的距明显短于后者的，且后者多分布在海拔较高的地区。

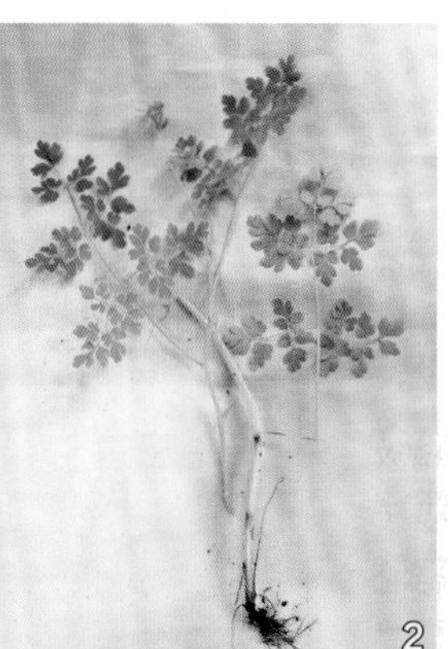

黄花地丁 *Corydalis raddeana*
1.植株（王赵钟 摄）；2.根、茎及叶正面和背面（王赵钟 摄）；3.苞片及果实（曹旭平 摄）

5. 刻叶紫堇

Corydalis incisa (Thunb.) Pers. Syn. Pl. 2: 269. 1807; 中国植物志, 32: 381. 1999.

直立草本，高15～60cm，根茎短而肥厚，椭圆形，具束生的须根。植株基部多分枝，上部不分枝或很少分枝。叶具长柄，叶片二回三出，二回羽片菱形或宽楔形，3深裂，裂片具缺刻状齿。总状花序长3～12cm，花密集，结果后疏离；苞片菱形或楔形，具缺刻状齿，与花梗近等长；花梗长约1cm；萼片长约1mm，丝状深裂；花多紫红色至紫色，稀淡蓝色至苍白色，大小差异较大；上花瓣长1.5～2.5cm，距直，近圆筒形，与瓣片近等长；下花瓣基部常具小距或浅囊；内侧花瓣顶端深紫色。蒴果长圆形，长1.5～2cm，具1列种子。

本种在延安分布于黄陵，生长在海拔1120m左右的林缘、路边或疏林下。我国分布在华北的河

刻叶紫堇 *Corydalis incisa*
1.植株（寻路路 摄）；2.叶（寻路路 摄）；3.花序（寻路路 摄）；4.果序、苞片及果实被毛（寻路路 摄）

北、山西，西北的陕西、甘肃，华东的安徽、江苏、浙江、福建、台湾，华中各地，华南的广西及西南的四川等地。日本和朝鲜有分布。

全草供药用，含刻叶紫堇胺等多种生物碱。

6. 地丁草

Corydalis bungeana Turcz. in Bull. Soc. Nat. Mosc. 19: 62. 1846; 中国植物志, 32: 396. 1999.

二年生草本，高10～50cm，具主根。茎基部多分枝。基生叶长4～8cm，叶柄约与叶片等长；叶二至三回羽状全裂，末回羽片顶端分裂成短小的裂片，裂片顶端圆钝；茎生叶与基生叶同形。总状花序长1～6cm，具多花，先密集，果期疏远；苞片叶状，具裂片，具柄至近无柄；花梗长2～5mm，果期下弯；萼片长0.7～1.5mm，宽卵圆形至三角形，具齿，常早落；花粉红色至淡紫色；上花瓣长1.1～1.4cm，距稍向上斜伸，长为花瓣的1/3～1/2；下花瓣稍向前伸出；内花瓣顶端深紫色；柱头圆肾形，顶端稍下凹，两侧基部稍下延。蒴果椭圆形，下垂，长1.5～2cm，种子2列。种子直径2～2.5mm；种阜鳞片状。

本种在延安分布于志丹、甘泉及黄陵等地，生长在海拔1000m左右的山坡及荒草地。我国分布在东北的吉林、辽宁、内蒙古（东部），华北的河北、山西、内蒙古（中部），西北的陕西、甘肃、宁夏，华东的山东、江苏及华中的河南、湖南等地。蒙古、朝鲜和俄罗斯远东地区也有分布或逸生。

喜光，耐旱，适应能力较强。

药材苦地丁的基源植物。

地丁草 ***Corydalis bungeana***

1.植株、叶（寻路路 摄）；2.花（寻路路 摄）；3.苞片及果序（寻路路 摄）；4.种子（寻路路 摄）

7. 甘肃紫堇

Corydalis chingii Fedde, Repert. Spec. Nov. Regni Veg. 20: 219. 1926; 中国植物志, 32: 300 . 1999.

一年生草本，主根细长。茎具多分枝，高10～40cm，具棱。下部叶柄长3～6cm，上部的短于3cm或无；叶片椭圆状三角形，长2～6cm，宽1～5cm，二至三回羽状裂，下面的2～3对小叶具柄，上面1～2对近无柄，3裂，裂片又2～3裂。总状花序具花6～15朵，果期延长，花粉红色到紫色；苞片长3～7mm，基部楔形到具短柄，分裂成条状裂片，或最下面的苞片叶状；花梗长4～10mm，果期稍微伸长并下弯；上面花瓣长1.5～2cm，顶端稍上弯，急尖；鸡冠状附属物延伸到花瓣先端；距长7～9mm，顶端稍下弯，圆柱形；蜜腺延伸到距的一半处；下面花瓣在顶端1/3处宽展；内侧花瓣长9～10mm；柱头扁正方形。蒴果线形，稍呈念珠状，长14～19mm，宽约2mm。种子1列，圆形，约2mm。花果期6～8月。

延安仅见于黄龙的白马滩，生长在海拔1000m左右的山坡、路边或阴湿处。在我国华北的山西，西北的陕西、甘肃等地有分布。

甘肃紫堇 ***Corydalis chingii***

植株、花、苞片、果实（曹旭平 摄）

本种与地丁草 *Corydalis bungeana* Turcz. 较为相似，但二者在苞片、上花瓣顶端及果实的种子列数上有较大差异，根据检索表上的区别点容易区分。

8. 北京延胡索

Corydalis gamosepala Maxim. Prim. Fl. Amur. 38. 1859; 中国植物志, 32: 473. 1999.

多年生草本，高10～22cm，具圆球状或近长圆形块茎，直径1～1.5cm。茎直立或铺散。二回三出复叶，小叶叶形多变，叶缘常具圆齿或圆齿状深裂；有时叶二型，有的叶片的小叶分裂成披针形的裂片；下部叶具鞘并常具腋生的分枝。总状花序具花7～13朵；花淡红色或淡紫色；苞片下部的分裂或具粗齿，上部的全缘或具1～2齿；花梗纤细，等长或稍长于苞片，果期延长；萼片小，早落；外花瓣宽，平展，顶端微凹；上瓣长1.6～2cm；距长1～1.3cm，前段稍上弯，末端稍下弯；内花瓣长9～10mm；柱头扁四方形。蒴果线形，长1～2cm。种子1列，直径约1.5mm，具带状种阜。

本种在延安分布于黄龙，生长在海拔800～1400m的林下阴湿处。我国分布在东北的辽宁、内蒙古（东部），华北的北京、河北、山西，西北的陕西、甘肃及华东的山东等地。

喜阴凉、潮湿的环境。可栽培供观赏。

北京延胡索 *Corydalis gamosepala*

1.植株（寻路路 摄）；2.叶（寻路路 摄）；3.块茎（寻路路 摄）；4.花序（寻路路 摄）；5.花侧面（寻路路 摄）；6.花正面（寻路路 摄）；7.花解剖示内花瓣及蜜腺（寻路路 摄）；8.果实（寻路路 摄）

41 十字花科

Brassicaceae

本科编者：陕西省西安植物园　寻路路

一、二年生或多年生草本，稀亚灌木或灌木，常具辛辣气味。植株上有单毛、分枝毛、星状毛、腺毛或无毛。茎直立或铺散，有时短缩。基生叶通常旋叠状或莲座状；茎生叶互生，单叶全缘、有齿、羽状分裂或羽状复叶。花通常两性，多数聚为顶生或腋生的总状花序，偶单生；萼片4；花瓣4，十字形排列，为白色、黄色、紫色、淡紫色或粉红色等，基部有时具爪，个别无花瓣；雄蕊通常6个，排列四强雄蕊，有的退化成4个或2个，或多至16个；花丝基部常具蜜腺；雌蕊1，2室，稀1室，胚珠1至多个，排列成1或2行，花柱短或无，柱头1或2裂。果实为长角果或短角果；角果成熟后2果瓣开裂、4果瓣开裂或不裂；果瓣扁平、突起或舟状，无脉或有1～3脉。种子小，表面光滑或具纹理，边缘有翅或无翅；无胚乳，子叶与胚根的排列方式主要有缘倚、背倚和子叶对折3种。

本科约330属3500种，在欧洲、非洲、亚洲、北美洲、南美洲、大洋洲均有分布，但主要在温带地区。我国有102属412种，全国各地均有分布或栽培。延安有20属35种（含变种），各地均有野生或栽培种类。

十字花科是一个重要的植物类群，是重要的油料、蔬菜作物、辛辣调味品及药用植物来源之一；还有的可用作染料、饲料；本科的很多植物开花较早，为早春优良的观赏花卉。

分属检索表

1. 复叶具三小叶、羽状复叶，或单叶羽状裂……2
1. 单叶，全缘、有锯齿或分裂……3
2. 羽状复叶；长角果……10. 碎米荠属 *Cardamine*
2. 复叶具三小叶、羽状复叶或单叶羽状裂；短角果……20. 阴山荠属 *Yinshania*
3. 叶缘全缘、波状或锯齿状……4
3. 叶羽状裂……10
4. 植株无毛或被单毛；短角果……5
4. 植株被单毛、分歧毛或星状毛；长角果或短角果……6
5. 短角果长圆形、长圆状楔形或近圆形，压扁；子房1室；每室含种子1个，稀2个，长圆形……6. 菘蓝属 *Isatis*
5. 短角果倒卵状长圆形或近圆形，压扁；子房2室；每室含种子2～8，椭圆形……7. 菥蓂属 *Thlaspi*
6. 短角果……7
6. 长角果……8
7. 植株通常较矮；花瓣先端常凹陷；短角果多卵形或披针形……9. 葶苈属 *Draba*
7. 植株通常较高；花瓣先端常圆钝；短角果倒梨形……18 亚麻荠属 *Camelina*
8. 植株被单毛、分歧毛或星状毛；长角果不具棱……9
8. 植株被分歧毛或星状毛；长角果具棱……15. 糖芥属 *Erysimum*
9. 内轮花萼基部囊状；长角果线形，直立或下垂；每室种子1～2列……11. 南芥属 *Arabis*

9. 内轮花萼基部非囊状或稍呈囊状；长角果柱状，在种子间缢缩成念珠状，直立、弯曲或扭曲；每室种子1列 ……………………………………………………………………17. 念珠芥属 *Neotorularia*
10. 短角果 ……………………………………………………………………………………………11
10. 长角果 ……………………………………………………………………………………………12
11. 植株被单毛、腺毛、柱状毛；短角果近圆形、宽卵形或倒卵形；种子每室1个 ……………………………………………………………………………………………5. 独行菜属 *Lepidium*
11. 植株被单毛、分歧毛或无毛；短角果倒三角状心形或楔形；种子每室6～12个 ……… 8. 荠属 *Capsella*
12. 叶二至三回羽状深裂 ……………………………………………………19. 播娘蒿属 *Descurainia*.
12. 叶大头羽状裂，一回羽状浅裂、中裂或深裂 ……………………………………………………13
13. 叶大头羽状裂 ……………………………………………………………………………………14
13. 叶一回羽状浅裂、中裂或深裂 ……………………………………………………………………17
14. 花常紫色、淡红色或白色 …………………………………………………………………………15
14. 花常黄色、橙红色，稀紫色、粉红色或白色 ……………………………………………………16
15. 上部茎生叶不抱茎；花紫色或白色；长角果种子间缢缩，成熟时节状横列 ………… 3. 萝卜属 *Raphanus*
15. 上部茎生叶抱茎；花紫色、淡红色或白色；长角果具4棱，成熟时2瓣裂…4. 诸葛菜属 *Orychophragmus*
16. 花大；果实具喙；栽培作物 ………………………………………………………1. 芸薹属 *Brassica*
16. 花较小；果实无喙；野生植物 ……………………………………………………16. 大蒜芥属 *Sisymbrium*
17. 长角果稍呈念珠状，成熟后横裂，先端有长喙 ……………………………………13. 离子芥属 *Chorispora*
17. 长角果非念珠状，成熟后纵裂、迟裂或不裂，先端无喙或具短 …………………………………18
18. 植株被单毛或无毛；花黄色 ………………………………………………………………………19
18. 植株被单毛、分歧毛、星状毛或腺毛，稀无毛；花紫色、淡红色或白色 ………… 14. 涩荠属 *Malcolmia*
19. 叶羽状浅裂；花大；长角果具扁平的喙 ………………………………………………2. 芝麻菜属 *Eruca*
19. 叶全缘或羽状裂；花较小；长角果无喙 ………………………………………………12. 蔊菜属 *Rorippa*

1. 芸薹属 *Brassica* L.

一、二年生或多年生草本，无毛或被单毛。根正常或变态成块状。基生叶通常莲座状，茎生有柄或抱茎。总状花序，结果时延长；萼片两轮，内轮基部呈囊状；花较大，黄色或稀白色；具蜜腺，蜜腺柱状、近球形、长圆形或丝状；柱头头状，近2裂。长角果线形或长圆形，无毛，通常稍扭曲，喙多锥状；隔膜透明。种子每室1行，球形或稀卵形，棕色，网孔状，子叶对折。

本属大约40种，多分布在地中海地区，特别是欧洲西南部和非洲西北部。我国有6种，全国各地均有栽培。延安栽培有2种7变种。

本属植物为重要蔬菜及油料作物；花为优良的蜜源；有些种类可供药用。

分种检索表

1. 叶绿色，无明显粉霜；花鲜黄色，较小，直径1cm左右 ……………………………………………2
1. 叶蓝绿色，被明显粉霜；花乳黄色，较大，直径1.5cm左右 ……………………………………7
2. 叶全缘、波状齿、不整齐锯齿或大头羽状裂；茎生叶基部常耳状抱茎 …………………………3
2. 叶缘多锯齿状；茎生叶基部不抱茎 …………………………………………………………………6
3. 有肉质变态块根 ……………………………………………………………………2a. 蔓菁 *B. rapa*

3. 无肉质块根……………………………………………………………………………………………4.
4. 叶较小；基生叶常大头羽状裂，叶缘具不整齐锯齿……………………………2b. 芸薹 *B. rapa* var. *oleifera*
4. 叶大型；叶全缘、波状或不显明圆齿……………………………………………………………………5
5. 基生叶及下部茎生叶叶柄扁宽，叶柄具缺刻翅……………………………………2c. 白菜 *B. rapa* var. *glabra*
5. 基生叶及下部茎生叶叶柄厚，无明显翅……………………………………2d. 青菜 *B. rapa* var. *chinensis*
6. 根不膨大呈肉质……………………………………………………………………3a 芥菜 *B. juncea* var. *juncea*
6. 具肉质肥大变态根……………………………………………………3b. 芥菜疙瘩 *B. juncea* var. *napiformis*
7. 茎在近地面部分肉质膨大成球茎…………………………………………1c. 擘蓝 *B. oleracea* var. *gongylodes*
7. 茎正常……………………………………………………………………………………………………8
8. 叶片层层包裹成球形或扁球形；花序正常发育………………………………1a. 甘蓝 *B. oleracea* var. *capitata*
8. 叶片不包裹；总花梗、花梗和未发育的花芽成肉质头状体……………1b. 花椰菜 *B. oleracea* var. *botrytis*

1. 野甘蓝

Brassica oleracea L., Sp. Pl. 667. 1753; 中国植物志, 33: 16. 1987.

1a. 甘蓝（变种）

Brassica oleracea var. ***capitata*** L., Sp. Pl. 2: 667. 1753; 中国植物志, 33: 16. 1987.

二年生草本，被粉霜。一年生茎肉质，低矮粗壮，不分枝，绿色。基生叶叶质厚，多数，包裹成球状体、扁球形，乳白色或淡绿色，直径10～30cm，有时达30cm以上；二年生茎具分枝，有茎生叶；基生叶和下部茎生叶长圆状倒卵形至圆形，长、宽达30cm；茎生叶往上变小，卵形或长圆状卵

甘蓝 *Brassica oleracea* var. ***capitata***
1. 植株（寻路路 摄）；2. 营养期叶（上面）（寻路路 摄）；3. 花序（寻路路 摄）；4. 营养期叶（寻路路 摄）

形，基部抱茎。花序总状，顶生和腋生；花2～2.5cm，淡黄色；花梗长0.7～1.5cm；萼片线状长圆形；花瓣宽椭圆状倒卵形或近圆形，顶端微缺，基部骤变窄成爪。长角果圆柱形，两侧稍扁，中脉突出；果梗粗，直立开展。种子球形，棕色。花期4月，果期5月。

延安各地均有栽培。

原变种野甘蓝*Brassica oleracea* var. *oleracea*在英国和地中海地区有野生分布，本区不产。

为常用的蔬菜，也可供饲料用。

1b. 花椰菜（变种）

Brassica oleracea var. ***botrytis*** L., Sp. Pl. 2: 667. 1753; 中国植物志, 33: 17. 1987.

二年生草本，被粉霜。茎直立，粗壮，有分枝。基生叶及下部叶长圆形至椭圆形，开展，长2～3.5cm，具柄；茎中上部叶较小，长圆形至披针形，无柄，抱茎。总花梗、花梗和未发育的花芽密集缩短成肉质头状体；花开始淡黄色，后变白色。长角果圆柱形，长3～4cm，中脉明显，具喙。种子宽椭圆形，棕色。花期4月，果期5月。

延安各地均有栽培。

花椰菜的头状体一般用作蔬菜。

花椰菜*Brassica oleracea* var. ***botrytis***
植株及肉质头体（刘培亮 摄）

1c. 擘蓝（变种）

Brassica oleracea var. ***gongylodes*** L., Sp. Pl. 2: 667. 1753; —*Brassica caulorapa* Pasq. Catal. Ort. Bot. Nap. 17. 1867; 中国植物志, 33: 18. 1987.

二年生草本，高30～60cm，无毛，被粉霜；茎短缩，膨大成一实心长圆球或扁球形球茎，绿色，着生叶片。叶宽卵形到长圆形或线状长圆形，长13～20cm，基部在两侧各有1裂片，有时仅在一侧有1裂片，边缘具不规则裂齿；叶柄长6～20cm，或茎生叶无柄。总状花序顶生；花直径1.5～2.5cm，淡黄色。长角果喙较短，基部膨大。种子有棱角。花期4月，果期6月。

延安各地均有栽培。

球茎可作蔬菜用。

擘蓝*Brassica oleracea* var. ***gongylodes***
1.植株（寻路路 摄）；2.球茎及着生叶柄（寻路路 摄）

2. 蔓菁

Brassica rapa L., Sp. Pl. 2: 666. 1753; 中国植物志, 33: 21. 1987.

2a. 蔓菁（原变种）

Brassica rapa var. ***rapa***

二年生草本，高达100cm。块根球形、扁圆形或长圆形，外皮白色、黄色或红色。茎直立，具分枝。基生叶复叶或大头羽状裂，叶柄长10～16cm，具小裂片；茎中上部叶长圆披针形，长3～12cm，无柄，基部宽心形，抱茎或半抱茎。总状花序顶生；花4～5mm，黄色；萼片长圆形；花瓣倒披针形，具短爪。长角果线形，果瓣具1显明中脉；喙长1～2cm；果梗长达3cm。种子球形，浅黄棕色。花期3～4月，果期5～6月。

延安各地均有栽培。

块根熟食或腌制咸菜、泡菜，茎叶可作饲料。

2b. 芸薹（变种）

Brassica rapa var. ***oleiferade*** DC., Syst. Nat. 2: 591. 1821; ——*Brassica campestris* L., Sp. Pl. 666. 1753; 中国植物志, 33: 21. 1987.

二年生草本，高30～90cm；茎粗壮，分枝或不分枝，无毛或近无毛，稍带粉霜。叶抱茎；基生叶大头羽裂，下部茎生叶羽状半裂，上部茎生叶长圆状倒卵形、长圆形或长圆状披针形，不分裂。总状花序初呈伞房状，后伸长；花7～10mm，鲜黄色，稀奶油色或淡黄色；萼片长圆形，顶端圆形，稍有毛；花瓣倒卵形，顶端近微缺，基部具爪。长角果线形，喙直，果瓣有中脉及网纹。种子球形，紫褐色。花期3～4月，果期5月。

延安各地均有栽培。

种子含油量40%左右，是我国的主要油料植物之一；嫩叶和总花梗可作蔬菜。

芸薹 *Brassica rapa* var. *oleiferade*
1. 群体（寻路路 摄）；2. 花序及叶（寻路路 摄）；3. 茎生叶（寻路路 摄）；4. 花序（寻路路 摄）

2c. 白菜（变种）

Brassica rapa var. ***glabra*** Regel, Gartenflora 9: 9. 1860; ——*Brassica pekinensis* (Lour.) Rupr. Fl. Ingr. 96. 1860, in text; 中国植物志, 33: 23. 1987.

二年生草本，高40～60cm，无毛或近无毛。基生叶多数，大形，倒卵状长圆形至宽倒卵形，长30～60cm，顶端圆钝，边缘皱缩呈波状；叶柄白色，宽大扁平，边缘具缺刻的宽薄翅；上部茎生叶长圆状卵形、长圆披针形至长披针形，长2.5～7cm，全缘或有裂齿，顶端圆钝至急尖，有柄或抱茎。花鲜黄色，直径1.2～1.5cm；萼片长圆形或卵状披针形，淡绿色至黄色；花瓣倒卵形，基部渐窄成爪。长角果较粗短，长3～6cm，宽约3mm，喙长4～10mm。种子球形，棕色。花期5月，果期6月。

白菜 ***Brassica rapa*** var. ***glabra***
1.群体（寻路路 摄）；2.植株（寻路路 摄）

延安各地均有栽培。

为我国很多地区的常用蔬菜。生食、炒食、盐腌、酱渍均可，亦可作饲料。

2d. 青菜（变种）

Brassica rapa var. ***chinensis*** (L.) Kitam., Mem. Coll. Sci. Univ. Kyoto, ser. B, 19: 79. 1950; ——*Brassica chinensis* L. Gent. Pl. 1: 19. 1755 etAmoen. Acad. 4: 280. 1759; 中国植物志, 33: 25. 1987.

二年生草本，高25～70cm，无毛，带粉霜。根常呈纺锤形块根。茎直立，具分枝。基生叶倒卵形或宽倒卵形，全缘或有不显明圆齿或波状齿，长20～30cm，基部渐狭成宽柄；上部茎生叶倒卵形或椭圆形，长3～7cm，基部抱茎。总状花序顶生，圆锥状；花长约1cm，浅黄色，后长达1.5cm；萼片长圆形，白色或黄色；花瓣长圆形，具宽爪。长角果线形，长2～6cm，无毛，果瓣有中脉及网结侧脉，喙长8～12mm。种子球形，紫褐色，有蜂窝纹。花期4月，果期5月。

延安各地均有栽培。

嫩叶可供蔬菜用。

青菜 ***Brassica rapa*** var. ***chinensis***
1.植株（寻路路 摄）；2.叶（寻路路 摄）；3.花（寻路路 摄）；4.雄蕊及蜜腺（寻路路 摄）；5.花序（寻路路 摄）

3. 芥菜

Brassica juncea (L.) Czern. et Coss. in Czern. Conspect. Fl. Chark. 8. 1859; 中国植物志, 33: 28. 1987.

3a. 芥菜（原变种）

Brassica juncea var. ***juncea***

一年生草本，高30～150cm，无毛或有时幼茎及叶具刺毛，带粉霜，有辣味。茎直立，有分枝。基生叶大头羽裂或不裂，宽卵形至倒卵形，长15～35cm，边缘均有缺刻或牙齿；茎下部叶较小，边缘有缺刻、牙齿或圆钝锯齿；茎上部叶窄披针形，长2.5～5cm，边缘具不明显疏齿或全缘。总状花序顶生；花7～10mm，黄色；萼片长圆状椭圆形，淡黄色；花瓣倒卵形。长角果线形，长3～5.5cm，果瓣具1突出中脉，喙长6～12mm。种子球形，紫褐色。花期3～5月，果期5～6月。

延安各地均有栽培。

本区还栽培有雪里蕻*Brassica juncea*'Multiceps'，根据*Flora of China*的观点，油芥菜（*Brassica juncea* var. *gracilis*）为芥菜*Brassica juncea*的异名。茎、叶可盐腌咸菜；种子可磨粉供调料用，称"芥末"，榨油作调味品，即"芥子油"；优良的蜜源植物。

芥菜 *Brassica juncea* var. *juncea*

1.植株（寻路路 摄）；2.叶（寻路路 摄）；3.叶及花序、果序（寻路路 摄）；4.花序（寻路路 摄）；5.花和雄蕊、柱头（寻路路 摄）；6.果实（寻路路 摄）

3b. 芥菜疙瘩（变种）

Brassica juncea var. ***napiformis*** (Pailleux& Bois) Kitam., Mem. Coll. Sci. Univ. Kyoto, ser. B, 19: 76. 1950;——*Brassica napiformis* L. H. Bailey in Bull. Cornell Univ. Agr. Exp. Stat. 67: 187. 1894; 中国植物志, 33: 27. 1987.

二年生草本，高60～150cm，无毛，稍有粉霜。块根圆锥形，肉质，直径7～10cm，上半部分露于地面以上，下半部分埋在地下，外皮白色，块根具较浓的辣味。茎直立，基部分枝。基生及下部茎生叶大头羽状浅裂；上部茎生叶长圆状披针形，近全缘或全缘，无柄而微抱茎。花7～8mm，浅黄色；萼片披针形或长圆卵形；花瓣倒卵形，顶端微凹，有细爪。长角果线形，长3～5cm，喙圆锥形，长5～7mm。种子球形，黑褐色，有细网纹。花期4～5月，果期5～6月。

延安各地均有栽培。

块根可腌制咸菜或酱渍食用。

2. 芝麻菜属 *Eruca* Mill.

一年生草本，被单毛，稀无毛。叶片羽状浅裂。总状花序；花黄色，有条纹；内轮萼片基部稍成囊状；花瓣短倒卵形，具长爪；雄蕊的外轮较内轮短；侧蜜腺棱柱状，中蜜腺半球形或近长圆形。长角果长圆形或近椭圆形，有4棱，具扁平喙，果瓣有1脉；种子子叶对折。

本属有1种，分布在非洲、亚洲及欧洲等。我国有1变种，分布在东北的黑龙江、辽宁、内蒙古（东部），华北的山西、河北，西北的陕西、甘肃、青海、新疆，华东的江苏，华南的广东，西南的四川等地。延安产1变种，见于吴起及志丹。

该属植物可应用到工业、医药等方面。

芝麻菜

Eruca sativa Mill. Gard. Dict. 8. ed. n. 1. 1768; 中国植物志, 33: 34. 1987.

一年生草本，高20～90cm。茎上部常有分枝，近无毛或有稀疏单毛。基部叶和茎下部叶大头羽状分裂或不裂，长4～7cm；茎中上部叶片具1～3对裂片，无柄。总状花序疏松；花1～1.5cm，黄色，后变白色；小花梗长2～3mm，散生单毛或无毛；萼片长圆形，有长柔毛；花瓣有条纹，短倒卵形，基部具爪。长角果圆柱形，长2～3.5cm，无毛，喙扁平，长5～9mm。种子近球形或卵形，棕色，有棱角。花期6～7月，果期7～8月。

芝麻菜 *Eruca sativa*
1.植株（白重炎 摄）；2.花序（白重炎 摄）

本种在延安分布于吴起、志丹等地，生于海拔1000～1700m的山坡草地、田边、路旁等。国内分布在东北的黑龙江、辽宁、内蒙古（东部），华北的河北、山西，西北的陕西、甘肃、青海、新疆及西南的四川等地。欧洲、非洲及亚洲均有分布。

种子含丰富的芥子酸，可供工业用；幼苗也可供药用。

3.萝卜属 *Raphanus* L.

一年生或多年生草本，具肉质根或无。茎直立，通常被单毛。叶大头羽状裂，上部多具单齿。总状花序呈伞房状；花白色或紫色；萼片长圆形，直立；花瓣倒卵形，表面常具紫纹，基部具爪；蜜腺近球形、柄状或微小；子房2节，钻状，柱头头状。长角果圆柱形，顶端具细喙，下节极短，无种子，上节长，成熟后开裂。种子1列，球形或卵形，棕色；子叶对折。

本属有3种，分布在欧洲、非洲和亚洲大陆间的地中海地区。我国有2种，全国各地均有栽培。延安栽培有1种，各地均有栽培。

本属植物的萝卜起源于地中海的野萝卜，是世界古老的栽培作物之一。它的肉质直根为常用的蔬菜，种子等为药材。

萝卜

Raphanus sativus L., Sp. Pl. 2: 669. 1753; 中国植物志, 33: 36. 1987.

一年生或二年生草本，高20～100cm。肉质变态根长圆形、球形或圆锥形，外皮绿色、白色或红色。茎有分枝，无毛，稍被粉霜。基部叶和下部茎生叶大头羽状裂，长8～30cm，疏生粗毛；上部叶长圆形，有锯齿或近全缘。总状花序顶生及腋生；花1.5～2cm，白色或粉红色；萼片长圆形；花瓣倒卵形，具紫纹，基部具爪。长角果圆柱形，长3～6cm，在种子间稍缢缩，顶端喙长1～1.5cm。种子1～6个，卵形，红棕色，有细网纹。花期4～5月，果期5～6月。

延安各地均有栽培。

本种肥厚的变态肉质根通常作蔬菜用；种子、鲜根、枯根、叶等均可入药；种子也可榨油。

萝卜 *Raphanus sativus*

1.植株（寻路路 摄）；2.花序（寻路路 摄）；3.花（寻路路 摄）；4.叶及根（寻路路 摄）；5.全株（寻路路 摄）；6.肉质直根（寻路路 摄）

4. 诸葛菜属 *Orychophragmus* Bunge

一年生或二年生草本，无毛或稍有细柔毛。茎基部分枝或不分枝。基生叶及茎下部叶大头羽状裂；上部茎生叶基部耳状抱茎。总状花序，花大，紫色、淡红色或白色；花萼合生，内轮萼片呈深囊状或稍呈囊状；花瓣宽倒卵形，基部呈窄长爪；雄蕊离生或长雄蕊花丝成对地合生达顶端；侧蜜腺近三角形，无中蜜腺；花柱短，柱头2裂。长角果线形，成熟后2瓣裂，果瓣顶端具长喙。种子1列，扁平；子叶对折。

本属有2种，分布在亚洲。我国2种均产，分布在东北的辽宁、内蒙古（东部），华北的山西、河北，西北的陕西、甘肃，华东的江苏、浙江、安徽、江西、山东，华中的河南、湖北、湖南，西南的四川等地。延安产1种，分布在宝塔。

诸葛菜

Orychophragmus violaceus (L.) O. E. Schulz Bot. Jahrb. Syst. 54: 56. 1916; 中国植物志, 33: 41. 1987.

一年生或二年生草本，高10～60cm，无毛，被白粉；茎直立，基部或上部稍有分枝。叶形变化较大；基生叶及茎下部叶大头羽状全裂，稀不裂，顶端裂片较大，长4～8cm，有钝齿，侧裂片2～6对；上部叶长圆形或窄卵形，长2～9cm，边缘有不整齐牙齿，基部耳状抱茎。花2.5～3cm，紫色、浅红色或白色；花萼筒状，紫色；花瓣宽倒卵形，密生细脉纹，具爪。长角果线形，长7～12cm，具4棱，喙长1.5～2.5cm；果梗长8～15mm。种子卵形至长圆形，稍扁平，褐色，有纵条纹。花期4～5月，果期5～6月。

本种在延安分布于宝塔，生于海拔600～1300m的山坡林下。我国分布在东北的辽宁，华北的山西、河北，西北的陕西、甘肃，华东的江苏、浙江、安徽、江西、山东，华中的河南、湖北，西南的四川等地。亚洲的朝鲜也有分布。

属于早春开花植物之一，花大而美观，适应能力强，虽然为一年生或二年生草本，但是种子有自播繁衍能力。

在园林上常栽培供观赏；嫩茎、叶开水烫后，再用冷水浸泡去苦味后可炒食；种子可榨油。

诸葛菜 *Orychophragmus violaceus*

1.植株（寻路路 摄）；2.花序（寻路路 摄）；3.花（寻路路 摄）；4.果实（寻路路 摄）

5. 独行菜属 *Lepidium* L.

一年生或多年生草本或半灌木，被单毛、腺毛、柱状毛。茎直立或铺散，单一或分枝。叶多为单叶，全缘、具小齿或羽状分裂。总状花序顶生及腋生；花小，白色，稀带有粉红色或微黄色；萼片长方形或线状披针形，稍凹，基部不呈囊状；花瓣线形至匙形，有时退化或不存在；雄蕊常退化成2或4，稀6；具微小蜜腺；花柱短或无，柱头头状或稍2裂；子房常有2胚珠。短角果卵形、倒卵形、圆形或椭圆形，两侧扁平，先端微凹或全缘。种子卵形或椭圆形，有翅或无翅；子叶背倚胚根，稀缘倚。

本属约180种，广泛分布在欧洲、非洲、亚洲、北美洲、南美洲及大洋洲。我国有16种，分布于全国各地。延安产2种，分布在吴起、黄陵及宝塔。

分种检索表

1. 多年生草本，被柔毛；花瓣较萼片长，雄蕊6……………………………………1. 宽叶独行菜 *L. latifolium*
1. 一年生草本，被头状腺毛；花瓣较萼片短，雄蕊2……………………………………2. 独行菜 *L. apetalum*

1. 宽叶独行菜

Lepidium latifolium L., Sp. Pl. 2: 644. 1753; 中国植物志, 33: 51. 1987.

多年生草本，高30～150cm。茎直立，上部多分枝，基部稍木质化，无毛或疏被毛。基生叶及茎下部叶长圆状披针形或卵形，长3～8cm，先端钝圆，基部渐狭，边缘有粗锯齿，两面被疏柔毛，具柄；茎上部叶披针形或长圆状椭圆形，长2～6cm，无柄。圆锥状总状花序；花小，白色；萼片卵状长圆形或近圆形，具白色边缘；花瓣倒卵形或长圆形，有爪或不明显；雄蕊6。短角果宽卵形或近圆形，长1.5～3mm，顶端全缘，基部圆钝，无毛或疏生柔毛。种子卵形或宽椭圆形，褐色，略扁，无翅。花期5～6月，果期7月。

本种在延安分布于黄陵，生长在海拔1000～1400m的田边、路边及山坡等地方。我国分布在东北的黑龙江、辽宁、内蒙古（东部），华北的山西、河北，西北各地，华东的山东，华中的河南及西南的四川、西藏等地。欧洲、非洲及亚洲等均有分布。

种子在一些地方供药用。

2. 独行菜

Lepidium apetalum Willd. Sp. Pl. 3: 439. 1800; 中国植物志, 33: 57. 1987.

一年生或二年生草本，高5～30cm。茎多分枝，呈铺散状，具头状毛或无毛。基生叶莲座状，平铺地面，一回羽状浅裂或深裂，长4～8cm，具柄；茎生叶向上逐渐由狭披针形变至线形，全缘或具不整齐疏牙齿，疏生头状腺毛，无柄。花序总状，果期后延长；花小，白色；萼片卵形，早落，外面有柔毛；花瓣退化或不存在，较萼片短；雄蕊2。短角果近圆形或宽椭圆形，扁平，无毛，长

独行菜 *Lepidium apetalum*
1.植株（寻路路 摄）；2.果序（寻路路 摄）；3.茎（寻路路 摄）；4.叶（寻路路 摄）；5.花序（寻路路 摄）

2～3mm，顶端微缺，上部有短翅；果梗弧形，纤细，长约3mm。种子椭圆形或卵形，稍扁平，红棕色，具密而细的纵条纹。花期4～5月，果期6～7月。

本种在延安分布于吴起、黄陵及宝塔等地，生长在海拔900～1300m的山坡、山沟、路边、田地及村庄附近等。在我国分布于东北各地，华北各地，西北各地，华东的江苏、浙江、安徽及西南各地等。欧洲及亚洲有分布。

喜光，对水分要求不严，在干旱黄土坡及河滩等地均可生长。

全草及种子供药用；种子可榨油。

6. 菘蓝属 *Isatis* L.

一年生、二年生或多年生草本，无毛或具单毛。茎直立，多分枝。叶分裂或全缘，下部生叶具柄，向上茎生叶无柄，叶基部箭形或耳形抱茎。圆锥状总状花序，果期延长；花小，黄色、白色或紫白色；萼片近直立，基部不呈囊状；花瓣长圆状倒卵形或倒披针形；侧蜜腺几呈环状，中蜜腺窄；子房1室，具1～2胚珠。短角果扁平，长圆形、楔形或近圆形，顶端平或尖凹。种子1稀2，棕色，长圆形；子叶背倚。

本属约50种，分布在欧洲中部、地中海地区、亚洲中部及西部。我国有4种，分布在东北的辽宁、内蒙古（东部），华北的山西、河北，西北的陕西、甘肃、新疆，华东的浙江、福建、江西、山东，华中的河南、湖北、湖南，西南的四川、贵州、云南及西藏等地。延安栽培有1种，产洛川等地。

菘蓝

Isatis tinctoria L., Sp. Pl. 2: 670. 1753; ——*Isatis indigotica* Fortune in Journ. Hort. Soc. London 1: 269. cumic. xylog. 1. 271. 1846; 中国植物志, 33: 65. 1987.

二年生草本，高30～120cm。茎直立，无毛或有时候被毛，上部多分枝，稍带白粉霜。基生叶莲座状，蓝绿色，肥厚，长椭圆形至长圆状倒披针形，长5～12cm，顶端钝圆，边缘有浅齿，具柄；茎

菘蓝 ***Isatis tinctoria***
1.植株（寻路路 摄）；2.叶（寻路路 摄）；3.花序分枝（寻路路 摄）；4.果实（寻路路 摄）

生叶长6～13cm，全缘，基部耳状多变化，抱茎，无柄。花直径约6mm，黄色；萼片近长圆形；花宽楔形至宽倒披针形，顶端平截，具爪。短角果宽楔形，下垂，长1～1.5cm，顶端平截，基部楔形，无毛，果梗细长。种子1，长圆形，淡褐色。花期4～5月，果期5～6月。

本种在延安的洛川等地有栽培。

叶可提取蓝色染料；根、叶供药用；种子榨油供工业用。

7. 菥蓂属 *Thlaspi* L.

一年生、二年生或多年生草本，通常无毛，常被灰白色粉霜。茎直立或近直立。基生叶具柄，莲座状，倒卵形或长圆形；茎生叶卵形或披针形，基部心形或箭形抱茎。总状花序初为伞房状，结果时延长；花小，白色、粉红色或带黄色；萼片直立，基部不为囊状；花瓣长为萼片的2倍，长圆状倒卵形；侧蜜腺成对，半月形，无中蜜腺；子房2室，柱头头状。短角果倒卵状长圆形或近圆形，扁平，微有翅或有宽翅，少数翅退化，顶端常稍凹缺，稀全缘，无毛。种子椭圆形；子叶缘倚。

本属约75种，分布在欧洲、亚洲、北美洲及南美洲。我国有6种，除广东、海南及台湾外，各地均有分布。延安产1种，分布在黄龙及黄陵等地。

本属植物较为喜光，通常生长在开阔、光照条件较为良好的地方。

菥蓂

Thlaspi arvense L., Sp. Pl. 2: 646. 1753; 中国植物志, 33: 80. 1987.

一年生草本，高9～60cm，无毛。茎直立，具棱，分枝或不分枝。基生叶长圆形，长3～5cm，

菥蓂 *Thlaspi arvense*
1.植株；2.果序；3.果实；4.种子（1～4寻路路 摄）

先端圆钝或急尖，具柄；茎生叶披针形或长圆状披针形，边缘具疏齿，长2～5cm，先端钝或锐，基部箭形抱茎，无毛。总状花序顶生；花直径约2mm，白色；萼片直立，卵形，顶端圆钝；花瓣长圆状倒卵形。短角果倒卵形或近圆形，长12～18mm，宽10～16mm，扁平，顶端凹陷，边缘有宽翅。每室含种子2～8，倒卵形，稍扁平，黄褐色，两面有环点状环纹。花期3～4月，果期5～6月。

本种在延安分布于黄龙及黄陵等地，生在海拔1200～1400m的路旁、沟边或村庄。在我国分布于东北各地，华北各地，西北各地，华东的上海、江苏、浙江、安徽、福建、江西、山东，华中各地，华南的广西及西南各地等。欧洲、非洲及亚洲有分布。

适应能力广泛，在农田、路边、撂荒地等均常见到，通常出现在光照条件好的地方。

植株入药；种子可榨油。

8. 荠属 *Capsella* Medic.

一年生或二年生草本，无毛或被单毛、分歧毛或星状毛。茎直立，分枝或不分枝。基生叶莲座状，全缘或羽状裂，具柄；茎上部叶边缘具弯缺牙齿至全缘，基部耳状抱茎，无柄。总状花序初呈伞房状，果期延长；花小，白色；萼片近直立，长圆形，基部不呈囊状；花瓣匙形；花丝线形，蜜腺成对，半月形，子房2室，花柱极短。短角果倒三角形或倒心状三角形，扁平，无翅，无毛，具网状脉。种子每室6～12，椭圆形，棕色；子叶背倚。

本属1种，主产欧洲和亚洲，在其他地区归化而成世界性杂草。我国产1种，分布在全国各地。延安产1种，各地均有分布。

本属是一世界广布属，仅1种，但是适应能力很强。种内形态差异极大，同一地区甚至会出现叶片不裂、羽状深裂等情况，个体上也有差异。

荠

Capsella bursa-pastoris (L.) Medic., Pfl. -Gatt. 85. 1792; 中国植物志, 33: 85. 1987.

一年生或二年生直立草本，高10～50cm，无毛、单毛或分歧毛。基生叶莲座状，羽状深裂、提

荠 *Capsella bursa-pastoris*
1.植株（曹旭平 摄）；2.花序（寻路路 摄）；3.花（曹旭平 摄）、果序；4.果实（寻路路 摄）

琴状羽裂或不整齐羽裂，或不分裂，长可达12cm，顶端裂片大，长2～5cm，叶柄长0.5～4cm，具狭翅；茎生叶披针形，长1～3cm，边缘有缺刻或锯齿，基部箭形抱茎。总状花序顶生及腋生，果期延长；花小，白色；萼片长圆形；花瓣卵形，具短爪。短角果三角状心形，长5～8mm，宽4～7mm，扁平，无毛，顶端微凹，具网脉。种子2行，长椭圆形，浅褐色。花果期4～6月。

延安各地广泛分布，生在海拔400～1400m的山坡、路边、田地及村庄等。在我国东北、华北、西北、华东、华中、华南及西南地区均有分布。分布在欧洲和亚洲，在其他地区归化而成为世界性杂草。

繁殖能力强，为常见杂草。全草入药。嫩茎叶为早春优良的野生蔬菜。

9. 葶苈属 *Draba* L.

一年生、二年生或多年生直立草本，被单毛、分歧毛和星状毛。基生叶通常莲座状，单叶；茎生叶常无柄。总状花序；花小，白色或黄色，稀玫瑰色或紫色；萼片直立或开展，长圆形、椭圆形或卵圆形；花瓣倒卵状楔形，顶端常微凹，基部通常具爪；雄蕊通常6，稀4，有侧蜜腺1对；雌蕊瓶状，稀圆柱形，花柱圆锥形或丝状。短角果，卵形、披针形、长圆形或条形。种子2列，卵形或椭圆形，无翅；子叶缘倚。

本属约350种，主要分布在北半球，特别是北极、亚北极、高山和亚高山地区，南美洲也有分布。我国有48种，主要分布在西南部及西北高山地区。延安产1种，分布在宝塔、宜川、洛川及黄陵等地。

本属植物通常为低矮的草本，多生长在高寒地区，对热较为敏感。

葶苈

Draba nemorosa L., Sp. Pl. 2: 643. 1753; 中国植物志, 33: 173. 1987.

一年生或二年生草本，高5～45cm。茎直立，单一或分枝，被单毛、叉状毛和星状毛。叶两面被单毛、叉状毛或星状毛；基生叶莲座状，长倒卵形，长1～4cm，先端钝，边缘疏生细齿，具柄；茎生叶长圆形，顶端圆或钝尖，边缘有细齿，无柄。总状花序初呈伞房状，花后伸长；花黄色，花期后白色；萼片椭圆形，背面疏生毛；花瓣倒楔形，长约2mm，顶端凹，基部具短爪；雄蕊花丝丝状，花药心形；雌蕊密生短单毛，柱头小。短角果长圆形，扁平，长6～10mm，被短单毛；种子椭圆形，

葶苈*Draba nemorosa*
1.植株（寻路路 摄）；2.花期下部生叶（寻路路 摄）；3.莲座状叶（寻路路 摄）；4.果实（寻路路 摄）；5.花序（寻路路 摄）

褐色，表面有疣状突起。花期3～4月，果期5～6月。

本种在延安分布于宝塔、宜川、洛川及黄陵等地，生长在海拔1000m左右的山坡草地、河边及林缘等。在我国东北各地，华北各地，华东的江苏、浙江，西北各地，西南的四川及西藏均有分布。欧洲、亚洲和北美洲有分布。

分布广泛，适应能力强，在一些农田也可见到它的踪迹。

种子榨油可供工业用。

10.碎米荠属 *Cardamine* L.

一、二年生或多年生草本，被单毛或无毛。地下根状茎粗壮或纤细，茎分枝或不分枝。单叶，羽状裂或不裂，或为羽状复叶，通常具柄。总状花序初时伞房状，后延伸；花白色、紫色或淡紫红色；萼片卵形或长圆形，内轮基部多呈囊状；花瓣倒卵形或倒心形，具爪或无；雄蕊花丝直立；侧蜜腺环状、半环状或二鳞片状，中蜜腺单一；雌蕊柱状。长角果线形，扁平，无脉或有1不明显的脉，成熟后开裂或弹裂卷起。种子每室1列，椭圆形或长圆形，压扁，无翅或有窄翅；子叶通常缘倚。

本属约200种，分布于全球。我国有48种，在我国各地广泛分布。延安产4种，在多地均有分布。

本属植物一些物种分布较为广泛，是农田常见杂草。有些种类的花色美观，可引种栽培供观赏。

分种检索表

1.多年生，植株较高大，小叶狭长，边缘具多数锯齿……2
1.一年生，植株较低矮，小叶较短，边缘具稀疏圆钝锯齿、齿裂或全缘……3

2. 茎直立，很少曲折；羽状复叶小叶2～6对，顶生小叶无柄或稀具柄，先端锐尖或渐尖；花紫色或紫红色 ………………………………………………………………………………………… 1. 大叶碎米荠 *C. macrophylla*

2. 茎曲折；羽状复叶小叶2～3对，顶生小叶具柄，先端尾状渐尖、渐尖，稀锐尖；花白色 ………………………………………………………………………………………… 2. 白花碎米荠 *C. leucantha*

3. 基生叶叶柄有柔毛；大多数具4雄蕊，稀5或6枚；果实和果梗通常直立，常靠近花序轴 ………………………………………………………………………………………… 3. 碎米荠 *C. hirsuta*

3. 基生叶叶柄常无柔毛；绝大多数具6雄蕊，稀4枚；果梗至少远离或斜生，连同果实不靠近花序轴 ………………………………………………………………………………………… 4. 弯曲碎米荠 *C. flexuosa*

1. 大叶碎米荠

Cardamine macrophylla Willd. Sp. Pl. 3: 484. 1800; 中国植物志, 33: 194. 1987.

多年生草本，高20～100cm。具粗壮匍匐根状茎，密被纤维状须根。茎直立，较粗壮，不分枝或上部分枝，表面有纵条纹。奇数羽状复叶，长7～20cm；小叶2～6对，长圆形或卵状披针形，长3～6cm，小叶两面无毛或上面毛少、下面散生短柔毛，先端钝或短渐尖，边缘具锐锯齿或钝锯齿，顶生小叶基部楔形，无小叶柄。总状花序；花淡紫色、紫红色，稀白色；外轮萼片长椭圆形，紫红色，有毛或无毛，内轮基部囊状；花瓣倒卵形，顶端圆或微凹，基部具爪；花药线形，花丝扁平；花柱短，柱头稍2裂。长角果扁平，无毛，长3.5～5cm。种子椭圆形，褐色。花期5～6月，果期7～8月。

本种在延安分布于黄陵，生长在海拔1200m的山坡灌木林下、沟边水湿处。国内分布在东北的内蒙古（东部），华北的山西、河北，西北的陕西、甘肃、青海，华中的湖北，西南的四川、云南及西藏。俄罗斯远东地区以及日本、印度也有分布。

喜潮湿的环境，花美观，可引种作观赏花卉；嫩苗可供食用，也可作饲料；全草药用。

大叶碎米荠 *Cardamine macrophylla*
1. 植株（寻路路 摄）；2. 叶（寻路路 摄）；3. 花序（寻路路 摄）

2. 白花碎米荠

Cardamine leucantha (Tausch) O. E. Schulz, Bot. Jahrb. Syst. 32: 403. 1903; 中国植物志, 33: 195. 1987.

多年生草本，高30～70cm。具短而匍匐的根状茎，着生多数粗线状匍匐茎。茎单一或上部少数分枝，表面有纵条纹，被短绵毛或柔毛。奇数羽状复叶，小叶2～3对，卵状长圆形或狭长圆形，长3.5～10cm，先端尾状渐尖，边缘有不整齐的粗牙齿状锯齿，基部楔形或阔楔形，小叶干后膜质半透明，两面均有柔毛，下面较多。总状花序顶生，花后延伸；花白色；萼片长椭圆形，外面有毛；花瓣长圆状楔形，长5～8mm，基部具爪；花丝稍扩大；雌蕊细长，子房有长柔毛，柱头头状。长角果线形，长1～2.5cm，被疏毛。种子长圆形，栗褐色。花期4～7月，果期6～8月。

本种在延安分布于黄陵，生长在海拔1000m的杂木林、山谷沟边阴湿处。我国在东北各地，华北的河北、山西，西北的陕西、甘肃，华东的安徽、江苏、浙江、江西，华中的河南、湖北等有分布。日本、朝鲜、俄罗斯西伯利亚南部至东部地区均有分布。

较为喜欢潮湿、避光条件较好的地方。

晒干可代茶叶；根状茎供药用；嫩苗可作野菜。

白花碎米荠 *Cardamine leucantha*

1.群体（寻路路 摄）；2.叶（寻路路 摄）；3.花序（寻路路 摄）；4.花（寻路路 摄）；5.果序（寻路路 摄）

3. 碎米荠

Cardamine hirsuta L., Sp. Pl. 655. 1753; DC. Prodr. 1: 152. 1824; 中国植物志, 33: 213. 1987.

一年生草本，高15～35cm。茎直立或开展，具分枝或无，被柔毛，向上渐少。基生叶具小叶2～5对，顶生小叶肾形，有3～5圆齿，具明显小叶柄，侧生小叶卵形或圆形，具2～3圆齿，小叶柄有或无；茎生叶具小叶3～6对，茎下部叶与基生叶类似，茎上部叶的顶生小叶菱状长卵形，3齿裂，侧生的长卵形或线形，多全缘；小叶两面被疏毛。总状花序生于枝顶；花小，径约3mm，白色；萼片绿色或淡紫色，长椭圆形，外面被疏毛；花瓣倒卵形，顶端钝；雌蕊柱状，花柱极短。长角果线形，无毛，长达3cm。种子椭圆形，顶端有翅或无。花期2～4月，果期4～6月。

延安的黄龙、黄陵有分布，生长在海拔1000m以下的山坡、荒地、水边等地方。全国各地均有分布。亚洲及欧洲等有分布，在非洲、大洋洲及美洲已经归化。

本种适应能力强，分布广泛，对土壤、光照等要求不严格。

可作野菜或药用。

4. 弯曲碎米荠

Cardamine flexuosa With. in Bot. Arrang. Brit. Fl. ed. 3. 3: 578. 1796; 中国植物志, 33: 216-217. 1987.

一、二年生草本，高10～40cm。茎直立，具多数斜升的分枝，疏生柔毛。基生羽状复叶具小叶3～7对，顶生小叶卵形、倒卵形或长圆形，顶端3齿裂，具小叶柄，侧生小叶卵形，较顶生的小；茎生复叶具小叶3～5对，小叶多长卵形或线形，疏裂或全缘，小叶几无毛。总状花序生于顶端；花小，白色；萼片长椭圆形，长约2.5mm；花瓣倒卵状楔形，长约3.5mm；雌蕊柱状。长角果线形，扁平，长1.2～2cm，果序轴弯曲，果梗开展，长3～9mm。种子黄绿色，长圆形，扁平，长约1mm，顶端具极窄的翅。花期3～5月，果期4～6月。

本种在延安各地均有分布，生长在海拔500～1000m的田边、沟边、湿地及草地等。全国各地均有分布。欧洲、亚洲及北美洲也有分布。

本种和碎米荠 *Cardamine hirsuta* L.很相似，根据 *Flora of China*，以前多将本种鉴定为后者，但根据两者基生叶叶柄被毛情况、雄蕊数量及果实、果梗等方面易于区分。

分布广泛，适应能力强，为常见的杂草，可供药用。

弯曲碎米荠 *Cardamine flexuosa*
1.群体（寻路路 摄）；2.植株（寻路路 摄）；
3.叶（寻路路 摄）；4.（花）果序（寻路路 摄）；
5.花序（寻路路 摄）；6.果实（开裂）（寻路路 摄）

11. 南芥属 *Arabis* L.

一年生、二年生或多年生草本，稀半灌木状。茎直立或铺散，被单毛、2～3分歧毛或星状毛。基生叶莲座状，叶多长椭圆形，全缘、有齿牙或疏齿；茎生叶基部楔形，有时呈钝形或箭形的叶耳，无柄或近无柄。总状花序顶生或腋生；花白色，稀紫色、蓝紫色或淡红色；萼片直立，卵形至长椭圆形；花瓣倒卵形到楔形，顶端钝，或略凹入，基部具爪；雄蕊6；柱头头状或2浅裂。长角果线形，扁平，开裂。种子每室1～2列；子叶缘倚。

本属大约70种，分布在温带地区的欧洲、亚洲及北美洲。我国产14种，分布在东北、华北、西北及西南各地。延安产2种，分布在黄龙、甘泉、黄陵及安塞等地。

本属的一些植物可供药用。

分种检索表

1. 茎被单毛；花白色，萼片密被星状毛；长角果稀疏，下垂 ································ 1. 垂果南芥 *A. pendula*
1. 茎被单毛和分歧毛；花淡黄色，萼片无毛；长角果多而紧密，直立 ···················· 2. 硬毛南芥 *A. hirsuta*

1. 垂果南芥

Arabis pendula L., Sp. Pl. 2: 665. 1753; 中国植物志, 33: 265. 1987.

二年生直立草本，高30～150cm，被硬单毛、分歧毛。茎直立，不分枝或分枝。下部叶长椭圆形至倒卵形，长3～10cm，先端长渐尖，边缘有钝齿或全缘，具柄；上部的叶窄长椭圆形至披针形，基部心形或箭形。总状花序顶生或腋生；花白色；萼片椭圆形，背面被毛；花瓣匙形。长角果，线形，长4～10cm，弧形弯曲。种子每室1列，种子椭圆形，褐色，边缘有环状的翅。花期6～7月，果期8～10月。

本种在延安分布于黄龙、甘泉、黄陵及安塞等地，生长在海拔1200～1700m的山坡、河边草丛中及林下。我国产东北的黑龙江、吉林、辽宁、内蒙古（东部），华北的河北、山西，西北的陕西、甘肃、青海、新疆等地。亚洲有分布。

果实、种子可供药用。

垂果南芥 *Arabis pendula*
1. 植株（寻路路 摄）；2. 花（寻路路 摄）；3. 果序（寻路路 摄）

2. 硬毛南芥

Arabis hirsuta (L.) Scop. Fl. Carniol., ed. 2. 2: 30. 1772; 中国植物志, 33: 276. 1987.

一、二年生直立草本，高30～90cm，被单毛、分歧毛、星状毛。基生叶长椭圆形，先端钝圆，长2～6cm，基部楔形，具柄；茎生叶长椭圆形或卵状披针形，长2～5cm，先端钝圆，疏具齿，基部心形或稍呈心形，抱茎。总状花序顶生或腋生，具多数花；花白色；萼片长椭圆形，顶端锐尖，无毛；花瓣长椭圆形，长4～6mm，先端钝圆，具爪；花柱短。长角果，线形，长3.5～6.5cm，紧靠果序轴，直立；果梗直立。种子每室1列，卵形，褐色，表面微呈颗粒状，边缘具狭翅。花期5～7月，果期6～7月。

本种在延安分布于黄陵及黄龙等地，生在海拔1000～1500m的向阳山坡、林地或路边草丛中。在我国分布于东北各地，华北的河北、山西，西北的陕西、甘肃、宁夏、青海、新疆，华东的山东、安徽，华中的河南、湖北及西南的四川、云南、西藏等地。亚洲、欧洲及北美洲有分布。

为一多变的种类，尤其是在茎生叶、花色及被毛等。

硬毛南芥 *Arabis hirsuta*

1.植株（王天才 摄）；2.全株（王天才 摄）；3.茎生叶（寻路路 摄）；4.果序（寻路路 摄）

12. 蔊菜属 *Rorippa* Scop.

一、二年生或多年生直立草本。茎匍匐或铺散状，不分枝或多分枝。叶全缘，浅裂、羽状深裂或全裂，具不整齐锯齿或波状牙齿。总状花序顶生；花小，黄色；萼片4，长圆形或宽披针形，开展；花瓣4或缺，倒卵形，基部较狭，稀具爪；雄蕊6或较少。长角果或短角果，线形、圆柱形、椭圆形或球形，果瓣基部具中脉或无。种子每室1列或2列，细小；子叶缘倚。

本属约75种，广布于世界各大洲。我国有9种，全国各地广泛分布。延安产2种，分布在吴起、黄陵等地。

该属的物种分布生境较为广泛，从河滩到高海拔地区均能见到。该属植物在医药、工业等方面均可发挥作用。

分种检索表

1. 无花瓣或稀有不完全花瓣；果实线形，稀狭长椭圆形，通常较直，长是宽的4倍以上；种子1列……1. 无瓣蔊菜 *R. dubia*

1. 具花瓣；果实长圆形或椭圆形，稍弯曲，长为宽的3倍以下；种子2列…………2. 沼生蔊菜 *R. palustris*

1. 无瓣蔊菜

Rorippa dubia (Pers.) H. Hara, J. Jap. Bot. 30: 196. 1955; 中国植物志, 33: 303. 1987.

一年生草本，高10～50cm，无毛；植株直立或呈铺散状，单一或上部分枝，具明显纵沟。基生叶倒卵形或倒卵状披针形，质薄，长3～8cm，通常大头羽状裂，顶端裂片较大，边缘具不规则锯齿，下部具1～2对小裂片，稀不裂，花期枯落；茎生叶向上逐渐变小，卵状披针形、长圆形、狭长圆形或线形，不分裂或下部有1～2对小裂片，边缘具波状齿，具柄或无柄。总状花序顶生或腋生，初密集，后延长；花小，多数；萼片4，直立，披针形至线形；无花瓣，稀有不完全花瓣；雄蕊6。长角果线形，稀狭长椭圆形，长2～3.5cm，细而直。种子每室1列，多数，细小，褐色，近卵形，表面具细网纹。花期5～6月，果期6～8月。

本种在延安分布于吴起，生长在海拔1400m左右的山坡路边、山谷河边湿地、园圃及田野较潮湿处。在我国分布于西北的陕西、甘肃，华东的江苏、浙江、安徽、福建、江西，华中的湖北、湖南，华南的广东、广西及西南的四川、贵州、云南、西藏等地。日本、菲律宾、印度尼西亚、印度及美国南部均有分布。

适应性较强，在低海拔的农田、林下甚至高海拔地区均有分布。

植株可入药。

无瓣蔊菜 *Rorippa dubia*

1. 植株（寻路路 摄）；2. 叶及花序（寻路路 摄）；3. 果序（曹旭平 摄）

2. 沼生蔊菜

Rorippa palustris (L.) Bess., Enum. Pl. 27. 1822.

一年生或二年生草本，高10～60cm，无毛或稀有单毛。茎直立，分枝或不分枝，有纵条纹，有时呈浅紫色。基生叶莲座状，羽状深裂或大头羽裂，长圆形至狭长圆形，长5～10cm，裂片3～7对，边缘具波状牙齿，具柄；茎生叶往上逐渐变小，羽状深裂或具齿，基部耳状抱茎，近无柄。总状花序顶生或腋生，果期伸长；花小，黄色；萼片长椭圆形；花瓣楔形或长圆形；雄蕊6。短角果长圆形或椭圆形，长4～8mm，稍弯曲。种子每室2列，细小，淡褐色，表面具密网纹；子叶缘倚。花期5～6月，果期7～8月。

本种在延安分布于黄陵，生长在海拔1100m左右的路边、田地、山坡草地、河沟等地。在我国分布在东北各地，华北的山西、河北，西北各地，华东的江苏、安徽、山东、台湾，华中各地，华南的广西及西南的四川、贵州、云南和西藏等地。欧洲和北美洲也有分布。

种子含油量较高，可供工业用。

据*Flora of China*，以前国内一些志书误将本种鉴定为*Rorippa islandica*（Oed.）Borb.，而后者为仅分布在欧洲和俄罗斯西部的平卧草本，茎生叶无耳，萼片和花瓣1～1.5mm；而本种是分布广泛的直立草本，茎生叶具耳，萼片和花瓣1.5～2.6mm。而《秦岭植物志》第一卷第二册的风花菜*R. palustris*（L.）Bess.为本种，可供参考。

沼生蔊菜 *Rorippa palustris*

1.植株（寻路路 摄）；2.叶（寻路路 摄）、花序（寻路路 摄）；3花序（寻路路 摄）；4.果序（寻路路 摄）；5.果实（寻路路 摄）；6.种子（寻路路 摄）

13.离子芥属 *Chorispora* R. Br. ex DC.

一年生或多年生草本，被单毛、腺毛或近无毛。茎直立或铺散，多基部分枝或茎短缩。叶多在基部簇生，羽状深裂或具浅齿，具柄，茎上部叶近无柄。花序总状或为单花的花莛；花紫色、紫红色或黄色；萼片直立，内轮基部囊状；花瓣顶端微凹或钝圆，基部具爪；雄蕊6；侧蜜腺圆锥形或半环状，无中蜜腺。长角果近圆柱形，念珠状或有横节，断裂，稀不整齐开裂。种子每室1列，椭圆形；子叶缘倚。

本属有11种，主产于欧洲、亚洲。我国有8种，分布在东北的辽宁，华北的内蒙古（东部）、河北、山西，西北的陕西、甘肃、青海、新疆，华东的山东、安徽，华中的河南及西南的西藏等地。延安产1种，分布在宝塔、宜川及黄龙等地。

本属种类多分布在新疆，仅离子芥*Chorispora tenella*分布较为广泛，在干旱地区的早春经常能见到。

离子芥

Chorispora tenella (Pallas) DC., Syst. Nat. 2: 435. 1821; 中国植物志, 33: 348. 1987.

一年生草本，高15～40cm，被稀疏单毛和腺毛。茎基部多分枝，枝由基部弯形斜上或呈铺散状。基生叶丛生，狭长圆形，长4～8cm，羽状分裂或具疏齿，先端稍尖或钝圆，具柄；茎生叶披针形，长3～5cm，边缘具浅齿或近全缘，先端钝，近无柄。花序总状，花后延长；花淡紫色或淡蓝色；萼片披针形，绿色或紫色，具白色膜质边缘，被疏长柔毛；花瓣长圆形，10～12mm，顶端钝圆，基部具爪。长角果圆柱形，长3～5cm，略上弯，被疏头状腺毛，喙长1～1.7cm，向上渐尖。种子长椭圆形，稍扁平，褐色；子叶缘倚。花期3～5月，果期6月。

本种在延安分布于宝塔、宜川及黄龙等地，生长在海拔1100m左右的干燥荒地、山坡草丛、路旁沟边及农田。在我国分布于东北的辽宁，华北的河北、山西、内蒙古（中部），西北的陕西、甘肃、青海、新疆及华中的河南等地。欧洲、非洲及亚洲有分布。

为西北地区田间常见的杂草之一，也是早春时为数不多的开花植物，适应干旱的条件。

离子芥 *Chorispora tenella*

1.植株（寻路路 摄）；2.腺毛和单毛（寻路路 摄）；3.花（寻路路 摄）；4.果实（寻路路 摄）

14. 涩荠属 *Malcolmia* R. Br. corr. Spreng.

一、二年生或多年生草本，被单毛、分歧毛或星状毛，稀无毛；茎直立或铺散，多分枝。叶倒披针形或椭圆形，全缘或羽状裂。总状花序；花白色、粉红色或紫色；萼片直立，内轮基部囊状；花瓣狭长圆形，具爪；雄蕊离生或内轮成对合生；具成对锥状侧蜜腺，无中蜜腺；子房胚珠多数，近无花柱。长角果线形或圆柱形，2室，略具四棱；果瓣有单毛、分歧毛或无毛。种子每室1～2列，长圆形；子叶背倚。

本属约35种，主要分布在亚洲及地中海地区。我国有4种，分布在东北的内蒙古（东部），华北的山西、河北，西北的陕西、甘肃、青海、宁夏、新疆，华东的江苏、安徽，华中的河南及西南的四川、西藏等地。延安产1种，分布在黄龙。

本属有的植物具有一定的药用价值。

涩荠

Malcolmia africana (L.) R. Br. in Aiton, Hort. Kew ed. 2. 4: 121. 1812; 中国植物志, 33: 362. 1987.

一年生草本，高8～45cm，密生单毛或2～3分歧硬毛；茎直立或铺散，基部分枝，有棱角。叶卵状长圆形、狭长圆形或披针形，长2.5～10cm，先端钝圆，具短尖，基部楔形，全缘或有波状齿，具柄。总状花序较为稀疏，10～15朵；花淡紫色或粉红色；萼片直立，狭长圆形，密被白色长柔毛；花瓣倒卵状长圆形，长8～9mm。长角果圆柱形或近圆柱形，略具四棱，长4～7cm，密被长毛及分歧状毛，稀无毛；果梗与长角果近等粗。种子长圆形，稍扁平，黄褐色。花期4月，果期5～6月。

本种在延安分布于黄龙，生长在海拔900m的路边、田间或撂荒地。在我国分布在华北的河北、山西，西北各地，华东的安徽、江苏，华中的河南及西南的四川等地。欧洲、非洲及亚洲也有分布。

本种个体变化范围较大，尤其是在被毛情况下，花及果实的长度、个体大小等变化较大。

种子可供药用。

涩芥 *Malcolmia africana*
1.植株（花期）（寻路路 摄）；2.植株（果期）（寻路路 摄）；3.花（寻路路 摄）；4.果序（寻路路 摄）

15. 糖芥属 *Erysimum* L.

一年生、二年生、多年生草本或呈灌木状，被分歧状毛，稀星状毛。茎多基部分枝，圆筒状或稍四棱状。单叶，长椭圆形、披针形或线形，全缘、具波状齿或羽状浅裂。花序总状，初伞房状，果期延伸；花中等大，黄色、橘黄色，稀白色或紫色；萼片直立，内轮基部稍呈囊状；花瓣为萼片的2倍长，具长爪；雄蕊6；侧蜜腺环状或半环状，中蜜腺短；柱头头状，稍2裂。长角果线形，被柔毛。种子1列，多数，长圆形，表面常有棱角；子叶背倚或缘倚。

本属约150种，分布在欧洲、非洲、亚洲、北美洲等。我国有17种，分布在东北的黑龙江、吉林、辽宁，华北的山西、内蒙古（中部）、河北，西北的陕西、甘肃、青海、宁夏、新疆，华东的江苏、山东，华中的河南、湖北、湖南及西南的四川、云南、西藏等地。延安产1种，分布在宜川和黄陵等地。

本属一些种类可供药用；有的种类花色美观，可供栽培观赏。

波齿糖芥

Erysimum macilentum Bunge, Enum. Pl. China Bor. 6. 1833; ——*Erysimum sinuatum* (Franch.)Hand. -Mazz. Symb. sin. 7: 375. 1931; 中国植物志, 33: 387. 1987.

一年生草本，高20～70cm，被毛。茎直立，上部常分枝，有纵条纹。基生叶莲座状，花期枯萎；叶线形、披针形或长圆形，长3～6cm，被3～4分歧毛，边缘近全缘或浅波状齿；下部和中部茎生叶有柄或近无柄，上部叶无柄或近无柄。总状花序顶生，密生多花，初伞房状，果期延长；花黄色，长约5cm；萼片长卵形或近线形，长2～3mm，基部不呈囊状；花瓣线形到线状倒披针形，长3.5～5mm, 先端钝；花丝黄色，花药椭圆形；雌蕊圆柱形，柱头头状；长角果线形，圆柱形或稍有棱，长2～4cm，被3～5分歧状毛，成熟开裂；种子长圆形，黄褐色。花期5月，果期6月。

本种在延安分布于宜川、黄陵，生长在海拔1100～1500m的荒地、路边、山坡、田地。在我国分布在东北的吉林、辽宁，华北的内蒙古（中部）、河北、山西，西北的甘肃、宁夏、陕西，华东的安徽、江苏、山东，华中各地及西南的四川、云南等地。亚洲、欧洲、非洲及美洲也有分布。

较为耐干旱，喜光照条件好的地方。

种子可入药。

波齿糖芥 *Erysimum macilentum*
1.植株（曹旭平 摄）；2、3.花（果）序（曹旭平 摄）

16. 大蒜芥属 *Sisymbrium* L.

一、二年生或多年生草本，稀亚灌木状，有单毛或无毛。茎直立，稀铺散，常分枝。叶全缘、羽状裂或全裂。总状花序，常果期延长；花黄色、白色或玫瑰红色；萼片直立或展开，基部非囊状；花瓣长圆状倒卵形，具爪；雄蕊分离；侧蜜腺环状，中蜜腺柱状；柱头钝。长角果线形或圆柱形，稍扁平，果瓣具3脉。种子每室1列，多数，长圆形或短椭圆形，无翅，具丝状种柄；子叶背倚。

本属约40种，分布在欧洲、非洲、亚洲及南美洲。我国有10种，主要分布在西北和西部地区。延安产2种，分布在黄龙、延长、甘泉、宜川、洛川及安塞等地。

本属个别种类可供药用。

分种检索表

1. 多年生草本；叶两面被毛，通常不分裂，有时下部叶大头羽状裂，侧裂片1～3对，短小……………………………………………………1. 全叶大蒜芥 *S. luteum*

1. 一、二年生草本；叶两面无毛，羽状深裂，侧裂片2～6对，较长………2. 垂果大蒜芥 *S. heteromallum*

1. 全叶大蒜芥

Sisymbrium luteum (Maxim.) O. E. Schulz, Beih. Bot. Centralbl., Abt. 2. 37(2): 126. 1919; 中国植物志, 33: 410. 1987.

多年生草本，高30～100cm，被硬毛，茎上部极稀疏。茎分枝或不分枝。茎下部叶长圆状椭圆形、披针形或狭卵形，具锯齿或羽状全裂，两面被毛，下面较上面密；茎上部的叶小，卵状披针形，具锯齿。花序总状，果期延长；花黄色；萼片窄长圆形，有窄膜质边；花瓣楔状长圆形到窄卵形，长约7mm。长角果圆筒形，长8～10cm，果瓣两端钝圆；果梗长8～10mm。种子长圆形，长1.5～2.5mm，红褐色。花果期7～9月。

本种在延安分布于黄龙，生于海拔1300m左右的林下、山坡、沟边等处。在我国主要分布在东北各地，华北的河北、山西，西北的陕西、甘肃、青海，华东的山东及西南的四川、云南等地。朝鲜、日本及俄罗斯远东地区也有分布。

2. 垂果大蒜芥

Sisymbrium heteromallum C. A. Mey. in Ledebour, Fl. Altaic. 3: 132. 1831; 中国植物志, 33: 411. 1987.

一年生或二年生草本，高20～100cm，具疏毛或无毛。茎直立，分枝或不分枝。基生叶长5～15cm，羽状深裂或全裂，顶端裂片大，长圆状三角形或披针形，侧裂片2～6对，稀疏，长椭圆形到卵状披针形，具柄；上部叶羽状裂，裂片披针形，无柄。总状花序初密集成伞房状，后延长；花黄色；萼片长圆形，淡黄色，内轮基部稍囊状；花瓣长圆形，长3～4mm，先端钝圆，具爪。长角果纤细，圆柱形，长4～8cm，无毛；果梗长达1.5cm，向下呈壶状弯曲。种子长圆形，黄棕色。花期4～5月，果期6～7月。

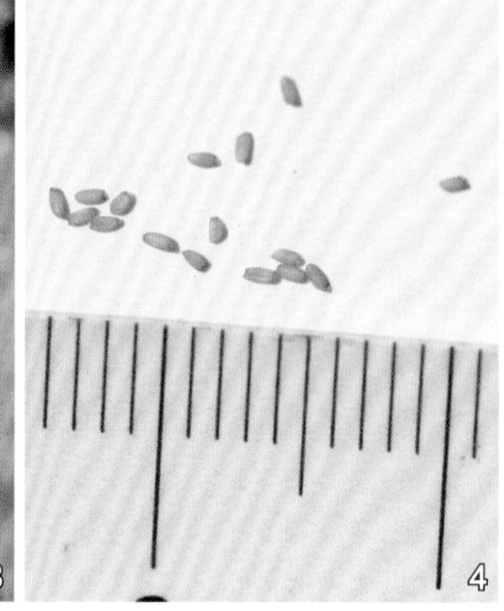

垂果大蒜芥 *Sisymbrium heteromallum*
1.植株（寻路路 摄）；2.叶（寻路路 摄）；3.花（果）序（寻路路 摄）；4.种子（寻路路 摄）

本种在延安分布于延长、甘泉、宜川、洛川及安塞等地，生长在海拔700～1500m的林地、山坡或河边。我国分布在华北的山西，西北的陕西、甘肃、青海、新疆及西南的四川、云南等地。蒙古、朝鲜、俄罗斯、印度等地也有分布。

喜光，耐旱，适应能力强，在干旱土坡上常见。

全草及种子可供药用。

17. 念珠芥属 *Neotorularia* Hedge & J. Léonard

一、二年生或多年生草本，被单毛或分歧毛。茎直立或匍匐。叶长圆形，叶缘具齿。花白色、黄色或淡蓝色；萼片平展，基部非囊状；花瓣倒卵形、匙形或倒披针形；雄蕊分离，花丝细；侧蜜腺半球形或半卵形，中蜜腺无；花柱短或近无。长角果圆柱状，种子间缢缩成念珠状，直、略弯曲或扭曲如“之”字状。每室种子1列；子叶背倚或斜背倚。

本属约14种，分布在欧洲、非洲、亚洲、北美洲等。我国有6种，分布在西北和西南各地。延安产1种，分布在吴起、宝塔及延长等地。

本属一些种类有较好的观赏性，可在园林上引种栽培。

蚓果芥

Neotorularia humilis (C. A. Meyer) Hedge & J. Léonard, Bull. Jard. Bot. Belg. 56: 394. 1986. ——*Torularia humilis* (C. A. Mey.) O. E. Schulz in Engl. Pflanzenr. 86 (4. 105): 223. 1924; 中国植物志, 33: 426. 1987.

多年生草本，高5～30cm，被2～3分歧毛。茎直立或铺散，基部多分枝。基生叶狭卵形，早枯；下部的茎生叶变化大，从宽匙形到窄长卵形，长0.5～3cm，宽1～6mm，近无柄，全缘或具稀钝齿；中部和上部的叶条形。总状花序呈紧密伞房状，果期延长；花白色；萼片长圆形，内轮偶在基部稍呈囊状；花瓣倒卵形或宽楔形，长2～3mm，顶端近截形或微缺，基部具爪；子房被毛；花柱短，柱头2浅裂。长角果圆筒状，长0.8～2cm，稍呈念珠状，两端渐细，直或略弯曲，或“之”字形弯曲，果瓣被分歧毛。种子长圆形，橘红色。花期3～4月，果期5～6月。

本种在延安分布于吴起、宝塔及延长等，生长在海拔1100～1400m的河滩、草地及山坡等地方。在我国分布在华北的内蒙古（中部）、河北，西北的陕西、甘肃、青海、新疆，华中的河南及西南的

蚓果芥 *Neotorularia humilis*

1.植株（寻路路 摄）；2.花序（寻路路 摄）；3.花（寻路路 摄）；4.花（果）序（寻路路 摄）

西藏等地。亚洲和北美洲有分布。

本种形态变化较大，尤其是在叶片形态及被毛情况下。

多年生草本，可引种栽培供观赏。

18. 亚麻荠属 *Camelina* Crantz

一年生或二年生草本，单毛，夹杂有短分歧毛。茎下部单一，上部分枝。基生叶具柄或几无柄，边缘全缘、锯齿状或稀浅裂，花期枯萎；茎生叶无柄，基部耳状或箭形，全缘或具齿。总状花序花期显著伸长；花小，黄色，稀白色；萼片长方形或卵形；花瓣较萼片长，顶端圆钝；雄蕊6，花丝基部不扩大；蜜腺4；子房具8～25胚珠，柱头头状。短角果，稀长角果，成熟开裂。种子二列或稀单列，多数，卵形，鼓胀或稍平，种皮具微小网状纹，遇水有胶黏物质；子叶背倚，稀斜倚。

本属有6～7种，产欧洲和亚洲。我国有2种，主要分布在西北地区。延安产1种，分布在志丹。

本属国产的两种植物通常生长在干旱的山坡、农田，在路边上也能见到，具有喜光的特点。

小果亚麻荠

Camelina microcarpa Andrz. in DC. Syst. Nat. 2: 517. 1821; 中国植物志, 33: 444. 1987.

一年生草本，高20～60cm，被单毛和短分歧毛。茎直立，在中部以上分枝。基部及下部茎生叶长圆状卵形，长1.5～8cm，先端急尖，基部宽柄状，全缘或具疏齿，被毛；往上叶片披针形，先端渐尖，基部具耳，毛向上渐稀疏或无毛。花序初始伞房状，果期显著伸长；花淡黄色，较小；萼片长圆状卵形，长2.5～3mm，内轮基部稍呈囊状；花瓣条状长圆形，长3.2～3.5mm。短角果倒梨形，长3～5mm，宽2～5mm，稍扁；果瓣中脉基部明显，顶部不显，两侧具网状脉纹。种子红棕色或棕色，长圆状卵形，长0.8～1.4mm。花期4～6月。

本种在延安分布于志丹，生长在海拔1100～1600m的荒坡道路及沟边等。在我国主要分布在东北的黑龙江、吉林、辽宁、内蒙古（东部），西北的陕西、甘肃、新疆，华东的山东及华中的河南等地。亚洲及欧洲等地均有分布。

喜光，忌阴暗环境，对水分要求不严。

花色较为鲜艳，为一年生草本，可采集种子播种。

小果亚麻荠 *Camelina microcarpa*
1.植株（寻路路 摄）；2.叶（下部）（寻路路 摄）；3.花（寻路路 摄）；4.花（果）序（寻路路 摄）

19. 播娘蒿属 *Descurainia* Webb et Berth.

一年生、多年生草本或亚灌木，被单毛、分枝毛、腺毛或无毛。茎上部分枝。叶二至三回羽状分裂，下部叶具柄，上部叶几无柄。伞房状花序生有多数花；花小，黄绿色、黄色或淡黄色；萼片直立，早落；花瓣卵形，具爪，一般短于萼片；雄蕊6枚；侧蜜腺环状或半环状，中蜜腺“山”字形；雌蕊圆柱形，花柱短。长角果线形，有细梗。种子每室1～2列，细小，长圆形或椭圆形，无翅；子叶背倚。

本属40多种，主产于北美洲、南美洲和马卡罗尼西亚。我国有1种，广泛分布在我国的东北各地，华北各地，西北各地，华东的上海、江苏、浙江、安徽、福建、江西、山东，华中各地及西南各地。延安产1种，主要分布在黄龙、黄陵等地。

本属个别种为农田常见杂草，适应能力很强。

播娘蒿

Descurainia sophia(L.) Webb ex Prantl in Engler&Prantl, Nat. Pflanzenfam. 3(2): 192. 1891; 中国植物志, 33: 448-449. 1987.

一年生草本，高20～100cm，有毛或无毛。茎直立，上部分枝多。下部生叶二回羽状深裂，长

播娘蒿 *Descurainia sophia*
1.植株（寻路路 摄）；2.叶（寻路路 摄）；3.花（寻路路 摄）；4.花（果）序（寻路路 摄）

2～15cm，具明显叶柄；茎上部叶无柄或几无柄，倒卵形，二至三回羽状裂。花序伞房状，果期伸长，具多数花；花小，黄色；萼片直立，早落，长圆条形；花瓣长圆状倒卵形，具爪；雄蕊6枚，较花瓣长；花柱短。长角果圆筒形，串珠状，长2～3cm，稍内曲，果瓣中脉明显。种子每室1列，细小，多数，椭圆形或长圆形，暗褐色或淡红褐色，表面有细网纹。花期4～5月，果期8月。

本种在延安黄龙、黄陵等地海拔800～1400m有分布，生于山坡、路边、撂荒地及农田。我国分布于东北各地，华北各地，西北各地，华东的上海、江苏、浙江、安徽、福建、江西、山东，华中各地及西南各地。亚洲、欧洲、非洲及北美洲均有分布。

产种量大，有很强自播能力，为常见农田杂草之一。

种子含油量高，可供工业用；植物可供药用。

20. 阴山荠属 *Yinshania* Y. C. Maet Y. Z. Zhao

一年生草本或多年生带块茎或根茎草本，被单毛、1～2分歧毛或无毛。茎直立，向上或匍匐。基生叶非莲座状，单叶不分裂、羽状裂、掌状裂，或三小叶、羽状复叶；茎生叶具柄，无耳。总状花序具少到多花；花白色，稀粉色；萼片椭圆形或卵形，平展，基部不呈囊状；花瓣倒卵形、椭圆形或卵形，长于萼片，具短爪或无；雄蕊6，几相等，花药椭圆形或卵形；在每个雄蕊的侧面有1侧蜜腺，中蜜腺缺；子房的胚珠1～24；短角果椭圆形、卵形、球形或圆柱形，稀稍具隔膜，开裂。种子1～2列，椭圆形、卵形、肾形或球形，稍扁平，表面网状或乳突状，无翅。

本属有13种，分布在亚洲。我国有13种。延安产1种，分布在延川及宜川等地。

锐棱阴山荠

Yinshania acutangula (O. E. Schulz) Y. H. Zhang, Acta Phyto tax. Sin. 25: 217. 1987; 中国植物志, 33: 451. 1987.

一年生草本，高30～60cm。茎细弱，分枝，具棱，被稀疏或密单毛，稀无毛。基生叶和下部茎生叶羽状裂，膜质，椭圆形或卵状披针形，长5～20mm，有2～5对侧裂片，果期常枯萎，被贴服或直毛，具柄；上部茎生叶类似于下面的，但是向上渐短。总状花序顶生和侧生，具多花，果期延长；花白色；萼片卵形；花瓣倒卵形，长2～2.5mm；花丝长约1mm。果实椭圆状线形、椭圆形、窄卵形或球形，长1.5～4mm。种子棕褐色，狭卵形。

本种在延安分布于宜川、延川等地，生长在海拔500～1400m的山坡、草地、石缝或山谷等地方。在我国东北的内蒙古（东部），华北的河北，西北的甘肃、陕西、青海及西南的四川有分布。

可引种栽培供观赏。

锐棱阴山荠 *Yinshania acutangula*
1.植株（卢元 摄）；2.叶（卢元 摄）；3.花序（卢元 摄）；4.花（卢元 摄）

42 景天科

Crassulaceae

本科编者：陕西省西安植物园　卢元

草本至灌木，常有肥厚、肉质的植物体。叶不具托叶，互生、对生或轮生，常为单叶，全缘、稍有缺刻或浅锯齿。常为聚伞花序或为伞房状、穗状、总状或圆锥状花序，有时单生。花两性或为雌雄异株，辐射对称，花5基数；萼片常自基部分离，宿存；花瓣分离至多少合生；雄蕊1～2轮，与萼片或花瓣同数或为其2倍，分离或与花瓣、花冠筒部多少合生；心皮分离或基部合生，常在基部外侧有腺状鳞片1枚，花柱钻形，柱头头状或不显著，胚珠常多数，两行沿腹缝线排列，稀少数或一个的。蓇葖果，稀为蒴果；种子小，长椭圆形，种皮表面有皱纹、突起或沟槽。

本科有34属1500种以上，分布于欧洲、非洲、亚洲、美洲。中国有10属242种，全国各地均有分布。延安有4属7种，分布于安塞、宝塔、甘泉、宜川、富县、黄龙、黄陵等地。

本科植物适应性广泛，从低海拔平原区到高海拔的不同生境均有其分布，繁殖能力通常较强，易于扦插。

本科中许多种类因是有名的多肉植物而得以广泛栽培，另有一些为普通的观赏植物和药用植物，如伽蓝菜属*Kalanchoe* Adans.（也叫长寿花属）的一些种类就是家庭常见观赏花卉。

分属检索表

1. 心皮具柄，基部分离……2
1. 心皮无柄，基部常合生……3
2. 二年生植物；花序为聚伞圆锥花序或聚伞花序伞房状，花瓣基部合生……1. 瓦松属 *Orostachys*
2. 多年生植物；花序伞房状，花瓣分离，基部渐狭……2. 八宝属 *Hylotelephium*
3. 叶圆柱状或半圆柱状，全缘；外种皮多少具网纹……3. 景天属 *Sedum*
3. 叶扁平，缘具锯齿；外种皮具纵肋或近光滑……4. 费菜属 *Phedimus*

1. 瓦松属 *Orostachys* Fisch.

二年生肉质草本，高达60cm。叶第一年呈莲座状，通常有软骨质的先端，线形或卵形，常具腺点，暗紫色。第二年自莲座中央长出不分枝的花茎；花几无梗或有梗，具多花，呈密集的聚伞圆锥花序或聚伞花序伞房状，外表呈狭金字塔形或圆柱形；花两性；花萼5裂，肉质，长为花冠的一半或更短，基部合生；花瓣黄色、绿色、白色、浅红色或红色，基部稍合生，披针形，直立；2轮雄蕊，每轮5，外轮的与萼片对生，内轮的着生于花瓣上，约与花瓣近等长；长圆形鳞片小；子房上位。心皮5，离生，花柱细长；胚珠多数，侧膜胎座。蓇葖果，先端有喙；种子多数。

本属共有13种，分布于亚洲东部的中国、俄罗斯远东地区、蒙古、朝鲜半岛至日本诸岛。中国有10种，分布于长江以北各地及浙江、西藏等地。延安有1种，见于延川、富县、黄陵、洛川、宜川及黄龙等地。

本属植物常比较耐旱，常见于较干的山坡等生境下。

本属植物多具有一定的观赏价值，部分种类可入药。

瓦松

Orostachys fimbriatus (Turcz.) Berger in Engl. et Prantl, Nat. Pflanzenfam. 2. Aufl. 18a: 464. 1930; 中国植物志, 34(1): 42. 1984.

二年生草本。一年生莲座丛的叶短；莲座叶线形，半圆形白色软骨质的先端增大，有齿；花茎高可达40cm。叶互生，有刺，线形至披针形，长可达3cm，宽2～5mm。总状花序紧密，有时下部分枝，呈金字塔形；苞片线状渐尖；花梗长达1cm；萼片5，长圆形，长1～3mm；花瓣5，红色，披针状椭圆形，长5～6mm，宽1.2～1.5mm，先端渐尖，基部1mm合生；雄蕊10，长不超过花瓣，花药紫色；鳞片5，近四方形，先端稍凹。蓇葖果5心皮，长圆形，长5mm，喙细；种子多数，卵形。花期8～9月，果期9～10月。

本种在延安主要分布于延川、富县、黄陵、洛川、宜川及黄龙等地，生于海拔1000～1200m的山坡石上。在我国分布于长江以北各地。朝鲜半岛、日本、蒙古至俄罗斯远东地区均有分布。

多见于光照充足、水分较少的山坡上。

常见观赏植物，全草药用，有毒性，使用应谨慎。

瓦松 *Orostachys fimbriatus*
1.植株（蒋鸿 摄）；2.果序（蒋鸿 摄）；3.基生叶（刘培亮 摄）

2. 八宝属 *Hylotelephium* H. Ohba

多年生草本。根状茎肉质；茎下部木质化，自其上部或旁边发出新枝。叶互生、对生或轮生，扁平。花序各式伞房状，小花序聚伞状，花密集，顶生；花通常两性，5基数，少数为4基数；萼片常比花瓣短，基部多少合生；花瓣通常离生，先端无短尖，白色、粉红色、紫色、淡黄色或绿黄色，雄蕊10，与花瓣对生的雄蕊着生在花瓣近基部处；鳞长圆状楔形至线状长圆形，先端圆或稍有微缺；心皮分离，基部狭，近有柄。蓇葖果；种子多数，有狭翅。

本属共30种左右，分布于欧洲、亚洲及北美洲。中国有15种及2变种，全国各地均有分布。延安有3种，分布于宝塔、富县、黄陵、宜川和黄龙等地。

本属多数种类具有较高的观赏价值，轮叶八宝、八宝等种类是民间常用药。八宝繁殖能力较强，易于栽培。

分种检索表

1. 叶常3～5枚轮生，有时下部叶2枚对生，叶腋常有肉质白色珠芽；心皮稍呈倒卵形或长圆形…………………………………………………………………………………………………… 1. 轮叶八宝 *H. verticillatum*

1. 叶对生，叶腋不具珠芽；心皮椭圆形 ……………………………………………………………… 2

2. 雄蕊不超出花冠，鳞片长圆状楔形 …………………………………………………… 2. 八宝 *H. erythrostictum*

2. 雄蕊超出花冠，鳞片长方形 ………………………………………………………… 3. 长药八宝 *H. spectabile*

1. 轮叶八宝

Hylotelephium verticillatum (L.) H. Ohba in Bot. Mag. Tokyo 90: 54. 1977; 中国植物志, 34 (1): 53. 1984.

多年生草本。须根。茎直立，高可达100cm，不分枝。4叶，少有5叶轮生，下部的常为3叶轮生或对生，叶比节间长，长圆状披针形至卵状披针形，长4～8cm，宽3cm左右，先端急尖或钝，基部楔形，边缘有整齐的疏齿，叶下面常带苍白色。顶生聚伞状伞房花序呈半圆球形，花密集，直径可达5cm；苞片卵形；萼片5，三角状卵形，长0.8mm左右，基部稍合生；花瓣5，淡绿色至黄白色，长圆状椭圆形，长4～5mm，先端急尖，基部渐狭，分离；雄蕊10，与花萼对生的雄蕊较花瓣稍长，与花瓣对生的雄蕊较花瓣稍短；鳞片5，线状楔形，先端有微缺；心皮5，倒卵形至长圆形，有短柄，

轮叶八宝 *Hylotelephium verticillatum*
1. 植株（蒋鸿 摄）；2. 花序（卢元 摄）

花柱短。种子狭长圆形，淡褐色。花期7～8月，果期9～10月。

本种在延安见于富县、黄龙和宜川等地，生于海拔1200m左右的山地林下。在我国分布于东北的吉林、辽宁，华北的山西、河北，西北的陕西、甘肃，华东的安徽、江苏、浙江、山东，华中的河南、湖北以及西南的四川等地。俄罗斯西伯利亚地区、朝鲜半岛、日本也有分布。

适应性较强，分布较广，是草本层常见的成分。

全草供药用。

2. 八宝

Hylotelephium erythrostictum (Miq.) H. Ohba in Bot. Mag. Tokyo 90: 50. 1977; 中国植物志, 34(1): 54. 1984.

多年生草本。块根胡萝卜状。茎直立，高可达80cm，不分枝。叶对生，少有互生或3叶轮生，长圆形至卵状长圆形，长4.5～7cm，宽2～3.5cm，先端急尖，基部渐狭，边缘有疏锯齿，无柄。伞房状花序顶生；花密集，直径约1cm，花梗稍短或同长；萼片5，卵形；花瓣5，白色或粉红色，宽披针形，长5～6mm，渐尖；雄蕊10，与花瓣同长或稍短，花药紫色；鳞片5，长圆状楔形，长1mm，先端有微缺；心皮5，直立，基部几分离。花期8～10月。

本种在延安分布于宝塔和富县等地，生于海拔800m的山坡上。在我国分布于东北，华北的山西、河北，西北的陕西，华东的安徽、浙江、山东、江苏，华中的河南、湖北和西南的云南、贵州、四川等地。俄罗斯西伯利亚地区、朝鲜半岛、日本也有分布。

适应性较强，分布较广，是草本层常见的成分。

栽培作观赏用，亦可供药用。

八宝 *Hylotelephium erythrostictum*
1.植株（周建云 摄）；2.花序（周建云 摄）

3. 长药八宝

Hylotelephium spectabile (Boreau) H. Ohba in Bot. Mag. Tokyo 90: 52. 1977; 中国植物志, 34(1): 55. 1984.

多年生草本。茎直立，高30～70cm。叶对生，或3叶轮生，卵形、宽卵形或长圆状卵形，长4～10cm，宽2～5cm，先端急尖或钝，基部渐狭，全缘或多少有波状牙齿。顶生伞房状花序，直径7～11cm；花密生，直径约1cm；萼片5，线状披针形至宽披针形，长1mm，渐尖；花瓣5，淡紫红色至紫红色，披针形至宽披针形，长4～5mm，雄蕊10，长6～8mm，花药紫色；鳞片5，长方形，先端有微缺；心皮5，狭椭圆形，长4.2mm。蓇葖直立。花期8～9月，果期9～10月。

长药八宝 *Hylotelephium spectabile*
1.植株（刘培亮 摄）；2.花序（刘培亮 摄）；3.花（刘培亮 摄）

本种在延安主要分布于黄陵等地，生于海拔1500m左右的山坡林下。在我国分布于东北各地，华北的河北，华中的河南，西北的陕西，华东的安徽、山东等地。朝鲜半岛也有分布。

生命力强，适宜栽培。

栽培较多，是优良的观赏植物。

3. 景天属 *Sedum* L.

一、二年生或多年生草本。茎基部少有呈木质化的，无毛或被毛，肉质，直立或外倾，有时丛生或藓状。单叶各式，对生、互生或轮生，全缘或有锯齿。花序聚伞状或伞房状，腋生或顶生；花白色、黄色、红色、紫色；常为两性；花5基数，多少不等大，少有4～9基数；花瓣分离或基部合生；雄蕊通常为花瓣数的2倍，对瓣雄蕊贴生在花瓣基部或稍上处；鳞片全缘或有微缺；心皮分离，或在基部合生，基部宽阔，无柄，花柱短。蓇葖果。种子数目不定。

本属有470种左右。除大洋洲和南极洲外，各大洲均有分布，主要集中在北半球。中国有121种，各地均有分布，以西南地区种类最多。延安有2种，分布于富县、黄龙、黄陵等地。

本属植物喜湿润，但对土壤要求排水性好，繁殖能力较强。

本属中部分种类具有药用价值和观赏价值，有一些为广泛栽培的多肉植物。

分种检索表

1.叶互生，无距；全株被腺毛 ………………………… 1.火焰草 *S. stellariifolium*

1.3叶轮生，有距；全株无毛 ………………………… 2.垂盆草 *S. sarmentosum*

1. 火焰草

Sedum stellariifolium Franch. in Nuov. Arch. Mus. Hist. Nat. Paris II 7: 10. 1883; 中国植物志, 34 (1): 79. 1984.

一、二年生草本。须根。高10～20cm，全体被腺毛，茎直立或铺散，纤细，多分枝，基部稍呈

火焰草 *Sedum stellariifolium*
1.植株（曹旭平 摄）；2.花（卢元 摄）；3.果实（卢元 摄）

木质。叶互生，正三角形或三角状宽卵形，长7～15mm，宽5～10mm，先端急尖，基部突狭成柄状，长4～8mm，叶缘全缘。顶生总状聚伞花序，分枝，花多数；有花梗；萼片5，卵状或卵状披针形，长1～2mm，先端渐尖；花瓣5，黄色，披针状长圆形，长3～5mm，先端渐尖；雄蕊10，2轮，均短于花瓣，花药黑紫色，肾形；鳞片5，宽匙形或宽楔形，长约0.3mm，先端微缺；心皮5，长圆形，先端突狭为短花柱，每心皮胚珠10颗以上。蓇葖果，下部合生，上部略分离。种子长圆形，淡褐色，具纵纹。花期6～8月，果期9～10月。

本种在延安仅见于黄龙，生于海拔1150m左右的山坡上。在我国主要分布于东北的辽宁，华北的山西、河北，西北的陕西、甘肃，华东的山东、台湾，华中的河南、湖北、湖南，西南的云南、贵州、四川等地。

多见于较湿润的环境下。

具有一定的观赏价值。

2. 垂盆草

Sedum sarmentosum Bunge in Mem. Acad. Sci. St. Petersb. Sav. Etrang. 2: 104. 1833; 中国植物志, 34 (1): 146. 1984.

多年生草本；全株无毛。根纤维状。不育枝及花茎细，匍匐而节上生根，直到花序之下，长10～30cm。3叶轮生，倒披针形或椭圆状长圆形，长1.5～3cm，宽3～7mm，先端近急尖，基部渐狭，有距，全缘。聚伞花序顶生，有3～5分枝；无花梗；萼片5，披针形或长圆形，不等长，长3～5mm，宽1～1.5mm，先端钝，基部无距；花瓣5，黄色，披针形或长圆形，长5～8mm，宽1～2mm，先端渐尖而具突尖头；雄蕊10，2轮，内轮的着生于花瓣近基部，花药狭长；鳞片10，近方形，长约0.5mm，先端微缺；心皮5，长圆形，长5～6mm，有长花柱，基部合生约1.5mm，具10颗以上的胚珠。种子卵圆形，具乳头状凸起。花期5～7月，果期7～9月。

本种在延安主要分布于富县、黄陵、黄龙，生于海拔1600m以下山坡阳处或石上。在我国分布于东北的吉林、辽宁，华北的山西、河北、北京，西北的陕西、甘肃，华东的山东、江西、安徽、浙江、江苏、福建，华中的河南、湖北、湖南和西南的贵州、四川等地。朝鲜半岛、日本也有分布。

多见于较湿润的环境下。

具有一定的观赏价值。

垂盆草 ***Sedum sarmentosum***
1.植株（曹旭平 摄）；2.花、花序（卢元 摄）

4.费菜属 *Phedium* Raf.

多年生草本。根茎粗壮。茎自根茎生出，无毛或微被短柔毛。叶互生或对生，叶片扁平，边缘有锯齿或圆齿。花序顶生，聚伞花序常具3个主要分枝，无苞片，多花；花无梗或近无梗，两性，5基数；萼片基部合生，肉质，无刺；花瓣在花期展开，几乎平展，亮黄色；雄蕊2倍于花瓣，2轮排列；鳞片全缘或先端微缺；子房5，腹面囊状；花柱短，斜向上生长或在花期展开。蓇葖果腹面囊状，具多数种子。种子表面具条纹。

本属20种左右。分布于欧洲和亚洲。中国有8种，各地均有分布。延安有1种，分布于安塞、甘泉、宜川、黄龙、黄陵等地。

本属适应性广泛，见于多种生境之下。

本属中部分种类为传统药材和观赏花卉。

费菜

Phedium aizoon (L.) 't Hart in Evol. & Syst. Crassulac. 168. 1995; Flora of China 8: 219; ——*Sedum aizoon* L., Sp. Pl. 430. 1753; 中国植物志, 34(1): 128. 1984.

多年生草本。全体无毛，高可达80cm。根状茎短，具胡萝卜状近木质的块根。茎1～3条，直立，不分枝，圆柱形，基部常紫褐色。叶互生，狭披针形、椭圆状披针形或卵状倒披针形，长3～5cm，宽1～2cm，先端渐尖或钝，基部楔形，边缘有不整齐的锯齿，无柄。聚伞花序，花多数，水平分枝；花为不等的5基数，无花梗；萼片绿色，线形或卵状线形，肉质，长3～5mm，宽约1mm，先端钝；花瓣黄色，长圆形或卵状披针形，长6～10mm，宽2～5mm，先端具短尖；雄蕊10，2轮，较花瓣短，内轮的着生于花瓣近基部；鳞片近正方形；心皮5，卵状长圆形，基部合生，腹面突出，花柱长钻形。蓇葖果，星芒状排列，腹面浅囊状。种子椭圆形，表面有光泽，具狭翅。花期6～7月，果期8～10月。

本种在延安主要分布于安塞、甘泉、宜川、富县、黄龙、黄陵等地，生于海拔1000～1300m的山坡、林下、石上等环境。在我国主要分布于长江以北各地和浙江。俄罗斯乌拉尔地区向东经蒙古、朝鲜半岛至日本也有分布。

生境多样，水边湿润处至林下远离水源处均有分布，适应性强。

作为观赏花卉广泛栽培，根或全草亦在民间药用。

费菜 *Phedium aizoon*

1.植株（周建云 摄）；2.花序（卢元 摄）；3.花（曹旭平 摄）；4.果序（曹旭平 摄）

43 虎耳草科

Saxifragaceae

本科编者：陕西省西安植物园　卢元

草本、灌木或小乔木。叶互生或对生，单叶或复叶。花通常两性，多辐射对称，少数两侧对称；花序为总状、伞房状、聚伞状或圆锥状，稀单生；花萼常4～5裂，萼筒全部或仅基部与子房合生；花瓣4～5，覆瓦状或镊合状排列；雄蕊常与花瓣同数或倍数，有的具退化雄蕊，花丝分离，花药2室，纵裂；心皮2～5，全部或一部分合生；子房上位或下位，常1～5室；中轴胎座或侧膜胎座，胚珠多数，成数行排列在隆起的胎座上；花柱分离。蒴果或浆果。

本科有80属1200种以上，世界广泛分布。中国有29属545种，全国各地均有分布。延安有8属19种1变种，分布于安塞、宝塔、志丹、甘泉、宜川、富县、黄龙、黄陵等地。

本科植物许多种类散生于天然次生林，是森林中的常见灌木和草本层成分。

本科许多种类枝、叶、花艳丽，常作为观赏植物栽培。不少种类是传统中药，在中药资源中比较重要，具有药用价值；有些种类茎、叶、根含淀粉，可以制醋酿酒；有些种类含有鞣质，可以提制栲胶。

分属检索表

1. 草本 …… 2
1. 木本 …… 5
2. 花有退化雄蕊；单花顶生 …… 2. 梅花草属 *Parnassia*
2. 花无退化雄蕊；花序多花 …… 3
3. 花各部基数相等，子房5～6心皮，下部合生，上部分离，有5～6个短喙 …… 1. 扯根菜属 *Penthorum*
3. 花各部基数不等，子房2～3心皮，稀4～10，离生或合生 …… 4
4. 叶为复叶；花瓣线形 …… 3. 落新妇属 *Astilbe*
4. 叶为单叶；无花瓣 …… 4. 金腰属 *Chrysosplenium*
5. 叶互生；果实为浆果 …… 5. 茶藨子属 *Ribes*
5. 叶对生；果实为蒴果 …… 6
6. 花二型，花序具有大型的不育花 …… 6. 绣球属 *Hydrangea*
6. 花同型，均能发育 …… 7
7. 叶通常被星状毛；花瓣5；蒴果3～5瓣裂 …… 7. 溲疏属 *Deutzia*
7. 叶无星状毛；花瓣4；蒴果4瓣裂 …… 8. 山梅花属 *Philadelphus*

1. 扯根菜属 *Penthorum* L.

多年生草本。茎直立。单叶互生，披针形或长圆状披针形，膜质，先端渐尖，基部渐狭，无柄，叶缘细锯齿。顶生蝎尾状聚伞花序，偏向一侧，由3～10个分枝组成；花两性，生于分枝上侧，黄白色或淡绿色；花萼5～6裂，宿存；花瓣5～6或无；雄蕊10～12，着生于花萼筒上，花丝细，花药长圆形，纵裂；心皮5～6，中部以下合生；子房5～6，花柱短，柱头扁球形；胚珠多数。蒴果，5～6裂，由先端离生部分横向开裂，有5～6短喙，呈星状斜展；种子多数，细小。

本属有2种，一种分布于亚洲东部及东南部；另一种分布于北美洲。中国有1种，除新疆和西藏外，全国各地均有分布。延安有1种，见于富县、黄龙和黄陵等地。

本属植物具有观赏价值，且有一定的药用价值，扯根菜在分布区内常作为野菜。

扯根菜

Penthorum chinense Pursh Fl. Amer. Sept. 1: 323. 1814; 中国植物志, 34(2): 2. 1992.

草本，高30～80cm。中下部无毛，上部疏生黑褐色腺毛；根和茎均呈紫红色；根状茎分枝，茎不分枝或由基部分枝。叶互生，无柄或近无柄，狭披针形或披针形，长4～10cm，宽4～12mm，先端渐尖，基部狭，边缘有细锯齿。聚伞花序顶生或生于枝条先端；花小型，黄白色；花梗短；花萼5深裂，裂片三角状卵圆形，先端渐尖，基部合生；雄蕊10，稍伸出于萼筒，花药黄色；心皮通常5，下部合生；子房5室，花柱5，柱头扁球形；胚珠多数。蒴果5裂，紫红色；种子多数，细小，卵状长圆形，表面有凸起。花期7～8月，果期8～9月。

本种在延安主要分布于富县、黄龙、黄陵等地，生于海拔1200m的潮湿处。除新疆和西藏外，全国各地均有分布。俄罗斯远东地区、朝鲜半岛、日本和中南半岛也有分布。

全草供药用，幼苗可作蔬菜食用。

扯根菜 *Penthorum chinense*
1.植株（寻路路 摄）；2.花序（寻路路 摄）；
3.果实（寻路路 摄）

2. 梅花草属 *Parnassia* L.

多年生草本，茎不分枝，无毛。基生叶具长柄，质厚，全缘；茎生叶无柄，常半抱茎。花两性，单花顶生，白色或淡黄色；萼片5，覆瓦状排列，基部多少与子房合生，宿存；花瓣5，全缘或睫毛状；雄蕊5，与花瓣互生，退化雄蕊通常生于花瓣基部，呈柱状，上部通常分裂；子房上位或半下位，1室，侧膜胎座；心皮3～4，合生；花柱短，柱头通常4，稀3或单生。蒴果，先端4齿裂。种子多数。

本属约有70种，广布于北温带各大洲。常见于北温带高山地区；亚洲东南部和中部较为集中，其次为北美洲。中国有63种，全国南北各地均产。延安有1种，见于宝塔和志丹。

本属常见种类多为喜阴植物，生于林下。

本属植物具有观赏价值。

梅花草

Parnassia palustris L., Sp. Pl. ed. 1. 273. 1753; 中国植物志, 35(1): 64. 1995.

多年生草本。根茎肥厚，近球形，其上有多数须根。花茎丛生，直立，高20～40cm，无毛，中部生1无柄之叶。基生叶具长柄，柄长有时可达25cm，通常2～7cm，叶片心形或宽卵形，长1～3cm，宽1.5～3.5cm，先端圆钝或锐尖，基部心形，全缘，两面光滑，具7～9条弧形脉。花白色或淡黄色，直径1.5～2.5cm，花茎先端着生；萼片5，长圆形或披针形，长3～7mm，宽2～4mm；花瓣5，宽卵形，先端钝圆，全缘，有脉纹；雄蕊5，与花瓣互生；退化雄蕊5，上部分裂成11～23条丝状，裂片先端有头状腺体；心皮4，合生，子房上位，近球形；花柱短，柱头4裂。蒴果卵圆形，先端4裂多种子多数。花期7～8月，果期9～10月。

本种在延安见于宝塔和志丹等地，生于海拔1000m左右的山坡林下或沟边阴湿处。在我国主要分布于东北各地，华北的山西、河北，西北的陕西、宁夏、新疆等地。俄罗斯西伯利亚地区、哈萨克斯坦、蒙古、朝鲜半岛、日本和北美洲也有分布。

喜阴植物，常生于阴湿处。

具有观赏价值。

梅花草 *Parnassia palustris*

1.植株（寻路路 摄）；2.花（寻路路 摄）；3.花特写（寻路路 摄）；4.果实（寻路路 摄）

3. 落新妇属 *Astilbe* Buch. -Ham.

多年生草本。根状茎粗大。茎基部通常有褐色膜质鳞片或长毛。叶互生，二至三回三出复叶，稀单叶，具长柄；托叶膜质；小叶片宽披针形，边缘有锯齿。两性或单性，稀为杂性，有时为雌雄异株；圆锥花序顶生，花小，白色、淡紫色或紫红色，有苞片，花萼4～5裂；花瓣3～5或更多，线形，有时无花瓣；雄蕊通常8～10或5；子房半上位，心皮2，分离或结合。果实为蒴果或蓇葖果；种子小。

本属18种，分布在亚洲和北美洲。中国有7种，除新疆外，其他各地均有分布。延安有1种，分布于富县、黄龙、黄陵等地。

本属植物多见于次生林下，是次生林下常见的草本层成分。

本属植物常具有一定的药用价值及观赏价值。

落新妇

Astilbe chinensis (Maxim.) Franch. & Sav. Enum. Pl. Jap. 1: 144. 1873; 中国植物志, 34(2): 15. 1992.

多年生直立草本，高50～100cm。根状茎粗大，暗褐色，须根多数。茎与叶柄无毛，基生叶为二至三回三出羽状复叶，小叶片卵状长圆形、菱状卵形或卵形，长2～8cm，宽1.5～5cm，顶生小叶较大，先端通常短渐尖或急尖，基部楔形或微心形，边缘有重锯齿，表面近无毛，背面叶脉凸起，幼时常被褐色长毛；茎生叶2～3，比基生叶小。圆锥花序，较狭，顶生，长15～25cm，花序梗密被褐色细长的卷曲柔毛；花小型；苞片卵形，较花萼稍短；花萼5深裂，裂片卵形，长1～1.5mm；花瓣5，紫色，长约5mm，宽约0.5mm；雄蕊10，花丝长约3mm，花药紫色；心皮2，仅基部合生。蒴

落新妇 *Astilbe chinensis*

1.植株（王天才 摄）；2.叶（曹旭平 摄）；3.花序（卢元 摄）；4.果序（卢元 摄）

果；种子细纺锤形，褐色，两头尖锐。花期6～7月，果期9月。

本种在延安主要分布于富县、黄龙、黄陵等地，生于海拔1000～1400m左右的山坡林下。除新疆和西藏外，各地均有分布。俄罗斯西伯利亚地区、朝鲜半岛、日本也有分布。

多生于次生林下，是次生林下常见的草本层成分。

全草含氰酸，花含槲皮素，根和根状茎含岩白菜素，根状茎、茎和叶含鞣质，可提制栲胶。根茎也可入药。

4. 金腰属 *Chrysosplenium* L.

柔弱的多年生草本，肉质，常具匍匐茎或珠芽。单叶，互生或对生，具柄。花茎直立，往往由基部生出不育枝，先端丛生莲座状叶。花顶生，聚伞花序具苞叶，小型，绿色、黄色、白色或紫色，漏斗形或碟形；萼筒常与子房合生，裂片4，稀为5；无花瓣；花盘围绕花柱；雄蕊8或4，着生于花盘的周围，花药2室；子房1室，2心皮，胚珠多数，侧膜胎座；花柱2，离生。蒴果，先端开裂。种子多数，长卵形或圆球形，种皮坚硬，平滑或有乳突、纵肋。

本属65种，除大洋洲和南极洲之外，其他各洲均有分布。中国有35种，全国各地均有分布。延安有2种，分布于黄龙、黄陵等地。

本属植物体型一般较小，花也不甚明显，常生于林下阴湿处，是喜阴植物。

分种检索表

1. 花雌雄异株，排列成稀疏的聚伞花序；蒴果不明显2浅裂，裂片水平开展；植株光滑无毛……………………………………………………………1. 秦岭金腰 *C. biondianum*
1. 花雌雄同株，排列成稍紧密的聚伞花序；蒴果2深裂，裂片不等大，向斜上方开展；植株被锈色长柔毛……………………………………2. 柔毛金腰 *C. pilosum* var. *valdepilosum*

1. 秦岭金腰

Chrysosplenium biondianum Engl. in Bot: Jahrb. 36(Beibl. 82): 50. 1905; 中国植物志, 34(2): 277. 1992.

多年生草本，8～28cm，全体无毛。茎下部节处常有不定根，高可达25cm。不育枝由茎的中下部发出，与可育枝近等长。基生叶早落；不育枝上的叶对生，通常3～5对，最顶端的两对最大，圆形或长圆形，长1～4cm，宽1～3cm，先端钝圆，基部楔形，下延成柄，边缘除基部外具钝锯齿；叶柄长0.5～1cm；可育枝上的叶较小，近互生，通常1～3枚，叶片扇形或楔形，先端钝圆，基部急狭，中部以上具齿。花雌雄异株，聚伞花序，疏松；苞片叶状；萼片黄绿色，宽菱状圆形，长宽各约2mm；雄蕊8，长不及萼片一半；子房半下位，花柱短。蒴果先端近平截，具多数种子，红褐色的种子卵圆形，具纵肋多条。花果期5～7月。

本种在延安主要分布于黄龙、黄陵等地，生于海拔1100～1500m的山坡、林下阴湿处。在我国主要分布于西北的陕西和甘肃。

常见的林下喜阴植物。

秦岭金腰 *Chrysosplenium biondianum*
1.植株和花（卢元 摄）；2.果实（卢元 摄）

2. 毛金腰

Chrysosplenium pilosum Maxim. Prim. Fl. Amur. 122. 1859; 中国植物志, 34(2): 272. 1992.

2a. 柔毛金腰（变种）

Chrysosplenium pilosum Maxim. var. ***valdepilosum*** Ohwi in Fedde Repert. Sp. Nov. 36: 52. 1934; 中国植物志, 34(2): 273. 1992.

草本，高4～10cm。茎直立或斜上，密被锈色柔毛，后脱落；不育枝由基部抽出，匍匐。基生叶早落，茎生叶对生；不育枝先端有较大的莲座状叶，叶片长圆状倒卵形或卵圆形，长1～4.5cm，宽1～3.5cm，先端圆钝，基部楔形，背面和边缘具褐色柔毛，后脱落，边缘有波状浅钝齿或圆钝齿。聚伞花序顶生，紧密；苞片叶状，具短柄，楔形或扇状倒卵形，长0.6～1.4cm，先端具数个钝锯齿；花淡黄色或黄色，钟形，直径约4mm；萼片4，卵形；雄蕊8，长约为萼片的一半；心皮2，子房近上位，2深裂，1室。蒴果呈不等长的2裂。种子卵形，暗红色，长约6mm，具细密的小突起。花期4～5月，果期7～8月。

本种在延安主要分布于黄龙、黄陵等地，生于海拔1200～1500m的林下阴湿处。在我国分布于东北各地，华北的河北、山西，西北的陕西、甘肃、青海，华东的浙江，华中的湖北和西南的四川等地。朝鲜半岛也有分布。

常见的林下喜阴植物。

柔毛金腰 *Chrysosplenium pilosum* var. *valdepilosum*
1.植株（卢元 摄）；2.柔毛（卢元 摄）；3.花序（卢元 摄）

5. 茶藨子属 *Ribes* L.

灌木，落叶，稀常绿。枝无刺或有刺；冬芽具干膜质或纸质鳞片。单叶互生，具长柄，通常掌状分裂，在芽内折叠或旋卷，无托叶。花两性或雌雄异株，花单生、簇生或组成总状花序；萼筒钟状、管状或碟形，裂片直立或开展，有时向外反卷，有色彩，颇似花瓣；花瓣4～5，极小，通常退化成鳞片状，不显著，与萼片互生；雄蕊4或5，短于或长于萼片，并与萼片对生，花丝基部有时具乳头状腺体；子房下位，1室，胚珠多数；花柱2，多少结合，在雄花上者通常退化。多汁的浆果，具多数有胚乳的种子。

本属160种，分布在北半球各洲的温带区域。中国有54种，全国各地均有分布。延安有4种1变种，分布于安塞、宝塔、甘泉、富县、黄龙、黄陵等地。

本属植物常为灌木层的重要组成成分，适应性强，尤其喜欢壤土，其中枝具刺的种类多为阳生种，枝无刺的种类一般喜欢半阴环境。

本属植物果实为浆果，酸甜可口，许多种类可以生食或者加工制作食品。有些种类花果色泽艳丽，是良好的庭院绿化用树。

分种检索表

1. 枝有刺，叶轮廓近圆形或卵圆形······2
1. 枝无刺，叶轮廓五角形、卵圆形或心形······3
2. 浆果有刺，叶3～5裂······1. 刺果茶藨子 *R. burejense*
2. 浆果无刺，叶掌状3深裂或半裂······2. 美丽茶藨子 *R. pulchellum*
3. 花两性，叶长宽近相等······4
3. 花单性，叶长大于宽······4. 尖叶茶藨子 *R. maximowiczianum*
4. 叶较大，叶片背面脉上及叶柄上不具有骨质瘤状凸起······3a. 糖茶藨子 *R. himalense* var. *himalense*
4. 叶较小，叶片背面脉上及叶柄上具有骨质瘤状凸起······3b. 瘤糖茶藨子 *R. himalense* var. *verruculosum*

1. 刺果茶藨子

Ribes burejense F. Schmidt in Mem. Acad. Sci. St. Petersb. Sav. Etrang. ser. 7. 12(2): 42. 1868; 中国植物志, 35(1): 293. 1995.

落叶灌木，高约1m。小枝灰黄色，老枝皮剥裂，灰褐色，密生长短不等的细刺，叶基生有3～7个较大的刺，长可达11mm。叶互生或簇生，近圆形，3～5裂，长1.5～4cm，宽1～5cm，基部截形或微心形，裂片先端锐尖，边缘具圆状齿，两面及边缘有疏短柔毛；叶柄疏生腺毛。花常单生，或2朵生于叶腋；花梗长3～6mm，具稀疏柔毛；萼片5，长圆形，宿存；花瓣5，菱形，先端钝，暗红色或红褐色，长为萼片的一半；雄蕊长于花瓣；花柱先端2裂，子房有刺和毛。浆果绿色，直径1.5～2cm，具黄褐色长刺。花期5～6月，果期7～8月。

本种在延安主要分布于宝塔和富县等地，生于海拔1000m左右的山坡林下。在我国分布于东北各地，华北的河北、山西，华中的河南，西北的陕西、甘肃等地。蒙古高原、朝鲜半岛及俄罗斯远东地区也有分布。

喜欢向阳的生长环境。

果实酸甜可食。

2. 美丽茶藨子

Ribes pulchellum Turcz. in Bull. Soc. Nat. Moscou 5: 191. 1832; 中国植物志, 35(1): 358. 1995.

落叶灌木，高1～2m。小枝红褐色或绿色，密生短绒毛；老枝褐色或灰褐色，表皮稍纵向剥裂；有对生于节部的刺，长1～4mm，单生，基部扁。叶互生或簇生，通常掌状3深裂或半裂，稀5深裂，宽卵圆形，长1～4cm，宽1～4.5cm，裂片尖或钝，边缘具牙齿，有缘毛，基部近圆形或楔形，表面暗绿色，被疏短柔毛，背面淡绿色，沿脉具稀疏柔毛，3～5出掌状脉；叶柄长1～2cm，被稀疏短柔毛。总状花序，侧生于短枝上，花梗被稀疏短柔毛；花淡黄绿或淡红色；萼筒浅碟形，萼片5，卵圆形，长约1.5mm；花瓣5，鳞片状，长约0.5mm；雄蕊5，与萼片对生；花柱2裂。无毛浆果红色，近球形，直径5～6mm。花期5～6月。果期8～9月。

本种在延安主要分布于安塞、宝塔、甘泉、富县、黄龙等地，生于海拔1200m左右的山坡灌丛。在我国分布于华北的内蒙古（中部）、北京、河北、山西，西北的陕西、宁夏、甘肃、青海等地。蒙古和俄罗斯西伯利亚也有分布。

喜欢向阳的生长环境。

果实可生食或制作果酱及酿酒，木材坚硬，可做手杖等。

美丽茶藨子 *Ribes pulchellum*
1.植株（寻路路 摄）；2.枝条和花（寻路路 摄）

3. 糖茶藨子

Ribes himalense Royle ex Decne. in Jacquem. Voy. Inde 4 (Bot.): 66. tab. 77. 1844; 中国植物志, 35(1): 303. 1995.

3a. 糖茶藨子（原变种）

Ribes himalense Royle ex Decne. var. ***himalense***

落叶灌木，高1～2m。小枝光滑，淡黄褐色或棕褐色。叶卵圆形或心形，长与宽近相等，3～7mm，3～5裂，中裂片较大，裂片先端尖或短渐尖，边缘具不整齐的重锯齿，表面贴生短腺

糖茶藨子 *Ribes himalense* var. *himalense*
1.枝叶（刘培亮 摄）；2.花序（刘培亮 摄）；3.果序（刘培亮 摄）

毛，背面沿脉具短硬毛和腺毛；叶柄长达6cm，具稀疏腺毛，近基部两侧有褐色长腺毛。总状花序，长5～10cm，无毛；花两性，淡紫红色，长约6mm，有短花梗；苞片长圆形，长约2mm，边缘有腺毛；萼筒钟形，近无毛，萼片匙状，直立，长约2.5mm，先端圆，基部狭，有软毛；花瓣匙形，长为萼片的一半；雄蕊不伸出萼外；与花柱近等长。果实近球形，红色，后变为黑紫色。花期4～5月，果期7～8月。

本种在延安主要分布于黄龙、黄陵等地，生于海拔1200～1500m的林下阴湿处。在我国分布于西北的陕西，华中的湖北，西南的四川、云南、西藏等地。克什米尔地区、尼泊尔、不丹和印度的锡金也有分布。

喜欢半阴湿的环境。

果实可作为野生水果食用。

3b. 瘤糖茶藨子（变种）

Ribes himalense Royle ex Decne. var. ***verruculosum*** (Rehd.) L. T. Lu in Fl. Reipubl. Popularis Sin. 35(1): 306. 1995; 中国植物志, 35(1): 306. 1995.

本变种与原变种主要区别是叶较小，叶片背面脉上及叶柄上具有骨质瘤状凸起。总状花序较小，长2.5～5cm；花近无梗。果红色。

本种在延安主要分布于宝塔、黄龙等地，生于海拔1300m左右的山坡灌丛中。在我国分布于华北的内蒙古（中部）、河北、北京、山西，华中的河南，西北的陕西、宁夏、甘肃、青海，西南的四川、云南、西藏等地。

用途、特点等与原变种相同。

4. 尖叶茶藨子

Ribes maximowiczianum Kom. in Acta Hort. Petrop. 22: 443. 1903; 中国植物志, 35(1): 342. 1995.

落叶灌木，高1～2m。小枝细且无毛，紫褐色，老枝灰褐色。叶宽卵形或近圆形，长2～3.5cm，宽1.5～4cm，3裂，中裂片较长，先端渐尖或钝尖，基部宽楔形或近圆形，边缘具钝圆浅锯齿，表面无毛或散生伏毛，背面脉上有稀疏粗糙短毛；叶柄长0.5～1cm，疏被腺毛。花单性，雌雄异株，先叶开放；总状花序，长2～3cm，直立；苞片长椭圆形，长约3mm，边缘有腺点；雄花极小，淡黄色，萼片浅碟形，萼片5，长卵形，长约2mm，开展，花瓣5，很小；雄蕊5，极短，花药与花丝等长；雌花柱头2裂；具退化棒状雄蕊。果实球形，红色，无毛，直径7～8mm。花期4～5月，果期7～8月。

本种在延安主要分布于富县、黄陵，生于海拔1200～1400m的山坡灌丛中。在我国分布于东北各

尖叶茶藨子 *Ribes maximowiczianum*
1.植株（曹旭平 摄）；2.枝叶和果实（曹旭平 摄）

地，华北的河北、山西，西北的陕西、甘肃、宁夏等地。朝鲜半岛、日本及俄罗斯西伯利亚有分布。

本种是灌丛中的常见成分。

6.绣球属 *Hydrangea* L.

落叶灌木，稀攀缘状。枝具白色或黄色大髓心，皮通常剥落。单叶对生，有柄，边缘具锯齿或全缘，无托叶。花两性；花序为顶生的聚伞状、伞房状或圆锥花序；花白色、粉红色或淡蓝色，在花序外缘常有不育花；不育花通常大型，具3～5片花瓣状的萼片；完全花小型，萼片4～5，通常三角形；花瓣4～5，镊合状排列，较小；雄蕊通常10，或8～20；下位或半下位子房；花柱2～5，较短，分离或基部结合。果实为蒴果，2～5室，先端开裂，卵形、球形或半圆形，通常具突出的纵肋。种子多数，细小。

本属约有73种，分布于亚洲东部至东南部、北美洲东南部至中美洲和南美洲西部。中国有33种，除海南、黑龙江、吉林和新疆等地外，其余各地均有分布。延安有4种，分布于宝塔、甘泉、富县、黄陵和黄龙等地。

本属多喜欢温暖湿润的气候，土壤湿润且利于排水最宜，在半阴环境下长势良好，光照充足时开花最多。

本属植物花色丰富，花大且美丽，许多种类都有悠久的栽培历史，是优良的木本观赏花卉。

分种检索表

1. 花序为球状，花全部为不可育花······1. 绣球 *H. macrophylla*
1. 花序不为球状，花多数为可育花······2
2. 子房半下位；蒴果近球形或椭球形，超出萼筒······3
2. 子房下位；蒴果陀螺形或半球形，不超出萼筒······4. 蜡莲绣球 *H. strigosa*
3. 叶长一般不超过13cm，背面密被灰色短柔毛，侧脉向边缘近直展筒······2. 东陵绣球 *H. bretschneideri*
3. 叶长可达18cm，背面沿脉有短伏毛，侧脉上部向内弧状弯曲······3. 挂苦绣球 *H. xanthoneura*

1. 绣球

Hydrangea macrophylla (Thunb.) Ser. DC. Prodr. 4: 15. 1830; 中国植物志, 35(1): 226. 1995.

落叶灌木，高达4m。小枝粗壮，有明显的皮孔与叶痕，无毛。叶大而稍厚，对生，倒卵形、宽卵形或椭圆形，长7～20cm，宽4～10cm，先端短渐尖，基部宽楔形，边缘除基部外有粗锯齿，表面深绿色，无毛，背面淡绿色或黄绿色，无毛或沿脉有稀疏柔毛，侧脉明显；叶柄粗壮，长1～3cm。伞房花序顶生，球形，直径可达20cm；花梗有柔毛；花全为不孕的放射花，白色、粉红色或蓝色；萼片4，宽卵形或近圆形，长1～2cm。花期6～7月。

本种在延安主要栽培在宝塔的公园、庭院及树木园。在我国分布于秦岭以南各地，在各地有栽培。朝鲜半岛及日本也有分布。

栽培历史悠久，多变异，是著名的木本观赏花卉。

绣球 *Hydrangea macrophylla*
花（黎斌 摄）

2. 东陵绣球

Hydrangea bretschneideri Dipp. Handb. Laubh. 3: 320. fig. 171. 1893; 中国植物志, 35(1): 231. 1995.

落叶直立灌木，高1～3m。小枝具短柔毛，二年生枝栗褐色，皮开裂呈剥落薄片状。叶长卵圆形或椭圆状卵形，长7～13cm，宽3～6cm，先端短尖或渐尖，基部楔形，叶缘有尖锐锯齿，背面有灰白色卷曲柔毛，表面深绿色，无毛或脉上疏生柔毛，侧脉向边缘近直展，叶柄有稀疏柔毛。伞房状聚伞花序，顶生，顶部略呈半圆形；花序轴与花梗被柔毛；不育花直径2～2.5cm；萼片4，宽卵形或近圆形，长1～2cm，全缘，白色，有时变为浅紫色或淡黄色；可育花白色；萼筒有疏毛，裂片5，三角形或披针形；花瓣5，长圆形，早落；雄蕊10，不等长；花柱常3。蒴果近卵形，长2～3mm，稍短于萼筒；褐色种子纺锤形，两端有翅。花期6～7月，果期8～9月。

本种在延安主要分布于富县和黄龙等地，生于海拔1300m的灌丛中。在我国分布于华北的河北、山西，华中的河南，西北的陕西、宁夏、甘肃、青海等地。

灌丛中的常见成分。

具有观赏价值，可作为木本花卉进行栽培。

东陵绣球 ***Hydrangea bretschneideri***
1.植株（李军 摄）；2.花序（李军 摄）

3. 挂苦绣球

Hydrangea xanthoneura Dielsin Engl. Bot. Jahrb. 29: 373. 1900; 中国植物志, 35(1): 233. 1995.

落叶灌木，最高可达3m。小枝粗壮，当年生小枝微被柔毛，有狭椭圆形皮孔，二年生枝无毛，褐色。叶纸质，对生，倒卵状长圆形、椭圆形或长椭圆形，长10～18cm，宽5～8cm，先端急尖，基部宽楔形或近圆形，边缘有尖锐锯齿，表面绿色，近无毛或被硬伏毛，背面脉上有短柔毛，脉腋间有束毛，侧脉上部向内弧状弯曲；叶柄长1.5～4cm，无毛或近无毛。顶生伞房状聚伞花序，花序轴与花梗有毛；不孕花具长梗，直径2～4cm；萼片4，宽椭圆形，钝尖，全缘，长1～1.7cm；可育花小；萼筒有疏毛，萼片4～5，萼齿三角形；花瓣与萼片同数，离生；雄蕊10；花柱3～4；子房半下位。蒴果卵圆形，长约3mm，约一半突出萼筒；种子小且有翅。花期6～7月，果期8～9月。

本种在延安主要分布于甘泉、富县、黄陵和黄龙等地，生于海拔1100～1400m的灌丛中。在我国分布于西北的陕西及西南各地。

具有观赏价值。灌丛中的常见成分。

4. 蜡莲绣球

Hydrangea strigosa Rehd. in Sargent, Pl. Wils. 1: 31. 1911; 中国植物志, 35(1): 241. 1995.

落叶灌木，高1～3m。小枝被贴生伏毛，老枝灰褐色，无皮孔，皮片状脱落。叶长圆状卵形、长圆状披针形或披针形，长8～30cm，宽2～10cm，先端渐尖，基部圆形或楔形，边缘锯齿状，带突尖，表面疏生粗毛或近无毛，背面灰色，密被贴生粗毛，沿脉更密；叶柄长1.5～5cm，密被粗毛。顶生伞房状聚伞花序，花序轴与花梗有毛；不孕花白色或带紫色，直径2～4cm，萼片通常4，宽卵圆形，长1～2cm，两面均被粗毛；可育花白色，萼筒疏生粗毛，萼片5，三角形，长不及萼筒的一半；花瓣长卵圆形，长约2mm，连合成冠盖；雄蕊10，不等长；花柱2；子房下位。蒴果半球形，有纵肋，除宿存花柱外，全部藏于萼筒内；褐色种子两端具翅，有纵肋。花期5～6月，果期8～9月。

本种在延安主要分布于富县、黄陵等地，生于海拔1200～1400m的灌丛中。在我国分布于西北的陕西，华中的湖北、湖南，西南的四川、云南、贵州等地。

灌丛中的常见成分。

花色艳丽，适宜观赏。

蜡莲绣球 ***Hydrangea strigosa***
1.植株（卢元 摄）；2.花序（卢元 摄）

7.溲疏属 *Deutzia* Thunb.

落叶灌木，稀常绿，通常有星状毛。小枝中空或有疏松白色髓心；树皮褐色或灰褐色，片状脱落；数个覆瓦状鳞片覆盖冬芽，无毛或有不脱落的短毛。通常单叶对生，有短柄，边缘有细锯齿或粗齿，通常有星状毛，有时混生柔毛，无托叶。花两性；圆锥花序、伞房花序或聚伞状花序，稀单生，通常生于枝顶或侧枝先端；花托膨大成钟状与子房结合，老时木质化；通常白色、粉红色或蓝紫色；萼片5；花瓣5；雄蕊10或更多，较花瓣短，花丝通常呈带状，先端有2裂齿，稀无裂齿，通常作不等长的2轮排列，花药生花丝先端，在内轮者有的生花丝内侧；子房下位或半下位，3～5室，每室有多数胚珠；花柱3～5，离生，线形。蒴果3～5瓣裂。褐色种子多数，有短喙和纵纹。

本属60种，北半球各洲温带区域有分布。中国有50种，全国各地均有分布。延安有2种，分布于宜川、富县、黄陵和黄龙等地。

本属植物大多喜光照，较耐寒，但在阴湿环境下亦能生长。

本属部分种类久经栽培，是常见的木本观赏植物。

分种检索表

1.花瓣在花蕾时覆瓦状排列，宽倒卵形或近圆形；花序伞房状，具花多数；老枝灰褐色或灰色，皮剥落……1.小花溲疏*D. parviflora*

1.花瓣在花蕾时镊合状排列，倒卵状长圆形或狭倒卵形；花序具花1～3朵；老枝灰色，皮不落……2.大花溲疏*D. grandiflora*

1. 小花溲疏

Deutzia parviflora Bunge in Enum. Pl. Chin. Bor. 31. 1831; 中国植物志, 35(1): 77. 1995.

落叶灌木，高1～2m。小枝褐色，疏生星状毛，老枝灰褐色或灰色，皮剥落。叶卵形、椭圆形、倒卵状椭圆形或卵状披针形，长2～6cm，宽1～3cm，先端短渐尖，基部圆形或宽楔形，边缘有细

小花溲疏 ***Deutzia parviflora***
1.植株（曹旭平 摄）；2.枝叶（卢元 摄）；3.花（卢元 摄）

锯齿，两面具星状毛，表面暗绿色，背面灰绿色，主脉有单毛；叶柄长3～5mm。伞房花序，具花多数，顶生，直径4～7cm，花序轴、花梗及花萼均被星状毛；萼筒长约2mm，萼片5，三角形或宽卵形，长约1mm；花瓣5，白色，倒卵形，长约5mm；雄蕊10，花丝无齿或有2个三角形小齿；子房下位；花柱3，比雄蕊短。果实直径2～2.5mm。蒴果球形，直径2～3mm。种子纺锤形。花期5～6月，果期8～9月。

本种在延安主要分布于宜川、富县、黄龙和黄陵等地，生于海拔1150m的山坡灌丛。在我国分布于东北的吉林、辽宁，华北的内蒙古（中部）、河北、山西，西北的陕西、甘肃和华中的湖北、河南等地。朝鲜半岛和俄罗斯远东地区也有分布。

灌丛中或林缘光照处多见。

可栽培供庭院绿化及观赏用。

2. 大花溲疏

Deutzia grandiflora Bunge in Enum. Pl. Chin. Bor. 30. 1831; 中国植物志, 35(1): 101. 1995.

灌木，高1～2m。小枝短，褐色或灰褐色，被稀疏星状毛或无毛，老枝灰色，皮不脱落。叶片卵状椭圆形或卵状披针形，长2～5cm，宽1～2cm，先端尖或短渐尖，基部宽楔形或圆形，表面粗糙，具星状毛，深绿色，背面灰白色，密被星状毛，边缘有不整齐密而细的小锯齿；叶柄长2～3mm。花1～3朵，生于侧枝先端，白色，下垂，直径2～3cm；花梗及花托被星状毛；萼筒长2～3mm，萼片5，裂片线状披针形，长约5mm；花瓣 5，椭圆状长圆形或倒卵状椭圆形，长1～1.5cm，外面被稀疏

大花溲疏 *Deutzia grandiflora*
1.枝叶（卢元 摄）；2.花（卢元 摄）；3.果实（蒋鸿 摄）

星状毛，近基部较密；带状雄蕊10，先端具长而尖的裂齿；子房下位；花柱3，比雄蕊稍长或近等长。蒴果半球形，直径4～5mm，具宿存花柱。花期4～5月，果期7～9月。

本种在延安主要分布于富县、黄龙和黄陵等地，生于海拔1800m的山坡灌丛。在我国分布于东北的辽宁，华北的内蒙古（中部）、河北、山西，西北的陕西、甘肃，华东的山东、江苏和华中的湖北、河南等地。

灌丛中或林缘光照处多见。

可栽培供庭院绿化及观赏用。

8. 山梅花属 *Philadelphus* L.

落叶灌木。枝具白色髓心，冬芽小，埋藏于叶柄基部或微露出，具覆瓦状鳞片。单叶对生，具3～5条基出脉，全缘或有锯齿。花序通常总状，顶生或生于侧枝顶，有时具花1～7朵呈聚伞状，稀为圆锥状；花白色，常芳香；花萼4裂，裂片卵形或三角形；花瓣与萼片同数；雄蕊20～40；子房下位或半下位，4室，有时3～5室，花柱4，有时3～5，稍连合。蒴果常4裂。种子多数狭长圆形，褐色，微具翅，有胚乳。

本属70种，分布于北半球各洲温带区域。中国有22种，全国各地均有分布。延安有4种，分布于甘泉、宜川、富县、黄龙和黄陵等地。

本属植物大多喜光照，较耐寒，但在阴湿环境下亦能生长。

本属植物开花美丽，花量较大，为优良的木本观赏植物。

分种检索表

1. 花梗无毛，花萼外面无毛或几乎无毛……2
1. 花梗及花萼外面均有毛……3
2. 花柱先端稍分裂，基部无毛；花萼外面无毛……1. 太平花 *P. pekinensis*
2. 花柱先端分裂至中部以下，基部被毛；花萼外面无毛或稍被糙伏毛……2. 疏花山梅花 *P. laxiflorus*
3. 叶下面密被长粗毛；花萼外面密被紧贴糙伏毛……3. 山梅花 *P. incanus*
3. 叶下面无毛或嫩叶被毛成长后很快脱落；花萼外面密被直立长柔毛……4. 毛萼山梅花 *P. dasycalyx*

1. 太平花

Philadelphus pekinensis Rupr. in Bull. Phys. Math. Acad. Sci. St. Petersb. 15: 365. 1857; 中国植物志, 35(1): 144. 1995.

灌木，高可达2m。老枝灰褐色，皮脱落，幼枝常带紫褐色，无毛。叶片卵形或狭卵形，长2～9cm，宽1.8～6cm，先端渐尖，基部宽楔形或近圆形，边缘疏生锯齿，两面无毛或背面主脉基部腋内有簇生毛，叶脉3出；叶柄长约1cm，初有柔毛，后脱落。花5～9朵呈总状花序，花序轴和花梗均无毛；花梗长3～8mm；花白色，直径2～3cm；萼筒暗黄绿色，无毛；萼片卵状三角形，外面无毛，内面沿边缘有短柔毛，宿存；花瓣4，倒卵形或卵圆形，长0.9～1.2cm；雄蕊多数，长达9mm；子房下位，4室，胚珠多数；花柱与雄蕊近等长，先端4裂。蒴果球状倒圆锥形，直径5～7mm。种子细纺锤形，微扁。花期5～6月，果期8～9月。

本种在延安主要分布于甘泉、富县、黄龙等地，生于海拔1000～1500m的山坡灌丛中。在我国分布于东北的辽宁，华北的河北、山西，西北的陕西、甘肃，华东的江苏、浙江，华中的湖北和西南的四川等地。朝鲜半岛也有分布。

向阳处较为常见，光照较好的区域开花更多。

各地庭院多有栽培，供绿化观赏用。

太平花 *Philadelphus pekinensis*
1.枝条（王天才 摄）；2.花（王天才 摄）

2. 疏花山梅花

Philadelphus laxiflorus Rehd. in Journ. Arn. Arb. 5: 152. 1924; 中国植物志, 35(1): 151. 1995.

灌木，高2～3m。二年生小枝灰棕色或栗褐色，表皮薄片状脱落，当年生小枝褐色，无毛。叶长椭圆形或卵状椭圆形，长3～8cm，宽1.6～3cm，先端渐尖或稍尾尖，基部楔形，边缘具锯齿，上面暗绿色，被糙伏毛，下面无毛或仅叶脉及脉腋疏被白色长柔毛，叶脉离基3～5出；叶柄长5～8mm。花7～11朵呈总状花序；花梗长5～12mm，无毛；花萼外面无毛或稍被糙伏毛；萼筒钟形，裂片卵形，先端急尖，干后脉纹明显；花白色，直径2.5～3cm；花瓣近圆形，直径约1.6cm，背面基部常有毛；雄蕊30～35，最长可达9mm；花盘边缘和花柱疏被白色长柔毛或无毛；花柱先端分裂至中部。蒴果椭圆形，长约6mm；种子长约3mm，具短尾。花期5～6月，果期8月。

本种在延安主要分布于黄龙、黄陵等地，生于海拔900～1400m的山坡灌丛中。在我国分布于华北的山西，西北的陕西、甘肃、青海，华东的浙江，华中的河南、湖北等地。

喜光照，光照充足时开花较好。

可作为观赏植物进行栽培。

3. 山梅花

Philadelphus incanus Koehne in Gartenfl. 45: 562. 1896; 中国植物志, 35(1): 155. 1995.

灌木，高1.5～3.5m。幼枝密生柔毛，后变无毛，老枝褐色的皮片状剥落。叶卵形或长圆状卵形，长3～8cm，宽2～4cm，先端渐尖或短渐尖，基部楔形或近圆形，边缘疏生锯齿，表面无毛或被稀疏柔毛，背面密被长柔毛或粗硬毛，具5条脉；具短柄。花5～7朵呈总状花序；花序轴无毛；花梗被短柔毛；花白色，直径2～3cm；花萼外面密被灰白色贴伏的柔毛，裂片4，三角状卵形，先端锐尖，内面边缘被短柔毛；花瓣4，倒卵形或宽倒卵形，长1.3～1.6cm，先端圆形，基部有加厚的短爪，边缘波状；雄蕊多数，不等长；子房下位，4室；花柱上部4裂。蒴果倒卵形，直径4～7mm，密被长柔毛。种子扁平，长圆状纺锤形。花期5～6月，果期8～9月。

本种在延安主要分布于富县和黄龙等地，生于海拔1100～1600m的沟谷灌丛中。在我国分布于华北的山西，西北的陕西、甘肃，华东的安徽，华中的湖北、河南和西南的四川等地。

喜光照，光照充足时开花较好。

花有香味，为北方庭院绿化植物。

山梅花 *Philadelphus incanus*
1.枝叶和花序（卢元 摄）；2.花序（卢元 摄）；3.花（卢元 摄）

4. 毛萼山梅花

Philadelphus dasycalyx (Rehd.) S. Y. Hu in Journ. Arn. Arb. 36: 341. 1955; 中国植物志, 35(1): 156. 1995.

灌木，高1～2m。幼枝棕色，无毛，老枝灰色，皮片状剥落。叶卵形或卵状披针形，长1.5～7cm，宽1.3～4cm，先端渐尖，基部宽楔形或近圆形，边缘有稀疏细锯齿，表面无毛，背面无毛或仅沿脉有稀疏柔毛，基部脉腋有簇毛；叶柄长0.5～1cm，疏被长柔毛。总状花序顶生，花序轴疏被白色长柔毛或无毛，花梗密被白色长柔毛；萼筒疏被稍外展的曲柔毛，毛长0.8～1mm，萼片4，三角状卵形，长约4mm，外面疏被稍外展的曲柔毛；花瓣4，白色，倒卵形，长1～1.3cm；雄蕊多数，长达9mm，不等长；子房下位，4室，胚珠多数，花柱上部4裂，柱头近匙形。蒴果球状倒圆锥形，直径5～7mm。花期5～6月，果期8～9月。

本种在延安主要分布于宜川、黄龙等地，生于海拔900～1400m的沟谷林下和灌丛中。在我国分布于华北的山西，西北的陕西、甘肃，华中的河南等地。

喜光照，光照充足时开花较好。

具有一定的观赏价值。

44 杜仲科

Eucommiaceae

本科编者：延安市桥山国有林管理局　曹旭平

落叶乔木，含胶汁。枝具片状髓。芽卵形，尖锐，具鳞片6片。单叶互生，叶脉羽状，具柄，边缘有齿。花雌雄异株，无花被，着生幼枝基部的苞腋间，与从鳞芽长出新叶同时或先叶开放；雄花簇生，花柄短，苞片小；雄蕊5～10枚；花丝短，花药线形，4室，纵裂；雌花单生，具短梗，子房由2个合生心皮组成，扁平，顶端2裂呈“V”字形，柱头位于其中；胚珠2个，并立、倒生，下垂。果为具翅小坚果，先端2裂，扁平，长椭圆形，不裂开，具柄。种子1粒，具胚乳，胚直立，子叶肉质，扁平，外种皮膜质。

本科仅有1属1种，特产我国，分布于西北的陕西、甘肃，华东的浙江、安徽，华中各地，华南的广西，西南的四川、重庆、云南、贵州等地。延安各地均有栽培。

本科仅1种，为杜仲，系中庸树种，适应性较强；幼苗时不耐日晒，中年以后不耐庇荫，对土壤没有过多的要求，喜湿润肥沃而疏松的沙质壤土及腐殖质较多的石灰岩山地，以pH5～7.5生长最好。用播种、扦插及萌芽更新等皆可繁殖，是优良的经济林树种。

树皮供药用，能补肝肾、强筋骨。叶、果和皮，含有橡胶，为制造硬橡胶原料。木材供制家具、舟车及建筑。种子可榨油。

杜仲属 *Eucommia* Oliv.

属特征与科同。

属分布、生态学、生物学、林学特征及经济价值等均与科同。

杜仲

Eucommia ulmoides Oliv. in Hook. Icon. Pl. 20: pl. 1950. 1890; 中国植物志, 35(2): 116. 1979.

乔木，高达20m。树皮灰色，皮部及叶具银白色有弹性半透明胶质；小枝光滑，淡褐色或黄褐色，具皮孔。叶卵状椭圆形或长圆状卵形，上面暗绿色，下面淡绿色，老叶具浅褶皱纹，叶长6～16cm，宽4～6cm，先端渐尖，基部广楔形或圆形，边缘具锯齿，表面无毛，幼时背面具密柔毛，脉上尤密；侧脉6～9对，与网脉形成羽状，在叶面下陷，叶背稍凸起；叶柄长1.2～2cm，有槽，被长毛，散生。花生当年枝基部；雄花，具簇生多数花药，长约1cm；雌花单生，由2个心皮合成，子房1室。果卵状长圆形，连柄长3～4cm，宽约1cm，先端2裂成凹口；翅革质，包围于小坚果四周；小坚果扁平，内含1种子，扁平，线形。花期4～5月，果期9～10月。

本种在延安的宝塔、甘泉、富县、宜川、黄龙、黄陵、洛川等地均有栽培，子长安定有散生树高5～8m数株；全区分布海拔1100m以下。全国分布与科同。

杜仲生态学、生物学、林学特征及经济价值等均与科同。

杜仲 *Eucommia ulmoides*
1.植株（曹旭平 摄）；2.枝叶（曹旭平 摄）

45 悬铃木科

Platanaceae

本科编者：延安市黄龙山国有林管理局　王赵钟

落叶乔木。枝叶被星状短柔毛。树皮苍灰色，片状剥落。冬芽卵圆形，微急尖，具1鳞片，为柄下芽，无顶芽。单叶互生，柄长，形大，掌状开裂，具3～5主脉，托叶显著，常呈鞘状而具开展边缘。花单性，雌雄同株，呈密集头状花序，雌雄花序同形，着生于不同花轴上，萼片3～8，三角形，被短柔毛，花瓣与萼片同数，匙形；雄花具雄蕊3～8，花丝极短，药隔顶端增大成盾状鳞片，雌花具离生心皮3～8，花柱伸长，柱头在内侧，心皮长圆形，具1～2下垂胚珠。果实为头状聚合果，由多数狭窄倒圆锥形、具棱角的小坚果所构成，小坚果基部周围具长刚毛；种子1，具少量胚乳。

本科仅1属约7种，原产北美洲、欧洲东南部和亚洲西部。我国引入3种，全国各地均有栽培。延安引入2种，主要栽培区为南部的宜川、黄龙、黄陵、洛川等地。

本科植物喜光照充足、温暖湿润环境，树体高大，耐修剪，以扦插繁殖为主，多作行道树，木材可制家具。

悬铃木属 *Platanus* L.

属特征与科同。

分种检索表

1.果枝上有球状果序3个以上；叶5～7深裂，中央裂片长大于宽，托叶小于1cm；花4数；坚果间有突出绒毛……………………………………………………………………………………1.悬铃木 *P. orientalis*

1.果枝上有球状果序1～2；叶3～5掌状深裂，托叶长于1cm；花4～6数；坚果之间的毛不突出…………………………………………………………………………………………2.二球悬铃木 *P.* × *acerifolia*

1. 悬铃木

Platanus orientalis L., Sp. P1. 417. 1753; 中国植物志, 35(2): 120. 1979.

落叶乔木，高达30m；树皮呈片状剥落，暗灰色或淡绿白色。叶大，长10～15cm，宽10～20cm，深5～7裂，稀3裂，叶缘具粗齿，稀全缘，叶基广楔形或截形；掌状脉，3或5条；叶柄长3～8cm，基部膨大，初被星状毛，后无毛。花4数。雄性球状花序无柄，雄蕊远比花瓣为长；

悬铃木 *Platanus orientalis*
1.枝（王赵钟 摄）；2、3.叶和果（王赵钟 摄）

雌性球状花序常有柄，心皮4，花柱先端卷曲。球状果序2～6，生于长而下垂的总轴上，果序直径2～2.5cm，小坚果周围具突出刚毛，花柱宿存呈刺状。花期4月中旬；果熟期11月。

本种在延安南部的宜川、黄龙、黄陵、洛川等海拔1500m以下地区有栽培。在我国各地皆有引种。原产欧洲东南部和亚洲西部。

悬铃木性喜光，较耐寒，耐修剪，可用种子、扦插进行繁殖。抗烟尘，对二氧化硫、氯气等有毒气体有较强的抗性，宜深厚肥沃土壤，萌芽力强，适应性强，寿命长，树冠大，圆正，为优良庭院绿化树和行道树。

木材纹理平滑，可作细木工用材。

2. 二球悬铃木

Platanus* × *acerifolia (*P. orientalis* × *occidentalis*) (Ait.) Willd. Sp. Pl. 4: 474. 1797; 中国植物志, 35(2): 120. 1979.

落叶乔木，高可达35m，树干端直，树冠庞大，小枝密被淡褐色绒毛。树皮灰绿色，片状剥落，叶广三角形，长9～15cm，宽9～17cm，基部截形或心形，上部3～5裂，裂凹深达叶片1/3，裂片三角状卵形或广三角形，全缘或具疏齿；叶脉掌状3条，稀5条；叶柄长3～10cm，托叶长1～1.5cm。花常4数。雄花萼片被毛，卵形；花瓣矩圆形，长为萼片的2倍；雄蕊长于花瓣，盾形药隔有毛。球状聚合果序常2偶1或稀3，径约2.5cm，小坚果先端卵圆形或圆形，坚果之间无突出绒毛或有极短的毛，花柱宿存呈刺状。花期4～5月，果期9～10月。

本种在延安南部的宜川、黄龙、黄陵、洛川等海拔1500m以下地区有栽培。在我国各地均有栽培。原产欧洲东南部和亚洲西部。

特性和用途同悬铃木。

二球悬铃木 *Platanus* × *acerifolia*

1.枝（王赵钟 摄）；2.小枝、叶背（王赵钟 摄）；3.叶和果（王赵钟 摄）

46 蔷薇科

Rosaceae

本科编者：西北大学　刘培亮、李忠虎、赵鹏

落叶或常绿草本、灌木或乔木，有刺或无刺。冬芽常具数个或2个鳞片。叶互生，稀对生；单叶、掌状复叶或羽状复叶；托叶明显，稀无托叶。花通常两性，整齐，辐射对称；单生、簇生，或组成总状花序、圆锥花序、伞房花序、伞形花序；萼筒碟状、钟状、杯状、坛状或圆筒状；花萼通常5数或4数，覆瓦状排列，有时具两轮花萼；花瓣通常5数或4数，或为重瓣，稀无花瓣；雄蕊5枚或多数，稀为4枚或1～3枚；花丝通常离生，稀为合生；花药通常2室；心皮1至多数，离生或合生，有时与萼筒合生；花柱与心皮同数，离生或合生；子房上位或下位，每室含1或多枚胚珠。果实为蓇葖果、瘦果、梨果、核果、聚合小核果、聚合瘦果，稀为蒴果；有时瘦果或聚合小核果着生在球形或圆锥形凸起的肉质花托上。种子通常不含胚乳，子叶肉质。

本科约有124属3300余种，广泛分布于亚洲、欧洲、北美洲、南美洲、非洲及大洋洲，而以亚洲、欧洲、北美洲的温带地区种类较多。中国约有55属950种，遍布全国。延安分布29属96种15变种2变型，各县（区）均有分布。

蔷薇科植物为温带落叶阔叶林和针阔混交林中常见的组成部分，在乔木层通常为伴生种，亦有一些种类可形成纯林；灌木层中绣线菊属、栒子属、悬钩子属等植物占据重要地位；草本层中委陵菜属、地榆属、蛇莓属植物均较为常见。本科植物适应性较强，种类繁多，在多种生境条件中均可找到蔷薇科植物的踪影。蔷薇科不少种类经长期引种驯化，具有重要的食用、药用、观赏价值。

分属检索表

1. 果实为开裂的蓇葖果，稀为蒴果；托叶有或无……2
1. 果实为不开裂的瘦果、核果或梨果；有托叶……6
2. 奇数羽状复叶，小叶边缘有锯齿……1. 珍珠梅属 *Sorbaria*
2. 单叶，全缘、有锯齿或分裂……3
3. 花直径2cm以上；果实为蒴果；种子有翅……2. 白鹃梅属 *Exochorda*
3. 花直径2cm以下；果实为蓇葖果；种子无翅……4
4. 萼筒在果期包裹蓇葖果；心皮1～2枚；总状花序……3. 绣线梅属 *Neillia*
4. 萼筒不包裹蓇葖果；心皮3～8枚；伞形花序、伞形总状花序、复伞房花序或圆锥花序……5
5. 无托叶；心皮离生或基部稍合生；蓇葖果不膨大，沿腹缝线开裂……4. 绣线菊属 *Spiraea*
5. 具托叶，早落；心皮基部合生；蓇葖果膨大，沿背缝线和腹缝线开裂……5. 风箱果属 *Physocarpus*
6. 心皮通常2～5个，与萼筒内壁合生；子房下位或半下位；梨果或浆果状、核果状梨果……7
6. 心皮1个或多数，与萼筒离生；子房上位；核果、聚合小核果或瘦果……14
7. 心皮在成熟时为坚硬的骨质，果实内具1～5小核……8
7. 心皮在成熟时为革质或纸质，果实内具1～5室……10
8. 叶全缘；枝无刺……6. 栒子属 *Cotoneaster*

8. 叶缘有锯齿或裂片，稀全缘；枝常具刺……9
9. 叶常绿；子房5室，每室具2枚胚珠；果直径约5mm……7. 火棘属 *Pyracantha*
9. 叶脱落，稀半常绿；子房1～5室，每室具1枚胚珠；果直径8mm以上……8. 山楂属 *Crataegus*
10. 复伞房花序或圆锥花序，花多数……11
10. 花单生或簇生，或为伞房花序、伞房状总状花序……12
11. 叶常绿；单叶……9. 石楠属 *Photinia*
11. 叶脱落；羽状复叶或单叶……10. 花楸属 *Sorbus*
12. 花单生或簇生；花梗极短或无；子房5室，每室具多枚胚珠……11. 木瓜属 *Chaenomeles*
12. 伞房花序或伞房状总状花序；具明显的花梗；子房2～5室，每室具2枚胚珠……13
13. 花柱离生；花药暗红色或紫色；果实通常有多数石细胞……12. 梨属 *Pyrus*
13. 花柱基部合生，中上部离生；花药黄色；果实通常无石细胞……13. 苹果属 *Malus*
14. 心皮通常1枚；核果；单叶；萼片脱落或宿存；灌木或乔木……15
14. 心皮多数，稀为1枚；瘦果或聚合小核果；复叶或单叶；萼片通常宿存；草本、灌木或木质藤本……20
15. 灌木；枝具刺；枝髓呈薄片状；萼片宿存；花柱侧生……14. 扁核木属 *Prinsepia*
15. 灌木或乔木；枝通常无刺；枝髓坚实；萼片果期脱落；花柱顶生……16
16. 幼叶常为对折式；果实无沟，也无蜡粉，通常无毛，有时具毛……17
16. 幼叶常为席卷式，少数为对折式；果实有沟，外面被毛或蜡粉，有时光滑无毛……18
17. 花单生或为伞形花序、伞房花序或短总状花序，花序基部有芽鳞或苞片……15. 樱属 *Cerasus*
17. 总状花序，花多数，花序基部有叶或无叶……16. 稠李属 *Padus*
18. 果核通常有孔穴，极稀光滑……17. 桃属 *Amygdalus*
18. 果核通常光滑或有不明显空穴……19
19. 花无柄或有短柄；花先叶开发；子房和果实表面被短柔毛……18. 杏属 *Armeniaca*
19. 花具花柄；花与叶同时开放；子房和果实表面无毛，常被蜡粉……19. 李属 *Prunus*
20. 灌木或木质藤本……21
20. 多年生或一、二年生草本……24
21. 枝或叶柄上常具皮刺，极稀无刺；羽状复叶，极稀为单叶，叶缘具锯齿……22
21. 枝或叶柄上不具皮刺；单叶，叶缘具锯齿，或为羽状复叶，小叶全缘……23
22. 雌蕊着生在杯状或坛状的萼筒内壁上；瘦果着生在肉质的萼筒上组成蔷薇果……20. 蔷薇属 *Rosa*
22. 雌蕊着生在球形或圆锥体形凸起的花托上；小核果着生在凸起的花托上组成聚合小核果……21. 悬钩子属 *Rubus*
23. 单叶，叶缘具锯齿；萼片5枚，无副萼……22. 棣棠花属 *Kerria*
23. 羽状复叶，小叶全缘；萼片5枚，副萼5枚……23. 委陵菜属 *Potentilla*
24. 穗状总状花序、穗状花序或头状花序，花梗极短或无花梗；心皮1～2枚……25
24. 花单生或排列成伞房花序、聚伞花序或圆锥花序，具花梗；心皮多数……26
25. 穗状总状花序，花疏散；花瓣5个，黄色；萼筒先端有数层钩刺……24. 龙芽草属 *Agrimonia*
25. 穗状花序或头状花序，花密集；无花瓣；萼筒无钩刺……25. 地榆属 *Sanguisorba*
26. 萼片5枚，无副萼；单叶，一至多回三出或羽状全裂……26. 地蔷薇属 *Chamaerhodos*
26. 萼片5枚，副萼5枚；羽状复叶或掌状复叶……27
27. 花托成熟时肉质、多汁；花黄色或白色；掌状三出复叶或为羽状5小叶……28
27. 花托成熟时干燥；花黄色；羽状复叶或掌状复叶……29
28. 花白色；副萼片比萼片小，披针形或线形，先端尾尖或分裂……27. 草莓属 *Fragaria*
28. 花黄色；副萼片比萼片大，倒卵形，先端具3～5齿……28. 蛇莓属 *Duchesnea*
29. 花柱顶生、侧生或基生，在果期不延长，先端不为钩状……23. 委陵菜属 *Potentilla*
29. 花柱顶生，在果期延长，先端钩状……29. 路边青属 *Geum*

1. 珍珠梅属 *Sorbaria* (Ser.) A. Braun

本属编者：西北大学　刘培亮

落叶灌木。冬芽卵形，具数个互生外露的鳞片。枝圆柱形。奇数羽状复叶，互生，具托叶；小叶具锯齿。花两性，排列成顶生的圆锥花序；萼筒钟状；萼片5，反折；花瓣5，卵形或圆形，白色，在花蕾中覆瓦状排列；雄蕊20～50枚；心皮5枚，中部以下合生，花柱分离。蓇葖果沿腹缝线开裂，有种子数枚。

本属约有9种，仅分布于亚洲。中国有3种，分布于东北、华北、西北、华东、华中、西南各地。延安的黄陵、吴起有野生和栽培1种1变种。

本属为弱喜光树种，在全光和疏林下均能生长。常根部萌生新条成丛，抗寒耐旱，适应力较强，生长迅速，但幼苗生长缓慢。

本属各种花序硕大，颜色洁白，常见栽培供观赏。

分种检索表

1. 雄蕊与花瓣等长或稍短；果梗直立，使果实直立；圆锥花序紧密，分枝斜出或稍直立……………………………………1. 华北珍珠梅 *S. kirilowii*

1. 雄蕊长度约为花瓣的1.5倍；果梗向下弯曲，使果实下垂；圆锥花序疏松，分枝开展……………………………………2. 光叶高丛珍珠梅 *S. arborea* var. *glabrata*

1. 华北珍珠梅

Sorbaria kirilowii (Regel) Maxim., Trudy Imp. S. -Peterburgsk. Bot. Sada 6: 225. 1879; 中国植物志, 36: 77. 1974.

灌木，高约3m。小枝圆柱形，无毛，嫩时绿色，老时红褐色。冬芽卵形，急尖，无毛或近无毛，红褐色。羽状复叶，连叶柄长20～35cm，宽7～9cm，具小叶13～21枚；小叶对生，披针形或长圆状披针形，先端渐尖或尾尖，基部圆形或宽楔形，缘具尖锐重锯齿，两面无毛或在背面脉腋簇生短柔毛；托叶膜质，线状披针形，长8～15mm，全缘或先端稍有锯齿，无毛或近无毛。花两性；顶生大型圆锥花序，分枝斜出或稍直立，长15～20cm，无毛；花梗长3～4mm；苞片线状披针形，长2～3mm；花直径5～7mm；萼筒浅钟形，无毛；萼片长圆形，与萼筒近等长；花瓣倒卵形或宽卵形，长约4mm，白色；雄蕊约20枚，与花瓣等长或稍短；心皮5，无毛，花柱稍短于雄蕊。蓇葖果长圆柱形，长约3mm，无毛，花柱外弯；萼片宿存，反折；果梗直立。花期6～7月，果期9～10月。

华北珍珠梅 *Sorbaria kirilowii*
1. 花序（蒋鸿 摄）；2. 果序（卢元 摄）

本种在延安主要分布于吴起、黄陵等地，生于海拔1300m左右的灌丛或杂木林中。在我国分布于华北的山西、河北、内蒙古（中部），西北的陕西、甘肃、青海、宁夏，华东的山东，华中的河南，西南的重庆等地。

常生于林缘及灌丛，常成丛生长，根部萌芽能力强。抗性强，栽培管理粗放，植株紧凑，花色洁白，常栽培供观赏。

2. 高丛珍珠梅

Sorbaria arborea C. K. Schneid, Ill. Handb. Laubh. 1: 490. 1905；中国植物志, 36: 78. 1974.

2a. 光叶高丛珍珠梅（变种）

Sorbaria arborea C. K. Schneid. var. ***glabrata*** Rehder, in Sargent, Pl. Wilson. 1: 48. 1911; 中国植物志, 36: 80. 1974.

灌木，高可达6m。小枝圆柱形，稍有角棱，无毛，小枝黄绿色，老时暗红褐色。冬芽卵形或近长圆形，先端钝，紫褐色，被绒毛。羽状复叶，连叶柄长20～30cm，具小叶11～17枚；小叶对生，披针形或长圆状披针形，长4～10cm，宽1～3cm，先端渐尖，基部楔形或宽楔形，边缘具重锯齿，两面无毛或仅背面脉腋簇生柔毛，侧脉20～25对；小叶柄短或近无柄；托叶三角状卵形，长8～10mm，无毛或近无毛。花两性；顶生大型圆锥花序，分枝开展，长20～30cm，无毛；花梗长2～3mm；苞片线状披针形或披针形，长4～5mm；花直径6～7mm；萼筒浅钟形，无毛；萼片长圆形或卵形，稍短于萼筒；花瓣近圆形，长约3mm，白色；雄蕊20～30枚，长约1.5倍于花瓣；心皮5，无毛，花柱不及雄蕊的一半。蓇葖果圆柱形，长约3mm，无毛，花柱先端稍下方向外弯曲；萼片宿存，反折；果梗弯曲，果实下垂。花期6～7月，果期9～10月。

本种在延安吴起海拔1400m大吉沟树木园有栽培。在我国分布于西北的陕西、甘肃、宁夏，华中的湖北，西南的四川、重庆、云南等地。

抗性强，较耐干旱，植株紧凑，花序硕大，花色洁白，常栽培供观赏。

光叶高丛珍珠梅 ***Sorbaria arborea*** var. ***glabrata***
1.枝叶和花序（杜诚 摄）；2.果序（姜在民 摄）

2. 白鹃梅属 *Exochorda* Lindl.

本属编者：西北大学　刘培亮

落叶灌木。冬芽具数个覆瓦状鳞片。单叶，互生，具叶柄；叶片全缘或有锯齿；托叶缺或早落。花两性，总状花序顶生；萼筒钟形；萼片5；花瓣5，白色；雄蕊15～30枚；心皮5枚，合生，子房上位，花柱分离。果实为蒴果，木质，具5棱，倒圆锥形，成熟时沿背缝线和腹缝线开裂成5瓣，每瓣具1～2枚种子；种子具翅。

本属约有4种，分布于东亚和中亚。中国有3种，分布于东北、华北、西北、华东、华中、西南各地。延安宜川、延川分布1种。

本属植物可在山坡形成较大面积种群，春季开花时外观甚为明显。本属植物花较大，白色，早春开放，常栽培供观赏。

红柄白鹃梅

Exochorda giraldii Hesse, Mitt. Deutsch. Dendrol. Ges. 17: 191, 219. 1908; 中国植物志, 36: 99. 1974.

灌木，高3～5m。小枝圆柱形，幼时绿色，老时微红褐色，无毛；冬芽卵形，先端钝。单叶互生；叶片椭圆形或倒卵状椭圆形，长3～5cm，宽2～3.5cm，先端急尖或圆钝，基部楔形或圆形，全缘或中部以上有钝锯齿，表面无毛，背面下部脉腋簇生柔毛；叶柄长1.5～2.5cm，无毛，常呈红色；托叶线形，长3～4mm，早落。花两性；总状花序具花5～10朵；花梗极短；苞片线状披针形，无毛；花直径3～4.5cm；萼筒浅钟形，长约3.5mm，无毛；萼片近半圆形，长约2mm，宽约4mm，边缘具腺齿；花瓣倒卵形或长圆状倒卵形，长2～2.5cm，白色，基部具长爪；雄蕊25～30枚，结合成3～4束；花柱分离，柱头头状。蒴果倒圆锥形，长1～1.3cm，棕红色，无毛，具5脊，果梗长1～2mm或近无梗。花期4～5月，果期8～10月。

本种在延安分布于宜川、延川等地，生于海拔560～1400m的山地灌丛或杂木林中。在我国分布于华北的河北、山西，西北的陕西、甘肃，华东的安徽、浙江，华中的河南、湖北，西南的四川、重庆等地。本种为中国特有种。

植株低矮紧凑，可在山坡阳处形成较大面积种群，较耐干旱，春季开花时外观甚为明显。花较大，白色，早春开放，常栽培供观赏。

红柄白鹃梅 *Exochorda giraldii*

1.植株（曹旭平 摄）；2.枝叶（曹旭平 摄）；3.花序（姜在民 摄），3.果序（刘培亮 摄）

3. 绣线梅属 *Neillia* D. Don

本属编者：西北大学 刘培亮

落叶灌木，稀为亚灌木。枝条开展，冬芽卵形，具数个外露鳞片。单叶互生，边缘有重锯齿或分裂；具叶柄；托叶早落。花两性，总状花序或圆锥花序顶生；萼筒钟状或筒状；萼片5枚，直立；花瓣5枚，与萼片近等长；雄蕊10～30枚，排成1～3轮；心皮1～2个；胚珠5～10枚，呈两列；花柱顶生，直立。果实为蓇葖果，包藏于宿存萼筒内，成熟时沿腹缝线开裂，具数枚种子。种子倒卵状球形，有光泽。

本属约有17种，分布于东亚、东南亚和中亚。中国有12种，主要分布于西南各地。延安黄陵分布1种。

本属植物常生于林缘及灌丛中。本属植物植株紧凑，枝叶繁茂，可栽培供观赏。

中华绣线梅

Neillia sinensis Oliv., Hooker's Icon. Pl. 16: t. 1540. 1886; 中国植物志, 36: 90. 1974.

灌木，高达2m。树皮暗褐色，剥落；小枝无毛，幼时紫褐色，老时灰褐色；冬芽卵形，先端钝。单叶互生；叶片卵形或卵状长圆形，长4～8cm，宽2～4cm，先端长渐尖，基部圆形、近心形或宽楔形，边缘具重锯齿，不规则浅裂，两面无毛或背面脉腋有柔毛；叶柄长7～15mm；托叶披针形，长0.8～1cm，早落。花两性；总状花序长4～9cm；花梗长3～10mm；花直径6～8mm，常下垂；萼筒筒状，长1～1.2cm，外面无毛，内面被短柔毛；萼片三角形，先端尾尖，长3～4mm，内面密被柔毛；花瓣圆形或倒卵形，长约3mm，宽约2mm，粉红色或淡粉红色；雄蕊10～15枚，花丝不等长；心皮1～2枚，花柱直立，稍伸出萼筒，柱头头状。蓇葖果长椭圆形，包被于宿存的萼筒中，萼筒外面被稀疏长腺毛；种子近球形。花期5～6月，果期8～9月。

本种在延安主要分布于黄陵，生于海拔1500m左右的山脊灌丛或杂木林中。在我国分布于西北的陕西、甘肃，华东的江西，华中各地，华南的广东、广西，西南的四川、贵州、云南等地。

常生于林缘及灌丛中。植株紧凑，枝叶繁茂，可栽培供观赏。

中华绣线梅 *Neillia sinensis*
1. 花期植株（刘培亮 摄）；2. 花（刘培亮 摄）；3. 果序（许宇星 摄）

4. 绣线菊属 *Spiraea* L.

本属编者：西北大学　刘培亮

落叶灌木。冬芽具鳞片。枝直立或铺散，小枝圆柱形或具角棱。单叶，互生，边缘有锯齿或缺刻，或分裂，稀为全缘，羽状脉或基部有3～5脉；具短叶柄；无托叶。花通常两性，排列成伞形花序、伞形总状花序、复伞房花序或圆锥花序；萼筒杯状或钟状；萼片5枚，宿存；花瓣5枚；雄蕊多数；花盘环形，具圆齿或裂片；心皮通常5枚，分离或基部稍连合，直立；花柱顶生或侧生，宿存。蓇葖果通常5枚，常沿腹缝线开裂，具数枚种子。种子线形或长圆形。

本属约有100种，主要分布于亚洲、欧洲和北美洲的温带。中国约有70种，全国各地均有分布。延安有野生和栽培5种1变种，各县（区）均有分布。

绣线菊属植物是森林及灌丛群落中灌木层的常见组成物种，天然更新良好；通常喜生于向阳环境，有些种类也较耐阴，有些种类耐干旱。一些种类已引种栽培，作绿篱或丛植，抗性强，耐修剪，植株紧凑，花色洁白或粉红，供观赏。

分种检索表

1. 花序着生在当年生长枝先端；花粉红色……1. 光叶粉花绣线菊 *S. japonica* var. *fortunei*
1. 花序着生在去年生短枝先端；花白色……2
2. 伞形花序有花序梗，基部具叶……3
2. 伞形花序无花序梗，基部无叶或具极少数叶……5
3. 叶背面具短柔毛，沿叶脉较密……2. 土庄绣线菊 *S. pubescens*
3. 叶背面无毛……4
4. 叶片轮廓近圆形，基部亚心形、圆形、平截或宽楔形，先端圆形……3. 三裂绣线菊 *S. trilobata*
4. 叶片轮廓菱状卵形或倒卵形，基部楔形，先端急尖或圆钝……4. 绣球绣线菊 *S. blumei*
5. 叶片倒卵形或扇形，全缘或先端3～5浅裂；蓇葖果有毛……5. 耧斗菜叶绣线菊 *S. aquilegiifolia*
5. 叶片长圆状倒卵形或倒卵状披针形，全缘，或不育枝上的叶先端有2～3个钝锯齿；蓇葖果无毛……6. 金丝桃叶绣线菊 *S. hypericifolia*

1. 粉花绣线菊

Spiraea japonica L. f. Suppl. Pl. 262. 1781; 中国植物志, 36: 12. 1974.

1a. 光叶粉花绣线菊（变种）

Spiraea japonica L. f. var. ***fortunei*** (Planch.) Rehder, in L. H. Bailey, Cycl. Amer. Hort. 4: 1703. 1902; 中国植物志, 36: 14. 1974.

灌木，高可达1.5m。枝细长，开展，小枝近圆柱形，无毛或幼时被短柔毛；冬芽卵形，长2～3mm，先端尖，被柔毛，具数个鳞片。单叶互生；叶片长圆状披针形，长4～12cm，宽2～4cm，先端渐尖，基部楔形，边缘具尖锐重锯齿，两面无毛；叶柄长2～7mm。花两性；复伞房花序生于当年生长枝顶端，直立，直径4～5cm；花梗长3～6mm，具短柔毛；苞片披针形至线状披针形，被柔

光叶粉花绣线菊 ***Spiraea japonica*** **var.** ***fortunei***
1.花期植株（刘培亮 摄）；2.花序（刘培亮 摄）；3.蓇葖果（许宇星 摄）

毛；花直径4～6mm，粉红色；萼筒外面和内面被短柔毛；萼片三角形，长1～1.5mm，与萼筒近等长，果期开展；花瓣近圆形，长约2mm；雄蕊约20枚，比花瓣稍长；花柱顶生，向外斜展；花盘不发达。蓇葖果稍开展，无毛。花期5～7月，果期8月。

本种在延安主要在海拔1400m以下吴起大吉沟树木园、宝塔有栽培。在我国分布于西北的陕西、甘肃，华东的山东、安徽、江苏、浙江、江西、福建，华中各地，华南的广东、广西，西南的四川、云南、贵州等地。

萌生力强，耐修剪，在园林绿化中常丛植、片植或作绿篱，花期较长，供观赏。

2. 土庄绣线菊

Spiraea pubescens Turcz., Bull. Soc. Imp. Naturalistes Moscou. 5: 190. 1832; 中国植物志, 36: 38. 1974.

灌木，高1～2m。小枝开展，微具棱；冬芽卵形或近球形，具数个鳞片，被短柔毛。单叶互生；叶片菱状倒卵形、菱状椭圆形，长2～4cm，宽0.8～2cm，先端急尖，基部宽楔形，边缘在中部以上具缺刻状牙齿，有时3浅裂，表面被稀疏柔毛，背面被灰色短柔毛，沿叶脉较密；叶柄长2～4mm，被柔毛。花两性；伞形花序着生于侧枝顶端，具花序梗，有花15～20朵，花序梗具稀疏柔毛；花梗长7～12mm，无毛；花直径5～7mm；萼筒钟状；萼片卵状三角形，外面无毛，内面被稀疏短柔毛；花瓣白色，卵形、宽倒卵

土庄绣线菊 ***Spiraea pubescens***
1.花枝（刘培亮 摄）；2.花序（刘培亮 摄）

形或近圆形，长2～3mm；雄蕊25～35枚，与花瓣近等长或稍长；花盘环形，有10个裂片；子房无毛，或近腹部和基部有短柔毛，花柱短于雄蕊。蓇葖果开张，仅在腹部微被短柔毛；花柱顶生，微开展或近直立；宿存萼片直立。花期5～6月，果期7～8月。

本种在延安主要分布于宝塔、甘泉、黄陵、洛川、黄龙、宜川、富县、安塞、志丹等地，生于海拔1000～1500m 的山地灌丛或杂木林中。在我国分布于东北各地，华北各地，西北的陕西、甘肃，华中的河南、湖北，西南的四川等地。蒙古、朝鲜半岛、俄罗斯也有分布。

分布较广，在轻度荫蔽的林下及阳坡上均能生长，适应能力较强，天然更新良好，利于保持水土，又是优秀的观赏植物。

3. 三裂绣线菊

Spiraea trilobata L., Mant. Pl. 2: 244. 1771; 中国植物志, 36: 34. 1974.

灌木，高1～2m。小枝开展，微呈“之”字形弯曲，无毛；冬芽卵形，先端圆钝或急尖，外被数个鳞片，无毛。单叶互生；叶片轮廓近圆形，直径1～3cm，先端圆形，常3浅裂，基部亚心形、圆形、平截或宽楔形，边缘自中部以上具少数圆钝锯齿，两面均无毛，背面具3～5基出脉。花两性；伞形花序生于侧枝先端，具花序梗，无毛，直径2～3cm，具花15～30朵；花梗长8～13mm，无毛；苞片线形或倒披针形；花直径6～8mm；萼筒钟状，外面无毛，内面具灰白色短柔毛；萼片三角形，长1～1.5mm，先端急尖，外面无毛，内面具稀疏短柔毛；花瓣白色，宽倒卵形，长2.5～4mm；雄蕊18～20枚，短于花瓣；花盘有约10个裂片；花柱短于雄蕊，子房被短柔毛。蓇葖果开展，沿腹缝线微被短柔毛或无毛；花柱顶生，稍倾斜；宿存萼片直立。花期5～6月，果期7～9月。

三裂绣线菊 *Spiraea trilobata*

1.花枝（刘培亮 摄）; 2.枝叶和花序（刘培亮 摄）

本种在延安主要分布于延川、宜川、黄陵等地，生于海拔600～1400m 的河岸岩石上或灌丛中。在我国分布于东北各地，华北各地，西北的陕西、甘肃、新疆，华中的河南，华东的江苏、安徽等地。朝鲜半岛、俄罗斯也有分布。

常生于石质山坡向阳处，抗旱能力强，生长强健，可栽培保持水土并供观赏用。

4. 绣球绣线菊

Spiraea blumei G. Don, Gen. Hist. 2: 518. 1832; 中国植物志, 36: 37. 1974.

灌木，高1～2m。小枝开展，深红褐色或暗灰褐色，无毛；冬芽卵形，有数个外露鳞片，无毛。单叶互生；叶片轮廓菱状卵形或倒卵形，长1.5～4cm，宽1～2.5cm，先端急尖或圆钝，有时3～5浅裂，基部楔形，边缘中部以上有数个圆钝缺刻状锯齿，两面无毛，背面基部具不明显的3脉或羽状脉，

绣球绣线菊 *Spiraea blumei*
1.花枝（刘培亮 摄）；2.叶背面（刘培亮 摄）；3.花序（刘培亮 摄）

脉腋常有簇毛；叶柄无毛。花两性；伞形花序具花序梗，着生于短枝先端，直径2～4cm，具花20～30朵；花梗长6～15mm，无毛；花直径约6mm；萼筒钟状；花瓣白色，倒卵形，先端微凹，长2～3mm；雄蕊18～20枚，比花瓣短或近等长；花盘由8～10个裂片组成；子房无毛或仅在腹部微被短柔毛；花柱短于雄蕊。蓇葖果直立，无毛，花柱倾斜开展；宿存萼片直立。花期5～6月，果期7～8月。

本种在延安主要分布于黄陵、黄龙等地，生于海拔1300m左右的山坡灌丛或林缘。在我国分布于东北的辽宁，华北的内蒙古（中部）、山西、河北，西北的陕西、甘肃，华东的山东、安徽、江苏、浙江、江西、福建，华中各地，华南的广东、广西，西南的四川。日本、朝鲜半岛也有分布。

常生于山坡灌丛或林缘，可栽培防止水土流失，并供观赏用。

5. 耧斗菜叶绣线菊

Spiraea aquilegiifolia Pall., Reise Russ. Reich. 3: 734. 1776; “*aquilegifolia*” 中国植物志, 36: 66. 1974.

灌木，高0.5～1m。枝条细弱，小枝圆柱形，幼时密被短柔毛，后逐渐脱落至近无毛；冬芽卵形，有数个鳞片。开花枝上的叶片通常倒卵形，先端圆钝，基部楔形，全缘或先端3浅裂，长4～8mm，宽2～5mm；不育枝上的叶通常为扇形，长宽近相等，先端3～5浅裂，基部狭楔形，长7～10mm；叶表面无毛或被稀疏短柔毛，背面密被短柔毛；叶柄长1～2mm，有短柔毛。花两性；伞形花序无花序梗，基部簇生数枚叶片，有花3～6朵；花梗长6～10mm，无毛；花直径4～5mm；萼筒钟状；萼片三角形，先端锐尖；花瓣白色，近圆形，先端钝，长约2mm；雄蕊约20枚，与花瓣近等长；花盘环形，有10个深裂片；子房被短柔毛，花柱短于雄蕊。蓇葖果上半部或沿腹缝线被短柔毛，花柱顶生于背部，倾斜开展；宿存萼片直立或反折。花期5～6月，果期7～9月。

耧斗菜叶绣线菊 *Spiraea aquilegiifolia*
1.枝叶（刘培亮 摄）；2.叶背面（刘培亮 摄）

本种在延安主要分布于甘泉、吴起、安塞、

志丹、黄龙等地，生于海拔1000～1400m的沙地或黄土坡上。在我国分布于华北的内蒙古（中部）、河北、山西，西北的陕西、甘肃、宁夏、青海，华中的河南等地。蒙古、俄罗斯也有分布。

常生长于干旱的黄土丘陵阳坡，耐干旱，植株低矮，可栽培保持水土并供观赏。

6. 金丝桃叶绣线菊

Spiraea hypericifolia L., Sp. Pl. 1: 489. 1753; 中国植物志, 36: 65. 1974.

灌木，高达1.5m。枝条开展，小枝圆柱形，无毛或被稀疏短柔毛；冬芽卵形，无毛，具棕褐色鳞片。单叶，互生；叶片长圆状倒卵形或倒卵状披针形，长1.5～2cm，宽0.5～0.7cm，先端急尖或圆钝，基部楔形，全缘，或不育枝上的叶片先端有2～3个钝锯齿，叶两面无毛或具稀疏短柔毛；叶柄短或近无柄。花两性；伞形花序无花序梗，基部有数枚小型叶片，有花7～11朵；花梗长1～1.5cm；花直径5～7mm；萼筒钟状；萼片三角形；花瓣白色，近圆形或倒卵形，长2～3mm；雄蕊约20枚，与花瓣等长或稍短；花盘环形，有10个裂片；子房被短柔毛或近无毛，花柱与雄蕊近等长或稍短。蓇葖果无毛，直立开展；花柱顶生于背部，倾斜开展；宿存萼片直立。花期5～6月，果期7～9月。

本种在延安主要分布于宝塔、富县，生于海拔1000m左右的山坡荒野或灌丛。在我国分布于东北的黑龙江，华北的内蒙古（中部）、山西，西北的陕西、甘肃、新疆，华中的河南等地。蒙古、俄罗斯西伯利亚、亚洲中部及西南部、欧洲东南部也有分布。

常生长于干旱的黄土丘陵阳坡，耐干旱，植株低矮，可栽培保持水土并供观赏。

金丝桃叶绣线菊 ***Spiraea hypericifolia***
1.枝叶（刘培亮 摄）；2.枝叶和花序（刘培亮 摄）

5. 风箱果属 *Physocarpus* (Cambess.) Raf.

本属编者：西北大学 刘培亮

落叶灌木；冬芽有数枚互生的鳞片。单叶，互生；叶片通常3裂，边缘有锯齿，叶脉三出；具叶柄；托叶早落。花两性；伞房花序或伞形总状花序顶生，具多花；萼筒杯状；萼片5枚，镊合状排列；花瓣5枚，略长于萼片，白色或粉红色；雄蕊20～40枚；心皮1～5枚，基部合生。蓇葖果膨大，沿背缝线和腹缝线开裂；具种子2～5颗。

本属约有10种，分布于北美洲和亚洲东北部。中国野生的有1种，分布于东北、华北。延安栽培1变种，原产北美洲。

本属植物适应于温带气候，在东北、华北、西北和华东等地区可栽培供绿化和观赏。

无毛风箱果

Physocarpus opulifolius (L.) Maxim., Trudy Imp. S.-Peterburgsk. Bot. Sada 6(1): 220. 1879.

金叶风箱果（变种）

Physocarpus opulifolius (L.) Maxim. var. ***luteus*** (Hort. ex Petz. & G. Kirchn.) Dippel, Handb. Laubholzk. 3: 500. 1893——*Spiraea opulifolia* var. *lutea* hort. ex Petz. & G. Kirchn., Arbor. Muscav. 217. 1864.

灌木，高可达3m。茎平展或斜升，近无毛。叶金黄色至黄绿色；叶片卵形或倒卵形，长6～10cm，宽4～10cm，通常长大于宽，3或5裂，基部宽楔形或截形，边缘具不规则锯齿，先端钝或圆形，通常两面无毛，有时背面具稀疏柔毛；叶柄长1～3cm；托叶狭卵形，长6～10mm，宽1.5～2.5mm。伞房花序半球形，直径约5cm，具花30～50朵；苞片椭圆形、匙形或菱形，长约5mm，宽约2.5mm；花梗长1～2cm，常具星状毛；花直径7～10mm；萼筒杯状，长1.5～2mm，无毛或具稀疏星状毛；萼片三角形，长1.5～2.5cm，常具星状毛；花瓣白色或淡粉色，宽椭圆形或近圆形，长宽各4～5mm；雄蕊与花瓣等长或稍长，花药紫色；心皮3～5个，基部合生，具稀疏星状毛。蓇葖果3～5个，基部合生，红色或棕红色，长5～10mm，具稀疏星状毛，后渐变近无毛；宿存花柱长约4mm。种子2～5颗，梨形，长约2mm。

本种在延安宝塔的街道、公园、庭院有栽培，供观赏。原产于北美洲，现北美洲、欧洲、亚洲均有栽培，春季赏花，花色洁白，秋季赏果，经冬不凋，叶色金黄，色彩明快，是叶花果俱佳的观赏植物。

金叶风箱果 *Physocarpus opulifolius* var. *luteus*
1.枝叶和花序（刘培亮 摄）；2.花序（刘培亮 摄）；3.果序（曹旭平 摄）

6.栒子属 *Cotoneaster* Medik.

本属编者：西北大学　赵鹏

常绿至落叶灌木，有时为小乔木。冬芽小，具数个覆瓦状鳞片。叶互生，全缘，叶柄短，托叶小，早落。花单生，2～3朵或多朵成聚伞花序；萼筒钟状、筒状或陀螺状，有5短萼片；花瓣5枚，白色、粉红色或红色，直立或开张，覆瓦状排列于花芽中；雄蕊常20枚；花柱离生2～5枚，心皮背面与萼筒连合，腹面分离，胚珠2；子房下位。果实小型，梨果状，红色、褐红色至紫黑色，先端有宿存萼片；小核骨质，种子1，扁平，子叶平凸。

本属90余种，分布于亚洲、欧洲和北非的温带地区。中国有50余种，在我国主要分布于东北的黑龙江、辽宁，华北的内蒙古（中部）、山西、河北，华东的山东，西北的陕西、甘肃、青海、新疆，华中的河南、湖北、湖南，西南的四川、云南、西藏等地。延安有6种，主要分布于黄陵、甘泉、富县、延长、宝塔、宜川等地。

本属植物一般生长在高寒、干旱地带，垂直分布带较宽，生长健壮，有较强的适应能力。播种和扦插成活率高，易栽培。

本属植物具有较高的经济、观赏和药用价值。植物枝条细长，树姿优美，花的颜色丰富，适合栽培作为优良的庭院观赏园林植物，还是良好的蜜源植物。

分种检索表

1. 花2～4朵或2～5朵，聚伞花序……2
1. 花3～13朵至多数……3
2. 花2～5朵；白色外带红晕……1. 灰栒子 *C. acutifolius*
2. 花2～4朵；浅红色……2. 细枝栒子 *C. tenuipes*
3. 果实近球形，具1小核……4
3. 果实卵形至椭圆形或倒卵形至近球形，具1～2小核……5
4. 花5～12朵；花梗和萼筒均无毛；叶片下面无毛……3. 水栒子 *C. multiflorus*
4. 花多数；花梗和萼筒外面有柔毛；叶片下面有柔毛……4. 毛叶水栒子 *C. submultiflorus*
5. 花3～12朵；果实红色，具1～2小核……5. 准噶尔栒子 *C. soongoricus*
5. 花3～13朵；果实鲜红色，具2小核……6. 西北栒子 *C. zabelii*

1. 灰栒子

Cotoneaster acutifolius Turcz. in Bull. Soc. Nat. Moscou 5: 190. 1832; 中国植物志, 36: 144. 1974.

落叶灌木，高2～4m。枝条圆柱形细小开张，棕褐色或红褐色，幼时长柔毛。叶片圆卵形，长2.5～5cm，宽1.2～2cm，先端急尖，基部宽楔形，全缘，幼时长柔毛，老时无毛；叶柄长2～5mm，托叶早落。花梗长3～5mm被长柔毛，聚伞花序2～5朵；苞片具微柔毛；萼片三角形，内外面均具柔毛；萼筒钟状或短筒状，内面无毛，外面被柔毛；花瓣白色外带红晕，花瓣直立，宽倒卵形或长圆形，长约4mm，宽3mm，先端圆钝；雄蕊短于花瓣，10～15枚；花柱短于雄蕊，2枚离生，子房先端密被柔毛。果实黑色，椭圆形，有2～3小核。花期5～6月，果期9～10月。

本种在延安主要分布于黄陵、黄龙，多生于海拔700～1400m山谷或草坡丛林中。我国主要分布于华北的内蒙古（中部）、山西、河北，西北的陕西、甘肃、青海，华中的河南、湖北，西南的西藏等地。蒙古也有分布。

灰栒子 ***Cotoneaster acutifolius***
小枝及叶（黎斌 摄）

本种耐寒、喜光，极耐干旱和贫瘠土壤，较耐阴。根系庞大，耐整形修剪，木质坚硬而富有弹性。

树形秀丽，果色黢黑，作为园林观果植物，价值高，宜于绿地草坪边缘栽植或在花坛内丛植；也是保持水土、涵养水源的重要树种。种子可入药。

2. 细枝栒子

Cotoneaster tenuipes Rehd. & Wils. in Sarg. Pl. Wils. 1: 171. 1912; 中国植物志, 36: 150. 1974.

落叶灌木，高1～2m。小枝圆柱形，细瘦，褐红色，幼时具灰黄色柔毛，后脱落，一年生枝无毛。叶片全缘，卵形至狭椭圆卵形，先端急尖或稍钝，基部宽楔形，叶片上下面幼时稀生柔毛，老时近无毛，上面叶脉稍下陷，下面叶脉稍突起；叶柄长3～5mm，具柔毛；托叶披针形，稀生柔毛，脱落或部分宿存。花2～4朵呈聚伞花序，总花梗和花梗密生柔毛；苞片线状披针形，稀生柔毛；萼筒钟状，外面密被柔毛，内面无毛；萼片卵状三角形，先端急尖，内面除边缘外均无毛，外面密生柔毛；花瓣直立，卵形或近圆形，宽与长大致相等，3～4mm，先端圆钝，基部有爪，白色有红晕；雄蕊短于花瓣，约15枚；花柱短于雄蕊，2枚离生；子房先端稀生柔毛。果实紫黑色，卵形，小核1～2。花期5月，果期9～10月。

本种在延安主要产于黄陵、黄龙，生于海拔600～1600m的丛林间或多石山地。本种在我国主要分布于西北的甘肃、青海，西南的四川、云南等地。高加索、西伯利亚以及亚洲中部和西部均有分布。

本种在干旱河谷生境下枝条趋于刺化。可以作为生态恢复物种，也可作为观赏植物栽培。

3. 水栒子

Cotoneaster multiflorus Bge. in Ledeb. Fl. Alt. 2: 220. 1830; 中国植物志, 36: 131. 1974.

落叶灌木，高达4m。枝条弓形弯曲且细瘦，小枝圆柱形，红褐色或棕褐色，无毛，幼时带紫色，

水栒子 *Cotoneaster multiflorus*
1.枝条、叶（王赵钟 摄）；2.花（王赵钟 摄）；3.果（王赵钟 摄）

具短毛，后脱落。叶片宽卵形，长2～4cm，宽1.5～3cm，先端急尖或圆钝，基部宽楔形或圆形，下面幼时稍有毛，后脱落；叶柄长3～8mm；托叶线形，后脱落。花5～21朵，呈聚伞花序，花梗无毛，微具柔毛；花梗长4～6mm；苞片线形，无毛或稀毛；花直径1～1.2cm；萼筒钟状，无毛；萼片三角形，先端急尖，边缘外有毛；花瓣白色平展，近圆形，直径4～5mm，先端圆钝，基部有爪，内面基部有白色细柔毛；雄蕊约20；花柱2，离生，短于雄蕊；子房先端有柔毛。果实红色，近球形，直径8mm，小核1。花期5～6月，果期8～9月。

本种在延安主要分布于黄陵、黄龙、宝塔、富县、宜川等地，多生长于海拔800～1500m的山坡杂木林或沟谷中。在我国本种产于东北的黑龙江、辽宁，华北的内蒙古（中部）、河北、山西，西北的陕西、甘肃、青海、新疆，华中的河南，西南的四川、云南、西藏等地。

作为优良的园林绿化植物，具有生长迅速、耐干旱、耐寒等特性。

生长旺盛，夏季密着白花，秋季结红色果实，经久不凋，可作观赏植物。近年试作苹果砧木，有矮化之效。果实可入药。同时还具有一定的材用、保持水土、涵养水源等作用。

4. 毛叶水栒子

Cotoneaster submultiflorus Popov in Bull. Soc. Nat. Moscou. n. ser. 44: 126. 1935; 中国植物志, 36: 132. 1974.

落叶灌木，高2～4m。棕褐色圆柱形小枝细弱，幼时密被柔毛，后脱落至无毛。叶片卵形至椭圆形，全缘，下面具短柔毛，无白霜；叶柄微具柔毛；托叶披针形，有柔毛，脱落。花多数，花直径8～10mm，聚伞花序；苞片有柔毛，线形；萼筒钟状，内面无毛，外有柔毛；萼片三角形，先端急尖，内面无毛，外有柔毛；花瓣白色，长3～5mm，平展，卵形或近圆形；雄蕊15～20枚；花柱2枚，离生；子房先端有短柔毛。果实亮红色，近球形，有1小核。花期5～6月，果期9月。

本种在延安主要分布于黄陵、黄龙，多生长于海拔600～1600m岩石缝间或灌丛中。在我国主产于华北的内蒙古（中部）、山西，西北的陕西、甘肃、宁夏、青海、新疆等地。亚洲中部也有分布。

耐干旱瘠薄、抗污染、易繁育等优点，是良好的造林先锋树种和伴生树种。

观赏效果极佳，可丛植于庭院、公园、宅旁、草坪、山石上，是优良的园林绿化树种，枝叶及果实作兽药，枝条供编织，也是荒山绿化、保持水土的良好树种。

5. 准噶尔栒子

Cotoneaster soongoricus (Repel & Herd.) Popov in Bull. Soc. Nat. Moscou n ser. 44: 128. 1935; 中国植物志, 36: 135. 1974.

落叶灌木，高达2.5m；枝条灰褐色细瘦圆柱形小枝，嫩时密被绒毛，后脱落。叶片长1.5～5cm，宽1～2cm，近圆形或卵形，先端圆钝，基部圆形，叶脉下陷，叶脉稍微突起；叶柄具绒毛，长2～5mm；花3～12朵，聚伞花序，总花梗长2～3mm，花梗被白色绒毛；萼筒钟状，内面无毛，外被绒毛；萼片宽三角形，内面无毛；花瓣白色卵形至近圆形，先端圆钝，基部有爪，内面近基部稀生带白色细柔毛；雄蕊18～20枚，花药黄色；花柱2枚，离生；子房顶部密生白色柔毛。果实红色，卵形至椭圆形，具1～2小核。花期5～6月，果期9～10月。

本种在延安主要分布在黄陵，多生于海拔600～1500m干燥山坡、林缘或沟谷边。在我国主产于西北的甘肃、宁夏、新疆，西南的四川、西藏等地。

适应干旱地区生长，具有较强的抗逆性，可栽培。可作为园林绿化植物。

6. 西北栒子

Cotoneaster zabelii Schneid. Ill. Handb. Laubh. 1: 479. f. 420 f-h. 422 i-k. 1906 & in Fedde, Repert. Sp. Nov. 3: 220. 1906; 中国植物志, 36: 149. 1974.

落叶灌木，高达1.5～2m；枝条开张，细瘦，小枝深红褐色，幼时被灰白色至黄色柔毛，至老时无毛。叶片宽卵形，先端钝；叶柄长1～3mm，被绒毛；托叶有毛，披针形，果期脱落。花3～13朵，聚伞花序，花梗长2mm，被柔毛；萼筒钟状，外面被柔毛；萼片三角形，较萼筒短，初被柔毛，后无毛；花瓣浅红色，直立，倒卵形或近圆形，先端圆钝；雄蕊18～20枚，短于花瓣；花柱2枚，离生，短于雄蕊，子房先端具柔毛。果实鲜红色，倒卵形至卵球形，小核2。花期5～6月，果期8～9月。

本种在延安主要分布于甘泉、富县、延长、黄陵、黄龙等地，多生于海拔600～1700m石灰岩山地、山坡阴处、沟谷边、灌木丛中。在我国主要分布于华北的河北、山西，华东的山东，西北的陕西、甘肃、宁夏、青海，华中的河南、湖北、湖南等地。

耐寒、耐干旱和贫瘠。本种是保持水土、涵养水源的重要树种。

可作为园林观果植物，价值高，宜于绿地草坪边缘栽植或在花坛内丛植；果实可入药。

西北栒子 *Cotoneaster zabelii*
1.叶、花（刘培亮 摄）；2.叶、果（刘培亮 摄）

7. 火棘属 *Pyracantha* M. Roem

本属编者：西北大学　刘培亮

常绿灌木或小乔木，通常具枝刺。冬芽被短柔毛。单叶，互生，具短柄，有锯齿或全缘；托叶早落。花两性，白色，呈复伞房花序；萼筒杯状或钟状；萼片5，全缘；花瓣5，近圆形，开展；雄蕊15～20枚；心皮5，在背面约一半与萼筒合生，腹面离生；子房下位，5室，每室含2颗胚珠；花柱5，离生。梨果小，球形，含5颗坚果状种子；萼片宿存。

本属约有10种，分布于东亚和欧洲东南部。中国有7种，分布于华北、西北、华中、华东、华南及西南地区。延安宝塔栽培1种。

本属植物植株紧凑，枝叶茂密，耐修剪，抗性强，常栽培作绿篱；花色洁白，果实红色、黄色、橘红色，供观赏；果实可食用、酿酒、制醋或药用。

火棘

Pyracantha fortuneana (Maxim.) H. L. Li, J. Arnold Arbor. 25: 420. 1944; 中国植物志, 36: 180. 1974.

灌木，高1～3m。枝具枝刺，圆柱形；冬芽外被短柔毛。单叶互生；叶片倒卵形或倒卵状长圆形，长1.5～5cm，宽0.5～1.7cm，先端圆钝或微凹，基部狭楔形，边缘有钝锯齿，近基部全缘，表面有光泽，两面无毛；叶柄长约5mm，无毛或幼时被柔毛。花两性；复伞房花序具花多数，直径2～3cm；花梗纤细，长5～10mm；花直径约8mm；萼筒钟状，长1～1.5mm，无毛；萼片三角状卵形，先端圆钝，近无毛；花瓣白色，近圆形，长约4mm，基部具短爪；雄蕊20，花丝长3～4mm，花药黄色；子房先端密生白色绒毛，花柱5，离生，与雄蕊近等长。果实扁球形，直径约5mm，成熟时橘红色或深红色，无毛；宿存萼片闭合。花期4～5月，果期8～10月。

本种在延安主要栽培于宝塔海拔1200m以下的街道、公园、庭院。在我国分布于西北的陕西，华东的江苏、福建，华中各地，华南的广西，西南的四川、云南、贵州、西藏等地。

植株紧凑，枝叶茂密，耐修剪，抗性强，常栽培作绿篱；花色洁白，果实色泽鲜艳，供观赏；果实可食用、酿酒、制醋或药用。

火棘 ***Pyracantha fortuneana***

1.花枝（刘培亮 摄）；2.花序（刘培亮 摄）；3.果实（刘培亮 摄）

8. 山楂属 *Crataegus* L.

本属编者：西北大学　赵鹏

落叶灌木或小乔木，少数为半常绿，常具刺，稀无刺；冬芽卵形。单叶互生，有锯齿，有叶柄与托叶。花序伞房或伞形稀单生；萼片5，萼筒钟状；花瓣纯白色，极少粉红色，5枚；雄蕊5～25枚；心皮1～5枚，除先端和腹部分离外，大部于花托合生，子房下位至半下位，每室2胚珠，其中一个常不发育。梨果，果实有红色、橙色、黄色或黑色；心皮熟时骨质，呈小核状，各具1种子；种子直立。花期5～6月，果期8～10月。

本属种类有1000种以上，广泛分布于北半球，以北美洲为主。中国约产17种，分布于东北的黑龙江、吉林、辽宁、内蒙古（东部），华北的山西、河北，西北的陕西、甘肃，华东的江苏、山东、浙江、安徽、江西、福建，华中的河南、湖北、湖南，华南的广东、广西，西南的贵州、四川、云南等地。延安共6种，主产黄陵等地。

本属植物分布范围广，物种多样性高，生态景观构建的重要树种之一。本属有些物种果实大形而肉质，富含糖分和维生素，可供鲜食，果亦可制果冻蜜饯、果酱、果丹皮、山楂糕。树皮及根皮含鞣质，可用于染色。木材坚韧，可作农具把柄。有些种类可作苹果、梨、榅桲和枇杷砧木。有些物种可作为观赏园林植物。果实可入药。

分种检索表

1.叶片浅裂或不分裂；果实黄色或红色；小核内面两侧平滑……………………………………2

1. 叶片浅裂至深裂；果实红色、黄色或黑色；小核内面两侧具凹痕或蜂窝状孔穴 ……………………………4
2. 叶边锯齿尖锐，常具3～7对裂片，稀仅顶端3浅裂……………………………………1. 野山楂 *C. cuneata*
2. 叶边锯齿圆钝，中部以上有2～4对浅裂片，基部宽楔形……………………………………………………3
3. 萼筒和萼片外无毛，萼片全缘……………………………………………………2. 湖北山楂 *C. hupehensis*
3. 萼筒和萼片外有毛，萼片具2～4细齿或全缘 ………………………………………3. 陕西山楂 *C. shensiensis*
5. 叶片浅裂；花序多密被绒毛；果实小核2～3 ……………………………………………4. 华中山楂 *C. wilsonii*
5. 叶片浅裂；花序无毛或微被绒毛；果实小核3～5或2～3……………………………………………………6
6. 叶片卵圆形，基部3～5对浅裂；果实小核3～5………………………………………………5. 山楂 *C. pinnatifida*
6. 叶片基部截形或宽楔形，有5～7对浅裂；果实小核2～3………………………………6. 甘肃山楂 *C. kansuensis*

1. 野山楂

Crataegus cuneata Sieb. & Zucc. in Abh. Akad. Wiss. Munch 4(2): 130. 1845; 中国植物志, 36: 194. 1974.

落叶灌木或小乔木，高达2.5m。分枝多刺；圆柱形小枝细弱有棱，一年生枝紫褐色，老枝灰褐色，皮孔长圆形散生；冬芽三角卵形，紫褐色，先端圆钝，无毛。叶片卵形或卵状长圆形，长3～6cm，宽2～5cm，边缘重锯齿不规则，顶端浅裂片3，上面光泽无毛，叶脉显著；镰刀状托叶大，草质，边缘有齿。花5～7朵，直径2～2.5cm，伞房花序，花梗着生柔毛，长约1cm；苞片披针形，草质；萼片宿存；长柔毛生于钟状萼筒，萼片三角卵形，长约4mm，内外两面均具柔毛；花瓣白色，花柱4～5；雄蕊20枚，花药红色。果实红色或黄色，近球形或扁球形，小核4～5，内面两侧平滑。花期5～6月，果期9～11月。

本种在延安地要分布于黄陵等地，多生于海拔500～1600m山谷、多石湿地或山地灌木丛中。在我国主要分布华东的江苏、浙江、安徽、江西、福建，华中的河南、湖北、湖南，华南的广东、广西，西南的云南、贵州等地。日本也有分布。

对环境要求低，适应性强，在路边、沟边以及贫瘠的坡地均可生长。

果实多肉可供生食、酿酒或制果酱，可入药。嫩叶可以代茶。可作为园林庭院绿化，苗木可营造经济林。

2. 湖北山楂

Crataegus hupehensis Sarg. Pl. Wils. 1: 178. 1912; 中国植物志, 36: 192. 1974.

乔木或灌木，高达3～5m，树冠圆球形。茎枝刺直立，少，长约1.5cm；紫褐色无毛小枝圆柱形，二年生枝条灰褐色；冬芽紫褐色，三角卵形，无毛。单叶互生，叶片卵形至卵长圆形，长4～9cm，宽4～6cm，边缘有齿，先端同叶片；叶柄无毛，长3.5～5cm；托叶草质，边缘具早落腺齿。伞房花序；花梗长4～5mm，无毛；苞片披针形，膜质，边缘具齿，早落；花直径约1cm；萼筒钟状；花瓣白色，卵形；雄蕊20枚，花药紫色；花柱5枚，基部被白色绒毛，头状柱头。果实深红色，近球形，直径2.5cm，有斑点，萼片宿存；小核5，两侧平滑。花期5～6月，果期8～9月。

湖北山楂 *Crataegus hupehensis*
叶片及果实（卢元 摄）

本种在延安主要分布于黄陵、黄龙等地，生于海拔500～2000m的山坡灌木丛中。在我国分布于华北的山西，西北的陕西，华东的江苏、浙江、江西，华中的河南、湖北、湖南等地。

根系发达，易栽植成活，可与华北大山楂嫁接。

果实可食用，可作山楂糕及酿酒，果实也可入药。

3. 陕西山楂

Crataegus shensiensis Pojark. in Not. Syst. Herb. Inst. Bot. Kom. Acad. URSS 13: 78. 1950; 中国植物志, 36: 194. 1974.

灌木或乔木。小枝幼时无毛，二年生枝深褐色。叶片呈倒卵形或近圆形，有1～3对浅裂片，裂片宽卵形，基部楔形，先端急尖或渐尖，边缘锯齿不完整；叶柄长1.5～2.5cm，无毛。复伞房状花序，长约4.5cm，宽4cm，花梗长4.5～11mm，无毛；萼筒外具柔毛；萼片内面具柔毛，全缘或上部有2～4锯齿，花后反卷；花瓣圆形，长5～7mm，具短爪；雄蕊20枚，花药紫色；花柱5枚，子房顶端有柔毛。

本种在延安主要分布于黄陵、宝塔、宜川等地，生于海拔700～1600m的山坡等地带。在我国主要分布于西北的陕西等地。

适应性强，较耐寒。本种可作为栽培种，具有观赏价值。

果实可食用，亦可入药。

陕西山楂 *Crataegus shensiensis*

1.开花植株；2.叶片（示背面）（寻路路 摄）；3.叶片上面及花（寻路路 摄）

4. 华中山楂

Crataegus wilsonii Sarg. Pl. Wils. 1: 180. 1912; 中国植物志, 36: 196. 1974.

落叶灌木或乔木，高达7m。刺光滑粗壮，直立或稍显弯曲，长1～2.5cm；圆柱形小枝稍有棱角，当年生枝被白色柔毛，老枝无毛，灰褐色，皮孔圆形，浅色，疏生；冬芽紫褐色，三角卵形，先端急尖，无毛。叶片卵形，长4～6.5cm，宽3.5～5.5cm，边缘有锯齿；叶柄长，幼时被白色柔毛，后脱落；托叶边缘有腺齿，早落。花数量多，伞房花序，花直径1～1.5cm;；花梗被白色绒毛；苞片披针形，草质至膜质，先端渐尖，边缘有腺齿，晚落；萼筒钟状；萼片外被柔毛，卵形或三角状卵形，边缘具齿，宿存；花瓣白色，近圆形；雄蕊20枚，花药玫瑰紫色；花柱2～3枚，稀1枚。果实肉质，红色，椭圆形；小核1～3，两侧有深凹痕。花期5月，果期8～9月。

本种在延安主要分布于黄陵等地，生于海拔700～1600m的山坡阴处密林中。在我国主要分布于西北的陕西、甘肃，华东的浙江，华中的河南、湖北，西南的云南、四川等地。

对环境条件适应性强，抗寒抗旱耐瘠薄，平地、山地均可栽培。

果实营养丰富，富含维生素，可食用，果实也可入药。

华中山楂 *Crataegus wilsonii*

1.植株（寻路路 摄）；2.花（寻路路 摄）；3.果（寻路路 摄）

5. 山楂

Crataegus pinnatifida Bge. in Mem. Div. Sav. Acad. Sci. St. Petersb. 2: 100. 1835; 中国植物志, 36: 189. 1974.

落叶乔木，高达6m，树皮粗糙。圆柱形小枝无毛或近无毛，疏生皮孔，当年生枝紫褐色，老枝灰褐色；冬芽三角卵形，无毛，紫色。叶片宽卵形或三角状卵形；叶柄长2～6cm，无毛；托叶草质，镰形，边缘有锯齿。伞房花序直径4～6cm，花梗长4～7mm，有柔毛；花直径约1.5cm；苞片线状披针形，膜质，长6～8mm，边缘具腺齿，早落；萼筒长4～5mm，钟状，密被灰白色柔毛；花瓣白色，倒卵形或近圆形；雄蕊20枚，花药粉红色；花柱3～5枚，基部被柔毛，柱头头状。果实近球形或梨形，深红色，有浅色斑点；小核3～5。花期5～6月，果期9～10月。

本种在延安主要分布于黄陵、黄龙等地，生于海拔700～1600m的山坡灌丛中。在我国主产于东北的黑龙江、吉林、辽宁、内蒙古（东部），华北的河北、山西，西北的陕西，华东的山东、江苏，华中的河南等地。朝鲜和西伯利亚也有分布。

适应性强，喜凉爽，喜光也能耐阴，耐寒、耐高温、耐旱，对土壤要求不严格。

经济价值高，可栽培作绿篱和观赏树，秋季结果累累，经久不凋，颇为美观。幼苗可作嫁接山里红或苹果等的砧木。可做绿篱和观赏树，幼苗可做砧木。果实可生吃或制作果酱、果糕；果实干制后入药。

山楂 *Crataegus pinnatifida*

1.植株（王天才 摄）；2.叶、未成熟果（王天才 摄）；3.花（王天才 摄）；4.成熟果（王天才 摄）

6. 甘肃山楂

Crataegus kansuensis Wils. in Journ. Arn. Arb. 9: 58. 1928; 中国植物志, 36: 201. 1974.

灌木或乔木，高2.5～8m。锥形枝刺多；圆柱形小枝无毛，绿带红色，二年生枝紫褐色，光亮；冬芽，无毛，近圆形，紫褐色，先端钝。叶片宽卵形，长4～6cm，宽3～4cm，边缘尖锐重锯齿，不规则羽状三角卵形浅裂片5～7，先端急尖或短渐尖；叶柄无毛，细；托叶卵状披针形，膜质，腺齿生于边缘，早落。花8～18朵，伞房花序，直径3～4cm；花梗长5～6mm，无毛；苞片披针形，长3～4mm，膜质，托叶早落；萼筒钟状；萼片长2～3mm，三角卵形，全缘，无毛；花瓣白色，近圆形，直径3～4mm；雄蕊15～20枚；花柱2～3，子房顶被绒毛，柱头

甘肃山楂 *Crataegus kansuensis*

叶、果（卢元 摄）

头状。果实红色或橘黄色，近球形，萼片宿存；果梗细，长1.5～2cm；小核2～3。花期5月，果期7～9月。

本种在延安主要分布于黄陵、黄龙等地，生于海拔600～1700m的杂木林中、山坡阴处及山沟旁。在我国分布于华北的山西、河北，西北的陕西、甘肃，西南的贵州、四川等地。

喜光，较耐阴，耐干旱瘠薄，适应性强，对土壤要求不严。该物种可用于观赏，主要观花、观果，亦可观叶，可栽培于风景区、公园、庭院供观赏。作嫁接改良山楂的优良砧木。果实可食用或酿酒、制醋，磨成粉可以代面，果亦可制成果酱、果丹皮、山楂糕，也可入药。

9. 石楠属 *Photinia* Lindl.

本属编者：西北大学　刘培亮

乔木或灌木，落叶或常绿。冬芽卵形，具数个鳞片。单叶互生，革质或纸质，边缘通常有锯齿。花两性，多数，呈顶生伞形、伞房或复伞房花序，稀成聚伞花序；萼筒钟状、杯状或筒状；萼片5；花瓣5，白色，在芽中呈覆瓦状或旋卷状排列；雄蕊通常20枚；花柱2，稀3～5，离生或基部合生；子房半下位，2～5室，每室2胚珠。果实2～5室，稍肉质，成熟时不裂开，先端或1/3部分与萼筒分离，具宿存萼片，每室有1～2粒种子。

本属约有60种，分布于东亚、南亚、东南亚和北美洲南部。中国约有43种，主要分布于华东、华中、华南、西南地区。延安宝塔区栽培2种。

本属的多个物种常见栽培，用于园林景观及环境绿化中，可作绿篱，亦可孤植、丛植，耐修剪，抗性强；有些种嫩叶红色，是重要的彩叶树种；秋冬季果实累累，色彩鲜艳，为鸟类提供食物；花序硕大，花朵密集洁白；唯花朵气味不佳，是其缺点。

分种检索表

1. 幼叶和老叶均为绿色；叶片长圆形或长圆状倒披针形，长9～22cm，侧脉25～30对；花瓣无毛……………………………………1. 石楠 *P. serratifolia*
1. 幼叶红色或红棕色，老叶绿色；叶片椭圆形、椭圆状倒卵形或长圆状倒卵形，长6～11cm，侧脉12～20对；花瓣内面在基部有白色柔毛……………………2. 红叶石楠 *P.* × *fraseri*

1. 石楠

Photinia serratifolia (Desf.) Kalkman, Blumea. 21: 424. 1973. ——*Photinia serrulata* Lindl., Trans. L. Soc. London 13: 103. 1821, nom. illeg. nom. superfl. ; 中国植物志, 36: 220. 1974.

常绿灌木或小乔木，高4～12m。小枝无毛。单叶，互生；叶片革质，长圆形或长圆状倒披针形，长9～22cm，宽3～6.5cm，先端尾尖或急尖，基部圆形或宽楔形，边缘有细锯齿，近基部全缘，无毛，侧脉25～30对；叶柄长2～4cm，幼时被绒毛，以后无毛。花两性；复伞房花序顶生，直径10～16cm，具多数花；花序梗和花梗无毛；花直径6～8mm；萼筒杯状，无毛；萼片宽三角形，两面无毛，长约1mm；花瓣近圆形，白色，直径3～4mm，内外两面均无毛；雄蕊20枚，外轮的比花瓣长，内轮的比花瓣短；花柱2个，稀3个，比雄蕊短，基部合生，柱头头状，子房先端密被白色柔毛。果实球形，直

石楠 *Photinia serratifolia*
1.枝叶和花序（刘培亮 摄）；2.花（刘培亮 摄）；3.果实（刘培亮 摄）

径5～6mm，成熟时红色；种子卵形，长约2mm，棕色，平滑。花期4～5月，果期10～11月。

本种在延安各地海拔1200m以下的街道、公园、庭院常见栽培，供观赏。在我国分布于西北、华东、华中、华南、西南各地。印度、菲律宾、印度尼西亚、日本也有分布。

常栽培于园林、城区中，供绿化及观赏，树形高大美观，四季常青，耐修剪，抗性较强，花序硕大，花朵密集，秋冬季果实累累，色彩鲜艳，为鸟类提供食物；木材坚实；叶和根可药用；种子可榨油；石楠可作为嫁接枇杷的砧木，生长强壮；唯花朵气味不佳，是其缺点。

2. 红叶石楠

Photinia* × *fraseri Dress, Baileya 9(3): 101. 1961.

常绿灌木，高1～3m。老枝灰褐色，幼枝红色，无毛。幼叶红色或红棕色，成熟叶绿色；叶片革质；叶片椭圆形、椭圆状倒卵形或长圆状倒卵形，长6～11cm，宽2.5～5cm，先端渐尖或急尖，基部楔形，边缘具尖锐锯齿，近基部全缘，两面无毛，侧脉12～20对；叶柄长1～2cm，幼时在上面具短柔毛，老时无毛。复伞房花序顶生，直径5～10cm，具多数花；花序梗和花梗均无毛；花梗长3～7mm；花直径约1cm；萼筒杯状，长约2mm，无毛；萼片三角形，长约1mm，无毛，先端淡红色；花瓣近圆形，基部楔形，具短爪，白色，直径约4mm，内面在基部有白色柔毛，其余部分无毛；雄蕊约20枚，长短不一，较长的约与花瓣等长，花药淡黄色；花柱2个，比雄蕊短，基部合生，柱头头状，子房密被白色柔毛。果实未见。花期4～5月。

本种在延安宝塔及其以南县区海拔1100m以下的街道、公园、庭院有栽培，供观赏。原产于美国，现在中国和美国的城市、庭园中常见栽培。

本种是以石楠为母本，光叶石楠 *Photinia glabra*（Thunb.）Maxim. 为父本在人工培育的苗圃无意中杂交而成的优良观赏树种，最早于1940年左右出现。现在常栽培做绿篱或修剪成各种造型，植株紧凑，适应性强，耐修剪，春秋季新发嫩叶鲜红色，甚为美观。

红叶石楠 *Photinia* × *fraseri*
1.枝叶和花序（刘培亮 摄）；2.花（刘培亮 摄）

10. 花楸属 *Sorbus* L.

本属编者：西北大学　刘培亮

落叶乔木或灌木。冬芽具覆瓦状鳞片。叶互生，单叶或奇数羽状复叶；叶片有锯齿或裂片，在芽中为对折状，稀席卷状；托叶为膜质而早落，或草质而宿存。花两性，呈顶生复伞房花序；萼筒钟状；萼片5，脱落或宿存；花瓣5，白色，稀粉红色；雄蕊15～25；心皮2～5，部分离生或全部合生；子房半下位或下位，2～5室，每室具2胚珠；花柱2～5，中部以下多少合生。果实为2～5室的小型梨果，圆球形或倒卵球形，成熟时白色、黄色或红色，每室含1～2颗种子，子房壁软骨质。

本属约有100种，广布于亚洲、欧洲、北美洲的温带地区。我国约有67种，分布于东北、华北、西北、华东、华中、西南、华南各地。延安有2种，分布于宝塔及黄龙。

本属植物常为林下及林缘伴生种；花序密集、花色洁白，果实繁盛，成熟时引人注目，可供观赏；有些种类的果实可做果酱或酿酒；嫩枝叶可作饲料；种子可榨油及供药用；树皮可提取栲胶。

分种检索表

1. 羽状复叶；托叶宿存；花柱3～4个；果实近球形，直径6～8mm，具闭合的宿存萼片……………………………………1. 北京花楸 *S. discolor*

1. 单叶；托叶早落；花柱2个；果实长圆形或长圆状卵球形，长10～13mm，宽7～9mm，萼片脱落……………………………………2. 水榆花楸 *S. alnifolia*

1. 北京花楸

Sorbus discolor (Maxim.) Maxim., Bull. Acad. Imp. Sci. Saint-Pétersbourg, sér. 3. 19: 173. 1874; 中国植物志, 36: 322. 1974.

乔木，高达10m。小枝具稀疏皮孔。冬芽长卵形，具数个棕褐色鳞片，无毛或在鳞片边缘有稀疏柔毛。叶互生；奇数羽状复叶，连叶柄长10～20cm，具小叶5～7对；小叶片长圆状椭圆形、长圆形或长圆状披针形，长3～6cm，宽1～1.8cm，先端急尖或短渐尖，基部斜楔形或近圆形，边缘有细锐锯齿，近基部约1/3以下部分全缘，两面均无毛；托叶草质，宿存，边缘有粗锯齿。花两性；复伞房花序具多数花，直径6～10cm；花序无毛；花梗长2～3mm；花直径约10mm；萼筒钟状；萼片三角形，先端稍钝或急尖，长约1.5mm；花瓣白色，卵形或长圆状卵形，长3～5mm，宽2.5～3.5mm，先端圆钝；雄蕊15～20枚，长约为花瓣的一半；花柱3～4个，基部被稀疏柔毛。果实近球形，直径6～8mm，白色或黄色，宿存萼片闭合。花期5～6月，果期8～9月。

本种在延安主要分布于宝塔、黄龙等，生于海拔1300～1800m的山坡疏林中。在我国分布于华北的内蒙古（中部）、河北、山西，西北的陕西、甘肃，华东的山东、安徽，华中的河南等地。

常生于阳坡阔叶混交林中；可栽培供绿化及观赏，果实可为野生动物提供食物。

北京花楸 *Sorbus discolor*
1.枝叶和果序（刘培亮 摄）；2.托叶（刘培亮 摄）；3.果序（刘培亮 摄）

2. 水榆花楸

Sorbus alnifolia (Siebold & Zucc.) K. Koch, Ann. Mus. Bot. Lugduno-Batavi. 1: 249. 1864; 中国植物志, 36: 298. 1974.

乔木，高15～20m。小枝具皮孔。冬芽卵形，具数个暗红褐色鳞片。单叶互生；叶片卵形或椭圆状卵形，长5～10cm，宽3～6cm，先端渐尖，基部宽楔形或近圆形，边缘有不整齐的尖锐重锯齿，有时微浅裂，两面无毛或被稀疏短柔毛，侧脉6～14对，直达锯齿尖端；叶柄长1～2cm；托叶早落。

水榆花楸 *Sorbus alnifolia*
1.枝叶（刘培亮 摄）；2.花序（寻路路 摄）；3.果序（刘培亮 摄）

花两性；复伞房花序直径5～9cm，有花6～25朵；花直径12～16mm；萼筒钟状；萼片三角形，外面无毛，内面密被白色绒毛；花瓣白色，倒卵形或近圆形，长5～7mm，宽3.5～6mm，先端圆钝；雄蕊20枚，长4～5mm；花柱2，基部或中部以下合生，短于雄蕊。果实长圆形或长圆状卵球形，长10～13mm，宽7～9mm，成熟时红色或黄色，不具斑点或具极少数细小斑点，先端有萼片脱落后残留圆斑。花期5～6月，果期8～9月。

本种在延安分布于黄龙、富县海拔1700m以下山坡、林下及灌丛中。在我国分布于东北各地，华北的河北、山西，西北的陕西、甘肃，华东的山东、江苏、安徽、浙江、江西、福建、台湾，华中的河南、湖北，西南的四川等地。朝鲜半岛和日本也有分布。

常生于山坡、山沟或山顶混交林或灌丛中；可栽培供绿化及观赏，秋季叶片变为红色，为彩叶树种；木材优良；树皮可提取染料，纤维为造纸原料；果实可为野生动物提供食物。

11. 木瓜属 *Chaenomeles* Lindl.

本属编者：西北大学　刘培亮

灌木或小乔木，落叶或半常绿，有刺或无刺。冬芽具2个外露鳞片。单叶，互生，有短柄和托叶。花两性，有时部分为雄花；花单生或簇生；萼筒钟状；萼片5，全缘或有细锯齿，果时脱落；花瓣5，猩红色、淡红色或白色；雄蕊20～50枚，排列为两轮；花柱5，基部多少合生；子房下位，5室，每室具有多数胚珠，排成两行。果实为梨果，近于无梗，内含多数褐色种子。

本属约5种，分布于东亚。中国有5种，分布于华北、西北、华东、华中、华南、西南地区。延安宝塔栽培1种。

本属植物为优秀的观花、观果植物；一些种类早春开花，花密集而色彩鲜艳，为优秀的观赏植物，且抗性强，可粗放管理；果实嫩时可腌渍作调味品，成熟后芳香；果实药用。

皱皮木瓜

Chaenomeles speciosa (Sweet) Nakai, J. Jap. Bot. 4: 331. 1929; 中国植物志, 36: 351. 1974.

落叶灌木，高可达2m。枝具刺，疏生皮孔；冬芽近无毛或鳞片边缘具短柔毛。单叶互生；叶片卵形或椭圆形，稀长椭圆形，长3～9cm，宽1.5～5cm，先端急尖或圆钝，基部楔形或宽楔形，边缘具尖锐细锯齿，表面无毛，背面无毛或沿脉具短柔毛；叶柄长1～1.5cm；托叶草质，肾形或半圆形，稀卵形，边缘具尖锐重锯齿。花两性；花2～6朵簇生于二年生老枝上，先于叶或与叶同时开放；花梗长约3mm或近于无梗；花直径3～5cm；萼筒钟状；萼片直立，半圆形，长3～4mm，宽4～5mm，先端圆钝，全缘或有波状齿；花瓣倒卵形或近圆形，长10～15mm，宽8～13mm，猩红色，稀淡红色或白色；雄蕊30～50枚，长约1cm；花柱5，约与雄蕊等长，基部合生。果实球形或卵球形，直径4～6cm，成熟时黄色，味芳香；果梗短或近于无梗。花期3～4月，果期9～10月。

本种在延安宝塔海拔1200m以下的街道、公园、庭院有栽培，供观赏。我国南北各地多有栽培，西南地区有野生。缅甸北部也有分布。

生长强健，抗性强，枝叶繁茂，耐修剪，可做绿篱；春季先叶开花，花色艳丽，花量大，为优秀的观赏植物；果实硕大可观赏，成熟时气味芳香，风干后可入药。

皱皮木瓜 ***Chaenomeles speciosa***
1.花枝（王赵钟 摄）；2.果枝（王赵钟 摄）

12.梨属 *Pyrus* L.

本属编者：西北大学　李忠虎

落叶乔木或灌木，极少为半常绿，枝头有时具针刺。冬芽具有覆瓦状鳞片。单叶互生，叶近卵形，在芽中为席卷状，叶边有锯齿或裂片，稀为全缘，有叶柄和托叶。花先于叶开放或与叶同时开放，伞形总状花序；萼片开展或反折；花瓣白色，稀为粉白色，有短爪；雄蕊20～30，药囊常为紫红色；花柱2～5，离生，基部有花盘环绕；子房下位2～5室，每室有2胚珠。花柱2～5条，离生，果实为梨果，果肉中有石细胞，子房壁为软骨质，种子黑色或近于黑色。

全世界约有25种，分布于欧洲、非洲、亚洲、北美洲、南美洲、大洋洲。中国有14种，分布于东北的辽宁，华北的河北，西北的陕西、甘肃，华东的山东、江苏、浙江、江西，华中的河南，西南的四川等地。延安分布4种，主要分布于黄龙、黄陵、甘泉、洛川、延安南泥湾、延安蟠龙山顶、安塞、宜川等地。

梨属对于水土适应比较广泛。梨树寿命较长，栽培比较容易，不论山地、平地、沙土、黏土均可栽植，但不同品种系统对气候条件也有不同。

梨属的果实、果皮以及根、皮、枝、叶均可入药。性凉味甘微酸，入肺、胃经，能生津润燥，清热化痰。主治热病伤津、热咳烦渴、惊狂、噎嗝、便秘等症，并可帮助消化、止咳化痰、滋阴润肺、解疮。木材坚硬细致具有多种用途。

分种检索表

1.枝条常具刺，叶通常为菱状卵形……1.杜梨 *P. betulifolia*
1.枝条无刺，叶卵形或椭圆形……2
2.果实黄色，有细密斑点……3.白梨 *P. bretschneideri*
2.果实褐色，有斑点……3
3.小枝幼时具白色绒毛，叶片边缘有尖锐锯齿，齿尖向外……2.褐梨 *P. phaeocarpa*
3.小枝嫩时具黄褐色长柔毛，边缘有刺芒锯齿，微向内合拢……4.沙梨 *P. pyrifolia*

1. 杜梨

Pyrus betulifolia Bge. In Mem. Div. Sav. Acad. Sci. St. Petersb. 2: 101. 1835; 中国植物志, 36: 366. 1974.

乔木，高达10m，树冠开展，枝条常具刺；枝开展，嫩时密被灰白色绒毛；冬芽卵形，先端逐渐变尖，外面被有灰白色绒毛。单叶互生；叶片卵圆形，基部阔楔形，边缘有尖锐锯齿，老叶仅背面微有绒毛或近无毛而有光泽。花两性；伞形花序，具花10～15朵，花梗与总花梗均密被白色柔毛；萼片三角状卵形；花瓣卵形，白色；花柱2～3，离生。梨果近球形，直径0.5～1cm，2～3室，褐色，有淡色斑点，萼裂片脱落。花期4月，果期8～9月。

本种在延安主要分布于安塞、宝塔（南泥湾、蟠龙山顶）、甘泉、黄陵、洛川、宜川、富县、黄龙等地，海拔范围在500～1500m。在我国分布于东北的辽宁，华北的河北、山西，西北的陕西、甘肃，华东的江苏、安徽、江西、山东，华中的河南、湖北等地。在世界上分布于欧洲、亚洲、北美洲。

杜梨适生性强，生平原或山坡阳处，喜光，耐寒，耐旱，耐涝，耐瘠薄，在中性土及盐碱土均能正常生长。杜梨不仅生性强健，对水肥要求也不严。

树形优美，花色洁白，可用于街道庭院及公园的绿化树。该物种在中国北方盐碱地区应用较广，可用作防护林，水土保持林。通常作各种栽培梨的砧木，结果期早，寿命很长。木材致密可作各种器物。树皮含鞣质，可提制栲胶并入药。

杜梨 *Pyrus betulifolia*
1. 全株（李忠虎 摄）；2. 果枝（王天才 摄）；3. 花和花序（李忠虎 摄）

2. 褐梨

Pyrus phaeocarpa Rehd. In Proc. Am. Acad. Arts Sci. 50: 235. 1915; 中国植物志, 36: 367. 1974.

乔木，高达5～8m。小枝幼时具白色绒毛，二年生枝条近于无毛，紫褐色；冬芽卵形，外被绒毛。单叶互生；叶片椭圆状卵形至长卵形，先端急尖或圆钝，基部圆形至宽楔形，边缘有锯齿，托叶膜质，幼时两面有稀疏绒毛，早落。花两性；伞形花序，具5～8朵花，总花梗和花梗嫩时具绒毛；苞片线状披针形，较早脱落。花瓣卵形，基部具有短爪，白色；雄蕊20，长约为花瓣的一半左右。梨果，球形或卵形，褐色，有斑点，萼裂片脱落。花期4月，果期8～9月。

本种在延安主要分布于黄陵、黄龙等地，生于海拔500～1300m的山坡或黄土丘陵地杂木林中。在我国分布于华北的河北、山西，西北的陕西、甘肃，华东的山东等地。世界上主要分布于欧洲和西亚。

褐梨为喜光植物，一般生长在半干旱地区的山坡或黄土丘陵地杂木林中。宜选择土层深厚、排水良好的缓坡山地种植，尤以沙质壤土山地为理想。

褐梨果实、果皮以及根、皮、枝、叶均可入药。木材可作家具、建筑等材料。本种果实较小，有少数栽培品种，品质均不佳，常作梨的砧木。

3. 白梨

Pyrus bretschneideri Rehd. In Proc. Am. Acad. Arts Sci. 50: 231. 1915; 中国植物志, 36: 364. 1974.

落叶乔木。小枝粗壮，树冠开展；一年生枝黄褐色，多年生枝红褐色，成枝率低。单叶互生；叶片广卵圆形，先端渐尖或突尖，基部圆形或广圆形，叶柄嫩时密被绒毛，线形至线状披针形。花两性；伞形总状花序，总花梗幼时密被绒毛，萼片三角形，先端渐尖，边缘有腺齿，外面无毛，内面密被褐色绒毛。果实外形美观，黄色，有蜡质光泽，梨梗部突起，卵形或近球形，有细密斑点，果皮薄，果肉厚，果核小，肉质细腻，酥脆多汁，甘甜爽口，含多种营养成分。种子褐色，倒卵形。花期4月，果期8～9月。

本种在延安主要分布于洛川、宝塔、甘泉、黄陵等地，生长在海拔500～1200m的干旱寒冷的地区或山坡阳处。在我国分布于华北的河北、山西，西北的陕西、甘肃、青海，华东的山东及华中的河南等地。世界上主要分布于欧洲、亚洲、北美洲。

白梨耐寒、耐旱、耐涝、耐盐碱。根系发达，垂直根深可达2～3m以上，水平根分布较广，约为冠幅2倍左右。喜光喜温，宜选择土层深厚、排水良好的缓坡山地种植，尤以沙质壤土山地为理想。干性强，层性较明显。在园林中孤植于庭院，或丛植于开阔地、亭台周边或溪谷口、小河桥头

白梨 *Pyrus bretschneideri*

1.叶（刘培亮 摄）；2.花枝（刘培亮 摄）；3.果枝（刘培亮 摄）

均甚相宜。

梨果除生食外，还可制成梨膏，均有清火润肺的功效。木材质优，是雕刻、家具及装饰良材。

4. 沙梨

Pyrus pyrifolia (Burm. f.) Nakai, Bot. Mag. Tokyo 40: 564. 1926; 中国植物志, 36: 365. 1974.

落叶乔木，高达7～15m。小枝光滑，或幼时有绒毛，1～2年生枝紫褐色或暗褐色。叶卵状椭圆形，长7～12cm，先端长尖，基部圆形或近心形，缘具刺毛状锐齿，有时齿端微向内曲，光滑或幼时有毛；叶柄长3～4.5cm。花两性；花瓣白色，径2.5～3.5cm，花柱无毛；花梗长3.5～5cm。果近球形，浅褐色，果肉沙糯爽口；花萼脱落。花期4月，果期8月。

沙梨 *Pyrus pyrifolia*
1.果枝（刘培亮 摄）；2.果实（刘培亮 摄）

本种在延安的子长、黄龙有栽培，生于海拔500～1400m的山坡或黄土丘陵地杂木林中。在我国分布于华东的安徽、江苏、浙江、江西、福建，华中的湖北、湖南，华南的广东、广西以及西南的贵州、四川和云南等地。在世界上分布于亚洲、北美洲。

沙梨喜光，喜温暖湿润气候，耐旱，也耐水湿，耐寒力差。适宜生长在温暖而多雨的地区。花芽较易形成，一般能适期结果，特别是萌芽率高、成枝力低的品种。梨的结果枝实际上是一种结果母枝，可分长果枝、中果枝、短果枝和腋花芽枝4种不同的类型。

果实和果皮：清热，生津，润燥，化痰；根：止咳。繁殖多以豆梨为砧木进行嫁接。沙梨为中国栽培沙梨的基本种，栽培品种多为本种改良而来，也是庭园观赏树种。

13. 苹果属 *Malus* Mill.

本属编者：西北大学　赵鹏

落叶乔木或灌木，稀半常绿，通常无刺。冬芽卵形，覆瓦状鳞片多数。单叶互生，叶片有齿或分裂，于芽中席卷或对折，有叶柄和托叶。伞形总状花序；花瓣近圆形，白色、浅红色至艳红色；雄蕊15～50枚，花药黄色，花丝白色；花柱基部合生，3～5枚，子房下位，3～5室，每室胚珠2枚，子房壁软骨质。梨果，萼片宿存或脱落，不具石细胞或少数有；种皮近黑色或褐色。

本属约有35种，广泛分布于欧洲、亚洲和北美洲。中国有20余种，分布于东北的辽宁、吉林、黑龙江、内蒙古（东部），华北的山西、河北，西北的陕西、甘肃、青海、新疆，华东的江苏、浙江、安徽、福建、江西、山东，华中的河南、湖北、湖南，华南的广东，西南的四川、云南、贵州、西藏。延安产11种，主要分布于吴起、宜川、黄陵、黄龙、宜君、志丹、甘泉、宝塔等地。

本属植物喜光，耐寒、抗旱、不耐水湿，适合排水较好的土壤。生长快、抗逆性强，有些物种为重要水果，有些种类为优良的砧木。

本属植物常见栽培观赏用，多用于栽培经济水果植物，果实成熟后酸甜可食用，亦可制蜜饯；亦有蜜源植物。木材纹理通直、结构细致，用于印刻雕版、细木工、工具把等。

本属有些种分根萌蘖作为苹果砧木；嫩叶晒干作茶叶代用品；还可作家畜饲料。果实、叶、花均可入药。

分种检索表

1. 叶片不分裂，在芽中呈席卷状；果实内无石细胞；萼片脱落或宿存……2
1. 叶片常分裂，在芽中呈对折状；果实内无石细胞或少数石细胞；萼片脱落，有时宿存……9
2. 萼片脱落；花柱3～5；果形实小，直径不过1.5cm……3
2. 萼片宿存；花柱5；果形较大，直径常在2cm以上……6
3. 嫩枝和叶片下面常被绒毛或柔毛……4
3. 嫩枝无毛或被短柔毛，细弱……5
4. 叶缘有钝细锯齿；萼片先端圆钝；花柱4或5；果实梨形……1. 垂丝海棠 *M. halliana*
4. 叶缘有细锐锯齿；萼片先端渐尖；花柱3稀为4；果实椭圆形……2. 湖北海棠 *M. hupehensis*
5. 叶柄、叶脉、花梗和萼筒外部均光滑无毛；果实近球形……3. 山荆子 *M. baccata*
5. 叶柄、叶脉、花梗和萼筒外部常有稀疏柔毛；果实椭圆形……4. 毛山荆子 *M. mandshurica*
6. 果形较小，果梗细长；叶片下面仅在叶脉具短柔毛或近无毛……5. 楸子 *M. prunifolia*
6. 果形较大，果梗短或中长……7
7. 果实直径大，果梗短；叶边锯齿稍深，冬芽及叶片上毛茸较多……6. 苹果 *M. pumila*
7. 果实直径大，果梗中长；叶边锯齿较浅……8
8. 萼片先端渐尖，比萼筒长；花瓣淡粉色；果红色或黄色……7. 花红 *M. asiatica*
8. 萼片先端急尖比萼筒短或等长；花瓣白色；果实黄色……8. 海棠花 *M. spectabilis*
9. 萼片永存；叶片浅裂或不裂；果实近球形，有石细胞……9. 河南海棠 *M. honanensis*
9. 萼片脱落很迟；叶片分裂或深或浅；果实椭圆形，有少数石细胞或无石细胞……10
10. 叶缘有重锯齿；果实内有少数石细胞……10. 陇东海棠 *M. kansuensis*
10. 叶缘无重锯齿；果实内无石细胞……11. 花叶海棠 *M. transitoria*

1. 垂丝海棠

Malus halliana Koehne, Gatt. Pomac. 27. 1890 & Deuts. Dendr. 261. 1893; 中国植物志, 36: 380. 1974.

落叶乔木，高达5m，树冠开展。幼枝圆柱形，微曲，细弱，幼时有毛后脱落，紫色或紫褐色；紫色冬芽卵形，无毛或仅在鳞片边缘具柔毛。叶片卵形至长椭卵形，先端渐尖，基部楔形至近圆形，圆钝细锯齿分布于边缘，中脉或具短柔毛，其余无毛；叶柄幼时具稀疏柔毛，老时几无毛，长5～25mm；披针形托叶小，早落，膜质，内面有毛。花4～6朵，花直径3～3.5cm，伞房花序，花梗细弱，下垂；萼片三角卵形，萼筒外面无毛；花瓣粉红色，倒卵形，长约1.5cm，基部有爪，多在5数以上；雄蕊20～25枚，花丝长短不齐；花柱4或5枚，基部有长绒毛，顶花有时缺雌蕊。果实梨形或倒卵形，直径6～8mm，紫色，成熟晚，萼片脱落；果梗长2～5cm。花期3～4月，果期9～10月。

本种在延安主要分布于吴起、宜川等地，生于海拔500～1200m的山坡丛林中或山溪边。在我国主要分布于西北的陕西，华东的江苏、浙江、安徽，西南的四川、云南。

喜光，不耐阴、不耐寒、不耐水涝。栽培容易，对土壤要求不严，唯盆栽须防止水渍，以免烂根。

常见栽培观赏用，果实成熟后酸甜可食用，亦可制蜜饯。

垂丝海棠 *Malus halliana*
1.植株、果（蒋鸿 摄）；2.叶、果（蒋鸿 摄）；3.花（蒋鸿 摄）；4.果（蒋鸿 摄）

2. 湖北海棠

Malus hupehensis (Pamp.) Rehd. in Journ. Arn. Arb. 14: 207. 1933; 中国植物志, 36: 378. 1974.

乔木，高达8m。老枝紫色至紫褐色；冬芽暗紫色，卵形。叶片卵形，边缘有细锐锯齿，柔毛同小枝，常呈紫红色；叶柄长1～3cm，柔毛同小枝；托叶早落，疏生柔毛。花4～6朵，伞房花序，花梗长3～6cm，无毛或稍有长柔毛；苞片早落，膜质，披针形；花直径3.5～4cm；萼片三角卵形，稍短萼筒或等长；花瓣粉白色或近白色，倒卵形，基部具爪；雄蕊20枚，花丝不等长；花柱3枚，稀4枚。果实黄绿色稍带红晕，椭圆形或近球形，直径约1cm，萼片脱落；果梗长2～4cm。花期4～5月，果期8～9月。

本种在延安主要分布于黄陵、吴起、黄龙等地，生于海拔500～1500m的山坡或山谷丛林中。在我国主要分布于华北的山西、河北，西北的陕西、甘肃、青海，华东的江苏、浙江、安徽、福建、江西、山东，华中的河南、湖北、湖南，华南的广东，西南的四川、贵州、云南等地。

喜光，有较强的适应性，耐湿、耐寒、抗盐、耐旱。

湖北海棠 *Malus hupehensis*
1.叶（曹旭平 摄）；2.花（曹旭平 摄）；3.果（曹旭平 摄）；4.成熟果、枝条（曹旭平 摄）

本种用分根萌蘖作为苹果砧木，容易繁殖，嫁接成活率高。嫩叶晒干作茶叶代用品，味微苦涩，俗名花红茶。春季满树缀以粉白色花朵，秋季果实累累，甚为美丽，可作观赏树种。

3. 山荆子

Malus baccata (L.) Borkh. Theor. -Prakt. Handb. Forst. 2: 1280. 1803; 中国植物志, 36: 375. 1974.

乔木，高10～14m，树冠广圆形。无毛幼枝圆柱形，微曲，细弱，红褐色，老枝暗褐色；冬芽红褐色，卵形，鳞片边缘疏生绒毛。叶片椭圆形或卵形，长3～8cm，宽2～3.5cm，先端渐尖，基部楔形或圆形，细锐锯齿生于叶片边缘，嫩时微被或无柔毛；叶柄长2～5cm，嫩时有短柔毛及少数腺体，后全落；托叶早落，膜质，披针形，长约3mm，全缘或有腺齿。花4～6朵，伞形花序，花梗细长，1.5～4cm，无毛；膜质苞片早落，线状披针形，边缘具腺齿，无毛；萼筒外面无毛；萼片披针形，全缘，外面无毛，内面被绒毛；花瓣白色，倒卵形，长2～2.5cm，先端圆钝，基部有短爪；雄蕊15～20枚；花柱5或4枚，基部有长柔毛。果实近球形，直径8～10mm，红色或黄色，萼片脱落；果梗长3～4cm。花期4～6月，果期9～10月。

本种在延安主要分布于黄陵、宜川、宜君等地，生于海拔500～1600m的山坡杂木林中及山谷阴处灌丛中。在我国主要分布于东北的辽宁、吉林、黑龙江、内蒙古（东部），华北的河北、山西，西北的陕西、甘肃，华东的山东等地。

极耐寒、耐瘠薄、不耐盐分。根深，在不同生态条件下有变异类型。

可作观赏树种。幼苗可供苹果、花红和海棠果的嫁接砧木，又是很好的蜜源植物。木材纹理通直、结构细致，用于印刻雕版、细木工、工具把等。嫩叶可代茶，还可作家畜饲料。

山荆子 *Malus baccata*
1.植株（蒋鸿 摄）；2.花（蒋鸿 摄）；3.果（蒋鸿 摄）

4. 毛山荆子

Malus mandshurica (Maxim.) Kom. ex Juz., Fl. URSS. 9: 371. 1939; 中国植物志, 36: 376. 1974.

乔木，高达15m。圆柱形小枝细弱，幼时密被短柔毛，后脱落，紫褐色或暗褐色；冬芽卵形，无毛或仅在鳞片边缘微有短柔毛，红褐色。叶片卵形、椭圆形至倒卵形，叶缘有细锯齿，基部近于全缘，下面具短柔毛或近无毛；叶柄长3～4cm，疏生短柔毛；托叶线状披针形，长5～7mm，叶膜质，边缘具齿，早落。3～6朵花集生在小枝顶端，伞形花序，无总梗；花梗疏生短柔毛，长3～5cm；苞片线状披针形，小，膜质，早落；萼筒有柔毛；萼片长5～7mm，披针形，全缘；花瓣白色，长倒卵形，基部有短爪；雄蕊30枚，花丝长短不齐；花柱4枚，稀5枚，基部具绒毛，稍长于雄蕊。果实红色，椭圆形或倒卵形，直径8～12mm；果梗长3～5cm。花期5～6月，果期8～9月。

本种在延安分布于志丹、黄龙、富县等地，生于海拔500～1700m的山坡杂木林中，山顶及山沟也有分布。在我国主要分布于东北的黑龙江、吉林、辽宁、内蒙古（东部），华北的山西，西北的陕西、甘肃等地。

适应能力强，耐旱、耐寒。

果实、叶、花均可入药，亦可作栽培苹果的砧木。

5. 楸子

Malus prunifolia (Willd.) Borkh. Theor. -Prakt. Handb. Forst. 2: 1278. 1803; 中国植物志, 36: 384. 1974.

小乔木，高3～8m。老枝灰紫色或灰褐色，无毛；冬芽微具柔毛，卵形，先端急尖，边缘较密，紫褐色，数枚鳞片外露。叶片卵形或椭圆形，长5～9cm，宽4～5cm，边缘有细锐锯齿，幼有柔毛，渐脱落；叶柄长1～5cm，嫩时密被柔毛，老后脱落。花4～10朵，近似伞形花序，花梗长2～3.5cm，被短柔毛；苞片微被柔毛，膜质，线状披针形，先端渐尖，早落；花直径4～5cm；萼筒被柔毛；萼片全缘，披针形或三角状披针形，先端渐尖，两面均被柔毛，萼片长于萼筒；花瓣倒卵形或椭圆形，具短爪，白色；雄蕊20枚，花丝长短不同；花柱4或5枚，基部有长绒毛，长于雄蕊；果实卵形，直径2～2.5cm，红色，先端渐尖，稍具隆起，果梗细长。花期4～5月，果期8～9月。

本种在延安主要分布于黄陵、黄龙、富县等地，生于海拔500～1600m的山坡、平地或山谷梯田边。在我国主要分布于东北的辽宁、内蒙古（东部），华北的河北、山西，西北的陕西、甘肃，华东的山东，华中的河南等地。

深根性，生长快。喜光，耐寒，耐旱，耐盐碱，较耐水湿。对城市土壤适应性较强。

可作为砧木，进行其他海棠品种的嫁接，作为观花、观果及景观树。

6. 苹果

Malus pumila Mill. Gard. Dict. ed. 8. M. no. 3. 1768; 中国植物志, 36: 381. 1974.

乔木，高至15m，主干短，树冠圆形。圆柱形短粗小枝；冬芽卵形。叶片椭圆形、卵形至宽椭圆形，边缘具齿，幼嫩时具短柔毛，后上面无毛；叶柄长1.5～3cm，粗壮，被柔毛；托叶披针形，全缘，草质，密被短柔毛，脱落较早。花3～7朵，花直径3～4cm，伞房花序，集生于小枝顶端，花梗长1～2.5cm，密被绒毛；萼筒外密被绒毛；萼片长6～8mm，全缘，长于萼筒；花瓣倒卵形，白色，长15～18mm，基部具短爪；雄蕊20枚；花柱5枚。果实红色，直径在2cm以上，萼片宿存，果梗短粗。花期5月，果期7～10月。

在延安主要分布于黄陵、洛川、宜川、黄龙、延川、富县等地，适生于海拔500～1100m的山坡梯田、平原旷野以及黄土丘陵等处。在我国主要分布于东北的辽宁，华北的河北、山西，西北的陕西、甘肃，华东的山东，西南的四川、云南、西藏等地。原产欧洲及亚洲中部，栽培历史已久，全

苹果*Malus pumila*
1.花（刘培亮 摄）；2.果（刘培亮 摄）

世界温带地区均有种植。

多为栽培，为异花授粉植物。为温带果树。本种为主要栽培果树，品种丰富，果实经济价值极高，热量低。苹果中营养成分可溶性大，容易被人体吸收，故有“活水”之称。它有利于溶解硫元素，使皮肤润滑柔嫩。

7. 花红

Malus asiatica Nakai in Matsumura, Ic. Pl. Koisik. 3: t. 155. 1915 & Fl. Sylv. Kor. 6: 40. 1916; 中国植物志, 36: 383. 1974.

小乔木，高4～6m。小枝粗壮，圆柱形，老枝暗紫褐色，无毛，皮孔浅色，疏生；冬芽卵形，灰红色柔毛初时密，后脱落。叶片卵形或椭圆形，基部圆形，边缘具细锐锯齿；叶柄被短柔毛；膜质披针形托叶较小，早落。花4～7朵，伞房花序，花直径3～4cm，集生在小枝顶端；花梗长1.5～2cm，密被柔毛；萼筒被柔毛，钟状；萼片全缘，三角状披针形，先端渐尖，内外均密被柔毛，萼片稍长于萼筒；花瓣淡粉色，倒卵形或长圆状倒卵形，基部有短爪；雄蕊17～20枚，花丝比花瓣短。果实黄色或红色，卵形或近球形，直径4～5cm，无隆起，宿存萼肥厚隆起。花期4～5月，果期8～9月。

在延安主要分布于黄龙等地，适宜生长在海拔400～900m的山坡阳处、平原沙地。在我国主产于东北的辽宁、内蒙古（东部），华北的河北、山西，西北的陕西、甘肃、新疆，华东的山东，华中的湖北、河南，西南的四川、贵州、云南等地。

喜光，耐寒，耐干旱，也能耐一定的水湿和盐碱。

果实供鲜食用，并可加工制果干、果丹皮及酿果酒之用。

8. 海棠花

Malus spectabilis (Ait.) Borkh. Theor. -Prakt. Handb. Forst. 2: 1279. 1803; 中国植物志, 36: 385. 1974.

乔木，高至8m。圆柱形小枝粗壮，幼时具毛，后脱落，老时无毛，呈红褐色或紫褐色；冬芽卵

海棠花 *Malus spectabilis*

1.植株（周建云 摄）；2.叶、果、枝条（周建云 摄）；3.叶、果（周建云 摄）

形，紫褐色，先端渐尖，稀生柔毛，外露鳞片数枚。叶片椭圆形，具齿或近全缘，幼嫩时具短柔毛，后脱落，老叶无毛；叶柄被短柔毛；托叶全缘，膜质，窄披针形，内面被长柔毛。具花4～6朵，花序近伞形，花梗长2～3cm，具柔毛；苞片早落，膜质披针形；萼片全缘，三角状卵形，内面密被白色绒毛；花瓣白色，在芽中呈粉红色，卵形，基部有爪；雄蕊20～25枚，花丝约为花瓣一半；花柱基部有白色绒毛，5枚，稀4枚。果实黄色，近球形，直径2cm，萼片宿存；果梗细长。花期4～5月，果期8～9月。

本种在延安主要分布于吴起、黄陵等地，生于海拔500～1000m的平原或山地。在我国分布于华北的河北，西北的陕西，华东的山东、江苏、浙江，西南的云南等地。

为我国著名观赏树种。果实可食用，亦可入药。

9. 河南海棠

Malus honanensis Rehd. in Jouan. Arn. Arb. 2: 51. 1920; 中国植物志, 36: 397. 1974.

灌木或小乔木，高达5～7m。小枝圆柱形，细弱，嫩时具毛，后脱落，老枝无毛，红褐色，皮孔褐色，稀疏；冬芽红褐色，卵形，被柔毛。叶片宽卵形，边缘有尖锐重锯齿，两侧具浅裂，裂片宽卵形，两面具柔毛，后上面脱落；叶柄被柔毛，长1.5～2.5cm；托叶膜质，线状披针形，早落。5～10朵组成伞形总状花序，花梗细，长1.5～3cm，嫩时被毛，后脱落；花瓣卵形，长7～8mm，花直径约1.5cm；萼片三角卵形，全缘，长约2mm，内面密被长柔毛，短于萼筒；雄蕊约20枚；花柱3～4，无毛，基部合生。果实黄红色，近球形，直径约8mm，萼片宿存。花期5月，果期8～9月。

本种在延安主要分布于黄陵、宜川等地，生于海拔600～1600m的山谷或山坡丛林中。在我国主要分布于华北的河北、山西，西北的陕西、甘肃，华中的河南等地。

对氟化氢、二氧化硫、硝酸雾等有害气体有抗性。有一定的抗寒、抗旱能力。对土壤要求严格，不耐盐碱，易患立枯病。

可做绿地、清洁空气使用，其叶可做茶饮，果实可食用，还可做砧木。

河南海棠 *Malus honanensis*
1.叶、果（刘培亮 摄）；2.果（刘培亮 摄）

10. 陇东海棠

Malus kansuensis (Batal.) Schneid. in Fedde, Repert. Sp. Nov. 3: 178. 1906 & Ill. Handb. Laubh. 2: 1001. 1912; 中国植物志, 36: 389. 1974.

灌木至小乔木，高3～5m。圆柱形小枝粗壮，其上嫩毛不久脱落，老时紫褐色或暗褐色；冬芽卵形，鳞片具绒毛，暗紫色。叶片卵形或宽卵形，长5～8cm，宽4～6cm，边缘具细锐重锯齿，通常3浅裂，三角卵形叶片下面稀生短柔毛；叶柄长1.5～4cm，疏生短柔毛；托叶线状披针形，草质，边缘疏生腺齿。花4～10朵，直径5～6.5cm，伞形总状花序，总花梗和花梗毛同小枝，花梗长2.5～3.5cm；苞片线状披针形，膜质，早落；萼筒外面被长柔毛；萼片三角状卵形至三角状披针形，全缘，内面被长柔毛，外面无毛；花瓣白色，宽倒卵形，有柔毛；雄蕊20枚，花丝长短不同；花柱3，稀4或2，基部无毛，稍长于雄蕊。果实黄红色，椭圆形或倒卵形，萼片脱落，果梗长2～3.5cm。花期5～6月，果期7～8月。

本种在延安主要产于黄陵、黄龙、富县等地，生于海拔600～1600m的杂木林或灌木丛中。在我国主产于西北的甘肃、陕西，华中的河南，西南的四川等地。

对干旱和腐烂病具有中等抗性，但抗寒性及适应性极强。在本种上嫁接苹果具有矮化作用，且结果早、产量高。果实品质好。

可作果树及砧木或观赏用树种，各地已有人工引种栽培。

陇东海棠 *Malus kansuensis*
1.花（刘培亮 摄）；2.叶、果（刘培亮 摄）

11. 花叶海棠

Malus transitoria (Batal.) Schneid. Ill. Handb. Laubh. 1: 726. 1906 & in Fedde, Repert. Sp. Nov. 3: 178. 1906; 中国植物志, 36: 393. 1974.

灌木至小乔木，高达8m。小枝细长，圆柱形，嫩时被毛，老枝暗紫色；冬芽小，卵形，暗紫色，被绒毛，露鳞片多。叶片卵形，边缘锯齿不整齐；叶柄有窄叶翼，密被绒毛；托叶卵状披针形，叶质，全缘，被绒毛。花3～6朵，花直径1～2cm，花序近伞形，花梗长1.5～2cm，毛同叶柄；苞片线状披针形，膜质，具毛，早落；萼筒钟状，毛同叶柄；萼片全缘，三角卵形，内外两面密被绒毛，稍短于萼筒；花瓣白色，卵形，基部有爪；雄蕊20～25枚，花丝长度不一，短于花瓣；花柱3～5枚，无毛，等长或长于雄蕊。果实近球形，直径6～8mm，萼片脱落；果梗长1.5～2cm，外被绒毛。花期5月，果期9月。

本种在延安主要分布于志丹、甘泉、宝塔、宜川、富县等地，生于海拔600～1500m的山坡丛林中或黄土丘陵上。在我国主要分布于东北的内蒙古（东部），西北的甘肃、青海、陕西，西南的四川等地。

在长期极端干旱、高寒、盐碱土和荒漠土土壤的环境条件下，生长良好。陕西北部有用作苹果砧木者，抗旱耐寒，唯植株生长矮小。因易患锈果病，已不采用。本种适应气候环境的能力较强，可作为生态恢复物种。

常作砧木或以叶代茶，具有较高的食用和药用价值。

花叶海棠 *Malus transitoria*
1.植株（刘培亮 摄）；2.枝条、叶（刘培亮 摄）；3.果、叶（刘培亮 摄）

14. 扁核木属 *Prinsepia* Royle

本属编者：西北大学 刘培亮

落叶直立或攀缘灌木。枝条髓呈片状；有枝刺；冬芽卵圆形，有少数被毛鳞片。单叶互生或簇生，有短柄；叶片全缘或有细齿；托叶早落。花两性，排成总状花序、簇生或单生，生于叶腋或侧枝先端；萼筒宿存，杯状；萼片5枚，圆形，不等大，在芽中覆瓦状排列；花瓣5枚，白色或黄色，近圆形，有短爪；雄蕊10枚或多数，分为数轮；心皮1，无柄，花柱近顶生或侧生，柱头头状；胚珠2枚，并生，下垂。核果椭圆形或圆筒形，肉质；核革质，平滑或稍有皱纹；种子1颗，直立，长圆状筒形。

本属约有5种，分布于东亚。中国有4种，分布于东北、西北及西南各地。延安有1种1变种，各县（区）均有分布。

本属植物在黄土高原地区为灌丛群落的常见物种，常生于黄土山坡阳处，耐干旱，耐瘠薄，可以保持水土；果实可食用、酿酒、制醋，也可药用，种仁可榨油。

分种检索表

1. 叶片全缘或有不明显锯齿；花梗长3～5mm……………………1a. 蕤核 *P. uniflora* var. *uniflora*
1. 叶缘有明显锯齿；花梗长5～15mm……………………1b. 齿叶扁核木 *P. uniflora* var. *serrata*

1. 蕤核

Prinsepia uniflora Batalin, Trudy Imp. S. -Peterburgsk. Bot. Sada. 12: 167. 1892; 中国植物志, 38: 6. 1986.

1a. 蕤核（原变种）

Prinsepia uniflora Batalin var. ***uniflora***

灌木，高1～2m。老枝灰褐色，小枝灰绿色或灰褐色，无毛或有极短柔毛；有腋生枝刺，长

0.5～1cm，无毛；枝条髓心呈片状；冬芽卵圆形，有多数鳞片。单叶，叶互生或簇生，近无柄；叶片长圆状披针形或狭长圆形，长2～5cm，宽0.5～1cm，先端圆钝，有短尖头，基部楔形或宽楔形，全缘，有时呈浅波状或有不明显锯齿，两面无毛；托叶早落。花两性；花单生或2～3朵簇生；花直径1.2～1.5cm；花梗长3～5mm，无毛；萼筒杯状；萼片短三角状卵形或半圆形，先端圆钝，全缘，反折，两面均无毛；花瓣白色，宽倒卵形，长5～6mm，先端啮蚀状，基部宽楔形，有短爪；雄蕊10，花药黄色；心皮1，无毛，花柱侧生，柱头头状。核果球形，成熟时红褐色或黑褐色，直径1～1.5cm，无毛，有光泽，具蜡粉；萼片宿存，反折；核宽卵形，两侧扁，有网纹，长约7mm。花期4～5月，果期8～9月。

本种在延安主要分布于安塞、宝塔、甘泉、洛川、延川、黄龙、黄陵、志丹等地，生于海拔700～1400m 的黄土丘陵或荒坡。在我国分布于华北的内蒙古（中部）、山西，西北的陕西、甘肃，华中的河南，西南的四川。

在黄土高原地区为灌丛群落的常见物种，常生长于黄土坡阳处，耐干旱，可以保持水土。果实可食用或酿酒、制醋，种仁入药。

蕤核 *Prinsepia uniflora* var. *uniflora*
1.枝叶（刘培亮 摄）；2.花（刘培亮 摄）；3.成熟果实（王天才 摄）

1b. 齿叶扁核木（变种）

Prinsepia uniflora Batalin var. ***serrata*** Rehder, J. Arnold Arbor. 22: 575. 1941; 中国植物志, 38: 8. 1986.

本变种与原变种的主要区别是叶缘有明显的锯齿，不育枝上叶片卵状披针形或卵状长圆形，先端急尖或短渐尖，花枝上叶片长圆形或窄椭圆形；花梗长5～15mm。

本变种在延安主要分布于黄陵、甘泉、富县、吴起、子长、黄龙等地，生于海拔900～1900m的黄土丘陵或荒坡。在我国分布于华北的山西，西北的陕西、甘肃、青海、宁夏，西南的四川等地。

本变种在黄土高原地区为灌丛群落的常见物种，常生长于黄土坡阳处，耐干旱，可以保持水土。果实可食用或酿酒、制醋，种仁入药。

齿叶扁核木 *Prinsepia uniflora* var. *serrata*
枝叶和果实（卢元 摄）

15. 樱属 *Cerasus* Mill.

本属编者：西北大学　李忠虎

乔木或灌木。小枝灰色或灰褐色，腋芽单生或3个并生，中间为叶芽，两侧为花芽。幼叶对折式，后于花开放或与花同时开放。有托叶，叶边有锯齿，表面无毛或微生毛，背面具稀疏柔毛，叶基常有腺体。花常数朵着生在伞房状或近伞形花序上，常有花梗，花序基部有芽鳞宿存或有明显苞片，苞片褐色或淡绿褐色；萼筒陀螺形或管状，两面无毛或被稀疏短柔毛，花瓣圆形或倒卵形，白色或粉红色，先端圆钝、微缺或深裂。核果成熟时肉质多汁，不开裂；核球形或卵球形，核面平滑或稍有皱纹。

樱属有百余种，分布于欧洲、亚洲、北美洲，我国有44种。我国西北的甘肃、宁夏、陕西，西南的四川、贵州、西藏等地有分布。延安分布6种，主要在宝塔、甘泉、富县、黄陵、黄龙、洛川等地。

樱属植物忍耐荫蔽的环境，但在生长、发育时期，又需要充足的光照。喜温暖，畏严寒。樱属植物对土质不甚选择，种植时以排水良好的肥沃土壤为佳。

樱属植物果实可用于治疗脾胃虚弱，肝肾不足，或遗精、血虚、头晕心悸等症，对面部雀斑等顽固性斑类，可起淡化作用。花果美丽，也适宜作园林绿化观赏树种。

分种检索表

1. 冬芽密被短绒毛 …………………………………… 5. 毛叶欧李 *C. dictyoneura*
1. 冬芽无毛或被稀疏毛 …………………………………… 2
2. 叶片中部以上最宽，核表面除背部两侧外无棱纹 ……………… 6. 欧李 *C. humilis*
2. 叶片中部以上不是最宽，核表面略有棱纹 …………………………… 3
3. 冬芽鳞片先端有疏毛，核果卵球形，黑色 ……………… 4. 大叶早樱 *C. subhirtella*
3. 冬芽鳞片先端无毛，核果红色或紫红色 …………………………… 4
4. 花柱与雄蕊近等长，无毛 …………………………………… 1. 樱桃 *C. pseudocerasus*
4. 花柱伸出，远长于雄蕊，基部有稀疏柔毛 …………………………… 5
5. 托叶在营养枝上呈小叶状，卵圆形，边有羽裂状锯齿，在生殖枝上较小，绿色，卵状披针形；萼筒管形钟状 …………………………………… 2. 托叶樱桃 *C. stipulacea*
5. 托叶线形；萼筒管状或杯状 …………………………………… 3. 毛樱桃 *C. tomentosa*

1. 樱桃

Cerasus pseudocerasus (Lindl.) G. Don, in London, Hort. Brit. 200. 1830; 中国植物志, 38: 061. 1986.

落叶乔木，高2～6（10）m。树皮灰白色。叶卵形或椭圆状卵形，长5～13cm，宽3～5cm，先端尖锐，基部圆形，边缘具尖锐重锯齿，齿尖具腺体；表面无毛或微生毛，背面具稀疏柔毛；叶柄近顶端有1或2大腺体。花先叶开放，3～6朵成伞房状或近伞形花序，总苞片倒卵状椭圆形，褐色，边有腺齿，果期脱落；花萼筒有短柔毛，萼片花后反折；花瓣先端微凹，近圆形，白色；雄蕊数枚；花柱与雄蕊近等长，无毛。核果近球形，红色，直径约1cm。花期3～4月，果期5～6月。

本种在延安分布于黄陵、黄龙、富县，生于海拔500～800m的山坡阳处或沟边。在我国分布于东北的辽宁，华北的河北，西北的陕西、甘肃，华东的山东、江苏、浙江、江西，华中的河南，西南的四川等地。在世界上分布于欧洲、亚洲、北美洲。

樱桃是喜光、喜温、喜湿、喜肥的果树。

本种是落叶果树中成熟最早的一种，在我国久经栽培，品种颇多，供食用，也可酿樱桃酒。枝、叶、根、花也可供药用。用于脾胃虚弱，少食腹泻或脾胃阴伤，口舌干燥；肝肾不足，腰膝酸软，四肢乏力或遗精；血虚，头晕心悸，面色不华，面部雀斑等顽固性斑类可起淡化作用。花果美丽，也适宜作绿化观赏树种。

樱桃 *Cerasus pseudocerasus*
果枝（王天才 摄）

2. 托叶樱桃

Cerasus stipulacea (Maxim.) Yu et Li, 中国植物志, 38: 068. 1986.

落叶灌木或小乔木，高1～7m。小枝灰色或灰褐色，嫩枝无毛。叶片倒卵状至倒卵状长圆形，先端逐渐变尖或骤尾尖，基部圆形，边缘有重锯齿，下部齿尖具腺体，上面深绿色，被稀疏短毛，下

托叶樱桃 *Cerasus stipulacea*
1. 果实（姜在民 摄）；2. 果枝（姜在民 摄）；3. 花（刘培亮 摄）

面淡绿色，无毛或脉腋有簇毛；托叶在营养枝上呈小叶状，缘具羽状锯齿，在生殖枝上，卵状披针形。花两性；花2（3）朵呈伞形花序；花直径约1cm；萼筒管形钟状，无毛，萼裂片三角形，先端急尖，全缘，短于萼筒；花瓣宽倒卵形，白色或淡红色；雄蕊多枚，比花瓣稍短；花柱伸出，基部有稀疏柔毛，远比雄蕊长。核果椭圆形，红色，核表面微具棱纹。花期5～6月，果期7～8月。

本种在延安分布于黄陵、黄龙等地，生于海拔900～1600m的山坡、山谷林下或山坡灌木丛中。在我国分布于我国西北的陕西、甘肃、青海及西南的四川。在世界上分布于亚洲。

托叶樱桃多生于山坡、山谷林下或山坡灌木丛中。是喜光、喜温、喜湿、喜肥的果树。

枝、叶、根、花也可供药用。用于脾胃虚弱、头晕心悸等。本种樱桃铁的含量较高，每百克樱桃中含铁量多达59mm，居于水果首位。维生素A含量比葡萄、苹果、橘子多4～5倍。胡萝卜素含量比葡萄、苹果、橘子多4～5倍。此外，还含有维生素B、C及钙、磷等矿物元素。花果美丽，也适宜作绿化观赏树种。

3. 毛樱桃

Cerasus tomentosa (Thunb.) Masam. & S. Suzuki, J. Taihoku Soc. Agric. 1: 318. 1936; 中国植物志, 38: 086. 1986.

落叶灌木，少有小乔木，高达3m。枝密生淡黄色柔毛，老时紫褐色。叶倒卵形或卵状椭圆形，长2～7cm，先端急尖或渐尖，基部阔楔形，边缘有不整齐的锯齿，表面深绿色，略显皱纹，背面密生绒毛；叶柄有柔毛。花两性；花直径1.5～2cm，先叶或与叶同时开放；花梗短或近无。萼筒管状，外被短柔毛或近于无毛，裂片卵状三角形，边缘有细锯齿。花瓣倒卵形，白色或略带红色；雄蕊20～25枚，短于花瓣；花柱与雄蕊近等长，子房有毛。核果近球形，无沟，深红色，直径约1cm。花期3～4月，果期6月。

本种在延安分布于安塞、宝塔、甘泉、富县、黄陵、黄龙、洛川等地，生于海拔500～1700m的

毛樱桃 *Cerasus tomentosa*

1.果（刘培亮 摄）；2.果枝（刘培亮 摄）；3.花（刘培亮 摄）；4.花枝（刘培亮 摄）

山坡林中、林缘、灌丛中或草地。在我国分布于东北各地，华北的河北、山西，西北的陕西、甘肃、宁夏、青海，华东的山东及西南的四川、云南、西藏等地。在世界上分布于欧洲、亚洲。

毛樱桃为喜光、喜温、喜湿、喜肥的果树。毛樱桃对盐渍化的程度反应很敏感，适宜的土壤pH5.6～7，因此盐碱地区不宜种植。

果实味酸略甜，可食用及酿酒，种子含油量约40%，供制肥皂和润滑油，并能入药，有发痘疹的功效。种仁可入药，商品名大李仁，有润肠利水功效。可作绿化观赏树种。

4. 大叶早樱

Cerasus subhirtella (Miq.) Masam. & S. Suzuki, J. Taihoku Soc. Agric. 1: 318. 1936; 中国植物志, 38: 073. 1986.

落叶乔木，高3～10m，树皮呈灰褐色。小枝灰色，嫩枝一般绿色，常密被白色短小柔毛。冬芽卵形，鳞片先端有稀疏的短柔毛。叶片卵形至卵状长圆形，有托叶，叶边有锯齿，表面无毛或微生毛，背面具稀疏柔毛，叶基常有腺体。花两性；花序伞形，花叶同开，花期3～4月，常有花梗，花序基部有苞片，花瓣淡红色，倒卵长圆形。核果卵球形，黑色，核面稍有皱纹、不开裂。果期6月。

本种在延安分布于黄陵、黄龙等地，生于海拔500～1700m的山坡林中、林缘、灌丛中或草地，在我国分布于华东的浙江、安徽、江西，西南的四川等地。原种产于日本。

大叶早樱喜阳光，喜温暖湿润气候环境。对土壤要求不严，以疏松肥沃、排水良好的沙质土壤为好，不耐盐碱土。根系较浅，忌积水低洼地。有一定的耐寒和耐旱力。抗烟及抗风能力弱。

果实具有很好的收缩毛孔和平衡油脂的功效，而且还含有丰富的天然维生素A、B、E，樱叶黄酮还具有美容养颜、强化黏膜、促进糖分代谢的药效，是可以用来保持肌肤年轻的青春之花。有很高的观赏价值。

5. 毛叶欧李

Cerasus dictyoneura (Diels) Holub, Folia Geobot. Phytotax. 11: 82. 1976; 中国植物志, 38: 082. 1986.

灌木，高0.3～1m，高大者可达2m，小枝灰褐色，具柔毛。冬芽卵形，多短绒毛。叶有叶柄和脱落的托叶，叶卵形或倒卵状椭圆形，边缘有锯齿，表面深绿色、无毛，有时被稀疏短柔毛，背面淡绿色，密被褐色微硬毛。叶柄密被短柔毛；托叶线形，边缘具有腺齿。花两性；花单生或2～3朵簇生，先叶开放；花梗长4～8mm，密被短柔毛；萼筒钟状，外被短柔毛，萼片三角形，顶端急尖；花瓣白色或粉红色，倒卵形；雄蕊多数；花柱与子房无毛。核果球形，红色，有光泽，不开裂，直径约1cm。

本种在延安分布于黄陵、黄龙、富县、宜川等地，生于海拔400～1600m的山坡阳处灌丛中或荒草地上。在我国也分布于华北的河北、山西，西北的陕西、甘肃、宁夏及华中的河南等地。在世界上分布于亚洲。

毛叶欧李喜温暖湿润气候环境，耐旱、耐瘠薄、耐寒冷（-35℃）、耐盐碱（pH8以下），而且喜欢沙壤土，不喜欢黏土和含盐过高的盐碱土。

种仁及根皮供药用，宁夏地区常作郁李仁用。可观赏。

毛叶欧李 ***Cerasus dictyoneura***
果枝（黎斌 摄）

6. 欧李

Cerasus humilis (Bge.) Sokolov, Trees & Shrubs URSS. 3: 751. 1954; 中国植物志, 38: 083. 1986.

落叶灌木，高0.4～1.5m。枝条具柔毛。叶倒卵形或倒卵状披针形，长2.5～5cm，宽1～2cm，中部以上最宽，先端急尖或短尖，基部阔楔形，边缘有单锯齿或重锯齿，两面无毛或被稀疏短柔毛，侧脉6～8对。花两性；花与叶同开，1～3朵簇生；花梗长5～10mm；萼筒钟状，长宽近相等，裂片长卵形；花瓣长圆形或倒卵形，白色或粉红色；雄蕊30～35枚；花柱与雄蕊近等长，无毛。核果球形，鲜红色，直径约1.5cm，有光泽，味酸；核平滑。花期5月，果期7～8月。

本种在延安分布于富县、黄陵等地，生于海拔100～1800m的阳坡沙地、山地灌丛中，或庭园栽培。在我国分布于东北各地，华北的内蒙古（中部）、河北，华东的山东和华中的河南等地。在世界上分布于亚洲。

欧李喜较湿润环境，耐严寒，具有特殊的抗旱本领，适合干旱地区种植。在干旱的春季，欧李不仅叶片含水量较高，而且保水力强。在肥沃的沙质壤土或轻黏壤土种植为宜。种子繁殖，也可分根繁殖。

果实可食用和酿酒，种仁入药，有利尿缓下的功效。

欧李 *Cerasus humilis*
1.植株（吴振海 摄）；2.果（吴振海 摄）

16.稠李属 *Padus* Mill.

本属编者：西北大学 李忠虎

落叶小乔木或灌木。单叶互生，有锯齿，稀全缘；分枝较多，冬芽卵圆形，通常无毛；叶片在芽中呈对折状，先端急尖或渐尖，稀短尾尖，叶边有锯齿，具齿，稀全缘，齿尖带短芒，上面深绿色，无毛，中脉和侧脉均下陷，下面淡绿色，无毛或在脉腋有髯毛，中脉和侧脉均突起；叶柄顶端或在叶片基部有2腺体；托叶膜质，线形，先端渐尖，边缘有带腺锯齿，早落。花瓣白色，倒卵形，总状花序具有多花；核果卵球形，果梗被短柔毛；萼片脱落，萼筒基部宿存。核光滑。

本属分布于亚洲、南美洲，俄罗斯、蒙古等地有栽培。我国分布14种，全国各地均有，但以长江流域、陕西和甘肃南部较为集中。延安分布1种1变种，主要在黄陵、宜川、黄龙。

稠李属喜较湿润环境，耐严寒。

该属有很好的药用价值，叶是主要入药的部分。入药后可以起到止咳化痰的作用，除此之外，还能够起到清虫的作用，把人体的寄生虫消灭掉。稠李的果实富含很多营养物质，对人身体有益。果实可作为干果，可榨油，经济价值很高。此外，本属植物亦可作观赏。

分种检索表

1. 小枝、叶片下面、叶柄和花序基部均无毛……………………………………1a. 稠李 *P. racemosa* var. *racemosa*
1. 小枝、叶片下面、叶柄和花序基部均密被棕褐色长柔毛………1b. 毛叶稠李 *P. racemosa* var. *pubescens*

1. 稠李

Padus racemosa (Lam.) Gilib., Pl. Rar. Comm. Lithuan. 74. 310. 1785; 中国植物志, 38: 096. 1986.

1a. 稠李（原变种）

Padus racemosa (Lam.) Gilib. var. ***racemosa***

落叶乔木，高可达13m，树干皮灰褐色或黑褐色，浅纵裂，小枝紫褐色，有棱，幼枝灰绿色，近无毛，单叶互生，叶椭圆形、倒卵形或长圆状倒卵形，长6～14cm，宽3～5cm，先端突渐尖，基部宽楔形或圆形，缘具尖细锯齿，有侧脉8～11对，叶表绿色，叶背灰绿色，仅脉腋有簇毛，叶柄长1cm以上，近叶片基部有2腺体。两性花；腋生总状花序，下垂，基部常有叶片，长达7～15cm，有

稠李 *Padus racemosa* var. *racemosa*
1.果实（王赵钟 摄）；2.花（王赵钟 摄）；3.花枝（王赵钟 摄）；4.叶（王赵钟 摄）

花10～20朵，花部无毛，花瓣白色，略有异味，雄蕊多数，短于花瓣。核果近球形，黑紫红色，径约1cm。花期4～6月，果熟8～9月。

本种在延安分布于黄陵、宜川、黄龙，生于海拔880～1500m的山坡、山谷或灌丛中。在我国分布于东北各地，华北的内蒙古（中部）、河北、山西，华东的山东以及华中的河南等地。欧洲的俄罗斯，亚洲的朝鲜、日本也有分布。

稠李喜光也耐阴，抗寒力较强，怕积水涝洼，不耐干旱瘠薄，在湿润肥沃的沙质壤土上生长良好，萌蘖力强，病虫害少。

花序长而下垂，花白如雪，极为壮观。入秋叶色黄带微红，衬以紫黑果穗，十分美丽，是良好的观花、观叶、观果的树种，也是一种蜜源植物，种仁含油，叶片可入药。有垂枝、花叶、大花、小花、重瓣、黄果和红果等变种，供观赏用。

1b. 毛叶稠李（变种）

Padus racemosa (Lam.) Gilib. var. ***pubescens*** (Regel & Tiling) Schneid. Nouv. Mem. Soc. Nat. Moscou 11: 79. 1858; 中国植物志, 38: 097. 1986.

为稠李的一个变种，高可达13m，树枝、叶子背面、花序基部都生有棕褐色柔毛。叶椭圆形，倒卵形或长圆状倒卵形。花瓣白色。球形核果，黑紫红色，不开裂，有光泽，直径约1cm。花期4～6月，果期6～10月。

此变种在延安各地均有栽培，生于海拔880～1500m的山坡林中、灌丛中和阴坡山腰处以及沟底潮湿处。在我国分布于华北的河北、山西，华中的河南等地。在世界上主要分布于北温带，俄罗斯、蒙古等均有栽培。

毛叶稠李喜光也耐阴，抗寒力较强，对土壤要求不严，以疏松肥沃、排水良好的沙质土壤为好，不耐盐碱土。

具有很好的药用价值，叶子入药有止咳化痰的作用，还具清虫的功效。果实富含营养物质。树形优美，花叶精致，常被用于园林景区当中，是很常见的观赏植物。种子含油量高，可用于工业用油。

17. 桃属 *Amygdalus* L.

本属编者：西北大学　李忠虎

落叶乔木或灌木。枝条髓部坚实，叶椭圆形或卵状披针形，叶片为对折式；侧芽3，具顶芽。花先叶开，花1～2，常无柄，稀有柄；花瓣和萼片均大型，各5；花柱顶生；子房和果实常被短柔毛，极稀无毛。核果卵形、宽椭圆形或扁圆形，有绒毛，果肉多汁，核表面具沟孔或皱纹，果实有沟，核常有孔穴，极稀光滑。

桃属全世界有40多种，分布于亚洲、大洋洲。我国有12种，主要产于华北的河北、山西，西北的陕西、甘肃、宁夏、新疆，华东的山东，华中的河南，西南的四川、云南等地。在延安黄陵、宜川、黄龙均有分布。

桃属植物喜湿润，恶干燥。桃属为中型乔木，树体不大，栽培管理容易，对土壤、气候适应性强，无论南方、北方、山地、平原均可选择适宜的砧木、品种进行栽培。

桃属有良好的药用价值，桃的果肉中富含蛋白质、脂肪、糖、钙、磷、铁和维生素B、维生素C及大量的水分，对慢性支气管炎、支气管扩张症、肺纤维化、肺不张、矽肺、肺结核等出现的干咳、咳血、慢性发热、盗汗等症，可起到养阴生津、补气润肺的保健作功效。可作观赏。

分种检索表

1.果实干燥无汁，开裂；花1～2朵，叶柄无腺体形 ……………………………………3.榆叶梅*A. triloba*
1.果实肉质多汁，不开裂；花单生，叶柄有腺体或无……………………………………………………2
2.叶、花萼均无毛；果肉薄而干燥；果实及核近球形……………………………………1. 山桃*A. davidiana*
2.花萼外面有柔毛，果肉厚而多汁；核两侧扁，顶端尖点 …………………………………2. 桃*A. persica*

1. 山桃

Amygdalus davidiana (Carrière) C. de Vos ex Henry in Rev. Hort 1902: 290. 1902; 中国植物志, 38: 020. 1986.

落叶小乔木，高达10m。树皮暗紫色，枝直立而较细弱，小枝纤细，无毛。叶片卵状披针形，端长锐尖，基部阔楔形，边缘具细齿，叶柄有腺体。花两性；单生，先叶开放，近无柄；萼筒无毛，钟状，裂片卵形；花瓣粉红色或白色；雄蕊多数，与花瓣近等长；子房具有短柔毛。核果球形，直径约3cm，有沟槽，被柔毛，成熟时果肉与核分离，核球形。

本种在延安分布于黄陵、黄龙、富县、延川等地，生于海拔800～1500m的山坡、山谷沟底或荒野疏林及灌丛内。在我国分布于华北的河北、山西，西北的陕西、甘肃，华东的山东，华中的河南，西南的四川、云南等地。世界范围内主要分布于亚洲中部至地中海地区。

山桃抗旱耐寒，又耐盐碱土壤，喜光，经常成群或点缀分布于灌丛。

本种在华北地区主要作桃、梅、李等果树的砧木，也可供观赏。木材质硬而重，可作各种细工及手杖。果核可作玩具或念珠。种仁可榨油供食用。

山桃 *Amygdalus davidiana*
1.果实；2.花；3.茎叶（1～3刘培亮 摄）

2. 桃

Amygdalus persica L., Sp. Pl. 677. 1753; 中国植物志, 38: 017. 1986.

落叶小乔木，高4～8m。叶椭圆状披针形或长圆状披针形，中部最宽，长7～15cm，宽2～3.5cm，端长锐尖，基部阔楔形，缘具细锯齿；两面无毛或下面脉腋间有髯毛；叶柄长1～2cm，有1至数枚腺体或无。花两性；单生，先叶开放，粉红色，具短梗或几无梗；萼外有柔毛，钟状，裂片卵形；花瓣

桃 *Amygdalus persica*
1.花枝（吴振海 摄）；2.花（吴振海 摄）

倒卵形或矩圆状卵形；雄蕊20～30，短于花瓣；花柱与雄蕊近等长，子房有毛。核果卵形、宽椭圆形或扁圆形，有绒毛，果肉多汁，核表面具沟孔或皱纹。花期4月，果期8～9月。

本种在延安各地广泛栽培。原产我国，各地广泛栽培。世界各地均有栽植。

桃树是喜光植物。适应于空气干燥，耐寒抗风力较强，根为浅根性，主要根群多分布在60cm的土层内。桃根在一年中只要土温、湿度、通气、营养等条件适宜，周年都可以生长。

果味道鲜美，营养丰富，是人们最为喜欢的鲜果之一。除鲜食外，还可加工成桃脯、桃酱、桃汁、桃干和桃罐头。桃树很多部分还具有药用价值，其根、叶、花、仁可以入药，具有止咳、活血、通便等功效，桃仁含油量45%，可榨取工业用油，桃核硬壳可制活性炭，是多用途的工业原料。以嫁接为主，也可用播种、扦插和压条法繁殖。有很高的观赏价值。

2a. 碧桃（品种）

***Amygdalus persica* L.‘Duplex’**

落叶乔木，树皮暗红褐色。叶片长圆状披针形、椭圆状披针形或倒卵状披针形，表面无毛，背面有少数短柔毛或无毛，叶边有锯齿；叶柄或叶边有腺体或无腺体。花单生，花瓣粉红色，几乎无梗或具短梗，稀有长梗；先于叶开放；花瓣长圆状椭圆形至宽倒卵形，雄蕊多数，心皮1枚，子房具柔毛。果实形状和大小均有变异，卵形、宽椭圆形或扁圆形，果梗短而深入果洼；果肉白色、浅绿白色、黄色、橙黄色或红色；核大，离核或黏核，椭圆形或近圆形，与果肉粘连或分离，表面具深浅不同的纵、横沟纹和孔穴。花期3～4月，果实成熟期因品种而异，通常为8～9月。

延安各地有栽培。原产我国，各地广泛栽培。世界各地均有栽植。

碧桃喜光，喜温，耐寒能力较好。碧桃比较耐旱，但是不耐水湿，不喜欢土壤有积水。喜肥沃且排水性良好的沙质土壤。

本种是桃花的一种，也具有美容的功效。碧桃中富含多种植物蛋白和氨基酸，比较容易被皮肤所吸收，可以有效地改善皮肤干燥和粗糙、皱纹等症状，还可以增强皮肤自身的抵抗能力，起到防治皮肤病和各种皮肤炎症的作用。

3. 榆叶梅

Amygdalus triloba (Lindl.) Ricker, Proc. Biol. Soc. Wash. 30: 18. 1917; 中国植物志, 38: 014. 1986.

落叶灌木，稀小乔木，高2～5m。枝上常具刺。叶片阔椭圆形或倒卵形，长3～6cm，宽

榆叶梅 *Amygdalus triloba*
1.花和花序（李忠虎 摄）；2.果和叶枝（蒋鸿 摄）；3.全株（蒋鸿 摄）

2～3cm，先端尖锐或有时3裂，基部阔楔形，边缘有粗的重锯齿。花1～2朵，腋生，粉红色，先于叶开放；萼筒钟形，裂片卵形或卵状三角形，有细锯齿，无毛；花瓣卵形或近圆形；雄蕊多数，短于花瓣；子房密生短柔毛，花柱稍短于雄蕊。核果近球形，直径1～1.8cm，红色，有沟和毛，成熟时开裂；核有厚的硬壳，表皮有网纹。花期3~4月，果期7～8月。

本种在延安分布于黄陵、宜川、黄龙等地，生于低至中海拔的坡地或沟旁乔、灌木林下或林缘。目前全国各地多数公园内均有栽植。在我国分布于东北各地，华北的河北、山西，西北的陕西、甘肃，华东的山东、江西、江苏、浙江等地。世界范围内主要分布于亚洲。

榆叶梅喜光，稍耐阴，耐寒，能在-35℃下越冬。对土壤要求不严，以中性至微碱性而肥沃土壤为佳。根系发达，耐旱力强。不耐涝。抗病力强。生于低至中海拔的坡地或沟旁乔、灌木林下或林缘。

种仁入药，中药名叫做郁李仁。可观赏。

18. 杏属 *Armeniaca* Mill.

本属编者：西北大学　李忠虎

落叶乔木，极少为灌木。侧芽单生，顶芽缺，枝无刺。叶卵形至近圆形，先端短尖或渐尖；叶芽和花芽并生，幼叶在芽中席卷状；叶柄常具腺体。花两性；单生，花部5基数，先叶开放；花瓣粉红色或白色，着生于花萼口部；雄蕊15～45；心皮1，花柱顶生；子房1室，具2胚珠。子房和果实常被短毛，核果，果肉多汁，不开裂，种仁味苦或甜。

此属约8种，分布于东亚、中亚、小亚细亚和高加索。我国有7种，分布于华北的河北、山西，西北的陕西、甘肃、宁夏及华中的河南等地。延安分布有2种1变种，分布于黄陵、吴起等地。

杏属喜温，耐寒力强，树性强健，耐干旱，在新疆伊犁一带野生成纯林或与新疆野苹果林混生，海拔可达3000m。

除作果树和观赏植物以外，还可作为防护林和水土保持用的优良树种。木材坚硬，适宜制作器物。果实富含营养和维生素，除供生食和浸渍用外，还适宜加工制作杏干、杏脯、杏酱等。种仁（杏仁）含脂肪和蛋白质，可供食用及作医药和轻工业的原料。

分种检索表

1. 核果表面粗糙而有网纹……2b. 野杏 *A. vulgaris* var. *ansu*
1. 核果表面光滑无网纹……2
2. 小枝稀幼时疏生柔毛，叶柄有或无小腺体，果肉味酸涩不可食……1. 山杏 *A. sibirica*
2. 小枝稀幼时无柔毛，叶柄基部常具1～6腺体，果肉可食……2a. 杏 *A. vulgaris* var. *vulgaris*

1. 山杏

Armeniaca sibirica (L.) Lam. Encycl. Meth. Bot. 1: 3. 1783: DC. Prodr. 532. 1825; 中国植物志, 38: 027. 1986.

落叶乔木或灌木，高可达8m。枝、芽、树皮各部像杏树，但小枝多刺状。叶基阔楔形或楔形，先端渐尖或尾尖，基部宽楔形或楔形，长4～5cm，宽3～4cm，较一般栽培的杏树形小而叶长，两面无毛或在下面脉腋间有簇毛，叶柄长1.5～3cm。花常2朵，淡红色，花多两朵生于一芽，梗短或近于无梗，单花直径约2.5cm；花萼圆筒形，萼片卵圆形或椭圆形，紫红褐色；花瓣近圆形，径约1cm，粉白色。果实近球形，红色；核卵球形，离肉，径多在2.5cm左右，果肉熟时橙黄色，肉质薄，多纤维，核扁圆形或扁卵形，表面粗糙，有较明显的网纹。腹棱常锐利。花期3～4月，果期6～7月。

山杏 ***Armeniaca sibirica***
花蕾及花（卢元 摄）

本种在延安的黄陵栽培，生于海拔700～1700m的干燥向阳山坡上、丘陵草原或与落叶乔灌木混生。在我国分布于东北，华北的内蒙古（中部）、河北、山西及西北的甘肃等地。蒙古东部和东南部、西伯利亚也有分布。

山杏适应性强，喜光，根系发达，深入地下，具有耐寒、耐旱、耐瘠薄的特点。花期遇霜冻或阴雨易减产，产量不稳定。常生于干燥向阳山坡上、丘陵草原或与落叶乔灌木混生。

山杏可作砧木，是选育耐寒杏品种的优良原

始材料。种仁供药用，可作扁桃的代用品，并可榨油。我国东北和华北地区大量生产种仁，供内销和出口。可供观赏。

2. 杏

Armeniaca vulgaris Lam. Encycl. Meth. Bot. 1: 2. 1783; 中国植物志, 38: 025. 1986.

2a. 杏（原变种）

Armeniaca vulgaris Lam. var. ***vulgaris***

落叶乔木，高达10m。树皮暗灰稍具红色，小枝褐色。叶宽卵形或卵圆形，长5～10cm，宽3～4（8）cm，先端锐尖，基部圆形或心形，边缘具锯齿，叶柄常带红色，基部具1～6腺体。花单生，先叶开放，直径2～3cm；萼裂片5，卵形或椭圆形，花瓣圆形或倒卵形，白色或稍带红色；雄蕊多数；心皮1，核果球形，直径约2.5cm，黄白色或黄红色，常带红晕，有沟，果肉多汁，核平滑，并沿腹缝线有沟，种子扁圆形，味苦或甜。花期3～4月，果期6～7月。

本种在延安各地均有分布，海拔在700～1700m。产全国各地，多数为栽培，尤以华北、西北和华东地区种植较多，少数地区逸为野生。在世界上分布于欧洲、亚洲。

杏树为阳性树种，适应性强，深根性，喜光，耐旱，抗寒，抗风，寿命可达百年以上，为低山丘陵地带的主要栽培果树。

常见水果之一，含有丰富的营养。杏子可制成杏脯、杏酱等；杏仁主要用来榨油，也可制成食品，还有药用，有止咳、润肠的功效；杏木质地坚硬，是做家具的好材料；杏树枝条可作燃料；杏叶可做饲料也可作药物。除作果树和观赏植物以外，还可作为防护林和水土保持用的优良树种。

杏 *Armeniaca vulgaris* var. ***vulgaris***
1.枝、叶和果（王天才 摄）；2.花（李忠虎 摄）3.幼果（王天才 摄）

2b. 野杏（变种）

Armeniaca vulgaris Lam. var. ***ansu*** (Maxim.) Yu et Lu, 中国植物志, 38：026，1986.

叶片基部楔形或宽楔形。花常2朵，淡红色。果实近球形，红色；核卵球形，离肉，表面粗糙而有网纹，腹棱常锐利。

本变种主要分布在延安吴起、子长、富县、黄陵、黄龙、宜川、洛川等地，海拔范围在1000～1500m。产我国北部地区，栽培或野生，尤其在华北的河北和山西等地普遍野生。亚洲的日本、朝鲜也有分布。

野杏适应性强，喜光，具有耐寒、耐旱、耐瘠薄的特点。

果实温热，适合代谢速度慢、贫血、四肢冰凉的虚寒体质之人食用；对患有受风、肺结核、痰咳、浮肿等病症者有裨益；杏果、杏仁，具一定防癌、抗癌、治癌的作用，可延年益寿；杏子可制成杏脯、杏酱等。杏仁可以止咳平喘、润肠通便，常吃有美容护肤的作用，亦可用来榨油。

野杏 *Armeniaca vulgaris* var. *ansu*
1.果实（刘培亮 摄）；2.枝叶（刘培亮 摄）

19. 李属 *Prunus* L.

本属编者：西北大学　李忠虎

乔木或灌木，多分枝，树皮淡褐色。单叶，叶卵形或椭圆形，先端渐尖，边缘有锯齿，叶基常具腺体；侧芽单生，顶芽缺，花叶同放，托叶小，早落。萼筒钟状，裂片卵形；雄蕊多数；子房上位，雌蕊由1个心皮组成，1室具2个胚珠，子房和果实光滑无毛。核果卵球形，果皮有光泽，并有蜡粉，核有皱纹。花期3～4月，果期6～7月。

本属有30余种，主要分布于欧洲、非洲、亚洲、北美洲、南美洲、大洋洲。现已广泛栽培，我国原产及习见栽培7种，各地均有分布。延安有1属2种，分布于洛川、吴起、黄龙、黄陵等地。

李属喜光，根系较浅，不耐干旱，宜栽于地下水不深的肥沃土壤中。

李属植物中很多种的果实具观赏价值，可以建立观光果园，让游人入园观赏、摘果、品尝，享受田园乐趣。也是温带的重要果树之一。除生食外，还可做李脯、李干或酿成果酒和制成罐头。早春开鲜艳的花朵，亦可做庭园观赏植物和绿化树种；也是优良的蜜源植物。木材也可做家具等物。

分种检索表

1.花常3朵簇生，叶绿色；核有沟纹……………………………………………………1.李 *P. salicina*

1.花常单生，叶紫红色；核光滑或粗糙……………………………………2.紫叶李 *P. cerasifera* ‘Pissardii’

1. 李

Prunus salicina Lindl. In Trans Hort. Soc. Lond. 7: 239. 1828; 中国植物志, 38: 039. 1986.

落叶乔木，高9～12m。树皮淡褐色，小枝光滑，红色。叶长圆状倒卵形或长椭圆形，长5～10cm，宽3～5cm，先端渐尖或锐尖，基部楔形，边缘具细密、浅圆重锯齿，两面无毛或背面脉腋有毛；叶柄具腺体2个或无。花先叶开放，常3朵簇生，萼筒钟状，裂片卵形，边缘有细齿；花瓣白色，长圆状倒卵形；雄蕊多数，长短不等；花柱比雄蕊稍长。核果卵球形，基部凹陷，有深沟，黄色或浅红色，有时绿色，外有粉；核有沟纹。花期3～4月，果期7月。

本种在延安主要分布于吴起、洛川、宜川、黄龙等地，生于海拔400～1600m的山坡灌丛中、山谷疏林中或水边、沟底、路旁等处。在我国分布于西北的陕西、甘肃，华东的江苏、浙江、江西、福建、台湾，华中的湖南、湖北，华南的广东、广西以及西南的四川、云南、贵州等地。我国各地及世界各地均有栽培，为重要温带果树之一。在世界上分布于欧洲、非洲、亚洲、北美洲、南美洲、大洋洲。

李对气候的适应性强，对土壤只要土层较深，有一定的肥力，不论何种土质都可以栽种。对空气和土壤湿度要求较高，极不耐积水，果园排水不良，常致使烂根，生长不良或易发生各种病害。宜选择土质疏松、土壤透气和排水良好、土层深和地下水位较低的地方建园。

果供食用，因其肉厚及果肉先黄却并未完全成熟的特点也可加工成罐头食品。核仁含油45% 左右，可入药，有活血祛痰、润肠利水的效用，根及叶、花和树胶均可入药。可供观赏。

李 *Prunus salicina*

1.果枝（蒋鸿 摄）；2.叶枝（蒋鸿 摄）；3.全株（蒋鸿 摄）

2. 紫叶李（品种）

Prunus cerasifera Ehrhar‘**Pissardii**’

灌木或小乔木。多分枝，高达8m，小枝暗红色，无毛。叶片椭圆形、卵形或倒卵形，先端急尖，紫红色，基部楔形或近圆形，边缘有圆钝锯齿，有时混有重锯齿，上面深绿色，无毛，中脉微下陷，下面颜色较淡，除沿中脉有柔毛或脉腋有髯毛外，其余部分无毛，叶柄通常无毛或幼时微被短柔毛，无腺体；托叶膜质，披针形，先端渐尖，边有带腺细锯齿，早落。两性花；花先叶开放，多单生。核果近球形，黄色、红色或黑色，微被蜡粉，具有浅侧沟，黏核；核椭圆形或卵球形，先端急尖，浅褐带白色，表面平滑或粗糙或有时呈蜂窝状，背缝具沟，腹缝有时扩大具2侧沟。花期4月，果期8月。

本种在延安吴起、黄陵、洛川、宜川、黄龙均有栽培。在海拔800～1300m的山坡林中或多石砾的坡地以及峡谷水边等处生长良好。在我国主要分布于西北的新疆。中亚、天山、伊朗、小亚细亚、巴尔干半岛均有分布。

紫叶李种植的土壤需要肥沃、深厚、排水良好，而且土壤所富含的物质是黏质中性、酸性的，比如沙砾土就是种植紫叶李的好土壤。

本种整个生长季节都为紫红色，宜于建筑物前及园路旁或草坪角隅处栽植。嫩叶鲜红，老叶紫红，春秋时叶色鲜艳美观，也是优良的蜜源。由于长期栽培，品种变型颇多，有垂枝、花叶、紫叶、红叶、黑叶等变型，其中紫叶李为华北庭园习见观赏树木之一。常年叶片紫色，引人注目。

紫叶李 *Prunus cerasifera*‘Pissardii’
1.叶和枝（李忠虎 摄）；2.果枝（李忠虎 摄）；3.全株（周建云 摄）

20. 蔷薇属 *Rosa* L.

本属编者：西北大学　刘培亮

落叶或常绿灌木或木质藤本。茎直立或攀缘，通常具刺，稀无刺毛。叶互生，奇数羽状复叶，稀为单叶；小叶边缘有锯齿；托叶与叶柄不同程度合生，稀与叶柄分离并早落。花两性，单生或排列成伞形花序、伞房花序、复伞房花序或圆锥花序；萼筒球形、坛状或杯状，颈部缢缩；萼片5枚，稀为4枚，覆瓦状排列，全缘或分裂，果期宿存或脱落；花瓣5枚，稀为4枚，覆瓦状排列，或为重瓣；雄蕊多数；心皮多数，离生，子房无柄或有短柄，包藏于萼筒中，花柱顶生或侧生，离生或上部合生，明显伸出萼筒口或塞生于萼筒口，柱头头状。瘦果着生于萼筒上形成蔷薇果，成熟时常为肉质。

本属约有200种，分布于亚洲、欧洲、非洲和北美洲。中国约有95种，全国各地均有分布。延安有野生和栽培10种4变种1变型，各县（区）均有。

本属植物在森林群落、灌丛群落中是灌木层的常见物种，攀缘的种类可依附其他灌木或小乔木生长，对乔木生长有一定影响，但在原产地并不形成严重危害；长势强健，常从根部萌生新条。

果实成熟后肉质，色泽鲜艳，吸引小型动物食用传播种子；本属多个物种为重要的观赏植物，久经栽培，选育出很多品种，株形、花形、花色极为多样，但不少品种抗性较差，易受多种真菌侵害；一些种类的花瓣可蒸馏提取精油，用于食品及化妆品；一些种类的花瓣可食用，常腌渍为玫瑰酱或制作糕点；一些种类的果实供食用及榨取果汁，或药用。

分种检索表

1. 托叶膜质，与叶柄分离或基部稍与叶柄合生，早落……1. 木香花 *R. banksiae*
1. 托叶草质，大部分与叶柄合生，先端与叶柄分离，不脱落……2
2. 花单生，花梗上无苞片……3
2. 花单生或组成伞房状花序，花梗上有苞片……6
3. 花白色；花瓣4枚；果梗肉质增粗；小叶片长圆形或椭圆状长圆形……2. 峨眉蔷薇 *R. omeiensis*
3. 花黄色；花瓣5枚或为重瓣花；果梗不增粗；小叶片卵形、宽卵形、倒卵形、椭圆形或近圆形……4
4. 小枝具细密针刺和基部增宽的皮刺；小叶背面无毛……3. 黄蔷薇 *R. hugonis*
4. 小枝具基部增宽的皮刺，不具细密针刺；小叶背面有柔毛……5
5. 花重瓣，通常为栽培植物……4a. 黄刺玫 *R. xanthina* f. *xanthina*
5. 花瓣5枚，通常为野生植物……4b. 单瓣黄刺玫 *R. xanthina* f. *normalis*
6. 托叶篦齿状分裂；花柱明显伸出萼筒，比雄蕊长……7
6. 托叶全缘，不为篦齿状分裂；花柱呈头状塞生于萼筒口或微伸出，比雄蕊短或近等长……10
7. 花为单瓣，花瓣5枚……8
7. 花为重瓣，花瓣多数……9
8. 花白色……5a. 野蔷薇 *R. multiflora* var. *multiflora*
8. 花粉红色……5b. 粉团蔷薇 *R. multiflora* var. *cathayensis*
9. 花白色……5c. 白玉堂 *R. multiflora* var. *alboplena*
9. 花粉红色……5d. 七姊妹 *R. multiflora* var. *carnea*
10. 小叶3～5枚，稀为7枚；萼片先端通常羽状分裂……6. 月季花 *R. chinensis*
10. 小叶5～11枚；萼片先端不为羽状分裂……11

11. 叶下面被腺体及绒毛或稀疏柔毛；小叶的侧脉明显在小叶下面突起……12

11. 叶下面无腺体，无毛或具稀疏柔毛；小叶的侧脉不明显在小叶下面突起……13

12. 小枝密被绒毛；小叶上面具皱纹；小叶椭圆形或椭圆状倒卵形；花重瓣；果直径2～2.5cm；栽培植物……7. 玫瑰 *R. rugosa*

12. 小枝无毛；小叶上面不具皱纹；小叶长圆形或宽披针形；花瓣5枚；果直径1～1.5cm；野生植物……8. 山刺玫 *R. davurica*

13. 小枝上具镰刀状弯曲的皮刺；花数朵或多数排成伞房状或圆锥状花序，稀为单生；花白色；果近球形，直径0.6～1cm……9. 弯刺蔷薇 *R. beggeriana*

13. 小枝具直皮刺或近无刺；花单生或2～5朵排列成伞房状；花粉红色；果椭圆状卵球形，长1.2～2cm，宽1～1.5cm……14

14. 花梗、萼筒、萼片光滑无刺状腺毛……10. 钝叶蔷薇 *R. sertata*

14. 花梗、萼筒光滑无刺状腺毛，萼片上有刺状腺毛……11. 光叶美蔷薇 *R. bella* var. *nuda*

1. 木香花

Rosa banksiae R. Br., Hort. Kew. ed. 2 [W. T. Aiton] 3: 258. 1811; 中国植物志, 37: 445. 1985.

攀缘木质藤本，常绿或半常绿。小枝圆柱形，幼时绿色，后变褐色，无毛，具短小皮刺，老枝上的皮刺较大，有时枝条无皮刺。羽状复叶，通常具小叶3～5枚，稀为7枚，连叶柄长4～8cm；小叶片椭圆状卵形或长圆状披针形，长2～6cm，宽1～2.5cm，先端急尖或圆钝，基部宽楔形或圆钝，边缘有细锯齿；托叶线状披针形，膜质，与叶柄分离或基部稍合生，早落。花两性；伞形花序具花4～15朵；花直径1.5～2.5cm；花梗长2～3cm，无毛；萼筒卵球形，外面无毛；萼片卵状披针形，长5～7mm，先端长渐尖，全缘，外面无毛，内面被白色长柔毛；花瓣白色，重瓣，长倒卵形，先端微凹或圆钝，基部楔形；雄蕊多数，长3～6mm；花柱离生，密被柔毛，比雄蕊短，伸出萼筒口。果实球形，直径6～8mm，无毛，萼片果期脱落。花期4～5月，果期8～10月。

本种在延安黄陵海拔800～1400m道路、绿地和庭院有栽培。在我国野生的分布于西南的四川、云南，全国各地常见栽培，供观赏。

生长强健，枝叶茂密，花开密集，花色洁白，花香馥郁，常栽培供观赏，攀爬于藤架、走廊，既可赏花，又可遮阴；花朵可提取芳香油；根皮可提取栲胶，也供药用。

木香花 *Rosa banksiae*
1. 花期植株（刘培亮 摄）；2. 枝叶和花序（刘培亮 摄）

2. 峨眉蔷薇

Rosa omeiensis Rolfe, Bot. Mag. 138: t. 8471. 1912; 中国植物志, 37: 383. 1985.

落叶灌木，高2～3m。小枝紫红色，无刺或具扁平而基部膨大的皮刺，幼枝常被密集针刺或刺毛。羽状复叶，具小叶9～13枚，稀达17枚，连叶柄长3～6cm；小叶片长圆形或椭圆状长圆形，长8～25mm，宽4～10mm，先端圆钝或急尖，基部圆钝或宽楔形，边缘有尖锐细锯齿；托叶长圆状倒披针形，长7～13mm，大部分与叶柄合生。花两性；花单生于叶腋，无苞片；花梗长1～2cm；花直径3～4cm；萼片4枚，稀为5枚，三角状披针形，长6～11mm，先端渐尖或急尖，有时尾尖，全缘；花瓣4枚，稀为5枚，白色，倒卵形，先端微凹，基部宽楔形；雄蕊多数，长3～8mm；花柱离生，微伸出萼筒口，比雄蕊短。果实倒卵球形或长圆状倒卵球形，长2～3cm，先端缢缩，外面无毛或具刺毛，亮红褐色，果熟时果梗肥大，具直立的宿存萼片。花期5～6月，果期7～9月。

本种在延安主要分布于黄陵、黄龙等地，生于海拔1300m左右的山地灌丛或林下。在我国分布于西北的陕西、甘肃、青海、宁夏，华中的湖北，西南的四川、云南、贵州、西藏等地。

常生于山坡林缘及灌丛中，在本区不常见。果实连同膨大的果梗味道酸甜，可鲜食或晒干磨粉食用，也可酿酒，亦可入药；根皮可提取栲胶。

峨眉蔷薇 *Rosa omeiensis*
1.枝叶和花（刘培亮 摄）；2.枝上的皮刺（刘培亮 摄）；3.果实（刘培亮 摄）

3. 黄蔷薇

Rosa hugonis Hemsl., Bot. Mag. 131: t. 8004. 1905; 中国植物志, 37: 376. 1985.

落叶灌木，高可达2.5m。枝常呈弓形，小枝紫红色或灰褐色，具直立而扁平的皮刺，通常混生细密针刺和刺毛。羽状复叶，具小叶9～11枚，稀为5或13枚，连叶柄长3～9cm，在长枝上互生，在短枝上簇生；小叶片卵形、椭圆形或倒卵形，长8～20mm，宽5～12mm，先端圆钝或急尖，边缘有细锯齿，两面无毛，中脉在表面凹下、背面凸起；托叶线状披针形，长5～10mm，先端渐

黄蔷薇 *Rosa hugonis*
1.花枝（吴振海 摄）；2.果枝（吴振海 摄）

尖，全缘，大部分与叶柄合生。花两性；花单生于叶腋，无苞片；花梗长1～2cm，无毛；花直径4～6cm；萼片5枚，披针形，长1～1.5cm，先端渐尖，全缘，外面无毛，背面有稀疏短柔毛；花瓣5枚，黄色，宽倒卵形，先端微凹；雄蕊多数，长4～6mm，黄色；花柱离生，稍伸出萼筒口，短于雄蕊。果实扁球形，直径1.2～1.5cm，无毛，红色，有光泽，具反折的宿存萼片。花期4～6月，果期7～8月。

本种在延安主要分布于宝塔、甘泉、黄陵、黄龙等地，生于海拔600～1500m的向阳山坡灌丛或林下。在我国分布于华北的山西，西北的陕西、甘肃、青海、宁夏，西南的四川等地。

常生于黄土向阳山坡灌丛或林下，较耐干旱，适应性强，可栽培供观赏及防止水土流失。

4. 黄刺玫

Rosa xanthina Lindl., Ros. Monogr. 132. 1820; 中国植物志, 37: 378. 1985.

4a. 黄刺玫（原变型）

Rosa xanthina Lindl. f. ***xanthina***

落叶直立灌木，高2～3m。枝粗壮，密集，小枝紫褐色，无毛，有散生皮刺，但无针刺和刺毛；刺直立，不扁化或仅基部稍扁化。羽状复叶，具小叶7～13枚，连叶柄长3～8cm；小叶片宽卵形或近圆形，稀椭圆形，长8～13mm，宽5～10mm，先端圆钝，基部宽楔形或近圆形，边缘有钝锯齿，表面无毛，背面幼时被长柔毛，逐渐脱落；叶轴、叶柄有稀疏柔毛和小皮刺；托叶披针形或线状披针形，中部以下与叶柄合生，离生部分呈耳状。花单生于叶腋，重瓣，黄色，无苞片；花梗长1～1.5cm，无毛；花直径3～5cm；萼筒外面无毛；萼片披针形，长约1cm，全缘，先端渐尖；花瓣宽倒卵形，黄色，先端微凹；雄蕊长3～5mm，黄色；花柱离生，被长柔毛，稍伸

黄刺玫 *Rosa xanthina* f. *xanthina*
枝叶和花（刘培亮 摄）

出萼筒口，比雄蕊短。果实近球形或倒卵状球形，直径约1cm，成熟时紫褐色或黑褐色，萼片反折。花期4～6月，果期7～8月。

本种在延安宝塔海拔1100m左右的街道、公园、庭院有栽培，供观赏。本种为栽培起源，在我国东北、华北、西北、华东等地常见栽培，供观赏。

春季开花甚为繁盛，花色亮黄，为优秀的观赏植物，常丛植、片植，耐修剪，生长强健，抗性强，较耐干旱。

4b. 单瓣黄刺玫（变型）

Rosa xanthina Lindl. f. ***normalis*** Rehder & E. H. Wilson, in Sargent, Pl. Wilson. 2: 342. 1915; 中国植物志, 37: 378. 1985.

本变型与原变型的区别是花为单瓣，花瓣5枚。

此变型主要分布于宝塔、吴起、安塞、富县、甘泉、黄龙、黄陵、宜川、延川等地，生于海拔800～1800m的黄土坡上。在我国分布于东北各地，华北的内蒙古（中部）、河北、山西，西北的陕西、甘肃，华东的山东。

此变型为黄土高原地区灌丛群落中的常见物种，喜生于黄土丘陵阳坡及沟底，耐干旱，生长快，有保持水土的作用；果实可食用及入药；单瓣黄刺玫为栽培的重瓣的黄刺玫的野生近亲，亦见栽培供观赏。

单瓣黄刺玫 *Rosa xanthina* f. *normalis*
1.植株（刘培亮 摄）；2.花（刘培亮 摄）；3.果实（刘培亮 摄）

5. 野蔷薇

Rosa multiflora Thunb., in Murray, Syst. Veg., ed. 14. 474. 1784; 中国植物志, 37: 428. 1985.

5a. 野蔷薇（原变种）

Rosa multiflora Thunb. var. ***multiflora***

落叶攀缘灌木。小枝圆柱形，通常无毛，有短的稍弯曲皮刺。羽状复叶，通常具小叶5～9枚，连叶柄长5～10cm；小叶片倒卵形、长圆形或卵形，长1.5～4cm，宽0.8～2cm，先端急尖或圆钝，基部宽楔形或圆钝，边缘有尖锐单锯齿，稀混有重锯齿，表面无毛，背面有柔毛；托叶大部分与叶柄合生，分裂成篦齿状。花两性；圆锥状花序顶生，花多数；花梗长1.5～2.5cm，有时基部有篦齿状苞片；花直径1.5～2cm；萼片披针形或卵状披针形；花瓣5枚，白色，宽倒卵形，先端微凹，基部楔形；雄蕊多数，长3～6mm；花柱结合成束，无毛，比雄蕊稍长。果实球形或卵球形，直径6～8mm，成熟时红褐色或紫褐色；萼片脱落。花期5～6月，果期8～9月。

本种在延安宝塔海拔1100m左右的街道、公园、庭院有栽培，供观赏。在我国野生分布于华东的山东、江苏，华中的河南等地，各地亦常见栽培。日本、朝鲜半岛也有分布。

适应性强，生长强健，是嫁接多种蔷薇属栽培植物的优秀砧木。

野蔷薇 ***Rosa multiflora*** **var.** ***multiflora***
1.枝叶和花序（刘培亮 摄）；2.花（刘培亮 摄）

5b. 粉团蔷薇（变种）

Rosa multiflora Thunb. var. ***cathayensis*** Rehder & E. H. Wilson, in Sargent, Pl. Wilson. 2: 304. 1915; 中国植物志, 37: 429. 1985.

本变种与原变种的区别是花粉红色。

此变种在延安宝塔的街道、公园、庭院有栽培，供观赏。在我国野生分布于华北的河北，西北的陕西、甘肃，华东的山东、安徽、浙江、江西、福建，华中的河南、湖北，华南的广东等地，各地也常见栽培，供观赏。

本变种常栽培做绿篱、护坡，供绿化和观赏；根、叶、花、种子可药用；根可提取栲胶；花可提取芳香油。

粉团蔷薇 ***Rosa multiflora*** **var.** ***cathayensis***
1.花期植株（刘培亮 摄）；2.花（刘培亮 摄）

5c. 白玉堂（变种）

Rosa multiflora Thunb. var. ***albo-plena*** T. T. Yü & T. C. Ku, Bull. Bot. Res., Harbin 1(4): 12. 1981; 中国植物志, 37: 429. 1985.

本变种与原变种的区别是花为重瓣。

此变种在延安宝塔海拔1100m左右的街道、公园、庭院有栽培，供观赏。为栽培起源，在我国主要栽培于华北地区，供观赏。

本变种可作嫁接月季花的砧木。

白玉堂 ***Rosa multiflora*** **var.** ***albo-plena***
花（刘培亮 摄）

5d. 七姊妹（变种）

Rosa multiflora Thunb. var. ***carnea*** Thory, in Redouté, Roses 2: 67. 1821; 中国植物志, 37: 429. 1985.

本变种与原变种的区别是花瓣粉红色，重瓣。

此变种在延安宝塔的街道、公园、庭院有栽培，供观赏。为栽培起源，在我国华北地区常见栽培。

本变种可栽培供观赏，作护坡及棚架。

七姊妹 *Rosa multiflora* var. *carnea*
花（刘培亮 摄）

6. 月季花

Rosa chinensis Jacq., Observ. Bot. 3: 7. 1768; 中国植物志, 37: 422. 1985.

落叶或半常绿灌木，高1～2m。小枝绿色，无毛或近无毛，有钩状皮刺或无刺。羽状复叶，通常具小叶3～5枚，稀7枚，连叶柄长5～15cm；小叶片宽卵形或椭圆形，长2.5～6cm，宽1～3cm，先端急尖或渐尖，基部圆形或宽楔形，边缘有尖锐细锯齿；托叶边缘有腺毛或羽状裂片，两面均无毛，大部分与叶柄合生。花两性；花数朵簇生，稀单生，直径4～10cm；花梗长2.5～6cm，近无毛或有腺毛；萼片卵形或三角状卵形，先端尾状渐尖，有时呈叶状，全缘或羽状分裂；花重瓣或单瓣，红色、粉红色或白色；花瓣倒卵形，先端凹缺，基部楔形；雄蕊多数；花柱离生，被柔毛，伸出萼筒口，与雄蕊近等长。果实卵球形或梨形，长1～2cm，成熟时红色或黄红色，萼片宿存或脱落。花期4～9月，果期6～11月。

本种在延安各地的街道、公园、庭院常见栽培，供观赏。我国各地广泛栽培，国外亦广泛栽培。

本种园艺品种很多，花色、花型多样，馥郁芳香，为久负盛名的观赏植物，也用于鲜切花；花可提取香精；叶、花、根供药用；大多数品种生长强健，管理简单，适度修剪即可一年内多次开花，花期很长，但一些品种在秋季湿度过大、通风不佳时易染白粉病，应注意防治。本种为众多现代杂交月季栽培品种的重要亲本之一，赋予其连续开花的宝贵特性。

月季花 *Rosa chinensis*
1.枝叶和花（刘培亮 摄）；2.果实（刘培亮 摄）

7. 玫瑰

Rosa rugosa Thunb., in Murray, Syst. Veg., ed. 14. 473. 1784; 中国植物志, 37: 401. 1985.

落叶直立灌木，高1～2m。小枝密被短柔毛，并有针刺和腺毛，有直立或弯曲的淡黄色皮刺，皮刺上被绒毛。羽状复叶，具小叶5～9枚，连叶柄长5～15cm；小叶片椭圆形或椭圆状倒卵形，长2～5cm，宽1～2.5cm，先端急尖或圆钝，基部圆形或宽楔形，边缘具尖锐单锯齿，表面无毛，叶脉下陷，有皱纹，背面灰绿色，中脉突起，网脉明显，常密被绒毛和腺毛；托叶披针形，大部分与叶柄合生，背面被绒毛。花两性；花单生或数朵簇生；苞片卵形，外被绒毛；花梗密被绒毛、腺毛和刺毛；花直径4～6cm；萼片卵状披针形，先端尾状渐尖；花单瓣或重瓣，紫红色或白色，芳香；花柱离生，被柔毛，微伸出萼筒口，比雄蕊短。果实扁球形，直径2～2.5cm，成熟时红色，肉质，平滑，萼片宿存。花期5～6月，果期8～9月。

本种在延安主要栽培于黄陵等地。在我国野生分布于东北的吉林、辽宁，华东的山东，现各地多有栽培。日本、朝鲜半岛及俄罗斯远东地区也有分布。

本种园艺品种很多，为重要的栽培观赏植物和经济作物，但因枝叶上针刺、绒毛密集，不作为鲜切花使用；鲜花可提取芳香油；花瓣可腌制为花瓣酱，常用于制作糕点、酒类、糖浆；干花蕾可入药；果实含丰富的维生素C及糖分，可食用；种子可榨油。

玫瑰*Rosa rugosa*
1.茎和皮刺（刘培亮 摄）；2.叶和花（刘培亮 摄）；3.花（刘培亮 摄）

8. 山刺玫

Rosa davurica Pall., Fl. Ross. 1(2): 61. 1788; 中国植物志, 37: 402. 1985.

落叶灌木，高1～2m。小枝具黄色皮刺，皮刺基部膨大，稍弯曲。羽状复叶，具小叶7～9枚，稀为5枚，连叶柄长4～10cm；小叶长圆形或宽披针形，长1.5～3.5cm，宽0.5～1.5cm，先端急尖或圆钝，基部近圆形或宽楔形，边缘有单锯齿或重锯齿，表面无毛，中脉和侧脉下陷，背面中脉和侧脉突起，有白霜和腺点及稀疏短柔毛；托叶披针形，大部分与叶柄合生。花两性；花单生或2～3朵簇生；苞片卵形或卵状披针形，长1.5～2cm；花梗长0.5～1.5cm，无毛或有腺毛；花直径3～4cm；萼筒近球形，无毛；萼片披针形，长1.5～2cm，先端扩展成叶状，边缘有不整齐锯齿和腺毛；花瓣粉红色或紫红色，倒卵形或宽倒卵形，长约2cm，先端微凹，基部宽楔形；雄蕊多数，长约5mm；

山刺玫 *Rosa davurica*

1.枝叶和果实（刘培亮 摄）；2.叶背面（刘培亮 摄）；3.果实（刘培亮 摄）

花柱离生，被柔毛，比雄蕊短。果实近球形或卵球形，红色，直径1～1.5cm，光滑，萼片宿存直立。花期6～7月，果期8～9月。

本种在延安分布于宜川，生于海拔727m的山坡上。在我国分布于东北各地，华北的河北、山西，在西北的陕西为分布新记录。日本、朝鲜半岛、蒙古及俄罗斯东西伯利亚地区也有分布。

生于山坡阳处，较耐干旱。可作同属栽培植物嫁接的砧木；花朵芳香，可提取芳香油；果实富含多种维生素及糖分，可食用；果和根可供药用。

9. 弯刺蔷薇

Rosa beggeriana Schrenk, in Fischer & C. A. Meyer, Enum. Pl. Nov. 1: 73. 1841; 中国植物志, 37: 393. 1985.

灌木，高1.5～3m。小枝圆柱形，有成对或散生的基部膨大、浅黄色的镰刀状皮刺。羽状复叶具小叶5～9枚，连叶柄长3～9cm；小叶片宽椭圆形或椭圆状倒卵形，长0.8～2.5cm，宽0.5～1.2cm，先端急尖或圆钝，基部近圆形或宽楔形，边缘有单锯齿，近基部全缘，上面无毛，中脉下陷，下面

弯刺蔷薇 *Rosa beggeriana*

1.枝叶和花序（刘培亮 摄）；2.皮刺（刘培亮 摄）；3.花序（刘培亮 摄）；4.果序（刘培亮 摄）

被柔毛或无毛，中脉突起；托叶大部分与叶柄合生。花两性；花数朵或多朵排列成伞房状或圆锥状花序，极稀单生；苞片卵形；花梗长1～2cm，无毛或有稀疏腺毛；花直径2～3cm；萼筒近球形，光滑无毛；萼片披针形，外面被腺毛，内面密被短柔毛；花瓣白色，稀粉红色，宽倒卵形，先端微凹，基部宽楔形；花柱离生，有长柔毛，比雄蕊短。果近球形，直径0.6～1cm，红色至黑紫色，无毛，成熟后萼片脱落。花期5～7月，果期7～10月。

本种在延安仅在吴起海拔1400m大吉沟树木园有栽培。在我国分布于西北的新疆、甘肃。中亚地区及伊朗、阿富汗也有分布。

抗寒耐旱性较强，适于栽培在西北干旱荒漠区，供绿化及观赏。

10. 钝叶蔷薇

Rosa sertata Rolfe, Bot. Mag. 139: t. 8473. 1913; 中国植物志, 37: 418. 1985.

落叶灌木，高1～3m。小枝细弱，圆柱形，紫红色，无毛，散生直立皮刺或无刺。羽状复叶具小叶7～11枚，连叶柄长4～7cm；小叶片宽椭圆形或卵状椭圆形，长1～2.5cm，宽0.6～1.5cm，先端急尖或圆钝，基部近圆形，边缘有尖锐单锯齿，表面无毛，背面无毛或沿中脉被柔毛；托叶披针形或长圆状披针形，无毛，边缘有腺毛。花两性；花单生或3～5朵排成伞房状；苞片卵形；花梗长1.5～3cm；花梗和萼筒通常无毛；花直径2～4cm；萼片卵状披针形，先端延长成叶状，全缘，外面通常无毛，内面密被黄白色柔毛；花瓣淡红色或紫红色，倒卵形，长1.2～1.8cm，先端圆钝或微凹，基部宽楔形，比萼片短；雄蕊多数，长约5mm；花柱离生，被柔毛，比雄蕊短。果实卵球形，长1～2cm，先端有短颈，成熟时深红色，无毛，萼片宿存。花期5～6月，果期8～9月。

本种在延安分布于黄龙、富县，生于海拔1500～1700m的山地灌丛或疏林中。在我国分布于华北的山西，西北的陕西、甘肃、宁夏，华东的江苏、安徽、浙江、江西，华中的河南、湖北，西南的四川、重庆、云南等地。

通常生于针阔混交林的林下及林缘，成丛生长。

钝叶蔷薇 *Rosa sertata*
1.枝叶和花（姜在民 摄）；2.花（姜在民 摄）；3.果实（刘培亮 摄）

11. 美蔷薇

Rosa bella Rehder & E. H. Wilson, in Sargent, Pl. Wilson. 2: 341. 1915; 中国植物志 ,37: 407. 1985.

11a. 光叶美蔷薇（变种）

Rosa bella Rehder & E. H. Wilson var. ***nuda*** T. T. Yu & H. T. Tsai, Bull. Fan Mem. Inst. Biol. Bot. 7: 114. 1936; 中国植物志, 37: 408. 1985.

落叶灌木，高1～2m。小枝散生直立、基部稍膨大的皮刺，老枝通常密被针刺。羽状复叶通常具小叶7～9枚，连叶柄长4～12cm；小叶片椭圆形、卵形或长椭圆形，长1～3.5cm，宽1～2cm，先端急尖或圆钝，基部近圆形，边缘具尖锐单锯齿，两面无毛；托叶倒卵状披针形，大部分与叶柄合生。花两性；花单生或2～3朵簇生，苞片卵形或卵状披针形，长约1.5cm，宽约0.7cm，边缘具腺齿，无毛；花梗长5～10mm；花梗和萼筒无腺毛；花直径2～3cm；萼片卵状披针形，长约2cm，先端尾尖，全缘或有锯齿，外面近无毛而有腺毛，内面密被柔毛；花瓣宽倒卵形，长2～2.5cm，粉红色，先端微凹，基部楔形；雄蕊多数，长3～5mm；花柱离生，密被长柔毛，比雄蕊短。果实椭圆状卵球形，直径1～1.5cm，先端有短颈，成熟后猩红色。花期5～7月，果期8～10月。

此变种在延安分布于黄龙，生于海拔1290m的山坡。在我国分布于华北的山西，西北的陕西，华中的河南等地。

花可提取芳香油并制作玫瑰酱；果实可食用；花果均可入药。

光叶美蔷薇 *Rosa bella* var. *nuda*
1.枝叶和果实（刘培亮 摄）；2.果实（刘培亮 摄）

21. 悬钩子属 *Rubus* L.

本属编者：西北大学　李忠虎

落叶或常绿灌木、亚灌木或草本。茎直立或蔓生，多具针刺，叶互生，单叶、羽状或掌状复叶，具托叶。花两性，稀单性，雌雄异株，白色或粉红色，呈总状、圆锥状或伞房状花序，有时单生；萼5裂，稀3～7裂；花瓣5，有时缺；雄蕊和雌蕊均多数，生于突起的花托上，构成聚合果；花柱近等生，成熟的心皮通常成一小核果，多浆或干燥。

本属700余种，分布于欧洲、非洲、亚洲、北美洲、南美洲、大洋洲。我国有194种，分布于西北的陕西、甘肃、青海，华北的山西，华东的江西、安徽、山东、江苏、浙江、福建、台湾，华中的河南、湖北及西南的西藏、四川等地。在延安分布10种1变种，分布于洛川、吴起、黄龙、黄陵等地。

本属植物主要生长于落叶阔叶林、疏林和竹林中，在林缘或林地尤为繁茂，阴山、阳山、半阴半阳也生长比较好。

本属植物有些种类的果实多浆，味甜酸，可供食用，在欧美已长期栽培作重要水果；有些种类的果实、种子、根及叶可入药；茎皮、根皮可提制栲胶；少数种类庭园栽培供观赏。

分种检索表

1. 花萼或花梗具带红色腺毛 ······ 3b. 腺花茅莓 *R. parvifolius* var. *adenochlamys*
1. 花萼或花梗无红色腺毛 ······ 2
2. 花单生 ······ 1. 秀丽莓 *R. amabilis*
2. 伞房花序或圆锥状花序 ······ 2
3. 花白色，花柱被长绒毛毛 ······ 7. 菰帽悬钩子 *R. pileatus*
3. 花红色，花柱无毛毛 ······ 3
4. 花萼里有毛，植株密被灰色绒毛或紫红色腺毛 ······ 10. 乌泡子 *R. parkeri*
4. 花萼外密被毛，植株密被灰色绒毛或紫红色腺毛 ······ 4
5. 果实球形无毛 ······ 2. 喜阴悬钩子 *R. mesogaeus*
5. 果实球形有毛 ······ 5
6. 枝初直立后蔓生，具红色腺毛或刺毛 ······ 9. 多腺悬钩子 *R. phoenicolasius*
6. 枝呈弓形弯曲，无毛或有柔毛 ······ 6
7. 苞片线状披针形，小叶两面均被白色绒毛 ······ 8. 弓茎悬钩子 *R. flosculosus*
7. 苞片线形，小叶无毛或内面有绒毛 ······ 7
8. 小叶常7～9枚，稀5或11枚 ······ 5. 红泡刺藤 *R. niveus*
8. 小叶常3枚，稀5枚 ······ 8
9. 枝条被白粉，小叶5～7枚 ······ 4. 插田泡 *R. coreanus*
9. 枝条未被白粉，小叶3～5枚 ······ 9
10. 果实近球形，密被白色短绒毛；核微皱或较平滑 ······ 6. 陕西悬钩子 *R. piluliferus*
10. 果实卵球形，红色，无毛或具稀疏柔毛；核有浅皱纹 ······ 3a. 茅莓 *R. parvifolius* var. *parvifolius*

1. 秀丽莓

Rubus amabilis Focke, in Engler, Bot. Jahrb. 36 (Beibl. 82): 53. 1905; 中国植物志, 37: 079. 1985.

落叶灌木。枝条紫褐色或暗褐色，茎直立、具皮刺，叶互生，卵形或卵状披针形，边缘锯齿，有叶柄；托叶与叶柄合生，托叶线状披针形，不分裂，宿存，较宽大。花两性，聚伞状花序，花外面有柔毛；花萼绿带红色，萼片直立或反折，果时宿存；花瓣圆形，白色，基部具爪；雄蕊多数，心皮多数，有时仅数枚，花柱无毛，子房稍具柔毛。果实为由小核果集生于花托上而成聚合果，红色。

在延安分布于宝塔（南泥湾）、黄陵、黄龙等地，生于海拔600～1400m的山麓、沟边或山谷丛

秀丽莓 *Rubus amabilis*
1.果实（姜在民 摄）；2.花（姜在民 摄）；3.花枝（姜在民 摄）

林中。在我国主要分布于西北的陕西、甘肃、青海，华北的山西，华中的河南、湖北及西南的四川等地。在世界上分布于亚洲。

秀丽莓喜光，耐半阴；喜疏松湿润、富含腐殖质的肥沃土壤，萌蘖性强；较耐寒。

花大、果美，可在园林绿地中的林缘、溪旁种植，以创造山林野趣的环境，尤其适宜在风景区等自然式园林中种植；也可植为刺篱。果可食，根可入药。叶及根皮可提制栲胶。

2. 喜阴悬钩子

Rubus mesogaeus Focke, in Engler, Bot. Jahrb. 23: 399. 1900; 中国植物志, 37: 073. 1985.

灌木。茎蔓生，具腺毛，老枝具皮刺，小枝红褐色。小叶3（5），卵形至椭圆卵形，复叶，稀单叶，边缘锯齿，表面具短柔毛，背面密生白色绒毛，有叶柄；托叶与叶柄合生，不分裂，宿存，离生，较宽大。花两性，伞房花序，花萼外具柔毛；萼片披针形，果时宿存；花瓣稀缺，白色或粉红色；雄蕊多数，雌蕊多数，有时仅数枚，花柱无毛，子房稍具柔毛。果实为由小核果集生于花托上而成聚合果，紫黑色，无毛，核表面有皱纹。花期4～5月，果期6～7月。

本种在延安主要分布于安塞、宝塔（南泥湾）、黄陵、洛川等地，生于海拔600～1700m的山坡、山谷林下潮湿处或沟边冲积台地。在我国分布于西北的陕西、甘肃，华东的台湾，华中的河南、湖北以及西南的四川、贵州、云南和西藏等地。亚洲的尼泊尔、印度、不丹至日本、萨哈林岛（库页岛）也有分布。

喜阴悬钩子主要生长于落叶阔叶林、疏林和竹林中，在林缘或林地尤为繁茂，阴山、阳山、半阴半阳也生长比较好。

本种是灌木型果树，生态经济型水土保持灌木树种，在欧美一些国家早已广泛栽培，并形成产业化发展，引入中国后也得到快速发展，在很多地方都得到广泛种植。因其具有很好的营养价值、药用价值和食用价值，所以经济效益较好。

喜阴悬钩子 *Rubus mesogaeus*
1.果实（姜在民 摄）；2.果枝（姜在民 摄）；3.花（刘培亮 摄）；4.叶背（刘培亮 摄）

3. 茅莓

Rubus parvifolius L., Sp. Pl. 1197. 1753; 中国植物志, 37: 068. 1985.

3a. 茅莓（原变种）

Rubus parvifolius L. var. ***parvifolius***

落叶灌木。枝弯曲，弓形，枝上被柔毛和小钩刺。3小叶，钝头，在新枝上偶有5枚，倒卵形或菱状圆形，先端圆钝，基部阔楔形或圆形，边缘具重锯齿，表面具稀疏短柔毛，背面密被绒毛；叶柄和顶生小叶柄均被柔毛和稀疏小刺；托叶线形，具柔毛。伞房花序顶生或腋生，稀顶生，花序呈短总状；花瓣卵圆形或长圆形，粉红至紫红色，基部具爪；雄蕊多数，生于突起的花托上，花柱近顶生，花丝白色，稍短于花瓣；子房具柔毛。果实卵球形，红色；核有浅皱纹。

本种在延安主要分布于宝塔、甘泉、黄陵、延长、宜川、黄龙等地，多生于海拔600～1600m山坡杂木林下、向阳山谷、路旁或荒野。

在我国分布于东北各地，华北的河北、山西，西北的陕西、甘肃，华东的江西、安徽、山东、江苏、浙江、福建、台湾，华中各地，华南的广东、广西，西南的四川、贵州等地。亚洲的日本、

茅莓 *Rubus parvifolius* var. *parvifolius*
1. 花（刘培亮 摄）；2. 花枝（王赵钟 摄）；3. 果实（麻萍 摄）；4. 果枝（刘培亮 摄）

朝鲜也有分布。

茅莓喜温暖气候，耐热，耐寒。对土壤要求不严，一般土壤均可种植。

本种果实酸甜多汁，可供食用、酿酒及制醋等；根和叶含单宁，可提取栲胶；全株入药，有止痛、活血、祛风湿及解毒之效。

3b. 腺花茅莓（变种）

Rubus parvifolius L. var. ***adenochlamys*** (Focke) Migo, J. Shanghai Sci. Inst. 3(4): 169. 1939; 中国植物志, 37: 070. 1985.

本变种花萼或花梗具带红色腺毛。

此变种在延安主要分布于黄陵、甘泉，生于海拔500～1500m的向阳山坡或林下。在我国分布于华北的河北、山西，西北的陕西、甘肃，华东的江苏，华中的河南、湖南及西南的四川等地。世界范围内主要分布于亚洲。

腺花茅莓喜温暖、湿润环境，抗寒，在林缘或林地尤为繁茂，阴山、阳山、半阴半阳也生长比较好。

果实酸甜多汁，可供食用、酿酒及制醋等；根和叶含单宁，可提取栲胶；全株入药，有止痛、活血、祛风湿及解毒之效。

4. 插田泡

Rubus coreanus Miq. In Ann. Mus. Bot. Lugd. -Bat. 3: 34. 1867; 中国植物志, 37: 084. 1985.

灌木，高1～3m。枝红褐色，具疏密不等的针状或微钩状扁平皮刺。茎直立、具腺毛，叶互生，小叶宽卵形，边缘锯齿，有叶柄；叶片下面的毛被变化较大，往往在同一植株或同一枝条上，多数的叶片下面近无毛或仅沿叶脉具柔毛，但有少些叶片下面仍密被短绒毛；托叶与叶柄合生，不分裂，宿存，离生，较宽大。花两性，聚伞状花序、花萼外被短柔毛；萼片直立或反折，果时宿存；花瓣稀缺，白色或红色，雄蕊多数，心皮多数，有时仅数枚。果实为由小核果集生于花托上而成聚合果，近球形，种子下垂，种皮膜质。花期4～5月，果期6～7月。

本种在延安主要分布于黄陵，生于海拔500～1500m的山坡灌丛或山谷、河边、路旁。在我国分布于西北的陕西、甘肃、新疆，华东的江西、江苏、浙江、福建、安徽，华中各地及西南的四川、贵州等地。亚洲的朝鲜和日本也有分布。

插田泡喜温暖、湿润环境，抗寒，土壤要求不严，抗盐碱能力较强。

果实、根及茎、藤着地所生的不定根可入药。根与不定根随时可采，果近于成熟时采摘，晒干。果有补肾固精的作用。根、不定根具有调经活血、止血止痛的功效。

插田泡 *Rubus coreanus*
1.花（刘培亮 摄）；2.茎叶（刘培亮 摄）；3.果实（刘培亮 摄）

5. 红泡刺藤

Rubus niveus Thunb. In Diss. Bot. -Med. de Rubo 9. f. 3. 1813; 中国植物志, 37: 050. 1985.

灌木。叶互生，边缘锯齿，有叶柄；叶通常7～9枚，但花枝上有时具5小叶，稀在花序基部有3小叶，营养枝上有时达11枚，叶椭圆形、卵状椭圆形、菱状椭圆形至卵形，顶生小叶较宽大且有时3裂，叶边锯齿不整齐，较粗锐或稀稍圆钝，小叶的间隔也疏密不等；托叶与叶柄合生，不分裂，宿存，离生。花两性，聚伞状花序，花萼外面密被绒毛；萼片直立或反折，果时宿存；花瓣红色，基部有爪；雄蕊多数，雌蕊多数，生于突起的花托上；花柱近顶生。果实为由小核果集生于花托上而成聚合果，果实半球形，被绒毛；核有皱纹。花期4～5月，果期6～8月。

本种在延安主要分布于黄陵，生于海拔500～1600m的山坡灌丛、疏林或山谷河滩、溪流旁。在我国分布于西北的陕西、甘肃，华南的广西，西南的四川、云南、贵州、西藏等地。亚洲的阿富汗、尼泊尔、不丹、印度、克什米尔地区、斯里兰卡、缅甸、泰国、老挝、越南以及东南亚的马来西亚、印度尼西亚、菲律宾也有分布。

红泡刺藤喜温暖、湿润环境，抗寒，土壤要求不严，抗盐碱能力较强；灌木型果树，生态经济型水土保持树种。

根具有祛风除湿、解毒止痢的功效。根皮多含单宁。

6. 陕西悬钩子

Rubus piluliferus Focke, in Engler, Bot. Jahrb. 36: 55. 1905; 中国植物志, 37: 051. 1985.

灌木。枝弯曲呈弓形，具稀疏不等的皮刺。小叶3（5），顶生小叶顶端尾状渐尖，侧生小叶阔楔形，表面具短细柔毛，有时无毛，背面具灰白色绒毛；边缘常羽状浅裂，有缺刻状粗重锯齿，有叶柄，具托叶，线形。雌雄异株，雄蕊多数，雌蕊多数，生于突起的花托上；总花梗和花梗均被带黄色柔毛；花柱和子房均具柔毛。聚合果，近球形，核稍有皱纹，有时平滑。花期5～6月，果期7～8月。

本种在延安主要分布于黄陵，生于海拔600～1700m的山坡或山谷林下。在我国分布于西北的陕西、甘肃，华中的湖北及西南的四川等地。世界范围内主要分布于亚洲。

陕西悬钩子一般分布于山坡、溪边疏密林下或分水岭杂木林中，喜温暖、湿润环境，抗寒，土壤要求不严，抗盐碱能力较强。

一种重要的生态经济型水土保持灌木树种。果可食用、酿酒及制醋等；根和叶含单宁，可提取栲胶。

陕西悬钩子 *Rubus piluliferus*
1.果实（姜在民 摄）；2.叶背（刘培亮 摄）；3.枝（刘培亮 摄）

7. 菰帽悬钩子

Rubus pileatus Focke, Hooker's Icon. Pl. 20, sub t. 1952. 1891; 中国植物志, 37: 061. 1985.

攀缘灌木，高1～3m。小枝紫红色，无毛，具白粉，疏生皮刺。小叶5（7），卵形或宽卵形，顶生小叶与叶轴均具稀疏短毛和皮刺，叶互生，具托叶，线形或线状披针形。花两性，呈伞房状花序，有时单生；花萼卵形，顶端尾尖，在果期常反折；花瓣倒卵形，白色，短于萼片，或有时等长；雌雄蕊多数。聚合果球形，红色，外面密被灰白色绒毛和宿存花柱。花期6～7月，果期8～9月。

本种在延安主要分布于黄龙、南泥湾，生于海拔800～1600m的沟谷边、路旁疏林下或山谷阴处密林下。在我国分布于西北的陕西、甘肃，华中的河南及西南的四川等地。在北半球温带地区最多，除我国外，日本、缅甸、朝鲜半岛等地也有。

菰帽悬钩子主要生长在沟谷边、路旁疏林下或山谷地密林下。

菰帽悬钩子是灌木型果树，生态经济型水土保持树种。因其具有很好的营养价值、药用价值和食用价值，所以经济效益较好。

菰帽悬钩子 *Rubus pileatus*
1.叶（卢元 摄）；2.果（卢元 摄）

8. 弓茎悬钩子

Rubus flosculosus Focke, Hooker's Icon. Pl. 20, sub t. 1952. 1891; 中国植物志, 37: 042. 1985.

植株无腺毛，常绿灌木。枝弯曲呈弓形，红褐色，具稀疏钩状针刺。小叶5（7），卵形或卵状长圆形，顶生小叶有时为菱状披针形，先端渐尖，基部阔楔形或近于圆形，边缘有重锯齿及浅裂片，表面绿色，无毛或疏生短柔毛，背面淡绿色，具灰白色绒毛；叶互生，边缘锯齿，有叶柄；托叶线形，托叶与叶柄合生，不分裂，宿存。花两性，聚伞状花序；萼片直立或反折；花瓣稀缺，粉红色；雄蕊多数，花丝线形，心皮多数，有时仅数枚。果实为由小核果集生于花托上而成聚合果，球形，红色至红黑色。花期6～7月，果期8～9月。

本种在延安主要分布于黄陵，生于海拔400～1600m的山谷河旁、沟边或山坡杂木丛中。在我国分布于西北的陕西、甘肃，华北的山西，华中的河南、湖北及西南的四川、西藏等地。本种在北半球温带地区最多，除我国外，日本、越南、朝鲜半岛等也有。

弓茎悬钩子是喜光植物，广泛生长于山坡、沟边、路旁和岩坎上，在紫色土、紫石骨子土及黄

弓茎悬钩子 *Rubus flosculosus*
1.果枝（卢元 摄）；2.果实（卢元 摄）

壤上均能良好地生长。

果较小，甜酸可食，也可供制醋，是生态经济型水土保持树种，在很多地区都得到广泛种植。因其具有很好的营养价值、药用价值和食用价值，经济效益较好。

9. 多腺悬钩子

Rubus phoenicolasius Maxim. In Bull. Acad. Sci. St. Petersb. 17: 160. 1872；中国植物志, 37: 066. 1985.

灌木。枝具稀疏的皮刺，红褐色。小叶3（5），叶卵形，顶生小叶有时为菱状披针形，先端渐尖，基部圆形或近心形，边缘有粗锯齿及浅裂片，表面绿色，仅沿叶脉有柔毛，背面淡绿色，具灰白色绒毛；叶互生，边缘锯齿，有叶柄；托叶线形，具柔毛和腺毛，托叶与叶柄合生，不分裂，宿存。花两性，短总状花序；萼片披针形；花瓣倒卵形或近圆形，紫红色；雄蕊多数，短于花柱，花丝线形，心皮多数，成熟的心皮通常成一小核果，球形，红色。花期5～6月，果期7～8月。

本种在延安主要分布于黄龙，生于海拔500～1000的林下、路旁或山沟谷底。在我国分布于西北的陕西、甘肃，华北的山西，华东的山东，华中的河南、湖北以及西南的四川等地。欧洲、北美洲以及亚洲的日本、朝鲜也有分布。

多腺悬钩子喜温暖、湿润环境，抗寒，对土壤要求不严，抗盐碱能力较强。

果实味甜酸，可供食用，因营养价值、药用价值和食用价值高，在欧美已作为长期栽培的重要水果；根及叶可入药；茎皮、根皮可提制栲胶；可供庭园栽培供观赏。

10. 乌泡子

Rubus parkeri Hance, J. Bot. 20: 260. 1882; 中国植物志, 37: 142. 1985.

攀缘灌木。茎密生灰色绒毛和红紫色腺毛，散生短弯皮刺。单叶，矩圆状卵形或披针形，长5～9cm，宽2～3.5cm，先端锐尖或圆钝，基部心形，边缘有细齿和波状浅裂，叶片上面被柔毛，尤其沿叶脉为多，下面密被灰色绒毛；叶柄长5～20mm，有细柔毛和少数腺毛及弯皮刺；托叶有丝状裂。花白色，直径约8mm，构成长圆锥花序，萼片密生灰色绒毛和紫色腺毛；萼裂片披针形，先端尾尖，内面密生灰色绒毛。聚合果球形，黑色。花期5～6月，果期7～8月。

本种在延安主要分布于宜川，生于海拔1000m以下的山地疏密林中阴湿处或溪旁及山谷岩石上。在我国分布于西北的陕西，华东的江苏，华中的湖北以及西南的四川、云南、贵州等地。本种在世界范围内分布于亚洲、北美洲。

乌泡子为喜光植物，适应能力强，广泛生长于山坡、沟边、路旁和岩坎上，在紫色土、紫石骨子土及黄壤土均能良好地生长。喜欢湿润，更适宜在肥沃的土壤上生长，在较为阴暗的和过分干燥的环境生长不良。

嫩枝和叶具有可利用的化学成分。植株作为攀缘植物可供观赏。

22. 棣棠花属 *Kerria* DC.

本属编者：西北大学　刘培亮

落叶灌木。小枝细长；冬芽小，具数个鳞片。单叶，互生，边缘具重锯齿；有叶柄；托叶钻形，早落。花两性；萼筒碟形；萼片5枚，全缘，在芽中覆瓦状排列；花瓣5枚或为重瓣，黄色，长圆形或近圆形，具短爪；雄蕊多数；花盘环状，被疏柔毛；心皮5～8枚，分离；花柱顶生，直立，细长，顶端截形；每心皮有1枚胚珠。瘦果侧扁，无毛，萼片宿存。

本属仅1种，分布于中国和日本。在我国的华北、华东、华中、西南地区有分布，野生或栽培。延安宝塔栽培1种。

本属植物为美丽的观赏植物，常用于庭园绿化；茎的髓部可入药。

棣棠花

Kerria japonica (L.) DC, Trans. L. Soc. London, Bot. 12: 157. 1818; 中国植物志, 37: 3. 1985.

灌木，高1～2m。小枝绿色，无毛，微拱曲。单叶互生，三角状卵形或卵圆形，长3～7cm，宽2～3.5cm，先端长渐尖，基部圆形、截形或微心形，边缘有尖锐重锯齿，两面绿色，表面无毛或有稀疏柔毛，背面沿脉或脉腋有柔毛；叶柄长5～10mm，无毛；托叶钻形，膜质，有缘毛，早落。花两性；单花，着生于当年生侧枝顶端，花梗长1～2.5cm，无毛；花单瓣或重瓣，直径3～4.5cm；萼筒无毛；萼片卵状三角形或椭圆形，长约5mm，全缘，两面无毛，先端急尖，果时宿存；花瓣金黄色，长圆形或近圆形，长1.8～2.5cm，先端微凹；雄蕊长不及花瓣一半；花柱顶生，与雄蕊近等长。瘦果半球形或倒卵形，侧扁，长约3mm，褐色或黑褐色，表面无毛，有皱褶。花期4～6月，果期7～8月。

本种在延安宝塔海拔1100m左右的街道、公园、庭院有栽培，供观赏，在黄陵有野生。在我国主要分布于华北、华东、华中、西南地区，野生或栽培。也分布于日本。

本种植物早春开花，花色明黄，花量大，有单瓣花和人工培育的重瓣花品种，生长强健，抗性强，耐修剪，常从根部萌生新条，可丛植、片植，为优秀观赏植物。茎的髓部可入药。

棣棠花 *Kerria japonica*

1.枝叶和单瓣花（刘培亮 摄）；2.枝叶和重瓣花（刘培亮 摄）；3.果实（许宇星 摄）

23. 委陵菜属 *Potentilla* L.

本属编者：西北大学 刘培亮

多年生草本、灌木或一、二年生草本。茎直立、斜升或匍匐。叶互生，三出复叶、掌状复叶或奇数羽状复叶；小叶边缘全缘、分裂或具齿；叶柄有或无；托叶与叶柄多少合生。花通常两性，单生、聚伞花序或聚伞圆锥花序；萼筒下凹，多呈半球形；萼片5，副萼片5，与萼片互生；花瓣5，通常黄色，稀为白色或紫红色；雄蕊通常20枚，稀为10～30枚，花药2室；雌蕊多数，心皮离生；花柱顶生、侧生或基生；每心皮有1枚胚珠。瘦果多数，着生在干燥的花托上，萼片宿存；种子1粒。

本属约有500种，主要分布于亚洲、欧洲和北美洲的温带、寒带及高山地区。中国约有86种，各地均有分布。延安分布11种3变种，各县（区）均有分布。

本属植物在森林、灌丛、草原群落中均是较常见的组成成分，灌木的金露梅和白毛银露梅可形成灌丛群落，在高海拔山地及高原地区可形成优势；草本种类繁多，不同的种类占据了森林、灌丛、草原、高山草甸等多种生境，可适应干旱、高寒等恶劣环境；一些灌木种类的嫩叶可代茶；一些种类的根富含淀粉，可食用；一些种类全草药用；一些种类根部可供提取栲胶；一些种类可做观赏植物及地被植物。

分种检索表

1. 灌木……2
1. 多年生或一、二年生草本……3
2. 花瓣黄色；叶背具稀疏长柔毛或近无毛……1. 金露梅 *P. fruticosa*
2. 花瓣白色；叶背具密集绒毛或绢毛……2. 白毛银露梅 *P. glabra* var. *manshurica*
3. 叶为掌状复叶；具匍匐茎，花单生叶腋……4
3. 叶为羽状复叶；茎直立、斜升或平卧，花排列成聚伞花序；若具匍匐茎，则花单生叶腋……5
4. 掌状三出复叶，小叶不分裂；花直径0.7～1cm……3. 等齿委陵菜 *P. simulatrix*
4. 掌状三出复叶，两个侧生小叶通常浅裂至深裂；花直径1.5～2cm……4. 绢毛匍匐委陵菜 *P. reptans* var. *sericophylla*
5. 小叶仅在先端2浅裂或稀为3浅裂，其他部分全缘……5. 二裂委陵菜 *P. bifurca*
5. 小叶先端不裂，边缘具锯齿或分裂……6
6. 小叶背面绿色或淡绿色，具稀疏绢毛、柔毛或近无毛……7
6. 小叶背面白色或淡黄色，密被绒毛或绢毛……11
7. 基生叶具小叶5～8对……6. 菊叶委陵菜 *P. tanacetifolia*
7. 基生叶具小叶1～5对……8
8. 植株茎铺散；小叶边缘具长圆形齿，齿尖圆钝；花直径0.6～0.8cm，稀达1cm……9
8. 植株茎直立、斜升或铺散；小叶边缘具三角形锯齿，齿尖尖锐；花直径1～1.5cm……10
9. 基生叶具5～11枚小叶……7a. 朝天委陵菜 *P. supina* var. *supina*
9. 基生叶具3枚小叶……7b. 三叶朝天委陵菜 *P. supina* var. *ternata*
10. 植株基部木质化；花茎和叶柄被短柔毛；副萼片狭披针形，先端锐尖……8. 皱叶委陵菜 *P. ancistrifolia*
10. 植株基部非木质化；花茎和叶柄被长柔毛；副萼片长圆状披针形或披针形，先端圆钝或急尖……9. 莓叶委陵菜 *P. fragarioides*

11. 茎匍匐，通常在节处生根；花单生于叶腋……10. 蕨麻 *P. anserina*

11. 茎直立或斜升；聚伞花序具多花……12

12. 基生叶具5～15对小叶；小叶边缘中裂至深裂，裂片三角状卵形、三角状披针形或长圆状披针形……11. 委陵菜 *P. chinensis*

12. 基生叶具3～8对小叶；小叶边缘羽状深裂，裂片带状或长椭圆形、披针形、卵状披针形……13

13. 花茎和叶柄被相互交织的绒毛，稀脱落；叶片亚革质；基生叶发达，花茎上叶无或极不发达……12. 西山委陵菜 *P. sischanensis*

13. 花茎和叶柄被柔毛，不被绒毛；叶片草质；基生叶和茎生叶均发达，茎生叶较基生叶小……13. 多茎委陵菜 *P. multicaulis*

1. 金露梅

Potentilla fruticosa L., Sp. Pl. 1: 495. 1753; 中国植物志, 37: 244. 1985.

灌木，多分枝，高0.5～2m；树皮纵向剥落。小枝红褐色或灰褐色，幼时被丝状长柔毛。奇数羽状复叶，有小叶2对，稀为3对；叶柄被绢毛或疏柔毛；小叶倒卵形、倒卵状椭圆形或卵状披针形，长0.7～1cm，宽0.4～1cm，全缘，先端急尖或圆钝，基部楔形或近圆形，表面疏被长伏毛，背面沿叶脉疏被长柔毛或近无毛；托叶膜质，卵状披针形，浅棕色，先端渐尖，基部与叶柄合生，表面被长柔毛或脱落。花单生于叶腋或成伞房花序；花梗密被长柔毛或绢毛；花直径2～3cm；萼片卵圆形，副萼片披针形或倒卵状披针形，与萼片近等长，外面疏被绢毛；花瓣黄色，宽倒卵形，先端圆钝，长于萼片；花柱近基生，棒形，基部稍细，顶部缢缩，柱头扩大；花托密被长柔毛。瘦果近卵形，棕褐色，长约1.5mm，密被长柔毛。花期6～8月，果期8～10月。

本种在延安吴起海拔1400m大吉沟树木园有栽培。

在我国分布于东北各地，华北的内蒙古（中部）、山西、河北，西北的陕西、甘肃、新疆，西南

金露梅 *Potentilla fruticosa*
1. 植株（寻路路 摄）；2. 花枝（寻路路 摄）

的四川、云南、西藏等地区。广布于亚洲、欧洲及北美洲。

本种可形成灌丛群落，在高海拔山地及高原地区可形成优势，抗寒耐旱能力较强，分布广泛；嫩叶可代茶饮用；花和叶可入药；叶与果可提取栲胶；植株可作饲料；枝叶茂密，株形紧凑，花色明黄，可栽培供观赏，修剪成绿篱。

2. 银露梅

Potentilla gabra Lodd. Bot. Cab. 10:t. 914. 1824; 中国植物志 , 37: 247. 1985.

2a. 白毛银露梅（变种）

Potentilla glabra Lodd. var. ***manshurica*** (Maxim.) Hand. -Mazz., Acta Horti Gothob. 13: 297. 1939; 中国植物志, 37: 249. 1985.

灌木，多分枝，高0.3～2m。老枝褐色，无毛；幼枝红褐色或灰褐色，密被白色丝状柔毛。奇数羽状复叶，小叶1～2对；叶柄被疏柔毛；小叶椭圆形、倒卵状椭圆形或卵状椭圆形，长0.5～1.2cm，宽0.4～0.8cm，全缘，边缘平坦或微向下反卷，先端圆钝，具短尖头，基部圆形或楔形，表面被稀疏伏生柔毛，背面密被白色绒毛或绢毛；托叶膜质，卵形，褐色，先端长渐尖，背面疏生白色长毛。花两性；顶生单花或数朵；花梗细长，密被白色长柔毛；花直径1.5～2.5cm；萼片卵形，先端急尖或短渐尖，副萼片披针形、倒卵状披针形或卵形，比萼片短或近等长，外面疏被柔毛；花瓣白色，倒卵形或近圆形，先端圆钝，长约10mm，宽约9mm；花柱近基生，棒状，在柱头下缢缩，柱头扩大。瘦果多数，密被白毛。花期6～7月，果期8～10月。

本变种在延安的吴起海拔1400m大吉沟树木园有栽培。在我国分布于华北的内蒙古（中部）、河北、山西，西北的陕西、甘肃、青海，华中的湖北，西南的四川、云南等地。还分布于朝鲜半岛。

可形成灌丛群落，但远不及金露梅灌丛常见；用途与金露梅相同。

白毛银露梅 *Potentilla glabra* var. *manshurica*
1.花枝（刘培亮 摄）；2.花（刘培亮 摄）

3. 等齿委陵菜

Potentilla simulatrix Th. Wolf, Biblioth. Bot. 6(Heft 71): 663. 1908; 中国植物志, 37: 330. 1985.

多年生草本。茎匍匐，纤细，被柔毛，通常节上生不定根。基生叶为掌状三出复叶，连叶柄长3～10cm；叶柄被柔毛；小叶近无柄或具极短柄；小叶片椭圆形或菱状椭圆形，长1.5～3cm，宽

等齿委陵菜 *Potentilla simulatrix*
1.植株（刘培亮 摄）；2.叶（刘培亮 摄）；3.花（刘培亮 摄）

1～2cm，先端圆钝，基部楔形，侧生小叶基部偏斜，叶缘具圆钝粗齿，近基部全缘，表面疏被短伏毛，背面沿脉被长伏毛；茎生叶与基生叶相似，但叶柄较短，长1～2.5cm；基生叶托叶膜质，褐色，茎生叶托叶草质，绿色。花两性；单花，生于叶腋；花梗纤细，长1.5～3cm；花直径0.7～1cm；萼片卵状披针形或卵状三角形，先端急尖，外面被柔毛，副萼片长椭圆形，先端急尖，与萼片近等长或稍长，外面疏被柔毛；花瓣黄色，倒卵形，先端圆钝或微凹，比萼片长；花柱近顶生，基部细，柱头扩大。瘦果卵球形，褐色。花果期4～9月。

本种在延安主要分布于宝塔（南泥湾），生于海拔1200m左右的山谷灌木丛下。在我国分布于华北的内蒙古（中部）、河北、山西，西北的陕西、甘肃、青海，西南的四川。

茎匍匐生长，适应性强，可引种作地被植物。

4. 匍匐委陵菜

Potentilla reptans L., Sp. Pl. 499. 1753; 中国植物志, 37: 329. 1985.

4a. 绢毛匍匐委陵菜（变种）

Potentilla reptans L. var. ***sericophylla*** Franch., Pl. David. 1: 113. 1884; 中国植物志, 37: 330. 1985.

多年生草本。茎匍匐，纤细，丛生，不分枝，长20～100cm，节上常生不定根。基生叶为掌状三出复叶，连叶柄长7～12cm，两个侧生小叶通常浅裂或深裂；小叶片倒卵形或倒卵状圆形，先端圆钝，基部楔形，边缘具锯齿，表面被稀疏伏柔毛或近无毛，背面被伏生绢状柔毛；茎生叶与基生叶相似；基生叶托叶膜质，褐色，基部与叶柄合生，茎生叶托叶草质，绿色，与叶柄离生。花两性；花单生，自叶腋生或与叶对生；花梗长3～7cm，被疏柔毛；花直径1.5～2.5cm；萼片卵状披针形，

绢毛匍匐委陵菜 *Potentilla reptans* var. *sericophylla*
1.植株（刘培亮 摄）；2.花（卢元 摄）

先端急尖，副萼片长椭圆形或椭圆状披针形，先端急尖或圆钝，与萼片近等长；花瓣黄色，宽倒卵形，比萼片稍长，先端凹，基部具短爪；花柱近顶生，基部细，柱头扩大。瘦果长圆状卵形或卵球形，具皱纹。花果期4～9月。

本种在延安主要分布于甘泉、洛川、黄陵、黄龙、宜川、富县等地，生于海拔900～1500m的河滩、草地或疏林下。在我国分布于华北的内蒙古（中部）、河北、山西，西北的陕西、甘肃，华东的山东、江苏、浙江，华中的河南，西南的四川、云南等地。

本种块根、干燥全草、鲜品均可入药；茎匍匐生长，较耐阴，适应性强，可引种作地被植物。

5. 二裂委陵菜

Potentilla bifurca L., Sp. Pl. 1: 497. 1753; 中国植物志, 37: 250. 1985.

多年生草本，具粗壮、木质化根状茎。茎直立或上升，基部分枝，高5～30cm。羽状复叶，有小叶5～8对，连叶柄长3～8cm；小叶无柄，对生，稀互生，椭圆形或倒卵状椭圆形，长0.5～1.5cm，

二裂委陵菜 *Potentilla bifurca*
1.植株（刘培亮 摄）；2.花（刘培亮 摄）

宽0.4～0.8cm，先端常2裂，稀为3裂，基部楔形或宽楔形，两面被伏柔毛；下部托叶膜质，褐色，上部叶托叶草质，绿色。花两性；伞房状聚伞花序顶生，疏散；花梗长1～3cm；花直径1～1.5cm；萼片卵圆形或长圆状卵形，先端急尖，长3～4mm，副萼片椭圆形，先端急尖或钝，比萼片短或近等长；花瓣黄色，倒卵形，长5～7mm，比萼片稍长，先端圆钝，基部具短爪；花柱侧生，棒形，基部较细，先端缢缩，柱头扩大。瘦果光滑。花果期5～9月。

本种在延安各地均有分布，生于海拔900～1600m的山坡草地或灌丛。在我国分布于东北的黑龙江，华北的内蒙古（中部）、河北、山西，西北的陕西、甘肃、青海、宁夏、新疆，西南的四川等地。朝鲜半岛、蒙古、俄罗斯也产。

耐旱性较强，在黄土高原灌丛、草原群落中的草本层较为常见，是本区最为常见的委陵菜属植物之一；可作动物饲料；嫩芽可入药。

6. 菊叶委陵菜

Potentilla tanacetifolia Willd. ex D. F. K. Schltdl., Ges. Naturf. Freunde Berlin Mag. Neuesten Entdeck. Gesammten Naturk. 7: 286. 1816; 中国植物志, 37: 310. 1985.

多年生草本。茎直立或上升，高15～60cm，常被灰白色柔毛及稀疏腺体。羽状复叶，基生叶有小叶5～8对，连叶柄长5～20cm；小叶片长圆形、长圆状披针形或倒卵状披针形，长1～5cm，宽0.5～1.5cm，先端圆钝，基部楔形，边缘有缺刻状锯齿，表面伏生疏柔毛或密被长柔毛或无毛，背面被短柔毛；茎生叶与基生叶相似，但小叶对数较少；基生叶托叶膜质，褐色，茎生叶托叶草质，绿色，边缘深撕裂状。花两性；伞房状聚伞花序具多花；花梗长0.5～2cm；花直径1～1.5cm；萼片三角状卵形，先端渐尖或急尖，外面被长柔毛和腺毛，副萼片披针形或椭圆状披针形，先端钝圆或急尖，比萼片短或近等长；花瓣黄色，宽倒卵形或近圆形，先端圆钝或微凹，比萼片长；花柱近顶生，圆锥形，柱头稍扩大。瘦果长圆状卵形或卵球形，光滑或具脉纹。花果期5～10月。

菊叶委陵菜 *Potentilla tanacetifolia*
1.植株上部（刘培亮 摄）；2.基生叶（刘培亮 摄）；3.果序（刘培亮 摄）

本种在延安主要分布于吴起、安塞、子长、延安、黄陵等地，生于海拔1000～1450m的山坡草地。在我国分布于东北各地，华北的内蒙古（中部）、山西、河北，西北的陕西、甘肃，华东的山东等地。蒙古、俄罗斯也有分布。

喜生于草地、沙地、草原、林缘等生境，但在本区不及二裂委陵菜和委陵菜常见。本种全草可入药；根富含鞣质，可提取栲胶；可作动物饲料。

7. 朝天委陵菜

Potentilla supina L., Sp. Pl. 1: 497. 1753; 中国植物志, 37: 316. 1985.

7a. 朝天委陵菜（原变种）

Potentilla supina L. var. ***supina***

一年生或二年生草本。茎平卧、上升或直立，叉状分枝，长20～50cm。羽状复叶，基生叶有小叶2～5对，连叶柄长4～15cm；小叶片长圆形或倒卵状长圆形，长1～2.5cm，宽0.5～1.5cm，先端圆钝或急尖，基部楔形或宽楔形，边缘有圆钝或缺刻状锯齿，两面绿色，被稀疏柔毛或近无毛；茎生叶向上小叶对数逐渐减少；基生叶托叶膜质，褐色，茎生叶托叶草质，绿色。花两性；花生于下部叶腋或在茎顶呈伞房状聚伞花序；花梗长0.5～1.5cm；花直径0.6～0.8cm；萼片长圆状卵形或三角状卵圆形，副萼片卵状披针形或椭圆状披针形，比萼片稍长或近等长；花瓣黄色，倒卵形，先端微凹，与萼片等长或较短；花柱近顶生，基部膨大，花柱扩大。瘦果长圆形，表面具脉纹。花果期4～9月。

本种在延安主要分布于黄陵、黄龙、延川、宜川等地，生于海拔1000～1200m的河滩、草地、田埂或灌丛下。在我国分布于东北各地，华北的内蒙古（中部）、河北、山西，西北的陕西、甘肃、宁夏、新疆，华东的山东、江苏、安徽、浙江、江西，华中各地，华南的广东，西南的四川、云南、贵州、西藏等地。广布于亚洲、欧洲和北美洲的温带及部分亚热带地区。

分布广泛，适应性强，主要适应温带气候，但还可分布于亚热带地区；嫩茎叶可作野菜食用；根富含淀粉，春秋季采挖食用；全草药用。

朝天委陵菜 *Potentilla supina* var. *supina*

1.植株（王天才 摄）；2.花（刘培亮 摄）；3.果实（刘培亮 摄）

7b. 三叶朝天委陵菜（变种）

Potentilla supina L. var. ***ternata*** Peterm., Anal. Pfl. -Schlüss. 125. 1846; 中国植物志, 37: 317. 1985.

本变种与原变种的主要区别是基生叶仅有小叶3枚，顶生小叶具短柄或近无柄，边缘2～3深裂或不裂。

产地、生境、分布、用途同原变种。

三叶朝天委陵菜 ***Potentilla supina*** var. ***ternata***
群落（黎斌 摄）

8. 皱叶委陵菜

Potentilla ancistrifolia Bunge, Mém. Acad. Imp. Sci. St. -Pétersbourg, Sér. 6. Sci. Math. 2: 99. 1833; 中国植物志, 37: 255. 1985.

多年生草本。茎直立，高10～30cm。羽状复叶，有小叶2～4对，连叶柄长5～15cm；小叶片亚革质，椭圆形、长椭圆形或椭圆卵形，长1～4cm，宽0.5～1.5cm，先端急尖或圆钝，基部楔形或宽楔形，边缘有粗大急尖锯齿，表面绿色或暗绿色，常有明显皱褶，伏生疏柔毛，背面灰色或灰绿色，密生柔毛，沿脉伏生长柔毛；茎生叶小叶对数较少；基生叶托叶膜质，褐色，茎生叶托叶草质，绿色，边缘有1～3齿，稀全缘。花两性；伞房状聚伞花序顶生；花梗长0.5～1.5cm；花直径1～1.5cm；萼片卵状披针形，副萼片狭披针形，与萼片近等长；花瓣黄色，宽倒卵形或近圆形，先端微凹或圆钝，比萼片长0.5～1倍；花柱近顶生，丝状，柱头不扩大。瘦果表面具脉纹。花果期5～9月。

本种在延安主要分布于宝塔（苏岩），生于海拔1040m的山谷水旁。在我国分布于东北各地，华北的河北、山西，西北的陕西、甘肃，华中的河南、湖北，西南的四川等地。朝鲜半岛、俄罗斯也有分布。

皱叶委陵菜 ***Potentilla ancistrifolia***
1.植株（刘培亮 摄）；2.花（姜在民 摄）；3.花背面示萼片与副萼（姜在民 摄）

喜生于岩石上薄土层及岩石缝隙中，耐阴性较强，在本区不常见；喜生于岩石环境，可作观赏植物应用于岩石园，植株伸展，可与其他植物融为一体，花色明黄。

9. 莓叶委陵菜

Potentilla fragarioides L., Sp. Pl. 1: 496. 1753; 中国植物志, 37: 327. 1985.

多年生草本。茎多数，丛生，上升或铺散，长10～25cm。羽状复叶；基生叶有小叶2～4对，连叶柄长5～22cm；小叶片倒卵形、椭圆形、长椭圆形、圆卵形或近圆形，长0.5～4cm，宽0.4～2cm，先端圆钝或急尖，基部楔形或宽楔形，边缘有多数急尖锯齿，近基部全缘，两面绿色，均被稀疏柔毛，背面沿脉较密；茎生叶通常有3小叶，似基生叶；基生叶托叶膜质，褐色，茎生叶托叶草质，绿色。花两性；伞房状聚伞花序顶生，具多花；花梗长1～1.5cm；花直径1～2cm；萼片三角状卵形或长椭圆形，副萼片长圆状披针形或披针形，与萼片等长或稍短；花瓣黄色，倒卵形，先端圆钝或微凹；花柱近顶生，上部大，基部小。瘦果肾形，有脉纹。花果期4～9月。

本种在延安主要分布于黄陵、黄龙等地，生于海拔800～1500m的山坡草地、沟谷、灌丛疏林下。在我国分布于东北各地，华北的内蒙古（中部）、河北、山西，西北的陕西、甘肃，华东的山东、安徽、江苏、浙江、福建，华中的河南、湖南，华南的广西，西南的四川、云南等地。日本、朝鲜半岛及俄罗斯西伯利亚也有分布。

喜生于较湿润的林下及林缘草丛，较耐荫蔽，生长强健，可引种作地被及观赏植物。

莓叶委陵菜 *Potentilla fragarioides*

1.植株（刘培亮 摄）；2.花（刘培亮 摄）；3.花背面示萼片与副萼（刘培亮 摄）

10. 蕨麻

Potentilla anserina L., Sp. Pl. 1: 495. 1753; 中国植物志, 37: 275. 1985.

多年生草本。茎纤细，匍匐，长15～80cm，节处生根。羽状复叶，基生叶丛生，小叶6～11对，连叶柄长2～20cm；小叶片通常椭圆形、倒卵状椭圆形或长圆形，长1～2.5cm，宽0.5～1cm，先端

蕨麻 *Potentilla anserina*
1.叶（寻路路 摄）；2.花期植株（寻路路 摄）

圆钝，基部楔形或宽楔形，边缘有多数尖锐锯齿或裂片状，表面绿色，被疏柔毛或近无毛，背面密被紧贴银白色绢毛；茎生叶与基生叶相似，但小叶对数较少；基生叶和下部茎生叶托叶膜质，褐色，与叶柄连合成鞘状，上部茎生叶托叶草质，多分裂。花两性；花单生叶腋；花梗长2.5～10cm；花直径1.5～2cm；萼片卵形或三角状卵形，先端急尖或渐尖，全缘，副萼片椭圆形或椭圆状披针形，常2～3裂，稀不裂，与副萼片等长或稍短；花瓣黄色，倒卵形，长为萼片的2倍；花柱侧生，柱头稍扩大。花果期5～8月。

本种在延安主要分布于志丹、安塞、子长、延安、甘泉、黄龙、黄陵、富县等地，生于海拔1000～1300m的河滩、草地或灌丛。在我国分布于东北各地，华北的内蒙古（中部）、河北、山西，西北的陕西、甘肃、宁夏、青海、新疆，西南的四川、云南、西藏等地。广布于亚洲、欧洲、北美洲温带地区及南美洲智利、大洋洲的新西兰等地。

分布范围甚广，适应高原高寒草甸、草原、林缘等多种生境；青藏高原地区的本种根部膨大，富含淀粉，供食用及酿酒；根可提取栲胶，并可入药；茎叶可提取黄色染料；还是蜜源植物和饲用植物。

11. 委陵菜

Potentilla chinensis Ser., in DC., Prodr. 2: 581. 1825; 中国植物志, 37: 288. 1985.

多年生草本。茎直立或上升，高20～70cm。羽状复叶，基生叶丛生，有小叶5～15对，连叶柄长4～25cm；小叶片长圆形、倒卵形或长圆状披针形，长1～5cm，宽0.5～1.5cm，边缘羽状中裂，裂片三角状卵形、三角状披针形或长圆状披针形，先端急尖或圆钝，边缘向下反卷，表面绿色，被短柔毛或几无毛，中脉下陷，背面被白色绒毛，沿脉被白色绢状长柔毛，茎生叶与基生叶相似但小叶对数较少；基生叶托叶膜质，褐色，茎生叶托叶草质，绿色，边缘锐裂。花两性；伞房状聚伞花序具多花；花梗长0.5～1.5cm；花直径0.8～1.3cm；萼片三角状卵形，副萼片带形或披针形，比萼片短；花瓣黄色，宽倒卵形或近圆形，先端微凹，基部具短爪，比萼片稍长；花柱近顶生，基部微扩大，柱头扩大。瘦果卵球形，具皱纹。花果期4～10月。

本种在延安主要分布于黄陵、吴起、延长、宜川、黄龙、延川等地，生于海拔900～1600m的草地、河滩、灌丛或林缘。在我国分布于东北各地，华北的内蒙古（中部）、河北、山西，西北的陕

委陵菜 *Potentilla chinensis*
1.植株（刘培亮 摄）；2.叶背面（刘培亮 摄）；3.花（刘培亮 摄）；4.花序（刘培亮 摄）

西、甘肃，华东的山东、江苏、安徽、江西、台湾，华中各地，华南的广东、广西，西南的四川、云南、贵州、西藏等地。日本、朝鲜半岛、蒙古及俄罗斯远东地区也有分布。

分布广泛，适应性强，常分布于山坡草地、灌丛中、林缘、疏林下，较耐干旱，是本区最常见的委陵菜属植物之一；植株高大，生长迅速，嫩茎叶可作野菜食用；全草入药；可作饲草；根部可提取栲胶。

12. 西山委陵菜

Potentilla sischanensis Bunge ex Lehm., Nov. Stirp. Pug. 9: 3. 1851; 中国植物志, 37: 286. 1985.

多年生草本。茎丛生，直立或上升，高10～30cm。羽状复叶多基生，亚革质，有小叶3～5对，稀达8对，连叶柄长3～25cm；小叶片卵形、长椭圆形或披针形，长0.5～3cm，宽0.4～1.5cm，边缘羽状深裂，裂片长椭圆形、披针形或卵状披针形，先端圆钝或急尖，表面被稀疏长柔毛，背面密被白色绒毛，茎生叶无或呈苞叶状，掌状或羽状3～5裂；基生叶托叶膜质，褐色，茎生叶托叶亚革质，绿色。花两性；聚伞花序花稀疏；花梗长1～1.5cm；花直径0.8～1.3cm；萼片卵状披针形或三角状卵形，副萼片线状披针形，比萼片短或近等长；花瓣黄色，宽倒卵形，先端圆钝或微凹，比萼片长0.5～1倍；花柱近顶生，基部稍膨大，柱头稍扩大。瘦果卵圆形，具皱纹。花果期4～8月。

本种在延安主要分布于洛川、黄龙、宜川、延川、富县等地，生于海拔700～1200m的河滩、草地、灌丛、黄土坡。在我国分布于华北的内蒙古（中部）、河北、山西，西北的陕西、甘肃、宁夏、青海等地。蒙古也有分布。

较耐干旱，植株低矮密集，适应性较强；可作饲草。

西山委陵菜 *Potentilla sischanensis*
1.植株（刘培亮 摄）；2.叶正面（寻路路 摄）；3.花（寻路路 摄）

13. 多茎委陵菜

Potentilla multicaulis Bunge, Mém. Acad. Imp. Sci. St. -Pétersbourg, Sér. 6. Sci. Math. 2: 99. 1833; 中国植物志, 37: 282. 1985.

多年生草本。茎密集丛生，上升或铺散，高10～35cm。羽状复叶，基生叶多数，丛生，有小叶4～6对，稀达8对，连叶柄长3～10cm；小叶片椭圆形或倒卵形，长0.5～2cm，宽0.3～0.8cm，边缘羽状深裂，裂片带形，排列较为整齐，先端舌状，边缘平坦或略反卷，表面疏生短伏柔毛，背面密被白色绒毛和稀疏长柔毛，茎生叶与基生叶相似但小叶对数较少；基生叶托叶膜质，褐色，茎生叶托叶草质，绿色。花两性；聚伞花序具多花；花直径0.8～1cm，稀达1.5cm；萼片三角状卵形，副萼片狭披针形，比萼片短约一半；花瓣黄色，宽倒卵形或近圆形，长5～6mm，先端微凹，比萼片稍长或长达1倍；花柱近顶生，基部膨大。瘦果卵球形，有皱纹。花果期4～9月。

本种在延安主要分布于志丹、甘泉、富县、洛川、黄龙、黄陵、延川等地，生于海拔800～1400m的山坡草地或灌丛。在我国分布于东北的辽宁，华北的内蒙古（中部）、河北、山西，西北，华中的河南，西南的四川等地。蒙古也有分布。

多茎委陵菜 *Potentilla multicaulis*
1.基生叶（曹旭平 摄）；2.植株上部（刘培亮 摄）；3.花（刘培亮 摄）；4.花背面示萼片与副萼（刘培亮 摄）

较耐干旱，在耕地边、沟谷阴处、向阳砾石山坡、草地及疏林下均可生长；全草可入药；可作饲草。

24. 龙芽草属 *Agrimonia* L.

本属编者：西北大学　刘培亮

多年生草本。根状茎倾斜，通常有地下芽。叶互生，奇数羽状复叶，具叶柄，小叶片边缘具粗锯齿；托叶基部与叶柄合生。花两性，呈顶生穗状总状花序，花梗基部具苞片；萼筒陀螺状，有棱，先端有数层钩刺，花后靠合，开展或反折；萼片5枚，覆瓦状排列；花瓣5枚，黄色；雄蕊5～15枚或更多；花盘边缘增厚；雌蕊通常2枚，包藏在萼筒内；花柱顶生，丝状，伸出萼筒外，柱头微扩大；每心皮含1颗下垂胚珠。瘦果1～2个，包藏于具钩刺的萼筒内；种子1颗。

本属约10种，主要分布于亚洲、欧洲和北美洲的温带和热带高山地区。中国有4种，各地均有分布。延安有1种，分布于安塞、宝塔、甘泉、黄陵、富县、黄龙、宜川、延长等地。

本属植物通常喜生于山地林中及林缘地带；一些种类可供观赏；一些种类可入药。

龙芽草

Agrimonia pilosa Ledeb., Index Seminum Hort. Dorpat., Suppl. 1. 1823; 中国植物志, 37: 457. 1985.

多年生草本，根多呈块茎状。茎高0.5～1m，单生或丛生，被淡黄色开展的柔毛。奇数羽状复叶，通常具小叶5～11枚；羽状复叶上部的小叶通常比下部的大，叶轴上常有小的裂片；小叶片倒卵形、倒卵状椭圆形或倒卵状披针形，长1.5～5cm，宽1～2.5cm，先端急尖或圆钝，基部楔形或宽楔形，边缘有急尖或圆钝锯齿，表面被稀疏柔毛，背面有腺点和伏柔毛；托叶草质，镰形或半圆形，边缘常具尖锐锯齿。花两性；花序穗状总状，顶生，通常不分枝，长可达15cm；花梗长1～3mm；苞片通常深裂，裂片带形；花直径5～9mm；萼片5枚，卵状三角形；花瓣黄色，长圆形，长约3mm；雄蕊5～15枚；花柱2，丝状，柱头头状。果实倒卵状圆锥形，下垂，外面有10条肋，被疏柔毛，先端有数层钩刺，连钩刺长7～8mm，最宽处直径3～4mm。花期5～7月，果期8～10月。

本种在延安主要分布于安塞、宝塔、甘泉、黄陵、富县、黄龙、宜川、延长等地，生于海拔800～1400m的草地、路旁、河滩、灌丛或疏林下。在我国分布于全国各地。越南、日本、朝鲜半岛、蒙古、俄罗斯及欧洲东部也有分布。

通常喜生于林下及林缘较阴湿处。全草入药，为中药“仙鹤草”的原植物；全株捣碎浸水可作土农药，可防治蚜虫及小麦锈病；全株可提取栲胶。

龙芽草 *Agrimonia pilosa*
1.植株（刘培亮 摄）；2.花序（卢元 摄）；3.果序（曹旭平 摄）

25. 地榆属 *Sanguisorba* L.

本属编者：西北大学　刘培亮

多年生草本，有时半灌木状。根粗壮，具纺锤形、圆柱形或细长条形根。叶互生，奇数羽状复叶；小叶边缘有锯齿；具托叶。花两性，稀单性，具2个苞片，密集成穗状或头状花序；萼筒喉部缢缩；萼片4枚，稀多达7枚，花瓣状，覆瓦状排列，紫色、红色或白色，稀带绿色；无花瓣；雄蕊4枚，稀更多，花丝通常分离，稀下部连合，插生于花盘外面；心皮通常1枚，稀2枚，包藏在宿存的萼筒中，离生，花柱细长，顶生，柱头扩大，呈画笔状，胚珠1枚，下垂。瘦果小，通常1个，包藏在宿存的萼筒内，种子1颗。

本属约有30种，分布于欧洲、亚洲、美洲。中国有7种，主要分布于东北、华北、西北、华东、华中、西南地区。延安有1种1变种，分布于延川、宝塔、黄龙、黄陵等地。

本属植物常生于草原、林缘、高山地带，不同的种类适应多种生境；本属植物花序穗状或头状，颜色浓重，生长强健，可引种作观赏植物；一些种类可入药；一些种类可提取栲胶。

分种检索表

1.小叶背面无毛；叶柄或茎基部有时具稀疏腺毛……………………………1a.地榆 *S. officinalis* var. *officinalis*

1.小叶背面具短柔毛；叶柄或茎基部具稀疏腺毛………………………1b.腺地榆 *S. officinalis* var. *glandulosa*

1. 地榆

Sanguisorba officinalis L., Sp. Pl. 1: 116. 1753; 中国植物志, 37: 465. 1985.

1a. 地榆（原变种）

Sanguisorba officinalis L. var. ***officinalis***

草本，高30～120cm。根粗壮，多呈纺锤形，稀圆柱形。茎直立，无毛或基部有稀疏腺毛。基生叶为羽状复叶，有小叶4～6对；叶柄无毛或基部有稀疏腺毛；小叶片有短柄，卵形或长圆状卵形，长1～6cm，宽1～2.5cm，先端圆钝或急尖，基部心形，边缘有圆钝或急尖的锯齿，两面无毛；茎生叶较少，小叶片长圆形或长圆状披

地榆 *Sanguisorba officinalis* var. *officinalis*
1.叶（曹旭平 摄）；2.花序（卢元 摄）

针形，狭长，基部微心形或圆形，先端急尖；基生叶托叶膜质，茎生叶托叶草质。花两性；穗状花序椭圆形、圆柱形或卵圆形，长1～3cm，直径0.5～1cm；花从花序顶端向下开放；花序梗光滑或偶有稀疏腺毛；苞片膜质，披针形，长1～2mm；萼片4枚，紫红色，椭圆形或宽卵形；雄蕊4枚，花丝与萼片近等长或稍短；子房外面无毛或基部微被毛，柱头边缘具流苏状乳头。瘦果包藏在宿存萼筒内，外面有4棱。花果期7～10月。

本种在延安主要分布于延川、宝塔、黄龙、黄陵等地，生于海拔800～1600m的草地、灌丛、林缘。在我国分布于东北各地，华北的内蒙古（中部）、河北、山西，西北的陕西、甘肃、青海、新疆，华东的山东、江苏、安徽、浙江、江西，华中各地，华南的广西，西南的四川、云南、贵州、西藏等地；广布于亚洲、欧洲温带地区。

分布范围广，适应于草原、草甸、草地、灌丛中、疏林下等多种生境。可作观赏植物，生长强健，深紫红色的花序别具一格；嫩叶可作野菜食用；根可入药；可提取栲胶。

1b. 腺地榆（变种）

Sanguisorba officinalis L. var. ***glandulosa*** (Kom.) Vorosch., Fl. Far East URSS. 265. 1966; 中国植物志, 37: 466. 1985.

本变种与原变种的主要区别是小叶背面具短柔毛，叶柄或茎基部具稀疏腺毛。

此变种在延安分布于黄陵，生于海拔1200m左右的草地、灌丛、林缘。在我国分布于东北的黑龙江，西北的陕西、甘肃。蒙古及俄罗斯远东地区也有分布。

生态适应特征和用途同原变种。

26. 地蔷薇属 *Chamaerhodos* Bunge

本属编者：西北大学　刘培亮

草本或亚灌木，具腺毛及柔毛。单叶互生，一至多回三出或羽状全裂，裂片条形；托叶不明显，膜质，与叶柄合生。花茎直立，纤细；花两性；聚伞花序、伞房花序或圆锥花序，稀单生；萼筒钟形、筒形或倒圆锥形，宿存；萼片5枚，直立；花瓣5枚，白色、淡红色或紫色；雄蕊5枚，与花瓣对生，花药椭圆形或近圆形；花盘边缘肥厚，具长刚毛；雌蕊5～10枚或更多，离生，花柱基生，胚珠1枚。瘦果卵形，包藏在宿存萼筒内；种子直立。

本属约有8种，分布于亚洲中部、北部和北美洲。我国有5种，分布于东北、华北、西北各地。延安有1种，分布于延长、子长。

本属植物较耐干旱，适应性强；一些种类可入药；一些种类植株紧凑，花朵精致，可引种作观赏植物。

地蔷薇

Chamaerhodos erecta (L.) Bunge, in Ledeb., Fl. Altaic. 1: 430. 1829; 中国植物志, 37: 346. 1985.

二年生或一年生草本，高20～50cm。根长圆锥形。茎基部稍木质化，直立，上部分枝。基生叶莲座状，果期枯萎；叶二回羽状3深裂，长1～2.5cm；侧裂片2深裂，中央裂片通常3深裂；二回裂片具缺刻或3浅裂；末回小裂片条形，长1～2mm，宽约1mm，两面疏生伏柔毛；叶柄长1～2.5cm；托叶3至多深裂；茎生叶与基生叶同形，但柄较短，生茎上部者近无柄。聚伞花序顶生，具多花；苞片及小苞片2～3裂，裂片条形；花梗长3～6mm，密被短柔毛和长柄腺毛；花直径2～3mm；萼筒倒圆锥形，长约1mm；萼片卵形或长三角形，长1～2mm，先端渐尖；花瓣粉红色或白色，倒卵状匙

地蔷薇 *Chamaerhodos erecta*
1.植株（常朝阳 摄）；2.基生叶（常朝阳 摄）；3.花序（常朝阳 摄）

形，与萼片等长或稍长，先端圆钝，基部有短爪；雄蕊比花瓣短；雌蕊10～15枚，离生，子房卵形或长圆形，花柱侧基生。瘦果卵形或长圆形，长1～1.5mm，无毛。花期6～7月，果期8～9月。

在延安主要分布于延长、子长等地，生于海拔1000～1500m的河畔沙地、山坡草地。在我国分布于东北各地，华北的内蒙古（中部）、山西、河北，西北各地，华中的河南等。朝鲜半岛、蒙古、俄罗斯也有分布。

喜生长于山坡、丘陵或干旱河滩等环境，较耐干旱。全草入药。

27.草莓属 *Fragaria* L.

本属编者：西北大学　赵鹏

多年生草本。匍匐枝纤细，常被柔毛。三出复叶或羽状五小叶；托叶褐色，膜质，基部与叶柄合生成鞘状。花两性或单性，聚伞花序，稀单生；萼筒倒卵圆锥形，裂片5枚，镊合状排列；萼片宿存，副萼片5枚；花瓣倒卵形或近圆形，白色或淡黄色；雄蕊18～24枚，花药2室；雌蕊多，着生在花托上，离生；花柱侧生于心皮腹面，宿存；每心皮一胚珠。瘦果硬壳质，小，成熟时着生在椭圆形肥厚肉质花托凹陷内。种子1颗，种皮膜质，子叶平凸。

本属20余种，分布于北半球温带至亚热带，常分布于欧洲和亚洲，个别种分布向南延伸到拉丁美洲。我国产约8种，主要分布于东北的黑龙江、吉林、辽宁、内蒙古（东部），华北的河北、山西，西北的陕西、甘肃、青海、新疆，西南的四川、云南、贵州等地。延安产3种，主要分布于黄陵等地，广泛栽培。

本属野生物种分布范围广，具有诸多优良性状，遗传多样性丰富，尤其在抗逆性，如抗寒、抗旱、耐瘠薄、抗病性等。栽培草莓为杂交八倍体。本属植物果实营养价值高，含有多种营养物质，可食用，且有保健功效。也作果酱或罐头。果实亦可入药。

分种检索表

1. 花梗被紧贴的毛；花2～4（5）朵 ··········· 1. 野草莓 *F. vesca*
1. 花梗被开展的毛；花5～15朵 ··········· 2
2. 萼片在果期反折或水平展开；聚合果紫红色 ··········· 2. 东方草莓 *F. orientalis*
2. 萼片在果期紧贴于果实；聚合果鲜红色 ··········· 3. 草莓 *F.* × *ananassa*

1. 野草莓

Fragaria vesca L., Sp. Pl. 494. 1753; 中国植物志, 37: 351. 1974.

多年生草本。高5～30cm，茎被开展柔毛。3小叶无柄或具短柄；小叶片倒卵圆形，长1～5cm，宽0.6～4cm，顶生小叶和侧生小叶形状不同，顶生者基部宽楔形，侧生者基部楔形，边缘锯齿缺刻状叶，小叶被柔毛；叶柄长3～20cm，稀生柔毛。花2～4（5）朵，花序聚伞状，基部有淡绿色钻形苞片或为一小叶柄，花梗长1～3cm，被柔毛；萼片卵状披针形，顶端有尖，副萼片钻形，花瓣倒卵形，白色，具爪；雄蕊长度不一，约20枚；雌蕊多数。聚合果红色，卵球形；瘦果卵形，表面脉纹不显著。花期4～6月，果期6～9月。

本种在延安主要分布于黄陵、黄龙等地，多生于海拔500～1100m山坡、草地、林下。在我国主要分布于东北的吉林，西北的陕西、甘肃、新疆，西南的四川、云南、贵州等地。北温带，欧洲和北美洲均有分布。

本种个体小，生长迅速，克隆习性生长，具有抗扰动能力，在寒冷、荫蔽、高海拔及营养贫瘠的生态环境下生长好。

为主要食用水果，富含维生素和矿物质。可制作茶，易入口，亦可入药。

野草莓 *Fragaria vesca*
1.植株、果（曹旭平 摄）；2.花、叶（曹旭平 摄）；3.花（曹旭平 摄）

2. 东方草莓

Fragaria orientalis Lozinsk. in Bull. Jard. Bot. Princ. URSS 25: 70. 1926; 中国植物志, 37: 353. 1974.

多年生草本，高5～30cm。茎被柔毛。三出复叶，小叶倒卵形，近无柄，长1～5cm，宽

东方草莓 *Fragaria orientalis*
1.植株（吴振海 摄）；2.花枝（吴振海 摄）；3.果实（吴振海 摄）

0.8～3.5cm，边缘锯齿缺刻状，异面叶，背面颜色绿，腹面浅绿色，柔毛疏生，下面淡绿色，毛同上面，但沿叶脉较密；叶柄具柔毛，下面相对稀疏。聚伞状花序，花梗长0.5～1.5cm。花两性，少数单性，直径1～1.5cm；萼片卵圆披针形，副萼片线状披针形，偶具2裂；花瓣近圆形，白色；雄蕊近等长，18～22枚；雌蕊多数。聚合果，紫红色，半圆形，萼片宿存；瘦果卵形。花期5～7月，果期7～9月。

本种在延安分布于黄陵、黄龙等地，生于海拔600～1500m的山坡草地或林下。在我国主要分布于东北的黑龙江、吉林、辽宁、内蒙古（东部），华北的河北、山西，西北的陕西、甘肃、青海等地。朝鲜、蒙古、俄罗斯远东地区也有分布。

本种为克隆植物，具有较强的适应性。果艳株低，管理简单，容易繁殖，是良好的观果地被植物。具有较强的耐阴性。果实鲜红色，质软而多汁，香味浓厚，略酸微甜，可生食或供制果酒、果酱。果实可入药。

3. 草莓

Fragaria* × *ananassa Duch. Hist. Nat. des Fraisiers 190. 1766; 中国植物志, 37: 355. 1974.

多年生草本，高10～40cm。茎低于叶或近相等，被黄色柔毛。三出叶，小叶具质地厚的短柄，倒卵形或菱形，长3～7cm，宽2～6cm，基部阔楔形，顶端圆钝，侧生小叶基部偏斜，边缘锯齿缺刻状，急尖；叶柄长2～10cm，毛同茎。花5～15朵，聚伞花序，花序下面具一短柄的小叶；花两性，直径1.5～2cm；萼片卵形，稍长于副萼片，副萼片全缘，椭圆状披针形，果时变大；花瓣白色，近圆形或倒卵椭圆形，基部爪不明显；雄蕊长度不一，20枚；雌蕊极多。聚合果鲜红色，大，直径达3cm，萼片宿存，直立，紧贴果实；瘦果光滑，尖卵形。花期4～5月，果期6～7月。

本种在延安主要分布于黄陵、黄龙等地，为栽培种，多生长于海拔500～1200m的山坡、路边、河谷。全国各地均有栽培。

喜温凉气候，喜光又耐阴。光强使植株矮壮、果小、色深、品质好。宜生长于肥沃、疏松的土壤中。

营养价值高，富含维生素和多种营养物质，果食用，且有保健功效。也作果酱或罐头。

草莓 ***Fragaria* × *ananassa***
1.植株、叶（王天才 摄）；2.叶（王天才 摄）

28.蛇莓属 *Duchesnea* Sm.

本属编者：西北大学 刘培亮

多年生草本。茎匍匐，节上生不定根。三出复叶，互生，具叶柄和托叶。花两性；花单生于叶腋，无苞片；花萼两轮，外轮为副萼，5枚，先端具3～5齿，较萼片大，内轮为萼片，5枚，全缘，宿存；花瓣5枚，黄色；雄蕊20～30枚；心皮多数，离生，着生于球状凸起的花托上；花柱侧生或近顶生。瘦果多数；花托在果期膨大，红色。

本属有2种，分布于东亚、东南亚、南亚，归化于欧洲、非洲和北美洲。中国2种均产，分布于华北、西北、华东、华中、华南、西南各地。延安有1种，分布于黄龙、黄陵。

本属植物分布广，喜生于林下、林缘的草丛中；生长强健，茎匍匐生长，可引种作地被植物；全草入药。

蛇莓

Duchesnea indica (Andrews) Focke, in Engler & Prantl, Nat. Pflanzenfam. 3(3): 33. 1888; 中国植物志, 37: 358. 1985.

多年生草本。茎匍匐，纤细，长30～100cm，被长柔毛，节上常生不定根。掌状三出复叶，小叶无柄或有短柄，小叶片倒卵形或菱状长圆形，长1.5～4cm，宽1～3cm，先端圆钝，基部楔形或斜楔形，边缘有钝锯齿，两面被稀疏柔毛；托叶卵状披针形，全缘，被柔毛。花两性；花单生于叶腋，直径1.5～2.5cm；花梗长3～4.5cm，具柔毛；副萼片倒卵形，先端常具3～5个锯齿，比萼片大；萼

蛇莓 ***Duchesnea indica***

1.植株（刘培亮 摄）；2.花背面示萼片与副萼（姜在民 摄）；3.花（刘培亮 摄）；4.果实（姜在民 摄）

片狭卵形，先端急尖，全缘；花瓣黄色，倒卵形，先端微凹；雄蕊短于花瓣；花柱短；心皮无毛；花托在果期膨大，海绵质，鲜红色，直径1～2cm，具长柔毛。瘦果卵球形或扁球形，长约1.5mm，光滑或具不明显突起，鲜时有光泽。花期6～8月，果期8～10月。

本种在延安主要分布于黄陵、黄龙等地，生于海拔800～1300m的草地、田埂、路旁、河滩。在我国分布于华北、西北、华东、华中、华南、西南各地。也分布于东亚、东南亚、南亚，归化于欧洲、非洲和北美洲。

分布广，喜生于林下、林缘的草丛中；生长强健，茎匍匐生长，可引种作地被植物；全草入药。

29.路边青属 *Geum* L.

本属编者：西北大学　刘培亮

多年生草本。基生叶为奇数羽状复叶，顶生小叶较大，具长柄；茎生叶羽状分裂、三出或3裂；托叶常与叶柄合生。花两性，单生或伞房花序；萼筒陀螺形或半球形；萼片5枚，副萼片5枚，较小，与萼片互生；花瓣5枚，黄色或红色；雄蕊多数；心皮多数，离生，着生于圆锥形或圆柱形凸起的花托上；花柱顶生，线形，弯曲，在上部具关节，宿存。瘦果小型，有柄或无柄，果喙先端具钩；种子直立。

本属约有70种，分布于亚洲、欧洲、北美洲、非洲、大洋洲、南美洲的温带地区。中国有3种，各地均有分布。延安有1种，分布于宝塔、甘泉、黄陵、黄龙、宜川等地。

本属植物常喜生于林下、林缘遮阴环境，性喜湿润。一些种类可入药，可提取栲胶，种子可榨油；一些种类为观赏植物。

路边青

Geum aleppicum Jacq., Ic. Pl. Rar. 1: t. 9 5 et Collect. Bot. 1: 88. 1786; 中国植物志, 37: 221. 1985.

直立草本，高40～100cm。根状茎粗短，须根簇生。茎单生，通常被开展粗硬毛。基生叶为大头羽状复叶，通常具小叶2～6对，连叶柄长10～30cm；小叶先端急尖或圆钝，基部宽心形或宽楔形，边缘具浅裂片或粗钝齿，表面无毛或被稀疏短伏毛，背面被稀疏柔毛；茎生叶为羽状复叶，向上小叶数逐渐减少；茎生叶的托叶为叶状，边缘有不规则粗大锯齿，基部与叶柄合生。花两性；花生于上部叶腋；花梗被短柔毛或微硬毛；花直径1～1.5cm；副萼片线状长圆形，比萼片短；萼片卵状三角形；花瓣黄色，宽倒卵形或近圆形；雄蕊多数，长约3mm；花柱线形，基部具硬毛；花托卵形，密被短柔毛。聚合果倒卵球形，瘦果被长硬毛；花柱宿存部分无毛，先端有小钩；果托被短硬毛，长约1mm。花期6～7月，果期8～9月。

本种在延安主要分布于宝塔、甘泉、黄陵、黄龙、宜川等地，生于海拔1100～1800m的荒坡草地、河滩、灌丛或林缘。在中国分布于东北各地，华北的内蒙古（中部）、山西，西北的陕西、甘肃、新疆，华东的山东，华中的河南、湖北，西南的四川、云南、贵州、西藏等地。广布于亚洲、欧洲、北美洲的温带地区。

喜生于林下、林缘遮阴环境，性喜湿润。全草可入药；嫩叶可食用；全株可提取栲胶；种子可榨油；可引种栽培为观赏植物。

路边青 *Geum aleppicum*
1.植株（姜在民 摄）；2.花（姜在民 摄）；3.果实（刘培亮 摄）

47 豆科

Leguminosae

本科编者：西北农林科技大学 常朝阳
商洛市林业局 郭鑫
延安市黄龙山国有林管理局 王赵钟

草本，灌木或乔木，直立或攀缘。叶互生，稀对生，羽状或掌状复叶，极少单叶；托叶分离或基部与叶柄合生，有时叶状或变为刺状；叶轴先端有时具卷须或刚毛状。花序通常腋生，有时顶生或与叶对生，总状或圆锥状，稀穗状、头状或单生；常具苞片或小苞片；花两性，稀单性，辐射对称或两侧对称；萼片5，分离或合生；花瓣5，通常分离，不相等；雄蕊通常10枚，有时5枚或多数，分离或连合成管，单体或二体，花药2室；雌蕊通常由单心皮所组成，子房上位，1室，边缘胎座，胚珠2至多数；花柱和柱头单一，顶生，柱头头状。果为荚果，成熟后沿缝线开裂或不裂，1室或有时缝线内延而成2室或假2室，有时种子间缢缩成数个节荚或有时仅1节荚；种子通常无或具极薄的胚乳。

约650属18000种，广布于世界各地。我国有167属1673种，全国各地均有分布；陕西有64属225种5亚种5变种。延安共93种3亚种3变种1变型，各县（区）均有分布。

本科为被子植物中三大科（菊科、兰科、豆科）之一，适应环境的能力极强，分布范围极为广泛，平原、高山、荒漠、森林、草原及水域都可生存。

本科经济意义大，可为人类提供淀粉、蛋白质、食用油，是杂粮和蔬菜的重要来源，本科植物的根部常有根瘤，可以起到固氮作用，亦可作绿肥或饲料以及药用等，一些种类还可用作为水土保持植物，在固沙和防止水土流失方面具有重要作用。

传统上根据花形态的不同将豆科分为3个亚科，即含羞草亚科（Mimosoideae）、云实亚科（Caesalpinioideae）和蝶形花亚科（Papilionoideae），但分子系统学研究认为传统的云实亚科为并系类群，把豆科分为3个亚科不符合单系原则，因而提出六亚科分类方案*。为方便应用，本志仍沿用传统的3亚科系统。

分亚科检索表

1. 花辐射对称，花瓣镊合状排列；雄蕊多数至有定数……（一）含羞草亚科 Mimosoideae
1. 花两侧对称，花瓣覆瓦状排列；雄蕊通常10枚……2
2. 花冠为假蝶形，稍两侧对称，近轴的1枚花瓣位于相邻两侧花瓣之内，花丝分离……（二）云实亚科 Caesalpinioideae
2. 花冠蝶形，两侧对称，近轴的1枚花瓣位于最外面；雄蕊合生成二体或单体，稀全部分离……（三）蝶形花亚科 Papilionoideae

* The Legume Phylogeny Working Group (2017), "A new subfamily classification of the Leguminosae based on a taxonomically comprehensive phylogeny", Taxon 66 (1): 44－77.

（一）含羞草亚科 Mimosoideae

本亚科编者：西北农林科技大学　常朝阳

乔木、灌木或草本。叶互生，二回或有时为一回羽状复叶，羽片通常对生。花小，两性或有时杂性，组成头状、穗状或总状花序，或再排成圆锥花序；花萼管状，稀分离，通常5裂齿；花瓣与萼片同数，镊合状排列，分离或合生成管状；雄蕊通常与花瓣同数或为其2倍，或多数，显著露于花被之外，分离或连合成管；心皮通常1枚。荚果开裂或不裂，有时具节或横隔，直或旋卷。种子扁平，种皮坚硬，具马蹄形痕。

本亚科我国有17属60余种，分布范围较广，主要分布于华南各地及西南各地；陕西连同栽培的有2属3种。延安栽培1属1种，各县（区）均有分布。

本亚科植物耐干旱瘠薄，多为荒山造林和水土保持树种；有些树种的树皮含鞣质，可提取栲胶；有些植物是观赏价值较高的观花灌木，叶亮绿，花色鲜红，且有许多园艺观花品种。用于盆栽、公园绿化布置。亦有些植物木材坚硬，心材纹理略粗，耐水湿，为优良造船用材，又可作建筑、家具、枪托等用材。

合欢属 *Albizia* Durazz.

乔木或灌木，稀藤本，通常无刺。二回羽状复叶；羽片1至多对；总叶柄及叶轴上有腺体；小叶对生，1至多对，小叶两侧不对称。花小，常两型，5基数，两性，稀可杂性，有梗或无梗，头状或穗状花序；花萼钟状或漏斗状，具5齿或5浅裂；花瓣常在中部以下合生成漏斗状；雄蕊20～50枚，花丝突出于花冠之外，基部合生成管，花药小；子房胚珠多数。荚果带状，扁平。种子圆形或卵形，扁平，种皮厚，具马蹄形痕。

本属120～140种，产亚洲、非洲及美洲热带至温带地区。我国有16种，主产长江流域以南地区；陕西产2种。延安栽培1种，主要栽培于黄陵、富县。

本属喜温暖湿润和阳光充足环境，对气候和土壤适应性强，宜在排水良好、肥沃土壤生长，但也耐瘠薄土壤和干旱气候，但不耐水涝，生长迅速。

本属的经济用途主要在木材、单宁以及作庭园绿化和紫胶虫寄主树用。

合欢

Albizia julibrissin Durazz. in Mag. Tosc. 3(4): 11. 1772; 中国植物志, 39: 65. 1988.

落叶乔木。树皮灰褐色，小枝具棱，皮孔黄灰色明显，嫩枝、花序和叶轴被绒毛或短柔毛。二回羽状复叶，叶柄及叶轴顶端各有1枚腺体；羽片4～12对；小叶10～30对，线形至长圆形，长6～12mm，宽1～4mm，向上偏斜，先端有小尖头，托叶线状披针形，早落。头状花序多数，腋生或顶生排成圆锥花序；花萼管状，长约3mm；花冠粉红色，长约8mm，裂片三角形，长约1.5mm，花萼、花冠外均被短柔毛；雄蕊多数，花丝基部合生，上部粉红色，长约2.5cm；子房被毛，花柱白色。荚果扁平带状，长9～15cm，宽1.5～2.5cm，幼时被柔毛；种子椭圆形，扁平，褐色。花期6～7月，果期8～10月。

延安黄陵、富县有栽培，观赏或作行道树，海拔800～1600m。陕西各地多有栽培；在我国分布于东北的辽宁，华北的山西、河北，西北的甘肃、宁夏以及华东、华南、西南各地。亚洲东部、中部、西南部也产；北美洲也有栽培。

本种生长迅速，能适用多种气候条件，对土壤的适应性强，能耐瘠薄和沙质、盐碱土壤。具根瘤菌，有改良土壤氮素的功效。

树形优美，开花如绒簇，十分可爱，常栽植作为行道树、观赏树。木材多用于制家具。

合欢 *Albizia julibrissin*
1.植株（吴振海 摄）；2.花（吴振海 摄）；3荚果（吴振海 摄）

（二）云实亚科 Caesalpinioideae

本亚科编者：西北农林科技大学　常朝阳

乔木或灌木，稀为藤本或草本。叶互生，一至二回羽状复叶，稀为单叶；托叶常早落。花两性，稀单性，两侧对称或极少为辐射对称，总状或圆锥状花序；萼片5（4），离生或下部合生，在花蕾期通常覆瓦状排列；花瓣5，稀1或缺，在花蕾期覆瓦状排列，近轴的1枚花瓣位于相邻两侧花瓣的内侧；雄蕊10或较少，稀多数，花丝离生或合生，花药2室，纵裂，稀孔裂；子房与花托管内壁的一侧合生或离生。荚果开裂或不开裂。种子有时具假种皮。

本亚科我国有21属约110种，产亚洲、非洲及美洲热带至温带地区。在我国主要产华南及西南各地。陕西产5属9种；延安有2属3种，主要见于黄陵、富县、黄龙、吴起等地。

本亚科对多种害虫、杂草、病菌和螨类具有活性，包含有重要的杀虫抗菌物质，例如紫羊蹄甲血凝素、植物凝集素、亚油酸、油酸、硬脂酸、4–O–甲基内消旋肌醇 、草酸、糖苷类和酒石酸等物质有很好的杀虫活性。

分属检索表

1.叶为羽状复叶；茎、枝常具坚硬的刺 ………………………………………………………… 1.皂荚属 *Gleditsia*
1.叶为单叶；茎、枝无刺 …………………………………………………………………………… 2.紫荆属 *Cercis*

1.皂荚属 *Gleditsia* L.

落叶乔木或灌木。干和枝上常具分枝的粗刺。无顶芽，侧芽叠生。叶为一回或二回偶数羽状复叶，互生或簇生；小叶多数，近对生或互生，边缘具细锯齿或钝齿，有时全缘。花杂性或单性异株，淡绿色或绿白色，穗状或总状花序，稀为圆锥花序，腋生，稀顶生；花萼钟状，外面被柔毛，里面无毛；萼片、花瓣各3～5，萼片近相等，花瓣稍不等大，与萼裂片等长或稍长；雄蕊6～10，伸出，花丝中部以下稍扁宽并被长曲柔毛；子房无柄或具短柄，花柱短，柱头顶生；胚珠1至多数。荚果带状扁平，不开裂，劲直、弯曲或扭转，果皮厚革质；种子1至多颗，卵形或椭圆形，扁或近圆柱形，有胚乳。

全世界约16种，分布于亚洲中部和东南部及南北美洲。我国有6种，南北各地均有分布；陕西产2种。延安2种，黄陵、黄龙、富县等地有分布。

本属植物常生于山坡林中或谷地、路旁，海拔自平地至2500m。常栽培于庭院或宅旁。

本属植物木材坚硬，常用于制作各类器具；荚果可代肥皂供洗涤用。

分种检索表

1. 小叶长0.6～2.4cm，全缘；荚果较短，含1～3粒种子；灌木或小乔木…………1. 野皂荚 *G. microphylla*

1. 小叶长2～8.5cm，具细锯齿；荚果长达12cm以上，含多粒种子；乔木…………………2. 皂荚 *G. sinensis*

1. 野皂荚

Gleditsia microphylla Gordon ex Y. T. Lee in Journ. Arn. Arb. 57: 29. 1976；中国植物志, 39: 82. 1988.

灌木或小乔木，高2～4m。枝灰白色至浅棕色；幼枝被短柔毛。叶为一回或二回羽状复叶，长7～16cm，具羽片2～4对；小叶5～12对，薄革质，斜卵形至长椭圆形，长6～24mm，宽3～10mm，植株下部的小叶稍大，先端圆钝，基部偏斜，阔楔形，全缘，上面无毛，下面被短柔毛；小叶柄

野皂荚 *Gleditsia microphylla*
1. 植株（寻路路 摄）；2. 成熟荚果（寻路路 摄）

短。花杂性，绿白色，近无梗，簇生，组成穗状花序或顶生的圆锥花序；花序长5～12cm，被短柔毛；苞片3，最下一片披针形，上面两片卵形，被柔毛；雄花直径约5mm；萼片3～4，披针形，长2.5～3mm；花瓣3～4，卵状长圆形，长约3mm，外面被短柔毛，里面被长柔毛；雄蕊6～8；子房具长柄，无毛，有胚珠1～3。荚果扁薄，斜椭圆形或斜长圆形，长3～6cm，宽1～2cm，红棕色至深褐色，无毛，先端有纤细的短喙，果颈长1～2cm；种子1～3，扁卵形或长圆形，长7～10mm，宽6～7mm，褐棕色，光滑。花期6～7月，果期7～10月。

延安仅见于黄陵（柳芽川），海拔1200m。陕西产秦岭山地，生于海拔840m左右的山沟或山坡；我国主要分布于华北的河北、山西，西北的陕西，华东的山东、江苏、安徽，华中的河南等地；亚洲温带地区也有分布。

野皂荚由于根系发达，耐寒、耐旱、耐贫瘠，适应性强，所以是一种特用经济树种和荒山绿化的主要灌木树种。野皂荚的种子是一种天然化工原料，用它可以生产羟乙基龙胶粉，是一种高科技、高附加值产品，广泛应用于石油钻探、纺织印染、医药、食品等行业，其副产品胡里豆粉是高蛋白饲料，具有很高的经济价值。

2. 皂荚

Gleditsia sinensis Lam., Encycl. 2: 465. 1788; 中国植物志, 39: 86. 1988.

落叶乔木，高达30m。枝灰色至深褐色，粗糙不裂；分枝刺圆柱形，长达15cm。一回羽状复叶常簇生；小叶3～9对，纸质，卵状披针形至长圆形，长2～9cm，宽1～4cm，顶端圆钝，具小尖头，基部圆形或楔形，叶基稍歪斜，边缘具细锯齿，上面被短柔毛，下面中脉上稍被柔毛；网脉明显，在两面凸起；小叶柄长1～2mm，被短柔毛。总状花序腋生或顶生，长5～14cm，被短柔毛；花杂性，黄白色；萼片4，三角状披针形，两性花的长4～5mm，雄花较两性花稍小，两面被柔毛；花瓣4，长圆形，长4～6mm，被微柔毛；雄蕊8（6）；雄花的退化雌蕊长2.5mm；柱头浅2裂；胚珠多数。荚果带状，长12～37cm，宽2～4cm，劲直或扭曲，果肉稍厚，两面凸起；果瓣革质，褐棕色或红褐色，常被白色粉霜；种子多颗，长圆形或椭圆形，长11～13mm，宽8～9mm，棕色，有光泽。花期3～5月，果期5～12月。

延安黄陵、富县、黄龙有分布，生于海拔1000～1600m的山坡；陕西延安以南各地均产。主要分布于我国华北、华东、华中、华南、西南等地；亚洲温带地区也有分布。

喜光，稍耐阴，喜温暖湿润气候及深厚肥沃土壤，但对土壤要求不严。深根性，耐旱。生长速度慢，寿命长。

木材坚硬，供制家具；荚果富含胰皂质（皂素），煎汁可代肥皂用，可洗涤丝绸毛织品，不损光泽；嫩芽油盐调食，其子煮熟糖渍可食。果荚、种子及枝刺（皂刺）均可入药，有祛痰通窍、镇咳利尿、消肿排脓、杀虫治癣的功效。种子可榨油，为高级工业用油，种仁可食。

皂荚 *Gleditsia sinensis*

1.刺（吴振海 摄）；2.果枝（吴振海 摄）；3.荚果（吴振海 摄）

2. 紫荆属 *Cercis* L.

灌木或乔木，单生或丛生，无刺。单叶互生，全缘或先端微凹，掌状脉；托叶小，鳞片状或薄膜状，早落。花两性，两侧对称，紫红色或粉红色，具梗，簇生或呈总状花序，通常先于叶开放；苞片鳞片状，聚生于花序基部，覆瓦状排列，边缘常被毛；小苞片极小或缺；花萼短钟状，微歪斜，红色，喉部具一短花盘，先端不等5裂，裂齿短三角状；花瓣5，排成假蝶形花冠，花瓣不相等，旗瓣和翼瓣较小，位于上面，龙骨瓣最大，位于下面，具柄；雄蕊10枚，花丝分离，花丝下部常被毛，花药背部着生，药室纵裂；子房具短柄，有胚珠2～10颗，花柱线形，柱头头状。荚果扁狭长圆形，于腹缝线一侧常有狭翅，不开裂或开裂；种子2至多枚，小，近圆形，扁平，无胚乳，胚直立。

本属11种，其中4种分布于北美洲，1种分布于欧洲东部和南部，1种分布于中亚；我国产5种，分布于温带地区。陕西产3种，分布于秦岭及其以南；延安1种，主要栽培于黄陵、富县、吴起等地。

喜光，有一定耐寒性。喜肥沃、排水良好土壤，不耐淹。常见的栽培植物，耐修剪，多植于庭园、屋旁、街边，少数生于密林或石灰岩地区。作观赏园林用，因开花时叶未发出，宜与常绿植物配景，或植于浅色物体前面，如白墙。树皮及花梗可以入药，有解毒消肿的作用。种子可以制农药，可以驱杀害虫。木材纹理直，结构细，可做家具建材。

紫荆

Cercis chinensis Bunge, Enum. Pl. China Bor. 21. 1833; 中国植物志, 39: 144. 1988.

乔木，经栽培后，通常为灌木，高2～5m。树皮和小枝灰白色。叶纸质，近圆形或三角状圆形，长5～14cm，宽4～14cm，先端急尖，基部浅至深心形，两面通常无毛，嫩叶绿色，仅叶柄略带紫色，叶缘膜质透明；托叶长方形，早落。花先叶开放或在嫩枝上与叶同时开放，紫红色或粉红色，2～10余朵簇生于老枝和主干上，花长1～1.3cm；花梗细，长6～15mm；小苞片2，宽卵形，长约2.5mm；龙骨瓣基部具深紫色斑纹；子房嫩绿色，有胚珠6～7颗。荚果扁狭长形，绿色至棕褐色，长5～14cm，宽1～1.2cm，沿腹缝线有窄翅，先端急尖或短渐尖，喙细而弯曲，基部长渐尖，两侧缝线对称或近对称；

紫荆 *Cercis chinensis*
1.花（花序）（卢元 摄）；2.叶（卢元 摄）；3.果序（荚果）（卢元 摄）

种子2～6颗，宽长圆形，长5～6mm，宽约4mm，黑褐色，有光泽。花期3～4月，果期8～10月。

延安吴起、黄陵、富县等地栽培，海拔800～1400m。陕西秦巴山区有野生，公园、庭院亦常见栽培。广布于华北、华东、华中、华南及西南各地。

喜光，有一定的耐寒性，不耐涝。一般土壤均能适应，以肥沃的微酸性沙壤土上生长最为旺盛。萌芽力强，耐修剪。

紫荆是一美丽的木本花卉。树皮、木材、根均可入药，有清热解毒、活血行气、消肿止痛的功效；花可治风湿筋骨痛。

（三）蝶形花亚科 Papilionoideae

草本、灌木或乔木；直立或攀缘。叶互生，羽状或掌状复叶，稀为单叶或简化为仅具绿色的叶轴，有时叶轴先端具卷须；托叶2，分离或合生，有时变为刺。花两性，稀杂性，两侧对称，稀辐射对称；花序总状或圆锥状，稀穗状、头状或单生，通常腋生，稀顶生或与叶对生；花萼钟状或筒状，萼裂片5，分离或合生；花瓣5，最上面的一瓣较大为旗瓣，两侧的两瓣为翼瓣，最内面的两瓣为龙骨瓣，通常沿下缘黏着；雄蕊10，稀较少或多，花丝各式连合或分离，花药同型或不同型，2室，沿纵缝开裂，子房1心皮，边缘胎座，1室或缝线内延成不同程度的纵隔而为2室或假2室，柱头顶生或侧生。荚果1室、假2室或假半2室，开裂或不开裂，有时在种子间缢缩为1至数个节荚。种子通常无胚乳。

本亚科约400属12800余种，广布于全世界，其中木本属多分布于热带和亚热带地区，草本属多分布于温带地区。我国连同引种栽培的约有136属1500余种，全国均有分布；陕西有51属203种5亚种4变种。延安连同栽培的共35属89种3亚种2变种2变型，各县（区）均有分布。

本亚科树种多具有重要的经济价值，或为优良速生用材树种及水土保持树种，或根部常有根瘤菌共生固氮，可以改良土壤并用作绿肥，或供生产纤维、树脂、树胶、染料等工业原料，或可供药用。

分属检索表

1. 雄蕊10枚，分离或仅基部合生……………………………………………………………………2

1. 雄蕊10枚，合生成单体或二体……………………………………………………………………3

2. 乔木或灌木，稀为草本；羽状复叶；荚果圆筒形，种子间缢缩成念珠状……………1. 槐属 *Sophora*

2. 草本；叶为掌状3小叶；荚果扁平或膨胀，种子间不缢缩……………………2. 野决明属 *Thermopsis*

3. 荚果含2粒以上种子时，种子间不缢缩为节荚，通常2瓣裂或不开裂……………………………4

3. 荚果含2粒以上种子时，种子间缢缩为节荚或横裂，但有时节荚简化为1个……………………30

4. 叶为掌状3小叶，叶柄基部具2片叶状托叶；花序常呈伞形或头状，其下具1至数片叶状苞片…………
……………………………………………………………………………………8. 百脉根属 *Lotus*

4. 叶为羽状或掌状复叶，稀为单叶；花序有各种形式，如为伞形或头状时，其下苞片不为叶状（有时车轴草属 *Trifolium* 例外）…………………………………………………………………………5

5. 叶为3小叶组成的复叶……………………………………………………………………………6

5. 叶为4片以上的羽状复叶，稀为1～3片小叶…………………………………………………16

6. 叶为掌状或羽状复叶，小叶边缘常具锯齿，托叶常与叶柄合生；子房基部不包于鞘状花盘内…………7

6. 叶为羽状或有时为掌状复叶，小叶全缘或有时具裂片，托叶不与叶柄合生；子房基部包于鞘状花盘内…………………………………………………………………………………………………11

7. 叶为掌状3小叶；花瓣宿存，花丝顶端膨大 ……………………………………………… 7. 车轴草属 *Trifolium*
7. 叶为羽状3小叶；花瓣凋落，花丝顶端不膨大 ………………………………………………………………… 8
8. 龙骨瓣先端具喙，雄蕊单体，花药二型 ………………………………………………… 3. 猪屎豆属 *Crotalaria*
8. 龙骨瓣先端钝，雄蕊二体，花药同型 ……………………………………………………………………………… 9
9. 荚果弯曲成马蹄铁形、螺旋形或镰刀形，稀为肾形、狭长圆形至椭圆形，含种子1至数粒，不开裂 ……………………………………………………………………………………………… 6. 苜蓿属 *Medicago*
9. 荚果劲直或微弯，从不为马蹄铁形或镰刀形 …………………………………………………………………… 10
10. 龙骨瓣等长或稍短于翼瓣；荚果小，卵形，先端无喙，总状花序细长 ………… 5. 草木樨属 *Melilotus*
10. 龙骨瓣短小；荚果通常线形、圆柱状或稍扁，先端具长喙；花单生或短总状 …………………………………………………………………………………………… 4. 胡卢巴属 *Trigonella*
11. 花单生或簇生，通常为总状花序，其花序轴延续一致，无节状或瘤状突起，花柱无毛 ……………… 12
11. 花序通常为总状，其花序轴于花的着生处常突出为节，或隆起如瘤；花柱具绒毛或否 ………………… 13
12. 花仅1种类型；子房基部无鞘状花盘或花盘不发达 …………………………………… 30. 大豆属 *Glycine*
12. 花分为有瓣花和无瓣花2种类型；子房基部具鞘状花盘 ……………………… 31. 两型豆属 *Amphicarpaea*
13. 花柱不具须毛，稀于其下部具须毛 ……………………………………………………………… 32. 葛属 *Pueraria*
13. 花柱上部后方具纵列须毛或柱头周围具绒毛 ……………………………………………………………………… 14
14. 龙骨瓣先端具螺旋卷曲的长喙 …………………………………………………………… 33. 菜豆属 *Phaseolus*
14. 龙骨瓣先端截形或具非螺旋状的短喙 ……………………………………………………………………………… 15
15. 柱头倾斜，花柱后方具须毛 …………………………………………………………………… 34. 豇豆属 *Vigna*
15. 柱头顶生，其周围或在其上部具须毛 ……………………………………………………… 35. 扁豆属 *Lablab*
16. 叶通常为偶数羽状复叶，叶轴先端多半为卷须或少数为刚毛状 ……………………………………………… 17
16. 叶通常为奇数羽状复叶，如为偶数羽状复叶时，则叶轴先端不为卷须，稀叶轴先端为刺状，有时为单叶或3～5小叶的掌状复叶 ………………………………………………………………………………… 20
17. 花柱圆柱形，上端四周被长柔毛或顶部外面被一束髯毛 ………………………… 25. 野豌豆属 *Vicia*
17. 花柱扁，上部里面被刷状长柔毛 ……………………………………………………………………………………… 18
18. 花柱向里面纵折；托叶大于小叶；雄蕊管口截形 ……………………………………………… 29. 豌豆属 *Pisum*
18. 花柱不纵折；托叶或多或少小于小叶；雄蕊管口斜形 ………………………………………………………… 19
19. 种子双凸镜状；花萼较花瓣稍长；栽培一年生植物 …………………………………………… 27. 兵豆属 *Lens*
19. 种子不为双凸镜状；花萼短于花瓣；野生 ……………………………………………… 28. 山黧豆属 *Lathyrus*
20. 植物体被贴生的丁字毛；药隔顶端通常具腺体或延伸成小毫毛 ……………………… 9. 木蓝属 *Indigofera*
20. 植物体通常不被贴生的丁字毛；药隔顶端不具任何附属体 …………………………………………………… 21
21. 叶具腺点；花冠仅具1旗瓣；荚果含1种子而不开裂 ………………………………… 10. 紫穗槐属 *Amorpha*
21. 叶不具腺点；花冠为蝶形；荚果通常含种子2至数粒，2瓣裂 ………………………………………………… 22
22. 大型木质藤本；总状花序顶生或腋生，有时与叶对生或生于老茎上 …………………… 11. 紫藤属 *Wisteria*
22. 草本、灌木或乔木；花序总状、穗状、伞形或头形，稀单生或簇生，通常腋生 …………………………… 23
23. 乔木；荚果扁平或带状 ………………………………………………………………………… 12. 刺槐属 *Robinia*
23. 草本或灌木；荚果膨大成圆筒形 ……………………………………………………………………………………… 24
24. 花柱后方具纵列须毛或柱头具簇毛 …………………………………………………………………………………… 25
24. 花柱光滑，稀在花柱上部内侧具毛 …………………………………………………………………………………… 26
25. 茎直立，植物具丁字毛；荚果膨胀 ……………………………………………… 13. 苦马豆属 *Sphaerophysa*
25. 茎平卧，植物具单毛；荚果稍膨胀，背腹压扁 …………………………………… 16. 膨果豆属 *Phyllolobium*
26. 偶数羽状复叶或为4小叶的假掌状；花萼倾斜，不与花梗成一直线 ……………… 14. 锦鸡儿属 *Caragana*
26. 奇数羽状复叶；花萼不倾斜，与花梗成一直线 …………………………………………………………………… 27
27. 花药不等大，其中5个较小；植物常被腺毛；荚果常具刺、瘤状突起，稀光滑 ……………………………………………………………………………………………… 19. 甘草属 *Glycyrrhiza*
27. 花药全同型；植物通常无腺毛；荚果无刺或瘤状突起 …………………………………………………………… 28

28. 龙骨瓣先端具或长或短的喙 ···························· 18. 棘豆属 *Oxytropis*
28. 龙骨瓣先端钝圆，不具喙 ···························· 29
29. 龙骨瓣与翼瓣近等长 ···························· 17. 黄耆属 *Astragalus*
29 龙骨瓣长度不超过翼瓣的一半 ···························· 15. 米口袋属 *Gueldenstaedtia*
30. 雄蕊9枚合生，1枚退化，花药有交互着生的长短两式 ···························· 21. 落花生属 *Arachis*
30. 雄蕊为9与1的两体，花药同型 ···························· 31
31. 叶为多数小叶组成的羽状复叶；伞形花序 ···························· 20. 小冠花属 *Coronilla*
31. 叶为羽状3小叶或稀为单叶；总状花序 ···························· 32
32. 一年生草本 ···························· 24. 鸡眼草属 *Kummerowia*
32. 灌木或小灌木 ···························· 33
33. 小托叶通常存在；荚果有柄，具2个以上的节荚 ···························· 26. 长柄山蚂蝗属 *Hylodesmum*
33. 小托叶不存在；荚果无柄，通常具1节荚 ···························· 34
34. 花梗不具关节，每苞片通常具2花 ···························· 22. 胡枝子属 *Lespedeza*
34. 花梗于萼下具关节，每苞片仅具1花 ···························· 23. 杭子梢属 *Campylotropis*

1. 槐属 *Sophora* L.

本属编者：延安市黄龙山国有林管理局　王赵钟

乔木、灌木、半灌木或多年生草本。奇数羽状复叶；小叶多数，全缘；托叶小，有时变成针刺，早落或宿存；小叶对生或近对生，全缘。花序总状或圆锥状，顶生、腋生或与叶对生；苞片小，线形，或无小苞片；花萼钟状或杯状，萼齿5，等大，或上方2齿近合生而成为近二唇形；花白色、黄色或紫色，蝶形花冠；雄蕊10，离生或基部有不同程度的连合，花药卵形或椭圆形，丁字着生；胚珠多数，花柱直或内弯，无毛，柱头棒状或点状，稀被长柔毛，呈画笔状。荚果圆柱形或稍扁，串珠状，果皮肉质、革质或壳质，有时具翅，不裂或有不同的开裂方式。种子数目不定，卵形、椭圆形或近球形，种皮黑色、深褐色、赤褐色或鲜红色；子叶肥厚，偶具胶质内胚乳。

本属70余种，分布于亚洲、北美洲热带至温带地区。我国有21种，主要分布于华东、华南及西南地区；陕西产4种。延安有2种2变型，各县（区）均有栽培。

一些种类木材坚硬，富有弹性，可供建筑和家具用材；有些种树态优美，可作行道树或庭园绿化树种；又是优良的蜜源植物；种子含有胶质内胚乳，可供工业上用；多数种类都含有各种类型生物碱，在医药方面有较多的用途；花、种子、茎、叶和树皮可作杀虫剂。

分种检索表

1. 乔木；花序圆锥状，旗瓣宽心状圆形；荚果瓣肉质 ···························· 2
1. 灌木或半灌木；花序总状，旗瓣匙形；荚果瓣革质 ···························· 3
2. 小枝不下垂；树冠近圆形 ···························· 1a. 槐 *S. japonica* f. *japonica*
2. 小枝下垂，并向不同方向弯曲盘悬，形似龙爪；树冠如伞状 ···························· 1b. 龙爪槐 *S. japonica* f. *pendula*
3. 灌木；羽状复叶有11～22小叶，小叶椭圆形或长倒卵形；花冠白色至淡蓝色 ···························· 2. 白刺花 *S. davidii*
3. 半灌木；羽状复叶有25～29小叶，小叶披针形或线状披针形；花冠淡黄白色 ···························· 3. 苦参 *S. flavescens*

1. 槐

Sophora japonica L. Mant. Pl. 1: 68. 1767; 中国植物志, 40: 92. 1994.

1a. 槐（原变型）

Sophora japonica f. ***japonica***

落叶乔木，高15～25m。树皮灰褐色，具纵裂纹，树冠近圆形。小枝深绿色，皮孔明显，无毛。羽状复叶互生，长达25cm；叶轴初被疏柔毛，后脱落；叶柄基部膨大；托叶早落；小叶4～7对，对生或近互生，纸质，卵状披针形或卵状长圆形，长2.5～6cm，宽1.5～3cm，先端渐尖，基部宽楔形或近圆形，稍偏斜，上面深绿色，下面灰白色，初被疏短柔毛，后变无毛；小托叶2枚，钻状。圆锥花序顶生，常呈金字塔形，长15～30cm；花梗比花萼短；花萼浅钟状，长约4mm；花冠白色或淡黄色，蝶形花冠；雄蕊基部合生成单体；子房圆锥状，近无毛。荚果串珠状，长2.5～5cm或稍长，种子间缢缩不明显，果瓣肉质，成熟后不开裂，不脱落，具种子1～6粒；种子卵球形，淡黄绿色，干后黑褐色。花期7～8月，果期8～10月。

延安各县（区）栽培。原产中国，现南北各地广泛栽培。日本、朝鲜也产，欧美各国也多有栽培。

喜深厚、湿润、肥沃及排水良好的沙壤土，深根性，对各种类型的土壤适应能力较强。

树冠优美，花芳香，是行道树和优良的蜜源植物；花和荚果入药，有清凉收敛、止血降压作用；叶和根皮有清热解毒作用，可治疗疮毒；木材供建筑用。

槐 *Sophora japonica* f. *japonica*
1. 花枝及叶（蒋鸿 摄）；2. 果（蒋鸿 摄）

1b. 龙爪槐（变型）

Sophora japonica f. ***pendula*** Hort. ex Loudon, Arbor. Frutic. Brit. 2: 564. 1838; 中国植物志, 40: 92. 1994.

与原变种的区别在于小枝下垂，并向不同方向弯曲盘悬，形似龙爪，树冠如伞状。

延安各地庭院有栽培，供观赏。陕西及全国各地亦有栽培。

喜光，稍耐阴，能适应干冷气候。喜生于土层深厚、湿润肥沃、排水良好的沙质壤土。深根性，根系发达，抗风力强，萌芽力亦强，寿命长。对二氧化硫、氟化氢、氯气等有毒气体及烟尘有一定抗性。

另外，在吴起大吉沟树木园还栽培有蝴蝶槐（*Sophora japonica* f. *oligophylla*），又叫五指槐，系国槐的一个变型。其与国槐的区别在于小叶5～7片，常簇集在一起，顶生小叶常3裂，侧生小叶下部常有大裂片，形似蝴蝶落于枝头，非常美观。

龙爪槐 *Sophora japonica* f. *pendula*
1.植株（曹旭平 摄）；2、3.羽状复叶（曹旭平 摄）；4.复叶及叶背（曹旭平 摄）

2. 白刺花（狼牙刺）（陕西）

Sophora davidii (Franch.) Skeels in U. S. D. A. Bur. Pl. Industr. Bull. 282: 68. 1913; 中国植物志, 40: 78. 1994. ——*Sophora moorcroftiana* var. *davidii* Franch., Nouv. Arch. Mus. Hist. Nat. sér. 2, 5: 253. 1883.

灌木，高1～2m。多分枝，小枝初被毛，后脱落，顶端及基部具刺。羽状复叶互生；托叶小，针刺状，宿存；小叶10～20枚，椭圆状卵形或倒卵状长圆形，长10～15mm，先端圆或微缺，基部钝圆形，上面几无毛，下面中脉隆起，疏被长柔毛。总状花序着生于小枝顶端；花小，长约15mm，较少；花萼钟状，稍歪斜，蓝紫色，萼齿5，不等大，无毛；花冠白色或淡蓝色；雄蕊10，等长，基部连合不到1/3；子房比花丝长，密被黄褐色柔毛，花柱变曲，无毛，胚珠多数。荚果非典型串珠状，近革质，稍压扁，长6～8cm，宽6～7mm，表面散生毛或近无毛，熟后开裂，有种子3～5粒。种子卵球形，深褐色。花期3～8月，果期6～10月。

延安产子长、宝塔、甘泉、宜川、黄陵和黄龙等地，生于海拔650～1600m的山地灌丛中；分布于华北各地，西北的陕西、甘肃，华东的江苏、浙江，华中各地，华南的广西及西南等地。

耐旱性强，常在阳坡形成群落，在沙壤土上生长良好，是水土保持树种之一，也可供观赏；亦为蜜源植物；根及果入药，有清热解毒、利湿消肿的功效。

白刺花 *Sophora davidii*
1.植株（曹旭平 摄）；2.花（曹旭平 摄）；3.早期果（曹旭平 摄）；4.成熟果（曹旭平 摄）

3. 苦参

Sophora flavescens Ait., Hort. Kew. 2: 43. 1789; 中国植物志, 40: 81. 1994.

草本或亚灌木，高约1m。茎具纹棱，其根呈长圆柱形，下部常有分枝。奇数羽状复叶长达25cm；托叶披针状线形，小叶6～12对，互生或近对生，椭圆形、卵形、披针形至披针状线形，长3～4cm，宽1.2～2cm，先端钝或急尖，基部宽楔形或浅心形，上面无毛，下面疏被灰白色短柔毛或近无毛。总状花序顶生，长15～25cm；花多数；花梗纤细，长约7mm；苞片线形，长约2.5mm；花萼钟状，明显歪斜，疏被短柔毛；花冠白色或淡黄白色，旗瓣倒卵状匙形，先端圆形或微缺，基部渐狭成柄，翼瓣单侧生，柄与瓣片近等长，龙骨瓣与翼瓣相似；雄蕊10，分离或近基部稍连合；子房近无柄，被淡黄白色柔毛，花柱稍弯曲，胚珠多数。荚果长5～10cm，种子间稍缢缩，呈不明显串珠状，疏被短柔毛或近无毛，成熟后开裂成4瓣，有种子1～5粒。种子长卵形，稍压扁，深红褐色或紫褐色。花期6～8月，果期7～10。

延安产宝塔、洛川、富县、甘泉、黄陵和黄龙等地，生于海拔620～1400m的山坡草地或灌丛中。分布于我国南北各地。印度、日本、朝鲜及俄罗斯西伯利亚也产。

对土壤要求不严，一般沙壤和黏壤土均可生长，为深根性植物，应选择地下水位低，排水良好地块种植。

根含苦参碱（matrine）和金雀花碱（cytisine），入药有清热利湿、抗菌消炎、健胃驱虫之效，常用作治疗皮肤瘙痒、神经衰弱、消化不良及便秘等症；种子可作农药；茎皮纤维可织麻袋等。

苦参 *Sophora flavescens*
1.植株（曹旭平 摄）；2.花序（曹旭平 摄）；3.小叶及果序（曹旭平 摄）

2.野决明属 *Thermopsis* R. Br.

本属编者：西北农林科技大学 常朝阳

多年生草本，具匍匐根状茎。茎直立，基部具膜质托叶鞘，抱茎合生成筒状，上缘裂成3齿，偶不裂。掌状三出复叶，具柄；托叶叶状，分离，通常较大。总状花序顶生；花大，轮生或对生，偶互生；苞片叶状，近基部连合，宿存；萼钟形，外侧稍呈囊状隆起或不隆起，萼齿5，上方2齿多少合生；花冠黄色，稀紫色，花瓣均具瓣柄，旗瓣卵圆形，先端凹缺，翼瓣长圆形，比龙骨瓣窄一半或等宽，龙骨瓣前缘稍连合；雄蕊10枚，花丝扁平，分离，仅基部合生；子房线形，胚珠多数，花柱长，稍弯曲，通常密被毛。荚果扁平，线形、长圆形或卵形，偶膨胀。种子肾形或圆形，种脐小，白色。

本属约25种，分布于亚洲中部和东部及北美。我国有12种，多分布在东北、西北、西南等各地；陕西产3种。延安有1种，各县（区）均有分布。

本属植物，大部分均富含喹诺里西啶（quinolizidine）类生物碱，此外，还有黄酮类化合物。主要为药用，有祛痰止咳、解毒、消肿、催吐的功效。

披针叶野决明（披针叶黄华）

Thermopsis lanceolata R. Br. in Ait. Hotr. Kew. ed. 2. 3: 3. 1811; 中国植物志, 42(2): 402. 1998.

多年生草本，高12～30（40）cm。茎直立，偶有分枝，具沟棱，被黄白色柔毛。掌状复叶，3小叶；叶柄短；托叶叶状，卵状披针形；小叶狭长圆形、倒披针形，长2.5～7.5cm，宽5～16mm，上面通常无毛，下面多少被贴伏柔毛。顶生总状花序，花序长6～17cm，具花2～6轮，排列疏松；苞片线状卵形或卵形，先端渐尖，宿存；萼钟形，长1.5～2.2cm，密被毛，背部稍隆起呈囊状，上方2齿连合，三角形，下方萼齿披针形，与萼筒近等长；花冠黄色，旗瓣近圆形，先端微凹，基部渐狭成瓣柄，翼瓣长2.4～2.7cm，先端具狭窄头，龙骨瓣长2～2.5cm；子房密被柔毛，具短柄，胚珠12～20粒。荚果扁平，长5～9cm，宽7～12mm，内弯或略平直，被伏贴毛，内有种子6～14粒；种子圆肾形，黑褐色，具灰色蜡层，有光泽。花期5～7月，果期6～10月。

延安各县（区）均有分布；生于海拔730～1650m的沙地、荒坡或沟谷湿地。分布于我国东北的黑龙江、辽宁，华北各地、西北各地及西南的西藏等地区。吉尔吉斯斯坦、蒙古、俄罗斯也产。

植株有毒，少量供药用，有祛痰止咳功效。

披针叶野决明 *Thermopsis lanceolata*

1.群落（常朝阳 摄）；2.叶、花（常朝阳 摄）；3.植株（常朝阳 摄）；4.果（常朝阳 摄）

3. 猪屎豆属 *Crotalaria* L.

本属编者：延安市黄龙山国有林管理局　王赵钟

草本，亚灌木或灌木。茎枝四棱或圆形，单叶或三出复叶。总状花序顶生、腋生，与叶对生或密集枝顶形似头状；花萼二唇形或钟形；花冠黄色或深紫蓝色，旗瓣圆形或长圆形，翼瓣长圆形或长椭圆形，龙骨瓣上部弯曲，具喙，雄蕊连合成单体，花药二型，长圆形花药底部附着花丝，卵球形花药背部附着花丝；胚珠2至多数，花柱长，基部弯曲，柱头小，斜生。荚果长圆形、圆柱形或卵状球形，稀四角菱形，膨胀，种子2至多数，斜心形至距圆状肾形。

本属约700种，分布于美洲、非洲、大洋洲及亚洲热带、亚热带地区。我国有42种，分布于东北的辽宁，西北的陕西，华北的河北，华东的安徽、江苏、山东、浙江、江西、福建、台湾，华中的河南、湖北、湖南，华南的广东、广西，西南的四川、云南、西藏等地。陕西引种栽培2种；延安栽培1种，仅见于富县。

本属植物喜欢生长在沙质壤土之中，是较好的水土保持植物。许多种是热带、亚热带常用绿肥和覆盖植物。不少种类可供药用，有清热解毒、祛风除湿、消肿止痛等功效。

猪屎豆

Crotalaria pallida Ait., Hotr. Kew. 3: 20. 1789; 中国植物志, 42(2): 349. 1998.

多年生草本，或呈灌木状。茎枝圆柱形，具小沟纹，密被紧贴的短柔毛。托叶小，刚毛状，早落；三出复叶，柄长2～4cm；小叶长圆形或椭圆形，长3～6cm，宽1.5～3cm，先端钝圆或微凹，基部阔楔形，仅下部具短柔毛，两面叶脉清晰。10～40朵花组成总状花序，顶生，长达25cm；苞片线形，早落，小苞片生萼筒中部或基部，与苞片相似；花梗短；花萼近钟形，长4～6mm，5裂，萼齿三角形，约与萼筒等长，密被短柔毛；花冠黄色，伸出萼外，旗瓣圆形或椭圆形，直径约10mm，翼瓣长圆形，比旗瓣稍短，下部边缘具柔毛，龙骨瓣最长，约12mm，具长喙，基部边缘具柔毛；子房无柄。荚果长圆形，长3～4cm，径5～8mm，幼时被毛，成熟后脱落，果瓣开裂后扭转；种子20～30颗。花期9～10月，果期11～12月。

仅见于延安（张村驿服务区），栽培用作观赏。产于我国华南和西南，海拔200～1100m的草地；分布于美洲、非洲、亚洲的热带和亚热带地区。

猪屎豆是一种韧性很强的植物，可在河床地、堤岸边、多砂多砾以及烈日当空的环境生长。

全草和根可供药用，有散结、清湿热等作用，亦可用于治疗癌症；还可用作园林植物观赏花卉和绿肥植物。

4. 胡卢巴属 *Trigonella* L.

本属编者：商洛市林业局　郭鑫

一年生或多年生草本，无毛或具柔毛、腺毛，有特殊香气。茎多分枝，直立、平卧或匍匐。羽状三出复叶，顶生小叶通常稍大，具柄；小叶边缘通常具锯齿；托叶脉纹明显，全缘或齿裂，与叶柄贴生。花1～2（4）朵着生叶腋，或为腋生短总状花序，有时头状或伞形；总花梗在果期与花序轴同时伸长；花梗短，纤细，花后增粗，挺直；萼钟形或筒形，萼齿5枚，近等长，稀上下近二唇形；花冠黄色、蓝色或紫色，偶为白色；雄蕊10，二体（9+1），与花瓣分离，花丝顶端不膨大，花药小。

荚果线形、线状披针形或圆锥形，直或弧形弯曲，膨胀或稍扁平，两端狭尖或钝，表面有横向或斜向网纹，不开裂或沿种子着生处缝裂，内无隔闼，有种子1至多数。种子具皱纹或细疣点，有时具暗色或紫色斑点，稍光滑。

本属约55种，分布于地中海沿岸、中欧、非洲、西南亚、中亚及大洋洲。我国有8种；陕西栽培2种，分布于我国东北的黑龙江、辽宁，华北各地，西北各地及西南的四川、西藏等地；延安栽培1种，分布于宝塔。

胡卢巴

Trigonella foenum-graecum L., Sp. Pl. 777. 1753; 中国植物志, 42(2): 311. 1998.

一年生草本，高30～80cm。根系发达。茎直立，圆柱形，多分枝，疏被柔毛。羽状三出复叶；托叶卵圆形，先端渐尖，全缘，膜质，被毛；叶柄平展，顶生小叶的叶柄较长；小叶长倒卵形、卵形至长圆状披针形，长15～40mm，宽4～15mm，先端钝，基部楔形，边缘上部具三角形尖齿，上面光滑，下面疏被长柔毛或光滑，侧脉不明显。花1～2朵着生叶腋，无梗，长13～18mm；萼筒状，长7～8mm，被长柔毛，萼齿5，披针形，与萼筒近等长；花冠黄白色或淡黄色，基部稍呈堇青色，旗瓣长倒卵形，先端波状深凹，翼瓣和龙骨瓣均明显短于旗瓣；子房线形，微被柔毛，花柱短，柱头头状，胚珠多数。荚果线形，圆筒状，长7～12cm，径4～5mm，直或稍弯曲，无毛或微被柔毛，先端具细长喙，背缝增厚，表面有明显的纵长网纹，有种子10～20粒。种子长圆状卵形，稍扁，长3～5mm，棕褐色，表面凹凸不平。花期4～7月，果期7～9月。

延安宝塔区有栽培。分布于我国东北的黑龙江、辽宁，华北各地，西北各地及西南的四川、西藏等地，呈栽培或呈半野生状态。也分布于喜马拉雅山地及西南亚。

本种抗寒，适应性强，生长迅速，鲜草含氮量较高。

全草有香豆素气味。可作饲料；嫩茎、叶可作蔬菜食用；种子供药用，能补肾壮阳，祛痰除湿；茎、叶或种子晒干磨粉掺入面粉中蒸食作增香剂；干全草可驱除害虫。

5. 草木樨属 *Melilotus* (L.) Mill.

本属编者：西北农林科技大学　常朝阳

一年生或二年生草本，有香气。主根直。茎直立，多分枝。三出羽状复叶，互生；托叶全缘或具齿裂，先端锥尖，基部与叶柄合生；顶生小叶叶柄较长，侧小叶叶柄较短，边缘具锯齿；无小托叶。总状花序细长，腋生，花序轴伸长，多花疏列，果期常延续伸展；苞片针刺状，无小苞片；花小；萼钟形，萼齿5，近等长，具短梗；花冠黄色或白色，偶带淡紫色晕斑，花瓣分离，早落；旗瓣长圆状卵形，翼瓣狭长圆形，等长或稍短于旗瓣，龙骨瓣阔镰形，通常最短；雄蕊成9与1的二体，花丝顶端不膨大，花药同型；子房无毛或被微毛，花柱细长线形，顶端上弯，果时常宿存。荚果阔卵形、球形或长圆形，伸出萼外，表面具网状或波状脉纹或皱褶，不开裂或迟开裂；果梗在果熟时与荚果一起脱落，有种子1～2粒。种子阔卵形，光滑或具细疣点。

本属20余种，分布于亚洲、欧洲和非洲北部的温带和亚热带地区。我国有4种，全国各地均有分布；陕西4种均产；延安产3种，各县（区）均有分布。

本属植物含蛋白质甚丰富，根瘤菌固氮能力强，适应温带中性或偏碱土壤，抗寒耐旱，对改良土质有重要作用，是优良的饲料和绿肥。花期长，是北方良好的蜜源植物；种子可以酿酒；茎皮纤维供造纸原料。

分种检索表

1. 小叶边缘具细密而呈刚毛状尖头锯齿；托叶基部具尖裂齿；荚果有皱纹，不对称……………………………………1. 细齿草木樨 *M. dentatus*
1. 小叶边缘具疏锯齿；托叶全缘或仅下部的托叶有时有尖裂；荚果有网纹，对称……………………………………2
2. 花冠白色……………………………………2. 白花草木樨 *M. albus*
2. 花冠黄色……………………………………3. 草木樨 *M. officinalis*

1. 细齿草木樨

Melilotus dentatus (Waldst. & Kit.) Pers., Syn. Pl. 2: 348. 1807; 中国植物志, 42(2): 301. 1998. ——*Trifolium dentatum* Waldst. et Kit. Pl. Rar. Hung. 1: 41. 1802.

二年生草本，高20～50cm。茎直立，圆柱形，具纵长细棱，从基部分枝，无毛。羽状三出复叶；托叶较大，披针形至狭三角形；叶柄细；小叶长椭圆形至长圆状披针形，长20～30mm，宽5～13mm，先端圆，上面无毛，下面疏被细柔毛，中脉突出，侧脉15～20对，两面均隆起，尤在近边缘处更明显，顶生小叶稍大，小叶柄长。总状花序腋生，长3～5cm，果期伸展至2倍长，具花20～50朵，排列疏松；苞片刺毛状，被细柔毛；萼钟形，长约2mm，萼齿三角形，与萼筒近等长；花冠黄色，旗瓣长圆形，长3～4mm，较翼瓣稍长，翼瓣长圆形，翼瓣、龙骨瓣短于旗瓣；子房卵状长圆形，无毛，花柱细长，稍短于子房；有胚珠2粒。荚果卵形至近球形，长3～4mm，先端具宿存的花柱，表面有网纹，有皱，腹缝呈明显的龙骨状增厚，褐色；有种子1～2粒。种子近圆形或椭圆形，稍扁。花期6～8月，果期7～9月。

延安产吴起、宝塔（南泥湾）、延川（杨家圪台）、黄陵（上畛子），生于海拔700～1300m的荒地；分布于我国东北的黑龙江、辽宁，华北的河北、山西，西北的陕西、甘肃、新疆，华东的山东等地。中亚地区及俄罗斯、蒙古也产。

生于草地、林缘及盐碱草甸。适应于湿润的低湿地区，耐旱、耐盐碱。喜生于低湿的生境，能忍耐轻盐渍化土壤。对寒冷、干旱、瘠薄、风沙都有较好的抗性。

为优良牧草及绿肥，还是重要的水土保持植物、蜜源植物、药用植物和剥麻原料。

细齿草木樨 *Melilotus dentatus*
1. 花枝（曹旭平 摄）；2. 植株（曹旭平 摄）

2. 白花草木樨（白香草木樨）

Melilotus albus Med., Vorles. Churpfälz. Phys. -Öcon. Ges. 2: 382. 1787; 中国植物志, 42(2): 298. 1998.

一或二年生草本，高70～200cm。茎直立，圆柱形，中空，多分枝，无毛或上部稍有毛。羽状三出复叶；托叶尖刺状锥形，全缘；叶柄短小，纤细；小叶长圆形或倒披针状长圆形，长15～30cm，宽6～12mm，边缘疏生浅锯齿，下面被细柔毛，两面均不隆起，顶生小叶稍大，具较长小叶柄，侧生小叶柄短。40～100朵小花排成疏松总状花序，腋生，花序长9～20cm；苞片线形，长1.5～2mm；花小，花梗短；萼钟形，长约2.5mm，微被柔毛，萼齿三角状披针形，短于萼筒；花冠白色，旗瓣椭圆形，较翼瓣稍长，龙骨瓣与翼瓣等长或稍短；子房无柄，卵状披针形，无毛，胚珠3～4粒。荚果椭圆形至长圆形，长3～3.5mm，先端锐尖，表面具棕褐色网状细脉纹，熟后变黑褐色；有种子1～2粒，稀3粒。种子卵形，棕色，平滑或具小疣状突起。花期5～7月，果期7～9月。

延安各县（区）均产，但分布稀少，生于路旁、草地。分布于我国东北、华北、西北、华东及西南各地。广布于亚洲及欧洲，北美洲有引种。

适合在湿润和半干燥气候地区生长，耐瘠薄，不适用于酸性土壤，耐盐碱，抗寒、抗旱能力都很强。

优良牧草及绿肥，并为水土保持优良草种，全草入药，能芳香化浊。

白花草木樨 *Melilotus albus*
1.群落（吴振海 摄）；2开花植株（卢元 摄）；3花序（卢元 摄）

3. 草木樨（黄香草木樨）

Melilotus officinalis (L.) Lam., Fl. Franç. 2: 594. 1779; 中国植物志, 42(2): 300. 1998. ——*Trifolium officinalis* L., Sp. Pl. 2: 765. 1753.

一年生或二年生草本，高40～100cm。茎直立，粗壮，多分枝，具纵棱，微被柔毛。羽状三出复叶互生，有长柄；托叶镰状线形，长3～5mm，中央有1条脉纹，全缘或基部有1尖齿；小叶倒卵形、阔卵形、倒披针形至线形，长15～30mm，宽5～15mm，边缘有不规则疏浅齿，上面无毛，粗糙，下面散生短柔毛，侧脉8～12对，平行直伸至边缘齿处，两面均不隆起，顶生小叶稍大，叶柄比侧生小叶长。腋生总状花序，长6～15cm，具30～70花，花序轴在花期中显著伸展；苞片刺毛状；花梗短；花萼钟形；花冠黄色，旗瓣倒卵形，翼瓣比旗瓣短，瓣片长圆形，龙骨瓣稍短于翼瓣或近等长；子房卵状披针形，无柄，花柱长于子房。荚果卵形或近球形，长约3mm，先端具宿存花柱，表面具凹凸不平的横向细网纹，棕黑色；有种子1～2粒。种子黄褐色，卵形，长2.5mm，平滑。花期5～9月，果期6～10月。

延安见于宝塔、吴起、甘泉、富县、黄陵和黄龙等地，很普遍，生于海拔600～1600m间的山坡、草地、河岸、灌丛或林缘；分布于我国南北各地。广布于欧亚大陆。

耐旱，耐寒，耐盐，生长速度快，不耐潮湿，在低洼易涝地区生长不良。

为水土保持和绿肥植物；全草入药，能芳香化浊，主治暑湿胸闷、口臭、疟疾等症；亦可作为蜜源植物。

草木樨 *Melilotus officinalis*
1.群落；2.叶；3.花序（1～3常朝阳 摄）

6. 苜蓿属 *Medicago* L.

本属编者：延安市黄龙山国有林管理局　王赵钟

一年生或多年生草本，稀灌木。三出羽状复叶；托叶基部与叶柄合生，全缘或齿裂；小叶边缘具细锯齿，侧脉直伸至齿尖。花小，组成总状花序或头状花序，腋生，偶单生；苞片小或无；花萼钟形或筒形，萼齿5，等长；花冠黄色、紫色或蓝紫色，旗瓣倒卵形至长圆形，基部窄，常反折，翼瓣长圆形，长于龙骨瓣；龙骨瓣直立，先端钝；二体雄蕊（9+1），花丝顶端不膨大，花药同型；花柱短，锥形或线形，两侧略扁，无毛，柱头顶生，子房线形，胚珠1至多数。荚果螺旋形旋卷、肾形、镰形或近于挺直，不开裂，背缝常具棱或刺；有种子1至多数。种子小，通常平滑，肾形或长圆形。

约85种，分布于西南亚、中亚、非洲及欧洲。我国有15种，全国各地均有栽培；陕西含栽培的有8种；延安有3种，各地均有栽培。

本属性状因栽培类型与生境不同，差别较大。

本属多系重要的饲料植物，某些种可作为食物，将其在热水中焯过，凉拌即可，味道极佳。

分种检索表

1. 荚果螺旋状旋卷；花紫色……1. 紫苜蓿 *M. sativa*
1. 荚果非螺旋状旋卷；花黄色或带紫色的晕彩……2
2. 花黄色；荚果长不超过3mm，肾形……2. 天蓝苜蓿 *M. lupulina*
2. 花黄色带有紫色晕彩；荚果长超过6mm，长圆形或椭圆形……3. 花苜蓿 *M. ruthenica*

1. 紫苜蓿

Medicago sativa L., Sp. Pl. 2: 778. 1753; 中国植物志, 42(2): 323. 1998.

多年生草本，高30～100cm。根粗壮，根茎发达。茎直立、丛生以至平卧，四棱形，无毛或微被柔毛。羽状三出复叶；托叶大，卵状披针形，基部全缘或具1～2齿裂；小叶长卵形、倒长卵形至线状卵形，有时顶生小叶稍大，长（5）10～25（40）mm，宽3～10mm，纸质，边缘上部具锯齿，上面无毛，深绿色，下面被贴伏柔毛。5～30朵小花组成总状或头状花序，花序长1～2.5cm；总花梗较长，有毛；苞片线状锥形；花长6～12mm；花梗短，长约2mm；花萼钟形，长3～5mm，萼齿线状锥形，比萼筒长，被贴伏柔毛；花冠紫色或蓝紫色，旗瓣狭倒卵形，长约8mm，翼瓣比旗瓣短，瓣柄长于瓣片，具长耳，龙骨瓣比翼瓣稍短，瓣片长圆形，瓣柄较瓣片稍长；子房线形，具柔毛，花柱短阔，上端细尖，胚珠多数。荚果螺旋状旋卷1～3回，先端有喙，黑褐色；有种子10～20粒。种子肾形，长1～2.5mm，平滑，黄色或棕色。花期4～7月，果期6～8月。

紫苜蓿 *Medicago sativa*
1.群落（卢元 摄）；2.花（卢元 摄）；3.初果期（卢元 摄）

延安各地均有栽培，生于田边、路旁、旷野、草原、河岸及沟谷等地。陕西南北均有栽培，我国各地广为栽培。原产亚洲西南部，现世界各地广泛栽培。

本种喜欢温暖和半湿润到半干旱的气候，适

应性广。在降水量较少的地区，也能忍耐干旱。抗寒性较强，能耐冬季低于-30℃的严寒。根系发达。

优良牧草及绿肥作物，亦可入药。

2. 天蓝苜蓿

Medicago lupulina L., Sp. Pl. 2: 779. 1753; 中国植物志 , 42(2): 314. 1998

一、二年生或多年生草本，高15～60cm，全株被白色柔毛或有腺毛。主根浅，须根发达。茎平卧或上升，由基部分枝，叶茂盛。羽状三出复叶；托叶卵状披针形，长可达1cm，常齿裂；叶柄由上到下依次增长；小叶倒卵形、阔倒卵形或倒心形，长5～20mm，宽4～16mm，纸质，具细尖，基部楔形，两面均被毛；顶生小叶较大，叶柄短。10～20朵花密集组成小头状花序，长不及1cm；总花梗细，挺直，比叶长，密被贴伏柔毛；苞片刺毛状，小；花梗短；花萼短，钟形，密被毛，萼齿线状披针形，不等大，比萼筒略长或等长；花冠黄色，旗瓣近圆形，长1.7～2mm，顶端微凹，翼瓣和龙骨瓣近等长，均短于旗瓣：子房阔卵形，被毛，花柱弯曲，胚珠1粒。荚果肾形，弯曲，长3mm，宽2mm，表面具脉纹，同心弧形，疏被毛，熟时变黑；有种子1粒。种子肾形，长1.5～2mm，黄褐色，平滑。花期7～9月，果期8～10月。

延安见于宝塔、安塞、子长、甘泉、黄陵、洛川、宜川、黄龙、富县等地，生于海拔800～1350m的山坡或山谷草地、林缘。陕西南北均产；分布于我国南北各地。广布于欧亚大陆，世界各地都有归化种。

适于凉爽气候及水分良好土壤，但在各种条件下都有野生，常见于河岸、路边、田野及林缘。

可作为牧草和绿肥植物，全草可药用，清热利湿、凉血止血、舒筋活络。

天蓝苜蓿 *Medicago lupulina*
1.群落（卢元 摄）；2.开花小枝（卢元 摄）；3.果序（卢元 摄）

3. 花苜蓿（扁蓿豆）

Medicago ruthenica (L.) Trautv., Bull. Sci. Acad. Imp. Sci. Saint-Pétersbourg 8: 271. 1841; 中国植物志, 42(2): 318. 1998. ——*Trigonella ruthenica* L., Sp. Pl. 2: 776. 1753.

多年生直立草本，高20～70cm。茎、枝四棱形，有白色柔毛，基部分枝，丛生；羽状三出复叶；

花苜蓿 ***Medicago ruthenica***
1.花枝（吴振海 摄）；2.果实（吴振海 摄）

托叶披针形，耳状，边缘具1～3枚浅齿，脉纹清晰；叶柄短，被柔毛；小叶形状多样，长圆状倒披针形、楔形、线形以至卵状长圆形，长6～25mm，宽2～7mm，边缘有锯齿，下面被柔毛；顶生小叶稍大，小叶柄甚短，被毛。总状花序腋生，具花3～12朵；苞片小，刺毛状；花小，花梗短，被柔毛；花萼钟形，被柔毛，萼齿披针状，与萼筒等长或稍短；花冠黄褐色，有紫纹，旗瓣倒卵状长圆形、倒心形至匙形，翼瓣稍短，长圆形，龙骨瓣最短，卵形，均具长瓣柄；子房线形，无毛，花柱短，有胚珠4～8粒。荚果扁平，长圆形或卵状长圆形，长8～15mm，顶部具弯曲的短喙，具明显网脉，熟后变黑，有种子2～6粒。种子椭圆状卵形，长约2mm，宽约1.5mm，棕色，平滑。花期6～9月，果期8～10月。

延安产吴起、安塞、宝塔、富县、延长、洛川和黄龙等地，生于海拔600～1750m的草地、河滩或荒坡；分布于我国东北各地，华北各地，西北的陕西、宁夏、甘肃、青海，华中的河南，西南的四川等地。蒙古、俄罗斯也产。

对环境的要求不严，多生于砂质地、丘陵坡地、河岸沙地、路旁等处。

优良饲料作物，全草可入药，清热解毒、止咳、止血。

7.车轴草属 *Trifolium* L.

本属编者：商洛市林业局 郭鑫

一、二年生或多年生草本。有时根茎横出。茎直立、平卧、匍匐或上升。掌状复叶，小叶通常3枚，偶为5～9枚，具锯齿；托叶显著，全缘，多少与叶柄合生。小花密集成头状或短总状花序，腋生或假顶生，偶为单生；花萼筒形或钟形，具5个近等长的萼齿；花冠红色、黄色、白色或紫色，无毛，宿存，旗瓣离生或基部与翼瓣、龙骨瓣连合；二体雄蕊（9+1），全部或5枚花丝的顶端膨大，花药同型；子房无柄或稀有柄，花柱丝状，无毛，胚珠2～8粒。荚果小，不开裂，几乎完全包藏于宿存花萼或花冠中；果瓣多为膜质，阔卵形、长圆形至线形；通常有种子1～2粒，稀4～8粒，种子形状各样。

约250种，分布于亚洲、欧洲、美洲和非洲的温带和亚热带地区。我国含栽培的有13种，全国各地均有栽培；陕西栽培8种；延安栽培3种，各县（区）均有栽培或逸生。

本属植物对土壤要求不严，可适应各种土壤类型，在偏酸性土壤上生长良好，喜温暖、向阳、排水良好的环境条件。耐修剪、耐践踏，再生能力强，耐寒性强。在强遮阴的情况下易徒长，造成生长不良。抗有害气体污染和抗病虫害能力强。

本属的部分品种为优良牧草，含丰富的蛋白质和矿物质，抗寒耐热，在酸性和碱性土壤上均能适应，是本属植物中在我国很有推广前途的种。可作为绿肥、堤岸防护草种、草坪装饰以及蜜源和药材等用。

分种检索表

1. 茎平卧；总花梗比叶长，花冠白色或稍带粉红色 ……………………………1. 白车轴草 *T. repens*
1. 茎直立或斜升；总花梗无或短，花冠绛红色或红色 ……………………………2
2. 茎疏被柔毛；花序头状，无总花梗，具大型总苞；花萼疏被柔毛，花冠红色 ……………………………2. 红车轴草 *T. pratense*
2. 茎密被柔毛；花序穗状，具短的总花梗，无总苞；花萼密被长硬毛，花冠绛红色 ……………………………3. 绛车轴草 *T. incarnatum*

1. 白车轴草（白三叶）

Trifolium repens L., Sp. Pl. 2: 767. 1753; 中国植物志, 42(2): 334. 1998.

多年生草本，高10～30cm，无毛。主根短，侧根和须根发达。茎匍匐蔓生，节上生根。掌状三出复叶；托叶卵状披针形，膜质，基部抱茎成鞘状，离生部分锐尖；叶柄较长，长10～30cm；小叶倒卵形至近圆形，长8～30mm，宽8～16mm，下面微被毛，叶脉明显，边缘具细锯齿；小叶柄长1.5mm，微被柔毛。顶生球形花序，直径15～40mm；总花梗长度为叶柄的2倍，具多数花；小苞片披针形，膜质；小花梗开花立即下垂；花萼钟形，具脉纹10条，萼齿5，披针形，稍不等大，较萼筒短；花冠白色，具香气；旗瓣椭圆形，翼瓣比旗瓣短一半，比龙骨瓣稍长；子房线状长圆形，花柱长而稍弯，胚珠3～4粒。荚果长圆形，长约3mm，含种子通常2～4粒。种子阔卵形，黄褐色，小。花果期5～10月。

延安各地有栽培或逸生，海拔800～1500m。陕西南北均有分布，在草甸、河岸及路旁逸生呈半自生状态。我国各地常见栽培。原产欧洲和北非，现世界各地多有栽培。

对土壤要求不高，尤其喜欢黏土，耐酸性土壤，也可在沙质土中生长，喜弱酸性土壤，不耐盐碱，pH6~6.5时，对根瘤形成有利。白车轴草为长日照植物，喜光，不耐荫蔽，具有一定的耐旱性，在阳光充足的地方，生长繁茂，竞争能力强。

优良牧草，适应性强，亦可作绿肥、护坡、水土保持和庭院绿化植物；花及种子可作抗癌药物。

白车轴草 ***Trifolium repens***
1.群落（曹旭平 摄）；2.植株、花（曹旭平 摄）

2. 红车轴草（红三叶）

Trifolium pratense L., Sp. Pl. 2: 768. 1753; 中国植物志, 42(2): 339. 1998.

多年生草本，高30～80cm。主根圆锥形，深可达2m。茎粗壮，具纵棱，直立或平卧上升，疏生柔毛或无毛。掌状三出复叶；托叶近卵形，膜质，基部抱茎；总叶柄较长，茎上部的小叶柄较短，长约1.5mm，被伸展毛或无毛；小叶卵状椭圆形至倒卵形，长1.5～3.5cm，宽1～2cm，两面疏生褐色长柔毛，叶面上常有白斑。顶生球状或卵状花序；总花梗短或无，包于顶生叶的托叶内，托叶扩展成焰苞状，具多数密集的花；花萼钟形，被长柔毛，萼齿丝状，长于萼筒，最下方1齿较长，萼喉开张，具一多毛的加厚环；花冠紫红色至淡红色，旗瓣匙形，明显长于翼瓣和龙骨瓣，翼瓣最短；子房椭圆形，花柱丝状细长，胚珠1～2粒。荚果倒卵形，长约2mm；通常具1粒种子。种子褐色或黄紫色，肾形，长约2mm。花期5～8月，果期7～10月。

延安黄陵（双龙）有栽培，海拔1000m左右。我国南北各地多有栽培。原产亚洲西南部、非洲北部及欧洲，现世界各国多有栽培。

喜凉爽湿润气候，不耐高温，不耐严寒。红车轴草耐湿性良好，但耐旱能力差。在pH6~7、排水良好、土质肥沃的黏壤土中生长最佳。

优良牧草；花美丽，可供绿化观赏；药用能止咳、平喘、镇痉，花及种子具抗癌功效。

红车轴草 *Trifolium pratense*
1.群落（卢元 摄）；2.花序（卢元 摄）

3. 绛车轴草（绛三叶）

Trifolium incarnatum L., Sp. Pl. 769. 1753; 中国植物志, 42(2): 338. 1998.

一年生草本，高30～100cm。主根锥形，深可达50cm。茎直立或上升，粗壮，被长柔毛，具纵棱。掌状三出复叶；托叶椭圆形，膜质，大部分与叶柄合生，具脉纹，先端被毛；叶柄由上至下逐渐变长，被长柔毛；小叶阔倒卵形至近圆形，长1.5～3.5cm，纸质，边缘具波状钝齿，两面疏生长柔毛。顶生花序圆筒状，花期伸长，长3～5cm，宽1～1.5cm；总花梗粗壮，长2.5～7cm，50～80（120）朵花密集在花梗上；无总苞；花长10～15mm；几无花梗；萼筒形，密被长硬毛，具10条脉纹，萼筒较短，萼齿狭三角状锥形，近等长，萼喉具一多毛的加厚环，果期缢缩闭合；花冠深红色、朱红色至橙色，旗瓣狭椭圆形，明显比翼瓣和龙骨瓣长；子房阔卵形，花柱细长，胚珠1粒。荚果小，卵形；含1粒种子。种子肾形，褐色，光亮。花果期5～7月。

延安宝塔（柳林）有栽培；我国各地有引种作牧草或绿化观赏。原产欧洲地中海沿岸。

喜温暖湿润的气候条件，不抗寒，在中国北方生长易受冻害而死亡，绛车轴草生长要求较多的水分，以降水量700～1000mm为最适宜。土壤过于潮湿则生长不良，不耐水淹，能忍受轻度干旱。绛车轴草喜排水良好、土层深厚、富含腐殖质的中性土壤，土壤过于黏重或贫瘠都不适宜，土壤酸度过高或碱性过大，均会生长不良。

适应性强的优良牧草。绛车轴草含氮量高，腐烂分解快，可用作稻田绿肥。由于茎叶密集，绿色期长，花色鲜艳，也是优良的草坪植物和蜜源植物。护土和固土力强，也用作水土保持。

绛车轴草 *Trifolium incarnatum*
花枝（黎斌 摄）

8. 百脉根属 *Lotus* L.

本属编者：商洛市林业局　郭鑫

草本或半灌木。羽状复叶互生，5小叶，全缘，其中3片的顶生，2片近叶柄基部着生，与叶柄分离；托叶退化。花序为腋生伞房花序，具花1至多数，无小苞片；花萼钟形或微呈二唇形，萼齿5，近等长；花冠黄色、玫瑰红色或紫色，稀白色，龙骨瓣具喙，多少弧曲；二体雄蕊（9+1），花丝顶端膨大；子房无柄，含多数胚珠，花柱渐窄或上部增厚，无毛，内侧有细齿状突起，柱头顶生或侧生。荚果开裂，圆柱形至长圆形，膨胀，直或略弯曲；种子多数，圆球形或凸镜形，种皮光滑或偶粗糙。

约125种，分布于亚洲、非洲、欧洲温带至亚热带地区，美洲及新西兰有引种。我国有8种，南北各地均有分布；陕西产2种。延安有1种，主要分布于子长。

本属植物喜温暖，温润气候，不耐阴，幼株不耐寒，成株耐寒能力稍强。对土壤要求不高，但在肥沃的排水良好的土壤上生长较好。

本属植物除供观赏外，还可作为饲料，部分种还可入药。

细叶百脉根

Lotus tenuis Waldst. & Kit. ex Willd., Enum. Pl. 2: 797. 1809; 中国植物志, 42(2): 225. 1998.

多年生草本，高20～100cm。茎细柔，直立或斜升，节间距较长，中空。羽状复叶，小叶5枚；其中顶端3片较大；小叶线形至长圆状线形，长12～25mm，宽2～4mm，具短尖头，中脉不清晰；叶轴及小叶柄短，几无毛。花1～3（5）朵排成顶生伞形花序；总花梗长3～8cm，纤细；苞片1～3

枚，叶状；花梗短；花萼钟形，长5～6mm，宽3mm，几无毛，萼齿狭三角形，渐尖，与萼筒等长；花冠黄色带细红脉纹，旗瓣圆形，长约7mm，翼瓣倒卵形，比旗瓣略短，瓣柄长约为瓣片的一半，龙骨瓣卵形，与翼瓣近等长，微弯成尖喙状，有短瓣柄；雄蕊二体，上方1枚较短，离生，其余9枚分列成2组，5长4短；花柱直，无毛，子房线形，胚珠多数。荚果直，圆柱形，长2～4cm，径约2mm。种子卵状肾形，长约1mm，棕色，平滑有光泽。花期5～8月，果期7～9月。

延安产子长（田家崖、杨家园），海拔900～1100m。分布于我国华北的内蒙古（中部）、山西，西北的陕西、甘肃、新疆等地。中亚、欧洲及北非也产。

生长于潮湿的沼泽地边缘或湖旁草地。

可作饲料；全草入药，有清热止血的功效。

9. 木蓝属 *Indigofera* L.

本属编者：西北农林科技大学　常朝阳

落叶灌木或草本。通常被白色或褐色的丁字毛，或混生有单毛，有时被腺毛或腺体。奇数羽状复叶，稀为掌状复叶、三小叶或单叶；小叶对生，稀互生，全缘，有时有小托叶。总状花序腋生，少数呈头状、穗状或圆锥状；苞片早落；花萼钟状或斜杯状，萼齿5，近等长或下萼齿常稍长；花冠紫红色至淡红色，偶为白色或黄色，翼瓣与龙骨瓣早落或旗瓣留存稍久，旗瓣卵形或长圆形，基部具短瓣柄，外面被短绢毛或柔毛，有时无毛，翼瓣较狭长，具耳，龙骨瓣常呈匙形，常具距突与翼瓣勾连；雄蕊二体（9+1），花药同型，背着或近基着，药隔顶端具硬尖或腺点；子房无柄，花柱线形，弯曲，无毛，柱头头状，胚珠1至多数。荚果线形或圆柱形，稀长圆形或卵形或具4棱，被毛或无毛，中间有隔膜，开裂，内果皮通常具红色斑点。种子肾形、长圆形或近方形。

约750种，除南极洲外，各大洲均有分布，主要分布于热带和亚热带地区。我国有79种，全国各地均有分布；陕西产7种。延安有3种，主要分布于黄龙、黄陵、宜川、志丹、洛川、黄陵、延川等地。

本属部分种可入药，部分种的茎皮纤维可制人造棉、纤维板与造纸，种子含油和淀粉，可榨油。

分种检索表

1. 小叶两面均密被丁字毛……………………………………………… 1. 苏木蓝 *I. carlesii*
1. 小叶表面疏被毛，背面毛较密……………………………………………… 2
2. 总状花序短于叶，小叶长1.5～4cm ……………………………… 2. 多花木蓝 *I. amblyantha*
2. 总状花序等于或长于叶，小叶长0.5～1.5cm ……………………… 3. 河北木蓝 *I. bungeana*

1. 苏木蓝

Indigofera carlesii Craib, Notes Roy. Bot. Gard. Edinburgh. 8: 48. 1913; 中国植物志, 40: 264. 1994.

灌木，高可达1.5m。茎直立，幼枝具棱，灰绿色，老枝圆柱形，幼时疏生白色丁字毛，后脱落。奇数羽状复叶，长7～20cm；小叶5～7(9)，对生，几无柄；小叶片坚纸质，椭圆形、倒卵状椭圆形或卵形，长2～5cm，宽1～3cm，有针状小尖头，两面密被白色丁字毛；叶柄长1.5～3.5cm，被紧贴白色丁字毛；托叶线状披针形，早落。总状花序腋生，长10～20cm；总花梗长约1.5cm，花序轴有棱，被疏短丁字毛；苞片卵形，早落；花萼杯状，长4～4.5mm，外面被毛，萼齿披针形，下萼齿与萼筒等长；花冠粉红色或玫瑰红色，旗瓣近椭圆形，长1.3～1.5（1.8）cm，宽7～9mm，外面被毛，翼瓣及龙骨瓣边缘有睫毛，与旗瓣近等长；花药卵形，两端有髯毛；子房无毛。荚果线状圆柱形，褐色，长4～6cm，近无毛，果瓣开裂后旋卷，内果皮具紫色斑点；果梗平展。花期4～6月，果期8～10月。

延安见于黄陵（建庄）、黄龙。分布于西北的陕西（南部），华东的江苏、安徽、江西，华中的河南、湖北等地。生于海拔1000m左右的山坡路旁及丘陵灌丛中。

根药用，有清热补虚的功效。

苏木蓝 ***Indigofera carlesii***
1.花枝（卢元 摄）；2.花序（花）（卢元 摄）

2. 多花木蓝

Indigofera amblyantha Craib, Notes Roy. Bot. Gard. Edinburgh 8: 47. 1913; 中国植物志, 40: 310. 1994.

直立灌木，高80～200cm；少分枝。茎褐色或淡褐色，圆柱形，幼枝禾秆色，具棱，密被白色平贴丁字毛，后脱落。羽状复叶，长达18cm；小叶7～11，倒卵形或倒卵状长圆形、长圆状椭圆形、椭圆形或近圆形，长1.5～4cm，宽1～2cm，先端圆钝，具小尖头，基部楔形或阔楔形，上面疏被丁字毛，下面的毛较密；叶柄长2～5cm，叶轴上面具浅槽，与叶柄均被平贴丁字毛；托叶小，三角状披针形。腋生总状花序，长达11～15cm，近无总花梗；苞片线形，早落；花梗短；花萼长约3.5mm，被白色平贴丁字毛，萼筒长约1.5mm；花冠淡红色，旗瓣倒阔卵形，瓣柄短，外面被毛，翼瓣长约7mm，旗瓣及龙骨瓣较翼瓣稍短，距长约1mm；花药球形，顶端具小突尖；子房线形，被毛。荚果线状圆柱形，棕褐色，长3.5～6cm，被短丁字毛，种子间有横隔，内果皮无斑点；种子长圆形，褐色，长约2.5mm。花期5～7月，果期9～11月。

延安见于黄龙、黄陵、宜川等地，生于海拔850～1450m的山谷灌木林中；分布于华北各地，西北的陕西、甘肃，华东的江苏、安徽、浙江、江西，华中各地，西南的重庆、四川、贵州等地。

喜温暖而湿润的气候；耐旱、抗逆性强，生长速度快；根系发达，固土力强；耐瘠薄，对土壤要求不严，在pH4.5～7.0的红壤、黄壤和紫红壤上，均生长良好，但不耐水渍。在冬季温度低，但

多花木蓝 ***Indigofera amblyantha***
1.植株（曹旭平 摄）；2.花（曹旭平 摄）；3.小叶（曹旭平 摄）

无持久的霜冻情况下，可保持青绿。

多花木蓝能改良土壤，增加土壤肥力，是优良的水土保持植物。根药用，有清热补虚的功效。

3. 河北木蓝（铁扫帚）

Indigofera bungeana Walp., Linnaea 13: 525. 1839; 中国植物志, 40: 306. 1994.

直立灌木，高40～100cm。茎褐色，圆柱形，有皮孔，枝银灰色，被灰白色丁字毛。奇数羽状复叶长2.5～5cm；小叶5～9，通常对生，椭圆形，稍倒阔卵形，长5～1.5mm，宽3～10mm，先端钝圆，基部圆形，绿色，下面颜色稍深，两面均被丁字毛；小叶柄短；总叶柄长达1cm，被灰色平贴丁字毛；托叶小，三角形，早落。腋生总状花序，有10～15朵小花，总花梗较叶柄长；苞片小，线形；花萼长约2mm，外面被白色丁字毛，萼齿近相等，三角状披针形，与萼筒近等长；花冠紫色或紫红色，旗瓣阔倒卵形，外面被丁字毛，翼瓣与龙骨瓣等长，龙骨瓣有距；花药圆球形，先端具小凸尖；子房线形，被疏毛。荚果线状圆柱形，褐色，长2～2.5cm，被白色丁字毛，种子间有横隔，内果皮有紫红色斑点；种子椭圆形，长约2mm。花期5～6月，果期8～10月。

延安产志丹、洛川、黄陵、延川、黄龙、富县等地，生于海拔250～1750m的山地灌丛或疏林下。分布于东北的辽宁，华北各地，西北的陕西、甘肃、宁夏、青海，华东各地，华中各地，华南的广西，西南各地。日本、朝鲜也产。

河北木蓝多生于岩石缝隙等土壤贫瘠、干旱的恶劣环境，根系发达，是良好的水土保持植物。

河北木蓝花色鲜艳、靓丽，是美丽的观花灌木，可美化环境，保持水土，应用价值极高。河北木蓝还具有固氮作用，营养丰富，植物蛋白质含量极高，嫩叶和叶片质地柔软，是一种优质精饲料，也是一种绿肥。全草药用，能清热止血、消肿生肌，外敷治创伤。

河北木蓝 *Indigofera bungeana*

1.植株（蒋鸿 摄）；2.小叶、果（蒋鸿 摄）；3.小枝（蒋鸿 摄）；4.花（蒋鸿 摄）

10. 紫穗槐属 *Amorpha* L.

本属编者：商洛市林业局　郭鑫

落叶灌木或亚灌木，稀为草本，有腺点。奇数羽状复叶互生，小叶多数，全缘，对生或近对生；托叶针形，早落。穗状花序顶生，花小；苞片钻形，早落；花萼钟状，有5个近等长的萼齿或下方的萼齿较长，有腺点；花冠蓝紫色，仅存旗瓣1枚，向内弯曲并包裹雄蕊和雌蕊；雄蕊10，二体，下部合生成鞘，上部分裂；子房无柄，有胚珠2粒，花柱外弯，柱头顶生。荚果短，长圆形，镰状或新月形，不开裂，表面密布疣状腺点。种子1～2粒，长圆形或近肾形，有光泽。

约15种，主产北美洲。我国栽培1种，自东北南部至长江流域均有栽培；陕西亦有栽培；延安各地均有栽培。

紫穗槐

Amorpha fruticosa L., Sp. Pl. 2: 713. 1753; 中国植物志, 41: 346. 1995.

落叶灌木，高1～4m，多分枝。小枝灰褐色，被疏毛，后变无毛，嫩枝密被短柔毛。奇数羽状复叶互生，长10～15cm，有小叶11～25枚，基部有线形托叶；叶柄长1～2cm；小叶卵形或椭圆形，长1～4cm，宽0.6～2cm，顶端有一短而弯曲的尖刺，上面无毛或被疏毛，下面有白色短柔毛，具黑色腺。穗状花序顶生或在枝端腋生，长7～15cm，密被短柔毛；花梗短；花萼长2～4mm，被短柔毛，萼齿三角形，较萼筒短；蝶形花冠仅具心形旗瓣，紫色；雄蕊10，下部合生成鞘，上部分裂，外露。荚果长圆形，下垂，长6～10mm，宽2～3mm，微弯曲，不开裂，顶端具小尖，棕褐色，表面有凸起的疣状腺点，含种子1枚。种子狭长圆形，长约5mm，先端向上弯，棕色，有光泽。花期5～6月，果期7～10月。

延安各地均有分布。在海拔950～1300m山坡常见栽培。陕西北部常见栽培；我国东北各地，华北各地，西北各地及华东的山东、安徽、江苏，华中的河南、湖北，华南的广西，西南的四川等均有栽培。原产北美洲，欧洲、东亚各地广为栽培。

紫穗槐喜欢干冷气候，耐寒性强，耐干旱能力也很强，对光线要求充足。对土壤要求不严。

枝叶作绿肥、家畜饲料；茎皮可提取栲胶，枝条编制篓筐；果实含芳香油，种子含油率10%，可作油漆、甘油和润滑油之原料。栽植于河岸、河堤、沙地、山坡及公路沿线，有护堤防沙、防风固沙的作用。

紫穗槐 *Amorpha fruticosa*
1.群落（蒋鸿 摄）；2.花序（蒋鸿 摄）；3.羽状复叶（蒋鸿 摄）；4.植株（蒋鸿 摄）

11. 紫藤属 *Wisteria* Nutt.

本属编者：商洛市林业局 郭鑫

落叶缠绕藤本。冬芽球形至卵形，芽鳞3～5枚。奇数羽状复叶互生；托叶早落；小叶9～19，全缘，有小叶柄和小托叶。顶生总状花序，下垂；花多数，散生于花序轴上；苞片早落，无小苞片；

具花梗；花萼杯状，具5枚萼齿，上方的2齿常合生，较短，下方的齿较长；花冠蓝紫色或白色，旗瓣大，圆形，花开后反卷，基部具2胼胝体状附属物，翼瓣长圆状镰形，基部有耳，龙骨瓣内弯，钝头；二体雄蕊（9+1），花丝顶端不扩大，花药同型；子房具柄，花柱无毛，圆柱形，内弯，柱头顶生，头状，胚珠多数。荚果线形，扁平，延长，具颈，种子间缢缩，迟裂，瓣片革质。种子大，肾形，无种阜。

约6种，分布于东亚及北美洲。我国有4种，全国各地均有分布；陕西含栽培的有3种；延安栽培1种，集中于黄龙和黄陵等地。

本属植物多数种可供观赏，多在园林中配置；部分种的花可食用，做糕点，根、茎、种子等均可药用。

紫藤

Wisteria sinensis (Sims) Sweet, Hort. Brit. 121. 1827; 中国植物志, 40: 184. 1994. ——*Glycine sinensis* Sims, Bot. Mag. 46: t. 2083. 1819.

落叶大型缠绕藤本，长可达10m。茎左旋，枝较粗壮，直径可达25cm，嫩枝被白色柔毛，后脱落；冬芽卵形。奇数羽状复叶，小叶3～6对，纸质，卵状椭圆形至卵状披针形，小叶由顶端向下逐渐变小，长5～8cm，宽2～4cm，嫩叶两面被平伏毛，后脱落；小叶柄短，被柔毛；托叶线形，早落；小托叶刺毛状，宿存。总状花序侧生，长15～30cm，具密集的小花，芳香，花序轴被白色柔毛；苞片披针形，早落；花萼杯状，长5～6mm，宽7～8mm，密被细绢毛；花冠紫色，旗瓣圆形，花开后反折，基部有2胼胝体状附属物，翼瓣长圆形，龙骨瓣较翼瓣短，阔镰形；子房线形，密被绒毛，花柱无毛，上弯，具胚珠6～8粒。荚果倒披针形，长10～15cm，宽1.5～2cm，密被灰色绒毛，扁平，宿存，有种子1～3粒。种子褐色，具光泽，圆形，扁平，直径约1.5cm。花期4～5月，果期5～8月。

延安在黄陵和黄龙等地有栽培，海拔900～1200m；陕西各地公园有栽培。分布于我国华北的河

紫藤 ***Wisteria sinensis***
1.植株（曹旭平 摄）；2.小叶、小枝及果（曹旭平 摄）

北、山西，西北的陕西，华东各地，华中各地；生于海拔350～1000m的山地灌丛中。日本也产。

紫藤对气候和土壤的适应性强，较耐寒，能耐水湿及瘠薄土壤，喜光，较耐阴。以土层深厚、排水良好、向阳避风的地方栽培最适宜。主根深，侧根浅，不耐移栽。生长较快，寿命很长。缠绕能力强，它对其他植物有绞杀作用。

本种植物先叶开花，紫穗满垂缀以稀疏嫩叶，十分优美，为棚架观赏植物；花含芳香油；茎皮、花及种子入药，有解毒驱虫、止吐泻的功效。

12. 刺槐属 *Robinia* L.

本属编者：延安市黄龙山国有林管理局　王赵钟

落叶乔木或灌木，有时植株除花冠外全身被腺刚毛；柄下芽。奇数羽状复叶互生；托叶刚毛状或刺状；小叶全缘；具小叶柄及小托叶。总状花序腋生，下垂；苞片膜质，早落；花萼钟状，5齿裂，萼齿短而宽，稍二唇形，上方2萼齿近合生；花冠白色、粉红色或玫瑰红色，花瓣具柄，旗瓣大，反折，翼瓣弯曲，龙骨瓣内弯，钝头；二体雄蕊（9+1），对旗瓣的1枚分离，其余9枚合生，花药同型，2室纵裂；子房具柄，花柱钻状，顶端具毛，柱头小，顶生，含多数胚珠。荚果带状长圆形，薄而扁平，沿腹缝浅具狭翅，无毛，2瓣开裂，含数粒种子；种子长圆形或偏斜肾形，无种阜。

本属4～10种，分布于北美洲至中美洲。我国栽培2种，全国各地均有；延安各地2种均有栽培。

本属植物适应能力较强，对土壤要求不严格，生长迅速。

本属植物多为蜜源植物，也可作观赏树种、行道树或庭院绿化树种。

分种检索表

1. 小枝、花序轴、花梗被平伏细柔毛；具托叶刺；小叶长椭圆形；花冠白色；荚果平滑……………………………………1. 刺槐 *R. pseudoacacia*
1. 小枝、花序轴、花梗密被刺毛及腺毛；无托叶刺；小叶长圆形至近圆形；花冠玫瑰红色；荚果具糙硬腺毛……………………………………2. 毛洋槐 *R. hispida*

1. 刺槐

Robinia pseudoacacia L., Sp. Pl. 2: 722. 1753; 中国植物志, 40: 228. 1994.

落叶乔木，高10～25m。树皮灰褐色至黑褐色，浅裂至深纵裂，稀光滑；小枝灰褐色，幼时有棱脊，微被毛，后脱落；枝开展，具对生的托叶刺，长达2cm。羽状复叶互生，长10～25cm；叶轴上面具沟槽；小叶2～12对，常对生，椭圆形、长椭圆形或卵形，长2～5cm，宽1.5～2.2cm，具小尖头，全缘，幼时被短柔毛，后脱落，顶生1枚小叶比其余各小叶宽；小叶柄短；小托叶针芒状。花多数组成腋生总状花序，下垂；花萼斜钟状，萼齿5，三角形至卵状三角形，密被柔毛；花冠白色，各瓣均具瓣柄，旗瓣基部腹面有黄斑；二体雄蕊（9+1），对旗瓣的1枚分离；子房线形，无毛，柄短，花柱钻形，上弯，具毛，柱头顶生。荚果褐色，线状长圆形，长5～12cm，扁平，开裂，先端上弯，具极短的尖头，沿腹缝线具狭翅；有种子2～15粒。种子褐色至黑褐色，微具光泽，近肾形。花期4～6月，果期8～9月。

刺槐 *Robinia pseudoacacia*
1.果枝（曹旭平 摄）；2.花序（曹旭平 摄）

延安各地均有分布，生于海拔800～1500m的山坡、路旁。原产美国东部，17世纪传入欧洲及非洲；我国于18世纪末从欧洲引入青岛栽培，现全国各地广泛栽植。

另有栽培品种香花槐（*R. pseudoacacia*‘Idaho’）在延安黄陵有引种，其叶片美观对称，总状花序密生，下垂，花冠红色，有浓郁的芳香气味，花期5～7月。

刺槐是强阳性植物，抗旱、耐瘠薄，抗寒性较弱；萌芽力强，生长迅速。对土壤适应性强，在山地、平原、荒滩的中厚层土壤及轻度盐碱土壤均能生长，但在深厚肥沃、排水良好的土地，其生长情况最好。根系浅，易遭风害，忌积水。

良好的蜜源植物。其适应性强，生长迅速，可栽植做行道树、庭院及荒山造林树种，唯在宝塔、安塞等周边的山峁上因缺水生长缓慢，易形成“小老头树”；嫩叶和花可食；叶为家畜的良好饲料；木材可制家具；花、茎皮、根、叶均可入药，有凉血、止血的功效。

2. 毛洋槐

Robinia hispida L., Mant. Pl. 1: 101. 1767; 中国植物志, 40: 229. 1994.

落叶灌木或小乔木，高1～3m。幼枝绿色，二年生枝深灰褐色，密被紫红色硬腺毛或褐色刚毛及白色曲柔毛；无托叶刺。羽状复叶；叶轴被刚毛及白色短曲柔毛，上面有沟槽；小叶5～7对，椭圆形、卵形、阔卵形至近圆形，长1.8～5cm，宽1.5～3.5cm，幼嫩时上面暗红色，后变绿色，无毛，下面灰绿色，中脉疏被毛；小叶柄被白色柔毛；小托叶芒状，宿存。总状花序腋生，被紫红色腺毛及白色细柔毛；苞片卵状披针形，早落；花萼紫红色，斜钟形，萼筒长约5mm，萼齿卵状三角形；花冠红色至玫瑰红色，花瓣具柄；二体雄蕊（9+1），花药椭圆形；子房近圆柱形，密布腺状突起，柱头顶生，胚

毛洋槐 *Robinia hispida*
1.植株（曹旭平 摄）；2.复叶（曹旭平 摄）；3.花（曹旭平 摄）

珠多数。荚果线形，长5～8cm，宽8～12mm，扁平，密被腺刚毛，先端急尖，果颈短，有种子3～5粒。花期5～6月，果期7～10月。

延安吴起大吉沟树木园近年有栽培，海拔1370m，供观赏。我国各地有公园或路旁引种。原产中北美洲。

毛刺槐极喜光，忌蔽荫和水湿，耐寒、耐旱，喜排水良好的土壤。浅根性，侧根发达。喜湿润肥沃的土壤，但在干燥地及海岸均能生长，适应能力强，根蘖苗旺盛。

花大而花色艳丽，为庭院观花树种；可作刺槐砧木，有很强的抗盐碱能力，是盐碱地区园林绿化的优良树种。

13. 苦马豆属 *Sphaerophysa* DC.

本属编者：西北农林科技大学　常朝阳

多年生草本或半灌木，被灰白色毛或无。奇数羽状复叶；托叶小；小叶3至多数，对生或互生，全缘，无小托叶。总状花序腋生；花萼具5片等长的齿，有时上方2齿较长而靠拢；花冠红色，旗瓣圆形，边缘反折，翼瓣镰状长圆形，龙骨瓣先端内弯而钝；二体雄蕊，稀单体，花药同形；子房具长柄或无；胚珠多数；花柱内弯，近轴面具纵列髯毛，柱头顶生，头状或偏斜。荚果膨胀，近无毛，几不开裂，基部具长果颈，果瓣膜质或革质，2瓣裂或微裂；种子多数，肾形。

本属有2种，分布于西亚、中亚、东亚及西伯利亚。我国产1种，主要分布于我国东北的吉林、辽宁，华北、西北各地；延安主要分布于宝塔、吴起、安塞、子长、志丹、甘泉、延川、黄陵、富县和黄龙等地。

苦马豆

Sphaerophysa salsula (Pall.) DC., Prodr. 2: 271. 1825; 中国植物志, 42(1): 7. 1993. ——*Phaca salsula* Pallas, Reise Russ. Reich. 3: 747. 1776.

多年生草本或半灌木，茎直立或下部匍匐，高30～60cm。枝开展，具纵棱脊，被灰白色丁字毛。

苦马豆 *Sphaerophysa salsula*

1、4.植株（常朝阳 摄）；2.花枝（常朝阳 摄）；3.果枝（常朝阳 摄）；5.果（常朝阳 摄）；6.果荚（曹旭平 摄）

奇数羽状复叶，托叶线状披针形、三角形至钻形，自茎下部至上部渐变小；叶轴上具沟槽；小叶11～21枚，倒卵形至倒卵状长圆形，长5～16mm，宽4～7mm，具短尖头，上面无毛或疏被毛，下面被细小、白色丁字毛；小叶柄短，被白色细柔毛。花6～16朵组成总状花序，长6～17cm；苞片卵状披针形；花梗短，密被白色柔毛，小苞片线形至钻形；花萼钟状，萼齿三角形，不等大，外面被白色柔毛；花冠呈鲜红色至紫红色，旗瓣瓣片近圆形，向外反折，龙骨瓣比翼瓣长，先端圆，基部具微弯的瓣柄及耳状裂片；子房近线形，密被白色柔毛，花柱弯曲，柱头近球形。荚果椭圆形至卵圆形，膨胀，长1.7～3.5cm，先端圆，果瓣膜质，外面疏被白色柔毛，缝线上较密；种子肾形至近半圆形，长约2.5mm，褐色。花期5～8月，果期6～9月。

延安见于宝塔、吴起、安塞、子长、志丹、甘泉、延川、黄陵、富县和黄龙等地，生于海拔1500m以下的荒坡、草地、河滩；分布于我国东北的吉林、辽宁，华北、西北各地。蒙古、俄罗斯也产。

耐干旱，耐盐碱，多生于盐化草甸、强度钙质性灰钙土上。

饲用植物。全草、果入药，能利尿、止血。

14. 锦鸡儿属 *Caragana* Fabr.

本属编者：西北农林科技大学　常朝阳

灌木，稀小乔木。偶数羽状复叶，有时短枝的小叶密集为假掌状，有小叶2～10对；多数叶轴顶端针刺状，宿存或脱落；托叶宿存并硬化成针刺，宿存，稀脱落；小叶全缘，先端常具针尖状小尖头，无小托叶。花梗单生或簇生，每梗具1～2花，具关节；花萼管状或钟状，基部偏斜，呈囊状突起或不为囊状，萼齿5，常不相等，有时上面2齿较小；花冠黄色、稀白色或浅红色，具蜜腺，旗瓣向上反卷，翼瓣和龙骨瓣具长瓣柄和短耳，或翼瓣的耳较长；二体雄蕊（9+1）；子房具多数胚珠，无柄，稀有柄。荚果圆筒形或披针形，膨胀或扁平；种子肾形或近球形。

100余种，主要分布于亚洲和欧洲的干旱和半干旱地区。我国66种，在东北、华北、西北、西南各地均有分布。陕西分布有18种，延安有5种1变种，各县（区）均有分布。

本属植物喜光，耐寒，适应性强，耐旱，耐瘠薄，喜温暖、湿润、排水良好的沙质壤土，忌湿涝。根系发达，具根瘤，抗旱耐瘠，能在山石缝隙处生长。

本属为西北黄土高原水土保持植物，多用于干旱、半干旱、沙漠化地区的生态环境改良用灌木。冬季的芽和小枝成为羊、牛等家畜及野生吃草动物重要的越冬食源。本属植物有根瘤，能提高土壤肥力；大多数种可绿化荒山、保持水土，有些种可做固沙植物或用于绿化庭院，作绿篱。有些种枝叶可压绿肥，有些种为良好蜜源植物。

分种检索表

1. 小叶2对，全部假掌状……2
1. 小叶3～8对，全为羽状……5
2. 花萼筒基部具囊状突起，小叶较小，网脉不明显……3
2. 花萼筒基部不为囊状突起或仅下部有时稍扩大，小叶较大，网脉明显或稍不明显……4
3. 小叶楔状倒卵形，先端圆或微缺，长为宽的1.5～2倍……1a. 甘蒙锦鸡儿 *C. opulens*
3. 小叶狭倒披针形，先端锐尖或有时平截，长为宽的3倍以上……1b. 狭叶甘蒙锦鸡儿 *C. opulens* var. *angustifolia*
4. 旗瓣较窄，倒卵形，带紫红色或淡红色，凋时变红色；小叶、子房、荚果均无毛……

··2. 红花锦鸡儿 *C. rosea*

4. 旗瓣较宽，倒卵状楔形，黄色或带浅红色；小叶、子房、荚果均密被毛······3. 毛掌叶锦鸡儿 *C. leveillei*

5. 小叶长圆形或倒卵状披针形，密被毛；子房无柄；荚果无颈····························4. 中间锦鸡儿 *C.liouana*

5. 小叶倒卵形至椭圆形，幼时被柔毛，后脱落；子房具柄；荚果具颈 ············5. 延安锦鸡儿 *C. purdomii*

1. 甘蒙锦鸡儿

Caragana opulens Kom., Trudy Imp. S. -Peterburgsk. Bot. Sada 29: 208. 1909; 中国植物志, 42(1): 59. 1993.

1a. 甘蒙锦鸡儿（原变种）

Caragana opulens var. ***opulens***

灌木，高40～60cm。树皮灰褐色，小枝细长，稍呈灰白色。叶轴宿存或脱落。小叶2对，假掌状排列，楔状倒卵形，长3～12mm，宽1～8mm，顶端圆或平截，基部楔形，无毛或稍被疏毛。花梗单生，长0.7～2.5cm，关节在上部；花萼钟状管形，长8～10mm，基部显著具囊状凸起；花冠黄色，旗瓣有时略带红色，长2～2.5cm，宽倒卵形，顶端微凹，基部渐狭成瓣柄，翼瓣瓣柄稍短于瓣片，耳距圆形，龙骨瓣瓣柄稍短于瓣片，耳齿状；子房无毛或疏被柔毛。荚果圆筒状，长2.5～4cm，宽4～5mm，无毛，先端短渐尖。花期5～6月，果期6～7月。

甘蒙锦鸡儿 ***Caragana opulens*** var. ***opulens***
花枝（常朝阳 摄）

延安见于宝塔、志丹、甘泉、黄陵、富县等地。仅在我国分布，产华北的内蒙古（中部）、山西，西北的陕西、宁夏、甘肃、青海，西南的四川、西藏等地，生于干旱山坡、沟谷、丘陵，海拔600～4700m。

甘蒙锦鸡儿抗旱性极强，适应性比较广，耐瘠薄，是绿化荒山的优良先锋木。

甘蒙锦鸡儿是干旱地区良好的水土保持灌木，枝叶营养物质含量高，为优良饲料；其茎秆粗硬，耐燃烧，可作薪柴；是优良的绿肥植物，还可为药用，具有抗炎、抗肿瘤、抗病毒、降压等多种药理作用。

1b. 狭叶甘蒙锦鸡儿（变种）

Caragana opulens var. ***angustifolia*** Zhao Y. Chang & F. C. Shi, 植物研究, 3(2): 136. 2011.

本变种与原变种区别在于枝条柔软，小叶较狭而长，长约为宽的3倍以上（原变种小叶长为宽的1.5～2倍），两面被毛较密，干后背面常发红色。

延安见于吴起、延川、子长、黄陵、富县等地。该变种仅分布于我国，产华北的内蒙古中部、山西西北部及河北北部，西北的陕西北部、青海东部、宁夏北部。生于黄土质山坡、沟谷、丘陵，海拔600～1600m。

刘媖心教授将分布于陕西延安、山西西北部的该类群标本鉴定为甘肃锦鸡儿（*Caragana kansuensis* Pojark.），但甘肃锦鸡儿的小叶为狭椭圆形，先端锐尖，而狭叶甘蒙锦鸡儿的小叶为狭倒披针形，先端平截或圆钝，可以区别。

狭叶甘蒙锦鸡儿 ***Caragana opulens*** var. ***angustifolia***
枝叶、花（常朝阳 摄）

甘肃锦鸡儿主要分布于甘肃东北部及宁夏南部。

此变种生境及用途同原变种。

2. 红花锦鸡儿

Caragana rosea Turcz. ex Maxim., Prim. Fl. Amur. 470. 1859; 中国植物志, 42(1): 59. 1993.

直立灌木，高0.4～1m。树皮绿褐色或灰褐色，无毛。叶轴长5～10mm，脱落或宿存成针刺。小叶2对，假掌状排列，楔状倒卵形，长10～25mm，宽4～12mm，先端圆钝或微凹，基部楔形，近革质，无毛。花梗单生，长8～20mm，关节在中部以上；花萼管状，长7～9mm，常紫红色；花冠黄色，常带紫红色或全部淡红色，凋时变为红色，旗瓣长圆状倒卵形，顶端凹入，基部渐狭成瓣柄，耳短齿状，龙骨瓣瓣柄与瓣片近等长，耳不明显；子房无毛。荚果圆筒形，长3～6cm，无毛，先端渐尖。花期5～6月，果期6～7月。

延安见于宝塔、志丹、富县、延长、黄陵和黄龙。生于干旱山坡，海拔800～1400m。产东北的黑龙江、吉林、辽宁、内蒙古（东部），华北的山西、河北、内蒙古（中部），西北的陕西、甘肃，华东的山东，华中的河南，西南的四川等地，生于山坡及沟谷。俄罗斯也有分布。

红花锦鸡儿喜光、喜干燥、耐干旱、抗风沙、耐瘠薄、不耐水湿。萌芽和萌蘖力均强，根系发达，具有根瘤菌。对土壤的要求不严，但以肥沃、排水良好的沙质壤土为佳。

可作为黄土丘陵水土保持树种。根入药，有祛风除湿、通经活络、止血化痰之效。春天开花时黄花满枝，可作庭院绿化，特别适合用于高速公路两旁的绿化带。

红花锦鸡儿 *Caragana rosea*
1.花枝（卢元 摄）；2.花（卢元 摄）

3. 毛掌叶锦鸡儿

Caragana leveillei Kom., Trudy Imp. S. -Peterburgsk. Bot. Sada 29: 207. 1909; 中国植物志 , 42(1): 59. 1993.

灌木，高约1m。树皮深褐色，小枝淡褐色，嫩枝密被灰白色毛。叶轴脱落或宿存，被灰白色毛，长4～12mm；小叶2对，假掌状排列，楔状倒卵形，长5～20mm，宽2～10mm，顶端圆形，近截形或具浅凹，有刺尖，基部楔形，密被柔毛。花梗单生，长8～12mm，关节在下部；花萼基部具囊；花冠黄色或浅红色，长25～28mm，旗瓣倒卵状楔形，顶端圆或稍凹，翼瓣瓣柄与瓣片近等长，耳小，龙骨瓣瓣柄与瓣片近等长，耳短小；子房密被长柔毛。荚果圆筒状，长2～4cm，宽约3mm，密被长柔毛。花期4～5月，果期6月。

延安仅见于黄龙、黄陵、富县等地。产华北的河北、山西，西北的陕西，华东的山东，华中的河南等地。生于海拔500～1300m的干旱山坡。

可作为黄土高原水土保持树种。花色艳丽，可作为庭院观花灌木。

毛掌叶锦鸡儿 *Caragana leveillei*
1.花枝（寻路路 摄）；2.花（寻路路 摄）；3 果（黎斌 摄）

4. 中间锦鸡儿（柠条）

Caragana liouana Zhao Y. Chang & Yakovlev, Flora of China, 10: 539. 2010. ——*Caragana intermedia* Kuang & H. C. Fu, Fl. Intermongol. 3: 287. 1977; 中国植物志, 42(1): 47. 1993.

灌木，高1.5～2m。老枝黄灰色或灰绿色，幼枝被柔毛。叶轴长1～5cm，脱落，密被白色长柔毛。小叶3～8对，羽状，椭圆形或倒卵状椭圆形，长3～10mm，宽4～6mm，先端圆或锐尖，两面密被长柔毛。花梗单生，长10～16mm，密被绒毛，关节在中部以上；花萼管状钟形，长7～12mm；花冠黄色，长2～25mm，旗瓣宽卵形或近圆形，翼瓣长圆形，瓣柄与瓣片近等长，耳不明显；子房无毛。荚果披针形或长圆状披针形，扁，长2.5～3.5cm，宽5～6mm，先端短渐尖。花期5月，果期6月。

延安富县、甘泉以北各区县普遍栽培，为优良的水土保持灌木。产华北的内蒙古（中部）、河北、山西（北部），西北的陕西、宁夏、甘肃等地，在黄土丘陵、荒坡沟壑区广为栽培，海拔900～1600m。

本种在延安普遍被称为“柠条”，但柠条锦鸡儿（*C. korshinskii* Kom.）主要分布于内蒙古、宁夏、甘肃北部的沙地，外形上高大，树皮金黄色，剥落，有光泽，小叶锐尖，密被灰白色长柔毛；而中间锦鸡儿树皮黄灰色，小叶先端钝圆或微凹，幼时被短柔毛而不同。另《中国植物志》记载沙地锦鸡儿（*C. davazamcii* Sancz.）与本种相近，但沙地锦鸡儿子房及荚果具柄，可以区别。

中间锦鸡儿 *Caragana liouana*
1.植株（常朝阳 摄）；2.花枝（常朝阳 摄）；3 果枝（常朝阳 摄）

中间锦鸡儿生长于半固定和固定沙地、黄土丘陵。抗严寒，耐高温，耐干旱，在草原及荒漠草原地带的固定沙丘或平坦沙地上可成为建群种，组成沙地灌丛。喜光，不耐蔽荫，在庇荫条件下生长不良。

优良的水土保持和荒山绿化植物；叶子牛羊喜食，可做饲料。也是极好的薪炭林树种。茎纤维可供造纸及人造纤维板；嫩枝叶与花可作饲料，种子可榨油。

5. 延安锦鸡儿（秦晋锦鸡儿）

Caragana purdomii Rehd., J. Arnold Arbor. 7: 168. 1926; 中国植物志, 42(1): 44. 1993.

灌木，高1.5～3m。老枝深灰绿色或褐色。叶轴长2～4cm，脱落；小叶5～8对，羽状，倒卵形、椭圆形或长圆形，长3～8mm，宽3～5mm，先端圆、凹入或锐尖，基部楔形或稍圆，两面疏被柔毛。花梗单生或2～4个簇生，长1～2cm，关节在上部；花萼钟状管形，长8～10mm，被短柔毛或近无毛；花冠黄色，长2.5～2.8cm，旗瓣宽倒卵形，瓣柄短，耳距状，龙骨瓣瓣柄与瓣片近等长，耳不明显；子房具柄，两端疏被柔毛或无毛。荚果长4～5cm，具果颈，无毛。花期5～6月，果期6～9月。

延安见于吴起、宝塔、安塞、志丹、甘泉、富县、延川、黄陵、宜川、洛川和黄龙等地。产华北的山西中部、内蒙古中部（准格尔旗），西北的陕西北部。

生于阳坡、黄土丘陵，分布海拔700～1700m。

本种为优良旱生灌木，可用于水土保持造林，也是牛羊喜食的灌木饲料植物。

延安锦鸡儿 *Caragana purdomii*
1. 花枝（常朝阳 摄）；2. 果枝（黎斌 摄）

15. 米口袋属 *Gueldenstaedtia* Fisch.

本属编者：西北农林科技大学　常朝阳

多年生草本。主根圆锥状，粗壮；茎缩短或不明显。奇数羽状复叶，着生于缩短的分茎上，具多对小叶，稀退化为1小叶；小叶有短柄或几无柄，全缘，卵形、披针形、椭圆形、长圆形和线形，稀近圆形；托叶2，下部与叶柄合生。伞形花序腋生，具2～8花，稀仅具1花；总花梗细长；每花具1枚苞片和2枚小苞片；花萼钟状，密被贴伏白色长柔毛，掺杂部分黑色毛，稀无毛；萼齿5，不等大，上方2齿较长而宽；花冠紫堇色、淡红色及黄色；旗瓣卵形或近圆形，基部渐狭成瓣柄，翼瓣斜倒卵形，离生，稍短于旗瓣，龙骨瓣卵形，极短小，长不及翼瓣的一半；二体雄蕊（9+1），花药同型；子房圆筒状，无柄，具多数胚珠，花柱内卷。荚果圆筒形，1室，无假隔膜，具多数种子；种子小，三角状肾形，表面具凹点。

约12种，分布于俄罗斯（西伯利亚）至喜马拉雅山脉。我国有10种1亚种2变型，分布于东北各地，华北各地，西北的陕西、甘肃、内蒙古（西部），华东的上海、江苏、浙江、安徽、江西、山东，华中各地，华南的广西、香港、澳门，西南各地；陕西产1种。延安主要分布于吴起、宝塔区、安塞、富县、洛川、延长、黄陵和黄龙等地。

本属植物多生长于山坡草地、灌丛等干燥地方。

本属植物均可入药，一般以带根的全草入药，具有清热利尿、解毒消肿的功效。

少花米口袋

Gueldenstaedtia verna (Georgi) Boriss., Spisok Rast. Gerb. Fl. S. S. S. R. Bot. Inst. Vsesojuzn. Akad. Nauk 12: 122. 1953; 中国植物志, 42(2): 148. 1998. —— *Astragalus vernus* Georgi, Bemerk, Reise URSS Reich. 1: 226. 1775.

多年生草本，主根直，粗壮，根茎向上分枝。地上茎多数，缩短呈无茎状。叶长1.5～15cm，被疏柔毛；托叶宿存，宽三角形至三角形，被毛，基部合生；小叶7～19片，早春生的小叶卵形，夏秋的线形，长0.2～3.5cm，宽1～7mm，先端急尖，钝头或截形，两面被疏柔毛。伞形花序具2～8花；总花梗纤细，被白色疏柔毛；苞片及小苞片披针形，密被长柔毛；萼筒钟状，长4～5mm，上面2萼齿最大，其余萼齿较狭小；花冠粉红色；旗瓣近圆形，长6～13mm，先端微缺，基部渐狭成瓣柄，翼瓣狭楔形，具斜截头，长6～11mm，龙骨瓣长4～5.5mm，被疏柔毛；子房椭圆形或圆筒形，被毛，花柱内卷。荚果圆筒形或狭卵形，长1.5～2cm，宽3～4mm；种子肾形，具凹点。花期4～5月，果期5～6月。

本种叶形变异极大，从椭圆形、卵形或长卵形到狭披针形或线形。《黄土高原植物志》根据叶形和花的特征将其分为狭叶米口袋*G.stenophylla* Bunge和米口袋*G.multiflora* Bunge两种，*Flora of China*将二者一起并入少花米口袋*G.verna* (Georgi) Boriss.，本志从之。

延安产吴起、宝塔、安塞、富县、洛川、延长、黄陵和黄龙等地；分布于我国东北各地，华北各地，西北的陕西、宁夏、甘肃、青海，华东的山东、江苏、江西、浙江，华中的河南，西南的四

少花米口袋 *Gueldenstaedtia verna*

1.群落（蒋鸿 摄）；2.开花植株（蒋鸿 摄）；3.植株（蒋鸿 摄）；4.结果植株（蒋鸿 摄）

川、云南等。巴基斯坦、印度、老挝、缅甸、蒙古、俄罗斯也产。生于海拔400～1500m的山坡、草地、田边或路旁。

全草及根作“地丁”入药，陕西关中地区常作“紫花地丁”用，有清热、解毒的功效。另外，米口袋也有止痛化脓效果，日常也可生吃食用，蒸煮饮用。

16. 膨果豆属 *Phyllolobium* Fisch.

本属编者：延安市黄龙山国有林管理局　王赵钟

多年生草本。茎大多发达，平卧或外倾。奇数羽状复叶，托叶离生，稀下部合生；小叶近圆形，椭圆状长圆形，狭长圆形，线状披针形，通常上面无毛，下面被稀疏或密的白色毛。总状花序呈头状或伞形，有总花梗；苞片线形，宿存，小苞片有或无；花萼管状钟形，被毛；花冠青紫色、紫红色或黄白色；旗瓣近圆形至扁圆形，瓣柄很短，先端微凹，翼瓣与龙骨瓣近等长或稍短；子房有柄，柱头被簇毛。荚果1心室或不完全2室，膨胀，有时背面凹陷，果颈常内藏。

约22种，主产中国，分布于东北各地，华北各地，西北的陕西（北部）、宁夏、甘肃（南部）以及西南的山地、青藏高原；少数种分布于喜马拉雅山地和塔吉克斯坦。我国有21种；陕西产1种。延安也有分布，分布于宝塔、安塞、甘泉、延川、富县、洛川、黄陵和黄龙等地。

本属植物大多可药用，也可当绿肥、饲料等。

背扁膨果豆（背扁黄耆、沙苑子）

Phyllolobium chinense Fisch. in Spreng. Nov. Prov. 33. 1818. ——*Astragalus complanatus* R.Br. ex Bunge, Mém. Acad. Imp. Sci. St.Pétersbourg, Sér. 7. 15(1): 1. 1869;

多年生草本。主根圆柱状，长达1m。茎平卧，多分枝，长20～100cm，有棱，疏被粗短硬毛或无毛。羽状复叶具9～25片小叶；托叶离生，披针形，长2.5～4mm，近无毛；小叶椭圆形或倒卵状长圆形，长5～18mm，宽3～7mm，下面疏被粗伏毛，小叶柄短。总状花序具3～7花；总花梗疏被

背扁膨果豆 *Phyllolobium chinense*

1、3. 植株（常朝阳 摄）；2. 花枝（常朝阳 摄）；4、6. 果枝（常朝阳 摄）；5. 叶枝（常朝阳 摄）

粗伏毛；苞片钻形；小花梗短，被短毛；花萼钟状，被灰白色或白色短毛，萼筒长2.5～3mm，萼齿披针形，与萼筒近等长；花冠乳白色或带紫红色；旗瓣长10～11mm，瓣片近圆形，先端微缺，基部突然收狭，翼瓣比旗瓣稍短，瓣片长圆形，龙骨瓣比翼瓣稍长或等长，瓣片近倒卵形；子房有短柄，密被白色粗伏毛，柱头被簇毛。荚果狭长圆形，长达35mm，宽5～7mm，两端尖，压扁，略膨胀，微被褐色短粗伏毛，有网纹，果颈不露出宿萼外，含多粒种子；种子肾形，淡棕色，长1.5～2mm，宽2.8～3mm，平滑。花期7～9月，果期8～10月。

延安产宝塔、安塞、甘泉、延川、富县、洛川、黄陵和黄龙等地，生于海拔420～1400m的山坡草地；分布于东北的吉林，华北的河北、山西，西北的陕西、甘肃、宁夏、青海，华东的江苏，华中的河南，西南的四川等地。

适应能力很强，野生于山坡草丛、田边或路旁。对土壤的要求不严，怕涝。

种子入药称沙苑子。有补肾固精、清肝明目的功效。全株可作绿肥、饲料；根系发达，也是水土保持的优良草种。

17. 黄耆属 *Astragalus* L.

本属编者：西北农林科技大学　常朝阳

草本，稀为小灌木或半灌木。茎发达或短缩，具单毛或丁字毛，稀无毛。奇数羽状复叶，稀偶数羽状复叶，有时三出复叶或单叶；叶柄和叶轴有时退化成硬刺；托叶离生或与叶柄贴生；小叶全缘，不具小托叶。总状花序或密集呈穗状、头状与伞形花序式，稀花单生，总花梗腋生或由根状茎的叶腋发出；花紫红色、紫色、青紫色、淡黄色或白色；苞片小，膜质；花萼管状或钟状，或呈肿胀囊状，萼筒基部近偏斜，具5齿，近相等；花瓣近等长，或翼瓣、龙骨瓣较旗瓣短，旗瓣直立，卵形、长圆形或提琴形，翼瓣长圆形，全缘，极稀顶端2裂，瓣片基部具耳，龙骨瓣向内弯，近直立，先端钝；二体雄蕊（9+1），稀花丝合生为单体，花药同型；子房有或无柄，含多数或少数胚珠，花柱丝形，劲直或弯曲。荚果形状多样，由线形至球形，膨胀，先端喙状，1室，有时因背缝或腹缝隔膜侵入分为不完全假2室或假2室，果瓣膜质、革质或软骨质；种子通常肾形，无种阜。

约3000种，是被子植物第一大属。主要分布于北半球、南美洲及非洲，稀见于北美洲和大洋洲。我国有401种；陕西产24种；延安有11种，各地均有分布。

本属植物较多，生境变化较大。

本属植物主要用于牲畜饲料，其次为药用和绿肥。有些种含生物碱或皂苷，有些种为水土保持和治沙的优良草种，还有少数种类为有毒植物。

分种检索表

1. 茎和叶被单毛……2
1. 茎和叶被丁字毛……5
2. 一年生或二年生草本；上面2齿显著短于下面3齿……1. 达乌里黄耆 *A. dahuricus*
2. 多年生草本；萼齿等长或稍不等长……3
3. 花冠长超过1cm，翼瓣先端全缘；荚果长2～3cm……2. 黄耆 *A. mongholicus*
3. 花冠长不超过1cm，翼瓣先端不等2裂；荚果长3～6mm……4
4. 小叶7～15，无毛或近无毛……3. 小米黄耆 *A. satoi*
4. 小叶3～5，两面均被白色伏贴细柔毛……4. 草木樨状黄耆 *A. melilotoides*

5. 花萼果期不膨大，通常被荚果胀裂……6
5. 花萼果期膨大，通常包被荚果而不被其胀裂……11. 太原黄耆 *A. taiyuanensis*
6. 茎发达，直立、平卧或斜升……7
6. 茎缩短而不明显，有时伸长而匍匐……10. 糙叶黄耆 *A. scaberrimus*
7. 花萼钟形或筒状钟形……8
7. 花萼长筒形……10
8. 荚果有长果颈，果颈显著露出于花萼之外……5. 灰叶黄耆 *A. discolor*
8. 荚果无长果颈，基部包被在花萼之内……9
9. 荚果细圆柱形，长20～30mm……6. 长管萼黄耆 *A. limprichtii*
9. 荚果长圆形，两侧微扁平，长7～20mm……7. 斜茎黄耆 *A. laxmannii*
10. 小叶19～29，倒卵形或倒卵状椭圆形；花萼下有2枚小苞片，总状花序缩短成头状；荚果劲直，长2～2.5cm……8. 地八角 *A. bhotanensis*
10. 小叶3～9，披针形；花萼下除苞片外无小苞片，总状花序不缩短成头状；荚果微弯，长3～5cm……9. 鸡峰山黄耆 *A. kifonsanicus*

1. 达乌里黄耆

Astragalus dahuricus (Pall.) DC., Prodr. 2: 285. 1825; 中国植物志, 42(1): 44. 1993. ——*Galega dahurica* Pall., Reise Russ. Reich. 3(2): 742. 1776.

一年生或二年生草本，被开展、白色柔毛。直根系，侧根发达；茎直立，高达80cm，分枝，有细棱。羽状复叶，小叶11～23片；叶柄短；托叶分离，狭披针形或钻形；小叶长圆形、倒卵状长圆形或

达乌里黄耆 *Astragalus dahuricus*
1. 群落（王天才 摄）；2、4. 植株（王天才 摄）；3. 花（王天才 摄）

长圆状椭圆形，长5～20mm，宽2～6mm，小叶柄短。10～20朵小花密集成总状花序，长3.5～10cm；苞片线形或刚毛状；花萼斜钟状，长5～5.5mm，萼筒长1.5～2mm，萼齿5，不等大，线形或刚毛状，下边3齿较长；花冠紫色，旗瓣近倒卵形，长12～14mm，宽6～8mm，先端微缺，基部宽楔形，翼瓣长约10mm，瓣片弯长圆形，基部耳向外伸，龙骨瓣长约13mm，瓣片近倒卵形；子房柄短，被毛。荚果线形，长1.5～2.5cm，宽2～2.5mm，先端凸尖喙状，直立，内弯，具横脉，假2室，含20～30颗种子，果颈短。种子小，淡褐色或褐色，肾形，有斑点，平滑。花期7～9月，果期8～10月。

延安产宝塔、安塞、富县、延川、甘泉、宜川、黄陵和黄龙等地，生于海拔510～1700m的荒坡草地；分布于我国东北各地，华北各地，西北的陕西、甘肃，华东的山东，华中的河南，西南的四川等。蒙古、朝鲜、俄罗斯也产。

抗寒、抗旱，抗风沙，不耐盐碱，喜生于稍湿润肥沃的沙质土壤中。

全株可作饲料，大牲畜特别喜食，故有“驴干粮”之称。也可为药用，有清热解毒的功效。达乌里黄耆还可以改善环境，作为改善沙土土质的用途。而且达乌里黄耆本身也比较适合在山坡等地种植，可以有效地防止土地沙化。

2. 黄耆（膜荚黄耆、蒙古黄耆）

Astragalus mongholicus Bunge, Mém. Acad. Imp. Sci. St.-Pétersbourg, Sér. 7. 11(16): 25. 1868. ——*Astragalus membranaceus* (Fisch.) Bunge in Mem. Acad. Sci. St. Petersb. VII. 11(16): 25. 1868. ——*Phaca membranacea* Fisch. in DC. Prodr. 2: 273. 1825.

多年生草本，高25～60cm。主根肥厚，木质，灰白色。茎直立，上部多分枝，有细棱，被白色柔毛。羽状复叶，小叶13～27片；叶柄短；托叶离生，卵形、披针形或线状披针形，下面被白色柔毛或近无毛；小叶椭圆形或长圆状卵形，长5～10mm，宽3～5mm，先端钝圆或微凹，上面绿色，近无毛，下面被伏贴白色柔毛。10～20朵花密集成总状花序；苞片小，线状披针形，背面被白色柔毛；花梗连同花序轴稍密被棕色或黑色柔毛；花萼钟状，长5～9mm，外面被白色或黑色柔毛，有时仅萼齿有毛，萼齿短，三角形至钻形；蝶形花冠黄色或淡黄色，稀淡紫色；旗瓣倒卵形，长12～20mm，

黄耆 *Astragalus mongholicus*
1.群落（寻路路 摄）；2.花（寻路路 摄）

基部具短瓣柄；翼瓣长11～17mm，瓣片长圆形，基部具短耳，瓣柄较长；龙骨瓣与翼瓣等长或稍短，瓣片半卵形；子房有柄，被细柔毛。荚果薄膜质，稍膨胀，半椭圆形，长20～30mm，宽8～12mm，顶端具刺尖，无毛；种子3～8颗。花期6～8月，果期7～9月。

延安产黄陵和黄龙，生于海拔1200m左右的山坡草地或灌丛、林缘；陕西各地也常见栽培；分布于东北的黑龙江、吉林，华北的内蒙古（中部）、河北、山西，华东的山东，西北的陕西、新疆，西南的西藏等地。哈萨克斯坦、蒙古、俄罗斯也产。

本种曾根据其小叶大小、花瓣颜色、果实被毛状况有过不同的种下分类，这种变异可能与环境有关。

黄耆喜凉爽，耐旱、耐寒，怕热、怕水涝、忌高温。适应性强，南北各地均可栽培，以土层深厚、排水良好的沙质壤土及石灰质壤土生长较好。

根可入药，有滋肾补脾、止汗利水、消肿排脓之效，为常用中药材之一。

3. 小米黄耆

Astragalus satoi Kitag., Bot. Mag. (Tokyo) 48: 99. 1934; 中国植物志, 42(1): 168. 1993.

多年生草本。茎直立，高40～80cm，具条棱，全株无毛，多分枝，多少呈扫帚状。羽状复叶，小叶7～15片，长2～5cm，具短柄；托叶狭三角形，先端针状，基部部分合生，无毛；小叶线状倒披针形或长圆形，长12～15mm，宽1～3mm，先端具小刺尖，基本无毛，具短小叶柄。多数花组成稀疏的总状花序；花小，苞片狭三角形，淡褐色，无毛；花萼钟状，长2.5～3mm，疏被白色柔毛或无毛，萼齿不等长，远短于萼筒；花冠淡紫色，旗瓣宽倒卵形，长约5mm，基部具短瓣柄，翼瓣较旗瓣稍短，瓣片狭长圆形，弯曲，基部有近圆形的耳和细长的瓣柄，龙骨瓣较翼瓣短，瓣片斜卵形；子房无毛。荚果宽倒卵形，长宽约3mm，具不明显的横脉纹，假2室；种子少数，深褐色，肾形，长约1.5mm，宽约2mm。花期7～8月，果期8～9月。

延安在黄龙、黄陵有分布，生于海拔700～1200m山坡草地；分布于华北的内蒙古（中部）、山西，西北的陕西、宁夏、甘肃等地。

可作饲料。

4. 草木樨状黄耆

Astragalus melilotoides Pall., Reise Russ. Reich. 3: 748. 1776; 中国植物志, 42(1): 168. 1993.

多年生草本，高30～50cm。主根粗壮而深；茎直立或斜生，多分枝，具条棱，被白色短柔毛或近无毛。奇数羽状复叶，小叶3～5片，长1～3cm；叶柄与叶轴近等长；托叶小，离生，三角形或披针形；小叶长圆状楔形或线状长圆形，长7～20mm，宽1.5～3mm，叶柄极短，两面均被白色细伏贴柔毛。多数花组成稀疏的总状花序，腋生；苞片小，披针形；花梗长1～2mm，连同花序轴均被白色短伏贴柔毛；花萼短钟状，长约1.5mm，被白色短伏贴柔毛，萼齿三角形，较萼筒短；花冠白色或带粉红色；旗瓣近圆形或宽椭圆形，长约5mm，基部具短瓣柄，翼瓣较旗瓣稍短，基部具短耳，瓣柄短，龙骨瓣较翼瓣短，瓣片半月形；子房近无柄，无毛。荚果宽倒卵状球形或椭圆形，先端微凹，具弯曲短喙，长2.5～3.5mm，假2室，背部具沟，有隆起的横纹；种子4～5颗，肾形，暗褐色，长约1mm。7～8月，果期8～9月。

延安产吴起、宝塔、志丹、安塞、延川、洛县、黄陵和黄龙等地，生于海拔520～1650m的荒坡或沙地；分布于我国东北各地，华北各地，西北的陕西、宁夏、甘肃、青海，华中的河南，西南的四川等。日本、蒙古及俄罗斯西伯利亚也产。

草木樨状黄耆 ***Astragalus melilotoides***
1.群落（曹旭平 摄）; 2.植株（曹旭平 摄）; 3.花枝（曹旭平 摄）; 4.花（曹旭平 摄）

草木樨状黄耆为广旱生植物。从森林草原、典型草原带到荒漠草原带都有分布。常作为伴生种出现在宁夏中部的花针茅、戈壁针茅荒漠草原区，也见于黄土高原丘陵、低山坡地的干草原群落内；也可见于碎石质、砾质轻砂或沙壤质的山坡、山麓、丘陵坡地及河谷冲积平原盐渍化的沙质土上或固定、半固定沙丘间的低地。耐旱、耐轻度盐渍化生境。

牲畜喜食，是良好的饲料草种；亦可作为水土保持植物。

5. 灰叶黄耆

Astragalus discolor Bunge, Bull. Acad. Imp. Sci. Saint-Petersbourg 24: 33. 1877; 中国植物志, 42(1): 260. 1993.

多年生草本，高30～50cm，全株灰绿色。根直伸，木质化，颈部增粗，数茎生出。茎直立或斜上，上部有分枝，具条棱，密被灰白色伏贴毛。羽状复叶，小叶9～25片；托叶狭，三角形，离生；小叶椭圆形或狭椭圆形，长4～13mm，宽1～4mm，先端钝或微凹，基部宽楔形，上面绿色，有时疏被白色伏贴毛，下面灰绿色，密被毛。总状花序生于枝上部叶腋；苞片小，卵圆形；花萼管状钟形，长4～5mm，被白色或黑色伏贴毛，萼齿三角形，远短于萼管；蝶形花冠蓝紫色；旗瓣匙形，长12～14mm，先端微缺，基部渐狭成不明显的瓣柄，翼瓣较旗瓣稍短，瓣片狭长圆形，龙骨瓣较翼瓣短，瓣片半圆形；子房有柄，被伏贴毛。荚果扁平，线状长圆形，长17～30mm，果颈比萼长，被黑白色混生的伏贴毛。花期7～8月，果期8～9月。

延安产宝塔、吴起、志丹、子长、安塞、延川和黄龙等地，生于海拔520～1650m的沙质草地；分布于我国华北的内蒙古（中部）、河北、山西，西北的陕西、宁夏等地。蒙古也产。

灰叶黄耆为多年生旱生草本。具耐旱、抗寒、耐贫瘠等特性。生于荒漠草原及荒漠地带的砾石质或沙砾质坡地，常为群落的伴生种，有时可形成以其为优势的小群落，但面积不大。

灰叶黄耆适口性好，为各种家畜所喜食，特别是在早春时期返青早，叶丛繁茂，为山羊和绵羊所喜食，即使在花果期，因其茎秆细弱也为各种家畜所喜食。亦可做水土保持植物。

灰叶黄耆 ***Astragalus discolor***
1.植株（曹旭平 摄）；2.叶（曹旭平 摄）；3.花（曹旭平 摄）；4.果（曹旭平 摄）

6. 长管萼黄耆

Astragalus limprichtii Ulbr., Repert. Spec. Nov. Regni Veg. Beih. 12: 422. 1922; 中国植物志, 42(1): 260. 1993.

多年生草本。根圆柱状，长达50cm，黄褐色。茎斜上或平卧，灰绿色，被伏贴毛，细弱，高约30cm或更高。羽状复叶，小叶9～11片；托叶小，疏被白毛；小叶披针形或近长圆形，长8～12mm，

长管萼黄耆 ***Astragalus limprichtii***
1.群落（常朝阳 摄）；2.花枝（常朝阳 摄）；3.果（常朝阳 摄）

宽2.5～4mm，被白色伏贴毛，上面稀疏，下面稍密，无柄。小花稀疏，呈总状花序，腋生或顶生；苞片小，三角状钻形；花萼管状钟形，长约10mm，被白色伏贴毛；蝶形花冠淡紫红色，旗瓣倒卵状椭圆形，长15～20mm，翼瓣较旗瓣短，瓣片线状披针形，龙骨瓣与旗瓣等长或稍短，瓣片半长圆形；子房线形，含多数胚珠。荚果线形，微弯，长约30mm，粗约3mm，被白色伏贴毛，假2室。种子斜肾形。花期5～6月，果期7月。

延安见于延长、宜川和黄龙，生于海拔1000m左右的山坡；分布于华北的山西，西北的陕西、新疆，华中的河南等地。

7. 斜茎黄耆（沙打旺）

Astragalus laxmannii Jacq., Hort. Bot. Vindob. 3: 22. 1776. ——*Astragalus adsurgens* Pall., Sp. Astrag. 40. Pl. 31. 1800; 中国植物志, 42(1): 271. 1993.

多年生草本，高20～100cm。根较粗壮，暗褐色，有时有长主根。茎多数或数个丛生，直立或斜上，有毛或近无毛。羽状复叶，小叶9～25片；托叶三角形，渐尖，基部稍合生或有时分离，长3～7mm；小叶长圆形、近椭圆形或狭长圆形，长10～25mm，宽2～8mm，上面疏被伏贴毛，下面较密。多数花密集成总状花序，长圆柱状、穗状、稀近头状，有时较稀疏；花梗极短；苞片狭披针形至三角形，先端尖；花萼管状钟形，长5～6mm，被黑褐色或白色毛，或有时两者混生，萼齿狭披针形，远较萼筒短；花冠近蓝色或红紫色，旗瓣长11～15mm，倒卵圆形，先端微凹，基部渐狭，翼瓣与龙骨瓣较旗瓣短，瓣片长圆形；子房被密毛，有极短的柄。荚果长圆形，长7～18mm，两侧稍扁，背缝凹入成沟槽，顶端具下弯的短喙，被黑色、褐色或和白色混生毛，假2室。花期6～8月，果期8～10月。

延安产宝塔、吴堡、志丹、富县、黄陵、安塞和黄龙等地，生于海拔740～1700m的荒坡草地。分布于我国东北、华北、西北、华中（河南）及西南等地。日本、朝鲜、蒙古、俄罗斯及北美温带地区也产。

本种分布广泛，对环境适应性强，形态变异较大。生于向阳草地、山坡、灌丛、林缘及草原轻碱地上。

种子入药，为强壮剂，具补血安神功效。亦可作牧草和保土植物。

斜茎黄耆 *Astragalus laxmannii*
1.群落（曹旭平 摄）；2.花枝（曹旭平 摄）；3.花序（曹旭平 摄）；4.植株（曹旭平 摄）

8. 地八角（土牛膝）

Astragalus bhotanensis Baker in J. D. Hooker, Fl. Brit. India 2: 126. 1876; 中国植物志, 42(1): 274. 1993.

多年生草本。茎直立，匍匐或斜上，长30～100cm，疏被白色毛或无毛。奇数羽状复叶，小叶19～29，长8～26cm；叶轴疏被白色毛；叶柄短；托叶卵状披针形，离生，基部与叶柄贴生；小叶对生，倒卵形或倒卵状椭圆形，长6～23mm，宽4～11mm，先端钝，有小尖头，基部楔形，上面无毛，下面被白色伏贴毛。多数花组成头形总状花序；花梗粗壮，疏被白毛；苞片宽披针形；花萼管状，长约10mm，萼齿与萼筒等长，疏被白色长柔毛；花冠红紫色、紫色、灰蓝色、白色或淡黄色，旗瓣倒披针形，长11mm，先端微凹，有时钝圆，瓣柄不明显，翼瓣与龙骨瓣较旗瓣短，瓣片狭椭圆形；子房无柄。荚果圆筒形，长20～25mm，宽5～7mm，无毛，直立，背腹两面稍扁，黑色或褐色，无果颈，假2室。种子多数，棕褐色。花期3～8月，果期8～10月。

延安产宝塔（南泥湾）、黄陵和黄龙（三岔）等地，生于海拔600～1400m的河滩、田边或灌丛；分布于我国西北的陕西、甘肃，西南的四川、贵州、云南、西藏等地。不丹、印度、朝鲜也产。

野生多在河漫滩、山沟、山坡、阴湿处、田边以及灌丛下，目前尚未由人工引种栽培。

全草药用，有清热解毒、利尿的功效。

地八角 *Astragalus bhotanensis*
1.成熟果（曹旭平 摄）；2.羽状复叶、果枝（曹旭平 摄）

9. 鸡峰山黄耆

Astragalus kifonsanicus Ulbr., Bot. Jahrb. Syst. 36(Beibl. 82): 64. 1905; 中国植物志, 42(1): 314. 1993.

多年生草本，高20～40cm。茎匍匐斜上，多分枝，密被伏贴白色丁字毛。奇数羽状复叶，小叶3～9片；小叶披针形，长1～4cm，宽3～10mm，先端尖，基部圆钝，两面被白色伏贴毛，叶柄极短或无；托叶膜质，离生，卵形或卵状披针形，疏被白色柔毛。5～15朵花组成总状花序；总花梗被白色伏贴毛；苞片小，狭披针形，被长刚毛；花萼管状，长10～15mm，被伏贴毛，萼齿披针形，远较萼筒短；花冠淡红色或白色，无毛，旗瓣长圆形，近基部狭，先端微凹，翼瓣较旗瓣稍短，上部微弯，龙骨瓣较翼瓣短，瓣片半圆形；子房被伏贴毛，有短柄。荚果圆柱形，长3～5cm，微弯，被白色伏贴毛，假2室。种子肾形，长3.5mm，宽2.5～3mm。花期4～5月，果期8～10月。

延安产宝塔、富县（任家台）、延长、黄陵、宜川、洛川和黄龙等地，生于海拔600～1540m的荒坡草地或河滩。分布于华北的山西，西北的陕西、甘肃，华中的河南等地。

本种可作饲料及保持水土之用。

鸡峰山黄耆 *Astragalus kifonsanicus*
1.群落（蒋鸿 摄）；2.花序（蒋鸿 摄）；3.叶（蒋鸿 摄）；4.植株（蒋鸿 摄）

10. 糙叶黄耆

Astragalus scaberrimus Bunge., Enum. Pl. China. Bor. 17. 1833; 中国植物志, 42(1): 291. 1993.

多年生草本，密被白色伏贴毛。根状茎短缩，多分枝，木质化；地上茎不明显或极短，有时伸

糙叶黄耆 *Astragalus scaberrimus*
1.植株（常朝阳 摄）；2～4.花枝（常朝阳 摄）；5.果枝（常朝阳 摄）；6.果（常朝阳 摄）

长而匍匐。羽状复叶，小叶7～15片，长5～17cm；托叶上部呈三角形至披针形，下部与叶柄贴生；小叶椭圆形、近圆形或披针形，长7～20mm，宽3～8mm，先端锐尖、渐尖，有时稍钝，基部宽楔形或近圆形，两面密被伏贴毛。3～5花紧密或稍稀疏排成总状花序，腋生；花梗极短；苞片披针形，较花梗长；花萼管状，长7～9mm，被细伏贴毛，萼齿线状披针形，与萼筒等长或稍短；花冠淡黄色或白色，旗瓣倒卵状椭圆形，先端微凹，中部稍缢缩，基部稍狭成不明显的瓣柄，翼瓣较旗瓣短，瓣片长圆形，先端微凹，龙骨瓣较翼瓣短，瓣片半长圆形；子房有短毛。荚果披针状长圆形，微弯，长8～13mm，宽2～4mm，具短喙，背缝线凹入，革质，密被白色伏贴毛，假2室。花期4～8月，果期5～9月。

延安产宝塔、吴起、志丹、洛川、富县、黄陵和黄龙等地，生于海拔400～1500m的山坡草地或河滩；分布于我国东北各地，华北各地，西北的陕西、宁夏、甘肃，华中的河南，西南的四川等。蒙古、俄罗斯西伯利亚也产。

糙叶黄耆耐旱，耐土壤瘠薄，为广幅旱生植物。适宜在沙质、沙砾质和砾石质性的栗钙土上生长。

可作牧草及保持水土植物。也可药用，用于水肿、胀满。

延安也可能有乳白花黄耆（*A. galactites* Pall.），与本种相近，但其茎极缩短，小叶狭长圆形或长圆形，上面无毛，花生于基部叶腋可以区别。

11. 太原黄耆

Astragalus taiyuanensis S. B. Ho, Bull. Bot. Res., Harbin 3(4): 60. 1983; 中国植物志, 42(1): 339. 1993.

多年生草本，高15～20cm。根粗壮。茎从地下开始分枝，地上部分极短缩，不明显。羽状复叶，小叶7～15片，长7～11cm；叶柄密被白色伏贴毛；托叶上部披针形，下部与叶柄贴生，被白色开展的毛；小叶椭圆形，长7～12mm，宽4～6mm，两面被白色伏贴毛。5～7花组成总状花序，椭圆形或近球形；总花梗较粗，被白色伏贴毛；小花无花梗；苞片卵状披针形，被白毛；花萼膨大，卵圆形，长9～10mm，疏被白色伏贴毛，萼齿钻形，远短于萼筒，花冠淡黄色，旗瓣长20～22mm，狭长圆形，先端微凹，下部渐狭成瓣柄，翼瓣较旗瓣稍短，瓣片线状长圆形，龙骨瓣较翼瓣短；子房被白色长毛。荚果长圆形，长8～9mm，被白色绵毛，不完全假2室，每室含种子1～2颗。花期4～5月，果期5～6月。

延安仅见于黄龙（黄龙山），生于海拔1000m左右的山坡；分布于西北的陕西（礼泉）、山西（太原、稷山）等地。

太原黄耆 *Astragalus taiyuanensis*
1.植株（常朝阳 摄）；2.花序（常朝阳 摄）

18. 棘豆属 *Oxytropis* DC.

本属编者：西北农林科技大学　常朝阳

多年生草本或矮灌木，稀垫状小半灌木。根系发达。茎发达、缩短或呈根颈状；全身被毛、腺毛或腺点，稀被不等臂的丁字毛。奇数羽状复叶；叶轴有时硬化成刺状；小叶对生、互生或轮生，全缘，无小托叶。腋生或基生总状花序、穗形总状花序或密集成头形总状花序，有时为伞形花序；苞片小，膜质；花萼筒状或钟状，具5个近等长的萼齿；花冠紫色、紫堇色、白色或淡黄色，伸出萼外，常具较长的瓣柄；旗瓣直立，卵形或长圆形；翼瓣长圆形；龙骨瓣与翼瓣等长或较短，直立，先端具喙；二体雄蕊（9+1），靠近旗瓣的1枚分离，花药同型；花柱线状，柱头头状，顶生。荚果长圆形、线状长圆形或卵状球形，膨胀，膜质、草质或革质，伸出萼外，稀藏于萼内，腹缝成深沟槽，沿腹缝二瓣裂，稀不裂，1室或不完全2室，稀为2室。种子肾形，无种阜，珠柄线状。

约310种，分布于亚洲、欧洲、非洲及北美洲。我国有133种，多分布于东北，华北，西北（陕西、新疆、内蒙古西部），西南等地。陕西产18种1变种；延安有8种，各县（区）均有分布。

本属植物适应能力较强，各种海拔梯度和气候均能广泛分布。具有抗旱、耐旱或抗辐射等特性。

本属植物多数可作牧草，在某些高山和北极地区也是草场较为重要的组成部分。少数还具有一定的毒性，可能会对畜牧发展造成很大的危害。有些种有较大的观赏价值，绝大多数棘豆属根系发达，适合在沙漠地区生长，可用于固沙防风。部分种具有显著的药用价值。

分种检索表

1. 荚果包于花萼内；花萼于结果后不撕裂……………………………………1. 硬毛棘豆 *O. hirta*
1. 荚果伸出花萼外；花萼于结果后撕裂……………………………………2
2. 植物体被单生毛；茎发达……………………………………2. 陇东棘豆 *O. ganningensis*
2. 植物体被单生毛或腺毛；茎缩短……………………………………3
3. 小叶对生、近对生或互生……………………………………4
3. 小叶轮生……………………………………5
4. 花萼被鳞片状腺点；荚果卵球形……………………………………3. 鳞萼棘豆 *O. squammulosa*
4. 花萼无腺点；荚果卵状长圆形……………………………………4. 宽苞棘豆 *O. latibracteata*
5. 花萼钟状；花冠红紫色或淡红色……………………………………5. 砂珍棘豆 *O. racemosa*
5. 花萼筒状或筒状钟形；花冠蓝紫色、白色或淡黄色……………………………………6
6. 植株被绢状黄色长柔毛；花冠白色或淡黄色……………………………………6. 黄毛棘豆 *O. ochrantha*
6. 植株被白色长柔毛；花冠蓝紫色……………………………………7
7. 花长1.5～2cm，花冠上半部蓝色，下半部淡白色，龙骨瓣先端具蓝紫色斑块；荚果有柄……………………………………7. 毛序棘豆 *O. trichophora*
7. 花长2cm以上，花冠蓝紫色，旗瓣中部黄色，龙骨瓣先端不具有色斑块；荚果无柄……………………………………8. 二色棘豆 *O. bicolor*

1. 硬毛棘豆

Oxytropis hirta Bunge., Mem. Acad. Imp. Sci. St. -Petersbourg Divers Savans 2: 91. 1835; 中国植物志, 42(2): 135. 1998.

多年生草本，高20～55cm。根长，褐色。茎极缩短，被长硬毛，灰绿色。羽状复叶，长15～30cm，坚挺；托叶膜质，坚硬，披针状钻形，与叶柄贴生至2/3处，被长硬毛，边缘具硬纤毛；叶柄与叶轴粗壮，上面有细沟，密被长硬毛；小叶5～23，对生，罕互生，卵状披针形或长椭圆形，长12～30mm，宽3～8mm，小叶自上而下依次渐小，两面疏被长硬毛，边缘具纤毛。多花组成密长穗形总状花序；花莛粗壮，密被长硬毛；苞片草质，线形或线状披针形，被硬毛；花萼筒形或筒状钟形，长10～13mm，密被白色长硬毛，萼齿线形，长度为萼筒的一半；花冠蓝紫色，紫红色或黄白色，旗瓣匙形，长约20mm，翼瓣短于旗瓣，瓣片倒卵状长圆形，龙骨瓣与翼瓣等长，瓣片斜长圆形，具喙；子房含胚珠20～24，密被柔毛。荚果长卵形，1/3伸出萼筒，长10～12mm，密被白色长硬毛，具喙，不完全2室。花期5～8月，果期7～10月。

延安产于志丹、富县、黄陵和黄龙等地，生于海拔1100～1500m的山坡草地；分布于我国东北各地，华北各地及西北的陕西、甘肃，华东的山东，华中的河南、湖北等地。蒙古、俄罗斯（东西伯利亚）也产。

硬毛棘豆野生多见于干旱草原、山坡路旁、丘陵坡地、山坡草地、覆沙坡地、石质山地阳坡和疏林下。

具有药用价值，地上部分为“蒙药”，具有杀黏、清热、愈伤、生肌、止血、消肿之效。

硬毛棘豆 *Oxytropis hirta*
1.群落（花序）（曹旭平 摄）；2.植株（曹旭平 摄）

2. 陇东棘豆

Oxytropis ganningensis C. W. Chang, Acta. Phytotax. Sin. 23: 229. 1985; 中国植物志, 42(2): 24. 1998.

多年生草本，高35～50cm。主根粗壮。茎多分枝，外倾而直立，细弱，疏被白色柔毛或无。羽状复叶，小叶7～15；托叶钻状或三角形，分离，疏被白柔毛；叶柄短，与叶轴同被白柔毛；小叶长圆状线形或线形，长5～14mm，宽1～2mm，先端急尖，基部变狭或近圆形，有时边缘略内卷，两面疏被白柔毛；小叶柄极短或无。穗形总状花序，长1.5～3.5cm；密被贴伏短柔毛；苞片小，钻形，密被贴伏短柔毛；花萼筒状钟形，长约5mm，具蓝紫斑，疏被贴伏白色短柔毛，萼齿钻状，远短于萼筒；花冠蓝色，旗瓣近圆形，长6～7mm，翼瓣斜长圆形，稍短于旗瓣，耳短，龙骨瓣与翼瓣近等长，具短喙；子房近椭圆形，被贴伏白柔毛，胚珠10～12。荚果近革质，椭圆形，稍膨胀，长10～12mm，宽3～4mm，先端尖，具外弯的短喙，被白色短柔毛，沿腹缝具窄隔膜，近1室；果梗极短或近无梗；种子小，圆肾形，褐色。花期8～9月，果期9～10月。

延安见于吴起和志丹，为延安新记录种；生于海拔1200m左右的山坡草地。常分布于西北的甘肃合水及宁夏固原（张家山）等地。

陇东棘豆 *Oxytropis ganningensis*
1.植株（常朝阳 摄）；2.花枝（常朝阳 摄）；3.花序（常朝阳 摄）

3. 鳞萼棘豆

Oxytropis squammulosa DC., Astragalogia. 79. 1802; 中国植物志, 42(2): 139. 1998.

多年生草本，高3～5cm。根圆柱形，近木质化，褐色，粗壮。茎极缩短，丛生。羽状复叶长5～12cm；托叶膜质，线状披针形，与叶柄贴生，边缘具白色纤毛；叶轴无毛，宿存，成棘状，淡黄色；小叶7～15，狭线形，长7～15mm，宽1～1.5mm，边缘上卷，先端疏被白毛或无。2或3花排成总状花序；花莛极短；苞片膜质，披针形，边缘具白色纤毛，密生圆形黄色腺体；花萼筒状，长11～14mm，宽约3mm，无毛，密生圆形黄色腺体，萼齿近三角形或披针状钻形，边缘疏生白色纤毛；花冠乳白色，旗瓣长25～29mm，瓣片广椭圆形，翼瓣椭圆形，长19～22mm，龙骨瓣长17～19mm，先端具蓝紫色斑块，具短喙；子房和花柱无毛。荚果硬革质，卵球形，膨胀，长11～15mm，宽7～8mm，具长喙，无毛，具细横皱纹，有隔膜，不完全2室。种子小，圆肾形，淡褐色。花期4～9月，果期7～10月。

延安仅见于吴起；生于海拔1600～1750m的梁峁、荒坡草地。分布于华北的内蒙古（中部），西北的陕西、宁夏、甘肃、青海、新疆等地。蒙古、俄罗斯也产。

鳞萼棘豆为旱生植物，在荒漠草原和荒漠植被中仅为次要的伴生成分。多生于砂石质山坡与丘陵，砂砾质河谷阶地薄层沙质土上也能生长。

本种植株幼嫩时，绵羊、山羊喜食，春末尤喜食其花，其他家畜不多食。其营养价值很高。

鳞萼棘豆 *Oxytropis squammulosa*
1.群落（常朝阳 摄）；2.开花植株（常朝阳 摄）；3.结果植株（常朝阳 摄）

4. 宽苞棘豆

Oxytropis latibracteata Jurtz. Bot. Mater. Gerb. Bot. Inst. Komarova Akad. Nauk S.S.S.R. 19: 269. 1959; 中国植物志, 42(2): 86. 1998.

多年生草本，高10～25cm。根棕褐色，深长，侧根少。茎缩短，丛生，分枝多。羽状复叶长10～15cm；托叶膜质，卵形或宽披针形，基部合生，1/3处与叶柄基部贴生，被开展长柔毛；叶柄与叶轴上面有沟，密被贴伏绢毛；小叶13～23，对生或有时互生，椭圆形、长卵形、披针形，长6～17mm，宽3～5mm，先端渐尖，基部圆形，两面密被贴伏绢毛。5～9花组成头形或长总状花序；总花梗直立，具沟纹，密被短柔毛；苞片纸质，卵形至卵状披针形，密被贴伏绢毛；花萼筒状，长约11mm，密被黑色和白色短柔毛，萼齿锥状三角形，长约2mm；花冠紫色、蓝色、蓝紫色或淡蓝色，旗瓣长约21mm，瓣片长椭圆形，翼瓣长17mm，瓣片两侧不等的倒三角形，耳短，龙骨瓣长16mm，具短喙；子房椭圆形，密被贴伏绢毛。荚果卵状长圆形，膨胀，长约15mm，宽约6mm，先端尖，密被短柔毛，具狭隔膜，不完全2室。花果期7～8月。

延安仅见于志丹（太平山），生于草坡或田边；分布于华北的内蒙古（中部）、河北，西北的陕西、甘肃、青海，西南的四川、西藏等地。仅见一份标本（张文定31），记载花为白绿带黄色，有待进一步研究。

宽苞棘豆为山地草甸耐寒旱生植物，生于高山草甸干旱山坡。

全草入蒙药，有利水、消肿、清热、止泻之效。含有苦马豆素，有毒，易造成牛羊死亡。

宽苞棘豆 *Oxytropis latibracteata*
群落及幼果期植株（常朝阳 摄）

5. 砂珍棘豆

Oxytropis racemosa Turcz., Bull. Soc. Imp. Naturalistes Moscou 5: 187. 1832; 中国植物志, 42(2): 137. 1998.

多年生草本，高5～30cm。根淡褐色，圆柱形，较长。茎缩短，多头。轮生羽状复叶，长

5～14cm；托叶膜质，卵形，与叶柄贴生，被柔毛；叶柄与叶轴上面有细沟纹，密被长柔毛；小叶轮生，6～12轮，每轮4～6片，或有时为2小叶对生，长圆形、线形或披针形，长5～10mm，宽1～2mm，先端尖，基部楔形，有时边缘内卷，两面密被贴伏长柔毛。头形总状花序顶生；总花梗被微卷曲绒毛；苞片披针形，宿存；花萼管状钟形，长5～7mm，萼齿线形，远短于萼筒，被短柔毛；花冠红紫色或淡紫红色，旗瓣匙形，长12mm，先端圆或微凹，基部渐狭成瓣柄，翼瓣卵状长圆形，长11mm，龙骨瓣长9.5mm，具短喙；子房微被毛或无毛，花柱先端弯曲。荚果膜质，卵状球形，膨胀，长约10mm，先端具钩状短喙，腹缝线内凹，被短柔毛，具窄隔膜，不完全2室。种子肾状圆形，长约1mm，暗褐色。花期5～7月，果期6～10月。

延安产吴起、安塞、志丹、子长和甘泉等地，生于海拔830～1450m的沙质草地；分布于我国东北各地，华北各地，西北的陕西、宁夏、甘肃及华中的河南（封丘）等地。蒙古、朝鲜也产。

砂珍棘豆为草原沙地旱生植物，生于沙丘或向阳坡地。耐旱、耐践踏，再生能力和适应能力很强，在草原带和草甸草原带的沙生植物中为偶见成分。

砂珍棘豆是防风、固沙的良好材料，可以用来改善生态环境。各种家畜均采食。蒙药与中药共用药材，全草入药，能消食健脾。

砂珍棘豆 *Oxytropis racemosa*
1、4. 植株（曹旭平 摄）；2. 花（曹旭平 摄）；3. 叶（曹旭平 摄）

6. 黄毛棘豆

Oxytropis ochrantha Turcz., Bull. Soc. Imp. Naturalistes Moscou 5: 188. 1832; 中国植物志, 42(2): 124. 1998.

多年生草本。主根木质化，坚韧。茎极缩短，多分枝，被丝状黄色长柔毛。羽状复叶长8～20cm；托叶膜质，宽卵形，于中下部与叶柄贴生，密被黄色长柔毛；叶柄有沟，密被黄色长柔毛；小叶13～19，对生或4片轮生，卵形、长椭圆形、披针形或线形，长6～25mm，宽3～10mm，先端渐尖或急尖，基部圆形，被毛。多花密集成圆筒形总状花序；花莛圆柱状，密被黄色长柔毛；苞片披针形，密被黄色长柔毛；花萼筒状，长8～12mm，密被黄色长柔毛，萼齿披针状线形，与萼筒几等长或稍短；花冠白色或淡黄色，旗瓣倒卵状长椭圆形，长14～21mm，翼瓣匙状长椭圆形，长17mm，龙骨瓣近矩形，长12mm，具锥形短喙；子房密被黄色长柔毛。荚果膜质，卵形，膨胀成囊状而略扁，长17.5mm，宽7.5mm，沿腹缝有浅槽和龙骨状凸起，沿背缝具小沟，1室。花期6～7月，果期7～8月。

延安产于宝塔、延长、黄龙和吴起等地，生于海拔800～1400m的山坡；分布于我国华北各地，西北各地及西南的四川、西藏等。蒙古也产。

耐旱、耐践踏，再生能力和适应能力很强。

防风、固沙的良好材料，可以用来改善生态环境。

黄毛棘豆 ***Oxytropis ochrantha***
群落及开花植株（常朝阳 摄）

7. 毛序棘豆

Oxytropis trichophora Franch., J. Bot. (Morot) 4: 303. 1809; 中国植物志, 42(2): 131. 1998.

多年生草本，高10～20cm。根较粗，直伸。茎缩短，微被白色长硬毛。轮生羽状复叶长2.5～6cm；托叶1/2与叶柄贴生，分离部分披针形；小叶7～12轮；通常每轮3～4片，卵形至狭披针形，长2～8mm，宽1～2mm。头形总状花序；总花梗长10～20cm，粗壮，直立；苞片卵形，先端尖，被长柔毛；花萼筒状，长12～17mm，被白色长柔毛，萼齿披针状线形，长4～5mm；花冠上部蓝色，下部淡白色，旗瓣长15～20mm，瓣片宽卵形，先端圆或微凹，翼瓣长17mm，龙骨瓣长14mm，先端具蓝紫色斑块，具短喙；子房密被白色长柔毛，具较长柄，胚珠多数。花期5～8月。

产延安宝塔（碾庄），生于海拔1000m左右的山坡草地；分布于华北各地，西北的陕西、甘肃，华中的河南等。

毛序棘豆抗旱、抗寒、抗病虫害、耐风沙、耐贫瘠，具有枯竭晚，返青早，以充分利用土地养分、水分和光照资源，对恶劣环境适应能力强等特点。

毛序棘豆含有动物所需的多种营养物质及矿物质元素；适口性适中，具有作为饲料开发利用的潜力。

8. 二色棘豆（地角儿苗）

Oxytropis bicolor Bunge, Mem. Acad. Imp. Sci. St. -Petersbourg Divers Savans 2: 91. 1835; 中国植物志, 42(2): 129. 1998.

多年生草本，高5～20cm。主根发达，暗褐色。茎缩短，簇生，淡灰色，全身密被白色绢状长柔毛。羽状复叶长4～20cm；托叶膜质，卵状披针形，基部合生，上部与叶柄贴生，密被白色绢状长柔毛；小叶7～17轮，对生或4片轮生，线形、线状披针形、披针形，长3～23mm，宽1.5～6.5mm，边缘反卷，两面密被绢状长柔毛，下面毛较密。10～15（23）花组成总状花序；花莛被开展长硬毛；苞片披针形，疏被白色柔毛；花萼筒状，长9～12mm，密被长柔毛，萼齿线状披针形，远较萼筒短；花冠紫红色、蓝紫色，旗瓣菱状卵形，长14～20mm，翼瓣长圆形，长15～18mm，龙骨瓣长

二色棘豆 *Oxytropis bicolor*

1.群落及开花植株（曹旭平 摄）；2.结果植株（曹旭平 摄）；3.花枝（曹旭平 摄）；4.花（曹旭平 摄）；5.植株（曹旭平 摄）

11～15mm，具短喙；子房被白色长柔毛或无毛，花柱仅下部有毛；胚珠26～28。荚果几革质，稍坚硬，卵状长圆形，膨胀，腹背稍扁，长17～22mm，宽约5mm，先端具长喙，腹、背缝均有沟槽，密被长柔毛，具窄隔膜，不完全2室。种子小，宽肾形，暗褐色。花果期4～9月。

延安产吴起、宝塔、子长、志丹、延川、富县、洛川和黄龙等地，生于海拔750～1700m的山坡草地；分布于我国华北各地，西北的陕西、宁夏、甘肃、青海，华中的河南，西南的四川、西藏。蒙古也产。

中旱生植物，生于流动沙地、固定沙地、干山坡、撂荒地。耐旱、耐践踏，再生能力和适应能力很强，为典型的草原和沙质草原的伴生种。

二色棘豆是防风、固沙的良好材料，可以用来改善生态环境。在冬季和春季，牛、绵羊、山羊采食其残株。

19. 甘草属 *Glycyrrhiza* L.

本属编者：西北农林科技大学　常朝阳

多年生草本。根和根状茎粗壮，茎直立，基部常木质化，被鳞片状腺点或刺状腺毛。奇数羽状复叶，小叶3～17枚；托叶干膜质，棕褐色。总状花序腋生；苞片狭，早落；花萼钟状或筒状，基部偏斜，萼齿5枚，近等长或上方连合的2齿较短；花冠白色、黄色、紫色、紫红色，旗瓣直立，具短爪，翼瓣短于旗瓣，斜矩形，龙骨瓣连合，不弯曲，较翼瓣短；二体雄蕊（9+1），9枚于基部合生，花丝长短交错，花药二型，药室顶端连合；子房1室，无柄；含2～10个胚珠。荚果圆形、卵圆形、矩圆形至线形，少有念珠状，直或弯曲呈镰刀状至环状，扁或膨胀，被鳞片状腺点、刺毛状腺体、瘤状突起或硬刺，极少光滑，不裂或成熟后2瓣裂。种子肾形或近球形，无种阜。

约20种，分布遍及全球各大洲，以欧亚大陆为多。我国有8种，东北各地，华北各地，西北各地，华东的山东、江苏，华中的河南及西南的云南均有分布，主要分布于黄河流域以北各地；陕西产4种；延安有2种，各县（区）均有分布。

本属植物均具有很强的适应能力，能在很多种生境环境中良好生长，地下具有发达的根系和根茎，具有极耐旱、耐热、耐寒、耐沙埋等特性，抗风固沙及防冲蚀能力极强。

本属部分种类的根和根茎可入药，有解毒、消炎、祛痰镇咳之效，有极广的临床应用价值。此外，甘草还可应用于食品工业和烟草工业，也可作为荒漠地区水土保持植物。

分种检索表

1. 荚果条状长卵圆形，长2～4cm，镰形弯曲，被刺毛状腺体；小叶卵形、倒卵形或圆形……………………………………………………………… 1. 甘草 *G. uralensis*

1. 荚果卵形，长1～1.5cm，密被刺；小叶椭圆形、菱状椭圆形或椭圆状披针形……………………………………………………………… 2. 刺果甘草 *G. pallidiflora*

1. 甘草

Glycyrrhiza uralensis Fisch. ex DC., Prodr. 2: 248. 1825; 中国植物志, 42(2): 169. 1998.

多年生草本，高30～120cm。根与根状茎粗壮，外皮褐色，里面淡黄色，具甜味。茎直立，木质化，密被鳞片状腺点、刺毛状腺体及白色或褐色的绒毛。托叶三角状披针形，两面密被白色短柔毛；

甘草 *Glycyrrhiza uralensis*

1.群落（常朝阳 摄）；2.果枝（常朝阳 摄）；3.花序（常朝阳 摄）；4.果序（常朝阳 摄）

叶柄密被褐色腺点和短柔毛；小叶5～17枚，卵形、长卵形或近圆形，长1.5～5cm，宽0.8～3cm，绿色，上面颜色较深，两面均密被黄褐色腺点及短柔毛，顶端钝，具短尖，基部圆。多数花组成总状花序，腋生，密生褐色的鳞片状腺点和短柔毛；花萼钟状，长7～14mm，密被黄色腺点及短柔毛，基部偏斜并膨大呈囊状，萼齿5，与萼筒近等长，上部2齿连合；花冠紫色、白色或黄色，长10～24mm，旗瓣长圆形，翼瓣短于旗瓣，龙骨瓣短于翼瓣；子房长圆形，密被刺毛状腺体。荚果弯曲呈镰刀状或呈环状，密集成球，密生瘤状突起和刺毛状腺体。种子3～11，暗绿色，圆形或肾形，长约3mm。花期6～8月，果期7～10月。

延安产吴起、宝塔、志丹、安塞、延川、甘泉、洛川、黄陵、富县和黄龙等地，生于海拔1000～1600m的山坡灌丛草地；分布于我国东北黑龙江、辽宁，华北各地，西北各地及华东的山东。中亚及阿富汗、巴基斯坦、蒙古、俄罗斯西伯利亚也产。

甘草根系入土深，喜光照充足、降水量较少、夏季酷热、冬季严寒、昼夜温差大的生态环境，具有喜光、耐旱、耐热、耐盐碱和耐寒的特性。适宜在土层深厚、土质疏松、排水良好的沙质土壤中生长。

根状茎入药，为传统中药材之一，用于清热解毒、润肺止咳、调和诸药；根可作食品工业的甜味剂。甘草地上部分是荒漠草原中优质的饲用植物，是一种优良的豆科牧草。同时，也是荒漠半荒漠地区保持水土、改良土壤、防风固沙的重要植物。根部有根瘤菌共生，能固氮，提高土壤肥力。

2. 刺果甘草

Glycyrrhiza pallidiflora Maxim. Prim. Fl. Amur. 79. 1859; 中国植物志, 42(2): 174. 1998.

多年生草本，高1～1.5m。茎直立，基部木质化，多分枝，具条棱，密被黄褐色鳞片状腺点，无毛。托叶披针形；叶柄无毛，密生腺点；小叶9～15枚，披针形或卵状披针形，长2～6cm，宽1.5～2cm，绿色，上面颜色较深，两面均密被鳞片状腺体，无毛，顶端渐尖，具短尖，基部楔形，边缘具微小的钩状细齿。花密集成球形的总状花序，腋生；总花梗密生短柔毛及黄色鳞片状腺点；苞片卵状披针形，膜质，具腺点；花萼钟状，长4～5mm，密被腺点，基部疏被短柔毛；萼齿5，披针形，与萼筒近等长；花冠淡紫色、紫色或淡紫红色，旗瓣卵圆形，长6～8mm，翼瓣短于旗瓣，龙骨瓣稍短于翼瓣。荚果卵圆形，长10～17mm，宽6～8mm，顶端具突尖，外面被硬刺。种子2枚，黑色，圆肾形，长约2mm。花期6～7月，果期7～9月。

延安产于吴起、子长（瓦窑堡）等地。陕西见于靖边、高陵、略阳，生于350～1000m的河滩或

刺果甘草 *Glycyrrhiza pallidiflora*
1.花枝（吴振海 摄）；2.果枝（黎斌 摄）；3.果序（吴振海 摄）

河岸，杨凌、西安等地公园也有栽培。产东北各地，华北各地，西北的陕西，华东的山东、江苏等。常生于河滩地、岸边、田野、路旁。俄罗斯远东地区也有。

刺果甘草喜生于盐土和盐碱土上，要求的土壤pH8.0～8.5。在沿海和内陆的盐化草甸、碱性沙地、台田边缘、排碱沟旁、盐渍化落荒地等都有分布。在排水良好、阳光充足、土层深厚的盐化壤质土中，生长繁茂。

刺果甘草茎叶作绿肥。生长周期长，抗旱、抗虫，是一种抗逆性较强的绿化植物。由于刺果甘草茎秆坚硬，植株高大，分枝多，叶量大，根系发达，固沙保土作用良好。种子不仅可以榨油，茎纤维可用于编织多种编制品。茎秆木质化程度高，燃烧值高，也是一种重要的薪炭植物；还是一种良好的蜜源植物。可青饲，亦可晒制干草，也可与禾本科饲料作物混合青贮。果实和根部也可入药。

20. 小冠花属 *Coronilla* L.

本属编者：西北农林科技大学　常朝阳

一年生、多年生草本或矮小灌木。奇数羽状复叶；托叶形状各样，宿存。多朵排列成伞形花序，腋生；苞片和小苞片披针形，宿存；花艳丽，有黄色、紫色或白色，明显有淡紫红色脉纹，下垂，花萼的表面分泌花蜜；花萼膜质，短钟状，偏斜，有时为二唇形，萼齿5，近相等，披针形或三角形，短于或等于萼管，花冠伸出萼外，旗瓣近圆形或扁圆形，有瓣柄，无耳，翼瓣倒卵形或长圆形，有瓣柄和耳，二体雄蕊（9+1），花丝顶端膨大，子房具柄，线形，具胚珠多颗，花柱丝状，向内弯曲，柱头顶生。荚果细瘦，近圆柱形，有4条纵脊或棱角，不开裂，有节，各荚节长圆形而稍扁，内具种子1颗，种子黄褐色，种脐明显。

约55种，分布于欧洲、非洲及西亚。我国引种2种，主要分布于东北、华北、西北等地；陕西亦有引种；延安栽培1种。

本属植物多为抗旱、抗寒，能在干旱的环境条件下生长，可作为水土保持植物。

本属植物部分种为优良绿肥及水土保持植物，部分种观赏价值较高。

绣球小冠花

Coronilla varia L., Sp. Pl. 743. 1753; 中国植物志, 42(2): 229. 1998.

多年生草本。茎直立，粗壮，多分枝，高50～100cm。茎、小枝圆柱形，具条棱，髓心白色，初被柔毛，后脱落。奇数羽状复叶，具小叶11～17（25）；托叶小，膜质，披针形，分离，无毛；叶柄短，无毛；小叶薄纸质，椭圆形或长圆形，长15～25mm，宽4～8mm，先端具短尖头，基部近圆形，两面无毛；小托叶小。5～10 (20) 花密集排列成绣球状伞形花序，腋生，长5～6cm；总花梗疏生小刺；苞片和小苞片2，披针形，宿存；花梗短；花萼膜质，萼齿短于萼管；花冠紫色、淡红色或白色，有明显紫色条纹，长8～12mm，旗瓣近圆形，翼瓣近长圆形；龙骨瓣先端成喙状，喙紫黑色，向内弯曲。荚果细长圆柱形，稍扁，具4棱，先端有宿存的喙状花柱，各荚节有种子1颗；种子长圆状倒卵形，光滑，黄褐色，长约3mm，宽约1mm，种脐长0.7mm。花期6～7月，果期8～9月。

延安产志丹、宝塔、洛川和黄陵等地，海拔800～1400m的川、台塬地及道路边挖填方处有栽培，用于观赏或作为护坡植被；我国东北、华北、西北多有引种。原产欧洲、地中海地区。

抗旱、抗寒、不耐涝，喜光不耐阴、病虫害少，对土壤要求不严，耐瘠薄，以排水良好、中性的肥沃土壤上生长最好。

为优良绿肥及水土保持植物，也可作蜜源植物和观赏。作牧草新鲜状态时有毒性，干后毒性减小。根系发达，在西北地区常用于公路护坡。

绣球小冠花 *Coronilla varia*
1.群落（曹旭平 摄）；2.花及叶（曹旭平 摄）；3.花序（曹旭平 摄）；4.植株（曹旭平 摄）

21.落花生属 *Arachis* L.

本属编者：延安市黄龙山国有林管理局 王赵钟

一年生草本。主茎直立，侧枝平卧，被长毛。偶数羽状复叶，具小叶2～3对；托叶大，贴生在叶柄基部；无小托叶。花单生或数朵簇生于叶腋内，无梗；花萼膜质，萼管随花的发育而伸长，裂片5，上部4裂片合生，下部1裂片分离；花冠黄色，旗瓣近圆形，具瓣柄，无耳，翼瓣长圆形，具瓣柄，有耳，龙骨瓣内弯，有喙，二体雄蕊（9+1），有时成9枚合生的单体，1枚退化，花药二型，子房近无柄，胚珠2～3颗，稀为4～6颗，花柱细长，胚珠受精后子房柄逐渐延长，下弯成一坚强的柄，将尚未膨大的子房插入土下，并于地下发育成熟。荚果长椭圆形，有凸起的网脉，不开裂，通常于种子之间缢缩，有种子1～4颗。

约22种，分布于热带美洲，我国引有3种，其中落花生（*A. hypogaea* L.）在各地广泛栽培。陕西引种1种；延安也有栽培，各县（区）均有。

本属植物持久性、丰产性、耐阴性、耐旱性较强，宜气候温暖、生长季节较长、雨量适中的沙质土地区。

本属植物为饲用和地被植物兼用型豆科牧草，可用作草地植物、果园间作、路边和坡地的地被以及观赏植物。

落花生

Arachis hypogaea L., Sp. Pl. 2: 741. 1753; 中国植物志, 41: 361. 1995.

一年生草本。根系发达，有丰富的根瘤；茎直立或匍匐，长30～80cm，茎和分枝均有棱，被

落花生 ***Arachis hypogaea***
1.植株（吴振海 摄）；2.花（吴振海 摄）；3.果（黎斌 摄）

黄色长柔毛，后脱落。偶数羽状复叶，具小叶2对；托叶具纵脉纹，被毛；叶柄基部抱茎，长5～10cm，被毛；小叶纸质，卵状长圆形至倒卵形，长2～4cm，宽0.5～2cm，先端具小刺尖头，全缘，两面被毛，边缘具睫毛；小叶柄短，被黄棕色长毛。花单生或簇生于叶腋；苞片2，披针形；萼管细，长4～6cm；花冠黄色或金黄色，旗瓣开展，先端凹入；翼瓣与龙骨瓣分离，翼瓣长圆形或斜卵形，细长；龙骨瓣长卵圆形，内弯，先端渐狭成喙状，较翼瓣短；雄蕊9枚合生，1枚退化；胚珠受精后，花冠及雄蕊自萼筒咽部脱落，不孕花脱落，能育花的花托在花后延长成子房柄，下插入土，子房在土中发育成荚果。荚果长2～5cm，膨胀，荚厚，果皮革质，有网纹；种子常1～3粒，种皮浅红色至深红色。花期6～7月，果期9～10月。

延安各县（区）常见栽培；我国南北各地亦多有栽培。原产南美热带地区，现在世界各地广为栽培。

落花生适应能力强、营养价值高、繁殖能力强；宜气候温暖、生长季节较长、雨量适中的沙质土地区。

重要经济作物，种子含油量45%～50%。除供食用外，也可作为毛纺工业的润滑油、制皂或作化妆品原料；茎、叶可作绿肥和饲料，也可入药，治失眠及高血压头晕等症。还具有一定的观赏价值。

22. 胡枝子属 *Lespedeza* Michx.

本属编者：西北农林科技大学　常朝阳

多年生草本、半灌木或灌木。羽状三出复叶，具3小叶；托叶小，钻形或线形，不具小托叶；小叶全缘，先端有小刺尖，网状脉。花2至多数组成腋生的总状花序或花束；花梗在萼下不具关节；苞片宿存，每苞片内有2花；花常二型，一种有花瓣，有时不结实；另一种为无瓣花，结实；花萼钟形，5裂，裂片披针形或线形，上方2裂片基部合生；花冠紫色、红色或白至黄色，超出花萼，花瓣具瓣柄，旗瓣倒卵形或长圆形，翼瓣长圆形，与龙骨瓣稍附着或分离，龙骨瓣钝头、内弯；二体雄蕊（9+1）；子房上位，具1胚珠，花柱内弯，柱头顶生。荚果扁平，卵形、倒卵形或椭圆形，稀稍呈球形，双凸镜状，有网纹，包于宿存的花萼内，不开裂，含1粒种子。

60余种，分布于东亚至澳大利亚东北部及北美。我国产25种，除新疆外，广布于全国各地。陕西产14种1亚种；延安产10种，各县（区）均有分布。

本属植物生态幅较宽，生命力强，容易繁殖，萌蘖力强，喜光，耐阴，根系发达，具有耐干旱、耐贫瘠、耐热、耐寒、耐酸、耐碱、耐盐、耐金属以及耐刈割等优良特性。

本属植物为良好的水土保持植物及固沙植物。嫩枝、叶可作饲料及绿肥，也可作蜜源植物和观赏植物；根部具有根瘤菌，能够改善土壤结构，增加土壤有机质，提高肥力，减少土壤流失，具有良好的生态效益。

分种检索表

1. 植物具无瓣花……………………………………………………………………………………2
1. 植物不具无瓣花…………………………………………………………………………………9
2. 花序的总花梗纤细…………………………………………………………1. 多花胡枝子 *L. floribunda*
2. 花序的总花梗粗壮………………………………………………………………………………3
3. 萼齿狭披针形，花萼长超过花冠的一半…………………………………………………………4
3. 萼齿披针形或三角形，花萼长不及花冠的一半…………………………………………………6
4. 植株密被黄褐色柔毛；无瓣花簇生于叶腋呈球形……………………2. 绒毛胡枝子 *L. tomentosa*
4. 植株被粗硬毛或柔毛……………………………………………………………………………5
5. 茎单一或数个簇生；花序与叶近等长；小叶长圆形，长2～5cm，宽5～16mm……………………………………………………………………………………3. 兴安胡枝子 *L. davurica*
5. 茎基部多分枝；花序明显长于叶；小叶狭长圆形，长8～15mm，宽3～5mm……4. 牛枝子 *L. potaninii*
6. 小叶较狭，长圆状线形，长约为宽的10倍，长2～4cm，宽2～4mm………5. 长叶胡枝子 *L. caraganae*
6. 小叶较宽，楔形、倒披针形或长圆形，长为宽的5倍以下………………………………………7
7. 小叶楔形或线状楔形，先端截形或近截形……………………………6. 截叶铁扫帚 *L. cuneate*
7. 小叶倒披针形、线状长圆形或长圆形，先端稍尖、钝圆或微凹…………………………………8
8. 小叶倒披针形或线状长圆形，长1.5～3.5cm，宽3～7mm，先端稍尖或钝圆；旗瓣不反卷……………………………………………………………………………………7. 尖叶胡枝子 *L. juncea*
8. 小叶长圆形或倒卵状长圆形，长1～2.5cm，宽5～10mm，先端钝圆或微凹；旗瓣反卷……………………………………………………………………………………10. 阴山胡枝子 *L. inschanica*
9. 花序短于叶，近无总花梗……………………………………………9. 短梗胡枝子 *L. cyrtobotrya*
9. 花序长于叶，总花梗明显，长4～10cm……………………………………………8. 胡枝子 *L. bicolor*

1. 多花胡枝子

Lespedeza floribunda Bunge, Pl. Mongholico-Chin. 13. 1835; 中国植物志, 41: 148. 1995.

小灌木，高30～100cm。根细长；茎于基部分枝；枝有条棱，被灰白色绒毛。羽状复叶具3小

多花胡枝子 *Lespedeza floribunda*
1.群落（植株）（蒋鸿 摄）；2.小枝及叶片（蒋鸿 摄）；3.花枝（蒋鸿 摄）

叶；托叶线形，先端刺芒状；小叶具柄，倒卵形、宽倒卵形或长圆形，长1～1.5cm，宽6～9mm，先端微凹、钝圆或近截形，具小刺尖，基部楔形，上面被疏伏毛，下面密被白色伏柔毛；顶生小叶较侧生小叶大。多数花组成腋生的总状花序；总花梗细长；小苞片卵形，先端急尖；花萼长4～5mm，被柔毛，5裂，上方的2裂片仅基部合生，裂片披针形或卵状披针形，短于萼筒，先端渐尖；花冠紫色、紫红色或蓝紫色，旗瓣椭圆形，长8mm，先端圆形，基部有柄，翼瓣稍短，龙骨瓣长于旗瓣，钝头。荚果宽卵形，长约7mm，伸出宿存萼，密被柔毛，有网状脉。花期6～9月，果期9～10月。

延安产宝塔、甘泉、延川、洛川、黄陵、宜川和黄龙等地，生于海拔350～1600m的山坡、山谷、河岸灌丛或疏林中；分布于我国东北的辽宁，华北各地，西北的陕西、宁夏、甘肃、青海，华东的江苏、安徽、福建，华中的河南、湖北，华南的广东，西南的四川等。巴基斯坦、印度也产。

多花胡枝子喜光、耐寒、耐干旱瘠薄土壤，适应性强。抗风沙能力强。

多花胡枝子枝条披垂，花期较晚，淡雅秀丽，园林中常栽培观赏。它根系发达，有根瘤菌，宜作水土保持及防护林下层树种。花美丽，可植于庭院观赏，颇具野趣，也可作乔化花木和树状花木。还可作家畜饲料和绿肥。以根入药，具有消积散瘀、截疟之功效。

2. 绒毛胡枝子（山豆花）

Lespedeza tomentosa (Thunb.) Sieb. ex Maxim., Trudy Imp. S. -Peterburgsk. Bot. Sada 2: 376. 1873; 中国植物志, 41: 150. 1995. ——*Hedysarum tomentosum* Thunb. Fl. Jap. 286. 1784.

灌木，高达1m。全株密被黄褐色绒毛。茎直立，有时上部有少量分枝。托叶小，线形，宿

存；羽状复叶具3小叶；顶生小叶较侧生小叶大，小叶质厚，椭圆形或卵状长圆形，长3～6cm，宽1.5～3cm，先端钝或微心形，边缘稍反卷。总状花序顶生或于茎上部腋生，花密集，无瓣花呈头状花序，生于茎上部叶腋；总花梗粗壮，长4～8（12）cm；苞片线状披针形；花梗短；花萼长约6mm，5深裂，裂片狭披针形，短于萼筒；花冠黄色或黄白色，旗瓣椭圆形，长约1cm，龙骨瓣与旗瓣近等长，翼瓣较短，长圆形。荚果倒卵形，长3～4mm，宽2～3mm，先端有短尖，表面密被毛。

延安产富县、黄陵和黄龙等地，生于海拔560～1600m的山地灌丛或疏林下；除西藏和新疆外，全国各地均有分布。巴基斯坦、印度、尼泊尔、克什米尔地区、日本、朝鲜、蒙古、俄罗斯也产。

具有耐旱、耐瘠薄、耐刈割的优良特性。

水土保持植物，又可做饲料及绿肥；根药用，健脾补虚，有增进食欲及滋补之效。

绒毛胡枝子 *Lespedeza tomentosa*
1.植株（常朝阳 摄）；2.叶枝（常朝阳 摄）3.花枝（常朝阳 摄）

3. 兴安胡枝子

Lespedeza davurica (Laxm.) Schindl., Repert. Spec. Nov. Regni Veg. 22: 274. 1926; 中国植物志, 41: 151. 1995. ——*Trifolium davuricum* Laxm., Nov. Comm. Acad. Sci. Imp. Petrop. 15: 560. 1771.

小灌木，高达1m。茎稍斜升，有时数个簇生；老枝黄褐色或赤褐色，被短柔毛或无毛，幼枝绿褐色，有细棱，被白色短柔毛。羽状复叶具3小叶；托叶小，线形；小叶长圆形或狭长圆形，长2～5cm，宽5～16mm，先端圆形或微凹，有小刺尖，基部圆形，仅下面被贴伏的短柔毛；顶生小叶较侧生小叶大。总状花序腋生；总花梗被短柔毛；小苞片披针状线形，被毛；花萼5深裂，外面被白毛，萼裂片披针形，先端长渐尖，呈刺芒状，与花冠近等长；花冠白色或黄白色，旗瓣长圆形，长约1cm，中央稍带紫色，翼瓣长圆形，较短，龙骨瓣比翼瓣长；无瓣花生于叶腋，结实。荚果小，倒卵形或长倒卵形，长3～4mm，宽2～3mm，先端有刺尖，基部稍狭，两面凸起，被白色柔毛，有明显网纹，包于宿存花萼内。花期7～8月，果期9～10月。

兴安胡枝子 *Lespedeza davurica*
1.叶枝及无瓣花（常朝阳 摄）；2.花枝（常朝阳 摄）

延安产吴起、安塞、宝塔、子长、富县、洛川、黄陵、宜川和黄龙等地，较普遍，生于海拔400～1600m的山坡、河岸、沙滩草地、灌丛中；分布于我国东北各地，华北各地，西北的陕西、宁夏、甘肃，华东的安徽、台湾，华中的河南，西南各地。朝鲜、蒙古、俄罗斯也产。

较喜温暖，性耐干旱，耐贫瘠，主要分布于森林草原和草原地带的干旱山坡、丘陵坡地、沙质地，为草原群落的次优势成分或伴生成分。再生性弱，故耐牧力不强。

为优良的饲用植物，适于放牧或刈割干草之用，幼嫩枝条各种家畜均喜食，亦可作绿肥和水土保持植物。也可作为改良干旱、退化或趋于沙化草场的材料。

4. 牛枝子

Lespedeza potaninii Vass., Bot. Mater. Gerb. Bot. Inst. Komorova Akad. Nauk S. S. S. R. 9: 202. 1946; 中国植物志, 41: 153. 1995.

半灌木，高20～60cm。茎斜升或平卧，基部多分枝，有细棱，被粗硬毛。托叶小，刺毛状；羽状复叶具3小叶，小叶狭长圆形，稀椭圆形至宽椭圆形，长8～15（22）mm，宽3～5（7）cm，先端具小刺尖，基部稍偏斜，仅下面被灰白色粗硬毛。花疏生成腋生的总状花序；总花梗长；小苞片锥形；花萼密被长柔毛，5深裂，裂片披针形，长5～8mm，先端呈刺芒状；花冠黄白色，比萼裂片稍长，旗瓣中央及龙骨瓣先端带紫色，翼瓣较短；无瓣花腋生，无梗。荚果双凸镜状倒卵形，长3～4mm，密被粗硬毛，包于宿存萼内。花期7～9月，果期9～10月。

延安产安塞、宝塔、延长、子长、黄龙和黄陵等地，生于海拔550～1700m的沙地或荒坡。分布于东北的辽宁，华北各地，西北的陕西、宁夏、甘肃、青海，华东的江苏，华中的河南，西南的四川、云南、西藏等地。

强旱生小半灌木。分布于荒漠草原及草原化荒漠地带，也见于相邻近的典型草原地带的边缘。生长在沙质、砾石质的平原、丘陵地，石质山坡和山麓；也习生于黄土高原的丘陵梁坡和塬地。

为优质饲用植物；耐干旱，可作水土保持及固沙植物。

牛枝子 *Lespedeza potaninii*
1.群落（蒋鸿 摄）；2.小枝及叶片（蒋鸿 摄）；3、4.花枝（蒋鸿 摄）

5. 长叶胡枝子

Lespedeza caraganae Bunge, Pl. Mongholico-Chin. 11. 1835; 中国植物志, 41: 155. 1995.

灌木，高约50cm。茎直立，多棱，被短伏毛；分枝斜生。羽状复叶具3小叶；托叶小，钻形；叶柄短，被短伏毛；小叶长圆状线形，长2～4cm，宽2～4mm，先端具小刺尖，基部狭楔形，边缘稍内卷，仅下面被伏毛。3～5朵花排成腋生的总状花序；总花梗密生白色伏毛；花梗短，密生白色伏毛，基部具3～4枚苞片；小苞片狭卵形，长约2.5mm，密被伏毛；花萼狭钟形，长5mm，外密被伏毛，5深裂，裂片披针形；花冠比花萼长，白色或黄色，旗瓣宽椭圆形，长约8mm，翼瓣长圆形，长约7mm，龙骨瓣长约8.5mm，瓣柄长，先端钝头。荚果长圆状卵形，有瓣花的荚果长4.5～5mm，宽约2mm，疏被白色伏毛，先端具短喙；无瓣花的荚果稍小于有瓣花。花期6～9月，果期10月。

延安产子长、宝塔、黄陵和黄龙等地，生于海拔480～1600m的山坡草地或灌丛中；分布于东北的辽宁，华北各地，西北的陕西、甘肃，华中的河南等。

6. 截叶铁扫帚

Lespedeza cuneata (Dum. -Cours.) G. Don, Gen. Hist. 2: 307. 1832; 中国植物志, 41: 156. 1995. ——*Anthyllis cuneata* Dum. −Cours. Bot. Cult. 6: 100. 1811.

小灌木，高达1m。茎直立或斜升，被白色柔毛，有棱，上部分枝；分枝斜上举。小叶3，密集枝上，柄短；小叶楔形或线状楔形，狭窄，长1～3cm，宽2～7mm，先端截形成近截形，具小凸尖头，基部楔形，上面近无毛或有时疏被短柔毛，下面密被白色伏毛；托叶钻形，宿存。2～4朵花组成腋生的总状花序；无瓣花簇生叶腋；总花梗极短；小苞片2，卵形或狭卵形，背面被白色伏毛，边具缘毛；花萼狭钟形，密被白色伏毛，5深裂，裂片披针形；花冠淡黄色或白色，旗瓣基部有紫斑，有时龙骨瓣先端带紫色，翼瓣与旗瓣近等长，龙骨瓣稍长。荚果宽卵形或近球形，被白色伏毛或无，长2.5～3.5mm，宽约2.5mm，先端具短尖。花期7～8月，果期9～10月。

延安产安塞、宝塔、延川、延长、黄龙、黄陵、富县和洛川等地。陕西南北均产，很普遍，生于海拔400～1650m的荒坡草地、河滩、田边、路旁；分布于我国西北的陕西、甘肃，华东的山东、台湾，华中的河南、湖北、湖南，华南的广东，西南的四川、云南、西藏等地。阿富汗、巴基斯坦、印度、尼泊尔、不丹、中南半岛、印度尼西亚、菲律宾、日本、朝鲜也产，在澳大利亚和北美已归化。

截叶铁扫帚 *Lespedeza cuneata*
1. 植株（吴振海 摄）；2. 花枝（吴振海 摄）

生态幅较宽，喜光，耐一定庇荫。最适于黏土和壤土，极耐铝含量高的酸性土，不适应钙质土或水分过多的土壤，在低肥力土壤上仍能生长良好。

可作牧草及水土保持植物，也是矿区环境改造灌木。

7. 尖叶胡枝子

Lespedeza juncea (L. f.) Pers., Syn. Pl. 2: 318. 1807; 中国植物志, 41: 156. 1995. ——*Hedysarum junceum* L. f., Dec. Pl. Hort. Upsal. 1: 7. 1762.

小灌木，高可达1m。全株被伏毛，分枝或上部分枝呈扫帚状。羽状复叶，具3小叶；托叶线形；小叶倒披针形、线状长圆形或狭长圆形，长1.5～3.5cm，宽3～7mm，先端有小刺尖，边缘稍反卷，仅下面密被伏毛。3～7朵小花较密集地排列成腋生的总状花序，近似伞形花序；无瓣花簇生于叶腋，无梗；苞片及小苞片短，卵状披针形或狭披针形；花萼狭钟状，长3～4mm，5深裂，裂片披针形，外面被白色状毛，花开后具明显3脉；花冠白色或淡黄色，旗瓣基部带紫斑，花期有时反卷，龙骨瓣先端带紫色，旗瓣、翼瓣与龙骨瓣近等长，有时旗瓣较短。荚果宽卵形，两面被白色伏毛，稍超出宿存萼。花期7～9月，果期9～10月。

延安产于吴起、志丹、安塞、宝塔、子长、富县、延川和黄龙等地，生于海拔1500m以下的山坡灌丛间。我国分布于东北的黑龙江、吉林、辽宁、内蒙古（东部），华北的河北、山西、内蒙古（中部），西北的陕西（南部）、甘肃，华东的山东等地。朝鲜、日本、蒙古、俄罗斯（西伯利亚）也有分布。

尖叶胡枝子具有较好的抗旱及耐寒特性，耐阴性好，耐贫瘠，在贫瘠的浅层土环境下也可正常生长。抗病性、抗虫性较强。

可作绿肥和优质牧草饲用。全草可入药，有止泻利尿，止血功效。可通过根瘤菌固氮作用从而改良土壤，增加土壤养分。冠丛较密，可以有效防止雨滴直接打击地表，起到水土保持的作用。

尖叶胡枝子 *Lespedeza juncea*
1、2.群落（植株）（蒋鸿 摄）；3.枝叶（蒋鸿 摄）

8. 胡枝子

Lespedeza bicolor Turcz., Bull. Soc. Imp. Nat. Moscou 13: 69. 1840; 中国植物志, 41: 143. 1995.

直立灌木，高1～3m，多分枝。小枝黄色或暗褐色，有条棱，被疏短毛。羽状复叶具3小叶；托叶2枚，线状披针形；叶柄长2～9cm；小叶质薄，卵形、倒卵形或卵状长圆形，长1.5～6cm，宽1～3.5cm，先端具短刺尖，全缘，绿色，上面颜色较深，仅下面被疏柔毛，老时渐无毛。总状花序腋生，比叶长，常构成大型、较疏松的圆锥花序；小苞片2，卵形，黄褐色，被短柔毛；花梗短，密被毛；花萼长约5mm，5浅裂，裂片通常短于萼筒，上方2裂片合生成2齿，裂片卵形或三角状卵形，外面被白毛；花冠红紫色，极稀白色，长约10mm，旗瓣倒卵形，翼瓣较短，近长圆形，龙骨瓣与旗瓣近等长；子房被毛。荚果斜倒卵形，稍扁，长约10mm，宽约5mm，网脉明显，密被短柔毛。花期7～9月，果期9～10月。

延安产宝塔、志丹、甘泉、富县、黄陵和黄龙等地，生于海拔740～1600m的山地灌丛或疏林中；陕西秦巴山区也有；分布于我国东北各地，华北各地，西北的陕西、甘肃，华东各地，华中的河南，华南等地。日本、朝鲜、俄罗斯也产。

胡枝子喜光，耐寒，耐干旱，耐瘠薄，适应能力很强。

枝叶为优良家畜饲料；嫩叶可代茶；枝条柔软可用来编筐；根可入药，清热、解毒；花为蜜源；种子可食用。根系发达，萌蘖力强，是良好的水土保持植物。

胡枝子 *Lespedeza bicolor*

1.群落（植株）（曹旭平 摄）；2.叶片及花（曹旭平 摄）；3.花枝（曹旭平 摄）

9. 短梗胡枝子

Lespedeza cyrtobotrya Miq., Ann. Muc. Bot. Lugd. -Bat. 3: 48. 1867; 中国植物志, 41: 133. 1995.

直立灌木，高1～3m，多分枝。小枝褐色或灰褐色，具棱，贴生疏柔毛，老枝无毛。羽状复叶，具3小叶；托叶2，线状披针形，暗褐色，宿存；叶柄长1～2.5cm，被短毛；顶生小叶较大，小叶宽卵形，卵状椭圆形或倒卵形，长1.5～4.5cm，宽1～3cm，先端具小刺尖，上面无毛，下面贴生疏柔毛。总状花序腋生而密集，较叶短；苞片小，卵状渐尖，暗褐色；花梗短，被白毛；花萼筒状钟形，长2～2.5mm，5深裂，裂片披针形，渐尖，表面密被毛；花冠红紫色，长约11mm，旗瓣倒卵形，先端圆或微凹，基部具短柄，翼瓣长圆形，比旗瓣和龙骨瓣短，先端圆，基部具明显的耳和瓣柄，龙骨瓣顶端稍弯，与旗瓣近等长，基部具耳和柄。荚果斜卵形，稍扁，长6～7mm，宽约5mm，网脉明显，密被服帖柔毛。花期7～8月，果期9月。

延安产宝塔、宜川、黄陵、富县和黄龙等地；陕西也分布于东部（韩城）及秦岭山地，生于海拔600～1500m的山地灌丛、林缘或河岸；我国分布于东北各地，华北各地，西北的陕西、甘肃，华中的河南，华东的江西，华南的广东等地。日本、朝鲜、俄罗斯远东地区也产。

短梗胡枝子具有生长快，耐干旱、耐贫瘠、耐寒冷、适应性强、生物量大、萌蘖能力强等优良特性。

幼嫩枝叶为良好的饲料；枝条可用于编织。茎皮纤维可制造人造棉或造纸。其花量大、花色艳丽，是良好的水土保持树种及观赏树种。

短梗胡枝子 *Lespedeza cyrtobotrya*

1植株（康冰 摄）；2.花枝（康冰 摄）；3.花序（康冰 摄）

10. 阴山胡枝子

Lespedeza inschanica (Maxim.) Schind., Bot. Jahrb. Syst. 49: 603. 1913; 中国植物志, 41: 158. 1995. ——*Lespedeza juncea* (L. f.) Pers. var. *inschanica* Maxim., Trudy Imp. S.-Peterburgsk. Bot. Sada 2: 371. 1873.

灌木，高达80cm。茎直立或斜升，仅上部被短柔毛。羽状复叶具3小叶；托叶丝状钻形，背部具1～3条明显的脉，被柔毛；叶柄长3～10mm；小叶长圆形或倒卵状长圆形，长1～2.5cm，宽0.5～1.5cm，先端钝圆或微凹，基部宽楔形或圆形，仅下面密被伏毛；顶生小叶较侧生小叶大，叶轴短，侧生小叶近无柄。2～6朵花组成腋生的总状花序，与叶近等长；小苞片长卵形或卵形，背面密被伏毛，边有缘毛；花萼长5～6mm，前方2裂片分裂较浅，其余分裂较深，裂片披针形，先端长渐尖，具明显3脉及缘毛，萼筒外被伏毛；花冠白色，旗瓣近圆形，长7mm，基部带大紫斑，花期反卷，翼瓣长圆形，长5～6mm，龙骨瓣长6.5mm，通常先端带紫色；无瓣花簇生于上部叶腋。荚果倒卵形，长4mm，宽2mm，密被伏毛，短于宿存萼。花期8～10月，果期9～10月。

延安产吴起、黄龙和黄陵，生于海拔1500m以下的干旱山坡、草地、灌丛和杂木林；分布于我国东北的辽宁，华北的内蒙古（中部）、河北、山西，西北的陕西（南部）、甘肃，华东各地，西南的四川、云南等地。朝鲜、日本也产。

耐旱和贫瘠土壤，根系庞大，是林缘、山地、灌丛的伴生成分；具根瘤，可作绿肥和水土保持植物；营养丰富，可作家畜饲料；全株可供药用，用于消炎。

23. 杭子梢属 *Campylotropis* Bunge

本属编者：商洛市林业局　郭鑫

落叶灌木或半灌木。小枝具棱，被绢毛，稀无毛。羽状复叶具3小叶；托叶2，狭三角形至钻形，多数宿存；叶柄被毛，稍有翅或无翅；顶生小叶通常比侧生小叶稍大。总状花序腋生，或有时于顶部排成圆锥花序；在每枚苞片腋内生有1花，花梗在萼下有关节，花易从关节处脱落；小苞片2，生于花梗顶端，早落；花萼钟形，5裂，上方2齿合生，下方萼裂片较上、侧方萼裂片狭而长；花冠紫色，二体雄蕊（9+1）；子房具短柄，1室，1胚珠，花柱丝状，向内弯曲，具小而顶生的柱头。荚果压扁，两面凸，有时近扁平，不开裂，表面有毛或无毛，先端具宿存花柱，具明显网脉；种子1颗。

约37种，主要分布于亚洲温带地区。我国有32种，多分布于西南部；陕西产1种1变种；延安分布1种，产志丹、甘泉、富县、黄陵、洛川、宜川和黄龙等地。

本属植物较耐干旱，野生于海拔150～4100m的灌丛、林缘、疏林内、山下、山溪边等。

本属植物可作水土保持的重要树种。一些种类为营造混交林的良好下木，可起固氮改良土壤的作用。枝条可供编织。叶及嫩枝可作饲料及绿肥。又为蜜源植物。一些种类的根、叶还可供药用。

杭子梢

Campylotropis macrocarpa (Bunge) Rehd. in Sarg., Pl. Wilson. 2: 113. 1914; 中国植物志, 41: 113. 1995. ——*Lespedeza macrocarpa* Bunge, Enum. Pl. China Bor. 18. 1833.

灌木，高1～2m。小枝被柔毛，嫩枝密被毛，老枝无毛。羽状复叶，具3小叶；托叶狭三角形、披针形或披针状钻形；叶柄长1～3.5cm，稍密生柔毛，稀无，枝上部的叶柄较短；小叶椭圆形或宽椭圆形，长2～7cm，宽1.5～3.5cm，先端圆形、钝或微凹，具小凸尖，基部圆形，稀近楔形，上面无毛，网脉明显，下面被柔毛，疏生至密生，中脉明显隆起。总状花序1～2腋生并顶生，花序轴及总花梗被毛；苞片卵状披针形，早落或花后逐渐脱落；花梗长4～12mm，具毛；花萼钟形，长3～5mm，萼裂片狭三角形或三角形，渐尖，下方萼裂片较狭长，上方萼裂片多数合生；花冠紫红色或近粉红色，长10～12mm，旗瓣椭圆形、倒卵形或近长圆形等，翼瓣微短于旗瓣或等长，龙骨瓣呈直角或微钝角内弯。荚果长圆形、近长圆形或椭圆形，长9～16mm，宽3～6mm，先端具短喙尖，无毛，网脉明显，边缘生纤毛。花期6～8月，果期9～10月。

延安产志丹、甘泉、富县、黄陵、洛川、宜川和黄龙等地，生于海拔400～1700m的山地灌丛或疏林下；分布于华北的河北、山西，西北的陕西（秦巴山区）、甘肃，华东的台湾，华中的河南、湖北，华南的广东，西南的四川、贵州等地。

观赏性能好、耐旱、耐寒、耐盐碱、耐阴性、耐水淹及适应能力很强，是自然群落中优良的伴生种，资源丰富、表现稳定，多散生于向阳灌丛中和岩石缝中。

根及叶入药，能发汗解毒、消炎解毒。可作为水土保持及园林绿化造林树种及坡边绿化植物，对土壤有改良作用，也可作饲料。

杭子梢 *Campylotropis macrocarpa*
1.花枝（吴振海 摄）；2.果枝（吴振海 摄）

24.鸡眼草属 *Kummerowia* Schindl.

本属编者：延安市黄龙山国有林管理局 王赵钟

一年生草本，多分枝。叶为三出羽状复叶；托叶膜质，大而宿存；小叶倒卵形至长椭圆状倒卵形，有小尖头；叶柄短。花小，1～2朵簇生于叶腋，稀3朵或更多，小苞片4枚生于花萼下方，其中有1枚较小；花冠淡红色，旗瓣与翼瓣近等长，均较龙骨瓣短，正常花的花冠和雄蕊管在果时脱落，闭锁花或不发达的花的花冠、雄蕊管和花柱在果期与花托分离，连在荚果上，至后期才脱落；二体雄蕊（9+1）；子房有1胚珠。荚果小，扁平，椭圆形，具1节，不开裂。种子1。

本属有2种，分布于中国、日本、朝鲜和俄罗斯。我国2种均产，中国产于东北、华北、西北、华东、中南、西南等地；延安产1种，主要分布于宝塔、子长、延长、黄陵、洛川、宜县和黄龙等地。

本属植物生命力顽强，对环境、土壤等要求不严，在海拔500m以下路旁、田边、溪旁、沙质地或缓山坡草地均能生长。

本属两种植物均可药用，也可作饲料和绿肥，亦可改良土壤。

长萼鸡眼草（掐不齐）

Kummerowia stipulacea (Maxim.) Makino, Bot. Mag. Tokyo 28: 107. 1914; 中国植物志, 41: 160. 1995. ——*Lespedeza stipulacea* Maxim. Prim. Fl. Amur. 58. 1859.

一年生草本，高7～15cm。茎平伏，上升或直立，分枝多而开展，茎和枝上疏被白毛，有时仅节处有毛。叶为三出羽状复叶；托叶卵形，长3～8mm，边缘通常无毛；叶柄短；小叶纸质，倒卵形、宽倒卵形或倒卵状楔形，长5～18mm，宽3～12mm，先端微凹或近截形，具短尖，基部楔形，全缘；上面无毛，下面中脉及边缘有毛，侧脉毛多而密。花1～2朵腋生；小苞片4，生于萼下，其中1枚很小，生于花梗关节之下，具1～3条脉；花梗有毛；花萼膜质，阔钟形，5裂，裂片宽卵形，有缘毛；花冠上部暗紫色，长5.5～7mm，旗瓣椭圆形，较龙骨瓣短，翼瓣狭披针形，与旗瓣近等长，龙

骨瓣钝，上面有暗紫色斑点；二体雄蕊（9+1）。荚果椭圆形或卵形，稍侧偏，长约3mm，常较萼长1.5～3倍。花期7～8月，果期8～10月。

延安产宝塔区、子长、延长、黄陵、洛川、宜县和黄龙等地，生于海拔600～1300m的草地、灌丛或河滩；分布于我国东北、华北、西北（宁夏、甘肃、青海）、华东、华中、华南等地。印度、日本、朝鲜、俄罗斯也产。

能适应各种土壤气候条件。适应土壤酸碱度的生态幅较宽，在排水良好的土壤上生长良好，具有很强的耐旱性和耐热性，具有较强的耐荫蔽能力。

全草药用，能清热解毒、健脾利湿；又可作饲料及绿肥。

长萼鸡眼草*Kummerowia stipulacea*
1.群落（蒋鸿 摄）；2.小枝及叶片（蒋鸿 摄）；3.植株（蒋鸿 摄）

25.野豌豆属 *Vicia* L.

本属编者：商洛市林业局 郭鑫

一、二年生或多年生草本。茎细长、具棱，多分枝，攀缘、蔓生或匍匐，稀直立。偶数羽状复叶，叶轴顶端为卷须或短尖头；托叶半箭头形，少数种类具腺点，无小托叶；小叶（1）2～12对，长圆形、卵形、披针形至线形，有细尖，全缘。总状或复总状花序腋生，稀单生或2～4簇生于叶腋；花萼近钟状，基部偏斜，萼齿5，下萼齿较长，被柔毛；花冠淡蓝色、蓝紫色或紫红色，稀黄色或白色；旗瓣倒卵形、长圆形或提琴形，先端微凹，翼瓣与龙骨瓣耳部相互嵌合；二体雄蕊（9+1），雄蕊管口部偏斜，花药同型；子房近无柄，胚珠2～7，花柱圆柱形，顶端四周被毛。荚果两侧稍扁平或稀为圆柱状，腹缝开裂。种子2～7，球形、扁球形、肾形或扁圆柱形，褐色、灰褐色或棕黑色。

约160种，分布于北半球温带至南美洲温带和东非。我国有40种，广布于全国各地；陕西产22种；延安有8种1变种，各县（区）均有分布。

本属植物野生资源较为丰富，有较强的适应能力，大多数较为耐旱。

本属植物世界各国广为栽培，在农业上可以作为优良牧草、绿肥、食用及观赏用。饲用价值高，用作青饲、放牧、调制干草或青贮都可以。但本属植物种子中含有氢氰酸，作精料时，须加蒸煮、浸泡等处理后，再饲喂。也可以作为早春蜜源植物或水土保持植物；有些种类嫩时可食，有些为民间草药；少数种类花果期有毒。具有改土肥田之功效，为粮、油等的优良前作。

分种检索表

1.叶轴先端卷须不发达，刚毛状或刺状……2
1.叶轴先端卷须发达，卷须分枝……3

2. 小叶2～6；花长20～30mm；荚果圆柱形 ……………………………………………1. 蚕豆 *V. faba*

2. 小叶2；花长不超过15mm；荚果两侧扁平 …………………………………………2. 歪头菜 *V. unijuga*

3. 花柱顶部背面有一束明显的髯毛；花序无总花梗或其不明显……………………………………4

3. 花柱上部周围被柔毛；花序有明显的总花梗 ……………………………………………………5

4. 一年生草本；花序具1～2花 ……………………………………………………3. 大巢菜 *V. sativa*

4. 多年生草本；花序具2～6花 ……………………………………………………4. 野豌豆 *V. sepium*

5. 二年生草本；花序具2～4花 ……………………………………………5. 大花野豌豆 *V. bungei*

5. 多年生草本或灌木状草本；花序具多花……………………………………………………………6

6. 灌木状草本；花小，长不超过8mm …………………………………6. 大野豌豆 *V. sinogigantea*

6. 草本；花大，长10～15mm ……………………………………………………………………7

7. 叶长为宽的5～10倍，小叶狭长圆形、长圆状披针形或近条形，宽不超过6mm ……………………………………………………………………………………7. 广布野豌豆 *V. cracca*

7. 叶长为宽的2.5～5倍，小叶椭圆形或长椭圆形，宽6～14mm………………………………………8

8. 小叶椭圆形至卵状披针形 ………………………………………………8a. 山野豌豆 *V. amoena*

8. 小叶狭披针形或线状长圆形 ……………………8b. 狭叶山野豌豆 *V. amoena* var. *oblongifolia*

1. 蚕豆

Vicia faba L., Sp. Pl. 2: 737. 1753; 中国植物志, 42(2): 269. 1998.

一年生草本，高30～120cm。主根短粗，多须根，具密集粉红色根瘤。茎粗壮，直立，具四棱，中空，不分枝或下部分枝，无毛。偶数羽状复叶，叶轴顶端卷须短缩为短尖头；托叶戟头形或近三角状卵形，具深紫色蜜腺点；小叶1～3（5）对，对生或互生，椭圆形、长圆形或倒卵形，稀圆形，长4～10cm，宽1.5～4cm，具短尖头，全缘，两面均无毛。总状花序腋生，具花2～4（6）朵，花梗近无；花萼钟形，萼齿披针形，下萼齿较长；花冠白色，具紫色脉纹及黑色斑晕，长2～3.5cm，旗瓣中部缢缩，基部渐狭，翼瓣短于旗瓣，长于龙骨瓣；二体雄蕊（9+1），子房线形无柄，胚珠2～6，花柱密被白柔毛，顶端远轴面有一束髯毛。荚果肥厚，长5～10cm，宽2～3cm；表皮绿色被绒毛，内有白色海绵状横隔膜，成熟后黑色。种子2～4（6），长方圆形，中间内凹，种皮革质，青绿色，灰绿色至棕褐色，稀紫色或黑色。花期4～5月，果期5～6月。

延安各县（区）有栽培；我国亚热带和温带地区广为栽培。原产地中海至非洲北部，现世界各地广为种植。

蚕豆生于北纬63°温暖湿地，耐-4℃低温，但畏暑。

蚕豆是人类最早栽培的豆类作物之一，种子及幼嫩枝条可供食用，作为粮食磨粉制糕点、小吃。

蚕豆 *Vicia faba*

1. 植株（吴振海 摄）；2. 花（吴振海 摄）；3. 荚果（吴振海 摄）

茎叶富含氮素，且易于腐烂，可作绿肥；与其他作物轮作有利于增加土壤中的氮含量，属于经济增收作物。花、荚果、种子及叶均可入药，有止血、利尿、解毒、消肿之效。

2. 歪头菜

Vicia unijuga A. Br., Index Sem. Hort. Berol. 12. 1853; 中国植物志, 42(2): 259. 1998.

多年生草本，高15～100cm。根茎粗壮近木质，须根发达，表皮黑褐色。茎丛生，具棱，疏被柔毛，后渐脱落，茎基部表皮红褐色或紫褐红色。偶数羽状复叶；叶轴末端为细刺尖头，偶见卷须；托叶戟形或近披针形，边缘齿蚀状；小叶1对，卵状披针形或近菱形，长1.5～11cm，宽1.5～5cm，先端渐尖，边缘具小齿状，基部楔形，两面均疏被微柔毛。8～20朵小花密集成腋生的总状花序；花萼紫色，斜钟状或钟状，长约0.4cm，无毛，萼齿明显短于萼筒；花冠蓝紫色、紫红色或淡蓝色，长1～1.6cm，旗瓣倒提琴形，中部缢缩，长1.1～1.5cm，翼瓣先端钝圆，长1.3～1.4cm，龙骨瓣短于翼瓣；子房线形，无毛，胚珠2～8，具柄，花柱上部被毛。荚果扁，长圆形，长2～3.5cm，宽0.5～0.7cm，无毛，表皮棕黄色，近革质，两端渐尖，先端具短喙，开裂，果瓣扭曲。种子3～7，扁圆球形，直径0.2～0.3cm，种皮黑褐色，革质。花期6～7月，果期8～9月。

产延安甘泉、黄陵、富县和黄龙等地，生于海拔850～1600m的草地、沟岸、灌丛或林下；分布于我国东北，华北，西北的陕西、甘肃、青海，华东，西南等地。日本、朝鲜、蒙古、俄罗斯西伯利亚和远东地区也产。

喜阴湿及微酸性沙质土，在棕壤、灰化土，甚至瘠薄的沙土上也能生长。其生态适应性能良好。

本种为优良牧草、牲畜喜食。嫩时亦可为蔬菜。全草药用，有补虚、调肝、理气、止痛等功效。民间用于治疗高血压及肝病。生长旺盛，广布荒草坡，亦用于水土保持及绿肥，为早春蜜源植物之一。

歪头菜 *Vicia unijuga*
1.花枝（吴振海 摄）；2.果枝（吴振海 摄）

3. 大巢菜

Vicia sativa L., Sp. Pl. 2: 736. 1753; 中国植物志, 42(2): 268. 1998.

一年生或二年生草本，高15～105cm。茎斜升或攀缘，具棱，被微柔毛。偶数羽状复叶，长

2～10cm，叶轴顶端卷须有2～3分枝；托叶戟形，2～4裂齿；小叶2～7对，长椭圆形或近心形，长0.9～2.5cm，宽0.3～1cm，先端圆或平截有凹，具短尖头，基部楔形，两面被贴伏黄柔毛；小叶柄极短。花1～4腋生；萼钟形，外面被柔毛，萼齿披针形或锥形；花冠紫红色或红色，旗瓣长倒卵圆形，翼瓣短于旗瓣，长于龙骨瓣；子房线形，胚珠4～8，具短柄，花柱上部被淡黄白色髯毛。荚果扁平，长4～6cm，宽0.5～0.8cm，黄褐色，近无毛，背腹开裂，果瓣扭曲。种子4～8，圆球形，棕色或黑褐色。花期4～7月，果期7～9月。

延安产黄陵和黄龙，生于海拔800～1250m的荒坡、灌丛或林缘；分布于我国南北各地。欧洲、亚洲的暖温带均产，现世界各地广泛种植。

性喜温凉气候，抗寒能力强。

本种为绿肥及优良牧草。全草药用。花、果及种子有毒，国外曾有用其提取物作抗肿瘤的报道。是粮、料、草兼用作物，生长繁茂，产量高。

大巢菜 *Vicia sativa*
1.花（寻路路 摄）；2.荚果（寻路路 摄）

4. 野豌豆

Vicia sepium L., Sp. Pl. 737. 1753; 中国植物志, 42(2): 266. 1998.

多年生草本，高30～100cm。根茎匍匐，茎柔细，斜升或攀缘，具棱，疏被短柔毛。偶数羽状复叶，长7～12cm，叶轴顶端卷须发达；托叶半戟形，2～4齿裂；小叶5～7对，长卵圆形或长圆状披针形，长0.6～3cm，宽0.4～1.3cm，先端钝或平截，微凹，有短尖头，基部圆形，两面被疏柔毛。2～6朵花排成腋生的短总状花序；花萼钟状，萼齿披针形或锥形，短于萼筒；花冠红色或近紫色至浅粉红色，稀白色；旗瓣近提琴形，长14mm，翼瓣短于旗瓣，龙骨瓣内弯，最短；子房线形，无毛，胚珠5，具短柄，花柱与子房呈直角；柱头远轴面有一束黄髯毛。荚果宽长圆状，近菱形，长2.1～3.9cm，宽0.5～0.7cm，成熟时亮黑色，先端具喙，微弯。种子5～7，扁圆球形，表皮棕色有斑。花期6月，果期7～8月。

延安仅见于黄陵（大岔、店头胡家沟），生于海拔1000m左右的山坡、林缘。分布于我国西北的陕西、甘肃、新疆及西南各地。日本、朝鲜、俄罗斯及中亚、西南亚也产，现世界温带地区广泛引种并已归化。

本种可作牧草，亦用于蔬菜。种子含油。叶及花果药用，有清热、消炎解毒之效。植株秀美、花色艳丽，可作观赏花卉。

野豌豆 *Vicia sepium*
1.植株（吴振海 摄）；2.花序（吴振海 摄）

5. 大花野豌豆（三齿野豌豆）

Vicia bungei Ohwi, J. Jap. Bot. 12: 330. 1936; 中国植物志, 42(2): 263. 1998.

一、二年生缠绕或匍匐伏草本，高15～50cm。茎有棱，多分枝。偶数羽状复叶，顶端卷须有分枝；托叶半箭头形，有锯齿；小叶3～5对，长圆形或狭倒卵长圆形，长1～2.5cm，宽0.2～0.8cm，先端平截微凹，稀齿状，下面具明显叶脉，被疏柔毛。2～5朵花排成总状花序，着生于花序轴顶端，长2～2.5cm；萼钟形，被疏柔毛，萼齿披针形；花冠红紫色或蓝紫色，旗瓣倒卵状披针形，翼瓣短于旗瓣，长于龙骨瓣；子房柄细长，上部被长柔毛，沿腹缝线被金色绢毛。荚果扁长圆形，长2.5～3.5cm，宽约0.7cm。种子2～8，球形，直径约0.3cm。花期4～5月，果期6～7月。

延安产宝塔、志丹、甘泉、黄陵和黄龙等地，生于海拔650～1500m的山坡、山谷草地、灌丛或林缘；分布于东北的辽宁，华北各地，西北的陕西、甘肃、青海，华东的山东、江苏、安徽，华中的河南，西南的四川、云南、西藏等地。

本种含氮量高，生长旺盛，可适应不同土壤条件；需肥量少、耐寒性强，稍耐旱。

大花野豌豆 *Vicia bungei*
1.植株（卢元 摄）；2.花（卢元 摄）

大花野豌豆适于放牧利用，在开花期以前，以放牧牛、羊为好，也可晒制干草饲喂马、牛、羊，幼嫩时，刈割后切碎喂猪、禽均可，为中等豆科牧草。富含氮、磷、钾等肥料元素，可作绿肥利用，可以提供氮源，全草可入药。

6. 大野豌豆

Vicia sinogigantea B. J. Bao & Turland, Flora of China 10: 566. 2010; —— *Vicia gigantea* Bunge, Enum. Pl. China Bor. 19. 1833, not Vicia gigantea Hooker, Fl. Bor.-Amer. 1: 157. 1831.

多年生草本，高40～100cm。灌木状，全株被白色柔毛；根茎粗壮，近木质化，深褐色；茎有棱，多分枝。偶数羽状复叶，顶端卷须有2～3分枝或单一；托叶2，深裂，裂片披针形；小叶3～6对，近互生，椭圆形或卵圆形，长1.5～3cm，宽0.7～1.7cm，先端钝，具短尖头，基部圆形，两面被疏柔毛。6～16朵花排成总状花序；花冠白色、粉红色、紫色或雪青色；较小，长约0.6cm，小花梗短；花萼钟状，长0.2～0.25cm，萼齿狭披针形或锥形，外面被柔毛；旗瓣倒卵形，长约7mm，翼瓣与旗瓣近等长，龙骨瓣最短；子房无毛，具长柄，胚珠2～3，柱头上部被毛。荚果长圆形或菱形，长1～2cm，宽4～5mm，两端急尖，棕色。种子2～3，肾形，红褐色，长约0.4cm。花期6～7月，果期8～10月。

大野豌豆 ***Vicia sinogigantea***

1.植株顶端（示叶片及花）（卢元 摄）；2.花（花序）（卢元 摄）

延安产黄陵和黄龙，生于海拔850～1250m的山坡、山谷草地或灌丛；分布于华北各地，西北的陕西（秦巴山区）、甘肃，华中的河南、湖北及西南各地。

野生于灌丛、山坡草丛、林缘、石坡、疏林、溪边及阳坡草甸中。

本种可用作栽培观赏，对牲畜有毒。

7. 广布野豌豆

Vicia cracca L., Sp. Pl. 2: 735. 1753; 中国植物志, 42(2): 236. 1998.

多年生草本，高40～150cm。根细长，多分枝；茎攀缘或蔓生，有棱，被柔毛。偶数羽状复叶，叶轴顶端卷须有2～3分枝；托叶半箭头形或戟形；小叶5～12对，互生，线形、长圆状或披针状线形，长1.1～3cm，宽0.2～0.4cm，先端锐尖或圆形，具短尖头，基部近圆或近楔形，全缘。10～40朵花密集成总状花序；花萼钟状，萼齿5，近三角状披针形；花冠紫色、蓝紫色或紫红色，长0.8～1.5cm；旗瓣长圆形，中部缢缩呈提琴形；翼瓣与旗瓣近等长，明显长于龙骨瓣；子房有柄，胚珠4～7，花柱弯，与子房连接处垂直。荚果长圆形或长圆菱形，长2～2.5cm，宽约0.5cm，先端有喙，果梗短。种子3～6，扁圆球形，直径约0.2cm，种皮黑褐色。花果期5～9月。

延安产志丹、延川、延长、宜川、黄陵、富县和黄龙等地，生于海拔500～1450m的荒坡、河滩、灌丛或林缘；分布于我国南北各地。亚洲、欧洲、北美洲也产。

本种为水土保持及绿肥作物。嫩时为牛羊等牲畜喜食饲料，花期早春为蜜源植物之一。也可药用。

广布野豌豆 *Vicia cracca*

1.植株（吴振海 摄）；2.花序（吴振海 摄）；3.荚果（吴振海 摄）

8. 山野豌豆

Vicia amoena Fisch. ex Serin., in DC, Prodr. 2: 355. 1825; 中国植物志, 42(2): 244. 1998.

8a. 山野豌豆（原变种）

Vicia amoena var. ***amoena***

山野豌豆 ***Vicia amoena*** var. ***amoena***
植株、果序及叶（王天才 摄）

多年生草本，高30～100cm，植株被疏柔毛，稀无。主根粗壮，须根发达；茎细软具棱，多分枝，斜升或攀缘。偶数羽状复叶，长5～12cm，顶端卷须有2～3分枝；托叶半箭头形，3～4齿裂；小叶4～7对，互生或近对生，椭圆形至卵状披针形，长1.3～4cm，宽0.5～1.8cm，先端圆，微凹，基部近圆形。10～20朵花密集成总状花序；花冠红紫色、蓝紫色或蓝色；花萼斜钟状，萼齿近三角形，上萼齿明显短于下萼齿；旗瓣倒卵圆形，长1～1.6cm，翼瓣与旗瓣近等长，瓣片斜倒卵形，龙骨瓣短于翼瓣，长1.1～1.2cm；子房无毛，胚珠6，花柱上部四周被毛，具柄。荚果长圆形，长1.8～2.8cm，宽0.4～0.6cm，两端渐尖，无毛。种子1～6，圆形，直径0.35～0.4cm；种皮革质，深褐色，具花斑；种脐内凹，黄褐色。花期4～6月，果期7～10月。

延安产吴起、志丹、安塞、宝塔、洛川、黄陵和黄龙等地，生于海拔600～1700m的草地、灌丛或林缘；分布于我国东北各地，华北各地，西北的陕西、宁夏、甘肃、青海，华中的河南，华东的山东、江苏、安徽，西南的四川、云南、西藏。哈萨克斯坦、俄罗斯、蒙古、朝鲜、日本也产。

本种为喜温的寒地型牧草，抗寒性极强，中旱生植物，相当抗旱和耐涝。既能生于干燥的山坡地，也能生于山下低湿地，成为到处都能生长的常见植物。对土壤有良好的适应性，酸性土壤和碱性土壤都能生长，但以多有机碳的微酸性至中性土壤为最适宜。

为优良牧草，蛋白质可达10.2%，牲畜喜食。民间药用称透骨草，有祛湿、清热解毒之效，为疮洗剂。繁殖迅速，再生力强，是防风、固沙、水土保持及绿肥作物之一。其花期长，色彩艳丽亦可作绿篱、荒山、园林绿化、人工草场和早春蜜源植物。

8b. 狭叶山野豌豆（变种）

Vicia amoena var. ***oblongifolia*** Regel Tent. Fl. Ussur. 132. 1861; 中国植物志42(2): 245. 1998.

与原变种的区别在于小叶狭披针形或线状长圆形。

延安见于吴起、志丹、安塞和宝塔等地，生于山谷、潮湿山坡草地、林缘及灌丛下。我国东北、华北有分布。俄罗斯、蒙古也有。

生物学、生态学特征及用途同原变种。

26. 长柄山蚂蝗属 *Hylodesmum* H. Ohashi et R. R. Mill

本属编者：西北农林科技大学　常朝阳

多年生草本或亚灌木状。叶为羽状复叶；小叶3～7，全缘或浅波状。总状花序，少为稀疏的圆锥花序；具苞片，每节着生2～3花；花梗通常有钩状毛和短柔毛；花萼宽钟状，5裂，上部2裂片完全合生而成4裂或有时先端微2裂；旗瓣宽椭圆形或倒卵形，具短瓣柄，翼瓣、龙骨瓣狭椭圆形；雄蕊单体；子房具细长或稍短的柄。荚果具果颈，有荚节2～5，背缝线于荚节间凹入几达腹缝线；荚节通常为斜三角形或略呈宽的半倒卵形。

共14种，主要分布于东亚、北美；中国产10种，南北各地均有分布；陕西分布2种3亚种；延安有1种，仅分布于黄龙。

本属植物种子发芽时，子叶不出土，留土萌发。

本属植物部分种可入药。

长柄山蚂蝗

Hylodesmum podocarpum (DC.) H. Ohashi & R. R. Mill, Edinburgh J. Bot. 57: 181. 2000. 2000.—— *Podocarpium podocarpum* (DC.) Yang et Huang in Bull. Bot. Lab. North-East Forest. Inst. 4: 7. 1979; 中国植物志, 41: 052, *Desmodium podocarpum* DC. in Ann. Sci. Nat. 4: 102. 1825.

直立草本，高50～100cm。叶为羽状三出复叶，小叶3枚；托叶钻形，被毛；叶柄长2～12cm，

长柄山蚂蝗 *Hylodesmum podocarpum*
1、3.群落（王天才 摄）；2.植株（王天才 摄）

茎下部的叶柄较上部的长，疏被伸展短柔毛；小叶纸质，顶生小叶宽倒卵形，长4～7cm，宽3.5～6cm，先端凸尖，基部楔形或宽楔形，全缘，两面疏被短柔毛或几无毛，侧生小叶斜卵形，较小，偏斜；小托叶丝状；小叶柄被伸展短柔毛。总状花序或圆锥花序，长20～30cm；总花梗被柔毛，每节生2花，花梗长2～4mm，结果时增长；花萼钟形，长约2mm，裂片较萼筒短；花冠紫红色，长约4mm，旗瓣宽倒卵形，翼瓣窄椭圆形，龙骨瓣与翼瓣相似，无瓣柄；雄蕊单体；子房具柄。荚果长约1.6cm，有荚节2，背缝线弯曲，在节间处深凹几达腹缝线；荚节略呈宽半倒卵形，长5～10mm，宽3～4mm，先端截形，基部楔形，被毛，稍有网纹；果梗长约6mm。花果期8～9月。

延安仅见于黄龙（白马滩镇老虎沟）；陕西南五台、鄠邑、宝鸡及秦岭南坡多有分布；分布于华北的河北，西北的陕西、甘肃，华东的江苏、浙江、安徽、江西、山东，华中的河南、湖北、湖南，华南的广东、广西，西南的四川、贵州、云南、西藏等地。印度、朝鲜和日本也有分布。

野生于海拔120～2100m山坡路旁、草坡、次生阔叶林下或高山草甸处。

全草入药，可退烧和治疟疾。

27. 兵豆属 *Lens* Mill.

本属编者：西北农林科技大学　常朝阳

一年生草本，直立或披散，或呈半藤本状。偶数羽状复叶；小叶4至多枚，全缘，顶端1枚变为卷须、刺毛或缺，倒卵形、倒卵状长圆形或倒卵状披针形，全缘；托叶斜披针形。花小，数朵排成总状花序或单生；无苞片和小苞片；萼裂片狭长；蝶形花冠白色或蓝紫色，旗瓣倒卵形，翼瓣斜倒卵形，在中部与龙骨瓣贴生，龙骨瓣比翼瓣短；二体雄蕊（9+1）；子房几无柄，含2胚珠，花柱近轴面具疏髯毛。荚果短，扁平，具1～2颗种子。种子双凸镜形，褐色。

4～6种，分布于地中海地区至中亚。我国有1栽培种；陕西亦有；延安各地均有栽培。

兵豆

Lens culinaris Medic., Vorles. Churpfälz. Phys. -Öcon. Ges. 2: 361. 1787; 中国植物志, 42(2): 286. 1998.

一年生草本，高10～50cm。茎方形，基部多分枝，被极短柔毛。羽状复叶；托叶斜披针形，被白色长柔毛；叶轴被柔毛，顶端小叶变为卷须或刺毛；小叶4～12对，近对生，倒卵形、倒卵状长圆形至倒卵状披针形，长6～20mm，宽2～5mm，全缘，两面被白色长柔毛；无柄。1～3朵花排成腋生的总状花序，花序轴及总花梗密被白色柔毛；萼筒浅杯状，萼5裂，裂片长于萼筒，线状披针形，长3～5mm，密被白色长柔毛；蝶形花冠白色或蓝紫色，长4.5～6.5mm；旗瓣倒卵形，翼瓣及龙骨瓣有瓣柄和耳；子房无毛，具短柄，花柱顶部扁平，近轴面有髯毛。荚果长圆形，膨胀，黄色，有种子1～2颗。种子褐色，双凸镜形。花期5～8月，果期8～9月。

延安各地有栽培；陕西关中也有栽培。我国华北各地，西北的陕西、甘肃、新疆，华东的江苏，华中的河南，西南的四川、云南、西藏常见栽培。世界各地广为栽培。

生长迅速，抗逆性强，生长周期短。

种子供食用，茎、叶和种子可作饲料，枝叶可作绿肥。生长周期短可作为补荒植物来种植，收获后可继续种植其他植物。

兵豆 *Lens culinaris*
1.植株（常朝阳 摄）；2.叶枝（常朝阳 摄）；3.花（常朝阳 摄）

28.山黧豆属 *Lathyrus* L.

本属编者：商洛市林业局 郭鑫

一年生或多年生草本，具根状茎或块根。茎直立、上升或攀缘。偶数羽状复叶，具1至多数小叶，稀无小叶而叶轴增宽叶化，叶轴末端具卷须或针刺；小叶椭圆形、卵形、卵状长圆形、披针形或线形；托叶半箭形，稀箭形，偶为叶状。1至多花组成腋生的总状花序；花紫色、粉红色、黄色或白色，较萼长，有时具香味；萼钟状，萼齿不等长或稀近相等；二体雄蕊（9+1）；雄蕊管顶端截形，偶偏斜；花柱先端扁平，线形或增宽成匙形，近轴一面被刷毛。荚果压扁，开裂。种子2至多数，球形，有棱。

约160种，分布于亚洲、欧洲及北美洲的温带地区，南美洲有少量分布。我国有18种，分布于东北、华北、西北及西南；陕西产6种；延安有2种，分布于宝塔、志丹、黄陵、黄龙等地。

本属植物根系发达、穿透力强，可以生长在多种类型的土壤中，具有抗逆性强、耐涝、抗旱、抗病虫害等特征。

本属植物部分种可作为食物或动物饲料。部分种还可作绿肥和观赏植物。

分种检索表

1.茎及叶轴无翅；叶轴末端卷须分枝；小叶卵形或椭圆形，宽2～6cm；花冠黄色……………………………………………………………………………………………1.大山黧豆*L. davidii*

1.茎及叶轴具狭翅；叶轴末端卷须不分枝；小叶长椭圆状披针形或狭长椭圆形，宽3～10mm；花冠蓝紫色……………………………………………………………………2.山黧豆*L. quinquenervius*

1. 大山黧豆

Lathyrus davidii Hance, J. Bot. Brit. et For. 9: 130. 1871; 中国植物志, 42(2): 272. 1998.

多年生草本，高1m以上，具块根。茎粗壮，圆柱状，具纵沟，直立或上升，无毛。托叶半箭形，长4～6cm；叶轴末端具分枝的卷须；小叶2～5对，常为卵形，具细尖，基部宽楔形或楔形，全缘，长4～6cm，宽2～6cm，两面无毛。10余朵花组成腋生的总状花序；萼钟状，长约5mm，无毛，萼齿短小；花黄色，旗瓣长1.6～1.8cm，瓣片扁圆形，瓣柄狭倒卵形，翼瓣与旗瓣瓣片等长，具耳，瓣柄线形，龙骨瓣与翼瓣近等长，瓣片卵形，具耳，瓣柄线形；子房线形，无毛。荚果线形，长8～15cm，宽5～6mm，具长网纹。种子紫褐色，宽长圆形，长3～5mm，光滑。花期5～7月，果期8～9月。

见于延安宝塔（南泥湾九龙泉）、黄陵、黄龙等地，生于海拔1000～1300m的山坡疏林处。我国分布于东北的黑龙江、吉林、辽宁、内蒙古（东部），华北的河北、内蒙古（中部），西北的陕西、甘肃，华东的山东、安徽，华中的河南、湖北等地。朝鲜、日本及俄罗斯远东地区也有分布。

本种能适应多种类型的土壤，具有抗逆性强、耐涝、抗旱、抗病虫害等特征。

可入药，具有疏肝理气、调经止痛的功效。也可作绿肥及饲料。

大山黧豆 *Lathyrus davidii*
1.开花植株（卢元 摄）；2.花（卢元 摄）

2. 山黧豆

Lathyrus quinquenervius (Miq.) Litv. in Kom. et Alis., Opred. Rast. Dal'nevost. Kraia 2: 683. 1932; 中国植物志, 42(2): 282. 1998. ——*Vicia quinquenervia* Miq., Ann. Mus. Bot. Lugduno-Batavi 3: 50. 1867.

多年生草本，高10～40cm，根状茎横走。茎通常直立，单一，具棱及翅。偶数羽状复叶，叶轴具翅，末端具单一卷须，下部叶的卷须短，呈针刺状；托叶披针形至线形，长0.5～2cm；小叶1～3对，质坚硬，长椭圆状披针形或狭长椭圆形，长4～8cm，宽3～10mm，先端渐尖，具小尖头，基部楔形，两面被短柔毛，具5条凸起的平行叶脉。5～8花排成腋生的总状花序；萼钟状，被短柔毛，萼齿与萼筒等长或稍短；花紫蓝色或紫色，长1.2～2cm；旗瓣近圆形，先端微缺，翼瓣狭倒卵形，与旗瓣等长或稍短，龙骨瓣卵形，翼瓣和龙骨瓣均具耳及线形瓣柄；子房密被柔毛。荚果线形，长3～5cm，宽4～5mm。种子椭圆形。花期5～7月，果期8～9月。

延安见于志丹、黄陵和黄龙等地，生于海拔1300～1500m的荒坡、草地、灌丛或林缘；分布于我国东北各地，华北各地，西北的陕西、甘肃、青海，华东的山东，华中的河南，西南的四川。日本、朝鲜、俄罗斯也产。

本种对恶劣环境和贫瘠土壤有很强的适应性，既能耐干旱又能耐洪涝，同时具有很强的抗病虫能力。

种子是制作牧草和饲料的优质材料，长期大量单一食用有毒，但在部分国家至今还作为食物，被人们食用。

山黧豆 *Lathyrus quinquenervius*

1.群落（蒋鸿 摄）；2.植株（蒋鸿 摄）；3.叶片及荚果（蒋鸿 摄）

29.豌豆属 *Pisum* L.

本属编者：延安市黄龙山国有林管理局　王赵钟

一年生或多年生草本，茎方形、空心、无毛。羽状复叶，小叶2～6枚，卵形至椭圆形，全缘或多少有锯齿，下面被粉霜；托叶大，叶状；叶轴顶端具羽状分枝的卷须。花单生叶腋或为腋生总状花序，具柄；萼钟状，基部偏斜或为浅囊状，萼齿叶片状；蝶形花冠白色或颜色多样，旗瓣扁倒卵形，翼瓣稍与龙骨瓣连生；二体雄蕊（9+1），雄蕊筒先端平截；子房近无柄，有多颗胚珠，花柱上部内面有髯毛。荚果膨胀，两侧扁平；种子数颗，球形。

本属2～3种，分布于地中海地区至西南亚。我国栽培1种，全国各地均有栽培；延安各县（区）均有栽培。

本属植物耐寒不耐热，耐旱不耐湿，喜沙土或沙质壤土，耐贫瘠。本属植物可供食用、药用以及用作饲料、绿肥等。

豌豆

Pisum sativum L., Sp. Pl. 2: 727. 1753; 中国植物志, 42(2): 282. 1998.

一年生攀缘草本，高0.5～1m。全株绿色，光滑无毛，被白粉。小叶4～6枚，卵圆形，长2～5cm，宽1～2.5cm；托叶稍大，叶状心形，下缘具细牙齿。花单生于叶腋或数朵排列为腋生的总状花序；花萼钟状，深5裂，裂片披针形；花冠白色或紫红色，旗瓣宽倒卵形，长1.4～1.8cm，翼瓣与旗瓣近等长，龙骨瓣近半圆形；子房线状长圆形，无毛，花柱弯曲与子房成直角，上部内侧有髯毛。荚果长圆形，长2.5～6cm，顶端斜急尖，内果皮坚纸质；种子2～10颗，圆形，青绿色，干后变为黄色。花期6～7月，果期7～9月。

延安各县（区）有栽培。我国广为栽培。世界温带地区广为栽培。

豌豆是一种半耐寒的作物，喜欢相对温和湿润的气候环境，不耐燥热。它对于土壤的适应性很好，在含腐殖质丰富且透气好的土地种植最佳，它属于长日照的作物，抗旱性较差。

种子及嫩荚、嫩苗均可食用；种子含淀粉、油脂，可作药用，有强壮、利尿、止泻之效；茎叶能清凉解暑，并作绿肥、饲料或燃料。

豌豆 *Pisum sativum*
植株、托叶及荚果（曹旭平 摄）

30. 大豆属 *Glycine* Willd.

本属编者：西北农林科技大学　常朝阳

一年生或多年生草本，通常具根瘤。茎缠绕、攀缘、匍匐或直立。羽状复叶，具3小叶；托叶小，离生，脱落。腋生总状花序，于植株下部单生或簇生；苞片小，着生于花梗的基部，小苞片成对，着生于花萼基部；花萼钟状，有毛，上部2裂片合生，下部3裂片披针形至刚毛状，呈二唇形；花冠紫色、淡紫色或白色，旗瓣大，近圆形或倒卵形，翼瓣狭，与龙骨瓣稍贴连，龙骨瓣钝，比翼瓣短，各瓣均具长瓣柄；雄蕊10，单体或二体（9+1）；花柱微内弯，柱头顶生，头状。荚果线形或长椭圆形，扁平或稍膨胀，直或弯镰状，具果颈；种子1～5颗，卵状长圆形、扁圆形或球形。

约9种，分布于东半球的热带、亚热带及温带地区。我国有6种，陕西含栽培的有2种；延安产2种，各县（区）均有分布。

本属植物对土壤要求不严，各类型土壤均能栽培，但在播种时需要水土充足。

本属植物种子含蛋白质和油分，颇富营养，可供食用，亦为榨油、酱料和豆腐等原料；茎叶和豆粕为饲料和肥料。

分种检索表

1. 栽培植物，茎粗壮，直立；小叶大，菱状卵形，长7～13cm；荚果长3～5cm，直立 ………………………… 1. 大豆 *G. max*

1. 野生植物，茎细弱，缠绕；小叶小，卵形或卵状披针形，长1.5～5cm；荚果长1.7～2.3cm ………………………… 2. 野大豆 *G. soja*

1. 大豆

Glycine max (L.) Merr., Interpr. Herb. Amboin. 274. 1917; 中国植物志, 41: 234. 1995. ——*Phaseolus max* L., Sp. Pl. 2: 725. 1753.

一年生草本，高0.3～0.9m。茎粗壮，直立或上部近缠绕状，上部具棱，密被褐色长硬毛。具3小叶；托叶宽卵形，渐尖，被黄色柔毛；叶柄长2～20cm，被毛；小叶宽卵形，近圆形或椭圆状披针形，顶生小叶较大，长5～12cm，宽2.5～8cm，先端渐尖或近圆形，具小尖凸，基部宽楔形或圆形，侧生小叶较小，斜卵形；小托叶铍针形，被黄褐色长硬毛。5～8朵小花组成腋生的总状花序，无柄；苞片和小苞片披针形，被毛；花萼钟状，长4～6mm，密被长硬毛或糙伏毛，萼裂片5，披针形，上

大豆 *Glycine max*

1. 植株（卢元 摄）；2. 花（卢元 摄）；3. 荚果（卢元 摄）

部2裂片一半合生，其余分离，密被白色长柔毛；花冠紫色、淡紫色或白色，长4.5～10mm，旗瓣倒卵状近圆形，基部具短瓣柄，翼瓣倒卵状长圆形，基部具瓣柄和耳，龙骨瓣斜倒卵形，具瓣柄；二体雄蕊；子房线状长圆形，被毛。荚果长圆形，长3～5cm，宽0.8～1.5cm，微弯，下垂，密被褐黄色长毛。种子2～5颗，椭圆形、近球形、卵圆形至长圆形，光滑，颜色多样，种脐明显。花期6～7月，果期7～9月。

延安各县（区）栽培；全国各地均有栽培。原产我国，现广泛栽培于世界各地。

大豆性喜暖，种子发芽要求较多水分，播种时土壤水分必须充足；在各类型的土壤中均可栽培，但在温暖、肥沃、排水良好的沙质壤土中生长旺盛。

大豆是一种重要的粮油兼用农产品，既能食用，又可用于榨油，为重要粮食和经济作物。根具根瘤菌，可固氮，能够有效增强土壤肥力。茎、叶及豆饼为良好的饲料、肥料。

2. 野大豆

Glycine soja Sieb. & Zucc., Abh. Math.-Phys. Cl. Königl. Bayer. Akad. Wiss. 4(2): 119. 1843; 中国植物志, 41: 236. 1995.

一年生缠绕草本，长1～4m。茎、小枝纤细，全体疏被褐色长硬毛。托叶卵状披针形，急尖，被黄色柔毛。小叶3枚，顶生小叶卵圆形或卵状披针形，侧生小叶斜卵状披针形，长3.5～6cm，宽1.5～2.5cm，先端锐尖至钝圆，基部近圆形，全缘，两面均被绢状的糙伏毛。腋生短总状花序；花梗密生黄色长硬毛；苞片披针形；花萼钟状，密生长毛，裂片5，萼齿三角状披针形，先端锐尖；花冠淡红紫色或白色，旗瓣近圆形，基部具短瓣柄，翼瓣斜倒卵形，有明显的耳，龙骨瓣比旗瓣及翼瓣短小，密被长毛；花柱短，向一侧弯曲。荚果小，长圆形，稍弯，两侧稍扁，长1.7～2.3cm，密被长硬毛，种子间稍缢缩，干时易裂。种子2～3颗，椭圆形，稍扁，褐色至黑色。花期7～8月，果期8～10月。

延安各县（区）均产，常见于宝塔、安塞、洛川、富县、黄陵和黄龙等地，生于海拔1000～

野大豆 *Glycine soja*
1.植株（常朝阳 摄）；2.缠绕茎、叶片及花（常朝阳 摄）

1300m的山坡、湿地、水沟边；陕西南北各地均有分布。我国除新疆、青海、海南外，分布几遍全国。阿富汗、日本、朝鲜、俄罗斯也产。

野大豆具有喜光耐湿、耐盐碱、耐阴、抗旱、抗病、耐瘠薄等优良性状。

本种是大豆的野生祖先，属于国家保护植物。全草可供药用，有补气血、强壮、利尿、平肝、敛汗的功效，种子含油可供食用。家畜喜食其制成的饲料，也可作绿肥植物。

31. 两型豆属 *Amphicarpaea* Ell.

本属编者：商洛市林业局　郭鑫

缠绕草本。羽状复叶，互生，具3枚小叶，托叶和小托叶常有脉纹，宿存。花两性，二型，一为闭锁花，无花瓣，生于茎下部叶腋，能发育成荚果，于地下结实；二为有瓣花，生于茎上部，3～7朵排成腋生的短总状花序；花萼管状，萼筒基部偏斜；花冠伸出于萼外，花瓣近等长，红紫色、蓝色或白色，旗瓣倒卵形或倒卵状椭圆形，具瓣柄和耳，龙骨瓣略呈镰状弯曲；二体雄蕊（9+1），花药同型；子房基部具鞘状花盘，花柱无毛，柱头小，顶生，含数粒胚珠。荚果线状长圆形，扁平，微弯，不具隔膜，2瓣裂；在地下结的果通常圆形或椭圆形，不开裂，具1种子。种子扁，无种阜。

约5种，分布于热带非洲、东亚和北美洲。我国有3种；陕西产1种；延安主要分布于黄陵和黄龙。

三籽两型豆

Amphicarpaea edgeworthii Benth. in Miquel, Pl. Jungh. 231. 1852; 中国植物志, 41: 236. 1995.

一年生缠绕草本。茎纤细，长0.3～1.3m，全体被淡褐色柔毛。羽状3小叶；托叶小，披针形或卵状披针形，具线纹，宿存；叶柄长2～5.5cm；小叶薄纸质或近膜质，顶生小叶菱状卵形或扁卵形，长2.5～5.5cm，宽2～5cm，具细尖头，绿色，下面颜色较淡，两面被毛；小托叶早落，侧生小叶稍小，偏斜。茎上部的花为2～7朵排成腋生的短总状花序；小花梗短而纤细；花萼管状，5裂，不等大；花冠淡紫色或白色，长1～1.7cm，各瓣近等长，均具瓣柄，旗瓣倒卵形，两侧具内弯的耳，翼瓣长圆形，具耳，龙骨瓣与翼瓣近似；雄蕊二体，子房被毛；茎下部的闭锁花无花

三籽两型豆 *Amphicarpaea edgeworthii*
1. 花枝（吴振海 摄）；2. 果枝（吴振海 摄）

瓣，柱头弯至与花药接触，子房伸入地下结实。有瓣花的荚果革质，长圆形或倒卵状长圆形，长2～3.5cm，扁平，微弯，被毛，具种子2～3颗，肾状圆形，黑褐色；无瓣花的荚果肉质，生于土中，椭圆形，不开裂，内含1粒种子，长圆状肾形，红棕色，有黑色斑纹。花期7～9月，果期9～11月。

延安见于黄陵（柳芽、建庄、大岔）和黄龙（崾崄）等地，生于海拔1000～1600m的山沟草地；陕西常见于秦巴山区，生于海拔710～1800m间的山地灌丛或草地。广布于我国南北各地。印度、越南、日本、朝鲜、俄罗斯也产。

喜阴耐潮湿，多生长在林缘、疏林下或灌丛中；集群性强，多呈大片生长景观，地上、地下均结实，生命力很强，分布较广泛。

种子可入药，茎叶可作饲料。

32. 葛属 *Pueraria* DC.

本属编者：商洛市林业局　郭鑫

缠绕藤本，茎草质或基部木质。羽状复叶，具3小叶；有小托叶；小叶大，卵形或菱形，全裂或具波状3裂片。腋生总状花序或圆锥花序，有时数个总状花序簇生于枝顶；花序轴上具稍凸起的节；苞片小或狭，早落；花数朵簇生于花序轴的每一节上；花萼钟状，萼齿不相等，上部2枚裂齿合生；花冠天蓝色或紫色，伸出萼外，旗瓣圆形或倒卵形，具柄，有耳，翼瓣狭，长圆形或倒卵状镰刀形，在中部与龙骨瓣贴生，龙骨瓣与翼瓣等长，稍直或顶端弯曲；二体雄蕊（9+1）；子房无柄或近无柄，花柱丝状，上部内弯，柱头小，头状，无毛。荚果线形，稍扁或圆柱形，2瓣裂；果瓣薄革质，有多数种子；种子扁，近圆形或长圆形。

约20种，分布于亚洲热带及温带。我国10种，分布于东南、南部和西南；陕西产1种，主要分布于南部山区；延安也有分布，主要分布在黄龙、黄陵、富县等地。

本属植物喜光照、温暖、潮湿、土壤肥沃的环境，但同时也较耐阴、耐旱、耐寒、耐瘠薄，对土壤要求不严，能适应各类型的土壤。

本属植物又是重要的药用植物和食用植物。部分种的花较大，可作观赏，或者固坡、绿化等；部分种还可作覆盖植物、饲料和绿肥作物，具有较大的经济价值。

葛

Pueraria lobata (Willd.) Ohwi, Bull. Tokyo Sci. Mus. 18: 16. 1947; 中国植物志, 41: 224. 1995. ——*Dolichos lobatus* Willd., Sp. Pl., ed. 4, 3(2): 1047. 1802.

粗壮藤本，长可达8m，全体被黄色长硬毛。茎基部木质，块状根粗厚。羽状复叶，具3小叶；小叶三裂，偶尔全缘，顶生小叶宽卵形或斜卵形，长7～19cm，宽5～18cm，侧生小叶斜卵形，稍小，两面被毛，下面较密；小叶柄被黄褐色绒毛；托叶卵状长圆形；小托叶线状披针形。总状花序，上部花密集；苞片线状披针形至线形，早落；小苞片小，卵形；花2～3朵聚生于花序轴的节上；花萼钟形，长8～10mm，被毛，裂片披针形，伸出萼管；花冠紫色，旗瓣倒卵形，基部有2耳及一黄色硬痂状附属体，具短瓣柄，翼瓣镰状，较龙骨瓣为狭，具耳，龙骨瓣镰状长圆形，具耳；二体雄蕊（9+1）；子房线形，被毛。荚果长椭圆形，长5～9cm，宽0.8～1.1cm，扁平，被褐色长硬毛。花期7～10月，果期10～12月。

延安仅见于黄龙、黄陵、富县；陕西在秦巴山区分布普遍；我国除青海、西藏、新疆外，分布几遍全国。朝鲜、日本、东南亚至澳大利亚也产，欧洲、非洲、美洲有引种。

葛喜温暖湿润的气候，成片生长于向阳坡上，是阳生植物，对光照敏感，对土壤要求不严，也能抗寒、耐旱、耐瘠薄，生活力很强，但不耐水淹。

茎皮纤维可供织布、制作葛绳和造纸用；葛根供药用，有解表退热、生津止渴、止泻的功效；葛粉用于制作食物和解酒；葛有固沙作用，是一种良好的水土保持植物和覆盖植物。

分3个变种，延安只有原变种分布。*Flora of China*将该变种的名称定为葛麻姆（*P. montana* var. *lobata*），本文仍按《中国植物志》处理。

葛 *Pueraria lobata*
1.群落（王天才 摄）；2.小叶及花序（王天才 摄）

33.菜豆属 *Phaseolus* L.

本属编者：商洛市林业局 郭鑫

缠绕或直立草本，常被钩状毛。羽状复叶，具3小叶，很少退化为单小叶；托叶宿存，基部不延长，有纵浅纹；有小托叶。腋生总状花序，花梗着生处肿胀；萼钟状，5裂，二唇形，上唇微凹或2裂，下唇3裂；花小，黄色、白色、红色或紫色，伸出萼外，旗瓣圆形，反折，翼瓣倒卵形，稀长圆形；龙骨瓣狭长，顶端延伸成1～5圈的螺旋的长喙；二体雄蕊（9+1），对旗瓣的1枚雄蕊离生；子房长圆形或线形，具2至多枚胚珠，花柱细长，顶部增粗，与龙骨瓣同旋卷，柱头偏斜。荚果线形或长圆形，有时镰状，压扁或圆柱形，有时具喙，2瓣裂；种子2至多颗，长圆形或肾形，无种阜。

约50种，分布于热带美洲。我国栽培3种；陕西栽培2种；延安产2种，各县（区）均有栽培。

本属植物喜温，不耐干旱，生育期需要充足的水分，不耐寒。

本属植物均为重要的食用作物。部分种可供药用、观赏。

分种检索表

1. 花序较叶为长；花大红色；荚果镰状长圆形，向顶端逐渐变宽……………………… 1. 荷包豆 *P. coccineus*
1. 花序较叶为短；花白色，后变为淡紫红色；荚果带形，稍弯曲，顶端不变宽…………2. 菜豆 *P. vulgaris*

1. 荷包豆（红花菜豆）

Phaseolus coccineus L., Sp. Pl. 2: 724. 1753; 中国植物志, 41: 298. 1995.

一年生缠绕草本，具块根。茎分枝，长2～4m。羽状复叶，具3小叶；托叶小；顶生小叶卵形，侧生小叶卵状菱形，长5～9cm，宽4～9cm，先端渐尖或稍钝。多而密的花组成总状花序；苞片长圆状披针形，小苞片与花萼等长或较萼为长；花萼阔钟形，萼齿远较萼管为短；花冠鲜红色，稀白色，长1.5～2cm，旗瓣向后反折，较翼瓣短，龙骨瓣卷旋；子房被疏柔毛，花柱较短而肥厚，顶部被黄色髯毛。荚果镰状长圆形，长5～30cm，微弯，下垂，有短喙；种子肾状长圆形，长1.8～2.5cm，顶端钝，深紫色而具红斑。花期6～8月，果期8～9月。

延安各地有栽培，生长于海拔1000m左右山地；陕西各地均有栽培。我国各地亦多栽培。原产

荷包豆 *Phaseolus coccineus*
1. 植株（寻路路 摄）；2. 花枝（寻路路 摄）；3. 花、果（寻路路 摄）；4. 种子（寻路路 摄）

热带美洲，现世界各地广为栽培。

适于在土层深厚肥沃、排水良好的壤土和轻壤土上生长。喜夏季凉爽的气候，不耐寒，短日照作物。荷包豆要求全生育期雨量均匀充足，对干旱敏感，但过湿或过涝时易受病害，干燥条件下易落花，对风敏感，最适土壤pH为6～7。

嫩荚、种子供食用；其豆较大而味美，嫩果可作菜肴，已广泛为杂豆大宗出口。花色美丽，常栽培供观赏，为良好的垂直绿化材料，既可地栽，又能盆养。

2. 菜豆

Phaseolus vulgaris L., Sp. Pl. 2: 723. 1753; 中国植物志, 41: 296. 1995.

一年生缠绕或近直立草本。茎初被短柔毛，后脱落。羽状复叶，具3小叶；托叶披针形；小叶宽卵形或卵状菱形，侧生小叶偏斜，长4～16cm，宽2.5～11cm，先端长渐尖，有细尖，基部圆形或宽楔形，全缘，两面被短柔毛。总状花序，有数朵生于花序顶部的花；小苞片卵形，有数条隆起的脉，宿存；花萼杯状，长3～4mm，上方的2萼齿合生，较短；花冠白色、黄色、紫堇色或红色；旗瓣近方形，宽0.9～1.2cm，翼瓣倒卵形，龙骨瓣长约1cm，先端旋卷；子房被短柔毛，无柄，花柱压扁。荚果带形，稍弯曲而膨胀，长10～15cm，宽1～1.5cm，无毛，顶端有喙。种子4～6，长椭圆形或肾形，长0.9～2cm，宽0.3～1.2cm，白色、褐色、蓝色或有花斑，种脐白色。花期6～7月，果期8～9月。

延安各地多有栽培；陕西各地均有栽培。我国各地也多有栽培。原产热带美洲，现世界各地广为栽培。

菜豆喜温，不耐低温霜冻，同时又怕高温多雨，生育周期短。

嫩荚作蔬菜食用；种子供食用及药用。

菜豆 *Phaseolus vulgaris*

1. 植株（寻路路 摄）；2. 花（寻路路 摄）；3. 荚果（寻路路 摄）

34. 豇豆属 *Vigna* Savi

本属编者：商洛市林业局　郭鑫

缠绕或直立草本，稀为亚灌木。羽状复叶，具3小叶；托叶盾状着生或基着，具小托叶。总状花序或1至多花簇生于叶腋或顶生，花梗着生处增厚并有腺体；苞片及小苞片早落；花萼5裂，二唇形，萼齿不等长，上唇2裂片合生；花冠白色、黄色、蓝或紫色；旗瓣圆形，基部具附属体，翼瓣远较旗瓣为短，龙骨瓣与翼瓣近等长；二体雄蕊（9+1）；子房无柄，胚珠3至多数，花柱线形，上部增厚，腹面具髯毛或粗毛，下部喙状，柱头侧生。荚果线形或线状长圆形，直或稍弯曲，二瓣裂，具隔膜；种子肾形或近四方形。

约100种，分布于热带地区。我国有14种，全国各地均有栽培；陕西含栽培的有6种3亚种；延安有4种3亚种，各县（区）均有栽培。

本属与菜豆属（*Phaseolus*）的主要区别是后者的托叶着生点以下不延长，龙骨瓣及花柱的增厚部分旋卷逾360°，龙骨瓣无囊状附属物。

本属中有许多常见的栽培作物，如豇豆、绿豆和赤豆等，种子富含淀粉，可作粮食、蔬菜等用。

分种检索表

1. 荚果疏被淡褐色粗毛；种子绿色……1. 绿豆 *V. radiata*
1. 荚果无毛或被薄短柔毛；种子红色或其他色……2
2. 托叶着生处下延成一短距；龙骨瓣无角状附属体……2. 豇豆 *V. unguiculata*
2. 托叶盾状着生；龙骨瓣之一具角状附属体……3
3. 托叶箭头形；小叶卵形至菱状卵形；荚果在种子间缢缩，种脐不凹陷……3. 赤豆 *V. angularis*
3. 托叶披针形至卵状披针形；小叶披针形或长圆状披针形；荚果在种子间不缢缩，种脐凹陷……4. 赤小豆 *V. umbellata*

1. 绿豆

Vigna radiata (L.) Wilczek, Fl. Congo Belge 6: 386. 1954; 中国植物志, 41: 284. 1995.——*Phaseolus radiatus* L., Sp. Pl. 2: 725. 1753.

一年生直立草本，高30～50cm。茎基部分枝，被褐色长硬毛。羽状复叶，具3小叶；托叶盾状着生，卵形；小托叶披针形；小叶卵形，长5～16cm，宽3～12cm，侧生小叶偏斜，全缘，先端渐尖，基部阔楔形或圆形，被疏长毛。4至数朵花组成腋生的总状花序；小苞片线状披针形或长圆形，

绿豆 *Vigna radiata*
1. 植株（常朝阳 摄）；2. 花（常朝阳 摄）；3. 荚果（常朝阳 摄）

微被长硬毛；花梗短；花萼钟形，萼齿狭三角形，上方2齿近合生；花冠黄色，长约1cm，旗瓣近方形，顶端微凹，内弯，无毛；翼瓣卵形；龙骨瓣镰刀状，上部扭转约半圈，具瓣柄，右侧具囊；子房无柄，密被长硬毛，花柱上侧内部具髯毛。荚果圆柱形，长4～9cm，直径5～6mm，被长硬毛，种子间收缩；种子8～14颗，淡绿色或黄褐色，短圆柱形，长2.5～4mm，种脐白色而不凹陷。花期6～7月，果期7～8月。

延安各地栽培。我国各地广为栽培。世界热带、亚热带地区广为栽培。

喜温，但温度过高茎叶生长过旺，会影响开花结荚。绿豆在生育后期不耐霜冻，气温降至0℃以下时，植株会冻死，种子的发芽率也低。

种子供食用，为重要的杂粮作物。亦可提取淀粉，制作豆沙、粉丝等。洗净置流水中，遮光发芽，可制成芽菜，供蔬食。入药，有清凉解毒、利尿明目之效。全株是很好的夏季绿肥。

2. 豇豆

Vigna unguiculata (L.) Walp., Repert. Bot. Syst. 1: 779. 1842; 中国植物志, 41: 289. 1995. ——*Dolichos unguiculatus* L., Sp. Pl. 2: 725. 1753.

一年生缠绕、草质藤本或近直立草本，有时顶端缠绕状。羽状复叶，具3小叶；托叶披针形，着生处下延成一短距，有线纹；小叶卵状菱形，长5～15cm，宽4～6cm，先端急尖，全缘无毛。腋生总状花序；花2～6朵聚生于花序的顶端，花梗间常有肉质蜜腺；花萼浅绿色，钟状，长6～10mm，萼齿披针形；花冠黄白色而略带青紫，长约2cm，各瓣均具瓣柄，旗瓣扁圆形，有耳，翼瓣略呈三角形，龙骨瓣稍弯；子房线形，被毛。荚果下垂，线形，长10～30（90）cm，宽6～10mm，稍肉质而膨胀或坚实，有种子多颗；种子长椭圆形，长6～12mm，黄白色、暗红色或其他颜色。花期5～8月，果期8～10月。

延安各地栽培。陕西省常见栽培；我国各地广为栽培。原产非洲热带地区，现世界热带、亚热带地区广泛栽培。

本种具有3个栽培亚种：豇豆、长豇豆（豆角）和短豇豆（饭豇豆）。

豇豆 *Vigna unguiculata*
1. 开花植株（吴振海 摄）；2. 花（卢元 摄）

2a. 豇豆（原亚种）

Vigna unguiculata subsp. ***unguiculata***

荚果长20～30cm，下垂。花期6～7月，果期8月。

耐热，不耐寒，0℃时植株死亡；对土壤的适应性广，但以肥沃、排水良好、透气性好的沙质壤土为好，过于黏重和低湿的土壤不利于根系的生长和根瘤的活动。

嫩荚作蔬菜食用。豇豆根系发达，有根瘤共生，可提升土壤肥力。

2b. 长豇豆（亚种）（豆角）

Vigna unguiculata subsp. ***sesquipedalis*** (L.) Verdc. in P. H. Davis, Fl. Turkey 3: 266. 1970. ——*Dolichos sesquipedalis* L., Sp. Pl. ed.2. 1019. 1763.

一年生攀缘植物，长2～4m。荚果长30～90cm，宽4～8mm，下垂，嫩时膨胀；种子肾形，长8～12mm。花、果期6～8月。

嫩荚作蔬菜食用。

2c. 短豇豆（亚种）（饭豇豆、眉豆）

Vigna unguiculata subsp. ***cylindrica*** (L.) Verdc.，Kew Bull. 24: 544. 1970. ——*Phaseolus cylindricus* L., Amoen. Acad. 4: 132. 1759.

一年生直立草本，高20～40cm。荚果长10～16cm；种子颜色多种。花期7～8月，果期9月。

种子供食用，可掺入米中做豆饭、煮汤、煮粥或磨粉用。

3. 赤豆

Vigna angularis (Willd.) Ohwi & Ohashi, J. Jap. Bot. 44: 29. 1969; 中国植物志, 41: 287. 1995. ——*Dolichos angularis* Willd., Sp. Pl. 3: 1051. 1800.

一年生直立或缠绕草本，高30～90cm，植株被疏长毛。羽状复叶，具3小叶；托叶盾状着生，箭头形，长0.9～1.7cm；小叶卵形至菱状卵形，长5～10cm，宽5～8cm，先端宽三角形或近圆形，侧生小叶偏斜，全缘或浅3裂，两面被疏长毛。腋生短总状花序；花梗极短；小苞片披针形；花萼钟状，长3～4mm，萼齿三角形；花冠黄色，长约9mm，旗瓣扁圆形或近肾形，稍歪斜，顶端凹，翼瓣比龙骨瓣宽，具短瓣柄及耳，龙骨瓣狭长，顶端弯曲近半圈，基部有瓣柄；子房线形，花柱弯曲，近先端有毛。荚果圆柱状，稍扁，长5～8cm，宽5～6mm，平展或下弯，无毛，具钝喙；种子暗红色，长圆形，两头截平或近圆，种脐不凹陷。花期7～8月，果期9～10月。

延安各地均有栽培。陕西亦常见栽培；我国各地多有栽培，南方有野生。原产亚洲，现世界各地广为栽培。

赤豆性喜温、喜光，抗涝。赤豆在开花前后需水最多，开花结荚期遇高温、干旱，易造成落花、落荚；过于湿润，植株容易倒伏。赤豆在疏松的腐殖质多的土壤中生长最好。赤豆对土壤适应性较强，在微酸、微碱性土壤中均能生长。

种子供食用，为重要的杂粮作物。红色赤豆入药治水肿脚气、泻痢、痈肿，并为缓和的清热解毒药及利尿药；浸水后捣烂外敷，治各种肿毒。

4. 赤小豆

Vigna umbellata (Thunb.) Ohwi & Ohashi, J. Jap. Bot. 44: 31. 1969; 中国植物志, 41: 288. 1995. ——*Dolichos umbellatus* Thunb. in Trans. Linn. Soc. 2: 339. 1794.

一年生草本。茎纤细，长可达1m，幼时被黄色长柔毛，后脱落。羽状复叶，具3小叶；托叶盾状着生，披针形或卵状披针形；小托叶钻形；小叶纸质，卵形或披针形，长4～6cm，宽2～5cm，先端急尖，基部宽楔形，全缘或微3裂。2～3朵花成腋生或顶生总状花序；苞片披针形；花梗短，着生处有腺体；花萼钟状，长3～4mm，萼齿披针形；花冠黄色，长约1cm，旗瓣圆肾形，翼瓣斜卵形，基部具耳，下部具瓣柄，龙骨瓣右侧具长角状附属体；子房无柄，被短硬毛，花柱线形，上部被短硬毛。荚果线状圆柱形，下垂，长6～10cm，宽约5mm，无毛。种子6～10颗，长椭圆形，直径3～3.5mm，种脐凹陷。花期5～8月，果期8～9月。

延安各地栽培。陕西均有栽培；我国南部各地多有栽培，亦有野生。东南亚及菲律宾、日本、朝鲜也产，现世界热带地区广为栽培。

赤小豆有较强的适应能力，对土壤要求不严，耐瘠薄。既耐涝，又耐旱，生育期短。

种子供食用，为重要的杂粮作物；入药有行血补血、健脾祛湿、利水消肿之效。

35. 扁豆属 *Lablab* Adans.

本属编者：延安市黄龙山国有林管理局　王赵钟

多年生缠绕草本。羽状复叶，具3小叶；托叶反折，宿存；小托叶披针形。腋生总状花序；花萼钟状，裂片二唇形，上唇2齿合生，下唇3裂；花冠紫色或白色，旗瓣圆形，常反折，具附属体及耳，翼瓣倒卵形，龙骨瓣弯成直角；二体雄蕊（9+1）；子房近无柄，含多数胚珠；花柱丝状，近顶部内缘被毛，柱头顶生。荚果扁平，镰刀形或带形而弯曲，先端具下弯的喙；种子卵形，扁，种脐线形，具线形或半圆形假种皮。

仅1种，原产非洲，现全世界热带地区均有栽培。我国各地广泛栽培；陕西各地亦常见栽培；延安各县（区）也有栽培。

扁豆

Lablab purpureus (L.) Sweet, Hort. Brit. 481. 1826; 中国植物志, 41: 271. 1995. ——*Dolichos purpureus* L., Sp. Pl., ed. 2. 1021. 1763.

多年生缠绕草本。茎长可达6m，呈淡紫色。羽状复叶，具3小叶；托叶基着，披针形；小托叶线形；小叶宽三角状卵形，长6～10cm，两侧生小叶不等大，偏斜，先端急尖或渐尖，基部近截平。总状花序直立，长15～25cm，花序轴粗壮；小苞片2，近圆形，脱落；每一节上簇生2至多朵花；花萼钟状，长约6mm，上方2裂齿合生，其余相等；花冠白色或紫色，长1.5～1.8cm，旗瓣圆形，基部有2附属体，并下延为耳，翼瓣宽倒卵形，具耳，龙骨瓣呈直角弯曲；子房线形，花柱一侧扁平，近顶部内缘被毛。荚果长圆状镰形，长5～7cm，宽1.4～1.8cm，扁平，直或稍向背弯曲，顶端有弯曲

的尖喙，基部渐狭；种子3～5颗，扁平，长椭圆形，长约为8mm，白色或紫黑色，种脐线形。花期7～8月，果期9～11月。

延安各地有栽培。陕西及我国各地广泛栽培。原产非洲，现全世界热带地区均有栽培。

扁豆根系发达强大、耐旱力强，对各种土适应性好，在排水良好而肥沃的沙质土壤或壤土种植能明显增产。

荚果及嫩豆可作蔬菜食用；花及白色种子、种皮均可入药，花称扁豆花，种子称白扁豆，种皮称扁豆衣，具清暑化湿、健脾开胃、止泻痢之功效。新鲜茎叶是家畜的优良饲料，还可作绿肥。

扁豆 *Lablab purpureus*
1.叶（寻路路 摄）；2.花（寻路路 摄）；3.荚果（寻路路 摄）

48 酢浆草科

Oxalidaceae

本科编者：延安市黄龙山国有林管理局　王天才

多年生、稀二年生草本，极少灌木或乔木，具根茎或鳞茎状块茎，肉质，偶有地上茎。三出复叶，掌状或罕为羽状复叶，极少为退化单叶，基生或茎生。花两性，辐射对称，偶有闭锁花，单生或排列成近伞形或聚伞花序，少有总状花序；萼片5，覆瓦状排列，离生或基部合生；花瓣5，覆瓦状或回旋状排列；雄蕊通常10，2轮，长短各5，花丝基部合生，花药2室，纵裂；雌蕊具5心皮，子房上位，5室，每室含倒生1至数枚胚珠，花柱5，离生少合生，宿存，柱头头状或浅裂。果实为开裂蒴果或肉质浆果。种子干燥后常有弹性的种皮；胚直立，胚乳肉质，丰富。

本科约有10属900余种，广布于欧洲、非洲、亚洲、北美洲、南美洲。我国有3属约13种，全国各地都有分布。延安产1属2种，各县（区）均有分布或栽培。

酢浆草科植物对气候环境适应性强，对土壤类别没有严格要求，因而被广泛引种栽培。

本科多种植物因叶型特异、花色艳丽多彩，而具有较强观赏性；许多种全株或部分器官可入药；有的种已被驯化并成为亚热带、热带重要的经济林树种。

酢浆草属 *Oxalis* L.

草本，有酸味。根茎肉质鳞茎状或块茎状根茎。三出复叶，掌状，基生或互生，托叶极小或无。花白色、黄色或红色，1至多数，腋生或基生总花梗上；花瓣5，回旋状排列；雄蕊10，长短各5，间隔排列，基部合生或离生；花柱离生，柱头头状，细裂，子房5室，每室1至多数胚珠。蒴果，室背开裂，果瓣宿存中轴。种子外种皮肉质，光滑，呈假种皮状，干缩弹出种子。

本属约有800种，主要分布于非洲和南美洲，欧洲、亚洲、北美洲也有分布。我国约有8种，分布于全国各地。延安2种，各县（区）均有分布或栽培。

本属植物对气候环境适应性强，干旱、瘠薄土壤也能生长。

因种类繁多，花色多样，常作为庭园观赏植物；许多种全草可入药；有些种的幼茎和叶可作蔬食。

分种检索表

1. 有茎，多分枝；花1至数朵组成腋生伞形花序，花瓣黄色 ·································· 1. 酢浆草 *O. corniculata*

1. 无地上茎；总花梗基生，花瓣紫红色 ·· 2. 红花酢浆草 *O. corymbosa*

1. 酢浆草

Oxalis corniculata L., Sp. Pl. 1: 435. 1753; 中国植物志, 43(1): 11. 1998.

多年生草本。根茎细长。茎细弱，多分枝，被柔毛，匍匐或斜生，匍匐茎节上生根。叶基生或茎上互生，柄长2～6.5cm，基部具关节；托叶明显；小叶3，倒心形，长4～10mm，无柄，先端凹陷，基部宽楔形，上面无毛，下面疏被伏毛，脉上毛较密；花单生或多数呈伞形花序，腋生；花梗淡红色，与叶柄几等长；花瓣5，黄色，长倒卵形，长约9mm，宽4～5mm，先端圆，基部微合生；雄蕊10，花丝半透明，基部合生成筒；子房长圆形，柱头5裂。蒴果近圆柱形，5棱。种子褐色或红棕色，近卵形而扁，有纵槽纹。花期5～8月，果期6～9月。

本种延安各地均有分布，在海拔1300m以下山坡草地、河谷沿岸、路边、田边、林下阴湿处均能生长。在我国南北各地均有分布。亚洲、非洲、欧洲、北美洲都有分布。

酢浆草喜温暖湿润的环境，抗旱能力较强，不耐寒，一般土壤均可生长，夏季有短期休眠。

全草入药，有清热解毒、消肿散疾的功效。

酢浆草 *Oxalis corniculata*
1.植株（王天才 摄）；2.叶、果（王天才 摄）

2. 红花酢浆草

Oxalis corymbosa DC. prodr. 1: 696. 1824; 中国植物志, 43(1): 10. 1998.

多年生直立草本。无地上茎，地下球状鳞茎，外鳞片膜质，褐色。叶基生；叶柄被毛长5～30cm或更长；小叶片3，扁圆状倒心形，顶端凹入，两侧角圆形，背面浅绿色，托叶长圆形，顶部狭尖。二歧聚伞花序，通常排列成伞形花序式；花梗长5～25mm，总花梗长10～40cm或更长，基生，被毛；萼片5，被毛，披针形，长4～7mm，先端有暗红色的小腺体2枚；花瓣5，倒心形，长1.5～2cm，淡紫色至紫红色，基部颜色较深；雄蕊10枚，长短各5；子房5室，花柱5，被锈色长柔毛，柱头浅2裂。花、果期3～12月。

本种在延安各地多引种栽培，常用于海拔1400m 以下城市公园、街道路旁和庭院绿化。我国主要分布于华北的河北、北京、天津，西北的陕西，华东、华中、华南各地，西南的四川、重庆、云南等地。原产南美热带地区。

红花酢浆草喜温暖湿润的环境；花期长，覆盖地面迅速，很适合绿化使用。球茎繁殖和分株繁殖是主要繁殖方式。

全草入药，有清热解毒、散瘀消肿止血功效。

红花酢浆草 *Oxalis corymbosa*
1.植株（王天才 摄）；2.叶（王天才 摄）；3.花（王天才 摄）

49 牻牛儿苗科

Geraniaceae

本科编者：陕西省西安植物园　卢元

草本。叶多为对生，叶片通常掌状或羽状分裂，具托叶。花两性；花单生或形成聚伞花序、伞形花序，生于叶腋；萼片5；花瓣5，覆瓦状排列；雄蕊10，2轮，外轮与花瓣对生，花丝基部合生或分离，丁字着生的花药纵裂；与花瓣互生的蜜腺5枚；子房上位，心皮5室，每室具1～2倒生胚珠，花柱与心皮同数，下部合生，上部分离。果实为蒴果，中轴延伸成喙，室间开裂，每果瓣具1种子，成熟时果瓣通常爆裂，开裂的果瓣常由基部向上反卷或呈螺旋状卷曲，顶部通常附着于中轴顶端。

本科有6属约780种，广泛分布于除南极洲外的各大洲的温带、亚热带和热带的山地。中国有2属54种，分布于南北各地。另有天竺葵属*Pelargonium* L'Hér.作为观赏花卉引入。延安产2属3种，分布于延川、延长、宝塔、甘泉、宜川、富县、黄龙、黄陵等地。

常见于温带山地，是草本层的组成成分。

本科中有部分种类花大、色彩艳丽适合做观赏植物；另有部分种类有药用价值，是传统的药用植物。

分属检索表

1.外轮雄蕊无药；果成熟时果瓣由基部向上呈螺旋状卷曲，内面具长糙毛…………1.牻牛儿苗属*Erodium*

1.雄蕊全部具药；果瓣成熟时由基部向上反卷，内面无毛或具微柔毛…………………2.老鹳草属*Geranium*

1.牻牛儿苗属 *Erodium* L'Herit

草本。茎常具膨大的节。叶片羽状分裂；淡棕色托叶，干膜质。伞形花序，总花梗腋生；萼片5，覆瓦状排列，边缘常膜质；花瓣5，覆瓦状排列；2轮雄蕊，每轮5，外轮无花药，与花瓣对生，内轮具花药，与花瓣互生；子房5裂，5室，每室具2胚珠，花柱5。蒴果5果瓣，每果瓣具1种子，果瓣内面具长糙毛；种子无胚乳。

本属共75种，分布于欧洲，非洲（北部），亚洲（温带地区），南、北美洲和大洋洲；中国有4种，主要分布在长江以北各地及西藏等地。延安有1种，分布于延川、宝塔、宜川、富县、黄龙、黄陵等地。

本属是典型的温带类群，常见于温带草本层中。

本属植物均具有一定观赏价值，部分种类具有药用价值。

牻牛儿苗

Erodium stephanianum Willd. Sp. Pl. 3: 625. 1800; 中国植物志, 43(1): 22. 1998.

多年生草本，高可达50cm。直根，黄褐色。茎多数，仰卧或蔓生，节部明显，被服贴的短柔毛。基生叶莲座状，茎生叶对生；托叶三角状披针形，边缘具缘毛；基生叶和茎下部叶具长柄，上部叶叶柄逐渐缩短，被柔毛；叶片轮廓三角状卵形，基部心形，长2.5～6.5cm，宽3～5cm，二回羽状深裂，两面被毛，脉上较密。花序长于叶，每梗具2～5花；苞片狭披针形，分离；花梗花期直立，果期开展，上部向上弯曲；萼片矩圆状卵形，长4～7mm，宽2～3mm，先端具芒，被长糙毛，花瓣紫红色，倒卵形，先端圆形或微凹；雄蕊花丝紫色；雌蕊被糙毛，花柱紫红色。蒴果长约4cm，密被短糙毛，具长喙，成熟时由基部向顶端螺旋状卷曲或扭曲。种子褐色，具斑点。花期5～9月，果期8～9月。

本种在延安主要分布于延川、宝塔、宜川、富县、黄龙、黄陵等地，生于海拔520～1490m的山坡、田边和河滩地。在我国分布于长江以北各地和西藏。

较耐旱，在干旱的黄土区亦生长良好。

为传统中药，具有一定的药用价值，同时也具有观赏性。

牻牛儿苗 *Erodium stephanianum*

1.果实（曹旭平 摄）；2.叶（曹旭平 摄）；3.花（曹旭平 摄）；4.植株（曹旭平 摄）

2. 老鹳草属 *Geranium* L.

草本，通常被倒向毛。茎具明显的节。叶对生或互生，具托叶，通常具长叶柄；叶片通常掌状分裂。聚伞花序或花单生，总花梗通常具2花；花整齐，花萼和花瓣5，覆瓦状排列，腺体5，每室具2胚珠。蒴果具长喙，5果瓣，每果瓣具1种子，果瓣在喙顶部合生，成熟时沿主轴从基部向上端反卷开裂，弹出种子或种子与果瓣同时脱落，附着于主轴的顶部。

本属约400种，世界广布，但主要分布于温带及热带山区。中国约55种和5变种，全国广布。延安有2种，分布于延川、延长、甘泉、富县、黄龙、黄陵等地。

本属常见于温带阔叶林区，是林下草本层的常见成分。

本属植物均具有一定观赏价值，部分种类具有药用价值。

分种检索表

1. 茎生叶片3裂，植株有时具腺毛……………………………………………………………… 1. 老鹳草 *G. wilfordii*
1. 叶片5裂或仅茎上部叶3裂，植株无腺毛………………………………………………2. 鼠掌老鹳草 *G. sibiricum*

1. 老鹳草

Geranium wilfordii Maxim. in Bull. Acad. Sci. St. Petersb. 26: 453. 1880; 中国植物志, 43(1): 32. 1998.

多年生草本，高可达50cm。根茎直生，粗壮，上部围以残存基生托叶。茎直立，单生，具棱槽，被倒向短柔毛，有时上部混生腺毛。叶基生，茎生叶对生，具托叶，基生叶和茎下部叶具长柄，被倒向短柔毛；基生叶片圆肾形，长3～5cm，宽4～9cm，5深裂，裂片倒卵状楔形，茎生叶3裂，裂片先端长渐尖，两面被毛。花序腋生和顶生，总花梗被倒向短柔毛，有时混生腺毛，每梗具2花；苞片钻形，长3～4mm；花梗，长为花的2～4倍，花、果期通常直立；萼片长卵形，长5～6mm，宽2～3mm，先端具细尖头，背面沿脉和边缘被短柔毛，有时混生腺毛；花瓣白色或淡红色，倒卵形，

老鹳草 *Geranium wilfordii*
1. 花期植株（卢元 摄）；2. 果实（曹旭平 摄）

与萼片近等长；雄蕊稍短于萼片，下部扩展，被缘毛；雌蕊被短糙伏毛，花柱分枝紫红色。蒴果长约2cm，被短柔毛和长糙毛。花期6～8月，果期8～9月。

本种在延安主要分布于黄龙、黄陵等地，生于海拔1800m以下的林下、草丛。在我国分布于东北各地，华北各地，华东各地，华中各地及西北的陕西、甘肃和西南的四川等地。俄罗斯西伯利亚、朝鲜半岛和日本有分布。

常见于温带阔叶林区，是林下草本层的常见成分。

具有一定的观赏价值，同时全草供药用，为传统的中药材。

2. 鼠掌老鹳草

Geranium sibiricum L., Sp. Pl. 683. 1753; 中国植物志, 43(1): 33. 1998.

一至多年生草本，高30～70cm，根为直根。茎纤细，仰卧或近直立，多分枝，具棱槽，被倒向疏柔毛。叶对生；托叶披针形，棕褐色，长8～12cm，先端渐尖，基部抱茎，外被倒向长柔毛；基生叶和茎下部叶具长柄；下部叶片肾状五角形，基部宽心形，长3～6cm，宽4～8cm，掌状5深裂，两面被疏伏毛，背面沿脉被毛较密；上部叶片3～5裂。总花梗单生于叶腋，长于叶，被倒向毛，具1花或偶具2花；苞片对生，棕褐色，钻状，膜质；萼片卵状，长约5mm，先端急尖，具短尖头，背面沿脉被疏柔毛；花瓣倒卵形，淡紫色或白色，等于或稍长于萼片，先端微凹或缺刻状；花丝扩大成披针形，具缘毛；花柱不明显，分枝长约1mm。蒴果被疏柔毛，果梗下垂。种子肾状椭圆形，黑色。花期6～7月，果期8～9月。

本种在延安主要分布于延川、延长、甘泉、富县、黄龙、黄陵等地，生于海拔800～1400m的山坡、林缘等地。在我国分布于东北各地，华北各地，西北各地，华中的湖北、西南各地。欧洲、亚洲北部西起高加索，东至日本北部皆有分布。

温带森林草本层的常见成分。

具有一定的观赏价值。

鼠掌老鹳草 *Geranium sibiricum*
1.植株（蒋鸿 摄）；2.植株（曹旭平 摄）；3.花（卢元 摄）

50 旱金莲科

Tropaeolaceae

本科编者：延安市黄龙山国有林管理局 王赵钟

一年生或多年生肉质、匍匐状或攀缘状草本，多浆汁，有时有块状根。叶互生，盾状，全缘或分裂，具长柄，无托叶。花两性，不整齐，有一长距；萼片5，二唇状，基部合生，其中一片延长成一长距；花瓣5或少于5，覆瓦状排列，异形；雄蕊8，分离，呈二轮，长短不等，几近位；花药纵裂，2室；子房3室，上位，中轴胎座，每室有倒生胚珠1颗，花柱1，柱头3裂，线形。果为3个合生心皮，熟时裂成3个瘦果，每瘦果具种子1粒。种子无胚乳。

本科1属约80种，原产南美热带地区。我国引种栽培1种，全国各地都有栽培。延安各县（区）有栽培。

本科多数植物生长迅速，对土壤要求不严，喜温暖、湿润和阳光充足的环境，不耐寒，根系浅，怕干旱，忌水涝，以肥沃、疏松沙质壤土为好。

本科多数种是优良的观赏植物。

旱金莲属 *Tropaeolum* L.

属特征与科同。

属分布、生物学、生态学、林学特征、经济价值等与科同。

旱金莲

Tropaeolum majus L., Sp. Pl. 345. 1753; 中国植物志, 43(1): 090. 1998.

一年生蔓生草本，无毛或被疏毛。株高30～70cm，叶圆盾形，全缘或浅裂，直径2～6cm, 背面通常被疏毛或有乳凸点，主脉9条；叶柄长9～16cm，向上扭曲。花黄色、紫色、橘红色或杂色，叶腋单生，有长梗，长6～13cm；花托杯状；萼片5，长椭圆状披针形，边缘膜质,长约1.7cm，基部合生，其中一片斜向伸长成距，距长2.5～3.5cm，渐尖；花瓣上面两片较宽大，近全缘，着生在距的开口处，下面3片较狭小，基部狭窄下延成长爪，近爪处边缘细裂具睫毛。果实扁球形，由3个合生的心皮组成。花期6～10月，果期7～11月。

本种在延安各县（区）有栽培，海拔1200m以下生长良好。我国华北的河北，华东的江苏、福建、江西，华南的广东、广西，西南各地等为主要栽培区。原产秘鲁、巴西等地。

喜温暖、湿润和阳光充足的环境，不耐寒，根系浅，怕干旱，忌水涝，但生长迅速。可用种子、扦插进行繁殖。

被广泛引种，常作为庭院或室内观赏植物。全草可入药，有清热解毒功效。

旱金莲 *Tropaeolum majus*
1.花（王赵钟 摄）；2.植株（王赵钟 摄）

51 亚麻科

Linaceae

本科编者：西北农林科技大学　李冬梅

草本或灌木。单叶，全缘，互生或很少对生，托叶小或无。聚伞花序,整齐，两性，4～5数；萼片4～5，离生或基部合生，覆瓦状排列，宿存，分离；花瓣和萼片同数，且与萼片互生、离生或者基部合生；花瓣旋卷，通常基部有瓣爪，常早落；雄蕊与花被同数或为其2～4倍，与萼片互生或者对生，通常一些退化为退化雄蕊；子房上位，2～5室，心皮常由中脉延伸呈假隔膜，每室具1～2胚珠，中轴胎座；花柱与心皮同数，丝状，离生或者基部合生；柱头近头状。果通常为室间开裂的蒴果或者核果。种子有直立的油性的胚和薄的胚乳。

本科约14属300余种，全世界广布，但主要分布于温带。我国4属14种，全国广布，陕西1属6种。延安有1属4种，分布于宝塔、黄龙、志丹、洛川、延川等地。

本科植物喜凉爽湿润气候，耐寒，怕高温。以土层深厚、疏松肥沃、排水良好的微酸性或中性土壤栽培为宜，含盐量在0.2%以下的碱性土壤亦能栽培。

本科植物茎皮纤维可作人造棉、麻布和造纸原料，是重要的油料和药用植物。

亚麻属 *Linum* L.

草本或茎基部木质化。茎多在上部分枝，有时亦有基部分枝。单叶、全缘，无柄，对生、互生，叶狭条形、条状披针形或披针形，叶具1脉或3～5脉，叶缘偶具腺睫毛。聚伞花序顶生，花漏斗或蝶形花5数；萼片全缘或边缘具腺睫毛；花红色、白色、蓝色或黄色，基部具爪，早落；雄蕊5,呈锯齿状，与花瓣互生，花丝基部合生；子房5室，花柱5枚，分离，柱头比花柱微粗。蒴果卵圆形，顶端略尖，干后棕黄色或白色开裂；种子扁平长圆形，棕褐色具光泽。

本属约200种，主要分布于欧洲和亚洲温带，地中海区分布较为集中。我国约9种，主要分布于东北、华北、西北和西南等地。在延安志丹、宝塔、富县、洛川、延川、黄龙等地有产。

喜凉爽湿润气候，耐寒，在排水良好，并含少量腐殖质的沙性壤土上生长良好。

亚麻属植物茎皮纤维可作人造棉、麻布和造纸原料，是重要的油料和药用植物。

分种检索表

1. 萼片边缘具腺毛 ······ 1. 野亚麻 *L. stelleroides*
1. 萼片边缘无腺毛 ······ 2.
2. 花柱异长 ······ 2. 宿根亚麻 *L. perenne*
2. 花柱与雄蕊近等长 ······ 3

3. 叶1脉；花梗纤细，外展或下垂……3. 黑水亚麻*L. amurense*

3. 叶1～5脉；花梗较粗壮，直立或斜上升……4. 短柱亚麻*L. pallescens*

1. 野亚麻

Linum stelleroides Planch. in Lond. Journ. Bot. 5: 178. 1848; 中国植物志, 43(1): 101. 1998.

一年生或二年生草本，高20～85cm。茎直立，无毛。叶互生，无柄，全缘，无毛，线状披针形，6脉三基出。花淡紫色、蓝色、紫红色或近白色，单生于枝条顶端，形成聚伞花序；花梗长0.3～1.5cm，花直径约1cm；萼片5，卵状披针形，顶端锐尖，边缘有宿存的黑色腺体；花瓣5，长度约为萼片的2倍，倒卵形，顶端齿状，基部渐狭；雄蕊5枚，退化雄蕊5枚，与花柱等长；子房5室，花柱5枚，中下部结合或分离，柱头卵圆形，干后褐色。蒴果球形，直径4mm左右，有纵沟5条。种子椭圆形。花期6～9月，果期8～10月。

产于延安宝塔、延川、志丹、富县、黄龙。在我国分布于东北各地，华北各地，华南各地及西北的陕西、宁夏、甘肃，华东的山东、江苏，华中的河南、湖北，西南的四川、贵州。中亚各地、蒙古、朝鲜半岛、俄罗斯远东地区也产。

喜凉爽湿润气候，耐寒，生于海拔800～1700m的山坡或山谷草地。

茎皮纤维可作人造棉、麻布和造纸原料。

野亚麻*Linum stelleroides*
1.花（吴振海 摄）；2.果（吴振海 摄）

2. 宿根亚麻

Linum perenne L., Sp. Pl. 277. 1753; 中国植物志, 43(1): 103. 1998.

多年生草本，高20～85cm。根较粗壮。茎多数，直立或仰卧，分枝较多，基部木质，光滑。单叶互生，无柄；叶片线形或线状披针形，全缘，先端锐尖，基部平截，1～3脉。聚伞花序生于茎的上部或枝端；花较大，直径2.3～2.6cm；萼片5，卵圆形，先端尖，具白色膜纸边缘，无腺毛，背部具凸起的3脉，宿存；花瓣5，蓝色，卵圆形，基部棕色，具清晰的蓝色脉纹；顶端钝圆或微具细齿；

腺体5个，着生在花丝基部；雄蕊5，退化雄蕊线形，与雄蕊互生；子房圆形5室，花柱5，比花丝长，柱头头状。蒴果球形，纵裂，每室具种子2颗。种子扁平，长圆形，褐色，具光泽，腹面具不明显的白色边缘。花果期6～8月。

产于延安的志丹、富县、洛川、黄龙等地，在我国分布于华北各地，西北各地及西南的四川、云南、西藏。蒙古、西亚、欧洲也产。

喜凉爽湿润气候，耐寒，生于海拔1000～1300m的山坡草地。

茎皮纤维可作人造棉、麻布和造纸原料。

宿根亚麻 *Linum perenne*
1. 花、花苞（刘培亮 摄）；2. 茎叶（刘培亮 摄）

3. 黑水亚麻

Linum amurense Alef. in Bot. Zeit. 25: 251. 1867; 中国植物志, 43(1): 101. 1998.

多年生草本，高25～60cm。垂直根，粗3～8mm，白色，木质化。茎几个至十几个，丛生，直立，上部叶较密集；除花枝外具稍长的不育枝，不育枝上的叶密集。叶互生或散生，线形或披针形，长15～20mm，宽约2mm，先端尖，边缘平展；1脉。聚伞花序，花梗纤细，外展或下垂；萼片5，卵圆形，边缘无腺毛，前端突尖；花瓣蓝、紫色，卵圆形，长11～15mm，宽3～6mm，脉纹清晰；雄蕊5，基部半圆形；子房卵形，花柱与雄蕊近等长。蒴果卵圆形，直径约7mm，淡黄色，果梗向下弯垂。花果期6～8月。

产延安的黄龙、富县，分布于东北的黑龙江、吉林、辽宁、内蒙古（东部），华北的内蒙古（中部），西北的陕西、甘肃、宁夏、青海及内蒙古（西部）等地。俄罗斯远东地区和蒙古有分布。

喜凉爽湿润气候，耐寒，生于海拔420～1600m的河滩、山坡草地或干河床沙砾地等。

是重要的油料和药用植物。

4. 短柱亚麻

Linum pallescens Bunge in Ledeb. Fl. Alt. 1: 438. 1829; 中国植物志, 43(1): 104. 1998.

多年生草本，高10～30cm。具发达垂直根系。茎丛生，或立或卧，基部木质化；不育枝通常发育，具密集线形叶。茎生叶线状条形，长7～15mm，宽0.5～1.5mm，边缘卷曲，1或3脉。花腋生，或组成聚伞花序，直径约6mm；萼片5，长圆形，边缘无腺毛，具尖头；花瓣卵形，白色或淡蓝色，长度为萼片的2倍，顶端圆或凹陷，基部平截；花梗较粗壮，直立或斜上升；雄蕊和柱头近等长。蒴果圆形，淡黄色，直径约4mm。种子稍扁，长圆形，棕黄色。花果期6～9月。

产于延安宝塔，分布于我国西北各地及西南的西藏。中亚及蒙古、俄罗斯也产。

喜凉爽湿润气候，耐寒，生于海拔900～1100m的山坡草地。

具食用和药用价值。

52 蒺藜科

Zygophyllaceae

本科编者：延安市黄龙山国有林管理局 冯艳君

草本、半灌木或灌木。叶对生或互生，通常为偶数羽状复叶，很少单叶；托叶2，宿存。花两性，辐射对称，1～2朵腋生或为总状花序、聚伞状花序；萼片5，稀4，分离或于基部稍连合；花瓣4～5，分离；常具花盘；雄蕊与花瓣同数或为其1～3倍，花丝基部或中部有1小鳞片；子房上位，常3～5室，每室有1至数个胚珠。果为分果、蒴果或浆果状核果。种子具胚乳或无。

本科约25属180种，主要分布于亚洲、非洲、欧洲、美洲等热带、亚热带和温带。我国有6属16种，南北各地均有分布。延安产2属2种。骆驼蓬属分布于延安北部的吴起、志丹、安塞等地。蒺藜属延安广布。

本科植物根系发达，耐寒、耐旱，可在盐碱地等极端环境下生长。

本科植物有些种类的种子含油量高，具有重要的经济价值。有些种类可以作为改良盐碱地及防风固沙树种，有些种类还可作家畜饲料。

分属检索表

1. 单叶条裂，互生；果为蒴果 ………… 1. 骆驼蓬属 *Peganum*
1. 偶数羽状复叶，对生；果为分果 ………… 2. 蒺藜属 *Tribulus*

1. 骆驼蓬属 *Peganum* L.

多年生草本。茎有棱，多分枝。单叶互生，撕裂状，肉质；托叶刺毛状。花大，白色，单生；萼片通常5，不分裂至撕裂状，宿存；花瓣5，雄蕊15；花盘杯状；子房上位，3室，每室有多数胚珠，花柱单一，上部具3棱。蒴果球形，3室，3瓣裂。种子多数。

本属有4种，主要分布于欧洲和亚洲温带地区。我国产2种，主要分布于西北各地。延安产1种。分布于延安北部的吴起、志丹、安塞等地。

本属植物多生于干旱地域，有较强的抗旱、固沙能力，具有一定的经济价值。全草及种子可入药，止咳平喘、祛风除湿，所含的多种生物碱有抗寄生虫及抗肿瘤活性功效。枝叶经霜打后可作为饲料。

骆驼蓬

Peganum harmala L., Sp. P1. 444. 1753; 中国植物志, 43(1): 123. 1998.

多年生草本。根多数，粗壮。茎有棱，多分枝，铺地散生，植株光滑无毛。叶互生，肉质，裂片线状披针形；托叶条形。花单生与叶对生，白色；萼片5，披针形，宿存；花瓣5，淡白色或浅黄绿色，椭圆形；雄蕊15，近基部宽展，花药纵裂；子房上位，3室，花柱3，基部合生，柱头三棱戟形。蒴果近球形。种子黑褐色，三棱形，表面有小疣状突起。花期7～8月，果期9～10月。

延安分布于吴起、志丹、安塞等地。我国主要分布于西北各地及西南的西藏（贡嘎、泽当）。蒙古、俄罗斯和伊朗也有分布。

耐旱、耐寒、耐瘠薄、耐盐碱，根系发达。生于海拔1100～3600m的荒漠地带、干旱草地、盐渍化荒地、黄土地山坡或河谷沙丘。

种子可作红色染料；种子油为轻工业用油；全草入药有止咳平喘、祛风湿、消肿毒功效。骆驼蓬在草群中参与度小，草质较粗糙，适口性差，可列为低等牧草。

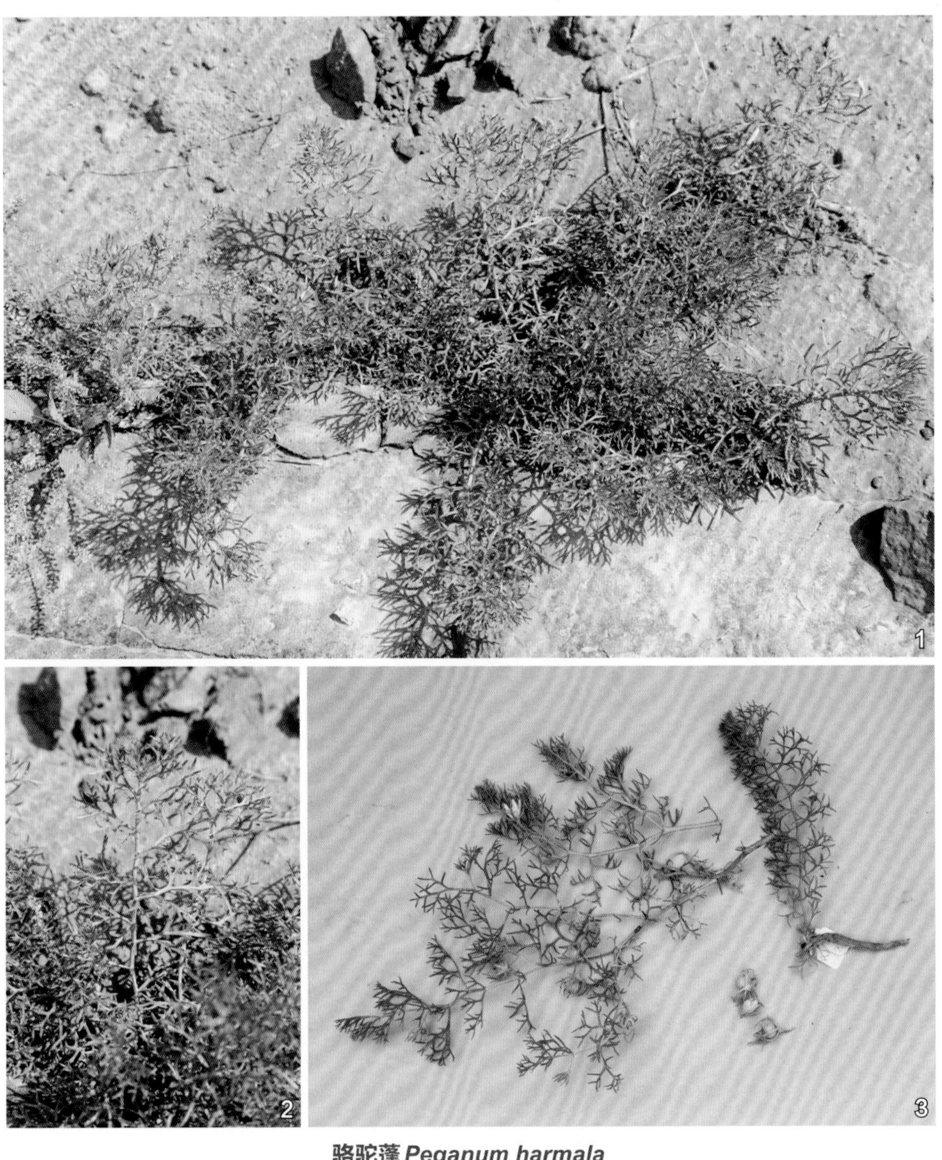

骆驼蓬 *Peganum harmala*
1.群落（王天才 摄）；2.植株（王天才 摄）；3.花、果（王天才 摄）

2. 蒺藜属 *Tribulus* L.

平卧草本，多分枝。偶数羽状复叶，小叶椭圆形；花白色或黄色，单生叶腋；萼片和花瓣均5，覆瓦状排列；花盘环状，10裂；雄蕊10，其中5枚长的与花瓣对生，5枚短的在基部有腺体；雌蕊由4～5心皮组成，子房分裂。果实由数个不开裂的分果瓣组成，外被有针刺。种子无胚乳，种皮薄膜质。

本属约15种，主要分布于非洲、欧洲、亚洲、北美洲、南美洲等热带及亚热带。我国产2种，南北各地均有分布。延安产1种，广布各县（区）。

本属植物适应性广泛，对土壤的要求不严。

本属植物具有较高的药用价值，种子也可榨油。

蒺藜

Tribulus terrestris L., Sp. Pl. 386. 1753; 中国植物志, 43(1): 142. 1998.

一年生草本。茎平卧，由基部分枝，淡褐色，全株被绢状柔毛。偶数羽状复叶，互生，平铺地面；小叶对生，3～8对，长圆形，先端锐尖或钝，基部稍偏斜，近圆形，上面深绿色，下面色略淡，被柔毛，全缘。花腋生，梗短，黄色；萼片5，卵状披针形，宿存；花瓣5，倒卵形；雄蕊10，生于花盘基部，基部有鳞片状腺体；子房卵形，被长毛，花柱单一，短而膨大，柱头5，下延。果由5个分果瓣组成，每果瓣具长短刺一对，背面有短硬毛及瘤状凸起。花期5～8月，果期6～9月。

本种在延安广布于各县（区），多生于海拔650～1100m河岸、荒丘、沙地、田边、路旁及居民点附近。我国各地均有分布，主要产于华北的河北、山西，西北的陕西，华东的山东、安徽、江苏，西南的四川，华中的河南等地。亚洲、欧洲的温带地区均有分布。

蒺藜适应性广，对土壤要求不严。果刺易黏附家畜毛间，有损皮毛质量；为草场有害植物。种子繁殖。

果入药，有散风行血、平肝明目之效；嫩茎叶牛羊喜食；种子可榨油。

蒺藜 *Tribulus terrestris*

1.群落（王天才 摄）；2.叶、花（王天才 摄）；3.植株、果（王天才 摄）

53 芸香科

Rutaceae

本科编者：西北农林科技大学　张维伟

常绿或落叶，乔木或灌木，稀草本。整株被油腺。单叶或复叶互生或对生，不具托叶。花序聚伞状、穗状或总状，腋生或顶生，稀单生。花两性或退化为单性，雌雄异株稀同株；稀两侧对称；萼片4～5，离生或下部合生；花瓣4～5，离生，覆瓦状或镊合状排列；雄蕊数为花瓣的倍数，二轮列，花丝顶部分离，基部连生，花药朝内纵裂，顶端有油点；雌蕊通常由4～5心皮组成，上部合生下部分离，有明显环状蜜盆，柱头全缘或微裂，常增大。果为蒴果、核果、蓇葖果、翅果或浆果；种子有胚乳或无；子叶富油点，凸起或具褶皱；胚直立或弯曲。

本科约150属1700多种。全世界广泛分布，热带和亚热带分布最广。原产及引进我国共28属约151种28变种，见于全国各地，南方分布最为广泛，如四川、湖南、广东、云南等地。其中，枳属和裸芸香属是我国特有属。延安分布4属6种，主要分布在黄陵。

本科植物多数喜光，耐阴，畏寒，适生于肥沃、排水良好的壤土或沙质壤土。常见于向阳山坡或丘陵。

本科多数属是重要果树，有重要经济及药用价值；有些种木材坚硬，纹理美观，供家具、造船等工业用材；花椒为调味香料，种子可榨油。

分属检索表

1.心皮离生或彼此贴合，成熟后分离，果为蓇葖果 ……… 2
1.心皮合生，果为核果或浆果 ……… 3
2.奇数羽状复叶互生 ……… 1.花椒属 *Zanthoxylum*
2.单叶或羽状复叶对生 ……… 2.吴茱萸属 *Evodia*
3.核果，富含黏液或水，花单性 ……… 3.黄檗属 *Phellodendron*
3.浆果，花两性 ……… 4.枳属 *Poncirus*

1.花椒属 *Zanthoxylum* L.

乔木、灌木或为木质藤本，落叶或常绿，富有香气，常具皮刺。奇数羽状复叶互生；小叶3，对生或互生，全缘或叶缘有小裂齿，齿缝处具半透明油点。聚伞圆锥花序或伞房状圆锥花序，顶生或腋生；花小，白绿色，单性异株；若花被片一轮，萼片与花瓣不分，若花被片两轮，则萼片外轮，花瓣内轮；雄花的雄蕊4～5，花药分离，顶部有1油点，雌蕊退化，凸起呈垫状，雌花雌蕊心皮2～5，离生，成熟后分离，无退化雄蕊；花柱黏合或背弯，柱头头状。蓇葖果，外果皮黄褐色或紫红色，常有油点，内果皮革质，成熟时与外果皮自顶端沿背腹线开裂，内含种子1颗。种子椭圆形至球形，黑色有光泽，种皮脆壳质，贴着于增大的株柄上；胚乳肉质，富含油脂；胚直立或弯曲；子叶平凸；胚根短。

本属约250种，亚洲、非洲、大洋洲、北美洲的热带和亚热带地区分布最广，温带地区分布较少。本属是本科分布最广的属。我国约有40种，全国各地均有分布。延安产2种1变种，分布于黄陵、黄龙、延长、宜川等地。

本属植物大多喜光，耐旱，适生于温暖湿润的环境，在深厚肥沃的沙质壤土、壤土中生长良好；抗病能力强，耐修剪；不耐涝。

本属植物木材结构均匀密致，纵切面有绢质光泽，有美工价值。其果可用作调味剂、矫味剂及防腐剂。其果、根、叶可入药，用于治疗胃寒冷痛、风湿性关节炎等。

分种检索表

1. 小叶腹面无毛，背面仅沿中脉基部两侧有丛毛 ………………………………………… 1. 花椒 *Z.bungeanum*

1. 小叶两面被毛，仅背面散生短柔毛或仅叶面有短毛 ………… 1a. 毛叶花椒 *Z. bungeanum* var. *pubescens*

1. 花椒

Zanthoxylum bungeanum Maxim. in Bull. Acad. Sci. St. -Petersb. 16: 212. 1871 et in Mel. Biol. 8: 2. 1871, pro parte, exclud. syn. *Z. simulans* Hance; 中国植物志, 43(2): 44. 1997.

落叶灌木小乔木，高达7m，茎具皮刺，早落；枝具基部宽且扁的长三角形短刺，当年生枝条疏被短柔毛。奇数羽叶复叶互生；叶轴两侧具极狭叶翼，叶轴基部具上伸皮刺；小叶5～13，对生，纸质，顶生小叶有柄，卵状椭圆形至近圆形，长1～7cm，宽1～3cm，边缘具细钝锯齿，叶缘和齿缝处有透明油点，小叶腹面无毛，叶背基部中脉两侧有丛毛，干后有红褐色斑纹。无梗聚伞状圆锥花序顶生，花序轴及花梗密被短柔毛；花单性，花被片一轮排列，6～8，黄绿色；雄花与叶同时开放，雄蕊5～8；雌花心皮2～3（4）个，离生，背部顶侧有较大油点1颗；花柱分离，背弯。蓇葖果紫红色，分果瓣紫红色，无毛，基部浑圆，密被微凸起的油点，顶端有短芒尖或无。种子圆形，黑色，有光泽。花期4～5月，果期8～9月。

产延安黄陵建庄瞭望台、双龙，黄龙白马滩、官庄，宜川石台寺、富县、甘泉和延长等地。延安花椒主要为经济林，分布于海拔500～1600m，年平均气温为8～16℃的地区均可栽植。常见于阳坡山地或田边。

我国分布于华北河北，西北陕西、甘肃，华东江西、山东，华中各地，华南广东、广西，西南四川、云南、贵州、西藏等地。日本、朝鲜、韩国等国均有分布。

性喜光，耐旱，畏寒，不耐瘠薄，宜沙质壤土或壤土，不宜沙土，以阳光充足、空气流通的疏松土壤为宜。

木材结构密致均匀，光泽好，可做工艺品。用作中药，可逐寒止痛，也可作杀虫剂。种子、叶、树皮供食用。

花椒 *Zanthoxylum bungeanum*
1.果（王天才 摄）；2.植株（王天才 摄）

1a. 毛叶花椒（变种）

Zanthoxylum bungeanum var. ***pubescens*** Huang in Acta Phytotax. Sin. 6: 24. 1957; 中国植物志, 43(2): 44. 1997.

本变种包括两类，一类小叶薄纸质，两面颜色明显不同，干后淡灰白色；果梗细长；小枝、小叶两面、叶轴、花序轴、果梗均被柔毛；另一类的小叶纸质，两面同色，干后变为红棕色；果梗粗，光滑无毛。花期5～6月，果期10～11月。

延安产黄陵大岔。生长在海拔700～1000m的山沟灌丛中或林下、路边。

我国分布于西北陕西、甘肃、青海，西南四川等地。

生态特性及用途同原变种。

2. 吴茱萸属 *Evodia* J. R. et G. Forst.

乔木或灌木，常绿或落叶，整株无刺。单叶或羽状复叶，对生，具短柄；小叶全缘，对生，被油点或无。聚伞圆锥花序顶生或腋生；花4～5数，形小，单性，具对生小苞片；花萼覆瓦状合生，外被短毛；花瓣镊合状或覆瓦状排列，长为萼片3～4倍，内被毛；雄蕊4～5，花丝线状，被疏毛，雌蕊具4～5离生心皮，花柱贴合。蓇葖果，成熟后开裂为4～5个果瓣，每份果瓣内含1或2粒种子；外果皮被油点，内果皮干后呈蜡黄色或棕色，薄壳质或木质。种子卵形至球形，黑色有光泽，种皮具网纹。

本属约150种，分布于亚洲、非洲及大洋洲。我国产20余种，除东北北部及西北部少数地区外，其余各地均有分布。延安产1种，分布在宜川、黄龙及黄陵等地。

本属植物多数喜光，耐旱，耐寒。常生于海拔1700m以下的向阳山坡及丘陵的阔叶林下或林缘。

整株含多种挥发油及生物碱。一些种可入药，可止痛，也可作为农药。少数种类含香豆素。

臭檀吴萸

Evodia daniellii (Benn.) Hemsl. in Journ. L. Soc. Bot. 22: 104. 1886; 中国植物志, 43(2): 76. 1997.

乔木，高可达15m，胸径可达1m。树皮光滑，灰色或黑褐色，散生皮孔。枝灰褐色，无毛或被疏毛，小枝密被卧柔毛。奇数羽状复叶，叶轴常被毛，小叶纸质，阔卵形或卵状椭圆形，散生油点，边缘具细齿，稀具缘毛；上面深绿色，近无毛或疏被短柔毛，下面淡绿色，沿中脉两侧密被白色长柔毛或仅脉腋常具簇毛。伞房状聚伞花序顶生，花序轴及花梗被灰白色短柔毛；花白色，萼片及花瓣均5；雄花瓣内被柔毛，雄蕊5；雌花瓣内密被长柔毛，雄蕊退化。分果瓣4～5，皮薄，紫红色，干后变淡黄色或淡棕色，表面具腺点，背部光滑无毛，侧面疏被短柔毛，顶端具短芒尖。种子卵球形，黑褐色，有光泽。花期6～7月，果期9～10月。

臭檀吴萸 *Evodia daniellii*
1.植株（蒋鸿 摄）；2.叶（蒋鸿 摄）；3.花（蒋鸿 摄）

延安产宜川蟒头山，黄龙白马滩、清水川，黄陵建庄、富县和甘泉等地，常散生于海拔1700m以下的荒坡或作为伴生树种生长于栎类、白桦等阔叶林中。

我国分布于东北的辽宁，华北的河北，西北

的陕西、甘肃，华东的山东，华中的河南、湖北等地。朝鲜北部也有分布。

喜光，耐寒、耐旱、耐瘠薄。根系深，常生于向阳处，沙壤土中生长最佳。

木材灰棕色，有光泽，纹理美观，材质坚硬，可用于制作家具及细工。种子含油丰富，可制肥皂、油漆等。未熟果实可入药。

3.黄檗属 *Phellodendron* Rupr.

乔木。栓皮层发达，树皮纵裂；枝有散生皮孔，无顶芽，侧芽被叶柄包裹，密被锈色绒毛。奇数羽状复叶，对生，叶缘有锯齿，齿缝处具明显油点。聚伞状圆锥花序顶生；花小，黄绿色，单性异株，5数；萼片基部合生，外被毛；花瓣内被柔毛；雄花雄蕊较长，花药二裂，花丝常被长柔毛，退化雌蕊5叉裂，短小，心皮合生；雌花子房5室，退化雄蕊鳞片状。浆果状核果，蓝黑色，近球形，具黏胶质液，有特殊气味；种子卵球形，黑色，外种软皮骨质，胚乳肉质。

本属约8种，主产于亚洲东部的温带及亚热带地区。我国约有3或4种，各地均有分布。延安产1种，分布于黄龙，与当地阔叶树种混生。

本属植物多数较喜光，易生于荫蔽环境中。适生于深厚肥沃的土壤中。常散生于海拔800～1500m的山地疏林或密林中。

树皮可入药，有消炎、杀菌、止泻、解毒和健胃的功效。果可提取芳香油。种子可榨油。

1. 川黄檗

Phellodendron chinense Schneid. Ill. Handb. Laubholzk. 2: 126. 1907; 中国植物志, 43(2): 101. 1997.

1a. 秃叶黄檗（变种）

Phellodendron chinense Schneid. var. ***glabriusculum*** Schneid. Ill. Handb. Laubholzk. 2: 126. 1907; 中国植物志, 43(2): 101. 1997.

落叶乔木，高可达15m。树皮薄，茎枝无刺。小枝棕褐色，光滑且具细小皮孔。奇数羽状复叶，有小叶3～7，小叶形态及毛被多变，小叶卵形至卵状长圆形，两侧明显不对称或稍不对称，叶轴、叶柄及小叶柄无毛至有疏毛，小叶中脉两侧疏被短簇毛或细小鳞片，花单性，花序顶生，疏散，花序轴无毛或微被疏毛；雄蕊与花瓣同数。核果呈椭圆形或近圆球形，顶部略狭窄，蓝黑色，果轴和果梗密被短柔毛，果疏散。种子一端微尖，有细网纹。花期6～7月，果期9～10月。

延安产黄龙。与当地阔叶树种混生，常见于海拔800～1500m的山地疏林或密林、谷底溪旁或干枯河道中。

秃叶黄檗 ***Phellodendron chinense*** var. ***glabriusculum***
1.花（卢元 摄）；2.果枝（卢元 摄）；3.果（卢元 摄）

我国分布于西北的陕西、甘肃，华东的江苏、浙江、台湾，华中的湖北、湖南，华南的广东、广西，西南的云南、四川等地。朝鲜、韩国也有分布。

弱度喜光树种，宜生长在稀疏荫蔽环境中。以深厚、湿润、肥沃土壤生长最好。深根性植物，生长快。

木材致密坚实，纹理美观，是优良的枪托和飞机用材。皮可作黄色染料，入药可消炎解毒。果可提取芳香油。种子可榨油。

4. 枳属 *Poncirus* Raf.

落叶灌木或小乔木。多分枝，小枝绿色，扁平，具纵棱，多长刺，腋生。掌状三出复叶，稀单叶或1～2小叶，互生；叶柄两侧具翼叶。花两性；白色；单生或腋生于上年小枝上，近无梗，先叶开放；萼片及花瓣均5，萼片三角状，下部合生；花瓣长椭圆状倒卵形；雄蕊为花瓣整倍数，离生；心皮合生；子房被短柔毛，6～8室；花柱粗短，柱头头状。浆果黄色，球形，密被短柔毛及油点，稀无毛。种子多数，大而饱满，种皮平滑，无胚乳，子叶乳白色平凸。

本属在我国共有2种，广泛分布于长江中游及淮河流域各地。枳原产于我国，现被广泛引种栽培至世界各国。延安产1种，分布于黄陵。

本属植物多数喜光，喜温暖湿润环境，耐寒，耐较瘠薄土壤，在排水良好的中性至微酸性土壤中生长良好。

本属植物可作绿篱树种。果药用，有健胃消食之效。叶及果皮含精油。种子富含油脂。

枳

Poncirus trifoliata (L.) Raf. Sylva Tellur. 143. 1838; 中国植物志, 43(2): 165. 1997.

落叶灌木或小乔木，高达5m。枝绿色，棘状，具纵棱及粗长刺。指状三出复叶，互生，总叶柄两侧具有狭长翼叶，小叶倒卵形至卵状椭圆形，近等长或中间小叶稍大，具透明油点，叶缘具钝齿或近全缘，嫩叶中脉有簇毛。花两性，于去年枝上成对腋生或单生，先叶开放；花白色或淡紫色，有香气，匙形；萼片被短毛；雄蕊4数，花丝分离，不等长，心皮合生。浆果近圆球形，顶端微凹，有环圈；果皮暗黄色，密被短毛和油点，内含种子多数，果肉黏，有香气。种子长椭圆形至阔卵形，白色或淡黄色，平滑或具不明显细纹，无胚乳。花期4～5月，果期9～10月。

延安产黄陵店头下王村。生于海拔450～1100m的路边、向阳山坡或散生于栎类阔叶林中。

产华北的山西，西北的陕西、甘肃，华东的山东、安徽、江苏、浙江、江西，华中各地，华南的广东、广西，西南的贵州、云南等地。原为我国特有，现已在世界各国引种栽培。

喜光，喜温暖湿润气候，在阳光充足环境中生长最好，但也具有较强的耐寒性。最宜生长在排水良好的中性至微酸性土壤中。

优良绿篱树种、观赏树种，可观花、观叶、观果。果药用，有健胃消食之效；枳壳制剂的静脉注射对过敏性及药物中毒引起的休克具有一定疗效。叶及果皮含精油。种子富含油脂。

枳 *Poncirus trifoliate*
植株（薛文艳 摄）

54 苦木科

Simaroubaceae

本科编者：西北农林科技大学　薛文艳

落叶或常绿乔木或灌木，偶为攀缘状；树皮味苦。通常为羽状复叶，罕单叶，互生或对生；无托叶或托叶早落。圆锥状或聚伞状花序顶生或腋生，罕穗状花序；花单性或杂性，罕两性，形小；萼片3～5，部分合生，覆瓦状排列；花瓣3～5，罕无，镊合状或覆瓦状排列，分离；花盘杯状；雄蕊为花瓣数1～2倍，外轮雄蕊分离，与花瓣对生，花丝分离，花药长圆形，开裂；子房上位，2～5室；花柱分离或合生，柱头头状。翅果、核果或蒴果，通常不裂。种子1；种皮膜质；有少量胚乳或无。

本科约20属120种。主产于亚洲和美洲的热带及亚热带地区。我国产5属，共11种。全国各地均有分布。延安分布2属2种。

本科多为阳性树种，喜生于向阳山坡或丘陵地区。对土壤要求不高，耐干旱，耐盐碱，耐瘠薄，在湿润肥沃、排水良好的土壤中生长良好。常散生于海拔2000m以下向阳山坡的杂木林或次生林中。

本科有些种可作为行道树及风景园林树或荒山造林的先锋树种；树皮、树根及果实可供药用；种子可榨油。

分属检索表

1. 花序顶生，果为翅果……………………………………1. 臭椿属 *Ailanthus*
1. 花序腋生，果为核果……………………………………2. 苦树属 *Picrasma*

1. 臭椿属 *Ailanthus* Desf.

落叶或常绿，乔木或小乔木；小枝被毛。奇数羽状复叶或偶数羽状复叶互生，有叶柄；小叶纸质或薄革质，对生或近对生，顶端尖，基部不对称，叶基部两侧有粗锯齿，齿尖背具腺体。圆锥花序，生于枝顶叶腋；花小，淡绿色，杂性或单性，雌雄异株；萼片5，基部合生，覆瓦状排列；花瓣5，椭圆形，长于萼片；雄蕊在雌花中不发育；心皮5～6，分离或基部合生。翅果1～6个着生于果柄上，果长椭圆形，中央着生种子1粒。种子扁平，倒卵状三角形，胚乳薄。

本属约10种，主要分布在亚洲和大洋洲的热带及亚热带地区。我国产5种，全国各地均有分布。延安产1种，各县均有分布。常散生于阔叶林或针阔混交林中。

本属植物喜光，不耐阴，耐寒、耐旱，根系发达，萌蘖性强，具有良好的水土保持功效，在我国广泛栽植。

本属植物可作为石灰岩地区造林树种，亦可作为园林风景树或行道树；植物体内多含生物碱及苦味物质，有较强的生物活性，可供药用。

臭椿

Ailanthus altissima (Mill.)Swingle in Journ. Wash. Acad. Sci. 6: 459. 1916; 中国植物志, 43(3): 4. 1997.

乔木，高达20m。树皮平滑，具灰色直纹。嫩枝有髓，不具刺，被细短黄色或黄褐色柔毛，后渐光滑。奇数羽状复叶；叶柄长，无毛或微被短柔毛；小叶13～27，纸质，对生或近对生，揉搓后有臭味；椭圆状至卵状披针形，先端渐尖，基部斜截形或稍圆；叶基部两侧分别有1～2粗锯齿，齿背各有腺体1个；叶面绿色较深，光滑，叶背淡绿或微苍白色，幼时被短柔毛，后仅在叶脉具疏毛，缘具细缘毛。圆锥花序；花白色或淡绿色；萼片5，卵形；花瓣5，长圆形，基部具硬粗毛；花丝基部被硬粗毛；雄花中花丝长于花瓣，雌花中花丝短于花瓣；心皮5。翅果长椭圆形，淡红褐色；种子扁平，位于翅的中间。花期5月，果期8～9月。

本种是延安优良的乡土树种，各县均产。黄陵建庄、大岔、店头百子桥、上畛子、腰坪三关庙等地分布较为集中。垂直分布多在1000m以下。我国除东北黑龙江、吉林，西北新疆、青海、宁夏、甘肃，华南和海南等地外，其他各地均产。世界各地广泛栽培。

性喜光，不耐阴，耐寒旱，不耐水湿。对土壤要求不高，在瘠薄、干旱、石灰质及微碱性土壤中会形成小老树；在深厚肥沃土壤生长最好。生长速度快，20年生可高达15m，胸径可达30cm。根系发达，萌蘖力强，落叶量大，是优良的水土保持、工矿绿化和防风树种。

木材硬度适中，有弹性，可制作农具车辆造纸等；叶可饲蚕；树皮、根皮、果实入药，有止血、治淋等效；种子可榨油。

臭椿 *Ailanthus altissima*
1.叶（曹旭平 摄）；2.花（曹旭平 摄）

2.苦树属 *Picrasma* Bl.

乔木或小乔木，整株有苦味；枝条有髓，无毛。奇数羽状复叶，互生，叶柄基部和小叶柄基部常膨大成节；托叶早落或宿存；小叶7～15，对生，叶全缘或有锯齿。聚伞花序聚合形成的圆锥花序腋生；总花梗较长；花小而多，黄绿色，单性、两性或杂性；花梗下部具关节；萼片4～5，形小，卵形，覆瓦状排列，分离或下半部结合，宿存；花瓣4～5，近镊合状排列于芽中，长于萼片，宿存；雄花雄蕊4～5，长于花瓣并与花瓣互生；雌花雄蕊小，短于花瓣；心皮2～5，分离，各具1胚珠，基生，在雄花中退化；花柱两端离生，中部合生，柱头细长，分离。果由1～5个浆果状小核果组成，外果皮薄，肉质，内果皮坚硬，骨质。种子无胚乳，种皮膜质，种脐宽。

本属约9种，主要分布在亚洲及美洲的热带和亚热带地区。我国有2种，南部、西南部、中部和北部各地均有分布。延安产1种，分布于黄陵。

本属植物大多喜光，耐阴，耐干旱，耐瘠薄，在肥厚湿润、排水良好的土壤中发育较好，常散生于海拔1400～1600m的山地杂木林或次生林中。

木材稍硬，可制器材；树皮根皮苦，可入药，具泻湿热的功效；秋叶红黄，可作为园林观赏树种。

苦树

Picrasma quassioides (D. Don) Benn. Pl. Jav. Rar. 198. 1844, et in Hook. f Fl. Brit. Ind. 1: 520. 1875; 中国植物志, 43(3): 7. 1997.

落叶灌木或小乔木，高达12m。树皮平滑，具灰色斑纹，有苦味；小枝淡红褐色，具显著黄色皮孔。奇数羽状复叶互生；小叶卵状披针形或阔卵形，几无柄，顶端尖，基部广楔形，侧生小叶基部均偏斜，边缘具不整齐粗锯齿，叶面深绿色，无毛，叶背面淡绿色，幼时沿中脉和侧脉有柔毛；叶痕明显，半圆形或圆形；托叶早落，披针形。复聚伞花序生于叶腋，总花梗12cm，被黄褐色柔毛；花淡黄绿色，杂性异株，花梗密被黄褐色柔毛；雄花萼片4～5，卵形或长卵形，外被黄褐色柔毛；花瓣与萼片同数，内面具毛；雄蕊长约花瓣2倍；心皮2～5，分离，每心皮侧壁着生有1胚珠。核果3～4个并生，未熟时鲜红色，成熟后蓝绿色，种皮薄，萼宿存，紫红色。花期5月上中旬，果期9月。

延安产黄陵、宜川、黄龙、富县及甘泉等地。常与侧柏、臭椿、青麸杨、胡颓子、黄连木等混生，生于海拔1400～1600m的山地杂木林或次生林中。

我国黄河流域及其以南各地均有分布。朝鲜、日本、不丹及印度北部也有分布。

喜光，耐寒抗旱，但幼苗抵抗力较差。对土壤不甚选择，在深厚肥沃及荒废瘠薄土壤中均可正常生长。常散生于林缘，向阳山坡、丘陵的阔叶林中。

木材稍硬，心材黄色，边材带白色，具光泽，供制器材；树皮及根皮入药，能泻湿热、杀虫治疥；亦可作农药。秋叶红黄，是较好的秋色叶树种，常用作庭院绿化。种子可榨油。

苦树 ***Picrasma quassioides***

1.植株（蒋鸿 摄）；2.叶（蒋鸿 摄）

55 楝科

Meliaceae

本科编者：西北农林科技大学　薛文艳

落叶乔木或灌木。羽状复叶，稀3小叶或单叶，互生，稀对生，托叶无；小叶全缘或有锯齿，基部偏斜。圆锥花序或聚伞状花序；花两性，罕为单性；杂性异株；萼片4～5浅裂或全裂，覆瓦状排列；花瓣4～6，离生或下部合生；雄蕊4～12，花丝离生或上下部合生为雄蕊筒；花药着生于雄蕊筒顶部或内面；花盘形状多变，与雄蕊筒相连；子房3～5室，上位，每室有1～2颗或更多胚珠。果为蒴果、浆果或核果状，开裂或否，果皮革质或木质，稀肉质。种子有翅或无，胚乳有或缺，外被假种皮。

本科约50属1400种，主要分布于亚洲、非洲、美洲（热带及亚热带地区），少数分布于亚洲及美洲的温带地区。我国产15属约62种，主要分布于长江流域以南各地，长江以北少有分布。延安产1属1种，分布于黄陵、富县等地，常散生于山地杂木林或次生林中。

本科多数植物喜光，喜湿润、肥沃土壤，生长快，寿命长，对有毒气体抗性强，可作城市、工矿区的绿化树种。有些种耐腐，纹理通直、美丽，为家具建筑的优良用材；有些种可入药，具理气止痛、驱虫疗癣的功效；也有些种是优良的观赏种。

香椿属 *Toona* Roem.

落叶乔木，树皮粗糙，鳞片状脱落；芽球形，具鳞片数枚。羽状复叶互生；小叶边缘无锯齿，罕具齿；叶面具密集透明油点。聚伞花序组合成大型圆锥花序，顶生或腋生；花两性，小形，白色或绿色；花萼短，4～5裂；花瓣4～5，较花萼长；雄蕊4～6，短于花瓣；花丝钻形；花盘肉质，5棱柱形；子房5室，每室有胚珠8～12粒，排成2列；花柱线形，柱头头状，稍高于雄蕊。蒴果，革质、木质，成熟时开裂成5瓣，每瓣含种子多数。种子两侧压扁，具1～2长翅；胚乳少。

本属约15种，亚洲至大洋洲均有分布。我国产4种，华北地区以南均产，常见于山地杂木林或疏林中。延安产1种，分布于黄陵、富县等地，常生于向阳山坡、丘陵的阔叶林中。

本属植物大多喜光，喜湿热气候，在深厚肥沃、排水良好的土壤中生长良好。在山地中多与杨树、樟树等混植，是构成山地风景林的主要树种之一。

木材纹理美观，易施工，为家具、室内装饰品的优良木材；树干分泌的树脂可提制栲胶；幼芽嫩叶可食用；种子可榨油；根皮及果可入药。

香椿

Toona sinensis (A. Juss.)Roem. Fam. Nat. Reg. Veg. Syn. 1: 139. 1846; 中国植物志, 43(3): 37. 1997.

落叶乔木，高达23m。树皮深褐色，条状脱落。小枝幼时微被毛，一年生枝条暗黄色有光泽。偶

数羽状复叶，具长柄，总柄秋季红色，基部略膨大，有浅沟；富香气；小叶对生或互生，多为卵状披针形或长椭圆形，顶端渐尖，基部稍歪斜；叶全缘或有浅锯齿；小叶柄短，无毛；叶面绿色，光滑，背面粉绿色，幼时脉上被短柔毛，后几光滑或仅脉腋具簇毛；侧脉与中脉几乎垂直。圆锥花序顶生，初被锈色短柔毛，后脱落；花两性，白色或黄色，富香气，钟状；花梗极短；萼片5，浅裂，外面被柔毛而内面无毛；花瓣5，卵状椭圆形，无毛；发育雄蕊5，退化雄蕊5；花盘念珠状，无毛；子房卵形，5室，每室具2胚珠。木质蒴果，深褐色，有小皮孔，成熟后5裂。种子基部钝，上端具长翅。花期5～6月，果期9月。

延安产黄陵建庄、双龙森林公园、富县、黄龙、宜川及甘泉等地。分布于海拔1600m以下的山地杂木林或疏林中。延安各地也广泛栽培。

我国东北的辽宁、内蒙古（东部），华北的河北、山西，西北的甘肃、宁夏、陕西，华东的江苏、安徽、江西、山东，华中各地，华南的广东、广西，西南的四川、贵州、云南等广泛分布。朝鲜也有分布。

喜光，寿命长，萌芽力强。喜湿润、疏松、深厚、肥沃土壤，在微酸性或微碱性土壤中亦能生长良好。病虫害少。生长快，在适宜条件下4年生个体平均树高可达6.49m，平均胸径6.26cm。

木材细密有弹性，是优良的特种用材；有较高的食用和药用价值；种子含油38.5%，可食用，也可作肥皂或油漆。

香椿 *Toona sinensis*
1.植株（蒋鸿 摄）；2.叶（蒋鸿 摄）

56 远志科

Polygalaceae

本科编者：延安市黄龙山国有林管理局 冯艳君

草本、灌木、小乔木或藤本。单叶互生，稀对生或轮生，全缘，常无托叶。花两性，左右对称，有苞片，单生或呈总状、穗状或圆锥花序；萼片5，分离，内面2片大形花瓣状，覆瓦状排列；花瓣3～5，不等长，中央1片为龙骨状，上方2瓣若存在则狭小如鳞片；雄蕊8，花丝基部合生成鞘状着生在中央的花瓣上；花药常顶端孔裂；子房上位，1～3室，每室有1胚珠；花柱单一，柱头2裂。蒴果或核果，稀为坚果或翅果。种子常具胚乳，胚直立。

本科有13属近1000种，广布于全世界。我国有4属51种，南北各地都产，以西南和华南地区分布种最多。延安产1属2种，分布于各县（区）。

本科植物能适应多种生境，尤喜温暖湿润气候环境。一些种富含远志皂苷，可供药用；一些种木材材质坚硬、结构致密，是室内装潢的优选木材。

远志属 *Polygala* L.

草本，少数为半灌木。叶互生，稀对生或轮生，全缘，无托叶；穗状花序顶生或腋生；萼片5，不等长，内面2枚大，常花瓣状，宿存；花瓣3，黄色或紫色，基部与雄蕊鞘相连，下方1片为龙骨状，顶端有流苏状缨；雄蕊8，花丝基部合生成鞘；子房2室，每室有胚珠1；蒴果2室，有种子2颗，种子有毛或有假种皮，含胚乳。

本属约500种，广布于世界各地。我国产40种，广布于各地。延安产2种，分布于各县（区）。

本属植物适应性广，对土壤要求不严，耐贫瘠；许多种在干旱环境仍能正常生长。一些种的根可供药用。

分种检索表

1. 叶狭线形至线状披针形；花序偏侧生于小枝先端 ……………… 1. 远志 *P. tenuifolia*
1. 叶长圆形至椭圆状披针形；花序腋生或假顶生 ……………… 2. 西伯利亚远志 *P. sibirica*

1. 远志

Polygala tenuifolia Willd. Sp. Pl. 3: 879. 1800; P. Pl. 中国植物志, 43(3): 181. 1997.

多年生草本。主根粗壮，外皮淡黄色，具少数侧根。茎直立或斜升，丛生，上部多分枝。单叶互生，狭线形或线状披针形，先端渐尖，基部渐窄，全缘，近无柄。总状花序，偏侧生于小枝顶端，细弱，花淡蓝紫色；苞片3，极小，早落；萼片的外轮3片较小，绿色，线状披针形，内轮2片呈花瓣状；花瓣3，紫色，两侧瓣长倒卵形，中央花瓣呈龙骨瓣状，较大；雄蕊8，花丝连合成鞘状；子房扁圆形或倒卵形，2室，柱头2裂。蒴果扁圆形，边有狭翅。种子卵形，棕黑色，密被白色绒毛。花期6～7月，果期7～9月。

本种在延安各地均产。常见生于海拔700～1450m的草原、山坡草地、灌丛中、杂木林下。在我国分布于东北的辽宁、吉林、黑龙江，华北的河北、山西、内蒙古（中部），西北的陕西等地。印度、朝鲜、蒙古和俄罗斯也有。

广旱生植物，嗜砾石。种子繁殖。

根皮入药，有祛风止痛、化痰、安神益智功效。

远志 *Polygala tenuifolia*
花、花序（王天才 摄）

2. 西伯利亚远志

Polygala sibirica L., Sp. Pl. ed 2: 702. 1753; 中国植物志, 43(3): 193. 1997.

多年生草本，全株被短柔毛。根粗壮，圆柱形。茎丛生，基部稍木质。叶互生，茎下部叶小，长圆形，上部叶大，狭卵状披针形，先端有短尖，基部楔形。总状花序腋生，最上一个假顶生，花蓝紫色；萼片5，宿存，外轮3片小，内轮2片花瓣状；花瓣3，2侧瓣长倒卵形，龙骨瓣比侧瓣长；子房扁倒卵形，2室。蒴果扁平，倒心形，顶端凹陷，周围具翅，边缘疏生短睫毛。种子2，长卵形，黄棕色，密被柔毛。花、果期6～9月。

本种在延安各县（区）均产。常见生于海拔1250m以下的山坡、草地、林缘、灌丛。我国主要分布于东北的黑龙江、吉林、辽宁，华北的山西、内蒙古（中部），西北的陕西、甘肃、青海等地；俄罗斯、蒙古、日本、朝鲜也有分布。

中旱生植物。种子繁殖。

根入药，有安神益智、祛风止痛、化痰功效。

西伯利亚远志 *Polygala sibirica*

1.群落（王天才 摄）；2.植株（王天才 摄）；3.腋生花序（早期）（王天才 摄）

57 大戟科

Euphorbiaceae

本科编者：陕西省西安植物园　寻路路

草本、灌木或乔木，稀藤本，常具白色乳状汁液，稀淡红色。单叶，稀复叶，有的退化成鳞片状，通常互生，稀对生或轮生，全缘或有锯齿，稀掌状深裂，托叶2，早落或宿存。聚伞花序、总状花序、穗状花序、圆锥状花序或单生，在大戟属里为特殊的杯状花序；花单性，雌雄同株或异株；萼片离生或下部合生，有时极度退化或无；花瓣有或无；花盘环状或分裂成腺体状，稀无花盘；雄蕊多数或退化仅1枚，花丝分离或合生，花药通常2室，稀3～4室，纵裂，稀顶孔裂或横裂，雄花通常具退化雌蕊；雌花具花梗，子房上位，通常3室，每室具1～2颗胚珠，花柱与子房室同数，顶端常分裂，柱头常呈头状、流苏状、线状、折扇形或羽状分裂。蒴果，常分离成分果爿，有时为浆果状或核果状。种子常具种阜，胚乳丰富，胚直，子叶通常扁宽。

本科有约322属8910种，广泛分布在世界各地，主要在热带和亚热带地区。我国有75属406种（含引进种），广泛分布于全国各地，主要为西南至台湾。延安产6属12种，分布在各县（区）。

本科植物分布在各种不同生境的地方，既有极特殊的沙漠型肉浆植物，也有湿生植物，还有不少是热带森林乔木，还有许多是分布广泛的田间杂草。

本科很多为重要的经济植物，在医药、工业、栽培观赏等方面都起到了重要的作用。

分属检索表

1. 植物体具白色汁液；无花被；雄花和雌花同包于杯状总苞内，组成杯状聚伞花序……6. 大戟属 *Euphorbia*

1. 植物体无白色汁液；有花被；雄花和雌花不同包于总苞内，不组成杯状聚伞花序……2

2. 木本植物，子房每室有胚珠2粒……3

2. 草本植物，子房每室具胚珠1粒……4

3. 雌雄同株，具花瓣，雄花1～3朵散生……1. 雀舌木属 *Leptopus*

3. 雌雄异株，无花瓣，雄花簇生……2. 白饭树属 *Flueggea*

4. 叶大型，盾状着生，边缘掌状裂；雄蕊数量极多；蒴果大……4. 蓖麻属 *Ricinus*

4. 叶较小，非掌状裂；雄蕊数量相对较少；蒴果较小……5

5. 总状花序顶生；雄花具花瓣，花萼裂片5～7；果实表面有疣状突起……3. 地构叶属 *Speranskia*

5. 穗状花序腋生；雄花无花瓣，花萼4；果实表面有粗糙毛……5. 铁苋菜属 *Acalypha*

1. 雀舌木属 *Leptopus* Decne.

多年生草本或灌木，被单毛或无毛。单叶全缘，互生，具柄；托叶小，通常膜质，无毛或被毛，宿存。花雌雄同株，单性或两性，单生或簇生于叶腋，花梗细长；萼片通常长于花瓣；萼片、花瓣、雄蕊和花盘腺体通常5，稀6；雄花萼片离生或基部合生，花盘腺体全缘或2裂，离生或与花瓣贴生，花丝分离，花药纵裂，退化雌蕊小或无；雌花的萼片较雄花的大，花瓣小，或有时不明显，花盘腺体全缘或2裂，子房3室，每室具2胚珠，花柱3，先端2裂，通常头状。蒴果，成熟后开裂。种子光滑或有斑点。

本科共9种，主要分布在亚洲；我国有6种，分布于东北的黑龙江、吉林、辽宁，华北的北京、天津、山西、河北，西北的陕西、甘肃、青海、宁夏，华东的上海、江苏、浙江、安徽、江西、山东，华中、华南、西南各地。延安产1种，分布在宜川、延川、黄龙及延长等地。

本属植物多为喜光灌木，适应性较好。可供园林栽培绿化用。

雀儿舌头

Leptopus chinensis (Bunge) Pojark., Bot. Mater. Gerb. Bot. Inst. Komarova Akad. Nauk S. S. S. R. 20: 274. 1960; 中国植物志, 44(1): 11. 1994.

直立灌木，高达3m。幼枝无毛，偶具毛，绿色、淡褐色；老枝无毛，浅褐紫色。叶卵形到披针形，长1.5～6cm，宽0.5～2.5cm，光滑或下面有柔毛，先端尖；叶柄长2～10mm，光滑或偶被毛；托叶褐色，小。花单性或两性，生于叶腋，单生或2～4枚簇生；花梗细，长于叶柄，被毛；雄花萼片5，长1.5～2mm，长圆形或披针形，长短不等，顶端钝，边缘被毛睫毛状，花瓣白色，5枚，匙形，约为萼片1/2，腺体5，扁平，较花瓣短，雄蕊5，较萼片短，退化雌蕊3裂；雌花萼片顶端尖，花瓣小，子房无毛。蒴果球形，压扁，直径约6mm。花期4～8月，果期5～10月。

本种在延安主要分布于宜川、延川、黄龙及延长等地，生长在海拔566～1400m的山坡、路边及林荫下。在国内分布于华北的山西、河北，西北的陕西、甘肃，华东的江苏，华中的河南、湖北、湖南，华南的广西、海南，西南的四川、贵州、云南、西藏等地。缅甸、巴基斯坦、俄罗斯、格鲁吉亚、伊朗等地也有分布。

喜光，耐干旱，在土层瘠薄环境也能生长。

为水土保持林的优良林下植物，也可做庭园绿化灌木。叶可制杀虫农药，嫩枝叶有毒，羊类多吃会致死。

雀儿舌头 *Leptopus chinensis*

1.植株（寻路路 摄）；2.叶（寻路路 摄）；3.雄花（寻路路 摄）；4.雌花（寻路路 摄）；5.果实（寻路路 摄）

2. 白饭树属 *Flueggea* Willd.

灌木或小乔木，雌雄异株稀同株。单叶，边缘具锯齿或全缘，互生，具柄短；具托叶。花黄绿色，无花瓣；雄花簇生，花梗纤细，萼片4～7，具齿或全缘，雄蕊4～7，较萼片长，花盘腺体4～7，花药直立，2室，退化雌蕊小，2～3裂；雌花单生或簇生，具花梗，萼片4～7，宿存，花盘碟状或盘状，子房通常3，或稀2或4室，每室具胚珠2枚，花柱3，先2裂或全缘。蒴果，球形或三棱形，开裂后果轴和萼片宿存，或不裂呈浆果状。种子三棱形，种皮壳脆，具疣状凸起或光滑。

本属约13种，分布于亚洲、美洲、欧洲及非洲的热带至温带地区；我国有4种，分布在东北，华北，西北（陕西），华东，华中，华南，西南等地。延安产1种，分布在宜川、黄陵、黄龙、延长、富县及志丹等地。

本属植物为灌木或乔木，适应能力较强。可园林栽培供观赏用，也可供药用。

一叶萩（叶底珠）

Flueggea suffruticosa (Pall.) Baill., Étude Euphorb.: 502. 1858; 中国植物志, 44(1): 69. 1994.

直立灌木，高1～3m，多分枝，无毛，雌雄异株。小枝绿色，具棱，皮孔不明显。单叶互生，纸质，全缘或间有不整齐波状齿或细锯齿，卵状椭圆形或倒卵状椭圆形，长1.5～8cm，宽1～3cm，先

一叶萩*Flueggea suffruticosa*

1.枝（寻路路 摄）；2.叶（寻路路 摄）；3.雄花（寻路路 摄）；4.果实（寻路路 摄）

端钝圆或急尖，侧脉5～8对，叶柄长2～8mm；托叶小，长约1mm，宿存。花生于叶腋；雄花3～18朵簇生，花梗细，长2.5～5.5mm，萼片5，卵形或倒卵状椭圆形，雄蕊5，花丝较萼片长，花药卵状长圆形，花盘腺体退化，雌蕊顶端2～3裂；雌花单生或簇生，花梗细，长2～15mm，萼片5，椭圆形至卵形，花盘全缘或近全缘，子房卵圆形，3室，花柱3。蒴果成熟后红褐色，三棱状扁球形，直径约5mm，具网纹，无毛，基部常有宿存的萼片。种子褐色，半圆形，长约3mm，具小疣状凸起。花期6～8月，果期8～11月。

本种在延安主要分布于宜川、黄陵、黄龙、延长、富县及志丹等，生长在海拔880～1400m的山坡、灌丛、山沟或路边。国内分布在东北，华北，西北（陕西），华东，华中，华南，西南等地区。蒙古、俄罗斯、日本、朝鲜等也有分布。

为直立性灌木，喜光，适应能力较好。茎皮可供纺织原料；枝条可编制用具；花和叶供药用。具有良好的水土保持作用。

3. 地构叶属 *Speranskia* Baill.

多年生直立草本，雌雄同株，被单毛。单叶互生，羽状脉，叶缘具粗锯齿，叶柄有或无，托叶小，脱落。顶生总状花序，雄花位于花序上部，雌花位于花序下部，或苞腋内同时生有雌花和雄花；雄花萼片5～7，膜质，花瓣5或缺；花盘5裂，有时为5个离生的腺体，雄蕊10～15，在花托上排成2～3轮，花丝分离，花药纵裂，不育雌蕊缺；雌花萼裂片5，花瓣5或缺，较萼片小，花盘盘状，子房3室，光滑或有突起，每室具1枚胚珠，花柱3，2裂。蒴果具3个分果爿。种子球形或近球形，具肉质胚乳，子叶宽扁。

本属有2种，特产我国，东北的吉林、辽宁、内蒙古（东部），华北的山西、河北，西北的陕西、甘肃、宁夏，华东的江西、山东，华中各地，华南的广东、广西，西南的四川、贵州、云南。延安产1种，分布在富县、黄陵、宜川、安塞、子长、吴起、甘泉及洛川等。

本属植物为多年生草本，生长在干旱地方或湿润的林下。可供药用或栽培观赏用。

地构叶

Speranskia tuberculata Baill., Étude Euphorb. 389. 1858; 中国植物志, 44(2): 8. 1996.

草本，多年生，分枝多，被柔毛，高25～50cm。叶纸质，披针形或卵状披针形，长1.8～5.5cm，宽0.5～2.5cm，边缘具不规则齿或深裂，基部宽楔形到圆形，先端渐尖，两面多少被毛；具短柄或近无柄；托叶卵状披针形。总状花序上面生20～30朵雄花，下面生6～10朵雌花；苞片小，卵状披针形或卵形；雄花2～4朵簇生于苞腋内，具短梗；萼裂片5，卵形，被毛，花瓣倒心形，被毛，雄蕊10～15；雌花单生或2朵生苞腋，具短梗，果期延长，萼片5，被柔毛，花柱裂片羽状撕裂，子房被毛及疣刺。蒴果球形，长约4mm，被柔毛及瘤突。种子卵形或球形，长约2mm。花期6～7月，果期7～9月。

本种在延安主要分布于富县、黄陵、宜川、安塞、子长、吴起、甘泉及洛川等地，生长在海拔800～1300m的山坡、灌丛及路边等。我国主要分布在东北的吉林、辽宁、内蒙古（东部），华北的河北，西北的陕西、甘肃，华东的江苏、安徽、山东，华中的河南，西南的四川等地。

喜光，耐干旱，适应能力较广泛，全草可供药用。

地构叶 *Speranskia tuberculata*
1.植株（寻路路 摄）；2.叶（寻路路 摄）；3.花（果）序（寻路路 摄）；4.雄花（寻路路 摄）；5.果实（寻路路 摄）

4. 蓖麻属 *Ricinus* L.

一年生草本，但在热带或亚热带地区可长成灌木或小乔木，雌雄同株。单叶，盾状着生，互生，掌状裂，缘具锯齿；叶柄长，具腺体；托叶合生，早落。总状或圆锥花序，由多个密伞花序排列组成，花无花瓣，花梗长；雄花生于花序下部，簇生，萼片3～5，膜质，雄蕊数量极多，可达1000枚，并合生成众多的雄蕊束，花药2室，纵裂，不育雌蕊缺；花序上部着生雌花，萼片5，花后凋落，子房3室，被软刺或无刺，每室具胚珠1颗，花柱3，顶部2裂，密生突起。蒴果通常具软刺，或光滑，具3个分果爿。种子长圆形，稍扁平，种皮平滑，硬壳质，具黑褐色斑纹，有种阜。

本属为单种属，可能原产非洲，现在热带、亚热带及温带地区广泛栽培。我国各地均有栽培。延安志丹、黄陵、子长等地均有栽培。

本属植物在冬季气温寒冷的地区为一年生草本，在温暖的地区可生长成灌木状。

本属可供医药及工业用；红叶品种园林上可栽培供观赏。

蓖麻

Ricinus communis L., Sp. Pl.: 1007. 1753; 中国植物志, 44(2): 88. 1996.

一年生草本，但南方一些地区可长成灌木或小乔木。单叶互生，盾状，掌状裂，叶缘具锯齿；叶柄具腺体，较长；托叶合生，早落。花序总状或圆锥状，着生多个密伞花序，花梗长，无花瓣；雌雄同株；雄花着生花序上部，簇生，萼片3～5，膜质，雄蕊极多，下面合生成很多雄蕊束，花药2室，纵裂，无不育雌蕊；雌花着生花序上部，萼片5，花后凋落，子房被软刺或光滑，3室，每室具

蓖麻 *Ricinus communis*
1.植株（寻路路 摄）；2.花序（寻路路 摄）；3.果序（寻路路 摄）；4.种子（寻路路 摄）

胚珠1颗，花柱3，2裂，突起密生。蒴果通常具软刺，或光滑，具3个分果爿。种子长圆形，稍扁平，种皮平滑，硬壳质，具褐色或灰白色斑纹，具种阜。花期6～9月。

本种在延安栽培于志丹、黄陵及子长等地。我国的东北、华北、西北、华东、华中、华南和西南等广泛栽培。根据化石证据，它的原产地可能在非洲东北部。

在温带地区为一年生草本，在冬季温暖的地区可生长成灌木状。

种子有剧毒；含油量高，榨油可供医药及工业用；有红叶品种，园林上可栽培供观赏。

5. 铁苋菜属 *Acalypha* L.

草本、灌木或小乔木，雌雄同株，稀异株。单叶互生，具齿或近全缘，膜质或纸质，具柄，有托叶。雌雄同序或异序，雄花序穗状，由多朵簇生于苞腋或排成团伞花序的雄花组成，雌花序总状或穗状，雌花苞片通常花后增大；雄花萼片4，雄蕊通常8，花药2室，无不育雌蕊；雌花萼片3～5，极小，靠近基部的地方合生，子房具3或2室，花柱红色，纤细，羽状或睫毛状深裂。蒴果小，具毛或软刺，圆球形，成熟后开裂为3个2裂的分果爿。种子近球形或卵形，胚乳肉质。

本属约450种，广泛分布在热带和亚热带地区。我国有18种，分布于全国大多数地区。延安有1种，分布在宝塔、延长、黄陵、洛川及黄龙等地。

本属植物从草本到灌木、乔木均有，有的种类适应能力很强，为农田常见杂草。

铁苋菜

Acalypha australis L., Sp. Pl.: 1004. 1753; 中国植物志, 44(2): 100. 1996.

一年生草本，高30～60cm，被柔毛。单叶互生，卵状、近菱状卵形或阔披针形，膜质，长3～9cm，宽1～5cm，先端短渐尖，基部楔形，缘具圆锯齿，叶背面中脉具较多毛，叶柄细长，被毛；托叶小，披针形，被毛。花序穗状，雌雄同序，长1.5～5cm，花序上部着生雄花，5～7朵簇生苞腋，雄花苞片小，长约0.5mm，卵形，花序下部着生雌花，1～3多生苞腋内，雌花苞片卵状心形，花后增大；雄花萼片4，卵形，小，长约0.5mm，雄蕊7～8；雌花萼片3，长卵形，小，长0.5～1mm，子房被疏毛，花柱3，血红色，枝状撕裂。蒴果小，三角状半圆形，直径约4mm，被毛及刺疣状突起。种子卵状，光滑，长约2mm，假种阜细长。花7～9月，果期8～10月。

本种在延安主要分布于延长、黄陵、宝塔、洛川及黄龙等地，生长在海拔700～1600m的农田、路边、山坡及空旷草地等。我国分布在东北的黑龙江、吉林、辽宁，华北的北京、天津、山西、河北，西北的陕西、甘肃、青海、宁夏、新疆，华东、华中、华南、西南等地。日本、朝鲜半岛、老挝、菲律宾、越南及俄罗斯等均有分布，在澳大利亚及印度有逸生。

常见农田杂草，适应性强。

铁苋菜 *Acalypha australis*
1.植株（寻路路 摄）；2.雄花（寻路路 摄）；3.果实（寻路路 摄）

6.大戟属 *Euphorbia* L.

一、二年生或多年生草本、灌木或乔木，稀近攀缘状，通常无毛，或被单毛，植物体具白色乳汁，稀黄色。单叶，通常互生或对生，稀轮生，全缘，或有的具锯齿，无柄或近无柄。聚伞花序杯状，单生或组成复花序，复花序呈单歧、二歧或多歧分枝，通常生于枝顶或植株上部，有时腋生；每个聚伞花序由1枚雌花和多枚雄花及1个总苞组成；总苞为萼形、杯状、钟状或陀螺状，顶端4～5裂，稀6～8裂，裂片间通常具宽大腺体，腺体有时具花瓣状附属物；雄花围绕在雌花周围，仅1枚雄蕊，无花被；雌花单生于中央，无花被，稀退化成鳞片状，子房3室，每室胚珠1枚，子房柄伸出总苞外，花柱3，分裂或合生，顶端2裂或不裂。蒴果成熟后分裂为3个2裂的分果爿，稀成熟时不开裂。种子小，通常卵球状，光滑或具各种疣状突起或横沟，种阜有或无。

本属约2000种，广泛分布在世界各地，尤其是热带干旱地区，非洲种类尤其多，温带地区也有一大类群。我国有77种，南北各地均有，以西南的横断山及西北的干旱地区分布较多。延安有7种，分布在各县（区）。

本属植物从草本到灌木、乔木均有，适应范围广泛，从干旱地区到高寒的山地均有分布；不同类群对光照、温度、水分、土壤营养等的需求有差异。

本属植物种类繁多，在药用、工业及栽培观赏方面具有重要的用途。

分种检索表

1.茎平卧；叶小，对生；总苞的腺体具花瓣状附属物……………………1.地锦 *E. humifusa*

1.茎直立或斜生；叶较大，互生；总苞的腺体无花瓣状附属物……………………2

2.腺体新月形，有角或平截状；果实无疣状突起……………………3

2.腺体肾形、半圆形或长圆形，无角；果实具疣状突起……………………4

3.根末端念珠状膨大；顶生花序伞梗5～9，伞梗通常叉二至三回分叉，苞叶三角状卵形……6.甘遂 *E. kansui*

3.根末端不念珠状膨大；顶生花序伞梗通常为5，伞梗不分叉，苞叶半圆形或三角状心形……………………7.乳浆大戟 *E.esula*

4.一年生草本；叶片边缘明显具锯齿；聚伞花序顶生……………………2.泽漆 *E.helioscopia*

4.一年或多年生草本；叶全缘；聚伞花序顶生、腋生……………………5

5.一年生草本；根纤细，直径小于5mm；杯状聚伞花序单生；苞叶狭……3.黑水大戟 *E. heishuiensis*

5.多年生草本；根粗壮，直径6mm以上；杯状聚伞花序顶生者具多伞幅，腋生者伞幅单生；苞叶较宽……………………6

6.茎无毛；苞叶通常为绿色，或带紫红色；子房和果实光滑或被稀疏凸起平钝疣……4.湖北大戟 *E. hylonoma*

6.茎被毛或后变无毛；苞叶通常为黄绿色，后变绿色；子房和果实被较密刺状疣……………………5.大戟 *E. pekinensis*

1.地锦草

Euphorbia humifusa Willd., Enum. Pl. Hort. Berol., Suppl.: 27. 1814; 中国植物志, 44(3): 49. 1997.

一年生草本，根纤细。茎纤细，基部以上多分枝，平卧，常带红色，被毛或无毛。单叶对生，长圆形，长5～10mm，宽3～6mm，先端钝，基部偏斜，上部边缘通常具细锯齿，叶两面被疏柔毛，具短柄，长1～2mm。杯状聚伞花序单生叶腋，具短柄或近无柄；总苞陀螺状，长约1mm，4裂，裂片三角形，膜质，腺体4，矩圆形，具淡红色或白色附属物；雄花极小，数枚；雌花1枚，子房柄伸出到总苞边缘，子房无毛，三棱状卵形；花柱3，顶端2裂。蒴果三棱状球形，光滑，长约2mm，成熟后分裂为3个分果爿。种子卵形，稍具3棱，褐色，长约1mm，种阜无。花期6～10月，果期8～11月。

本种在延安主要分布于宝塔、黄陵、洛川、安塞、黄龙、宜川、甘泉及吴起等地，生长在海拔1000～1400m的田地、路边、村头、沙丘及山坡等。除海南外，分布于全国。广布于欧亚大陆温带。

一年生低矮平卧草本，喜光照，较为耐旱。全草可入药。

地锦草 ***Euphorbia humifusa***
1.植株（寻路路 摄）；2.叶和花（寻路路 摄）

2. 泽漆

Euphorbia helioscopia L., Sp. Pl.: 459. 1753; 中国植物志, 44(3): 71. 1997.

一、二年生草本，根纤细。茎直立或丛生，分枝斜生，高10～30cm，幼时被疏毛，后无毛，基部紫红色，上面淡绿色。单叶互生，倒卵形或匙形，长10～20cm，宽10～15mm，先端钝圆，边缘具缺刻和细锯齿，基部楔形。杯状聚伞花序顶生；总伞梗5，每伞梗再分生2～3小梗，伞梗基部有轮生总苞叶5枚，与下部叶类似，但较大，先端具牙齿，无柄；苞叶卵圆形；总苞钟状，高约2.5mm，

泽漆 ***Euphorbia helioscopia***
1.植株（寻路路 摄）；2.花序（寻路路 摄）；3.腺体和雌蕊（寻路路 摄）；4.果实（寻路路 摄）

直径约2mm，腺体4，盾形，黄绿色，雄花10余枚，每花具1雄蕊，下具短柄，花药球形，雌花1枚，子房具长柄，柱头2裂。蒴果球形，光滑无毛，直径约3mm，成熟后3裂。种子暗褐色，卵状，长约2mm，具明显凸起网纹，种阜白色，扁平状，无柄。花期4～5月，果期5～8月。

本种在延安主要分布于甘泉等，生长在海拔1000m左右的山坡、路边、荒野等地方。我国分布于东北的辽宁，华北的山西、河北，西北的陕西、甘肃、青海、宁夏、新疆，华东的江苏、浙江、安徽、福建、江西、山东，华中各地，华南的广东、广西、海南，西南的四川、贵州、云南。广泛分布在非洲北部、亚洲和欧洲，北美洲有引种。

喜光，较为耐干旱，适应能力强，为春季常见的农田杂草。

种子含油量高，榨油可供工业用；可入药，也可作土农药。

3. 黑水大戟

Euphorbia heishuiensis W. T. Wang, Acta Bot. Yunnan. 10: 42. 1988; 中国植物志, 44(3): 100. 1997.

一年生直立草本，根纤细，稍弯曲。茎单一，枝顶二歧分枝，高15～40cm，直径2～4mm。单叶互生，全缘，线形或线状椭圆形，长2～6cm，宽0.3～0.5cm，先端钝、圆或稍凹陷，基部楔形，几乎无柄；无托叶。杯状聚伞花序单生分枝顶端，具长约2mm的短柄；总苞高约2.5mm，钟状，被

黑水大戟 *Euphorbia heishuiensis*

1.植株（寻路路 摄）；2.根（寻路路 摄）；3.叶（寻路路 摄）；4.腺体和幼果（寻路路 摄）

柔毛；边缘卵状4裂，具缘毛；腺体4，长圆形；雄花小，不伸出总苞外；雌花子房密被疣状小瘤，花柱3，分离，柱头不裂。蒴果球形，三角状，具3个纵沟，长与直径均约3mm，密被瘤状突起，成熟后开裂为3个分果爿。种子光滑，黄色，卵状，长约2.2mm，直径约1.5mm，具深黄色锥状种阜。花期5～7月，果期6～8月。

本种在延安主要分布于宜川，生长在海拔700～1200m的路边、山坡草地等。我国分布在西北的陕西、甘肃，西南的四川。

一年生草本，喜光，较为耐干旱，通常生长在黄土坡上。

可栽培供观赏。

4. 湖北大戟

Euphorbia hylonoma Hand. -Mazz. Symb. Sin. 7(2): 230. 1931; 中国植物志, 44(3): 92. 1997.

多年生直立草本，无毛，根直径3～5mm。茎高50～100cm。叶长圆形至椭圆形，长4～10cm，宽1～2cm，先端钝圆，基部渐狭，侧脉6～10对，具长3～6mm的柄。杯状聚伞花序顶生，总苞叶3～5枚，伞幅3～5，苞叶2～3枚，常为卵形；总苞钟状，高约2.5mm，直径2.5～3.5mm，4裂，裂片三角状卵形，被毛；腺体淡黑褐色，4枚，肾形；雄花明显伸出总苞外，多数；雌花1枚，花柱3，离生，柱头2裂，子房光滑。蒴果，长3.5～4mm，球状。种子灰色或淡褐色，卵圆状，长约2.5mm，光滑。花期4～7月，果期6～9月。

本种在延安主要分布于黄陵，生长在海拔1390m的山坡、林缘等。我国分布于华北的山西，西北的陕西、甘肃、青海、宁夏、新疆，华中的河南，西南的四川、西藏。也分布于克什米尔、巴基斯坦和喜马拉雅及俄罗斯远东地区。

多年生草本，较为耐阴，通常生长在林下。

观赏性较好，可栽培供观赏。

湖北大戟 *Euphorbia hylonoma*
1.植株（寻路路 摄）；2.腺体（寻路路 摄）；3.幼果（寻路路 摄）

5. 大戟

Euphorbia pekinensis Rupr., Mém. Acad. Imp. Sci. St. -Pétersbourg Divers Savans 9: 239. 1859; 中国植物志, 44(3): 105. 1997.

多年生直立草本，主根粗壮，圆柱状，具细分枝。茎高40～90cm，基部分枝或不分枝，分枝上部具4～5分枝，通常密被软毛，有的被毛较少或无毛。单叶，全缘，互生，变异较大，通常为椭圆形，有时为披针形、披针状椭圆形，先端渐尖或急尖，基部楔形或近圆形、平截，叶两面无毛或叶背中脉被毛，无柄。杯状聚伞花序顶生或腋生，具总苞叶4～7枚，长椭圆形，淡黄绿色；顶生者具伞梗5～7，腋生者伞梗单生；苞叶2枚，三角状圆形，黄绿色；总苞杯状或陀螺状，高约3.5mm，边缘4～5裂，裂片半圆形；腺体4，长圆形或肾形；雄花10～20，伸出总苞外，花药球形；雌花1，子房柄较长，子房被瘤状突起，花柱3，离生，顶端2裂。蒴果球状，三棱状，被瘤状突起，成熟后开裂为3个分果爿。种子卵形，暗褐色或微光亮，光滑，具盾状种阜。花期5～7月，果期6～9月。

本种在延安主要分布于黄陵、甘泉、黄龙、富县及宜川等，生长在海拔1000～1500m的山坡路旁、灌丛、荒草地、林缘及疏林。我国分布于东北各地，华北各地，西北的陕西、甘肃、青海、宁夏、内蒙古（西部），华东的上海、江苏、浙江、安徽、福建、江西、山东，华中各地，华南各地，西南的四川、重庆、贵州。朝鲜和日本也有分布。

多年生草本，喜光照，适应能力强，有时可见成片分布种群。

有毒，慎用；根可入药，也可作兽药用。

大戟 *Euphorbia pekinensis*

1.植株（寻路路 摄）；2.根（寻路路 摄）；3.腺体和雌蕊（寻路路 摄）；4.果实（寻路路 摄）

6. 甘遂

Euphorbia kansui S. L. Liou ex S. B. Ho, Fl. Tsinling. 1(3): 162, 450. 1981; 中国植物志, 44(3): 124. 1997.

多年生直立草本，根圆柱状，弯曲，上部较细，末端膨大，呈念珠状。茎自基部分枝，高25～40cm，无毛。单叶互生，全缘，叶形变化较大，线状披针形、狭披针形或线状椭圆形，长2～7cm，宽7～10mm，先端钝或钝尖，基部变狭，无柄。杯状聚伞花序顶生或腋生，顶生者具伞梗5～9，基部轮生总苞叶3～6枚，倒卵状椭圆形、长圆形或狭卵形，腋生者伞梗单生；苞叶2枚，三角状卵形，黄绿色；总苞杯状，高约3mm，边缘4裂，裂片半圆形；腺体4，新月形，暗黄色至浅褐色；雄花8～13，伸出总苞外；雌花1，子房柄长3～6mm，子房光滑，花柱3，顶端不明显2裂。蒴果球形，三棱状，成熟后开裂为3个分果爿。种子灰褐色至浅褐色，长球状，长约2.5mm，具盾状种阜。花期3月下旬至6月，果期6～8月。

本种在延安主要分布于甘泉、黄陵等，生长在海拔700～1450m的山坡、路边、荒地等。我国分布在华北的山西，西北的甘肃、宁夏、陕西，华中的河南。

较为耐干旱，适应力强，通常生长在排水性良好、光照条件好的黄土坡。

开花较早，可引种栽培供观赏；根为著名中药；全株有毒。

甘遂 ***Euphorbia kansui***

1.植株（寻路路 摄）；2.根（寻路路 摄）；3.腺体和雌蕊（寻路路 摄）；4.果实（寻路路 摄）

7. 乳浆大戟

Euphorbia esula L., Sp. Pl.: 461. 1753; 中国植物志, 44(3): 125. 1997.

多年生直立草本，根圆柱状，分枝或不分枝。茎基部多分枝，高20～60cm，不育枝通常自基部发出，较矮，有时叶腋发。单叶互生，全缘，叶形变化极不稳定，线形、披针形到卵形，长2～7cm，宽4～7mm，先端尖、钝圆或微凹，基部楔形至平截，无柄；不育枝上的叶密集，线形，长2～3cm，无柄。杯状聚伞花序顶生和腋生，顶生者通常具5伞梗，每伞梗上部又二至三回分叉，顶端有时有短的续发的枝叶，伞梗基部具轮生总苞叶3～5枚，与茎生叶类似，腋生者伞梗单生；苞叶2枚，半圆形或心形；总苞钟状，高约3mm，边缘4～5裂；腺体4，新月形，黄色。雄花8～12；雌花1，子房柄伸出总苞外，子房光滑，花柱3，顶端2裂。蒴果球形，三棱状，光滑，长与直径均5～6mm，成熟后开裂为3个分果爿。种子卵球状，长约2mm，黄褐色，被棕色斑点，具盾状种阜。花期4～7月，果期6～8月。

本种在延安主要分布在宝塔、延川、志丹、黄龙、黄陵及洛川等地，生长在海拔700～1450m的山坡、路边、草地、沟边及荒地等。我国分布在东北、华北、西北、华东、华中各地及华南的广东、广西、香港、澳门，西南的四川、重庆。广布于欧亚大陆，且归化于北美。

多年生草本，喜光，适应范围广泛，在沙生地区和山地均可生长。

种子含油量高，榨油供工业用；全株可入药。

本种变异幅度比较大，经常会因为生境原因，叶、苞叶、植株大小等会发生变化。它与甘遂较为类似，但本种是直根系，没有念珠状根和不定根，可以相区别。

乳浆大戟 *Euphorbia esula*

1.植株（寻路路 摄）；2.根（寻路路 摄）；3.腺体和雌蕊（寻路路 摄）；4.果实（寻路路 摄）

58 黄杨科

Buxaceae

本科编者：延安市桥山国有林管理局　曹旭平

灌木、小乔木或草本。叶常绿，对生或互生，革质，全缘稀有锯齿，羽状脉或离基三出脉，不具托叶。头状、总状或穗状花序，单生或对生于叶腋；花小形，不具花瓣；花单性，罕两性，外被苞片，无花盘；雄花萼片4，雌花萼片6，二轮覆瓦状排列；雄花雄蕊4，分离；花丝扁平；雌花不具退化雄蕊，子房3室，稀2～4室，上位，每室含倒生胚珠2颗，罕1颗；花柱基部合生或分离，宿存。果为蒴果或核果状，室背裂开。种子黑色，有光泽，胚乳肉质，胚直立；子叶扁薄或肥厚。

本科有4属约100种，主产于欧洲、亚洲、北美洲的温带及非洲的热带地区。我国产3属，共27种，西南部、西北部、中部、东南部，包括台湾均有分布。延安分布1属1种，分布在宝塔及黄陵等地，多生长于山谷、溪边及林下。

本科植物大多喜光耐阴，喜温暖湿润气候。多数种耐修剪，为优良观赏植物；木质紧密，可制作工艺品；有些种含生物碱，可供药用。

黄杨属 *Buxus* L.

灌木或小乔木，枝条四棱形，浅灰色或略带黄色。叶对生，边缘无锯齿，叶面有光泽，羽状脉，具短柄。花小，单性，组成总状、穗状或头状花序，腋生，罕顶生，最先端一朵为雌花，其余均为雄花；雄花无小苞片而雌花有；雄花萼片4，二轮覆瓦状排列；雄蕊4枚，与萼片对生；花丝粗且扁平，离生；子房退化为截形；雌花萼片6，二列覆瓦状排列；子房3室，每室含胚珠2颗；花柱3，短厚，离生。蒴果卵形，三瓣裂，革质，常无毛，稀被毛。种子黑色，平滑有光泽；胚乳肉质；子叶长圆形。

本属约60种，广泛分布于欧洲、亚洲、美洲各国。我国约有17种，各地均产，主要分布于西部和西南部。延安产1种，分布在延安宝塔及黄陵等地，常见于疏林中。

本属植物喜光耐阴，喜湿润，不耐寒，通常散生在海拔1200～1600m的落叶阔叶林下或林缘。

本属植物生长缓慢，耐修剪，常用于园林观赏；根、叶可入药，有祛风除湿、行气活血的功效。

黄杨

Buxus sinica (Rehd. et Wils.) Cheng, 陈嵘, 中国树木分类学, 637. 1937; 中国植物志, 45(1): 37. 1980.

常绿灌木或小乔木，高达3m；树皮灰白色，有规则地剥裂。小枝四棱形，被短柔毛，灰白色带黄色。革质叶，呈卵状椭圆形或椭圆状披针形，长1～4cm，宽1～2cm，先端圆钝，常凹陷，不尖锐，基部圆形或呈楔形；叶面绿色，有光泽，叶脉显著突出，中脉下部有时被微毛；密被白色短线

状钟乳体；叶柄短，被微毛。头状花序腋生或生于小枝顶端，花序轴被毛，苞片阔卵形，疏有毛。花单性，雌雄同株，黄绿色，没有花瓣，有香气；雄花花被4，雄蕊4，等长于萼；雌花花被6，排为2列。蒴果近球形，黑色，具宿存花柱。花期4月，果期7月。

延安产宝塔、黄陵大岔等地。多生山谷、溪边、林下，海拔1200～1600m。我国西北的陕西、甘肃，华东的江西、浙江、安徽、江苏、山东，华中的湖北，华南的广西、广东，西南的四川、贵州等地均有分布。本种变种较多，在日本、南欧等地均有分布。

耐阴喜光，喜湿润，但忌长时间积水。耐旱、耐热、耐寒。对土壤要求不严，但微酸性、微碱性或石灰质泥土均能适应，以疏松肥沃的沙质壤土为佳。

黄杨耐修剪，可用作盆景，园林观赏；其木质紧密，可用于木雕制作；根、叶入药，有祛风除湿、行气活血之功效。

黄杨 *Buxus sinica*
1.植株（曹旭平 摄）；2.叶（曹旭平 摄）

59 漆树科

Anacardiaceae

本科编者：西北农林科技大学　薛文艳

落叶或常绿乔木或灌木，稀藤本或草本，有树脂道。奇数羽状复叶或掌状三小叶，稀单叶，互生，罕对生，托叶缺。花小且密集，两性、单性或杂性；圆锥花序顶生或腋生；萼片3～5，合生，罕分离；花瓣3～5，稀无花瓣，基部合生或分离，常下位；雄蕊互生，数量通常为花瓣数1～2倍，着生于花盘基部或边缘；子房上位，常1室，稀2～5室，每室具倒生胚珠1枚。核果，外果皮较薄，中果皮厚，具树脂，内果皮硬，骨质、硬壳质或革质；种子无胚乳或胚乳极少；胚肉质，较大；子叶较厚。

本科约60属600余种，分布在全球各洲的热带、亚热带至北温带地区。我国有16属约57种，主产于长江流域以南各地。延安有4属7种，主要分布在宝塔、子长、宜君、黄龙、黄陵等地。

本科植物以产漆著称；多数属是重要的工业用香料原料；盐肤木属植物为中药材五倍子蚜虫的寄主植物；有些种子含油量很高，为优良的食用油；有些为重要的观赏树种或园林绿化树种。

分属检索表

1. 花为单被花……………………………………………………………………………1. 黄连木属 *Pistacia*
1. 花有花瓣和花萼之分……………………………………………………………………………2
2. 叶为单叶……………………………………………………………………………2. 黄栌属 *Cotinus*
2. 叶为羽状复叶、单叶或掌状3小叶……………………………………………………………3
3. 圆锥花序顶生，果成熟后红色…………………………………………………3. 盐麸木属 *Rhus*
3. 圆锥花序腋生，果成熟后绿色…………………………………………………4. 漆属 *Toxicodendron*

1. 黄连木属 *Pistacia* L.

落叶或常绿灌木或乔木；具树脂道。叶互生；羽状复叶，罕单叶或3小叶，小叶全缘；叶不具齿；托叶缺。单被花，花小，单性，雌雄异株，花瓣缺，排列成总状花序或圆锥花序腋生；雄花萼片1～5，苞片2，雄蕊3～5（7），花丝与花盘连生，长圆形花药，雌蕊不发育；雌花萼片2～5，苞片2，花盘小；子房1室，近球形，内含胚珠1枚，花柱短。无毛核果，近球形；外果皮纸质，薄，内果皮骨质。种子1颗，扁平状，种皮膜质，不具胚乳；子叶凸状，略厚。

本属约10种，分布欧洲、亚洲东南部及中部、中美及南美的温带地区。我国产3种，除黑龙江、吉林、辽宁及内蒙古外，其余各地均有分布。延安产1种，分布于宝塔，常与黄檀、化香、栎类等混交。

本属植物多数喜光，耐阴，耐瘠薄，对土壤要求不高，微酸、微碱性沙土、黏土均可生长。深根性，主根发达，可作为主要伴生树种。常见于海拔1400～2000m的山地、谷底、丘陵中。

为优良庭院植物。木材可加工；树皮、叶、果可提制栲胶及染料；幼叶可食；种子可榨油。

黄连木

Pistacia chinensis Bunge in Mem. Div. Acad. St. Petersb. 2: 89 (Enum. Pl. Chin. Bor. 15). 1833; 中国植物志, 45(1): 92. 1980.

落叶乔木，高可达25m。自然状态下树干弯曲生长，树皮颜色较深，片状脱落。幼枝被毛，有小皮孔。叶互生，偶数羽状复叶，总叶柄长且被毛；小叶10～12枚，对生或近对生，卵状披针形，先端尖，基部楔形，偏斜，叶缘不具齿；小叶柄近无，被毛；两面光滑，仅沿脉被疏毛。花单性异株，先花后叶；雄花花被片2～4，无雌蕊，密集地排列成总状花序；雌花花被片7～9，无雄蕊，疏散地排列成圆锥花序；雄花序通常短于雌花序，二者均密被绒毛。果实倒卵状球形，顶端有一小尖头，核果状，幼时黄白色，成熟后变为蓝紫色，表面被白粉。花期4月，果期10月。

延安产宝塔、黄陵、黄龙、宜川、富县及甘泉等地。可与黄檀、化香、栎类等形成混交林，分布海拔1400～1650m。

我国分布于华北的河北，西北的陕西，华东的江苏、浙江、安徽、江西、山东、台湾，华中各地，华南的广东、广西、海南，西南的四川、贵州、云南等地。菲律宾也有分布。

喜光，较耐寒，耐瘠薄，但在深厚肥沃的沙质土壤中生长最佳。深根性，生长快，寿命长，萌芽力强。

本种是优良的庭院观赏树种。木材质硬，是优良家具和建筑用材。树皮、叶、果可提制栲胶和做染料。幼叶可食。种子可榨油。

黄连木 *Pistacia chinensis*
1.植株（周建云 摄）；2.叶、花（周建云 摄）

2.黄栌属 *Cotinus* (Tourn.) Mill

灌木或小乔木；树干浆汁丰富，有浓烈臭味；芽鳞灰褐色，覆瓦状排列。单叶互生，叶柄细长，叶缘无锯齿；托叶缺。花小，黄色，杂性同株；聚伞圆锥花序疏散，常顶生；花序梗纤细且长，被毛；披针形苞片早落；萼片5，覆瓦状排列，宿存；花瓣5，长于萼片；雄蕊5，短于花瓣，花药短于花丝；子房不对称，上位，1室1胚珠；花柱3，短小，侧生于子房。圆锥状果序，其上有不孕花，花梗羽毛状；核果长卵形，小，稍偏斜，暗红褐色，外果皮薄；种子肾形，无胚乳。

本属约5种，分布于欧洲、亚洲及北美的温带及亚热带地区。我国产3种，自然分布于除东北外的各地。延安产2变种，分布在宜川、延川、吴起、子长等地。

本属植物多数喜光，耐阴，耐寒，适应性强，对土壤要求不高，常散生于海拔700～1700m向阳山坡，丘陵的阔叶林或针阔混交林中。

木材可做染料；树皮和叶可提制栲胶；嫩芽可食；叶秋季变红，可供观赏。

分种检索表

1. 叶两面被灰色柔毛；圆锥花序被柔毛 ………………………………………………… 1a. 红叶 *C. coggygria* var. *cinerea*
1. 叶背、叶柄密被柔毛；花序无毛或近无毛 ………………………………… 1b. 毛黄栌 *C. coggygria* var. *pubescens*

1. 黄栌

Cotinus coggygria Scop. Fl. Carn. ed. 2, 1: 220. 1772; Engl. in DC. Monog. Phan. 4: 360. 1883; 中国植物志, 45(1): 96. 1980.

1a. 红叶（变种）

Cotinus coggygria var. ***cinerea*** Engl. in Bot. Jahrb. 1: 403. 1881, et in DC. Monog. Phan. 4: 351. 1883; 中国植物志, 45(1): 97. 1980.

灌木或小乔木，高达5m。小枝被短柔毛。单叶互生，叶倒卵形或卵圆形，先端圆或微凹，基部阔楔形，叶缘无锯齿，两面均被灰色柔毛；叶柄较短。花杂性异株，排列成圆锥花序，被毛；萼5裂，无毛，裂片卵状三角形；花瓣5，卵状披针形，不裂，无毛，呈覆瓦状排列；花托不下凹，不膨大；雄蕊5；花药与花丝等长；雌花有花被片，无大的叶状苞片；心皮3，合生；子房近球形，1室；果期不孕花的花梗伸长，被长柔毛。果肾形，无毛。

延安产宜川蟒头山、石台寺，吴起大吉沟树木园等地。散生于向阳山坡栎类阔叶林或针阔混交

红叶 *Cotinus coggygria* var. *cinerea*
1. 植株（蒋鸿 摄）；2. 叶、花（蒋鸿 摄）；3. 叶（蒋鸿 摄）

林中。海拔700～1620m。

我国分布于华北的河北，华东的山东，华中的河南、湖北，西南的四川等地。欧洲东南部、朝鲜、日本也有分布。

喜光，耐半阴，耐寒。适应性强，对土壤要求不严格，在干旱、瘠薄和碱性土壤中亦可生长，但以深厚、肥沃、排水良好的沙质土壤生长最好。有较强的抗病虫害及抗有害气体、烟尘的能力。萌芽力、萌蘖性强，根系发达，生长快。年生长量1m左右。

木材黄色，可做染料。树皮和叶含丰富鞣质，可提制栲胶。叶可提取芳香油。嫩芽可食。叶片在秋季变为红色，是优良行道及观赏树种。

1b. 毛黄栌（变种）

Cotinus coggygria var. ***pubescens*** in Bot. Jahrb. 1: 403. 1881, et in DC. Monog. Phan. 4: 350. 1883; 中国植物志, 45(1): 97. 1980.

落叶灌木，高达4m，树皮鳞片状，暗灰色；小枝被短柔毛，灰色。单叶椭圆形或圆形，先端圆钝或微凹，基部广楔形；叶面深绿色，有光泽，叶背灰绿色，叶背、叶柄密被短柔毛，后脱落，仅叶脉处密被灰色簇毛或短柔毛；叶柄与叶等长或稍短，密被短柔毛。圆锥花序无毛；花序轴和花梗无毛或近无毛，不孕花花梗灰白色或淡紫色，羽毛状。核果斜肾形，具隆起网纹。花期4～5月，果期7～8月。

延安产宜川（蟒头山）、吴起、延川、子长、黄龙、黄陵、甘泉及富县等地。常生于松栎林林窗中，分布海拔800～1500m。我国分布于华北的山西，西北的甘肃、陕西，华东的江苏、浙江、山东，华中的河南、湖北，西南的贵州、四川等地。间断分布于欧洲东南部的温带地区，经亚洲叙利亚至高加索。

喜光，耐旱、耐寒，适应力强。对土壤要求不高，在干旱瘠薄及微碱性土壤中亦能生长。

本种是优良水土保持树种，同时也是常用行道树及观赏树种。

毛黄栌 *Cotinus coggygria* var. *pubescens*
1.叶、花（蒋鸿 摄）；2.植株（蒋鸿 摄）；3.叶（蒋鸿 摄）

3. 盐麸木属 *Rhus* (Tourn.) L.

灌木或乔木，角质层汁液水状，不含漆。叶互生，常为奇数羽状复叶，单叶或3小叶，不具托叶；叶轴具翅或无；小叶具柄或无，边缘具齿或无。花小，杂性，多花排列为聚伞圆锥花序或复穗状花序，顶生，苞片宿存或否；花萼小，5（稀4～6）裂，覆瓦状排列，宿存性；花瓣与花萼同数，覆瓦状排列，脱落性；雄蕊5，分离，着生于花盘下，花药卵圆形；子房无柄或具短柄。果序直立；核果扁球形或近球形，形小，外果皮与中果皮相连，密生红色短毛，成熟后红色；内含种子1粒。

本属约250种，产于欧洲、亚洲、北美洲的亚热带和暖温带。我国有6种，除黑龙江、吉林、辽宁、青海和新疆等地外，其余各地均有分布。延安产3种，分布在宝塔、黄陵、宜君等地。

本属植物多数喜光，耐干旱瘠薄土壤。萌蘖性强，生长快。常伴生于向阳山坡、丘陵的阔叶林及针阔混交林下，是林下灌丛的重要组成部分。

本属植物均可作药材五倍子蚜虫的寄主植物，以盐肤木上虫瘿较好。

分种检索表

1. 小叶边缘具粗锯齿；果序直立……………………………………………………1. 火炬树 *R. typhina*
1. 小叶边缘常全缘；果序近下垂……………………………………………………………2
2. 小枝无毛；叶背淡绿色……………………………………………………2. 青麸杨 *R. potaninii*
2. 小枝被微柔毛；叶背红色……………………………………3. 红麸杨 *R. punjabensis* var. *sinica*

1. 火炬树

Rhus typhina L. [Praes. (resp.)Torner], Cent. Pl. Ⅱ. 14. 1756.

落叶灌木或小乔木，高可达10m。树皮深褐色或黑色，不规则纵裂。小枝密生灰色绒毛，幼枝黄褐色，被黄色绒毛。奇数羽状复叶互生，小叶长圆形至披针形，顶端渐尖，基部阔楔形，缘有锯齿，上面深绿色，下面颜色较浅至苍白色，幼时被绒毛，后渐脱落，叶轴无翅。圆锥花序顶生，密生绒毛；花小而密，带绿色，花柱有红色刺毛，宿存。核果扁球形，深红色，密生红色短刺毛，密集成火炬形，果序直立。种子球形，压扁，黑褐色，外种皮质硬。花期6～7月，果期8～9月。

延安宝塔，黄陵建庄瞭望台、富县及甘泉等地均有分布。我国华北的河北、山西，华中的河南等地有引种栽培。原产北美洲。

喜光，耐寒，耐干旱瘠薄，对土壤适应性强，耐盐碱。浅根性，根系发达，萌蘖性强，生长快。

木材黄色，纹理致密美观，可作工艺品。种子含油，可制作肥皂、蜡烛等。花序、果序、树皮、叶等均含单宁，是生产栲胶的优良原料。果实可作饮料。根皮入药。

火炬树 *Rhus typhina*
1.植株（王天才 摄）；2.花（王天才 摄）；3.叶、花（王天才 摄）

2. 青麸杨

Rhus potaninii Maxim. in Act. Hort. Petrop. 11. 110. 1889; 中国植物志, 45(1): 105. 1980.

乔木，高可达8m。小枝光滑，冬芽外被短柔毛。叶互生，总叶柄长，疏被毛，无翅或仅上部有狭翅，有小叶7～9；小叶长椭圆形或长椭圆状披针形，顶端尖，基部圆阔，稍偏斜，叶缘不具刺，常全缘，叶面光滑无毛，叶背淡绿色，无毛或仅脉上疏被毛，小叶柄极短但明显。顶生圆锥花序，被灰褐色短柔毛；花苞极小，钻形，微被毛；萼片5裂，缘具丝状睫毛，外被毛；花瓣5，卵状椭圆形，缘具丝状睫毛，内外均被毛；雄蕊5，花药黄色；雌蕊1，子房球形，密被毛。果序圆锥状，下垂；果为核果，扁球形，密被毛，成熟后为红色。花期4～5月，果期9月。

产于延安黄陵、黄龙、宜川、宝塔等地。是松栎林下的先锋树种，常与苦木、栓皮栎、槲树等伴生于采伐迹地、荒废山坡疏林和灌木中。

分布于华北的山西、河北，西北的陕西、甘肃，华中的河南、湖北，西南的云南、四川等地，分布海拔900～2500m。

喜光，适应力强，对气候和土壤要求均不严。

茎皮和叶含鞣质，可提制栲胶。根入药，有祛风解毒之功效。枝、叶上生五倍子，供轻工业及医药用。种子可榨油。

青麸杨 *Rhus potaninii*
叶、花（王天才 摄）

3. 红麸杨

Rhus punjabensis var. ***sinica*** (Diels) Rehd. et Wils. in Sarg. Pl. Wils. 2: 176. 1914; 中国植物志, 45(1): 104. 1980.

乔木或小乔木，高达12m。小枝被短毛。叶互生，奇数羽状复叶，叶柄上部具狭翅或不明显，总叶柄密被毛；小叶7～11，叶背红色，卵状椭圆形至长圆形，先端尖，基部圆阔，边缘常全缘；叶脉不达叶缘，上面几光滑无毛，叶脉不明显，背面脉明显，被短毛；叶缘无锯齿；小叶无叶柄。圆锥花序多分枝，密被毛；花白色，形小；萼片5裂，外被毛，边缘具丝状睫毛；花瓣分离，5片，两面被毛，边缘具丝状睫毛；雄蕊5，花药紫色；花丝丝状，中下部被毛；子房密被毛，球状。果序圆锥状，下垂；核果扁球形，成熟时暗红色，被毛。花期4～5月，果期9月。

延安产黄陵双龙王村沟、双龙西沟，店头胡家沟，腰坪三关庙等地。散生于松栎混交林中或林缘，分布海拔860～1300m。

分布于西北的陕西、甘肃，华中的湖北、湖南，西南的云南、四川、贵州等地。

喜光，对气候和土壤要求不严，但以气候温暖、土壤湿润而富有腐殖质的土壤中生长最好。

木材白色，材质坚硬，可供一般用材。叶和皮含鞣制，可提制栲胶。枝、叶上生五倍子，供轻工业及医药用。

4. 漆属 *Toxicodendron* (Tourn.) Mill.

乔木或灌木，稀藤本。乳汁白色，干后变黑，有刺鼻气味。奇数羽状复叶或掌状3小叶，小叶7～15，对生，偶三出复叶；叶轴无翅。聚伞圆锥状或总状花序腋生，花小，花序轴直立；单性异株，苞片早落，披针形；萼片5，宿存，覆瓦状排列；花瓣5，开花时顶端朝外卷曲，外面有羽状脉纹；雌花花瓣一般小于雄花花瓣；雄蕊5，花药纵裂，花盘下凹，盘状、环状或杯状，子房1室，胚珠1；花柱基部合生。果序轴下垂；核果扁球形，无毛或微被毛，白色或浅灰褐色，成熟后绿色；种子扁平，具胚乳。

本属20余种，亚洲及美洲各国均有分布。我国有15种，主产于长江以南各地。延安产1种，分布在黄龙及黄陵等地。

本属植物多喜光，喜湿润温暖气候。常分布于海拔800～2000m的向阳山坡、丘陵上。

本属植物乳液含漆酚，人体接触易过敏，误食可引起中毒。

漆

Toxicodendron vernicifluum (Stokes) F. A. Barkl. in Ann. Midl. Nat. 24: 680. 1940; 中国植物志, 45(1): 111. 1980.

乔木或灌木，稀藤本；乳汁白色，干后变黑，有浓烈刺激性气味；顶芽三角状卵形，大而显著。奇数羽状复叶，螺旋状互生，叶轴基部膨大，不具翅；小叶9～13，对生，卵状长椭圆形，顶端尖，基部圆钝且偏斜，叶缘不具齿；叶面绿色，叶背带白色且沿叶脉被毛。聚伞圆锥状或聚伞总状花序腋生，花序轴直立；花小而密集，5数；萼片宿存；花瓣绿色，具羽状脉纹；雌花中花瓣及雄蕊较雄花小；花柱基部合生。果序下垂；核果扁球形或肾形，外果皮平滑有光泽，中果皮具树脂道，内果皮坚硬，中果皮与内果皮相连。种子具横生胚乳；子叶扁平状。

延安产黄陵、黄龙、宜川、富县及甘泉等地。多与槭、椴、栎、桦等混交。

我国除黑龙江、吉林、内蒙古（东部）和新疆等地外，其余各地均有分布，分布海拔800～2800m。本种原产于我国，现广泛栽培于亚洲及欧美各国。

喜光，喜温暖湿润气候，在肥沃、排水良好、富含腐殖质和微碱性土壤中生长最佳。根系发达，萌蘖力强。以背风、光照充足处生长的个体漆液多，品质佳。

材质软硬适中，弹力强，耐水湿与浸泡，供建筑及一般用材。树干可割取生漆，是重要的工业涂料。叶富含鞣质，可提制栲胶。种子富含油脂，可榨油，供工业用。果皮可取蜡质。叶、根可作农药。

漆 *Toxicodendron vernicifluum*
1.植株（王天才 摄）；2.叶、果（王天才 摄）

60 卫矛科

Celastraceae

本科编者：西北农林科技大学　张维伟

落叶乔木或灌木，亦有藤本。单叶互生或对生；具小托叶，早落或无。花两性或单性，辐射对称，多为淡绿色，合为腋生或顶生聚伞花序；花4～5，花萼与花瓣具明显分化；花瓣及萼片4～5片，常覆瓦状排列；雄蕊数与花瓣数相等，着生于花盘；花盘肥厚，肉质，极少不明显或无；花药纵裂，2室，心皮2～5；子房上位，与花盘合生或融合，仅基部与花盘相连，1～5室，每室含2～6枚倒生胚珠，轴生。果实常为蒴果，罕有核果、翅果或浆果。具肉质假种皮，稀无；子叶扁平；具丰富胚乳。

本科约有60属约850种。主产区为欧洲、非洲、亚洲、美洲的热带、亚热带和温带，少数生长于寒温带。我国有12属约201种，全国各地均有分布，其中1属1种是引种栽培。延安分布2属14种。

本科植物多数喜光，稍耐阴、耐寒、耐旱，适生于肥沃湿润的土壤。常生于向阳山坡、丘陵和山谷的阔叶林及针阔混交林的林下或林缘。

本种多数种富含纤维、橡胶及生物活性物质，有重要工业和药用价值。

分属检索表

1.叶互生，稀对生；花盘杯状 ……………………………………………… 1.南蛇藤属 *Celastrus*

1.叶对生；花盘扁平 ……………………………………………………… 2.卫矛属 *Euonymus*

1.南蛇藤属 *Celastrus* L.

灌木，落叶或常绿，通常为攀缘性；枝圆柱状，表面光滑且无毛。单叶，互生，稀对生，具叶柄，边缘为锯齿或钝齿；具线状小托叶，脱落。花小，黄绿色或黄白色，单性，稀两性，雌雄异株，呈圆锥状或总状聚伞花序，罕单生；萼钟状，宿存，5裂。三角形或长方形；雄蕊5枚，于花盘边缘着生；花盘杯状；花丝丝状；花药不育；子房上位，3室，着生于子房基部；柱头呈3裂，每裂又2裂。蒴果球形，常黄色；果轴宿存；具种子1～6，开裂，具果瓣3。种子椭圆状或半圆形，被红色肉质假种皮包裹；胚直立，胚乳丰富。

本属约30种，主要产于亚洲东部、大洋洲和美洲等地区。我国约有24种2变种，除青海、新疆外，其余各地均有分布。延安产5种，分布在延安宝塔、黄陵、宜君、延长、富县、黄龙等县的林下灌丛中。

本属植物多数喜光，稍耐阴，喜肥沃湿润土壤。常生于向阳山坡、丘陵和山谷的阔叶林及针阔混交林的林下及林缘。是构成林下灌丛的重要组成部分。

树皮纤维含量丰富，可供造纸；有些种的根可入药；有些种的种子可用作工业油榨取。

分种检索表

1. 花序通常顶生……1. 苦皮藤 *C. angulatus*
1. 花序腋生或腋生与顶生并存……2
2. 叶背被白粉，呈灰白色……3
2. 叶背不被白粉，通常呈浅绿色……4
3. 叶柄较短，长8～12mm；果瓣内侧无斑点……2. 灰叶南蛇藤 *C. glaucophyllus*
3. 叶柄较长；果瓣内侧具棕色或棕褐色斑点……3. 粉背南蛇藤 *C. hypoleucus*
4. 叶柄长2～8mm；叶片长达9cm……4. 短梗南蛇藤 *C. rosthornianus*
4. 叶柄长通常在10～20mm；叶片长达13cm……5. 南蛇藤 *C. orbiculatus*

1. 苦皮藤

Celastrus angulatus Maxim. in Bull. Acad. Sci. St. Petersb. 3(27): 455. 1881; 中国植物志, 45(3): 102. 1999.

藤本，长5～10m。小枝常具4～6角棱，密生白色、圆形到椭圆形皮孔，卵圆状腋芽。叶通常较大，圆形、卵形或近卵形，近革质，长8～19cm，宽6～14cm，先端短圆，而中央尖，基部近截形至圆形，边缘具钝锯齿，侧脉于叶面突起明显；叶柄约长2cm；丝状托叶，脱落。花顶生，聚伞圆锥

苦皮藤 *Celastrus angulatus*
1. 花序（张维伟 摄）；2. 蒴果（张维伟 摄）；3. 种子（张维伟 摄）

花序，10～20cm或更长；花梗短；淡绿白色，花5数；花萼三角形或近卵形，近全缘，镊合状排列；长方形花瓣，边缘为不规则锯齿状；肉质花盘；雄蕊着生于盘状花盘之下。蒴果近球形，黄色，3室，每室2种子，成熟时3裂。种子椭圆球状，棕色，假种皮橘红色。花期6月，果期8～10月。

见于延安黄陵（柳芽川、大岔、上畛子）、黄龙及宜川等地。多生于海拔600～1500m荒坡及灌丛中。

我国华北的河北，西北的陕西、甘肃，华东的江苏、安徽、江西、山东，华中各地，华南的广东、广西，西南的四川、贵州、云南等地均有分布。

喜光，稍耐阴，耐寒旱，喜湿润肥沃土壤。

本物种树皮纤维丰富，可供造纸及人造棉原料；果皮及种子油脂含量较高，可榨油供工业用；根皮及茎皮制作农药，可杀虫和防治植病。

2. 灰叶南蛇藤

Celastrus glaucophyllus Rehd. et Wils. in Sarg. Pl. Wilson. 2: 347. 1915; 中国植物志, 45(3): 103. 1999.

藤状灌木，茎长达8m。小枝圆筒形，栗褐色至紫褐色，具皮孔；冬芽近卵圆形。叶半革质，椭圆形、近倒卵椭圆形或长方椭圆形，先端呈尖状，基部圆，边缘具少量细锯齿，齿端具向内弯曲的小凸头，叶背被白粉，呈灰白色或苍白色；叶柄较短，长8～12mm。花序腋生及顶生并存，花序分枝的腋部具有营养芽；顶生为总状圆锥花序，腋生花序仅3～5花，花序梗很短，关节位于中部或中部偏上；花萼裂片呈椭圆形或近椭圆形，边缘具少量凌乱小齿；花瓣呈窄倒卵形或倒卵长方形。蒴果近球状，鲜黄色，3室；果瓣内侧无棕色或棕褐色斑点。种子椭圆形，黑褐色，不平凸，假种皮橘红色。花期5～6月，果期9～10月。

产延安黄陵店头胡家沟。多生于海拔1500～1750m的混交林及山坡灌丛中。我国分布于西北的陕西、甘肃，华中的湖南、湖北，西南的云南、贵州、四川等地。

喜光，稍耐阴。适生于深厚肥沃、排水良好的土壤。

本物种根可入药，有散瘀止血之功效；主要治疗跌打损伤、刀伤出血等症状。

3. 粉背南蛇藤

Celastrus hypoleucus (Oliv.) Warb. ex Loes. in Engl. Bot. Jahrb. 29: 445. 1900, in clavis; 中国植物志, 45(3): 107. 1999.

灌木，藤状，3～5m高。小枝幼时被白粉，具少量近圆形皮孔但当年生小枝无；冬芽近球形，芽鳞呈棕色。叶较小，为椭圆形或长方椭圆形，长5～10cm，宽3～6cm，先端呈尖状，基部圆钝或楔形，边缘具少量钝锯齿，叶面呈绿色，叶背面呈粉灰色，侧脉5～7，且被短毛或光滑无毛；具较长叶柄，10～20mm。聚伞圆锥花序顶生与腋生并存，顶生为总状圆锥花序，7～10cm长，花序梗短，小花梗长近1cm；花5数，淡黄绿色，雌雄异株；萼片近三角形；花瓣呈长方形或椭圆形，杯状花盘。顶生长果序，下垂，腋生花大多不结实。橘黄色蒴果，近球状，果梗细长，长10～20mm，果瓣内侧有点，呈棕褐色。种子两端较尖，黑色到黑褐色，假种皮橘红色。花期5～6月，果9～10月。

主要分布于延安宝塔（九龙泉）、宜君（太安）、延长、宜川（薛家坪）、黄陵（大岔花家坡）、建庄（瞭望台）和富县（庙沟）等地。生于海拔900～1700m丛林中。我国产西北的陕西、甘肃南部，华中的湖北、河南，西南的四川、贵州等地。在印度及缅甸也有分布。

喜光，稍耐阴。在深厚肥沃、排水良好的土壤中生长良好。

本种果序顶生，长而下垂，极为美丽，可做庭院观赏。含丰富的生物碱、黄酮类化合物，对基础药学研究具有重要现实意义。

粉背南蛇藤 *Celastrus hypoleucus*
1.叶（张维伟 摄）；2.果（张维伟 摄）

4. 短梗南蛇藤

Celastrus rosthornianus Loes. in Engl. Bot. Jahrb. 29: 445. 1900; 中国植物志, 45(3): 114. 1999.

灌木，藤状，长4～6m。小枝红褐色，具白色圆形皮孔，中空，腋芽卵状或圆锥状，冬芽小，长1～3mm。纸质叶，果期时常近革质，叶片长方椭圆形，长可达9cm，宽2～5cm，先端突尖或渐尖，基部阔楔形，边缘具少量浅锯齿，或基部无锯齿，侧脉8～12，叶背浅绿色，不被白粉，无毛或仅脉上微具细柔毛；叶柄长2～8mm，稀稍长；侧脉间小脉不呈长方状脉网。花序腋生或顶生，顶生为总状聚伞花序，花序分枝的腋部有营养芽；腋生花序短且小，具花1至数朵，总花梗较短；小花梗短，关节在中部或中部稍下；花萼呈长圆形；花瓣方圆形，白绿色；雄蕊的花丝上无乳突状毛。蒴果圆球状，淡黄色，直径5～8mm，3室。种子具橘红色假种皮，阔椭圆状。花期4～5月，果期10～11月。

产于延安黄龙山、桥山林区中及富县、甘泉、宜川等地。生于海拔500～850m的山坡林缘和林下灌丛中。我国华北、华中、西南、西北等地均有分布。

喜光，稍耐阴，适应性较强，对土壤要求不严，喜湿润肥沃土壤。

本种茎皮富含纤维。根皮入药，可治蛇伤和肿毒。树皮及叶可作农药。

短梗南蛇藤 *Celastrus rosthornianus*
果枝（张维伟 摄）

5. 南蛇藤

Celastrus orbiculatus Thunb. Fl. Jap. 42. 1784, in tab. Content; 中国植物志, 45(3): 112. 1999.

灌木，藤状，长10～12m。小枝无毛，光滑，灰棕色或褐色，具稀皮孔；小腋芽，卵状或近卵状；具褐色冬芽，呈卵圆形，长1～3mm。叶通常长方椭圆形，长可达13cm，宽5～10cm，先端平圆且突尖或渐尖，基部近钝圆形，边缘具粗钝锯齿，叶背不被白粉，呈浅绿色；侧脉3～5对；具叶柄，细长，10～20mm。聚伞花序，腋生，间顶生；花序分枝的腋部具有营养芽；花小，黄绿色；花瓣呈倒卵椭圆形；萼片卵状三角形；雄蕊的花丝上无乳突状毛。子房近球状，柱状花柱，3裂。蒴果圆球状，鲜黄色，直径8～10mm，3室，具3～6种子；种子椭圆状，稍扁，红褐色，假种皮橙红色。花期5月，果期9月。

产于延安黄陵、宜川、富县、甘泉、延长、黄龙等地。我国分布于东北的黑龙江、吉林、辽宁、内蒙古（东部），华北的河北、山西，华东的江苏、安徽、浙江、江西、山东，华中的河南、湖北，西北的陕西、甘肃，西南的四川等地，在海拔450～2200m山坡灌丛及山地沟谷环境中生长。是我国分布最广泛的种之一。朝鲜、日本也有分布。

本种喜阳耐阴，抗寒耐旱，对土壤要求不严，但以湿润而排水好的肥沃沙质壤土中生长最好。常生于向阳山坡、丘陵、山谷的阔叶林及针阔混交林的林下或林缘。是林下灌丛的重要构成部分。

根、茎、叶、果入药，可活血行气、消肿解毒。树皮含纤维。种子可榨油，供工业用。

南蛇藤 *Celastrus orbiculatus*
1.叶（王赵钟 摄）；2.果（王赵钟 摄）；3.花（王赵钟 摄）

2. 卫矛属 *Euonymus* L.

小乔木或灌木，常绿、半常绿或落叶，匍匐或攀缘生长。叶对生，罕轮生或互生；具叶柄，稀无，具托叶，早落。聚伞圆锥花序，腋生；花较小，两性，紫红色或淡绿色，4～5数；花萼绿色，宽短半圆形；花瓣较花萼长；花盘较发达，扁平，4～5裂；雄蕊着生于花盘靠近边缘处，花药1～2室，基生或“个”字着生；子房藏于花盘内，4～5室，每室含胚珠1～2，垂生于轴或室顶角，花柱短或缺，柱头3～5裂，细小。蒴果近球状，果皮平滑，心皮背部有时呈扁翅状，3～5裂，每室有种子1～2颗。种子白色至红色或黑色，被红色或黄色肉质假种皮包裹；有胚乳。

本属约220种，分布东西两半球欧洲、亚洲、美洲及大洋洲的亚热带和温暖地区，仅少数种类北伸至寒温带。我国约产120种，全国各地均有分布。延安产9种，分布在延安宝塔、黄龙、黄陵、志丹、安塞、吴起、子长等地，生长于海拔2000m以下的山地林中。

本属植物多数喜光，稍耐阴，喜温暖湿润的气候，适生于深厚肥沃、排水良好的土壤。常生于向阳山坡、山谷、丘陵的阔叶林或针阔混交林的林下及林缘。是林下灌丛的重要构成部分。

大多可作绿篱，在园林中的应用较为普遍；个别种根、皮可入药，用于治疗跌打损伤、活血止血、杀虫解毒。

分种检索表

1. 果裂时果皮内层常突起成假轴；小枝外皮常有细密瘤点……2
1. 果内无假轴；小枝外皮一般平滑无瘤突……3
2. 叶全缘或近全缘……1. 曲脉卫矛 *E. venosus*
2. 叶边缘具粗圆锯齿或浅细钝齿……2. 冬青卫矛 *E. japonicus*
3. 蒴果深裂，仅基部连合……3. 卫矛 *E. alatus*
3. 蒴果上端呈浅裂至半裂状……4
4. 胚珠每室4～12……5
4. 胚珠每室2……6
5. 叶互生或3叶轮生，线形或线状披针形；花绿色带紫；枝条无栓翅……4. 矮卫矛 *E. nanus*
5. 叶对生，卵形或卵状披针形；花深紫色或紫棕色；枝条常具栓翅……5. 八宝茶 *E. przewalskii*
6. 茎枝有4条纵向栓翅……6. 栓翅卫矛 *E. phellomanus*
6. 茎枝通常无栓翅……7
7. 叶长4～8cm，宽2～5cm；叶柄长15～35mm；蒴果长不超过1cm……7. 白杜 *E. maackii*
7. 叶长7～12cm，宽7cm；叶柄长达50mm；蒴果长1～1.5cm……8. 华北卫矛 *E. hamiltonianus* var. *maackii*

1. 曲脉卫矛

Euonymus venosus Hemsl. in Kew Bull. 1893: 210. 1893; 中国植物志, 45(3): 13. 1999.

灌木，常绿，匍匐或攀缘状。小枝呈黄绿色，具细密瘤突；茎枝无气生根；冬芽卵形。叶革质

曲脉卫矛 *Euonymus venosus*
1. 花枝（吴振海 摄）；2. 花（黎斌 摄）；3. 果枝（吴振海 摄）

或近革质，叶面光亮，椭圆状披针形或近椭圆形，长6～12cm，宽2～6cm，先端钝或尖，基部阔楔形，全缘或具少量锯齿；侧脉明显，常于叶缘处折曲1～3次，叶背灰绿色；叶柄长3～5mm。聚伞花序，小花3～7（9）；花序梗长2～3cm；花4数，淡黄色，具1mm长柱状花柱；萼片宽短半圆形，花瓣近圆形；雄蕊4，花丝长于1mm。蒴果扁球状，表面有4条浅沟，果皮光滑，黄白色稍带粉红色，果裂时果皮内层常突起成假轴；种子稍肾状，每室1个，有橘红色假种皮。花期5～6月，果期10月。

产于延安吴起大吉沟。我国主要分布于西北的陕西、甘肃，华中的湖北，西南的四川、云南等地，于海拔800～1940m的山间林下或岩石山坡林丛中生长。本种为中国特有植物。

喜光，也有较强耐阴性，较耐干旱瘠薄，对土壤要求不高，但在湿润肥沃土壤中生长最好。

本种根皮含硬橡胶，具有一定经济价值。

2. 冬青卫矛

Euonymus japonicus Thunb. in Nov. Act. Soc. Sci. Upsal. 3: 218. 1781; 中国植物志, 45(3): 14. 1999.

灌木或小乔木，常绿，直立，高达8m。小枝四棱，绿色，外皮密被细密瘤点；冬芽纺锤形或两端尖的棒状。叶革质或近革质，两面光亮，椭圆形或倒卵形，长2～6cm，宽1.5～2.5cm，先端尖或圆，基部呈楔形，边缘具粗圆锯齿或浅细钝齿；叶不簇生于枝端；叶柄长6～15mm。聚伞花序，5～12花，腋生；花4数，形小，白绿色；萼片宽短半圆形；花瓣卵状椭圆形；雄蕊花丝长2～4mm。蒴果近球形，干时淡红色，无白色斑点，果裂时果皮内层常突起成假轴。种子椭圆形或扁球形，顶生，每室1，橘红色假种皮全包种子。花期6～7月，果熟期9～10月。

产于延安黄陵、甘泉、桥山林区、双龙王村沟、店头胡家沟，吴起大吉沟树木园，富县张村驿等地。全国各地多有栽培。原产于日本。

本物种喜光，耐阴，较耐寒，耐干旱瘠薄。喜温暖湿润的气候和肥沃的土壤。对土壤不甚选择，酸性土、中性土或微碱性土均能适应。萌生性强，极耐修剪整形。

本种及其栽培变种为常见的庭院绿化树。体内含硬橡胶，可作工业原料。

冬青卫矛 *Euonymus japonicus*
1.植株（曹旭平 摄）；2.叶（曹旭平 摄）

3. 卫矛

Euonymus alatus (Thunb.) Sieb. in Verh. Batav. Genoot. Kunst. Wetensch. 12: 49. 1830; 中国植物志, 45(3): 63. 1999.

灌木，落叶，高2m左右，整株无毛。枝硬直，绿色，外皮常光滑，常具2～4列木栓翅，翅宽可达1cm；冬芽圆形，芽鳞边缘具不整齐齿。叶椭圆形或近圆形，先端尖，基部宽楔形，叶缘锯齿细密，无毛；叶柄短或近无毛。通常3花组成聚伞花序，腋生；花序梗长1～2cm，小花梗短；花4数，白绿色带黄色；萼片宽短半圆形，绿色；花瓣卵圆形；雄蕊花丝极短，长约1mm；花盘4浅裂；子房4室，每室含胚珠2。蒴果，近紫色，1～4深裂，仅基部连合，裂瓣呈椭圆状，果内无假轴；种子椭圆状或近椭圆状，橙红色假种皮完全包裹种子。花期5～6月，果期9～10月。

产于延安黄陵、双龙森林公园、大岔大南沟、大西沟、百药沟、黄龙白马滩、宜川、富县、甘泉等地。我国除东北、新疆、青海、西藏、广东及海南以外，其余各地有分布，生长于海拔2000m以下的向阳山坡或沟沿。日本及朝鲜也有分布。

喜光，稍耐阴；耐干旱瘠薄，有一定的抗寒性。对气候和土壤要求不高，在微酸性及微碱性土壤中均能生长。萌芽力强，耐修剪，对二氧化硫具较强的吸附能力。

具有一定观赏价值，可作盆栽或美化园林；种子可榨油，用作工业用油；枝条上的栓翅入药，是著名中药鬼箭羽，可降血糖。

卫矛 *Euonymus alatus*
1.植株（曹旭平 摄）；2.果（王赵钟 摄）

4. 矮卫矛

Euonymus nanus Bieb. in Fl. Taur. Cauc. 3: 160. 1819; 中国植物志, 45(3): 44. 1999.

灌木，落叶或半常绿，直立或匍匐，高可达2m。小枝呈绿色，外皮光滑，具纵棱，无栓翅；冬芽小，外被淡绿色芽鳞，边缘具少量紫褐色流苏状毛。叶三叶轮生或互生，罕有对生，线形或线状披针形，叶小，长2～4cm，宽3～6mm，先端钝圆且具短刺尖，基部钝，边缘具少许短齿，反卷，叶脉明显突出；叶柄近无。花1～3多排列为聚伞花序，腋生；花序梗丝状，紫红色，长2～3cm；花4数，紫绿色；萼片宽半圆形；花瓣长圆形或卵状椭圆形；雄蕊无花丝；子房4室，每室含胚珠3～4。蒴果扁圆，粉红色，4棱，长近1cm，上端呈浅裂状，成熟时4瓣裂开，果内无假轴。种子棕色，近扁球状，被橙红色假种皮包被一半。花期7月，果期8～9月。

产于延安吴起、子长（安定镇）等地。我国主要分布于华北的内蒙古（中部）、山西，西北的陕西、甘肃、宁夏、青海，西南的西藏等地，分布海拔2000～3200m。在欧洲、中亚等地也有分布。

矮卫矛 ***Euonymus nanus***
1.植株（王天才 摄）；2.果（王天才 摄）

喜光，稍耐阴，喜肥沃湿润土壤。主要生长于山坡灌丛、落叶阔叶林的林下及林缘。

本种根、皮入药，具有祛风散寒、除湿通络之功效，可用于治疗关节肿痛、肢体麻木等病症。

5. 八宝茶

Euonymus przewalskii Maxim. in Bull. Acad. Sci. St. Petersb. 27: 451. 1881; 中国植物志, 45(3): 46. 1999.

灌木，落叶，高可达5m；茎枝外皮光滑，具栓翅，4棱，小枝栓翅通常较窄。叶对生，卵状披针形或卵形，长1～5cm，先端尖，基部呈近圆形，边缘锯齿细小且浓密，侧脉6～10；叶柄较短。多为一次分枝聚伞花序，具多花；花序梗丝状，长于叶；小花梗较短，中央花梗与两端花梗等长；披针形苞片早落；花小，紫色或紫棕色，偶为绿色；花瓣呈卵圆形；萼片宽短近圆形；胚珠每室4～6。蒴果近球状，紫色，顶端浅裂，果内无假轴；种子被橙色假种皮由基部包裹，可至中部，呈黑紫色。

产于延安黄陵柳芽川、富县、甘泉等地。在我国主要分布于华北的河北、山西，西北的甘肃、新疆、青海，西南的四川、云南及西藏等地，分布海拔2300～3600m。本种为中国特有植物。

喜光，耐阴，喜肥厚湿润土壤。常生于山坡、山谷的林下或林缘。

枝条入药，可煎汤内服或外用。有消肿止痛、活血破瘀之效。

6. 栓翅卫矛

Euonymus phellomanus Loes. in Engl. Bot. Jahrb. 25: 444. 1901; 中国植物志, 45(3): 50. 1999.

灌木或小乔木，落叶，高可达4m。枝条外皮光滑，具4纵木栓厚翅，直硬，在老枝上较宽；冬芽红褐色，卵圆形。叶倒椭圆状披针形或呈长椭圆形，长5～10cm，宽1～5cm，先端尖，基部阔楔形，边缘具细小浓密锯齿；叶柄长1cm左右。聚伞花序，腋生，花小，4数，白绿色，通常7～15朵，

栓翅卫矛 *Euonymus phellomanus*
1.植株（王赵钟 摄）；2.果（王赵钟 摄）；3.叶（曹旭平 摄）

疏散；花序梗长1～2cm；萼片近圆形；花瓣倒卵形，先端圆钝；雄蕊具明显花丝，长2～3mm；胚珠每室2。蒴果倒圆心状，顶端下凹，呈浅裂至半裂状，4棱，粉红色，果内无假轴；种子被橘红色假种皮包裹，椭圆状，种脐、种皮皆为棕色。花期6～7月，果期9月。

主要产于延安黄陵（大岔、店头胡家沟、双龙王村沟）、黄龙、宜君、富县、甘泉等地。我国主要分布于西北的陕西、甘肃、宁夏、青海，华中的河南、湖北，西南的四川等地，生长于海拔1000～2500m的山坡及山顶灌丛中。

喜光亦耐阴，对温度适应性强。耐修剪。对土壤要求不严，耐瘠薄土壤、较耐盐碱。

树姿优美，花果艳丽，且对烟尘、有害气体等有较强抗性，是优良的城市绿化树种。种子可榨油。

7. 白杜

Euonymus maackii Rupr. in Bull. Phy. -Math Acad Sc. St. -Petersb. 15: 358. 1857; 中国植物志, 45(3): 47. 1999.

灌木或小乔木，落叶，高达6m。小枝近圆柱形，外皮光滑；茎枝无栓翅。叶近椭圆形，长4～8cm，宽2～5cm，先端尖，基部近圆形，边缘有小锯齿；两面光滑无毛；叶柄细长,15～35mm。3至多花排列成聚伞花序，腋生；花偏黄色或绿色，4数；萼片近圆形；花瓣长圆形，边缘浅波状裂，上面基部有鳞片状柔毛；雄蕊花丝细长，长1～2mm。蒴果，长不超过1cm，倒圆心状，上端呈浅裂状，果皮成熟后变为粉红色，4室开裂；胚珠每室2；果内无假轴。种子被橙红色假种皮完全包裹，

白杜 *Euonymus maackii*
1.花（王赵钟 摄）；2.果（王赵钟 摄）

种皮黄棕色，成熟后顶端具小口。花期5～6月，果期8～9月。

产于延安黄陵（柳芽川、建庄瞭望台、大岔烧锅梁、上畛子、双龙麻湾、店头胡家沟、双龙西沟），富县（秦直道），安塞（王瑶、西河口），宜川（薛家坪、蟒头山），宝塔（凤凰山），洛川，黄龙（界头庙）等地。在我国主要分布于东北的辽宁，华北的河北、山西，西北的陕西、甘肃，华东的江苏、浙江、安徽、福建、江西、山东，华中的河南、湖北，西南的四川、云南等地。朝鲜半岛及西伯利亚南部也有分布。

喜光、耐寒、耐旱、稍耐阴，也耐水湿；根系深，萌蘖力强，生长慢。对土壤要求不严，中性土和微酸性土均能适应，但在肥沃、湿润的土壤中生长最好。

为常见庭院绿化树，也可作砧木。果可作红色染料。枝叶入药。根皮含硬橡胶。种子含油脂，可做工业用油。

8. 华北卫矛

Euonymus hamiltonianus Wall. var. ***maackii*** (Rupr) Kom. In Act. Hort. Petrop. 22: 710. 1904; 陈嵘，中国树木分类学，修订版663. 1953.

灌木或小乔木，落叶，高5～6m，整株无毛。小枝近圆柱形，外皮光滑，通常无栓翅。叶卵状椭圆形、长方椭圆形或椭圆披针形，长7～12cm，宽7cm，顶端渐尖，基部渐收缩变窄，边缘具细锯齿；叶柄长5cm。多花排列为聚伞花序；腋生；花小；径1.5～2cm；总花梗1～1.5cm；花带黄色；通常7～15朵，疏散；萼片近圆形；胚珠每室2。蒴果粉红色，倒圆心状，较大，长1～1.5cm，顶端下凹，浅裂或半裂状，成熟后4瓣裂；果内无假轴。种子红色，假种皮橘红色，顶端不裂，或一侧具长圆形裂。花期6月，果期10月。

产于延安黄龙（白马滩、清水川），宝塔，安塞，志丹，黄陵（建庄、黑龙沟）等地。生长于2000m以下的山地林中。在我国主要分布于东北的辽宁，华北的河北、山西，西北的陕西、甘肃，华东的江苏、浙江、安徽、福建、江西、山东，华中的河南、湖北，西南的四川、云南等地。印度也有分布。

喜光，稍耐阴，喜温暖湿润的气候条件，也具有较强的抗寒能力。常散生于山坡下较阴湿及封闭的环境中。

本种为优良观枝、观叶、观果树种；根皮含硬橡胶。种子含油脂。

华北卫矛 ***Euonymus hamiltoniana*** var. ***maackii***
1.叶、果（曹旭平 摄）；2.叶（曹旭平 摄）

61 省沽油科

Staphyleaceae

本科编者：西北农林科技大学　薛文艳

落叶乔木或灌木。掌状或羽状复叶，对生，偶有互生，多具托叶；叶缘有锯齿。圆锥状聚伞花序或总状花序，顶生或腋生；两性或杂性花，多雌雄同株；花萼及花瓣皆为5，离生或合生，覆瓦状排列；雄蕊5，互生，着生于花盘外；花盘明显，有裂片，稀缺；子房上位，心皮2～3，每室具1至多个倒生胚珠；花柱离生或合生，柱头头状。果实为蒴果、蓇葖果、核果或浆果。种子1至多粒，外种皮骨质或甲壳状，稀具假种皮，有胚乳，子叶平凸。

本科有5属60余种，多分布于北半球温带及热带，欧洲、非洲、亚洲和拉丁美洲、北美洲均有分布。

我国产4属22种，主要产于南方各地，如安徽、湖南、四川、广东等地。延安产1属1种，主要分布在黄龙、黄陵等地。

本科植物多数喜光，不耐阴，喜湿润，怕积水，怕干旱；对土壤要求较高，在干燥的山坡、乔木林中几乎没有。

本科中有些属种子含油量高，可作肥皂；树皮富含鞣质，可提制栲胶；根可入药。有些属是优良观赏树种。

省沽油属 *Staphylea* L.

灌木或小乔木；小枝光滑具条纹。奇数羽状复叶对生；小叶3～7，羽状分裂，边缘有细锯齿，有小托叶。圆锥花序或总状花序腋生，下垂；花两性，白色或浅粉色；萼片5，被毛，边缘具不整齐裂齿，常脱落；花瓣5枚，直立，常与萼片等长；雄蕊5枚，与花瓣等大；心皮2～3，常下部合生；子房基部2～3裂，花柱2～3，分离或合生，柱头头状，胚珠多数。蒴果薄膜质，膨大，顶端2～3裂，每室1～4粒种子。种子近圆球形或倒卵状球形，外种皮光滑，骨质，不具假种皮；胚乳肉质；子叶扁平。

本属约11种，广泛分布于欧洲、亚洲、北美洲的北温带。我国产4种，主要分布在西南部至东北部，如甘肃、四川、湖南、湖北、广东、云南等地。延安有1种，产于黄陵及黄龙，散生于海拔600～1600m的山谷、溪畔、疏林地或杂灌丛中。

本属植物大多喜光，不耐阴。在郁闭度较高的林分中生长不良。

植株秀丽，可作庭院观赏植物；种子可榨取工业用油。

膀胱果

Staphylea holocarpa Hemsl. in Kew Bull. Misc. Inform. 1895: 15; 中国植物志, 46: 16. 1981.

灌木或小乔木，高可达10m。小枝平滑，暗绿色或灰黑色。复叶对生，有三小叶，近革质，长

圆状披针形至狭卵形，基部钝，先端渐尖，上面深绿色，光滑，下面绿色较浅，近光滑，仅中脉基部被长柔毛，边缘有硬细锯齿；侧生小叶柄长2～3mm，被长柔毛，顶生小叶柄长2～3cm，几光滑，总柄长5～9cm，托叶线形。广展的伞房花序生于去年叶腋间，下垂，花序梗光滑；花叶后或与叶同时开放，富有香气，白色或粉红色；萼片5，椭圆形或长圆形，与花瓣等大，覆瓦状排列；花瓣5，与萼片互生；雄蕊5，与花瓣等长。蒴果3裂，呈梨形泡状膨大，初白色，后变褐色或紫红色。种子近椭圆形，灰褐色，有光泽。花期4月下旬，果期7～8月。

延安产黄陵百药沟、太西沟，黄龙圪台及宜川各地。散生于海拔600～1600m的山谷、溪畔、疏林地或杂灌丛中，常与柳树、花楸等伴生。我国分布于西北的陕西、甘肃，华中的湖北、湖南，华南的广东、广西，西南的贵州、四川、西藏东部等地。朝鲜，日本也有分布。

喜光树种，不耐阴，在密林中生长不良且不能结实。

花白色有香气，果实奇特，植株秀丽，可栽培作庭园观赏花木。种子可榨油，供制肥皂、油漆之用。

膀胱果 *Staphylea holocarpa*
1.植株（蒋鸿 摄）；2.叶（王天才 摄）

62 槭树科

Aceraceae

本科编者：西北农林科技大学　张文辉

落叶乔木或灌木，稀常绿。芽鳞多数，覆瓦状排列，稀2～4枚鳞片或裸芽。叶对生，单叶或羽状复叶，或掌状复叶，具叶柄，无托叶。花两性、杂性或单性，雄花与两性花同株或异株；伞房，或聚伞状，或总状花序，顶生或腋生；萼片及花瓣5或4，覆瓦状排列；花盘环状，稀不发育；雄蕊4～12，常8，生于雄蕊内侧或外侧；子房上位，中轴胎座，2室，每室具2胚珠，仅1枚发育；花柱2裂，常反卷，基部连合。果实为翅果，坚果周围具翅，或者2个并联双翅果；种子无胚乳，外种皮膜质。

本科有2属约200种。主产欧洲、北美洲和亚洲北温带地区以及热带亚热带高山地区。中国有2属140余种，南北各地均有分布，但南方种类较丰富。

延安产1属有14种，主要分布在黄龙山、桥山林区次生林区。有些树因形优美或枝叶特异、叶色变化，在区县、乡镇庭院、道路绿化中作为园林树种栽培应用。

本科植物在分布区域内常为森林伴生种，也是各地主要园林观赏树种。大部分种类喜光，耐旱，耐寒，稍耐阴，在肥沃湿润土壤中生长旺盛。槭树属植物木材坚硬、材质细密，可作车船、家具、农具及建筑材料。种子含脂肪，可榨油供食用及工业用，有些种子油供药用。树干通直挺拔，冠幅较大，枝叶浓密；在秋季叶片变为红色、黄色，果实为翅果，是城乡绿化的优良园林树种。

1. 槭属 *Acer* L.

落叶乔木或灌木，稀常绿。枝条光滑，绿色、红色或淡黄色。芽鳞多数，覆瓦状排列，或具2或4枚对生。叶对生，单叶或奇数羽状复叶，叶背有毛，或者脉腋簇生毛，叶缘有锯齿，或裂片或全缘。花杂性，雄花与两性花同株，稀单性；花序总状，或圆锥状或伞房状花序，花序顶生或腋生；萼片与花瓣均5或4；花盘环状；雄蕊4～12；子房2室，柱头2裂。果实为双翅果，张开呈大小不等的角度。

本属共有200余种，分布于欧洲、亚洲及北美洲温带，以及亚热带、热带高海拔地区。我国有140种，东北、华北、西北及其以南各地均产，是天然林常见伴生树种，也是园林绿化树种。延安产14种（变种），为桥山黄龙林区天然林伴生种，也是各县（区）园林栽培的树种。

槭属大部分植物喜光，耐旱，耐寒，稍耐阴，在肥沃湿润土壤中生长旺盛。本属植物在延安已经处于各种种群天然分布，或栽培区的北部边缘，生长发育受到不良环境影响，其高度、树干通直圆满度降低，生长缓慢，但作为次生林伴生树种和园林树种，其生态美学功效仍旧不减，是林业、园林绿化中的种常见类。本属大部分种类木材坚硬，可以作为家具建筑用材树种；种子可以榨油，供工业和医药用。树形及其枝叶优美，是重要园林观赏树种。

分种检索表

1. 羽状复叶，小叶5～7……………………………………………………13. 复叶槭 *A. negundo*
1. 单叶或3小叶复叶，全缘或有锯齿、裂片……………………………………………………2
2. 直立或下垂总状花序………………………………………………………………………3
2. 伞房花序……………………………………………………………………………………6
3. 直立总状花序，叶片5裂……………………………………………………3. 毛花槭 *A. erianthum*
3. 下垂总状花序，叶不裂或者3裂……………………………………………………………4
4. 叶片长卵圆形，先端渐尖，边缘不裂，有不整齐钝锯齿……………………1. 青榨槭 *A. davidii*
4. 叶片宽卵形，边缘3裂，边缘有不整齐细锯齿………………………………………………5
5. 叶裂片较深，缺裂锐尖，侧裂片较长且尖锐……………2b. 长裂葛萝槭 *A. grosseri* var.*hersii*
5. 叶裂片较浅，缺裂钝，侧裂片较短且钝……………………………………2a. 葛萝槭 *A. grosseri*
6. 叶片7裂，或9裂………………………………………………………………………………7
6. 叶片3裂，或5裂………………………………………………………………………………8
7. 花序腋生，坚果与翅长3.5～4cm……………………………………………8. 杈叶槭 *A. robustum*
7. 花序顶生，坚果与翅长2～2.5cm……………………………………………7. 鸡爪槭 *A. palmatum*
8. 叶片3裂或者5裂，同一树上，叶裂片一致，叶缘无锯齿…………………………………………9
8. 叶3～5裂，同一树上兼有两种裂片的叶，叶缘有锯齿…………………………………………11
9. 叶5裂……………………………………………………………………5. 元宝槭 *A. truncatum*
9. 叶3裂…………………………………………………………………………………………10
10. 叶裂片朝前，翅果果翅夹角为锐角或直角……………………………10. 三角槭 *A. buergerianum*
10. 叶裂片朝两侧，翅果果翅夹角为钝角或展开平角…………9. 小叶青皮槭 *A. cappadocicum* var. *sinicum*
11. 叶常5裂，边缘有细锯齿……………………………………………………6. 五裂槭 *A. oliverianum*
11. 叶常3裂，边缘有粗锯齿……………………………………………………………………12
12. 叶3裂片朝前，非三叉状；中央裂片最大，狭长锐尖，裂片具稀疏锯齿…………4. 茶条槭 *A. ginnala*
12. 叶3深裂片，外形呈三叉状；裂片均为披针形，先端渐尖，具有稀疏钝锯齿…………………13
13. 树皮光滑，灰褐色；双翅果夹角张开呈锐角，被疏柔毛……………………11. 疏毛槭 *A. pilosum*
13. 树皮具有明显条带裂片，双翅果夹角张开呈钝角或近直角，无毛……………12. 细裂槭 *A. stenolobum*

1. 青榨槭

Acer davidii Frarich. in Nouv. Arch. Mus. Hist. Nat. Paris II. 8: 212 (Pl. David. 2: 30. 1886). 1886; 中国植物志, 46: 220. 1981.

落叶乔木，高10～15m，稀达20m。树皮幼时绿色，成年后光滑，呈绿色或灰褐色，有褐色纹理，犹如蛇皮状。小枝细瘦圆柱形，无毛，绿褐色，具皮孔。芽长卵圆形，4～8mm；鳞片的外侧无毛。叶纸质对生，长卵形，长6～14cm，宽4～9cm，先端锐尖或渐尖，基部近于心形或圆形，边缘具不整齐的钝圆齿；侧脉5～9对；叶柄细瘦，长2～8cm。花黄绿色，杂性，雄花与两性花同株；总状花序下垂，长4～7cm；雄花的花梗长3～5mm，两性花，梗长1～1.5cm；萼片、花瓣均5；雄蕊8，花药黄色；子房被红褐色的短柔毛，柱头反卷。翅果成熟后黄褐色；翅宽1～1.5cm，连同小坚果共长2.5～3cm，展开呈钝角或几近水平。花期4月，果期9月。

在延安主要分布于富县、黄陵、黄龙，常见于桥山柳芽林场、建庄林场、双龙林场、腰坪林场等天然林中，各县（区）在园林绿化中有栽培。我国分布于华北、华东、中南、西南各地，海拔500～1500m。在黄河流域、长江流域和东南沿海，常生于疏林或者次生林中，为天然林伴生树种。

青榨槭 *Acer davidii*
1.花枝；2.果枝

本种喜光，耐旱，耐瘠薄，耐阴，多见于天然林区阔叶或针阔混交林中。本种生长迅速，树冠整齐；树干幼时绿色，成年后光滑，是很好的园林绿化树种。树皮纤维较长，又含单宁，可作工业原料。本种可作为当地重要的造林树种以及园林绿化树种。

2. 葛萝槭

Acer grosseri Pax. in Engl. Pflanzenreich 8 (IV. 163): 80. 1902; 秦岭植物志, 1(3)229. 1981; 中国植物志, 46: 224. 1981.

2a. 葛萝槭（原变种）

Acer grosseri Pax. var. ***grosseri***

落叶小乔木。树皮光滑。小枝无毛，细瘦，嫩枝绿色或紫绿色，后逐渐为灰黄色或褐色。单叶

葛萝槭 *Acer grosseri* var. *grosseri*
1.果枝（吴振海 摄）；2.果实（吴振海 摄）

对生，叶纸质卵形，长7～9cm，宽5～6cm，基部心形，边缘具尖锐的重锯齿；叶缘不规则3裂，中裂片三角形，尾状渐尖；侧裂片浅，略钝尖；上面无毛；下面叶脉基部有淡黄色丛毛；叶柄长2～3cm，无毛。花淡黄绿色，单性，雌雄异株；细瘦总状花序下垂；萼片、花瓣5，雄蕊8，在雌花中不发育；花盘无毛，位于雄蕊的内侧；子房紫色；小花梗长0.3～0.4cm。翅果成熟后黄褐色；小坚果略扁平；翅连同小坚果长2.5～2.0cm，宽0.5cm，张开呈钝角至近于水平。花期4月，果期9月。

本种在延安分布于黄陵、黄龙的针阔混交林或落叶阔叶林中，在大岔林场、建庄林场，为天然林常见伴生树种，主要分布于栎林、油松林以及疏林、林缘等生境。我国华北的河北、山西，西北的陕西、甘肃，华中的河南、湖北、湖南，华东的安徽等地，海拔700～1600m有分布。未见国外有其分布的报道。

喜光，稍耐阴，耐干旱瘠薄，在肥沃湿润土壤生长旺盛。木材材质坚硬，可以作为家具建筑用材。树皮幼时光滑，绿色或褐色，枝叶浓密，可以作为园林树种栽培。

2b. 长裂葛萝槭（变种）

Acer grosseri Pax var. ***hersii*** (Rehd.) Rehd. in Journ. Arn. Arb. 14: 220. 1933; 中国植物志, 46: 224. 1981.

本变种与原变种的区别为：叶为卵形，叶缘3裂；裂片较深，侧生裂片长，且先端锐尖。花期4月，果期9月。

本变种分布于黄龙、黄陵、黄龙山白马滩和桥山林区建庄林场天然林、林缘有星散分布。我国西北的陕西，华中的河南、湖北、湖南，华东的江西、安徽、浙江等地有分布，生于海拔500～1200m，常见于落叶阔叶林、疏林或林缘。

本变种生物学、生态学特性与原变种相似，木材材质坚硬，可以作为一般的家具建筑用材树种，也可以作为园林树种，在城乡绿化、绿地、道路绿化中应用。

3. 毛花槭

Acer erianthum Schwer. in Mitt. Deutsch. Dendr. Ges. 901(10): 159. 1901; 秦岭植物志, 1(3)225. 1981; 中国植物志, 46: 149. 1981;

落叶乔木，高达15m。树皮淡灰色，小枝细瘦无毛，灰色，具皮孔。冬芽小，卵圆形；鳞片

毛花槭 *Acer erianthum*
1.果枝（吴振海 摄）；2.果实（吴振海 摄）

6，边缘有纤毛。单叶纸质对生，基部近于圆形或截形，边缘有尖锐细锯齿，靠近基部全缘，长9～10cm，宽8～12cm；常5裂；裂片三角状卵形，裂片间的凹缺钝尖，深达叶片宽度的1/3～1/2；上面无毛，下面被短柔毛或脉腋丛生毛；叶柄长5～9cm，无毛。花单性同株，呈直立圆锥花序，长6～9cm，直径1～1.8cm，总花梗长2～3cm；萼片和花瓣5，花瓣倒卵形；雄蕊8，花药黄褐色；花盘无毛，位于雄蕊外侧；子房被淡黄色柔毛，花柱长2mm，柱头平展或反卷。翅果成熟时黄褐色；小坚果凸起，近于球形，直径约5mm，果翅和小坚果长2.5～3cm，宽1cm，张开近于水平。花期5月，果期9月。

本种在延安分布于黄龙、黄陵。在黄龙白马滩和黄陵百药沟天然次生林比较常见。我国西北地区的甘肃、陕西（南部），华中的湖北，西南的四川、云南和华南的广西有分布，常生于海拔1800～2300m的混交林中。本种未见国外有其分布的报道。

喜光，稍耐阴，在肥沃湿润土壤生长旺盛。木材材质坚硬，可以作为家具建筑用材。树皮幼时光滑，枝叶浓密，可以作为园林树种，在庭院绿化、四旁绿化中应用。

4. 茶条槭

Acer ginnala Maxim. in Bull. Phys. -Math. Acad. Sc. St. Petersb. 15: 126. 1856; 中国植物志, 46: 136. 1981.

落叶小乔木或灌木，高达6m。树皮灰色，纵条带裂。小枝近无毛，圆柱形，褐色细瘦，具圆形皮孔。冬芽细小，鳞片8枚。叶纸质，对生；叶长卵形，基部圆心形，具3～5裂片，边缘稀疏锯齿；叶柄长4～5cm，无毛。花杂性，雄花与两性花同株；萼片和花瓣均5，花瓣白色；雄蕊8，花药黄色；花盘无毛；子房密被长柔毛，花柱2裂；伞房花序长6cm，花梗长3～5cm，细瘦。果实黄绿色或黄褐色；小坚果张开近于直角或呈锐角，果翅宽0.8～1.0cm。花期5～6月，果期9～10月。

在延安，本种分布于富县、甘泉、黄龙、黄陵、宜川等地。在桥山、黄龙山松栎林、白桦林中较常见，通常为伴生树种。我国的东北、华北各地，以及西北的陕西、甘肃，华中的河南等有分布，生于海拔1400m以下地区。蒙古、俄罗斯西伯利亚东部、朝鲜和日本也有分布。

喜光、稍耐阴，在肥沃湿润土壤生长旺盛，常混生于次生阔叶林或针阔混交林中。木材材质坚硬，可以作为家具建筑用材。树干通直圆满，枝叶浓密，秋叶黄红色，常作为园林树种栽培。

茶条槭 *Acer ginnala*
1. 花枝（张文辉 摄）；2. 果枝（张文辉 摄）

5. 元宝槭

Acer truncatum Bunge in Mem. Acad. Sc. St. Petersb. Sav. Etr. 2: 84. 1835; 中国植物志, 46: 93. 1981.

落叶小乔木，高8～10m。树皮灰色，条状纵裂。小枝无毛，灰褐色，具圆形皮孔。芽小，卵圆形。叶对生，纸质，长5～10cm，宽8～12cm，基部截形或心脏形，常5裂，裂片三角卵形，先端锐尖，全缘；叶上面深绿色，无毛，下面淡绿色，嫩时脉腋被丛毛，其余部分无毛；主脉5条；叶柄长3～5cm，无毛。花杂性，雄花与两性花同株；萼片和花瓣5，淡黄色，长圆倒卵形；雄蕊8，花药黄色，着生于花盘的内缘；子房无毛，花柱2裂，柱头反卷；伞房花序，长5cm。双翅果嫩时淡绿色，成熟时淡褐色；两小坚果基部连接处呈截形，果翅与坚果直径等长，两侧平行，略反曲，张开呈钝角，如“元宝”状。花期4～5月，果期8～9月。

本种在延安吴起、宝塔、甘泉、黄陵有分布，呈星散状分布于黄龙山、桥山林区落叶阔叶林中，林缘、疏林和路边也常见，在当地也作为园林植物栽培。我国东北的吉林、辽宁，华北的内蒙古（中部）、河北、北京、天津、山西，西北的陕西、甘肃以及华中的河南，华东的山东、江苏等地有分布。常零星分布于海拔400～1000m的阔叶林、疏林中，多为伴生树种。

喜光，稍耐阴，在肥沃湿润土壤生长旺盛。由于叶片五裂，也被称为“五角枫”，在黄河流域中下游地区利用历史悠久。其叶片掌状裂，枝叶浓密，树冠阔卵形，是很好的园林绿化树种。种子含油丰富，可榨油，其中含有神经酸，对治疗老年性智力迟缓具有重要药用价值。木材细密可用于家具建筑用材。

元宝槭 *Acer truncatum*
1.花枝（吴振海 摄）；2.花序（吴振海 摄）

6. 五裂槭

Acer oliverianum Pax in Hook. Ic. Pl. 19: sub t. 1897. 1889; 秦岭植物志, 1(3): 225. 1981; 中国植物志, 46: 168. 1981.

落叶小乔木，高达7m。树皮幼时平滑，淡绿色或灰褐色，常被蜡粉。小枝细瘦，无毛，淡褐色。冬芽卵圆形。叶纸质，对生，长4～8cm，宽5～9cm，叶柄长2.5～5cm；基部近心形或截形，边缘有细锯齿，5裂，裂片三角状卵形，裂片深达1/2；上面无毛，下面脉腋有丛毛。伞房花序，花杂性，雄花与两性花同株；萼片和花瓣5，花瓣淡白色；雄蕊8，花药黄色；花盘位于雄蕊的外侧；子房微有柔毛，花柱2裂反卷。双翅果的小坚果凸起，脉纹明显；果翅成熟时黄褐色，张开呈钝角，连同小坚果长3～3.5cm，宽1cm。花期5月，果期9月。

延安黄陵有分布，散见于桥山林区柳芽林场天然次生林中。我国西北的陕西、甘肃，华中的河南、湖北、湖南以及华南的广西，西南的四川、贵州和云南等地有分布，海拔1100～2000m，常见于林缘或疏林中。

五裂槭 *Acer oliverianum*
1.植株（蒋鸿 摄）；2.叶片（叶权平 摄）；3.果枝（蒋鸿 摄）

喜光，稍耐阴，在肥沃湿润土壤生长旺盛，是重要的天然林伴生树种。本种木材坚硬，供家具建筑用材。种子可以榨油。树冠枝叶浓密，叶片春季叶淡绿，秋季叶变为红色、金黄色，是优良园林观赏树种，在庭院绿化、道路绿化中很受欢迎。

7. 鸡爪槭

Acer palmatum Thunb. in Nova Acta Reg. Soc. Sc. Upsal. 4: 40. 1783; 中国植物志, 46: 129. 1981.

落叶小乔木，高达6m。小枝紫色或淡紫绿色，细瘦。单叶对生，常7裂，裂片长卵形或披针形，先端锐尖或长锐尖，裂片凹缺深达叶片直径的1/2，叶基部心形；叶缘具紧贴的尖锐锯齿；上面深绿色无毛，下面淡绿色，脉腋有白色丛毛；叶柄长4～6cm，细瘦无毛。花紫色，杂性，雄花与两性花同株；萼片和花瓣5；雄蕊8；花盘位于雄蕊的外侧，微裂；子房无毛，花柱2裂，柱头扁平；伞房花序，总花梗长2～3cm，叶后开花。翅果成熟时淡棕黄色；小坚果近球形，脉纹显著；小坚果与翅长达2.5cm，宽1cm，张开呈钝角。花期5～6月，果期9～10月。

本种在延安宝塔以及南部部分区县有园林栽培。我国西北地区的陕西、甘肃，华中地区的河

鸡爪槭 *Acer palmatum*
1.叶（曹旭平 摄）；2.果（曹旭平 摄）

南、湖北、湖南，华东的山东、江苏、浙江、安徽、江西以及西南的贵州等地有分布，生于海拔200～1200m。亚洲的朝鲜和日本也有分布。

本种喜光，耐旱也耐阴，适应性强。天然分布于林缘、路边或疏林中，常作为伴生树种，呈星散分布。在城乡园林绿化中，是绿地、道路、庭院绿化的常用树种。本种木材坚硬，可供家具建筑用材。本种也出现了不少变种或变型，其中有红槭（变型）f. *atropurpureum*（Van Houtte）Schwerim.，其特点为叶色为红色，在延安也有栽培。

8. 杈叶槭

Acer robustum Pax. in Engl, Pflanzenreich 8 (IV. 163): 79. 1902; 秦岭植物志, 1(3): 222. 1981; 中国植物志, 46: 130. 1981.

落叶小乔木，高达10m。小枝嫩时紫褐色，无毛。单叶对生，纸质，轮廓近圆形，基部截形或心形，长6～8cm，宽7～12cm，常7裂；裂片长三角状卵形，先端尾状渐尖，具不规则的锐尖锯齿；裂片间的凹缺锐尖，深及叶片的中部；嫩时叶片的两面微被长柔毛，沿叶脉更密，后仅下面脉腋具丛生毛；叶柄长4～5cm，细瘦，近无毛。花杂性，雄花与两性花同株；伞房花序顶生，长3～4cm，总花梗长3～4cm；萼片和花瓣均5，紫色或淡绿色；雄蕊8；花盘无毛，位于雄蕊的外侧；子房在雄花中不发育；花柱长3mm，柱头2裂。小坚果椭圆形；果翅与小坚果张开成钝角或者几成水平状。花期5～6月，果期9～10月。

本种在延安黄陵有分布，见于桥山大岔林场天然林中。我国西北的陕西、甘肃，华中的河南、湖北，西南的四川、云南等地有分布，海拔1000～2000m。国外未见有分布的报道。

喜光、耐旱也耐阴，适应性强，常见于林缘、路边或疏林中。木材坚硬，供家具建筑用材。本种枝叶浓密，叶片秋季红色或黄色，可作为园林植物，用于庭院、绿地、道路绿化。

杈叶槭 *Acer robustum*
1.果枝（吴振海 摄）；2.果实（吴振海 摄）

9. 青皮槭

Acer cappadocicum Gled. in Schrift Ges. Naturf. Freunde Berlin 6: 116, f. 2. 1785; 中国植物志, 46: 98. 1981.

9a. 小叶青皮槭（变种）

Acer cappadocicum Gled. var. *sinicum* Rehd. in Sargent, Pl. Wils. 1: 85. 1911; 秦岭植物志, 1(3): 222. 1981; 中国植物志, 46: 99. 1981.

小乔木，高15～20m。冬芽小，卵圆形，鳞片对生，覆叠。小枝对生，表皮平滑紫绿色，无毛。单叶对生，全缘，宽6～10cm，长5～8cm，基部心形或截形，常5裂，裂片短而宽，先端锐尖至尾状锐尖；上面深绿色、无毛，下面淡绿色，除脉腋被丛毛外其余部分无毛；主脉在上面显著，在下面凸起；叶柄细瘦，淡紫色。花序伞房状，无毛；花杂性，雄花与两性花同株，黄绿色；翅果较小，长2.5～3cm，张开近于水平或呈钝角。花期5～6月，果期9月。

本变种在延安分布于黄陵，见于桥山林区建庄林场天然林、次生林或针阔混交林中。我国西北的陕西、甘肃，华中湖北，西南的四川、云南等地有分布，生于海拔1500～2500m。

喜光，稍耐阴，适应性强，常见于林缘、路边或疏林中。木材坚硬，供家具建筑用材。枝叶浓密，叶片秋季红色或黄色，可作园林观赏植物，常用于庭院、道路、绿地绿化。

10. 三角槭

Acer buergerianum Miq. in Ann. Mus. Lugd. Bat. 2: 88 (Prol. Fl. Jap. 20) 1865; 秦岭植物志, 1(3): 227. 1981; 中国植物志, 46: 183. 1981.

落叶小乔木，高达15m。树皮灰色或深褐色，粗糙条片状裂片。冬芽小，褐色，长卵圆形。嫩枝紫色或紫绿色。叶对生，纸质，基部近圆形或楔形，轮廓圆形或倒卵形，长6～10cm，通常浅3裂，裂片向前延伸，中央裂片三角卵形；裂片边缘通常全缘，稀具少数锯齿；裂片间的凹缺钝尖；上面深绿色，下面黄绿色或淡绿色；三出脉，在下面显著；叶柄长2.5～5cm。伞房花序顶生，总花梗长1.5～2cm，叶展开后开花；萼片和花瓣均为5，花瓣淡黄色；雄蕊8；花盘无毛，位于雄蕊外侧；花柱2裂，柱头平展或略反卷。翅果黄褐色；小坚果特别凸起，翅与小坚果共长2～3cm，宽0.9～1cm，中部最宽，张开呈锐角或近于直角。花期4～5月，果期8～9月。

本种在延安分布于黄陵，见于桥山建庄林场、柳芽林场、双龙林场等天然林及疏林中。我国西北的陕西，华中的河南、湖北、湖南，华东的山东、江苏、江西、浙江、安徽，华南的广东，西南的贵州等地有分布，海拔300～1000m，常见于阔叶林中。日本也有分布。

喜光，稍耐阴，耐干旱，常见于林缘、路边或疏林中。木材坚硬，可供家具建筑用材。枝叶浓密，叶片秋季红色或黄色，可以作为园林植物在城乡庭院绿化、道路绿化中应用。

三角槭 ***Acer buergerianum***
1.树皮（叶权平 摄）；2.果枝（叶权平 摄）

11. 疏毛槭

Acer pilosum Maxim. in Bull. Acad. Sc: St. Petersb. Ⅲ. 26: 436, 445 (in Mel. Biol. 10: 590. 1880) 1880 & 27: 560, t. 27. f. 1-5. (in Mel. Biol. 11: 350, f. 1-51881) 1881; 秦岭植物志, 1(3): 226. 1981; 中国植物志, 46: 248. 1981.

落叶小乔木或灌木，高达8m。树皮平滑，灰色或灰褐色。小枝细瘦，嫩枝紫绿色。单叶对生，基部截形，叶片深3裂，呈三叉状，裂片披针形，下半部全缘，中部以上具3～5个稀疏的钝锯齿；上面深绿色，无毛，下面淡绿色，脉腋及主脉上被淡黄色的疏柔毛，老时全部无毛；主脉3条在上面微下凹，在下面显著凸起，裂片侧脉8～9对；叶柄长3～6cm。花杂性，雄花与两性花同株，伞房花序；花黄绿色，萼片和花瓣均为5，花瓣与萼片大约等长；两性花雄蕊5，花药黄色；花盘位于雄蕊的外侧；子房在两性花中被疏柔毛，花柱无毛，2裂柱头具乳头状凸起，反卷。双翅果张开呈锐角，连同小坚果长2cm，翅长圆形，成熟时黄褐色，坚果微凸起，近于球形，被淡黄色疏柔毛。花期5～6月，果期9～10月。

本种在延安南部有栽培，见于宝塔、黄陵，常分布于次生林中。我国华北的河北、山西以及西北的甘肃、陕西有分布，海拔1000～2000m。

喜光，稍耐阴，耐干旱；木材坚硬，供家具建筑用材。枝叶浓密，叶片秋季红色或黄色，常作为园林植物，在城乡庭院绿化、道路绿化中应用。

12. 细裂槭

Acer stenolobum Rehd. in Journ. Arn. Arb. 3: 216. 1922; 中国植物志, 46: 176. 1981.

落叶小乔木，高达5m。树皮条带状裂片。小枝细瘦，淡紫绿色，无毛。冬芽细小，鳞片边缘纤毛状。叶纸质对生，长3～5cm，宽3～6cm，基部近于截形；叶缘3裂，裂片披针形，宽0.7～1cm，先端渐尖，中段以上有2～3枚粗锯齿；叶上面绿色，下面淡绿色；叶柄细瘦，长3～6cm，无毛。伞房花序，生于小枝顶端；花杂性，萼片和花瓣5，雄蕊5；两性花子房有疏柔毛，花柱2裂，柱头反卷。双翅果成熟后淡黄色，连同小坚果长2～2.5cm，张开呈钝角或近于直角。花期4～5月，果期9～10月。

细裂槭 *Acer stenolobum*
1.植株（蒋鸿 摄）；2.树干表皮；3.果枝（蒋鸿 摄）

延安宝塔、甘泉、黄龙、黄陵、宜川等县有分布，常见于桥山、黄龙山松栎林、油松林、杂木阔叶林林缘、路边、沟谷，比较阴湿的山坡或沟底。我国华北的内蒙古（中部）、山西，西北的宁夏、陕西和甘肃有分布，常生于海拔1000～1500m。

喜光，稍耐阴，耐寒，耐干旱，常作为伴生树种，散生于天然林。木材坚硬，供家具建筑用材，也可以用于小型器具及农具。枝叶浓密，叶片秋季红色或黄色，可以作为园林植物在庭院绿化中孤植、丛植，或作行道树。

13. 复叶槭

Acer negundo L., Sp. Pl. ed. 1. 1056. 1753; Pax in Engl. Pflanzenreich 8 (IV. 163): 42. 1902; 秦岭植物志, 1(3): 234. 1981; 中国植物志, 46: 272. 1981.

落叶乔木，高达15m。树皮暗灰褐色，纵裂，具有瘤状凸起。小枝灰绿色，具有白粉，无毛。冬芽褐色，鳞片2，镊合状排列。奇数羽状复叶，3～7枚小叶，长10～25cm；小叶卵形或椭圆状披针形，先端渐尖，基部圆形或阔楔形，边缘有粗锯齿；上面无毛，下面脉腋有丛毛，叶脉显著。花单性异株，总状花序下垂，花梗长1.5～3cm；花小，黄绿色，先叶开放；无花瓣及花盘，雄蕊4～6，花丝长。小坚果凸起，近于长圆形或长圆卵形，无毛；果翅宽0.8～1cm，稍向内弯，张开呈锐角或近于直角。花期4～5月，果期6～7月。

本种在延安吴起（大吉沟树木园）、宝塔、黄陵有栽培。本种原产北美洲，引种于我国已近百年。东北的辽宁，华北的内蒙古（中部）、河北，西北的陕西、甘肃、宁夏、新疆，华中的河南、湖北，华东的山东、江苏、浙江、江西等地都有栽培。在东北和华北各地生长较好。

喜光，耐阴，耐旱，生长迅速，树冠广阔，可作造林树种，也可以作为园林绿化树种。我国引种后一般都作行道树、绿地或庭园绿化用。本种早春开花，花蜜丰富，也是很好的蜜源植物。

复叶槭 *Acer negundo*

1.植株（叶权平 摄）；2.叶（蒋鸿 摄）；3.果枝（蒋鸿 摄）

63 七叶树科

Hippocastanaceae

本科编者：西北农林科技大学　张文辉

落叶乔木，稀灌木，稀常绿。枝条粗壮。芽大，顶生或腋生，外部有几对鳞片。复叶对生，小叶3～9枚，组成掌状复叶。花杂性，雄花常与两性花同株；聚伞圆锥状花序顶生，长圆柱状，由多数侧生蝎尾状聚伞花序组成；花两侧对称；萼片4～5，基部合生或离生，花瓣4～5，大小不等，基部爪状；具有花盘；雄蕊5～9，着生于花盘内部；子房上位，3室，每室2枚胚珠；花柱细长，柱头扁圆。蒴果1～3室，表皮平滑或有刺，常3裂；种子球形，果内仅1枚稀2枚发育，种脐大，淡白色。

本科2属30余种，广泛分布于北半球的欧洲、北美洲和亚洲，主要分布于北温带。我国仅1属约10种，华北各地，西北的陕西、甘肃以及华中、华东和西南部分地区有分布。延安分布1属1种。仅在黄龙、黄陵部分区县有园林栽培。

本科植物喜光耐旱，在水肥条件好的生境生长旺盛，大多数树种树冠椭圆形或宽阔卵形，枝叶浓密，叶片美观，果实、种子大型，主要用于园林绿化。可在庭院、草地孤植，也可道路两旁行植，房前屋后栽植。

七叶树属 *Aesculus* L.

落叶乔木稀灌木。叶对生，掌状复叶对生，小叶有锯齿。聚伞圆锥花序顶生，直立，侧生小花序为蝎尾状聚伞花序；雄花与两性花同株，花萼钟形或筒状；花瓣4～5，基部爪状；花盘环状或仅部分发育，微裂或不裂；雄蕊5～8,生在花盘内；子房3室，花柱细长，扁圆形柱头。蒴果1～3室，表面平滑，稀有刺，室背开裂。种子1～2枚，无胚乳，种脐大。

本属约30余种，欧洲、北美洲和亚洲均有分布。我国10种，华北的河北、北京、天津、山西，以及西北的陕西、甘肃，华东、华南各地有分布。在我国西南部的亚热带地区分布较为集中，海拔100～1500m。本属在延安仅分布1种，仅在黄龙、黄陵等部分区县有园林栽培。

本属植物喜光、耐旱、耐寒，深根性，喜肥沃湿润土壤，怕干热气候。树冠开展，姿态雄伟；塔形花序直立枝顶，枝叶浓绿，秋叶艳丽，可以孤植、丛植，是著名观赏树种。本种种子大，容易繁殖，早期生长迅速，在园林利用中颇受欢迎。

七叶树

Aesculus chinensis Bunge. in Mem. Div. Sav. Acad. Sc. St. Petersb. 2: 84 (Enum. Pl. Chin. Bor. 10: 1833) 1835; 秦岭植物志, 1(3): 234. 1981; 中国植物志, 46: 276. 1981.

落叶乔木，高达25m，树冠圆锥形。小枝粗壮，嫩时黄褐色，有圆形的皮孔，老树皮方形鳞片状剥落。叶对生，掌状复叶，由5～7枚小叶组成；叶柄长10～12cm，有灰色微柔毛；小叶纸质，长圆

状披针形至倒披针形，长8～16cm，宽3～5cm；基部楔形，边缘有细锯齿；上面深绿色，无毛，下面沿中肋及侧脉有柔毛；侧脉13～17对；小叶柄长0.5～1.8cm，有灰色微柔毛。花序柱状圆锥形，连同花序梗共长21～25cm；小花序常为5～10小朵组成聚伞花序，长2～2.5cm；花瓣4，白色。蒴果球形或倒卵圆形，直径3～4cm，表皮密被疣点；果内1～2粒种子，近球形，栗褐色；种脐白色。花期5月，果期9～10月。

延安南部黄陵、黄龙有栽培，生长发育正常，可以开花结实。一般作为园林观赏树木栽培于道路、河岸两边以及庭院绿地。我国华北的河北、北京、天津、山西（南部），西北的陕西、甘肃（南部），华中的河南，华东部分地区有栽培，海拔一般400～1200m。七叶树在黄河流域通常作为行道树或庭院绿化树种。由于树形优美，叶片奇特浓密，花期花序繁盛，果期果实大，且果实累累，在园林利用中很受欢迎。

喜光，可以孤植或作为行道树。种子大，内含物多，容易萌芽成苗。一般秋季采种，沙藏到翌年春季种子苗床育苗。木材质量优良，纹理较好，可作为家具建筑用材；种子可作药用，也可榨油、制造肥皂。

七叶树 *Aesculus chinensis*

1.植株（叶权平 摄）；2.花枝（张文辉 摄）；3.果（曹旭平 摄）；4.叶及种子（曹旭平 摄）

64 无患子科

Sapindaceae

本科编者：西北农林科技大学　张文辉

乔木或灌木，稀藤本。叶互生，羽状或掌状复叶，稀单叶，无托叶。花单性，少杂性或两性；聚伞圆锥花序顶生或腋生；花小，辐射对称或两侧对称；雄花萼片4或5，稀6，离生或基部合生；花瓣与花萼同数，覆瓦状排列；花盘肉质，环状，稀无花盘；雄蕊5～10，花丝分离，稀基部至中部连生，花药背着；退化雌蕊小，常密被毛；雌蕊由2～4心皮组成，子房上位，常3室；花柱1～4裂；胚珠每室1～2，常着生在中轴胎座上，稀侧膜胎座。果为蒴果，或浆果状、核果状；种子每室1～2颗，种皮膜质至革质，稀骨质。

约150属约2000种，分布于美洲、亚洲、非洲的温带、亚热带和热带地区。我国有25属53种2亚种3变种，多数分布在西南部至东南部，北部种类很少。

延安产2属2种，在延安的吴起、宝塔及其以南有分布，为天然次生林常见树种，也是庭院绿化重要树种。

本科植物喜光，耐旱。很多种类的木材坚实密致，供建筑、家具、造船等用材。荔枝、龙眼和红毛丹的肉质假种皮可食用，是著名的热带、亚热带水果。荔枝核（种子）和龙眼肉（假种皮）是传统的中药。无患子根可以药用。文冠果种子含油很丰富，为著名油料树种。

分属检索表

1. 常二回奇数羽状复叶，果皮膜质，具有明显细脉，圆锥花序，花不整齐…………1. 栾树属 *Koelreuteria*
1. 常一回奇数羽状复叶，果皮木质，无明显细脉，总状花序，花整齐………………2. 文冠果属 *Xanthoceras*

1. 栾树属 *Koelreuteria* Laxm.

落叶乔木或灌木。常二回奇数羽状复叶，互生，小叶常有锯齿或裂片，稀全缘。花为大型聚伞圆锥花序，顶生，稀腋生；花杂性同株或异株，两侧对称；萼片镊合状排列，外面2片较小；花瓣4～5片，具爪，腹面基部有深2裂的小鳞片；花盘厚，有圆裂齿；雄蕊通常8枚或较少，着生于花盘之内；花丝分离，常被长柔毛；子房3室，柱头3裂或近全缘；每室具有2粒胚珠。蒴果膨胀，卵形、长圆形或近球形，具3棱，室背开裂为3果瓣；果皮膜质，有网状脉纹；每室1粒种子，球形，种皮黑色光亮，革质。

本属4种，分布于亚洲东部，1种产斐济。中国产3种及1变种，南北各地有分布。延安分布1种。主要分布在桥山、黄龙山次生林区，是阔叶林伴生树种，也是城乡绿化的主要树种。

本属植物喜光，耐旱、耐瘠薄，抗污染，在肥沃湿润土壤生长旺盛。本属植物枝叶浓密，经常被用于园林观赏。木材坚硬，可以用于建筑家具用材。种子含油，可以榨油。

栾树

Koelreuteria paniculata Laxm. in Nov. Comm. Akad. Sci. Petrop. 16: 561-564. 1772; 中国植物志, 47(1): 55. 1985.

落叶乔木，高达15m，树皮灰褐色，皮孔小，老时纵裂。叶互生，一至二回羽状复叶，长可达50cm，小叶11～18，顶生小叶有时与最上部的一对小叶合生，小叶无柄或具极短的柄；叶纸质，边缘有不规则的钝锯齿，齿端具小尖头；上面被短柔毛，下面脉腋具髯毛。聚伞圆锥花序长25～40cm，密被微柔毛，分枝长而广展，聚伞花序具花3～6朵；苞片狭披针形，被小粗毛；花淡黄色，花瓣4，开花时向外反折；雄蕊8枚，在雄花中长0.7～0.9cm；子房三棱形，除棱上具缘毛外无毛。蒴果圆锥形，具3棱，长4～6cm，顶端渐尖，果皮膜质，外面有网脉；种子近球形，直径0.6～0.8cm。花期6～8月，果期9～10月。

在延安甘泉、富县、黄陵、黄龙等地，桥山、黄龙山次生林区有分布，生于海拔500～1200m的向阳山坡。在延安宝塔及其以南地区常作为城乡绿化树种栽培。本种在我国东北的辽宁以南，华北各地，西北的陕西、甘肃，西南的云南有分布。日本、朝鲜也有分布。

喜光，耐寒，耐旱，耐瘠薄，速生，在肥沃湿润土壤生长旺盛。木材黄白色，易加工，可作为家具、建筑用材。叶含鞣质，可作栲胶原料或蓝色染料；花供药用，亦可作为黄色染料。枝叶繁茂，花黄色，花期较长，蒴果果皮膜质，淡黄色，膀胱状，犹如小灯笼，常栽培作为庭园观赏树种。

栾树 *Koelreuteria paniculata*
1. 花枝（张文辉 摄）；2. 花（吴振海 摄）；3. 果序（张文辉 摄）

2. 文冠果属 *Xanthoceras* Bunge

灌木或小乔木。小枝粗壮，灰褐色，无毛。顶芽和侧芽具有覆瓦状排列的芽鳞。奇数羽状复叶，长15～25cm；小叶4～8对，披针形或近卵形，长2.5～6cm，宽1.2～2cm，顶端渐尖，基部楔形，边缘有锐尖锯齿；顶生小叶常3深裂，腹面深绿色。花杂性，雄花和两性花同株，但不在同一花序上；花序先叶抽出或与叶同时抽出，两性花的花序顶生，雄花序腋生，长12～20cm，直立；总花梗短，基部常有残存芽鳞，花梗长1.2～2cm；苞片卵形，萼钟状，萼片5，覆瓦状排列；花瓣5，白色，阔倒卵形，具柄，内有槽纹；花盘裂片与花瓣互生，背面顶端具一角状体，基部紫红色或黄色，有清晰的脉纹，长约2cm，宽7～10mm，花盘的角状附属体橙黄色，两侧有须毛；雄蕊8，分离，药隔的顶端和药室的基部均有1球状腺体；子房椭圆形，3室，花柱顶生，直立，柱头乳头状，3裂，每室胚珠7～8颗。蒴果近球形，有3棱角，室背开裂为3果瓣，果皮厚而硬，含纤维束。种子每室数粒，球状，直径1.2～1.8cm，种皮厚革质，淡黑色，有光泽；种脐大，半月形。花期4～5月；果期6～8月。

本属仅1种，地理分布和生物、生态学、林学特性同种。

文冠果

Xanthoceras sorbifolia Bunge. Enum. Pl. China Bor. Coll. 11. 1831; 中国植物志, 47(1):72. 1985.

形态特征同属。

延安的吴起、宝塔及其以南有分布，桥山、黄龙山次生林区常见。延安各地作为园林植物栽培；富县以南地区作为木本油料，有近年来建立的大面积人工林。我国东北的辽宁，华北的天津、北京、内蒙古（中部）、河北、山西，西北的新疆、宁夏、青海、甘肃、陕西，华中的河南等地有天然分布，海拔400～1500m。朝鲜也有分布。

喜光，耐干旱，耐瘠薄，耐寒，深根性，主要分布于向阳山坡的阔叶或针阔叶次生林，在丘陵山坡以及次生林缘、沟坎、路边常见灌木或小乔木。种仁含脂肪57.18%、蛋白质29.69%、淀粉9.04%、灰分2.65%，营养价值很高，可食，风味似板栗，是我国北方很有发展前途的木本油料植物。近年来，北方不少地区已有大面积人工油料林栽培。有公司开发出以文冠果叶片为原料的茶叶，具有一定保健功效，是重要经济植物。文冠果花期早，花繁茂艳丽，先叶开放，果实大而美观，是良好园林观赏植物。

1

2

文冠果 *Xanthoceras sorbifolia*
1.花枝（吴振海 摄）；2.果枝（张文辉 摄）

65 清风藤科

Sabiaceae

本科编者：延安市黄龙山国有林管理局　冯艳君

乔木、灌木或藤本，常绿或落叶。单叶或羽状复叶互生，无托叶。花两性或杂性，组成腋生或顶生的聚伞花序或圆锥花序，罕单生。萼4～5裂，裂片不相等，覆瓦状排列。花瓣5，罕4，覆瓦状排列，大小相等或内面2枚较小，雄蕊5，与花瓣对生，有时仅2枚有花药。子房上位，基部常具环状或杯状花盘，2～3室，每室有1～2胚珠。果为核果。

本科分3属150余种，分布于亚洲和美洲的热带地区。我国有2属50余种，主要分布于华东的安徽、江苏、上海、浙江、江西、福建、台湾，华中的湖北、湖南，西南的云南、贵州、四川等地。延安有1属1种。

泡花树属 *Meliosma* Blume

常绿或落叶，灌木或乔木。单叶或奇数羽状复叶，全缘或具锯齿。花两性，稀杂性，常呈顶生或腋生的圆锥花序。萼片4～5，覆瓦状排列。花瓣5，极不相等，外面3枚圆形，覆瓦状排列，内面2枚较小或为鳞片状。雄蕊5，外面3枚退化雄蕊与外面花瓣对生。子房2～3室，基部为花盘所围绕。胚珠每室2粒。核果小，近球形或具棱，黑色或红色。

本属90余种，多分布于亚洲东南部和美洲中部及南部热带和亚热带。我国有30余种，分布中心在西南各地，但北方少见。延安有1种，仅见于黄龙。

泡花树

Meliosma cuneifolia Franch in Nouv. Arch. Mus. Hist. Nat. Paris ser. 2, (8): 211. 1886; 中国植物志 47(1): 101. 1985.

落叶灌木或乔木，高2～6m。小枝紫褐色。单叶互生，纸质，倒卵状楔形或狭倒卵状楔形，先端短渐尖，基部长楔形，边缘除基部全缘外具锐尖锯齿；侧脉16～20对，近端直，直达齿尖，下面凸起；叶柄长1～2cm。圆锥花序顶生或生于上部叶腋内，长和宽15～20cm，被锈色短柔毛，小苞片细微，三角形，花梗长1～2mm；花白色，萼片,卵圆形，长约 1mm，具缘毛；外面3片花瓣近圆形，内面2片花瓣较小，深2裂；雄蕊5，发育雄蕊2；花盘膜质，短齿裂；核果球形，黑色。花期6～7月，果期9～10月。

本种仅见于延安的黄龙（白马滩）；我国主要分布于西北的甘肃、陕西，华中各地，华东的山东、安徽、江西，西南的四川、贵州、云南等地。

生于海拔1000～1600m的落叶阔叶树种沟谷地带，喜湿润气候，适生肥沃湿润而排水良好的沙质土壤。

木材结构细，质轻；叶可提制单宁；树皮可制纤维；根皮药用。

泡花树 *Meliosma cuneifolia*
1.花枝和花序（王天才 摄）；2.小枝和叶片（王天才 摄）；3.群落（植株）（王天才 摄）

66 凤仙花科

Balsaminaceae

本科编者：西北农林科技大学　薛文艳

草本，多年生或一年生。茎肉质，茎节膨大，基部节上有时生根。单叶，对生、互生或轮生，叶柄短或不显著，无托叶，叶柄基部常有托叶状腺体1对；叶两面光滑无毛，边缘具有尖锯齿，锯齿基部腺状突出。花两性，腋生或近顶生，单生或数朵簇生，或有时排列为总状或假伞形花序；萼片3，稀5，侧生萼片2，形小，绿色，合生或离生，有锯齿或全缘，下部萼片1，倒生，形大，花瓣状，基部收缩成囊状蜜腺；花瓣5，背片（即旗瓣）1枚，直立，常鸡冠状凸起，侧片成对合生（即翼瓣），2裂，唇瓣向后延伸成距，中空；雄蕊5，花丝短而扁平，花药合生，2室，环绕于子房周围；子房4～5室，上位，每室含倒生胚珠2或多数。果通常为蒴果，4～5裂，或为肉质假浆果不裂。种子多数，不具胚乳，表皮瘤状突起。

本科共2属，全球约900余种。欧洲、非洲、亚洲及北美洲均有分布。我国两属均产，已知有220多种，主要分布于西南的四川、云南、贵州等地。延安产1属2种，分布于黄龙和黄陵，主要生长在落叶阔叶林与针阔混交林下或散生于林缘。

本科植物大多喜光，怕湿，耐热，不耐寒。喜肥沃疏松土壤，在较贫瘠土壤中亦可生长。具较强生存和抗病虫害的能力。

凤仙花花色品种极为丰富，可栽培观赏，是美化花坛的常用材料；花瓣及叶的汁液可作为美甲色素；有些叶及种子可食用；还有一些可入药，具有清热解毒、止痛消炎等功效。

凤仙花属 *Impatiens* L.

草本。茎肉质，基部膨大，常生不定根。单叶，互生、对生或轮生，叶柄基部两侧常有托叶状腺体。花两性，单生或簇生于叶腋；萼片3（5），全缘或锯齿，覆瓦状排列，侧生萼片2，形小，绿色，背部萼片1，较大，花瓣状或囊状，基部伸长成距；花瓣5，外侧有1旗瓣，直立，侧生花瓣成对合生2枚翼瓣；唇瓣伸长成距。雄蕊5，与花瓣互生，花丝短而宽，花药2室，合生，环绕子房；子房上位，长圆形，5室，每室含下垂胚珠2至多数，中轴胎座，柱头1～5，无柄或近无柄。蒴果，4～5开裂。种子多数，种皮光滑，不具胚乳。

本属有600余种，主要分布于非洲及亚洲。我国约有150种，主要分布于西南地区。延安产2种，分布于黄龙和黄陵，常见于山坡阔叶林中或林缘。

本属植物喜光，对生长环境较为严格，通常生于水肥条件较好的林下及林缘，是构成林下植被的重要成分。

本属大多数种类常用于园艺栽培观赏，有些种也具药用价值。

分种检索表

1. 蒴果短椭圆形，中间膨大，两端具尖喙；种子球状；花果密被毛……………………1. 凤仙花 *I.balsamina*
1. 蒴果纺锤状或棒状；种子长圆形；花果均无毛…………………………………………2. 水金凤 *I.noli-tangere*

1. 凤仙花

Impatiens balsamina L., Sp. Pl. 938. 1753; 中国植物志, 47(2): 29. 2002.

一年生草本，高可达1m。茎直立，分枝有或无，幼时被疏毛后变光滑；茎秆粗壮，下部有膨大的节，基部有纤维状根，直径可达8mm。叶互生，狭椭圆形或披针形，先端尖，基部宽楔形，边缘有锯齿，两面无毛；叶柄长，表面有浅沟，基部有黑色腺体数对。花大，白色、粉色、淡紫色或淡黄色；生于叶腋，单生或2～3朵簇生，不具总花梗；花梗密被毛；萼片2枚，宽卵形或卵状披针形，外侧密被毛；旗瓣1，近圆形，顶端凹且具尖头，背面中肋龙骨状突起；翼瓣两裂，基部裂片较小，近圆形，上部裂片先端2浅裂，宽斧形；唇瓣舟状，被毛，基部伸长成距。蒴果密被毛，短椭圆状，中间膨大，两端缩小成喙，内含球状种子多数。花期7～9月，果期9～10月。

本种是优良庭院观赏花卉，延安各地广泛栽培。我国南北方各地均有栽培。原产于中国、印度。

性喜光，耐热，不耐寒。对土壤不甚选择，不耐水湿，在排水良好的沙壤土中生长最好。常生长于海拔2000m以下的落叶阔叶林与针阔混交林林下或散生于林缘。是构成林下植被的重要成分。

凤仙花花色、品种极为丰富，具较高的观赏价值；茎及种子可入药，有活血止痛之效。花及叶是民间常用染料，可作为美甲色素。种子及叶均可食用。

凤仙花 *Impatiens balsamina*
1.叶（王天才 摄）；2.花（王天才 摄）；3.植株（王天才 摄）

2. 水金凤

Impatiens noli-tangere L., Sp. Pl. 1: 983. 1753; 中国植物志, 47(2): 170. 2002.

一年生草本，高可达80cm。茎肉质，上部分枝，下部膨大。叶薄膜质，互生，卵状椭圆形，先端钝或急尖，基部宽楔形，边缘锯齿粗钝，两面光滑无毛；叶柄纤细且长，上部叶无柄或近无柄。花2～4朵排列成总状花序，有总花梗；花梗中上部有宿存披针形苞片1枚，下部无苞片，无毛；花大，黄色；萼片2枚侧生，宽卵形；旗瓣近圆形，先端凹，有小尖头，背面中间绿色龙骨状突起；翼瓣2裂，顶端裂片呈宽斧形，先端钝，咽部有橙红色斑点；下部裂片长圆形；唇瓣呈宽漏斗状，基部伸长，内弯；雄蕊5枚；花药近球形，先端尖。蒴果纺锤状或棒状，无毛。种子长圆形，多数，光滑无毛。花期7～9月，果期9～10月。

在延安产于黄龙、黄陵、富县、宜川、甘泉等地。生于落叶阔叶林与针阔混交林下或散生于林缘。分布海拔900～2400m。我国主要分布于东北各地，华北的河北、山西，西北的陕西、甘肃，华东的浙江、安徽、山东，华中各地。日本及朝鲜也有分布。

喜光，稍耐阴，耐寒旱，较耐水湿。生长力极强。

花可入药，有活血调经之效；茎叶亦可捣碎入药，可治疗风湿疼痛。

水金凤 ***Impatiens noli-tangere***

1.植株（曹旭平 摄）；2.叶（曹旭平 摄）；3.花（曹旭平 摄）

67 鼠李科

Rhamnaceae

本科编者：西北农林科技大学　张维伟

灌木、木质藤本或乔木，罕草本；具刺或不生刺。单叶，互生罕对生，叶脉为羽状脉；具托叶，早落，形小，或宿存变为刺。圆锥花序、聚伞花序或总状花序，时顶生时腋生；整齐小花，两性，稀杂性，白色、绿色或黄绿色；萼筒状或杯状，萼片排列成镊合状，坚硬，反卷或直立；花瓣较萼片小，5数，罕4，于萼筒部着生，偶缺；雄蕊对生于花瓣，花丝较短，着生于花盘外部，花盘发达，与萼筒贴生，或于萼筒内，全缘或浅裂；子房常2～3室，罕4室，每室含1倒生胚珠，上位，花柱2～4，短粗，分离或合生。果实为核果或蒴果，稀具翅，基部包围于宿存萼筒；1～4室，具开裂或不开裂分核，每分核中具1种子。种子具胚乳或无，胚大而直立。

本科共有58属900余种，广泛分布于全球温带及热带地区。我国有13属140种，南北方各地均有分布。延安分布4属17种。

本科植物多数喜光，喜湿润，适生于肥沃、排水良好的沙壤土。主要生长于桥山、黄龙山林区海拔1700m以下的阔叶林及针阔混交林林下及林缘，是构成林下灌丛的重要成分。

本科植物果实多为重要水果或干果；有些种具有观赏价值；根、叶、花、果可作药用。

分属检索表

1. 核果，无翅或有翅；内果皮厚骨质或木质；无分核……1. 枣属 *Ziziphus*
1. 浆果状核果或蒴果状核果，无翅；内果皮革质或纸质；具2～4分核……2
2. 结果时花序轴膨大成肉质；叶基生三出脉……2. 枳椇属 *Hovenia*
2. 结果时花序轴不膨大成肉质；叶羽状脉……3
3. 花具梗，排成聚伞花序，腋生……3. 鼠李属 *Rhamnus*
3. 花无梗，排成穗状圆锥花序或穗状花序，顶生或兼腋生……4. 雀梅藤属 *Sageretia*

1. 枣属 *Ziziphus* Mill.

乔木或灌木，落叶或常绿；枝呈红褐色，常具皮刺，光滑。单叶互生，边缘具锯齿；基出脉3，稀5；具刺状托叶。腋生聚伞花序；花5，黄绿色，小，两性；萼片三角形，内面中脉凸起；萼筒宽，倒圆锥形；花瓣等长于雄蕊，匙形或倒卵圆形，具爪；花盘肉质厚，偏厚，5～10裂；子房着生于花盘内，球形，基部贴生于花盘，2室，稀3～4室，每室内含胚珠1枚，柱头2裂。核果，无翅或有翅，近球形或长圆形，内果皮厚骨质或木质，顶端具尖头，萼筒宿存于基部，1～2室，每室含种子1粒，无分核。种子少胚乳，或无；子叶较为肥厚。

本属约100种，主产区是亚洲和美洲，非洲也有少量种的分布。我国约12种，枣和无刺枣在全国各地广泛栽培，主要分布于海拔1700m以下，其余种主要产区是西南和华南地区。延安产1种1变种，各地均有栽培。

本属植物多数喜光，耐旱，适应性强，对土壤要求不严。可生长于山坡、丘陵或平原。

本属植物花期较长，为良好蜜源植物；果为食品；枣仁及根均可入药。

分种检索表

1.核果大，直径1.5～2cm，味甜；核两端尖 ………… 1.枣 *Z. jujuba*

1.核果小，直径在1.2cm以下，味酸，核两端钝 ………… 1a.酸枣 *Z. jujuba* var. *spinosa*

1.枣

Ziziphus jujuba Mill. Gard. Dict. ed. 8, no. 1. 1768; Rehd. inJourn. Arn. Arb, 3: 220. 1922; 中国植物志, 48(1): 133. 1982.

落叶灌木或小乔木，高可至10m；树皮呈褐色；长枝呈“之”字形弯曲，紫红色或灰褐色，具托叶刺2，长刺粗直，短刺向下弯曲；短枝矩状，短粗，发出于老枝；当年生小枝（无芽小枝）绿色，呈下垂状，于短枝上单生或簇生。叶卵形至卵状矩圆形，纸质；先端急尖或钝，基部具轻微偏斜，近圆形，脉基生，三出，两面光滑无毛，边缘具锯齿；叶柄微被细短柔毛；托叶具刺，纤细，后通常脱落。黄绿色花，有香味；单生或2～8个聚集成聚伞花序，腋生，具花梗；萼片呈近三角形；花瓣与雄蕊等长，倒卵圆形，有爪生于基部。核果大，直径1.5～2cm，味甜，矩圆形或近圆形，初为橙黄色，后变为深红色或紫黑色，核两端尖。花期4～5月，果期9～10月。

延安各地均有栽培。可生长于山区、丘陵或平原，分布海拔1700m以下。我国主要产于东北的吉林、辽宁，华北的河北、山西，西北的陕西、甘肃、新疆，华东的山东、安徽、江苏、浙江、福建、江西，华中的河南、湖南、湖北，华南的广东、广西，西南的四川、云南、贵州。在欧洲、亚洲、美洲等地广泛栽植。

性喜光，耐干旱，适应力强，以表土深厚和排水良好的沙质壤土为宜。喜中性或微碱性土壤，但也能适应酸性土壤。但土壤湿度和黏粒含量不宜过高。

材质致密，坚韧而重，为木工良材。花期较长，香气浓郁，同时也是良好的蜜源植物。果是良

枣 *Ziziphus jujuba*

1.花（周建云 摄）；2.叶（周建云 摄）；3.果（周建云 摄）

好食品，可做食品工业原料，也可入药，有养胃健脾、滋补强身之效。枣仁和根均入药，可以安神。

1a. 酸枣（变种）

Ziziphus jujuba Mill. var. ***spinosa*** (Bunge) Hu ex H. F. Chow. Fam. Trees Hopei 307, f. 118. 1934; 中国植物志, 48(1): 133. 1982.

落叶灌木或乔木，高达16m。小枝疏被短柔毛，枝条节间较短，托叶刺发达，刺有两种，一种直伸，长可达2cm，另一种常弯曲。叶互生，小而密，叶片椭圆形至卵状披针形，顶端钝或微凹，基部圆楔形，微偏斜；具3明显主脉，上面光绿，下面绿色较浅，脉上被短柔毛或几光滑，边缘有细锯齿；叶柄常被短柔毛。花与枣树相同。核果小，直径在1.2cm以下，近球形或近椭圆形，较小，暗红褐色，中果皮薄，味偏酸，核两端较钝。花期5～6月，果期9～10月。

延安主要产于黄陵（建庄、大岔、上畛子、腰坪石牛北沟）、延长、宜川、黄龙、洛川、富县、甘泉等地。常生于向阳、干燥山坡、瘠薄或荒废地区。我国主要分布于东北的辽宁、内蒙古（东部），华北的河北、山西，西北的陕西、甘肃、宁夏、新疆，华东的江苏、安徽、山东，华中的河南等地。朝鲜及俄罗斯也有分布。

适应性极强，耐寒、耐旱，喜全光，对土壤要求不严，低洼水涝地不宜栽培。

植株可做嫁接枣树的砧木。枝具尖锐刺，常作防护绿篱。茎皮含鞣质，可提制栲胶。花芳香且蜜腺丰富，是各地重要蜜源植物之一。果味酸甜，可生食或制作果酱。种子含油量高，可榨油，亦可入药，有镇定安神功效。

酸枣 *Ziziphus jujuba* var. *spinosa*
1.叶（曹旭平 摄）；2.植株（曹旭平 摄）

2. 枳椇属 *Hovenia* Thunb.

乔木或灌木，落叶，高可至20m；冬芽早落，2芽鳞；幼枝常被短柔毛。叶呈互生，边缘具锯齿，脉基生，3出，具长叶柄，不具托叶。顶生或腋生聚伞花序，结果时花序轴膨大成肉质；两性花，黄绿色或白色，较小，5数；萼片透明或半透明，近三角形，萼筒倒圆锥状；花瓣生于花盘下，与萼片互生；雄蕊抱持于花瓣，花丝呈披针状，背部着药；花盘肉质，较厚；子房基部与花盘合生，上位，3室，每室内含1胚珠，花柱3，浅裂或深裂。核果浆果状，无翅，近球形，具2～4分核；具革质外果皮，内果皮纸质，分离；3室，不开裂，含种子3粒。种子褐色或紫黑色，扁球形，外种皮坚硬，具光泽；背面突出，基部向内凹陷，具灰白色乳头状凸起。

本属有3种，分布于亚洲东部各国。我国有2种，除黑龙江、吉林、辽宁、新疆、宁夏、青海和台湾外，其余各地均有分布。延安产1种，主要分布于桥山海拔1600m以下的开旷地、山坡林缘或疏林中。

本属植物多数喜光，耐寒，耐旱，耐瘠薄；适生于肥沃、排水良好的土壤中。

本属植物材质紧密，是优良建筑用材；果序轴含糖量高，可生食、酿酒等；树皮、种子、果核均可入药。

北枳椇

Hovenia dulcis Thunb. Fl. Jap. 101. 1784; 中国植物志, 48(1): 89. 1982.

乔木，高可至10m。小枝初时绿褐色，被稀疏短柔毛，后变紫黑色，几光滑，有不明显的白色皮孔。叶互生，纸质或厚膜质，长卵形，顶端渐尖，基部截形、心形或近圆形，边缘有不整齐的锯齿，无毛或仅下面沿脉被疏短柔毛；叶柄长约3cm，几光滑，顶端有时具1～2腺。聚伞圆锥花序常不对称，顶生，罕腋生；花序梗短，微被短柔毛或几光滑；花呈黄绿色；萼片近三角形，具网状脉或纵形条纹；花瓣小，呈倒卵状匙形，向下渐狭，最终成爪部；浆果状核果，近球形，成熟时黑色，果柄肉质，扭曲，红褐色。花期6月，果期8～9月。

延安主要产于桥山、黄龙、宜川。生于海拔1600m以下的开旷地、山坡林缘或疏林中。我国主要分布于华北的河北、山西，西北的陕西、甘肃，华东的山东、江苏、江西、安徽，华中的河南、湖北，西南的四川等地。日本、朝鲜也有分布。

北枳椇 ***Hovenia dulcis***
1. 植株（薛文艳 摄）；2. 叶（薛文艳 摄）

喜光，抗旱，耐寒，耐瘠薄。但在深厚肥沃、潮湿的土壤中生长最好。

材质致密，淡紫褐色，是优良的建筑和家具用材。果序轴含丰富的糖，可食用，也可酿酒、制醋或熬糖。树皮、种子、果核均可入药，有清热利尿、舒筋解毒、活血补血之功效。

3. 鼠李属 *Rhamnus* L.

乔木或灌木，落叶，偶为常绿；常具刺；冬芽裸露或被芽。叶互生，极少对生，有锯齿或全缘，叶脉为羽状脉；具小托叶，早落。腋生聚伞花序，具梗，结果时花序轴不膨大成肉质；花两性或单性，较小，雌雄异株，罕杂性，呈黄绿色；花萼钟状，4～5裂；花瓣较萼片短，4～5数，或无；雄蕊4～5，与花瓣着生于花盘边缘；花盘薄，贴生于萼筒中；子房球形，上位，2～4室，每室含1胚珠，花柱2～4裂或不裂。核果浆果状，无翅，圆球形或倒卵状球形，具2～4小核，小核内各有种子1枚，内果皮革质或纸质。种子倒卵形，背面具纵沟。

本属约200种，主要分布于欧洲、非洲、亚洲（东部）和北美洲（西南部）的温带至热带地区。我国约有57种，全国各地均有分布。延安产12种，分布在黄陵、黄龙、甘泉、志丹、安塞等地的山坡灌丛中。

本属植物多数喜光，耐瘠薄，对土壤要求不严。常生于向阳山坡、丘陵的阔叶林和针阔混交林的林下和林缘，是构成林下灌丛的重要组成部分。

多数种类果实含黄色染料；种子含脂肪油及蛋白质，用于榨取工业用油；少数种类树皮、根、叶可供药用。

分种检索表

1. 叶和枝均互生，稀兼近对生 ······ 2
1. 叶和枝对生或近对生，或少有兼互生 ······ 4
2. 叶狭长而小，宽通常小于1.2cm ······ 3
2. 叶宽大，长大于3cm，宽大于2cm ······ 1. 皱叶鼠李 *R. rugulosa*
3. 叶条形，倒披针形或狭倒披针形，两面无毛 ······ 2. 柳叶鼠李 *R. erythroxylon*
3. 叶倒卵状椭圆形，两面无毛或被短柔毛 ······ 3. 小冻绿树 *R. rosthornii*
4. 叶狭小，长小于3cm，宽通常小于1cm；侧脉每边2～3，稀4条 ······ 5
4. 叶大或较大，长大于3cm，宽小于1.5cm，侧脉每边4～7条 ······ 6
5. 叶近革质，两面和叶柄无毛 ······ 4. 黑桦树 *R. maximovicziana*
5. 叶纸质或厚纸质，两面和叶柄被疏短柔毛 ······ 5. 小叶鼠李 *R. parvifolia*
6. 叶卵状心形或卵圆形，边缘有密锐锯齿 ······ 6. 锐齿鼠李 *R. arguta*
6. 叶非卵状心形，边缘具钝锯齿或圆齿状锯齿 ······ 7
7. 叶柄较长，长通常大于1～1.5cm ······ 8
7. 叶柄短，长通常小于1cm ······ 9
8. 叶脉5～8对 ······ 7. 冻绿 *R. utilis*
8. 叶脉4～5对，罕6对 ······ 8. 鼠李 *R. davurica*
9. 幼枝、当年生枝和叶柄均被短柔毛；花和花梗被疏短柔毛 ······ 9. 圆叶鼠李 *R. globosa*
9. 幼枝、当年生枝和叶柄无毛或近无毛；花和花梗无毛 ······ 10

10. 叶上面无毛，下面仅脉腋有簇毛……………………………………………………10. 薄叶鼠李 *R. leptophylla*

10. 叶上面或沿脉被疏柔毛，下面沿脉或脉腋窝孔被簇毛或稀无毛……………………………………………11

11. 小枝浅灰色；树皮粗糙无光泽；种子黑色…………………………………………………11. 刺鼠李 *R. dumetorum*

11. 小枝红褐色；树皮平滑有光泽；种子红褐色或褐色……………………………………12. 甘青鼠李 *R. tangutica*

1. 皱叶鼠李

Rhamnus rugulosa Hemsl. inJourn. L. Soc. Bot. 23: 129. 1886; 中国植物志, 48(1): 80. 1982.

落叶灌木，高可达2m。幼枝灰绿色，被短细柔毛，老枝紫黑色或灰褐色，无毛，光亮，互生，枝条先端具刺。叶宽大，长大于3cm，宽大于2cm，厚纸质或近革质，互生，或簇生于短枝先端，倒卵状椭圆形或近椭圆形，顶端钝渐尖，基部圆形或近圆形，两面被短柔毛，上面呈深绿色，常皱褶，叶背面呈灰绿色，脉上被长柔毛，侧脉10～12，上面明显下陷，下面突出，边缘具细浅锯齿；叶柄密被白色短柔毛；托叶早落，钻形，具毛。花黄绿色，单性，雌雄异株，被稀疏短小柔毛；雌花4～6朵个簇生于短枝叶腋，花梗有疏毛，萼管与萼片疏被短柔毛。核果圆球形或倒卵状球形，未熟时绿色，成熟后紫黑色至黑色；果梗被疏毛。种子3，有1粒常发育不良，从内侧裂开至中部以上。花期5月，果期8～9月。

延安产于富县庙沟，黄陵柳芽川、建庄、腰坪三关庙，甘泉劳山森林公园及宜川等地。常生于阔叶混交林下或灌丛中。在我国广泛分布于华北的山西（南部），西北的甘肃（南部）、陕西（南部），华东的安徽、江西，华中各地，华南的广东，西南的四川东部等地，分布海拔500～2300m。朝鲜、蒙古也有分布。

喜光，也有一定的耐阴性。对土壤要求不严，常生于向阳坡面的林下或林缘。

果可入药，有清热解毒之功效。果捣烂外敷可用于治疗疮疡、疖肿等病症。

皱叶鼠李 *Rhamnus rugulosa*

1.植株（周建云 摄）；2.叶（周建云 摄）

2. 柳叶鼠李

Rhamnus erythroxylon Pall. Relse Russ. Reich. 3. Append. 722. 1776; 中国植物志, 48(1): 69. 1982.

灌木，落叶，高可至2m左右；小枝具针刺，互生，幼枝呈红褐色，被细短柔毛。叶互生，纸质，簇生于短枝上，条形或披针形，狭长而小，宽通常小于1.2cm，顶端渐尖，基部呈楔形，边缘有细圆齿，两面初微被短柔毛，后光滑；侧脉不明显，中脉下面明显隆起；叶柄微被短柔毛或近光滑；托叶早落，较小，钻形。花黄绿色，单性，雌雄异株，常4数；花梗无毛；雄花数个簇生于短枝端，呈宽钟状，萼片呈三角形，萼筒等长于萼片；雌花具狭披针形萼片，长于萼筒，具退化雄蕊。核果成熟时呈黑色，球形，具种子3粒；种子褐色，倒卵圆形，内面具狭沟。花期5月中旬，果期6～7月。

在延安产于甘泉下寺湾，志丹双河、白沙川，宜川交里，安塞王瑶，宝塔盘龙山，延长安沟，富县、黄龙、黄陵等地。生于荒坡、弃耕地或灌丛中。我国主要分布于东北的内蒙古（东部），华北的河北、山西，西北的陕西、甘肃、青海等地。俄罗斯西伯利亚地区、蒙古也有分布，分布海拔1000～2000m。

喜光，耐干旱瘠薄，对土壤要求不高，在沙地及荒坡亦能生长良好。

叶有浓香味，陕西当地用以泡茶，亦可入药，可清热除烦、消食化积。

柳叶鼠李 *Rhamnus erythroxylon*
1.植株（周建云 摄）；2.叶（周建云 摄）

3. 小冻绿树

Rhamnus rosthornii Pritz. in Engl. Bot. Jahrb. 29: 459. 1900; 中国植物志, 48(1): 71. 1982.

灌木或小乔木，高至3m。树皮较为粗糙，具纵裂纹。小枝互生或偶有近对生，顶端具钝刺，幼枝为绿色，无毛或微被短柔毛，老枝无毛，黑褐色或略浅。叶革质，狭长而小，宽通常小于1.2cm，互生或几对生，簇生于短枝上，匙形或倒卵状椭圆形，顶端近圆形，基部呈楔形，边缘具钝锯齿或圆齿，上面暗绿，下面颜色较浅，仅坑状脉腋具少许簇毛；侧脉上面不明显，下面突出；叶柄密被短柔毛；托叶宿存，披针形，有少数毛。雌雄异株，花4数，单性，淡黄绿色；短枝端或当年生枝下部叶腋处簇生数个雌花，雄蕊退化。核果成熟时黑色，卵圆形；种子红褐色，2数，倒卵圆形，具光泽，从内面开裂直达中上部。花期4～5月，果期6～9月。

延安产于黄陵（大岔、建庄）、黄龙等地。常见于针阔混交林、阔叶混交林或灌丛中，分布海拔600～1600m。我国主要分布于西北的陕西、甘肃，华中的湖北（西部），华南的广西，西南的四川、贵州、云南等地。为中国特有种。

喜光，稍耐阴，耐瘠薄。对土壤要求不严。

可作为庭院观赏植物。

4. 黑桦树

Rhamnus maximovicziana J. Vass. in Not. Syst. Inst. Bot. Acad. Sci. URSS 8: 126, f. 3a-c. 1940; 中国植物志, 48(1): 50. 1982.

灌木，多分枝，高通常可达2m。小枝对生或近对生，具细刺，桃红色至紫红色，后更深。叶对生或近对生于长枝，在短枝上端簇生，近革质，无毛，狭小，长小于3cm，宽常小于1cm，椭圆形或近卵形，顶端较为圆钝，基部近圆形，两面光滑，近全缘；侧脉6条，每边2～3，网脉明显，上面稍微凹陷，下面突起；叶柄无毛或微被短柔毛；具托叶，披针形。花4数，单性，雌雄异株，雄花2～3朵簇生于叶腋；花萼黄绿色，外被短柔毛，萼筒钟状，萼片椭圆状三角形，先端尖，花瓣缺。核果近球形，具2分核，红色，成熟时变为黑色；果梗无毛；种子倒卵状椭圆形，棕褐色，有光泽，表面被细小瘤状凸起。花期6月，果期6～9月。

延安主要产于志丹永宁、甘泉下寺湾、黄陵、富县、黄龙等地。散生于林下或山坡灌丛中。我国主要分布于东北的内蒙古（东部），华北的河北（北部）、山西，西北的陕西、甘肃（东部及南部）、宁夏，西南的四川（西北部），分布海拔900～2700m。蒙古、朝鲜也有分布。

本种喜光，稍耐阴，耐寒，耐干旱，适应性较强，对土壤不甚选择。

5. 小叶鼠李

Rhamnus parvifolia Bunge, Enum. Pl. China Bor. 14. 1831; 中国植物志, 48(1): 57. 1982.

灌木，落叶性，高可达1m。枝具刺，小枝对生，紫褐色，被短柔毛，稍具光泽。叶对生或近对生，较小，长小于3cm，宽通常小于1cm，纸质或厚革质，簇生于短枝上，菱状椭圆形或菱状倒卵形，顶端钝尖，基部狭楔形或近圆形；叶面深绿色，背面浅绿色，干时呈灰白色；两面均被细短疏柔毛；边缘具细锯齿；侧脉6条，每边2～3，两面突出；叶柄上面沟内有细柔毛；刺毛状托叶，短于叶柄。花3～6朵簇生于叶腋，单性，黄绿色，雌雄异株，4数，疏被细短柔毛；花梗无毛，短小。核果未熟时绿黑色，熟时呈黑色，倒卵状球形；种子褐色，矩圆状倒卵圆形，几全裂。花期4～5月，果期6～9月。

延安产于富县庙沟、宜川蟒头山、黄陵腰坪、甘泉、黄龙等地。生于海拔800～1300m的向阳山坡、疏林、草丛或灌丛中。我国主要分布于东北的黑龙江、吉林、辽宁、内蒙古（东部），华北的河北、山西，西北的陕西，华东的山东，华中的河南等地。蒙古、朝鲜、俄罗斯西伯利亚地区也有分布。

喜光，喜温暖湿润气候，耐阴，耐寒旱。适应性强，在石灰质土壤中也能正常生长。

种可用作观果绿篱，亦可用于制作盆景；可用于城市街道或公路旁的修饰树；果可入药，有清热泻下、解毒消瘰之功效。

小叶鼠李 ***Rhamnu sparvifolia***
枝、叶、果（王赵钟 摄）

6. 锐齿鼠李

Rhamnus arguta Maxim. inMem. Acad. Sci. St. Petersb. ser. 7, 10: 11. 1866; 中国植物志, 48(1): 58. 1982.

小乔木或灌木，高可达3m。树皮呈灰褐色；小枝光滑无毛，对生或近对生，枝端常呈刺状；顶芽长卵形，较大，紫黑色，具多数鳞片，鳞片具缘毛。叶近对生或对生，纸质或薄纸质，簇生于短枝上，卵状心形或椭圆形，叶较大，长大于3cm，宽小于1.5cm，顶端突尖或钝圆，基部圆形或心形，上面绿色，下面颜色较浅，两面几光滑，仅脉腋微被毛，边缘具密锐锯齿，侧脉每边4～7；叶柄红色或红紫色，有小沟，被短柔毛。花4数，雌雄异株，单性，短枝顶端或长枝下部叶腋处簇生雄花10～20个，花梗短；叶腋处簇生雌花数个，花梗长。核果球形或近球形，成熟时呈黑色，果梗8～20mm，光滑。种子1～2粒，淡褐色，内面几全裂，内果皮易脱落。花期4～5月，果期8～9月。

延安产于宜川蟒头山、黄龙、黄陵、富县、甘泉等地。我国主要产于东北的黑龙江、辽宁、内蒙古（东部），华北的山西、河北，西北的陕西，华东的山东等地。

喜光，耐旱，对土壤要求不严，即使在瘠薄土壤也能生长。主要分布于向阳山坡、丘陵的阔叶林及阔叶混交林的林下或林缘。

种子可榨油，用于制作油墨及润滑油；茎叶及种子可作农药；木材坚硬致密，可用作小型器具及木工用材。

7. 冻绿

Rhamnus utilis Decne. in Compt. Rend. Acad. Sci. Paris 44: 1141. 1857, et in Rondot, Vert de Chine 141, t. 1. 1875; 中国植物志, 48(1): 68. 1982.

小乔木或灌木，高可达3m。小枝对生或近对生，幼枝光滑无毛，初绿色，微被短柔毛，后脱落，枝末端具针状刺。叶呈纸质，叶较大，长大于3cm，宽小于1.5cm，对生、近对生或簇生于短枝，椭圆形、近椭圆形或矩圆形，顶端呈突尖，基部楔形或近圆形，边缘具圆齿状锯齿，上面黄绿色，光滑无毛，下面颜色较淡，干时变黄色，叶脉5～8对，脉或脉腋有金黄色柔毛延伸，两面侧脉均凸起，侧脉每边4～7条，网脉明显；叶柄较长，大于1～1.5cm，疏被短柔毛；托叶宿存，披针形，具疏毛。花单性，淡黄绿色，着生于新枝下部叶腋，簇生或排列成伞形花序，4数；雌雄异株；花梗无毛。核果成熟时黑色，近球形或圆球形，有2分核。花期5月，果期9～10月。

冻绿 *Rhamnus utilis*
1.叶（王赵钟 摄）；2.叶、果（周建云 摄）

延安产于甘泉劳山森林公园，黄陵大岔、柳芽川、上畛子、双龙森林公园，富县张家湾、黄龙森林公园、蔡家川等地。常见于海拔1500m以下的山地、丘陵、山坡草丛、灌丛或疏林下。我国主要分布于华北的河北、山西，西北的甘肃、陕西，华东的安徽、江苏、浙江、江西、福建，华中的河南、湖北、湖南，华南的广东、广西，西南的四川、贵州等地。日本、朝鲜也有分布。

喜光，稍耐阴，适应性强。耐干旱、耐瘠薄，对土壤要求不严。

茎皮和叶可提取栲胶；种子可榨油，工业用；果实、树皮及叶可作黄色染料；果肉入药，能解热。

8. 鼠李

Rhamnus davurica Pall. Reise Russ. Reich. 3, append. 721. 1776; 中国植物志, 48(1): 67. 1982.

灌木或小乔木，高可至10m。幼枝不具毛，小枝褐色或红褐色，对生或近对生，略微平滑，具刺；腋芽及顶芽大，卵圆形，具鳞片，淡褐色，有白色缘毛。叶纸质，长大于3cm，宽小于1.5cm，对生或近对生，或簇生于短枝上，卵圆形或近椭圆形，先端尖，基部楔形或近圆形，叶面光滑无毛，黄绿色，下面光滑或微被短柔毛，尤以脉腋处毛被较密；侧脉4～5（6）对，具明显网脉，两面突起，边缘具圆齿状细锯齿，具红色腺体于齿端；叶柄较长，大于1～1.5cm，被疏柔毛。花4，淡黄绿色，雌雄异株，单性，叶腋处具雌花1～3个，或短枝端簇生数个至20余个雌花，花萼漏斗状，萼片披针形，具花瓣。核果黑色，球形，具分核2。种子黄褐色，卵圆形，内面具沟槽，不裂。花期5～6月，果期9～10月。

延安主要产于黄陵大岔、店头百子桥、双龙北沟，黄龙蔡家川、白马滩、富县、甘泉。生于针阔混交林、阔叶混交林下或林缘，荒坡灌丛中也有分布，分布海拔1650m以下。我国主要分布于东北的黑龙江、吉林、辽宁，华北的河北、山西等地。蒙古、朝鲜及俄罗斯西伯利亚地区也有分布。

适应性强，喜光，耐寒，耐干旱瘠薄，耐一定程度的水湿。

木材致密坚重，是做家具及雕刻的优良材料。树皮和果可制黄色染料。树皮和叶可提取栲胶。种子含油量高，可作润滑油。果肉入药，有清热燥湿之效。

鼠李 *Rhamnus davurica*
枝叶（王赵钟 摄）

9. 圆叶鼠李

Rhamnus globosa Bunge in Mem. Sav. Etr. Acad. Sci. St. Petersb. 2: 88. 1833; 中国植物志, 48(1): 59. 1982.

落叶灌木或小乔木，高可达2m；小枝紫黑色，对生或偶有近对生，顶端通常具针状刺，当年生枝被短毛，后脱落。叶较大，长大于3cm，宽小于1.5cm，纸质，对生或近对生，近圆形，顶端凸尖，少有圆钝，基部近圆形，边缘具圆齿状锯齿，叶面呈绿色，被短柔毛，下面色较淡，初被短柔毛，后渐脱落，仅脉腋具簇毛，侧脉4对，上面呈凹陷，下面突出；叶柄短，通常小于1cm，被密柔毛；托叶宿存，线状披针形，有微毛。花4，单性，雌雄异株，短枝端或长枝下部叶腋通常簇生数个至20个花，花萼和花梗均被短柔毛，雄蕊退化。核果成熟时黑色，球形或近球形，果梗被疏柔毛；种子有光泽，呈黑褐色，基部裂开。花期5～6月，果期8月。

延安产于洛川、宝塔（盘龙山）、黄陵（上畛子）。生于针阔混交林、阔叶混交林或山坡灌丛中，分布海拔1600m以下。我国主要分布于东北的辽宁，华北的河北、山西，西北的陕西、甘肃，华东的安徽、江苏、浙江、江西、山东，华中的河南、湖南等地。

耐阴，耐干旱。适应性强，对土壤要求不严，在林下生长最好。

种子榨油供润滑油用；茎皮、果实及根作染料；果入药。

圆叶鼠李 *Rhamnus globose*
叶、果（蒋鸿 摄）

10. 薄叶鼠李

Rhamnus leptophylla Schneid. inNotizbl. Bot. Gart. Mus. Berl. 5: 77. 1908; 中国植物志, 48(1): 60. 1982.

灌木或小乔木，高可达2.5m。小枝呈褐色或浅褐色，对生或近对生，光滑或被短柔毛，一年生枝光滑，后变灰黄色。叶较大，长大于3cm，宽小于1.5cm，纸质，对生或近对生，倒卵状椭圆形，顶端凸尖，基部呈楔形，边缘具钝锯齿，两面颜色相同，上面光滑无毛，下面被疏柔毛，脉腋毛被较密，每边具4～7条侧脉，叶表面下凹，背面突出；叶柄较短，通常小于1cm，无毛或近无毛；托叶早落，线形。花无毛，4数，雌雄异株，单性，花梗无毛；雄花黄色，短枝端簇生10～20个；数个至十余个雌花于短枝端或长枝下部叶腋处簇生，雄蕊退化。核果成熟时黑色，近球形；果梗无毛；种子2，宽倒卵圆形，内果皮革质，极易脱落，内面裂开可达中部。花期5月，果期8～9月。

延安产于安塞楼坪。生于林缘或山坡灌丛中。我国主要分布于西北的陕西，华东的安徽、浙江、江西、福建、山东，华中的河南、湖南、湖北，华南的广东、广西，西南的四川、云南、贵州等地，分布海拔1700～2600m。本种为中国特有种。

薄叶鼠李 *Rhamnus leptophylla*
1.花枝（卢元 摄）；2.叶片及花（卢元 摄）

喜光，耐阴，可适应各种生境。对土壤要求不严，在石灰质土壤中亦能正常生长。

整株药用，可清热解毒、活血。可用于治疗食积腹胀、跌打损伤等病症。

11. 刺鼠李

Rhamnus dumetorum Schneid, in Sarg. Pl. Wils. 2: 237. 1914; 中国植物志, 48(1): 61. 1982.

灌木，高可达2m。树皮无光泽，粗糙。小枝浅灰色，对生有时近对生，具细针刺于分叉处或枝端，幼嫩枝具细柔毛或近无毛。叶较大，长大于3cm，宽小于1.5cm，对生或近对生，纸质，簇生于短枝上，呈椭圆形或近椭圆形，先端尖锐，稀圆形，基部呈楔形，边缘具不明显圆齿状细齿，通常呈波状，叶表面呈绿色，被少量稀疏短柔毛，叶背面色泽稍淡，沿脉有疏短毛，每边具侧脉4～5条，叶面

刺鼠李 *Rhamnus dumetorum*
1.植株（王天才 摄）；2.枝、叶（王天才 摄）

稍下凹，叶背凸起，脉腋常具小凹孔；叶柄近无毛；托叶短于叶柄，披针形。花4基数，雌雄异株，单性；数个至十余个雌花于短枝顶端簇生，微被毛；花梗无毛。核果小，近球形，具1或2分核；果梗有疏短毛；种子倒卵圆形，黑紫色或黑色，背面基部呈短沟状，顶端具缝。花期4～5月，果期7～8月。

在延安主要产于黄龙山、桥山林区。我国主要产于西北的甘肃（东南部）、陕西（南部），华东的江西、浙江、安徽，华中的湖北（西部），西南的四川、贵州、西藏、云南（西北部）等地，生于海拔900～3700m的山坡灌丛或林下。

喜光，耐阴，适应性强，对土壤要求不严，但在深厚肥沃土壤上生长最好。

果实在四川康定民间常作泻药。

12. 甘青鼠李

Rhamnus tangutica J. Vass. in Not. Systs Inst. Bot. Acad. Sci. URSS 8: 127, f. 15 a-c. 1940; Grub. in Act. Inst. Bot. Acad. Sci. URSS ser. 1, 8: 334. 1949; 中国植物志, 48(1): 62. 1982.

落叶灌木，高2m。小枝对生有时近对生，多拐弯，红褐色，光滑无毛，具针刺于枝端和分叉处。叶较大，长大于3cm，宽小于1.5cm，厚纸质，在长枝上斜对生，在短枝上簇生，椭圆形至倒卵形，先端渐尖，基部呈楔形，叶面呈深绿色，具白色少量稀疏短毛，背面苍白淡绿色，仅脉腋窝孔处具稀疏短毛或近无毛，边缘具圆齿状钝锯齿，锯齿顶端短尖内弯；每边具侧脉4～5条，下面突起，脉腋处常具小凹孔；叶柄光滑或疏被短柔毛，通常小于1cm；托叶宿存，线形。花无毛，4数，雌雄异株，单性；花梗无毛；雄花腋生，萼筒漏斗状，萼片长椭圆状三角形，花瓣椭圆形；雌花簇生于短枝端，萼片外面微被疏毛，花瓣小或花瓣丝状。核果成熟时黑色，倒卵状球形；果梗无毛；种子倒卵形，红褐色或褐色，内面几乎全部开裂。花期5～7月，果期6～9月。

延安产于黄陵百药沟、大岔、建庄、宜川寿峰、富县等地。生于山谷灌丛或针阔混交林及阔叶混交林。我国主要分布于西北的陕西、甘肃（东南部）、青海（东部至东南部），华中的河南（西部），西南的四川（西部）及西藏（东部），分布海拔1200～3700m。本种为中国特有种。

喜光，稍耐阴，适应性较强，对土壤不甚选择，但在深厚肥沃土壤上生长最好。

果实可提取染料。

4. 雀梅藤属 *Sageretia* Brongn.

灌木或小乔木，落叶或常绿；有刺或无刺；小枝对生或近对生；具小冬芽，无顶芽。叶革质至纸质，对生或互生，有锯齿，稀全缘，幼叶常被毛，羽状叶脉；托叶早落。具顶生或腋生的穗状圆锥花序；花小，无梗，5数，两性，黄绿色或近白色；萼片近三角形，内面有凸起；花瓣具短爪，匙形；雄蕊与花瓣等长，背着药；花盘肉质，杯状；结果时花序轴不膨大成肉质；子房藏于花盘内，花瓣与萼筒贴生于子房中部，2～3室，每室含1胚珠，花柱较短，2～3浅裂，头状柱头。核果近球形，浆果状，无翅，内果皮近革质或肉质，2～3不开裂分核，基部被宿存萼筒包围。种子近革质或膜质，扁平，两端下凹。

本属约39种，亚洲南部和东部的温带及亚热带地区分布的种类最多，有少数种分布在非洲和美洲。我国约16种，分布于华东、东南、西南各地。延安产2种，分布在宜川、延长及黄陵等地的山地灌丛或疏林中。

本属植物多数喜温暖湿润气候，耐干旱瘠薄，对土壤要求不高。

本属一些种的果实可食用；叶可为茶的代用品。

分种检索表

1. 叶小，0.5～2cm，叶柄长1～3mm ··················· 1. 对节刺 *S. pycnophylla*
1. 叶较大，超过2cm，叶柄长超过4mm ··················· 2. 少脉雀梅藤 *S. paucicostata*

1. 对节刺

Sageretia pycnophylla Schneid. inSarg. Pl. Wils. 2: 226. 1914; 中国植物志, 48(1): 5. 1982.

灌木，落叶，高可至2m，常蔓生，具刺。小枝对生或近对生，灰色或近黑色，被短柔毛。叶小，对生或近对生，半革质，光滑，常呈二列，近椭圆形，少数近圆形，两端圆或钝，边缘具锯齿或偶有全缘，叶面呈绿色，背面黄绿色，网脉明显，缘具圆锯齿；叶柄长1～3mm，被短柔毛；托叶脱落，刺毛状，几与叶柄等长。穗状圆锥花序顶生或腋生于小枝顶端；稀疏或浓密短柔毛着生于花序轴上；无花梗，花小，无毛，呈白色；萼片卵状急尖；花瓣短于萼片，披针形或呈匙形，几与雄蕊等长，顶端凹陷。核果成熟时黑色，近球形，具分核2～3；种子顶端稍凹陷，淡黄色。花期8～10月，果期为翌年5～6月。

延安主要产于宜川。分布于海拔700～1700m的山地灌丛、疏林中或开旷山坡。我国主要分布于四川、甘肃、陕西等地。日本、朝鲜也有分布。

喜温暖湿润气候，在半阴半湿的环境中生长最好。适应性强，耐干旱瘠薄，对土壤要求不高，酸性、中性及微碱性土壤都能适应。

整株具刺，可作绿篱；叶可代茶；果可食用；根及叶可入药，具有降气、化痰祛风利湿的功效。

对节刺 *Sageretia pycnophylla*
植株（周建云 摄）

2. 少脉雀梅藤

Sageretia paucicostata Maxim. in Act. Hort. Petrop. 11: 101. 1890; 中国植物志, 48(1): 7. 1982.

灌木稀小乔木，直立，高至6m，枝上具黄色短绒毛，刺状小枝，对生或近对生。叶较大，近对生或互生，纸质，椭圆形或近椭圆形，顶端呈钝圆形，基部近圆形，边缘具细锯齿，上面暗绿色，粗糙无光泽，背面呈黄绿色，无毛，每边具侧脉2～3，中脉于叶面处下陷，在背面明显凸起；叶柄较长，超过4mm，被毛。花小，黄绿色，2～3朵于侧枝顶端或小枝上部叶腋处簇生成穗状圆锥花序，或稀具单生，花序轴不被毛；萼片三角形，顶端尖；花瓣短于萼片，呈匙形，顶端略微凹陷。核果成熟时呈黑紫色或黑色，倒卵状球形或圆球形，分核3，种子两端略微凹陷，扁平。花期5～9月，果期7～10月。

延安分布于宜川蟒头山、延长狗头山、黄陵大岔、黄龙、富县、甘泉等地。常见于山坡或山谷灌丛、阔叶或针阔混交疏林中，分布海拔960～1450m。我国主要产于华北的河北、山西，西北的陕西、甘肃，华中的河南，西南的四川、云南、西藏。

喜温暖湿润气候，适生于半阴半湿环境中。耐干旱瘠薄，适应性强。生长于山坡、山谷的灌丛或疏林中。

本种形态奇特，耐修剪，宜蟠扎，适合制作盆景，美化园林；根、叶可入药，具有清热解毒、降气化痰的功效。

少脉雀梅藤 *Sageretia paucicostata*
1.植株（曹旭平 摄）；2.叶（曹旭平 摄）

68 葡萄科

Vitaceae

本科编者：西北农林科技大学　薛文艳

攀缘灌木或草本，卷须对生，或为直立无卷须灌木；茎秆上有多个膨大的节。掌状单叶或羽状复叶，互生；小托叶常脱落，稀有宿存大托叶。聚伞花序或圆锥花序，罕总状或穗状花序，腋生或顶生于节上或与叶对生；花小，两性或杂性，雌雄同株或雌雄异株，4～5基数；萼片小，浅杯状，全缘或具4～5裂齿，稀3～7；花瓣数与萼片数相同，分离或黏合；雄蕊4～5，罕3～7，与花瓣对生；雌蕊子房上位，2～8室；每室有胚珠1～2枚，倒生。浆果，内含种子1至数枚。种子外种皮坚硬；胚小；胚乳软骨质，呈不同形状。

本科约有16属700余种，主产欧洲、亚洲、非洲、美洲的热带和亚热带，温带地区也有少量分布。我国有9属150余种，各地广泛栽培。野生种主要产自华中、华南及西南各地。延安分布4属10种4变种。

本科植物大多喜光、喜湿润，适生于肥沃的沙壤土。主要生长于桥山、黄龙山林区的阔叶林及针阔混交林下或林缘，是构成林下灌丛的重要成分。

本科植物多为优良观赏藤本或著名水果；有些种果实可酿成葡萄酒；有些种可入药，用于预防心脑血管疾病，并具有补气血、利尿等功效；籽可榨油，用作高级保健油，果肉还可加工成葡萄干、葡萄汁等常见产品。

分属检索表

1. 花瓣顶部合生；聚伞圆锥花序……………………1. 葡萄属 *Vitis*
1. 花瓣离生；复二歧或多歧聚伞花序……………………2
2. 花通常4数……………………2. 乌蔹莓属 *Cayratia*
2. 花通常5数……………………3
3. 卷须总状分枝，顶端扩大为吸盘；果梗增粗，瘤状突起……………………3. 地锦属 *Parthenocissus*
3. 卷须叉状分枝或不分枝，顶端不扩大；果梗不增粗，无突起……………………4. 蛇葡萄属 *Ampelopsis*

1. 葡萄属 *Vitis* L.

落叶木质藤本，卷须与叶对生；髓褐色，节间有隔膜。单叶或复叶，掌状分裂；托叶早落。聚伞圆锥花序，5数，花单性稀两性，雌雄同株或雌雄异株，与叶对生；萼碟状，细小不明显；花瓣淡绿色，顶端黏合呈帽状，整体脱落；花盘明显，下位生，5裂；雄蕊5，与花瓣对生，在雌花中败育；子房2，每室含胚珠2颗；花柱纤细，短圆锥形。肉质浆果，近球状；种子2～4粒，倒卵椭圆形或倒卵圆形，基部喙状，种脐圆形，位于种子背部，腹面具2沟；具胚乳，“M”形。

本属约60种，主要分布于欧洲、亚洲、美洲的温带及亚热带。我国约35种，各地均有分布。延安产3种2变种，各地广泛栽培。本属植物大多喜光，耐阴，喜湿润温和气候，大多生长于海拔

500～2000m的向阳山坡、丘陵的阔叶林或针阔混交林下。为构成林下植被的重要组成部分。

本属植物果可生食；有些种的根和藤可入药。

分种检索表

1. 叶为3～5出复叶 ………………………………………………………………………2
1. 叶为单叶 ……………………………………………………………………………3
2. 小枝被褐色柔毛及腺刺；叶下面被疏柔毛 …………………………… 1. 变叶葡萄 *V. piasezkii*
2. 小枝光滑；叶下面光滑，仅脉上微具毛，脉腋具簇毛 ………1a. 少毛变叶葡萄 *V. piasezkii* var. *pagnucii*
3. 叶下面绿色或淡绿色，稀紫红色或淡紫红色，无毛或被稀疏柔毛 ………………… 2. 葡萄 *V. vinifera*
3. 叶下面被密集的白色或锈色蛛丝状或毡状绒毛 ……………………………………………4
4. 叶不分裂或不明显3～5浅裂 ……………………………………………… 3. 毛葡萄 *V. heyneana*
4. 叶3～5浅裂，裂片较宽 ………………………………… 3a. 桑叶葡萄 *V. heyneana* subsp. *ficifolia*

1. 变叶葡萄

Vitis piasezkii Maxim. in Bull. Acad. Sci. St. Petersb. 27: 461. 1881; 中国植物志, 48(2): 149. 1998.

攀缘灌木。小枝具纵棱，嫩枝被柔毛及腺刺。卷须与叶对生，叉状分枝。叶片分裂可为单叶浅裂或深裂，或为3～5小叶组成复叶。单叶叶片卵状椭圆形，边缘有粗锯齿；若为复叶，中央小叶为菱状椭圆形，外侧小叶卵状椭圆形，基部偏斜，边缘有尖锯齿；上面几无毛，下面毛被变化大，被疏柔毛至较密绒毛；叶柄长，密被短柔毛；托叶早落。圆锥花序，基部多分枝，花序梗被毛；花梗无毛；萼浅碟形，无毛；花瓣5，上部帽状黏合，整体脱落；雌花中雄蕊退化，雄花中雌蕊退化。浆果球形，紫黑色。种子倒卵圆形，顶端微凹，基部有短喙。花期6月。果期7～9月。

变叶葡萄 *Vitis piasezkii*
植株（王天才 摄）

延安主要分布于黄陵及毗邻的宜君、黄龙、富县等地的灌丛或林中。生于海拔1000～1700m的阔叶林、针阔混交林或灌丛中。我国华北的山西，西北的陕西、甘肃，华东的浙江，华中的河南，西南的四川等地有分布。东亚及北美地区也有分布。

喜光，耐阴，有较强的抗寒性和一定的抗霜霉病能力。

叶入药，具有止血，清热解暑之功效。果可食或用于酿酒。

1a. 少毛变叶葡萄（变种）

Vitis piasezkii Maxim. var. ***pagnucii*** (Planch.) Rehd. in Journ. Arn. Arb. 3: 223. 1922; 中国植物志, 48(2): 149. 1998.

本种与原变种的区别在于，本种小枝无毛。叶背光滑无毛或仅脉上微具毛，脉腋具簇毛。

延安见于甘泉（下寺湾、羊房沟）、富县及黄陵等地。我国分布于华北的河北、山西，西北的陕西、甘肃，华中的河南等，分布海拔900～2100m。

2. 葡萄

Vitis vinifera L. Fl. Sp. 293. 1753; Hemsl. in Journ. L. Soc. Lond. Bot. 23: 136. 1886; 中国植物志, 48(2): 166. 1998.

藤本，木质。树皮片状脱落。小枝无毛或被疏毛，有纵纹。单叶近圆形，3～5裂，基部心形，两侧常靠合，边缘有不整齐粗锯齿，齿端急尖，叶下面绿色或浅绿色，稀紫红色；两面平滑无毛或仅下面被毛；5出基生脉，网脉不明显；叶柄长，几无毛；托叶早落。圆锥花序与叶对生，基部多分枝，长10～20cm，花序梗几无毛或疏被柔毛，长2～4cm；花梗无毛，长1～3cm；萼浅，碟形，边缘波状；花瓣5，黄绿色；雄蕊5，花药卵圆形；花盘发达；子房卵圆形。浆果球形或卵状椭圆形，青红色至紫黑色，被白粉，汁液丰富。种子倒卵椭圆形。花期6月，果期9～10月。

延安各地均有栽培。我国各地广泛栽培。原产欧洲东南部及亚洲西南部。

喜光，喜温暖气候，不耐寒旱，不耐水湿，适生于壤土及细沙质壤土。

果可生食、酿酒和制葡萄干。根和藤入药，有止呕、安胎之效。葡萄籽可榨油，用作高级保健油。

葡萄 ***Vitis vinifera***
1.植株（周建云 摄）；2.叶（周建云 摄）

3. 毛葡萄

Vitis heyneana Roem. & Schult, Syst. 5: 318. 1820; Balakrishnan, Fl. Jawai. 1: 135. 1981; 中国植物志, 48(2): 168. 1998.

藤本。幼枝密被灰褐色绒毛，老枝光滑无毛，淡红色。卷须二叉分枝，与叶对生，密被绒毛。叶卵状椭圆形，长3～11cm，宽3～9cm，不裂，罕3～5浅裂，顶端急渐尖，基部近心形，边缘具波状锯齿；上面绿色，仅脉上疏被毛，下面密被白色丝状绒毛；叶柄长，初密被绒毛，后脱落；托叶卵状披针形，膜质，无毛，褐色。圆锥花序及花序梗均密被绒毛；花梗无毛，长1～3cm；雄蕊5，花药黄色，花丝丝状；雌蕊1，花柱短。浆果圆球形，直径1～1.5cm，成熟时紫黑色。种子倒卵形。花期6月，果期8～9月。

延安产黄龙山、桥山。常见于海拔500～1800m的山地灌丛或疏林中。我国产华北的山西，西北的陕西、甘肃，华东的山东、安徽、江西、浙江、福建，华中各地，华南的广东、广西，西南的四川、贵州、云南、西藏等地。尼泊尔、不丹及印度也有分布。

耐热，耐干旱瘠薄，在深厚肥沃、保水保肥性好的土壤中生长最好。常生长于向阳山坡、丘陵的阔叶林或针阔混交林的林下及林缘。

根皮和叶入药，能调经活血、舒筋活络。果可生食或酿酒。叶可饲猪。

毛葡萄 ***Vitis heyneana***
植株（曹旭平 摄）

3a. 桑叶葡萄（亚种）

Vitis heyneana Roem. & Schult subsp. ***ficifolia*** (Bge.) C. L. Li in Chin. J. Appl. Environ. Biol. 2(3): 250. 1996; 中国植物志, 48(2): 168. 1998.

本亚种与原亚种的区别在于，本种叶片常3浅裂、中裂或混生不分裂叶。花果期及其他特征同前。

延安产黄陵建庄、宜川石台寺、甘泉劳山森林公园。多生于海拔1000～1300m的山坡、沟谷针阔混交林、阔叶林、疏林或灌丛中。我国产华北的山西、河北，西北的陕西，华东的江苏、山东，华中的河南等地。东亚及北美地区也有分布。

喜光，耐热，适生于深厚肥沃、湿润透气的土壤中。

果可生食。

2. 乌蔹莓属 *Cayratia* Juss.

常绿或落叶攀缘木质藤本，罕草本。卷须分枝或不分枝；茎叶略肉质。复叶互生，鸟足状；小叶3～5，具柄；有小托叶2枚。复二歧或多歧聚伞花序或伞形花序，腋生；花小，4数，两性或杂性；花萼小，不显；花瓣4，分离；雄蕊5，与花瓣对生；花盘发达，贴生于子房基部；子房2室，每室含胚珠2颗；花柱短，钻形，柱头不裂且不扩大。浆果球形或近球形，有种子1～4粒。种子半球形，背部凸，腹部具棱，突出，两侧呈半月形、倒卵形或沟状；具胚乳。

本属约有30种，分布于非洲、亚洲和大洋洲的热带及亚热带地区。我国有16种，南北各地均有分布。延安产1种，主要分布于黄陵及志丹的山坡阔叶林下或灌丛中。

本属植物多数喜光，耐阴，耐干旱，喜湿润温暖气候，常生于山坡及灌丛中。

全草及根入药，有清热利湿、解毒消肿之功效。

乌蔹莓

Cayratia japonica (Thunb.) Gagnep. in Lecomte, Not. Syst. 1: 349. 1911 et in Lecomte, Fl. Gen. Indo-Chine. 1: 983. 1912; 中国植物志, 48(2): 78. 1998; 秦岭植物志, 1(3): 274. 1981.

草质藤本。茎紫红色，有纵纹，通常无毛，有时被疏毛。卷须与叶对生，2～3叉分枝。复叶鸟足状，互生，有5小叶，中央小叶常大于侧生小叶，边缘有粗浅锯齿，上面无毛，下面无毛或沿脉微被毛；托叶早落。复二歧聚伞花序，花序腋生，总花梗长；花黄绿色，花梗短；花萼碟形，全缘或浅裂，外被毛或几无毛；花瓣4，三角状椭圆形，外面被毛；雄蕊4；花盘发达，与子房下部合生，花柱短。浆果近球形，紫黑色，有三角状倒卵形种子2～4颗。花期3～8月，果期8～11月。

乌蔹莓 *Cayratia japonica*
植株（王赵钟 摄）

延安主要分布于黄陵、志丹等地的阔叶林下或山坡灌丛中。我国产西北的陕西，华东的江苏、浙江、安徽、福建、山东、台湾，华中各地，华南的广东、广西、海南，西南的四川、云南、贵州等地，分布海拔300～2500m。日本、越南及澳大利亚等地也有分布。

喜光，稍耐阴，喜温暖湿润气候，耐干旱，不耐寒。

全草及根入药，有清热利湿、解毒消肿之功效；捣烂外敷对治疗毒蛇咬伤、腮腺炎及疔疮等病症具有良好的疗效。

3. 地锦属 *Parthenocissus* Planch.

攀缘灌木，落叶，罕常绿。卷须总状，分枝，遇附着物后扩大成吸盘。单叶或掌状复叶，3～5小叶，互生。圆锥状或多歧聚伞花序，与叶对生；花两性，5数；花瓣4，分离；雄蕊5；花盘不明显，偶为蜜腺状；花柱明显；子房2室，每室含胚珠2颗。果为蓝黑色浆果，球形，果梗增粗，瘤状突起内含种子1～4粒。种子倒卵圆形，背面具种脐，圆形；腹部具棱，突出；两侧呈沟状；具胚乳。

约有13种，产亚洲东部和北美洲。我国有10种，全国各地均有分布。延安产2种，主要分布于黄陵、子长等地的灌丛及疏林中。

本属植物多数喜光，耐寒旱，在干燥环境中也可生长，常见于向阳山坡、丘陵的阔叶林及针阔混交林的林下和林缘，在阴坡亦常见。是构成林下灌丛的重要组成部分。

本属植物是优良的垂直绿化树种；有些种的根、茎可入药，果实可食或酿酒。

分种检索表

1. 卷须顶端嫩时尖细不膨大；叶为掌状5小叶；花序主轴明显 ························ 1. 五叶地锦 *P. quinquefolia*
1. 卷须顶端嫩时膨大呈圆珠形；叶为单叶，3浅裂；花序主轴不明显························2. 地锦 *P. tricuspidata*

1. 五叶地锦

Parthenocissus quinquefolia (L.) Planch. in DC. Monogr. Phan. 5: 448. 1887; 中国植物志, 48(2): 20. 1998.

大藤本。小枝无毛，圆柱形。卷须5～9分枝，顶端嫩时尖细不膨大，总状，遇附着物后扩大成吸盘。掌状复叶具小叶5枚，互生；小叶质硬，长椭圆形，先端尖，基部楔形，基部有不整齐粗锯齿，齿尖有尖刺；叶两面光滑无毛或仅叶背脉腋被毛；总叶柄细长；小叶柄短近无，基部下延。圆锥状多歧聚伞花序，主轴明显，假顶生；花小，白色带黄绿色；萼碟形，边缘无锯齿；花瓣分离，5瓣，形尖，不具毛。浆果球形，蓝黑色，被白粉。有种子1～4颗；种子倒卵形。花期6～7月，果期8～10月。

延安野生个体主要分布于子长、黄陵、富县、甘泉等地，其余各地均有栽培。我国东北至华南各地均有分布。常生长于海拔500～1200m的山坡、疏林、林缘。原产北美洲。

喜光，喜温暖湿润，耐寒旱，稍耐阴，在干燥环境中也能生存。对土壤选择性不强，在中性或偏碱性土壤中均可生长。

本种是优良的城市垂直绿化植物树种，也可作地被植物；对有害气体具有较强抗性，可种植于工矿厂附近；藤、茎根可入药。

五叶地锦 *Parthenocissus quinquefolia*
1.叶（曹旭平 摄）；2.叶（曹旭平 摄）；3.花（曹旭平 摄）

2. 地锦

Parthenocissus tricuspidata (Sieb. &Zucc.) Planch. in DC. Monogr. Phan. 5: 452. 1887; 中国植物志, 48(2): 21. 1998; 陕西树木志, 825. 1990.

攀缘藤本。卷须多分枝，顶端有黏性，嫩时膨大呈圆珠形，后扩大成吸盘。单叶互生，有长柄，3浅裂，先端裂片有粗锯齿；生长在幼苗或枝条下部的叶片为3小叶组成的复叶，中间小叶倒卵形，侧生小叶偏斜阔卵形，边缘粗锯齿但不裂；叶两面光滑无毛，或仅脉腋有毛。多歧聚伞花序，由基部分枝而导致主轴不明显；萼碟形，无毛；花瓣5，黄绿色；雄蕊5；子房椭球形。浆果球形，熟后紫黑色，被白粉，有种子1～3颗。种子倒卵圆形。花期6月，果期9月。

延安黄龙、黄陵等地均有栽培。野生个体常见于山坡崖石壁或灌丛，分布海拔500～1200m。我国产东北的吉林、辽宁，华北的河北，西北的陕西、甘肃，华东的山东、安徽、江苏、浙江、福建、台湾，华中，华南的广东等地。日本、朝鲜也有分布。

喜光，但在阴湿生境下亦生长良好。对土壤要求不高，但以排水良好的沙质土或壤土中生长最好。常攀缘于墙壁及岩石上，疏林中亦可见。

可作垂直绿化；根、茎入药，具有祛风止痛、活血通络之功效；果可食或酿酒。

地锦 *Parthenocissus tricuspidata*
植株（曹旭平 摄）

4. 蛇葡萄属 *Ampelopsis* Michaux

落叶藤本。卷须2～3分叉，顶端不扩大；小枝具皮孔，髓白色。单叶、掌状或羽状复叶，互生，叶柄长。二歧至多歧聚伞花序，与叶对生或顶生，总花梗长；花两性，通常5数，绿色；花萼不明显；花瓣5，离生；雄蕊5，与花瓣对生，花丝短；花盘明显，杯状，边缘浅裂；子房着生于花盘上，2室，每室内含倒生胚珠2；花柱明显，细长，柱头扩大不明显。浆果小形，圆球状，果梗不增粗，无突起，有种子1～4。种子倒卵圆形，背面具椭圆形或带形种脐，两侧呈倒卵形；具胚乳。

本属约30余种，亚洲、北美洲和中美洲均有分布。我国有17种，南北方均产。延安产4种2变种，分布在黄龙、黄陵、吴起、安塞、延川等地的山沟地边、灌丛林缘或林中。

本属植物多数喜光，也耐阴，适生于湿润肥沃土壤中，常见于向阳山坡、丘陵的阔叶林、疏林及针阔混交林的林下及林缘，是林下灌丛的重要构成部分。

有些种可作棚架观赏植物，有些种的根可入药，有消炎镇痛、接骨止血之功效。

分种检索表

1. 叶为单叶，叶片不裂或有不同程度3～5裂，但不深裂……2
1. 叶为掌状复叶或羽状复叶……3
2. 叶片不裂或微3～5裂……1. 蓝果蛇葡萄 *A. bodinieri*
2. 叶片明显3～5浅裂、中裂或深裂……2. 葎叶蛇葡萄 *A. humulifolia*
3. 叶为5小叶，小叶羽状分裂或边缘呈粗锯齿状……4
3. 叶为3小叶，小叶不分裂或侧小叶基部分裂……5
4. 小叶3～5羽裂……3. 乌头叶蛇葡萄 *A. aconitifolia*
4. 小叶大多不分裂……3a. 掌裂草葡萄 *A. aconitifolia* var. *palmiloba*
5. 小枝、叶柄和花序疏被柔毛……4. 三裂蛇葡萄 *A. delavayana*
5. 小枝、叶柄和花序密被锈色短柔毛……4a. 毛三裂蛇葡萄 *A. delavayana* var. *setulosa*

1. 蓝果蛇葡萄

Ampelopsis bodinieri (Levl. &Vant.) Rehd. in Journ. Arn. Arb. 15: 23. 1934 et Rehd. Man. Cult. Trees & Shrubs 616. 1940; 中国植物志, 48(2): 35. 1998.

攀缘灌木，高达6m。小枝无毛，有纵棱纹，幼时紫红色。卷须2分枝，与叶对生。叶为单叶，三角状卵形，顶端3浅裂或不裂，顶端短渐尖，基部心形或微心形，边缘有粗浅圆锯齿；叶面暗绿色，叶背苍白色，两面被疏毛或无毛，质硬；脉基出，5条；叶柄较短，无毛。复二歧聚伞花序较疏散，总花梗较长且光滑无毛；花黄绿色，形小；萼片5，浅碟形，边缘波状，无毛；花瓣5，长圆形；雄蕊5。浆果近球形，暗蓝色，有3～4颗种子。种子倒卵圆形，光滑。花期5～6月，果期10月。

产于延安黄龙神道岭及宜川各地。生于山谷或山坡阔叶林或灌木丛中，海拔1200～1500m。我国主要分布于西北的陕西，华东的福建，华中，华南的广东、广西、海南，西南的四川、贵州、云南等地。日本、朝鲜也有分布。

蓝果蛇葡萄 *Ampelopsis bodinieri*
1.果（曹旭平 摄）；2.叶（曹旭平 摄）；3.花（曹旭平 摄）

喜生于荫蔽生境中，适生于肥沃湿润土壤中。常见于山坡、丘陵的阔叶林、疏林及针阔混交林的林下及林缘。

茎皮含鞣质20%，可提制栲胶。果可酿酒。根入药，有消肿解毒、祛风除湿之功效。

2. 葎叶蛇葡萄

Ampelopsis humulifolia Bge. in Mem. Div. Sav. Acad. Sci. St. Petersb. 2: 86. 1835; 中国植物志, 48(2): 41. 1998.

攀缘灌木。小枝光滑无毛，有纵棱。卷须叉状分枝，与叶对生。单叶，硬纸质，3～5掌状浅裂至深裂；轮廓近椭圆形，顶端尖或凹，基部平截，边缘具短尖粗锯齿；叶面绿色，无毛，有光泽；叶背带粉色或白色，光滑或仅叶脉被疏柔毛；叶柄等长或稍短于叶片，光滑无毛或疏被毛；托叶早落。二歧聚伞花序疏散，花序梗细长，无毛或微被毛；萼片不明显；花瓣5，卵形，不被毛，镊合状排列；雄蕊5；花盘明显，与子房合生。球状浆果，淡黄色或蓝色，内含种子2～4。花期6月，果期8～9月。

延安产黄龙、延川、宜川。生于灌丛、阔叶林缘或林中，生长海拔400～1100m。我国分布于东北的吉林、辽宁、内蒙古（东部），华北的河北、山西，西北的青海、陕西，华东的山东，华中的河南等地。日本、朝鲜也有分布。

喜光，也耐阴、耐寒旱，适应性强，在酸性、中性、钙质土均可生长，湿润肥沃土壤中生长最佳。

根皮入药，有消炎解毒、活血散瘀、祛风除湿之功效。

葎叶蛇葡萄 *Ampelopsis humulifolia*
植株（王天才 摄）

3. 乌头叶蛇葡萄

Ampelopsis aconitifolia Bge. in Mem. Div. Sav. Acad. Sci. St. Petersb. 2: 86. 1835; 中国植物志, 48(2): 45. 1998.

细弱缠绕攀缘灌木。茎圆柱形，具皮孔，髓白色，幼枝具纵棱纹，疏被黄柔毛。卷须与叶对生，叉状分枝。掌状或羽状复叶互生，长柄具疏刚毛；小叶3～5，卵状披针形，羽裂或不裂，裂片全缘或有浅锯齿；上面绿色几光滑，下面浅绿色无毛或仅脉上具毛；托叶卵状披针形，膜质，无毛或具疏毛。复二歧聚伞花序伞房状，与叶对生，总梗长，不被毛或被疏毛；萼碟形，形小，不裂或浅裂；花瓣5，黄绿色；雄蕊5。浆果近球形，未熟时蓝色，成熟时呈橙黄色。花期6～7月，果期7～8月。

延安产于洛川惠家河，延川杨家疙台，黄陵桥山、聂洼、腰坪石牛南沟、黄龙、富县、甘泉等地。散生于阔叶林或灌丛中，常见于路边、沟边、山坡，分布海拔600～1700m。我国分布于东北的内蒙古（东部），华北的河北、山西，西北的甘肃、陕西，华东的山东，华中的河南等地。

耐阴，抗寒，喜温暖湿润环境；耐旱，对土壤要求不严，在肥沃而疏松的土壤中生长良好。

可作棚架观赏植物。根皮入药，具活血化瘀、祛腐生肌的等功效；外敷可用于治疗骨折、跌打损伤等病症。

乌头叶蛇葡萄 *Ampelopsis aconitifolia*
1.叶（王天才 摄）；2.植株（王天才 摄）

3a. 掌裂草葡萄（变种）

Ampelopsis aconitifolia Bge. var. ***palmiloba*** (Carr.) Rehd. in Nitt. Deutsch. Ges. 21: 190. 1912 et in Sarg. Pl. Wils. 3: 427. 1917 et in Journ. Arn. Arb. 15: 25. 1934; 中国植物志, 48(2): 45. 1998.

本变种与原变种区别仅在叶片，叶缘具锯齿，深而粗，稀浅裂叶，无毛或叶下微被毛，小叶大多不分裂。花期6～8月，果期8月。

延安产安塞、宜川、宝塔（万花山、盘龙山）、甘泉（下寺湾）、黄陵及黄龙等地。生于山坡针阔混交林、阔叶林、灌丛或荒草地中，海拔1000～1600m均有分布。我国东北各地，华北的河北、山西，西北的宁夏、甘肃、陕西，华东的山东，西南的四川等地有分布。

掌裂草葡萄 ***Ampelopsis aconitifolia***
叶（蒋鸿 摄）

喜光，喜温暖湿润环境，在疏松且排水良好的土壤中生长最佳。

可作棚架观赏植物。根皮入药，具有散瘀消肿、祛腐生肌的功效。可用于治疗骨折、疮疖肿痛等病症。

4. 三裂蛇葡萄

Ampelopsis delavayana Planch. in DC. Monogr. Phan. 5: 458. 1887; 中国植物志, 48(2): 43. 1998.

攀缘灌木。小枝圆筒形，有纵棱纹，疏生短柔毛，以后脱落，嫩枝具绒毛，淡红色。掌状或羽状复叶具3小叶，小叶不分裂，中央小叶披针形或椭圆状披针形，顶端渐尖，基部近圆形，侧生小叶基部分裂，卵状椭圆形至披针形，基部稍偏斜，截形，叶缘有粗锯齿，齿端具短尖，两面具疏毛；

三裂蛇葡萄 ***Ampelopsis delavayana***
叶（曹旭平 摄）

中央小叶有柄，被褐红色绒毛，侧生小叶不具柄；有时下部叶为单叶，广卵形，顶端渐尖或尾尖，基部心脏形，稍裂或深3裂罕深5裂，边缘有带凸尖的浅齿，背部有短柔毛。多花排列为多歧聚伞花序，与叶对生，花序梗被短柔毛；花小，淡绿色；花梗近无，被短柔毛；花萼碟形，边缘浅裂，呈波状，无毛；花瓣5；雄蕊5。浆果球形或扁球形，熟时暗蓝色。花期6月，果期9～10月。

延安产黄陵（大岔、双龙、麻湾）、吴起、富县、甘泉。常见于山谷或山坡，分布于林下或灌丛中，分布海拔1000～1500m。我国华东的福建，华南的广东、广西、海南，西南的四川、贵州、云南等地有分布。日本、朝鲜也有分布。

喜光，稍耐阴，耐一定程度的水湿。

根入药，有消炎镇痛、接骨止血之功效。可用于治疗外伤出血、骨折、跌打损伤等病症。

4a. 毛三裂蛇葡萄（变种）

Ampelopsis delavayana Planch. var. ***setulosa*** (Diels & Gilg) C. L. Li in Chin. J. Appl. Envirn. Biol. 2(1): 48. 1996; 中国植物志, 48(2): 43. 1998.

小枝，叶柄和花序密被锈色短柔毛。叶掌状3全裂，侧生小叶又2深裂，或为5小叶。花期6～7月，果期9～11月。

延安产黄陵（大岔、双龙王村沟、上畛子）、富县（张家湾）等地。生低山灌丛、路边或林缘。分布于华北的河北，西北的陕西、甘肃，华中的河南，西南的四川、贵州、云南等地，分布海拔500～2200m。

69 椴树科

Tiliaceae

本科编者：延安市桥山国有林管理局　曹旭平

乔木、灌木或草本，整株被星状毛或簇生细毛，木髓部及皮层含黏液。叶互生，稀对生，基出脉，全缘或边缘具锯齿；小托叶2，早落。聚伞花序或圆锥花序，腋生或顶生；花多两性，稀单性，辐射对称；萼片5，稀3～4，离生或部分合生；花瓣数与萼片数相同或缺，分离，基部具1腺体或花瓣状退化雄蕊，与花瓣对生；雄蕊离生或仅基部合生；花药2；子房2～10室，每室内含倒生胚珠1枚，花柱1，柱头锥状或盾状，多分裂。果为核果或蒴果，稀为浆果状或翅果状。种子不具假种皮，具胚乳，胚直立，子叶叶状。

本科约52属500余种，主要分布于北半球温带及亚热带地区，本科乔木在欧洲、亚洲、北美洲地区均有独立种群分布。我国产13属85种，各地均有分布。延安分布2属3种，主要散生或混生于黄龙山、桥山林区的针叶林及阔叶林中。

本科植物多数喜光，耐寒，耐干旱，适应性强；对土壤要求不严，喜湿润、深厚、肥沃的土壤，在微酸性、中性土壤中亦能生长。常生长于海拔300～2600m的杂木林中。

本科植物材质坚硬美观，木色白轻软，富有弹性，易加工，是建筑及家具的优良用材；有些富含纤维，是优良经济纤维植物；有些为主要蜜源植物，如紫椴、糠椴；部分种类叶大荫浓，病虫害少，为优良的行道树种，同时具有园林绿化的用途。

分属检索表

1. 花瓣基部有腺体 ··························· 1. 扁担杆属 *Grewia*
1. 花瓣基部无腺体 ··························· 2. 椴树属 *Tilia*

1. 扁担杆属 *Grewia* L.

落叶乔木或灌木，直立或攀缘；嫩枝常被星状短柔毛。叶互生，二轮列，全缘、具锯齿或有浅裂，具3至多条基出脉；叶柄较短；具细小托叶，早落。两性或单性花，雌雄异株；聚伞花序或多花腋生，稀与叶对生；苞片早落；花序梗及花梗被毛；萼片5，分离，外被毛，内秃净；具花瓣5片，短于萼片，基部具鳞片状腺体，有细毛或无；雄蕊多数，离生，着生于短花托上；子房2～4室，每室胚珠2～8；花柱细长单生，具柱头，盾形，分裂或全缘。核果肉质或纤维质，常有纵沟，2～4个分核，以假隔膜分开。种子具有丰富的胚乳，子叶扁平。

本属约90种，广泛分布于非洲、亚洲热带及亚热带和大洋洲。我国产30余种，主要分布于东北、西北、西南等地。延安产1种，分布于黄龙、黄陵。

本属植物喜光、耐寒、耐干旱，适应性强；对土壤要求不严，耐瘠薄。生长于海拔300～2500m的山坡、路边、灌丛及疏林中。

本属植物茎皮纤维化，可供造纸及人造棉，根及枝叶可入药。

1. 扁担杆

Grewia biloba G. Don Gen. Syst. 1: 549. 1831; 中国植物志 , 49(1): 94. 1989.

1a. 小花扁担杆（变种）

Grewia biloba G. Don var. ***parviflora*** (Bunge) Hand. -Mazz. Symb. Sin. 7: 612. 1929; 中国植物志, 49(1): 94. 1989.

落叶小乔木或灌木，高达4m，分枝多；小枝密生黄褐色短毛。叶薄革质，卵形或斜方卵形，长5～12cm，宽2.5～7cm，先端渐尖或急尖，基部楔形或钝，两面均密被黄褐色软绒毛，叶缘具不整齐锯齿，有时微呈三裂；叶柄长4～8mm，被粗毛；具钻形小托叶。腋生聚伞花序与叶对生，密被短柔毛，花序柄及花柄极短；苞片钻形；萼片5，狭披针形，外面密生短绒毛，内面无毛；花瓣5，形小，淡黄色，几光滑；雌雄蕊及子房均被毛；柱头盘状，浅裂。核果橙色或红色，直径8～12mm，无毛，2～4裂，每裂有2小核。花期6月，果期8～9月。

在延安产于黄陵（桥山）、黄龙（白马滩）、富县、甘泉、宜川等地，生长于山坡、沟谷、灌丛及林下。我国主要分布于华北的山西、河北，西北的陕西，华东的江苏、浙江、安徽、山东、江西，华中，华南的广东、广西，西南的四川、云南、贵州等地。朝鲜也有分布。

小花扁担杆 *Grewia biloba* var. *parviflora*

1.花枝（吴振海 摄）；2.果枝（吴振海 摄）；3.果（黎斌 摄）

强喜光树种，耐寒，耐干瘠。生长于海拔300～2200m的低山灌丛或疏林中，适应力强，对土壤要求不严，在富含腐殖质的土壤中生长更为旺盛。

本种是优良的园林绿化树种和盆景树种；茎皮富含纤维，色白，质软，可供造纸及人造棉；根及枝叶可入药，有健脾益气、固精止带、祛风除湿之效。

2. 椴树属 *Tilia* L.

落叶乔木。单叶互生，边缘锯齿有或无，基部常为截心形，叶柄较长；托叶膜质，早落。两性花，白色或黄色，排列成聚伞花序，下垂，总花梗与苞片下部合生；苞片舌形，较大，网状脉明显；萼片5，分离；具花瓣5片，基部具1小鳞片，无腺体；具雄蕊，多数，成5束；具花瓣状退化雄蕊，对生于花瓣；花丝先端2裂或不裂；子房5室，每室具胚珠2颗，花柱细长，柱头5裂。果实近圆球形，核果，不开裂，内含1～3颗种子。种子淡褐色，种皮木质，有胚乳。

本属约80种，主要分布在欧洲、亚洲和北美洲，是北半球亚热带和北温带地理分布特色树种。我国产32种，分布于东北、华北、西北以及西南，是天然次生林主要伴生树种。延安产2种，分布在宜川、延川、吴起、黄陵、甘泉、黄龙等地的针叶林或栎林中。

本属植物多数喜光，幼苗耐阴、耐寒，适应性强，是我国主要蜜源植物。

本属植物茎皮纤维坚韧，可代麻；木材易加工，可供建筑、农具及家具用；花为优质蜜源；种子含油量高，可用于硬化油。

分种检索表

1.果实表面无棱，干后不裂开；叶阔卵形或卵圆形；萼片两面近无毛 ················1. 少脉椴 *T. paucicostata*

1.果实表面有5条突起的棱，干后5裂；叶卵形或三角卵形；萼片内有白色绒毛，外面近无毛 ··· 2. 蒙椴 *T. mongolica*

1. 少脉椴

Tilia paucicostata Maxim. in Acta Hort. Petrop. 11: 82. 1890; 中国植物志, 49(1): 72. 1989.

乔木，高至13m；树皮暗灰色，纵裂；小枝褐色无毛，芽小，无毛或仅顶端有绒毛。叶卵圆形，先端尖，基部斜截形，薄革质，上面光滑无毛，下面被稀疏毛或无毛或仅脉腋有毛丛，边缘具刺尖状锯齿；叶柄长，纤细，无毛。花6～8朵排列为聚伞花序，腋生，花序梗纤细且无毛；花黄色；萼片狭披针状，两面近无毛，下半部与花序柄合生；子房被星状毛，花柱无毛。果实倒卵形，表面无棱，外面有短绒毛和腺状突起，干后不裂开。花期7月，果熟期9～10月。

延安主要分布于宜川、延川、吴起（大吉沟）、黄陵、甘泉（劳山森林公园）、黄龙（圪台、神道岭）等地，散生于山坡、山沟的针叶林或栎林中。我国西北的陕西、甘肃，华东的安徽，华中各地，西南的四川、云南均有分布，海拔1500～2600m。在欧洲、亚洲、北美洲的温带及亚热带地区都有独立种群分布。

喜光，也相当耐阴；耐寒性强，喜冷凉湿润气候及深厚、肥沃、湿润的土壤，在微酸性、中性

少脉椴 *Tilia paucicostata*
1.植株（薛文艳 摄）；2.叶、花（薛文艳 摄）

和石灰性土壤上均生长良好。

茎皮纤维代麻用；木材富有弹性，可供建筑、农具及家具用；花可提取芳香油，也可供药用。

2. 蒙椴

Tilia mongolica Maxim. in Bull. Acad. Sci. Petersb. 26: 433. 1880; 中国植物志, 49(1): 62. 1989.

落叶小乔木，高可达10m。树皮淡灰色或红褐色，光滑，有不规则薄片状脱落及透明皮孔；嫩枝细，无毛。叶阔卵形或圆形，先端尾状渐尖，常3裂，基部近心形，常不对称；上面暗绿色，无毛；下面苍白绿色，有光泽，仅脉腋内有绢状毛丛；边缘有刺尖状粗锯齿；叶柄纤细无毛。聚伞花序腋生，下垂，有花6～12朵；花序柄纤细，无毛；苞片椭圆形，两面无毛，下半部与花序柄合生；萼片披针形，内有白色绒毛，外面近无毛；花瓣黄色；雄蕊多数，与萼片等长。果实倒卵形，被毛，表面具5条突起的棱；花期6～7月；果期9～11月。

产于延安黄龙山、桥山及毗邻的宜君等县。生长于海拔800～1400m的阳坡、石边、山坡杂木林及草原带固定沙地中。常混生于落叶阔叶林中。我国主要分布于东北的辽宁、内蒙古（东部），华北的山西、河北，西北的陕西，华中的河南等地，为主要伴生树种，局部地区可成为优势种。在欧洲、亚洲、北美洲的温带及亚热带地区都有分布。

喜光，也较耐阴，耐寒，喜生于冷凉湿润气候及肥厚湿润的土壤。在微酸性、中性和石灰性土壤上均生长良好，但在干瘠、盐渍化或沼泽化土壤上生长不良。常伴生于山坡杂木林中。

茎皮纤维坚韧，可造纸或代麻用；木材纹理致密，富有弹性，易加工，可供建筑、农具及家具用。花是优良的蜜源，也可供药用。种子含油量较高，可用于制肥皂及硬化油。

70 锦葵科

Malvaceae

本科编者：西北农林科技大学　于世川

草本、灌木或乔木，常具星状毛。单叶互生，掌状分裂或不裂，托叶早落。花两性，单生、簇生、聚伞花序至圆锥花序，腋生或顶生，辐射对称；花萼3～5，合生或离生；小苞片3～15个，总苞状；花瓣5，离生，同雄蕊管的基部贴生，覆瓦状或螺旋状排列；雄蕊多数，花丝合成管状，花药肾形、线形或马蹄形，1室，花粉被刺；子房上位，2至多室，每室被胚珠1至多枚，中轴胎座，柱头线形、匙形、盾形或头状。果实为分果、蒴果，稀浆果状；种子倒卵形或肾形，无毛或被毛，具胚乳。

本科约有50属约1000种，分布于欧洲的温带、非洲的热带至温带、亚洲的热带至温带、北美洲温带、南美洲热带与大洋洲等地区。我国有16属约81种和36变种或变型，产全国各地，以热带和亚热带地区种类较多。

延安分布的锦葵科植物有6属10种2变种1变型。延安各地均有栽培。

本科植物喜光，耐高温，耐干旱，耐贫瘠，一般生境均能生长。

本科有些植物为重要的经济作物，其种子纤维是棉花，种子可以产油，供食用或工业用；有些种类茎皮可以提供优良的纤维；有些种类可以作为园林观赏植物。

分属检索表

1. 果为蒴果，子房由几个合生心皮组成……2
1. 果为分果，子房由几个分离心皮组成……4
2. 花柱棒状，不分枝；种子球形或倒卵形，被白色长绵毛；小苞片3，稀5或7……1. 棉属 *Gossypium*
2. 花柱分枝；种子肾形，稀圆球形，被毛或为腺状乳突，稀无毛；小苞片5～15……3
3. 萼佛焰苞状，无毛，果时脱落……2. 秋葵属 *Abelmoschus*
3. 花萼钟形，密被金黄色星状绒毛和长硬毛，果时宿存……3. 木槿属 *Hibiscus*
4. 花无小苞片……4. 苘麻属 *Abutilon*
4. 小苞片3～9个……5
5. 小苞片3个，分离……5. 锦葵属 *Malva*
5. 小苞片6～9个，基部合生……6. 蜀葵属 *Althaea*

1. 棉属 *Gossypium* L.

草本、灌木或乔木。小枝、叶柄和苞片常有黑色油腺点。叶互生，掌状分裂。花腋生，大形，白色、黄色，有时具暗紫色心；小苞片叶状，分裂或呈流苏状，常3，稀5或7，分离或连合；花萼杯状，截形或5裂；花冠5，旋转排列；雄蕊多数；子房3～5室，每室具胚珠2至多颗。蒴果椭圆形或圆球形，室背开裂；种子倒卵形或球形，密被白色长棉毛，或混生具不易剥离的短绒毛，或无毛。

本属约20种，分布于热带和亚热带。我国栽培的有4种和2变种。延安栽培2种，分布于富县、延安宝塔、延长以北。

本属植物喜光、耐高温、耐干旱、耐贫瘠，一般生境均能生长。

本属是极重要的经济作物，全世界广泛栽培，其种子的棉毛（俗称棉花）为纺织工业最主要的原料；种子供榨油，供工业润滑油。

分种检索表

1. 小苞片基部合生；叶掌状5裂，稀3或7裂……………………………………1. 草棉 *G. herbaceum*
1. 小苞片基部离生；叶掌状3浅裂，稀5裂……………………………………2. 陆地棉 *G. hirsutum*

1. 草棉

Gossypium herbaceum L., Sp. Pl. 693. 1753; 中国植物志, 49(2): 96. 1984.

一年生草本，高达1.5m，被柔毛。叶互生，掌状5深裂，裂片宽卵形，常宽大于长，5～10cm，顶端短尖，基部心形，两面被毛；托叶线形，早落，具叶柄，叶柄被长柔毛。花腋生，具花梗，长1～2cm；小苞片长2～3cm，宽三角形，宽大于长，先端具齿，被疏长毛；萼杯状，5浅裂；花冠黄色内部带紫色，直径5～7cm。蒴果具喙，常3～4室，卵圆形，长约3cm；种子约1cm，斜圆锥形，被白色棉毛。花期7～9月，果期9～10月。

本种在延安种植面积少，主要栽培在富县、宝塔、延长以北。我国西北各地、华南的广东、西南的云南与四川等地，均有栽培。原产阿拉伯半岛和土耳其。

植株较小，耐旱，生长期短，130天左右。

棉毛可制棉质品；种子可榨油，供药用。

草棉 *Gossypium herbaceum*
叶及花（黎斌 摄）

2. 陆地棉

Gossypium hirsutum L., Sp. Pl. ed. 2, 975. 1763; 中国植物志, 49(2): 096. 1984.

一年生草本，高达1.5m。叶宽卵形，长与宽近相等，基部心状截头形或心形，常掌状3裂，裂片三角状卵形，顶端渐尖，叶被毛；叶柄疏被柔毛，长3～14cm；托叶早落，卵状镰形。花腋生，花梗略短于叶柄；小苞片3，分离，边缘具齿，基部心形，被纤毛与长硬毛；花萼杯状，5裂，裂片三角形，具缘毛；花淡黄色或白色，后变紫色或淡红色；雄蕊柱长1.2cm。蒴果具喙，卵圆形，3～4室，长3.5～5cm；种子分离，卵圆形，具棉毛。花期7～9月，果期9～10月。

延安主要栽培在富县、宝塔、延长以北。已广泛栽培于全国各产棉区。我国现有栽培主要品种

陆地棉 *Gossypium hirsutum*
1. 植株（吴振海 摄）；2. 花红色（吴振海 摄）；3. 花白色（吴振海 摄）

有鲁棉品种、豫棉品种、新疆棉品种、“中”字号棉花品种。原产北美洲。

喜光，耐高温，耐干旱，适宜栽培于沙壤土。

棉毛可治棉质品；种子可榨油，供药用。

2. 秋葵属 *Abelmoschus* Medicus

多年生、二年生或一年生草本。叶掌状分裂或全缘。花腋生；小苞片线形，稀披针形，5～15个；花萼早落，佛焰苞状，顶端5裂；花瓣5，红色或黄色，漏斗形；雄蕊柱比花冠短，无毛；子房5室，每室具多颗胚珠，心皮5，花柱5裂。蒴果长卵形、柱形，室背开裂，密被硬毛；种子多数，球形或肾形，无毛。

本属约15种，分布于欧洲、非洲、亚洲、大洋洲的热带和亚热带地区。我国有6种和1变种（包括栽培种），主要产于东南至西南各地，华北、西北地区也有栽培。延安有1种，延安各地均有栽培。

本属植物喜光，耐高温，耐干旱，不耐严寒，对土壤要求不严。

本属植物的花大形，鲜艳美丽，可供观赏；有些植物种类可入药用，也可食用。

咖啡黄葵

Abelmoschus esculentus (L.) Moench Meth. 617. 1794; 中国植物志, 49(2): 053. 1984.

一年生草本，高0.6～2m；茎圆柱形，疏被刺毛或近无毛。叶肾形或圆形，3～7裂，长

咖啡黄葵*Abelmoschus esculentus*
1.叶（王天才 摄）；2.花（王天才 摄）；3.果实（王天才 摄）

10～30cm，叶缘具不整齐粗锯齿，两面均被疏硬毛；叶柄被长刚毛，长7～15cm；具线形托叶，被硬毛。花腋生，花梗疏被刚毛，长1～2cm；小苞片线形，8～10个，长约1.5cm，疏被刚毛；花萼钟形，比小苞片略长；花冠倒卵形，黄色，内部带紫色，长4～5cm。蒴果长10～25cm，筒状尖塔形，先端具长喙，被疏刚毛；种子多数，球形，直径4～5mm，具脉纹。花期7～8月，果期9～10月。

延安各地均有栽培。我国华北的河北，西北的陕西，华东的山东、江苏与浙江，华中各地，华南的广东，西南的云南等地有引入栽培。原产于印度。

生长周期短，喜温暖，耐干热，怕严寒，对土壤要求不高。

种子含油，油内含少量有毒的棉酚，加工处理后可以食用或用于工业中。果实可以做蔬菜。

3. 木槿属 *Hibiscus* L.

一年生或多年生，木本或草本。叶互生，不裂或掌状分裂，具掌状脉，有托叶。花腋生，两性，5数；小苞片5或多数，合生或离生；花萼宿存，常钟形，5裂；花瓣单瓣或重瓣，白色、粉红色、紫色或黄色，基部和雄蕊柱贴生；雄蕊管先端截形或5裂，花药肾形，多数，生于雄蕊管顶端；子房5室，分别具3至多数的胚珠，柱头头状。蒴果卵圆形，室背5裂；种子肾形，被毛或具腺状凸起。

本属200余种，分布于非洲的热带与亚热带、亚洲的热带与亚热带、南美洲的热带与亚热带和大洋洲等地区。我国有24种和16变种或变型（含栽培种）。产于全国各地。延安有2种1变型（含栽培种），延安各地均有分布。

本属的多数种类有着大型美丽的花朵，是主要的园林观赏灌木；有些种类的皮层纤维发达，可提制纤维；有些种类也作药用。

分种检索表

1. 一年生草本……………………………………………………………………1. 野西瓜苗*H. trionum*

1. 落叶灌木……2
2. 花单瓣，淡紫色……2. 木槿 *H. syriacus*
2. 花重瓣，白色……2a. 白花重瓣木槿 *H. syriacus* f. *albus-plenus*

1. 野西瓜苗

Hibiscus trionum L., Sp. Pl. 697. 1753; 中国植物志, 49(2): 086. 1984.

一年生草本，高25～70cm，平卧或直立，被星状毛。叶二型，上部的叶掌状，3～5深裂，下部叶圆形，不分裂；叶柄被星状毛，长2～4cm；托叶长约7mm，线形，被星状刚毛。花腋生，具花梗，被星状刚毛，长约2.5cm；小苞片线形，12个，长约8mm，被粗刚毛，基部贴合；花萼淡绿色，钟形，被粗刚毛，膜质，5裂，三角形；花冠黄色，内部紫色，倒卵形，直径2～3cm。蒴果直径约1cm，长圆状球形，被硬毛；种子黑色，肾形，具腺状凸起。花期7～8月，果期9～10月。

延安各地均有分布。我国各地均有分布。原产非洲，分布欧洲、亚洲等地区。

喜光，耐旱，生于海拔800～1400m的荒地、山坡或路旁。

全草和果实、种子可作药用。

野西瓜苗 *Hibiscus trionum*
1. 植株（王天才 摄）; 2. 花（于世川 摄）; 3. 果实（于世川 摄）

2. 木槿

Hibiscus syriacus L., Sp. Pl. 695. 1753; 中国植物志, 49(2): 75. 1984.

灌木，落叶，高2～4m，小枝被星状毛或近无毛。叶菱状卵圆形，长3～10cm，宽约3cm，不裂或3裂，顶端钝，叶缘具粗齿，基部楔形；叶柄被星状柔毛，长5～25mm；具线形托叶，长约6mm。花腋生，具花梗，被星状毛；线形小苞片6～8个，长6～15mm，宽约1.5mm，密被绒毛；花萼长14～20mm，钟形，5裂，三角形；花冠钟形，淡紫色，直径约5cm；雄蕊管约3cm。蒴果直径约12mm，卵圆形，密被星状毛；种子背部被毛，肾形。花期7～10月，果于花后逐渐成熟。

延安各地均有栽培。原产中国，全国各地均有栽培。印度、叙利亚有分布。

喜温暖湿润气候，对环境的适应性强，对土壤要求不严格。萌蘖性强。

本种主供园林观赏用；茎皮富含纤维，用于造纸；花、果、根、叶、皮均可入药。

木槿 *Hibiscus syriacus*

1.叶（王天才 摄）；2.花（于世川 摄）；3.果实（于世川 摄）

2a. 白花重瓣木槿（变型）

Hibiscus syriacus L. f. ***albus-plenus*** Loudon Trees & Trees & Shrubs 62. 1875; 中国植物志, 49(2): 78. 1984.

本变型的花白色，重瓣，直径6～10cm。
延安各地均有栽培。我国华东、华中、西南等地均有分布。
本变型栽培供园林观赏用；花可作蔬食，别有风味。

白花重瓣木槿*Hibiscus syriacus* f. *albus-plenus*
花（于世川 摄）

4. 苘麻属 *Abutilon* Miller

灌木、亚灌木或草本。单叶互生，分裂或不分裂，掌状脉，基部心形。花单生于叶腋或茎端，有时排成圆锥花序或总状花序；花萼管状、盘状或钟状，5深裂；花冠5，钟形、轮形、稀管形，上部分离，与雄蕊管贴生；雄蕊管先端具药；心皮8～20，花柱分枝同心皮数，柱头头状。分果近球形或磨盘状，分果瓣先端具2长芒或无，成熟后与中轴分离；种子肾形，具星状毛或乳头状突起。

本属约150种，分布于非洲热带与亚热带、亚洲热带与亚热带、南美洲热带与亚热带、大洋洲等地区。我国产9种（包括栽培种），分布于南北各地。延安产1种，延安各地均有分布。

本属植物喜光，耐旱，常见于荒坡、草地、林缘等地。

本属有些种类的茎皮富含纤维，常栽培以供编织用；有些种类的花型大，颜色美丽，可供园林观赏；也有的种类可作药用。

苘麻

Abutilon theophrasti Medicus Malv. 28. 1787; 中国植物志, 49(2): 36. 1984.

一年生草本，高达1～2m，茎绿色，被柔毛。叶圆心形，长5～10cm，基部心形，叶缘具细圆

苘麻*Abutilon theophrasti*
1.叶（于世川 摄），2.果实（于世川 摄）

锯齿，密被星状柔毛；叶柄被星状细柔毛，长3～12cm；托叶早落。花腋生，花梗长1～13cm，近顶部具节；花萼杯状，密被短绒毛，5裂，卵形；花黄色，倒卵形，长约1cm；雄蕊柱无毛，心皮15～20，顶端平截，具长芒2。果实直径约2cm，半球形，分果瓣15～20，被毛，顶端具2长芒；种子肾形，被星状柔毛，褐色。花期7～8月，果期9～10月。

延安各地均有分布。我国除青藏高原不产外，其他各地均产。分布于欧洲、亚洲热带与亚热带、北美洲等地区。

喜光，耐旱，生于海拔1000m左右的村旁、路旁、田边、沟边与河岸。

纤维发达，可用于加工纺织材料。种子含油量高，为制油漆、工业用润滑油提供原料；种子可入药，有通乳顺产等功效。

5. 锦葵属 *Malva* L.

一年生或多年生草本。单叶互生，常掌状浅裂。花单生或簇生于叶腋，花梗有或无；小苞片线形，3个，常离生；萼杯状，裂片5；花冠玫红色或紫红色或白色，先端常凹入；雄蕊管的先端具花药；子房多室，每室具胚珠1，花柱多分枝，柱头线形。分果圆盘状，成熟时心皮彼此分离，且与中轴脱落。

本属约30种，分布欧洲、北部非洲和亚洲。我国有4种，产各地。延安产3种2变种，分布于子长、甘泉、黄龙、宝塔、富县、宜川、黄陵、洛川等地。

本属植物供观赏或药用和采嫩叶供蔬食。

分种检索表

1. 花大型，紫红色，直径3.5～4cm；小苞片长圆形，先端圆形；分果背面具网纹，微被柔毛……………………………………………………………………………1. 锦葵 *M. cathayensis*
1. 花小型，白色至淡粉红色，直径5～15mm；小苞片线状披针形，先端锐尖；分果背面无毛，边缘被条纹……………………………………………………………………………2
2. 一年生草本；叶缘特别皱曲……………………………………3a. 冬葵 *M. verticillata* var. *crispa*
2. 二年生或多年生草本；叶缘不皱曲……………………………………………………3
3. 植株较小，匐生，高20cm；花冠长为萼片的2倍，花瓣的爪具髯毛…………2. 圆叶锦葵 *M. pusilla*
3. 植株高大，直立，高达1m；花冠微微超过萼片，花瓣的爪不具髯毛……………………3
4. 花簇生，几无柄至极短柄；叶裂片三角形……………………………………3. 野葵 *M. verticillata*
4. 花簇生，花梗不等长，其中有1花梗特长；叶裂片圆形…………3b. 中华野葵 *M. verticillata* var. *rafiqii*

1. 锦葵

Malva cathayensis M. G. Gilbert, Y. Tang & Dorr, nom. nov.; Flora of China, 12: 266. 2007.

二年生或多年生直立草本，高可达90cm，茎分枝多，被疏粗毛。叶肾形或圆心形，5～7裂，裂片圆齿状，基部圆形或近心形，叶缘有圆锯齿；叶柄具沟槽，长4～8cm，槽内被长刚毛；托叶卵形。花腋生，3～11朵簇生，具花梗，长约1.5cm，无毛或被疏毛；苞片长圆形3个；花瓣匙形，

锦葵 *Malva cathayensi*
1.植株（于世川 摄）；2.叶（于世川 摄）；3.花（于世川 摄）；4.小苞片（于世川 摄）

5个，白色或紫红色，直径3.5～4cm；雄蕊管被刺毛，花柱9～11分枝。果扁球形，径约6mm，分果瓣9～13，肾形，背面具网纹，被柔毛；种子肾形，黑褐色。花期6～7月，果期8～9月。

延安主要分布于黄陵，分布海拔1200m左右。我国南北各地均有分布。印度也有。

喜光，耐寒，耐干旱，对环境适应力强。

花供园林观赏，地植或盆栽均宜；其花白色的常入药用。

2. 圆叶锦葵

Malva pusilla Smith in Smith & Sowerby, Engl. Bot. 4: t. 241. 1795; Flora of China, 12: 266. 2007.

多年生匍匐或直立草本，高25～50cm。茎基部木质化，多分枝，被粗毛。叶互生，肾形，长1～3cm，宽1～4cm，叶缘具细圆齿，基部心形；叶柄被长柔毛，长3～12cm；托叶卵状渐尖。花腋生，常3～4朵；小苞片披针形，3个，长约5mm，被柔毛；萼钟形，长约5mm，5裂，三角状；花浅粉红色至白色，长约11mm，花冠5，倒心形；雄蕊管被短柔毛。分果扁圆形，径5～6mm，分果瓣13～15，被短柔毛，无网纹；种子无网纹或被网纹，肾形。花期7～8月，果期9～10月。

延安分布于甘泉、富县、宜川、黄陵、洛川、黄龙等地，海拔1100～1600m路边、草地、荒坡与林缘等地。我国华北的河北与山西，西北的新疆、陕西、甘肃，华东的山东、江苏、安徽，华中的河南及西南各地有分布。欧洲和亚洲各地均有分布。

喜光，耐旱，生于荒野、草坡。

圆叶锦葵 *Malva pusilla*
1.植株（于世川 摄）；2.花（于世川 摄）

3. 野葵

Malva verticillata L., Sp. Pl. 689. 1753; 中国植物志, 49(2): 7. 1984.

二年生落叶草本，高50～100cm，茎被长柔毛。叶圆形或肾形，直径5～11cm，常掌状5～7中裂，裂片三角形，缘具钝齿，被毛或近无毛；叶柄长2～8cm；具卵状披针形托叶，被柔毛。花腋生，3至多数；小苞片线状披针形，3个，被纤毛；萼杯状，直径5～8mm，5裂，广三角形，被刚毛；花冠5，较萼片长，淡白色至淡红色，长6～8mm，顶端凹入；雄蕊管被毛，长约4mm；花柱分枝，常10～11。分果扁球形，径5～7mm；分果瓣10～11，背部平滑，两侧有网纹；种子紫褐色，肾形，无毛。花期6～8月，果期6～9月。

延安各地均有分布。我国各地均有野生。亚洲暖温带至热带、欧洲暖温带等地均有分布。

喜光，生于海拔700～1000m的山坡草地、路边与村旁。

果实、根和叶作中草药，具有清热解毒功效。嫩苗也可供蔬食。

野葵 ***Malva cathayensi***

1.植株（于世川 摄）；2.叶（于世川 摄）；3.果实（于世川 摄）

3a. 冬葵（变种）

Malva verticillata var. ***crispa*** L., Sp. Pl. 2: 689. 1753.; Flora of China, 12: 267. 2007.

一年生落叶草本，高1m；茎单生，被柔毛。叶圆形，常5～7掌状浅裂，基部心形，叶缘具细锯齿，两面星状毛或无毛。花白色，直径约6mm，在叶腋单生或簇生；小苞片披针形，3个，疏被糙伏毛；萼浅杯状，5裂，裂片三角形，疏被柔毛；花冠5，略长于萼片。果扁球形，径约8mm，分果瓣11，网状，具细柔毛；种子暗黑色，肾形。花期6～9月，果期8～10月。

延安分布于子长、宝塔、富县、黄陵等地，分布海拔1000～1600m的荒坡、路边、林缘等地。我国西北的陕西与甘肃，华东的江西，华中的湖南，西南等地区有分布。

喜湿润气候，不耐高温和严寒，对土壤要求不严。

可作蔬菜食用；其叶圆，边缘皱起，观赏价值高，可以地植或盆栽。

冬葵*Malva verticillata* var. *crispa*
1.花枝（吴振海 摄）；2.花（吴振海 摄）

3b. 中华野葵（变种）

Malva verticillata var. ***rafiqii*** Abedin, Fl. W. Pakistan 130: 45. 1979.; Flora of China, 12: 266. 2007.

与野葵*Malva verticillata* L.区别：叶片浅裂，裂片为圆形。花在叶腋簇生，花梗不等长，其中一花梗特长，长达4cm。

延安富县、宝塔以南有分布。我国华北的河北与山西、西北各地、华东的山东、华中的湖南与湖北、华南各地、西南各地有分布。朝鲜也有分布。

6.蜀葵属 *Alcea* L.

一年生、二年生、多年生直立草本，被硬毛。叶近圆形，掌状深裂或浅裂；具托叶，宽卵形，顶端3裂。花单生于叶腋或呈顶生的总状花序；小苞片杯状，6～9个，裂片三角形，基部合生，被密绵毛和刚毛；萼钟形，5裂，被绵毛和刚毛；花冠漏斗形，颜色多样，花瓣倒卵状截形，爪被髯毛；雄蕊管先端着生花药；子房多室，每室具1个胚珠。分果盘状，分果瓣30枚以上，熟时分离，由中轴脱落。

本属40余种，分布于亚洲中部、西部温带地区。我国有3种（包括栽培种），产新疆和西南各地，其他地区有栽培。延安栽培1种，在各地均有栽培。

本属的花型大，色彩鲜艳，已广泛供园林观赏用；茎皮富含纤维，可供纺织；根入药用。

蜀葵

Alcea rosea L., Sp. Pl. 2: 687. 1753.; 中国植物志, 49(2): 11. 1984.

二年生草本，高达2m，茎直立，被刚毛。叶近圆心形或长圆形，长7～16cm，3～7浅裂或微波状，裂片三角形；叶柄长5～15cm，被星状刚毛；具卵形托叶，长约8mm，顶端具3尖。花单生或近簇生，在叶腋排列成总状花序，总苞片杯状，6～7裂，裂片卵状披针形；萼钟状，5裂；花重瓣或单瓣，倒卵状三角形，直径6～10cm，有白、红、粉红、黄、紫、黑紫等色；雄蕊管长约2cm，无毛；花柱多个分枝，疏被细毛。分果盘状，背部具纵沟槽。花期6～8月。

延安各地均有栽培，供观赏。本种原产我国西南地区，全国各地广泛栽培。世界各国均有栽培，供观赏。

喜光，多生长在路旁、村旁、田边等阳光充足的地方。

全草入药，有清热止血、消肿解毒之功效。茎皮含纤维可代麻用。

蜀葵 *Alcea rosea*

1.植株（于世川 摄）；2.重瓣花（于世川 摄）；3.单瓣花（于世川 摄）；4.花枝（曹旭平 摄）

71 猕猴桃科

Actinidiaceae

本科编者：陕西省林业调查规划院　方佳佳

乔木、灌木或木质藤本。单叶互生，无托叶。花两性或雌雄异株，单生或组成腋生聚伞花序；花萼5，稀2～3片，覆瓦状排列，稀镊合状排列；雄蕊多数，离生或基部合生，花药背部着生，纵裂或顶孔开裂；子房上位，心皮3～5或多数，子房3室或多室，每室胚珠多数；花柱分离或合生。浆果或蒴果；种子多数，细小，具肉质假种皮。

本科有4属370余种。主产亚洲及美洲的热带地区，少数散布于亚洲温带和大洋洲。我国有4属90余种，主要分布于华南和西南地区。延安有1属2种，主要分布在黄龙、黄陵。

喜温暖湿润环境，怕涝，耐旱性弱，常见于阴坡、林下。

本科植物的经济价值以猕猴桃属为最大，果可食，富含维生素和多种氨基酸，为饮料、果酱等食品加工的重要原料。

猕猴桃属 *Actinidia* L.

落叶木质藤本。茎髓实心或片层状；冬芽藏于叶柄基部或露出。叶膜质、纸质或革质，具长柄，叶脉羽状，多数侧脉间有明显的横脉。花杂性或雌雄异株，单生或呈腋生聚伞花序；花萼2～5，分离或基部合生，覆瓦状排列，极少为镊合状排列；雄蕊多数，离生，花药黄色或紫黑色，丁字式着生，纵裂，基部通常叉开；子房多室，球状、柱状或瓶状，有中轴胎座，胚珠多数，倒生；在雄花中存在退化子房。浆果，秃净，少数被毛，球形、卵形至柱状长圆形；种皮有网状凹点。

本属约56种，产亚洲，分布于马来西亚至俄罗斯西伯利亚东部的广阔地带。我国为主产区，有52种以上，主要分布于华北、西北、华东、华中、华南和西南各地，少数种类延伸到东北地区。延安产2种，分布于黄龙白马滩和黄陵建庄。

喜光怕晒，稍耐阴，喜湿润，在土层深厚、疏松的沙质土壤生长较好。

本属植物果实可食，叶可作饲料，根可作杀虫农药。

分种检索表

1. 叶背绿色，无白粉……………………………………………… 1. 软枣猕猴桃*A. arguta*
1. 叶背浅粉绿色或粉绿色，被白粉………………………………… 2. 黑蕊猕猴桃*A. melanandra*

1. 软枣猕猴桃

Actinidia arguta (Sieb. & Zucc) Planch. ex Miq. in Ann. Mus. Bot. Ludg. Bat. 3: 15. 1867; 中国植物志, 49(2): 205. 1984.

大型落叶藤本。幼枝被薄毛；髓片层状。叶纸质，卵形或近长圆形，长5～15cm，宽3～10cm，先端骤尖，基部心形或近圆形，缘有尖锯齿，表面无毛，背面绿色，沿中脉被刺毛；叶柄长2～8cm，有时被刚毛。花绿白色或黄绿色，3～6朵组成腋生聚伞花序；花序柄长7～10mm，花柄8～14mm；萼片卵形，内面被黄色毛，花后脱落；花丝长1.5～3mm，花药暗紫色；子房瓶状，无毛，花柱长3.5～4mm。浆果椭圆形，长2～3cm，径约1.8cm，无毛，无斑点，不具宿存萼片，淡黄绿色。花期6～7月，果期9月。

延安见于黄龙（白马滩）和宜川。我国从最北的黑龙江岸至南方广西境内的五岭山地都有分布。主要分布于亚洲的东北部。

本种分布于海拔1180m左右的阴坡混交林中、溪旁或湿润处，多攀缘在树上，喜凉爽湿润环境。

果实可生食、酿酒或加工蜜饯、果脯等；也可作园林垂直绿化树木。

软枣猕猴桃 *Actinidia arguta*
1.植株（曹旭平 摄）；2.果实（曹旭平 摄）

2. 黑蕊猕猴桃

Actinidia melanandra Franch. in Journ. de Bot. 8: 278. 1894; 中国植物志, 49(2): 209. 1984.

中型落叶藤本。小枝无毛，淡红褐色；髓片层状。叶纸质，椭圆形或卵形，长5～11cm，宽2.5～5cm，先端渐尖，基部圆形或阔楔形，锯齿显著至不显著，表面绿色，无毛，叶背粉绿色至苍绿色，被白粉，叶脉不显著，侧脉腋有簇毛6～7对；叶柄无毛，长1.5～5.5cm。聚伞花序，苞片钻形；萼片4或5，卵形至长卵形，长3～6mm，边缘有流苏状缘毛；花瓣5，有时4或6，匙状倒卵形；花药黑色，长方箭头状，长约2mm；子房瓶状，无毛，长约7mm，花柱多数，丝状。浆果椭圆形，长约3cm，无毛，无斑点，顶端有喙，萼片早落。种子淡黄褐色，长约2mm。花期6～7月，果期9～10月。

延安见于黄陵建庄和大岔等地。我国西北、华东、华中和西南各地均有分布。分布于亚洲东部。

本种分布于海拔1000～1500m的山地阔叶林中，喜湿润，幼苗期怕晒，高约1m时喜充足光照。

果成熟后可食用，叶可喂猪，根部可作杀虫农药。在园林中适合棚架、花架等处栽培观赏。

黑蕊猕猴桃*Actinidia melanandra*
标本照片

72 藤黄科

Guttiferae

本科编者：西北农林科技大学　李冬梅

草本、灌木或乔木。具裂生的空隙或小渠道，内含树脂或油。单叶，全缘，常对生和轮生，稀互生，无托叶。花通常为单性或两性，杂性异株，稀全部为两性；轮状排列或部分螺旋状排列，整齐，通常为聚伞花序；小苞片紧邻花萼，与花萼难以区分；萼片2～6，交互对生或覆瓦状排列；花瓣2～6，离生，通常覆瓦状排列，近镊合状排列或旋转；雄蕊少或多数，下位着生，分离或不同程度合生，常集合成束；花药2室，纵向开裂；雄花中常有退化雌蕊；花粉粒经常具3孔沟，扁球形至长球形；雌蕊1，子房上位，1至多室，心皮子房室同数，胎座为中轴、侧生或基生，每个胎座具1至多数胚珠，胚珠倒生，花柱数目与心皮同数且常合生。果常为蒴果、浆果或核果；种子1至多颗，有很大的胚但无胚乳，常具假种皮。

本科约45属1200种，主要产非洲、亚洲和美洲的热带地区。中国约8属95种。主产于湖南、江西以南包括台湾及西藏东南部在内的各地区。延安分布有1属2种，各县（区）均有分布。

性喜光，略耐阴，喜生于湿润河谷或低山坡地潮湿的密林中。本科植物有较高的经济价值，几个世纪以来，从藤黄果实中提炼出的生物保健品风靡世界各地，经常被用于减肥药物；藤黄属植物还是天然酮类、苯甲酮类等化合物的主要资源之一，木材可供建筑和制作家具。

金丝桃属 *Hypericum* L.

多年生草本或灌木，无毛或被柔毛，具透明或黑色腺点。单叶对生，有时轮生，全缘，具短柄或无柄。花成聚伞花序或单生，顶生或有时腋生；花两性；萼片（4）5，斜形，旋转状，大小不一，呈覆瓦状排列；花瓣（4）5，黄色，偶有白色，脉络上偶有红色，常不对称；雄蕊通常多数，分离或成3～5束，每束具多至80枚的雄蕊，花丝纤细；子房3～5室，有3～5侧膜胎座；花柱3～5，分离或联合，多少纤细；柱头小或多少呈头状。蒴果室间开裂，罕为浆果状。种子小，圆筒形，无翅，无假种皮。

约460种，分布几遍世界。我国有64种，在我国西南各地分布较为集中。全国温带地区几乎都有分布，陕西产15种。本属在延安仅分布2种，在延安宝塔、黄龙部分区县有园林栽培。

本属植物喜光，有一定的耐寒能力，喜肥沃湿润土壤，但不可积水。在自然界多生于山坡、山谷林下或灌丛中。萌芽力强。本属植物花叶秀丽，是园林庭院常见的观赏花木。

分种检索表

1. 花柱5；雄蕊束5 ……………………………………………………………… 黄海棠 *H. ascyron*
1. 花柱3；雄蕊束3或不规则排列 …………………………………………… 赶山鞭 *H. attenuatum*

1. 黄海棠

Hypericum ascyron L., Sp. Pl. 783. 1753; 中国植物志, 50(2): 43. 1990.

多年生草本，高0.5～1.3m。茎单一或丛生，不分枝或顶端具分枝，成熟后具4纵棱。叶全缘，纸质，无柄，背面具腺点，脉网清晰；叶片披针形或狭长圆形，长2～10cm，宽1～3cm，基部抱茎。伞房或圆锥花序顶生，具1～35花；花瓣金黄色，倒披针形，长1.5～4cm，宽0.5～2cm，弯曲，偶有腺斑，宿存；萼片卵形或长圆形；花柱5；雄蕊多，5束，每束有雄蕊约30枚，花药金黄色；子房5室。蒴果棕褐色，成熟时前端5裂。种子棕色，筒形，略弯，长1～1.5mm，有蜂窝状网纹。花期7～8月，果期8～9月。

产延安宝塔、富县、黄龙等地。除新疆、西藏外，分布几乎遍及全国。生长于海拔2800m以下的山坡林下、林缘、灌丛间、溪旁及河岸湿地等处。日本、朝鲜半岛、蒙古、俄罗斯也产。

全草药用；花朵大，花色鲜，花期长，为优良的宿根花卉。

黄海棠 *Hypericum ascyron*
1.植株（吴振海 摄）；2.茎（示四棱）（吴振海 摄）；3.花（吴振海 摄）；4.果实（吴振海 摄）

2. 赶山鞭

Hypericum attenuatum Choisy, Prodr. Hyperic. 47, t. 6. 1812, in DC. Prodr. 1: 548. 1824; 中国植物志, 50(2): 69. 1990.

多年生草本，高达70cm。侧根及须根茂盛。茎圆柱形，上部多分枝，具2条纵棱，遍布黑色斑点。单叶对生，全缘，无柄；叶片长圆形，长1.5～2.5cm，宽3～10mm，顶端圆钝，基部略抱茎。聚伞或圆锥花序顶生，花瓣淡黄色长圆形；花直径1.3～1.5cm；苞片长圆形，长约0.5cm；萼片披针形，宿存；雄蕊3束，每束有雄蕊约30枚；花萼、花瓣及花药都有黑色腺点；子房卵圆形，3室；花柱3。蒴果卵圆形，长8mm，宽约4mm，具长短不等的条状腺斑。种子圆筒形，弯曲，浅黄灰色，两端圆钝且具尖，表面有细蜂窝纹。花期7～8月，果期8～9月。

产延安宝塔、安塞、黄龙等地。生长于海拔600～1600m以下的山地荒野或林下。分布于东北、华北、华中、华南及西北的甘肃、陕西，华东的江苏、安徽、浙江、福建、江西，西南的四川、贵州。朝鲜半岛也有分布。

全草代茶叶用；叶含芳香油及单宁，可入药。

赶山鞭 *Hypericum attenuatum*
（刘培亮 摄）

73 柽柳科

Tamaricaceae

本科编者：陕西省林业调查规划院　方佳佳

乔木、灌木或半灌木。叶鳞片状，互生，托叶无，常无叶柄，常具腺体。花常两性，稀单性，簇生于叶腋，常呈总状花序或圆锥花序；花萼4或5，分离，深裂，宿存；花瓣分离，4或5，覆瓦状排列，常脱落；雄蕊4～10或多数，常分离，贴生于花盘；雌蕊1室，2～5心皮合生，子房上位；胚珠2至多数，花柱短，常3～5，离生或基部合生。蒴果，室背开裂，圆锥形；种子小，具束毛或周围被毛；胚乳有或无，胚直生。花期4～9月，果期5～10月。

本科有3属约110种。主要分布于欧洲温带地区、非洲、亚洲。我国有3属32种，产华北、西北、西南。延安分布有2属3种，主要分布在吴起、安塞、子长、甘泉、宝塔、富县、黄陵、洛川等地。

本科植物大多数种类喜光，耐旱，耐盐碱，可在平原半荒漠区、盐渍化的荒漠、河谷、平原及滨湖分布；有些种可以大面积成林，在荒漠地区有广泛用途，对防风固沙、维持生态平衡起着很大的作用。本科有些种类树形秀美，可以用于庭院绿化。

分属检索表

1. 叶鳞片状；雄蕊4～5，与花瓣同数，等长，花丝分离；雌蕊具短花柱………………1. 柽柳属 *Tamarix* L.

1. 叶长圆形或线形，扁平；雄蕊10，长度为花瓣的1倍，花丝基部或下半部结合成筒；雌蕊无花柱……………………………………………………………………………2. 水柏枝属 *Myricaria* Desv.

1. 柽柳属 *Tamarix* L.

灌木或乔木，多分枝；枝条有两种，木质化枝越冬不落，绿色营养小枝冬季脱落。叶鳞片状，互生，无柄。花组成密集总状花序或再集成圆锥花序，两性，常具花梗；苞片1枚；花萼4～5裂，宿存；花瓣与萼片同数，脱落或宿存；雄蕊4～5，与萼片对生，花丝常分离，花药纵裂，心形；雌蕊1室，由3～4心皮构成，子房上位，胚珠多数。蒴果3裂，圆锥形；种子小，多数，顶端具短芒，从芒基部生长白色长柔毛。花期4～9月，果期5～10月。

本属约90种。主要分布于非洲（北部）、亚洲，部分分布于欧洲温带地区。我国约产18种，主要分布于华北、西北等地区。延安产2种，分布于吴起、安塞、子长、甘泉、宝塔、富县、黄陵、洛川等地。

本属植物喜光，耐旱，耐盐碱。有的植物可以单独成林，是重要水土保持树种，有些种类枝条可编筐，有些种类树形优美，可供观赏。

分种检索表

1. 幼枝、总状花序轴和花梗纤细、柔软下垂……1. 柽柳 *T. chinensis*
1. 幼枝、总状花序轴和花梗粗硬、直立或斜升……2. 甘蒙柽柳 *T. austromongolica*

1. 柽柳

Tamarix chinensis Lour. Fl. Cochinch. 1: 152. Pl. 24. 1790; 中国植物志, 50(2): 157. 1990.

乔木或灌木，高达8m；老枝紫红色，嫩枝绿色，纤细下垂。叶钻形或卵状披针形，半贴生，先端渐尖而内弯，基部变窄，长1～3mm，背面有龙骨状突起。每年开花3次；总状花序生于当年生枝上，组成顶生圆锥花序；花冠5，粉红色，长约2mm，果时宿存；花萼5，卵状三角形，外面2片，背面具隆脊，长0.75～1.25mm，较花瓣略短；花盘5裂，雄蕊5，长或略长于花瓣，花丝生于花盘裂片间。蒴果圆锥形。花期4～9月，果期5～10月。

延安主要分布于吴起、安塞、子长、甘泉、宝塔、富县、黄陵、洛川，常散生在河岸、荒地，或有栽培。野生于我国东北的辽宁、华北的河北、西北各地、华东各地以及华中的河南等地区；栽培于我国东部至西南部各地。日本、美国也有栽培。

柽柳喜生于河流冲积平原、海滨、滩头、潮湿盐碱地和沙荒地，是最适应干旱沙漠生境的树种之一，是防风固沙的优良树种。根系长，能吸收深层地下水；不怕沙埋，被流沙埋住后，枝条能顽强地从沙包中萌出，继续生长。抗盐碱能力很强，能在含盐碱0.5%～1%的土中生长，是改造盐碱地的优良树种。本种生长在海拔4000m以下。

柽柳材质密而重，可作薪炭柴、农具用材；其细枝柔韧耐磨，多用来编筐，坚实耐用。

柽柳 *Tamarix chinensis*
1. 植株（蒋鸿 摄）；2. 叶（蒋鸿 摄）

2. 甘蒙柽柳

Tamarix austromongolica Nakai in Journ. Jap. Bot. 14: 289. 1938; 中国植物志, 50(2): 159. 1990.

灌木或乔木，高1.5～16.8m，胸径达376cm，枝条直伸，暗红色或淡黄绿色。木质化枝叶宽卵形或卵状披针形，急尖；幼枝叶矩圆形或矩圆状披针形，渐尖。每年开花2次；春季开花，总状花序，侧生，长3～4cm，宽0.5cm，总花梗短或无。秋季开花，圆锥花序，顶生，生于当年生幼枝上；花瓣5，淡紫红色，倒卵状长圆形，顶端向外反折，花后宿存；萼片5，绿色，卵形，边缘膜质透明；花盘5裂，紫红色；雄蕊5，花丝丝状，花药红色；子房红色，三棱状卵形，花柱3，下弯。蒴果长约5mm，长圆锥形。花期5～9月，果期6～10月。

延安主要分布于宝塔和富县。我国华北、西北、华中（河南）等地区有分布。海拔在1000～1600m。

喜水，亦耐干旱、盐碱和霜冻，生于盐渍化河漫滩及冲积平原、盐碱沙荒地及灌溉盐碱地边，为黄河中游半干旱和半湿润地区、黄土高原的主要水土保持林和薪炭林造林树种。枝条坚韧，为编筐原料，老枝可用作农具柄。

2.水柏枝属 *Myricaria* Desv.

落叶灌木或小灌木，匍匐或直立。单叶全缘，互生，鳞片状，无柄和托叶。花两性，常总状花序，顶生或侧生；苞片具膜质边缘；花梗短；花萼与花瓣均5，萼片边缘膜质；花瓣粉白色、粉红色或淡紫红色，长椭圆形、倒卵形或倒卵状长圆形；雄蕊5长5短，花丝基部合生；花药黄色，2室，纵裂；雌蕊1室，3心皮构成，柱头3浅裂，头状。蒴果3瓣裂；含种子多数，先端具芒柱，芒柱一半以上至全部被长柔毛，无胚乳。花期6～8月，果期7～9月。

本属约13种，分布于欧洲和亚洲，是欧亚温带高山属。我国约有10种1变种，主要分布于西北、西南地区。延安产1种，主要分布黄陵、黄龙海拔1000m左右的荒坡、河滩等地。

本属植物喜光，喜水，亦耐旱，生于高山、河谷、沙地。可固堤护岸，有些种类可提供染料。

宽苞水柏枝

Myricaria bracteata Royle Illustr. Bot. Himal. 214. tab. 44. f. 2. 1839; 中国植物志, 50(2): 174. 1990.

灌木，匍匐，高0.2～3m，多分枝；老枝紫褐色，幼枝紫红色。叶密生，线状披针形、卵状披针形、卵形或矩圆形，长2～4mm，宽0.5～2mm。总状花序密集呈穗状，顶生；苞片卵状披针形、倒卵形或椭圆形；萼片5，卵状披针形或披针形，长2.5～4mm；花瓣5，倒卵形，淡紫色、淡红色或粉红色；雄蕊10，花丝基部合生；子房圆锥形。蒴果长8～10mm，狭圆锥形。花期6～7月，果期8～9月。

延安主要分布于黄陵、黄龙的荒坡、河滩等地。我国华北、西北、西南（西藏）有分布。欧洲温带、俄罗斯，亚洲的印度、巴基斯坦、阿富汗、蒙古也有分布。

生态适应性较强，在海拔1100～3300m的河谷砂砾质河滩、湖边沙地、山前冲积扇和砂砾质戈壁均可生长，是很好的河岸固土和沙漠绿化树种。

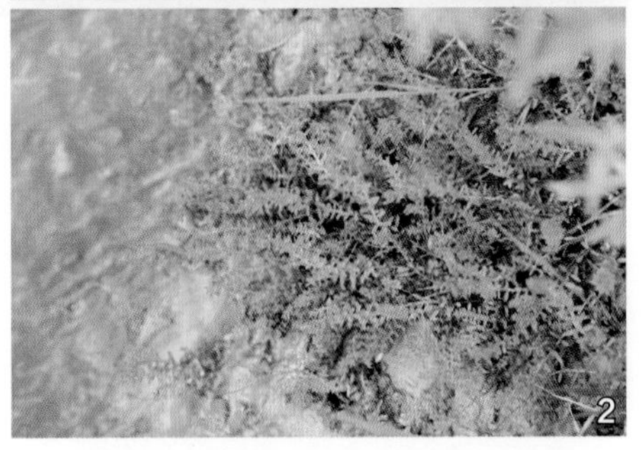

宽苞水柏枝 *Myricaria bracteata*
1.植株（曹旭平 摄）；2.叶（曹旭平 摄）

74 堇菜科

Violaceae

本科编者：西北大学　李忠虎

多年生草本或灌木，稀一年生草本或小乔木。单叶互生，稀对生，全缘有叶柄；叶状托叶。两性或单性花，稀杂性，呈辐射或两侧对称，单生或花序穗状、总状或圆锥状，小苞片2枚；萼片宿存，同形或异形，呈覆瓦状；花瓣异形，基部囊状或有距，覆瓦状或旋转状排列；雄蕊5，常下位，花药直立或分离，膜质药隔延伸至药室顶端，花丝短或无花丝，雄蕊基部有矩状蜜腺；子房被雄蕊覆盖，上位，1室，由3～5心皮连合构成，侧膜胎座，花柱有时分裂，柱头多变化，胚珠倒生，1至多数。蒴果或浆果；种子无柄或短柄，种皮有光泽，坚硬，具肉质胚乳。

约有22属900多种，广布于欧洲、非洲、亚洲、北美洲、南美洲等，温带、亚热带及热带均产。我国有4属130多种，主要分布于长江流域以南各地。延安有1属15种，主要分布吴起、安塞、宝塔、甘泉、黄陵、洛川、宜川和黄龙等地。

本科分布广泛，生态幅较宽，大多数为中生植物，喜生于中性偏酸的土壤，常生长于稀疏的林下、林缘、灌丛、草地、山坡荒地、路边等处。

本科物种具有叶形美观、地面覆盖效果好、花期长、观赏价值高、抗逆境能力强等特点，普遍栽培供观赏。多数物种全草也可供药用，具有清热解毒、活血化瘀的功效。

堇菜属 *Viola* L.

多为多年生草本、少数为二年生草本，极少数为半灌木，具根状茎。地上茎具有发达或者缺少的特征，部分会出现匍匐枝。叶为单叶，互生或基生，形态特征为全缘、具齿或分裂。两性花，两侧对称，单花，春季开花或者夏季开花，春季花有花瓣，夏季花无花瓣，称为闭花。小苞片2枚，萼片5，花瓣5。雄蕊5，花丝极短，花药环绕于雌蕊周围，有2枚雄蕊的近基部形成矩状蜜腺，伸于下方花瓣的距中；3心皮，1室子房，胚珠多数，侧膜胎座；花柱棒状，底部较细，顶部浑圆或者微凹，有附属物，柱头面中间长有柱头孔。蒴果球形或卵圆形，成熟时3瓣裂。种子倒卵形，种皮表面具光泽且坚硬，内部含有大量的内胚乳。

本属500余种，广布温带、热带及亚热带，主要分布于欧洲的阿尔卑斯及地中海、亚洲东亚和南美洲安第斯山脉。

我国约有111种，南北各地均有分布，大多数种类分布在西南地区，其次，在东北、华北地区种类也较多。延安有17种，在吴起、安塞、黄陵、宜川、洛川和黄龙均有分布。

本属分布广泛，适应性强，生境多样，从荒漠、草原、灌丛到密林均有分布。其中多数物种一般喜酸性土壤，在森林地区种类较多，而在东北平原地区（碱性土壤）种类明显减少。

本属具有多种药用植物，如紫花地丁、白花地丁等，具有清热解毒、凉血消肿的功效，用于疔疮肿毒、痈疽发背、丹毒、毒蛇咬伤等；由于有些种类花色俏丽，具有观赏性，被用作庭院观赏种植，如三色堇。

分种检索表

1. 茎通常无基生叶，茎被白色柔毛……1. 鸡腿堇菜 *V. acuminata*
1. 茎有基生叶，茎光滑无毛……2
2. 根状茎基部有数片肉质鳞片……2. 鳞茎堇菜 *V. bulbosa*
2. 根状茎基部无肉质鳞片……3
3. 托叶仅下半部分附着在叶柄上……4
3. 托叶1/2或2/3附着在叶柄上……5
4. 花瓣侧瓣无毛……14. 深山堇菜 *V. selkirkii*
4. 花瓣侧瓣内面有白色柔毛……9. 北京堇菜 *V. pekinensis*
5. 叶下有紫色，沿叶脉有白色带……15. 斑叶堇菜 *V. variegata*
5. 叶下无紫色，沿叶脉无白色带……6
6. 叶大，卵状心形，长3～10cm……5. 大叶堇菜 *V. diamantiaca*
6. 叶较小，三角状卵圆形或卵状披针形……7
7. 基生叶片深裂……8
7. 基生叶片长圆形、狭卵形或椭圆形均未裂……9
8. 叶片3全裂，侧裂片2深裂，中央裂片2～3深裂……3. 南山堇菜 *V. chaerophylloides*
8. 叶片3（5）全裂，两侧裂片2深裂，中裂片3深裂……6. 裂叶堇菜 *V. dissecta*
9. 蒴果，密被白色柔毛……4. 球果堇菜 *V. collina*
9. 蒴果，无柔毛……10
10. 花的颜色白色……8. 白花地丁 *V. patrinii*
10. 花的颜色淡紫色或紫红色……11
11. 叶两面散生白色短毛，下面的短毛有时出现白紫色……10. 茜堇菜 *V. phalacrocarpa*
11. 叶两面无毛后被短毛……12
12. 托叶全缘……12. 早开堇菜 *V. prionantha*
12. 叶两面无毛后被短毛……13
13. 萼片基部具有伸长的附属物……7. 长萼堇菜 *V. inconspicua*
13. 萼片基部无附属物……14
14. 种子外观呈现淡黄色……11. 紫花地丁 *V. philippica*
14. 种子成熟表面呈现白色……13. 辽宁堇菜 *V. rossii*

1. 鸡腿堇菜

Viola acuminata Ledeb. Fl. Ross. 1: 252. 1842; 中国植物志, 51: 35. 1991.

多年生草本，常无基生叶。根状茎较粗，茎直立，常2～4条丛生，高可达10～40cm。单叶互生，叶片心形或卵形，边缘具钝锯齿，两面密生褐色腺点，沿叶脉被稀疏柔毛；叶柄无毛或被疏柔毛，长可达6cm；托叶草质，常羽状深裂呈流苏状，或浅裂呈牙齿状。花淡紫色，具长梗，花梗被细柔毛，花常具2枚线形小苞片；花萼片线状披针形，基部附属物长2～3mm，上面及边缘生有短毛；上方花瓣与侧方花瓣近等长，上瓣向上反曲，下瓣里面有紫色文脉，具囊状距；下方2枚雄蕊的距短而钝；子房圆锥状，有较大的柱头孔。蒴果椭圆形，长约1cm，3瓣裂。花果期5～9月。

鸡腿堇菜 *Viola acuminata*
叶（曹旭平 摄）

在延安主要分布于黄陵和黄龙。在我国东北的黑龙江、吉林、辽宁，华北的河北、山西，西北的陕西、甘肃，华东的山东、江苏、安徽、浙江，华中的河南均有分布。日本、朝鲜、俄罗斯也有分布。

喜阴湿生境，生长于海拔700～2100m的林下、林缘、灌丛、山坡草地或溪谷湿地等地。

全草能清热解毒、排脓消肿，可供药用。

2. 鳞茎堇菜

Viola bulbosa Maxim. in Mel. Biol. 748. 1876; 中国植物志, 51: 73. 1991.

多年生小草本，地上茎短。根状茎细长，具多条细根，鳞茎小，由白色、肉质的鳞片组成，下部生多条须状根。叶集生茎端，叶片长圆状卵形，边缘具波状圆齿，幼叶具白色柔毛；叶柄较叶片短，被柔毛，具狭翅；托叶多数与叶柄合生，先端尖，无毛或有腺状缘毛。花白色；花梗与叶近等长，中部有2枚小苞片；萼片卵形，先端尖，有短圆形基部附属物；花瓣倒卵形，无须毛，下方花瓣先端有微缺，有紫堇色条纹；有粗而短的囊状距,粗约2mm，长1.2～1.7mm；花药的药隔顶部有附属物，下方2枚雄蕊背部有短粗的距，末端钝；子房无毛，花柱向上略增粗，柱头呈三角状，先端具喙，明显，两侧及后方略增厚；柱头孔与近喙等粗。蒴果。花期5～6月。

主要分布于延安宝塔。在陕西的陇县及太白山也有分布。我国西北的甘肃、青海、陕西，西南的四川、云南、西藏也有分布。喜马拉雅地区也有分布。

生于海拔2200～3800m的山坡草地、山谷、耕地边缘等处。

全草能清热解毒、凉血消肿，民间供药用。

3. 南山堇菜

Viola chaerophylloides (Regel) W. Beck. pl. Radd. 1: 222. 1861; 中国植物志, 51: 83. 1991.

多年生小草本，无地上茎，植株高4～30cm。根状茎直立，粗短，被残存的托叶包围，根淡黄色或白色。叶片3全裂，裂片具短柄，深裂，裂片变异较大，披针形、长圆形，边缘具缺刻状齿，不整齐，先端钝或尖，两面无毛或上下面有短柔毛；叶柄常绿色，无毛，有光泽；托叶膜质，宽披针形，一半以上与叶柄合生，边缘有稀疏细齿和缘毛或全缘。花白色或淡紫色，有香味；花梗常淡紫色，有小苞片2枚，线形，具小齿；萼片长圆状卵形，有发达的基部附属物，末端具缺刻，具膜质缘；花瓣呈宽倒卵形，侧方花瓣内基部有细须毛，下方花瓣具紫色条纹，有长而粗的距；花药长2.5～3mm，雄蕊有较细的距；子房无毛，花柱基部稍呈弯曲，柱头两侧及后方稍肥厚，中央微隆起，前方具短喙，柱头孔圆形。蒴果长椭圆状，无毛。种子卵状。花果期4～9月。

在延安主要分布于宝塔和黄龙。陕西的绥德、靖边、华阴、陇县也有分布。我国东北的黑龙江、吉林、辽宁，华北的河北、山西，西北的内蒙古（西部）、陕西、甘肃、青海，华东的山东、江苏、安徽、浙江、江西，华中的河南、湖北，西南的四川北部等地也有分布。日本、朝鲜、俄罗斯也产。

生于海拔700～2300m的山地荒野或林下。

全草可供药用，主治风热咳嗽。

4. 球果堇菜

Viola collina Bess. Catal. Hort. Cremen. 151. 1816; 中国植物志, 51: 22. 1991.

多年生草本，植株果期较花期高。有粗而肥厚的根状茎，具结节；根多条，常淡褐色。叶基生，莲座状，两面具白色短柔毛，叶片宽卵形，先端钝，边缘具锯齿，浅而钝；叶柄被短柔毛，具狭翅；托叶呈披针形，先端渐尖，基部与叶柄合生。花呈淡紫色，具长的花梗，花梗上具2枚小苞片；萼片长圆状披针形，基部有短而钝的附属物，具缘毛和腺体；花瓣基部微带白色，侧方花瓣内有须毛；下方花瓣有距，较短，呈白色，末端钝；子房被毛，花柱常疏生凸起，凸起乳头状，具有钩状喙，喙端有柱头孔，较细。蒴果，密被白色柔毛。花果期5～8月。

在延安主要分布于黄龙。陕西的耀州、华阴、鄠邑、略阳、宁陕、洋县、镇巴、岚皋等地也有分布。我国东北的黑龙江、吉林、辽宁，华北的河北、山西，西北的陕西、宁夏、甘肃、内蒙古（西部），华东的山东、江苏、安徽、浙江，华中的河南，西南的四川北部等地也有分布。日本、朝鲜、蒙古、塔吉克斯坦也有分布。欧洲也产。

生于海拔1270～2230m的山地荒野、林下或林缘、灌丛、草坡、沟谷及路旁较阴湿处。

全草能清热解毒、凉血消肿，民间供药用。

球果堇菜 *Viola collina*
植株（马有宝 摄）

5. 大叶堇菜

Viola diamantiaca Nakai. in Bot. Mag Tokyo 33: 205-206. 1919; 中国植物志, 51: 86. 1991.

多年生小草本，匍匐枝细长，无地上茎。有稍粗的根状茎，茎节较密，根褐色，细长。基生叶常1枚；叶片心形，较薄，呈绿色，先端渐尖，边缘具钝齿，齿端有腺体，脉被细毛；叶柄细，有翅，上部常有细毛；托叶淡绿色，披针形，离生，干后近膜质，先端渐尖，边缘疏生细齿。花淡紫色，或者苍白色；花梗细弱，中部稍上处有2枚小苞片，呈披针形；萼片卵状披针形，基部有短的附属物，无毛；侧方花瓣内无须毛；下方花瓣的距短而粗，末端钝。蒴果，表面有紫红色斑点。花果期5～8月。

在延安主要分布于黄陵、宜川和黄龙。陕西的铜川、耀州、蓝田、眉县、陇县、平利、镇坪等地也有分布。我国东北的吉林、辽宁等地也有分布。朝鲜也有分布。

分布于海拔1050～2700m的山地灌丛或林下。

全草具有清热解毒、止血的功效，可供药用。

6. 裂叶堇菜

Viola dissecta Ledeb. Fl. Alt. 1: 255. 1829; 中国植物志, 51: 80. 1991.

多年生小草本，地上无茎。根状茎缩短，根较肥厚，淡黄色。基生叶圆形、肾形或宽卵形，3～5全裂；幼叶被白色短柔毛；托叶苍白色至淡绿色，约一半以上与叶柄合生，离生部分狭披针形，先端渐尖，边缘疏生细齿。花较大，淡紫色；花梗中部以下有2枚小苞片，线形；萼片卵形，基部有短的附属物；上方花瓣长倒卵形，侧方花瓣长圆状倒卵形，内有长须毛或疏生须毛，下方花瓣具圆筒形距；花药的药隔顶端有附属物，下方雄蕊有距，细长；子房卵球形，无毛，花柱棍棒状，柱头前方具短喙，喙端具柱头孔。蒴果长圆形。花期4～9月，果期5～10月。

在延安主要分布于洛川和安塞。陕西的绥德、旬邑、华山、太白山、镇安也有分布。我国东北的吉林、辽宁，华北的河北、山西，西北的内蒙古（西部）、陕西、甘肃，华东的山东、浙江，西南的四川、西藏等地也有分布。朝鲜、蒙古、俄罗斯也有分布；亚洲中部也有分布。

生于海拔1100～1300m的山地林下及田边、路旁等地。

全草能清热解毒、消痈肿，主治无名肿毒、疮疖、麻疹热毒等症。

裂叶堇菜 *Viola dissecta*
1.叶（王天才 摄）；2.全株（王天才 摄）

7. 长萼堇菜

Viola inconspicua Blume Cat. Gew. Buit. 57. 1823; 中国植物志, 51: 52. 1991.

多年生小草本，地上无茎。地下有粗壮的根状茎。基生叶，莲座状，叶片呈三角形，两侧垂片下延至叶柄形成狭翅，边缘有锯齿，叶片两面常无毛；叶柄长2～7cm；托叶部分与叶柄合生，先端渐尖，边缘疏生短齿，常具有褐色锈点。花淡紫色；花梗较细弱，通常无毛或上部被柔毛，有2枚线形小苞片；萼片卵状披针形，基部具有伸长的附属物，末端具有缺刻状浅齿；花瓣长圆状倒卵形，侧方花瓣内有须毛，下方花瓣有管状距，末端钝；下方雄蕊背部有角状距；子房圆球形，花柱棍棒状，花柱前方具短喙，喙端具向上开口的柱头孔。蒴果无毛，长圆形。种子卵球形。花果期3～11月。

在延安主要分布于洛川。我国西北的甘肃（南部），华东的江苏、安徽、浙江、江西、福建、台湾，华中的湖北、湖南，华南的广东、海南、广西，西南的四川、贵州、云南等地也有分布。缅甸、菲律宾、马来西亚也有分布。

生于海拔780～1800m的林缘、山坡草地、田边及溪旁等地。

全草能清热解毒。

8. 白花地丁

Viola patrinii DC. ex Ging. in DC. Prodr. 1: 293. 1824; 中国植物志, 51: 64. 1991.

多年生小草本，地上部分无茎，高7～20cm。根状茎粗短，深褐色或黑色。根粗长，带黑色或偏褐色。叶基生；叶片薄，呈长圆形、狭卵形或椭圆形，头部圆钝形，整体呈微心形，两侧呈平行状，两面无毛或沿叶脉有细微短毛；叶柄呈细条状，长度常为叶片的2～3倍，常整体无毛或具细短毛，上部具翅；托叶绿色，在大约2/3位置处与叶柄合生，离生部分线状披针形，边缘具细齿或全缘。花白色，脉纹淡紫色；花梗细，常与叶等长或高出叶，表面无毛或生有细短毛，具2枚线形小苞片；萼片卵状披针形或披针形，端部稍尖或钝形，有短而钝的附属物生于基部；上方花瓣为倒卵形，侧部花瓣为长圆状倒卵形；子房呈狭卵形，表面无毛，花柱较细，柱头顶部呈现平坦或微凹，具柱头孔。蒴果长约1cm，表面无毛。种子卵状，黄褐色。花果期常5～9月。

在延安主要分布于安塞、黄陵和洛川。我国东北的黑龙江、吉林、辽宁、内蒙古（东部），华北的河北也有分布。朝鲜、日本、俄罗斯远东地区也有分布。

白花地丁 ***Viola patrinii***

1.叶（王天才 摄）；2.植株（王天才 摄）

生于海拔720～1500m的沼泽化草甸、草甸、河岸湿地、灌丛及林缘较阴湿地带。

全草可供药用，气味苦、甘，性平。清热解毒、散瘀消肿。主治酒痔、血痔、牝痔、牡痔，痔疮生管。白花地丁整体株型低矮、整齐，花色洁白、鲜艳、俊丽，属美丽的观叶、观花地被，通常也适宜做微型盆栽。

9. 北京堇菜

Viola pekinensis (Regel) W. Beck. in Beih. Bot. Centralbl. 34(2): 251. 1916; 中国植物志, 51: 49. 1991.

多年生草本，地上部分无茎，成熟植株高度可达6～8cm。根状茎直径约0.5cm，长0.5～1cm，无细毛，绿色。叶片基生，莲座状；叶片呈卵状心形或圆形，宽长几乎相等，顶部钝圆，基部心形，边缘具锯齿，两面无毛或沿叶脉具柔毛；叶柄细长，表面无毛；托叶外部为白色，约在3/4处与叶柄合生，离生部分披针形，顶部渐尖，边缘具稀疏的流苏状细齿。成熟花颜色为淡紫色；花梗细弱，高出叶丛，中部具有2枚小苞片；萼片为披针状或卵披针形，具有3脉，基部长有附属物，附属物长2～3cm；花瓣具有倒卵形特征，里面近基部有须毛，下部花瓣连距长1.8cm；花药顶端具附属物，下方雄蕊具距；子房表面无毛，花柱呈棍棒状，底部较细，向上逐渐增粗，顶部平坦或微凹，柱头孔较宽。蒴果无毛。花期4～5月，果期5～7月。

在延安主要分布于宝塔和洛川。我国主要产于东北的内蒙古（东部），华北的河北，西北的陕西（太白山地区）。为我国特有种植物。

生于海拔500～1500m的阔叶林林下或林缘草地。花色艳丽、呈淡紫色；喜阴，多生长于偏潮湿环境当中。

全草供药用，具有清热解毒、除脓消炎的作用。

10. 茜堇菜

Viola phalacrocarpa Maxim. in Mel. Biol. 9: 726. 1876; 中国植物志, 51: 56. 1991.

多年生草本，地上部分无茎，成熟植株高度达6～17cm。根状茎粗短，表面覆盖白色鳞片，常垂直生长；根粗且长，黄褐色；叶片基生，莲座状，最下方叶片圆形，其余叶片卵形，果期叶片增大，顶部微尖，边缘具圆齿，两面散生长有白色短毛；叶柄长而细，4～13cm，上部长有翅，幼年时期被短毛覆盖，成熟后逐渐稀疏；托叶外围膜质，在1/2处及其以上与叶柄合生，离生部分披针形，边缘部位长有流苏状小细齿。花紫红色，具深色条纹；花梗细弱，在中部以上位置长有2枚小苞片；萼片披针形或卵形，基部有附属物；上部花瓣倒卵形，先端具波状凹缺，侧方花瓣常呈圆状倒卵形，里面基部生长须毛，下方花瓣连距长约2.2mm；距细长，末端圆；雄蕊5，下方2个雄蕊具细长距。子房卵球形，覆盖有短柔毛，柱头孔较粗。种子卵球形，红棕色。

在延安主要分布于吴起、安塞、宝塔、黄陵和黄龙。我国东北的黑龙江东（南部）、吉林（东部）、辽宁、内蒙古（东部），华北的河北、山西，西北的陕西、宁夏、甘肃（东部），华东的山东，华中的河南、湖北、湖南，西南的四川等地有分布。朝鲜、日本及俄罗斯远东地区有分布。

本种全身覆盖短毛，叶片为卵形；喜阳，对土壤湿度要求中等，多生长于海拔500～1500m的向阳山坡草地、灌木以及林地边缘。

全草供药用，能清热解毒。

11. 紫花地丁

Viola philippica Cav. lcons et Descr. Pl. Hisp. 6: 19. 1801; 中国植物志, 51: 63. 1991.

多年生草本，地上部分无茎，成熟植株高度达4～20cm。根状茎短粗，垂直生长，淡褐色。叶基生，莲座状；叶片下部呈现三角状，上部者较长，呈长圆形或长圆卵形，尖端为圆钝形，向后延伸为心形，边缘具圆齿，上表面和下表面无毛或覆盖细短毛，果期叶片长度可达10cm；叶柄在植物处于花期时通常为其叶片的1～2倍，果期长度可达10cm以上。托叶膜质，部分与叶柄合生。花多为紫堇色，极少数为白色，喉部颜色较淡并带有紫色条纹；花梗细弱，表面无毛或覆盖有短毛，中部位置长有2枚小苞片；萼片披针状，端部渐尖，末端呈圆形；花瓣倒卵形，侧方花瓣里面无毛或长有须毛，下方花瓣包含紫色脉纹；花药顶部具附属物，下方2枚雄蕊的距细长；子房卵形，无毛，花柱棍棒状。蒴果长圆形；成熟种子卵球形，淡黄色。

在延安主要分布于宝塔和洛川。我国东北的黑龙江、吉林、辽宁、内蒙古（东部），华北的河北、山西，西北的陕西、甘肃，华东的山东、江苏、安徽、浙江、江西、福建、台湾，华中的河南、湖北、湖南，华南的广西，西南的四川、贵州、云南等地有分布。朝鲜、日本、俄罗斯远东地区也有。

喜阳，多生长于海拔1700m以下的田间、荒地、山坡草丛。

全草可入药，具有清热解毒、凉血消肿，可用于疔疮肿毒、痈疽发背、丹毒、毒蛇咬伤。叶片颜色靓丽，花色呈淡紫色，可作为观赏花卉。

紫花地丁 *Viola philippica*
1.花（曹旭平 摄）；2.植株（王天才 摄）

12. 早开堇菜

Viola prionantha Bunge in Mem. Acad. Sci. St. Petersb. Sav. Etrang. 2: 82. 1833; 中国植物志, 51: 59. 1991.

多年生草本，地上无茎，花期植株高3～10cm，果期可达20cm。根状茎短粗，垂直地面生长。地下生根数条，由根状茎下端长出。叶片基生，多数；花期叶片卵形、卵状披针形，顶部渐尖，基部心形、截形或宽楔形，幼叶易向内卷折；果期叶片长可达10cm；叶柄粗壮，上部长有细翅；托叶苍白色或淡绿色，在2/3处与叶柄合生，边缘有细齿。花型大，淡紫色，喉部具紫色条纹；花梗粗壮，边缘具棱，中部长有2枚小苞片；萼片呈披针形，头部渐尖，基部具附属物，表面无毛或长有纤毛；上部花瓣倒卵形，侧方花瓣圆状倒卵形，下方花瓣末端钝圆且向上弯曲；花药具附属物，下方2枚雄蕊的距长约4.5mm；子房卵圆形，表面无毛，花柱棍棒状，柱头上部平坦或微凹，具柱头孔。蒴果椭圆形，表面无毛，具宿存花柱。种子卵球形，深褐色。花果期4～9月。

在延安主要分布于黄龙。我国主要分布于东北的黑龙江、吉林、辽宁、内蒙古（东部），华北的河北、山西，西北的陕西、宁夏、甘肃，华东的山东、江苏，华中的河南、湖北，西南的云南。朝鲜、俄罗斯远东地区也有分布。

喜阳，多生长于海拔300～1700m的草地、路边向阳处。

全草可入药，具有清热解毒、消脓去肿的功效。花型硕大，颜色艳丽呈淡紫色，可用作园林观赏植物，亦可作为盆栽植物。

旱开堇菜 ***Viola prionantha***
植株（马宝有 摄）

13. 辽宁堇菜

Viola rossii Hemsl. ex Forbes et Hemsl. in Journ. L. Soc. 23: 54. 1886; 中国植物志, 51: 85. 1991.

多年生草本，地上部分无茎。根状茎通常垂直，有时斜生，深褐色，节上密生褐色细根。叶片基生，呈宽卵形，长宽近相等，顶部渐尖，基部呈心形，耳部位置发生内卷，边缘长有细齿，上表面为绿色，下表面为淡绿色，边缘生有白色柔毛；叶柄柔软，具细长翅。托叶离生。花型较大，呈淡紫色；花梗与叶片长度近似，表面无毛，长有2枚小苞片；萼片呈圆状卵形，无毛，末端钝形，边缘长有疏齿；花瓣呈倒卵形，侧方花瓣里面基部长有须毛，下部花瓣为匙形；下方2枚雄蕊的距较短，与花药近等长；子房无毛，花柱呈棍棒状，顶部平坦或微凹。蒴果椭圆形，表面无毛，头部微尖。成熟种子表面光滑具白色光泽，卵状球形。花期4～7月，果期6～8月。

在延安主要分布于黄龙。我国主要分布于东北的辽宁、内蒙古（大兴安岭南部），西北的陕西、甘肃，华东的山东、江苏、安徽、浙江、江西等地。朝鲜、日本有分布。

喜阴，对土壤湿度要求较高，多生长于海拔100～1300m的腐殖质较厚的阔叶林下、灌木丛。

全草可入药，具有清热解毒、消脓去肿的功效。

14. 深山堇菜

Viola selkirkii Pursh ex Gold in Edinb. Phil. Journ. 6: 324. 1822; 中国植物志, 51: 41. 1991.

多年生草本，地上部分无茎，成熟植株高5～16cm。根状茎细，长有明显节间和数条白色细根。叶片基生，俯视呈莲座状；叶片较薄，心形，果期叶子会增大1倍左右，端部渐尖，基部狭心形，边缘长有钝齿，上下表面长有白色短毛；叶柄长2～7cm，果期时叶柄翻倍增长；托叶淡绿色，在1/2处与叶柄合生。成熟花淡紫色；花梗长4～7cm，表面无毛，中部长有2枚小苞片；苞片呈线状，边缘长有细齿；萼片卵状披针形，顶部较尖，基部渐心形；花瓣为倒卵形，侧方花瓣无须毛，下方花瓣的距较粗；子房表面光滑无毛，花柱棍棒状，基部稍向前弯曲，底部较细，上部明显增粗，柱头顶部平坦或微凹，具柱头孔。蒴果体积较小，呈卵圆形，表面无毛，头部钝圆。种子多数，为卵球形，淡褐色。花果期为5～7月。

在延安主要分布于洛川。我国分布于东北的黑龙江、吉林、辽宁、内蒙古（东部），华北的河北、山西，西北的陕西、甘肃（南部），华东的江苏、安徽、浙江、江西，西南的四川等地。亚洲（朝鲜、日本、蒙古）、欧洲、北美洲也有分布。

喜阴，对土壤含水量要求较高，多生长于海拔660～2000m的腐殖质层较厚的落叶阔叶林下、溪谷、沟旁阴湿处。

全草可入药，具有清热解毒、消脓去肿的功效。

15. 斑叶堇菜

Viola variegata Fisch ex Link, Enum. Hort. Berol. 1: 240. 1821; 中国植物志, 51: 45. 1991.

多年生草本，地上部分无茎，成熟植株高3～12cm。根状茎短且细，具多条淡褐色或白色细根。叶片基生，俯视呈莲座状，叶片卵圆形，顶部圆形渐钝，基部心形，边缘具圆形钝齿，上表面暗绿色或绿色，下表面紫红色，两面均覆盖有短粗毛；叶柄长1～7cm，上部长有极狭细翅或无；托叶淡绿色或苍白色，在2/3处与叶柄合生。花红紫色或偏暗紫色；花梗长短不一，通常带紫红色，中部长有2枚小苞片；萼片紫色，卵状披针形，顶部渐尖，末端长有浅齿，上面被覆盖粗短毛或无毛；花瓣倒卵形，侧方花瓣基部有须毛，下方花瓣长有堇色条纹；雄蕊花药及药隔顶端附属物长约2mm，下方2枚雄蕊的距长而细；子房近球形，长有粗短毛或近无毛，花柱棍棒状，基部向前稍弯曲，具开口的柱头孔。蒴果椭圆形，表面无毛；幼果通常覆盖短粗毛。种子卵球形，淡褐色。

在延安主要分布于吴起和黄龙。我国分布于东北的黑龙江、吉林、辽宁，华北的内蒙古（锡林郭勒盟）、河北、山西，西北的陕西、甘肃（平凉、庆阳），华东的安徽等地。朝鲜、日本、俄罗斯远东地区也有分布。

喜阴、耐湿，通常生长于海拔530～1700m的灌木丛、林下或阴处岩石缝隙当中。

全草可入药，有清热解毒、凉血止血的功效，主治疮痈肿毒。

斑叶堇菜 *Viola variegata*
1.叶（曹旭平 摄）；2.群落（曹旭平 摄）

75 瑞香科

Thymelaeaceae

本科编者：延安市黄龙山国有林管理局　冯艳君

乔木、灌木，稀草本。单叶互生或对生，全缘，无托叶。花两性，稀单性，辐射对称，头状花序、穗状花序或总状花序，顶生或腋生，稀单生；有或无叶状苞片，花萼管纤细或壶状，4～5裂；花瓣缺或鳞片状；雄蕊4或8，1轮或2轮，着生于花萼筒上，稀退化为2枚；子房上位，包被于花萼筒的基部，1室1胚珠，稀2室。果实为核果、浆果或坚果，稀为蒴果状。

本科约有40属500种左右，主产非洲、大洋洲、亚洲等地区。我国有9属约100种，广布全国，主产西北的陕西、甘肃、青海、宁夏、新疆，华东的福建，华南的广东、广西及西南各地。延安有2属2种，主要分布在桥山、黄龙山林区。

分属检索表

1. 小乔木或灌木，花序常为穗状或圆锥状，无苞片，具花盘 ······························ 1. 荛花属 *Wikstroemia* E.
1. 草本，花序常为头状或簇生，具苞片，无花盘 ·· 2. 草瑞香属 *Diarthron* T.

1. 荛花属 *Wikstroemia* Endl.

常绿或落叶小乔木或灌木。叶对生或互生，全缘。花两性，花序穗状或总状，无苞片；花被圆筒状，外面常被短柔毛，顶端通常4～5裂，伸张；雄蕊8～10枚，排列为2轮，着生萼筒上，花丝极短，花盘膜质；子房常无柄，被短柔毛，柱头头状。果实为核果。

本属约70种，分布于亚洲东部及大洋洲。我国约有40种，全国均有分布，主产华南的广东、广西及西南各地。延安有1种，分布于宝塔以南县区。

河朔荛花

Wikstroemia chamaedaphne Meisn. in DC. Prodr. 14: 547. 1857; 中国植物志52(1): 322. 1999.

落叶灌木，高达1m，分枝多，幼枝近四棱形，淡绿色，后变为红褐色。叶对生或几对生，无毛，近革质，披针形或长圆状披针形，长2～6cm，宽3～7mm，先端急尖，基部渐狭成短柄，全缘微反卷。花序穗状或由穗状花序集成顶生圆锥花序，被灰色短柔毛；花小，花被圆筒状，黄色，花梗极短；花萼长7～10mm，密被灰黄色绢毛，裂片4；雄蕊8，2轮，着生于花萼筒内面；子房卵形，被短柔毛，花柱短，柱头头状；果长卵形或椭圆形。花期6～8月，果期9月。

延安富县、黄陵、宜川、黄龙、洛川等地有分布；产于我国华北的河北、山西，华中的河南、湖北，西北的陕西、甘肃等地。

喜光，耐干旱，抗寒，常生于海拔500～1900m荒坡、沟边和石缝中。

茎皮纤维可造纸，作人造棉，茎叶可作土农药毒杀害虫。

河朔荛花 ***Wikstroemia chamaedaphne***
1.植株（王天才 摄）；2.花序（王天才 摄）

2.草瑞香属 *Diarthron* Turcz.

一年生草本。直立，多分枝，枝纤细。叶互生，条形。花两性，小，顶生总状花序，疏松，无总苞片，花萼筒纤细或壶状，在子房上部收缩而成熟后环裂，裂片4，平展；雄蕊4～8，1～2轮；无花盘；子房近无柄，1室，具短棒状柱头。坚果干燥，包藏于膜质花萼管的基部。

本属有2种，主产于亚洲中部。2种我国均产，分布于东北的吉林，华北的河北、山西，西北的陕西、甘肃、新疆，华东的江苏等地。延安有1种，分布于宝塔以南县区。

草瑞香

Diarthron linifolium Turcz. in Bull. Soc. Nat. Mosc. 5: 204. 1832; 中国植物志, 52(1): 395. 1999.

一年生草本，高15～30cm，全株光滑无毛，茎直立多分枝，小枝纤细。叶条状披针形，长10～20mm，宽1～3mm，先端钝，基部渐狭，全缘，边缘微反卷；叶柄极短或无。花绿色，总状花序顶生；花梗短，花萼筒细小；雄蕊4，极少5，1轮，着生于花萼筒中部以上，花丝极短，宽卵形；子房具柄，椭圆形，无毛，花柱纤细，柱头棒状略膨大。果实卵形或圆锥状，黑色，长约2mm，为残存的花萼筒下部所包藏。花期7月，果期8月。

延安富县、黄陵、洛川、宜川、黄龙等地有分布。我国主要分布于东北的吉林，华北的河北、山西，西北的陕西、甘肃、新疆，华东的江苏等地。俄罗斯西伯利亚地区也有分布。

生于海拔500～1400m的山坡草地、河滩、林缘或灌丛间。

根皮、茎皮可入药，具活血止痛功效。

草瑞香 ***Diarthron linifolium***
1.植株（王天才 摄）；2.花（王天才 摄）

76 胡颓子科

Elaeagnaceae

本科编者：西北农林科技大学　张文辉

常绿或落叶灌木，稀乔木；常有枝刺，植物体被银白色或淡褐色腺鳞。单叶互生，稀对生，全缘，具柄，无托叶。花两性、单性或杂性同株；单生、簇生或排成总状花序；花萼筒状、管状，雌花或两性花子房上部有缢缩，顶端2～4裂；无花瓣；雄蕊4或8，花丝极短，为丁字药，生于萼筒，与裂片互生；子房上位，心皮1，胚珠1，花柱直立或弯曲，柱头棒状或偏向一边膨大。坚果或瘦果，包藏于肉质花萼内，呈浆果状或核果状。

本科有3属80余种，主要分布于欧洲、北美洲及亚洲。我国有2属约60种，全国各地有分布。

延安分布有2属2种，各县（区）均有分布。沙棘是延安人工林面积较大，且能通过无性繁殖实现更新的灌木林植物种类。

本科喜光，耐旱，耐寒，适应性强，已经作为园林植物和经济植物广为栽培，部分作为野生核果类植物栽培。例如，沙枣可作果脯、果酱、果酒、果汁、果糕等果品加工原料。沙棘种子油在开发野生药源上有重要价值。沙枣的花春夏季开放，淡白色或金黄色，芳香气味浓郁；果实在秋季或夏末呈粉红色，下垂持续时间长，可以作为观赏灌木或绿篱。沙棘、沙枣可以作为水土保持或固沙的人工林造林树种，在黄土高原以及西北地区有较大面积栽培。

分属检索表

1. 花两性或杂性；花萼4裂；雄蕊4，与花萼裂片互生 ………………………… 1. 胡颓子属 *Elaeagnus*
1. 花单性异株；花萼2裂；雄蕊4，其中2枚与花萼裂片对生 ………………………… 2. 沙棘属 *Hippophae*

1. 胡颓子属 *Elaeagnus* L.

常绿、落叶小乔木或灌木。常具刺，稀无刺；全体被银色、褐色鳞片或星状绒毛。单叶互生，具叶柄；叶披针形至椭圆形或卵形，全缘；幼时上面被白色或褐色鳞片，成熟后脱落，下面被灰白色或褐色鳞片或星状绒毛。花两性，稀杂性，腋生，1～7花簇生，常呈伞形总状花序；常具花梗；花萼筒状，上部4裂，下部紧包围子房；雄蕊4，着生于萼筒喉部；花药矩圆形或椭圆形，2室纵裂；花柱单一，细弱伸长；花盘不甚发达。果实核果状，矩圆形或椭圆形，红色或浅黄色；果核椭圆形，有条棱。

本属约有80种，广布于欧洲、北美洲温带地区，亚洲亚热带和温带也有分布。我国有55种，全国各地均产，北方各地有分布，长江流域、西南地区更为普遍。延安产1种，各县（区）有分布，以南部黄桥林区较多，是次生林常见种。

本属植物喜光，耐旱，耐轻度盐碱，经常分布于林内、林缘，是重要次生林灌木树种，也是当地水土保持、防风固沙树种。果实为野生动物的食物。

牛奶子

Elaeagnus umbellata Thunb. Fl. Jap. 66. t. 14. 1784; 中国植物志, 52(2): 51. 1983; 秦岭植物志, 1(3): 340. 1981.

落叶灌木或小乔木，高达6m，具枝刺；植物体各部密被银白色及黄褐色腺鳞。叶互生，长椭圆形至卵状椭圆形，长3～8cm，宽1～3cm，顶端钝形，基部宽楔形，或近圆形，叶柄长5～7mm。花两性，1～3簇生，黄白色，芳香；花萼钟形，深裂，顶端钝尖；雄蕊几无花丝，着生萼筒上部，花柱短，不伸出。果实球形或卵圆形，长1～2cm，直径0.8～1.1cm，成熟时红色或橙黄色，被银白色或褐色鳞片；果粉质。花期6～7月，果成熟期9～10月。

延安各地有分布，在黄龙、桥山天然林区比较常见。常分布于向阳山坡林缘、灌丛中，或荒坡、沟边、塄坎，残败灌木林片段中。我国分布于东北的辽宁，华北各地，西北的陕西、甘肃、青海、宁夏，华中的湖北，华东以及西南各地，海拔20～3000m。以西北地区荒漠和半荒漠地区为中心。阿富汗、不丹、日本、朝鲜、中南半岛、印度、尼泊尔等地也有分布。

喜光，耐寒冷，抗干旱及风沙，也耐水湿、盐碱。病虫害少，生长快，具有根瘤菌。果实可生食，也可以制果酒、果酱；叶可作为土农药，杀棉蚜虫；果实、根和叶也可入药。受环境的变化和影响，植物体各部形态、大小、颜色、质地均有不同程度的变化，是很好的观赏植物，许多植物园有栽培。

牛奶子 ***Elaeagnus umbellata***
1.花枝；2.果枝

2.沙棘属 *Hippophae* L.

落叶灌木或小乔木，具枝刺；植物体密被白色及黄褐色鳞片。单叶互生，或呈对生、轮生，条形或条状披针形，叶柄极短。花单性异株；花单生、簇生或短总状，花萼2裂；雄蕊4，花丝短；雌花单生叶腋，具短梗，花萼囊状，顶端2齿裂；子房上位，1心皮，1室；花柱短，微伸出花外。果实为浆果状，近球形，成熟橘黄色或橘红色，长0.5～1.2cm；种子1，椭圆形,黑色或深棕色，种皮坚硬。

本属有4种，分布于欧洲和亚洲的温带地区。我国分布有4种。主产我国华北、西北、西南部地区。延安分布1亚种。

本属植物喜光，耐旱，耐盐碱，适应性强，有萌芽能力，可通过根系萌芽繁殖，是当地重要林下、林缘灌木，常在水分条件较好地区通过无性繁殖，形成纯林。是黄土高原地区人工水土保持灌木林主要树种。

沙棘

Hippophae rhamnoides L., Sp. Pl. 1023. 1753; 中国植物志, 52(2): 64. 1983.

中国沙棘（亚种）

Hippophae rhamnoides L. subsp. ***sinensis*** Rousi in Ann. Bot. Fennici 8: 212. 1971. 中国植物志, 52(2): 64. 1983; 秦岭植物志, 1(3): 337. 1981.

落叶灌木或乔木，高1～5m，在温湿肥沃的沟谷生境可达18m。枝条顶端棘刺状；嫩枝绿褐色，密被银白色、白色或褐色星状鳞片或柔毛。芽金黄色或锈色。单叶互生，或近对生；狭披针形或矩圆状披针形，长2～8cm，宽0.4～1cm；基部近圆形，先端钝，上面绿色，初被白色盾形鳞片或星状柔毛，下面被银白色鳞片；叶柄极短，长1～1.5mm。核果圆球形，直径4～6mm，橙黄色或橘红色；果梗长1～2.5mm；种子阔椭圆形至卵形，稍扁，长3～4.2mm，黑色或紫黑色，具光泽。花期4～5月，果期9～10月。

延安各地均有分布，以黄龙、桥山天然林区分布比较集中，常见于向阳山坡、农田塄坎、荒草坡等阳光充足的生境。在河流两侧、山坡下部水分条件较好地区生长旺盛，无性繁殖可形成小面积斑块状的无性系，是延安人工灌木林主要树种。一般栽植10年后，母株会出现枯梢或死亡现象，间伐衰老母株可以促进无性繁殖，实现林地更新。但在野外，尚未见到实生幼苗。我国主要分布在华北的河北、内蒙古（中部）、山西，西北的陕西、甘肃、青海，以及西南的四川。常生于温带地区海拔800～3600m的阳山脊、谷地、干涸河床地区。

据《中国植物志》记载，本亚种过去定名为沙棘 *H. rhamnoides* L.，大部分中国植物类书籍以及研究中国沙棘的学者都使用此名。1971年芬兰学者 Arne Rousi 对相关种类比较研究后，将其作一个亚种处理*Hippophae rhamnoides* L.subsp. *sinensis* Rousi,并指明该亚种仅产于中国北部及西部。他将原“沙棘”分为9个亚种，其中我国有5亚种，产于华北、西北和西南地区。其中幼嫩枝条和叶片上面具白色星状柔毛定为“高沙棘变种”var. *procera* Rehd.（高可达18m，分布于山地坡谷和河谷）。原亚种 subsp. *rhamnoides* 在我国未发现有分布。

沙棘为重要经济植物，果实含有丰富的维生素A、C，以及有机酸、糖类，可制成果糕、果酱、果泥、果脯，也可以制成沙棘酒、果子露和饮料；果实还可制成片剂和浸膏，供医药应用。种子可榨油，用于医疗保健，对胃溃疡及消化不良、皮下出血等有一定疗效。枝皮可提取栲胶，用于染料；嫩枝叶可作饲料。沙棘根有根瘤菌，可改良土壤肥力。果实鲜艳，经冬不落，是野生动物尤其是鸟类的食物。沙棘具有坚硬的棘刺，生长快，可作园林绿化中的绿篱，或块状培植成绿色景观。

中国沙棘 *Hippophae rhamnoides* subsp. *sinensis*

1.小枝；2.果枝（曹旭平 摄）

77 千屈菜科

Lythraceae

本科编者：西北农林科技大学　于世川

一年生或多年生植物。叶全缘，常对生，稀互生或轮生；具小托叶或缺。花顶生或腋生，两性，常辐射对称，稀两侧对称，单生或排列成圆锥、穗状或总状花序；花萼钟状或筒状，宿存，常3～6裂，排列为镊合状，裂片常具附属物；花瓣无或与萼裂同数；雄蕊在萼筒上着生，少数至多数，短于花瓣，花药纵裂，2室；子房上位，2～16室，胚珠倒生于中轴胎座上；花柱不分枝，柱头头状。蒴果膜质或革质，开裂，稀不裂；种子多数，具翅或无，无胚乳。

本科约有25属约550种，主要分布于非洲热带与亚热带、亚洲的热带与亚热带、南美洲的热带与亚热带、大洋洲等地区。我国共11属47种，各地均有。延安有2属2种（含栽培种），各县（区）均有分布。

本科植物喜光，喜湿润，耐高温，对土壤要求不严。

本科有些植物为大乔木，木材品质好，被用来作家具、建筑、桥梁，也可作雕刻工艺品；有些植物含有红黄色染料，用于印染；有些植物可作野菜或饲料；本科有些植物，花色鲜艳美丽，可供观赏；有些植物可入药用。

分属检索表

1. 草本或亚灌木；萼筒圆柱形，花瓣小 ······························ 1. 千屈菜属 *Lythrum*
1. 乔木或灌木；萼筒半球形，花瓣大而有皱 ······························ 2. 紫薇属 *Lagerstroemia*

1. 千屈菜属 *Lythrum* L.

一年生或多年生植物，草本或灌木。叶对生，稀轮生、互生，全缘。花单生叶腋或组成总状、穗状或聚伞花序；花常辐射对称；萼筒长管状，常具8～12棱，裂片4～6，常具附属物，稀不明显；花瓣常4～6或缺；雄蕊排成高低2轮，4～12个；子房无柄或近无柄，2室，花柱线形。蒴果藏于宿存萼内，常2瓣裂，各瓣或再2裂；种子细小，8至多数。

本属约35种，广布于全世界，我国有4种，各地均有栽培。延安产1种，主要分布于吴起、延川、甘泉、宝塔、富县、黄陵、黄龙等地。

本属植物喜光，喜湿润，耐高温，在各地适应性较强。

本属多数植物花序大型，花色鲜艳，常用于绿化，供观赏；有些植物的根含有单宁，可用于提制栲胶或收敛剂。

千屈菜

Lythrum salicaria L., Sp. Pl. ed. 1. 446. 1753; 中国植物志, 52(2): 79. 1983.

多年生草本，地下茎粗壮。茎分枝，直立，高30～100cm，枝常具4棱。叶阔披针形或披针形，三叶轮生或对生，长4～10cm，宽8～15mm，基部圆形或心形，全缘，无柄。花两性，总状花序顶生，花梗及总梗极短；萼筒具12纵棱，长5～8mm；花瓣6，淡紫色或红紫色，长椭圆形，基部楔形；雄蕊两轮，12个，6长6短；子房2室，柱头头状。蒴果扁圆形。花期7～9月，果期9～10月。

延安吴起、延川、甘泉、宝塔、富县、黄陵、黄龙等地海拔1350m以下有分布。全国各地均产；分布于欧洲、非洲、亚洲、北美洲和大洋洲。

喜光，喜湿润，常见于水边、岸边与潮湿地。

花色艳丽，可供观赏，也可入药。

千屈菜 ***Lythrum salicaria***
1.群落（于世川 摄）；2.花（于世川 摄）

2. 紫薇属 *Lagerstroemia* L.

乔木或灌木，常绿或落叶。叶对生或互生，全缘；小托叶锥形，脱落。花顶生或腋生，两性，辐射对称，圆锥花序；花梗具脱落性小苞片2枚；花萼钟形或半球形，5～9裂，革质，常具棱或翅；

花瓣常6，基部具细长的爪；雄蕊在萼筒近基部着生，多数，花丝细且长；子房3～6室，无柄，胚珠多数，柱头头状。蒴果室背开裂，木质，被萼筒所包；种子顶端具翅，多数。

本属约55种，分布于亚洲热带与亚热带、大洋洲等地区。我国分布16种，栽培有2种，共18种，主要分布于华东的台湾、西南各地。延安栽培1种，各地均有栽培。

本属植物喜光、喜湿润，耐高温、耐旱，萌蘖能力强，适应性强，对土壤要求不严。

本属有些植物木材品质好，被用来作家具，也可作雕刻工艺品；有些植物在石灰岩山地可生存，且萌蘖力强，可用于绿化石灰岩山地；有些植物花色鲜艳美丽，可供观赏；有些植物可入药用。

紫薇

Lagerstroemia indica L., Sp. Pl. ed. 2. 734. 1762; 中国植物志, 52(2): 94. 1983.

小乔木或灌木，落叶，高达7m；树皮淡褐色，光滑，小枝具4棱。叶纸质，近对生或互生，倒卵形或椭圆形，被毛或无毛，先端钝或短尖，基部圆形或阔楔形。圆锥花序顶生，花瓣6，皱缩，淡红色或紫色、白色；基部具长爪，雄蕊两轮，6长6短。蒴果椭圆状球形，紫黑色，长1～1.3cm，6瓣裂。花期6～9月，果期9～12月。

延安各地海拔1430m以下均有栽培。我国华北的河北，西北的陕西，华东的山东、福建、江西、浙江、安徽和江苏，华中各地，华南的广东和广西，西南各地均有生长或栽培；原产亚洲，现广植于热带地区。

半阴生，喜生于肥沃湿润的土壤上，耐旱，不论钙质土或酸性土都生长良好。

花期长，花色鲜丽，寿命长，耐修剪，广泛栽培供观赏，也作盆景。紫薇木材坚硬可用作家具、建筑等；也可入药。

紫薇 *Lagerstroemia indica*

1.植株（蒋鸿 摄）；2.枝（于世川 摄）；3.花（于世川 摄）；4.果实（于世川 摄）

78 石榴科

Punicaceae

本科编者：西北农林科技大学　薛文艳

小乔木或灌木，落叶。冬芽外被鳞片2对。单叶，对生、簇生或螺旋状排列；托叶缺。花两性，单生、簇生或排列成聚伞花序，顶生或腋生，辐射对称；花萼5～7裂，镊合状排列，厚革质，筒钟状，下部与子房合生，宿存；花瓣5～9，表面有褶皱；雄蕊多数，生于萼筒内侧上部，花丝分离；花药着生于背部，2室，纵裂；子房下位，心皮8～12；花柱1，柱头头状。浆果圆球形，顶端花萼裂片宿存，果皮厚革质。种子多数，外种皮肉质，内果皮骨质，无胚乳。

本科有1属2种，广泛栽培于全世界温带及热带地区。我国有1种，广泛栽培于我国各地。延安产1种，各地均有栽培。

本科植物多数喜光，喜温暖湿润气候，耐瘠薄。对土壤要求不严，以排水良好的沙壤土为宜。常生于海拔300～1000m的山坡上。

本科石榴是著名水果，同时可用于制作盆景。

石榴属 *Punica* L.

小乔木或灌木。冬芽小，外被2对鳞片。单叶对生或簇生，不具托叶。花两性，辐射对称，单生或簇生或呈聚伞花序，顶生或腋生；萼厚革质，萼片5～7裂，镊合状排列，筒钟状或筒状，下部与子房合生；花瓣5～7，表面褶皱，镊合状排列；雄蕊着生于萼筒内壁上部；子房下位，心皮多数，通常排列为2轮，花丝分裂，花药着生于背部；花柱1，有头状柱头。果为球形浆果，顶端花萼裂片宿存，果皮厚革质。种子多数，具肉质外种皮，骨质内层；无胚乳。

本属有两种，原产于中亚地区。现广泛栽培于我国各地。延安各地均有栽培。

本属植物大多喜光，喜温暖，耐寒，耐旱，耐瘠薄。对土壤要求不严。常见于海拔300～1200m的向阳山坡、丘陵上。

本属植物为著名水果；叶、皮、花可入药；果实色泽艳丽，可用于制作盆景。

石榴

Punica granatum L., Sp. Pl. 472. 1753; 中国植物志, 52(2): 120. 1983.

灌木或小乔木，高可达5～10m。枝顶端棘刺状，对生；小枝角状，具棱；表面光滑无毛。叶纸质；披针状倒卵形，先端尖或微凹，基部楔形；不具齿；两面无毛；叶脉不达边缘；在长枝上对生，短枝上簇生。花大；红色，罕白色；单生或1～5朵簇生于枝顶；花萼红色，厚革质；顶端5～7裂，裂片卵状三角形，裂片顶端有1腺体，边缘具突起；花瓣褶皱，倒卵圆形；雄蕊多数；花丝无毛，丝

状；花柱长于雄蕊；子房两排，上部6室，下部3室。球状浆果，外果皮淡黄绿色，偶为褐色或紫色。种子多数，被心皮薄膜分隔为多室，外种皮可食。花期6～7月，果期9月。

喜光，喜温暖湿润气候，耐寒旱，也耐瘠薄，但不耐水湿，在荫蔽环境生长不好。对土壤要求不严，但以通气和排水良好的沙质土生长最好。

本种是常见果树，延安各地海拔1400m以下均有栽培。

我国各地广泛栽培。原产于中东地区，现广泛栽培于全世界温带和热带地区。

果皮入药，可止血。根皮可作农药。树皮、根皮、果皮富含单宁，可提取栲胶。果可食。本种也是优良城市绿化树种。

石榴 ***Punica granatum***

1.果（蒋鸿 摄）；2.叶、果（蒋鸿 摄）；3.植株（蒋鸿 摄）；4.花（蒋鸿 摄）

79 八角枫科

Alangiaceae

本科编者：陕西省西安植物园　岳明

落叶灌木或乔木。枝有时略呈“Z”字形。单叶互生，全缘或分裂，基部两侧常不对称，叶脉羽状或由基部生出3～7条主脉呈掌状，有长柄；托叶缺。花序腋生，聚伞状；花淡白色或淡黄色，两性，整齐，花梗具关节；苞片小，早落；萼管与子房贴生，钟形，缘具4～10齿裂或近截形；花瓣4～10，线形至舌状，镊合状排列，基部稍黏合或否，初时结合成管状，开花时常上端外卷；雄蕊数为花瓣的1～4倍，互生，花丝线形，微扁，花药线形，2室，纵裂；子房1～2室，下位，花柱位于肉质花盘的中部，头状或棒状柱头不分裂或2～4裂，胚珠单生，下垂，具2层珠被。核果椭圆形、卵形或近球形，萼齿及花盘宿存；种子1颗，卵形或近球形，种皮纸质或薄革质，平滑或具浅沟；胚较大，子叶长圆形至近圆形，胚乳丰富且肉质。

本科仅1属约21种，分布于亚洲、非洲及大洋洲热带及温带。我国产11种，除黑龙江、内蒙古、新疆、宁夏和青海外，其余各地均有分布。延安产1属1种1亚种1变种，主要见于黄龙、黄陵等地。

本科为温带和亚热带森林伴生种，可用于生态修复树种；花美观而微具香气，适于城市绿化；木材可作家具；树皮纤维良好，可作造纸和绳索的原料；根、茎、叶可入药，尤以根皮及须根的药效最好。

八角枫属 *Alangium* Lam.

形态特征、地理分布及生物学特性和用途与科同。

分种检索表

1. 叶卵圆形或心形，3～5裂；花长2～3cm，花药长约为花丝的2倍 ……………… 2a. 三裂瓜木*A. platanifolium* var. *trilobum*
1. 叶卵形或近圆形，全缘或2～3裂；花长0.8～1.2cm，花药长约为花丝的4倍 ……………… 2
2. 花较多，每花序不少于7朵花；叶较大 ……………… 1. 八角枫*A. chinense*
2. 花较稀少，每花序仅有3～6朵花；叶较小 ……………… 1a. 稀花八角枫*A. chinense* subsp. *pauciflorum*

1. 八角枫

Alangium chinense (Lour.) Harms in Ber. Deutsch. Bot. Ges. 15: 24. 1897; 中国植物志, 52(2): 166. 1983.

八角枫 ***Alangium chinense***
花序与花（岳明 摄）

落叶灌木或小乔木，高3～6m。树皮浅灰色，平滑；小枝略呈“Z”字形，幼枝有时具黄色疏柔毛。叶卵形或近圆形，纸质，长8～16cm，宽7～10cm，先端渐尖，基部微心形或宽楔形，两侧多不对称，全缘或2～3裂，幼时两面疏被黄色柔毛，后仅脉腋和沿叶脉生短柔毛；叶柄长2～4cm。聚伞花序腋生，被稀疏微柔毛，具7～30朵花；小苞片长约3mm，线形或披针形，常早落；总花梗长1～1.5cm，常分节，花梗长0.5～1.5cm；花白色，长8～12mm；萼钟状，长约2mm，疏被黄柔毛，萼齿6～8枚；花瓣6～8，线形，长1～1.5cm，宽1mm，外侧面被黄色短柔毛，开花后上部反卷；雄蕊与花瓣同数而近等长；花丝略扁，有短柔毛，花药长6～8mm，药隔无毛；花盘近球形；子房2室，柱头头状，常2～4裂。核果卵圆形，长5～7mm，成熟后黑色，萼齿和花盘宿存，具种子1颗。花期5～9月，果期7～11月。

本种在延安主要分布于黄龙，生于海拔1200～1500m的山坡灌木林中。在我国分布于华北的山西，西北的陕西、甘肃，华东的江苏、安徽、江西、浙江、福建、台湾，华中的河南、湖北、湖南，华南的广东、广西、海南，西南的四川、重庆、贵州、云南、西藏等地。东南亚、不丹、尼泊尔、印度、东非等地区也产。

多生于沟谷、坡脚落叶阔叶林林缘或疏林中，略喜阳喜水；木材可作家具及天花板，树皮纤维比较发达，可作造纸原料及编绳索之用；根、茎可入药，根名白龙须，茎名白龙条，治风湿、跌打损伤、外伤止血等。

1a. 稀花八角枫（亚种）

Alangium chinense (Lour.) Harms subsp. ***pauciflorum*** W. P. Fang Encycl. Meth. 4: 380. 1796; 中国植物志, 52(2): 168. 1983.

本亚种与原亚种的主要区别在于：细瘦的灌木或小乔木；叶较小，卵形或卵圆形，长6～9cm，宽4～6cm，先端锐尖，不分裂或3～5浅裂；花较稀疏，每花序有3～6朵花；花丝具白色长柔毛。花期5～7月，果期8～9月。

本种在延安主要分布于黄陵，生于海拔1050～1150m的山坡灌木林中。在我国分布于西北的陕西、甘肃，华中的河南、湖北、湖南，西南的四川、重庆、贵州、云南等地。

生态特性与经济用途同八角枫。

稀花八角枫 *Alangium chinense* subsp. *pauciflorum*
1.花序与花（示雄蕊的花丝与花药）（岳明 摄）；2.果枝及幼果（岳明 摄）

2. 瓜木

Alangium platanifolium (Sieb. et Zucc.) Harms in Engl. et Prantl, Nat. Pflanzenfam. III. 8: 261. 1898; 中国植物志, 52(2): 163.1983.

2a. 三裂瓜木（变种）

Alangium platanifolium (Sieb. e Zucc.) Harms var. ***trilobum*** (Miq.) Ohwi in Fl. Japan, 651. 1965; Flora of China 13: 307. 2007.

落叶灌木或小乔木，高5～7m。树皮光滑，灰色或深灰色；小枝纤细，略呈“Z”字形，近无毛。叶近圆形，纸质，长11～18cm，宽8～13cm，先端钝尖，基部近心形或圆形，两侧多不对称，常3～5裂，稀7裂，幼时两面均被柔毛，后仅脉腋和叶脉具柔毛；叶柄长2～5cm，疏具短柔毛或无毛。聚伞花序腋生，长3～3.5cm，具3～7朵花；小苞片1，线形，长5mm，早落；总花梗长1.2～2cm，花梗长15～20mm；萼近钟状，长约2mm，外面具稀疏的短柔毛，萼齿5枚；花瓣6～7，线形，长2.5～3.5cm，宽1～2mm，外面有短柔毛，上部开花时反卷；雄蕊与花瓣同数，短于花瓣；花丝长8～14mm，微有短柔毛，花药长15～21mm，药隔无毛或外面疏具柔毛；花盘近球形；子房1室，花柱无毛，柱头扁平。核果长卵圆形，长8～12mm，成熟后黑色，顶端有宿存的萼齿和花盘，种子1颗。花期5～7月，果期8～9月。

三裂瓜木 *Alangium platanifolium* var. *trilobum*
花枝与花（岳明 摄）

本变种在延安主要分布于黄龙、黄陵、富县和宜川，生于海拔1000～1700m的山坡林中。在我国分布于东北的吉林、辽宁，华北的山西，西北的陕西、甘肃，华东的山东、江西、浙江，华中的河南、湖北、湖南，华东的台湾，西南的四川、重庆、贵州等地。日本、朝鲜半岛也产。原变种仅分布于日本、朝鲜半岛。

常生于向阳山坡林中，延安较为常见，特别是落叶栎林和油松林中较常见。抗逆性较好，树形美观，花微具香气，可引种驯化作园林绿化之用；木材白且轻软，可作家具及天花板；树皮纤维发达，可作人造棉；根皮在民间可入药。

80 柳叶菜科

Onagraceae

本科编者：西北大学　赵鹏

一年生或多年生草本，有时为半灌木或灌木，稀为小乔木，有的为水生草本。叶互生或对生；托叶小或不存在。花两性，稀单性，辐射对称或两侧对称，单生于叶腋或排成顶生的穗状花序、总状花序或圆锥花序。花通常4数，稀2或5数；花萼（2）4或5片；花瓣（0～2）4或5枚，在芽时常旋转或覆瓦状排列，脱落；雄蕊排成2轮；花药丁字着生，稀基部着生；花粉单一或为四分体，花粉粒间以黏丝连接；子房下位，（1～2）4～5室，每室有少数或多数胚珠，中轴胎座；花柱1，柱头头状、棍棒状或具裂片。果为蒴果，有时为浆果或坚果。种子为倒生胚珠，多数或少数，稀1，无胚乳。

本科全球有15属约650种，广泛分布于全世界温带与热带地区，以温带为多，大多数属分布于北美西部。我国有7属68种8亚种，广布于全国各地。延安有5属11种，主要分布在黄陵、黄龙、富县、宜川等地。

本科为重要的花卉植物、香料植物、油料植物。月见草属、倒挂金钟属、柳叶菜属等都含有多种花卉植物；月见草属许多种的种子可作为中药的原料；柳兰等为重要蜜源植物。

分属检索表

1. 萼片、花瓣、雄蕊各2;子房1～2室，每室有1枚胚珠；果实坚果状 ………………… 1. 露珠草属 *Circaea*
1. 萼片4～6，花瓣4～6，稀0，雄蕊4枚以上；子房4～5室；果实为蒴果或浆果…………………………2
2. 种子有种缨…………………………………………………………………………………………3
2. 种子无种缨…………………………………………………………………………………………4
3. 叶披针形；花粉粒4～5孔；蒴果圆柱形……………………………………………… 2. 柳兰属 *Chamerion*
3. 叶狭状如柳叶；花粉粒3孔；蒴果狭长形……………………………………………3. 柳叶菜属 *Epilobium*
4. 灌木或小乔木；花下垂；果为浆果 ……………………………………………… 4. 倒挂金钟属 *Fuchsia*
4. 草本；花不下垂；果为蒴果 ……………………………………………………… 5. 月见草属 *Oenothera*

1. 露珠草属 *Circaea* L.

多年生草本，具根状茎，常丛生。叶具柄，对生，托叶常早落。花序生于主茎及侧生短枝的顶端，单总状花序或具分枝。花白色或粉红色，2基数，具花管，花管由花萼与花冠下部合生而成；子房1室或2室，每室1胚珠；花萼与花瓣互生，雄蕊与花萼对生；花瓣倒心形或菱状倒卵形，顶端有凹缺。花柱与雄蕊等长或长于雄蕊；柱头2裂。果为蒴果，不开裂，外被硬钩毛；有时具明显的木栓质纵棱。种子光滑，纺锤形、阔棒状至长卵状，多少紧贴于子房壁。

本属有7种7亚种，分布于北半球温带森林中；中国有7种，分布于西北的陕西，华中的河南、湖北、湖南，华东的浙江、江苏、福建、安徽、台湾，西南的四川、贵州、云南及西藏等地。延安有3种，主要分布于黄龙、黄陵、富县等地。

本属多数植物可入药，可以作为良好的药用植物；花色优美，也可以作为观赏植物进行栽培。

分种检索表

1. 子房与果实1室；根状茎顶端具块茎 ………… 1. 高山露珠草 *C. alpina*
1. 子房与果实2室；根茎上不具块茎 ………… 2
2. 蜜腺藏于花管中，不伸出花管之外而呈柱状或环状花盘 ………… 2. 露珠草 *C. cordata*
2. 蜜腺伸出花管外，形成一环状或柱状的肥厚花盘 ………… 3. 谷蓼 *C. erubescens*

1. 高山露珠草

Circaea alpina L., Sp. Pl. 9. 1753; 中国植物志, 53(2): 52. 2000.

植株高3～50cm，根状茎顶端有块茎状加厚。叶形变异极大，自狭卵状菱形或椭圆形至近圆形，长1～11cm，基部狭楔形至心形，先端急尖至短渐尖，边缘近全缘至尖锯齿。顶生总状花序。花梗与花序轴垂直或花梗呈上升或直立，基部有时有一刚毛状小苞片。花萼无或短，最长达0.6mm；萼片白色或粉红色，稀紫红色，或只先端淡紫色；花瓣白色，狭倒三角形或倒卵形，花瓣裂片圆形至截形，稀呈细圆齿状；雄蕊直立或上升，稀伸展，与花柱等长或略长于花柱；蜜腺不明显，藏于花管内。果实棒状至倒卵状，长1.6～2.7mm，径0.5～1.2mm，基部平滑地渐狭向果梗，1室，具1种子，无纵沟。花期6～9月；果期7～9月。

本种在延安主要分布于黄龙、富县。生于海拔1000～1200m阴湿地或草坡丛林中。在我国主要分布于东北的黑龙江、吉林、辽宁，华北的内蒙古（中部）、河北、山西，西北的陕西，华东的山东、安徽等地。朝鲜、日本及俄罗斯也有分布。

全草可入药，可栽培作为药用植物。

2. 露珠草

Circaea cordata Royle, Illustr. Bot. Himal. 211, t. 43. fig. 1 a-i. 1834; 中国植物志, 53: 44. 2000.

粗壮草本，高20～150cm；根状茎不具块茎。叶狭卵形至宽卵形，基部常心形，边缘具锯齿至近全缘。单总状花序顶生，或基部具分枝；花梗长0.7～2mm，与花序轴垂直生或在花序顶端簇生，基部有一极小的刚毛状小苞片；花芽或多或少被直或微弯稀具钩的长毛；萼片卵形或阔卵形，白色或淡绿色，开花时反曲；花瓣白色，倒卵形，长1～2.4mm，宽1.2～3.1mm；雄蕊伸展，略短于花柱或与花柱近等长；蜜腺不明显，全部藏于花管之内。果实斜倒卵形至透镜形，长3～3.9mm，径1.8～3.3mm，2室，具2种子，不具明显的纵沟。花期6～8月，果期7～9月。

本种在延安主要分布于黄陵、黄龙，生于海拔850～1700m以下的山地湿阴处。在我国主要分布于东北的黑龙江、吉林、辽宁，华北的河北、山西，西北的陕西、甘肃，华中的河南、湖北、湖南，华东的浙江、江西、山东、安徽、台湾，西南的四川、贵州、云南及西藏等地。日本及韩国也有分布。

花色美丽，可作为庭园绿化花卉；具有一定药用价值，可作为药用植物。

露珠草 ***Circaea cordata***
1.植株（吴振海 摄）；2.花序（吴振海 摄）

3. 谷蓼

Circaea erubescens Franch. & Sav., Enum. Pl. Jap. 2: 370. 1879; 中国植物志, 53(2): 49. 2000.

草本，植株高10～120cm；根状茎上无块茎。叶披针形至卵形，稀阔卵形，基部阔楔形至圆形或截形，稀近心形，先端短渐尖，边缘具锯齿。顶生总状花序不分枝或基部分枝，长2～20cm；花梗与花序轴垂直，基部通常无刚毛状小苞片，如有小苞片，则通常于果实成熟前脱落。花管长0.5～0.8mm；萼片矩圆状椭圆形至披针形，长0.6～2.5mm，宽0.8～1.2mm，红色至紫红色，先端渐尖，开花时反曲；花瓣狭倒卵状菱形或倒卵形，粉红色；花瓣裂片具细圆齿或具小的二级裂片；雄蕊短于花柱；蜜腺伸出于花管之外。果实长1.7～3.2mm，径1.2～2.1mm，2室，具2种子，倒卵形至阔卵形，纵沟不明显。花期6～9月，果期7～9月。

本种在延安主要分布于黄陵、黄龙和富县。在我国主要分布于西北的陕西，华中的河南、湖北、湖南，华东的浙江、江苏、福建、安徽、台湾，西南的四川、贵州、云南及西藏等地，生于海拔2500m以下砾石河谷和渗水隙缝，以及山涧路边和土层深厚肥沃的温带落叶林中。日本及韩国也有分布。

全草可入药，可作为药用植物。

2.柳兰属 *Chamerion* Rafinesque ex Holub

草本或灌木。叶披针形，螺旋状互生，稀近对生或轮生。顶生总状花序；花两性，稍两侧对称；萼片裂生4枚，线形，排成“十”字形；花瓣4，全缘；雄蕊8，不等长，花丝基部宽，弯曲；子房下位4室，花柱基部弯曲，开花时反折，柱头4深裂。蒴果圆柱形，具4棱。种子具种缨。

本属约15种，分布于北半球温带森林中；中国有7种，东北的黑龙江、吉林，华北的内蒙古（中部），西北的陕西、甘肃、宁夏、青海、新疆，西南的四川、贵州等地。延安有1种，主要分布于黄龙、黄陵。

本属多数植物可入药，可以作为良好的药用植物；花色优美，也可以作为观赏植物。

柳兰

Chamerion angustifolium Holub. Sp. Pl. 9. 1753; 中国植物志, 53(2): 246. 2000.

多年粗壮草本，直立，丛生；叶螺旋状排列，基部叶无柄，上部叶具柄。顶生总状花序；花两性，近两侧对称；萼片裂生4枚，线形，排成“十”字形；花瓣4，萼片紫红色，全缘；雄蕊8，排成1轮，花期直立，后反折；子房下位4室，花柱基部弯曲，开花时反折，柱头4深裂。蒴果圆柱形，具4棱。种子具种缨。花期6～9月，果期8～10月。

本种在延安主要分布于黄龙、黄陵。生于500～1100m火烧迹地、高山草甸、河滩或石坡。在我国主产东北的黑龙江、吉林，华北的内蒙古（中部），西北的陕西、甘肃、宁夏、青海、新疆，西南的四川、贵州等地。在不丹、印度、日本、韩国、马来西亚、尼泊尔、巴基斯坦、俄罗斯及北美洲各地也有分布。

花色艳美，是较为理想的夏季观赏花卉植物；全草可入药，可以作药用植物；茎叶可作为饲料；嫩苗开水后可作沙拉食用；也为先锋植物和重要的蜜源植物；全草含鞣质，可提制栲胶。

柳兰 *Chamerion angustifolium*
1. 植株（吴振海 摄）；2. 花（吴振海 摄）

3. 柳叶菜属 *Epilobium* L.

多年生、稀一年生草本，有时为亚灌木，常具纤维状根与根状茎；茎圆柱状或近四棱形。叶交互对生，边缘有细锯齿或细牙齿或胼胝状齿突，稀全缘；托叶缺。花单生于茎或枝上部叶腋，排成穗状、总状、圆锥状或伞房状花序，两性，辐射状或有时两侧对称；花瓣常紫红色，有时粉红色或白色，倒卵形或倒心形；雄蕊8，近等长，排成不等的2轮，内轮4枚较短，着生于花瓣基部，外轮4枚较长，着生于萼片基部；花粉黄色，有些种蓝灰色；花柱直立；柱头棍棒状或头状，所有面可接受花粉，或深4裂，裂片初时连合，花时开放并反卷，内面具细乳突接受花粉；子房4室；胚珠多数，直立。蒴果具果梗，线形或棱形。种子多数，表面具乳突或网状。

本属有165种，广泛分布于寒带、温带与热带高山；中国有37种，分布于东北的黑龙江、吉林、辽宁，华北的北京、天津、山西、河北、内蒙古（中部），西北陕西、甘肃、青海、宁夏、新疆，华东的上海、江苏、浙江、安徽、福建、江西、山东、台湾，华中的河南、湖北、湖南，华南的广东、广西、香港、澳门，西南的四川、重庆、贵州、云南、西藏等地。延安有4种，主要分布于黄陵、黄龙、宜川、富县等地。

本属多数植物多可入药，可以作为良好的药用植物；花色优美，也可以作为观赏植物进行栽培。

分种检索表

1. 柱头4裂……………………………………………………………………………………………………2
1. 柱头全缘或微凹……………………………………………………………………………………………3
2. 叶基部半抱茎；花瓣长9～20mm；柱头花时伸出高过花药………………………………1. 柳叶菜 *E. hirsutum*
2. 叶基部抱茎；花瓣长5～8mm；柱头花时围以外轮花药…………………………2. 小花柳叶菜 *E. parviflorum*
3. 匍匐枝顶端有鞣质鳞芽；果梗长1～5cm；种缨灰白色……………………………3. 沼生柳叶菜 *E. palustre*
3. 匍匐枝顶端无鳞芽；果梗长0.7～1.5cm；种缨带红色………………………4. 长籽柳叶菜 *E. pyrricholophum*

1. 柳叶菜

Epilobium hirsutum L., Sp. Pl. 1: 347. 1753; 中国植物志, 53(2): 87. 2000.

多年生粗壮草本，有时近基部木质化，粗壮地下匍匐根状茎，茎上疏生鳞片状叶，先端常生莲座状叶芽。叶草质，对生，茎上部的互生，无柄，并多少抱茎。总状花序直立；苞片叶状；花直立，花蕾卵状长圆形；花梗长0.3～1.5cm；萼片长圆状线形；花瓣常玫瑰红色或粉红、紫红色，宽倒心形，长9～20mm，宽7～15mm；花药乳黄色，长圆形；花柱直立，长5～12mm，白色或粉红色；柱头白色，4深裂，裂片长圆形，长2～3.5mm，初时直立，彼此合生，开放时展开，不久下弯；子房灰绿色至紫色。蒴果长2.5～9cm；果梗长0.5～2cm。种子倒卵状，顶端具很短的喙，深褐色；种缨长7～10mm，黄褐色或灰白色，易脱落。花期6～8月，果期7～9月。

柳叶菜 *Epilobium hirsutum*
1. 花枝（吴振海 摄）；
2. 花（吴振海 摄）

本种在延安主要分布于黄龙、黄陵、富县等地。在我国主要分布于东北的吉林、辽宁，华北的内蒙古（中部）、河北、山西，西北的陕西、甘肃、宁夏、青海，华中的河南、湖南、湖北，华东的浙江、江西、福建，华南的广东、广西，西南的四川、贵州等地；多成片生于海拔500～2800m的河边、湖畔、沟边、路旁以及荒山和灌丛地。在欧洲各地、日本、朝鲜等也有分布。

嫩苗可食用；根或全草可入药，可作为药用植物。

2. 小花柳叶菜

Epilobium parviflorum Schreb. Spicil. Fl. Hips. 146, 155. 1771; 中国植物志, 53(2): 89. 2000.

多年生粗壮草本，直立，秋季自茎基部生出地上生的越冬的莲座状叶芽。叶对生，茎上部的互生，狭披针形或长圆状披针形；叶柄近无或长1～3mm。总状花序直立，常分枝；苞片叶状。花直立，花蕾长圆状倒卵球形；花瓣粉红色至鲜玫瑰紫红色，稀白色，宽倒卵形，长4～8.5mm，宽3～4.5mm，先端凹缺深1～3.5mm；雄蕊长圆形，花丝外轮的长2.6～6mm，内轮的长1.2～3.5mm；花柱直立长2.6～6mm，白色至粉红色；柱头4深裂，裂片长圆形。蒴果；果梗长0.5～1.8cm。子房长1～4cm；种子倒卵球状，顶端圆形，具很不明显的喙，褐色，表面具粗乳突；种缨长5～9mm，深灰色或灰白色，易脱落。花期6～9月，果期7～10月。

本种在延安主要分布于宜川、甘泉等地，生于海拔 500～1600m 山区河谷、溪流及向阳荒坡草地。在我国主要分布于华北的内蒙古（中部）、河北、山西，西北的陕西、新疆，华中的河南、湖南、湖北，华东的山东，西南的四川、贵州、云南等地。在日本、欧洲北部及非洲北部也有分布。

嫩苗可食用；根或全草可入药，可作为药用植物。

小花柳叶菜 *Epilobium parviflorum*
花和果（黎斌 摄）

3. 沼生柳叶菜

Epilobium palustre L., Sp. Pl. 1: 348. 1753; 中国植物志, 53(2): 123. 2000.

多年生直立草本，自茎基部底下或地上生出纤细的越冬匍匐枝，稀疏的节上生成对的叶，顶生肉质鳞芽，次年鳞叶变褐色，生茎基部。茎不分枝或分枝，有时中部叶腋有退化枝，圆柱状，无棱线。叶对生，花序上的互生，近线形至狭披针形，侧脉每侧3～5条。花序花前直立或稍下垂。花近直立；花蕾椭圆状卵形；萼片长圆状披针形，先端锐尖，密被曲柔毛与腺毛；花瓣白色至粉红色或玫瑰紫色，倒心形；花药长圆状；花丝外轮的长2～2.8mm，内轮的长1.2～1.5mm；柱头棍棒状至近圆柱状，长1～1.8mm。蒴果；果梗长1～5cm。种子菱形至狭倒卵状，顶端具长喙，褐色，表面具细小乳突；种缨灰白色或褐黄色，不易脱落。花期6～8月，果期8～9月。

本种在延安主要分布于宜川、安塞和宝塔等地，生于海拔1400m以下、河谷、溪沟旁、草地湿润处。我国主要分布于东北的黑龙江、吉林、辽宁，华北的内蒙古（中部）、河北、山西，西北的陕西、甘肃、青海、新疆，西南的四川、云南及西藏等地。

全草可入药，可作为药用植物。

4. 长籽柳叶菜

Epilobium pyrricholophum Franch. & Savat., Enum. Pl. Jap. 1: 168. 1875; 中国植物志, 53(2): 109. 2000.

多年生直立草本，自茎基部底下或地上生出纤细的越冬匍匐枝，稀疏的节上生成对的叶，顶生肉质鳞芽，次年鳞叶变褐色，生茎基部。茎不分枝或分枝，有时中部叶腋有退化枝，圆柱状，无棱线。叶对生，花序上的互生，近线形至狭披针形。花序花前直立或稍下垂；花近直立；花蕾椭圆状卵形；萼片长圆状披针形，先端锐尖；花瓣白色至粉红色或玫瑰紫色，倒心形；花药长圆状，长0.4～0.6mm，宽0.2～0.4mm；花柱直立；柱头棍棒状至近圆柱状，开花时稍伸出外轮花药。蒴果；果梗长1～5cm。种子菱形至狭倒卵状，顶端具长喙，褐色，表面具细小乳突；种缨灰白色或褐黄色，不易脱落。花期6～8月，果期8～9月。

本种在延安主要分布于黄陵和黄龙，常生于海拔1500m以下河谷、溪沟旁、池塘与水田湿处。我国主要分布于华北的山东，西北的陕西，华中的河南、湖南、湖北，华东的江苏、浙江、江西，安徽，华南的广东、福建、广西，西南的四川、贵州等地。

全草可入药，可作为药用植物。

4. 倒挂金钟属 *Fuchsia* L.

直立或攀缘灌木或半灌木，稀小乔木。单叶互生、对生或轮生，具早落的小托叶。花两性，辐射对称，单生于叶腋，或排成总状或圆锥状花序。花美丽，具不同颜色，具梗，常下垂；花管由花萼、花冠与花丝之一部分合生而成筒状至倒圆锥状，果时脱落，基部具蜜腺；萼片4，镊合状排列；花瓣4，开放时旋转或展开；雄蕊8，排成2轮，对萼的常较长，直立，或对瓣的内弯；花药长圆形或肾形，具2药室，背着生，纵内向开裂；花粉以单粒授粉；子房下位，4室，花柱细长，4裂或近全缘；胚珠多数。果实为浆果，4室，不开裂。种子多数或少至6枚，具棱。

本属约有100种，主要分布于南美洲沿海、中美洲，少数分布于新西兰、塔希提岛。中国有2种栽培。延安有2种，为室内栽培花卉。

本属植物具有较高观赏价值，全球广泛栽培。

分种检索表

1. 花管红色，筒状，上部较大 ……………………………………………… 1. 倒挂金钟 *F. hybrida*
1. 花管红色，长圆形，上部较小 …………………………………… 2. 短筒倒挂金钟 *F. magellanica*

1. 倒挂金钟

Fuchsia hybrida Voss. Hort. ex Sieb. & Voss. in Vilm, Blumengart. 3, 1: 332. 1896; 中国植物志, 53(2): 40. 2000.

半灌木，茎多分枝，被短柔毛与腺毛，老时渐变无毛，幼枝带红色。叶对生，卵形或狭卵形，长3～9cm，宽2.5～5cm，中部的较大，先端渐尖，基部浅心形或钝圆，边缘具远离的浅齿或

倒挂金钟 *Fuchsia hybrida*
1. 开花植株（卢元 摄）；2. 花（卢元 摄）

齿突，脉常带红色，侧脉6～11对；叶柄常带红色；托叶狭卵形至钻形，早落。花两性，单一，稀成对生于茎枝顶叶腋，下垂；花梗纤细，淡绿色或带红色，长3～7cm；花管红色，筒状，上部较大，长1～2cm，径3～5mm，连同花梗疏被短柔毛与腺毛；萼片4，红色，长圆状或三角状披针形，长2～3cm，宽4～8mm，先端渐狭，开放时反折；花瓣色多变，紫红色，红色、粉红、白色，排成覆瓦状，宽倒卵形，长1～2.2cm，先端微凹；雄蕊8，外轮的较长，花丝红色，伸出花管外的长1.8～3cm，花药紫红色，长圆形，长2～3mm，径约1mm，花粉粉红色；子房倒卵状长圆形，长5～6mm，径3～4mm，疏被柔毛与腺毛，4室，每室有多数胚珠；花柱红色，长4～5cm，基部围以绿色的浅杯状花盘；柱头棍棒状，褐色，长约3mm，径约1.5mm，顶端4浅裂。果紫红色，倒卵状长圆形，长约1cm。花期4～12月。

在延安为温室栽培花卉。我国广为栽培，尤在北方或在西北、西南高原温室种植生长极佳，已成为重要的花卉植物。

本种园艺杂交品种很多，广泛栽培于世界各地。

2. 短筒倒挂金钟

Fuchsia magellanica Lam. Encycl. 2: 564. 1788; 秦岭植物志, 1(3): 352. 1981.

灌木，株高30～150cm；茎近光滑，枝细长稍下垂，常带粉红或紫红色，老枝木质化明显。叶对生或三叶轮生，卵形至卵状披针形，边缘具疏齿。花单生于枝上部叶腋，具长梗而下垂。花管红色，长圆形，上部较小，萼筒裂萼片4，翻卷。花瓣4枚，自萼筒伸出，常抱合状或略开展，也有半重瓣。萼筒状，特别发达，4裂，质厚；雄蕊8，伸出于花瓣之外，花瓣有红色、白色、紫色等，花萼也有红色和白色之分。果实为浆果。花期4～7月，果期4～7月。

在延安为温室栽培花卉。在我国广泛栽培。南美洲各地也有分布。

花美丽，栽培供观赏，作为栽培观赏植物。

5. 月见草属 *Oenothera* L.

一年生或多年生草本，有明显的茎或无茎；茎直立、上升或匍匐生，具垂直主根，稀只具须根，有时自伸展的侧根上生分枝，稀具地下茎。叶在未成年植株常具基生叶，以后具茎生叶，螺旋状互生，有柄或无柄，边缘全缘、有齿或羽状深裂；托叶不存在。花大，美丽，4数，辐射对称，生于茎枝顶端叶腋或退化叶腋，排成穗状花序、总状花序或伞房花序，通常花期短，常傍晚开放，至次日日出时萎凋；花管发达，圆筒状，至近喉部多少呈喇叭状，花后迅速凋落；萼片4，反折，绿色、淡红色或紫红色；花瓣4，黄色、紫红色或白色，有时基部有深色斑，常倒心形或倒卵形；雄蕊8，近等长或对瓣的较短；花药丁字着生，花粉粒以单体授粉，但彼此间有孢黏丝连接；子房4室，胚珠多数；柱头深裂成4线形裂片，裂片授粉面全缘。蒴果圆柱状，常具4棱或翅，直立或弯曲，室背开裂，稀不裂。种子多数。

本属约有119种，分布北美洲、南美洲及中美洲温带至亚热带地区。中国约有11种，在我国主要分布于东北的辽宁、吉林，华北的河北、内蒙古（中部）、山西，西北的陕西、甘肃、青海、宁夏，华东的江苏、浙江、安徽、江西、山东，华中的河南、湖南，西南的四川、贵州、云南等地。延安有1种，主要分布于黄陵。

本属植物栽培作花卉园艺及药用植物；有些种的花可提芳香油，根可入药，可作为药用植物。

待宵草

Oenothera stricta Ledeb. Enum Pl. Hort. Berol. 1: 377. 1821; 中国植物志, 53(2): 69. 2000.

直立或外倾一年生或二年生草本，具主根；茎不分枝或自莲座状叶丛斜生出分枝；基生叶狭椭圆形至倒线状披针形；茎生叶无柄，绿色，先端渐狭锐尖，基部心形，中脉及边缘有长柔毛，侧脉不明显。花序穗状，花疏生茎及枝中部以上叶腋；苞片叶状，卵状披针形至狭卵形。花蕾绿色或黄绿色，直立，长圆形或披针形，顶端具直立或叉开的萼齿；萼片黄绿色，披针形，开花时反折；花瓣黄色，基部具红斑，宽倒卵形，先端微凹；花柱长3.5～6.5cm，伸出花管部分长1.5～2cm；柱头围以花药，花粉直接授在裂片上。蒴果圆柱状。种子在果内斜伸，宽椭圆状，无棱角。花期4～10月，果期6～11月。

本种在延安主要栽培于黄陵和黄龙。我国广为栽培，主要在西北的陕西，华东的江苏、江西、福建、台湾，华南的广东、广西，西南的贵州、云南等地。

花香美丽，常作为栽培观赏植物；花可提制芳香油；种子可榨油食用和药用；茎皮纤维可制绳；根可入药，作为药用植物。

待宵草 *Oenothera stricta*
1.植株（吴振海 摄）；2.花（吴振海 摄）

81 五加科

Araliaceae

本科编者：西北农林科技大学　叶权平

乔木或灌木，稀藤本和草本。髓心粗大，枝、干常具刺。单叶、掌状或羽状复叶，互生，稀轮生；托叶常与叶柄合生成鞘状，稀无托叶。花小，两性或单性，聚生为伞形花序、头状花序、总状花序或穗状花序，常再组成圆锥状复花序；苞片小，宿存或早落；萼筒与子房合生，边缘波状或有萼齿；花瓣5～10，常分离，稀合生成帽状体；雄蕊与花瓣同数且互生，稀为两倍或更多，着生花盘边缘；花丝线形或舌状；花药长圆形或卵形，丁字状着生；子房下位，2～5心皮，1～5室，每室一悬垂胚珠；花柱与心皮同数，离生。浆果或核果，外果皮通常肉质。种子通常侧扁。

本科约80属900余种，分布于非洲、亚洲、北美洲、南美洲和大洋洲的热带或温带地区。我国22属160余种，除新疆外全国各地均有分布，主产于西南地区。延安分布有4属9种，主要分布在富县、宜川、黄陵和黄龙等地区。

喜温暖湿润环境，稍耐阴。

本科植物多数为著名的药材；刺楸、刺五加等种子含油脂，可榨油供制肥皂；鹅掌柴等可供庭园观赏。

分属检索表

1. 单叶，掌状分裂；子房2室 ……………………………………1. 刺楸属 *Kalopanax*
1. 掌状复叶或羽状复叶；子房2～11室 ……………………………………2
2. 掌状复叶；花瓣镊合状排列 ……………………………………3
2. 一至三回大型羽状复叶；花瓣覆瓦状排列 ……………………………………2. 楤木属 *Aralia*
3. 植物体无刺；子房5～11室 ……………………………………3. 鹅掌柴属 *Schefflera*
3. 植物体有刺，稀无刺；子房2～5室 ……………………………………4. 五加属 *Eleutherococcus*

1. 刺楸属 *Kalopanax* Miq.

落叶乔木。单叶掌状开裂，具细锯齿；叶柄长，无托叶。花两性，圆锥花序顶生，小花为伞形花序；花梗无关节；萼具5细齿；花瓣5，镊合状排列；子房2室；花柱2，合生成柱状，柱头离生。浆果近球形。种子扁平，具宿存花柱。

本属1种，分布于东亚。我国东北、华北、西北、华南、西南各地均有分布。延安1种，分布于黄陵建庄、柳芽及双龙等地。

本种海拔自数十米起，在云南可达2500m。常与阔叶树种混生。喜光，对气候和土壤要求不高，生长较快。

木材白色，纹理美观，有光泽，耐磨性强，为建筑、家具等良材；根皮药用，清热镇痛；树皮及叶可提取栲胶；种子可榨油，供工业用。

刺楸

Kalopanax septemlobus Koidz. in Bot. Mag. Tokyo 39: 306. 1925; 中国植物志, 54: 76. 1978.

落叶乔木，高达30m，胸径达1m。树皮灰棕色；枝条稀疏，散生粗刺。单叶，纸质，互生或在短枝上簇生，5～7掌状浅裂，裂片呈阔三角状卵形，先端渐尖，基部心形，表面深绿色，无毛或几无毛，背面淡绿色，幼时疏生短柔毛，边缘有细锯齿；叶柄长8～50cm，无毛。花白色或淡绿黄色；萼光滑，长约1mm，具5细齿；雄蕊5，花丝细；子房2室，花盘凸起。浆果近球形，径约5mm，蓝黑色；宿存花柱长2mm。花期7～10月，果期9～12月。

延安分布于黄陵建庄、柳芽及双龙等地。我国东北、华北、西北、华南、西南各地均有分布。主要分布于亚洲东部地区。

本种海拔自数十米起，在云南可达2500m。常与阔叶树种混生。喜光，对气候和土壤要求不高，生长较快。

木材白色，纹理美观，有光泽，耐磨性强，为建筑、家具等良材；根皮药用，清热镇痛；树皮及叶可提取栲胶；种子可榨油，供工业用。

刺楸 *Kalopanax septemlobus*
1.枝（曹旭平 摄）；2.叶（叶权平 摄）

2. 楤木属 *Aralia* L.

小乔木、灌木或多年生草本。常具刺。一至三回羽状复叶；托叶与叶柄于基部合生，稀无托叶。花杂性，伞形花序，常由伞形花序组成圆锥花序；花梗常具显著关节，萼筒边缘具5细齿；花瓣5，覆瓦状排列在花芽中；雄蕊5，花丝细长；子房下位，2～5室；花柱2～5，离生或基部合生。浆果状核果，球形，有5棱，稀4～2棱。种子白色，侧扁。

本属约30种，分布于亚洲、大洋洲和北美洲。我国有30种，南北各地均有分布，集中分布于西南地区，多为重要药用植物。延安1种，见于黄龙白马滩地区。

常见于林下、灌丛中，喜温暖湿润环境。

本属有些植物嫩叶具有香气，可供使用；根可药用。

楤木

Aralia chinensis L., Sp. Pl. 273. 1753; Seem. in Journ. Bot. 6: 133 (Revis. Heder. 90. 1868) 1868; 中国植物志, 54: 159. 1978.

落叶灌木或小乔木，高可达8m，胸径达10～15cm。小枝密被黄棕色绒毛，疏生细刺。二至三

楤木 *Aralia chinensis*
1.植株（曹旭平 摄）；2.花序（蒋鸿 摄）；3.花（叶权平 摄）

回羽状复叶，长60～110cm；叶柄粗壮，长可达50cm；小叶5～11，稀13，卵形、阔卵形或长卵形，长5～12cm，宽3～8cm，先端渐尖或短渐尖，基部圆形，表面疏生糙毛，背面有淡黄色或灰色短柔毛。圆锥花序，长30～60cm，密生淡黄棕色或灰色短柔毛；花白色，芳香；萼无毛，长约1.5mm，边缘有5个三角形小齿；花瓣5，卵状三角形，长1.5～2mm；雄蕊5，花丝长约3mm；子房5室；花柱5，离生或基部合生。果球形，黑色，直径约3mm，有5棱；宿存花柱长1.5mm，离生或合生至中部。花期7～9月，果期9～12月。

延安仅见于黄龙白马滩地区。我国华北的山西、河北，西北的陕西、甘肃，华南的广东、广西，西南的云南等地均有分布。分布于亚洲东部地区，中国特有种。

分布在海拔2700m以下。常见于灌丛、林缘中，喜光和温暖湿润的生境。

根有镇痛消炎、祛湿、活血功效；种子可榨油供工业用。

3. 鹅掌柴属 *Schefflera* J. R. G. Forst.

乔木或灌木。小枝粗壮，被星状绒毛或无毛；单叶或掌状复叶，托叶和叶柄基部合生成鞘状。圆锥花序由总状花序、伞形花序或头状花序，稀为穗状花序小花组成；花瓣5～11，在花芽中镊合状排列；雄蕊和花瓣同数；子房5～11室；花柱离生，或仅基部合生，或合生成柱状，或无。果实球形，常具5～11棱。种子常扁平；胚乳均一，稀呈嚼烂状。

本属约200种，多分布于非洲、亚洲、北美洲和南美洲的热带地区。我国主要分布于华东的福建、台湾，华南的广东、广西、海南和西南的云南各地。延安1种，各县（区）室内有盆栽。

常见于海拔1300m以下的湿润林下，喜温暖湿润气候和半阴环境，不耐寒。

本属植物枝叶密集，叶形奇特，常作为盆栽用于布置室内、大型会场等。

鹅掌藤

Schefflera arboricola Hay. Icon. Pl. Formos. 6: 23. 1916; 中国植物志, 54: 39. 1978.

藤状灌木，高2～3m。小枝具不规则纵皱纹。掌状复叶，小叶常7～9；叶柄纤细，长12～18cm；托叶与基部合生成鞘状，宿存或与叶柄一起脱落；小叶片革质，长圆形，长6～10cm，宽1.5～3.5cm，先端急尖或钝形，稀短渐尖，基部渐狭或钝形，表面深绿色，有光泽，背面灰绿色，均无毛，全缘；小叶柄具狭沟，长1.5～3cm。圆锥花序顶生，主轴和分枝幼时密生星状绒毛，后脱净；伞形花序多数总状排列在分枝上，有花3～10朵；苞片阔卵形，长0.5～1.5cm，外侧密生星状绒毛，早落；总花梗长小于5mm，花梗长1.5～2.5mm，均疏生星状绒毛；花白色，长约3mm；萼长约1mm；花瓣5～6，无毛；雄蕊和花瓣同数且等长；子房5～6室；花盘略隆起。果实卵形，具5棱，连花盘长4～5mm；花盘五角形，长为果实的1/3～1/4。花期7月，果期8月。

延安见于各地室内盆栽。我国产华东的台湾，华南的广西、广东和海南等地。

分布在海拔400～900m，生于林下或溪边较湿润处，常附生于树上。喜温暖湿润，耐阴，不耐干旱。

鹅掌藤是常见的园艺观叶植物，常作为盆栽；具止痛功效，一般外用。

鹅掌藤 *Schefflera arboricola*
1.植株（曹旭平 摄）；2.叶（曹旭平 摄）

4.五加属 *Eleutherococcus* Maxim.

灌木或小乔木。常具皮刺，罕无。掌状或三出复叶，托叶极小或无。花两性或杂性；伞形花序单生或组成顶生圆锥花序；花梗关节不明显或无；萼具5齿裂，稀全缘；花瓣5，稀4，镊合状排列；雄蕊与花瓣同数；子房2～5室；花柱离生或合生成柱状，宿存。浆果状核果，近球形，具2～5扁形种子。

本属约35种，主要分布于东南亚地区。我国约25种，南北各地均有分布，集中分布于华中西部地区。延安产6种，主要分布于富县、黄陵、宜川等地。

本属植物分布在海拔1000～3000m，多生长在林荫下、灌木丛林、林缘湿润处、山坡路旁，少数散生在林中。

多为药用植物，具滋补、抗风湿、抗疲劳等功效。

根据《中国植物志》介绍，本属采用*Eleutherococcus* Maxim.作为正式学名。有学者将本属分割成 *Eleutherococcus* Maxim.（1859）、*Acanthopanax* Miq.（1863）和*Evodiopanax* Nakai（1924）三属，由于分属的特征差别甚微，合并为一个属较为合理。合并后应以发表最早的合法名称*Eleutherococcus* Maxim.作为正式学名，中国植物志,54:86,1978。

分种检索表

1.子房2室…………1.五加*E. nodiflorus*
1.子房5室，稀3～4室…………2
2.花柱合生，连成柱状…………3
2.花柱离生或中部以上离生…………5
3.小叶长3～6cm，全缘或上部疏生锯齿，小枝上部叶柄短或近无柄…………2.短柄五加*E. brachypus*
3.小叶长8～14cm，具锯齿，叶柄较长…………4
4.小叶薄纸质；枝刺细长，直而不弯…………3.刺五加*E. senticosus*
4.小叶纸质；枝刺粗壮，通常弯曲…………4.糙叶五加*E. henryi*
5.小叶片全部边缘或除基部外有不整齐重锯齿，稀为单锯齿…………5.红毛五加*E. giraldii*
5.小叶片边缘下部1/3～1/2全缘，其余部分有钝齿…………6.匙叶五加*E. rehderianus*

1.五加

Eleutherococcus nodiflorus (Dunn) S. Y. Hu, J. Arnold Arbor. 61: 109. 1980; Flora of China, 13: 467. 2007; 中国植物志, 54: 107. 1978.

灌木，高2～3m。枝下垂，灰棕色，节上常疏生反曲扁刺。小叶5，稀3～4，膜质至纸质，倒卵形至倒披针形，长3～8cm，宽1～3.5cm，长枝上互生，短枝上簇生，背面脉腋间有淡棕色簇毛，近无柄。伞形花序单生，稀2～3簇生；总花梗长1～2cm，结实后延长，无毛；花梗细长，长6～10mm，无毛；花黄绿色，萼边缘近全缘或有5小齿；花瓣5，长圆状卵形，先端尖；雄蕊5，花丝长2mm；子房2室；花柱2，细长，离生或基部合生。果扁球形，长约6mm，宽约5mm，熟时黑色；宿存花柱长2mm，反曲。花期4～8月，果期6～10月。

延安见于宜川、黄陵、黄龙和富县等地。我国华北的山西，西北的陕西，西南的四川、云南和华南各地区均有分布。主要分布于亚洲的热带和亚热带地区。

分布在海拔1000m以下，在四川西部和云南西北部可达3000m。常见于灌丛、林缘及路边。

根皮供药用，中药称“五加皮”，具祛风湿、强筋骨功效；树皮含芳香油。

五加*Eleutherococcus nodiflorus*
枝叶和花（标本照片）

2. 短柄五加

Eleutherococcus brachypus (Harms) Nakai, Fl. Sylv. Koreana 16: 27. 1927; Flora of China, 13: 468. 2007; 中国植物志, 54: 104. 1978.

落叶灌木，高达2m。小枝节上具下弯短刺。掌状复叶，常数片丛生于侧生的短枝上；小叶3～5，纸质，倒卵形或倒卵状长圆形，长3～6cm，宽1～2.5cm，先端钝圆，基部楔形，上部边缘具钝齿或近全缘，近无柄。圆锥花序顶生或伞形花序；花序梗长3～5cm，花后延长，无毛；苞片卵形，具纤毛；花淡绿色；萼有短柔毛，边缘5齿裂；花瓣5，卵形，先端尖，长约2mm，开花时反曲；雄蕊5，花丝长约2mm；子房5室，花柱5，合生成柱状。果实近球形，径约6mm，黑色，具5棱，花柱宿存。花期7～8月，果期9～10月。

延安分布于桥山、黄龙山林区。我国主产于西北地区的陕西、甘肃东南部和宁夏南部。主要分布于亚洲的东部地区。

分布在海拔2000m以下。常见于次生林的阳坡灌丛中；喜光、耐旱。

茎入药，具益气健脾、养心安神功效。

短柄五加 *Eleutherococcus brachypus*
枝叶和花（周建云 摄）

3. 刺五加

Eleutherococcus senticosus (Ruprecht & Maximowicz) Maximowicz, Mém. Acad. Imp. Sci. St. -Pétersbourg DiversSavans 9 [Prim. Fl. Amur.]: 132. 1859; Flora of China, 13: 468. 2007; 中国植物志, 54: 99. 1978.

灌木，高达6m。小枝密被针刺，刺直而细长，幼枝明显，脱落后遗留圆形刺痕。具小叶5，稀3，纸质，椭圆状倒卵形或长圆形，长5～13cm，宽3～7cm，先端渐尖，基部宽楔形，表面粗糙，深绿色，脉上有粗毛，背面淡绿色，脉上有短柔毛；小叶柄长0.5～2.5cm，有棕色短柔毛，有时有细刺。伞形花序单个顶生或2～6个组成稀疏的圆锥花序；花紫黄色，萼无毛，边缘近全缘或有不明显

刺五加 *Eleutherococcus senticosus*
1.花（叶权平 摄）；2.叶（叶权平 摄）；3.果实（叶权平 摄）；4.枝（叶权平 摄）

的5小齿；花瓣5，卵形；雄蕊5，长1.5～2mm；子房5室，花柱合生成柱状。果球形或卵球形，具5棱，熟时紫黑色，直径7～8mm，宿存花柱长1.5～1.8mm。花期6～7月，果期8～10月。

延安分布于南部黄陵、富县和黄龙等地。我国分布于东北的黑龙江、吉林、辽宁，华北的河北、山西及西北陕西等地。主要分布于亚洲的温带地区。

在小兴安岭海拔500m以下分布，华北海拔达2000m。散生或丛生于林内、灌丛中或路旁；耐阴，喜湿润和肥沃土壤。

根皮供药用，具强壮作用；种子可榨油，制肥皂用。

4. 糙叶五加

Eleutherococcus henryi Oliver, Hooker's Icon. Pl. 18: t. 1711. 1887; Flora of China, 13: 468. 2007; 中国植物志, 54: 102. 1978.

落叶灌木，高1～3m。枝具下弯粗刺；小枝被短柔毛或无。掌状复叶，叶柄长4～7cm，具短毛；小叶5，稀3，纸质，长椭圆形或倒卵形，先端尖或渐尖，基部狭楔形，长8～12cm，宽3～5cm，表面深绿色，粗糙，背面脉上具短柔毛，近无柄。伞形花序顶生；花序梗粗壮，长2～3.5cm；萼疏生短柔毛或无，近全缘；花瓣5，长卵形，长约2mm，开花时反曲；雄蕊5，花丝长约2.5mm；子房5室，花柱5，合生成柱状。果实椭圆球形，径约8mm，有5浅棱，黑色，花柱宿存，长约2mm。花期7～9月，果期9～10月。

延安见于黄陵的建庄和上畛子。我国分布于华北的山西，西北的陕西，华中的河南、湖北，华东的浙江、安徽等地。主要分布于亚洲的亚热带和温带地区。

分布在海拔1000～3200m，常见于林缘或灌丛中。

根可入药，具活血舒筋、理气止痛功效。

糙叶五加 *Eleutherococcus henryi*
1.花枝（标本照片）；2.枝叶（标本照片）

5. 红毛五加

Eleutherococcus giraldii (Harms) Nakai, J. Arnold Arbor. 5: 9. 1924; Flora of China, 13: 470. 2007; 中国植物志, 54: 91. 1978.

落叶灌木，高达3m。小枝灰棕色，幼枝密生刚毛状针刺，刺下伸或平展。总叶柄长3～7cm，无毛，稀有细刺；小叶3～5，纸质，倒卵状长圆形，稀卵形，长2.5～6cm，宽1.5～2.5cm，先端尖或短渐尖，基部狭楔形，具不整齐复锯齿，近无柄。伞形花序单生枝顶，直径1.5～2cm，有花多数；花序梗粗短，长5～7mm，稀长至2cm；花梗长5～7mm，无毛；花白色；萼长约2mm，近全缘，无毛；花瓣5，卵形，长约2mm；雄蕊5，花丝长约2mm；子房5室；花柱5，基部合生，顶端离生。果实近球形，有5棱，黑色，直约径8mm。花期6～7月，果期8～10月。

延安见于黄陵、黄龙和志丹。我国分布于西北的青海、甘肃、宁夏、陕西，华中的湖北、河南等地。主要分布于亚洲的温带地区。

分布在海拔1300～3500m，常见于灌丛中。

其红色茎皮为羌医骨伤科最为重要的配方药物，为《四川省中药材标准》收载；嫩叶被羌族人民开发为茶品。

6. 匙叶五加

Eleutherococcus rehderianus (Harms) Nakai, J. Arnold Arbor. 5: 9. 1924; Flora of China, 13: 471. 2007; 中国植物志, 54: 93. 1978.

灌木，高约3m。枝拱形下垂，小枝有淡棕色微毛，疏生向下刺。刺常单生于叶柄基部，叶有小叶5，稀3～4；小叶纸质，倒卵状长圆形至倒披针形，长2～6cm，宽0.8～2cm，先端尖至短渐尖，基部渐狭尖，两面均无毛，表面有光泽，边缘除下部1/3～1/2外有钝齿；小叶柄近无。伞形花序单个顶生，直径约2.5cm，有花多数；花序梗长1～2cm，结实后延长至4cm，无毛；花梗长约1cm，无毛；萼无毛，边缘近全缘；花瓣5，三角状卵形，长1.5mm，开花时反曲；子房5室，稀4室；花柱5，稀4，合生至中部，顶端离生，反曲。果实球形，有浅棱，直径约6mm。花期6～7月，果期8～10月。

延安见于黄陵柳芽及店头。我国分布于西北的陕西、甘肃，华中的湖北，西南的四川等地。主要分布于亚洲的东部地区。

分布在海拔2000～2600m，常见于林内或山坡路边。

茎、根皮入药，具活血止痛功效。

匙叶五加 *Eleutherococcus rehderianus*
枝叶（标本照片）

82 伞形科

Apiaceae (Umbelliferae)

本科编者：西北农林科技大学　吴振海、易华
中国科学院植物研究所　刘冰

一年生至多年生草本，稀小灌木状。根常直生，肉质，有时圆锥形。茎中空，直立或匍匐，通常圆形。叶互生，一至多回三出复叶或一至多回三出式羽状分裂，稀单叶，通常基生叶有柄，叶柄基部常膨大成管状或囊状的叶鞘，通常无托叶。花序顶生或侧生，单伞或复伞形，通常开展，稀聚为头状；总苞有或缺；伞辐多或少数；小总苞有或缺；花小，两性或杂性，有花梗；花萼管与子房贴生，裂齿5或不显；花瓣5，生于子房上面，有时外缘的较大，顶端常有凹陷及一向内折或内弯的小舌片；雄蕊5，与花瓣互生，生于子房上面；子房下位，2室，每室含1倒悬胚珠，顶端有花柱基；花柱2，外曲或直立；柱头头状。果实多为双悬果，由2个不开裂常背面压扁或侧面压扁的分果组成，成熟后由合生面分开，各悬垂于一纤细或和果柄相连的心皮柄上；分果有5条主棱，稀再具4条次棱，外果皮表面平滑或有毛、皮刺、瘤状突起；中果皮层内的棱槽内和合生面处有油管1至多条。胚乳软骨质，胚乳的腹面平直、突出或凹入。

本科植物250~440属，3300~3700种，分布于南北半球的温带地区，主产欧亚大陆，特别是中亚。我国有100属614种，南北均有分布；陕西含栽培的有38属，114种及种下单位（包含99种2亚种12变种1变型）；延安有22属35种2变种，各县（区）均有分布。

本科植物适应性强，有些种类喜生于干旱环境，有些种类喜生于湿润环境，大多数种类喜生于中生环境；生态环境多种多样，林内、林缘、灌木丛、草甸及沼泽地均能正常生长。

本科植物经济价值大。有不少种类为重要中药，如白芷、前胡、防风、柴胡等；还有少数种类栽培为重要蔬菜，如芫荽、芹菜、胡萝卜等；一些种类栽培供做香料调料用，如茴香、莳萝等。

分属检索表

1. 子房和果实有刺毛、皮刺、小瘤、乳头状毛或硬毛……2
1. 子房和果实无刺毛、皮刺，有时有小瘤或柔毛……6
2. 子房和果实的刺状物不呈钩状……3. 峨参属 *Anthriscus*
2. 子房和果实有钩刺或具倒刺的刚毛、皮刺或小瘤……3
3. 叶掌状分裂；花瓣绿白色或白色……1. 变豆菜属 *Sanicula*
3. 叶为羽状复叶；花瓣白色或粉红色……4
4. 子房和果实有海绵质的小瘤或皱褶，无刺；茎分枝呈双叉式……21. 防风属 *Saposhnikovia*
4. 子房和果实有钩刺；茎分枝不呈双叉式……5
5. 苞片线形；胚乳腹面凹陷……4. 窃衣属 *Torilis*
5. 苞片羽状分裂；胚乳腹面平直或略凹陷……22. 胡萝卜属 *Daucus*
6. 子房和果实的横剖面圆形或两侧扁压；果棱无明显的翅……7
6. 子房和果实的横剖面背腹扁压或侧面略扁；果棱全部或部分有翅……16
7. 一年生植物……8

7. 多年生植物……9
8. 外缘花瓣通常为辐射瓣……5. 芫荽属 *Coriandrum*
8. 外缘花瓣很少为辐射瓣……7. 芹属 *Apium*
9. 叶片全缘，茎生叶通常无柄而抱茎，叶脉平行……6. 柴胡属 *Bupleurum*
9. 叶片分裂，茎生叶通常有柄，不抱茎，叶脉羽状……10
10. 小总苞片发达；果棱突起，木栓质……11
10. 小总苞片不发达；果棱不明显突起，非木栓质……13
11. 萼齿小或不显；花柱短，开展或反折……2. 迷果芹属 *Sphallerocarpus*
11. 萼齿大而明显；花柱伸长，直立……12
12. 果棱不木栓化……11. 岩风属 *Libanotis*
12. 果棱木栓化，或外果皮全部加厚与木栓化……12. 水芹属 *Oenanthe*
13. 果实狭长圆形、长圆状宽椭圆形……14
13. 果实长圆形、圆卵形或卵状球形……15
14. 叶一回三出分裂，裂片宽大；伞辐长短极不相等，圆锥花序状……8. 鸭儿芹属 *Cryptotaenia*
14. 叶二至四回三出分裂，裂片狭小；伞辐长短近相等，正常伞形花序……9. 葛缕子属 *Carum*
15. 花金黄色……13. 茴香属 *Foeniculum*
15. 花白色……10. 茴芹属 *Pimpinella*
16. 果实的背棱和侧棱都发育成翅或背棱突起……17
16. 背棱无翅或有翅，较侧棱的翅为窄，侧棱有明显或不明显的翅……19
17. 一年生，通常无小总苞片……14. 莳萝属 *Anethum*
17. 多年生，通常有小总苞片……18
18. 果棱的翅薄膜质；花柱通常较短，长不超过花柱基2倍……16. 藁本属 *Ligusticum*
18. 果棱的翅木栓质；花柱通常长，长超过花柱基2～3倍……15. 蛇床属 *Cnidium*
19. 果实背腹扁压……20
19. 果实背腹极扁压……21
20. 侧棱的翅薄，与果体的宽度相等或较宽，两个分生果的翅不紧贴，易分离……17. 当归属 *Angelica*
20. 侧棱的翅稍厚，较果体窄，两个分生果的翅紧贴，成熟后分离……19. 前胡属 *Peucedanum*
21. 伞形花序的外缘花无辐射瓣；油管的长度通常达果实的基部……18. 阿魏属 *Ferula*
21. 伞形花序的外缘花有辐射瓣；油管的长度达果实全长的一半或过半……20. 独活属 *Heracleum*

1. 变豆菜属 *Sanicula* L.

本属编者：西北农林科技大学　易华

多年生草本，有根茎或纤维根。茎分枝或呈花葶状。叶近无柄或有柄，叶柄基部有膜质叶鞘；叶片掌状或三出式3裂，膜质至近革质。单伞形花序或复伞形花序，稀近总状花序；总苞片叶状；小总苞片不分裂或分裂；伞辐不等长，外展至叉式伸长；小伞形花序具两性花和雄花；萼齿显著；花瓣绿白色或白色，先端凹入并具内折小舌片；花柱基无或扁平如碟。果实有或无柄，近球形，单生或多数着生小伞上，被刺或瘤，棱不显或隆起；果实横断面近圆形或背面扁平，合生面平或凹，油管排列规则或不规则。种子表面扁平，胚乳腹面内凹或有沟槽。

约40种，大多数分布于温带地区，少数分布于亚热带。我国有17种，各地均有分布；陕西产6种及种下单位（包含5种1变种）；延安产1种，分布于南部各县。

本属植物为中生或阴生植物，常见于林内或林缘。

变豆菜

Sanicula chinensis Bunge Mem. Acad. Sav. Etrang. St. Petersb. 2: 106. 1835; 中国植物志, 55(1): 58. 1979.

多年生无毛草本，高达1m。根茎粗短，有细长支根。茎下部不分枝，上部重复叉式分枝。基部叶有长柄，近圆形、圆肾形或圆形，3全裂；中裂片倒卵形或楔状倒卵形，长3～10cm，宽4～13cm；侧裂片再2浅裂至深裂；各裂片缘具尖锐重锯齿；叶柄长7～20cm，基部有透明膜质鞘；茎生叶逐渐变小，3深裂，近无柄。花序二至三回叉式分枝，中间枝短缩，两侧枝开展伸长；总苞片叶状，3裂或近羽状分裂，伞辐2～3；小总苞片约9枚，披针形或线形，长达2mm，宽约1mm；小伞形花序具花多达10朵；雄花3～7朵，有短梗；两性花3～4朵，无梗；萼齿线形，长约1mm；花瓣白色或绿白色。果实圆卵形，长4～5mm，宽3～4mm，密被具钩的硬皮刺，宿萼呈喙状；果实横切面近圆形，胚乳腹面略凹陷；分果有油管5条，中型，合生面2条，大而显著。花期4～5月，果期8～10月。

产富县和黄陵，生于海拔1080～1600m的草地或林下。分布几遍全国。日本、朝鲜、俄罗斯（东西伯利亚）也产。

林下常见，喜阴植物。常为单株，极少呈稀疏群落。

花小，白色，美丽，可作观赏花卉引种栽培。

变豆菜 *Sanicula chinensis*
1.植株（吴振海 摄）；2.叶（吴振海 摄）；3.花序（吴振海 摄）；4.果实（吴振海 摄）

2.迷果芹属 *Sphallerocarpus* Bess. ex DC.

本属编者：中国科学院植物研究所　刘冰

多年生草本。茎直立，圆柱状，被柔毛。叶二至三回羽状分裂，裂片羽状深裂。复伞形花序顶生和侧生；总苞片1或早落；小总苞片5，卵状披针形。花白色；萼齿微小，不明显；花瓣倒卵状楔形，先端微凹，外缘辐射状；花柱短，后期外弯，花柱基圆锥形或平压状，全缘或呈波状皱褶。果实椭圆状长圆形，两侧微扁，合生面收缩；分果具5棱，每棱槽中具油管2～3条，合生面有油管4～6条。种子圆锥形，胚乳腹面有槽。

本属只有1种，分布于俄罗斯（远东地区）、蒙古、日本和我国西北部至东北部；延安也有，见于南部。

本属植物属于中生或旱生植物，生于山坡路旁、地埂、荒地等处，很少见于林内。

迷果芹

Sphallerocarpus gracilis (Bess. ex Trevir.) K. -Pol. in Bull. Soc. Nat. Mosc. N. S. 29: 202. 1915; 中国植物志, 55(1): 72. 1979.

多年生草本，高50～120cm。根圆锥形或块状。茎直立，分枝，下部疏生柔毛。叶二回三出式羽状分裂；基生叶早枯，具5～8cm长的柄；茎上部生的无柄；小羽片卵状披针形或披针形，长5～16mm，宽2～7mm，羽状深裂，下面脉上被极疏毛。复伞形花序顶生和侧生；伞辐6～13，不等长；小总苞片5，倒卵形或倒卵状披针形，向下反曲，缘具柔毛；小伞形花序具花10～25朵；花白色；萼齿锥状，不显著；花瓣长1～1.7mm，花丝与花瓣等长，花药卵圆形。果实长圆形，长3～7mm，宽1.5～2.5mm，侧扁；分果具5棱，背棱突起，侧棱具狭翅，每棱槽中具油管2～3条，合生面有油管4～6条；胚乳腹面内凹。花期6～7月，果期8～10月。

延安产甘泉、宜川、富县、黄陵和黄龙等地，生于海拔1650m以下的山谷和山坡路旁、地埂、荒地上。分布于我国东北、华北、西北各地及四川（西北部）。蒙古、日本、俄罗斯（远东地区）也产。

喜光植物，易形成稀疏群落。

花白色，伞形花序较大，美丽，可作观赏花卉引种栽培。

迷果芹 *Sphallerocarpus gracilis*
1.植株（刘冰 摄）；2.茎（刘冰 摄）；3.花序（刘冰 摄）；4.果实（刘冰 摄）

3.峨参属 *Anthriscus* Pers.

本属编者：西北农林科技大学 吴振海

二年或多年生草本，有圆锥根。茎直立，分枝，无毛或被刺毛。叶有柄，三出式羽状分裂或羽状复裂。复伞形花序较疏松；总苞片缺；小总苞片多数，反折；花白色、黄色或黄绿色，在每一小伞形花序上部分为雄花，部分为两性花；萼齿微细或不显；花瓣长圆形或楔形，先端内折，外缘的有时呈辐射状；花柱短，花柱基圆锥形；心皮柄不裂。果实线形至圆卵形，侧扁，光滑，具瘤或具刺毛，顶端渐狭成喙，合生面常收缩；分果横断面近圆形，棱细或不显，或仅上部明显，胚乳腹面有深槽，油管不显。

约15种，分布于欧亚温带地区。我国有2种及种下单位（包含1种1亚种），大多数地区均有分布；陕西亦产；延安产1种，见于南部。

本属植物自播能力强，易形成群落。中生或阴生植物，见于林内或林缘。

峨参

Anthriscus sylvestris (L.) Hoffm. Gen. Umbell. 40. f. 14. 1814; 中国植物志, 55(1): 74. 1979.

二年生或多年生草本，高0.5～1.5m。根粗大，有分歧。茎直立，粗壮，具沟槽，下部被细柔毛。基生叶柄长达25cm，被柔毛；叶二回三出式羽状分裂或二回羽状分裂；一回羽片卵形至宽卵形，长4～12cm，宽2～8cm，第二回羽片披针状卵形，长2～6cm，宽1.5～4cm，缘具羽状全裂或深裂，末回裂片卵形或椭圆状卵形，有粗锯齿，长1～3cm，宽0.5～1.5cm，上面稍具柔毛，下面疏生柔毛。复伞形花序顶生及侧生；伞辐4～15，不等长；小总苞片5～8，披针形至卵形，先端长渐尖，有缘毛或近无毛，反折；小伞形花序着花8～15朵；花白色；辐射状花瓣狭倒心形，长约2.5mm；花柱基圆锥形，长度是花柱的1/3。果实线状长卵形，黑色，有光泽，长5～10mm，宽1～1.5mm；分果先端喙状，基部常具1列细毛，有5条不明显的棱，横切面近圆形，油管不明显，胚乳有深槽。花期4～5月，果期6～7月。

产宜川，生于海拔800～1200m的山地灌丛或林下。分布于东北的辽宁，华北各地，西北的甘肃、新疆，华东的江苏、安徽、江西，华中的河南、湖北，西南的四川、云南等地。日本、朝鲜、俄罗斯及东欧各地也产，北美有引种。

喜阴植物，林下及林缘常见，在沟谷岸边易形成较密群落；可作为观赏植物引种栽培。

根可入药，为滋补强壮剂。

峨参*Anthriscus sylvestris*
1.植株（吴振海 摄）；2.花序（吴振海 摄）；3.果实（吴振海 摄）

4.窃衣属 *Torilis* Adans.

本属编者：西北农林科技大学 吴振海

草本，一年生或多年生，被毛。根圆锥形，细长。茎单生，直立，有分枝。叶柄有鞘，叶片近膜质，二至三回羽状分裂。花序复伞形，疏松；小伞形花序少数；总苞片线形或缺；小总苞片2～8，线形；花白色或带红色；萼齿显著，尖锐；花瓣倒卵形，先端凹陷有一狭而内折的小舌片；花柱基短圆锥形，花柱短，直立或向外反曲。果实圆卵形或长圆体形，主棱线形，次棱具皮刺或瘤状凸起；分果合生面凹陷或具浅槽，次棱下有油管1条，合生面有油管2条。

约20种，分布于亚洲、非洲、欧洲、美洲及太平洋诸岛。我国有2种，各地均有分布；陕西亦产；延安产2种，各县（区）均产。

本属植物自播能力强，易形成群落。中生植物或阳生植物，多见于空旷地带，呈杂草状。

分种检索表

1. 总包片3～6，伞辐4～12；果实圆卵形，长1.5～4mm……………………………1. 小窃衣 *T. japonica*
1. 总包片无，很少1枚，伞辐2～4；果实长圆形，长4～7mm……………………………2. 窃衣 *T. scabra*

1. 小窃衣

Torilis japonica (Houtt.) DC. Prodr. 4: 219. 1830; 中国植物志, 55(1): 83. 1979.

草本，一年生或多年生，高达120cm。主根圆锥形，细长，支根多数。茎单生，上部多分枝，被贴生短硬毛。叶一至二回羽状分裂；茎下部叶有柄，叶片轮廓卵状三角形，长5～10cm；第一回羽片狭卵形至披针形，长0.5～6cm，宽1～2.5cm，缘具羽状深裂至缺刻状，裂片狭卵形，有缺刻或深

小窃衣 *Torilis japonica*

1.植株（吴振海 摄）；2.叶（吴振海 摄）；3.花序（吴振海 摄）；4.果实（吴振海 摄）

裂；上部叶简化，无柄。复伞形花序顶生及与叶对生；总花梗长2～20cm，总苞片3～6，线形；伞辐4～12，长1～3cm；小总苞片5～8，钻形，长1.5～7mm；小伞形花序着花4～12朵；花白色；花梗长2～4mm；萼齿三角状披针形；花瓣下面被贴生细毛，花丝长约1mm，花柱基部平压状或圆锥形，花柱直立或反曲。果实卵状长圆体形，长1.5～4mm，被向内弯曲及具钩的皮刺；分果合生面凹陷，每棱槽有油管1条。花期5～7月，果期7～10月。

产安塞、宝塔、宜川、富县、黄陵和黄龙，很普遍，生于海拔700～1600m的荒野、林缘或路旁。分布几遍全国。亚洲、欧洲广布。

常见杂草，稀疏群落或稠密群落；果实被具钩皮刺，易随动物传播。

2. 窃衣

Torilis scabra (Thunb.) DC. Prodr. 4: 219. 1830; 中国植物志, 55(1): 85. 1979.

一年生或多年生草本，高25～70cm。茎单生，疏被贴生短硬毛，上部分枝。叶二回羽状分裂；茎下部叶有柄，轮廓卵形，长5～19cm；小叶卵形至披针形，长5～20mm，宽2～5mm，缘具羽状深裂（有时近全裂）至缺刻状，裂片卵形至披针形，有缺刻或深裂；茎上部叶柄短至无柄。复伞形花序顶生及与叶对生；总花梗长1～8cm；总苞片通常无，很少有1线形或钻形苞片；伞辐2～4，长1～5cm；小总苞片数片，钻形，长2～4mm；小伞形花序着花3～7朵；花白色或带粉紫色，花梗长1～2mm，花后延伸至1.5～5mm；萼齿三角状，常带紫红色；花瓣下面被贴生毛。果实长圆体形，长4～7mm，宽2～3mm，被向内弯曲及具钩的皮刺，灰色；分果合生面具浅槽，每棱槽有油管1条。花期4～5月，果期6～7月。

产富县、甘泉、黄陵和黄龙，生于海拔1350m以下的荒野、路旁或林缘。分布于西北的甘肃，华东的江苏、安徽、福建、江西，华中的湖北、湖南，华南的广东、广西，西南的四川、贵州。日本、朝鲜也产，北美有引进。

常见杂草，稀疏群落或稠密群落；果实被具钩皮刺，易随动物传播。

窃衣 *Torilis scabra*
1.植株（吴振海 摄）；2.果实（吴振海 摄）

5.芫荽属 *Coriandrum* L.

本属编者：西北农林科技大学　易华

直立光滑草本，有强烈气味。根细长，纺锤形。叶柄有鞘；叶羽状分裂，膜质。复伞形花序，顶生或与叶对生；总苞片缺，有时存在；伞辐2～8；小总苞片数枚，线形；伞辐少数，开展；花白色或带淡紫色；萼齿小，尖锐，大小不等；花瓣先端凹，外缘的常辐射状；花柱细长，花柱基圆锥形。果实近球形，外果皮坚硬，光滑；分果具5棱，棱稍凸起，棱槽不显，胚乳腹面凹陷，油管不显或有1枚位于次棱下方。

仅1种，分布于地中海地区。我国有栽培；陕西亦有栽培；延安也有栽培，为常见蔬菜。

芫荽

Coriandrum sativum L., Sp. Pl. 1: 256. 1753; 中国植物志, 55(1): 89. 1979.

一年生或二年生草本，具强烈香气，高20～100cm，无毛。根纺锤形，淡白色，有多数纤细支根。茎有细条纹，分枝。基生叶一至二回羽状全裂，裂片宽卵形或楔形，长1～2cm，缘深裂或具缺刻，叶柄长2～8cm；茎生叶二至三回羽状深裂，最终裂片线形，长2～10mm，宽0.5～1.5mm，先端钝。伞形花序顶生或与叶对生，花序梗长达8cm；伞辐3～7，长达2.5cm；小总苞片2～5，与花梗等长或较短；小伞形花序着花10～20朵；花白色或带淡紫色；萼齿大小不等，小的卵状三角形，大的长卵形；花瓣倒卵形，长约1.2mm，宽约1mm，辐射瓣长达3.5mm，宽达2mm；花丝长达2mm，花药长约0.7mm；花柱直立或向外反曲；花梗长1.5～2.5mm，花后稍延长。果实圆球形，直径约2.5mm，淡褐色；胚乳腹面凹陷。油管不明显。花期4～5月，果期6～7月。

延安普遍栽培；我国各地广为栽培。原产地中海，现世界各地广泛栽培。嫩茎叶可蔬食或作调料，健胃消食；果实入药，有祛风、透疹、健胃、祛痰之效，也可提芳香油。

本植物的基生叶和茎生叶明显不同，基生叶最终裂片卵形，茎生叶最终裂片线形。

芫荽 *Coriandrum sativum*

1.植株（吴振海 摄）；2.花序（吴振海 摄）；3.果实（吴振海 摄）

6.柴胡属 *Bupleurum* L.

本属编者：西北农林科技大学　吴振海
中国科学院植物研究所　刘冰

多年生草本，较少一年生。根木质或呈纤维状。茎直立或开展，光滑，草质或基部木质化，分枝。单叶，基生叶具柄，叶柄具鞘，叶片全缘，膜质、草质或革质，常具近平行脉；茎生叶常无柄而抱茎，耳形或贯茎。复伞形花序较疏松，顶生和腋生；总苞片1～5，叶状或缺，不等大；伞辐少数，开展上升或叉开；小总苞片3～10，明显叶状，有时小形或缺；花黄色、绿色或呈紫色；萼齿不显；花瓣长圆形至圆形，具内曲的先端；雄蕊5，花药黄色，很少紫色；花柱短，花柱基扁盘形。果实长圆形至椭圆状长圆形，稍侧扁，无毛或粗糙，或具小瘤；分果棱丝状，每棱槽中和合生面各有数条油管或不显；胚乳腹面平直或稍弯曲。

约180种，分布于北温带。我国有42种，主产东北、西北及西南；陕西产11种及种下单位（包含9种2变种）；延安产6种，各县（区）均有分布。

本属植物为中生和旱生植物，林下、林缘、草地均有生长。大多数种类为药用植物。

分种检索表

1. 叶大形，卵形、椭圆形或宽披针形……1. 紫花阔叶柴胡 *B. boissieuanum*
1. 叶非大形，窄线形、线形至披针形，较少长圆状椭圆形……2
2. 植株低矮，丛生，高12～20cm……2. 锥叶柴胡 *B. bicaule*
2. 植株高大，单生或丛生，高20cm以上……3
3. 主根表面非红棕色……6. 北柴胡 *B. chinense*
3. 主根表面红棕色……4
4. 茎基部没有毛刷状的叶鞘残留纤维；叶倒披针形；根表面淡红棕色……5. 银州柴胡 *B. yinchowense*
4. 茎基部有毛刷状的叶鞘残留纤维；叶线形；根表面红棕色……5
5. 叶线形，宽2～7mm……3. 红柴胡 *B. scorzonerifolium*
5. 叶窄线形，宽1mm……4. 线叶柴胡 *B. angustissimum*

1. 紫花阔叶柴胡（紫花大叶柴胡）

Bupleurum boissieuanum H. Wolff, Repert. Spec. Nov. Regni. Veg. 27: 186. 1929. ——*Bupleurum longiradiatum* Turcz. var. *porphyranthum* Shan et Y. Li, 植物分类学报, 12(3): 270. 1974; 中国植物志, 55(1): 221. 1979.

多年生草本，高80～120cm，无毛。根茎圆柱形，分歧，坚硬。茎直立，通常单生，上部分枝。叶基生的有长柄，卵形、椭圆形或宽披针形，长8～25cm，先端急尖或渐尖，基部楔形，背面带粉

紫花阔叶柴胡 *Bupleurum boissieuanum*

1. 植株（吴振海 摄）；2. 花序（吴振海 摄）；3. 果实（吴振海 摄）；4. 叶（吴振海 摄）

蓝色，有7～9脉；叶柄长5～20cm；茎中部以上叶无柄，基部耳状抱茎。复伞形花序多数，直径2～9cm；总花梗长2～7cm；总苞片5，不等长，披针形或长圆形；伞辐3～8；小总苞片5～6，披针形；小伞形花序直径5～15mm，着花5～15朵；花深紫红色；花梗长4～10mm，果期长14～18mm。果实长圆形，长4～6mm，无毛，分果棱丝形，明显，每棱槽中有油管3条，合生面6条。花期7～8月，果期8～10月。

产富县，生于海拔800～1500m的山地疏林下或草丛中。分布于西北的甘肃，华中的河南、湖北，西南的四川等地。

喜阴植物，植株高大，常呈单株，极少形成稀疏群落。

2. 锥叶柴胡

Bupleurum bicaule Helm in Mem Soc. Nat. Mosc. 2: 108. 1809; 中国植物志, 55(1): 253. 1979.

多年生丛生草本，高12～20cm。直根发达，质地坚硬，很少分枝，根颈分枝极多。茎多数，细弱，上部有少数短分枝。叶线形，长7～16cm，宽1～3mm，有脉3～5，顶端渐尖，基部变狭成叶柄；茎生叶长达4cm，宽达2.5mm，基部不收缩，5～7脉，向上渐小，侧枝上的叶针形。复伞形花序少，直径达2cm，伞辐4～7，长达15mm；小伞形花序直径3～6mm，着花5～13朵；总苞片1～3或缺，长1～3mm，披针形；小总苞片5，披针形，长约3mm，短于小伞形花序，3脉；花梗长0.7～1.3mm，花直径1～1.5mm；花黄色，小舌片顶端浅2裂；花柱基黄色。果实广卵形，两侧略扁，蓝褐色，长约3mm，宽约2mm，棱突出；每棱槽中有油管3条，合生面2～4条。花期7～8月，果期8～9月。

产吴起，生于海拔1550m以下的黄土梁峁或沟谷草地。分布于东北的黑龙江、内蒙古（东部），华北的河北、山西，西北的宁夏、甘肃等地。阿富汗、日本、朝鲜、蒙古、俄罗斯也产。

喜光植物，易形成稀疏群落。

根可入药。

3. 红柴胡

Bupleurum scorzonerifolium Willd. Enum. Hort. Berol. 300. 1809; 中国植物志, 55(1): 267. 1979.

草本，多年生，高达60cm。主根圆锥形，发达，质地疏松，支根深红棕色。茎单一或2～3，上部有分枝，略呈“之”字形弯曲，圆锥状。叶细线形，长6～16cm，宽2～7mm，有脉3～5，顶端长渐尖，叶缘白色，骨质，上部叶小，同形。伞形花序生于叶腋，花序多，直径达4cm，形成较疏松的圆锥花序；伞辐约5枚，长达20mm；总苞片针形，1～3枚，长1～5mm，具1～3脉，常早落；小伞形花序直径约5mm，着花9～11朵；小总苞片约5枚，线状披针形，长达4mm；花梗长约1.5mm；花黄色，小舌片顶端浅2裂；花柱基黄色，厚垫状，柱头向两侧弯曲。果实椭圆形，褐色，长

红柴胡 *Bupleurum scorzonerifolium*
1.开花植株（卢元 摄）；2.花序（卢元 摄）

约2.5mm，宽约2mm；每棱槽中油管5～6条，合生面4～6条。花期7～8月，果期8～9月。

产志丹、安塞、洛川、富县和黄陵，生于海拔1100m左右的山坡草地或林下。分布于东北各地，华北各地及西北的甘肃，华东的山东、江苏、安徽，华南的广西。日本、朝鲜、蒙古、俄罗斯也产。

喜光植物，易形成稀疏群落。

根可入药。

4. 线叶柴胡

Bupleurum angustissimum (Franch.) Kitag. in Journ. Jap. Bot. 21: 97. 1947; 中国植物志, 55(1): 271. 1979.

多年生草本，高15～80cm。根细圆锥形，红棕色。茎单一或2至数茎丛生，中上部二歧式分枝，小枝光滑。下部叶线形，质地较硬，乳绿色，边缘卷曲，长6～18cm，宽1mm，叶脉3～5条；上部叶较短。具多数伞形花序，直径1.5～2cm；总苞片通常缺乏或1片，钻形，长达3mm；伞辐5～7，长达30mm；小伞形花序直径约5mm；小总苞片5枚，线状披针形，长2.5mm；花梗长约1mm；花黄色。果实椭圆形，长约2mm，宽约1mm；果棱线形。

产吴起和宜川，生于海拔1050～1500m的荒坡草地。分布于华北的内蒙古（中部）、山西，西北的宁夏、甘肃、青海，华东的山东等地。蒙古也产。

喜光植物，易形成稀疏群落。

根可入药。

5. 银州柴胡

Bupleurum yinchowense Shan & Yin Li, 单人骅, 李颖, 植物分类学报 12(3): 283. 1974; 中国植物志, 55(1): 274. 1979.

多年生草本，高达50cm。主根长圆柱形，发达，淡红棕色或橙黄棕色，质地细密，根颈顶端分出数茎。茎略呈“之”字形弯曲，纤细，中部以上常分枝。叶薄纸质；基生叶常早落，倒披针形，长达8cm，宽达5mm，顶端圆或急尖，中部以下收缩成长柄，叶脉3～5条；中部茎生叶倒披针形，顶端急尖或长圆，基部具短叶柄。复伞形花序小而多，直径达18mm；总苞片无或1～2枚，针形，长达5mm，具1～3脉；伞辐极细，4～6条，长达11mm；小总苞片5枚，线形，长1～2mm，短于果柄；小伞形花序直径达4mm，具花6～9朵；花梗长1.5～2.8mm；花直径约1mm，黄色，小舌片顶端微凹；花柱基淡黄色，扁盘形。果实卵形，深褐色，长约3mm，宽约2mm；每棱槽中有油管3条，合生面4条。花期8月，果期9月。

产吴起、安塞、宝塔、子长、甘泉、宜川、黄陵和黄龙，生于海拔650～1650m的山坡草地或疏林下。分布于华北的内蒙古（中部）、山西，西北的宁夏、甘肃等地。

喜光植物，易形成稀疏群落。

根可入药。

6. 北柴胡

Bupleurum chinense DC. Prodr. 4: 128. 1930; 中国植物志, 55(1): 290. 1979.

多年生草本，高达85cm。主根棕褐色，粗大，质坚硬。茎实心，单一或数茎，上部多回分枝，

北柴胡 *Bupleurum chinense*
1.植株（吴振海 摄）；2.花序（吴振海 摄）；3.果实（吴振海 摄）；4.根（吴振海 摄）

略作“之”字形曲折。基生叶倒披针形或狭椭圆形，长达7cm，宽约7mm，顶端渐尖，基部收缩成柄；中部茎生叶倒披针形或广线状披针形，长达12cm，宽达18mm，顶端急尖或渐尖，基部成叶鞘抱茎，叶脉7～9条；顶部叶同形，但更小。复伞形花序很多，圆锥状，疏松；总苞片无或2～3枚，狭披针形，长达5mm，具3脉；伞辐纤细，3～8条，长10～30mm；小总苞片5，披针形，长约3.5mm；小伞形花序直径约5mm，具花5～10朵；花梗长约1mm；花直径1.2～1.8mm，黄色，小舌片顶端2浅裂；花柱基黄色。果实棕色，椭圆形，长约3mm，宽约2mm；每棱槽中有油管3条，合生面4条。花期9月，果期10月。

产吴起、安塞、志丹、甘泉、富县、宜川、黄龙和黄陵，很普遍，生于海拔520～1650m的草地或林缘。分布于东北、华北、西北、华东、华中各地。

喜光植物，易形成稀疏群落。

根可入药，医药上广泛应用。

7.芹属 *Apium* L.

本属编者：西北农林科技大学 易华

草本，一年生至多年生。根圆锥形。茎有分枝，直立或匍匐。叶多回三出分裂或一至二回羽状全裂，裂片线形、卵形至近圆形。复伞形或单伞形花序，疏松或紧密；总苞片和小总苞片均缺或具数片总苞片；花柄不等长；花白色或淡绿色；萼齿小或不显著；花瓣卵形至近圆形，顶端有小舌片，小舌片内折；花柱短，开展或叉开，花柱基短圆锥形至扁平。果实卵形、圆形或椭圆形，侧扁，合生面平直；分果具线形棱，每棱槽中油管1条，合生面有2条；胚乳腹面平直。

约20种，广布于两半球的温带地区。我国栽培1种；陕西亦有栽培；延安亦有栽培。

旱芹

Apium graveolens L., Sp. Pl. 264. 1753; 中国植物志, 55(2): 6. 1985.

多年生或二年生草本，高15～150cm，全体无毛，有强烈香气。根圆锥状，具多数支根。茎直立，绿色，具条棱。基生叶有长柄，叶柄长3～26cm；叶片长圆形至倒卵形，长6～18cm，一至二回

旱芹 *Apium graveolens*
1.植株（吴振海 摄）；2.花果（吴振海 摄）

羽状全裂；裂片卵形或近圆形，长2～4.5cm，常三浅裂或深裂；小裂片近菱形，边缘具圆锯齿或锯齿；茎生叶三全裂，通常楔形。复伞形花序多数；总花梗缺或很短；伞辐3～17，长0.5～3cm；总苞和小苞片缺；小伞形花序着花7～29朵；花淡黄绿色；花梗长1～2mm；花柱外弯，花柱基平坦（果期短圆锥形）。果实近球形至椭圆体形，长约1.5mm，宽1.5～2mm；分果棱尖锐，线形；胚乳腹面平直。花期5～6月，果期7月。

延安各地栽培；我国各地广为栽培。世界各地广泛栽培。分布于欧洲、亚洲、非洲和美洲。

嫩茎叶为主要蔬菜。果实可提取芳香油，作调和香精。

8.鸭儿芹属 *Cryptotaenia* DC.

本属编者：西北农林科技大学　吴振海

草本，无毛。茎圆柱形，直立，分枝。叶三出式分裂，有柄，柄下部有膜质叶鞘，小叶片倒卵状披针形，菱状卵形或近心形，边缘具重锯齿、缺刻或浅裂。复伞形花序，疏松，不规则；总苞片缺或具1～5枚，线形；伞辐少数，不等长；小总苞片缺或少数，线形；花白色，花梗不等长；萼齿细小或不显；花瓣先端内折，倒卵形；花丝短于花瓣，花药卵圆形；花柱直立或弯曲，短，花柱基圆锥形。果实狭长圆形或狭长卵形，侧扁，无毛，棱圆钝；分果每棱糟中有油管1～3条，合生面4条，胚乳腹面平直。

本属5～6种，分布于东亚、非洲、欧洲及北美洲。我国有1种1变型，大多数地区均有分布；陕西亦产；延安产1种，分布于南部。

中生或湿生植物，林下、林缘、沟谷两岸、河边湿地常见。

鸭儿芹

Cryptotaenia japonica Hassk. Retz. 1: 113. 1856; 中国植物志, 55(2): 19. 1985.

多年生草本，高20～90cm。侧根细长，成簇。茎直立，有分枝。叶三出，基生叶叶柄长5～20cm，茎上部叶无柄；中间小叶片菱状宽卵形，长3～8cm，宽2.5～6cm，先端短尖，基部楔形；侧小叶片斜卵形；缘具不规则细锯齿或稍缺刻状至2～3浅裂；茎上部小叶片缩小，披针形。复伞形花序极不规则；总苞片1，线形或钻形，长4～10mm；伞辐2～3，不等长，长0.6～2cm，因彼此常

鸭儿芹 ***Cryptotaenia japonica***
1.植株（吴振海 摄）；2.叶（吴振海 摄）；3.花序（吴振海 摄）；4.果实（吴振海 摄）

靠近，使整个花序呈圆锥形；小总苞片1～3，线形，长2～3mm，早落；小伞形花序着花2～4朵；花梗极不等长，短的仅3mm；萼齿细小；花瓣倒卵形，长约1mm，顶端有内折的小舌片；花丝短于花瓣；花柱基圆锥形，花柱直立，短。果实线状长圆形，长约5mm，宽约2.5mm；胚乳腹面近平直；分果棱5条；每棱槽中有油管1～3条，合生面4条。花期4～7月，果期6～10月。

产宜川、黄龙和黄陵，生于海拔1650m以下的山坡草地潮湿处或水沟边。分布于华北各地，西北的甘肃，华东的江苏、安徽、福建、台湾、江西，华中的湖北、湖南，华南各地，西南各地。日本、朝鲜也产。

喜阴植物，林下常见，河岸边易形成稀疏群落。

嫩苗叶可蔬食。

9.葛缕子属 *Carum* L.

本属编者：西北农林科技大学　吴振海

多年生草本，高30～80cm。根肉质，纺锤状。茎直立，分枝。叶具柄，二至四回羽状分裂，最终裂片狭至丝状，全缘或具齿。复伞形花序较疏松，顶生和侧生；总苞片和小总苞片存在或缺；伞辐少数，开展上升；小伞形花序有花4～30朵；两性花或杂性花；花白色稀带红色；萼齿不显；花瓣倒卵形，具内曲的先端；花柱长于花柱基，花柱基圆锥形。果实长圆状或长圆状宽椭圆形，侧扁，无毛，分果棱丝状，每棱槽中有油管1条，合生面2～4条；胚乳腹面平直或略凸起。

约20种，分布于北温带。我国有4种，大多数地区均有分布；陕西产2种；延安产2种，各县（区）均有分布。

中生或旱生植物，草地分布较多，林缘较少，一般不见于林下。

分种检索表

1.小总苞片5～8……………………………………………………1.田葛缕子 *C. buriaticum*

1.小总苞片无，或1～3………………………………………………2.葛缕子 *C. carvi*

1. 田葛缕子

Carum buriaticum Turcz. in Bull. Soc. Nat. Mosc. 17: 713. 1844; 中国植物志, 55(2): 26. 1985.

多年生草本，高25～80cm，无毛。根圆柱形，长达18cm，肉质。茎直立，单生，分枝。叶柄长3～10cm，基部具白色狭膜质边缘的鞘；基生叶轮廓长圆形或宽卵形，长7～15cm，三至四回羽状分裂，最终裂片狭线形，有时近丝形，长5～8mm。复伞形花序顶生及侧生，直径3～4cm；总花梗长2～8cm；总苞片1～5，线形或线状披针形，边缘白色膜质；伞辐4～15，略不等长，长2～5cm；小总苞片5～8，披针形，边缘白色膜质；小伞形花序着花10～30朵；花白色；花梗不等长，果期长达1cm。果实长圆形，长3～4mm，褐色，无毛；分果棱突起，清晰，每棱槽中有油管1条，合生面2条。花期5～7月，果期8～10月。

产吴起、安塞、志丹、宝塔、富县、延长、甘泉、洛川、黄陵和黄龙，生于海拔1650m以下的草地、林缘或路旁。分布于东北的吉林、辽宁，华北各地，西北的甘肃、青海、新疆，华东的山东，华中的河南，西南的四川、西藏。蒙古、俄罗斯也产。

喜光植物，易形成稀疏群落。

野菜植物。

田葛缕子 *Carum buriaticum*
1.植株（吴振海 摄）；2.果序（吴振海 摄）

2. 葛缕子

Carum carvi L., Sp. Pl. ed. 1. 263. 1753; 中国植物志, 55(2): 25. 1985.

多年生草本，高30～80cm，全体无毛。根圆柱形，肉质。茎直立，上部分枝。基生叶轮廓卵状长圆形，长5～15cm。二至三回羽状深裂，最终裂片披针形或线形，长3～5mm；叶柄长5～10cm，基部具极宽白色或粉红色膜质边缘的鞘，茎上部叶同形但短缩。复伞形花序顶生和侧生，直径3～5cm；总花梗长2～5cm；总苞片通常缺；伞辐5～15，极不等长，长1～4cm，果期达5cm；小总苞片缺或偶有1～3片；小伞形花序着花达15朵；花白色或带粉红色，杂性；花梗不等长，果期长达1cm；花柱长于花柱基。果实长圆形，长约5mm，褐色，无毛；分果棱突起，清晰，每棱槽中有油管1条，合生面2条。花期6月，果期8月。

产延长、富县、甘泉、宜川、黄龙和黄陵，生于海拔1650m以下的草地或疏林下。分布于东北

葛缕子 *Carum carvi*
1.植株（吴振海 摄）；2.叶（吴振海 摄）；3花序（吴振海 摄）；4.果实（吴振海 摄）

的吉林、辽宁、内蒙古（东部），华北的河北，西北的甘肃、青海、新疆，华东的山东，华中的河南，西南的四川、云南、西藏。亚洲、欧洲及地中海地区广布。

喜光植物，易形成稀疏群落。

果实可入药；野菜植物。

10. 茴芹属 *Pimpinella* L.

本属编者：西北农林科技大学 吴振海、易华

草本，一、二年生或多年生。须根或有圆锥形的主根。茎直立，分枝。叶不分裂或三出或羽状分裂，基生叶和茎生叶常不同形，有柄。复伞形花序疏生，顶生或侧生；总苞片常缺；伞辐多数，长短不等；小伞形花序通常有多数花，罕为2～4朵；小总苞片少数，细小或缺；花两性或杂性，白色或带黄色，极稀紫红色；萼齿不显，稀明显；花瓣等长，稀外缘的辐射状，先端狭而内曲，无毛至被硬毛；花柱细，向两侧弯曲，花柱基短圆锥形。果实卵形、长卵形或卵球形，先端狭，基部圆或心形，侧扁，无毛或有毛；分果棱线形至具极窄翅，每棱槽中有油管1～4条，合生面2～6条；胚乳腹面平直或微凹。

约150种，分布于亚洲、非洲及欧洲。我国有44种，南北均产；陕西产9种及种下单位（包含8种1变种）；延安产4种，见于中部和南部。

中生或阴生植物，林下常见；单株生长，很少形成群落。

分种检索表

1. 果实有毛，萼齿无……………………………………………………………1. 直立茴芹 *P. smithii*
1. 果实无毛，萼齿明显或无……………………………………………………………………………2
2. 萼齿明显…………………………………………………………………………4. 锐叶茴芹 *P. arguta*
2. 萼齿无 ……………………………………………………………………………………………………3
3. 一回羽状复叶 …………………………………………………………2. 羊红膻 *P. thellungiana*
3. 二回三出式或三出式二回羽状分裂 ……………………………………3. 短柱茴芹 *P. brachystyla*

1. 直立茴芹

Pimpinella smithii H. Wolff in Acta. Hort. Gothob. 2: 307. 1926; 中国植物志, 55(2): 84. 1985.

多年生草本，高30～150cm，近无毛。根长圆锥形，长达20cm。茎直立，中、上部分枝。基生叶早凋，下部茎生叶二回三出式或二回至三回羽状分裂，下部一对羽片距上部羽片较远，上部的接近；最终裂片卵形至卵状披针形，顶端裂片常较大和再2～3深裂，长1～10cm，宽0.5～4cm，先端渐尖，基部楔形，缘具稍不整齐锯齿，上面脉上密生乳头状微毛，下面脉上疏生微硬毛；茎上部叶逐渐简化。总苞片缺或偶有1片；复伞形花序直径2～4cm，果期达8cm；总花梗长1.5～8cm，果期可达15cm；伞辐5～25，极不等长，果期可达7cm；小总苞片2～8，线形，长2～4mm；小伞形花序着花10～25朵；花白色；花梗长短极不等，短的近无梗，长的达3mm，果期达1cm；萼齿不显；花柱基短圆锥形，花柱较短，与花柱基等长。果柄极不等长，果实卵球形，直径约2mm，被稀疏毛；每棱槽中油管2～4条，合生面4～6条；胚乳腹面平直。花期8～9月，果期9～10月。

直立茴芹 *Pimpinella smithii*
开花植株（马宝有 摄）

延安产宝塔、宜川、甘泉、黄龙和黄陵，生于海拔1650m以下的山地草丛或林下。分布于华北的内蒙古（中部）、山西，西北的甘肃、青海，华中的河南、湖北，西南的重庆、四川、云南。

喜阴植物，单株生长，林下常见。

2. 羊红膻

Pimpinella thellungiana H. Wolff in Engl. Pflanzenr. 90 (IV. 228): 304. 1927; 中国植物志, 55(2): 94. 1985.

多年生草本，高30～100cm。根长圆锥形，不分歧，长5～15cm。茎直立，有细条纹，分枝。基生叶有柄，叶柄长5～20cm；一回羽状复叶，轮廓卵状长圆形，长4～17cm；小叶无柄，3～5对，卵形至长圆状披针形，长达4cm，先端尖，基部宽楔形，缘有粗锯齿至缺刻或羽状裂，顶生小叶常3

裂，下面脉上有短柔毛；上部茎生叶简化成三出复叶或单叶。复伞形花序顶生及侧生；无总苞片及小总苞片；伞辐8～25，不等长，长2～4cm；小伞形花序着花10～25朵；花白色；花梗长2～4mm；无萼齿；花柱长为花柱基的2～3倍。果实卵状长圆形，长约3mm，宽约2mm，无毛；分果棱丝状，每棱槽中有油管3条，合生面4～6条；胚乳腹面平直。花期6～7月，果期8～9月。

延安产富县、甘泉、黄陵和黄龙，生于海拔1100～1400m的山坡草地。分布于东北的黑龙江、吉林、辽宁，华北的内蒙古（中部）、河北、山西，华东的山东。俄罗斯也产。

喜阴或中生植物，单株生长，极少形成稀疏群落。

全草作兽药，治牛马的倒毛、伤力、乏瘦等症，民间有“家有羊红膻，牛羊养满厩”的谚语。

羊红膻气味膻辛，用于临床，能健脾胃、活血、补血、平肝、止泻。

3. 短柱茴芹

Pimpinella brachystyla Hand. -Mazz. in Oesterr. Bot. Zeitschr. 82: 251. 1933; 中国植物志, 55(2): 99. 1985.

多年生草本，高达80cm。根长圆锥形，长达8cm。茎直立，圆管状，中、上部分枝。基生叶和下部茎生叶二回三出式或三出式二回羽状分裂；最终裂片卵形，顶端裂片常较大和再2～3深裂，长2～5cm，宽1.5～3cm，先端渐尖，基部楔形，缘具稍不整齐锯齿，上面绿色，下面灰白色；茎上部叶逐渐简化。总苞片缺或偶有1片，线状披针形；伞辐4～8，极不等长，最长达2.5cm；小总苞片2～4，线形，长达4mm；小伞形花序着花5～10朵；萼齿不显；花瓣白色，宽卵形，顶端内折；花梗长短极不等，短的近无梗，长的达3mm；花柱基短圆锥形，花柱较短，与花柱基等长。果柄极不等长；果实无毛，卵球形，长约1mm；每棱槽中有油管3～4条，合生面有4～6条；胚乳腹面平直。花期6～7月，果期7～8月。

产富县、甘泉、黄龙和黄陵，生于海拔1200～1500m的山坡林下。分布于华北的内蒙古（中部）、山西、河北，西北的甘肃等地。

喜阴植物，单株生长，林下常见。

陕西新分布植物。

4. 锐叶茴芹（尖齿茴芹）

Pimpinella arguta Diels in Engl. Bot. Jahrb. 29: 496. 1900; 中国植物志, 55(2): 111. 1985.

多年生草本，高40～100cm，近无毛。根圆柱形。茎直立，下部具少数叶，上部少分枝。下部叶二回三出或三出式二回羽状分裂，叶柄长达10cm；最终裂片卵形、宽卵形或卵状菱形，长2～6cm，宽1～3cm，先端尾尖，基部楔形，缘具深锯齿或尖锐圆锯齿，上面脉具短硬毛，下面疏生或仅脉上具短硬毛；上部叶简化。复伞形花序直径3～4cm；总花梗长2.5cm，果期达12cm；总苞片2～6，披针形，长2～4mm，或无；伞辐6～20，不等长，长2～7cm；小总苞片3～8，线形，长约1.5mm；小伞形花序着花7～25朵；花白色；花梗不等长；萼齿三角形；花瓣白色，卵形或倒卵形，顶端内折；花柱基圆锥形，花柱向两侧弯曲。果实卵状长圆形，长达4mm，无毛；分果常一个发育，内向弯曲，棱不显；每棱槽中有油管3条，合生面4条；胚乳腹面平直。花期6～8月，果期8～9月。

产黄陵，生于海拔1300m的山坡林下。分布于西北的甘肃，华中的湖北、河南，西南的贵州、四川等地。

喜阴植物，单株生长，林下常见。

锐叶茴芹 *Pimpinella arguta*
1.植株（吴振海 摄）；2.叶（吴振海 摄）；3.花序（吴振海 摄）；4.果实（吴振海 摄）

11.岩风属 *Libanotis* Haller ex Zinn

本属编者：西北农林科技大学　吴振海

多年生草本或小灌木状。茎直立，分枝，基部常被有纤维状叶柄残余。叶有柄，一至三回羽状分裂，裂片线形至卵形，全缘至羽状浅裂。复伞形花序顶生和侧生，有总梗；总苞片少数或多数，线形，或无；伞辐开展上升，几等长或不等长；小总苞片线形，常多数，全缘；花常白色；萼齿明显，脱落性；花瓣凹头，具内折的小舌片；子房有毛或粗糙；花柱直立或弯曲，花柱基圆锥状，底部边缘波状。果实卵圆至长圆形，有时背腹略扁压，有毛；分果棱突出，无翅，每棱槽中有油管1稀2～3条，合生面2或更多条。

约30种，分布于亚洲和欧洲。我国有18种，分布于东北、西北、华东和华中；陕西产4种；延安产2种，见于南部。

中生或旱生植物，生于山坡空旷地带。

分种检索表

1.伞辐10～50 ……………………………………………………1.岩风*L. buchtormensis*
1.伞辐4～9 ……………………………………………………2.条叶岩风*L. lancifolia*

1.岩风

Libanotis buchtormensis (Fisch.) DC. Coll. Men. 5. Tab. 3. fig. 5. 1829 et Prodr. 4: 149. 1830; 中国植物志, 55(2): 163. 1985.

多年生亚灌木状草本，高20～60cm。根颈露出地面很高，木质化，上部被纤维状叶柄残余。根圆柱状，长达30cm，下部有少数分枝。茎直立，单一或数茎丛生，有粗棱，上部分枝较多。基生叶多数丛生，叶柄长2.5～10cm；叶片二回羽状全裂或三回羽状深裂，轮廓三角状卵形，长7～25cm；下部一回裂片有柄，上部的无柄；最终裂片5～7，近卵形，无柄或下部的有短柄，脉上微有小乳头状毛，缘有4～6缺刻或深裂，下部小裂片有镰状齿，齿端有小细尖；上部叶逐渐简化。复伞形花序多数，花序直径3～12cm；总苞片无或少数；伞辐10～50，不等长；小伞形花序有花25～40朵；小总苞片10～15，披针形，有缘毛；花白色；花梗长1～3mm；萼齿披针形；花柱基圆锥形，花柱外曲。果实狭倒卵形，长3～3.5mm，密被刚毛；分果棱突出，每棱槽有油管1条，合生面2条；胚乳腹面平直。花期7～8月，果期8～9月。

产富县，生于海拔1000～1600m的荒坡岩石上。分布于西北的宁夏、甘肃、新疆，西南的四川。巴基斯坦、阿富汗、哈萨克斯坦、吉尔吉斯斯坦、蒙古、俄罗斯也产。

喜光植物，数量较少，不易见到。

根状茎入药。

2. 条叶岩风

Libanotis lancifolia K. T. Fu, 植物分类学报 13(2): 57. 1975; 中国植物志, 55(2): 170. 1985.

多年生草本，高40～90cm，除花序外无毛。根圆柱形，不分叉或有1～2支根。根状茎木质化，上部被叶柄残余；茎木质化，通常单一，直立，深绿色，有白色条纹，节上带紫色。基生叶丛生，多数，二回羽状复叶，轮廓三角状卵形，长10～16cm，有4～5对一回裂片；叶柄长2～12cm；一回裂片有3～5小叶，下部的柄长达5cm；小叶有短柄，线形至披针状线形，长2～4.5cm，宽2～10（13）mm，全缘，绿色；上部序托叶常简化为单叶。复伞形花序多数，无总苞片；伞辐4～9，不等长，长3～15mm；小伞形花序有5～10花；小总苞片5～7，线状披针形，比花梗短，有微细缘毛；花梗长1～3mm，有微细毛；萼齿明显；花瓣宽卵形，边缘紫红色，先端内折；花柱基圆锥形，花柱近直立。果实狭倒卵形，长约3mm，被短刚毛；分果棱突出，胚乳腹面平直或中部微突出，每棱槽中有油管1条，合生面2条。花期9～10月，果期10～11月。

产宜川，生于海拔1192～1420m的山坡上。分布于华北的河北、山西，华中的河南等地。

喜光植物，单株生长。

陕北新分布植物（凭证标本：马建权等ych-2059）。

条叶岩风 ***Libanotis lancifolia***

1.植株（吴振海 摄）；2.花序（吴振海 摄）

12. 水芹属 *Oenanthe* L.

本属编者：西北农林科技大学　易华

草本，光滑。根为须根。茎直立或匍匐上升，下部节上常生根。叶一至三回羽状分裂，有柄。复伞形花序疏松或有时紧密；总苞片缺或少数而狭窄；伞辐多数，开展；小总苞片多数而狭窄；花白色；萼齿披针形，宿存；花瓣倒卵形，先端狭窄反折，外缘的常辐射状；花柱直立伸长，稀花后脱落，花柱基圆锥状或平陷。果实球形至长圆体形或稍侧扁，无毛；分果棱钝圆，常木栓质，侧棱较背棱和中棱宽大，且常与另一分果相连，每棱槽中有油管1条，合生面2条，胚乳腹面平直；无心皮柄。

本属25～30种，分布于亚洲、非洲、欧洲及北美洲。我国有5种，主产华中和西南；陕西产3种及种下单位（包含2种1变种）；延安产1种，见于中部和南部。

水生植物，水中、水边及湿生环境均生长良好。

水芹

Oenanthe javanica (Blume) DC. Prodr. 4: 138. 1830; 中国植物志, 55(2): 202. 1985.

多年生草本，高15～80cm。茎直立或匍匐，下部节上生根。叶一至二回羽状分裂，轮廓三角形或三角状卵形，长3～15cm；最终裂片卵形至菱状披针形，长1.2～5cm，宽0.8～2cm，缘具不整齐圆锯齿；叶柄长2～15cm。复伞形花序顶生；总花梗长2～16cm；总苞片缺；伞辐6～16，长0.5～3cm；小总苞片2～8，线形，长2～4mm，小伞形花序着花10～25朵；花梗长2～4mm；萼齿长约0.6mm；花瓣长约1mm；花柱基圆锥形，花柱长约2mm。果实长圆形，长约3mm，宽约2mm，侧棱较背棱隆起，均木栓质；每棱槽中有油管1条，合生面2条。花期6～7月，果期8～9月。

延安产宝塔、富县、甘泉、宜川、黄陵和黄龙，生于海拔1650m以下的山沟水旁或湿地。分布几遍全国。广布于东亚、东南亚、南亚及俄罗斯。

湿地植物，生长茂盛，蔓延，易形成稠密群落。

嫩茎叶可蔬食。可作水生观赏植物引种栽培。

水芹 *Oenanthe javanica*

1.群落（吴振海 摄）；2.叶（吴振海 摄）；3.花序（吴振海 摄）

13. 茴香属 *Foeniculum* Mill.

本属编者：西北农林科技大学　吴振海

有强烈香气的草本。茎灰绿色或苍白色，光滑。叶有柄，叶鞘边缘膜质；叶片多回羽状分裂，最终裂片线状或丝状。复伞形花序顶生和侧生；总苞片和小苞片缺；伞辐多数，不等长；花黄色；萼齿不明显；花瓣先端内弯，微缺；花柱很短，花柱基短圆锥状。果实长圆形，无毛，侧扁；分果具5棱，每棱槽中有油管1条，合生面2条；胚乳腹面平直或微凹。

仅1种，分布于地中海地区，现世界各地广为栽培。我国南北广泛栽培；陕西亦有栽培；延安亦有栽培。

茴香

Foeniculum vulgare Mill. Gard. Dict. ed. 8. 1. 1768; 中国植物志, 55(2): 213. 1985.

草本，高0.4～2m。根纺锤形，肥厚。茎直立，灰绿色或苍白色，圆柱形，有细纹，分枝。叶三至四回羽状全裂；最终裂片丝状，长10～60mm，宽0.3～1mm；基生叶和茎下部生叶叶柄长5～15cm，茎上部生叶无柄。序托叶全部鞘状。复伞形花序顶生与侧生，直径达15cm；伞辐6～29，长1.5～10cm，不等长；小伞形花序着花5～40朵；花金黄色；花梗长4～12mm；花瓣宽倒卵形，长约1mm；花丝略长于花瓣；花柱基圆锥形，花柱极短。果实长圆形，长3.5～6mm，宽1.5～2.2mm；分果棱尖锐；心皮柄分离达基部。花期6～8月，果期8～10月。

延安安塞、黄陵、黄龙有栽培；陕西南北常见栽培；我国各地广为栽培。原产地中海。嫩茎叶可蔬食或作调味品。

茴香 *Foeniculum vulgare*
花枝（吴振海 摄）

14. 莳萝属 *Anethum* L.

本属编者：西北农林科技大学　吴振海

一年或二年生草本，高60～120cm。茎直立，分枝，无毛，有茴香气味。叶有柄，叶片二至三回羽状分裂；最终裂片狭线形或丝形。复伞形花序顶生，疏松；总苞片常缺；伞辐10～25，开展；小总苞片常缺；花黄色；萼齿不显；花瓣近圆形，具狭而内曲的尖头；花柱短，反曲，花柱基圆锥形。果实卵圆形或椭圆形，背扁，无毛；分果背棱稍突起，侧棱有狭带状翅，每棱槽中有油管1条，合生面2～4条；胚乳腹面平直；分生果易分离和脱落。

仅1种，分布于地中海地区，现世界各地广为栽培。我国南北多有栽培；陕西亦有栽培；延安亦有栽培。

莳萝

Anethum graveolens L., Sp. Pl. 1. 263. 1753; 中国植物志, 55(2): 215. 1985.

一年生草本，高40～120cm，有强烈香味。茎直立，单一，无毛。基生叶有长柄，二至三回羽状全裂，轮廓长圆形至倒卵形，长10～35cm，宽11～20cm；最终裂片线形或丝状，长达20mm，宽不及0.5mm；茎上部叶较小，分裂次数少，无叶柄，仅有叶鞘。复伞形花序常呈二歧式分枝，伞形花序直径达15cm；总花梗长4～13cm；总苞片及小总苞片均缺；伞辐10～25，稍不等长，小伞形花序着花15～25朵；花黄色；花瓣先端内曲；花柱短；萼齿不显；花柱基圆锥形；花梗长5～10mm。果实椭圆形，长3～5mm，无毛；分果背扁，背棱稍突起，侧棱具带状狭翅，灰白色，每棱槽中有油管1条，合生面通常2条；胚乳腹面平直。花期5～8月，果期7～9月。

延安黄陵有栽培；我国各地也有栽培。原产地中海。

嫩茎叶供作蔬菜食用；果实入药，有祛风、健胃、散瘀、催乳等作用。

15. 蛇床属 *Cnidium* Cusson

本属编者：中国科学院植物研究所　刘冰

一年生或多年生草本。茎直立，多分枝。叶具柄，二至三回三出式羽状分裂，最终裂片披针形或线状披针形。复伞形花序顶生及侧生，较密或疏；总苞片狭披针形；伞辐多数，上升；小总苞片长卵形至倒卵形或线形；花白色或带红色；萼齿细小；花瓣倒卵形，先端内曲；花柱反折，较花柱基长，花柱基圆锥状。果实圆卵形、椭圆形或长圆形，略背扁，无毛；分果棱有木栓质翅，侧棱较宽，每棱槽中有油管1条，合生面2条；胚乳腹面平直。

本属6～8种，产亚洲及欧洲。我国有5种，分布几遍全国；陕西产3种；延安1种，各县（区）均有分布。

适应性广，湿生、中生或旱生环境，均可正常生长。

蛇床

Cnidium monnieri (L.) Cusson in Mem. Soc. Med. Par. 280. 1782; 中国植物志, 55(2): 221. 1985.

一年生草本，高10～80cm。根圆锥状，细长。茎有分枝，中空，粗糙。基生叶轮廓长圆形或卵形，长3～8cm，三至四回三出式羽状分裂；最终裂片线形或线状披针形，长3～10mm，宽1～1.5mm，先端尖；叶柄长4～8cm；茎生叶与基生叶同形。复伞形花序直径2～4cm；总花梗长3～6cm；总苞片6～10，线形，先端渐尖，边缘白色有短柔毛；伞辐8～30，不等长，长0.5～2cm；小总苞片线形，数枚，长3～5mm；小伞形花序着花15～20朵；花白色；花柱基略隆起，花柱长1～1.5mm；花梗长3～5mm。果实宽椭圆形，长1.5～3mm，略背扁；分果棱具木栓质翅，侧棱比背棱略宽，每棱槽中有油管1条，合生面2条；胚乳腹面平直。花期4～7月，果期6～10月。

延安产于安塞、宝塔、甘泉、宜川、富县、黄陵和黄龙，生于海拔900～1650m的山坡草地、河滩、路旁或疏林下。分布几遍全国。印度、老挝、越南、朝鲜、蒙古、俄罗斯、北美也产。

喜光植物，易形成稀疏群落。

果实入药，称蛇床子，有燥湿、杀虫、止痒、壮阳之功效。

蛇床 *Cnidium monnieri*
1.群落（吴振海 摄）；2.花序（吴振海 摄）；3.果实（吴振海 摄）

16.藁本属 *Ligusticum* L.

本属编者：西北农林科技大学　吴振海

草本，无毛或稍有柔毛。根颈或被纤维状叶柄残余。茎单生或丛生，直立，分枝。基生叶有柄，一至四回羽状或三出式羽状分裂，小叶各式各样。复伞形花序顶生及侧生；总苞片多数或少数，或缺；伞辐少数至多数；小总苞片少数至多数，线形稀分裂；花白色，稀粉红色或淡紫红色；萼齿细小或不明显；花瓣先端内曲，凹陷；花柱基短圆锥形，花柱短，开展。果实卵圆形至长圆形，稍背扁，无毛；分果棱突起，锐利或稍呈翅状，每棱槽中有油管1～4条，合生面6～8条。

约60种，分布于亚洲、欧洲及北美洲。我国有40种，大部分地区均产；陕西产7种；延安产1种，各县（区）均有分布。

中生或阴生植物，常见于林下、林缘及沟谷两岸。

藁本

Ligusticum sinense Oliv. in Hook. Ic. Pl. 20: 1958. 1891; 中国植物志, 55(2): 252. 1985.

多年生草本，高75～120cm，全体无毛。根状茎块状，近长圆形，生须根及支根，具香气，味辛麻。茎直立，圆柱形，中空，分枝。基部叶和茎下部叶有柄，叶片二回三出式羽状深裂至全裂，轮廓三角形，连柄长20～30cm；羽片3～4对，下部的有柄；最终裂片卵形，长2.5～4.5cm，宽1.3～2cm，上面脉上粗糙，下面淡绿色，缘有不整齐的缺刻，顶生小羽片先端渐尖至尾状；上部叶无柄。复伞形花序果期直径6～8cm，有长总梗；总苞片6～10，狭线形；伞辐14～30，不等长，斜上，上面粗糙；小总苞片10，线形，长3～4mm；小伞形花序有多数花；萼齿不明显；花瓣白色，倒卵形，先端微凹；花柱长，向下反曲；花柱基隆起。果实宽卵形，两侧稍扁，合生面具槽；分果棱微凸，每棱槽中有油管3条，合生面4～6条；胚乳腹面平直。花期8～9月，果期10～11月。

延安产志丹、宜川、富县、甘泉、黄陵和黄龙，生于海拔1130～1350m的林下阴湿处。分布于华东的浙江、江西，华中的河南、湖北、湖南，西南的四川等地，其他地区多有栽培。

喜阴植物，单株生长，很少形成稀疏群落。

根状茎可入药，有散风寒、燥湿功效。

藁本 *Ligusticum sinense*
1.植株（吴振海 摄）；2.叶（吴振海 摄）；3.花序（吴振海 摄）

17. 当归属 *Angelica* L.

本属编者：西北农林科技大学 吴振海

二年生或多年生草本。根粗大，直，圆锥状。茎直立，中空，通常分枝。叶有柄，膜质至亚革质，三出式羽状或羽状分裂，叶柄常膨大成管状或囊状的叶鞘。复伞形花序较疏松，顶生或顶生和腋生；总苞缺或有少数叶状苞片；伞辐极多数至少数；小总苞片狭细，多数，常全缘；花白色或淡红色，稀紫色；萼齿通常不明显；花瓣倒卵形至卵形，顶端凹陷成内折小舌片；花柱基矮圆锥形，花柱开展或外弯。果实长圆形至圆形，背扁，无毛或有毛；分果背棱丝状或有极狭翅，侧棱有较宽翅，每棱槽中有油管1至多条，合生面2至多条，胚乳腹面平直或稍凹入。

本属90余种，分布于北温带。我国有45种，南北均产；陕西产10种；延安产1种，见于南部。

中生或阴生植物，常见于林下、林缘及河谷两岸。

白芷

Angelica dahurica (Fisch.) Benth. & Hook. f. Enum. Pl. Jap. 1: 187. 1875; 中国植物志, 55(3): 35. 1992.

多年生高大草本，高50～250cm。根圆锥状，有香气。茎直立，中空，常带紫色，接近花序处有短柔毛。基生叶一回羽状分裂，茎上部叶二至三回三出式羽状分裂，轮廓卵形至三角形；最终裂片披针形至长圆形，长2.5～9cm，先端尖，基部下延，缘有锐锯齿，上面脉上有柔毛，下面灰白色；

茎上部叶简化仅有叶鞘。复伞形花序顶生及侧生；伞辐16～40，长4～8cm，有短柔毛；总苞片缺或有1～2；小总苞片多数，线状披针形，长5～8mm；花梗18～28，丝状，果期长达1cm；花白色；无萼齿；花瓣倒卵形，顶端内曲；花柱基短圆锥状，花柱长。果实椭圆形，黄棕色，长4～7mm；分果背棱略突起，较粗钝，侧棱翅状；每棱槽中有油管1条，合生面2条。花期7～8月，果期8～9月。

延安产宜川、黄陵和黄龙，野生或栽培。生于海拔1200m左右的林下阴湿处。分布于东北各地，华北各地，西北的宁夏、甘肃，华中的河南。日本、朝鲜、俄罗斯西伯利亚也产。

喜阴植物，单株生长，生于林下，极少形成稀疏群落。

根入药，能发表、祛风除湿。

白芷 ***Angelica dahurica***

1.植株（吴振海 摄）；2.叶（吴振海 摄）

18. 阿魏属 *Ferula* L.

本属编者：西北农林科技大学　吴振海

草本，无毛至被柔毛。根细长或肥厚。茎直立，分枝稀不分枝。叶二至四回羽状分裂，有柄。复伞形花序多数，疏松；总苞片缺或不显著；小总苞片丝状至倒卵形，稀缺；伞辐少数至多数；花黄色，常杂性；萼齿不明显或极小；花瓣卵形，先端钝或微缺；花柱细，花柱基不显。果实椭圆形或卵圆形，背扁，无毛或粗糙或被柔毛；分果背棱丝状或不明显，侧棱具翅，每棱槽中有油管1至多条，合生面2至数条，胚乳腹面平直或微凹。

约150种，分布于亚洲中部和西南部、非洲北部及地中海地区。我国有26种，主产新疆；陕西产2种；延安产1种，见于北部。

旱生或中生植物，见于草地、林缘及空旷地带，极少见于林下。

硬阿魏

Ferula bungeana Kitag. In Journ. Jap. Bot. 31: 304. 1956; 中国植物志, 55(3): 102. 1992.

多年生草本，高20～100cm，蓝绿色。根圆柱形，粗8mm。茎直立，基部被纤维状叶柄残余，分枝。叶片轮廓广卵形至三角形，长4～20cm，二至三回三出式羽状分裂；最终裂片楔形至倒卵形，长1～3mm，宽约1.5mm，肥厚，叉开，常3裂，形似角状齿，先端钝或短尖；叶柄长5～15cm；茎生叶简化。复伞形花序直径4～12cm；总花梗长2.5～6cm；总苞片缺或1～2，锥形，长约2.5mm；伞辐4～15，开展，长2.5～4.5cm，果期达7cm；小总苞片3～5，卵状披针形，长1～2mm；小伞形花序着花4～12朵；花梗长3～13mm；萼齿卵形；花瓣黄色，长2.5～3mm，顶端向内弯曲；花柱基圆锥形，花柱延长，柱头增粗。果实长圆形，背腹扁压，长10～15mm，宽3～6mm，果梗长达3cm；果棱凸起，每棱槽中有油管1条，合生面2条。花期5～6月，果期7～8月。

延安产吴起，生于海拔1480m的草地、田边或河滩。分布于东北各地，华北各地，西北的宁夏、甘肃。喜光植物，单株生长。

根可入药，清热解毒、消肿、止痛。

硬阿魏 ***Ferula bungeana***
1.叶（吴振海 摄）；2.果实（吴振海 摄）

19.前胡属 *Peucedanum* L.

本属编者：西北农林科技大学　吴振海、易华

多年生草本。根细长或稍粗，根颈部粗短。茎直立，分枝，基部常被纤维状叶柄残余。叶有柄，叶片一至三回羽状分裂或三出式分裂，裂片边缘具锯齿或分裂。复伞形花序顶生与侧生，较疏松；总苞片缺或少数；伞辐多数或少数；小总苞片缺或多数，分离或结合；花白色、黄色或深紫红色；萼齿不显或显著；花瓣先端凹而内曲；花柱基圆锥形。果实椭圆形至长圆形，背扁，合生面不易分离；分果背棱和中棱锐，丝状，侧棱具狭翅，每棱槽中有油管多条，合生面2至数条。

约160种，分布于亚洲、非洲及欧洲。我国有40种，各地均产；陕西产7种及种下单位（包含5种2变种）；延安产3种1变种，各县（区）均有分布。

本属植物适应性广，旱生、中生及阴生环境均能生长。

分种检索表

1.萼齿无或细小不明显……………………………………………………………1.前胡 *P. praeruptorum*

1. 萼齿显著……………………………………………………………………………………………2

2. 总苞片无，或1至数片，早落………………………………………………2. 华北前胡 *P. harry-smithii*

2. 总苞片3～4，宿存……………………………………………………………3. 华山前胡 *P. ledebourielloides*

1. 前胡

Peucedanum praeruptorum Dunn in Journ. L. Soc. Bot. 35. 497. 1903; 中国植物志, 55(3): 147. 1992.

多年生草本，高30～120cm。根锥状圆柱形，末端细瘦。根颈粗壮，存留多数越年枯鞘纤维；茎单生，带紫色，上部分枝上和花序被短毛，髓部充实。基生叶具长柄；叶片外廓卵形，二至三回三出式羽状全裂；最终裂片菱状倒卵形至披针形，长1.5～6cm，缘具缺刻状锐齿，两面无毛或沿边缘具短刺毛；上部叶逐渐简化成叶鞘。复伞形花序直径3.5～9cm，果期达11cm；总花梗长3～15cm；总苞片无或1至数枚，线形；伞辐6～15，长0.5～4.5cm，果期达5.5cm；小总苞片6～15，披针形，有明显的白色边缘；小伞形花序着花15～20朵；花白色，萼齿不显著，花梗长1～4mm；花柱短，弯曲，花柱基圆锥形。果实卵状椭圆形，长3～4mm，疏被短毛；分果背扁，背棱尖，侧棱具狭翅，每棱槽中有油管3～5条，合生面6～10条；胚乳腹面平直。花期8～9月，果期10～11月。

延安产宝塔、延长、富县、甘泉、黄龙和黄陵，生于海拔1650m以下的山地草丛或疏林下。分布于西北的甘肃，华东的江苏、安徽、浙江、福建、江西，华中的河南、湖北，华南的广西，西南的四川、贵州。

喜光植物，易形成稀疏群落。

根入药，能解热、祛痰。

前胡 *Peucedanum praeruptorum*

1. 植株（吴振海 摄）；2. 花序（吴振海 摄）；3. 果实（吴振海 摄）；4. 根（吴振海 摄）

2. 华北前胡

Peucedanum harry-smithii Fedde ex H. Wolff in Fedde, Repert. Sp. Nov. 33. 247. 1933; 中国植物志, 55(3): 162. 1992.

2a. 华北前胡（原变种）

Peucedanum harry-smithii var. ***harry-smithii***

多年生草本，高30～100cm。根圆锥形，有分枝。根颈粗短，存留多数枯鞘纤维；茎单生，下部有白色绒毛，上部分枝绒毛更多，髓部充实。基生叶有柄；叶片外廓广卵形，三回羽状分裂或全裂；最终裂片倒卵形、长卵形至披针形，长达4cm，缘具齿，上面生短毛，下面生短硬毛；上部叶逐渐简化成叶鞘。复伞形花序直径2.5～8cm，果期达12cm；总苞片无或1至数枚，线形，早落；伞辐8～12，长达3cm；小总苞片6～10，披针形，边缘膜质；小伞形花序着花12～20朵；花白色，萼齿显著，狭三角形；花柱短，弯曲，花柱基圆锥形。果实卵状椭圆形，长4～5mm，密被短硬毛；分果背扁，背棱尖，侧棱具狭翅，每棱槽中有油管3～4条，合生面6～8条。花期8～9月，果期9～10月。

延安产于安塞、志丹、宝塔、甘泉、宜川、黄龙和黄陵，生于海拔1650m以下的山坡草地或疏林下。分布于华北各地，西北的甘肃，华中的河南。

喜光植物，易形成稀疏群落。

华北前胡 *Peucedanum harry-smithii* var. ***harry-smithii***
1.群落（马宝有 摄）；2.开花植株（马宝有 摄）

2b. 少毛北前胡（变种）

Peucedanum harry-smithii var. ***subglabrum*** (Shan & M. L. Sheh) Shan & M. L. Sheh in 中国植物志, 55(3): 164. 1992.

与原变种的区别：茎、叶、花序等毛较少，或有时近于无毛，但果实通常有毛。

延安产安塞、志丹和宝塔，生于海拔1000m左右的山坡草地或林缘。分布于华中的河南。

3. 华山前胡

Peucedanum ledebourielloides K. T. Fu in 秦岭植物志, 1(3): 428, 463. 1981.

多年生草本，高40～90cm。根圆锥形，黄白色，有时分歧。茎直立，绿色，由下部起多分枝，基部被叶柄残余。基生叶有柄，多数，叶片一至二回羽状分裂，具3～6对裂片，长10～20cm；一回裂片具3～7小裂片，有柄；小裂片常3浅裂或深裂；最终裂片倒卵状长圆形或线状长圆形，先端锐尖，两侧的常外弯；茎上部叶简化成羽状全裂或深裂。复伞形花序疏被颗粒状硬毛，多数，直径约1cm；总花梗长4～7mm，最后达1cm；总苞片3～4，线状披针形，长1～3mm；伞辐3～5，长2～4mm；小总苞片2～5，线形，长1～2mm；小伞形花序着花3～8朵；花白色；花梗长1～2mm，最后达2.5mm；萼片三角形；花瓣近圆形，有内曲尖头；子房有粉粒状硬毛；花柱长0.6mm，花柱基短圆锥形，边缘皱波状。果实倒卵状长圆形，长4～5mm，被颗粒状毛；分果背扁，背棱丝形，侧棱具翅，每棱槽中有油管1条，合生面2条。花期8～9月，果期10月。

延安产延长和宜川，生于海拔1088m以下的草地或山坡岩石上。分布于华北的山西，华中的河南。

喜光植物，易形成稀疏群落。

20. 独活属 *Heracleum* L.

本属编者：西北农林科技大学　吴振海

草本，二年生或多年生，通常有毛。主根圆锥形或纺锤形。茎直立，具分枝。叶具柄，三出或一至三回羽状分裂，裂片宽阔或窄狭，薄膜质。复伞形花序顶生和侧生，有总梗，总苞片缺或少数，稀多数，早落；伞辐多数，开展；小总苞片多数，线形，稀分裂；花白色、黄色或淡红色；萼齿不明显，稀小形；花瓣倒卵形，微缺或2浅裂，外缘的扩大呈放射状；子房有毛或光滑；花柱基圆锥形，花柱直立或弯曲。果实椭圆形、倒卵形或圆形，背扁；分果背棱和中棱丝线状，侧棱有宽翅，每棱槽中有1条缩短和下部呈棒状的油管，合生面2～4条，油管明显，长度为果实长度的一半或超过。胚乳腹面平直，心皮柄2裂。

约70种，主要分布于亚洲及欧洲，非洲、北美洲仅有少量分布。我国产29种，各地均有分布；陕西产3种及种下单位（包含2种1变种）；延安产1种，见于南部。

中生或阴生植物，常见于林下、林缘及沟谷两岸。

短毛独活

Heracleum moellendorffii Hance in Journ. Bot. 16: 12. 1878; 中国植物志, 55(3): 192. 1992.

多年生草本，高1～2m，有柔毛。根圆锥形，粗大，分枝。茎直立，粗壮，有棱槽，上部分枝。下部叶有柄，长10～30cm；叶片轮廓宽卵形，三出式羽状全裂；小叶3～5，有长柄，宽卵形，长5～15cm，基部常心形，有不规则3～5浅裂至深裂，缘有粗大锐锯齿；上部叶有宽鞘，无柄，逐渐简化。复伞形花序顶生和侧生；总苞片少数，线状披针形，早落；伞辐12～30；小伞形花序有20余花；小总苞片5～10，披针形；花白色；萼齿细小；辐射状花瓣2深裂，长约7mm；花柱基短圆锥形，花柱叉开。果实长圆状倒卵形，长6～8mm，有疏短毛；分果背棱、中棱丝形，每棱槽中有1条油管，合生面2条，油管长为果体的1/2；胚乳腹面平直。花期7月，果期8～10月。

延安产富县、甘泉和黄陵，生于海拔1650m以下的山坡草丛或疏林下。分布于东北各地，华北的内蒙古（中部）、河北，西北的甘肃，华东的山东、江苏、安徽、浙江、江西，华中的湖南，西南的四川、云南。日本、朝鲜也产。

喜阴植物，在沟谷两岸易形成稀疏群落。

根可入药，祛风除湿、通痹止痛；为独活的代用品，系地方习惯用药。

短毛独活 *Heracleum moellendorffii*
1.植株（吴振海 摄）；2花序（吴振海 摄）；3.果序（吴振海 摄）；4.果实（吴振海 摄）

21. 防风属 *Saposhnikovia* Schischk.

本属编者：中国科学院植物研究所　刘冰

多年生无毛草本。根粗壮，分歧。茎由基部二歧分枝。叶二至三回羽状分裂，有柄。复伞形花序多数，疏松；总苞片缺，稀1～3；小总苞片4～5，较花梗短；花白色；萼齿三角形，明显；花瓣倒卵形，先端狭而内曲；花柱细短，开展或反曲，与花柱基等长或略长，花柱基圆锥形；子房密被小突起，果期逐渐消失，留有突起的痕迹。果实长圆状卵形，背扁，幼时具海绵质小疣，合生面平坦；分果棱凸起，背棱丝状，侧棱具狭翅，每棱槽中有油管1条，合生面2条；胚乳腹面平直。

仅1种，分布于西伯利亚东部及亚洲北部。我国分布于东北、华北等地。陕西亦产；延安也有，见于中部和南部。

旱生和中生植物，喜生于草原、山坡和丘陵。

防风

Saposhnikovia divaricata (Turcz.) Schischk. In Komarov, Fl. URSS. 17: 54. 1951; 中国植物志, 55(3): 222. 1992.

多年生草本，高30～80cm。根粗壮，直生，根颈密被褐色纤维状叶柄残余。茎单生，有细棱，自基部二歧分枝较多。基生叶叶柄长2～8cm，叶片轮廓三角状卵形，长7～35cm；羽片有柄；小羽片有柄或下延成柄，深裂，裂片线状至披针形，先端有尖头；茎生叶逐渐简化。复伞形花序多数，直径1.5～3.5cm；总花梗长2～5cm；总苞片缺，稀1～3，线状披针形，长2～3mm，先端尖；伞辐4～8，不等长，长3～5cm；小总苞片4～6，线形至披针形，先端尖，长1～2mm；小伞形花序着花4～10朵；花梗长2～5mm，果期长4～10mm；萼齿三角形；花瓣白色，倒卵形，先端微凹，具内折小舌片。果实椭圆形，长4～5mm，幼时有疣状突起，成熟时渐平滑；分果棱常为海绵质小疣所掩盖；每棱槽中有油管1条，合生面2条；胚乳腹面平直。花期8～9月，果期9～10月。

延安产富县、延长、宜川、甘泉、黄陵和黄龙，生于海拔1385m以下的荒坡草地或河滩。分布于东北各地，华北各地，西北的宁夏、甘肃，华中的河南。朝鲜、蒙古、俄罗斯西伯利亚也产。

喜光植物，易形成稀疏群落。

根入药，有发汗、祛痰、祛风、发表、镇痛的功效。

防风 ***Saposhnikovia divaricata***

1.植株（吴振海 摄）；2.茎叶（吴振海 摄）；3果实（吴振海 摄）

22.胡萝卜属 *Daucus* L.

本属编者：西北农林科技大学　吴振海

一年生或二年生草本，被粗毛。根肉质。茎直立，具纵纹，有分枝。叶有柄，叶柄具鞘；叶片二至三回羽状分裂，最终裂片狭窄。复伞形花序，疏松，顶生或侧生；总苞片多数，羽状分裂；小总苞片常3裂、不裂或缺乏；伞辐开展；花梗开展，不等长；花白色或黄色，小伞形花序中心的花呈紫色，通常不孕；萼齿小或不明显；花瓣倒卵形，先端狭窄内折，外缘的常辐射状；花柱基短圆锥形；花柱短。果实长圆体形至卵圆形，多少背扁；分果主棱5条，线状，有刺毛，次棱4条，具翅，翅下具油管1条，合生面2条；胚乳腹面略凹陷或近平直；心皮柄不分裂或顶端2裂。

约20种，分布于亚洲、非洲、欧洲。我国产1种1变种，分布于西北、华东、华中和西南；陕西亦产；延安也产，各县（区）广布。

适应性广，旱生、中生及湿生环境均可生长。

1. 野胡萝卜

Daucus carota L., Sp. Pl. 1: 242. 1753; 中国植物志, 55(3): 223. 1992.

1a. 野胡萝卜（原变种）

Daucus carota var. ***carota***

二年生草本，高15～120cm。根圆锥形，较细，带白色。茎单生，被白色粗硬毛。基生叶薄膜质，二至三回羽状分裂，最终裂片线形至披针形，长2～15mm，宽0.5～4mm，先端锐，叶柄长

野胡萝卜 *Daucus carota* var. *carota*

1.群落（吴振海 摄）；2.植株（吴振海 摄）；3.花序（吴振海 摄）；4.果实（吴振海 摄）

3～12cm；茎生叶近无柄，最终裂片通常较细长。复伞形花序直径5～10cm；总苞片多数，羽状分裂，具缘毛，下部的边缘白色膜质，裂片线形，长3～30mm，反折；伞辐多数，长2～7.5cm，开展，果期外缘的伞辐向内弯曲；小总苞片线形或3裂，缘白色膜质，具缘毛；花白色、黄色或淡红色，多数；花梗长3～10mm；花瓣倒卵形，先端具狭而内折的小舌片。果实长圆体形，长3～4mm；分果主棱5条，具刚毛，次棱4条，有翅，翅上具一行钩状刺。花期5～8月，果期7～9月。

延安广布，生于海拔1650m以下的荒坡草地、田边、河滩。分布于华东的江苏、安徽、浙江，华中的湖北，西南的四川、贵州。亚洲西南部、非洲北部及欧洲也产。

自播能力极强。喜光植物，易形成稠密群落。

入侵2级。

1b. 胡萝卜（变种）

Daucus carota var. ***sativus*** Hoffm. Deutschl. Fl. ed. 1. 91. 1791; 中国植物志, 55(3): 225. 1992.

根粗肥，肉质，长圆锥形，红色或黄色。

延安各地栽培；陕西普遍栽培；我国各地广为栽培。世界各国广泛栽培。

根是著名的蔬菜，供蔬食用。

中文名索引

D

E

J

K

L

O

P

Q

R

S

Y

Z

学名索引

B

C

D

K

L

M

S